普通高等教育土建类系列教材

# 钢结构

# ——基本原理与设计

主　编　周　宇
副主编　王文仲
参　编　刘朝科　袁　佳　陈庆华

机　械　工　业　出　版　社

本书是按现行《建筑结构可靠性设计统一标准》《钢结构设计标准》《建筑结构荷载规范》《高层民用建筑钢结构技术规程》等标准和规范，以“内容新颖、概念准确、突出应用”为编写原则，为高等院校土木工程专业工程应用型和技术管理型人才的培养编写。本书内容包括钢结构基本原理和常见的钢结构设计两部分。钢结构基本原理包括钢结构的历史、特点、应用发展，钢结构的材料，钢结构的连接及钢结构基本构件（轴心受拉和轴心受压构件、受弯构件、拉弯和压弯构件）的工作原理和设计方法。钢结构设计包括单层厂房钢结构，大跨度钢屋盖结构，多、高层房屋钢结构。本书末有附录，可供读者学习和设计查用。各章节设置了各种典型设计例题，利于读者学习和掌握。

本书可作为高等院校土木工程专业钢结构课程的教材，也可作为钢结构从业人员的参考书。

**图书在版编目（CIP）数据**

钢结构：基本原理与设计/周宇主编. —北京：机械工业出版社，2020.11（2023.1 重印）

普通高等教育土建类系列教材

ISBN 978-7-111-66469-7

Ⅰ.①钢… Ⅱ.①周… Ⅲ.①钢结构-高等学校-教材 Ⅳ.①TU391

中国版本图书馆 CIP 数据核字（2020）第 166835 号

机械工业出版社（北京市百万庄大街 22 号 邮政编码 100037）
策划编辑：马军平 责任编辑：马军平
责任校对：张 征 封面设计：张 静
责任印制：李 昂
北京捷迅佳彩印刷有限公司印刷
2023 年 1 月第 1 版第 3 次印刷
184mm×260mm · 27.5 印张 · 1 插页 · 680 千字
标准书号：ISBN 978-7-111-66469-7
定价：69.00 元

电话服务
客服电话：010-88361066
010-88379833
010-68326294

网络服务
机 工 官 网：www.cmpbook.com
机 工 官 博：weibo.com/cmp1952
金 书 网：www.golden-book.com
机工教育服务网：www.cmpedu.com

# 前　言

伴随着我国经济建设的发展，钢结构的应用越来越多。为适应当前钢结构的发展和人才培养的需要，根据高等学校土木工程专业指导委员会编制的《高等学校土木工程本科指导性专业规范》，将钢结构基本原理作为土木工程专业的专业基础课，钢结构设计定为土木工程专业建筑工程方向的必修专业课。本书将钢结构原理和钢结构设计合编为一册，以“内容新颖、概念准确、突出应用”为编写原则，按现行《建筑结构可靠性设计统一标准》《钢结构设计标准》《建筑结构荷载规范》《高层民用建筑钢结构技术规程》等标准和规范编写，主要供土木工程专业建筑工程方向的学生使用。

钢结构这门课程是综合性很强的专业课，它涉及工程力学、材料学、机械学、结构设计理论、结构体系和结构构件设计以及结构制造和工程施工等；本书以介绍钢结构基本原理为主，为了增加本书对建筑工程方向的实用性，加大了钢结构设计部分的比例，使本书成为一本理论与实践并重的课程教材。

本书第 1~6 章为钢结构原理部分：第 1 章主要介绍了钢结构的历史、特点、应用、发展和钢结构采用的设计方法；第 2 章介绍了钢结构的材料、性能和钢材的疲劳；第 3 章介绍了钢结构连接的工作原理和设计方法；第 4~6 章介绍了轴心受拉和受压构件、受弯构件、拉弯和压弯构件的工作原理和设计方法。第 7~9 章为钢结构设计部分：第 7 章介绍了普通单层厂房钢结构及轻型门式刚架的承重框架、钢屋盖结构；第 8 章介绍了各种大跨度钢屋盖结构的形式及设计特点；第 9 章介绍了多、高层房屋钢结构的体系、形式及组合楼盖的设计特点和方法。

本书由佳木斯大学周宇担任主编，佳木斯大学王文仲担任副主编，由周宇、王文仲共同统稿。具体编写分工如下：周宇编写第 1、3、7 章及附录，王文仲编写第 2、9 章，西安建筑科技大学刘朝科编写第 4 章，佳木斯大学袁佳编写第 5、6 章，宁夏大学陈庆华编写第 8 章。

限于编者水平，书中难免有不当之处，敬请读者批评指正。

编　者

# 目　录

# 概述 第1章

## 1.1 钢结构发展简史

钢是铁碳合金，以铁和碳为组元的二元合金。从历史考古看，炼铁、炼钢技术的发展是人类采用钢结构的基础。早在公元前2000年左右，在人类古代文明的发祥地之一的美索不达米亚平原（位于现代伊拉克境内的幼发拉底河和底格里斯河之间），已经出现了早期的炼铁术。

我国也是较早发明炼铁技术的国家之一，在河南辉县等地出土的大批战国时代（公元前475—前221年）的铁制生产工具说明，早在战国时期，我国的炼铁技术已很盛行了。在钢结构的应用和发展方面，我国有着悠久的历史。据历史记载，早在公元1世纪，为了与西域国家通商和进行文化及宗教上的交流，在我国西南地区通往南亚诸国通道的深山峡谷上，就成功地建造了一些铁索桥。如我国云南省景东地区澜沧江上的霁虹桥（见图1-1），建于公元58—75年，是世界上最早的一座铁索桥，它比欧洲最早出现的铁索桥要早70年。

图1-1 霁虹桥

图1-2 大渡河铁索桥

随后陆续建造的有云南省的沅江桥（建于400多年前）、贵州省的盘江桥（建于300多年前）以及四川省泸定县的大渡河桥（建于1696年，见图1-2）等。大渡河铁索桥由9根桥面铁索、4根桥栏铁索构成，大桥净长100m，桥宽2.8m，可同时通行两辆马车。铁索锚定在直径为20cm、长4m的锚桩上。每根铁索重达1.5t。无论在工程规模上还是建造技术上，当时都处于世界领先水平。该桥比美洲1801年才建造的跨长23m的铁索桥早近百年，比号称世界最早的英格兰30m跨铸铁拱桥也早74年。

除铁索悬桥外，我国古代还建有许多铁建筑物，如公元694年（周武氏十一年）在洛阳建成的“天枢”铁塔（见图1-3），高35m，直径4m，顶部有直径为11.3m的“腾云承露盘”，底部有直径约16.7m用来保持天枢稳定的“铁山”，相当符合力学原理。又如公元1061年（宋代）在湖北荆州玉泉寺建成的13层铁塔（见图1-4），目前依然存在。江苏省镇江的甘露寺铁塔，建于1078年，原为9层，现存4层（见图1-5）；山东省济宁的铁塔寺铁塔，建于1105年等。我国古代采用钢铁结构的光辉史绩，充分说明了我国古代的冶金技术方面及对铁结构的应用是领先的。

图1-3 洛阳“天枢”铁塔

图1-4 荆州玉泉寺铁塔

图1-5 甘露寺铁塔

近百余年来，随着欧洲兴起的工业革命，钢铁冶炼技术的迅速发展，钢结构在欧美一些国家的工业与民用建筑物中得到广泛的应用，不但在数量上日渐增多，应用范围也不断扩大。欧美等国家中最早将铁作为建筑材料的当属英国，但直到1840年以前，还只采用铸铁来建造拱桥。1840年以后，随着铆钉（rivets）连接和锻铁技术的发展，铸铁结构逐渐被锻铁结构取代，1846—1850年间在英国塞文河上修建的塞文河桥（见图1-6）是这方面的典型代表。

世界上第一座铸铁桥建于1777—1781年。它的建造者是钢铁大王亚伯拉罕·达比。由建筑师普里查德协助设计。这座桥横跨塞文河，跨度为30.5m。框架结构最初在美国得到发展，其主要特点是以生铁框架代替承重墙。1858—1868年建造的巴黎圣日内维夫图书馆（见图1-7），是初期生铁框架形式的代表。

图1-6 塞文河桥

图1-7 巴黎圣日内维夫图书馆

英国利兹谷物交易所（见图1-8），始建于1864年的圆形建筑，宏伟的穹顶下是半月形开放式座位区，是维多利亚时代的最佳建筑之一。建于1868年的伦敦老火车站（见图1-9），设计的74m宽的单跨拱顶是当时最大的，它使得车站成为伦敦最出众的车站。

图1-8 英国利兹谷物交易所

图1-9 伦敦老火车站

美国1850—1880年间“生铁时代”建造的大量商店、仓库和政府大厦多应用生铁构件门面或框架。第一座依照现代钢框架结构原理建造起来的高层建筑是芝加哥家庭保险公司大厦（见图1-10），建于1883—1885年，共10层，外形仍然保持着古典的比例。

巴黎的埃菲尔铁塔（见图1-11），在1889年为纪念法国大革命一百周年而建造，落成之日，设计者埃菲尔骄傲地向世人宣称，世界上只有法国的国旗具有300m高的旗杆。

图1-10 芝加哥家庭保险公司大厦

图1-11 埃菲尔铁塔

英国福斯桥（见图1-12），建于1889年，是世界上第一座现代化钢桥。美国旧金山的金门大桥（见图1-13），建于20世纪30年代，用了两万多根钢丝缆绳组成。

我国近代由于长期处于封建落后的状态和帝国主义的侵略，发展很缓慢。那一时期，在全国只建造了少量的民用与工业建筑（如上海18层的国际饭店、上海大厦、永安公司等）和一些公路和铁路钢桥，然而主要是有外商承包设计和施工。同一时期，我国的钢结构工作者在艰难的条件下也建造了一些钢结构的建筑物，其中有代表性的有1931年建成的广州中

图 1-12　英国福斯桥

图 1-13　金门大桥

山纪念堂（见图 1-14），纪念堂采用木桩基础，钢架和钢筋混凝土结构。八角形的大厅设计了 30m 跨的钢桁架，大屋顶由 8 排钢桁架结合为一个整体。1934 年建成的上海体育馆和 1937 年建成的杭州钱塘江大桥（见图 1-15），这是我国自行建设和建造的第一座公路铁路两用钢桥，安全使用到现在。

图 1-14　广州中山纪念堂

图 1-15　杭州钱塘江大桥

1949 年新中国成立以来，随着我国冶金工业的发展，钢铁产量的增长，钢结构的设计、制造和安装水平有了很大的提高，为我国钢结构的发展创造了条件。在建国初期的几年时间内，建造了一批钢结构厂房和矿场，其中主要的有：新建的太原和富拉尔基重型机器制造厂、长春第一汽车制造厂、哈尔滨三大动力厂、洛阳拖拉机厂、沈阳和哈尔滨的一些飞机制造厂等；扩建和恢复的有鞍山钢铁公司、武汉钢铁公司和大连造船厂等。此外，新建了汉阳铁路桥和武汉长江大桥（见图 1-16）等。

图 1-16　武汉长江大桥

1959 年在北京建成的人民大会堂，采用了跨度达 60.9m、高达 7m 的钢屋架和分别挑出 15.5m 和 16.4m 的看台箱形钢梁。1961 年建成的北京工人体育馆，屋盖采用了直径为 94m 的车辐式悬索结构，能容纳观众 15000 人。1965 年在广州建成的第一座高 200m 的电视塔，截面为八角形，八根立柱各由三根圆钢组成，缀条也采用了圆钢组合截面。1967 年建成的首都体育馆，屋盖采用了平板网架结构，跨度达99m，可容纳观众15000人。

随后，我国的基本建设几乎陷于完全停滞状态。这期间，只建成了少数钢结构工程。1968年建成的南京长江大桥采用了三跨连续桁架，并适当降低中间支座，调整桁架内力，取得了节约钢材10%的经济效果。1973年建成的上海万人体育馆，屋盖采用了直径直达110m的圆形平板网架。1978年建成的武汉钢铁公司一米七轧钢厂，采用的钢结构用钢量达5万t。在这十年中，我国无论是钢结构的理论研究，还是工程应用，基本上均处于停滞状态，进展缓慢。

1978年党的十一届三中全会以后，国家工作的重点转到了经济建设方面。从此，我国的社会主义建设步入了一个新的发展时期，各行各业都出现了蓬勃发展的新态势。对钢结构建筑的需求量不断增加，特别是钢产量逐年增长，从1985年的4666万t，1987年5600万t，1997年达到1亿t，2003年达到2亿t，2005年达到3.2亿t，到2006年达到4亿t，更加促进了我国钢结构建筑的应用和发展。从20世纪80年代起，高层建设建筑和大型公共建筑物大量兴建，建成的主要大型钢结构工程有：上海宝山钢铁公司第一、二期工程，1986年建成的北京香格里拉饭店（高82.75m），1987年完工的深圳发展中心大厦（高160m，见图1-17），北京京广大厦（高208m），北京京城大厦（高182.8m），上海锦江饭店分馆（高153.2m）。深圳发展中心大厦有5根巨大箱形钢柱，截面尺寸为1070mm×1070mm，钢板厚度达130mm。1996年建成的深圳地王大厦（见图1-18），地下3层，地上81层，高383.95m（到旗杆顶），采用的箱形钢柱最大截面为2500mm×1500mm，钢板最大限度70mm。近年来，钢管混凝土柱的应用也已进入了高层建筑领域。图1-19所示为1999年建成的深圳赛格广场大厦（全部柱子为钢管混凝土柱），地下4层，地上72层。1998年建成的上海浦东金茂大厦（见图1-20），高达420m，是当时世界上第三高建筑物。据不完全统计，自20世纪80年代迄今，全国各地兴建了众多百米以上的高层建筑，其中不少都采用钢结构。如2008年竣工的上海浦东环球金融中心，101层，高达490m。兴建的钢结构桥梁更是不少，如1996年竣工的九江长江大桥，2002年竣工的芜湖长江大桥等。

图1-17　深圳发展中心大厦

图1-18　深圳地王大厦

图 1-19　深圳赛格广场大厦

图 1-20　上海浦东金茂大厦

近年来，我国各地建造的很多体育馆、剧场和大会堂等，应采用了钢网架结构或悬索结构。例如：首都体育馆采用了 99m×112.2m 的正交平板网架（见图 1-21）；1986 年建造的吉林滑冰馆，采用了双层悬索屋盖结构，悬索跨度 59m，房屋跨度 70m；1998 年为冬运会建筑的长春体育馆，采用了两个部分球壳组成的长轴 191.68m、短轴 146m 的方钢管拱壳屋盖结构，高 4.067m。此外，工业建筑中的飞机库、飞机装配车间等工业厂房也大量使用了钢结构。1995 年建造的首都机场四机位飞机库（见图 1-22），是当时世界上规模最大的飞机库，跨度为（153+153）m。屋盖采用大桥和多层四角锥网架相结合的形式，有 10t 悬挂号车，屋盖结构总重约 5400t。北京地毯厂、长春第一汽车制造厂、天津钢厂无缝钢管厂及上海宝钢管坯连铸主厂房等在厂房屋盖中，也都采用了网架结构，建筑总面积超过 300 万 $m^2$。

图 1-21　首都体育馆

图 1-22　首都机场四机位飞机库

1993 年建成的黑龙江省大庆市电视塔。塔身高 160m，天线高 100m，是我国 2000 年前已建成的最高钢电视塔。2009 年建成的河南广播电视塔（又名中原福塔），总高 388m，是迄今世界最高的全钢结构电视塔。

此外，轻型钢结构的发展也很快，据不完全统计，进入 20 世纪 90 年代后期，我国每年建成的工程达 400 万 $m^2$ 之多。安徽芜湖 951 一期工程的厂房（长 315m，宽 240m，建筑面积达 7.56 万 $m^2$）、浙江吉利集团修建的临海机车工业公司厂房（计 14.5 万 $m^2$）等工程均采用了轻型钢结构。

综上所述，钢结构虽然造价高，但由于本身的特点，如轻质高强，抗震性能好，建造速度快，工期短，因而综合经济效益好等而获得广泛应用。可以预期，随着我国经济建设的不断发展，钢结构的应用将日益广泛，并将进入新的更高的发展阶段。

## 1.2 钢结构的特点和应用

钢结构是用钢板和各种型钢，如角钢、工字钢、槽钢、H型钢、钢管和薄壁型钢等制成的结构。在钢结构制造厂中加工制造，运到现场进行安装。

### 1.2.1 钢结构的主要特点

**1. 钢材的强度高，钢结构的重量轻**

钢材的强度比混凝土、砖石和木材等建筑材料要高得多，适用于荷载重、跨度大的结构。钢材的重度虽比其他建筑材料大，但强度却高得多，属于轻质高强材料。在相同的跨度和荷载条件下，钢屋架的重量只有钢筋混凝土屋架重量的1/4~1/3；若采用薄壁型钢屋架甚至接近1/10。钢结构重量轻，便于运输和安装，也可以减轻基础的负荷，对抵抗地震作用比较有利。另外，轻质屋盖结构对可变荷载的变动比较敏感，荷载超额的不利影响比较大。受有积灰荷载的结构如不注意及时清灰，可能会造成事故。风吸力可能造成钢屋架的拉、压杆内力反号，设计时不能忽视。

设计沿海地区的房屋结构，如果对飓风作用下的风吸力估计不足，则屋面系统有被掀起的危险。由于钢材的强度高，做成的构件截面小而壁薄，受压时需要满足稳定的要求，强度有时不能充分发挥。图1-23给出同样断面的拉杆和压杆受力性能的比较：拉杆的极限承载能力高于压杆。这和混凝土抗压强度远远高于抗拉强度形成鲜明的对比。

**2. 钢材的塑性和韧性好**

钢材的塑性好，在一般情况下钢结构不会因偶然超载或局部超载而突然断裂破坏，只是出现变形，使应力重分布。钢材的韧性好，使钢材有一定的抗冲击脆断的能力，对动力荷载的适应性强，其良好的延性和耗能能力使钢结构具有优越的抗震性能。钢结构在低温和其他条件下，可能发生脆性断裂。

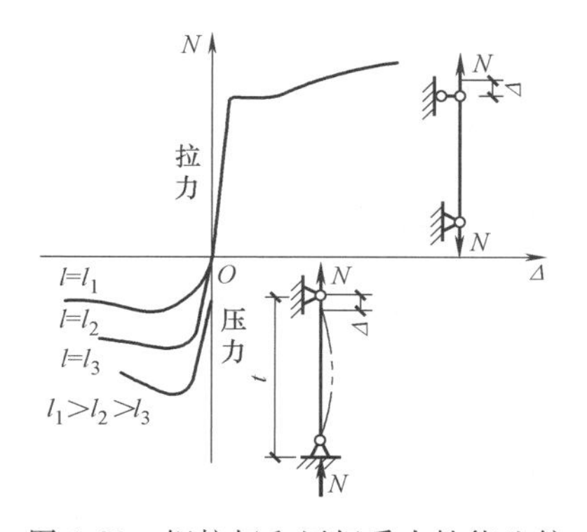

图1-23 钢拉杆和压杆受力性能比较

**3. 材质均匀，和力学计算的假定比较符合**

钢材在冶炼和轧制的过程中质量可以严格控制，材质波动性小。因此，钢材的内部组织比较均匀，接近各向同性体，而且在一定的应力幅度内材料为弹性，所以钢结构的实际受力情况和工程力学计算结果比较符合，计算结果比较可靠。

**4. 钢结构密闭性好**

钢结构的钢材和焊接连接的不渗漏性、气密性和水密性比较好，适合制造密封的板壳结构各种容器，如油罐、气罐、管道和压力容器等。

**5. 钢结构制造简便，施工周期短**

钢结构制造工厂化、施工装配化。钢结构所用的材料是用轧制成型的各种型材，由型材加工制成的构件在金属结构厂中制造，加工制作简便，成品的精确度高。制成的构件运到现场安装，构件又较轻，现场占地小，连接简单，安装方便，施工周期短，钢结构采用螺栓连接，还便于加固、改扩建和拆迁。

**6. 钢材耐腐蚀性差**

钢材在湿度大和有侵蚀性介质的环境中，容易锈蚀，截面不断削弱，使结构受损，特别是薄壁构件更要注意。因此，处于较强腐蚀性介质内的建筑物不宜采用钢结构。钢结构在涂油漆以前应彻底除锈，油漆质量和涂层厚度均应符合要求。在设计中应避免使结构受潮、漏雨，构造上应尽量避免存在难于检查、维修的死角。因而对钢结构必须注意防护措施，如表面除锈、刷油漆和涂料等，而且需要定期维护，故维护费用较高。在没有侵蚀性介质的一般厂房中，构件经过彻底除锈并涂上合格的油漆，锈蚀问题并不严重。近年来出现的耐候钢具有较好的抗锈性能，已经逐步推广应用。

**7. 钢材耐热但不耐火**

钢材受热时，当温度在200℃以内时，其主要力学性能（如屈服强度和弹性模量）降低不多。在温度超过200℃以上，材性发生较大的变化，不仅强度逐步降低，还会发生蓝脆和徐变现象。温度达600℃时，钢材进入塑性状态，失去承载力。因此，当钢材表面温度超过150℃以上，应采用有效的防护措施，对需防火的结构，应按相关的标准采取防火措施。例如，利用蛭石板、蛭石喷涂层或石膏板等加以防护。防护使钢结构造价提高。目前已经开始生产具有一定耐火性能的钢材，是解决问题的一个方向。

**8. 钢材的连接性能好且易于加工**

钢材的连接通过焊接和螺栓连接很容易实现，而且连接的可靠性较高，使用高强摩擦型螺栓适用于有振动荷载的结构。钢材相较于混凝土切割和加工的性能十分突出。

**9. 钢材存在高温热脆和低温冷脆现象**

钢材在焊接时产生很高的温度，且温度分布很不均匀，使钢材性能出现变脆的特征。钢材由常温降到负温时，其塑性和韧度明显降低，材料变脆，破坏特征也明显地由塑性破坏转变为脆性破坏，对于低温地区的焊接结构，应尤其注意选择钢材的材质。

### 1.2.2 钢结构应用

钢结构由于其具有的特点和结构形式的多样化，随着我国国民经济的迅猛发展，其应用的范围越来越广泛，在工业与民用建筑中钢结构的合理应用范围如下。

**1. 大跨度结构**

钢材轻质高强，大跨度结构应采用钢结构，如体育馆、大剧场、展览馆、大会堂、会展中心等及工业建筑中的飞机库、飞机装配车间、大煤棚等。结构体系可为网架、悬索、拱架及框架等。2008年奥运会的主体育场“鸟巢”（见图1-24），工程总占地面积21hm$^2$，建筑面积25.8万m$^2$。场内观众座席约为91000个，其中临时座席约11000个。工程主体建筑呈空间马鞍椭圆形，南北长333m、东西宽294m，高69m。主体钢结构形成整体

图1-24　国家体育场

的巨型空间马鞍形钢桁架编织式“鸟巢”结构，钢结构总用钢量为4.2万t，混凝土看台分为上、中、下三层，看台混凝土结构为地下1层，地上7层的钢筋混凝土框架-剪力墙结构体系。钢结构与混凝土看台上部完全脱开，互不相连，形式上呈相互围合，基础则坐在一个相连的基础底板上。国家体育场屋顶钢结构上覆盖了双层膜结构，即固定于钢结构上弦之间的透明的上层ETFE膜和固定于钢结构下弦之下及内环侧壁的半透明的下层PTFE声学吊顶。国家体育场工程作为国家标志性建筑，2008年奥运会主体育场，其结构特点十分显著，国家体育场结构复杂，在设计与施工方面也有着很多特点，创造了很多中国之最：

1）构件体型大，单体重量重。作为屋盖结构的主要承重构件，桁架柱最大断面达25m×20m，高度达67m，单榀最重达500t。而主桁架高度12m，双榀贯通最大跨度145.577m+112.788m，不贯通桁架最大跨度102.391m，桁架柱与主桁架体型大、单体重量重。

2）节点复杂。工程中的构件均为箱形断面杆件，无论是主结构之间，还是主次结构之间，都存在多根杆件空间汇交现象。加之次结构复杂多变、规律性少，造成主结构的节点构造相当复杂，节点类型多样，制作、安装精度要求高。

3）工期紧。工程量大，但安装工期相当短，工程于2003年12月24日开工，于2007年底前完工，2008年3月底竣工。工期紧，与土建施工交叉作业，平面场地紧张。

4）焊接量大。工地连接为焊接吊装，分段多，现场焊缝长度长，加之厚板焊接、高强钢焊接、铸钢件焊接等居多，造成现场焊接工作量相当大，难度高，高空焊接仰焊多。

近年来建造的国家大剧院（见图1-25）、国家游泳馆（见图1-26）、广州体育馆（见图1-27）、北京大兴国际机场（见图1-28）均体现了钢结构在大跨结构的优势。

图1-25　国家大剧院

图1-26　国家游泳馆

图1-27　广州体育馆

图1-28　北京大兴国际机场

2. 重型工业厂房

对于跨度和柱距都比较大，起重机起重量较大或工作较繁重的车间（见图1-29、图1-30）多采用钢结构。如冶金工厂的炼钢、轧钢车间、重型机器制造厂的车间，还有温度作用或设备的振动作用，如锻压车间等。

图1-29　重型厂房结构

图1-30　厂房结构分解

3. 高耸结构

高耸结构包括塔架和桅杆结构等，如电视塔、微波塔、输电线塔、矿井塔、环境大气监测塔、无线电天线桅杆和广播发射桅杆等，如图1-31~图1-34所示。

图1-31　黑龙江广播电视塔（336m）

图1-32　青岛电视塔（232m）

图1-33　南海明珠电视塔（388m）

图1-34　海南千年塔

4. 多层和高层建筑

多层和高层建筑的骨架采用钢结构体系，最能体现钢结构建筑轻质高强的优越性，近年来钢结构在此领域已逐步得到发展，如图1-35~图1-39所示。

5. 承受振动荷载影响和地震作用的结构

由于钢材具有良好的韧性，在设有较大锻锤的车间，其骨架直接承受的动力荷载尽管不大，但间接的振动却极为强烈，应采用钢结构。对于地震作用要求较高的结构也宜采用钢结构。

6. 可拆卸或移动的结构

建筑工地的生产、生活附属用房及流动式展览馆等，这些结构是可拆迁的。移动的结构，如建筑机械的塔式起重机、履带式起重机的吊臂和门式起重机等，都采用钢结构。

图1-35 学校学生宿舍

图1-36 中央电视台总部大楼

图1-37 环球金融中心（101层）

图1-38 马来西亚双子大厦

图1-39 迪拜酒店

### 7. 板壳结构及其他结构

船体外壳（见图1-40）、油罐、煤气罐、高炉、锅炉、料斗、烟囱、水塔以及各种管道等均采用钢材板壳结构。对于运输通廊、栈桥、管道支架、高炉和锅炉构架、井架和海上采油平台（见图1-41）等结构应采用钢结构。钢结构也广泛应用于跨度大、结构形式新颖的桥梁结构。

图1-40 船体外壳

图1-41 采油平台

8. 轻型钢结构

轻型钢结构包括轻型门式刚架房屋钢结构、冷弯薄壁型钢结构及钢管结构等。这些结构可用于荷载较轻或跨度较小的建筑（见图 1-42、图 1-43），具有自重小、建造快又较省钢材等许多优点，近年来轻型钢结构在我国发展非常迅猛。

图 1-42　轻钢厂房

图 1-43　轻钢厂房骨架

9. 桥梁结构

钢结构也广泛应用于跨度大、结构形式新颖的桥梁结构，如图 1-44～图 1-46 所示。

图 1-44　法国诺曼底大桥

图 1-45　杭州湾跨海大桥

图 1-46　港珠澳大桥

以上是当前我国钢结构应用范围的一般情况。在确定采用钢结构时，应从建筑物或构筑物的使用要求和具体条件出发，考虑综合经济效果来确定。总的来说，根据我国现时情况，钢结构适用于高、大、重型和轻型结构。

## 1.3 钢结构的设计方法

### 1.3.1 钢结构的极限状态

#### 1. 极限状态

当结构或其组成部分超过某一特定状态就不能满足设计规定的某一功能要求时，此特定状态称为结构的极限状态。

极限状态分为承载能力极限状态、正常使用极限状态和耐久性极限状态三类。承载能力极限状态包括强度破坏、疲劳破坏、不适于继续承载的变形、失稳、倾覆、变为机动体系等状态。正常使用极限状态包括影响正常使用或外观的变形、影响正常使用的振动、影响正常使用的局部损坏及影响正常使用的其他状态。

耐久性极限状态包括影响承载能力和正常使用的材料性能劣化；影响耐久性能的裂缝、变形、缺口、外观、材料削弱等，以及影响耐久性能的其他特定状态。

#### 2. 钢结构的功能要求

建筑结构要解决的基本问题是，力求以较为经济的手段，使所要建造的结构具有足够的可靠度，以满足各种预定功能的要求。

结构在规定的设计使用年限内应满足的功能有：

1）在正常施工和正常使用时，能承受可能出现的各种作用。

2）在正常使用时具有良好的工作性能。

3）在正常维护下具有足够的耐久性。

4）在设计规定的偶然事件（如地震、火灾、爆炸、撞击等）发生时及发生后，仍能保持必需的整体稳定性。

上述“各种作用”是指使结构产生内力或变形的各种原因，如施加在结构上的集中荷载或分布荷载，以及引起结构外加变形或约束变形的原因，如地震、地基沉降、温度变化等。

#### 3. 结构的可靠度

结构在规定的时间内，在规定的条件下，完成预定功能的能力，称为结构的可靠性。结构可靠度是对结构可靠性的定量描述，即结构在规定的时间内，在规定的条件下，完成预定功能的概率。对结构可靠度的要求与结构的设计基准期长短有关，设计基准期长，可靠度要求就高，反之则低。一般建筑物的设计基准期为50年。

#### 4. 钢结构的极限状态

《钢结构设计标准》（GB 50017—2017）㊀规定，除疲劳设计采用容许应力法之外，钢结构应按下列两类极限状态进行设计：

㊀ 本书未做特殊说明时，《钢结构设计标准》均指此版。

(1) 承载能力极限状态　包括：构件和连接的强度破坏、疲劳破坏和因过度变形而不适于继续承载，结构和构件丧失稳定，结构转变为机动体系和结构倾覆。

(2) 正常使用极限状态　包括：影响结构、构件和非结构构件正常使用或外观的变形，影响正常使用的振动，影响正常使用或耐久性能的局部损坏。

承载能力极限状态与正常使用极限状态相比较，前者可能导致人身伤亡和大量财产损失，故其出现的概率应当很低，而后者对生命的危害较小，故允许出现的概率可高些，但仍应给予足够的重视。

### 1.3.2　钢结构的内力分析

设计钢结构需要处理两个方面的因素：一是结构和构件的抗力；二是荷载施加于结构的效应。通过内力分析来解算荷载效应。结构在荷载作用下必然有变形。当变形和构件的几何尺寸相比微不足道时，内力分析按结构的原始位移进行，即忽略变形的影响。这种做法称为一阶分析。传统的钢结构除采用柔索的结构如悬索桥，悬索屋盖结构和带纤绳的桅杆外，都用一阶分析。然而随着钢材强度的提高和构件截面尺寸的减小，结构变形相应增大，以至一阶分析算得内力偏低。大跨度的钢拱桥，拱肋的柔度就比较大，变形影响不再能被忽略。房屋建筑中围护结构轻型化使它对承重结构提供的刚度支持减小，多层框架结构的变形影响也不再能够被忽略。考虑变形影响的内力分析称为二阶分析，属于几何非线性分析。比较两种分析方法，二阶弹性分析的结果更接近于实际，而且自动考虑了杆件的弹性稳定问题，但计算工作量却大大增加，计算结果中还包含超越函数，解算难度较大。

构件和结构的几何缺陷，有些在确定构件抗力时加以考虑，如压杆的初始弯曲，有的则在内力分析时予以考虑，如框架柱的初始倾斜。

结构内力分析还可以区分为弹性分析和非弹性分析。传统的做法是把结构看作弹性体来分析。如果结构或构件在达到承载能力极限状态之前不出现塑性，弹性分析正确反映结构的真实情况。如果结构出现少量非弹性应变，但对结构的行为影响不大，为计算简便计，仍然可以用弹性分析。多次超静定的结构如多层刚架，在达到承载极限之前会在多处出现塑性变形，精确反映这类结构极限状态的计算应充分考虑钢材的塑性性能。

### 1.3.3　概率极限状态设计法

钢结构设计的基本原则是要做到经济合理、技术先进、安全适用和确保质量。因此，结构设计要解决的根本问题是在结构的可靠和经济之间选择一种最佳的平衡，使由最经济的途径建成的结构能以适当的可靠度满足各种预定的功能要求。结构的可靠性理论近年来得到了迅速的发展，结构设计已经摆脱传统的定值设计方法，进入以概率理论为基的极限状态设计方法，简称概率极限状态设计法。

在简单的设计场合，以 $R$ 代表结构的抗力，$S$ 代表荷载对结构的作用效应，那么

$$Z=R-S$$

这就是结构的功能函数。这一函数为正值时结构可以满足功能要求，为负值时则不能，即

$$Z=R-S\begin{cases} >0 & \text{结构处于可靠状态} & (1\text{-}1a) \\ =0 & \text{结构处于极限状态} & (1\text{-}1b) \\ <0 & \text{结构处于失效状态} & (1\text{-}1c) \end{cases}$$

传统的定值设计法认为 $R$ 和 $S$ 都是确定性的变量。因此，结构只要按式（1-1a、b）的条件设计，并赋予一定的安全系数，结构就是绝对安全的。事实并不是这样，结构失效的事例还时有所闻。因为 $R$ 和 $S$ 受到许多随机性因素的影响而具有不定性，$Z=R-S>0$ 并不是必然性的事件。例如，国家标准规定 Q235 钢的屈服强度不低于 $235\text{N/mm}^2$。实际钢材的屈服强度大多高于此值，高出程度不等。不过，也确实有少量钢材没有达到国家标准的要求。因此，用概率来度量结构的可靠性，才是科学的方法。

按照概率极限状态设计方法，结构的可靠度定义为："结构在规定的时间内，在规定的条件下，完成预定功能的概率。"这里所说"完成预定功能"就是对于规定的某种功能来说结构不失效（$Z\geqslant 0$）。这样，若以 $p$ 表示结构的可靠度，上述定义可表达为：

$$p_s=P(Z\geqslant 0) \tag{1-2a}$$

结构的失效概率记为 $p_f$，则有

$$p_f=P(Z<0) \tag{1-2b}$$

并且 $p_s=1-p_f$。

因此，结构可靠度的计算可以转换为结构失效概率的计算。可靠的结构设计指的是失效概率 $p_f$ 小到可以接受的程度，但并不意味着结构绝对可靠。

结构的可靠度通常受荷载、材料性能、几何参数和计算公式精确性等因素的影响。这些具有随机性的因素称为"基本变量"。对于一般建筑结构，可以归并为上面所说的两个基本变量，即荷载效应 $S$ 和结构抗力 $R$，并设两者都服从正态分布。这样 $Z=R-S$ 也是正态随机变量。以 $\mu$ 代表平均值，以 $\sigma$ 代表标准差，则根据平均值和标准差的性质可知

$$\mu_Z=\mu_R-\mu_S \tag{1-3}$$

$$\sigma_Z^2=\sigma_R^2+\sigma_S^2 \tag{1-4}$$

已知结构的失效概率表达为 $p_f=P(Z<0)$，由于标准差都取正值，上式可改写成

$$p_f=P\left(\frac{Z}{\sigma_Z}<0\right) \text{ 和 } p_f=P\left(\frac{Z-\mu_Z}{\sigma_Z}<\frac{-\mu_Z}{\sigma_Z}\right)$$

因为 $\dfrac{Z-\mu_Z}{\sigma_Z}$ 服从标准正态分布，所以又可写成

$$p_f=\Phi\left(-\frac{\mu_Z}{\sigma_Z}\right) \tag{1-5}$$

式中　$\Phi(\cdot)$——标准正态分布函数。

令 $\beta=\dfrac{\mu_Z}{\sigma_Z}$，并将式（1-3）和式（1-4）的值代入，则有

$$\beta=\frac{\mu_R-\mu_S}{\sqrt{\sigma_R^2+\sigma_S^2}} \tag{1-6}$$

式（1-5）成为

$$p_f=\Phi(-\beta)$$

因为是正态分布，则

$$p_s=1-p_f=\Phi(\beta) \tag{1-7}$$

由以上两式可见，$\beta$ 和 $p_f$（或 $p_s$）具有数值上的一一对应关系。已知 $\beta$ 后即可由标准正态函数值的表中查得 $p_f$，图 1-47 和表 1-1 都给出了 $\beta$ 与 $p_f$ 的对应关系。$\beta$ 越大，$p_f$ 就越小，

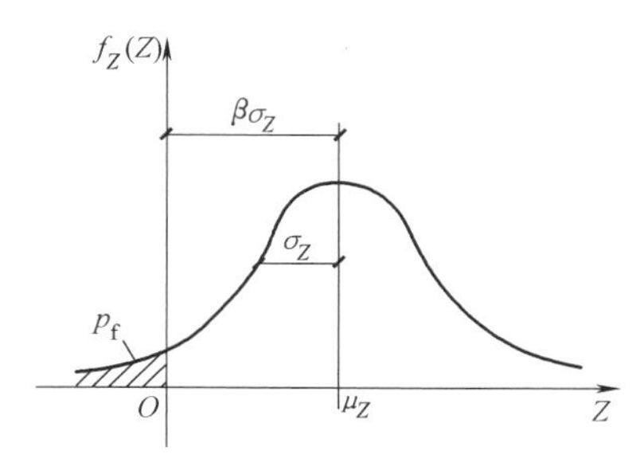


图 1-47 $\beta$ 与 $p_f$ 的对应关系

也就是结构越可靠，所以称 $\beta$ 为可靠指标。确定 $\beta$ 并不要求知道 $R$ 和 $S$ 的分布。只要知道它们的平均值和标准，就可以由式（1-6）算得 $\beta$。

**表 1-1 $\beta$ 与 $p_f$ 的对应关系**

| $\beta$ | $p_f$ | $\beta$ | $p_f$ |
|---|---|---|---|
| 1.0 | $1.59\times10^{-1}$ | 3.2 | $6.9\times10^{-4}$ |
| 1.5 | $6.68\times10^{-2}$ | 3.7 | $1.1\times10^{-4}$ |
| 2.0 | $2.28\times10^{-2}$ | 4.0 | $3.17\times10^{-5}$ |
| 2.7 | $3.5\times10^{-3}$ | 4.2 | $1.3\times10^{-5}$ |
| 3.0 | $1.35\times10^{-3}$ | 4.5 | $3.40\times10^{-6}$ |

以上推算曾假定 $R$ 和 $S$ 都服从正态分布。实际上结构的荷载效应多数不服从正态分布，结构的抗力一般也不服从正态分布。对于非正态的随机变量，可以做当量正态代换，找出它当量正态分布的平均值和标准差，然后就可以按照正态随机变量一样对待。

用 $\beta$ 来衡量结构的可靠度，比传统的安全系数更为合理，可以通过以下分析来进一步说明。在传统的定值法中安全系数是

$$k=\frac{\mu_R}{\mu_S}$$

它只涉及 $R$ 和 $S$ 的平均值，没有考虑到材料性能均匀程度对结构可靠度的影响。从统计数学的观点看，用两批平均强度相等的材料 $\mu_{R1}=\mu_{R2}$ 建成的结构，在相同的荷载作用下，其可靠度常常是不相同的。均匀性好的一批材料，标准差 $\sigma_{R1}$ 显然小于均匀性差的另一批材料的 $\sigma_{R2}$，即

$$\sigma_{R1}<\sigma_{R2}$$

从而可知

$$\beta_1=\frac{\mu_{R1}-\mu_S}{\sqrt{\sigma_{R1}^2+\sigma_S^2}}>\frac{\mu_{R2}-\mu_S}{\sqrt{\sigma_{R2}^2+\sigma_S^2}}=\beta_2$$

即第一批材料建成的结构的可靠度大于第二批材料建成的结构，$p_{f1}<p_{f2}$。

如何确定式（1-6）中构件抗力的平均值 $\mu_R$ 和标准差 $\sigma_R$。影响构件抗力的主要因素有三个：

1）构件材料性能的不定性，主要是指材质的变异性，以及加工、受荷、环境和尺寸等因素引起的材料性能变异性。

2）构件几何参数的不定性，主要指制作尺寸偏差和安装误差等引起的构件几何参数的变异性。

3）构件计算模式的不定性，主要指抗力计算所采用的基本假设和计算公司不精确等引起的变异性。

施加在结构上的荷载不但具有随机性质，而且一般和时间参数有关。因此，要得出结构荷载效应的统计参数必须先确定一个设计基准期。《建筑结构可靠度设计统一标准》（GB 50068—2018）[㊀]规定设计基准期为 50 年。风、雪荷载的观测和分析是在 50 年内连续进行的。

为了在设计中对钢、木、钢筋混凝土等不同结构取得相同的可靠度，应该制定出结构设计统一的可靠指标。规范或标准规定的 $\beta$ 值可以称之为目标可靠指标。目标可靠指标的取值从理论上说应根据各种结构构件的重要性、破性性质及失效后果，以优化方法确定。但是，实际上这些因素还难以找到合理的定量分析方法。因此，目前各个国家在确定目标可靠指标时都采用“校准法”，通过对原有规范做反演算，找出隐含在现有工程结构中相应的可靠指标值，经过综合分析后确定设计规范中相应的可靠指标值，经过综合分析后确定设计规范中相应的可靠指标值。这种方法的实质是从整体上继承原有的可靠度水准，是一种稳妥可行的办法。对钢结构各类主要构件校准的结果，$\beta$ 一般为 3. 16～3. 62。《建筑结构可靠性设计统一标准》规定各类构件按承载能力极限状态设计时的可靠指标见表 1-2，一般的工业与民用建筑的安全等级属于二级。钢结构的强度破坏和大多数失稳破坏都具有延性破坏性质，所以钢结构构件设计的目标可靠指标一般为 3.2。但是也有少数情况，主要是某些壳体结构和圆管压杆及一部分方管压杆失稳时具有脆性破坏特征。对这些构件，可靠指标按表 1-2 应取 3.7。疲劳破坏也具有脆性特征，但我国现行设计规范对疲劳计算仍然采用容许应力法。钢结构连接的承载能力极限状态经常是强度破坏而不是屈服，可靠指标应比构件为高，一般推荐用 4.5。

表 1-2 目标可靠指标

| 破坏类型 | 安全等级 | | |
|---|---|---|---|
| | 一级 | 二级 | 三级 |
| 延性破坏 | 3.7 | 3.2 | 2.7 |
| 脆性破坏 | 4.2 | 3.7 | 3.2 |

### 1.3.4 设计表达式

为了应用简便并符合人们长期以来的习惯，把结构件极限状态设计式表达为如下的形式（不考虑预应力的作用）

$$\frac{R_{\mathrm{d}}}{\gamma_0}=\frac{R_{\mathrm{k}}}{\gamma_0\gamma_R}\geqslant S_{\mathrm{d}}=\sum_{j=1}^{m}\gamma_{Gj}S_{Gjk}+\sum_{i=1}^{n}\gamma_{Qi}\gamma_{\mathrm{L}i}S_{Qik} \tag{1-8}$$

式中 $\gamma_0$——结构重要性系数，应按结构构件的安全等级、设计使用年限并考虑工程经验确定；

㊀ 本书未做特别说明时，《建筑结构可靠性设计统一标准》均指此版。

$\gamma_R$——构件抗力分项系数；

$\gamma_{Li}$——第 $i$ 个可变荷载考虑设计使用年限的调整系数；

$S_d$——荷载组合的效应设计值；

$R_d$——结构构件抗力的设计值，$R_d=R_k/\gamma_R$；

$R_k$——结构构件抗力的标准值；

$S_{Gjk}$、$S_{Qjk}$——按规范规定的标准值算得的永久荷载效应和可变荷载效应；

$\gamma_{Gj}$、$\gamma_{Qi}$——永久荷载分项系数和可变荷载分项系数。

三个分项系数显然都和既定的目标可靠指标 $\beta$ 有关。由式（1-6）解出 $\mu_R$，然后把等号改为大于或等于，则有

$$\mu_R \geqslant \mu_S+\beta\sqrt{\sigma_R^2+\sigma_S^2} \tag{1-9}$$

令
$$\sqrt{\sigma_R^2+\sigma_S^2}=\frac{\sigma_R}{\sqrt{\sigma_R^2+\sigma_S^2}}\sigma_R+\frac{\sigma_S}{\sqrt{\sigma_R^2+\sigma_S^2}}\sigma_S=\alpha_R\sigma_R+\alpha_S\sigma_S$$

式中
$$\alpha_R=\frac{\sigma_R}{\sqrt{\sigma_R^2+\sigma_S^2}},\alpha_S=\frac{\sigma_S}{\sqrt{\sigma_R^2+\sigma_S^2}}$$

则式（1-9）可改写为

$$(1-\beta\alpha_R\delta_R)\mu_R \geqslant (1+\beta\alpha_S\delta_S)\mu_R \tag{1-10}$$

式中　$\delta_R$、$\delta_S$——$R$ 和 $S$ 的变异系数，$\delta_R=\sigma_R/\mu_R$，$\delta_S=\sigma_S/\mu_S$。

式（1-10）可以简记为

$$\frac{\mu_R}{k_R} \geqslant \frac{k_S}{\mu_S} \tag{1-11}$$

式中　$k_R$、$k_S$——对 $R$ 和 $S$ 的平均值而言的抗力分项系数和荷载分项系数，$k_R=1/(1-\beta\alpha_R\delta_R)$，$k_S=1+\beta\alpha_R\delta_R$。

在工程设计中经常以 $R$ 和 $S$ 的标准值 $R_k$ 和 $S_k$ 作为计算对象

$$R_k=\mu_R-\eta_R\sigma_R=\mu_R(1-\eta_R\delta_R)$$
$$S_k=\mu_S+\eta_S\sigma_S=\mu_S(1+\eta_S\delta_S)$$

$\eta_R$ 和 $\eta_S$ 为确定标准值时所采用的保证度系数。引用这两个系数后，$R$ 和 $S$ 的标准值分别定在概率分布的 0.05 下分位数和 0.05 上分位，如图 1-48a、b 所示。对于服从正态分布的变量，对应于 0.05 分位数的 $\eta$ 值是 1.645。可变荷载的标准值应以 50 年最大荷载概率分布为依据。建筑钢材屈服强度的标准值由钢材的国家标准规定，取为废品极限值。

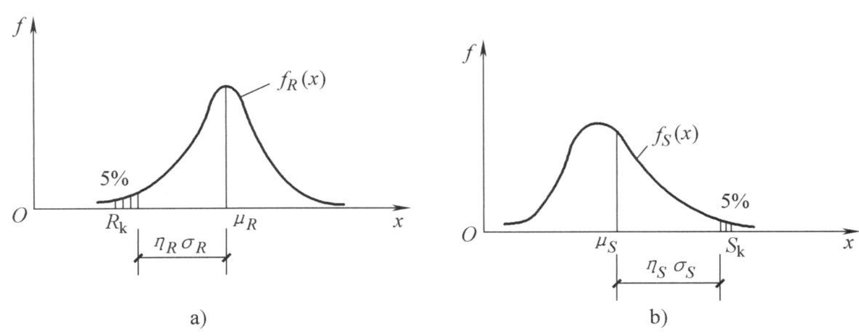


图 1-48　抗力和荷载效应的标准值

利用以上关系，式（1-10）可化成

$$\frac{1-\beta_{\alpha R}\delta_R}{1-\eta_R\delta_R}\cdot R_{\mathrm{k}} \geqslant \frac{1+\beta_{\alpha S}\delta_S}{1+\eta_S\delta_S}\cdot S_{\mathrm{k}} \tag{1-12}$$

或

$$\frac{1}{\gamma_R}R_{\mathrm{k}} \geqslant \gamma_S S_{\mathrm{k}} \tag{1-13}$$

式中 $\gamma_R$——抗力分项系数，$\gamma_R=\dfrac{1-\eta_R\delta_R}{1-\beta_{\alpha R}\delta_R}$；

$\gamma_S$——荷载分项系数，$\gamma_S=\dfrac{1+\beta_{\alpha S}\delta_S}{1+\eta_S\delta_S}$。

这两个分项系数都和度量构件可靠度的可靠指标 $\beta$ 有关，而可靠度又和所有的基本变量有关。因此，$\gamma_S$ 取值的大小会影响 $\gamma_R$ 值。不仅如此，当可变荷载 $Q_{\mathrm{k}}$ 和永久荷载 $G_{\mathrm{k}}$ 的比值变化时，分项系数的取值也随同改变。为了计算简便，《建筑结构可靠性设计统一标准》对永久荷载和可变荷载的分项系数分别取为定值，即在一般情况下在 $\gamma_G=1.3$，$\gamma_Q=1.5$；在 $S_{Q\mathrm{k}}$ 和 $S_{G\mathrm{k}}$ 异号的情况下则取 $\gamma_G\leqslant1.0$，$\gamma_Q=1.5$。这样，式（1-13）在引进结构重要性系数后就成为式（1-8）。

为了计算简便，$\gamma_R$ 显然也应对各类构件各自取定值，甚至对各类构件取统一的定值。三个分项系数都取定值，按式（1-8）设计的构件实际具有 $\beta$ 值就不可能和目标可靠指标完全相同。因此，在确定构件的 $\gamma_R$ 值时应注意对目标可靠指标的偏离最小。经过分析，对Q235钢做成的构件统一用 $\gamma_R=1.087$ 比较适当。统一在这一数值后的各类构件的 $\beta$ 出现一定差别，但差别不大，而且和校准所提的 $\beta$ 值也比较接近，因此是可行的。对Q345、Q390和Q420钢构件则取为 $\gamma_R=1.111$。

施加在结构上的可变荷载往往不止一种，这些荷载不可能同时达到各自的最大值。因此，还要根据组合荷载效应的概率分布来确定荷载的组合系数，加到式（1-8）中去。除永久荷载和第一个可变荷载外，其他可变荷载的效应都应乘以不大于1的组合值系数，由可变荷载控制的设计表达式，应按下式进行计算：

$$S_{\mathrm{d}}=\gamma_0\left(\sum_{j=1}^{m}\gamma_{Gj}S_{Gj\mathrm{k}}+\gamma_{Q1\mathrm{k}}\gamma_{\mathrm{L}i}S_{Q1\mathrm{k}}+\sum_{i=2}^{n}\gamma_{Qi}\gamma_{\mathrm{L}i}\Psi_{\mathrm{c}i}S_{Qi\mathrm{k}}\right)\leqslant R_{\mathrm{d}} \tag{1-14}$$

式中 $S_{Qi\mathrm{k}}$、$S_{Q1\mathrm{k}}$——第 $i$ 个和第一个可变荷载的效应，设计时应把效应最大的可变荷载取为第一个；如果何者效应最大不明确，则需把不同的可变荷载作为第一个来进行比较，找出最不利组合；

$\gamma_0$——结构重要性系数，建筑结构根据其破坏后果的严重性，亦即危及人的生命，造成经济损失和产生社会影响的严重程度，分为三个安全等级：一般工业与民用建筑列为二级，取 $\gamma_0=1$；影剧院、体育馆和高层建筑等宜按重要性为一级考虑，取 $\gamma_0=1.1$；次要和临时建筑物为三级，取 $\gamma_0=0.9$；

$\Psi_{\mathrm{c}i}$——第 $i$ 个可变荷载的组合值系数，应分别按《建筑结构荷载规范》（GB 50009—2001）[㊀]各章的规定采用。

㊀ 本书未做特殊说明时，《建筑结构荷载规范》均指此版。

遇到以永久荷载为主的结构时，式（1-13）的 $\gamma_G$ 应取为 1.35。此时，所有的可变荷载都应乘以组合值系数。由永久荷载控制的设计表达式，应按下式进行计算：

$$S_d = \gamma_0\left(\sum_{j=1}^{m} \gamma_{Gj} S_{Gjk} + \sum_{i=1}^{n} \gamma_{Qi}\gamma_{Li}\Psi_{ci}S_{Qik}\right) \leqslant R_d \tag{1-15}$$

对于一般排架、框架结构，可采用简化规则，并以下列组合值 $S$ 代替式（1-14）的括弧部分，当只有一个可变荷载时

$$S_d = \sum_{j=1}^{m} \gamma_{Gj} S_{Gjk} + \gamma_{Q1}\gamma_{L1}S_{Q1k} \tag{1-16a}$$

当有多个可变荷载时

$$S_d = \sum_{j=1}^{m} \gamma_{Gj} S_{Gik} + 0.9\sum_{i=1}^{n} \gamma_{Qi}\gamma_{Li}S_{Qik} \tag{1-16b}$$

式（1-14）和式（1-15）都不包括偶然荷载（如爆炸力和撞击力等），称为承载能力极限状态的基本组合。

《钢结构设计标准》对式（1-14）、式（1-15）、式（1-16a、b）中的 $R$ 和 $S$ 都取为应力。式（1-14）、式（1-15）、式（1-16a、b）的左端代表荷载设计值组合下的构件应力。如构件强度验算都采用以下形式

$$\sigma < f$$

式中　$\sigma$——构件在荷载设计值组合下的应力；

　　　$f$——材料的强度设计值，$f=R_k/\gamma_R=f_y/\gamma_R$。

例如，对于一般钢屋架的受拉构件，当屋架只承受永久荷载和雪荷载时，式（1-14）左端为

$$\sigma=\sigma_G+\sigma_S=\frac{N_G+N_S}{A_n}=\frac{1.3N_{Gk}+1.5N_{Sk}}{A_n} \tag{1-17}$$

式中　$\sigma_G$、$N_G$、$N_{Gk}$——永久荷载作用下杆件的应力设计值、杆件轴线拉力的设计值和标准值；

　　　$\sigma_S$、$N_S$、$N_{Sk}$——雪荷载作用下杆件的应力设计值、杆件轴线拉力设计值和标准值；

　　　$A_n$——杆件净截面面积。

当永久荷载的效应比雪荷载大时，还应计算 $\sigma=(1.35N_{Gk}+0.7\times1.5N_{Sk})/A_n$ 和式（1-17）比较并取最不利值，0.7 为雪荷载的组合值系数。

当屋架还承受悬挂式起重机荷载时则有

$$\sigma=\sigma_G+\sigma_C+\sigma_S=\frac{1.3N_{Gk}+0.9\times1.5(N_{Ck}+N_{Sk})}{A_n} \tag{1-18}$$

式中　$\sigma_C$、$N_{Ck}$——起重机荷载作用下杆件的应力设计值和轴线拉力标准值。

需要注意的是：按式（1-17）算得的应力不应小于只计入雪荷载或起重机荷载时的应力。

当验算屋架拉杆在风荷载作用下是否会变压时，风荷载的分项系数 $\gamma_W=1.5$，永久荷载的分项系数则取 $\gamma_G=1.0$，即考察 $1.5N_{Wk}$ 是否大于 $N_{Gk}$。

以上论述主要针对承载能力极限状态而言。对于正常使用极限状态，当验算变形是否超过规定限值时，不考虑荷载分项系数。荷载效应的组合分为标准组合、频遇组合和准永久组

合三类。钢结构的正常使用极限状态一般只考虑标准组合，但钢与混凝土组合梁尚应考虑准永久组合。

## 1.4 钢结构的新发展

### 1.4.1 结构用钢的新发展

国内外在高性能钢材的应用方面取得不少新进展，其中包括高强度高性能钢、低屈服强度钢和耐火钢的开发和应用等。

我国新修订的《钢结构设计标准》中增列了性能优良的Q460钢、Q345GJ，Q460钢材（15MnVN）已成功地应用在九江长江大桥的建设中。另外我国冶金部门制定了行业标准《高层建筑结构用钢板》（YB 4104—2000），该钢板是专门供高层建筑和其他重要建（构）筑物用来生产厚板焊接截面构件的。其性能与日本建筑结构用钢材相近，质量上还有所改进。我国有些企业正在试生产屈服强度达到100N/mm$^2$的低屈服强度钢材，相当于日本的LY100钢，可用于抗震结构的耗能部件。有的企业正在开发耐火钢，该钢即使加热到600℃也能保持常温2/3以上的强度。

日本近些年制定了新的建筑结构专用钢材规格《建筑结构用轧制钢材》（JIS G3136—2012）。该种钢材的质量等级已不再按夏比（Charpy）冲击试验分类，而是按使用部位、提示有关需要分类。如SN400A（相当于我国的Q235A）只能使用在次要构件处于弹性范围的、原则上非焊接的构件或部位；SN400B及SN490B（接近于我国Q345强度等级）是能保证塑性变形和焊接性能的钢材。使用在抗震结构构件和部位中；SN400C及SN490C具有非常好的抗层状撕裂性能，主要使用在如箱型柱的外部板材等需要板厚方向性能（Z向性能）的构件和部位中。SNB、SNC类钢材均对屈服强度的上限值做出了规定，以防构件需塑性变形耗能的部位不能进入塑性屈服；并对碳当量及磷、硫的上限予以严格限制。SNC类钢材对硫的含量提出了更严格的限制，并规定生产厂家有义务进行超声探伤试验，以确保板厚方向的性能。目前日本国内建筑用厚钢板的70%为SN钢材。日本已开发出LY225钢、LY100钢等低屈服强度钢和耐火钢（FR钢）。美国和欧洲的一些国家也在高强度高性能钢材的研制和应用等方面做出了不少贡献。如美国生产的经调质处理的合金钢板A514，其屈服强度高达690N/mm$^2$，并可用于焊接生产。

相对来说，我国钢材的种类和质量均不及工业发达国家的。如何研制开发新型高效钢材是摆在我国冶金战线科技工作者面前的一项重要任务。

### 1.4.2 新型结构体系的应用和发展

近年来，在全国各地修建了大量的大跨空间结构，网架和网壳结构形式已在全国普及，张弦桁架、悬挂结构也有很多应用实例；直接焊接钢管结构、变截面轻钢门式刚架、金属拱形波纹屋盖等轻钢结构也已遍地开花；钢结构的高层建筑也在不少城市拔地而起；适合我国国情的钢-混凝土组合结构和混合结构也有了广泛应用；许多地方都在建造索膜结构的罩棚和建筑小品……可以毫不夸张地说，我国已成了各种钢结构体系的展览馆和试验场。

各种不同的结构体系各有所长，但生命力较强的结构体系均具有如下特点：

1）必须是几何不可变的（除悬索、薄膜等张拉结构）空间整体，在各类作用的效应之下能保持稳定性、必要的承载力和刚度。

2）应使结构材料的强度得到充分地利用，使自重趋于最低。

3）能利用材料的长处，避免克服其短处。

4）能使结构空间和建筑空间互相协调、统一。

5）能适合本国情况，制作、安装简便，综合效益好。

目前我国正在进行大规模的基本建设，许多大型复杂的钢结构工程的建设都正在进行中。选择先进合理的结构体系，既能满足建筑艺术需要，又能做到技术先进、经济合理、安全适用、确保质量就显得非常重要。目前有一种为追求建筑造型新奇、怪异，而不惜浪费钢材采用最笨重的结构形式的倾向是值得警惕的。

### 1.4.3　设计方法的研究和发展

目前我国采用的概率极限状态设计法的特点是用根据各种不定性分析所得到的失效概率（或可靠指标）去度量结构的可靠性，并使所计算的结构构件的可靠度达到预期的一致性和可比性。但是该方法还有待发展，因为用它计算的可靠度还只是构件或某一截面的可靠度而不是结构体系的可靠度，该方法也不适用于构件或连接的疲劳验算。

目前大多数国家（当然包括我国）采用计算长度法计算钢结构的稳定问题。该方法的步骤是：采用一阶分析求解结构内力，按各种荷载组合求出各杆件的最不利内力，按第一类弹性稳定问题建立结构达临界状态时的特征方程，确定各压杆的计算长度；将各杆件隔离出来，按单独的压弯构件进行稳定承载力验算，验算中考虑了弹塑性、残余应力和几何缺陷等的影响。该方法的最大特点是采用计算长度系数来考虑结构体系对被隔离出来的构件的影响，计算比较简单，对比较规则的结构也可给出较好的结果。一阶分析方法依赖于计算长度，《钢结构设计标准》的计算长度系数是在特定条件下推导出来的。实际上，构件的计算长度与结构体系、荷载情况、约束条件均有关系，并不是一个定值。直接分析法准确考虑结构计算的诸多因素，并引入结构和构件的初始缺陷和残余应力，将稳定计算统一到原本的强度计算上来。

《钢结构设计标准》在8.3.3条中列入了有支撑框架柱计算长度系数的有关条款，并给出了强、弱支撑框架的概念。认为弱支撑不足以阻止框架的侧移，其框架压杆的稳定系数可利用规范中查得的相应于有、无侧移框架柱的稳定系数经插值求得。该法计算比较简单，概念也较清楚，完善了有支撑框架的稳定计算方法。

计算长度法存在以下缺陷（以框架结构为例）：

1）不考虑节间荷载的影响，按理想框架分枝失稳求特征值的方法求解稳定问题，得不到失稳时框架的准确位移，无法精确考虑二阶效应的影响。

2）不能考虑结构体系中内力的塑性重分布，因此对大型结构体系常常给出保守的设计，使结构体系的可靠度高于构件的可靠度。

3）不能精确地考虑结构体系与它的构件之间的相互影响，无法在给定荷载下预测结构体系的破坏模式。

4）需要花费大量时间进行各构件的承载力验算，包括计算长度的计算。

5）不便于基于计算机的分析和设计。

要克服上述问题，必须开展以整个框架结构体系为对象的二阶非弹性分析，即所谓高等分析和设计。此时，可求得在特定荷载作用下框架体系的极限承载力和失效模态，而无需对各个构件进行验算。目前欧洲钢结构试行规范（EC3）和澳大利亚钢结构标准都列有二阶弹塑性分析或高等分析的条款。我国新标准则列入了无支撑纯框架可采用二阶弹性分析的条款。上述的方法主要是用来计算内力的，然后要验算构件的承载力，只是计算长度或取构件的实际长度，或者按无侧移框架确定计算长度。

应当指出，同时考虑几何非线性和材料非线性的全过程分析（高等分析）给出的结构承载能力，将同时满足整个体系和它的组成构件的强度和稳定性的要求，可完全抛弃计算长度和单个构件验算的概念，对结构进行直接的分析和设计。但目前仅平面框架的高等分析和设计法研究的比较成熟，空间框架的高等分析距实用还有很大的一段距离有待跨越。
高等分析和设计方法的缺陷是：

1）由于考虑了非线性的影响，对荷载的不同组合都需要单独进行分析，叠加原理不再适用。

2）高等分析依赖于精确的计算模型，如果初选截面不合理，将耗费较多的时间调整截面。

3）构件的局部稳定和出平面空间稳定必须确保，目前的高等分析还不包括这些方面的验算内容。

4）该法是基于计算机的设计方法，无法进行手算，因此计算程序的优劣将直接影响设计效率。

高等分析和设计是一个正在发展和完善的新设计方法，而且是一种较精确的方法，我们可以用其来评价计算长度法的精度和问题，提出有关计算长度法的改进建议。可以预期，在近期内这两种方法将并存，并获得共同的发展。今后，随着计算机技术的发展，高等分析和设计法将逐渐成为主要的设计方法。对于这一点，我们必须有清醒的认识，应加紧开展相应的研究。

### 1.4.4　钢结构的加工制造业的发展

钢结构的制造工业机械化水平还需要进一步提高。从设计着手，结合制造工艺，促进产品的定型化、标准化、系列化产品，以达到批量生产，降低造价。制造业正在趋向于机电一体化，钢结构也不例外。发达国家的工业软件把钢材切割、焊接技术和焊接标准集成在一起，既保证构件质量又节省劳动力。我国参与国际竞争，必须在提高技术水平和降低成本方面下功夫。提高技术水平除了技术标准（包括设计规范）要和国际接轨外，制造和安装质量也必须跟上。

综上所述，随着我国国民经济的不断发展和科学技术的进步，钢结构在我国的应用范围也在不断扩大。钢结构课程的学习越来越得到重视，钢结构是一门理论性较强的课程，但其理论密切联系实践，须结合实验和工程检验才能完善和发展。《钢结构》还是一门很有生命力的课程，随着各种高效钢材和新型结构的开发，计算技术和试验手段的现代化，钢结构技术也在更新和发展，各种有关标准和规范也在不断修订充实，而钢结构课程的内容则在不断修订扩充。

在学习《钢结构》课程过程中，首先应将基本理论和基本概念放在重要位置，并要对材料、连接、基本构件和结构设计等内容，善于归纳、分析和比较，并不断加深理解。同时，要联系工程实践，吸取感性知识。另外，在设计和做习题时，应条理清晰，步骤分明，计算单位采用得当，以避免计算中的遗漏和失误。

## 思考题

1-1 钢结构有哪些特点？结合这些特点，应怎样选择其合理应用范围？

1-2 高效钢材包括哪些种类？为什么钢结构的发展要对其进行研究？

1-3 什么是概率极限状态设计法？

1-4 怎样理解结构的“极限状态”？承载能力极限状态和正常使用极限状态怎样区别？在计算两种极限状态时为何要采用不同的荷载值？

1-5 什么是结构的可靠性和可靠度？

1-6 钢材的强度设计值和标准值有何区别？设计值应如何选用？

1-7 分项系数 $\gamma_G$、$\gamma_Q$、$\gamma_R$ 分别代表什么？应如何取值？

# 钢结构的材料 第2章

## 2.1 钢结构用材的要求

钢结构的主材是钢材。钢是以铁和碳为主要成分的合金，其中铁是最基本的元素，碳和其他元素所占比例甚少，但却左右着钢材的物理和化学性能。钢材的种类繁多，性能差别很大，适用于钢结构的钢材只是其中的一小部分。为了确保质量和安全，对其使用的钢材性能有下列要求：

（1）较高的强度　钢材强度高可减小构件截面，从而减轻结构自重，节约钢材，降低造价。

（2）较好的塑性和韧性　塑性好的钢材具有足够的应变能力，能在结构破坏前产生明显的变形，从而降低结构脆性破坏的危险性。同时，塑性变形能调整局部应力高峰，使应力分布逐渐趋于均匀。韧性好的钢材具有较强的抵抗脆性破坏的能力。低温寒冷地区和承受重复荷载作用需验算疲劳的钢结构，对钢材的韧性要求更高。

（3）良好的加工和焊接性能　将钢材制造成钢结构，需经过冷加工（剪切、钻孔、冷弯等）、热加工（气割、热弯等）和焊接等工序，故钢材不仅应具有易于冷、热加工的工艺性能和焊接性能，而且其材性（强度、塑性、韧性等）不会明显改变，否则对结构会产生不利影响。

（4）专用的特种性能（耐候、耐火、Z向性能）　露天钢结构或在有害介质作用下的钢结构均有较高的防腐要求，重要的建筑钢结构还有较高的防火要求。然而，一般钢材的防腐、防火性能均较差（在600℃时完全丧失承载力，在高温火焰燃烧下，仅15min就可能垮塌），虽可涂刷防腐或防火涂料加以改善，但操作较繁，且维护费用较高。若钢材自身能具有耐候（耐大气腐蚀）、耐火性能，则有利于钢结构的应用。

我国《钢结构设计标准》推荐碳素结构钢中的Q235和低合金高强度结构钢中的Q345、Q390、Q420和Q460等牌号的钢材作为承重钢结构用钢。

## 2.2 钢材的生产

### 2.2.1 钢材的冶炼

除了陨石中可能存在少量的天然铁之外，地球上的铁都蕴藏在铁矿中。从最初的铁矿石到钢材成品，钢材的生产大致可分为炼铁、炼钢和轧制三道工序。

1. 炼铁

矿石中的铁是以氧化物的形态存在的，要从矿石中得到铁，就要用与氧的亲和力比铁更大的还原剂（如一氧化碳与碳等），通过还原作用从矿石中除去氧，还原出铁。同时，为了使砂质和粘土质的杂质易于熔化为熔渣，常用石灰石作为熔剂。所有这些作用只有在足够的温度下才会发生，因此铁的冶炼都是在可以鼓入热风的高炉内进行。装入炉膛内的铁矿石、焦炭、石灰石和少量的锰矿石，在鼓入的热风中发生反应，在高温下成为熔融的生铁（碳含量超过2.06%）和漂浮其上的熔渣。常温下的生铁质坚而脆，但由于其熔化温度低，在熔融状态下具有足够的流动性，且价格低廉，故在机械制造业的铸件生产中有广泛的应用。铸铁管是土木建筑业中少数应用生铁的例子之一。

2. 炼钢

炼钢是将生铁水、废钢和石灰石等原料加入炼钢炉（氧气转炉、电炉等）炉膛，再用燃料（纯氧、煤气或重油等）加热燃烧至温度约1650℃，使铁水中多余的碳和硫、磷等元素，在高温下经过熔化、氧化、还原等物理化学反应过程而被除去，从而炼成合乎化学成分要求的各类钢种。

碳的质量分数在2.06%以下的铁碳合金称为碳素钢。因此，当用生铁制钢时，必须通过氧化作用除去生铁中多余的碳和其他杂质，使它们转变为氧化物进入渣中，或成气体逸出。这一作用也要在高温下进行，称为炼钢。常用的炼钢炉有三种形式：转炉、平炉和电炉。

1）转炉炼钢是利用高压空气或氧气使炉内生铁熔液中的碳和其他杂质氧化，在高温下使铁液变为钢液。氧气顶吹转炉冶炼的钢中有害元素和杂质少，质量和加工性能优良，且可根据需要添加不同的元素，冶炼碳素钢和合金钢。由于氧气顶吹转炉可以利用高炉炼出的生铁熔液直接炼钢，生产周期短、效率高、质量好、成本低，已成为国内外发展最快的炼钢方法。

2）平炉炼钢是利用煤气或其他燃料供应热能，把废钢、生铁熔液或铸铁块和不同的合金元素等冶炼成各种用途的钢。平炉的原料广泛、容积大、产量高、冶炼工艺简单、化学成分易于控制，炼出的钢质量优良。但平炉炼钢周期长、效率低、成本高，现已逐渐被氧气顶吹转炉炼钢所取代。

3）电炉炼钢是利用电热原理，以废钢和生铁等为主要原料，在电弧炉内冶炼。由于不与空气接触，易于清除杂质和严格控制化学成分，炼成的钢质量好。但因耗电量大，成本高，一般只用来冶炼特种用途的钢材。

3. 轧制

轧制工艺目前分为两种：一种是有百余年历史的传统方法，即在钢炼好后，将钢液浇铸于钢锭模中成为体积较大的钢锭，经脱锭车间脱模后运至初轧厂再经均热炉加温，然后在初轧机中开坯，轧成厚度较小且长、宽适当的各种钢坯供应给各钢厂（轨梁厂、轧板厂、无缝钢管厂等），轧成各种钢材。另一种是近20多年来快速发展的连铸连轧方法，它省去了铸锭开坯工序，直接将炼好的钢水在钢厂连铸机中浇铸成近终型的钢坯（薄板坯、中厚板坯、方坯、圆坯、异型坯等），然后经轧机连续轧制成各种钢材。

按钢液在炼钢炉中或盛钢桶中进行脱氧的方法和程度的不同，碳素结构钢可分为沸腾钢、镇静钢和特殊镇静钢三类。沸腾钢采用脱氧能力较弱的锰作脱氧剂，脱氧不完全，故在传统的模铸钢锭时仍有较多的氧化铁和碳生成一氧化碳气体大量逸出，引起钢的剧烈沸腾而得名。沸腾钢冷却速度快，氧、氮等杂质气体不能全部逸出，凝固后在钢材中留有较多的氧化铁夹杂和气泡。由于钢中的化学成分分布不均匀会出现偏析现象，气泡内的杂质（硫化物和氧化物）还可能产生非金属夹杂、裂纹、分层等缺陷，钢的质量较差。镇静钢采用锰加硅作为脱氧剂，脱氧较完全，钢液不出现沸腾现象，表面较平静而得名。硅在脱氧过程中还放出很多热量，钢液冷却速度较慢，气体能充分逸出，钢中气泡少，晶粒细，组织致密，偏析小，这种钢质量好，但成本高。特殊镇静钢是在用硅脱氧后加铝（或钛）进行补充脱氧，其脱氧程度高于镇静钢，晶粒更细，塑性和低温性能更好，尤其是焊接性能显著提高。低合金高强度结构钢一般都是镇静钢。

随着冶炼技术的不断发展，用连续铸造法生产钢坯（用作轧制钢材的半成品）的工艺和设备已逐渐取代了笨重而复杂的铸锭—开坯—初轧的工艺流程和设备。连铸法的特点是：钢液由钢包经过中间包连续注入被水冷却的铜制铸模中，冷却后的坯材被切割成半成品。连铸法的机械化、自动化程度高，可采用电磁感应搅拌装置等先进设施提高产品质量，生产的钢坯整体质量均匀，但只有镇静钢才适合连铸工艺。因此国内大钢厂已很少生产沸腾钢，若采用沸腾钢，不但质量差，而且供货困难，价格并不便宜。

用连铸方法浇铸体积较小的钢坯，不但改变了传统模铸单个体积较大的钢锭形式，而且其脱氧充分，浇铸过程没有沸腾现象，材质均匀，故产品一般均为镇静钢。

化学成分偏析使钢材的塑性、冷弯性能、冲击韧性及焊接性能变坏。非金属夹杂中的硫化物使钢材“热脆”，氧化物则严重地降低钢材的机械性能和工艺性能。裂纹使钢材的冷弯性能、冲击韧性和抗脆性破坏的能力大大降低。钢材在厚度方向不密合的分层，虽各层间仍相互连接，并不脱离，但它将严重降低冷弯性能。分层的夹缝处还易锈蚀，甚至形成裂纹，这将大大降低钢材的冲击韧性及抗脆断能力，尤其是在承受垂直于板面的拉力时，易产生层状撕裂。

钢材热轧可改善钢锭（坯）的铸造组织，它可使结晶致密，消除冶炼过程中的部分缺陷，故铸钢的质量得到提高。尤其是轧制压缩比大的小型钢材，如薄板、小型钢等，其强度、塑性、冲击韧性均优于压缩比小的大型钢材，故钢材的机械性能标准根据厚度进行了分段。另外，钢材性能与轧制方向有关，顺着轧制方向（纵向）较好，横向较差。

### 2.2.2　钢材的组织构造和缺陷

#### 1. 钢材的组织构造

碳素结构钢是通过在强度较低而塑性较好的纯铁中加适量的碳来提高强度的，一般常用的低碳钢碳的质量分数不超过0.25%。低合金结构钢则是在碳素结构钢的基础上，适当添加总质量分数不超过5%的其他合金元素，来改善钢材的性能。

碳素结构钢在常温下主要由铁素体和渗碳体所组成。铁素体是碳溶入体心立方晶体的$\alpha$铁中的固溶体，常温下溶碳仅0.0008%，与纯铁的显微组织没有明显的区别，其强度、硬度较低，而塑性、韧性良好。钢的主要成分是铁素体，约占总质量的99%。铁素体在钢中形成不同取向的结晶群。渗碳体是铁碳化合物，碳的质量分数为6.67%，其熔点高，硬度大，几乎没有塑性，在铁素体结晶群的颗粒之间，充满着一种称作珠光体的混合物，在其间形成了间层，如图2-1a所示。珠光体强度很高，坚硬而富于弹性。另外，有少量的锰、硅、硫、磷及其化合物溶解于铁素体和珠光体中。碳素钢的力学性能在很大程度上与铁素体和珠光体这两种成分的比例有关。同时，铁素体的晶粒越细小，珠光体的分布越均匀，钢的性能也就越好。

为了改善钢材的力学性能，可在钢中增加锰或硅的含量，还可以加入定量的铬、镍、铜、钒、铌、钛、氮、稀土等合金元素，这类钢称为合金钢。钢结构中常用的合金钢所含的合金元素较少，称为普通低合金钢。低合金结构钢其组织结构与碳素钢类似。合金元素及其化合物溶解于铁素体和珠光体中，形成新的固溶体使钢材的强度得到提高，同时塑性、韧性和焊接性能并不降低。

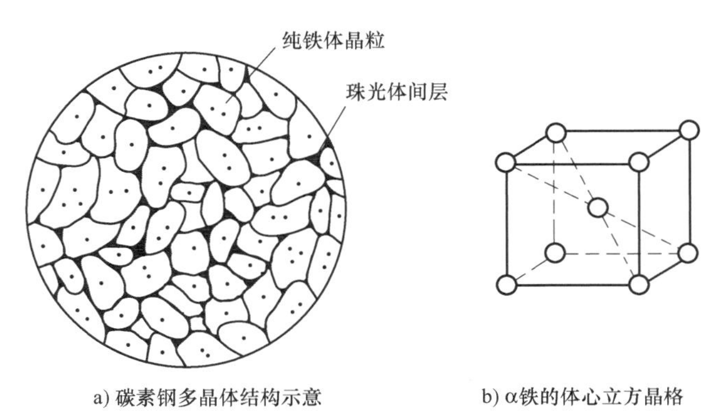

图 2-1　钢的组织结构

2. 钢材的铸造缺陷

在钢结构的构件中不可避免地存在着孔洞、槽口、凹角、裂纹、厚度变化、形状变化、内部缺陷等，这些统称为构造缺陷。由于构造缺陷，钢材中的应力不再保持均匀分布而是在构造缺陷区域的某些点产生局部高峰应力，而在其他一些点则应力降低，这种现象称为应力集中。应力集中现象严重与否，决定于构件形状变化的大小，构件形状变化越是急剧高峰应力就越大，钢的塑性也就降低得越厉害，脆性破坏的可能性就越大。应力集中是造成构件脆性破坏的主要原因之一。设计时应避免截面突变，采用圆滑过渡及必要时对构件表面进行加工等措施。在制造和施工时，也要尽可能防止对构件造成刻槽等缺陷。只要符合规范要求，计算时可不考虑应力集中的影响。

当采用铸模浇注钢锭时，与连续铸造生产的钢坯质量均匀相反，由于冷却过程中向周边散热，各部分冷却速度不同，在钢锭内形成了不同的结晶带（见图 2-2）。靠近铸模外壳区形成了细小的等轴晶带，靠近中部形成了粗大的等轴晶带，在这两部分之间形成了柱状晶带。这种组织结构的不均匀性，会给钢材的性能带来差异。

钢在冶炼和浇注过程中还会产生其他的冶金缺陷，如偏析、非金属夹杂、气孔、缩孔和裂纹等。偏析是指钢中化学成分不一致和不均匀性，偏析使钢材的性能变坏，特别是有害元素（如硫、磷等）在钢锭中的富集现象将降低钢材的塑性、冷弯性能、冲击韧度和焊接性能；非金属夹杂是指钢中含有硫化物与氧化物等杂质，非金属夹杂物的存在，对钢材的性能很不利；气孔是指由氧化铁与碳作用生成的一氧化碳气体，在浇注时不能充分逸出而留在钢锭中

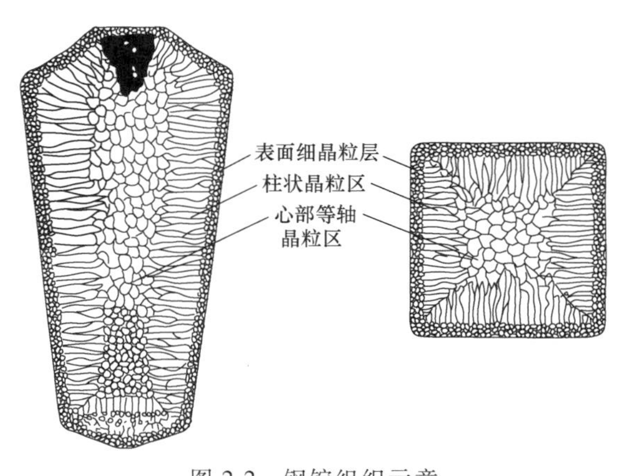

图 2-2　钢锭组织示意

的微小孔洞；缩孔是因钢液在钢锭模中由外向内、自下而上凝固时体积收缩，因液面下降，最后凝固部位得不到钢液补充而形成；钢液在凝固中因先后次序的不同会引起内应力，拉力较大的部位可能出现裂纹，不管是微观的抑或宏观的裂纹，均会使钢材的冷弯性能、冲击韧性和疲劳强度显著降低，并增加钢材脆性破坏的危险性。

### 2.2.3 钢材的加工

钢材的加工分为热加工、冷加工和热处理三种。将钢坯加热至塑性状态，依靠外力改变其形状，产生出各种厚度的钢板和型钢，称为热加工。在常温下对钢材进行加工称为冷加工。通过加热、保温、冷却的操作方法，使钢的组织结构发生变化，以获得所需性能的加工工艺称为热处理。

**1. 热加工**

将钢锭或钢坯加热至一定温度时，钢的组织将完全转变为奥氏体状态，奥氏体是碳溶入面心立方晶格的 $\gamma$ 铁的固溶体，虽然碳含量很高，但其强度较低，塑性较好，便于塑性变形。因此钢材的轧制或锻压等热加工，经常选择在形成奥氏体时的适当温度范围内进行。开始热加工时的温度不得过高，以免钢材氧化严重，终止热加工时的温度也不能过低，以免钢材塑性差，引发裂纹。一般开轧和锻压温度控制在1150~1300℃。

钢材的轧制是通过一系列轧辊，使钢坯逐渐辊轧成所需厚度的钢板或型钢。钢材的锻压是用加热的钢坯以锤击或模压的方法加工成所需的形状，钢结构中的某些连接零件常采用此种方法制造。

热加工可破坏钢锭的铸造组织，能使金属的晶粒变细，也能使气泡、裂纹等焊合，消除显微组织缺陷，因而改善了钢材的力学性能。热轧薄板和壁厚较薄的热轧型钢，因辊轧次数较多，轧制的压缩比大，钢材的性能改善明显，其强度、塑性、韧性和焊接性能均优于厚板和厚壁型钢。钢材的强度按板厚分组就是这个缘故。

热加工使金属晶粒沿变形方向形成纤维组织，使钢材沿轧制方向的性能优于垂直轧制方向的性能，使其各向异性增大。因此对于钢板部件应沿其横向切取试件进行拉伸和冷弯试验。钢中的硫化物和氧化物等非金属夹杂，经轧制之后被压成薄片，对轧制压缩比较小的厚钢板来说，该薄片无法被焊合，会出现分层现象。分层是沿厚度方向形成层间并不相互脱离的分层，它并不影响垂直与厚度方向的强度，但却使钢板沿厚度方向受拉的性能恶化，在分层的夹缝处易被锈蚀，在焊接连接处沿板厚方向有拉力作用时锈蚀将加速，可能出现层状撕裂现象。

**2. 冷加工**

在常温或低于再结晶温度情况下，通过机械的力量，使钢材产生所需要的永久塑性变形，获得需要的薄板或型钢的工艺称为冷加工。冷加工包括冷轧、冷弯、冷拔等延伸性加工，也包括剪、冲、钻、刨等切削性加工。冷轧卷板和冷轧钢板就是将热轧卷板或热轧薄板经带钢冷轧机进一步加工得到的产品。在轻钢结构中广泛应用的冷弯薄壁型钢和压型钢板也是经辊轧或模压冷弯所制成。组成平行钢丝束、钢绞线或钢丝绳等的基本材料——高强钢丝，就是由热处理的优质碳素结构钢盘条经多次连续冷拔而成的。

钢的冷作硬化现象是指当钢材冷加工（剪、冲、拉弯等）超过其弹性极限卸载后，出现残余塑性变形，再次加载时弹性极限（或屈服强度）提高的现象。冷作硬化降低了钢材的塑性和冲击韧性，增大了出现脆性破坏的可能性。冷拔高强度钢丝充分利用了冷作硬化现象，在悬索结构中有广泛的应用。冷弯薄壁型钢结构在强度验算时，可有条件地利用因冷弯效应而产生的强度提高现象。但对截面复杂的钢构件来说，这种情况是无法利用的。相反，钢材由于冷硬变脆，常成为钢结构脆性断裂的起因。因此，对于比较重要的结构，要尽量避免局部冷加工硬化的发生。

**3. 热处理**

钢的热处理是将钢在固态范围内，施以不同的加热、保温和冷却措施，从而改变其内部组织构造，达到改善钢材性能的一种加工工艺。钢材的普通热处理包括退火、正火、淬火和回火四种基本工艺。

退火和正火是应用非常广泛的热处理工艺，用其可以消除加工硬化、软化钢材、细化晶粒、改善组织以提高钢的机械性能；消除残余应力，以防钢件的变形和开裂；为进一步的热处理做好准备。对一般低碳钢和低合金钢而言，其操作方法为：在炉中将钢材加热至850~900℃，保温一段时间后，若随炉温冷却至500℃以下，再放至空气中冷却的工艺称为完全退火；若保温后从炉中取出在空气中冷却的工艺称为正火。正火的冷却速度比退火快，正火后的钢材组织比退火细，强度和硬度有所提高。如果钢材在终止热轧时的温度正好控制在上述范围内，可得到正火的效果，称为控轧。

还有一种去应力退火，又称低温退火，主要用来消除铸件、热轧件、锻件、焊接件和冷加工件中的残余应力。去应力退火的操作是将钢件随炉缓慢加热至500~600℃，经一段时间后，随炉缓慢冷却至300~200℃以下出炉。钢在去应力退火过程中并无组织变化，残余应力是在加热、保温和冷却过程中消除的。

淬火工艺是将钢件加热到900℃以上，保温后快速在水中或油中冷却。在极大的冷却速度下原子来不及扩散，因此含有较多碳原子的面心立方晶格的奥氏体，以无扩散方式转变为碳原子过饱和的α铁固溶体，称为马氏体。由于α铁的碳含量是过饱和状态，从而使体心立方晶格被撑长为歪曲的体心正方晶格。晶格的畸变增加了钢材的强度和硬度，同时使塑性和韧性降低。马氏体是一种不稳定的组织，不宜用于建筑结构。

回火工艺是将淬火后的钢材加热到某一温度进行保温，而后在空气中冷却。其目的是消除残余应力，调整强度和硬度，减少脆性，增加塑性和韧性，形成较稳定的组织。将淬火后的钢材加热至500~650℃，保温后在空气中冷却，称为高温回火。高温回火后的马氏体转化为铁素体和粒状渗碳体的机械混合物，称为索氏体。索氏体钢具有强度、塑性、韧性都较好的综合机械性能。通常称淬火加高温回火的工艺为调质处理。强度较高的钢材，如Q420中的C、D、E级钢和高强度螺栓的钢材都要经过调质处理。

## 2.3 钢材的主要性能

### 2.3.1 钢材的破坏形式

钢材在各种荷载作用下会发生两种性质完全不同的破坏形式，即塑性破坏和脆性破坏。所用的钢材在正常使用条件下，虽然有较高的塑性和韧性，但在某些条件下，仍然存在发生脆性破坏的可能性。

塑性破坏是由于构件的应力达到材料的极限强度而产生的，破坏断口呈纤维状，色泽发暗，破坏前有较大的塑性变形和明显的缩颈现象，且变形持续时间长，容易及时发现并采取有效补救措施，通常不会引起严重后果。钢材塑性破坏前的较大塑性变形能力，可以实现构件和结构中的内力重分布，钢结构的塑性设计就是建立在这种足够的塑性变形能力上。

脆性破坏是在塑性变形很小或基本没有塑性变形的情况下突然发生的，破坏时构件的计算应力可能小于钢材的屈服强度，断裂从应力集中处开始，破坏后的断口平直，呈有光泽的晶粒状或有人字纹。由于脆性破坏前没有明显的征兆，破坏速度又极快，无法察觉和补救，而且一旦发生常引发整个结构的破坏，后果非常严重，因此在钢结构的设计、施工和使用过程中，要特别注意防止这种破坏的发生。

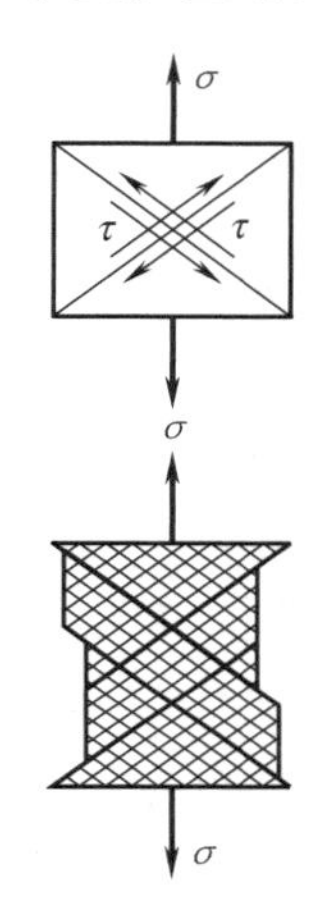

图 2-3　铁素体单晶体的塑性滑移

钢材存在的两种破坏形式与其内在的组织构造和外部的工作条件有关。试验和分析证明，在剪力作用下，具有体心立方晶格的铁素体很容易通过位错移动形成滑移，产生塑性变形；而其抵抗沿晶格方向伸长至拉断的能力却强大得多，因此当单晶铁素体承受拉力作用时，总是首先沿最大剪力方向产生塑性滑移变形，如图 2-3 所示。实际钢材是由铁素体和珠光体等组成的，由于珠光体间层的限制，阻止了铁素体的滑移变形，因此受力初期表现出弹性性能。当应力达到一定数值，珠光体间层失去了约束铁素体在最大剪力方向滑移的能力，此时钢材将出现屈服现象，铁素体被约束了的塑性变形就充分表现出来，直到最后破坏。显然当内外因素使钢材中铁素体的塑性变形无法发生时，钢材将出现脆性破坏。

## 2.3.2　钢材在单向一次拉伸下的工作性能

钢材的多项性能指标可通过单向一次拉伸试验获得。拉伸试验在标准条件下进行，试件尺寸符合国家标准，表面光滑，没有孔洞、刻槽等缺陷；荷载分级逐次增加，直到试件破坏；室温为常温。图 2-4 给出了相应钢材的单调拉伸应力-应变曲线。由低碳钢和低合金钢的试验曲线看出，在比例极限 $\sigma_p$ 以前钢材的工作是弹性的；比例极限以后，进入了弹塑性阶段；达到了屈服强度 $f_y$ 后，出现了一段纯塑性变形，也称为塑性平台；此后强度又有所提高，出现所谓自强阶段，直至产生缩颈而破坏。破坏时的残余伸长率表示钢材的塑性性能。没有明显的屈服强度和塑性平台的钢材，这类钢的屈服强度是以卸载后试件中残余应变为 0.2%所对应的应力来定义的，称为名义屈服强度或屈服强度 $f_{0.2}$。

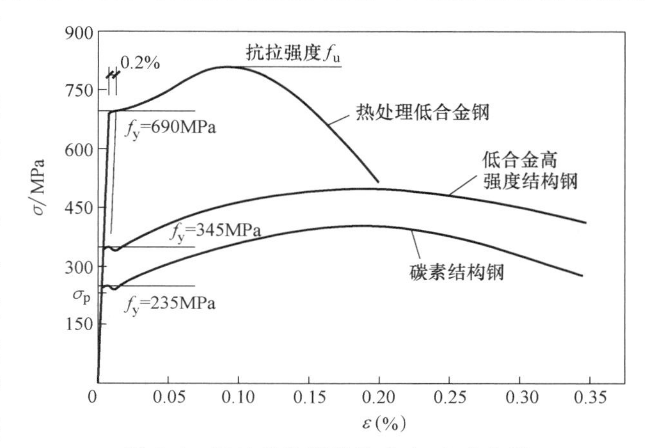

图 2-4　钢材的单调拉伸应力-应变曲线

钢材的单调拉伸应力-应变曲线提供了三个重要的力学性能指标：抗拉强度 $f_u$、伸长率 $\delta$ 和屈服强度 $f_y$。抗拉强度 $f_u$ 是钢材一项重要的强度指标，它反映钢材受拉时所能承受的极限应力。伸长率 $\delta$ 是衡量钢材断裂前所具有的塑性变形能力的指标，以试件破坏后在标定长度内的残余应变表示。取圆试件直径的 5 倍或 10 倍为标定长度，其相应伸长率分别用 $\delta_5$ 或 $\delta_{10}$ 表示。屈服强度 $f_y$ 是钢结构设计中应力允许达到的最大限值，因为当构件中的应力达到屈服强度时，结构会因过度的塑性变形而不适于继续承载。承重结构的钢材应满足相应国家标准对上述三项力学性能指标的要求。

断面收缩率 $\psi$ 是试样拉断后，缩颈断口处截面面积的缩减量与原截面面积的比值，以百分数表示。$\psi$ 也是单调拉伸试验提供的一个塑性指标。$\psi$ 越大，塑性越好，它反映了钢材在三向拉应力状态下的。在《厚度方向性能钢板》（GB/T 5313—2010）中，使用沿厚度方向的标准拉伸试件的断面收缩率来定义 Z 向钢的种类，如 $\psi$ 分别大于或等于 15%、25%、35%时，为 Z15、Z25、Z35 钢。由单调拉伸试验还可以看出钢材的韧性好坏。韧性可以用材料破坏过程中单位体积吸收的总能量来衡量，包括弹性能和非弹性能两部分，其数值等于应力-应变曲线下的总面积。当钢材有脆性破坏的趋势时，裂纹扩展释放出来的弹性能往往称为裂纹继续扩展的驱动力，而扩展前所消耗的非弹性能量则属于裂纹扩展的阻力。因此，上述的静力韧性中非弹性能所占的比例越大，材料抵抗脆性破坏的能力越高。

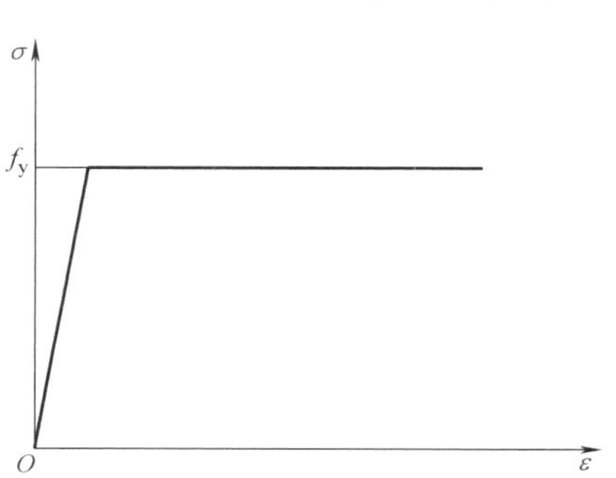

图 2-5 理想弹塑性体应力-应变曲线

由图 2-4 可以看到，当应力达到屈服强度后，钢材可视作理想塑性体。这样一来，钢材的力学性能就可以简化为图 2-5 所示的理想弹塑性体应力-应变曲线。这一简化，与实际误差不大，却大大方便了计算，成为钢结构弹性设计和塑性设计的理论基础。

## 2.3.3 钢材的其他性能

### 1. 冷弯性能

钢材的冷弯性能由冷弯试验确定。试验时，根据钢材的牌号和不同的板厚，按国家相关标准规定的弯心直径，在试验机上把试件弯曲 180°，其表面及侧面无裂纹或分层则为“冷弯试验合格”，如图 2-6 所示。焊接承重结构及重要的非焊接承重结构采用的钢材，均应具有冷弯试验的合格保证。“冷弯试验合格”一方面同伸长率符合规定一样，表示材料塑性变形能力符合要求；另一方面表示钢材的冶金质量符合要求。因此，冷弯性能是判别钢材塑性变形能力及冶金质量的综合指标。重要结构中需要有良好的冷热加工的工艺性能时，应有冷弯试验合格保证。

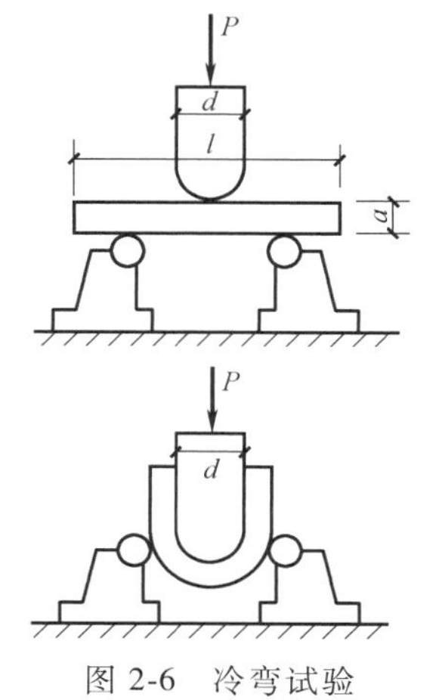

图 2-6 冷弯试验

### 2. 冲击韧性

由单调拉伸试验获得的韧性没有考虑应力集中和动力荷载作用的影响，只能用来比较不同钢材在正常情况下的韧性好坏。冲击韧性也称为缺口韧性，是评定带有缺口的钢材在冲击荷载作用下抵抗脆性破坏能力的指标，韧性是钢材断裂时吸收机械能能力的量度。吸收较多能量才断裂的钢材，是韧性好的钢材。钢材在一次拉伸静载作用下断裂时所吸收的能量，用单位体积吸收的能量来表示，其值等于应力-应变曲线下的面积。塑性好的钢材，其应力-应变曲线下的面积大，所以韧性值大。然而，实际工作中，不用上述方法来衡量钢材的韧性，而用冲击韧性衡量钢材抗脆断的性能，因为实际结构中脆性断裂并不发生在单向受拉的地方，而总是发生在有缺口高峰应力的地方，在缺口高峰应力的地方常呈三向受拉的应力状态。缺口韧性值受温度影响，温度低于某值时将急剧降低。设计处于不同环境温度的重要结构，尤其是受动力荷载作用的结构时，要根据相应的环境温度对应提出冲击韧性的保证要求。

冲击试验采用中间开有 V 形缺口的标准试件，以击断试件所消耗的冲击功大小来衡量钢材抵抗脆性破坏的能力，如图 2-7 所示。冲击韧性也叫冲击功，用 $A_{KV}$ 或 $C_V$ 表示，单位为 J。$A_{KV}$ 值越大，则钢材的韧性越好。

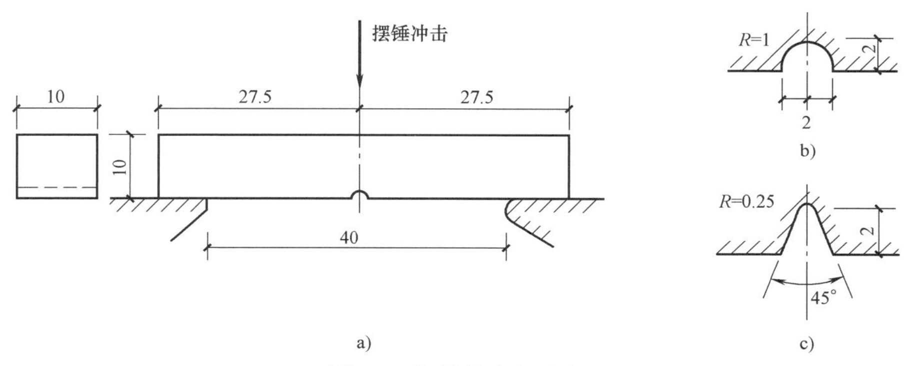


图 2-7　钢材的冲击试验

试验表明，钢材的冲击韧性值随温度的降低而降低，但不同牌号和质量等级钢材的降低规律又有很大的不同。因此，在寒冷地区承受动力荷载作用的重要承重结构，应根据其工作温度和所用钢材牌号，对钢材提出相当温度下的冲击韧性指标的要求，以防脆性破坏发生。

### 2.3.4　钢材在复杂应力状态下的屈服条件

单调拉伸试验得到的屈服强度是钢材在单向应力作用下的屈服条件，实际结构中，钢材常常受到平面或三向应力作用（见图 2-8）。根据形状改变比能理论，钢在复杂应力状态由弹性过渡到塑性的条件，也称米塞斯屈服条件为

$$\sigma_{zs}=\sqrt{\sigma_x^2+\sigma_y^2+\sigma_z^2-(\sigma_x\sigma_y+\sigma_y\sigma_z+\sigma_z\sigma_x)+3(\tau_{xy}^2+\tau_{yz}^2+\tau_{zx}^2)}=f_y \tag{2-1}$$

或以主应力表示为

$$\sigma_{zs}=\sqrt{\frac{1}{2}[(\sigma_1-\sigma_2)^2+(\sigma_2-\sigma_3)^2+(\sigma_3-\sigma_1)^2]}=f_y \tag{2-2}$$

式中　$\sigma_{zs}$——折算应力；

$f_y$——单向应力作用下的屈服强度。

当 $\sigma_{zs}\geqslant f_y$ 时，为塑性状态；当 $\sigma_{zs}<f_y$ 时，为弹性状态。

由式（2-2）可以明显看出，当 $\sigma_1$、$\sigma_2$、$\sigma_3$ 为同号应力且数值接近时，即使它们各自

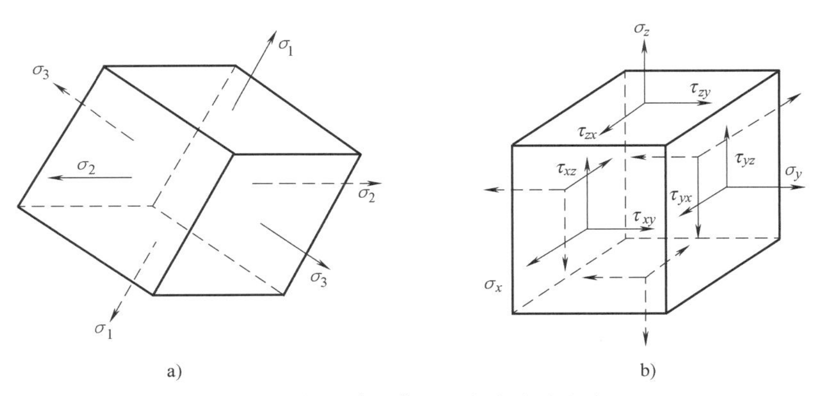


图 2-8 钢材单元体上的复杂应力状态

都远大于 $f_y$，折算应力 $\sigma_{zs}$ 仍小于 $f_y$，说明钢材很难进入塑性状态。当为三向拉应力作用时，甚至直到破坏也没有明显的塑性变形产生，呈现脆性破坏。但当有一方为异号应力且同号两个应力相差又较大时，材料即比较容易进入塑性状态，破坏呈塑性特征。

在平面应力状态下，式（2-1）变为

$$\sigma_{zs}=\sqrt{\sigma_x^2+\sigma_y^2-\sigma_x\sigma_y+3\tau_{xy}^2}=f_y \tag{2-3}$$

当只有正应力和剪应力时

$$\sigma_{zs}=\sqrt{\sigma^2+3\tau^2}=f_y \tag{2-4}$$

当受纯剪，只有剪应力时

$$\sigma_{zs}=\sqrt{3\tau^2}=f_y$$

或

$$\tau=\frac{f_y}{\sqrt{3}}=\tau_y$$

则有

$$\tau_y=0.58f_y \tag{2-5}$$

式中 $\tau_y$——钢材的屈服剪应力，或剪切屈服强度，即剪应力达到 $f_y$ 的 0.58 倍时，钢材进入塑性状态。

## 2.4 影响钢材性能的因素

### 2.4.1 化学成分

正如 2.1 节所述，钢是以铁和碳为主要成分的合金，虽然碳和其他元素所占比例甚少，却左右着钢材的性能。

碳是各种钢中的重要元素之一，在碳素结构钢中则是铁以外的最主要元素。碳是形成钢材强度的主要成分，随着碳含量的提高，钢的强度逐渐增高，而塑性和韧性下降，冷弯性能、焊接性能和抗锈蚀性能等也变差。碳素钢按碳的含量（质量分数）区分，小于 0.25%的为低碳钢，介于 0.25%和 0.6%之间的为中碳钢，大于 0.6%的为高碳钢。碳含量超过

0.3%时，钢材的抗拉强度很高，但却没有明显的屈服点，且塑性很小。碳含量超过0.2%时，钢材的焊接性能将开始恶化。因此，规范推荐的钢材，碳含量均不超过0.22%，对于焊接结构则严格控制在0.2%以内。

硫是有害元素，常以硫化铁形式夹杂于钢中。当温度达800~1000℃时，硫化铁会熔化使钢材变脆，因而在进行焊接或热加工时，有可能引发热裂纹，称为热脆。此外，硫会降低钢材的冲击韧性、疲劳强度、抗锈蚀性能和焊接性能等。非金属硫化物夹杂经热轧加工后会在厚钢板中形成局部分层现象，在采用焊接连接的节点中，沿板厚方向承受拉力时，会发生层状撕裂破坏。因而应严格限制钢材中的硫含量，随着钢材牌号和质量等级的提高，硫含量（质量分数）的限值由0.05%依次降至0.025%，厚度方向性能钢板（抗层状撕裂钢板）的硫含量更限制在0.01%以下。

磷可提高钢的强度和抗锈蚀能力，但却严重地降低钢的塑性、韧性、冷弯性能和焊接性能，特别是在温度较低时促使钢材变脆，称为冷脆。因此，磷的含量也要严格控制，随着钢材牌号和质量等级的提高，磷含量（质量分数）的限值由0.045%依次降至0.025%。但是当采取特殊的冶炼工艺时，磷可作为一种合金元素来制造含磷的低合金钢，此时其含量可达0.12%~0.13%。

锰是有益元素，在普通碳素钢中，它是一种弱脱氧剂，可提高钢材强度，消除硫对钢的热脆影响，改善钢的冷脆倾向，同时不显著降低塑性和韧性。锰还是我国低合金钢的主要合金元素，其含量（质量分数）为0.8%~1.8%。但锰对焊接性能不利，因此含量也不宜过多。

硅是有益元素，在普通碳素钢中，它是一种强脱氧剂，常与锰共同除氧，生产镇静钢。适量的硅可以细化晶粒，提高钢的强度，而对塑性、韧性、冷弯性能和焊接性能无显著不良影响。硅的含量（质量分数）在一般镇静钢中为0.12%~0.30%，在低合金钢中为0.2%~0.55%。过量的硅会恶化焊接性能和抗锈蚀性能。

钒、铌、钛等元素在钢中形成微细碳化物，加入适量，能起细化晶粒和弥散强化作用，从而提高钢材的强度和韧性，又可保持良好的塑性。

铝是强脱氧剂，还能细化晶粒，可提高钢的强度和低温韧性，在要求低温冲击韧性合格保证的低合金钢中，其含量（质量分数）不小于0.015%。

铬、镍是提高钢材强度的合金元素，用于Q390及以上牌号的钢材中，但其含量应受限制，以免影响钢材的其他性能。铜和铬、镍、钼等其他合金元素，可在金属基体表面形成保护层，提高钢对大气的抗腐蚀能力，同时保持钢材具有良好的焊接性能。在我国的焊接结构用耐候钢中，铜的含量（质量分数）为0.20%~0.40%。镧、铈等稀土元素（RE）可提高钢的抗氧化性，并改善其他性能，在低合金钢中其含量（质量分数）按0.02%~0.20%控制。氧和氮属于有害元素。氧与硫类似使钢热脆，氮的影响和磷类似，因此其含量均应严格控制。但当采用特殊的合金组分匹配时，氮可作为一种合金元素来提高低合金钢的强度和抗腐蚀性，如在九江长江大桥中已成功使用的15MnVN钢，就是Q420中的一种含氮钢，氮含量（质量分数）控制在0.010%~0.020%。

氢是有害元素，呈极不稳定的原子状态溶解在钢中，其溶解度随温度的降低而降低，常在结构疏松区域、孔洞、晶格错位和晶界处富集，生成氢分子，产生巨大的内压力，使钢材开裂，称为氢脆。氢脆属于延迟性破坏，在有拉应力作用下，常需要经过一定孕育发展期才会发生。在破裂面上常可见到白点，称为氢白点。含碳量较低且硫、磷含量较少的钢，氢脆敏感性低。钢的强度等级越高，对氢脆越敏感。

### 2.4.2 钢材的焊接性能

钢材的焊接性能受碳含量和合金元素含量的影响。当碳含量（质量分数）在0.12%~0.20%范围内时，碳素钢的焊接性能最好；碳含量超过上述范围时，焊缝及热影响区容易变脆。一般Q235A的碳含量较高，且碳含量不作为交货条件，因此这一牌号通常不能用于焊接构件。而Q235B、C、D的碳含量控制在上述的适宜范围之内，是适合焊接使用的普通碳素钢牌号。在高强度低合金钢中，低合金元素大多对可焊性有不利影响，《钢结构焊接规范》（GB 50661—2011）推荐使用碳当量来衡量低合金钢的可焊性，其的计算公式如下

$$\omega(C_E)=\omega(C)+\frac{\omega(Mn)}{6}+\frac{\omega(Cr)+\omega(Mo)+\omega(V)}{5}+\frac{\omega(Ni)+\omega(Cu)}{15} \tag{2-6}$$

其中$\omega(C)$、$\omega(Mn)$、$\omega(Cr)$、$\omega(Mo)$、$\omega(V)$、$\omega(Ni)$、$\omega(Cu)$分别为碳、锰、铬、钼、钒、镍和铜的质量分数。当$\omega(C_E)$不超过0.38%时，钢材的焊性性能很好，可以不用采取措施直接施焊；当$\omega(C_E)$在0.38%~0.45%范围内时，钢材呈现淬硬倾向，施焊时需要控制焊接工艺、采用预热措施并使热影响区缓慢冷却，以免发生淬硬开裂；当$\omega(C_E)$大于0.45%时，钢材的淬硬倾向更加明显，需严格控制焊接工艺和预热温度才能获得合格的焊缝。

钢材焊接性能的优劣除了与钢材的碳当量有直接关系之外，还与母材厚度、焊接方法、焊接工艺参数及结构形式等条件有关。目前，国内外都采用可焊性试验的方法来检验钢材的焊接性能，从而制定出重要结构和构件的焊接制度和工艺。

### 2.4.3 钢材的硬化

钢材的硬化有三种情况：时效硬化、冷作硬化（或应变硬化）和应变时效硬化。

在高温时溶于铁中的少量氮和碳，随着时间的增长逐渐由固溶体中析出，生成氮化物和碳化物，散存在铁素体晶粒的滑动界面上，对晶粒的塑性滑移起到遏制作用，从而使钢材的强度提高，塑性和韧性下降，这种现象称为时效硬化（也称老化）。产生时效硬化的过程一般较长，但在振动荷载、反复荷载及温度变化等情况下，会加速发展。在冷加工（或一次加载）使钢材产生较大的塑性变形的情况下，卸荷后再重新加载，钢材的屈服强度提高，塑性和韧性降低的现象称为冷作硬化，如图2-9a所示。

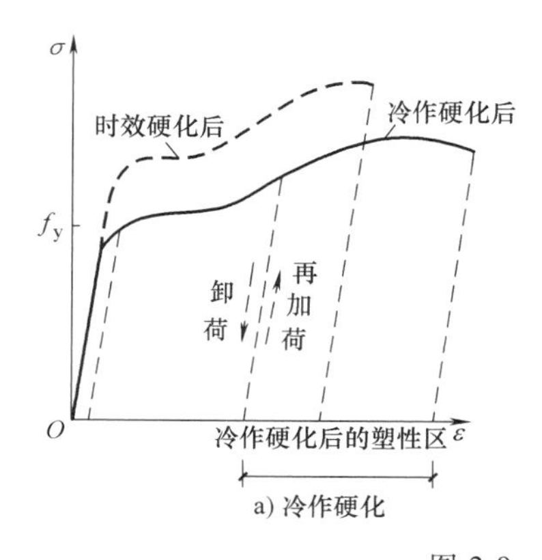

a) 冷作硬化

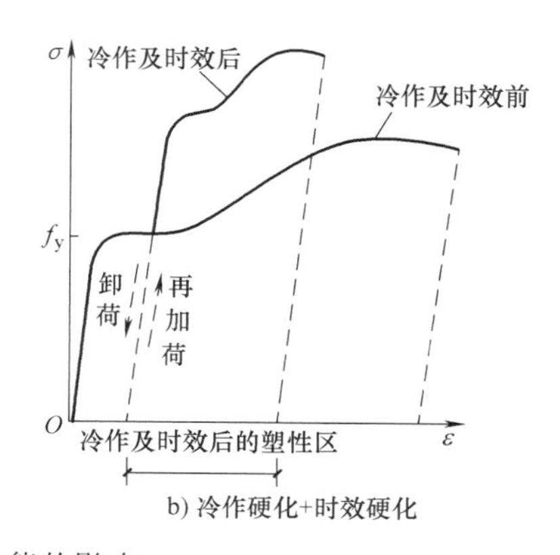

b) 冷作硬化+时效硬化

图2-9 硬化对钢材性能的影响

在钢材产生一定数量的塑性变形后，铁素体晶体中的固溶氮和碳将更容易析出，从而使已经冷作硬化的钢材又发生时效硬化现象称为应变时效硬化，如图 2-9b 所示。这种硬化在高温作用下会快速发展，人工时效就是据此提出来的，方法是：先使钢材产生 10%左右的塑性变形，卸载后再加热至 250℃，保温一小时后在空气中冷却。用人工时效后的钢材进行冲击韧性试验，可以判断钢材的应变时效硬化倾向，确保结构具有足够的抗脆性破坏能力。

正如本章有关钢材的冷加工部分所述，对于比较重要的钢结构，要尽量避免局部冷作硬化现象的发生。如钢材的剪切和冲孔，会使切口和孔壁发生分离式的塑性破坏，在剪断的边缘和冲出的孔壁处产生严重的冷作硬化，甚至出现微细的裂纹，促使钢材局部变脆。此时，可将剪切处刨边；冲孔用较小的冲头，冲完后再行扩钻或完全改为钻孔的办法来除掉硬化部分或根本不发生硬化。

## 2.4.4　应力集中

由单调拉伸试验所获得的钢材性能，只能反映钢材在标准试验条件下的性能，即应力均匀分布且是单向的。实际结构中不可避免地存在孔洞、槽口、截面突然改变及钢材内部缺陷等，此时截面中的应力分布不再保持均匀，由于主应力线在绕过孔口等缺陷时发生弯转，不仅在孔口边缘处会产生沿力作用方向的应力高峰，而且会在孔口附近产生垂直于力的作用方向的横向应力，甚至会产生三向拉应力，如图 2-10 所示。而且厚度越厚的钢板，在其缺口中心部位的三向拉应力也越大，这是因为在轴向拉力作用下，缺口中心沿板厚方向的收缩变形受到较大的限制，形成所谓平面应变状态所致。

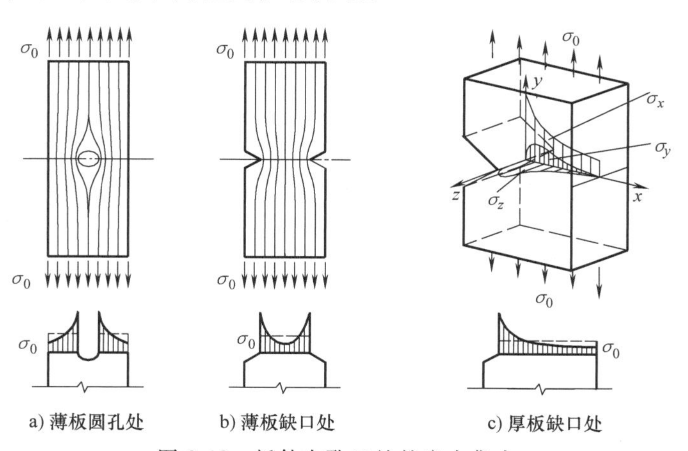

图 2-10　板件在孔口处的应力集中

应力集中的严重程度用应力集中系数衡量，缺口边缘沿受力方向的最大应力 $\sigma_{\max}$ 和按净截面的平均应力 $\sigma_0=N/A_{\mathrm{n}}$（$A_{\mathrm{n}}$ 为净截面面积）的比值称为应力集中系数，即 $k=\sigma_{\max}/\sigma_0$。

由式（2-1）或式（2-2）可知，当出现同号力场或同号三向力场时，钢材将变脆，而且应力集中越严重，出现的同号三向力场的应力水平越接近，钢材越趋于脆性。具有不同缺口形状的钢材拉伸试验结果也表明，截面改变的尖锐程度越大的试件，其应力集中现象就越严重，引起钢材脆性破坏的危险性就越大。如图 2-11 所示，其中第 1 种试件为标准试件，2、3、4 为不同应力集中水平的对比试件。第 4 种试件已无明显屈服强度，表现出高强钢的脆性破坏特征。

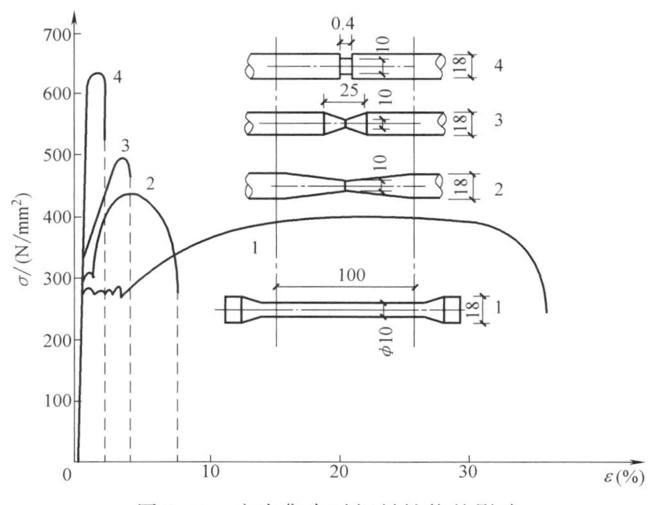


图 2-11 应力集中对钢材性能的影响

应力集中现象还可能由内应力产生。内应力的特点是力系在钢材内自相平衡，而与外力无关，其在浇注、轧制和焊接加工过程中，因不同部位钢材的冷却速度不同，或因不均匀加热和冷却而产生。其中焊接残余应力的量值往往很高，在焊缝附近的残余拉应力常达到屈服强度，而且在焊缝交叉处经常出现双向、甚至三向残余拉应力场，使钢材局部变脆。当外力引起的应力与内应力处于不利组合时，会引发脆性破坏。

因此，在进行钢结构设计时，应尽量使构件和连接节点的形状和构造合理，防止截面的突然改变。在进行钢结构的焊接构造设计和施工时，应尽量减少焊接残余应力。

## 2.4.5 荷载类型

荷载可分为静力荷载的和动力荷载的两大类。静力荷载中的永久荷载属于一次加载，活荷载可看作重复加载。动力荷载中的冲击荷载属于一次快速加载，吊车梁所受的起重机荷载及建筑结构所承受的地震作用则属于连续交变荷载，或称循环荷载。

**1. 加载速度**

在冲击荷载作用下，加载速度很高，由于钢材的塑性滑移在加载瞬间跟不上应变速率，因而反映出屈服强度提高的倾向。但是，试验研究表明，在20℃左右的室温环境下，虽然钢材的屈服强度和抗拉强度随应变速率的增加而提高，塑性变形能力却没有下降，反而有所提高，即处于常温下的钢材在冲击荷载作用下仍保持良好的强度和塑性变形能力。

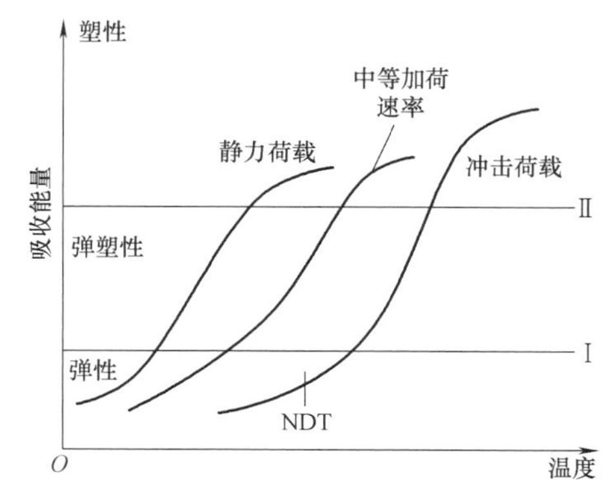


图 2-12 不同应变速率下钢材断裂吸收能量随温度的变化

应变速率在温度较低时对钢材性能的影响要比常温下大得多。图 2-12 给出了三条不同应变速率下的缺口韧性试验结果与温度的关系曲线，图中中等加荷速率相当于应变速率 $\dot{\varepsilon}=10^{-3}\mathrm{s}^{-1}$，即每秒施加应变 $\varepsilon=0.1\%$，若以 100mm 为标定长度，其加载速度相当于 0.1mm/s。由图中可以看出，随着加荷速率的减小，曲线向温度较低侧移动。在温度较高和较低两侧，三条曲线趋于接近，应变速率的影响变得不十分明显，但在常用温度范围内其对应变速率的影响十分敏感，即在此温度范围内，加荷速率越高，缺口试件断裂时吸收的能量越低，变得越脆。因此在钢结构防止低温脆性破坏设计中，应考虑加荷速率的影响。

2. 循环荷载

钢材在连续交变荷载作用下，会逐渐累积损伤、产生裂纹及裂纹逐渐扩展，直到最后破坏，这种现象称为疲劳。按照断裂寿命和应力高低的不同，疲劳可分为高周疲劳和低周疲劳两类。高周疲劳的断裂寿命较长，断裂前的应力循环次数 $n\geqslant5\times10^4$，断裂应力水平较低，$\sigma<f_y$，因此也称为低应力疲劳或疲劳，一般常见的疲劳多属于这类。低周疲劳的断裂寿命较短，破坏前的循环次数 $n=5\times(10^2\times10^4)$，断裂应力水平较高，$\sigma\geqslant f_y$，伴有塑性应变发生，因此也称为应变疲劳或高应力疲劳。有关高周疲劳的内容将在下节叙述，本节重点介绍有关低周疲劳的若干概念。

试验研究发现，当钢材承受拉力至产生塑性变形，卸载后，再使其受拉，其受拉的屈服强度将提高至卸载点（冷作硬化现象）；而当卸载后使其受压，其受压的屈服强度将低于一次受压时所获得的值。这种经预拉后抗拉强度提高，抗压强度降低的现象称为包辛格效应。在交变荷载作用下，随着应变幅值的增加，钢材的应力应变曲线将形成滞回环线。低碳钢的滞回环丰满而稳定，滞回环所围的面积代表荷载循环一次单位体积的钢材所吸收的能量，在多次循环荷载下，将吸收大量的能量，十分有利于抗震。

显然，在循环应变幅值作用下，钢材的性能仍然用由单调拉伸试验引申出的理想应力-应变曲线表示将会带来较大的误差，此时采用双线型和三线型曲线模拟钢材性能将更为合理。钢构件和节点在循环应变幅值作用下的滞回性能要比钢材的复杂得多，受很多因素的影响，应通过试验研究或较精确的模拟分析获得。钢结构在地震荷载作用下的低周疲劳破坏，大部分是由于构件或节点的应力集中区域产生了宏观的塑性变形，由循环塑性应变累积损伤到一定程度后发生的。其疲劳寿命取决于塑性应变幅值的大小，塑性应变幅值大的疲劳寿命就低。由于问题的复杂性，有关低周疲劳问题的研究还在发展和完善过程中。

### 2.4.6　温度

钢材对温度相当敏感，温度升高与降低都使钢材性能发生变化。相比之下，低温性能更重要。总的趋势是随着温度的升高，钢材强度降低，变形增大。在 150℃ 以内，钢材的强度、弹性模量和塑性均与常温相近，变化不大。但在 250℃ 左右，抗拉强度有局部性提高，伸长率和断面收缩率均降至最低，出现了所谓的蓝脆现象（钢材表面氧化膜呈蓝色）。在 300℃ 以后，强度和弹性模量均开始显著下降，塑性显著上升，达到 600℃ 时，强度几乎为零，塑性急剧上升，钢材处于热塑性状态。图 2-13 给出了低碳钢在不同正温下的单调拉伸试验结果。钢材的热加工应避开蓝脆现象这一温度区段。因为在这一温度区段内，$f_u$ 有局部性提高，$f_y$ 也有回升现象，同时塑性有所降低，材料有转脆倾向。进行热加工可能引起裂纹。设计时以规定 150℃ 为适宜，超过之后结构表面即需加设隔热保护层。

由上述可以看出，钢材具有一定的抗热性能，但不耐火，一旦钢结构的温度达 600℃ 及以上时，会在瞬间因热塑而倒塌。因此受高温作用的钢结构，应根据不同情况采取防护措

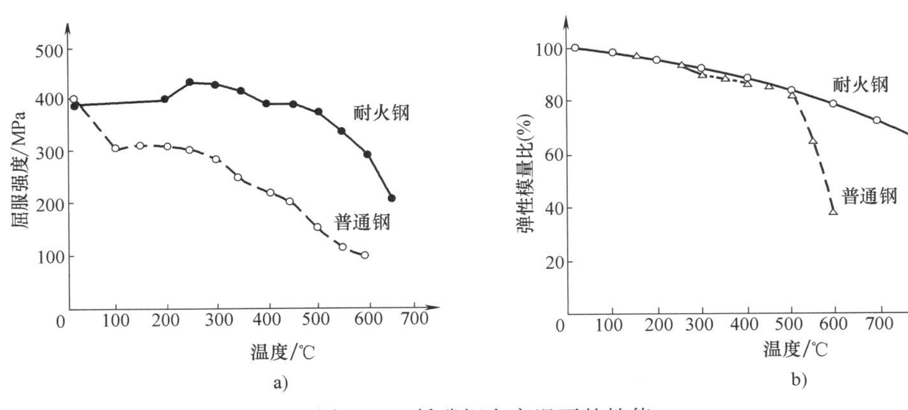


图 2-13　低碳钢在高温下的性能

施：当结构可能受到炽热熔化金属的侵害时，应采用砖或耐热材料做成的隔热层加以保护；当结构表面长期受辐射热达 150℃以上或在短时间内可能受到火焰作用时，应采取有效的防护措施（如加隔热层或水套等）。防火是钢结构设计中应考虑的一个重要问题，通常按国家有关防火的规范或标准，根据建筑物的防火等级对不同构件所要求的耐火极限进行设计，选择合适的防火保护层（包括防火涂料等的种类、涂层或防火层的厚度及质量要求等）。

当温度低于常温时，随着温度的降低，钢材的强度提高，而塑性和韧性降低，逐渐变脆，称为钢材的低温冷脆。钢材的冲击韧性对温度十分敏感，图 2-14 所示为冲击韧性与工作温度的关系。图中实线为冲击功随温度的变化曲线，虚线为试件断口中晶粒状区所占面积随温度的变化曲线，温度 $T_1$ 也称为 NDT（Nil Ductility Temperature），为脆性转变温度或零塑性转变温度，在该温度以下，冲击试件断口由 100%晶粒状组成，表现为完全的脆性破坏。温度 $T_2$ 也称 FTP（Fracture Transition Plastic），为全塑性转变温度，在该温度以上，冲击试件的断口由 100%纤维状组成，表现为完全的塑性破坏。温度由 $T_2$ 向 $T_1$ 降低的过程中，钢材的冲击功急剧下降，试件的破坏性质也从韧性变为脆性，故称该温度区间为脆性转变温度区。冲击功曲线的反弯点（或最陡点）对应的温度 $T_0$ 称为转变温度。不同牌号和等级的钢材具有不同的转变温度区和转变温度，均应通过试验来确定。

在直接承受动力作用的钢结构设计中，为了防止脆性破坏，结构的工作温度应大于 $T_1$ 接近 $T_0$，可小于 $T_2$。但是 $T_1$、$T_2$ 和 $T_0$ 的测量是非常复杂的，对每一炉钢材，都要在不同的温度下做大量的冲击试验并进行统计分析才能得到。为了工程实用，根据大量的使用经验和试验资料的统计分析，我国有关标准对不同牌号和等级的钢材，规定了在不同温度下的冲击韧性指标，例如：对 Q235 钢，除 A 级不要求外，其他各级钢均取 $C_V=27J$；对低合金高强度钢，除 A 级不要求外，E 级钢采用 $C_V=27J$，其他各级钢均取 $C_V=34J$。只要钢材在规定的温度下满足这些指标，那么就可按《钢结构设计标准》的有关规定，根据结构所处的工作温度，选择相应的钢材作为防脆断措施。

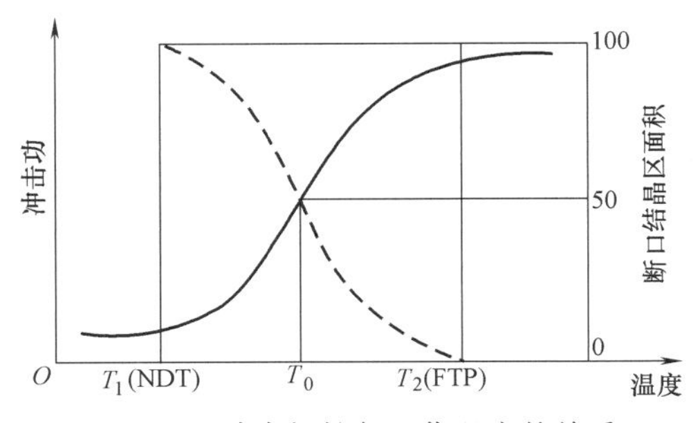


图 2-14　冲击韧性与工作温度的关系

### 2.4.7 钢材的生产过程

由上述介绍可以看出，影响钢材在一定条件下出现脆性破坏的因素主要有：钢材的内在因素，如钢材的化学成分、组织构造和缺陷等；钢材的外在因素，如构造缺陷和焊接加工引起的应力集中（特别是厚板的应力集中）、低温影响、动力荷载作用、冷作硬化和应变时效硬化等。因此，为了防止脆性破坏的发生，应在钢结构的设计、制造和使用过程中注意以下各点：

（1）合理设计　首先，应正确选用钢材。随着钢材强度的提高，其韧性和工艺性能一般都有所下降。因此，不宜采用比实际需要强度更高的材料。同时，对于低温下工作、受动力荷载的钢结构，应使所选钢材的脆性转变温度低于结构的工作温度，如分别选择适当质量等级的Q235、Q345等钢材，并应尽量使用较薄的型钢和板材。构造应力求合理，避免构件截面的突然改变，使之能均匀、连续地传递应力，减少构件和节点的应力集中。在满足结构的正常使用条件下，应尽量减少结构的刚度和整体性，以防断裂的失稳扩展，如构件和节点的连接应尽量采用螺栓连接。如必须采用焊接连接时，应避免焊缝的密集和交叉，尽量采用焊接残余应力小的构造形式，可参考第3章有关焊接连接的内容。

（2）正确制造　应严格按照设计要求进行制作，如不得随意进行钢材代换，不得随意将螺栓连接改为焊接连接，不得随意加大焊缝厚度等。应尽量采用钻孔或冲孔后再扩钻，以及对剪切边进行刨边等方法来避免冷作硬化现象。为了保证焊接质量，尽量减少焊接残余应力，应制定合理的焊接工艺和技术措施，并由考试合格的焊工施焊，必要时可采用热处理方法消除主要构件中的焊接残余应力。焊接中不得在构件上任意打火起弧。在制作和安装过程中所造成的缺陷，如定位焊缝、引弧板、吊装辅件等均应进行清理和修复。制作和安装过程中及完成后，均要严格执行质量检验制度。

（3）合理使用　不得随意改变结构使用用途或任意超负荷使用结构；原设计在室温工作的结构，在冬季停产检修时要注意保暖；不在主要结构上任意焊接附加零件悬挂重物；避免因生产和运输不当对结构造成撞击或机械损伤；平时应注意检查和维护等。

## 2.5 钢材的疲劳

### 2.5.1 疲劳破坏的特征

上节已介绍了疲劳的分类和有关低周疲劳的概念，直接承受动力荷载重复作用的钢结构构件及其连接，当应力变化的循环次数 $n \geqslant 5\times10^4$ 时，应进行疲劳计算。本节主要介绍高周疲劳（以下简称疲劳）问题。引起疲劳破坏的交变荷载有两种类型，一种为常幅交变荷载，引起的应力称为常幅循环应力，简称循环应力；一种为变幅交变荷载，引起的应力称为变幅循环应力，简称变幅应力，如图2-15所示。由这两种荷载引起的疲劳分别称为常幅疲劳和变幅疲劳。转动的机械零件常发生常幅疲劳破坏，吊车桥、钢桥等则主要是变幅疲劳破坏。

上述两种疲劳破坏均具有以下特征：

1）疲劳破坏具有突然性，破坏前没有明显的宏观塑性变形，属于脆性断裂。但与一般

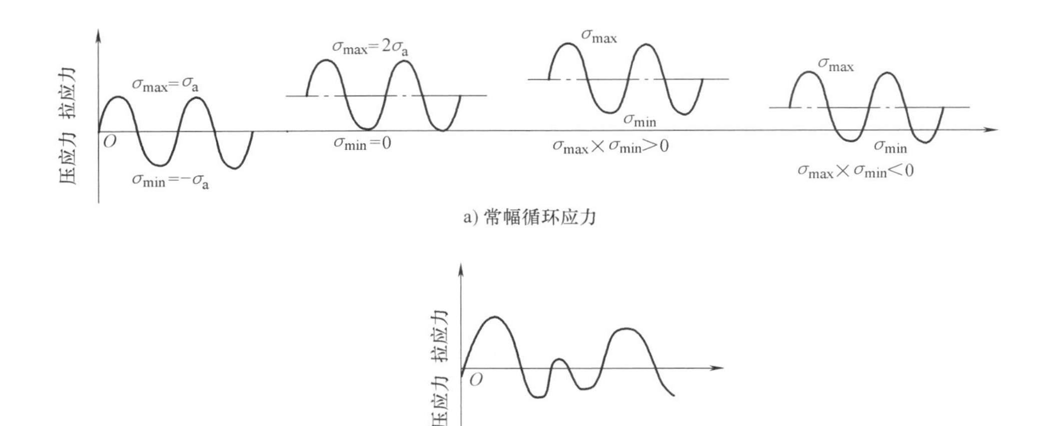


图 2-15　循环应力和变幅应力

脆断的瞬间断裂不同，疲劳是在名义应力低于屈服强度的低应力循环下，经历了长期的累积损伤过程后才突然发生的。其破坏过程一般经历三个阶段，即裂纹的萌生、裂纹的缓慢扩展和最后迅速断裂，因此疲劳破坏是有寿命的破坏，是延时断裂。

2）疲劳破坏的断口与一般脆性断口不同，可分为三个区域：裂纹源、裂纹扩展区和断裂区，如图 2-16 所示。裂纹扩展区表面较光滑，常可见到放射和年轮状花纹，这是疲劳断裂的主要断口特征。根据断裂力学的解释，只有当裂纹扩展到临界尺寸，发生失稳扩展后才形成瞬间断裂区，出现人字纹或晶粒状脆性断口。

3）疲劳对缺陷（包括缺口、裂纹及组织缺陷等）十分敏感。缺陷部位应力集中严重，会加快疲劳破坏的裂纹萌生和扩展。

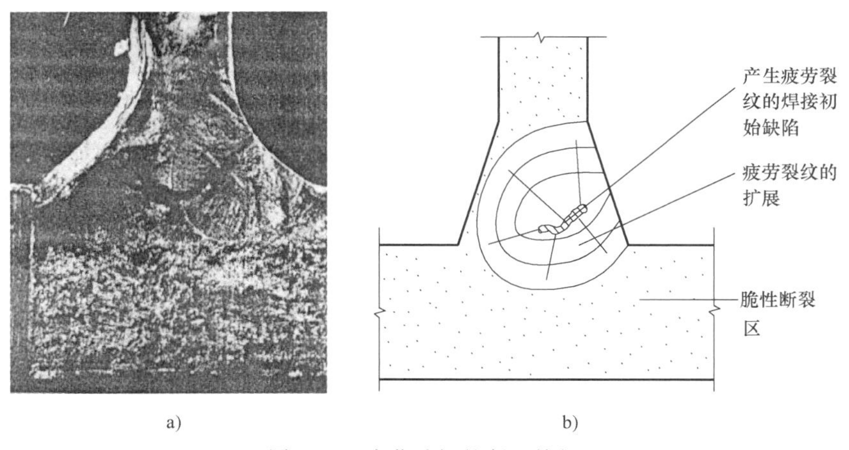


图 2-16　疲劳破坏的断口特征

## 2.5.2　疲劳计算

金属材料疲劳性能的系统性研究始于 19 世纪中期，对大量试验数据进行统计分析表明，疲劳强度除与主体金属和连接类型有关外，还与循环应力的应力幅 $\Delta\sigma$（循环特征）和循环次数 $n$ 有关。应力幅 $\Delta\sigma=\sigma_{max}-\sigma_{min}$，是最大拉应力与最小拉应力或压应力的代数差，即当

$\sigma_{min}$ 为压应力时，应取负值（拉应力取正号，压应力取负号）。

在结构使用寿命期间，当常幅疲劳或变幅疲劳的最大应力幅符合下列公式时，则疲劳强度满足要求。

（1）正应力幅的疲劳计算

$$\Delta\sigma<\gamma_t[\Delta\sigma_L] \tag{2-7}$$

焊接部位：

$$\Delta\sigma=\sigma_{max}-\sigma_{min} \tag{2-8}$$

非焊接部位：

$$\Delta\sigma=\sigma_{max}-0.7\sigma_{min} \tag{2-9}$$

式中　$\Delta\sigma$——构件或连接计算部位的正应力幅；

$\sigma_{max}$——计算部位应力循环中的最大拉应力（取正值）；

$\sigma_{min}$——计算部位应力循环中的最小拉应力或压应力，拉应力取正值，压应力取负值；

$\gamma_t$——板厚或直径修正系数；

$[\Delta\sigma_L]$——正应力幅的疲劳截止限，根据附录 8 规定的构件和连接类别按表 2-1 采用。

表 2-1　正应力幅的疲劳计算参数

| 构件与连接类别 | 构件与连接相关系数 | | 循环次数 $n$ 为 $2\times10^6$ 次的容许正应力幅 $[\Delta\sigma]_{2\times10^6}$ /(N/mm²) | 循环次数 $n$ 为 $5\times10^6$ 次的容许正应力幅 $[\Delta\sigma]_{5\times10^6}$ /(N/mm²) | 疲劳截止限 $[\Delta\sigma_L]_{1\times10^8}$ /(N/mm²) |
|---|---|---|---|---|---|
| | $C_Z$ | $\beta_Z$ | | | |
| Z1 | $1920\times10^{12}$ | 4 | 176 | 140 | 85 |
| Z2 | $861\times10^{12}$ | 4 | 144 | 115 | 70 |
| Z3 | $3.91\times10^{12}$ | 3 | 125 | 92 | 51 |
| Z4 | $2.81\times10^{12}$ | 3 | 112 | 83 | 46 |
| Z5 | $2.00\times10^{12}$ | 3 | 100 | 74 | 41 |
| Z6 | $1.46\times10^{12}$ | 3 | 90 | 66 | 36 |
| Z7 | $1.02\times10^{12}$ | 3 | 80 | 59 | 32 |
| Z8 | $0.72\times10^{12}$ | 3 | 71 | 52 | 29 |
| Z9 | $0.50\times10^{12}$ | 3 | 63 | 46 | 25 |
| Z10 | $0.35\times10^{12}$ | 3 | 56 | 41 | 23 |
| Z11 | $0.25\times10^{12}$ | 3 | 50 | 37 | 20 |
| Z12 | $0.18\times10^{12}$ | 3 | 45 | 33 | 18 |
| Z13 | $0.13\times10^{12}$ | 3 | 40 | 29 | 16 |
| Z14 | $0.09\times10^{12}$ | 3 | 36 | 26 | 14 |

注：构件与连接的分类应符合附录 8 的规定。

（2）剪应力幅的疲劳计算

$$\Delta\tau<[\Delta\tau_L] \tag{2-10}$$

焊接部位：

$$\Delta\tau=\tau_{max}-\tau_{min} \tag{2-11}$$

非焊接部位：

$$\Delta\tau=\tau_{max}-0.7\tau_{min} \tag{2-12}$$

式中　$\Delta\tau$——构件或连接计算部位的剪应力幅；

$\tau_{max}$——计算部位应力循环中的最大剪应力；

$\tau_{min}$——计算部位应力循环中的最小剪应力；

$[\Delta\tau_L]$——剪应力幅的疲劳截止限，根据附录 8 规定的构件和连接类别按表 2-2 采用。

表 2-2　剪应力幅的疲劳计算参数

| 构件与连接类别 | 构件与连接相关系数 | | 循环次数 $n$ 为 $2\times10^6$ 次的容许正应力幅 $[\Delta\sigma]_{2\times10^6}$ /(N/mm²) | 疲劳截止限 $[\Delta\tau_L]_{1\times10^8}$ /(N/mm²) |
|---|---|---|---|---|
| | $C_J$ | $\beta_J$ | | |
| J1 | $4\times10^{11}$ | 2 | 59 | 16 |
| J2 | $2\times10^{16}$ | 5 | 100 | 46 |
| J3 | $8.61\times10^{21}$ | 8 | 90 | 55 |

注：构件与连接的分类应符合附录 8 的规定。

（3）板厚或直径修正系数 $\gamma_t$ 的采用

1）对于横向角焊缝连接和对接焊缝连接，当连接板厚 $t$（mm）超过 25mm 时，应按下式计算

$$\gamma_t=\left(\frac{25}{t}\right)^{0.25} \tag{2-13}$$

2）对于螺栓轴向受拉连接，当螺栓的公称直径 $d$（mm）大于 30mm 时，应按下式计算

$$\gamma_t=\left(\frac{30}{d}\right)^{0.25} \tag{2-14}$$

3）其余情况取 $\gamma_t=1.0$。

当常幅疲劳计算不能满足式（2-7）或式（2-10）要求时，应按下列规定进行计算：

1）正应力幅的疲劳计算应符合下列公式规定

$$\Delta\sigma\leqslant\gamma_t[\Delta\sigma] \tag{2-15}$$

当 $n\leqslant5\times10^6$ 时
$$[\Delta\sigma]=\left(\frac{C_Z}{n}\right)^{1/\beta_Z} \tag{2-16}$$

当 $5\times10^6<n\leqslant1\times10^8$ 时
$$[\Delta\sigma]=\left[([\Delta\sigma]_{5\times10^6})^2\frac{C_Z}{n}\right]^{1/(\beta_Z+2)} \tag{2-17}$$

当 $n>1\times10^8$ 时
$$[\Delta\sigma]=[\Delta\sigma_L] \tag{2-18}$$

2）剪应力幅的疲劳计算应符合下列公式规定

$$\Delta\tau\leqslant[\Delta\tau_L] \tag{2-19}$$

当 $n\leqslant1\times10^8$ 时
$$[\Delta\tau]=\left(\frac{C_J}{n}\right)^{1/\beta_J} \tag{2-20}$$

当 $n>1\times10^8$ 时
$$[\Delta\tau]=[\Delta\tau_L] \tag{2-21}$$

式中　$[\Delta\sigma]$——常幅疲劳的容许正应力幅；

$n$——应力循环次数；

$C_Z$、$\beta_Z$——构件和连接的相关参数，应根据附录 8 规定的构件和连接类别，按表 2-1 采用；

$[\Delta\sigma]_{5\times10^6}$——循环次数 $n$ 为 $5\times10^6$ 次的容许正应力幅，应根据附录 8 规定的构件和连接类别，按表 2-1 采用；

$[\Delta\tau]$——常幅疲劳的容许剪应力幅；

$C_J$、$\beta_J$——构件和连接的相关参数，应根据附录8规定的构件和连接类别，按表2-2采用。

当变幅疲劳的计算不能满足式（2-7）、式（2-10）要求，可按下列公式规定计算：

1）正应力幅的疲劳计算应符合下列公式规定

$$\Delta\sigma_e \leqslant \gamma_t[\Delta\sigma]_{2\times10^6} \tag{2-22}$$

$$\Delta\sigma_e = \left[\frac{\sum n_i(\Delta\sigma_i)^{\beta_Z} + ([\Delta\sigma]_{5\times10^6})^{-2}\sum n_j(\Delta\sigma_j)^{\beta_Z+2}}{2\times10^6}\right]^{1/\beta_Z} \tag{2-23}$$

2）剪应力幅的疲劳计算应符合下列公式规定

$$\Delta\tau_e \leqslant \gamma_t[\Delta\tau]_{2\times10^6} \tag{2-24}$$

$$\Delta\tau_e = \left[\frac{\sum n_i(\Delta\tau_i)^{\beta_J}}{2\times10^6}\right]^{1/\beta_J} \tag{2-25}$$

式中　$\Delta\sigma_e$——由变幅疲劳预期使用寿命（总循环次数 $n=\sum n_i+\sum n_j$）折算成循环次数 $n$ 为 $2\times10^6$ 次的等效正应力幅；

$[\Delta\sigma]_{2\times10^6}$——循环次数 $n$ 为 $2\times10^6$ 次的容许正应力幅，应根据本书附录8规定的构件和连接类别，按表2-1采用；

$\Delta\sigma_i$、$n_i$——应力谱中 $\Delta\sigma_i \geqslant [\Delta\sigma]_{5\times10^6}$ 范围内的正应力幅及其频次；

$\Delta\sigma_j$、$n_j$——应力谱中 $[\Delta\sigma_L]_{1\times10^6} \leqslant \Delta\sigma_j < [\sigma]_{5\times10^6}$ 范围内的正应力幅 $\Delta\sigma_j$（$N/mm^2$）及其频次；

$\Delta\tau_e$——由变幅疲及其劳预期使用寿命（总循环次数 $n=\sum n_i$）折算成循环次数 $n$ 为 $2\times10^6$ 次的等效剪应力幅；

$[\Delta\tau]_{2\times10^6}$——循环次数 $n$ 为 $2\times10^6$ 次的容许剪应力幅，应根据本书附录8规定的构件和连接类别，按表2-2采用；

$\Delta\tau_i$、$n_i$——应力谱中在 $\Delta\tau_i \geqslant [\Delta\tau_L]_{1\times10^6}$ 范围内的剪应力幅 $\Delta\tau_i$ 及其频次。

众所周知，吊车梁是钢结构中处于变幅疲劳工作环境的典型构件。经过多年的工程实践和现场测试分析，已获得了一些有代表性的车间的重级工作制吊车梁和重级、中级工作制吊车桁架的设计应力谱。由于不同车间内的吊车梁在50年设计基础期内的应力循环次数并不相同，为便于比较，统一按 $2\times10^6$ 循环次数计算出了相应的等效应力幅 $\Delta\sigma_e$。重级工作制吊车梁和重级、中级工作制吊车桁架的变幅疲劳可取应力循环中最大的应力幅按下列公式计算：

1）正应力幅的疲劳计算应符合下式要求

$$\alpha_f\Delta\sigma_e \leqslant \gamma_t[\Delta\sigma]_{2\times10^6} \tag{2-26}$$

2）剪应力幅的疲劳计算应符合下式要求

$$\alpha_f\Delta\tau_e \leqslant [\Delta\tau]_{2\times10^6} \tag{2-27}$$

式中　$\alpha_f$——欠载效应的等效系数，按表2-3采用。

表 2-3 吊车梁和吊车桁架欠载效应的等效系数

| 起重机类别 | $\alpha_f$ |
|---|---|
| A6、A7、A8 工作级别(重级)的硬钩起重机 | 1.0 |
| A6、A7 工作级别(重级)的软钩起重机 | 0.8 |
| A4、A5 工作级别(中级)的起重机 | 0.5 |

### 2.5.3 疲劳验算中一些值得注意的问题

1）疲劳验算仍然采用容许应力设计方法，而不采用以概率理论为基础的设计方法。也就是说，采用标准荷载进行弹性分析求内力（并不采用任何动力系数），用容许应力幅作为疲劳强度。

2）《钢结构设计标准》中提出的疲劳强度是以试验为依据的，包含了外形变化和内在缺陷引起的应力集中，以及连接方式不同而引起的内应力的不利影响。当遇到标准规定的 8 种以外的连接构造时，应进行专门的研究之后，再决定是考虑相近的连接类别予以套用，还是通过相应的疲劳试验确定疲劳强度。基于同样原因，只要是能改变原有应力状态的措施和环境，如高温环境下（构件表面温度大于 150℃）、处于海水腐蚀环境、焊后经热处理消除残余应力及低周高应变疲劳等条件下的构件或连接的疲劳问题，均不可采用标准中的方法和数据。我国《冷弯薄壁型钢结构技术规范》（GB 50018—2002）[㊀]中，目前尚未考虑直接承受动力荷载的问题，因此如将其用于循环荷载环境中，对其疲劳问题应进行专门研究。

3）理论和试验均证明，只要在构件和连接中存在高达屈服强度的残余拉应力，即使在完全的循环压应力作用下，当其幅值超过容许应力幅时也会产生裂纹，但裂纹产生同时，残余拉应力会获得充分的释放，此后在循环压应力环境下，裂纹会自动停止，不继续扩展。如当轨道和轮压偏心很小，在梁的平面外不出现弯曲应力时，即使焊接吊车梁的受压翼缘部位（包括焊缝及其附近的腹板）出现了裂纹，也不会因此而丧失承载力。所以标准规定，在应力循环中不出现拉应力的部位可不必计算疲劳。

4）由于标准推荐钢种的静力强度对焊接构件和连接的疲劳强度无显著影响，故可以认为，疲劳容许应力幅与钢种无关。显然，当某类型的构件和连接的承载力由疲劳强度起控制作用时，采用高强钢材往往不能充分发挥作用。决定局部应力状态的构造细节是控制疲劳强度的关键因素，因此在进行构造设计、加工制造和质量控制等过程中，要特别注意构造合理，措施得当，以便最大限度地减少应力集中和残余应力，使构件或连接的分类序号尽量靠前，达到改善工作性能，提高疲劳强度，节约钢材的目的。

## 2.6 建筑用钢的种类、规格和选用原则

### 2.6.1 建筑用钢的种类

我国的建筑用钢主要为碳素结构钢和低合金高强度结构钢两种，优质碳素结构钢在冷拔

㊀ 本书未做特别说明时，《冷弯薄壁型钢结构技术规范》均指此版。

碳素钢丝和连接用紧固件中也有应用。厚度方向性能钢板、焊接结构用耐候钢、铸钢等在某些情况下也有应用。

1. 碳素结构钢

按《碳素结构钢》(GB/T 700—2006) 生产的钢材共有 Q195、Q215、Q235 和 Q275 四种品牌，板材厚度不大于 16mm 的相应牌号钢材的屈服强度分别为 195N/mm$^2$、215N/mm$^2$、235N/mm$^2$ 和 275N/mm$^2$。其中 Q235 碳含量（质量分数，余同）在 0.22%以下，属于低碳钢，钢材的强度适中，塑性、韧性均较好。该牌号钢材又根据化学成分和冲击韧性的不同划分为 A、B、C、D 4 个质量等级，按字母顺序由 A 到 D，表示质量等级由低到高。除 A 级外，其他三个级别的碳含量均在 0.20%以下，焊接性能也很好。因此，《钢结构设计标准》将 Q235 牌号的钢材选为承重结构用钢。Q235 钢的化学成分和脱氧方法、拉伸和冲击试验及冷弯试验结果应符合表 2-4~表 2-6 的规定。

表 2-4 Q235 钢的化学成分和脱氧方法

| 牌号 | 等级 | 化学成分(质量分数)(%),不大于 | | | | | 脱氧方法 |
|---|---|---|---|---|---|---|---|
| | | C | Mn | Si | S | P | |
| Q235 | A | 0.22 | 1.40 | 0.35 | 0.050 | 0.045 | F、Z |
| | B | 0.20 | | | 0.045 | | |
| | C | 0.17 | | | 0.040 | 0.040 | Z |
| | D | | | | 0.035 | 0.035 | TZ |

表 2-5 Q235 的拉伸试验和冲击试验结果要求

| 牌号 | 等级 | 拉伸试验 | | | | | | | | | | | | 冲击试验(V型缺口) | |
|---|---|---|---|---|---|---|---|---|---|---|---|---|---|---|---|
| | | 屈服强度/(N/mm$^2$),不小于 | | | | | | 抗拉强度/(N/mm$^2$) | 断后伸长率(%),不小于 | | | | | 温度/℃ | 冲击功(纵向)/J,不小于 |
| | | 钢板厚度(直径)/mm | | | | | | | 钢板厚度(直径)/mm | | | | | | |
| | | ≤16 | >16~40 | >40~60 | >60~100 | >100~150 | >150~200 | | ≤40 | >40~60 | >60~100 | >100~150 | >150~200 | | |
| Q235 | A | 235 | 225 | 215 | 215 | 195 | 185 | 375~460 | 26 | 25 | 24 | 22 | 21 | — | — |
| | B | | | | | | | | | | | | | 20 | 27 |
| | C | | | | | | | | | | | | | 0 | |
| | D | | | | | | | | | | | | | -20 | |

表 2-6 Q235 钢的冷弯试验结果要求

| 牌号 | 试样方向 | 冷弯试验 180°, $B=2a$($B$ 为试样宽度) | |
|---|---|---|---|
| | | 钢材厚度(直径) $a$/mm | |
| | | 60 | >60~100 |
| | | 弯心直径 $d$ | |
| Q235 | 纵向 | $a$ | $2a$ |
| | 横向 | $1.5a$ | $2.5a$ |

碳素结构钢的钢号由代表屈服强度的字母Q、屈服强度数值（$N/mm^2$）、质量等级符号、脱氧方法符号等四个部分组成。符号“F”代表沸腾钢，“Z”和“TZ”分别代表镇静钢和特种镇静钢。在具体标注时“Z”和“TZ”可以省略。如Q235B代表屈服强度为235$N/mm^2$的B级镇静钢。在冷弯薄壁型钢结构的压型钢板设计中，如由刚度条件而非强度条件起控制作用时，也容许采用Q215牌号的钢材。

**2. 低合金高强度结构钢**

GB/T 1591—2018《低合金高强度结构钢》规定，钢的牌号由代号屈服强度“屈”字的汉语拼音字母Q，规定的最小上屈服强度值、交货状态代号、质量等级符号（B、C、D、E、F）四个部分组成。交货状态为热轧时，交货状态代号AR或WAR可省略；交货状态为正火或正火轧制状态时，交货状态代号为N。当需方要求钢板具有厚度方向性能时，则在上述规定的牌号后加上代号厚度方向（Z向）性能级别的符号，如Q355NDZ25。

GB/T 1591—2018根据钢材厚度（直径）≤16mm时的最小上屈服强度（$N/mm^2$）分为Q355、Q390、Q420、Q460、Q500、Q550、Q620、Q690八种，其中Q355、Q390、Q420和Q460四种钢材均具有较高的强度和较好的塑性、韧性和焊接性能，为承重结构用钢。

GB/T 19879—2005《建筑结构用钢板》中，采用的钢种是Q345GJ，规定了钢材的屈服比、屈服强度波动范围，规定了碳当量和焊接裂纹敏感性指数，同时降低了硫、磷含量。而GB/T 1591—2018用Q355钢级取代了Q345钢级，但《钢结构设计标准》未有与Q355匹配的钢材设计用强度指标。

热轧钢材的拉伸性能和伸长率见表2-7和表2-8。

**表2-7 热轧钢材的拉伸性能**

<table>
<tr><th colspan="2">牌号</th><th colspan="9">上屈服强度①/MPa，不小于</th><th colspan="4">抗拉强度/MPa</th></tr>
<tr><th rowspan="2">钢级</th><th rowspan="2">质量等级</th><th colspan="13">公称厚度或直径/mm</th></tr>
<tr><th>≤16</th><th>>16~40</th><th>>40~63</th><th>>63~80</th><th>>80~100</th><th>>100~150</th><th>>150~200</th><th>>200~250</th><th>>250~400</th><th>≤100</th><th>>100~150</th><th>>150~250</th><th>>250~400</th></tr>
<tr><td rowspan="2">Q355</td><td>B、C</td><td rowspan="2">355</td><td rowspan="2">345</td><td rowspan="2">335</td><td rowspan="2">325</td><td rowspan="2">315</td><td rowspan="2">295</td><td rowspan="2">285</td><td rowspan="2">275</td><td>—</td><td rowspan="2">470~630</td><td rowspan="2">450~600</td><td rowspan="2">450~600</td><td>—</td></tr>
<tr><td>D</td><td>265②</td><td>450~600②</td></tr>
<tr><td>Q390</td><td>B、C、D</td><td>390</td><td>380</td><td>360</td><td>340</td><td>340</td><td>320</td><td>—</td><td>—</td><td>—</td><td>490~650</td><td>470~620</td><td>—</td><td>—</td></tr>
<tr><td>Q420③</td><td>B、C</td><td>420</td><td>410</td><td>390</td><td>370</td><td>370</td><td>350</td><td>—</td><td>—</td><td>—</td><td>520~680</td><td>500~650</td><td>—</td><td>—</td></tr>
<tr><td>Q460③</td><td>C</td><td>460</td><td>450</td><td>430</td><td>410</td><td>410</td><td>390</td><td>—</td><td>—</td><td>—</td><td>550~720</td><td>530~700</td><td>—</td><td>—</td></tr>
</table>

①当屈服不明显时，可用规定塑性延伸强度代替上屈服强度。

②只适用于质量等级为D的钢板。

③只适用于型钢和棒材。

表 2-8　热轧钢材的伸长率

| 牌号 | | 断后伸长率 A(%)，不小于 | | | | | | |
|---|---|---|---|---|---|---|---|---|
| 钢级 | 质量等级 | 公称厚度或直径/mm | | | | | | |
| | | 试样方向 | ≤40 | >40~63 | >63~100 | >100~150 | >150~250 | >250~400 |
| Q355 | B、C、D | 纵向 | 22 | 21 | 20 | 18 | 17 | 17① |
| | | 横向 | 20 | 19 | 18 | 18 | 17 | 17① |
| Q390 | B、C、D | 纵向 | 21 | 20 | 20 | 19 | — | — |
| | | 横向 | 20 | 19 | 19 | 18 | — | — |
| Q420② | B、C | 纵向 | 20 | 19 | 19 | 19 | — | — |
| Q460② | C | 纵向 | 18 | 17 | 17 | 17 | — | — |

①只适用于质量等级为 D 的钢板。

②只适用于型钢和棒材。

#### 3. 优质碳素结构钢

优质碳素结构钢与碳素结构钢的主要区别在于钢中含杂质元素较少，磷、硫等有害元素的含量均不大于 0.035%，其他缺陷的限制也较严格，具有较好的综合性能。按照《优质碳素结构钢》（GB/T 699—2015）生产的钢材共有两大类，一类为普通含锰量的钢，另一类为较高含锰量的钢，两类的钢号均用两位数字表示，它表示钢中的平均碳含量的万分数，前者数字后不加 Mn，后者数字后加 Mn，如 45 号钢，表示平均碳含量为 0.45%的优质碳素钢；45Mn 号钢，则表示同样碳含量、但锰的含量也较高的优质碳素钢。可按不热处理和热处理（正火、淬火、回火）状态交货，用做压力加工用钢（热压力加工、顶锻及冷拔坯料）和切削加工用钢。由于价格较高，钢结构中使用较少，仅用经热处理的优质碳素结构钢冷拔高强钢丝或制作高强度螺栓、自攻螺钉等。

#### 4. 其他建筑用钢

在某些情况下，要采用一些有别于上述牌号的钢材时，其材质应符合国家的相关标准。例如，当焊接承重结构为防止钢材的层状撕裂而采用 Z 向钢时，应符合《厚度方向性能钢板》（GB/T 5313—2010）的规定；处于外露环境对耐腐蚀有特殊要求或在腐蚀性气、固态介质作用下的承重结构采用耐候钢时，应满足《耐候结构钢》（GB/T 4171—2008）的规定；当在钢结构中采用铸钢件时，应满足《一般工程用铸造碳钢件》（GB/T 11352—2009）的规定等。

### 2.6.2　钢材规格

钢结构所用钢材主要为热轧成型的钢板和型钢，以及冷加工成型的冷轧薄钢板和冷弯薄壁型钢等。为了减少制作工作量和降低造价，钢结构的设计和制作者应对钢材的规格有较全面的了解。

#### 1. 钢板

钢板有厚钢板、薄钢板、扁钢（或带钢）之分。厚钢板常用作大型梁、柱等实腹式构件的翼缘和腹板，以及节点板等；薄钢板主要用来制造冷弯薄壁型钢；扁钢可用作焊接组合梁、柱的翼缘板、各种连接板、加劲肋等，钢板截面的表示方法为在符号“−”后加“宽度×厚度”，如−200×20 等。厚板的厚度为 4.5~60mm，广泛用来组成焊接构件和连接钢板；

薄板厚度为0.35~4mm，通常为冷弯薄壁型钢的原料。

### 2. 热轧型钢

常用的有角钢、工字钢、槽钢等，如图2-17所示。

角钢有等边和不等边两种。等边角钢以边宽和厚度表示，如∠100×10为肢宽100mm、厚10mm的等边角钢。不等边角钢以两边宽度和厚度表示，如∠100×80×10等。

图2-17　热轧型钢的截面形式

我国槽钢有两种尺寸系列，即热轧普通槽钢与热轧轻型槽钢，适于用作檩条等双向受弯的构件，也可用其组成组合或格构式构件。热轧普通槽钢的表示法如[30a，指槽钢外廓高度为30cm且腹板厚度为最薄的一种；热轧轻型槽钢的表示法例如[25Q，表示外廓高度为25cm，Q是汉语拼音“轻”的拼音字首。同样号数时，轻型者由于腹板薄及翼缘宽而薄，因而截面积小但回转半径大，能节约钢材减少自重。不过轻型系列的实际产品较少。

工字钢有普通工字钢、轻型工字钢和H型钢三种。普通工字钢和轻型工字钢的两个主轴方向的惯性矩相差较大，不宜单独用作受压构件，宜用作腹板平面内受弯的构件，或由工字钢和其他型钢组成的组合构件或格构式构件。宽翼缘H型钢平面内外的回转半径较接近，可单独用作受压构件。工字钢外轮廓高度的厘米数即为型号，普通型者当型号较大时腹板厚度分a、b、c三种。轻型的壁厚已很薄故不再按厚度划分。两种工字钢表示法，如I32c、I32Q等。

热轧H型钢分为宽翼缘H型钢（HW）、中翼缘H型钢（HM）和窄翼缘H型钢（HN）三类。H型钢型号的表示方法是先用符号HW、HM和HN表示H型钢的类别，后面加“高度（mm）×宽度（mm）”，如HW300×300即为截面高度为300mm，翼缘宽度为300mm的宽翼缘H型钢。剖分T型钢是由对应的H型钢沿腹板中部对等剖分而成。其表示方法与H型钢类同。剖分T型钢也分为三类：宽翼缘剖分T型钢（TW）、中翼缘剖分T型钢（TM）和窄翼缘剖分T型钢（TN）。

### 3. 冷弯薄壁型钢

冷弯薄壁型钢是用2~6mm厚的薄钢板经冷弯或模压而成型的，如图2-18所示。压型钢板是近年来开始使用的薄壁型材，所用钢板厚度为0.4~2mm，用作轻型屋面等构件。

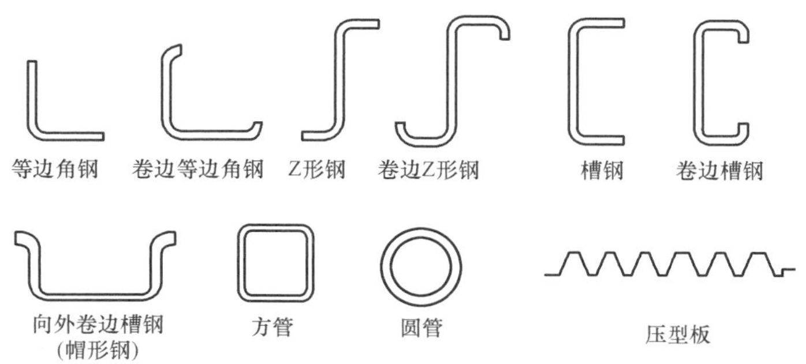


图2-18　冷弯型钢的截面形式

## 2.6.3 钢材的选用原则

### 1. 钢材选用原则和建议

钢材的选用既要确保结构物的安全可靠，又要经济合理。为此，在选择钢材时应考虑下列各因素：结构或构件的重要性、荷载性质（静力荷载或动力荷载）、连接方法（焊接、铆接或螺栓连接）、工作条件（温度及腐蚀介质）。

一般而言，对于直接承受动力荷载的构件和结构（如吊车梁、工作平台梁或直接承受车辆荷载的栈桥构件等）、重要的构件或结构（如桁架、屋面楼面大梁、框架横梁及其他受拉力较大的类似结构和构件等）、采用焊接连接的结构及处于低温下工作的结构，应采用质量较高的钢材。对承受静力荷载的受拉及受弯的重要焊接构件和结构，宜选用较薄的型钢和板材构成；当选用的型材或板材的厚度较大时，宜采用质量较高的钢材，以防钢材中较大的残余拉应力和缺陷等与外力共同作用形成三向拉应力场，引起脆性破坏。

承重结构采用的钢材应具有抗拉强度、断后伸长率、屈服强度和硫、磷含量的合格保证，对焊接结构尚应具有碳含量的合格保证。焊接承重结构及重要的非焊接承重结构采用的钢材，还应具有冷弯试验的合格保证；对直接承受动加荷载或需验算疲劳的构件尚应具有冲击韧性的合格保证。

根据多年的实践经验总结，并适当参考了有关国外规范的规定，《钢结构设计标准》对钢材质量等级的选用做出了规定，见表2-9。

表2-9 钢材质量等级选择

<table>
<tr><th colspan="2" rowspan="2"></th><th colspan="4">工作温度</th></tr>
<tr><th>$T>0℃$</th><th>$-20℃<T\leq0℃$</th><th colspan="2">$-40℃<T\leq-20℃$</th></tr>
<tr><td rowspan="2">不需验算疲劳</td><td>非焊接结构</td><td>B<br>（容许用A）</td><td rowspan="2">B</td><td rowspan="2">B</td><td rowspan="4">受拉构件及承重结构的受拉板件：<br>1. 板厚或直径小于40mm，质量等级不宜低于C级<br>2. 板厚或直径不小于40mm，质量等级不宜低于D级<br>3. 重要承重结构的受拉钢板宜满足《建筑结构用钢板》（GB/T 19879—2015）的要求</td></tr>
<tr><td>焊接结构</td><td>B（容许用Q345A～Q420A）</td></tr>
<tr><td rowspan="2">需要验算疲劳</td><td>非焊接结构</td><td>B</td><td>Q235B Q390C<br>Q345GJC Q420C<br>Q345B Q460C</td><td>Q235C Q390D<br>Q345GJC Q420D<br>Q345C Q460D</td></tr>
<tr><td>焊接结构</td><td>B</td><td>Q235C Q390D<br>Q345GJC Q420D<br>Q345C Q460D</td><td>Q235D Q390E<br>Q345GJD Q420E<br>Q345D Q460E</td></tr>
</table>

为了简化订货，选择钢材时要尽量统一规格，减少钢材牌号和型材的种类，还要考虑市场的供应情况和制造厂的工艺可能性。对于某些拼接组合结构（如焊接组合梁、桁架等）可以选用两种不同牌号的钢材，受力大、由强度控制的部分（如组合梁的翼缘、桁架的弦杆等），用强度高的钢材；受力小、由稳定控制的部分（如组合梁的腹板、桁架的腹杆等），用强度低的钢材，可达到经济合理的目的。

### 2. 国外防脆选材的有关建议

欧洲钢结构试行规范（EC3）在其正文中对于承受准静力荷载（包括自重、楼面荷载、车辆荷载、风荷载、波浪荷载及起重机荷载）的钢结构，根据其构件是否为受压和非焊接受拉，区分为 $S_1$ 和 $S_2$ 两种使用条件，分别给出了最低使用温度为 0℃、-10℃和-20℃时，不必进行脆性断裂验算的各种钢材的最大板厚限值，见表 2-10，并在其附录 C 中给出了防止脆性破坏的设计方法。这些方法同时考虑了钢材的强度等级、材料厚度、加载速率、最低使用温度、材料韧性和构件种类（破坏后果）的影响，规定比较详细，具有可操作性。

表 2-10 欧洲 EC3 规定的承受静力荷载的钢构件最大板厚度限值 （单位：mm）

| 最低使用温度 | | 0℃ | | -10℃ | | -20℃ | |
|---|---|---|---|---|---|---|---|
| 使用条件 | | $S_1$ | $S_2$ | $S_1$ | $S_2$ | $S_1$ | $S_2$ |
| 钢材牌号[屈服强度/(N/mm²)] | Fe360(235)B | 150 | 41 | 108 | 30 | 74 | 22 |
| | C | 250 | 110 | 250 | 75 | 187 | 53 |
| | D | 250 | 250 | 250 | 212 | 250 | 150 |
| | Fe510(355)B | 40 | 12 | 29 | 9 | 21 | 6 |
| | C | 106 | 29 | 73 | 21 | 52 | 16 |
| | D | 250 | 73 | 177 | 52 | 150 | 38 |
| | DD | 250 | 128 | 250 | 85 | 250 | 59 |
| | FeE355KT | 250 | 250 | 250 | 250 | 250 | 150 |

俄罗斯地处欧洲西北部，冬季气候寒冷，过去曾发生过不少钢结构的脆性破坏事故。经过大量的理论和试验研究，苏联《钢结构设计规范》（$CH_N$ПⅡ-23-81）提出了一套考虑脆性破坏的强度计算方法。该规范规定，建造在-65～-30℃气温地区的钢结构中，都要考虑脆性破坏的抗力，按下式验算强度

$$\sigma_{max} \leqslant \frac{\beta R_u}{\gamma_u} \tag{2-28}$$

式中 $\sigma_{max}$——构件计算截面的最大名义拉应力，计算时不考虑动力系数，按净截面算出；

$\beta$——计算系数，考虑了使用时的最低计算温度、钢材牌号、构件的构造和连接形式及构件板厚的影响，总的趋势是计算温度越低、所用钢材的屈服强度越高、构件的板厚越厚、采用焊接连接形式引起的应力集中越严重，$\beta$ 就越低，最低时可达 0.6；

$R_u$——钢材的计算抗拉强度；

$\gamma_u$——相应的抗力系数，取 1.3。

美国钢结构协会《建筑钢结构荷载和抗力系数设计规范》（LRFD）在材料一章中单列了重型型材一节，规定采用全熔透焊缝相互拼接的重型型钢（翼缘板厚≥44mm），当主要承受由拉力和弯矩引起的拉应力作用时，在钢材的供货合同中应由供货商提供 $C_V$ 试验值，并满足+70℉（+20℃）的 $C_V$ 平均值不小于 20ft · lbs（27J）的要求。同时规定，由板厚≥2in（50mm）采用全熔透焊缝组成的焊接组合截面钢构件，当主要承受由拉力和弯矩引起的拉应力作用时，其钢材也应满足上述要求。规范的条文说明指出，由于真实结构中钢材的应变速率远低于夏比冲击试验中的应变速率，因此规定的试验温度比预期的结构使用温度高。美国公路钢桥规范对非累赘钢桥构件的断裂控制规定，采用屈服强度为 248N/mm² 和 345N/mm² 的钢材构件，当型材板厚不超过 38mm 时，按所在地区最低温度增加 39℃进行夏

比冲击试验，而不是在服役环境的最低温度下做冲击试验，这和上述的道理是一样的。

**3. 国内外钢材的互换问题**

随着经济全球化时代的到来，不少国外钢材进入了我国建筑领域。由于各国的钢材标准不同，在使用国外钢材时，必须全面了解不同牌号钢材的质量保证项目，包括化学成分和机械性能，检查厂家提供的质保书，并应进行抽样复验，其复验结果应符合现行国家产品标准和设计要求，方可与我国相应的钢材进行代换。表 2-11 给出了以强度指标为依据的各国钢材牌号与我国钢材牌号的近似对应关系，供代换时参考。

表 2-11 国内外钢材牌号对应关系

| 国别 | 中国 | 美国 | 日本 | 欧盟 | 英国 | 俄罗斯 | 澳大利亚 |
|---|---|---|---|---|---|---|---|
| 钢材牌号 | Q235 | A36 | SS400<br>SM400<br>SN400 | Fe360 | 40 | C235 | 250<br>C250 |
| | Q345 | A242, A441,<br>A572-50, A588 | SM490<br>SN490 | Fe510<br>FeE355 | 50B, C, D | C345 | 350<br>C350 |
| | Q390 | | | | 50F | C390 | 400<br>Hd400 |
| | Q420 | A572-60 | SA440B<br>SA440C | | | C440 | |

## 思考题

2-1 何谓碳素结构钢、低合金高强度结构钢？生产和加工过程对其工作性能有何影响？

2-2 钢材有哪两种主要的破坏形式？与其化学成分和组织构造有何关系？

2-3 试述钢材的主要力学性能指标及其测试方法。

2-4 影响钢材性能的主要化学成分有哪些？碳、硫、磷对钢材性能有何影响？

2-5 何谓钢材的焊接性能？影响钢材焊接性能的化学元素有哪些？

2-6 钢材在高温下的力学性能如何？为何钢材不耐火？

2-7 解释下列名词：1）低温冷脆；2）时效硬化；3）冷作硬化；4）应变时效硬化；5）转变温度；6）滞回性能；7）低周疲劳；8）高周疲劳。

2-8 引起钢材脆性破坏的主要因素有哪些？应如何防止脆性破坏的发生？

2-9 为何影响焊接结构疲劳强度的主要因素是应力幅，而不是应力比？

2-10 何谓等效应力幅 $\Delta\sigma_e$？它是根据什么原理求得的？

2-11 在选用钢材时应注意哪些问题？

2-12 钢材的力学性能为何要按厚度分类？在选用钢材时，应如何考虑板厚的影响？

# 钢结构的连接 第3章

## 3.1 钢结构的特点和连接方法

钢结构是由钢板、型钢通过必要的连接组成构件，各构件再通过一定的安装连接而形成整体的结构。显而易见，连接在钢结构中处于枢纽地位。连接部位应有足够的强度、刚度及延性。被连接构件间应保持正确的相互位置，以满足传力和使用要求。连接的加工和安装比较复杂、费工，因此选定合适的连接方案和节点构造是钢结构设计中重要的环节。连接设计不合理会影响结构的造价、安全和寿命。因此，“安全可靠、传力明确、构造简单、制造方便和节约钢材”是钢结构的连接必须遵循的原则。

钢结构的连接方法可分为焊接连接、铆钉连接、螺栓连接和轻型钢结构用的紧固件连接等（见图 3-1）。

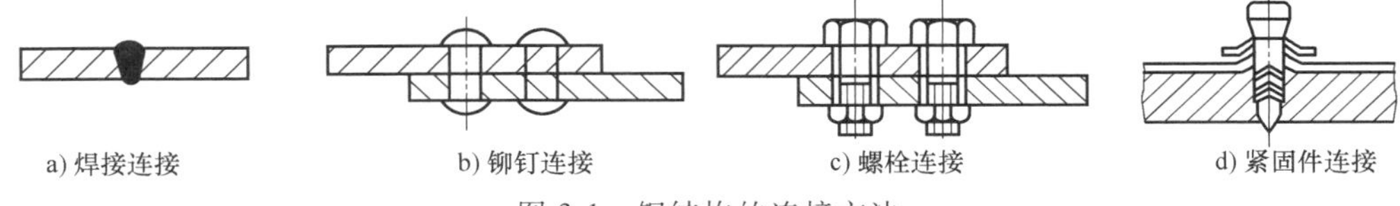


图 3-1　钢结构的连接方法

### 3.1.1 焊接连接

焊接连接是现代钢结构最主要的连接方法。其优点是：构造简单，任何形式的构件都可直接相连；用料经济，不削弱截面；制作加工方便，可实现自动化操作；连接的密闭性好，结构刚度大。其缺点是：在焊缝附近的热影响区内，钢材的金相组织发生改变，导致局部材质变脆；焊接残余应力和残余变形使受压构件承载力降低；焊接结构对裂纹很敏感，局部裂纹一旦发生，就容易扩展到整体，低温冷脆问题较为突出。目前除少数直接承受动力荷载的结构的某些连接不宜采用焊接连接外，焊接连接可广泛用于工业与民用建筑钢结构和桥梁结构。

**1. 焊条电弧焊**

焊条电弧焊的质量比较可靠，是钢结构最常用的焊接方法（见图 3-2）。通电后，在涂有药皮的焊条和焊件间产生电弧。电弧提供热源，使焊条中的焊丝熔化，滴落在焊件上被电弧所吹成的小凹槽熔池中。由电焊条药皮形成的熔渣和气体覆盖着熔池，防止空气中的氧、氮等气体与熔化的液体金属接触，避免形成脆性易裂的化合物。焊缝金属冷却后把被连接件连成一体。焊条电弧焊设备简单，操作灵活方便，适于任意空间位置的焊接，特别适于焊接短焊缝。但焊条电弧焊的生产效率低，劳动强度大，焊接质量与焊工的技术水平和精神状态有很大的关系。

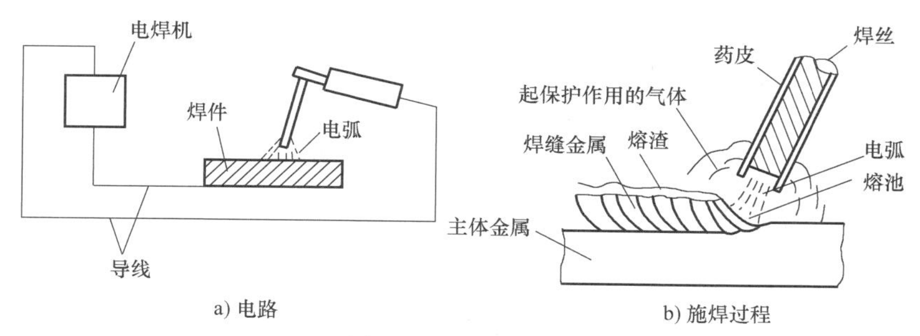


a) 电路　　b) 施焊过程

图 3-2　焊条电弧焊

焊条电弧焊所用焊条应与焊件钢材（或称主体金属）相适应；按照我国《非合金钢及细晶粒钢焊条》（GB/T 5117—2012）和《热强钢焊条》（GB/T 5118—2012）规定：对Q235钢采用E43型焊条；对Q345和Q345GJ钢采用E50型焊条；对Q390、Q420和Q460钢采用E55型及E60型焊条。焊条型号中字母E表示焊条（Electrode），前两位数字为熔敷金属的最小抗拉强度，第三、四位数字表示适用药皮类型、焊接位置、电流类型（交流、直流正接和直流反接）。如型号为E4315的焊条代表最小抗拉强度为430MPa，药皮为碱性，可用于全位置焊接，电源为直流反接。不同钢种的钢材相焊接时，宜采用低组配方案，即宜采用与低强度钢相适应的焊条。

**2. 自动或半自动埋弧焊**

埋弧焊是电弧在焊剂层下燃烧的一种电弧焊方法。焊丝送进和焊接方向的移动有专门机构控制的称自动埋弧焊（见图3-3）；焊丝送进有专门机构控制，而焊接方向的移动靠工人操作的称为半自动埋弧焊。埋弧焊是将光焊丝埋在焊剂层下，通电后，由电弧的作用使焊丝和焊剂熔化。熔化后的焊剂浮在熔化金属表面保护熔化金属，使之不与外界空气接触，有时焊剂还可供给焊缝的必要合金元素，以改善焊缝质量。电弧焊的焊丝不涂药皮，但施焊端依靠由焊剂漏头自动流下的颗粒状焊剂覆盖，电弧完全被埋在焊剂之内，电弧热量集中，熔深大，适于厚板的焊接，具有很高的生产率。自动（半自动）埋弧焊的焊丝熔化后主要靠重力进入焊缝，适用于焊接位置为平焊和水平角焊缝，因此自动（半自动）埋弧焊主要用于工厂焊缝，特别适合长而直的焊缝。由于采用了自动或半自动化操作，焊接时的工艺条件稳定，焊缝的化学成分均匀，故焊成的焊缝的质量好，焊件变形小。同时，较高的焊速减小了热影响区的范围。但埋弧焊对焊件边缘的装配精度（如间隙）要求比焊条电弧焊高。

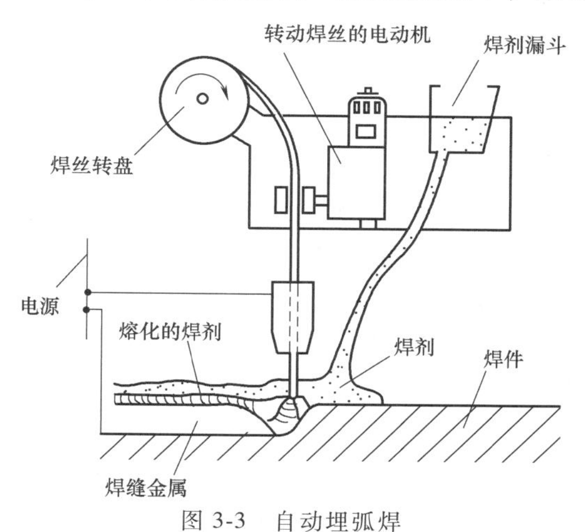


图 3-3　自动埋弧焊

埋弧焊所用焊丝和焊剂应与主体金属的力学性能相适应，并应符合《熔化焊用钢丝》

（GB/T 1300—1994）的规定。

3. 气体保护焊

气体保护焊是用焊枪中喷出的惰性气体代替焊剂，焊丝可自动送入，如 $CO_2$ 气体保护焊是以 $CO_2$ 作为保护气体，使被熔化的金属不与空气接触，气体保护焊的焊缝熔化区没有熔渣，焊工能够清楚地看到焊缝成型的过程；由于保护气体是喷射的，有助于熔滴的过渡；又由于电弧加热集中，熔化深度大，焊接速度快，焊缝强度高，塑性好。$CO_2$ 气体保护焊采用高锰、高硅型焊丝，具有较强的抗锈蚀能力，焊缝不易产生气孔，适用于低碳钢、低合金钢的焊接。气体保护焊既可用手工操作，也可进行自动焊接。气体保护焊在操作时应采取避风措施，否则容易出现焊坑、气孔等缺陷。

4. 电阻焊

电阻焊是利用电流通过焊件接触点表面电阻所产生的热来熔化金属，再通过加压使其焊合。电阻焊只适用于板叠厚度不大于 12mm 的焊接。对冷弯薄壁型钢构件，电阻焊可用来缀合壁厚不超过 3.5mm 的构件，如将两个冷弯槽钢或 C 型钢组合成 I 形截面构件等（见图 3-4）。

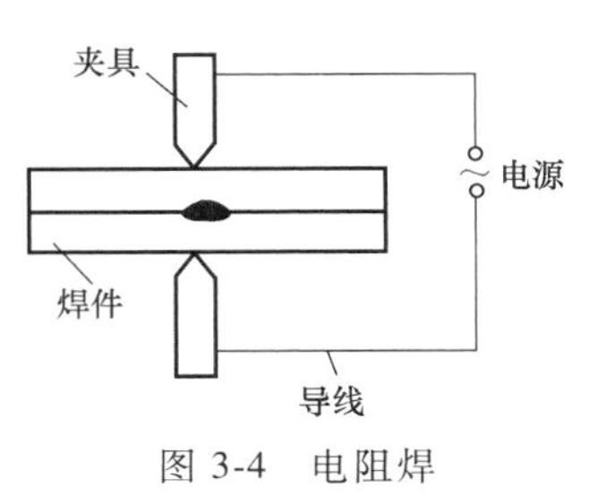


图 3-4 电阻焊

## 3.1.2 铆钉连接

铆钉连接的制造有热铆和冷铆两种。热铆是由烧红的钉坯插入构件的钉孔中，用铆钉枪或压铆机铆合而成。冷铆是在常温下铆合而成。在建筑结构中一般都采用热铆。铆钉的材料应有良好的塑性，通常采用专用钢材 BL2 和 BL3 号钢制成。

铆钉连接的质量和受力性能与钉孔的制法有很大关系。钉孔的制法分为Ⅰ、Ⅱ两类。Ⅰ类孔是用钻模钻成，或先冲成较小的孔，装配时再扩钻而成，质量较好。Ⅱ类孔是冲成或不用钻模钻成，虽然制法简单，但构件拼装时钉孔不易对齐，故质量较差。重要的结构应该采用 B 类孔。

铆钉打好后，钉杆由高温逐渐冷却而发生收缩，但被钉头之间的钢板阻止住，所以钉杆中产生了收缩拉应力，钢板则产生压缩系紧力。这种系紧力使连接十分紧密。当构件受剪力作用时，钢板接触面上产生很大的摩擦力，因而能大大提高连接的工作性能。

铆钉连接由于构造复杂，费钢费工，现已很少采用。但是铆钉连接的塑性和韧性较好，传力可靠，质量易于检查，在一些重型和直接承受动力荷载的结构中，有时仍然采用。

## 3.1.3 螺栓连接

螺栓连接分为普通螺栓连接和高强度螺栓连接两大类。

1. 普通螺栓连接

普通螺栓连接的优点是施工简单、拆装方便，缺点是用钢量较多，适用于安装连接和需要经常拆装的结构。普通螺栓又分为 A 级、B 级螺栓和 C 级螺栓。A 级、B 级螺栓称为精制螺栓，C 级螺栓称为粗制螺栓。

A、B 级螺栓一般用 45 号钢和 35 号钢（用于螺栓时也称 8.8 级）制成。A、B 两级的区别只是尺寸不同，其中 A 级包括 $d\leqslant24$mm，且 $L\leqslant150$mm 的螺栓，B 级包括 $d>24$mm，且 $L>150$mm 的螺栓，$d$ 为螺杆直径，$L$ 为螺杆长度。A、B 级螺栓需要机械加工，尺寸准确，要求Ⅰ类孔，栓径和孔径的公称尺寸相同，容许偏差为 0.18~0.25mm。这种螺栓连接传递剪力的性能较好，变形很小，但制造安装比较复杂，价格昂贵，目前在钢结构中较少采用。

C 级螺栓一般用 Q235 钢（用于螺栓时也称为 4.6 级）制成。C 级螺栓加工粗糙，尺寸不够准确，只要求Ⅱ类孔，成本低，螺栓孔的直径 $d_0$ 比螺栓杆的直径 $d$ 大 1.5~2.0mm。由于 C 级螺栓连接的螺栓杆与螺孔之间存在着较大的间隙，传递剪力时，连接将会产生较大的剪切滑移（见图 3-5），但 C 级螺栓传递拉力的性能仍较好，所以 C 级螺栓可用于承受拉力的安装连接，以及不重要的抗剪连接或用作安装时的临时固定。

**2. 高强度螺栓连接**

高强度螺栓连接和普通螺栓连接的主要区别是：高强度螺栓除了其材料强度高之外，施工时还给螺栓杆施加很大的预拉力，使被连接构件的接触面之间产生挤压力，因此受剪时有很大的摩擦力。依靠接触面间的摩擦力来阻止其相互滑移，以达到传递外力的目的，因而变形较小（见图 3-5）。普通螺栓扭紧螺母时螺栓产生的预拉力很小，由板面挤压力产生的摩擦力可以忽略不计。普通螺栓连接受剪时是依靠孔壁承压和栓杆抗剪来传力。

高强度螺栓抗剪连接分为摩擦型连接和承压型连接。摩擦型连接只利用被连接构件之间的摩擦力来传承受外力，以摩擦力被克服作为承载能力的极限状态。承压型连接允许被连接构件接触面之间发生相对滑移，其极限状态和普通螺栓连接相同，以螺栓杆被剪坏和孔壁承压破坏作为承载能力的极限状态。

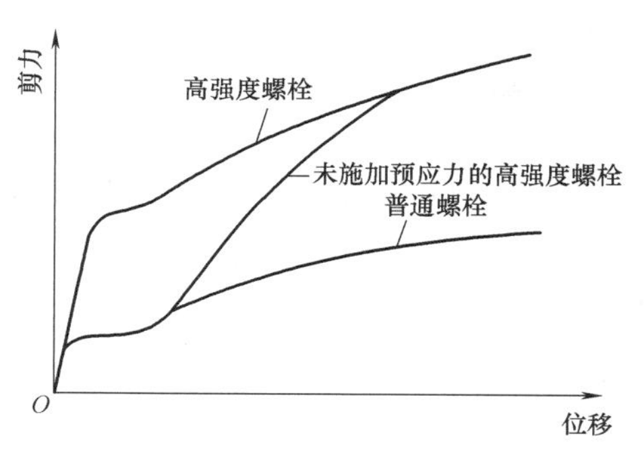


图 3-5 抗剪螺栓剪力位移曲线

摩擦型连接具有连接紧密、剪切变形小、受力良好、可拆换、耐疲劳及动力荷载作用下不易松动等优点，目前在桥梁、工业与民用建筑结构中得到广泛应用；摩擦型连接包含了普通螺栓和铆钉连接的各自优点，目前已成为代替铆接的优良连接形式。承压型连接的承载能力比摩擦型的高，可节约螺栓和钢材，但剪切变形大，不得用于直接承受动力荷载的结构。

高强度螺栓一般采用 45 号钢、40B 钢和 20MnTiB 钢制成，性能等级包括 8.8 级和 10.9 级。摩擦型连接的螺栓孔的直径 $d_0$ 比螺栓杆的直径 $d$ 大 1.5~2.0mm。承压型连接的螺栓孔的直径 $d_0$ 比螺栓杆的直径 $d$ 大 1.0~1.5mm。

高强度螺栓分大六角头型（见图 3-6a）和扭剪型（见图 3-6b）两种。安装时通过特别的扳手，以较大的扭矩上紧螺母，使螺杆产生很大的预拉力。

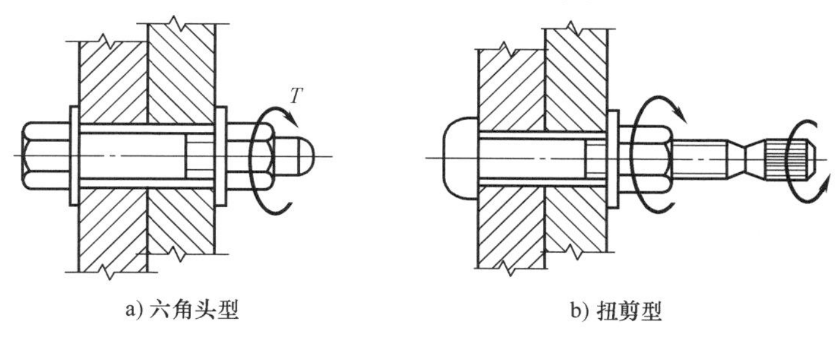


图 3-6 高强度螺栓

### 3.1.4 轻钢结构的紧固件连接

在冷弯薄壁型钢结构中经常采用自攻螺钉、钢拉铆钉、射钉等机械式紧固件连接方式（见图 3-7），主要用于压型钢板之间和压型钢板与冷弯型钢等支承构件之间的连接。

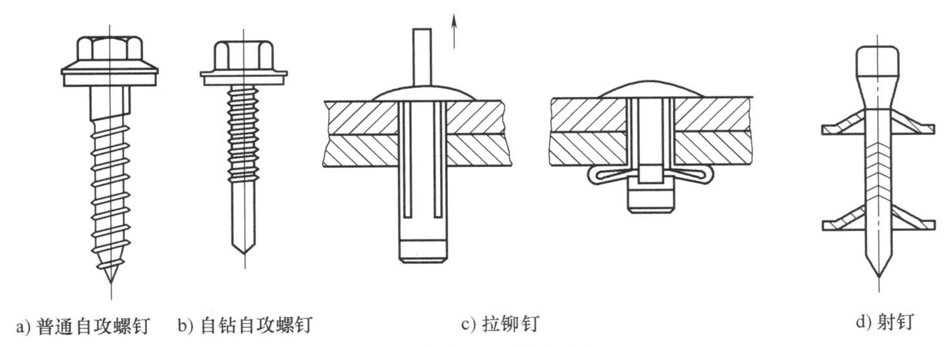

a) 普通自攻螺钉　b) 自钻自攻螺钉　c) 拉铆钉　d) 射钉

图 3-7　轻钢结构的紧固件

自攻螺钉有两种类型，一类为一般的自攻螺钉（见图 3-7a），需先行在被连板件和构件上钻一定大小的孔后，再用电动板子或扭力板子将其拧入连接板的孔中；一类为自钻自攻螺钉（见图 3-7b），无须预先钻孔，可直接用电动板子自行钻孔和攻入被连板件。

拉铆钉（见图 3-7c）有铝材和钢材制作的二类，为防止电化学反应，轻钢结构均采用钢制拉铆钉。

射钉（见图 3-7d）由带有锥杆和固定帽的杆身与下部活动帽组成，靠射钉枪的动力将射钉穿过被连板件打入母材基体中。射钉只用于薄板与支承构件（如檩条、墙梁等）的连接。

### 3.1.5 螺栓及其孔眼图例

在钢结构施工图上需要将螺栓及其孔眼的施工要求用图形表示清楚，以免引起混淆。

表 3-1　螺栓及其孔眼图例

| 名称 | 永久螺栓 | 高强度螺栓 | 安装螺栓 | 圆形螺栓孔 | 长圆形螺栓孔 |
|---|---|---|---|---|---|
| 图例 |   |   |   | 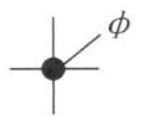 $\phi$ | 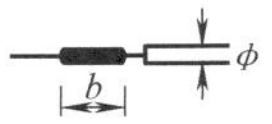 $\phi$ $b$ |

## 3.2 焊缝和焊接连接的形式

### 3.2.1 焊缝连接形式

焊缝连接形式按被连接构件间的相对位置可分为平接、搭接、T 形连接和角接四种（见图 3-8）。这些连接所采用的焊缝形式主要有对接焊缝和角焊缝。

图 3-8a 所示为用对接焊缝的平接连接，它的特点是用料经济，传力均匀平缓，没有明

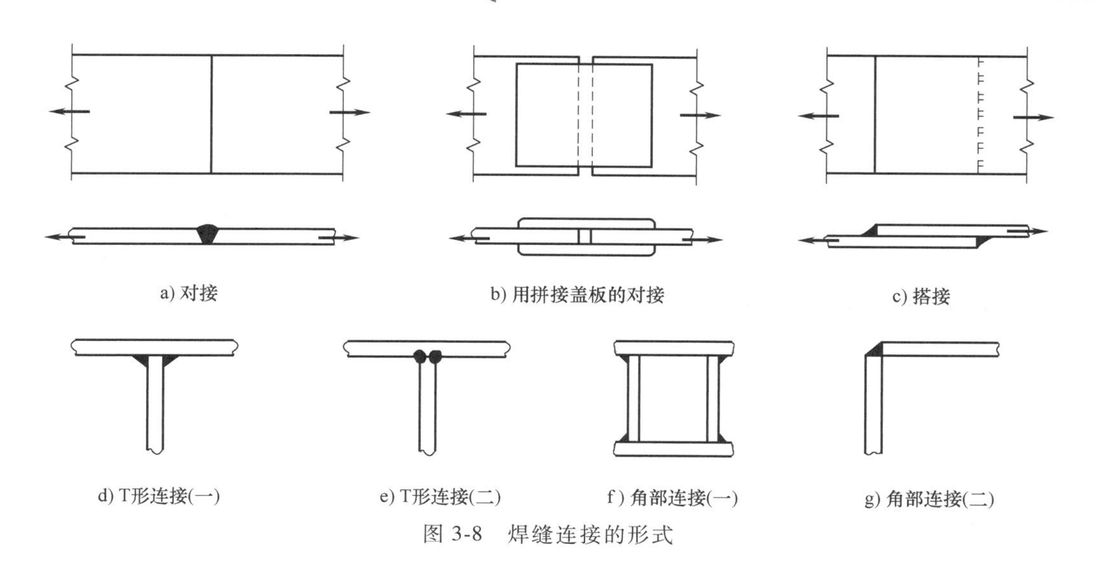


图 3-8 焊缝连接的形式

显的应力集中，承受动力荷载的性能较好，当符合一、二级焊缝质量检验标准时，焊缝和被焊构件的强度相等。但是焊件边缘需要加工，对被连接两板的间隙和坡口尺寸有严格的要求。图 3-8b 所示为用拼接板和角焊缝的平接连接，这种连接传力不均匀、费料，但施工简便，所接两板的间隙大小无需要严格控制。

图 3-8c 所示为用角焊缝的搭接连接，这种连接传力不均匀，材料较费，但构造简单，施工方便，目前还广泛应用。图 3-8d 所示为用角焊缝的 T 形连接，构造简单，受力性能较差，应用也颇广泛。图 3-8e 所示为焊透的 T 形连接，其性能与对接焊缝相同。在重要的结构中用它来代替图 3-8d 的连接。后期实践证明：这种要求焊透的 T 形连接焊缝，即使有未焊透现象，但因腹板边缘经过加工，焊缝收缩后使翼缘和腹板顶得十分紧密，焊缝受力情况大为改善，一般能保证使用要求。

图 3-8f、g 所示为用角焊缝和对接焊缝的角接连接。

## 3.2.2 焊缝形式

焊缝的形式主要有对接焊缝、角焊缝两种。对接焊缝按所受力的方向可分为正对接焊缝和斜对接焊缝（见图 3-9a、b）。角焊缝长度方向垂直于力作用方向的称为正面角焊缝，平行于力作用方向的称为侧面角焊缝，如图 3-9c 所示。

焊缝按沿长度方向的分布情况来分，有连续角焊缝和断续角焊缝两种形式（见

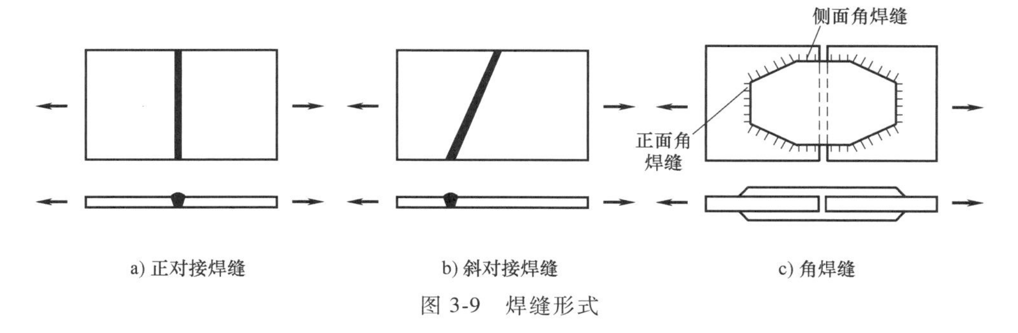


图 3-9 焊缝形式

图 3-10）。连续角焊缝受力性能较好，为主要的角焊缝形式。断续角焊缝容易引起应力集中，只能用于一些次要构件的连接或受力很小的连接中。断续焊缝的间断距离 $L$ 不能太长，以免连接不紧密易引起构件的锈蚀。间断距离 $L$ 一般在受压构件中不应大于 $15t$，在受拉构件中不应大于 $30t$，$t$ 为较薄构件的厚度。

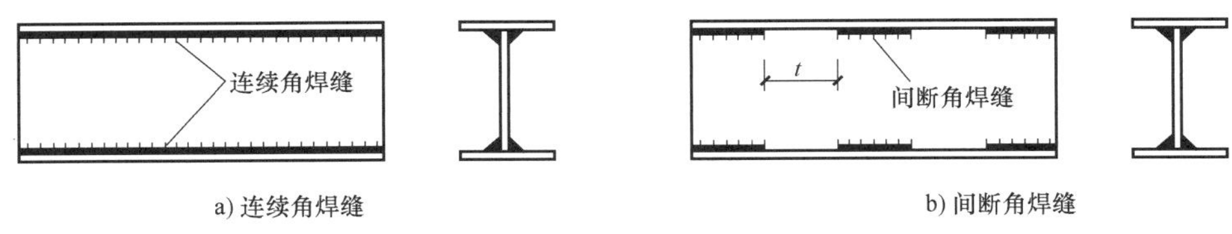


图 3-10　连续角焊缝和间断角焊缝

焊缝按施焊位置分为有平焊（俯焊）、立焊、横焊、仰焊几种（见图 3-11）。平焊的施焊工作方便，质量最易保证。立焊、横焊的质量及生产效率比平焊的差一些。仰焊的操作条件最差，焊缝质量不易保证，因此工程中应尽量避免采用仰焊。

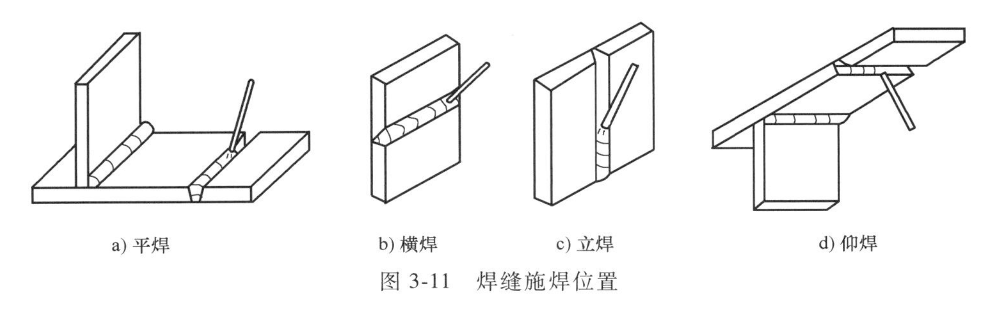


图 3-11　焊缝施焊位置

### 3.2.3　焊缝缺陷和焊缝质量检查

#### 1. 焊缝缺陷

焊缝的缺陷是指在焊接工程中产生于焊缝金属或附近热影响区钢材表面或内部的缺陷。常见的缺陷包括裂纹、气孔、烧穿、夹渣、未焊透、咬边和焊瘤等。

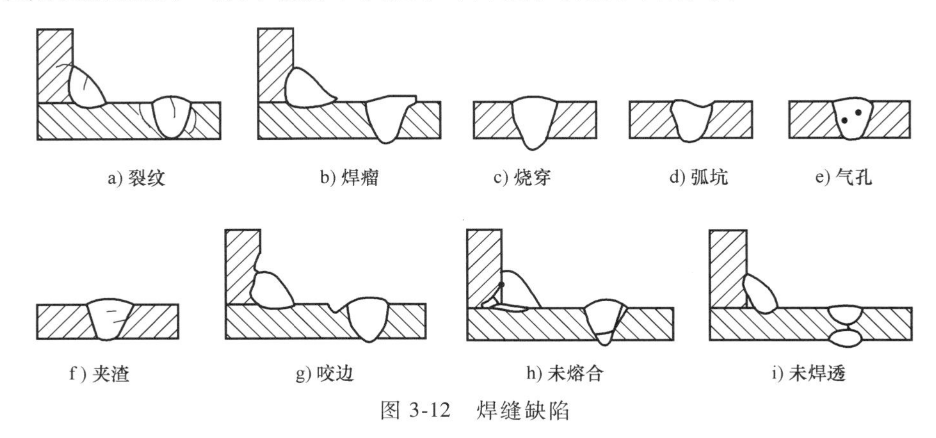


图 3-12　焊缝缺陷

裂纹（见图 3-12a）是焊缝连接中最危险的缺陷。按产生的时间不同，可分为热裂纹和冷裂纹，前者是在焊接时产生的，后者是在焊缝冷却过程中产生的。产生裂纹的原因很多，如钢材的化学成分不当，未采用合适的电流、弧长、施焊速度、焊条和施焊次序等。如果采用合理的施焊次序，可以减少焊接应力，避免出现裂纹；进行预热，缓慢冷却或焊后热处理，可以减少裂纹形成。

气孔（见图3-12e）是由空气侵入或受潮的药皮熔化时产生气体而形成的，也可能是焊件金属上的油、锈、垢物等引起的。气孔在焊缝内或均匀分布，或存在于焊缝某一部位，如焊趾或焊跟处。

焊缝的其他缺陷有焊瘤（见图3-12b），烧穿（见图3-12c），弧坑（见图3-12d），夹渣（见图3-12f），咬边（见图3-12g），未熔合（见图3-12h），未焊透（见图3-12i）等。

**2. 焊缝质量检查**

由于焊缝缺陷的存在将削弱焊缝的受力面积，而且在缺陷处形成应力集中，导致裂缝的不断扩展，成为连接破坏的根源，对结构的受力造成不利影响。因此，焊缝质量的检查极为重要。

《钢结构工程施工质量验收规范》（GB 50205—2020）规定，焊缝质量检查标准分为三级，其中第三级只要求通过外观检查，即检查焊缝实际尺寸是否符合设计要求和有无明显的裂纹等缺陷。对于重要的结构或要求于被焊金属强度等强的对接焊缝，必须进行一级或二级质量检验，即在外观检查的基础上再做无损检验。其中二级检查要求采用超声波检验每条焊缝的20%长度，一级检查要求用超声波检验每条焊缝的全部长度，以便于工作揭示焊缝内部缺陷。对于焊缺陷的控制和处理，见《焊缝无损检测　超声检测　技术、检测等级和评定》（GB/T 11345—2013）。对承受动载的重要构件焊缝，还可增加射线探伤检查。

**3. 焊缝质量等级的规定**

《钢结构设计标准》规定，焊缝应根据结构的重要性、荷载特性、焊缝形式、工作环境及应力状态等情况，按下述原则分别选用不同的质量等级：

1）在需要进行疲劳计算的构件中，对接焊缝均应焊透，其质量等级为：作用力垂直于焊缝长度方向的横向对接焊缝或T形对接与角接组合焊缝，受拉时应为一级，受压时应为二级；作用力平行于焊缝长度方向的纵向对接焊缝应为二级。

2）不需要计算疲劳的构件中，凡要求与母材等强的对接焊缝应予焊透，其质量等级当受拉时应不低于二级，受压时宜为二级。

3）重级工作制和起重量$Q \geq 50t$的中级工作制吊车梁的腹板与上翼缘之间，以及吊车桁架上弦杆与节点板之间的T形接头焊缝均要求焊透。焊缝形式一般为对接与角接的组合焊缝，其质量等级不应低于二级。

4）不要求焊透的T形接头采用的角焊缝或部分焊透的对接与角接组合焊缝，以及搭接连接采用的角焊缝，其质量等级为：对直接承受动力荷载且需要验算疲劳的结构和起重机起重量等于或大于50t的中级工作制吊车梁，焊缝的外观质量标准应符合二级；对其他结构，焊缝的外观质量标准可为三级。

**4. 焊缝符号**

在钢结构施工图上要用焊缝代号标明焊缝形式、尺寸和辅助要求。《焊缝符号表示方法》（GB/T 324—2008）规定：焊缝符号由指引线和表示焊缝截面形状的基本符号组成，必要时可加上补充符号、尺寸符号及数据等。

指引线一般由基准线（实线和虚线）和带箭头的斜线所组成。基准线一般应与图样的底边相平行，特殊情况也可与底边相垂直，水平基准线的上面和下面用来标注基本符号和焊缝尺寸。当引出线的箭头指向焊缝所在的一面时，应将基本符号和焊缝尺寸标注在基准线的上面；当箭头指向对应焊缝所在的另一面时，应将基本符号和焊缝尺寸标注在基准线的下面。

基本符号用以表示焊缝截面形状，如对接焊缝、角焊缝、塞焊缝等。辅助符号用以表示焊缝表面形状特征。补充符号是为了补充说明焊缝的某些特征而采用的符号，如带有垫板，三面或四面围焊及安装焊缝等。表 3-2 列出了一些常用的焊缝符号。

表 3-2　焊缝符号

| | 角焊缝 | | | | 对接焊缝 | 塞焊缝 | 三面围焊 |
|---|---|---|---|---|---|---|---|
| | 单面焊缝 | 双面焊缝 | 安装焊缝 | 相同焊缝 | | | |
| 形式 | | | | | $c$ $\alpha$ $\alpha$ $c$ $p$ | | |
| 标注方法 | $h_f$ | $h_f$ | $h_f$ | $h_f$ | $\alpha$ $c$ $p$ $\alpha$ $c$ | $h_f$ | $h_f$ |

当焊缝分布比较复杂或用上述标注方法不能表达清楚时，在标注焊缝代号的同时，可在图形上加栅线表示（见图 3-13）。

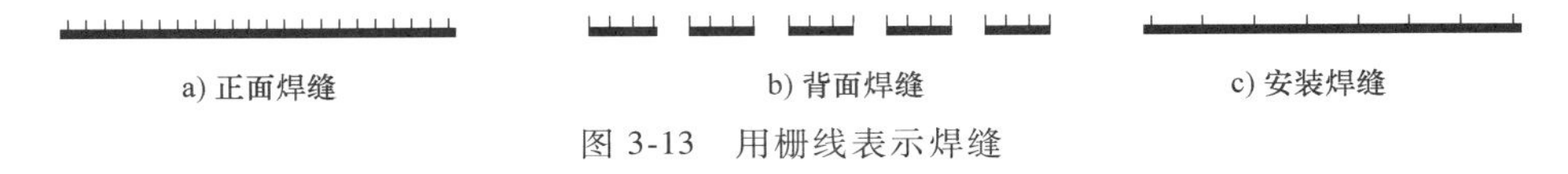

a) 正面焊缝　　b) 背面焊缝　　c) 安装焊缝

图 3-13　用栅线表示焊缝

## 3.3　对接焊缝的构造和计算

### 3.3.1　对接焊缝的构造要求

对接焊缝的焊件为了便于施焊，易于焊透，常需做成坡口，故又叫坡口焊缝。坡口形式与焊件厚度有关。当焊件厚度很小（焊条电弧焊 6mm，埋弧焊 10mm）时，可用直边缝。对于一般厚度的焊件可采用具有斜坡口的单边 V 形或 V 形焊缝。斜坡口和根部间隙 $c$ 共同组成一个焊条能够运转的施焊空间，使焊缝易于焊透；钝边 p 有托住熔化金属的作用。对于较厚的焊件（$t$>20mm），则采用 U 形、K 形和 X 形坡口（见图 3-14）。V 形缝和 U 形缝需对焊缝根部进行补焊。对接焊缝坡口形式的选用，应根据板厚和施工条件按相关规范的要求进行。

在对接焊缝的拼接处，当焊件的宽度不同或厚度相差 4mm 以上时，应分别在宽度方向或厚度方向从一侧或两侧做成坡度不大于 1∶2.5 的斜角（见图 3-15），以使截面过渡和缓，

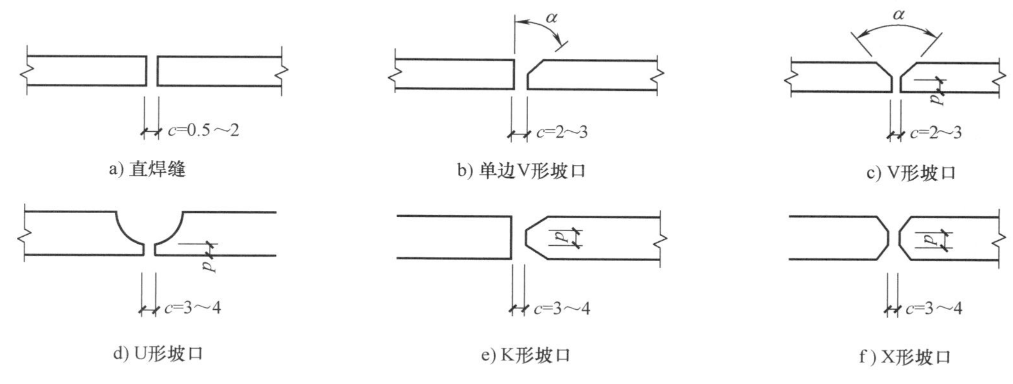


图 3-14　对接焊缝的坡口形式

减小应力集中。如板厚相差不大于 4mm 时，可不做斜坡。

在焊缝的起灭弧处，常会出现弧坑等缺陷，形成类裂纹和应力集中，这些缺陷对承载力影响极大，故焊接时一般应设置引弧板和引出板（见图 3-16），焊后将它割除，并用砂轮将表面磨平。对受静力荷载的结构设置引弧（出）板有困难时，允许不设置引弧（出）板，此时，可令焊缝计算长度等于实际长度减 $2t$（$t$ 为较薄焊件厚度）。

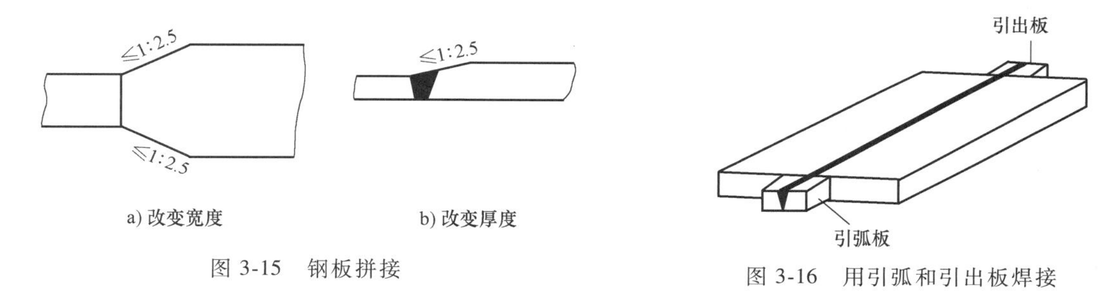


图 3-15　钢板拼接

图 3-16　用引弧和引出板焊接

钢板的拼接采用对接焊缝时，纵横两方向的对接焊缝，可采用十字形交叉或 T 形交叉。当为 T 形交叉时，交叉点间的距离不得小于 200mm，且拼接料的长度和宽度均不得小于 300mm（见图 3-17）。

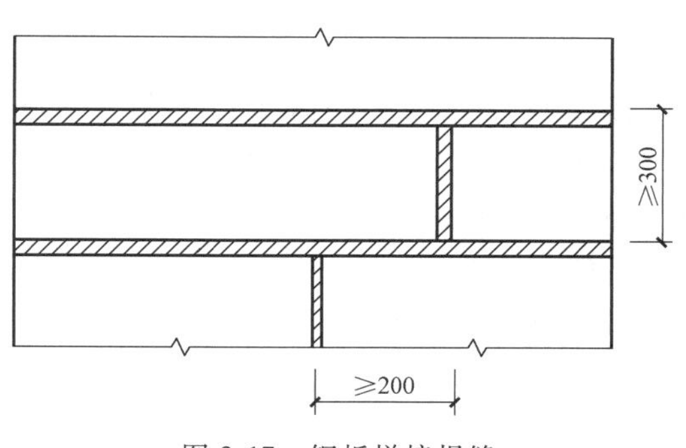


图 3-17　钢板拼接焊缝

在直接承受动力荷载的结构中，为提高疲劳强度，应将对接焊缝的表面磨平，打磨方向应与应力方向平行。垂直于受力方向的焊缝应采用焊透的对接焊缝，不宜采用部分焊透的对接焊缝。

## 3.3.2　对接焊缝的计算

对接焊缝的强度与所用钢材的牌号、焊条型号及焊缝质量的检验标准等因素有关。

如果焊缝中不存在任何缺陷，焊缝金属的强度是高于母材的。由于焊接技术问题，焊缝中可能有气孔、夹渣、咬边、未焊透等缺陷。实验证明，焊接缺陷对受压、受剪的对接焊缝影响不大，故可认为受压、受剪的对接焊缝与母材强度相等，但受拉的对接焊缝对缺陷甚为敏感。当缺陷面积与焊件截面积之比超过5%时，对接焊缝的抗拉强度将明显下降。由于三级检验的焊缝允许存在的缺陷较多，故其抗拉强度为母材强度的85%，而一、二级检验的焊缝的抗拉强度可认为与母材强度相等。

由于对接焊缝是焊件截面的组成部分，对接焊缝的应力分布情况，基本上与焊件原来情况相同，可用计算焊件的方法进行计算。

**1. 轴心力作用**

在对接接头和T形接头中，垂直于轴心拉力或轴心压力 $N$ 的正对接焊缝（见图3-18），应按下式计算

$$\sigma=\frac{N}{l_w t}\leqslant f_t^w \text{或} f_c^w \tag{3-1}$$

式中 $N$——轴心拉力或压力的设计值；

$l_w$——焊缝计算长度，当未采用引弧板时，应取实际长度减去 $2t$；

$t$——对接连接中为连接件的较小厚度，T形接头中为腹板厚度；

$f_t^w$、$f_c^w$——对接焊缝抗拉、抗压强度设计值。

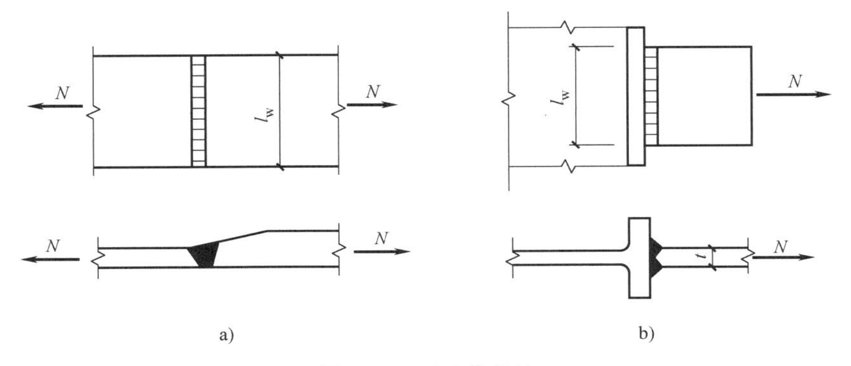


图3-18 正对接焊缝

按施工及验收规范的规定，对接焊缝施焊时均应加引弧板，以避免焊缝两端的起落弧缺陷，这样，焊缝计算长度应取为实际长度。但在某些特殊情况下，如T形接头，当加引弧板较为困难而未加时，则计算每条焊缝长度应减去 $2t$。因此，在一般加引弧板施焊的情况下，所有受压、受剪的对接焊缝以及受拉的一、二级焊缝，均与母材等强，不用计算，只有受拉的三级焊缝才需要进行计算。

当正对接焊缝不能满足强度要求时，可采用斜对接焊缝。图3-19所示的轴心受拉斜焊缝，可按下列公式计算

$$\sigma=\frac{N\sin\theta}{l_w t}\leqslant f_t^w \tag{3-2}$$

$$\tau=\frac{N\cos\theta}{l_w t}\leqslant f_v^w \tag{3-3}$$

式中 $N$——轴心拉力或压力的设计值；

$l_w$——焊缝计算长度，采用引弧板时 $l_w=b/\sin\theta$，未采用引弧板时 $l_w=b/\sin\theta-2t$；

$f_v^w$——对接焊缝抗剪强度设计值。

当斜焊缝倾角 $\theta \leqslant 56.3°$，即 $\tan\theta \leqslant 1.5$ 时，可认为与母材等强，不用计算。

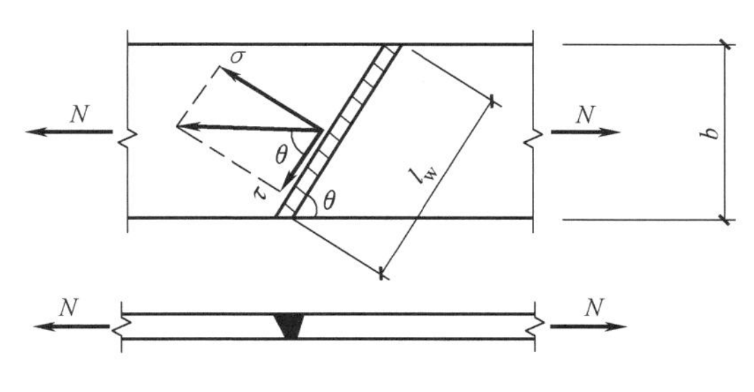


图 3-19　斜对接焊缝

斜对接焊缝在 20 世纪 50 年代用得较多，由于消耗材料较多，施工也不方便，已逐渐摒弃不用，而代之以直对接焊缝。正对接焊缝一般加引弧板施焊，若抗拉强度不满足要求，可采用二级检验标准，或将接头位置移至内力较小处。

**[例题 3-1]**　试验算图 3-20 所示钢板的对接焊缝的强度。图中 $a=540\text{mm}$，$t=22\text{mm}$，轴心力的设计值为 $N=2500\text{kN}$。钢材为 Q235B 钢，焊条电弧焊，焊条为 E43 型，三级检验标准的焊缝，施焊时加引弧板。

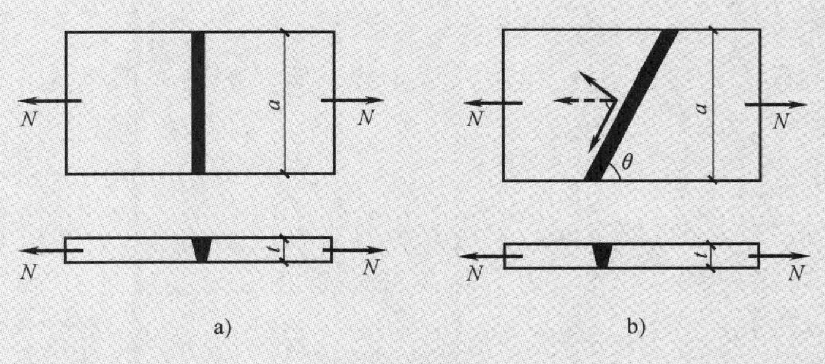


图 3-20　例题 3-1

**[解]**　正对接焊缝连接计算长度 $l_w=54\text{cm}$。焊缝正应力为：

$$\sigma=\frac{N}{l_w t}=\frac{2500\times10^3}{540\times22}\text{N/mm}^2=210\text{N/mm}^2>f_t^w=175\text{N/mm}^2$$

不满足要求，改用斜对接焊缝，取截割斜度为 1.5∶1，即 $\theta=56°$。

焊缝长度：$l_w=\dfrac{a}{\sin\theta}=\dfrac{54\text{m}}{\sin56°}=65\text{cm}$

焊缝正应力：$\sigma=\dfrac{N\sin\theta}{l_w t}=\dfrac{2500\times10^3\sin56°}{650\times22}=145\text{N/mm}^2<f_t^w=175\text{N/mm}^2$

焊缝剪应力：$\tau=\dfrac{N\cos\theta}{l_w t}=\dfrac{2500\times10^3\cos56°}{650\times22}=98\text{N/mm}^2<f_t^w=120\text{N/mm}^2$

这就说明当 $\tan\theta\leqslant1.5$ 时，焊缝强度能够保证，可不必进行验算。

### 2. 弯矩和剪力的共同作用

在弯矩和剪力共同作用下的对接焊缝（见图 3-21），其正应力与剪应力的最大值应分别满足下列的条件

$$\sigma=\frac{M}{W_w}\leqslant f_t^w \tag{3-4}$$

$$\tau=\frac{VS_w}{I_w t}\leqslant f_v^w \tag{3-5}$$

式中 $W_w$——焊缝截面的截面模量；

$I_w$——焊缝截面对其中和轴的惯性矩；

$S_w$——焊缝截面在计算剪应力处以上部分对中和轴的面积矩；

$f_v^w$——对接焊缝的抗剪强度设计值，由附表 1-2 查得。

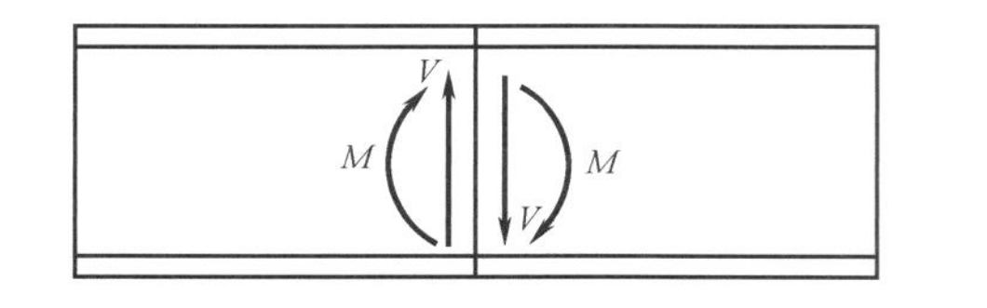

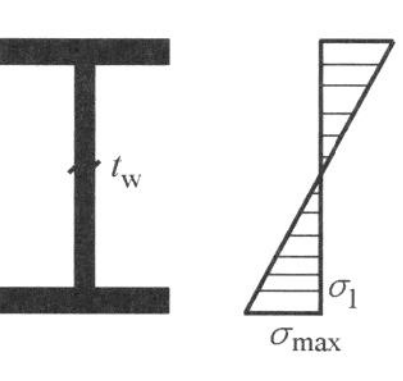

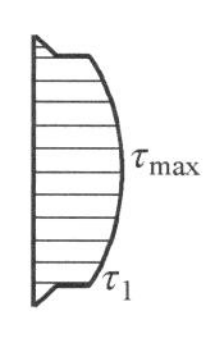


图 3-21 对接焊缝受弯矩和剪力共同作用

对于 T 形、I 形、箱形等构件，在腹板与翼缘交接处（见图 3-21），焊缝截面同时受有较大的正应力 $\sigma_1$ 和较大的剪应力 $\tau_1$ 作用，除应分别验算焊缝截面最大正应力和剪应力外，还应按下式验算折算应力

$$\sqrt{\sigma_1^2+3\tau_1^2}\leqslant 1.1f_t^w \tag{3-6}$$

式中 $\sigma_1$、$\tau_1$——验算点处焊缝截面的正应力和剪应力；

1.1——考虑到最大折算应力只在部分截面的部分点出现，而将强度设计值适当提高。

### 3. 轴心力、弯矩和剪力的共同作用

在轴心力、弯矩和剪力共同作用时，对接焊缝的最大正应力应为轴力和弯矩引起的应力之和，剪应力按式（3-5）验算，折算应力仍按式（3-6）进行验算。

**[例题 3-2]** 请验算图 3-22 所示牛腿与柱连接的对接焊缝的强度。静力荷载设计值 $F=220\text{kN}$。钢材用 Q235AF 钢，焊条 E43 焊条电弧焊，无引弧板，焊缝质量三级（假定剪力全部由腹板上的焊缝承受）。

**[解]** 因施焊时无引弧板，故翼缘焊缝和腹板焊缝的计算长度减去 10mm。

查附表 1-2 得：$f_t^w=185\text{N/mm}^2$，$f_c^w=215\text{N/mm}^2$，$f_v^w=125\text{N/mm}^2$。

（1）计算对接焊缝计算截面的几何特性

$$y_1=\frac{(200-10)\times10\times5+(300-10)\times10\times160}{(200-10)\times10+(300-10)\times10}\text{mm}=99\text{mm}$$

$$y_2=(310-99)\text{mm}=211\text{mm}$$

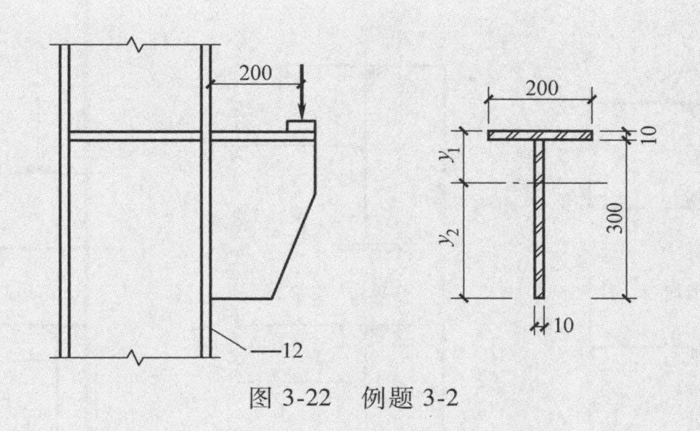

图 3-22　例题 3-2

焊缝有效截面惯性矩：$I_w=\frac{1}{12}\times10\times(300-10)^3+(300-10)\times10\times(160-99)^2\text{mm}^4+$

$$\frac{1}{12}\times(200-10)\times10^3+(200-10)\times10\times(99-5)^2\text{mm}^4=4.79\times10^7\text{mm}^4$$

腹板的截面积：$A'_w=(300-10)\times10\text{mm}^3=2.9\times10^3\text{mm}^3$

（2）验算焊缝强度　荷载力在焊缝形心处产生剪力 $V=220\text{kN}$ 和弯矩 $M=Ve=220\times0.2\text{kN}\cdot\text{m}=44\text{kN}\cdot\text{m}$，经分析最危险点是最下面点，验算该点的焊缝强度。

$$\sigma_c=\frac{My_2}{I_w}=\frac{220\times200\times10^3\times211}{4.79\times10^7}\text{N/mm}^2=193.8\text{N/mm}^2<f_c^w=215\text{N/mm}^2\text{(满足要求)}$$

验算翼缘上边缘处焊缝拉应力。

$$\sigma_t=\frac{My_1}{I_w}=\frac{220\times200\times10^3\times99}{4.79\times10^7}\text{N/mm}^2=90.9\text{N/mm}^2<f_t^w=185\text{N/mm}^2\text{(满足要求)}$$

为简化计算，可认为剪力由腹板焊缝单独承担，剪应力按均匀分布考虑：

$$\tau=\frac{F}{A'_w}=\frac{220\times10^3}{2.9\times10^3}\text{N/mm}^2=75.9\text{N/mm}^2<f_v^w=125\text{N/mm}^2$$

腹板下端点正应力、剪应力均较大，故需验算腹板下端点的折算应力：

$$\sqrt{\sigma_c+3\tau^2}=\sqrt{193.8^2+3\times75.9^2}\text{N/mm}^2=234.2\text{N/mm}^2>1.1f_t^w=1.1\times185\text{N/mm}^2=203.5\text{N/mm}^2$$

故折算应力强度不满足要求，如此焊缝改成二级焊缝，则 $1.1f_t^w=1.1\times215\text{N/mm}^2=236.5\text{N/mm}^2$，就能满足强度要求了。

### 3.3.3　部分焊透的对接焊缝

在钢结构设计中，有时遇到板件较厚，而板件间连接受力较小时，可以采用部分焊透的对接焊缝（见图 3-23），如当用四块较厚的钢板焊成的箱形截面轴心受压柱时，由于焊缝主要起联系作用，就可以用部分焊透的坡口焊缝（见图 3-23f）。在此情况下，用焊透的坡口焊缝并非必要，而采用角焊缝外形不能平整，都不如采用部分焊透的坡口焊缝为好。

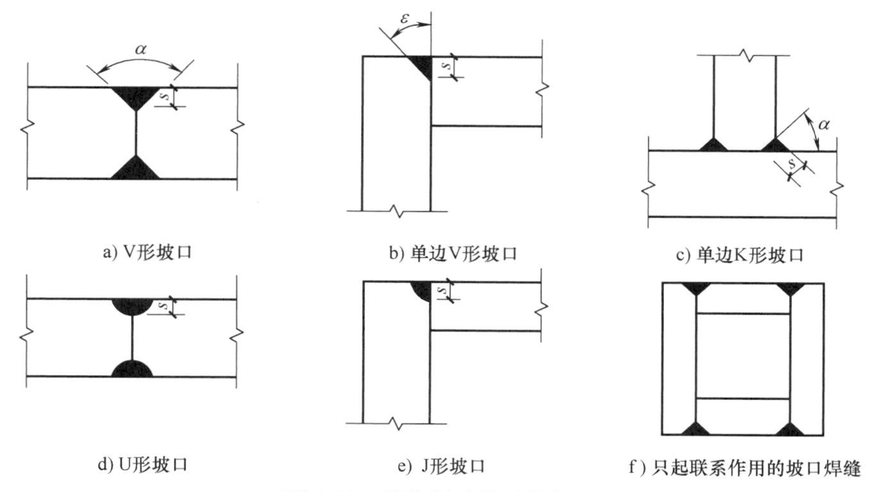


图 3-23　部分焊透的对接焊缝

当垂直于焊缝长度方向受力时，因部分焊透处的应力集中带来不利的影响，对于直接承受动力荷载的连接不宜采用；但当平行于焊缝长度方向受力时，其影响较小可以采用。

部分焊透的对接焊缝，由于它们未焊透，只起类似于角焊缝的作用，因此设计中应按角焊缝的计算公式进行，取 $\beta_f=1.0$，仅在垂直于焊缝长度方向的压力作用下，可取 $\beta_f=1.22$。其计算厚度（又称为有效厚度）$h_e$ 宜取为：对于 U 形、J 形坡口，当 $\alpha=45°\pm5°$时，$h_e=s$；对于 V 形坡口，当 $\alpha\geqslant60°$时，$h_e=s$，当 $\alpha\leqslant60°$，$h_e=0.75s$；对于单边 V 形和 K 形坡口（见图 3-23b、c），当 $\alpha=45°\pm5°$时，$h_e=s-3\text{mm}$。其中，s 为坡口根部至焊缝表面（不考虑余高）的最短距离，$\alpha$ 为 V 形坡口的夹角。

当熔合线处截面边长等于或接近于最短距离 $s$ 时（见图 3-23b、e），其抗剪强度设计值应按角焊缝的强度设计值乘以 0.9 采用。

## 3.4　角焊缝的构造和计算

### 3.4.1　角焊缝的构造和强度

#### 1. 角焊缝的形式和应力分布

角焊缝是最常用的焊缝。角焊缝按其与作用力的关系可分为：焊缝长度方向与作用力垂直的正面角焊缝；焊缝长度方向与作用力平行的侧面角焊缝及斜焊缝。按其截面形式可分为角焊缝两焊脚边的夹角 $\alpha$ 为 90°的直角角焊缝（见图 3-24）和斜角角焊缝（见图 3-25）。

直角角焊缝通常做成表面微凸的等边直角三角形截面（见图 3-24a）。在直接承受动力荷载的结构中，正面角焊缝的截面常采用图 3-24b 所示的形式，侧面角焊缝的截面则做成凹形（见图 3-24c）。图中的 $h_f$ 为焊角尺寸。焊缝直角边的比例：对正面角焊缝宜为 1∶1.5（见图 3-24b，长边顺内力方向），侧面角焊缝可为 1∶1（见图 3-24a）。

两焊脚边的夹角 $\alpha>90°$或 $\alpha<90°$的焊缝称为斜角角焊缝（见图 3-25）。斜角角焊缝常用于钢漏斗和钢管结构中。对于夹角 $\alpha>135°$或 $\alpha<60°$的斜角角焊缝，除钢管结构外，不宜用

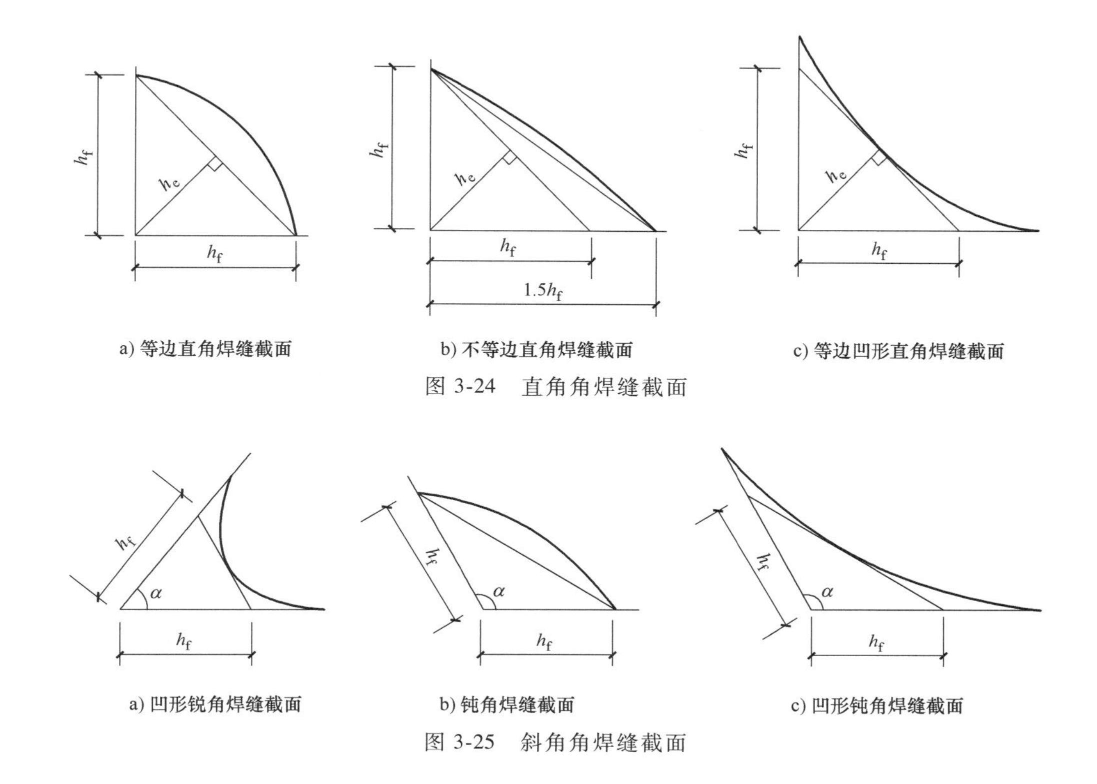


a) 等边直角焊缝截面　　b) 不等边直角焊缝截面　　c) 等边凹形直角焊缝截面

图 3-24　直角角焊缝截面

a) 凹形锐角焊缝截面　　b) 钝角焊缝截面　　c) 凹形钝角焊缝截面

图 3-25　斜角角焊缝截面

作受力焊缝。

大量试验结果表明，侧面角焊缝（见图 3-26a）主要承受剪应力，塑性较好，弹性模量低（$E=7\times10^4\mathrm{N/mm^2}$），强度也较低。传力线通过侧面角焊缝时产生弯折，应力沿焊缝长度方向的分布不均匀，呈两端大而中间小的状态。焊缝越长，应力分布越不均匀，但在进入塑性工作阶段时产生应力重分布，可使应力分布的不均匀现象渐趋缓和。

正面角焊缝（见图 3-26b）受力较复杂，截面的各面均存在正应力和剪应力，焊根处有很大的应力集中。这一方面由于力线的弯折，另一方面焊根处正好是两焊件接触间隙的端部，相当于裂缝的尖端，故破坏总是首先在根部出现裂缝，然后扩展至整个截面。正面角焊缝焊脚截面和上都有正应力和剪应力，且分布不均匀，但沿焊缝长度的应力分布则比较均匀，两端的应力略比中间的低。经试验，正面角焊缝的静力强度高于侧面角焊缝。国内外试

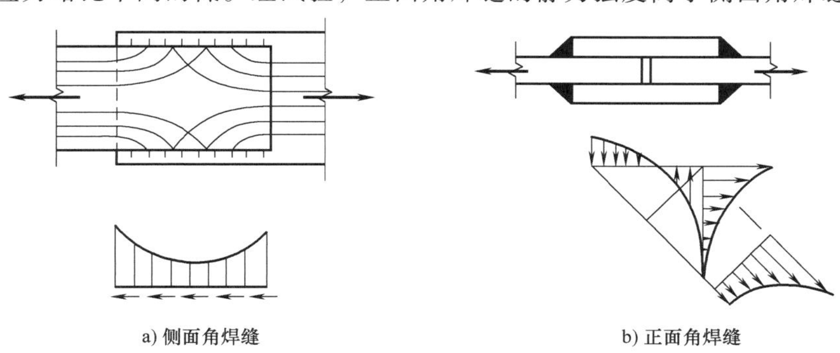

a) 侧面角焊缝　　b) 正面角焊缝

图 3-26　角焊缝的应力状态

验结果表明，相当于 Q235 钢和 E43 型焊条焊成的正面角焊缝的平均破坏强度比侧面角焊缝要高出 35%以上（见图 3-27）。

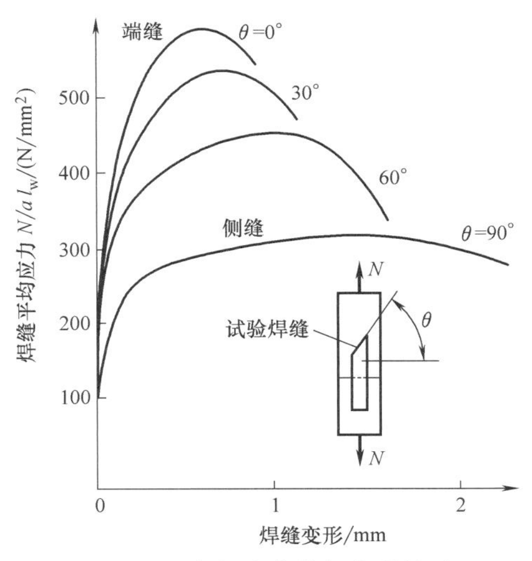


图 3-27 角焊缝荷载与变形关系

低合金钢的试验结果也有类似情况。斜焊缝的受力性能和强度介于正面角焊缝和侧面角焊缝之间。等边角焊缝的最小截面和两边焊脚成 $\alpha/2$（直角角焊缝为 45°）称为有效截面或计算截面，不计入余高和熔深。实验证明，多数角焊缝破坏都发生在这一截面。计算时假定有效截面上应力均匀分布，并且不分抗拉、抗压或抗剪都采用同一强度设计值 $f_f^w$。

### 2. 角焊缝的尺寸要求

（1）最大焊脚尺寸　为了避免烧穿较薄的焊件，减少焊接应力和焊接变形，角焊缝的焊脚尺寸不宜太大。《钢结构设计标准》规定：除了直接焊接钢管结构的焊脚尺寸 $h_f$ 不宜大于支管壁厚的 2 倍之外，$h_f$ 不宜大于较薄焊件厚度的 1.2 倍。在板件边缘的角焊缝，当板件厚度 $t<6$mm 时，$h_f \leq t$；当 $t>6$mm 时，$h_f \leq t-(1\sim2)$ mm。圆孔或槽孔内的角焊缝尺寸：当母材厚度不大于 16mm 时，应与母材厚度相同，当母材厚度大于 16mm 时，不应小于母材厚度的一半和 16mm 两值中较大者。

（2）最小焊脚尺寸　角焊缝的焊脚尺寸 $h_f$ 不应过小，以保证焊缝的最小承载能力，并防止焊缝因冷却过快而产生裂纹。焊缝的冷却速度和焊件的厚度有关。焊件越厚则焊缝冷却越快，在焊件刚度较大的情况下，焊缝也容易产生裂纹。因此，《钢结构设计标准》规定：角焊缝的最焊脚小尺寸见表 3-3，承受动力荷载时不得小于 5mm，对接与角接组合焊缝和 T 形连接的全坡口焊缝应采用角焊缝加强，加强焊脚尺寸不应大于连接部位较薄件厚度的 1/2，但最大值不得超过 10mm。

表 3-3　角焊缝最小焊脚尺寸

| 母材厚度 $t$ | $t \leq 6$mm | 6mm$<t\leq$12mm | 12mm$<t\leq$20mm | $t>$20mm |
| --- | --- | --- | --- | --- |
| 角焊缝最小焊脚尺寸 $h_f$/mm | 3 | 5 | 6 | 8 |

注：1. 采用不预热的非低氢焊接方法进行焊接时，$t$ 等于焊接连接部位中较厚件厚度；采用预热的非低氢焊接方法或低氢焊接方法时，$t$ 等于焊接连接部位中较薄件的厚度。
2. 焊缝尺寸 $h_f$ 不要求超过焊接连接部位中较薄件厚度的情况除外。

（3）侧面角焊缝的最大计算长度　侧面角焊缝的计算长度不宜大于 $60h_f$，当大于上述数值时，其超过部分在计算中不予考虑。这是因为侧焊缝应力沿长度分布不均匀，两端较中间大，且焊缝越长差别越大。当焊缝太长时，虽然仍有因塑性变形产生的内力重分布，但两端应力可首先达到强度极限而破坏。若内力沿侧面角焊缝全长分布时，比如焊接梁翼缘板与腹板的连接焊缝，计算长度可不受上述限制。

（4）角焊缝的最小计算长度　角焊缝的焊脚尺寸大而长度较小时，焊件的局部加热严重，焊缝起灭弧所引起的缺陷相距太近，以及焊缝中可能产生的其他缺陷，使焊缝不够可靠。对搭接连接的侧面角焊缝而言，如果焊缝长度过小，由于力线弯折大，也会造成严重应力集中。因此，为了使焊缝能够有一定的承载能力，角焊缝的计算长度不得小于 $8h_f$ 和 40mm；焊缝计算长度应为扣除引弧、收弧之后的焊缝长度。

（5）搭接连接的构造要求　当板件端部仅有两条侧面角焊缝连接时（见图 3-28），试验结果表明，连接的承载力与 $b/l_w$ 有关，$b$ 为两侧焊缝的距离，$l_w$ 为侧焊缝长度。当 $b/l_w>1$ 时，连接的承载力随着 $b/l_w$ 比值的增大而明显下降。这主要是因应力传递的过分弯折使构件中应力分布不均匀造成的。为使连接强度不致过分降低，应使每条侧焊缝的长度不宜小于两侧面角焊缝之间的距离，即 $b/l_w\leqslant1$。两侧面角焊缝之间的距离 $b$ 也不宜大于 $16t$（$t>12$mm）或 200mm（$t\leqslant12$mm），$t$ 为较薄焊件的厚度，以免因焊缝横向收缩，引起板件发生较大拱曲。在搭接连接中，当仅采用正面角焊缝时（见图 3-29），其搭接长度不得小于焊件较小厚度的 5 倍，也不得小于 25mm，以免焊缝受偏心弯矩影响太大而破坏。

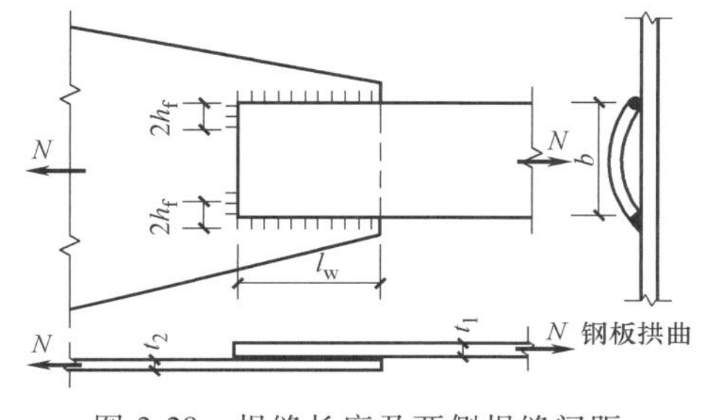

图 3-28　焊缝长度及两侧焊缝间距

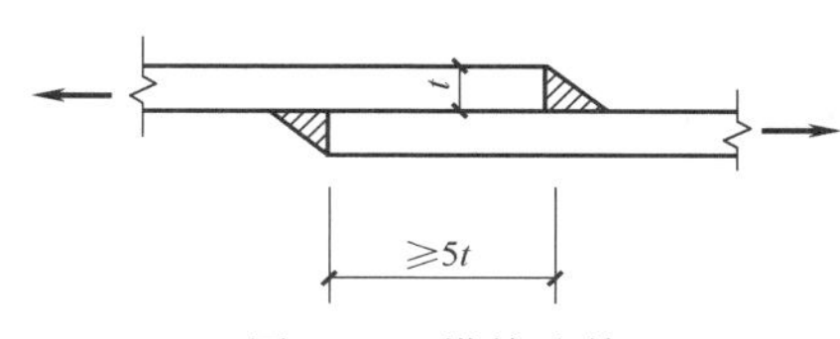

图 3-29　搭接连接

杆件端部搭接采用三面围焊时，在转角处截面突变，会产生应力集中，如在此处起灭弧，可能出现弧坑或咬肉等缺陷，从而加大应力集中的影响。故所有围焊的转角处必须连续施焊。对于非围焊情况，当角焊缝的端部在构件转角处时，可连续地做长度为 $2h_f$ 的绕角焊（见图 3-28）。

杆件与节点板的连接焊缝宜采用两面侧焊，也可用三面围焊，对角钢杆件可采用 L 形围焊（见图 3-30），所有围焊的转角处也必须连续施焊。

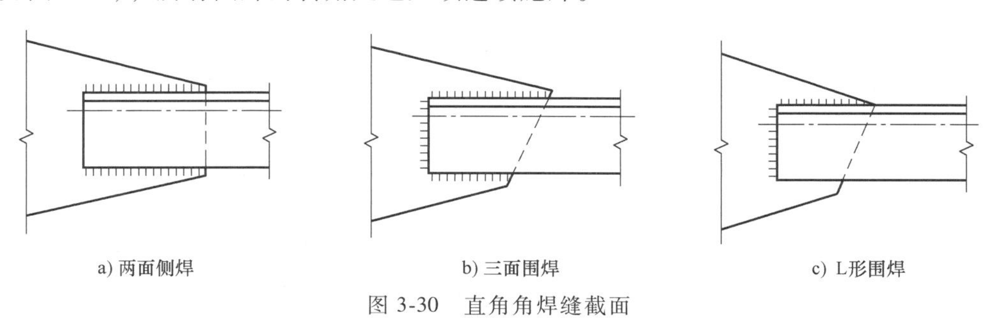

图 3-30　直角角焊缝截面

### 3.4.2 角焊缝计算的基本公式

当角焊缝的两焊脚边夹角为 90°时，称为直角角焊缝，即一般所指的角焊缝。角焊缝的有效截面为焊缝计算厚度（喉部尺寸）与计算长度的乘积，而计算厚度 $h_e=0.7h_f$ 为焊缝横截面的内接等腰三角形的最短距离，即不考虑熔深和凸度（见图 3-31）。

试验表明，直角角焊缝的破坏常发生在喉部，故长期以来对角焊缝的研究均着重于这一部位。通常认为直角角焊缝是以45°方向的最小截面（即计算厚度与焊缝计算长度的乘积）作为有效计算截面。作用于焊缝有效截面上的应力如图3-32所示，这些应力包括：垂直于焊缝有效截面的正应力 $\sigma_{\perp}$，垂直于焊缝长度方向的剪应力 $\tau_{\perp}$，以及沿焊缝长度方向的剪应力 $\tau_{\mathrm{p}}$。

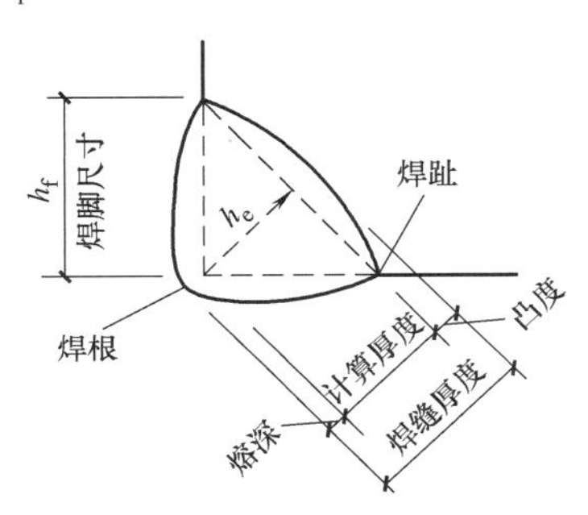


图3-31　直角角焊缝截面

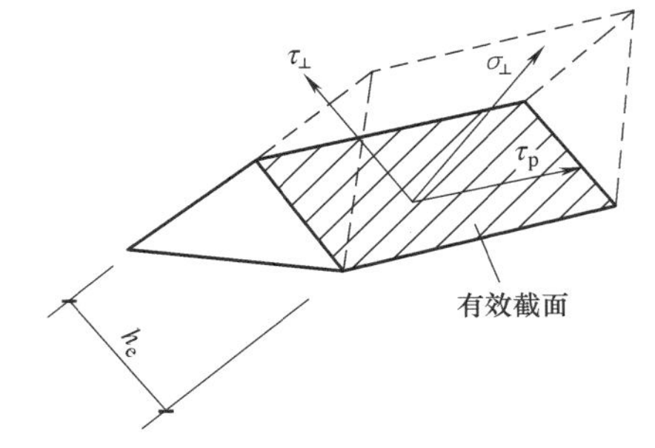


图3-32　角焊缝有效截面的应力

为了弄清对角焊缝强度的影响，许多国家对角焊缝进行了大量不同应力状态下的试验。根据多国试验结果，国家标准化组织（ISO）推荐用式（3-7）来确定角焊缝的极限强度：

$$\sqrt{\sigma_{\perp}^{2}+1.8(\tau_{\perp}^{2}+\tau_{/\!/}^{2})}=f_{u}^{w} \tag{3-7}$$

式中　$f_{u}^{w}$——焊缝金属的抗拉强度。

式（3-7）是根据ST37（相当于我国的Q235钢）提出的，对于其他钢种，公式左边的系数不是1.8，而是在1.7~3.0之间变化。偏于安全，同时也为了与母材的能量强度理论的折算应力公式一致，欧洲钢结构协会（ECCS）将式（3-7）的1.8改为3，即

$$\sqrt{\sigma_{\perp}^{2}+3(\tau_{\perp}^{2}+\tau_{/\!/}^{2})}=f_{u}^{w} \tag{3-8}$$

我国标准采用了折算应力公式（3-8）。引入抗力分项系数后，得角焊缝的计算式：

$$\sqrt{\sigma_{\perp}^{2}+3(\tau_{\perp}^{2}+\tau_{/\!/}^{2})}=\sqrt{3}f_{f}^{w} \tag{3-9}$$

式中　$f_{f}^{w}$——角焊缝强度设计值，由于 $f_{f}^{w}$ 是由角焊缝的抗剪条件确定的，所以 $\sqrt{3}f_{f}^{w}$ 相当于角焊缝的抗拉强度设计值。

采用式（3-9）进行计算，即使是在简单外力作用下，求有效截面上的应力分量 $\sigma_{\perp}$、$\tau_{\perp}$、$\tau_{/\!/}$，太过烦琐。因此我国规范采用了下述方法进行了简化。

下面推导角焊缝的基本公式。图3-33a所示承受互相垂直的 $N_y$ 和 $N_x$ 两个轴心力作用的直角角焊缝。$N_y$ 在焊缝有效截面上引起垂直于焊缝一个直角边的应力 $\sigma_{\mathrm{f}}$，该应力对有效截面既不是正应力，也不是剪应力，而是 $\sigma_{\perp}$ 和 $\tau_{\perp}$ 的合应力。

$$\sigma_{\mathrm{f}}=\frac{N_y}{h_e l_w} \tag{3-10}$$

式中　$N_y$——垂直于焊缝长度方向的轴向力；

$h_e$——直角角焊缝的计算厚度，$h_e=0.7h_f$；

$l_w$——焊缝的计算长度，考虑起灭弧缺陷，按各条焊缝的实际长度减去 $2h_f$ 计算。

由图3-33b得知，对直角角焊缝：$\sigma_{\perp}=\tau_{\perp}=\sigma_{\mathrm{f}}/\sqrt{2}$。

沿焊缝长度方向的分力 $N_x$ 在焊缝有效截面上引起平行于焊缝长度方向的剪应力$\tau_f=\tau_{//}$：

$$\tau_f=\tau_{//}=\frac{N_x}{h_e l_w} \tag{3-11}$$

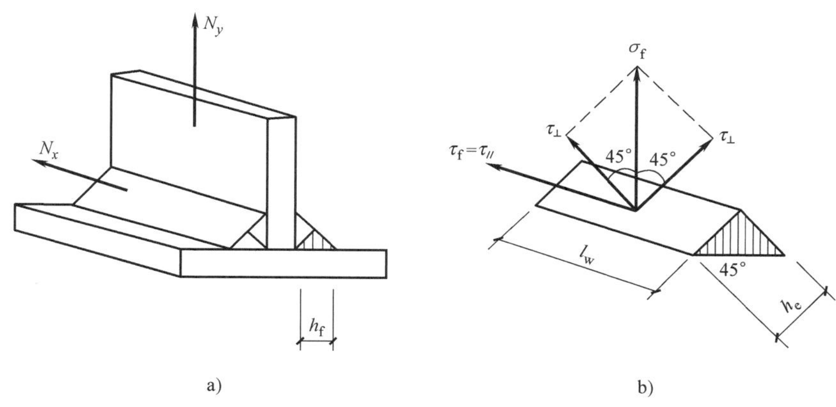


图 3-33　直角角焊缝的计算

直角角焊缝在各种应力综合作用下，$\sigma_f$ 和 $\tau_f$ 共同作用处的计算公式为

$$\sqrt{\left(\frac{\sigma_f}{\sqrt{2}}\right)^2+3\left(\tau_f^2+\left(\frac{\sigma_f}{\sqrt{2}}\right)^2\right)}=\sqrt{4\left(\frac{\sigma_f}{\sqrt{2}}\right)^2+3\tau_f^2}\leqslant\sqrt{3}f_f^w$$

或

$$\sqrt{\left(\frac{\sigma_f}{\beta_f}\right)^2+\tau_f^2}\leqslant f_f^w \tag{3-12}$$

式中　$\beta_f$——正面角焊缝的强度增大系数，$\beta_f=\sqrt{\frac{3}{2}}=1.22$。

对正面角焊缝，此时 $\tau_f=0$，得

$$\sigma_f=\frac{N}{h_e l_w}\leqslant\beta_f f_f^w \tag{3-13}$$

对侧面角焊缝，此时 $\sigma_f=0$，得

$$\tau_f=\frac{N}{h_e l_w}\leqslant f_f^w \tag{3-14}$$

式（3-12）~式（3-14）即为角焊缝的基本计算公式。只要将焊缝应力分解为垂直于焊缝长度方向的应力 $\sigma_f$ 和平行于焊缝的应力 $\tau_f$，上述基本公式就可适用于任何受力状态。

对于直接承受动力荷载结构中的焊缝，由于正面角焊缝的刚度大，韧性差，应将其强度降低使用，取 $\beta_f=1.0$，相当于按 $\sigma_f$ 和 $\tau_f$ 的合应力进行计算，即$\sqrt{\sigma_f^2+\tau_f^2}\leqslant f_f^w$。

角焊缝的强度与熔深有关。自动埋弧焊熔深较大，若在确定焊缝计算厚度时考虑熔深对焊缝强度的影响，可带来较大的经济效益。如美国、俄罗斯等均予以考虑。我国规范不分焊条电弧焊和埋弧焊，均统一取计算厚度 $h_e=0.7h_f$，对自动埋弧焊来说，是偏于保守的。

## 3.4.3　常用连接方式的角焊缝计算

### 1. 用盖板的对接连接

当焊件受轴心力，且轴心力通过连接焊缝中心时，可认为焊缝应力是均匀分布的。

图 3-34 用盖板的对接连接中，当只有侧面角焊缝时，按式（3-14）计算；当只有正面角焊缝时，按式（3-13）计算正面角焊缝承担的内力

$$N'=\beta_f f_f^w \sum h_e l_w$$

式中 $\sum l_w$——连接一侧正面角焊缝计算长度的总和。

再由力（$N-N'$）计算侧面角焊缝的强度

$$\tau_f=\frac{N-N'}{\sum h_e l_w}\leqslant f_f^w \tag{3-15}$$

2. 承受斜向轴心力的角焊缝

图 3-35 所示受斜向轴心力的角焊缝连接，有两种计算方法。

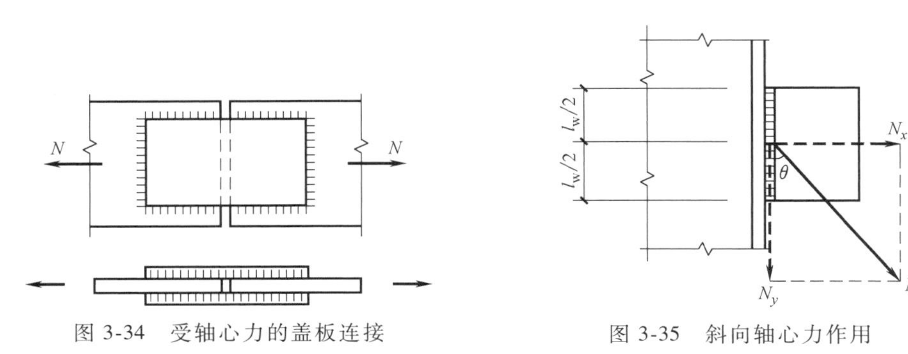


图 3-34 受轴心力的盖板连接　　图 3-35 斜向轴心力作用

（1）分力法　将 $N$ 分解为垂直于焊缝长度的分力 $N_x=N\sin\theta$，和沿焊缝长度的分力 $N_y=N\cos\theta$，则

$$\sigma_f=\frac{N\sin\theta}{\sum h_e l_w},\tau_f=\frac{N\cos\theta}{\sum h_e l_w} \tag{3-16}$$

代入公式（3-12）中进行计算

$$\sqrt{\left(\frac{N\sin\theta}{\beta_f\sum h_e l_w}\right)^2+\left(\frac{N\cos\theta}{\sum h_e l_w}\right)^2}\leqslant f_f^w$$

$$\frac{N}{\sum h_e l_w}\sqrt{\frac{\sin^2\theta}{1.5}+\cos^2\theta}=\frac{N}{\sum h_e l_w}\sqrt{1-\frac{\sin^2\theta}{3}}\leqslant f_f^w$$

令 $\beta_{f\theta}=\sqrt{1-\frac{\sin^2\theta}{3}}$，则斜向角焊缝受轴心力作用时的计算公式为

$$\frac{N}{\beta_{f\theta}\sum h_e l_w}\leqslant f_f^w \tag{3-17}$$

式中 $\theta$——作用力（或焊接应力）与焊缝长度方向的夹角；

$\beta_{f\theta}$——斜焊缝强度增大系数（或有效截面增大系数），其值为 1.0~1.22。

$\theta=0°$时为侧面角焊缝受轴心力作用情况，其 $\beta_{f\theta}=1.0$；$\theta=90°$时为正面角焊缝受轴心力作用情况，其 $\beta_{f\theta}=\beta_f=1.22$。

3. 承受轴力的角钢端部连接

在钢桁架中，角钢腹杆与节点板的连接焊缝一般采用两面侧焊，也可采用三面围焊，特

殊情况也允许采用 L 形围焊（见图 3-36c）。腹杆受轴心力作用，为了避免焊缝偏心受力，焊缝所传递的合力的作用线应与角钢杆件的轴线重合。

对于三面围焊（见图 3-36b）可先假定正面角焊缝的焊脚尺寸 $h_{f3}$，求出正面角焊缝所分担的轴心力 $N_3$。当腹杆为双角钢组成的 T 形截面，且肢宽为 $b$ 时

$$N_3 = 2\times0.7h_{f3}b\beta_f f_f^w \tag{3-18}$$

由平衡条件（$\sum M=0$）可得

$$N_1 = \frac{N(b-e)}{b} - \frac{N_3}{2} = K_1 N - \frac{N_3}{2} \tag{3-19}$$

$$N_2 = \frac{Ne}{b} - \frac{N_3}{2} = K_2 N - \frac{N_3}{2} \tag{3-20}$$

式中 $N_1$、$N_2$——角钢肢背和肢尖上的侧面角焊缝所分担的轴力；

$e$——角钢的形心距；

$K_1$、$K_2$——角钢肢背和肢尖焊缝的内力分配系数，可按表 3-4 查用；也可近似取 $K_1=\frac{2}{3}$，$K_2=\frac{1}{3}$。

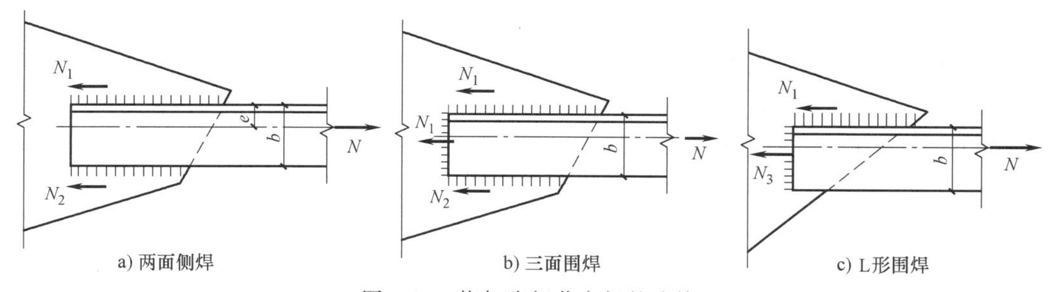


图 3-36 桁架腹杆节点板的连接

对于两面侧焊（见图 3-36a），因 $N_3=0$，得

$$N_1 = K_1 N \tag{3-21}$$

$$N_2 = K_2 N \tag{3-22}$$

求得各条焊缝所受的内力后，按构造要求（角焊缝的尺寸限制）假定肢背和肢尖焊缝的焊脚尺寸，即可求出焊缝的计算长度。如对双角钢截面

$$l_{w1} = \frac{N_1}{2\times0.7h_{f1} f_f^w} \tag{3-23}$$

$$l_{w2} = \frac{N_2}{2\times0.7h_{f2} f_f^w} \tag{3-24}$$

式中 $h_{f1}$、$l_{w1}$——单个角钢肢背上的侧面角焊缝的焊脚尺寸及计算长度；

$h_{f2}$、$l_{w2}$——单个角钢肢尖上的侧面角焊缝的焊脚尺寸及计算长度。

考虑到每条焊缝两端的起灭弧缺陷，实际焊缝长度应为计算长度加 $2h_f$；对于采用绕角焊的侧面角焊缝实际长度等于计算长度（绕角焊缝长度 $2h_f$ 不进入计算）。

表 3-4 角钢角焊缝的内力分配系数

| 连接情况 | 分配系数 | |
|---|---|---|
| | $K_1$ | $K_2$ |
| 等肢角钢一肢连接 | 0.7 | 0.3 |
| 不等肢角钢短肢连接 | 0.75 | 0.25 |
| 不等肢角钢长肢连接 | 0.65 | 0.35 |

当杆件受力很小时，可采用 L 形围焊（见图 3-36c）。由于只有正面角焊缝和角钢肢背上的侧面角焊缝，令式（3-18）中的 $N_2=0$，得

$$N_3=2K_2N \tag{3-25}$$

$$N_1=N-N_3 \tag{3-26}$$

角钢肢背上的角焊缝计算长度可按式（3-23）计算，角钢端部的正面角焊缝的长度已知，可按下式计算其焊脚尺寸

$$h_{f3}=\frac{N_3}{2\times 0.7l_{w3}\beta_f f_f^w} \tag{3-27}$$

式中，$l_{w3}=b-h_{f3}$。

**[例题 3-3]** 试设计用拼接盖板的对接连接（见图 3-37）。已知钢板宽 $B=270\text{mm}$，厚度 $t_1=28\text{mm}$，拼接盖板厚度 $t_2=16\text{mm}$。该连接承受的静态轴心力 $N=1400\text{kN}$（设计值），钢材为 Q235B 钢，焊条电弧焊，焊条为 E43 型。

**[解]** 设计拼接盖板的对接连接有两种方法。一种方法是假定焊脚尺寸求得焊缝长度，再由焊缝长度确定拼接盖板的尺寸；另一方法是先假定焊脚尺寸和拼接盖板的尺寸，然后验算焊缝的承载力。如果假定的焊缝尺寸不能满足承载力要求时，则应调整焊脚尺寸，再行验算，直到满足承载力要求为止。

角焊缝的焊脚尺寸 $h_f$ 应根据板件厚度确定。由于此处的焊缝在板件边缘施焊，且拼接盖板厚度 $t_2=16\text{mm}>6\text{mm}$，$t_2<t_1$，则：

$$h_{f\max}=t-(1\sim2)\text{mm}=16\text{mm}-(1\sim2)\text{mm}=15 \text{ 或 } 14\text{mm}$$

由母材厚度 $t_1=28\text{mm}$ 查表 3-3，得 $h_{f\min}=8\text{mm}$。

取 $h_f=10\text{mm}$，查附表 1-2 得角焊缝强度设计值 $f_f^w=160\text{N/mm}^2$。

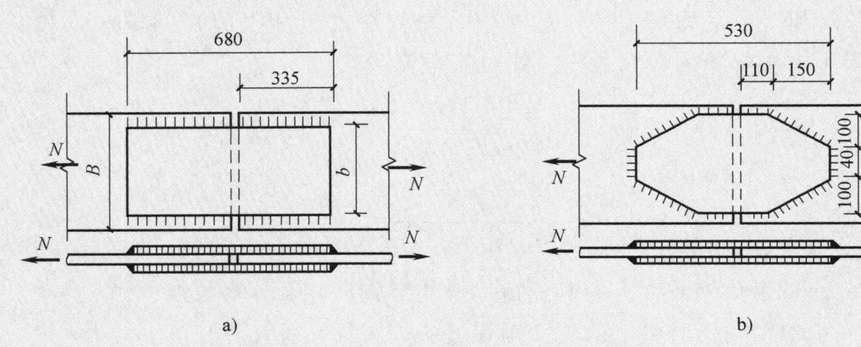


图 3-37 例题 3-3

**1. 采用两面侧焊缝时**（见图 3-37a）

连接一侧所需焊缝的总长度，可按式（3-12）算得

$$\sum l_w = \frac{N}{h_e f_f^w} = \frac{1400\times10^3}{0.7\times10\times160}\text{mm} = 1250\text{mm}$$

该连接采用了上下两块拼接盖板，共有 4 条焊缝，一条侧焊缝的实际长度为

$$l'_w = \frac{\sum l_w}{4} + 2h_f = \left(\frac{1250}{4}+20\right)\text{mm} = 333\text{mm} < 60h_f = 60\times10\text{mm} = 600\text{mm}$$

所需拼装盖板长度

$$L = 2l_w + 10\text{mm} = (2\times333+10)\text{mm} = 676\text{mm}(\text{取 } 680\text{mm})$$

式中，10mm 为两块被连接钢板间的间隙。

拼接盖板的宽度 $b$ 就是两条侧面角焊缝之间的距离，应根据强度条件和构造要求确定。

选定拼接盖板宽度 $b=240\text{mm}$，则拼接盖板的截面面积 $A'$ 为

$$A' = (240\times2\times16)\text{mm}^2 = 7680\text{mm}^2 > A = (270\times28)\text{mm}^2 = 7560\text{mm}^2$$

由附表 1-1 得知盖板的强度设计值 $f=215\text{N/mm}^2$（$t_2=16\text{mm}$），而被连接钢板板厚 $t_1=28\text{mm}>16\text{mm}$，其强度设计值 $f=205\text{N/mm}^2$，故满足强度要求。

根据构造要求，应满足

$$b = 240\text{mm} < l'_w = 335\text{mm} \text{ 且 } b < 16t = 16\times16\text{mm} = 256\text{mm}$$

满足要求，故选定拼接盖板尺寸为 680mm×240mm×16mm。

**2. 采用菱形拼接盖板时**（见图 3-37b）

当拼接板宽度较大时，采用菱形拼接盖板可减小角部的应力集中，从而使连接的工作性能得以改善。菱形拼接盖板的连接焊缝由正面角焊缝、侧面角焊缝和斜焊缝等组成。设计时，一般先假定拼接盖板的尺寸再进行验算。拼接盖板尺寸如图 3-37b 所示，则各部分焊缝的承载力分别为：

正面角焊缝 $N_1 = 2h_e l_{w1}\beta_f f_f^w = 2\times0.7\times10\times40\times1.22\times160\text{N} = 109.3\text{kN}$

侧面角焊缝 $N_2 = 4h_e l_{w2} f_f^w = 4\times0.7\times10\times(110-10)\times160\text{N} = 448.0\text{kN}$

斜焊缝与作用力夹角 $\theta = \arctan\left(\frac{100}{150}\right) = 33.7°$，可得 $\beta_{f\theta} = 1/\sqrt{1-\sin^2 33.7°/3} = 1.06$，由式（3-17）有：

$$N_3 = 4h_e l_{w3}\beta_{f\theta} f_f^w = 4\times0.7\times10\times180\times1.06\times160\text{N} = 854.8\text{kN}$$

连接一侧焊缝所能承受的内力为：

$$N' = N_1+N_2+N_3 = (109.3+448.0+854.8)\text{kN} = 1412\text{kN} > N = 1400\text{kN}(\text{满足要求})$$

**[例题 3-4]** 试确定图 3-38 所示承受静态轴心力的三面围焊连接的承载力及肢尖焊缝的长度。已知角钢 2∠125×10，与厚度为 8mm 的节点板连接，其搭接长度为 300mm，焊脚尺寸 $h_f=8\text{mm}$，钢材为 Q235B 钢，焊条电弧焊，焊条为 E43 型。

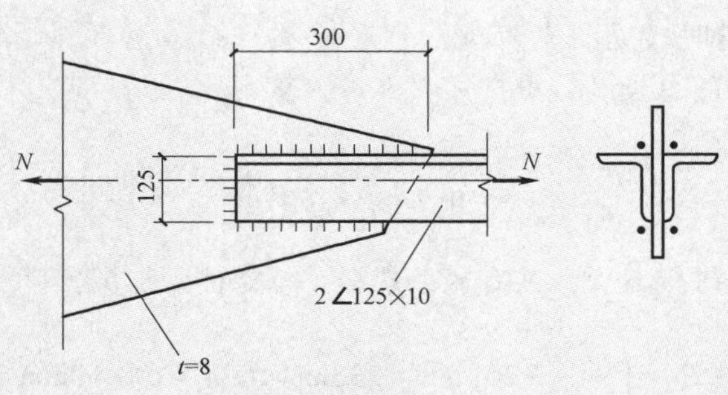


图 3-38　例题 3-4

［解］　角焊缝强度设计值$f_f^w=160\text{N/mm}^2$。

由表 3-4 知焊缝分配系数 $K_1=0.70$，$K_2=0.30$。正面角焊缝的长度等于相连角钢肢的宽度，即 $l_{w3}=b=125\text{mm}$，则正面角焊缝所能承受的内力 $N_3$ 为

$$N_3=2h_el_{w1}\beta_ff_f^w=2\times0.7\times8\times125\times1.22\times160\text{N}=273.3\text{kN}$$

肢背角焊缝所能承受的内力 $N_1$ 为

$$N_1=2h_el_wf_f^w=2\times0.7\times8\times(300-8)\times160\text{N}=523.3\text{kN}$$

由式（3-19）知

$$N_1=K_1N_1-\frac{N_3}{2}=0.7N-\frac{273.3}{2}\text{kN}=523.3\text{kN}$$

$$N=\frac{523.3+136.6}{0.7}\text{kN}=942.7\text{kN}$$

由式（3-20）计算肢尖焊缝承受的内力 $N_2$ 为

$$N_2=K_2N-\frac{N_3}{2}=0.3N-\frac{273.3}{2}\text{kN}=146.2\text{kN}$$

由此可算出肢尖焊缝所要求的实际长度为

$$l'_w=\frac{N_2}{2h_ef_f^w}+8\text{mm}=\left(\frac{146.2\times10^3}{2\times0.7\times8\times160}+8\right)\text{mm}=89.6\text{mm(取 90mm)}$$

由计算知该连接的承载力 $N\approx943\text{kN}$，肢尖焊缝长度应为 90mm。

### 3.4.4　复杂受力时角焊缝连接计算

当焊缝非轴心受力时，可以将外力的作用分解为轴力、弯矩、扭矩、剪力等简单受力情况，分别求出其各自的焊缝应力，然后利用叠加原理，找出焊缝中受力最大的几个点，利用式（3-12）进行验算。

**1. 承受轴力、弯矩、剪力的联合作用时角焊缝的计算**

图 3-39 所示的双面角焊缝连接承受偏心斜拉力 $N$ 作用，计算时，可将作用力 $N$ 分解为 $N_x$ 和 $N_y$ 两个分力。角焊缝同时承受轴心力 $N_x$、剪力 $N_y$ 和弯矩 $M=N_xe$ 的共同作用。焊缝计算截面上的应力分布如图 3-39b 所示，图中 $A$ 点应力最大为控制设计点。此处垂直于焊缝

长度方向的应力由两部分组成，即由轴心拉力 $N_x$ 产生的应力

$$\sigma_N=\frac{N_x}{A_e}=\frac{N_x}{2h_e l_w}$$

式中　$l_w$——焊缝的计算长度，为实际长度减 $2h_f$。

由弯矩 M 产生的应力

$$\sigma_M=\frac{M}{W_e}=\frac{6M}{2h_e l_w^2}$$

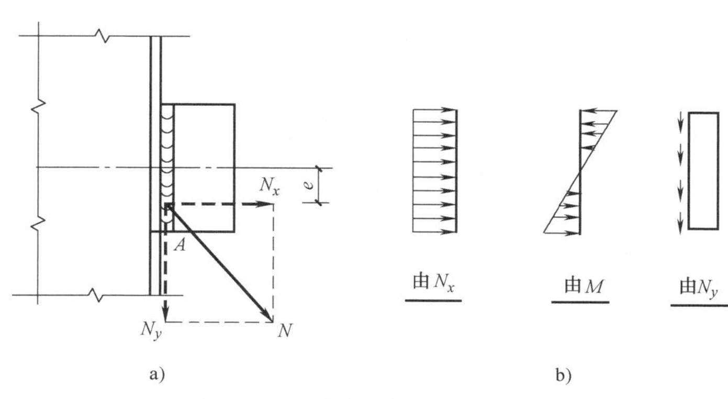


图 3-39　承受偏心斜拉力的角焊缝

这两部分应力由于在 A 点处的方向相同，可直接叠加，故 A 点垂直于焊缝长度方向的应力为

$$\sigma_f=\frac{N_x}{2h_e l_w}+\frac{6M}{2h_e l_w^2}$$

剪力 $N_y$ 在 A 点处产生平行于焊缝长度方向的应力

$$\tau_y=\frac{N_y}{A_e}=\frac{N_y}{2h_e l_w}$$

则焊缝的强度计算式为

$$\sqrt{\left(\frac{\sigma_f}{\beta_f}\right)^2+\tau_f^2}\leqslant f_f^w$$

当连接直接承受动力荷载作用时，取 $\beta_f=1.0$。

对于工字梁（或牛腿）与钢柱翼缘的角焊缝连接（见图 3-40），通常只承受弯矩 M 和剪力 V 的联合作用。由于翼缘的竖向刚度较差，在剪力作用下，如果没有腹板焊缝存在，翼缘将发生明显挠曲。这就说明，翼缘板的抗剪能力极差。因此，计算时通常假设腹板焊缝承受全部剪力，而弯矩则由全部焊缝承受。为了焊缝分布较合理，宜在每个翼缘的上下两侧均匀布置焊缝，弯曲应力沿梁高度呈三角形分布，最大应力发生在翼缘焊缝的最外纤维 1 处，由于翼缘焊缝只承受垂直于焊缝长度方向的弯曲应力，为了保证此焊缝的正常工作，应使翼缘焊缝最外纤维处的应力满足角焊缝的强度条件，即

$$\sigma_{f1}=\frac{M}{I_w}\frac{h_1}{2}\leqslant\beta_f f_f^w \tag{3-28}$$

式中　$M$——全部焊缝所承受的弯矩；

$I_w$——全部焊缝有效截面对中和轴的惯性矩；

$h_1$——上下翼缘焊缝有效截面最外纤维之间的距离。

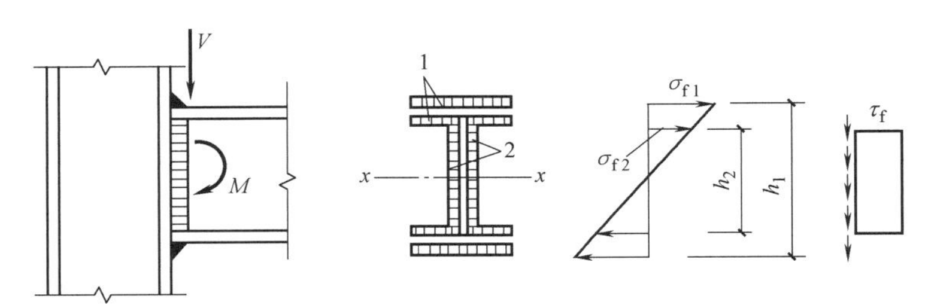


图 3-40　工字梁（或牛腿）的角焊缝连接

腹板焊缝承受两种应力的联合作用，即垂直于焊缝长度方向且沿梁高度呈三角形分布的弯曲应力和平行于焊缝长度方向且沿焊缝截面均匀分布的剪应力的作用，设计控制点为翼缘焊缝与腹板焊缝 2 的交点处，此处的弯曲应力和剪应力分别按下式计算

$$\sigma_{f2}=\frac{M}{I_w}\frac{h_2}{2} \tag{3-29}$$

$$\tau_f=\frac{V}{\sum(h_{e2}l_{w2})} \tag{3-30}$$

式中　$\sum(h_{e2}l_{w2})$——腹板焊缝有效截面面积之和；

$l_{w2}$——腹板焊缝的实际长度。

则腹板焊缝 2 的端点应按下式验算强度

$$\sqrt{\left(\frac{\sigma_{f2}}{\beta_f}\right)^2+\tau_f^2}\leqslant f_f^w$$

工字梁（或牛腿）与钢柱翼缘角焊缝的连接的另一种计算方法是使焊缝传递应力与母材所承受应力相协调，即假设腹板焊缝只承受剪力；翼缘焊缝承担全部弯矩，并将弯矩 $M$ 化为一对水平力 $H=M/h_1$。则翼缘焊缝的强度计算式为

$$\sigma_f=\frac{H}{\sum(h_{e1}l_{w1})}\leqslant\beta_f f_f^w \tag{3-31}$$

腹板焊缝的强度计算式为

$$\tau_f=\frac{V}{2h_{e2}l_{w2}}\leqslant f_f^w \tag{3-32}$$

式中　$\sum(h_{e1}l_{w1})$——单条翼缘焊缝有效截面面积之和；

$2h_{e2}l_{w2}$——两条腹板焊缝的有效截面积。

**[例题 3-5]**　试验算图 3-41 所示牛腿与钢柱连接角焊缝的强度。钢材为 Q235 钢，焊条为 E43 型，焊条电弧焊。荷载设计值 $N=365\text{kN}$，偏心距 $e=350\text{mm}$，焊脚尺寸 $h_{f1}=8\text{mm}$，$h_{f2}=6\text{mm}$。图 3-41b 为焊缝有效截面。

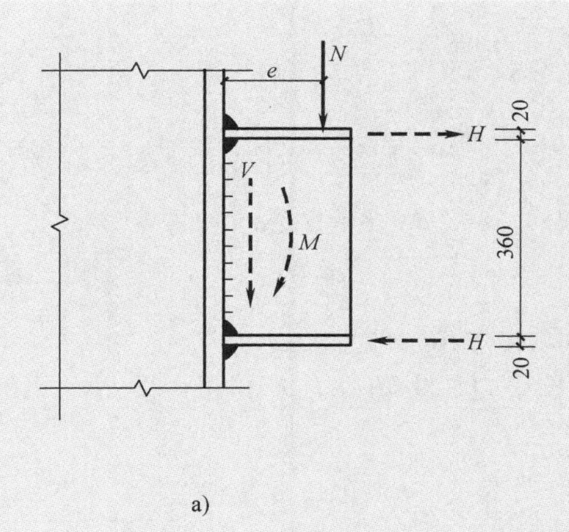


a)

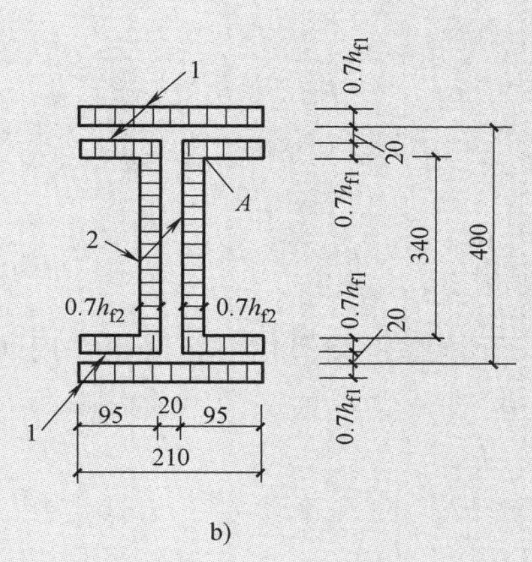


b)

图 3-41　例题 3-5

［解］　$N$ 力在角焊缝形心处引起剪力 $V=N=364\text{kN}$ 和弯矩 $M=Ne=365\times0.35\text{kN}\cdot\text{m}=127.8\text{kN}\cdot\text{m}$。

（1）考虑腹板焊缝参加传递弯矩的计算方法

为了计算方便，将图中尺寸尽可能取为整数。

全部焊缝有效截面对中和轴的惯性矩为

$$I_w=\left(2\times\frac{0.42\times34^2}{12}+2\times21\times56\times20.28^2+4\times9.5\times0.56\times17.28^2\right)\text{cm}^4=18779\text{cm}^4$$

翼缘焊缝的最大应力

$$\sigma_{f1}=\frac{M}{I_w}\ \frac{h}{2}=\frac{127.8\times10^6}{18779\times10^4}\times205.6\text{N/mm}^2=140\text{N/mm}^2<\beta_f f_f^w$$

$$=1.22\times160\text{N/mm}^2=195\text{N/mm}^2(\text{满足要求})$$

腹板焊缝中由于弯矩 $M$ 引起的最大应力为

$$\sigma_{f2}=140\times\frac{170}{205.6}\text{N/mm}^2=115.8\text{N/mm}^2$$

由于剪力 $V$ 在腹板焊缝中产生的平均剪应力为

$$\tau_f=\frac{V}{\sum(h_{e2}l_{w2})}=\frac{365\times10^3}{2\times0.7\times6\times340}\text{N/mm}^2=127.8\text{N/mm}^2$$

则腹板焊缝的强度（$A$ 点为设计控制点）为

$$\sqrt{\left(\frac{\sigma_{f2}}{\beta_f}\right)^2+\tau_f^2}=\sqrt{\left(\frac{115.8}{1.22}\right)^2+117.8^2}\text{N/mm}^2=159.2\text{N/mm}^2<f_f^w=160\text{N/mm}^2(\text{满足强度设计要求})$$

（2）不考虑腹板焊缝传递弯矩的计算方法

翼缘焊缝所承受的水平力为

$$H=\frac{M}{h}=\frac{127.8\times10^6}{380}\text{N}=336\text{kN}\quad(h\text{ 值近似取为翼缘中线间距离})$$

翼缘焊缝的强度为

$$\sigma_f=\frac{H}{h_{e1}l_{w1}}=\frac{336\times10^3}{0.7\times8\times(210+2\times95)}\text{N/mm}^2=150\text{N/mm}^2<\beta_f f_f^w=195\text{N/mm}^2\text{(满足要求)}$$

腹板焊缝的强度为

$$\tau_f=\frac{V}{h_{e2}l_{w2}}=\frac{365\times10^3}{2\times0.7\times6\times340}\text{N/mm}^2=127.8\text{N/mm}^2<f_f^w=160\text{N/mm}^2\text{(满足强度要求)}$$

**2. 三面围焊承受扭矩剪力联合作用时角焊缝的计算**

图 3-42 所示为三面围焊承受偏心力 $F$。此偏心力产生轴心力 $F$ 和扭矩 $T=Fe$。最危险点为 $A$ 或 $A'$点。

计算时按弹性理论假定：①被连接件是绝对刚性的，它有绕焊缝形心 $O$ 旋转的趋势，而角焊缝本身是弹性的；②角焊缝群上任一点的应力方向垂直于该点与形心的连线，且应力大小与连线长度 $r$ 成正比。图 3-42 中，$A$ 点与 $A'$点距离形心 $O$ 点最远，故 $A$ 点和 $A'$点由扭矩 $T$ 引起的剪应力 $\tau_T$ 最大，焊缝群其他各处由扭矩 $T$ 引起的剪应力 $\tau_T$ 均小于 $A$ 点和 $A'$ 点的剪应力，故 $A$ 点和 $A'$点为设计控制点。

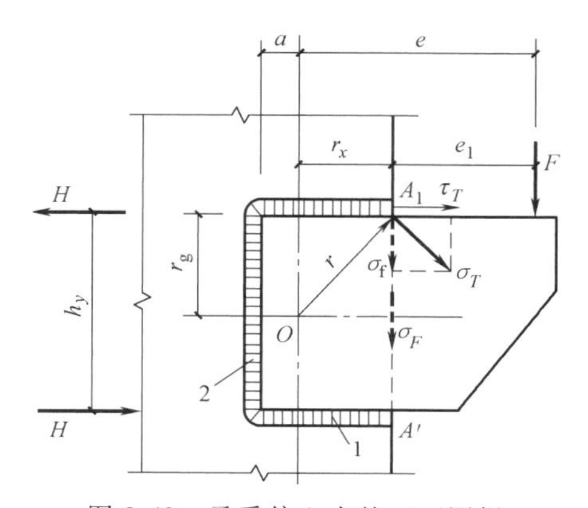


图 3-42　承受偏心力的三面围焊

扭矩 $T=Fe$ 在 $A$ 点产生的应力为 $\sigma_T$，其水平分应力 $\tau_T$ 和垂直分应力 $\sigma_f$ 分别是

$$\tau_T=\frac{Tr_y}{I_p},\quad \sigma_f=\frac{Tr_x}{I_p}$$

式中　$I_p$——有效焊缝截面对其形心的极惯性矩，$I_p=I_x+I_y$。

轴心力 $F$ 产生的应力按均匀分布于全截面计算

$$\sigma_F=\frac{F}{\sum(h_e l_w)}$$

在 $A$ 点，由于 $\tau_r$ 为沿焊缝长度方向，而 $\sigma_f$ 和 $\sigma_F$ 为垂直于长度方向，故验算式为

$$\sqrt{\left(\frac{\sigma_f+\sigma_F}{\beta_f}\right)^2+\tau_T^2}\leqslant f_f^w$$

此种焊缝也可采用近似方法计算，即将偏心力移至竖直焊缝处，则产生扭矩为

$$T'=F(e+a)$$

两水平焊缝能承担的扭矩为

$$T_1=h_{e1}l_{w1}f_f^w\cdot h$$

式中　$h_{e1}l_{w1}$——单根水平焊缝的有效截面；

　　　$h$——水平焊缝的距离。

当 $T_2=T'-T_1\leqslant0$ 时，表示水平焊缝已足以承担全部扭矩，竖直焊缝只承受竖向力 $F$，按下式计算

$$\frac{F}{h_{e2}l_{w2}}\leqslant f_f^w$$

式中　$h_{e2}l_{w2}$——竖直焊缝的有效截面。

当 $T_2=T'-T_1>0$ 时，表示水平焊缝不足以承担全部扭矩，此不足部分应由竖直焊缝承担，其计算式为

$$\sqrt{\left(\frac{6T_2}{\beta_f h_{e2} l_{w2}^2}\right)^2+\left(\frac{F}{h_{e2} l_{w2}}\right)^2}\leqslant f_f^w$$

**[例题 3-6]**　图 3-42 所示钢板高度 $h=400\text{mm}$，搭接长度 $l=a+r_x=400\text{mm}$，钢板厚 $t=12\text{mm}$，荷载设计值 $F=200\text{kN}$，荷载至柱边距离 $e_1=540\text{mm}$，钢材为 Q235B 钢，焊条电弧焊，焊条 E43 型，试确定焊脚尺寸，并验算该焊缝强度。

**[解]**　图 3-42 几段焊缝组成的围焊共同承受剪力 $V$ 和扭矩 $T=F(e_1+r_x)$ 的作用，设焊缝的焊脚尺寸均为 $h_f=10\text{mm}$。

焊缝计算截面的重心位置为　$x_0=\dfrac{2l\cdot l/2}{2l+h}=\dfrac{40^2}{80+40}\text{cm}=13.3\text{cm}$

在计算中，由于焊缝的实际长度稍大于 $h$ 和 $l$，故焊缝的计算长度直接采用 $h$ 和 $l$，不再扣除水平焊缝的端部缺陷。

焊缝截面的惯性矩如下

$$I_x=0.7\times1.0\left[2\times40\times20^2+\frac{40^3}{12}\right]\text{cm}^4=26133\text{cm}^4$$

$$I_y=0.7\times1.0\left[40\times13.3^2+\frac{40^3}{12}\times2+40\times2\left(\frac{40}{2}-13.3\right)^2\right]\text{cm}^4=14933\text{cm}^4$$

$$I_p=I_x+I_y=(26133+14933)\text{cm}^4=41064\text{cm}^4$$

$$r_x=(40-13.3)\text{cm}=26.7\text{cm},\quad r_y=20\text{cm}$$

扭矩　$T=F(e_1+r_x)=200\times(54+26.7)\times10^{-2}\text{kN}\cdot\text{m}=161.4\text{kN}\cdot\text{m}$

$$\sigma_f=\frac{Tr_x}{I_p}=\frac{161.4\times10^6\times267}{41064\times10^4}\text{N/mm}^2=105\text{N/mm}^2$$

$$\tau_T=\frac{Tr_x}{I_p}=\frac{161.4\times10^6\times200}{41064\times10^4}\text{N/mm}^2=79\text{N/mm}^2$$

$$\sigma_F=\frac{F}{\sum(h_e l_w)}=\frac{200\times10^3}{0.7\times10(400+400\times2)}\text{N/mm}^2\approx24\text{N/mm}^2$$

$$\sqrt{\left(\frac{\sigma_f+\sigma_F}{\beta_f}\right)^2+\tau_T^2}=\sqrt{\left(\frac{105+24}{1.22}\right)^2+79^2}\text{N/mm}^2=132\text{N/mm}^2<160\text{N/mm}^2$$

故焊脚尺寸 $h_f=10\text{mm}$ 的三面围焊角焊缝连接满足强度要求。

## 3.4.5　斜角角焊缝和部分焊透的对接焊缝的计算

### 1. 斜角角焊缝的计算

两焊脚边的夹角不是 90°的角焊缝为斜角角焊缝，如图 3-25 所示。这种焊缝往往用于料

仓壁板、管形构件等的端部 T 形接头连接中。

斜角角焊缝的计算方法与直角角焊缝相同，应按公式（3-12）~式（3-14）计算，只是应注意以下两点：

1）不考虑应力方向，任何情况都取 $\beta_f$（或 $\beta_{f\theta}$）= 1.0。这是因为以前对角焊缝的试验研究一般都是针对直角角焊缝进行的，对斜角角焊缝研究很少。而且，我国采用的计算公式也是根据直角角焊缝简化而成，不能用于斜角角焊缝。

2）在确定斜角角焊缝的计算厚度时（见图 3-43），假定焊缝在其所成夹角的最小斜面上发生破坏。因此《钢结构设计标准》规定：当两焊脚边夹角 $60°\leqslant\alpha_2<90°$ 或 $90°<\alpha_1\leqslant 135°$，且根部间隙（$b$、$b_1$ 或 $b_2$）不大于 1.5mm 时，取焊缝计算厚度为

$$h_e=h_f\cos\frac{\alpha}{2} \tag{3-33}$$

当根部间隙大于 1.5mm 时，焊缝计算厚度为

$$h_e=\left[h_f-\frac{b(\text{或 } b_1、b_2)}{\sin\alpha}\right]\cos\frac{\alpha}{2} \tag{3-34}$$

任何根部间隙不得大于 5mm。当图 3-43a 中 $b_1>5$mm 时，可将板端切割成图 3-43b 的形式。

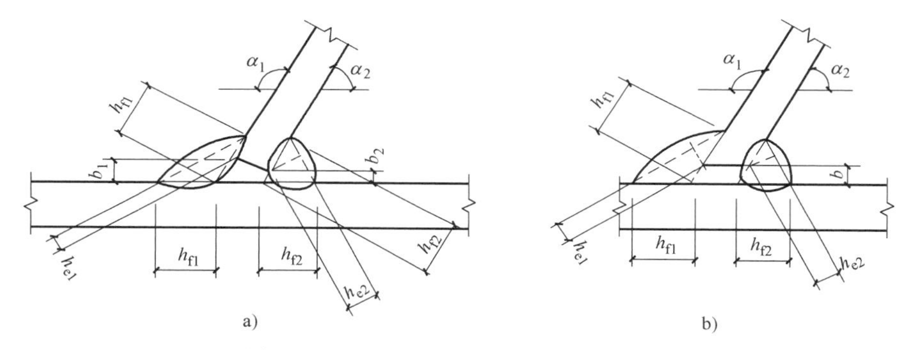


图 3-43　T 形接头的根部间隙和焊缝截面

**2. 部分焊透的对接焊缝的计算**

部分焊透的对接焊缝常用于外部需要平整的箱形柱和 T 形连接，以及其他不需要焊透之处（见图 3-23）。

部分焊透的对接焊缝，在焊件之间存在缝隙，焊根处有较大的应力集中，受力性能接近于角焊缝。故部分焊透的对接焊缝（见图 3-23a、b、d、e）和 T 形对接与角接组合焊缝（见图 3-23c）的强度，应按角焊缝的计算公式（3-12）~式（3-14）计算，$\beta_f$ 及 $h_e$ 的取值见 3.3.3 节。

### 3.4.6　喇叭形焊缝的计算

在冷弯薄壁型钢结构中，经常遇到图 3-44~图 3-46 所示的喇叭形焊缝。从外形看，与斜角角焊缝有点相似。试验研究证明，当被连板件的厚度 $t\leqslant 4.5$mm 时，沿焊缝的横向和纵向传递剪力的连接的破坏模式均为沿焊缝轮廓线处的薄板撕裂。

喇叭形焊缝纵向受剪时（图 3-45）有两种可能的破坏形式：当焊脚高度 $h_f$（见图 3-46）

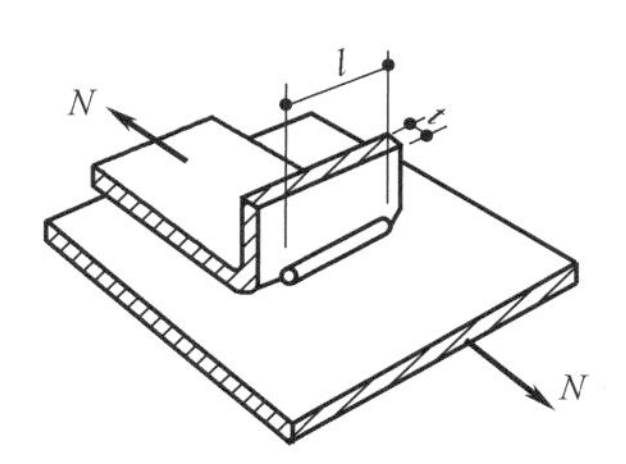


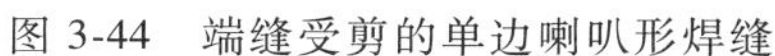

图 3-44　端缝受剪的单边喇叭形焊缝

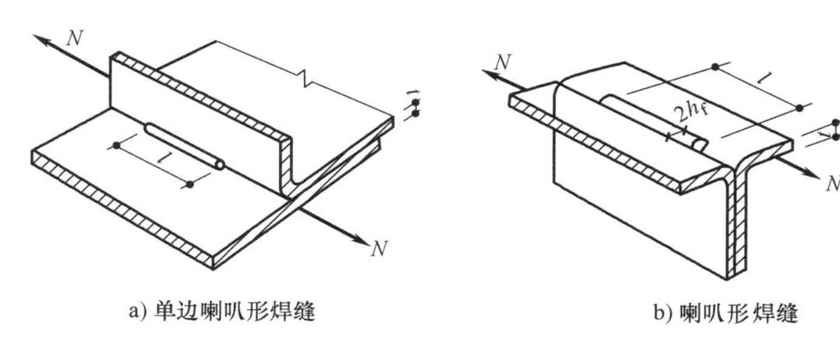


图 3-45　纵向受剪的喇叭形焊缝

和被连板厚 $t$ 满足 $t \leqslant 0.7h_f < 2t$，或当卷边高度小于焊缝长度时，卷边部分传力甚少，薄板为单剪破坏；当焊肢 $0.7h_f \geqslant 2t$，或卷边高度大于焊缝长度时，卷边部分也可传递较大的剪力，能在焊缝的两侧发生薄板的双剪破坏，承载力成倍增长。考虑到喇叭形焊缝在我国的研究和应用尚不充分，在《冷弯薄壁型钢结构技术规范》中规定，暂不考虑双剪破坏的承载力提高，一律按单剪计算。

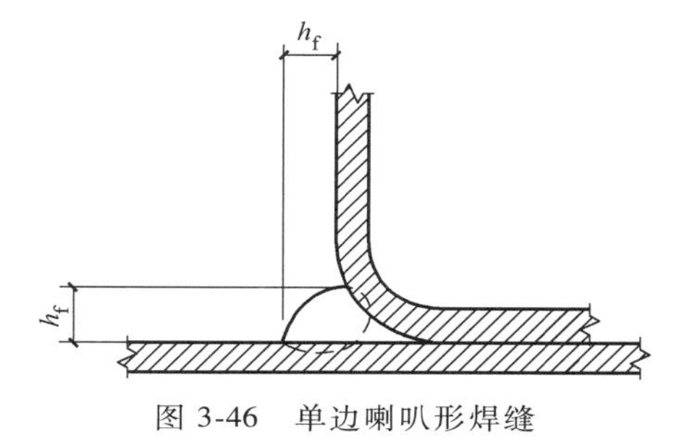


图 3-46　单边喇叭形焊缝

## 3.5　焊接残余应力和焊接残余变形

### 3.5.1　焊接残余应力的分类和产生的原因

#### 1. 纵向焊接残余应力

焊接过程是一个不均匀加热和冷却的过程。在施焊时，焊件上产生不均匀的温度场，焊缝及附近温度最高，达 1600℃以上，其邻近区域则温度急剧下降（见图 3-47）。不均匀的温度场要求产生不均匀的膨胀。高温处的钢材膨胀最大，由于受到两侧温度较低且膨胀较小的钢材的限制，产生了热状塑性压缩。焊缝冷封时，被塑性压缩的焊缝区趋向于缩得比原始长度稍短，这种缩短变形受到两侧钢材的限制，使焊缝区产生纵向拉应力。在低碳钢和低合金钢中，这种拉应力经常达到钢材的屈服强度。焊接残余应力是一种没有荷载作用下的内应力，因此会在焊件内部自相平衡。这就必然在距离焊接处稍远区段内产生压应力（见图 3-47c）。用三块板焊成的工字形截面，焊接残余应力如图 3-47d 所示。

#### 2. 横向残余应力

横向残余应力产生的原因有二。一是由于焊缝纵向收缩，两块钢板趋向于形成反方向的弯曲变形，但实际上焊缝将两块钢板连成整体，不能分开，于是在焊缝中部产生横向拉应力，而在两端产生横向压应力（见图 3-48a、b）。二是焊缝在施焊过程中，先后冷却的时间不同，先焊的焊缝已经凝固，且具有一定的强度，会阻止后焊焊缝在横向的自由膨胀，使其发生横向的塑性压缩变形。当焊缝冷却时，后焊焊缝的收缩受到已凝固的焊缝限制而产生横向拉应力，同时在先焊部分的焊缝内产生横向压力。横向收缩引起的横向应力施焊方向和顺序有关（见图 3-48c、d、e）。焊缝的横向残余应力是上述两种原因产生的应力合成的结果，如图 3-48f 就是图 3-48b 和图 3-48c 应力合成的结果。

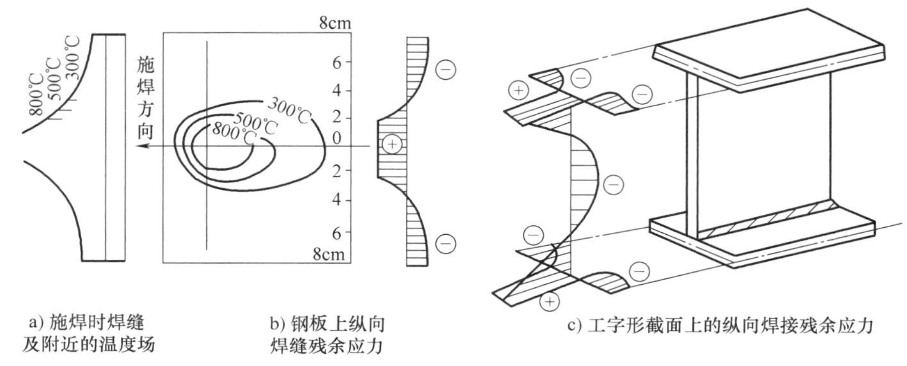


a) 施焊时焊缝及附近的温度场　b) 钢板上纵向焊缝残余应力　c) 工字形截面上的纵向焊接残余应力

图 3-47　施焊时焊缝及附近的温度场和焊接残余应力

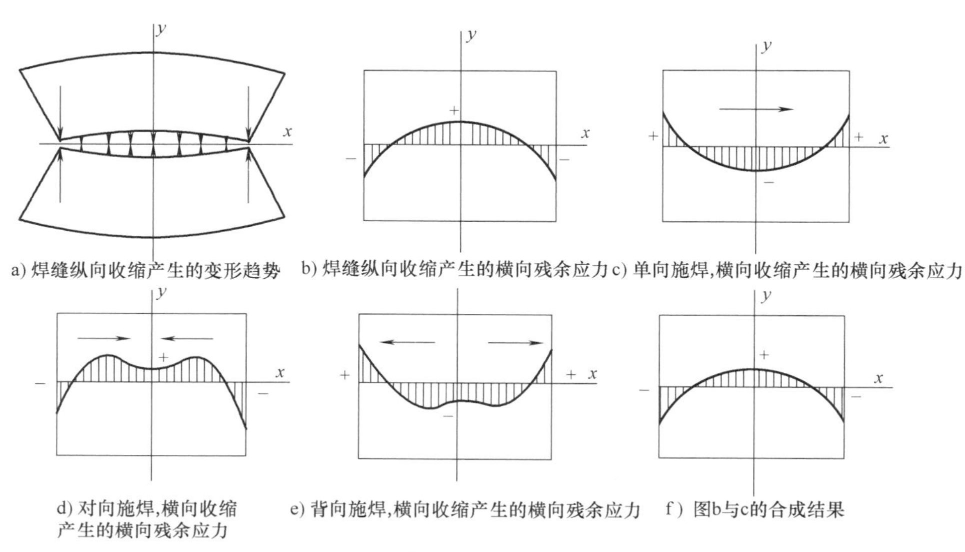


a) 焊缝纵向收缩产生的变形趋势　b) 焊缝纵向收缩产生的横向残余应力　c) 单向施焊，横向收缩产生的横向残余应力

d) 对向施焊，横向收缩产生的横向残余应力　e) 背向施焊，横向收缩产生的横向残余应力　f) 图b与c的合成结果

图 3-48　横向残余应力产生的原因

### 3. 沿焊缝厚度方向的残余应力

在厚钢板的连接中，焊缝需要多层施焊。因此，除有纵向和横向焊接残余应力 $\sigma_x$、$\sigma_y$ 外，还存在着沿钢板厚度方向的焊接残余应力 $\sigma_z$（见图 3-49）。这三种应力形成比较严重的同号三轴应力，大大降低结构连接的塑性。

### 4. 约束状态下产生的焊接应力

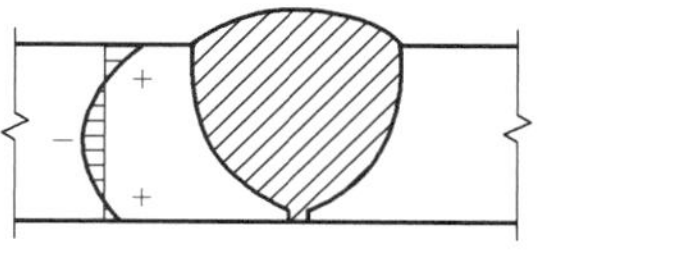

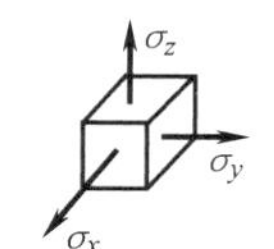


图 3-49　厚度方向的焊接应力

实际焊接接头中，有的焊件并不能自由伸缩，如图 3-50a 所示焊接，在施焊时，焊缝及其附近高温钢板的横向膨胀受到阻碍而产生横向塑性压缩。焊缝冷却后，由于收缩受到约束，便产生了约束应力，图 3-50b、c 表示这种接头中残余应力分布特点：*ef* 截面上有约束，截面全部是受拉的，如果沿此截面切开，大部分应力得到释放，才呈自相平衡的残余应力分布。当钢板两边的嵌固程度越大，两边约束点间的距离越短时，产生的约束应力也就越大。因此，设计接头及考虑焊缝的施焊次序时，要尽可能使焊件能够自由伸缩，以便减少约束应力。

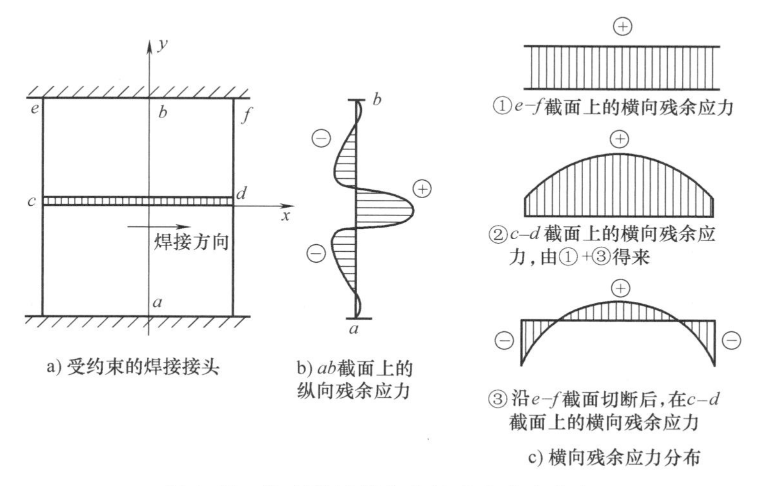


图 3-50 约束焊接接头中的残余应力分布

## 3.5.2 焊接残余应力的影响

### 1. 对结构静力强度的影响

对于具有一定塑性的材料，在静力荷载作用下，焊接残余应力是不会影响结构强度的。图 3-51a 给出了外荷载 $N=0$ 时纵向残余应力 $\sigma_r$ 的分布情况。当施加轴心拉力时，板中残余应力已达屈服强度 $f_y$ 的塑性区域内的应力不再增大，$N$ 就仅由弹性区域承担，焊缝两侧受压区的应力由原来的受压逐渐变为受拉，最后应力也达到 $f_y$。如图 3-51b 所示，板所承担的外力 $N=N_y=$ 面积（$abca+efde$），由于焊接残余应力在焊件内是自相平衡的内力，残余压应力的合力必然等于残余拉应力的合力，即面积（$aa'c'+ee'd'$）与面积 $c'cdd'$ 相等，故面积（$abca+defd$）与面积 $hf_y$ 相等。所以有残余应力焊件的承载能力和没有残余应力者完全相同，可见残余应力不影响结构的静力强度。

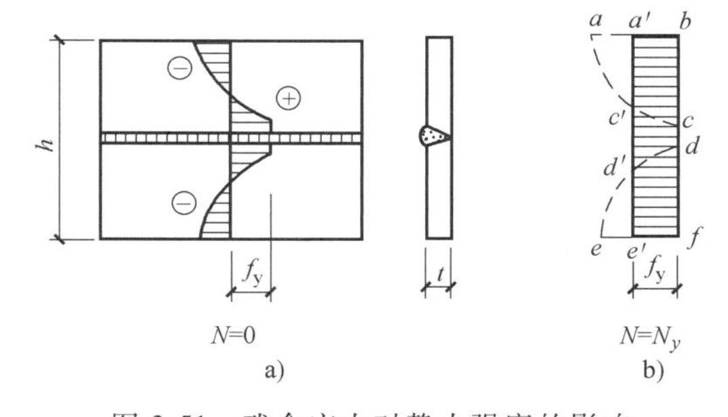


图 3-51 残余应力对静力强度的影响

### 2. 对结构刚度的影响

焊接残余应力会降低结构的刚度。例如有残余应力的轴心受拉杆件（见图 3-52），当加

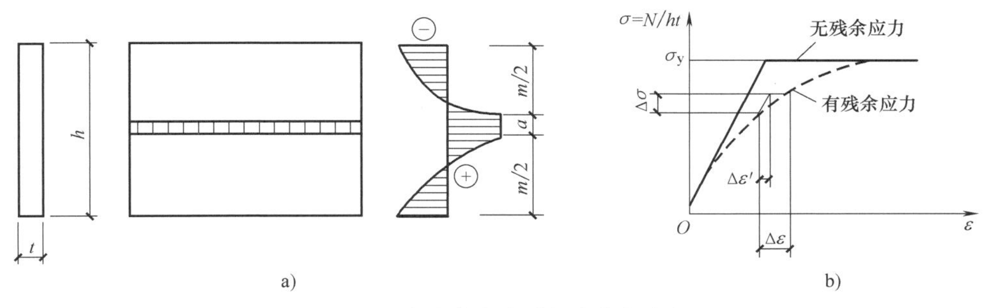


图 3-52 有残余应力时的应力与应变

载时，图 3-52a 中中部塑性区 $\alpha$ 逐渐加宽，而两侧的弹性区 $m$ 逐渐减小。由于 $m<h$，所以有残余应力时对应于拉力增量 $\Delta N$ 的拉应变 $\Delta\varepsilon=\Delta N/(mtE)$ 必然大于无残余应力时的拉应变 $\Delta\varepsilon'=\Delta N/(htE)$，即残余应力使构件的变形增大，刚度降低。

**3. 对压杆稳定的影响**

焊接残余应力使压杆的挠曲刚度减小，从而必定降低其稳定承载能力。详细分析见第 6 章。

**4. 对低温冷脆的影响**

在厚板和有三向交叉焊缝（见图 3-53）的情况下，将产生三向焊接残余应力，阻碍塑性变形，在低温下使裂纹容易发生和发展，加速构件的脆性破坏。

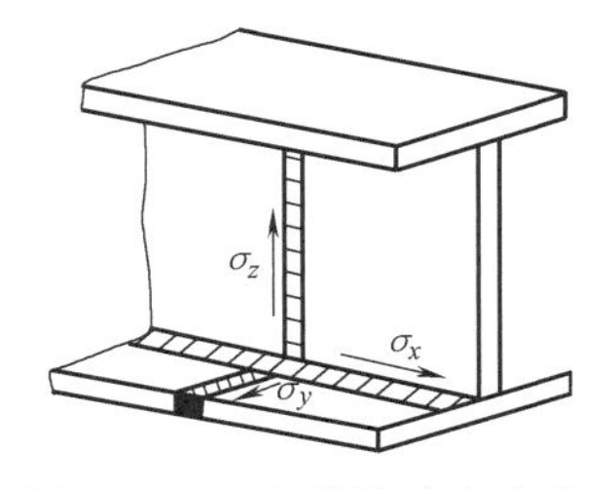

图 3-53　三向焊接残余应力

**5. 对疲劳强度的影响**

焊接残余应力对疲劳强度有不利的影响，原因就在于焊缝及其近旁的高额残余拉力应力。如果对焊缝及近旁金属的表面进行锤击，使之趋于横向扩张，但被下层材料阻止而产生残余压应力，那么疲劳强度会有所提高。

### 3.5.3　焊接残余变形

在施焊时由于焊缝的纵向和横向受到热态塑性压缩，使构件产生一些残余变形，如纵向缩短、弯曲变形、角变形和扭曲变形等（见图 3-54）。这些变形如果超出验收规范的规定，必须加以矫正，使其不致影响构件的使用和承载能力。

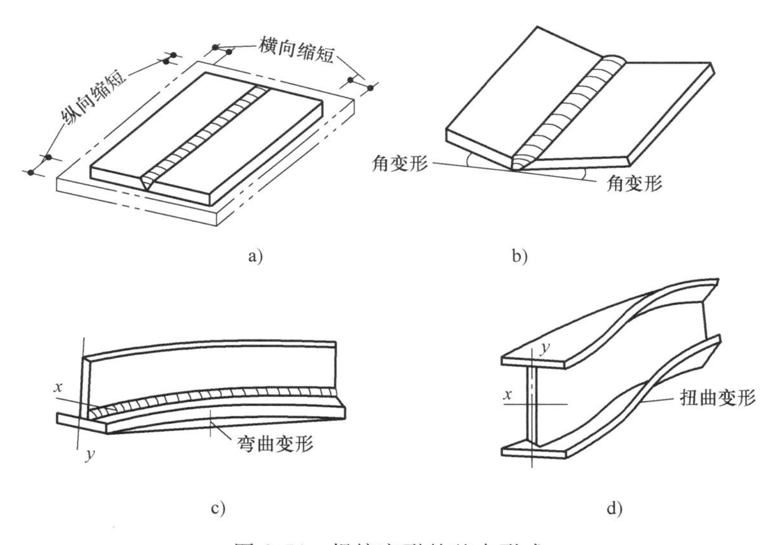

图 3-54　焊接变形的基本形式

### 3.5.4　减少焊接残余应力和焊接残余变形的方法

1）采用合理的施焊次序。如钢板对接时采用分段退焊，厚焊缝采用分层焊，工字形截面按对角跳焊等（见图 3-55）。

2）施焊前给构件以一个和焊接变形相反的预变形，使构件在焊接后产生的焊接变形与之正好抵消（见图 3-56a、b）。

3）对于小尺寸焊件，在施焊前预热，或施焊后回火（加热至 600℃左右，然后缓慢冷却），可以消除焊接残余应力；也可用机械方法或氧乙炔局部加热反变形（见图 3-56c），以消除焊接变形。

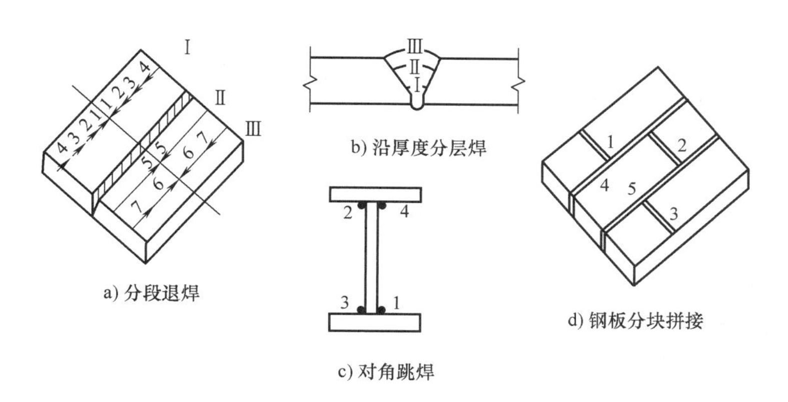


图 3-55　合理的施焊次序

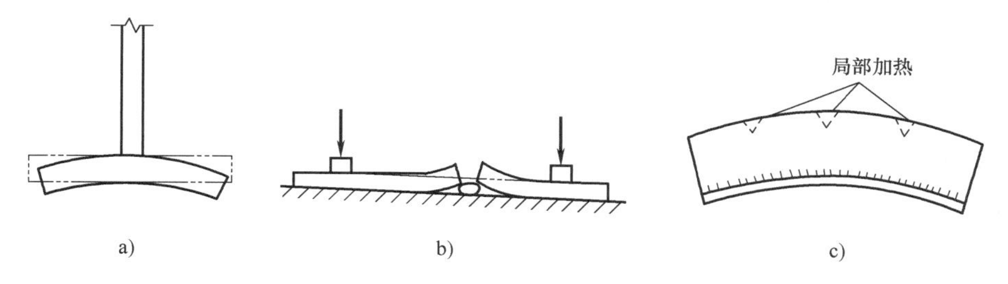


图 3-56　反变形及局部加热

### 3.5.5　合理的焊缝设计

为了减少焊接应力与焊接变形，设计时在构造上要采用一些措施：

1）焊接的位置要合理，焊缝的布置应尽可能对称于构件重心，以减小焊接变形。

2）焊缝尺寸要适当，在容许范围内，可以采用较小的焊脚尺寸，并加大焊缝长度，使需要过厚还可能引起施焊时烧穿、过热等现象。

3）焊缝不宜过分集中，图 3-57a 中 $a_2$ 比 $a_1$ 好。

4）应尽量避免三向焊缝相交，为此可使次要焊缝中断，主要焊缝连续通过（见图 3-57b）。

5）要考虑钢板的分层问题。由前述可知，垂直于板面传递拉力是不合理的，图 3-57c 中 $c_2$ 比 $c_1$ 好。

6）为了保证焊接结构的质量，要考虑施焊时，焊条是否易于到达。图 3-57d 中 $d_1$ 的右侧焊缝很难焊好，而 $d_2$ 则较易焊好。焊缝连接构造要尽可能地避免仰焊。

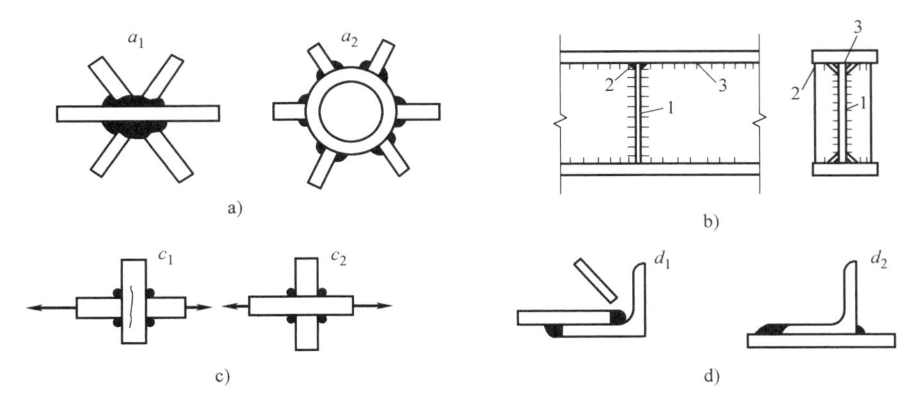


图 3-57　合理的焊缝设计

## 3.6　螺栓连接的排列与构造

钢结构中的螺栓连接常采用普通螺栓或高强度螺栓。普通螺栓的形式常为六角头型，而高强度螺栓有六角头型和扭剪型两种（见图 3-6）。螺栓的代号用字母 M 和公称直径 $d$ 的毫米数来表示，如螺栓常见的规格有 M12、M16、M20、M24、M30 等。建筑工程中的受力螺栓一般用 M16 以上（包括 M16）的螺栓型号。

### 3.6.1　螺栓的排列

螺栓的排列应力求简单、统一而紧凑，既满足受力要求，也要构造合理，便于施工。螺栓的排列有并列和错列两种基本形式，如图 3-58 所示。并列简单整齐紧凑，但螺栓孔对构件截面削弱较多。错列可减小截面削弱，但排列较复杂，且连接构件尺寸较大。

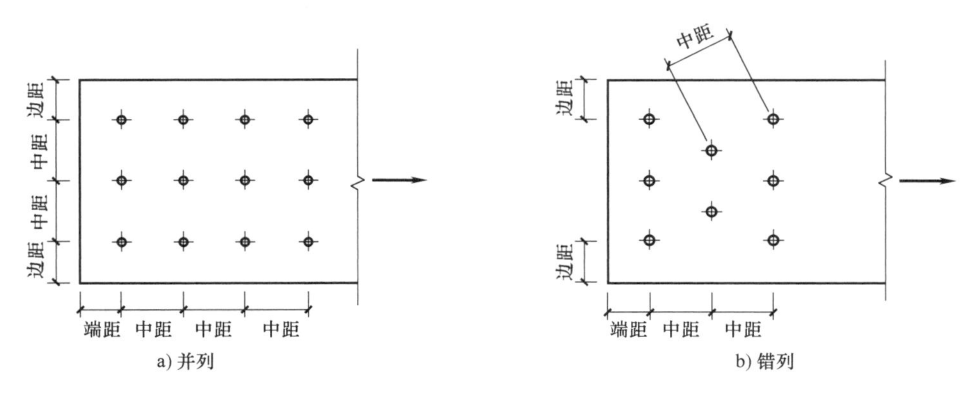


图 3-58　钢板上的螺栓（铆钉）排列

如图 3-58 所示，中距为相邻两排或两列螺栓中心线之间的间距，端距为靠近板件端头的最末一排螺栓中心线（中心线垂直与受力方向）距板件端头的距离，边距为靠近板件边缘的一排螺栓中心线（中心线平行与受力方向）距板件边缘的距离。《钢结构设计标准》中根据螺栓孔径直径、钢材边缘加工情况以及受力方向，对螺栓排列的中距、端距及边距有最大、最小限值要求，即最大和最小容许距离，这是出于以下几点的考虑。

（1）受力要求　如螺栓至构件端头的距离过小，会导致钢板端头被剪坏，因而端距有一个最小限值要求。如螺栓间的中距过小，会使构件净截面削弱过多，易导致构件发生净截面强度破坏；而当构件受压时，螺栓间的中距过大则会使两排螺栓间的板件鼓曲，因而对中距需规定最大和最小限值。

（2）构造要求　如螺栓排列的中距、边距和端距过大，板件间接触不紧密，潮气易侵入，钢材易锈蚀等，并且导致连接板件过大，不经济。

（3）施工要求　应保证有一定的施工空间，便于转动扳手，拧紧螺帽。

《钢结构设计标准》考虑以上要求，根据理论和实践经验，规定钢板上排列螺栓的容许距离应满足表 3-5 的要求。在排列螺栓时，应根据上述的最大和最小容许距离来确定螺栓间的距离及端距、边距，且宜按最小容许距离取用，宜为 5mm 的倍数，按等距布置，以减小连接板件的尺寸，力求经济。

## 3.6.2　螺栓连接的其他构造要求

螺栓连接在满足排列的最大和最小容许距离要求前提下，尚应满足以下构造要求：

1）一般情况下，同一结构连接中，为便于制造，宜采用一种直径的螺栓，必要时也可采用 2~3 种螺栓直径。

2）为了连接可靠，每一杆件在节点上及拼接接头的一端，永久性的螺栓（或铆钉）数不宜少于 2 个，对于组合构件的缀条，其端部连接可采用一个螺栓（或铆钉）。

3）在高强度螺栓连接范围内，构件接触面的处理方法应在施工图中加以说明。

4）对于直接承受动力荷载的普通螺栓受拉连接应采用有效措施防止螺母松动，如采用双螺母，弹簧垫圈或将螺母和螺杆焊死等方法。

5）当型钢构件拼接采用高强度螺栓连接时，其拼接件宜采用钢板。

**表 3-5　螺栓或铆钉的孔距、边距和端距容许值**

<table>
<tr><th>名称</th><th colspan="3">位置和方向</th><th>最大容许间距<br>（取两者的较小值）</th><th>最小容许间距</th></tr>
<tr><td rowspan="5">中心间距</td><td colspan="3">外排（垂直内力方向或顺内力方向）</td><td>$8d_0$ 或 $12t$</td><td rowspan="5">$3d_0$</td></tr>
<tr><td rowspan="3">中间排</td><td colspan="2">垂直内力方向</td><td>$16d_0$ 或 $24t$</td></tr>
<tr><td rowspan="2">顺内力方向</td><td>构件受压力</td><td>$12d_0$ 或 $18t$</td></tr>
<tr><td>构件受拉力</td><td>$16d_0$ 或 $24t$</td></tr>
<tr><td colspan="3">沿对角线方向</td><td>—</td></tr>
<tr><td rowspan="4">中心至构件<br>边缘距离</td><td colspan="3">顺内力方向</td><td rowspan="4">$4d_0$ 或 $8t$</td><td>$2d_0$</td></tr>
<tr><td rowspan="3">垂直内力方向</td><td colspan="2">剪切边或手工气割边</td><td rowspan="2">$1.5d_0$</td></tr>
<tr><td rowspan="2">轧制边、自动气割<br>边或锯割边</td><td>高强度螺栓</td></tr>
<tr><td>其他螺栓或铆钉</td><td>$1.2d_0$</td></tr>
</table>

注：1. $d_0$ 为螺栓孔或铆钉孔直径，$t$ 为外层较薄板件的厚度。

2. 钢板边缘与刚性构件（如角钢、槽钢等）相连的高强度螺栓的最大间距，可按中间排的数值采用。

3. 计算螺栓孔引起的截面削弱时可取 $d$+4mm 和 $d_0$ 的较大者。

## 3.7 普通螺栓连接的工作性能和强度计算

普通螺栓连接按其受力方式的不同可分为三类：外力与栓杆长度方向垂直的螺栓抗剪连接（见图3-59a）；外力与栓杆长度方向平行的螺栓抗拉连接（见图3-59b）；同时受剪力和受拉的螺栓连接（见图3-59c）。下面将分别讨论这三类连接的工作性能和连接强度计算。

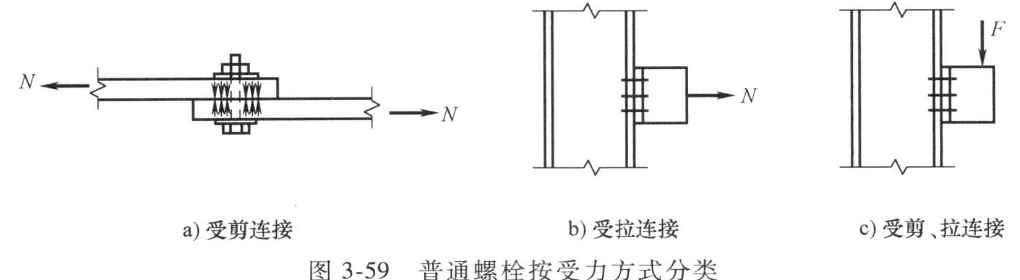


图3-59 普通螺栓按受力方式分类

### 3.7.1 普通螺栓的抗剪连接

#### 1. 普通螺栓抗剪连接的工作性能

图3-60所示为根据螺栓抗剪连接试验所测得的外力 $N$ 和试件上 $a$ 和 $b$ 两点之间的相对位移 $\delta$ 的关系曲线。由图可以看出，试件从零加载至破坏大致经历了摩擦传力阶段、相对滑移阶段和螺杆与孔壁挤压传力的弹塑性阶段。

由于在拧紧螺母时，螺杆中产生了一定的预拉力，构件间即产生一定的挤压力，如图3-60所示，因而构件间存在一定的摩擦力。在加载初期，荷载较小，荷载可由构件间的摩擦力来传递，螺杆和孔壁间的空隙保持不变，连接处的位移很小，荷载和位移呈上升直线关系。由于普通螺栓连接的预拉力较小，构件间的摩擦力较小，故摩擦传力阶段较短。当荷载加大达到摩擦力的最大值后，构件间产生相对滑动，相对位移 $\delta$ 增加较快，而外力可不增加，荷载与位移呈水平直线关系，直至栓杆与孔壁挤压紧，此即为相对滑移阶段。当荷载再增大，则主要靠栓杆和孔壁挤压来传递外力，螺杆内除受剪力外，还有弯矩和拉力作用，而构件的孔壁则受到挤压，荷载和位移呈上升曲线关系。到受力的后阶段，随外荷增加，位移 $\delta$ 增加更快，直至连接破坏，此即为螺杆与孔壁挤压传力的弹塑性阶段。

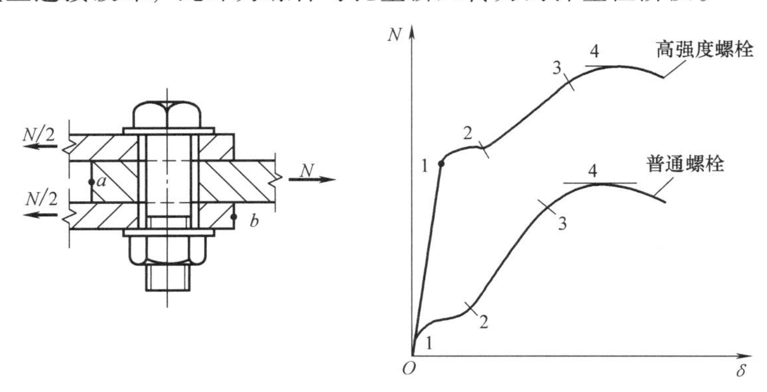


图3-60 单个抗剪螺栓剪力-位移曲线

普通螺栓抗剪连接达到承载力极限时，可能有以下几种破坏形式，如图 3-61 所示。

1）当连接件较厚，而栓杆较细时，栓杆可能被剪断（见图 3-61a）。

2）当连接件较薄，而栓杆较粗时，连接件与栓杆接触的孔壁可能被挤压坏，由于栓杆和连接件的挤压是相对的，故一般把这种破坏称为螺栓承压破坏（见图 3-61b）。

3）由于螺栓孔削弱太多，连接件净截面强度不够而被拉坏或压坏（见图 3-61c）。

4）由于端距过小，栓杆可能将端部板件剪坏（见图 3-61d）。

5）由于连接板叠较厚，螺栓太长，致使栓杆弯曲过大影响使用（见图 3-61e）。

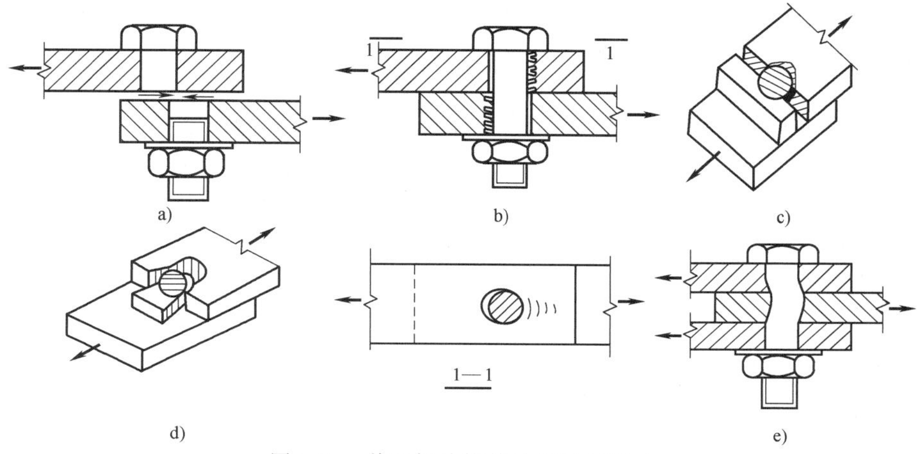


图 3-61　普通螺栓抗剪连接破坏形式

第 4）种破坏可通过限定端距和边距最小值加以保证；第 5）种破坏一般通过限制板叠厚度 $\sum t \leqslant 5d$（$d$ 栓杆直径），就可避免发生；第 3）种破坏由连接件净截面强度验算来保证；第 1）、2）种破坏通过螺栓抗剪连接计算来控制。

**2. 单个普通螺栓的抗剪承载力**

综上所述，在螺栓抗剪连接的承载力计算中只需考虑栓杆剪断和孔壁承压破坏这两种破坏形式。

当发生栓杆被剪断时，假定螺栓受剪面上的剪应力是均匀分布的，则剪应力应达到材料的抗剪强度设计值，故单个螺栓的受剪承载力设计值为

$$N_v^b = n_v \frac{\pi d^2}{4} f_v^b \tag{3-35}$$

式中　$n_v$——螺栓受剪面数，单剪 $n_v=1$，双剪 $n_v=2$，四剪 $n_v=4$（见图 3-62）；

$d$——螺栓杆直径；

$f_v^b$——螺栓抗剪强度设计值。

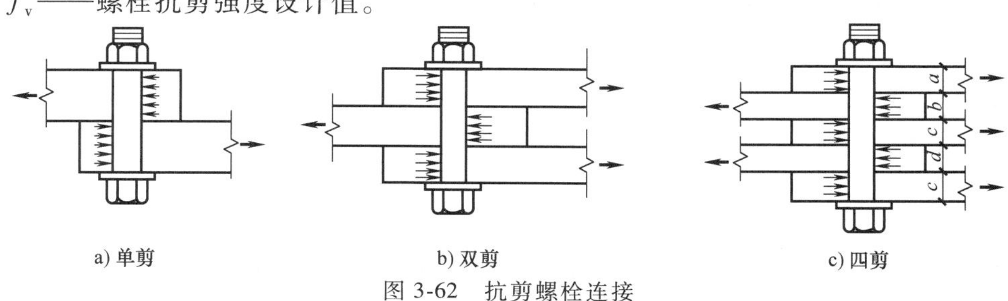


图 3-62　抗剪螺栓连接

当发生孔壁承压破坏时，栓杆挤压面上的实际承压应力分布为曲线，非常复杂，为简化计算，假定承压应力均匀分布在栓杆的直径平面上（见图3-63），则单个螺栓的承压承载力设计值为

$$N_c^b = d\sum tf_c^b \tag{3-36}$$

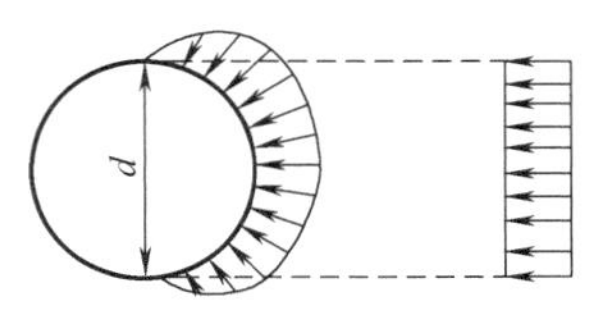


图3-63 螺栓承压的应力分布

式中 $\sum t$——同一受力方向上的承压构件的较小总厚度（见图3-62c），$\sum t$ 取$(a+c+e)$ 或 $(b+d)$ 的较小值；

$f_c^b$——螺栓承压强度设计值。

单个螺栓受剪承载力设计值应取 $N_v^b$ 和 $N_c^b$ 中的较小值，即 $N_{min}^b = \min(N_v^b, N_c^b)$。

### 3. 普通螺栓群的抗剪连接计算

（1）普通螺栓群在轴心剪力作用下的计算　图3-64所示的螺栓连接，在轴心拉力作用下，螺栓群轴心受剪。由试验可知，当螺栓群的连接长度不大即 $l_1 \leqslant 15d_0$ 时（$d_0$ 为螺孔直径），在弹性受力阶段，在顺力的长度方向上各个螺栓的受力并不相等，而是两端大中间小；由于螺栓连接具有一定的塑性变形能力，当连接进入弹塑性工作阶段后，因内力重分布使各螺栓受力趋于均匀，故可认为每个螺栓受力相等，则连接一侧所需要的螺栓数目 $n$ 为

$$n = \frac{N}{N_{min}^b} \tag{3-37}$$

式中 $N$——作用于螺栓群的轴心剪力的设计值。

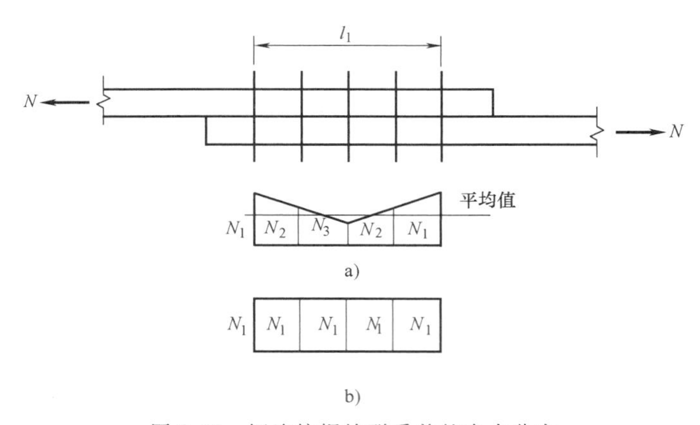


图3-64 短连接螺栓群受剪的内力分布

当连接长度 $l_1 > 15d_0$ 时，则“两端大中间小”受力现象将更加严重，连接进入弹塑性工作阶段后，受力也不易分布均匀，端部螺栓会因受力过大而首先破坏，随后螺栓依次向内逐个破坏（即所谓解纽扣现象），这样导致整个螺栓群的平均承载力达不到单个螺栓的抗剪承载力。而计算时仍假定螺栓群均匀受力，因而当 $l_1 > 15d_0$ 时，螺栓受剪承载力设计值 $N_{min}^b$ 应乘以折减系数 $\eta$（也适用于高强度螺栓连接）予以降低，图3-65给出了根据试验所得到的长连接抗剪螺栓的强度折减系数 $\eta$ 与 $l_1/d$

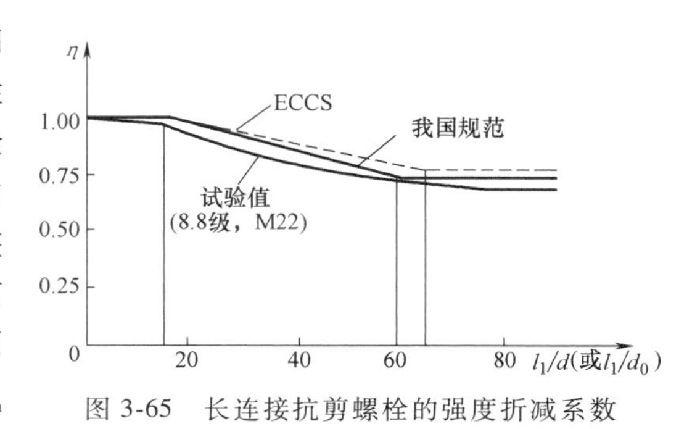


图3-65 长连接抗剪螺栓的强度折减系数

的关系曲线。

$$\eta = 1.1 - \frac{l_1}{150 d_0} \geqslant 0.7 \tag{3-38}$$

则连接一侧所需要的螺栓数目 $n$ 为

$$n = \frac{N}{\eta N_{\min}^{\mathrm{b}}} \tag{3-39}$$

（2）普通螺栓群在偏心剪力作用下的计算　图 3-66 所示的螺栓连接，受外荷载 $F$ 作用，$F$ 的作用线至螺栓群中心线的距离为 $e$，将 $F$ 平移至螺栓群中心线处，则螺栓群同时受轴心剪力 $V=F$ 和扭矩 $T=Fe$ 作用，轴心剪力 $F$ 和扭矩 $T$ 均使螺栓受剪。

螺栓群在扭矩 $T$ 作用下，每个螺栓受剪，与角焊缝在扭矩作用下的计算相同都采用了弹性分析法，计算时做了如下假定：被连接件为刚体，螺栓是弹性体；在扭矩作用下，各螺栓均绕螺栓群中心 $O$ 旋转，各螺栓所受剪力大小与该螺栓至中心 $O$ 的距离 $r_i$ 成正比，方向与其连线垂直（见图 3-66）。

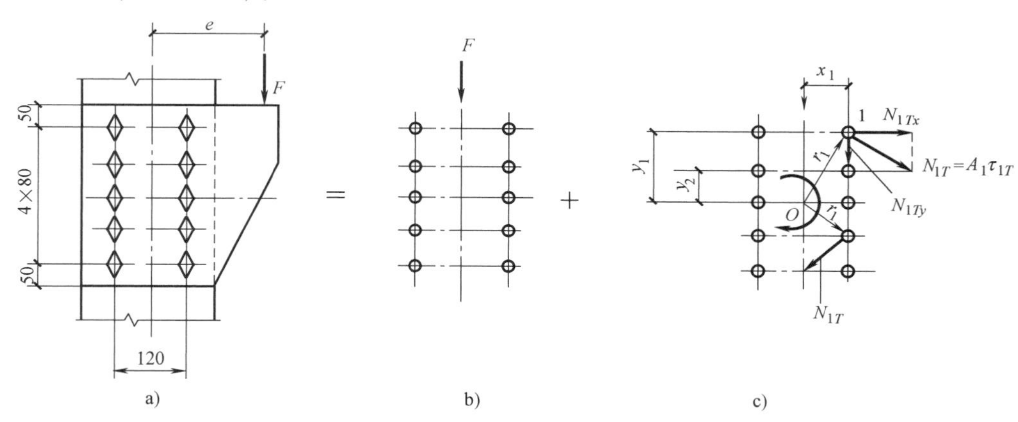


图 3-66　螺栓群偏心受剪

设各个螺栓至螺栓群中心 $O$ 的距离为 $r_i$，每个螺栓所受剪力大小为 $N_{iT}$，则由假定可得

$$\frac{N_{1T}}{r_1} = \frac{N_{2T}}{r_2} = \cdots = \frac{N_{iT}}{r_i} = \cdots = \frac{N_{nT}}{r_n} \tag{a}$$

根据连接件受扭平衡条件，即对螺栓群中心 $O$ 取矩，可得

$$T = N_{1T} r_1 + N_{2T} r_2 + \cdots + N_{iT} r_i + \cdots + N_{nT} r_n \tag{b}$$

将式（b）变为

$$T = \frac{N_{1T}}{r_1} r_1^2 + \frac{N_{2T}}{r_2} r_2^2 + \cdots + \frac{N_{iT}}{r_i} r_i^2 + \cdots + \frac{N_{nT}}{r_n} r_n^2 = \left( \frac{N_{iT}}{r_i} \right) \sum r_i^2$$

因而得螺栓 $i$ 所受剪力为

$$N_{iT} = \frac{T r_i}{\sum r_i^2} \tag{3-40}$$

由图 3-66 可知，最外排 1 号螺栓在扭矩作用下所受剪力最大，其值为（$r_i^2 = x_i^2 + y_i^2$）

$$N_{1T} = \frac{T r_1}{\sum r_i^2} = \frac{T r_1}{\sum x_i^2 + \sum y_i^2} \tag{3-41}$$

将 $N_{1T}$ 分解为 $x$ 方向和 $y$ 方向的两个分量 $N_{1Tx}$ 和 $N_{1Ty}$，即

$$N_{1Tx}=N_{1T}\frac{y_1}{r_1}=\frac{Ty_1}{\sum x_i^2+\sum y_i^2} \tag{3-42}$$

$$N_{1Ty}=N_{1T}\frac{x_1}{r_1}=\frac{Tx_1}{\sum x_i^2+\sum y_i^2} \tag{3-43}$$

为了简化计算，当螺栓群为一狭长形布置，即当 $y_1>3x_1$ 时，$r_i$ 趋近于 $y_i$，可取 $x_i=0$ 进行计算，则式（3-42）和式（3-43）变为

$$N_{1Tx}=\frac{Ty_1}{\sum y_i^2} \tag{3-44}$$

同理可得：当 $x_1>3y_1$ 时，则式（3-42）和式（3-43）变为

$$N_{1Vy}=\frac{Tx_1}{\sum x_i^2} \tag{3-45}$$

在轴心剪力作用下，假定每个螺栓受力相等，则

$$N_{1Vy}=\frac{F}{n}$$

因此，螺栓群中 1 号螺栓受到的剪力最大，其所受的剪力的合力应满足下式

$$\sqrt{(N_{1Tx})^2+(N_{1Ty}+N_{1Vy})^2}\leqslant N_{\min}^{\mathrm{b}} \tag{3-46}$$

以上为弹性分析方法，实际上当 1 号螺栓达到承载力设计值时，螺栓连接具有一定的塑性变形性能，内力可进行重分布，整个螺栓群的承载力还可增加，因而按弹性方法计算相对比较保守。目前有人提出了极限强度法（或称为塑性分析法）来加以考虑，虽然方法较合理，但计算复杂，此法在我国尚未推广应用。

**[例题 3-7]** 两块钢板截面尺寸如图 3-67 所示，采双盖板和普通螺栓拼接，C 级螺栓 M20，孔径 $d_0=21.5\mathrm{mm}$，钢材为 Q235B 钢，承受轴心拉力设计值 $N=650\mathrm{kN}$。试设计此连接。

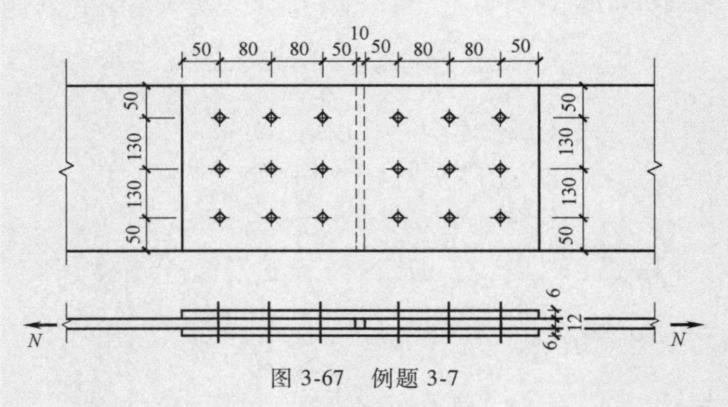


图 3-67 例题 3-7

**[解]** （1）确定拼接盖板截面尺寸 根据拼接盖板与被连接钢板等强原则，即拼接盖板截面面积不小于与被连接钢板截面面积，拼接盖板截面尺寸选为 8mm×360mm，钢材也为 Q235B 钢。

(2) 单个普通螺栓的抗剪承载力设计值

单个螺栓的承剪承载力设计值为

$$N_v^b = n_v \frac{\pi d^2}{4} f_v^b = 2\times\frac{3.14\times20^2}{4}\times140\text{N} = 87920\text{N} = 87.92\text{kN}$$

单个螺栓的承压承载力设计值为

$$N_c^b = d\sum t f_c^b = 20\times12\times305\text{N} = 73200\text{N} = 73.2\text{kN}$$

则单个螺栓的抗剪承载力设计值取两者的较小值

$$N_{min}^b = N_c^b = 73.2\text{kN}$$

$l_1 = 160\text{mm} \leqslant 15d_0 = 322.5\text{mm}$，则连接一侧所需要螺栓数目为

$$n = \frac{N}{N_{min}^b} = \frac{650}{73.2} = 8.9(\text{取 } n=9)$$

(3) 螺栓布置　采用并列布置，按表 3-5 的要求，确定螺栓的中距、边距和端距，如图 3-67 所示，均满足构造要求。由图可知盖板的长度为 520mm。

连接件的净截面验算都满足要求，此处略。

**[例题 3-8]**　试验算图 3-72 所示 C 级普通螺栓连接。荷载设计值 $F = 100\text{kN}$，螺栓 M20，连接板件的钢材都为 Q235B 钢。

**[解]**　(1) 单个螺栓的抗剪承载力

单个螺栓的承剪承载力设计值为

$$N_v^b = n_v \frac{\pi d^2}{4} f_v^b = 1\times\frac{3.14\times20^2}{4}\times140\text{N} = 43960\text{N} = 743.96\text{kN}$$

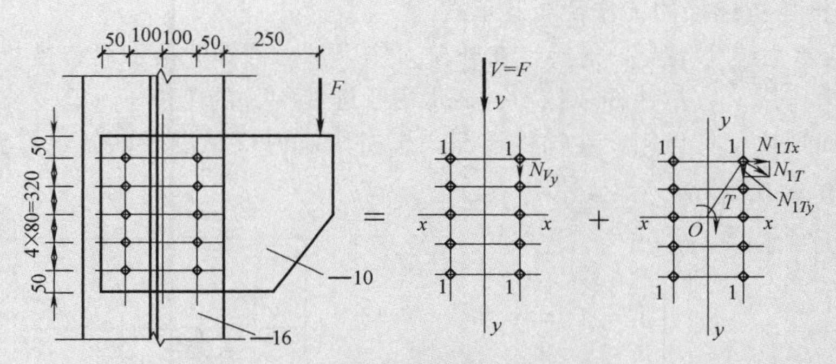


图 3-68　例题 3-8

单个螺栓的承压承载力设计值为

$$N_c^b = d\sum t f_c^b = 20\times10\times305\text{N} = 61000\text{N} = 61.0\text{kN}$$

则单个螺栓的抗剪承载力设计值取两者的较小值

$$N_{min}^b = N_c^b = 43.96\text{kN}$$

(2) 内力计算　将 $F$ 平移至螺栓群的中心线，则螺栓群承受轴心剪力 $V=F$ 和扭矩 $T$ 作用。

$$T=Fe=100\times0.4\text{kN}\cdot\text{m}=40\text{kN}\cdot\text{m}$$

（3）螺栓群强度验算　由前述可知 1 号螺栓受力最大，为设计控制点，则对其进行强度验算。

$$N_{1Tx}=\frac{Ty_1}{\sum x_i^2+\sum y_i^2}=\frac{40\times10^3\times160}{10\times100^2+2\times2\times(80^2+160^2)}=\frac{40\times10^3\times160}{2280\times10^2}\text{N}=28.1\text{kN}$$

$$N_{1Ty}=\frac{Tx_1}{\sum x_i^2+\sum y_i^2}=\frac{40\times10^3\times100}{2280\times10^2}\text{N}=17.5\text{kN}$$

$$N_{1Vy}=\frac{V}{n}=\frac{100}{10}\text{kN}=10.0\text{kN}$$

则 1 号螺栓承受的合剪力为

$$\sqrt{(N_{1Tx})^2+(N_{1Ty}+N_{1Vy})^2}=\sqrt{28.1^2+(17.5+10)^2}\text{kN}=39.3\text{kN}\leqslant N_{\min}^{\text{b}}=43.96\text{kN}$$

所以螺栓群布置安全。

由以上两例题分析可见，螺栓连接的计算通常有两大类：第一类，首先计算单个螺栓的承载力，然后进行受力分析确定所需要的螺栓数目，最后根据构造要求进行螺栓布置，必要时进行连接件的截面验算；第二类，由于受力较为复杂，难以首先确定螺栓数目，可先假定所需要螺栓数目并进行排列布置，然后对受力最大的螺栓进行强度验算，相差较大时，重新假定螺栓数目进行布置和验算，直到满足要求。

## 3.7.2　普通螺栓的抗拉连接

### 1. 普通螺栓抗拉连接的工作性能及承载力

图 3-69a 所示为一 T 形受拉连接，在外拉力作用下，构件的接触面有被拉开的趋势，栓杆受到轴向拉力作用，直至栓杆被拉断。通常由于连接构件的刚度不大，受拉后，受拉构件会发生变形，而形成杠杆作用，在构件端部产生挤压应力（见图 3-69a），其合力为撬力 $Q$，因而螺栓中实际受力为 $N_t=N+Q$。

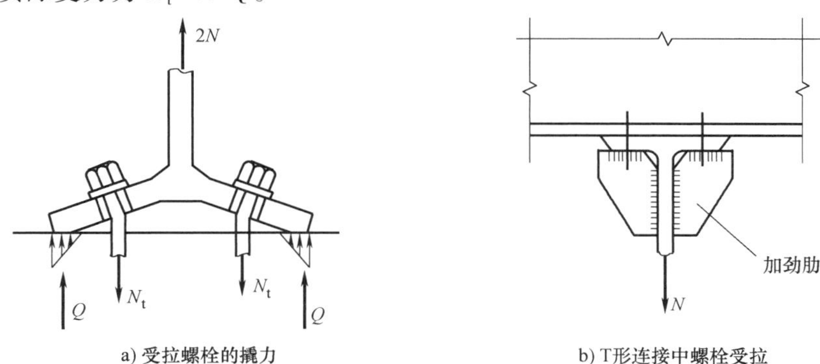


a) 受拉螺栓的撬力　　b) T形连接中螺栓受拉

图 3-69　T 形受拉连接

撬力的大小与连接件的刚度有关，连接件刚度越小，变形越大，则撬力越大，反之，则撬力越小。由于确定 $Q$ 比较复杂，我国标准为了简化计算，认为螺栓受力仍为 $N_t=N$，规定普通螺栓的抗拉强度设计值$f_t^b$取为螺栓钢材抗拉强度设计值$f$的0.8倍（即$f_t^b=0.8f$），以此来考虑撬力的影响。另外，设计中可采用构造措施加强连接件的刚度，如设置加劲肋（见图3-69b），从而可减小甚至消除撬力。

由于螺纹是斜向的（见图3-70），受拉螺栓的最不利截面在螺纹削弱处，所以计算单个普通螺栓的受拉承载力时，应采用螺纹削弱处的有效截面$A_e$，故单个受拉螺栓的承载力设计值为

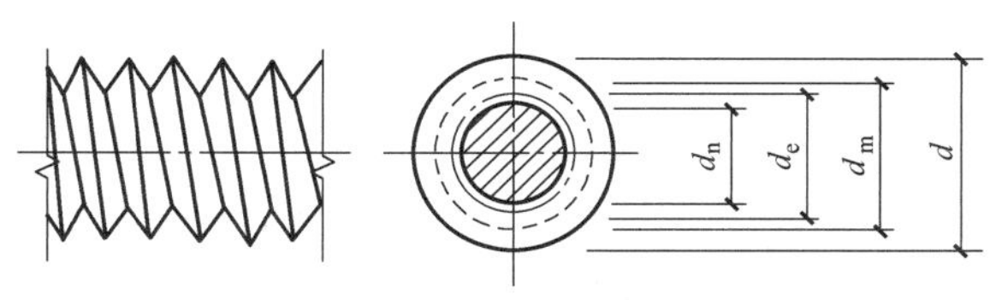

图3-70　螺栓的直径

$$N_t^b = A_e f_t^b = \frac{\pi d_e^2}{4} f_t^b \tag{3-47}$$

式中　$d_e$、$A_e$——螺栓螺纹处的有效直径和有效截面面积，按附表7-1采用；

$f_t^b$——螺栓抗拉强度设计值，按附表1-3采用。

**2. 普通螺栓群的抗拉连接计算**

（1）普通螺栓群在轴心拉力作用下的计算　如图3-59b所示外力通过螺栓群中心使螺栓受拉，可假定每个螺栓平均受力，则连接所需要的数目为

$$n = \frac{N}{N_t^b} \tag{3-48}$$

（2）普通螺栓群在弯矩作用下的计算　图3-71所示为一牛腿与柱翼缘用普通螺栓连接，集中力$F$距螺栓连接平面的距离为$e$，将集中力平移至螺栓连接平面，则螺栓群将受弯矩

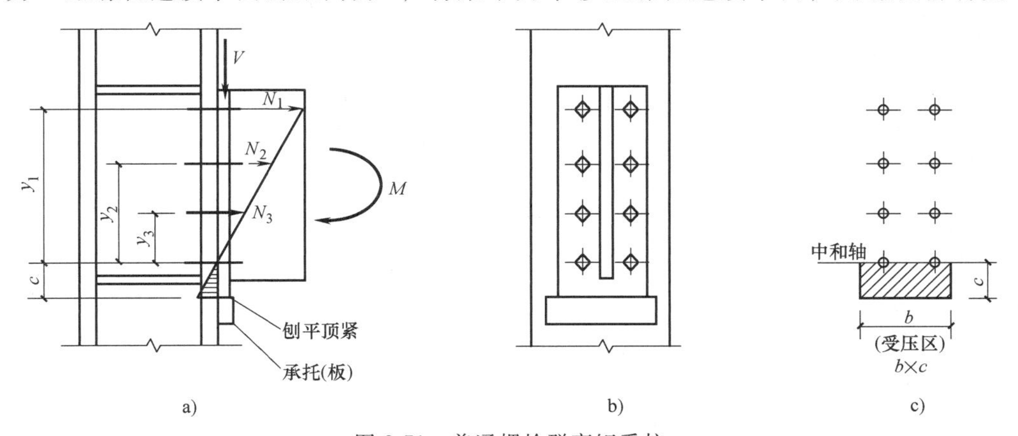

图3-71　普通螺栓群弯矩受拉

$M=Fe$和剪力$V=F$。由于牛腿端板与焊于柱上的承托板刨平顶紧，认为剪力$V$由端板传至承托板从而传给柱，螺栓群仅受弯矩作用。计算仍按弹性方法分析，在弯矩作用下，上部螺栓受拉，使整个连接的上部有分离的趋势，下部仅有少部分牛腿的端板与柱翼缘挤压（与螺栓群的拉力相平衡），因而使螺栓群的旋转中心（即中和轴）比较靠近连接的下端。由于精确地确定中和轴的位置比较复杂，通常假定中和轴位于弯矩指向一侧的最外排螺栓的中心线上，并且螺栓所受拉力与该螺栓中心至中和轴的距离成正比，因此最上排1号螺栓所受拉力最大。对中和轴$O$处建立弯矩平衡方程，由于端板受压区的中心至中和轴的力臂较小，

产生的力矩也较小，偏安全地忽略，仅考虑螺栓拉力产生的力矩。因此可得下式

$$\frac{N_1}{y_1}=\frac{N_2}{y_2}=\cdots=\frac{N_i}{y_i}=\cdots=\frac{N_n}{y_n}$$

$$\begin{aligned}M&=mN_1y_1+mN_2y_2+\cdots+mN_iy_i+\cdots+mN_ny_n\\&=m(N_1/y_1)y_1^2+m(N_2/y_2)y_2^2+\cdots+m(N_i/y_i)y_i^2+\cdots+m(N_n/y_n)y_n^2\\&=m(N_i/y_i)\sum y_i^2\end{aligned}$$

故可得螺栓 $i$ 的拉力为

$$N_i=\frac{My_i}{m\sum y_i^2}\leqslant N_t^b \tag{3-49}$$

式中 $m$——每排螺栓的个数；

$y_i$——每排螺栓中心至中和轴的距离。

由式（3-49）可知，距离中和轴最远的 1 号螺栓的拉力最大，在弯矩作用下螺栓群不被拉坏的条件是：

$$N_1=\frac{My_1}{m\sum y_i^2}\leqslant N_t^b \tag{3-50}$$

**［例题 3-9］** 试验算图 3-72 所示牛腿与柱翼缘用普通螺栓连接。图中的荷载均为设计值，螺栓 M20，连接件采用 Q235 钢。

**［解］**（1）受力分析　将集中力 $F$ 平移至螺栓群平面，则产生弯矩 $M$ 和剪力 $V$。剪力 $V$ 由于牛腿的端板与支托刨平顶紧，则由支托承担；螺栓群仅承受弯矩 $M$：

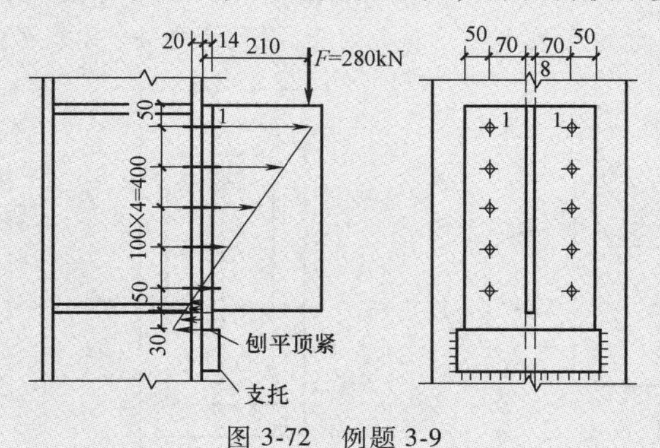


图 3-72　例题 3-9

$$M=Fe=280\times0.21\text{kN}\cdot\text{m}=58.8\text{kN}\cdot\text{m}。$$

（2）单个螺栓的抗拉承载力

$$N_t^b=A_ef_t^b=244.8\times170\text{N}=41620\text{N}=41.62\text{kN}$$

（3）螺栓群强度验算　由前述可知 1 号螺栓受力最大，为设计控制点，则对其进行强度验算

$$N_1=\frac{My_1}{m\sum y_i^2}=\frac{(58.8\times10^3\times400)}{2\times(100^2+200^2+300^2+400^2)}\text{N}=39.2\text{kN}\leqslant N_t^b=41.62\text{kN}$$

连接强度满足要求。

### 3. 螺栓群在偏心拉力作用下的计算

图3-73a所示为一螺栓群受偏心拉力作用，相当于连接承受轴心拉力 $N$ 和弯矩 $M=Ne$ 的联合作用。根据偏心距的大小，螺栓群可分为小偏心受拉和大偏心受拉两种情况。

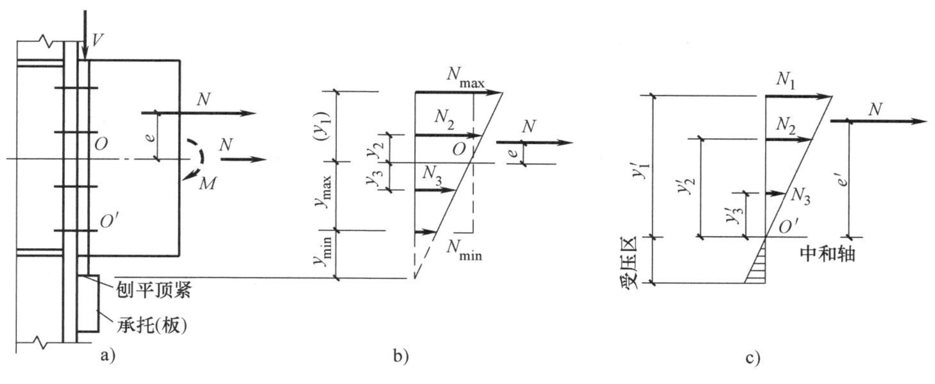


图3-73 螺栓群受偏心拉力

(1) 小偏心受拉 当偏心距不大时，弯矩较小，连接以承受轴心拉力为主，所有螺栓均受拉，端板与柱翼缘有分离的趋势。因此计算时，轴心拉力由螺栓群均匀承受；而弯矩 $M$ 则使螺栓群绕其中心位置转动（即认为中和轴在螺栓群的中心处），上部螺栓受拉，下部螺栓受压。这样将轴心拉力和弯矩在螺栓群中产生的力进行叠加，可得受拉力最大和最小的螺栓拉力的计算公式如下

$$N_{max}=\frac{N}{n}+\frac{Ney_1}{m\sum y_i^2} \tag{3-51}$$

$$N_{min}=\frac{N}{n}-\frac{Ney_1}{m\sum y_i^2}\geqslant 0 \tag{3-52}$$

注意：上式中的 $e$ 和 $y_i$ 如图3-73b所示，均为到螺栓群中心的距离。

为了保证连接安全，螺栓所受最大拉力不得超过单个螺栓的抗拉承载力，即

$$N_{max}\leqslant N_t^b \tag{3-53}$$

但在进行承载力验算之前，必须首先验算式（3-52），只有满足 $N_{min}\geqslant 0$，此处连接才为小偏心受力情况，否则按下面大偏心计算。

(2) 大偏心受拉 当偏心距较大时，连接处的受力情况类似与弯矩作用的情况，上部螺栓受拉，弯矩指向的端板底部将受压（见图3-73c），螺栓群的中和轴下移，计算时假定中和轴处于弯矩指向一侧最外排螺栓中心线上。类似与弯矩受力情况，对中和轴建立弯矩平衡方程，可得受拉力最大螺栓的拉力及满足承载力要求的公式为

$$N_1=\frac{Ne'y_1'}{m\sum y_i'^2}\leqslant N_t^b \tag{3-54}$$

注意：$e'$和 $y'$均自 $O'$点算起，如图3-73c所示。

**[例题3-10]** 图3-74所示偏心受拉的C级普通螺栓连接，偏心拉力设计值 $N=300\text{kN}$，$e=60\text{mm}$，螺栓布置如图所示，试确定螺栓的规格。

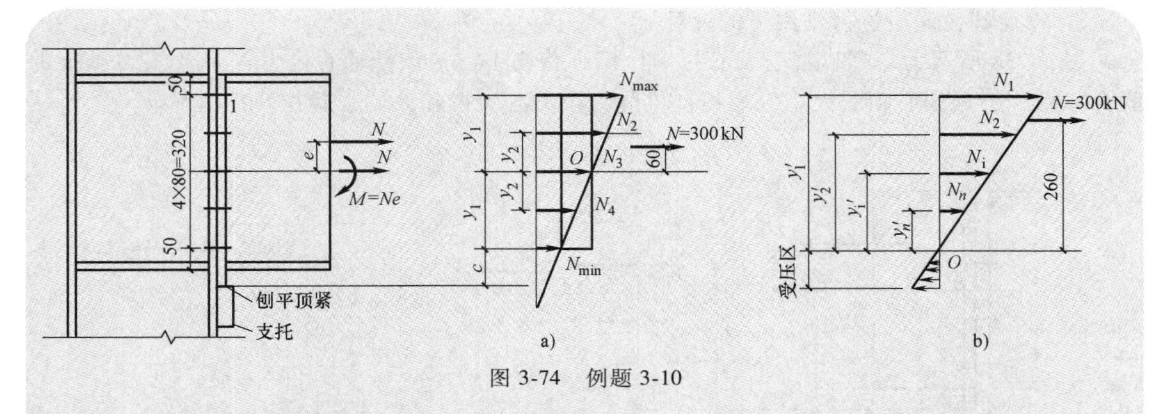


图 3-74 例题 3-10

**[解]** 先按小偏心受拉进行试算。最小的螺栓拉力为

$$N_{\min}=\frac{N}{n}-\frac{Ney_1}{m\sum y_i^2}=\frac{300}{10}\text{kN}-\frac{300\times60\times160}{2\times2\times(80^2+160^2)}\text{kN}=7.5\text{kN}>0$$

属于小偏心受拉，螺栓受力如图 3-74a 所示，应按式（3-51）计算 1 号螺栓中产生的最大拉力为

$$N_{\max}=\frac{N}{n}+\frac{Ney_1}{m\sum y_i^2}=\frac{300}{10}\text{kN}+\frac{300\times60\times160}{2\times2\times(80^2+160^2)}\text{kN}=52.5\text{kN}$$

则螺栓所需要的有效面积 $A_e=\dfrac{N_{\max}}{f_t^b}=\dfrac{52.5\times10^3}{170}\text{mm}^2=308.8\text{mm}^2$

查附表 7-1 采用 M22，$A_e=303.4\text{mm}^2$。

**[例题 3-11]** 其他条件同［例题 3-10］，仅取 $e=100$mm。试确定螺栓规格。

**[解]** 先按小偏心受拉进行试算。最小的螺栓拉力为

$$N_{\min}=\frac{N}{n}-\frac{Ney_1}{m\sum y_i^2}=\frac{300}{10}\text{kN}-\frac{300\times100\times160}{2\times2\times(80^2+160^2)}\text{kN}=-7.5\text{kN}<0$$

属于大偏心受拉，螺栓受力如图 3-74b 所示，应按式（3-54）计算 1 号螺栓中产生的最大拉力为

$$N_1=\frac{Ne'y_1'}{m\sum y_i'^2}=\frac{300\times260\times320}{2\times(80^2+160^2+240^2+320^2)}\text{kN}=65.0\text{kN}$$

则螺栓所需要的有效面积 $A_e=\dfrac{N_{\max}}{f_t^b}=\dfrac{65\times10^3}{170}\text{mm}^2=382.4\text{mm}^2$

查附表 7-1 采用 M27，$A_e=459.0\text{mm}^2$。

## 3.7.3 普通螺栓群在拉力和剪力联合作用下的计算

图 3-75 所示连接，螺栓同时承受剪力和拉力的联合作用。试验证明，在拉力和剪力联

合作用下，普通螺栓连接的破坏形式有两种：一是螺杆受剪和受拉破坏；二是孔壁挤压破坏。

由试验结果可知，当发生螺杆受剪和受拉破坏时，螺栓连接的承载力应按下式验算：

$$\sqrt{\left(\frac{N_v}{N_v^b}\right)^2+\left(\frac{N_t}{N_t^b}\right)^2}\leqslant 1 \tag{3-55}$$

式中　$N_v$、$N_t$——单个螺栓承受的剪力和拉力设计值，按前述方法计算；

$N_v^b$、$N_t^b$——单个螺栓的承剪和抗拉承载力设计值。

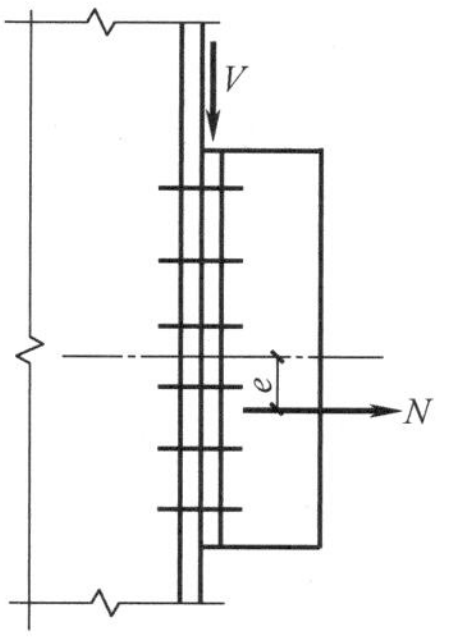

图3-75　同时承受剪力和拉力螺栓群

当发生孔壁承压破坏时，螺栓连接的承载力计算公式为

$$N_v\leqslant N_c^b \tag{3-56}$$

式中　$N_c^b$——单个螺栓的承压承载力设计值。

**［例题3-12］**　其他条件同［例题3-9］，但牛腿下的支托仅在安装阶段起作用，正常使用阶段不考虑支托承受剪力，即剪力由螺栓群承担。试验算螺栓群的强度。

**［解］**　(1) 单个螺栓的承载力

单个螺栓的承剪承载力设计值为

$$N_v^b=n_v\frac{\pi d^2}{4}f_t^b=1\times\frac{3.14\times20^2}{4}\times140\text{N}=43960\text{N}=43.96\text{kN}$$

单个螺栓的承压承载力设计值为

$$N_c^b=d\sum tf_c^b=20\times14\times305\text{N}=85400\text{N}=85.4\text{kN}$$

单个螺栓的抗拉承载力为

$$N_t^b=A_ef_t^b=244.8\times170\text{N}=41620\text{N}=41.62\text{kN}$$

(2) 螺栓群强度验算　由前述可知1号螺栓受力最大，为设计控制点，则对其进行强度验算：

螺栓的承压验算

$$N_{1v}=\frac{V}{n}=\frac{280}{10}\text{kN}=28.0\text{kN}<N_c^b=85.4\text{kN}$$

则剪力和拉力共同作用下

$$\sqrt{\left(\frac{N_v}{N_v^b}\right)^2+\left(\frac{N_t}{N_t^b}\right)^2}=\sqrt{\left(\frac{28.0}{43.96}\right)^2+\left(\frac{39.2}{41.62}\right)^2}=1.14>1.0$$

螺栓群受力不安全，需要重新设计。

通过本例题和［例题3-9］的计算结果比较可知，利用支托承受剪力的方案具有减少螺栓数目的优点。

# 3.8 高强度螺栓连接的工作性能和计算

## 3.8.1 概述

高强度螺栓连接和普通螺栓连接的主要区别在于：高强度螺栓连接除了材料强度高之外，而且在拧紧螺母时，螺栓内施加了很大的预拉力，连接件间的挤压力就很大，因而接触面的摩擦力就很大，这种预拉力和摩擦力对高强度螺栓传递外力的机制产生了很大的影响。

高强度螺栓连接根据传力的不同可分为摩擦型连接和承压型连接。摩擦型连接是依靠连接件间的摩擦阻力来传递外剪力，并以剪力达到最大摩擦力作为承载能力的极限状态。承压型连接和普通螺栓连接一样，外剪力可以超过摩擦力，连接件间产生相对滑动，直到螺杆和孔壁挤压，依靠螺杆受剪和孔壁挤压来传递外剪力，承载能力的极限状态是螺杆剪断或孔壁挤压破坏。图 3-60 给出了高强度螺栓抗剪连接的外剪力与相对位移的试验曲线。高强度螺栓的摩擦型连接有较高的传力可靠性和连接整体性，且耐疲劳性能较好，目前采用的较多，对工地现场连接尤为适宜。高强度螺栓的承压型连接强度较高，其他性能不如摩擦型，只容许在承受静力荷载或间接动力荷载的结构中采用，以减少螺栓的用量。

高强度螺栓连接根据受力情况的不同，也和普通螺栓一样分为抗剪连接、抗拉连接及同时受拉和受剪连接三种。

**1. 预拉力的控制方法**

常用的高强度螺栓有大六角头型和扭剪型两种。这两种高强度螺栓的预拉力都是通过拧紧螺母实现的。在建立预拉力的施工中，大六角头型高强度螺栓一般采用扭矩法和转角法，扭剪型高强度螺栓则采用扭剪法。

(1) 扭矩法　根据事先试验所测定的扳手施加的力矩与螺栓中预拉力的关系，确定所需施加的力矩（要适当考虑超张拉），采用可直接显示扭矩的特制扳手（常用电动扭矩扳手）来施加该扭矩。一般应按拧紧力矩的50%进行初拧，然后按100%拧紧力矩进行终拧。

(2) 转角法　也分初拧和终拧两步。初拧是先用普通扳手拧紧螺母使构件相互紧密贴合，终拧就是以初拧终了的位置为起点，根据螺栓直径和板叠厚度及预拉力大小确定的终拧角度，用强力扳手旋转螺母，拧至预定角度值，螺栓中的预拉力即达到预定预拉力。

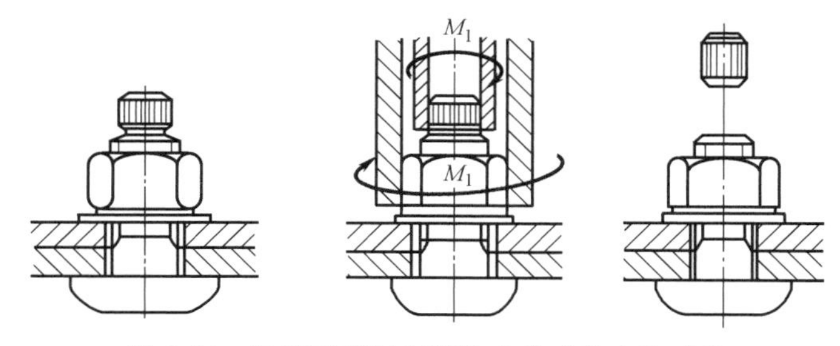


图 3-76　扭剪型高强度螺栓连接副的安装过程

(3) 扭剪法　如图 3-76 所示，扭剪型高强度螺栓的螺栓头为盘头，螺纹段端部有一个十二角梅花头和一个在规定扭矩能扭断的颈槽。安装过程如图 3-76 所示，安装时用特制的电动扳手，有两个套筒，大套筒套在螺母上，另一个小套筒套在螺杆的十二角梅花头上。拧紧时，大套筒施加顺时针的扭矩，小套筒施加逆时针扭矩，使螺栓断颈部受剪，其初拧力矩为拧紧力矩的50%，终拧时直至将梅花头剪断掉，则螺栓中预拉力达到设计值。

### 2. 高强度螺栓的预拉力

为了使板件间挤压得密实，抗滑移的性能更好，高强度螺栓的预拉力应尽可能高，但需保证螺杆不会被拉断。预拉力设计值按下式确定

$$P=\frac{0.9\times0.9\times0.9}{1.2}f_uA_e=0.6075f_uA_e \tag{3-57}$$

式中 $A_e$——螺栓的有效截面面积；

$f_u$——螺栓材料经热处理后的最低抗拉强度，8.8级螺栓 $f_u=830\text{N/mm}^2$，10.9级螺栓 $f_u=1040\text{N/mm}^2$。

式（3-57）中的几个系数分别考虑了以下几个影响因素：

1）拧紧螺母时，螺杆中除预拉力产生的拉应力外，拧紧螺母施加的扭矩必使螺杆中产生剪应力，从而降低了螺栓的抗拉承载力，故对螺栓材料的抗拉强度除以1.2。

2）拧紧螺母后，经过一段时间螺栓中的预拉力会降低（即松弛损失），因此在拧紧螺母时，一般考虑5%~10%的超张拉，因而将预拉力予以0.9的降低。

3）考虑到螺栓材质的不均匀性而引入一个折减系数0.9。

4）因式中采用了螺栓材料的抗拉强度 $f_u$ 而非屈服强度 $f_y$，考虑一定的安全储备取值予以适当降低。

按式（3-57）计算并适当调整，表3-6给出了高强度螺栓的预拉力设计值 $P$。

**表3-6 一个高强度螺栓的预拉力设计值 $P$** （单位：kN）

| 螺栓的性能等级 | 螺栓公称直径/mm | | | | | |
|---|---|---|---|---|---|---|
| | M16 | M20 | M22 | M24 | M27 | M30 |
| 8.8级 | 80 | 125 | 150 | 175 | 230 | 280 |
| 10.9级 | 100 | 155 | 190 | 225 | 290 | 355 |

### 3. 高强度螺栓连接的摩擦面抗滑移系数

高强度螺栓连接的抗滑移性能，特别是高强度螺栓摩擦型连接的抗剪承载力，不光与螺栓的预拉力大小有关，也与连接处摩擦面的抗滑移系数有关。

试验研究表明，高强度螺栓连接的摩擦面抗滑移系数的大小与构件的种类和连接处构件接触面的处理方法有关。特别值得一提的是此系数有随着连接构件接触面间的压紧力减小而减小的现象。

高强度螺栓连接的摩擦面抗滑移系数 $\mu$ 的大小见表3-7。

**表3-7 摩擦面抗滑移系数 $\mu$**

| 在连接处构件接触面的处理方法 | 构件的钢号 | | |
|---|---|---|---|
| | Q235钢 | Q345钢、Q390钢 | Q420钢、Q460钢 |
| 喷硬质石英砂或铸钢棱角砂 | 0.45 | 0.50 | 0.50 |
| 抛丸（喷砂） | 0.40 | 0.40 | 0.40 |
| 钢丝刷清除浮锈或未经处理的干净轧制表面 | 0.30 | 0.35 | — |

## 3.8.2 高强度螺栓的抗剪连接

### 1. 高强度螺栓的抗剪连接的工作性能

(1) 高强度螺栓摩擦型连接 高强度螺栓摩擦型连接在传递剪力时是依靠连接件间的摩擦阻力来传递外剪力，并以剪力达到最大摩擦力作为承载能力的极限状态。因而摩擦型连接的抗剪承载力取决于连接件接触面间的最大摩擦力，此最大摩擦力与螺栓的预拉力、摩擦面的抗滑移系数及连接的传力摩擦面数有关。单个摩擦型高强度螺栓的抗剪承载力设计值为

$$N_{\mathrm{v}}^{\mathrm{b}}=0.9kn_{\mathrm{f}}\mu P \tag{3-58}$$

式中 0.9——抗力分项系数的倒数，即取 $0.9=1/\gamma_R=1/1.111$；

$k$——孔型系数，标准孔 $k=1.0$，大圆孔 $k=0.85$，内力与槽孔长向垂直时 $k=0.7$，内力与槽孔长向平行时 $k=0.6$；

$n_{\mathrm{f}}$——传力摩擦面数目，单剪时 $n_{\mathrm{f}}=1$，双剪时 $n_{\mathrm{f}}=2$，四剪时 $n_{\mathrm{v}}=4$；

$P$——单个高强度螺栓的预拉力设计值，见表 3-6；

$\mu$——摩擦面的抗滑移系数，见表 3-7。

(2) 高强度螺栓承压型连接 高强度螺栓承压型连接的抗剪机理与普通螺栓的相同，其承载能力的极限状态是螺杆剪断或孔壁挤压破坏，故高强度螺栓承压型连接的抗剪承载力取决于杆身抗剪和孔壁承压强度，单个高强度螺栓承压型连接的抗剪承载力的计算方法与普通螺栓连接相同，仍按式（3-35）和式（3-36）计算，只是 $f_{\mathrm{v}}^{\mathrm{b}}$、$f_{\mathrm{c}}^{\mathrm{b}}$要用高强度螺栓的强度设计值。而且当剪切面在螺纹处时，承压型高强度螺栓的抗剪承载力应按螺纹处的有效截面面积计算。

### 2. 高强度螺栓群的抗剪计算

1）高强度螺栓群在轴心剪力作用下的计算。此时，高强度螺栓连接所需要的螺栓数目，仍按式（3-37）计算，其中 $N_{\min}^{\mathrm{b}}$ 对于摩擦型连接按式（3-58）计算；对于承压型连接 $N_{\min}^{\mathrm{b}}$ 按式（3-35）和式（3-36）计算，取较小值，只是其中的$f_{\mathrm{v}}^{\mathrm{b}}$、$f_{\mathrm{c}}^{\mathrm{b}}$要用高强度螺栓的强度设计值。当剪切面在螺纹处时式（3-35）中的 $d$ 改为 $d_{\mathrm{e}}$。

2）高强度螺栓群在扭矩作用下或在扭矩、剪力和轴心力共同作用下的计算方法与普通螺栓群相同，只是要采用高强度螺栓的承载力设计值。

## 3.8.3 高强度螺栓的抗拉连接

### 1. 高强度螺栓的抗拉连接性能

图 3-77 所示的 T 形连接采用高强度螺栓，在未受外拉力时，螺杆中已有很高预拉力 $P$，板件间产生很高挤压力 $C$，而 $P$ 和 $C$ 相平衡，即 $P=C$。试验和理论分析表明，当对螺栓施加外拉力 $N_{\mathrm{t}}$，螺杆被略拉长，拉力由 $P$ 增加到 $P_{\mathrm{f}}$，而压紧的连接件则有所放松，使挤压力由 $C$ 减小到 $C_{\mathrm{f}}$。计算表明，当外拉力 $N_{\mathrm{t}}$ 达到 $0.8P$ 时，则螺杆中的拉力 $P_{\mathrm{f}}=1.07P$；当外拉力 $N_{\mathrm{t}}$ 达到 $1.0P$，即将连接件完全拉开（$C=0$）时，螺杆的拉力 $P_{\mathrm{f}}=1.1P$。由此可见，只要连接件间的挤压力未完全消失，即连接件完全被拉脱之前，螺杆拉力增加很少，可认为螺杆中原预拉力基本保持不变。当连接件完全被拉脱后，螺杆的拉力则随着外拉力增大而增大，螺杆的拉力就等于外拉力，直到螺杆被拉断。

试验研究表明，当连接件完全被拉脱之后再卸载，螺杆的预拉力将降低，即发生松弛现

象。而当外拉力小于螺杆预拉力的 80%时，无松弛现象出现。

为了避免此种松弛现象的发生（如出现此种情况会导致摩擦型高强度螺栓的实际抗剪承载力的降低），而且使连接件接触面间始终被挤压紧。《钢结构设计标准》规定，单个摩擦型高强度螺栓的抗拉承载力设计值取为

$$N_t^b = 0.8P \tag{3-59}$$

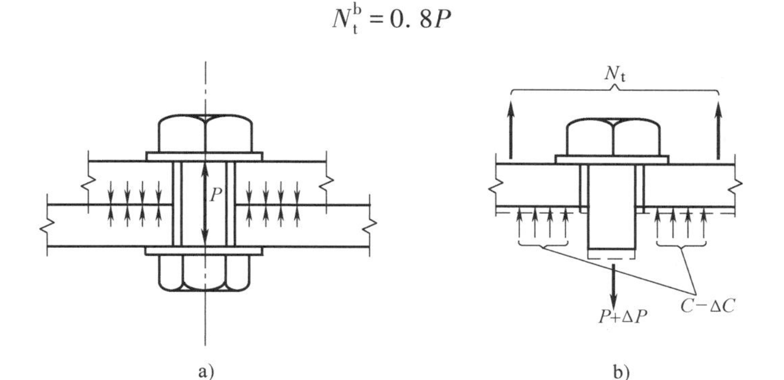


图 3-77　高强度螺栓受拉连接

对于承压型连接的高强度螺栓，仍以螺杆被拉断作为它的承载能力极限状态，$N_t^b$ 仍按普通螺栓那样计算，即按式（3-47）计算，仅 $f_t^b$ 采用高强度螺栓的强度设计值。

当 T 形连接件的刚度较小时，受拉后翼缘弯曲变形，T 形连接件的端部会产生撬力 $Q$，即产生杠杆作用（见图 3-69）。研究表明，当外拉力 $N_t \leqslant 0.5P$ 时，不出现撬力。由图 3-78 所示的试验曲线可知，撬力 $Q$ 对螺栓破坏拉力没有影响，但使外拉力的极限值由 $N_u$ 下降到 $N_u$，即降低整个连接的抗拉能力。在普通螺栓连接中是通过降低材料的抗拉强度设计值来考虑的，而对高强度螺栓未做如此处理。因而在设计中如不考虑撬力 $Q$，则应使外拉力 $N_t \leqslant 0.5P$，或增大 T 形连接件翼缘板的刚度。国外规范规定要计算撬力 $Q$ 并和外拉力相加作为螺栓的拉力设计值。

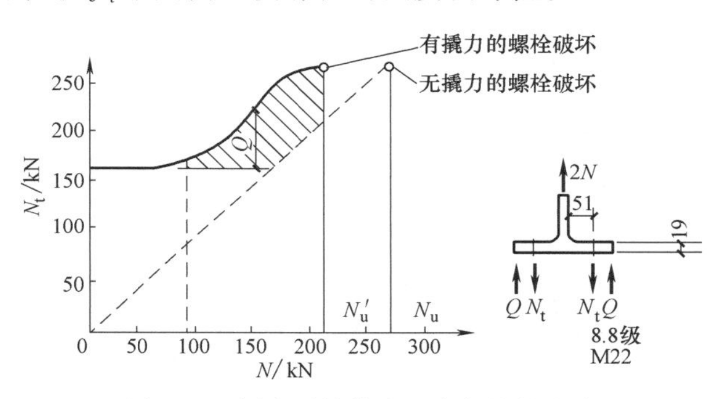


图 3-78　撬力对抗拉高强度螺栓的影响

## 2. 高强度螺栓群的抗拉计算

（1）高强度螺栓群在轴心拉力作用下的计算　高强度螺栓连接所需要的螺栓数目，仍按式（3-48）计算，仅 $N_t^b$ 为单个高强度螺栓的抗拉承载力设计值。

（2）高强度螺栓群在弯矩作用下的计算　图 3-79 所示连接，在弯矩 $M$ 作用下，由于高强度螺栓的预拉力很大，连接件的接触面一直保持紧密贴合，因此可认为中和轴在螺栓群的形心轴线上（高强度螺栓摩擦型连接和承压型连接都做此假定），则最外排螺栓受力最大，其计算公式的推导方法同普通螺栓群受弯矩作用。其值应满足下式

$$N_1 = \frac{My_1}{m\sum y_i^2} \leqslant N_t^b \tag{3-60}$$

式中　$m$——每排螺栓的个数；

$y_i$、$y_1$——每排螺栓中心及最外排螺栓中心至中和轴的距离（见图 3-79）。

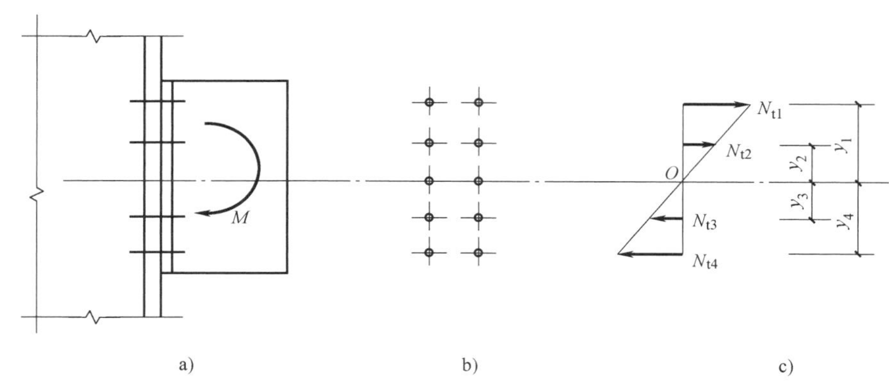


图 3-79　高强度螺栓群受弯矩作用

（3）高强度螺栓群在偏心拉力作用下的计算　由于高强度螺栓偏心受拉时，一般能够保证连接件之间始终保持紧密贴合。因此，不论大小偏心受拉，均认为螺栓群将绕其形心轴线转动（高强度螺栓摩擦型连接和承压型连接都做此假定），均按小偏心受拉情况计算，计算方法与普通螺栓群的小偏心受拉相同，即按式（3-51）计算，但式中 $N_t^b$ 为单个高强度螺栓的抗拉承载力设计值。

**[例题 3-13]**　两块钢板采双盖板和高强度螺栓拼接，标准孔，截面尺寸如图 3-80 所示。高强度螺栓为 8.8 级 M20，连接件接触表面用喷硬质石英砂处理，钢材为 Q235B 钢，承受轴心拉力设计值 $N=1000\text{kN}$。试设计此连接。

**[解]**　（1）采用摩擦型连接　由表 3-6 查得，$P=125\text{kN}$，由表 3-7 查得，$\mu=0.45$，标准孔，$k=1.0$。单个螺栓的抗剪承载力设计值为

$$N_v^b=0.9kn_f\mu P=0.9\times1.0\times2\times0.45\times125\text{kN}=101.3\text{kN}$$

所需要螺栓数目为　$$n=\frac{N}{N_v^b}=\frac{1000}{101.3}=9.9(\text{取 }n=10)$$

螺栓布置采用并列布置，如图 3-80 左侧所示，螺栓的中距、边距和端距均满足构造要求。

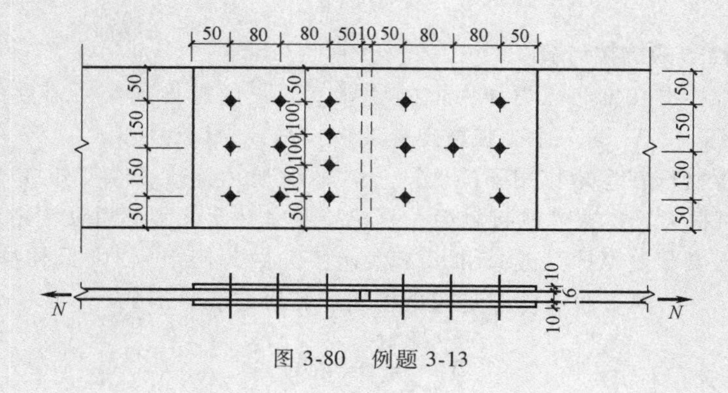


图 3-80　例题 3-13

（2）采用承压型连接　单个螺栓的抗剪承载力设计值为

$$N_v^b = n_v \frac{\pi d^2}{4} f_v^b = 2\times\frac{3.14\times20^2}{4}\times250\text{N} = 157000\text{N} = 157\text{kN}$$

$$N_c^b = d\sum t f_c^b = 20\times16\times470\text{N} = 150400\text{N} = 150.4\text{kN}$$

则单个螺栓的抗剪承载力设计值取两者的较小值 $N_{min}^b = N_c^b = 150.4\text{kN}$

则连接一侧所需要螺栓数目为 $n = \frac{N}{N_{min}^b} = \frac{1000}{150.4} = 6.6$（取 $n=7$）

螺栓布置图3-80右侧所示，螺栓的中距、边距和端距均满足构造要求。

由此计算结果比较可看出，采用高强度螺栓承压型连接可以减少螺栓数目。

### 3.8.4　高强度螺栓同时承受剪力和外拉力连接

#### 1. 高强度螺栓同时承受剪力和外拉力连接的工作性能

（1）高强度螺栓摩擦型连接　在外剪力和外拉力作用下，对于高强度螺栓摩擦型连接来说，外剪力由连接件摩擦面间的摩擦力来传递，螺栓仅承受外拉力。由高强度螺栓的抗拉工作性能可知，摩擦型连接高强度螺栓所承受的外拉力不能超过 $0.8P$。同样由前述可知，当螺栓所受外拉力不超过预拉力 $P$ 时，虽然螺杆中预拉力基本保持不变，可是连接件摩擦面间的挤压力已减为 $P-N_t$。由试验可知，摩擦面间的抗滑移系数随着挤压力的减小而减小。为方便设计，抗滑移系数仍采用原值，而将 $N_t$ 在考虑抗力分项系数 $\gamma_R=1.111$ 之后再适当增大来考虑 $\mu$ 降低的不利影响，因而连接件摩擦面间的挤压力减为 $P-1.25N_t$，故单个受外拉力作用的摩擦型连接高强度螺栓的抗剪承载力设计值为

$$N_v^b = 0.9kn_f\mu(P-1.25N_t) \tag{3-61}$$

$N_t \leqslant 0.8P$。

因而一个摩擦型连接高强度螺栓在承受剪力和拉力共同作用时可按下式验算其承载力

$$N_v \leqslant N_v^b = 0.9kn_f\mu(P-1.25N_t) \tag{3-62a}$$

$$N_t \leqslant 0.8P \tag{3-62b}$$

如将 $N_v^b = 0.9kn_f\mu P$ 和 $N_t^b = 0.8P$ 代入式（3-62a），则可得《钢结构设计标准》规定的其承载力的另一种计算公式

$$\frac{N_v}{N_v^b} + \frac{N_t}{N_t^b} \leqslant 1 \tag{3-63}$$

式中　$N_v$、$N_t$——高强度螺栓所承受的剪力和拉力设计值。

式（3-62a、b）与（3-63）是完全相同的。

（2）高强度螺栓承压型连接　在剪力和外拉力同时作用下，承压型连接高强度螺栓的传力机制与普通螺栓的相同，计算方法与普通螺栓的相同。

当发生螺杆受剪和受拉破坏时，应按下式验算承载力

$$\sqrt{\left(\frac{N_v}{N_v^b}\right)^2 + \left(\frac{N_t}{N_t^b}\right)^2} \leqslant 1 \tag{3-64}$$

当螺杆与孔壁挤压时，由于连接件较薄会发生孔壁挤压破坏时，尚应按下式验算承载力

$$N_v \leqslant \frac{N_c^b}{1.2} \tag{3-65}$$

式中　$N_v$、$N_t$——高强度螺栓所承受的剪力和拉力设计值；

$N_v^b$、$N_c^b$、$N_t{}^b$——单个高强度螺栓的抗剪、承压、抗拉承载力设计值。

式（3-65）中的1.2是一个折减系数。由于高强度螺栓中施加了很大的预拉力，在只承受剪力时，当摩擦力被克服后，螺杆与孔壁挤压，这样连接件的孔前存在较高的三向压应力，使连接件的局部挤压强度（即连接件的承压强度设计值$f_c^b$）有很大提高，而高强度螺栓的承压承载力设计值$N_c^b$就是按提高后承压强度设计值$f_c^b$计算的。当承压型连接高强度螺栓受有杆轴方向的拉力时，连接件间的挤压力减小，因而其承压强度设计值$f_c^b$也随之降低，势必承压型连接高强度螺栓的承压承载力设计值$N_c^b$也要减小。为了方便计算，我国标准规定，只要有拉力存在，就将承压强度设计值$f_c^b$除以1.2予以降低，未考虑承压强度设计值$f_c^b$随外拉力变化而变化这一因素。

根据以上分析，将各种受力情况的单个螺栓的承载力设计值的计算公式列于表3-8中，以便读者对照和应用。

**表3-8　单个螺栓承载力设计值对照表**

| 序号 | 螺栓类型 | 受力状态 | 计算式 | 备注 |
|---|---|---|---|---|
| 1 | 普通螺栓 | 受剪 | $N_v^b = n_v \frac{\pi d^2}{4} f_v^b$<br>$N_t^b = d \sum t f_c^b$ | 取$N_v^b$、$N_c^b$中较小值 |
| | | 受拉 | $N_t^b = \frac{\pi d_e^2}{4} f_t^b$ | |
| | | 兼受剪受拉 | $\sqrt{\left(\frac{N_v}{N_v^b}\right)^2 + \left(\frac{N_t}{N_t^b}\right)^2} \leqslant 1$<br>$N_v \leqslant N_c^b$ | |
| 2 | 摩擦型连接高强度螺栓 | 受剪 | $N_v^b = 0.9 k n_f \mu P$ | |
| | | 受拉 | $N_t^b = 0.8P$ | |
| | | 兼受剪受拉 | $\frac{N_v}{N_v^b} + \frac{N_t}{N_t^b} \leqslant 1$ | |
| 3 | 承压型连接高强度螺栓 | 受剪 | $N_v^b = n_v \frac{\pi d^2}{4} f_v^b$<br>$N_c^b = d \sum t f_c^b$ | 当剪切面在螺纹处时<br>$N_v^b = n_v \frac{\pi d_e^2}{4} f_v^b$ |
| | | 受拉 | $N_t^b = \frac{\pi d_e^2}{4} f_t^b$ | |
| | | 兼受剪受拉 | $\sqrt{\left(\frac{N_v}{N_v^b}\right)^2 + \left(\frac{N_t}{N_t^b}\right)^2} \leqslant 1$<br>$N_v \leqslant N_c^b / 1.2$ | |

### 2. 高强度螺栓群承受弯矩和剪力共同作用的计算

（1）高强度螺栓摩擦型连接　图3-81所示一牛腿与柱用高强度螺栓群相连的T形连接。将所受集中力$F$移至螺栓群中心，则螺栓群同时承受弯矩$M=Fe$和剪力$V=F$作用。弯矩$M$作用下，由于高强度螺栓的预拉力很大，连接件的接触面一直保持紧密贴合，因而上部螺栓受拉，下部螺栓受压，其值的大小按式（3-60）计算。由前述可知，螺栓受拉则使连接件间的挤压力减小，则摩擦型连接高强度螺栓的抗剪承载力有所降低，则应按式（3-61）计算。而在计算压力有所增大的下部螺栓的抗剪承载力时，不考虑压力增大的这一有利因素，仍按式（3-58）计算，故按式（3-66）计算的结果略偏安全。

由图3-81可知，中和轴上部每行螺栓所受拉力为$N_{ti}$，故应按下式计算摩擦型高强度螺栓群的抗剪承载力

$$
\begin{aligned}
V &\leqslant n_0(0.9kn_f\mu P)+0.9kn_f\mu[(P-1.25N_{t1})+(P-1.25N_{t2})+\cdots] \\
&=0.9kn_f\mu(nP-1.25\sum N_{ti})
\end{aligned}
\tag{3-66}
$$

式中　$n_0$——受压区（包括中和轴处）的高强度螺栓数；

$n$——连接处的高强度螺栓总数；

$N_{t1}$、$N_{ti}$——受拉区高强度螺栓所受到的拉力；

$\sum N_{ti}$——螺栓群承受拉力的总和。

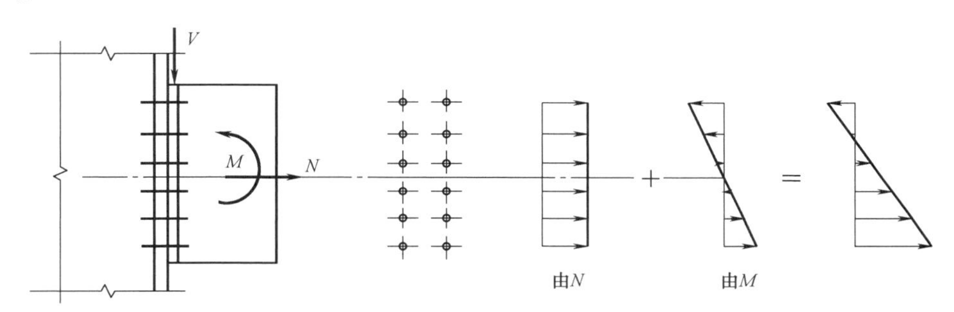


图3-81　高强度摩擦型螺栓群承受拉力、弯矩和剪力共同作用

（2）高强度螺栓承压型连接　在弯矩$M$作用下，连接件的接触面也一直保持紧密贴合，因而上部螺栓受拉，下部螺栓受压，其最大拉力值的大小按式（3-60）计算。在外剪力作用下，可认为外剪力由螺栓均匀承担。因而对受力最不利的最上排螺栓，按在剪力和外拉力同时作用下可能发生的两种破坏情况，分别进行强度验算。

**[例题3-14]**　设计图3-82和图3-83牛腿与柱的连接。连接件的钢材均为Q235B，采用10.9级高强度螺栓M22，标准孔。连接件接触面用抛丸处理。试验算此连接。图中内力均为设计值。

**[解]**　将集中力$F$平移至螺栓群平面，则产生弯矩$M$和剪力$V$。剪力$V=F$；螺栓群承受的弯矩$M$为

$$M=Fe=600\times0.16\text{kN}\cdot\text{m}=96\text{kN}\cdot\text{m}$$

（1）采用摩擦型连接

1）由表3-6查得，$P=190\text{kN}$，由表3-7查得，$\mu=0.40$，标准孔，$k=1.0$。

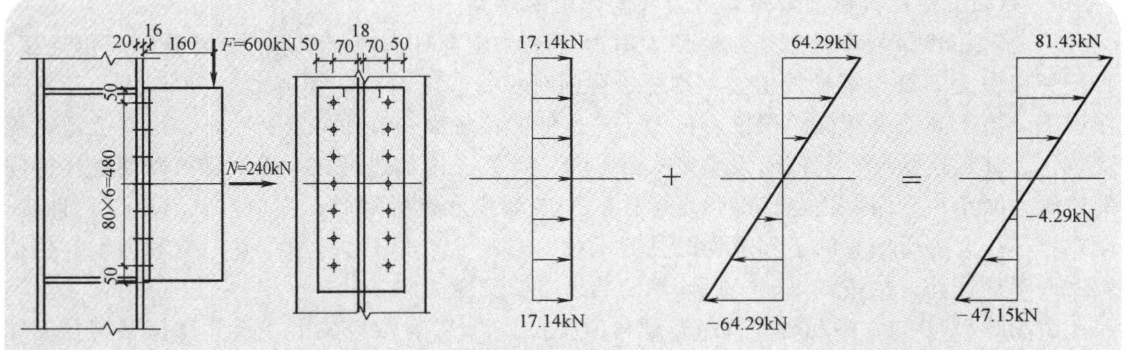


图 3-82　例题 3-14 摩擦型连接

$$N_{t1}=\frac{N}{n}+\frac{My_1}{m\sum y_i^2}=\frac{240}{14}\text{kN}+\frac{96\times10^2\times24}{2\times2\times(8^2+16^2+24^2)}\text{kN}$$

$$=(17.14+64.29)\text{kN}=81.43\text{kN}\leqslant N_t^b=0.8P=0.8\times190\text{kN}=152.0\text{kN}$$

$$N_{t2}=\left(17.14+64.29\times\frac{16}{24}\right)\text{kN}=60.0\text{kN}$$

$$N_{t3}=\left(17.14+64.29\times\frac{8}{24}\right)\text{kN}=38.57\text{kN}$$

$$N_{t4}=\left(17.14+64.29\times\frac{0}{24}\right)\text{kN}=17.14\text{kN}$$

$$N_{t5}=\left(17.14-64.29\times\frac{8}{24}\right)\text{kN}=-4.29\text{kN}$$

$N_{t6}$、$N_{t7}$ 均小于 0，受压，故 $N_{t5}$、$N_{t6}$、$N_{t7}$ 均按 $N_{ti}=0$ 计算。

2）验算连接强度沿受力方向的螺栓连接长度。$l=6\times80\text{mm}=480\text{mm}>15d_0=15\times23.5\text{mm}=352.5\text{mm}$，因此螺栓的抗剪承载力应按下列折减系数进行折减

$$\eta=1.1-\frac{l_1}{150d_0}=1.1-\frac{480}{3525}=0.964\geqslant0.7$$

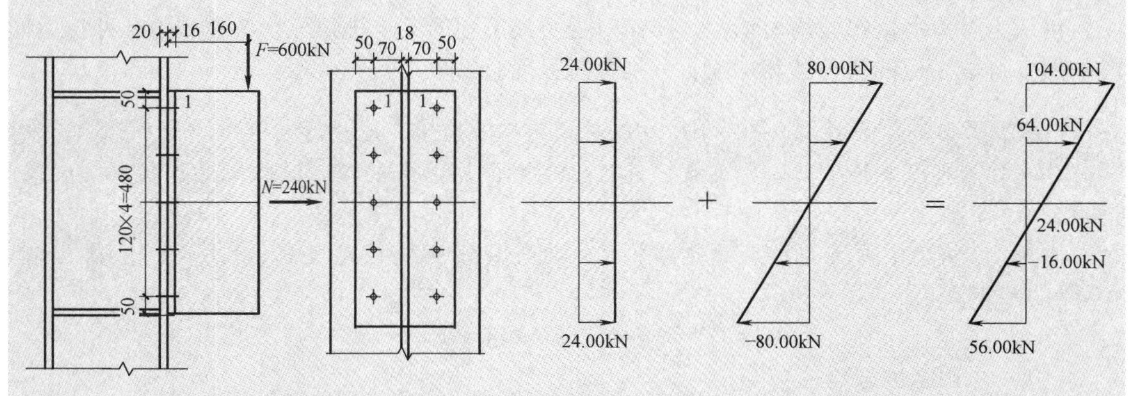


图 3-83　例题 3-14 承压型连接

$$\sum N_{ti}=2\times(81.43+60+38.57+17.14+0)\text{kN}=394.28\text{kN}$$

$$\begin{aligned}\sum N_{vi}^{b}&=\eta 0.9kn_{f}\mu(nP-1.25\sum N_{ti})\\&=0.964\times0.9\times1.0\times1\times0.45\times(14\times190-394.28)\\&=884.6\text{kN}>V=600\text{kN}\end{aligned}$$

偏于安全，可重新设计螺栓群。

（2）采用承压型连接　采用承压型连接，可比摩擦型减少螺栓数目，螺栓布置如图 3-83 所示，计算如下：

1）单个螺栓的承载力设计值。

单个螺栓的抗剪承载力设计值为

$$N_{v}^{b}=n_{v}\frac{\pi d^{2}}{4}f_{v}^{b}=2\times303.4\times310\text{N}=93930\text{N}=93.93\text{kN}$$

$$N_{c}^{b}=d\sum tf_{c}^{b}=22\times16\times470\text{N}=165440\text{N}=165.44\text{kN}$$

单个螺栓的抗拉承载力设计值为

$$N_{t}^{b}=A_{e}f_{t}^{b}=303.4\times500\text{N}=151700\text{N}=151.7\text{kN}$$

2）验算连接强度。沿受力方向的螺栓连接长度 $l=4\times120\text{mm}=480\text{mm}>15d_{0}=15\times23.5\text{mm}=352.5\text{mm}$，因此螺栓的抗剪承载力应按下列折减系数进行折减

$$\eta=1.1-\frac{l_{1}}{150d_{0}}=1.1-\frac{480}{3525}=0.964\geqslant0.7$$

由前述可知，1 号螺栓受力最大，为设计控制点，则对其进行强度验算：

螺栓的承压验算

$$N_{1v}=\frac{V}{n}=\frac{600}{10}\text{kN}=60.0\text{kN}<\frac{N_{c}^{b}}{1.2}=137.9\text{kN}(\text{满足要求})$$

剪力和拉力共同作用下，1 号螺栓所受最大拉力为

$$N_{1t}=\frac{N}{n}+\frac{My_{1}}{m\sum y_{i}^{2}}=\frac{240}{10}\text{kN}+\frac{96\times10^{3}\times240}{2\times2\times(120^{2}+240^{2})}\text{kN}=104.0\text{kN}$$

$$\sqrt{\left(\frac{N_{1v}}{\eta N_{v}^{b}}\right)^{2}+\left(\frac{N_{1t}}{N_{t}^{b}}\right)^{2}}=\sqrt{\left(\frac{60}{0.954\times93.93}\right)^{2}+\left(\frac{104.0}{151.5}\right)^{2}}=0.954<1(\text{满足要求})$$

将高强度螺栓承压型连接的计算方法与［例题 3-12］普通螺栓连接进行比较，可看出计算方法基本一致，仅在计算弯矩在螺栓中所产生的拉力时有点区别。

## 3.9　混合连接

混合连接就是在同一接头处采用两种或两种以上的连接方式，如图 3-88 所示。螺栓-焊缝混合连接和螺栓-铆钉混合连接是混合连接中最常用的。

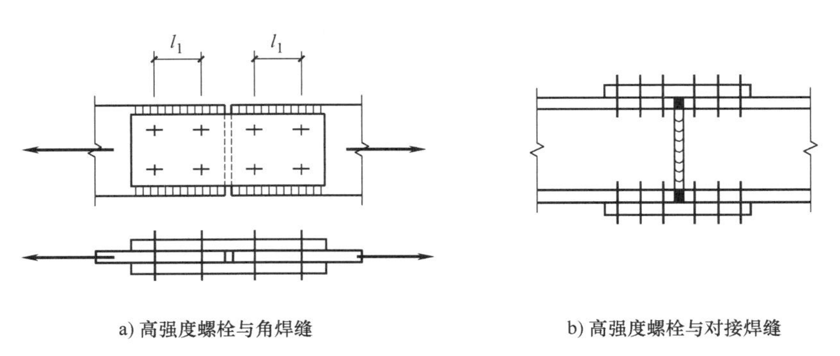


a) 高强度螺栓与角焊缝　　b) 高强度螺栓与对接焊缝

图 3-84　混合连接

由于对混合连接研究的较少，对混合连接工作机理不甚清楚，因而对新建结构的连接中不主张采用混合连接，一般只是在结构的补强加固时才采用。

根据实践和试验研究得到以下几点结论：

1）高强度螺栓摩擦型连接和侧面角焊缝混合连接的承载力近似等于两者单独承载力之和。偏安全考虑，高强度螺栓摩擦型连接和侧面角焊缝混合连接的承载力可取为：

① 焊缝承载力设计值加摩擦型连接承载力设计值之和的 90%。

② 焊缝承载力设计值加 62%摩擦型连接承载力设计值。

2）在用与铆钉直径相同的高强度螺栓代替铆钉时，铆钉和高强度螺栓混合连接的承载力接近于两者单独受力的承载力之和。在动力荷载作用下，其疲劳强度还有所提高。

3）摩擦型高强度螺栓与对接焊缝可用于结构加固，在连接处共同受力，且不会降低连接疲劳强度。

下面就我国规范中关于混合连接的一些规定作简单介绍。

《钢结构高强度螺栓连接技术规程》（JGJ 82—2011）规定：

1）在同一接头同一受力部位上，不得采用高强度螺栓摩擦型与承压型连接混用的连接，也不得采用高强度螺栓与普通螺栓混用的连接。

2）在改建、扩建或加固工程中以静力荷载为主的结构，其同一受力部位上，容许采用高强度螺栓摩擦型连接与侧焊缝或铆钉的混合连接，并考虑它其共同工作。

3）在同一接头中，容许按不同受力部位分别采用不同性质连接所组成的混合连接（如梁柱刚节点中，梁翼缘与柱焊接，梁腹板与柱高强度螺栓连接）并考虑其共同工作。

## 思考题

3-1　钢结构常用的连接方法有哪几种？它们各在哪些范围应用更合适？

3-2　焊条电弧焊焊条型号应根据什么进行选择？焊接 Q235B 钢和 Q345 钢的一般结构须分别采用哪种型号焊条？

3-3　对接接头采用对接焊缝和采用加盖板的角焊缝各有何特点？

3-4　焊缝的质量分几个等级？与钢材等强的受拉对接焊缝应如何采用？

3-5　角焊缝计算公式中为什么有强度设计值增大系数 $\beta_f$？在什么情况下不考虑 $\beta_f$？

3-6　角钢用角焊缝连接受轴心力作用时，角钢肢背和肢尖焊缝的内力分配系数为何不同？

3-7　请说明角焊缝焊脚尺寸不应太大、太小的原因及焊缝长度不应太长、太短的原因？

3-8　试述焊接残余应力对结构工作的影响。

3-9　正面角焊缝和侧面角焊缝在受力上有什么不同？当作用力方向改变时，又将如何？

3-10　对接焊缝和角焊缝有何区别？

3-11　如何减小焊接应力和焊接变形？

3-12　高强度螺栓的预拉力起什么作用？预拉力的大小与承载力之间有什么关系？

3-13　摩擦型高强度螺栓与承压型高强度螺栓有什么区别？

3-14　为什么要控制高强度螺栓的预拉力？其设计值是怎样确定的？

3-15　普通螺栓和高强度螺栓在受力特性方面有什么区别？单个螺栓的抗剪承载力设计值是如何确定的？

3-16　螺栓群在扭矩作用下，在弹性受力阶段受力最大的螺栓的内力值是在什么假定条件下求得的？

3-1　试计算图 3-85 所示牛腿与柱连接的对接焊缝所能承受的最大荷载 $F$（设计值）。钢材为 Q235 钢，焊条为 E43 型，焊条电弧焊，施焊时不用引弧板，焊缝质量为三级。（弯矩、剪力下的对接焊缝）

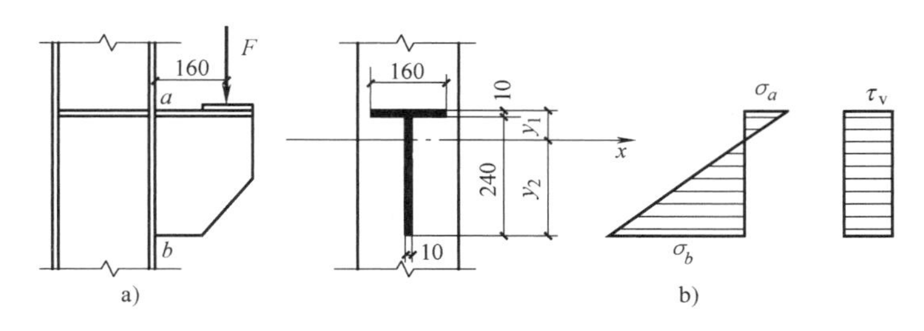


图 3-85　习题 3-1

3-2　双角钢和节点板用直角角焊缝连接如图 3-86 所示，钢材为 16Mn 钢，焊条 E50 型，焊条电弧焊、采用侧焊缝连接，肢背、肢尖的焊缝长度 $l$ 均为 300mm，焊脚尺寸 $h_f$ 为 8mm，试问在轴心力 $N=1200$kN 作用下，此连接焊缝是否能满足强度要求？若不能则应采用什么措施，且如何验算？（$N$ 作用下的直角角焊缝）

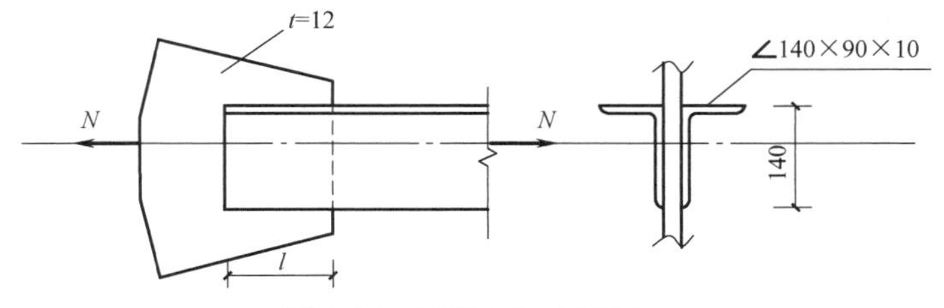


图 3-86　习题 3-2、习题 3-5

3-3　图 3-87 所示为板与柱翼缘用直角角焊缝连接，钢材为 Q235 钢，焊条 E43 型，焊条电弧焊，焊脚尺寸 $h_f=10$mm，$f_f^w=160\text{N/mm}^2$，受静力荷载作用，试求：（$M$、$N$、$V$ 作用下的直角角焊缝）

（1）只承受 F 作用时，最大的轴向力 $F=$？

（2）只承受 $P$ 作用时，最大的斜向力 $P=$？

（3）若承受 $F$ 和 $P$ 的共同作用，$F=250$kN，$P=150$kN，此焊缝是否安全？

3-4　图 3-88 所示牛腿板，钢材为 Q235 钢，焊条 E43 型，焊条电弧焊，焊脚尺寸 $h_f=8\text{mm}$，确定焊缝连接的最大承载力，并验算牛腿板的强度。（剪力和扭矩作用的角焊缝）

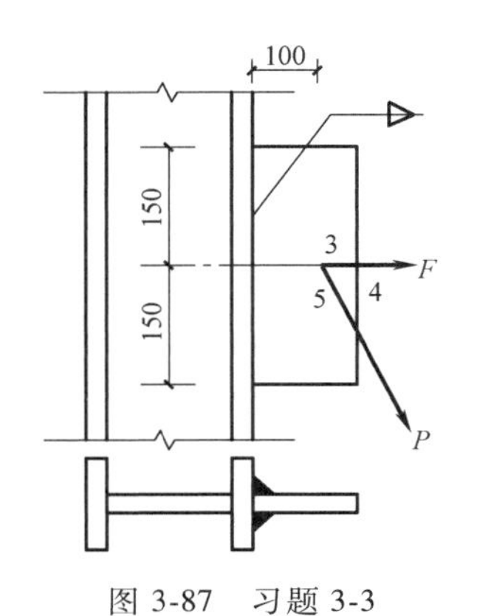


图 3-87　习题 3-3

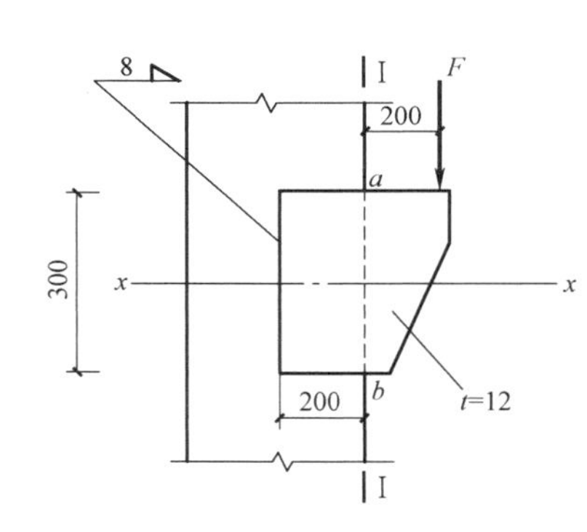


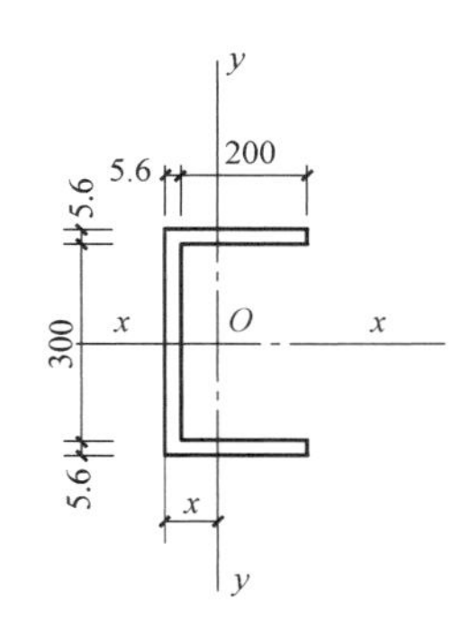


图 3-88　习题 3-4

3-5　某直角角焊缝连接如图 3-86 所示，钢材为 Q235 钢，焊条 E43 型，焊条电弧焊，焊脚尺寸 $h_f$ 为 8mm，肢背、肢尖的焊缝长度 $l$ 为 400mm。试求当分别采用侧焊缝、三面围焊时，各种连接焊缝所能承受的最大静力 $N$？

3-6　两块截面为 360mm×14mm 的钢板采用普通螺栓的双盖板拼接连接，盖板厚度为 8mm，钢材为 Q235B 钢，螺栓为 C 级，M22，标准孔，钢板承受轴心拉力设计值 $N=700\text{kN}$。试设计该拼接接头的普通螺栓群连接（注意钢板的净截面强度）。

3-7　图 3-89 所示采用 C 级普通螺栓的双盖板拼接连接，螺栓为 M20，标准孔，钢材为 Q235C 钢。试计算该拼接所能承受的最大轴心拉力设计值 $N$（不考虑钢板的净截面强度）。

3-8　图 3-90 为钢板拼接接头的普通螺栓连接布置，其布置尺寸是否满足构造要求？如不满足，螺栓数目及型号不变，请从新布置，并验算螺栓强度。钢材为 Q235B 钢，螺栓为 C 级，M22，标准孔，承受剪力设计值 $V=280\text{kN}$，弯矩设计值为 $M=40\text{kN}\cdot\text{m}$。

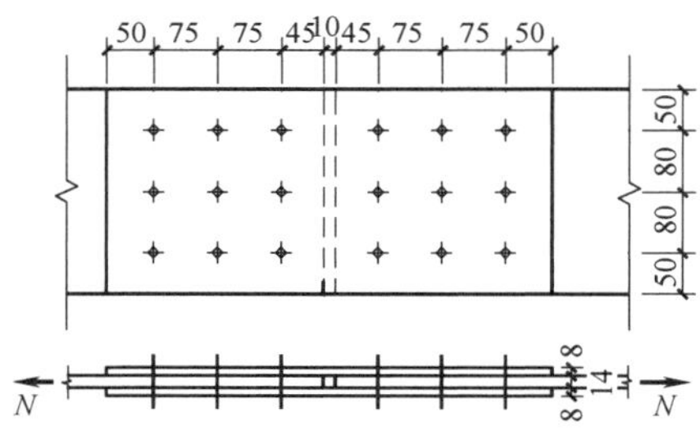


图 3-89　习题 3-7

图 3-90　习题 3-8

3-9　如图 3-91 所示，牛腿用 C 级普通螺栓连接于钢柱上，螺栓 M22，标准孔，钢材 Q235 钢。试求：

（1）牛腿下支托承受剪力时，该连接所能承受的最大荷载设计值 $F$。

（2）牛腿下支托仅起临时支撑作用，不承受剪力时，该连接又能承受的最大荷载设计值 $F$。

3-10　条件同习题 3-1，采用高强度螺栓连接，螺栓为 8.8 级，M20，标准孔，分别按摩擦型和承压型进行设计。

3-11　如图 3-92 所示，牛腿用连接角钢 2∠100×20（由∠200×20 截得）及 M22 高强度螺栓（10.9 级）

和柱相连，标准孔，钢材 Q345B，接触面用喷硬质石英砂处理，要求按摩擦型连接和承压型连接分别确定连接角钢两个肢上的螺栓数目。

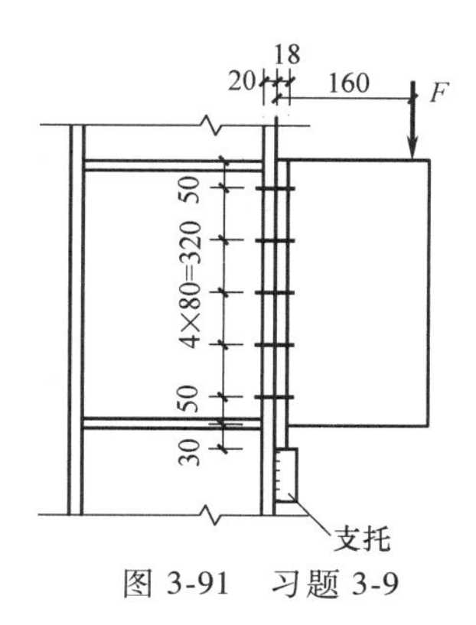


图 3-91 习题 3-9

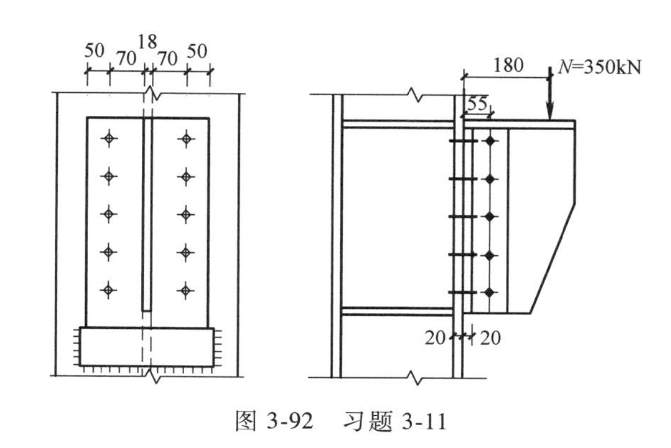


图 3-92 习题 3-11

# 受弯构件 第4章

## 4.1 概述

### 4.1.1 受弯构件的分类

承受横向荷载的构件称为受弯构件，主要是指承受弯矩作用或承受弯矩和剪力共同作用的构件。实际构件中以受弯受剪为主但作用着很小轴力的构件，也常称为受弯构件。受弯构件的形式有实腹式和格构式两类。钢结构中最常用的受弯构件是用型钢或钢板制造的实腹式梁，及用杆件组成的格构式构件——桁架。

根据荷载的作用情况，构件可能在一个主轴平面内受弯，也可能在两个主平面内同时受弯，前者称为单向受弯构件，后者称为双向受弯构件。例如，工作平台梁、楼盖梁等属于单向受弯构件，吊车梁、檩条、墙梁等则属于双向受弯构件。

根据支承条件的不同，受弯构件可分为简支梁、连续梁、悬臂梁等。根据结构体系传力系统中的作用不同，受弯构件可分为主梁、次梁。根据使用功能的不同，受弯构件可分为工作平台梁、吊车梁、楼盖梁、墙梁、檩条等。

### 4.1.2 梁的截面形式和应用

钢梁的截面形式有型钢和用钢板组合的截面两类，前者称型钢梁，后者称组合梁。

热轧型钢截面（见图 4-1a~c）有热轧的工字钢、槽钢和热轧 H 型钢三种。工字钢截面高而窄，且材料较集中于翼缘处，故适合于在其腹板平面内受弯的梁，但由于其侧向刚度低，故往往按整体稳定验算截面时不够理想。窄翼缘 H 型钢（HN 型）的截面分布最合理，可以较好地适应梁的受力需要，且其翼缘内弯平行，便于和其他构件连接，因此是比较理想的梁的截面形式。槽钢截面因其剪心在腹板外侧，故当荷载作用在翼缘上时，梁除受弯外还将受扭，因此只宜用在构造上能使荷载接近其剪心或保证截面不产生扭转的情况；槽钢也常用于双向弯曲梁，如檩条、墙梁，在构造上便于处理。

组合梁一般采用三块钢板焊接而成的双轴对称或单轴对称工字形截面，或由部分 T 型钢中间加钢板的焊接截面，由于其构造简单，加工方便，且可根据受力需要调配截面尺寸，故用钢节省。箱形截面因腹板用料较多，且构造复杂，施焊不方便，仅当荷载或跨度较大而梁高又受到限制或梁的抗扭要求比较高时采用，如海上采油平台，桥式起重机的主梁等。对跨度和动力荷载较大的梁，如厚钢板的质量不能满足焊接结构或动力荷载要求时，可采用摩擦型高强度螺栓或铆钉连接的组合截面。

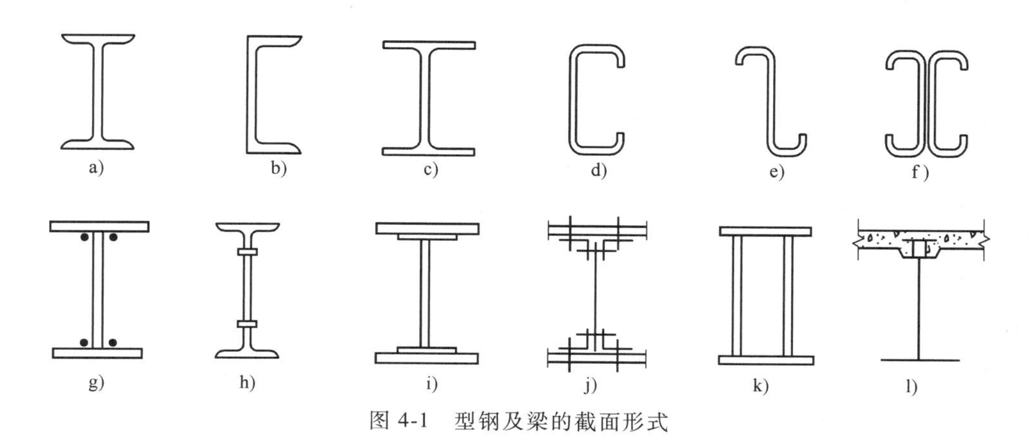


图 4-1 型钢及梁的截面形式

型钢梁施工方便，加工简单，因此钢梁设计时优先选用型钢，当荷载或跨度较大时，采用组合梁。

钢梁的设计应满足强度、刚度、整体稳定和局部稳定四个方面的要求。

## 4.2 受弯构件（梁）的强度和刚度

梁在承受弯矩时往往伴随着剪力，有时还有集中荷载产生的局部压力，因此在进行梁的强度设计时，应进行抗弯强度和抗剪强度验算，必要时要进行局部承压强度和正应力、剪应力、局部压应力共同作用下的折算应力验算。

### 4.2.1 梁的强度

#### 1. 梁的抗弯强度

梁受弯时的应力-应变曲线与受拉时相似，屈服强度也接近。因此，受弯的钢梁可视为理想弹塑性体，符合平截面假定。梁在弯矩的作用下，当弯矩逐渐增加时，截面上弯曲正应力的发展过程可分为三个阶段。

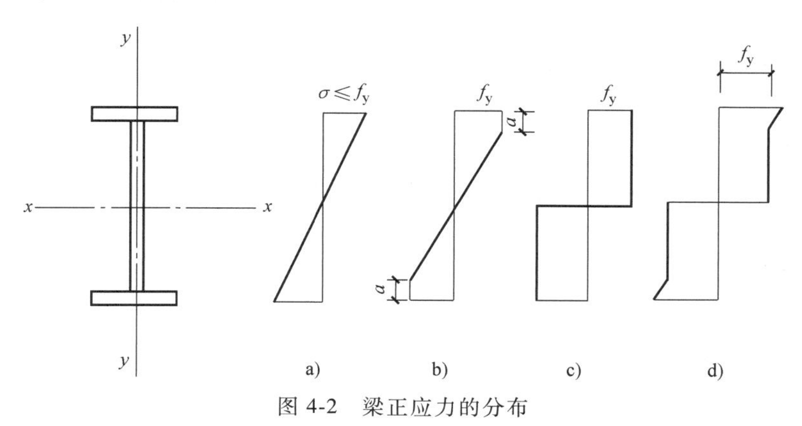


图 4-2 梁正应力的分布

（1）弹性工作阶段 当作用于梁上的弯矩 $M_x$ 较小时，梁截面上的应变 $\varepsilon$ 和应力 $\sigma$ 都呈直线分布，且其边缘 $\varepsilon_{max} \leq f_y / E$，梁全截面弹性工作，应力与应变成正比（见图 4-2a）。对

于需要计算疲劳强度的梁，采用这个阶段作为计算依据，其相应的弹性最大弯矩 $M_{ex}$ 为

$$M_{ex}=f_{y}W_{nx} \tag{4-1}$$

式中　$W_{nx}$——对 $x$ 轴的净截面弹性模量。

（2）弹塑性工作阶段　随着弯矩 $M_x$ 增大，当边缘最大应变 $\varepsilon_{max}>f_y/E$ 时，距截面上下边缘会出现一个深度为 $a$ 的区域，其应变 $\varepsilon \geqslant f_y/E$。由于钢材为理想的弹塑性体，所以这个区域的弯曲正应力保持 $f_y$ 不变，形成塑性区，而应变 $\varepsilon<f_y/E$ 的中间部分区域保持弹性，故整个截面处于弹塑性工作阶段（见图 4-2b）。在《钢结构设计标准》中，把这个阶段作为梁抗弯强度计算的依据。

（3）塑性工作阶段　随着弯矩 $M_x$ 继续增大，梁截面的塑性区不断的向内发展，弹性区域逐渐减小。当弹性区域几乎完全消失时（见图 4-2c），弯矩 $M_x$ 不再增加，而变形却急剧发展，梁在弯矩作用方向绕该截面中和轴自由转动，形成“塑性铰”，达到极限承载力，相应的弯矩称为塑性铰弯矩，按下式计算

$$M_{px}=f_{y}(S_{1nx}+S_{2nx})=f_{y}W_{pnx} \tag{4-2}$$

式中　$S_{1nx}$、$S_{2nx}$——中和轴以上、以下净截面对中和轴 $x$ 的面积矩；

$W_{pnx}$——对 $x$ 轴的净截面塑性模量，$W_{pnx}=S_{1nx}+S_{2nx}$ 由式（4-1）、式（4-2），塑性铰弯矩 $M_{px}$ 与弹性最大弯矩 $M_{ex}$ 之比 $\gamma_F$ 称为截面形状系统，即

$$\gamma_{F}=\frac{M_{px}}{M_{ex}}=\frac{W_{pnx}}{W_{nx}} \tag{4-3}$$

截面形状系数 $\gamma_F$ 与截面形状有关，而与材料的性质、外荷载都无关，$\gamma_F$ 越大，表明截面在弹性阶段以后梁继续承载的能力越大。矩形截面 $\gamma_F=1.5$；圆形截面 $\gamma_F=1.7$；圆管截面 $\gamma_F=1.27$；工字形截面绕强轴（$x$ 轴）时 $\gamma_F=1.07\sim1.17$，绕弱轴（$y$ 轴）时 $\gamma_F=1.5$。就矩形截面而言，$\gamma_F$ 值说明在边缘屈服后，由于内部塑性变形还能继续承担超过 50% $M_{px}$ 的弯矩。

显然，在计算梁的抗弯强度时，考虑截面塑性发展比不考虑要节省钢材。然而是否采用塑性设计，还应考虑以下因素：

1）梁的挠度影响。采用塑性设计，可能会引起梁的挠度达大进而影响结构的正常使用。

2）剪应力的影响。当最大弯矩所在的截面上有剪应力作用时，将提早出现塑性铰，因为截面同一点上弯曲应力和剪应力共同作用时，应按折算应力是否大于屈服强度 $f_y$ 来判断钢材是否达到塑性状态。

3）梁的局部稳定的影响。超静定梁在形成塑性铰和内力重分布过程中，要求塑性铰转动时能够保证受压翼缘和腹板不丧失局部稳定。

4）疲劳的影响。梁在连续重复荷载作用下，可能会发生突然的断裂，这与缓慢的塑性破坏完全不同。

因此，《钢结构设计标准》规定，在主平面内受弯构件，抗弯强度应按下列规定计算

$$\frac{M_x}{\gamma_x W_{nx}}+\frac{M_y}{\gamma_y W_{ny}}\leqslant f \tag{4-4}$$

式中　$M_x$、$M_y$——同一截面处绕 $x$ 轴和 $y$ 轴的弯矩（工字形截面的 $x$ 轴为强轴，$y$ 轴为弱轴）；

$W_{nx}$、$W_{ny}$——对 $x$ 轴和 $y$ 轴的净截面模量，《钢结构设计标准》将压弯和受弯构件的截面分成 S1 ~ S5 五类截面。(S1、S2 为塑性截面，S4 为弹性截面，S3 为我国规范特有的考虑一定塑性发展的弹塑性截面，S5 为薄柔截面)，当截面板件宽厚比等级为 S1 ~ S4 级时应取全截面模量，当截面板件宽厚比等级为 S5 级时应取有效截面模量，均匀受压翼缘有效外伸宽度取 $15\varepsilon_k$，腹板的有效截面可按压弯构件屈曲后有效宽度计；

$\gamma_x$、$\gamma_y$——截面塑性发展系数（是考虑塑性部分深入截面的系数，与截面形状系数 $\gamma_F$ 的含义有差别），对工字形和箱形，当截面板件宽厚比等级为 S4 和 S5 级时，截面塑性发展系数取 1.0，当截面板件宽厚比等级为 S1 级、S2 级和 S3 级时，截面塑性发展系数应按下列规定取值：工字形截面 $\gamma_x=1.05$，当绕 $y$ 轴弯曲时 $\gamma_y=1.2$；箱形截面 $\gamma_x=\gamma_y=1.05$，其他截面可按表 4-1 采用；需要计算疲劳的梁 $\gamma_x=\gamma_y=1.0$；

$f$——钢材的抗弯强度设计值。

**表 4-1　截面塑性发展系数 $\gamma_x$、$\gamma_y$**

| 项次 | 截面形式 | $\gamma_x$ | $\gamma_y$ |
|---|---|---|---|
| 1 | 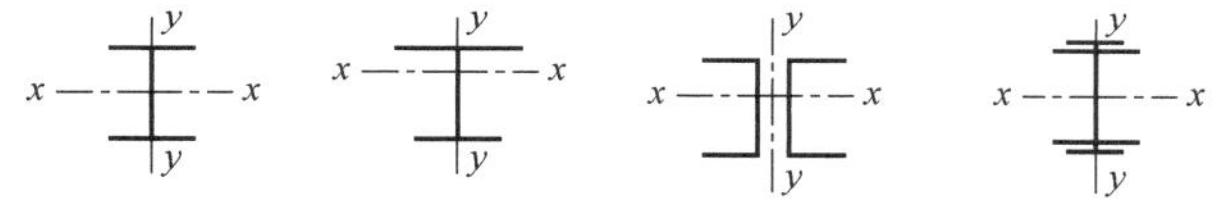  | 1.05 | 1.2 |
| 2 | 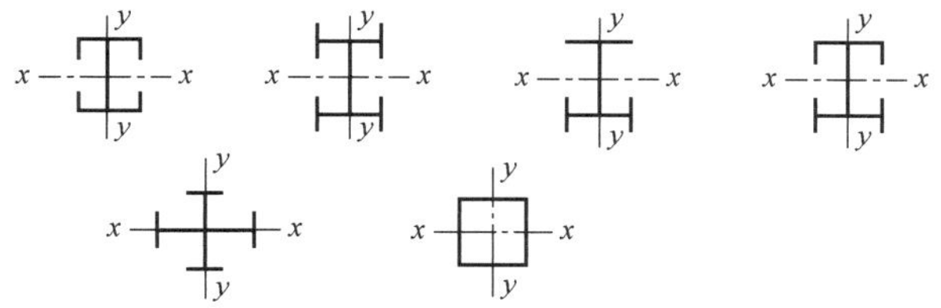  |  | 1.05 |
| 3 | 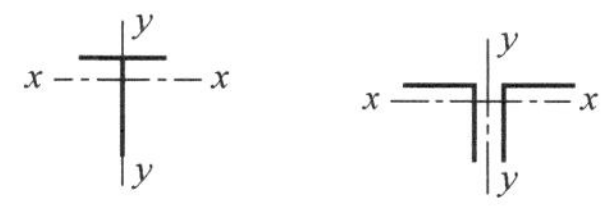  | $\gamma_{x1}=1.05$<br>$\gamma_{x2}=1.2$ | 1.2 |
| 4 | 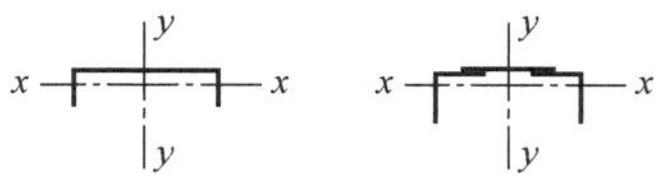  |  | 1.05 |
| 5 | 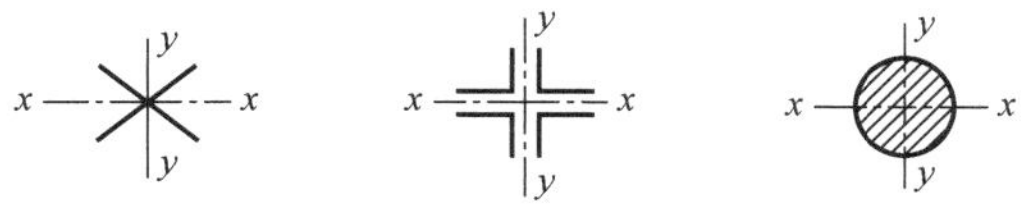  | 1.2 | 1.2 |
| 6 | 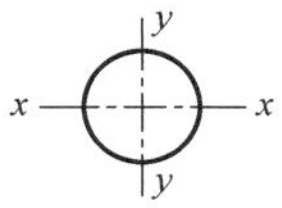  | 1.15 | 1.15 |

（续）

| 项次 | 截面形式 | $\gamma_x$ | $\gamma_y$ |
|---|---|---|---|
| 7 | 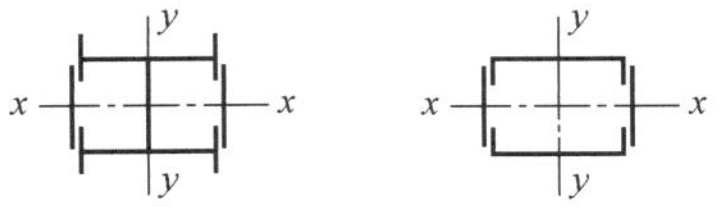  | 1.0 | 1.05 |
| 8 | 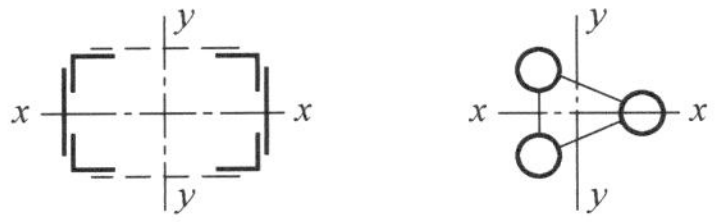  |  | 1.0 |

**2. 梁的抗剪强度**

工字形截面梁的剪应力分布如图 4-3 所示，最大剪应力在腹板中和轴处，抗剪强度按弹性设计，其抗剪强度 $\tau$ 应满足下式要求

$$\tau=\frac{VS}{It_w}\leqslant f_v \tag{4-5}$$

式中 $V$——计算截面沿腹板平面作用的剪力；

$S$——计算剪应力处以上（或以下）毛截面对中和轴 $x$ 轴的面积矩；

$I$——毛截面惯性矩；

$t_w$——腹板厚度；

$f_v$——钢材抗剪强度设计值。

增加梁的抗剪强度最有效的方法是增加腹板的面积，但腹板高度 $h_w$ 一般由梁的刚度条件和构造要求确定，故设计时常采用加大腹板厚度 $t_w$。

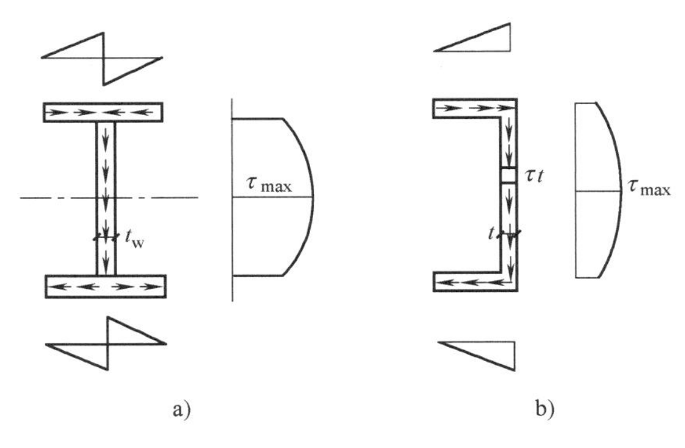

图 4-3 工字形截面梁的剪应力分布

**3. 梁的局部抗压强度**

如图 4-4 所示，在梁的固定集中荷载（包括支座反力）作用处无支承加劲肋，或有移动的集中荷载（如起重机轮压），这时梁的腹板将承受集中荷载产生的局部压应力。

在集中荷载作用下，翼缘（在吊车梁中还包括轨道）类似支撑于腹板的弹性地基梁，腹板高度计算边缘的压应力如图 4-4b 所示。计算时，假设局部压应力在荷载作用点以下的 $h_R$（起重机轨道高度）高度范围内以 45°角扩散，在 $h_y$ 高度范围内以 1∶2.5 的比例扩散，传至腹板与翼缘交界处，实际上局部压应力沿梁纵向分布并不均匀，但为简化计算，假设在 $l_z$ 范围内局部压应力均匀分布，按这种假定计算的局部压应力 $\sigma_c$ 与理论的局部压应力的最大值十分接近，于是梁的局部压应力应满足下式要求

$$\sigma_c=\frac{\psi F}{t_w l_z}\leqslant f \tag{4-6}$$

式中 $F$——集中荷载，对动力荷载应考虑动力系数。

$\psi$——集中荷载放大系数，重级工作制吊车梁 $\psi=1.35$，其他梁 $\psi=1.0$，在所有梁支

座处 $\psi=1.0$;

$l_z$——集中荷载在腹板计算高度上边缘的假定分布长度。

$f$——钢材的抗压强度设计值。

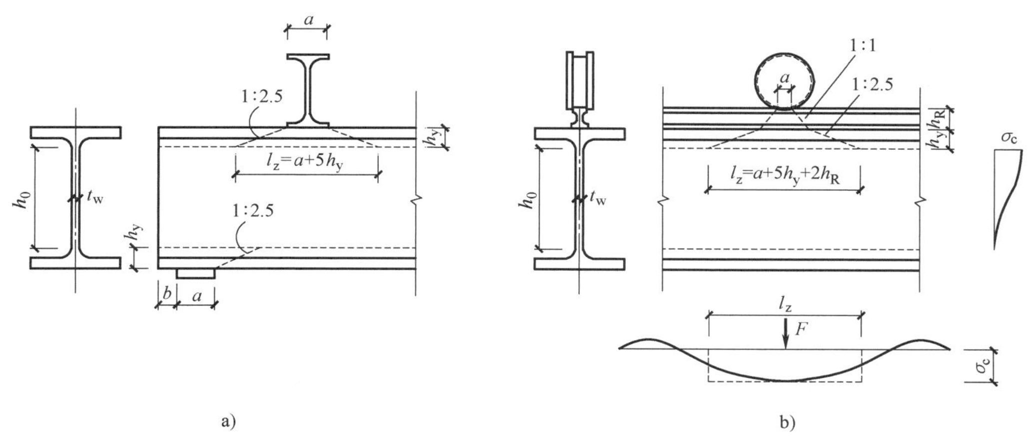


图 4-4　腹板边缘局部压应力分布

$l_z$ 按下式计算：

跨中集中荷载　　$l_z=a+5h_y+2h_R$

梁端支反力处　　$l_z=a+2.5h_y+b$

式中　$a$——集中荷载沿梁跨度方向的支承长度，对钢轨上的轮压可取为 50mm；

$h_y$——自梁顶面至腹板计算高度上边缘的距离；

$h_R$——轨道的高度，对梁顶无轨道的梁 $h_R=0$;

$b$——梁端到支座板外边缘距离，如果 $b>2.5h_y$，取 $b=2.5h_y$。

腹板计算高度 $h_0$ 取值：轧制型钢梁为腹板与上、下翼缘相连处两内弧起点之间的距离；焊接组合梁为腹板高度；铆接（或高强螺栓连接）组合梁为上、下翼缘与腹板连接的铆钉（或高强度螺栓）线间最近距离。

当计算不能满足式（4-6）的要求时，对集中荷载（包括支座反力），可采用设置支承加劲肋的办法，对起重机荷载只能采用增加腹板厚度的方法。

**4. 梁在复杂应力作用下的强度计算**

梁上一般同时作用有剪力和弯矩，有时还作用有局部集中力。在进行梁的强度设计时不仅最大剪应力、最大正应力和局部压应力要满足要求，若在梁腹板计算高度边缘处同时受有较大的正应力、剪应力和局部压应力时，或同时受有较大的正应力和剪应力（如连续梁中支座处或梁的翼缘截面改变处），应按式（4-7）验算该处的折算应力是否满足要求。

$$\sigma_z=\sqrt{\sigma^2+\sigma_c^2-\sigma\sigma_c+3\tau^2}\leqslant\beta_1 f \tag{4-7}$$

$$\sigma=\frac{M_x}{I_n}y_1 \tag{4-8}$$

式中　$\sigma$、$\tau$、$\sigma_c$——腹板计算高度边缘同一点上同时产生的正应力、剪应力和局部压应力，$\sigma$ 和 $\sigma_c$ 以拉应力为正，压应力为负，$\tau$、$\sigma_c$ 分别按式（4-5）、式（4-6）计算；

$I_n$——梁净截面惯性矩；

$y_1$——所计算点至梁中和轴的距离；

$\beta_1$——计算折算应力时的强度设计值增大系数。

$\beta_1$ 的取值：当 $\sigma$ 和 $\sigma_c$ 异号时，取 $\beta_1=1.2$；当 $\sigma$ 和 $\sigma_c$ 同号或 $\sigma_c=0$ 时，取 $\beta_1=1.1$。因为，当 $\sigma$ 与 $\sigma_c$ 异号时，其塑性变形能比 $\sigma$ 与 $\sigma_c$ 同号时大，故前者的值大于后者。

### 4.2.2 梁的刚度

梁的刚度用标准荷载作用下的挠度大小来度量。梁的刚度不足将影响正常使用或外观。所谓正常使用是指设备的正常运行（起重机运行）、装饰物与非结构构件不受损坏以及人的舒适感等。一般梁在动力影响下发生的振动也可以通过限制梁的变形来控制。因此，梁的刚度可按下式验算

$$v \leqslant [v] \tag{4-9}$$

式中 $v$——由全部荷载（包括永久荷载和可变荷载）、可变荷载的标准值（不考虑荷载的分项系数和动力系数）引起的梁中最大挠度（如有起拱可减去起拱度）；

$[v]$——梁全部荷载（包括永久荷载和可变荷载）、可变荷载的标准值产生的挠度的容许值。

**［例题 4-1］** 某简支梁，梁跨 7m，焊接组合工字形对称截面，截面尺寸为 150mm×450mm×18mm×12mm（见图 4-5）。梁上作用有均布永久荷载（标准值，未含梁自重）17.1kN/m，均布活荷载 6.8kN/m，距梁端 2.5m 处，尚有集中永久荷载标准值 60kN，支承长度 200mm，荷载作用面距钢梁顶面为 120mm。钢材抗拉强度设计值为 215N/mm²，抗剪强度设计值为 125N/mm²，荷载分项系数对永久荷载取 1.3，对活荷载取 1.5。试验算钢梁截面是否满足强度要求（不考虑疲劳）。

**［解］** 首先计算梁的截面特性，然后计算出梁在荷载作用下的弯矩和剪力，最后分别验算梁的抗弯强度、抗剪强度、局部承压强度和折算应力强度等。

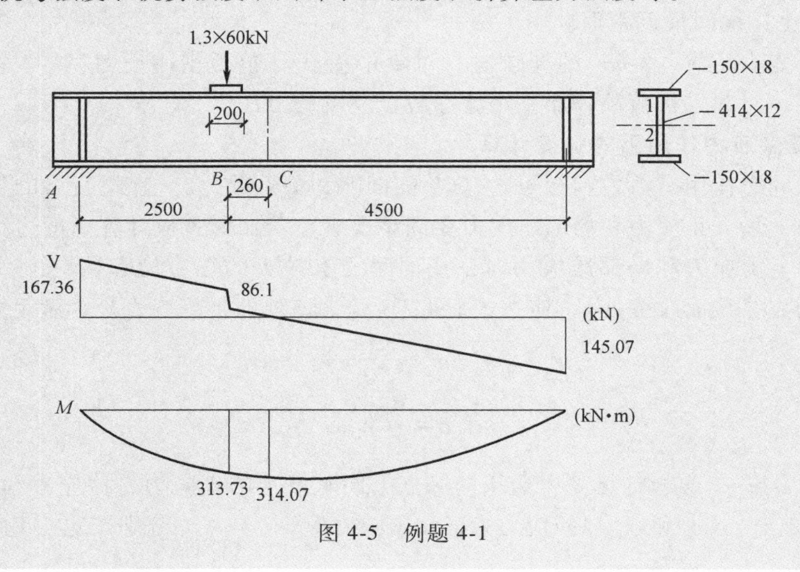


图 4-5 例题 4-1

（1）计算梁的截面特性

$$A=414\times12\text{mm}^2+(150\times18)\times2\text{mm}^2=10368\text{mm}^2$$

$$I_x=3.23\times10^8\text{mm}^4,W_{nx}=\frac{I_x}{450\text{mm}/2}=1.44\times10^6\text{mm}^3$$

计算点 1 处的面积矩 $S_1=150\times18\times216\text{mm}^3=5.83\times10^5\text{mm}^3$

计算点 2 处的面积矩 $S_2=150\times18\times216\text{mm}^3+\dfrac{12\times207^2}{2}\text{mm}^3=8.40\times10^5\text{mm}^3$

（2）计算梁所受荷载与产生的内力

钢梁的自重 $g=0.814\text{kN/m}$

均布荷载设计值 $q=1.3\times(17.1+0.814)\text{kN/m}+1.5\times6.8\text{kN/m}=33.49\text{kN/m}$

集中荷载 $F=1.3\times60\text{kN}=78\text{kN}$

由此得到的弯矩和剪力分布如图 4-5 所示，$M_{x\max}=314.07\text{kN}\cdot\text{m}$，$V_{\max}=167.36\text{kN}$。

（3）验算截面强度

1）抗弯强度。

$$\frac{M_{x\max}}{\gamma_x W_{nx}}=\frac{314.07\times10^6}{1.05\times1.44\times10^6}\text{N/mm}^2=207.72\text{N/mm}^2<215\text{N/mm}^2\quad\text{（满足要求）}$$

2）抗剪强度。支座处剪应力最大

$$\tau_{\max}=\frac{V_{\max}S_2}{I_x t_w}=\frac{167.36\times10^3\times8.40\times10^5}{3.23\times10^8\times12}\text{N/mm}^3=36.27\text{N/mm}^2<125\text{N/mm}^2\text{（满足要求）}$$

3）局部承压强度。支座处虽有较大的支座反力，但因设置了加劲肋，可不计算局部承压应力。验算集中荷载作用处 $B$ 截面的局部承压应力。

$$l_z=a+5h_y=200\text{mm}+5\times18\text{mm}=290\text{mm}$$

$$\sigma_c=\frac{\psi F}{t_w l_z}=\frac{1.0\times78\times10^3}{12\times290}\text{N/mm}^2=22.41\text{N/mm}^2\leqslant215\text{N/mm}^2\text{（满足要求）}$$

4）折算应力。集中荷载作用点 $B$ 的左侧截面存在很大的弯矩、剪力和局部承压应力，应验算此处的折算应力，计算点取在腹板与翼缘的交界处 1 点所示位置。

正应力 $\sigma_1=\dfrac{M_{Bx}}{I_x}\times207=\dfrac{313.73\times10^6}{3.23\times10^8}\times207\text{N/mm}^2=201.06\text{N/mm}^2$

剪应力 $\tau_1=\dfrac{V_B S_1}{I_x t_w}=\dfrac{86.1\times10^3\times5.83\times10^5}{3.23\times10^8\times12}\text{N/mm}^2=12.95\text{N/mm}^2$

局部压应力 $\sigma_c=22.41\text{N/mm}^2$

折算应力 $\sigma_z=\sqrt{\sigma_1^2+\sigma_c^2-\sigma_1\sigma_c+3\tau_1^2}=\sqrt{201.06^2+22.41^2-201.06\times22.41+3\times12.95^2}\text{N/mm}^2$

$$=192.16\text{N/mm}^2<1.1\times215\text{N/mm}^2=236.5\text{N/mm}^2\quad\text{（满足要求）}$$

# 4.3 梁的整体稳定

## 4.3.1 梁整体稳定的概念

为了提高梁的抗弯强度、节省钢材，梁截面一般做成高而窄的形式，梁在受荷方向刚度大而侧向刚度较小，如果梁的侧向支撑较弱（如将侧向支撑设置在支座处），梁的弯曲会随荷载大小的不同而呈现两种截然不同的平衡形态。如图 4-6 所示，工字形截面梁的荷载作用在其最大刚度平面内，当荷载较小时候，梁的弯曲平衡状态是稳定的。虽然外界各种因素会使梁产生微小的侧向弯曲和扭转变形，但当外界影响消失后，梁仍能恢复原来的弯曲平衡状态。然而，当荷载增大到某一数值后，梁在竖向弯曲的同时，将突然发生侧向弯曲和扭转变形而破坏，这种现象称为梁的侧向弯扭曲屈或整体失稳。梁维持其稳定平衡状态所承担的最大荷载或最大弯矩，称为临界荷载或临界弯矩。

梁整体失稳从概念上与轴心受压构件丧失整体稳定性相同，都是由于构件内存在较大的纵向压应力，在刚度较小的方向发生侧向变形，产生附加侧向弯矩并加剧侧向变形。但梁截面存在弯曲压应力区和弯曲拉应力区两个区域，梁侧向屈曲是从受压翼缘开始的，受拉部分截面不仅不压屈，而且对受压翼缘的侧向变形有牵制和约束作用。因此，梁整体失稳总是表现为弯扭屈曲，由此可以看出：增强梁受压翼缘的侧向稳定性是提高梁整体稳定的有效方法。

由于梁整体失稳是在达到抗弯强度之前突然发生的，失事前没有明显的征兆，因此必须特别注意。当荷载增大到某一数值时，构件突然产生平面外的弯曲和扭转，称为梁的弯扭失稳。

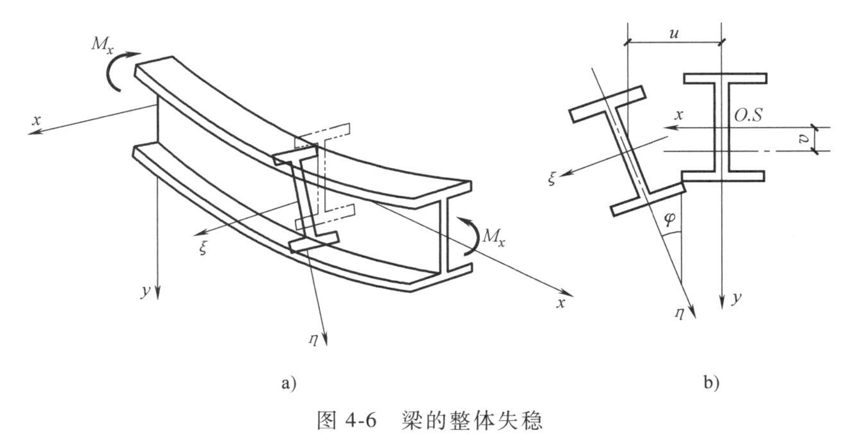


图 4-6　梁的整体失稳

## 4.3.2 梁整体稳定的基本理论

梁整体稳定性的研究，主要是确定使梁产生失稳的临界荷载或临界弯矩。这里以两端铰支的双轴对称工字形截面梁为例，阐述梁整体稳定的基本理论。

图 4-6 所示简支梁，梁端被约束不能扭转但可自由翘起，梁的两端各受力矩 $M_x$ 作用，现按弹性杆件的随遇平衡理论分析，在微小弯曲变形和扭转变形的情况下建立微分方程。设

固定坐标为 $x$，$y$，$z$，弯矩 $M_x$ 达一定数值屈曲变形后，相应的坐标为 $x'$，$y'$，$z'$，图4-6b给出了梁失稳后的位置，在梁上任意截取截面，变形后截面沿 $x$，$y$ 轴的位移为 $u$，$v$，截面扭转角为 $\varphi$。

在 $y'z'$ 平面内为梁在刚度平面内弯曲（见图4-6a），其平衡微分方程为

$$-EI_x\frac{\mathrm{d}^2v}{\mathrm{d}z^2}=M \tag{4-10}$$

在 $x'z'$ 平面内为梁的侧向弯曲（见图4-6b），其平衡微分方程为

$$-EI_y\frac{\mathrm{d}^2u}{\mathrm{d}z^2}=M\varphi \tag{4-11}$$

由于梁端部铰支，中部任意截面扭转时，纵向纤维发生了弯曲，属于约束扭转，由约束扭转的微分方程

$$GI_t\varphi'-EI_\omega\varphi'''=Mu' \tag{4-12}$$

以上方程中式（4-10）是可独立求解的方程，它是在弯矩 $M$ 作用平面内的弯曲问题，与梁的扭转无关。式（4-11）、式（4-12）中具有两个未知数值 $u$ 和 $\varphi$，必须联立求解。将式（4-12）微分一次后，与式（4-11）联立消去 $u''$得

$$EI_\omega\varphi''''-GI_t\varphi''-\frac{M^2}{EI_y}\varphi=0 \tag{4-13}$$

与轴心压杆弹性弯曲屈曲的挠曲曲线一样，可以假设两端简支梁的扭转角符合正弦半波曲线分布，即

$$\varphi=C\sin\frac{\pi z}{l} \tag{4-14}$$

可以证明，该式满足梁的边界条件。将其代入式（4-13）得

$$\left[EI_\omega\left(\frac{\pi}{l}\right)^4+GI_t\left(\frac{\pi}{l}\right)^2-\frac{M^2}{EI_y}\right]C\sin\frac{\pi z}{l}=0 \tag{4-15}$$

要使式（4-15）对任意 $z$ 值都成立，必须方括号中的数值为零，即

$$EI_\omega\left(\frac{\pi}{l}\right)^4+GI_t\left(\frac{\pi}{l}\right)^2-\frac{M^2}{EI_y}=0 \tag{4-16}$$

式中 $M$——双轴对称工字形截面梁整体失稳时的临界弯矩 $M_{\mathrm{cr}}$。

$$M_{\mathrm{cr}}=\pi\sqrt{1+\frac{EI_\omega}{GI_t}\left(\frac{\pi}{l}\right)^2}\frac{\sqrt{EI_yGI_t}}{l} \tag{4-17}$$

式中 $EI_y$、$GI_t$、$EI_\omega$——截面抗弯刚度、自由抗扭刚度、翘曲刚度；

$l$——梁受压翼缘的自由长度（受压翼缘相邻两侧向支承点之间的距离）；

$I_y$——梁对 $y$ 轴（弱轴）的毛截面惯性矩；

$I_t$——梁截面扭转惯性矩；

$I_\omega$——梁截面翘曲惯性矩；

$E$、$G$——钢材的弹性模量及剪切模量。

由式（4-17）

$$M_{\mathrm{cr}}=\beta\frac{\sqrt{EI_yGI_t}}{l} \tag{4-18}$$

式中 $\beta$——梁的弯扭屈曲系数。

对于双轴对称工字形截面 $I_\omega=\dfrac{h^2}{4}I_y$，故

$$\beta=\pi\sqrt{1+\frac{EI_\omega}{GI_t}\left(\frac{\pi}{l}\right)^2}=\pi\sqrt{1+\pi^2\frac{EI_y}{GI_t}\left(\frac{h}{2l}\right)^2}=\pi\sqrt{1+\pi^2\psi}$$

$$\psi=\frac{EI_y}{GI_t}\left(\frac{h}{2l}\right)^2$$

上述内容是双轴对称工字形截面简支梁在纯弯时的临界弯矩理论计算过程。对于其他截面的梁，不同支承情况或不同荷载作用下的临界弯矩也可用能量法推导出类似的临界弯矩，这里不再赘述。

影响梁整体稳定性的因素非常多，但从梁的整体稳定的概念和基本理论分析可以看出：

1）梁的侧向抗弯刚度 $EI_y$ 越大、抗扭刚度 $GI_t$ 越大，翘曲刚度 $EI_\omega$ 越大，临界弯矩就越大，因此，增大 $I_y$ 可以有效提高临界弯矩，其中增大受压翼缘的宽度是最为有效的途径。

2）受压翼缘的自由长度 $l$ 越大，临界弯矩越小。所以，应在受压翼缘部位适当设置侧向支撑，减小梁受压翼缘侧向计算长度。

3）荷载作用类型及作用位置对临界弯矩有影响，表 4-2 说明跨中作用一个集中荷载时临界弯矩最大，纯弯曲时临界弯矩最小，而荷载作用于下翼缘比作用于上翼缘的临弯矩大。

**表 4-2　双轴对称工字型截面简支梁的弯扭屈曲系数**

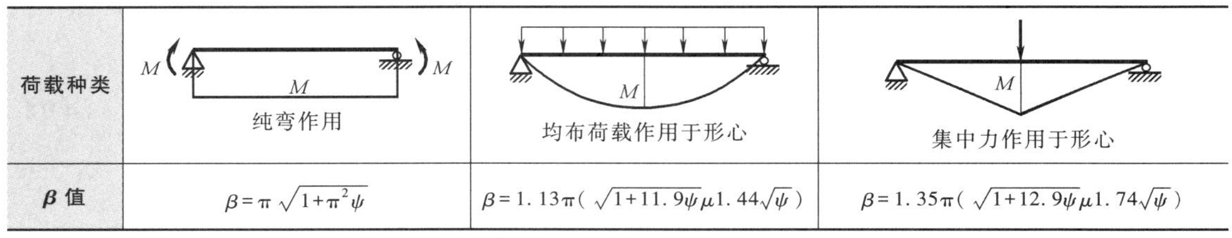


| 荷载种类 | 纯弯作用 | 均布荷载作用于形心 | 集中力作用于形心 |
|---|---|---|---|
| $\beta$ 值 | $\beta=\pi\sqrt{1+\pi^2\psi}$ | $\beta=1.13\pi(\sqrt{1+11.9\psi}\mu 1.44\sqrt{\psi})$ | $\beta=1.35\pi(\sqrt{1+12.9\psi}\mu 1.74\sqrt{\psi})$ |

注：表中的 $\mu$ 为+，-号，当荷载作用与上翼缘用-，作用于下翼缘用+。

### 4.3.3　梁整体稳定性的计算

根据上述基本理论，可以对梁的整体稳定性进行计算。在最大刚度平面内受弯构件，为保证梁不发生整体失稳，梁中最大弯曲应力应不超过临界弯矩产生的临界应力，即

$$\sigma=\frac{M_x}{W_x}\leqslant\sigma_{cr}=\frac{M_{cr}}{W_x}\tag{4-19}$$

考虑材料抗力分项系数

$$\sigma\leqslant\frac{\sigma_{cr}}{\gamma_R}=\frac{\sigma_{cr}f_y}{f_y\gamma_R}=\varphi_b f$$

或

$$\frac{M_x}{\varphi_b W_x}\leqslant f\tag{4-20}$$

式中　$M_x$——绕强轴作用的最大弯矩；

$W_x$——按受压纤维确定的梁的毛截面模量；

$\varphi_b$——梁的整体稳定系数，$\varphi_b=\dfrac{\sigma_{cr}}{f_y}=\dfrac{M_{cr}}{M_y}$，按附表 3-2 确定。

在两个主平面内同时承受弯矩作用的双向受弯构件，其整体失稳也将在弱轴侧向弯扭屈曲，但理论分析较为复杂，一般按经验近似计算。

《钢结构设计标准》规定：在两个主平面内受弯的H型钢截面和工字形截面构件，按下式计算

$$\frac{M_x}{\varphi_b W_x}+\frac{M_y}{\gamma_y W_y}\leqslant f \tag{4-21}$$

式中　$W_x$、$W_y$——按受压纤维确定的对 $x$ 轴和对 $y$ 轴的毛截面模量；

$M_x$、$M_y$——绕强轴（$x$ 轴）、弱轴（$y$ 轴）作用的最大弯矩；

$\varphi_b$——绕强轴弯曲所确定的梁整体稳定系数。

$\gamma_y$——对弱轴截面塑性发展系数。

当符合下列情况之一时，梁的整体稳定可以得到保证，不需验算：

1）当有铺板（各种钢筋混凝土板和钢板）密铺在梁的受压翼缘上并与其牢固相连，能阻止梁的受压翼缘侧向位移时。

2）影响钢梁整体稳定性的主要因素是受压翼缘侧向支撑点的间距 $l_1$ 和受压翼缘的平面内刚度，因此主要取决于 $l_1$ 和 $b_1$。经过计算发现，H型钢截面或工字形截面简支梁当 $l_1/b_1$ 满足表4-3要求时，可不验算其整体稳定，因为此时的 $\varphi'_b$ 已大于1。

3）重型吊车梁和锅炉构架大板梁有时采用箱形截面（见图4-7），这种截面形式抗扭刚度大，只要截面尺寸满足 $h/b_0\leqslant 6$，$l_1/b_1\leqslant 95\ (235/f_y)$ 就不会丧失整体稳定。

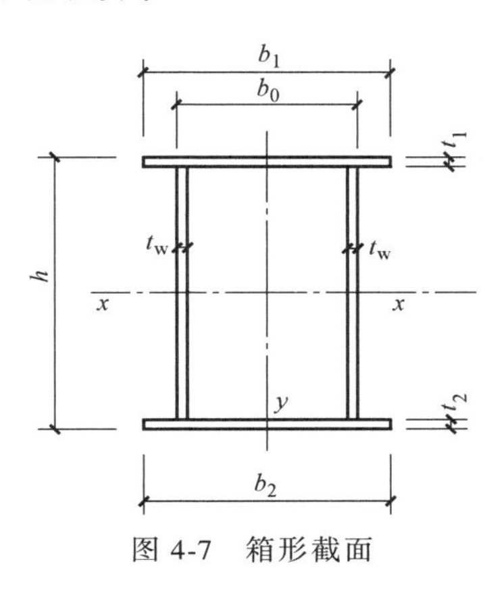


图4-7　箱形截面

**表4-3　H型钢或工字形截面简支梁不需计算整体稳定的最大 $l_1/b_1$ 值**

| 钢号 | 跨中无侧向支撑点的梁 | | 跨中受压翼缘有侧向支撑点的梁，无论荷载作用于何处 |
|---|---|---|---|
| | 荷载作用于上翼缘 | 荷载作用于下翼缘 | |
| Q235 | 13.0 | 20.0 | 16.0 |
| Q345 | 10.5 | 16.5 | 13.0 |
| Q390 | 10.0 | 15.5 | 12.5 |
| Q420 | 9.5 | 15.0 | 12.0 |

对于梁整体稳定系数 $\varphi_b$，由于临界应力理论公式比较复杂，不便应用，故《钢结构设计标准》简化成实用的计算公式。对于单轴对称工字形截面，引入截面不对称修正系数 $\eta_b$，加强受压翼缘时 $\eta_b=0.8(2\alpha_b-1)$，加强受拉翼缘时 $\eta_b=2\alpha_b-1$，双轴对称截面 $\eta_b=0$。其中，$\alpha_b=I_1/(I_1+I_2)$ $I_1$，$I_2$ 分别为受压翼缘和受拉翼缘对 $y$ 轴的惯性矩。各种荷载作用的双轴或单轴对称等截面组合工字形及H型钢简支梁的整体稳定系数简化为下式

$$\varphi_b=\beta_b\frac{4320}{\lambda_y^2}\frac{Ah}{W_x}\left[\sqrt{1+\left(\frac{\lambda_y t_1}{4.4h}\right)^2}+\eta_b\right]\cdot\frac{235}{f_y} \tag{4-22}$$

式中　$\beta_b$——梁整体稳定的等效临界弯矩系数，按附表3-1采用；

$\lambda_y$——梁在侧向支撑点间对截面弱轴（$y$ 轴）的长细比，$\lambda_y = l_1/i_y$，$i_y$ 为梁的毛截面对 $y$ 轴的截面回转半径；

$A$——梁的毛截面面积；

$h$、$t_1$——梁截面的全高和受压翼缘厚度。

上述整体稳定系数是按弹性稳定理论求得的，如果考虑残余应力的影响，当 $\varphi_b>0.6$ 时梁已进入弹塑性阶段。《钢结构设计标准》规定此时必须按式（4-23）对 $\varphi_b$ 进行修正，用 $\varphi_b'$ 代替 $\varphi_b$，考虑钢材弹塑性对整体稳定的影响。

$$\varphi_b' = 1.07 - \frac{0.282}{\varphi_b} \leqslant 1.0 \tag{4-23}$$

**[例题 4-2]** 某简支次梁，跨度为 6m，承受均布荷载，永久荷载标准值为 9kN/m，活荷载标准值为 13.5kN/m，钢材为 Q235 钢。试按以下情况设计此钢梁。

（1）假定梁上铺有平台板，可保证梁的整体稳定性。

（2）不能保证梁的整体稳定性。

**[解]** 跨中最大弯矩 $M_{x\max} = \frac{1}{8}ql^2 = \frac{1}{8}\times(1.3\times9+1.5\times13.5)\times6^2\text{kN}\cdot\text{m} = 143.78\text{kN}\cdot\text{m}$

支座处最大剪力 $V_{\max} = \frac{1}{2}\times(1.3\times9+1.5\times13.5)\times6\text{kN} = 95.85\text{kN}$

**1. 梁的整体稳定有保证，截面由梁的抗弯强度控制**

（1）所需净截面模量

$$W_{nx} \geqslant \frac{M_x}{\gamma_x f} = \frac{143.78\times10^6}{1.05\times215}\text{mm}^3 = 6.37\times10^5\text{mm}^3 = 637\text{cm}^3$$

查附表 6-1，选用热轧普通工字钢 I32$a$，单位长度的质量为 52.7kg/m，梁的自重为 52.7×9.8N/m = 517N/m，$I_x = 11080\text{cm}^4$，$W_x = 692\text{cm}^3$，$I_x/S_x = 27.5\text{cm}$，$t_w = 9.5\text{mm}$。

（2）截面验算

梁自重产生的弯矩 $M_g = 1.3\times\frac{1}{8}\times0.517\times6^2\text{kN}\cdot\text{m} = 3.02\text{kN}\cdot\text{m}$

跨中总弯矩 $M_{\max} = 143.78+3.02\text{kN}\cdot\text{m} = 146.8\text{kN}\cdot\text{m}$

支座处总剪力 $V_{\max} = 95.85\text{kN}+1.3\times0.517\times\frac{6}{2}\text{kN} = 98.7\text{kN}$

1）强度验算。

弯曲正应力 $\sigma = \frac{M_{\max}}{\gamma_x W_{nx}} = \frac{146.8\times10^6}{1.05\times692\times10^3}\text{N/mm}^2 = 202.1\text{N/mm}^2 < f = 215\text{N/mm}^2$（满足要求）

剪应力 $\tau = \frac{V_{\max}S}{I_x t_w} = \frac{98.7\times10^3}{27.5\times10\times9.5}\text{N/mm}^2 = 37.8\text{N/mm}^2 < f_v = 125\text{N/mm}^2$（满足要求）

由此可见，型钢梁由于其腹板较厚，剪应力一般不起控制作用。因此，只有在截面有较大削弱时，才必须验算剪应力。

2）刚度验算。

$q_k=(9+13.5+0.517)\ \text{kN}=23.53\text{kN}$

$$v=\frac{5}{384}\frac{q_k l^4}{EI_x}=\frac{5\times23.53\times6000^4}{384\times2.06\times10^5\times11080\times10^4}\text{mm}=17.4\text{mm}<[v]=\frac{l}{250}=24\text{mm}\ \text{（满足要求）}$$

**2. 不能保证梁的整体稳定，由整体稳定控制**

（1）所需截面模量　热轧普通工字钢简支梁的整体稳定系数可直接由附表 3-2 查得。现假定工字钢型号为 I22～I40，均布荷载作用在上翼缘，梁的自由长度 $l_1=6\text{m}$，查得 $\varphi_b=0.6$，所需毛截面模量为

$$W_x\geqslant\frac{M_{x\max}}{\varphi_b f}=\frac{143.78\times10^6}{0.6\times215}\text{mm}^3=1.115\times10^6\text{mm}^3=1115\text{cm}^3$$

选用 I40b，单位长度的质量为 73.8kg/m，梁的自重为 73.8×9.8N/m＝723N/m，$I_x=22781\text{cm}^4$，$W_x=1139\text{cm}^3$，$I_x/S_x=33.9\text{cm}$，$t_w=12.5\text{mm}$。

（2）截面验算

1）整体稳定验算。

$$M_{\max}=\left(143.78+1.3\times\frac{1}{8}\times0.723\times6^2\right)\text{kN}\cdot\text{m}=148.01\text{kN}\cdot\text{m}$$

$$\frac{M_{\max}}{\varphi_b W_x}=\frac{148.01\times10^6}{0.6\times1139\times10^3}\text{N/mm}^2=216\text{N/mm}^2\approx f=215\text{N/mm}^2\text{（满足要求）}$$

2）强度和刚度验算略。

**[例题 4-3]**　某简支钢梁，跨度 6m，跨度中间无侧向支承。上翼缘承受满跨的均布荷载：永久荷载标准值为 75kN/m（包括梁自重），可变荷载标准值为 170kN/m。钢材为 Q345 钢，屈服强度为 345N/mm²，钢梁截面尺寸如图 4-8 所示。试验算此梁的整体稳定性。

**[解]**　由于钢梁上翼缘无支承，且 $\frac{l_1}{b_1}=\frac{600}{39}=15.4>10.5$，所以需要计算的整体稳定性。

（1）计算梁的截面特性

$$A=(16\times390+8\times1000+14\times200)\text{mm}^2=1.70\times10^4\text{mm}^2$$

形心轴位置（对上翼缘中心线取面积矩）

$$y_1=\frac{16}{2}\text{mm}+\frac{8000\times(500+8)+2800\times(7+1000+8)}{1.70\times10^4}\text{mm}=413\text{mm}$$

$$y_2=(1030-413)\text{mm}=617\text{mm}$$

$$I_x=2.82\times10^9\text{mm}^4,\ I_y\approx I_1+I_2=8.84\times10^7\text{mm}^4$$

$$W_{1x}=\frac{I_x}{y_1}=\frac{2.82\times10^9}{413}\text{mm}^3=6.82\times10^6\text{mm}^3$$

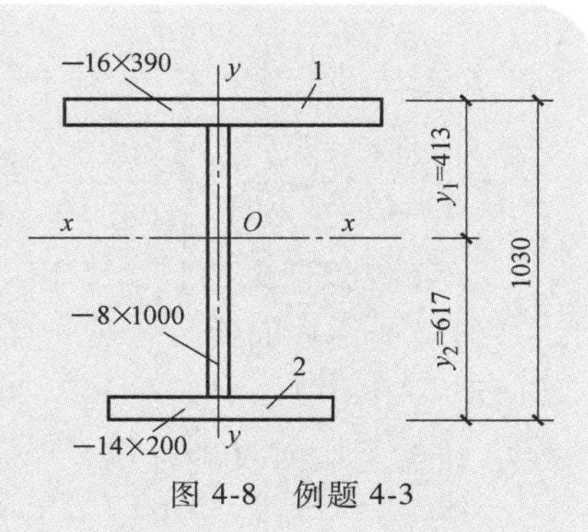

图 4-8 例题 4-3

$$W_{2x}=\frac{I_x}{y_2}=\frac{2.82\times10^9}{617}\text{mm}^3=4.57\times10^6\text{mm}^3$$

$$i_y=\sqrt{\frac{I_y}{A}}=\sqrt{\frac{8.84\times10^7}{1.70\times10^4}}\text{mm}=72\text{mm}$$

$$\lambda_y=\frac{l_1}{i_y}=\frac{6000}{72}=83.3$$

（2）计算梁的弯矩设计值

$$M_x=\frac{1}{8}ql^2=\frac{1}{8}\times(1.3\times75+1.5\times170)\times6^2=1586\text{kN}\cdot\text{m}$$

（3）计算梁的稳定系数

$$a_b=\frac{I_1}{I_1+I_2}=0.894>0.8,\xi=\frac{l_1t_1}{b_1h}=\frac{60000\times16}{390\times1030}=0.239<1.0$$

查附录 3-1 可得 $\beta_b=0.95\times(0.69+0.13\times0.239)=0.685$

截面不对称影响系数 $\eta_b=0.8(2\alpha_b-1)=0.8\times(2\times0.894-1)=0.63$

$$\varphi_b=0.685\times\frac{4320}{83.3^2}\times\frac{1.70\times10^4\times1030}{6.82\times10^6}\left[\sqrt{1+\left(\frac{83.8\times16}{4.4\times1030}\right)^2}+0.63\right]\times\frac{235}{345}=1.25>0.6$$

需换算成 $\varphi_b'$
$$\varphi_b'=1.07-\frac{0.282}{1.25}=0.844$$

（4）验算整体稳定

$$\frac{M_x}{\varphi_b'W_{1x}}=\frac{1586\times10^6}{0.844\times6.82\times10^6}\text{N/mm}^2=275.53\text{N/mm}^2<f=310\text{N/mm}^2\text{（满足要求）}$$

## 4.4 受弯构件的局部稳定和腹板加劲肋的设计

### 4.4.1 受弯构件局部稳定的概念

在进行受弯构件截面设计时，为了节省材料，提高抗弯承载能力，整体稳定性和刚度，常常选择高、宽且较薄的截面。然而，由于钢材的强度比较高、截面面积相对较小，同时为了节省钢材，板件过于宽薄，构件中部分薄板会在构件发生强度破坏或丧失整体稳定之前，由于板中压应力或剪应力达到某数值后，腹板或受压翼缘有可能偏离其平面位置，出现波形凸曲，这种现象称为梁局部失稳，如图 4-9 所示。

当翼缘或腹板丧失局部稳定时，虽然不会使整个构件立即失去承载能力，但薄板局部屈曲部位会迅速退出工作，构件整体弯曲中心偏离荷载的作用平面，是构件的刚度减小，强度和稳定性降低，以致构件发生扭转而提早失去整体稳定。因此，设计受弯构件时，选择的板件不能过于宽薄。

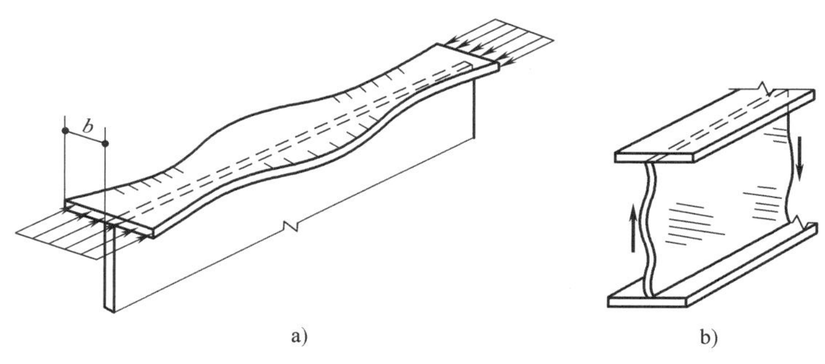


图 4-9　受弯构件局部失稳现象

热轧型钢和 H 型钢的板件宽厚比较小，都能满足局部稳定要求，不需要计算。对于冷弯薄壁型钢梁的受压或受弯构件，宽厚比不超过规定的限制时，认为板件全部有效；当超过此限制时，则只考虑一部分宽度有效（称为有效宽度），应按现行《冷弯薄壁型钢结构技术规范》规定计算。本节主要叙述一般钢结构组合梁中受压翼缘和腹板的局部稳定。

由于钢材的轻质高强，钢构件的承载力往往由整体稳定承载力控制。为合理有效使用钢材，钢结构构件截面一般设计得比较开展，板件宽而薄对整体稳定是有利的，但这带来了局部稳定问题。除方形、圆形等实体截面外一般构件都可看成由薄板按一定构成规律组成的，构件的局部稳定问题就是保证这些板件在构件整体失稳前不发生局部失稳或者在设计中合理利用板件的屈曲后性能。

### 4.4.2　矩形薄板的屈曲

板按其厚度分为厚板、薄板，如果板的板面最小宽度 $b$ 与厚度 $t$ 的比值 $b/t<5\sim8$，这样的板称为厚板。此时板内的横向剪应力产生的剪切变形与弯曲变形属同量级大小，在计算时不能忽略不计。$b/t>5\sim8$ 的板称为薄板，板件剪切变形与弯曲变形相比很微小，可以忽略不计。薄板即具有抗弯能力同时随板弯曲挠度的增大还可能产生薄膜张拉力。当板薄到一定程度，其抗弯刚度几乎降为零，这种板完全靠薄膜力来支撑横向荷载的作用称为薄膜。本节主要讨论外力作用于板件中面内的薄板稳定问题。

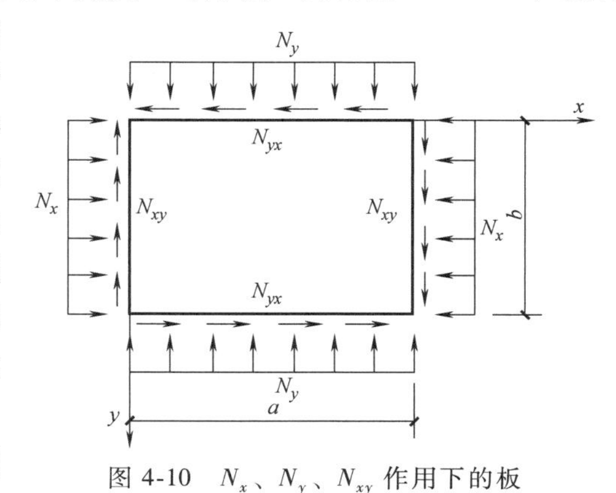


图 4-10　$N_x$、$N_y$、$N_{xy}$ 作用下的板

如图 4-10、图 4-11 所示，当面内荷载达到一定值时板会由平板状态变为微微弯曲状态，这时称板发生了屈曲。根据弹性力学小挠度理论，得到薄板的屈曲平衡方程为

$$D\left(\frac{\partial^4 w}{\partial x^4}+2\frac{\partial^4 w}{\partial x^2 \partial y^2}+\frac{\partial^4 w}{\partial y^4}\right)+N_x\frac{\partial^2 w}{\partial x^2}-2N_{xy}\frac{\partial^2 w}{\partial x \partial y}+N_y\frac{\partial^2 w}{\partial y^2}=0 \tag{4-24}$$

式中　$w$——板的挠度；

$N_x$、$N_y$——在 $x$、$y$ 方向沿板中面周边单位宽度上所承受的力，压力为正，拉力为负，此力沿板厚均匀分布；

$N_{xy}$——沿板周边单位宽度上所承受的剪力，图 4-9 中所示剪力为正；

$D$——板单位宽度的抗弯刚度，也称为柱面刚度，$D=\dfrac{Et^3}{12(1-\nu^2)}$，$t$ 为板厚，$\nu$ 为钢材泊松比，取 0.3。

对于图 4-11 所示四边简支板，单向荷载 $N_x$ 作用在板的中面，对于此种情况式（4-24）变为

$$D\left(\frac{\partial^4 w}{\partial x^4}+2\frac{\partial^4 w}{\partial x^2 \partial y^2}+\frac{\partial^4 w}{\partial y^4}\right)+N_x\frac{\partial^2 w}{\partial x^2}=0 \tag{4-25}$$

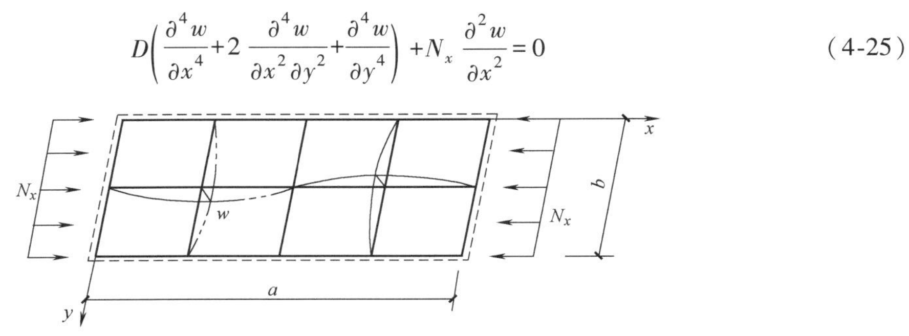


图 4-11　单向面内荷载作用下的四边简支板

对于简支矩形板，式（4-25）的解可用下式（双重三角级数）表示

$$w=\sum_{m=1}^{\infty}\sum_{n=1}^{\infty}A_{mn}\sin\frac{m\pi x}{a}\sin\frac{n\pi y}{b} \tag{4-26}$$

式中　$m$、$n$——板屈曲时沿 $x$ 方向、沿 $y$ 方向的半波数。

式（4-26）满足板的边界条件

当 $x=0$ 和 $x=a$ 时　$w=0$，$\dfrac{\partial^2 w}{\partial x^2}+\nu\dfrac{\partial^2 w}{\partial y^2}=0$（即 $M_x=0$）

当 $y=0$ 和 $y=b$ 时　$w=0$，$\dfrac{\partial^2 w}{\partial y^2}+\nu\dfrac{\partial^2 w}{\partial x^2}=0$（即 $M_y=0$）

将式（4-26）代入式（4-25）得到的 $N_x$ 即为单向均匀受压荷载下四边简支板的临界屈曲荷载 $N_{xcr}$

$$N_{xcr}=\frac{\pi^2 D}{b^2}\left(\frac{mb}{a}+\frac{n^2 a}{mb}\right)^2 \tag{4-27}$$

下面讨论当 $m$，$n$ 取何值时，$N_{xcr}$ 最小，这不仅可以获得板的临界屈曲荷载，还可得出板挠曲屈曲时的形状。

从式（4-27）可以看出，当 $n=1$ 时，$N_{xcr}$ 最小，意味着板屈曲时沿 $y$ 方向只形成一个半波，将式（4-27）表示为

$$N_{xcr}=k\frac{\pi^2 D}{b^2} \tag{4-28}$$

式中　$k$——板的屈曲系数，$k=\left(\dfrac{mb}{a}+\dfrac{a}{mb}\right)^2$。

当 $m$ 取 1，2，3，4，…时，将 $k$ 与 $a/b$ 的关系绘成曲线，如图 4-12 所示，图中这些曲线构成的下界线是 $k$ 的取值。当边长比 $a/b>1$ 时，板将挠曲成几个半波，而 $k$ 基本为常数；

只有 $a/b<1$ 时，才可能使临界力大大提高。因此当 $a/b\geqslant 1$ 时，对任何 $m$ 和 $a/b$ 情况均可取 $k=4$，即

$$N_{xcr}=4\frac{\pi^2 D}{b^2} \tag{4-29}$$

对其他边界条件和面内荷载情况，矩形板的屈曲临界荷载都可写成式（4-28）的形式，只是 $k$ 的取值有变化而已。其他边界条件和面内荷载情况下 $k$ 的推导本书不做详细介绍，有兴趣的同学可查阅弹性稳定理论方面的书籍。

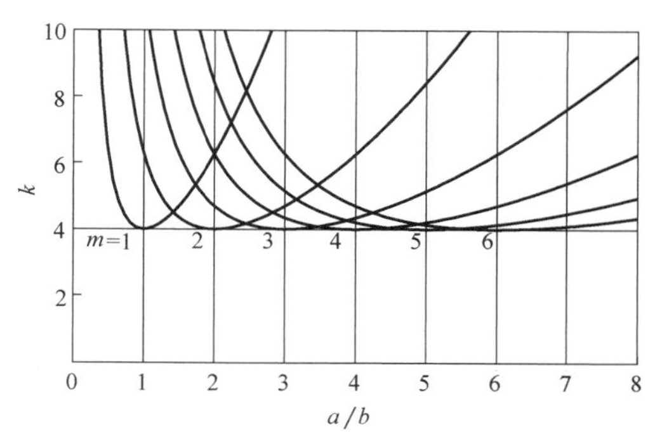

图 4-12　$k$ 和 $a/b$ 关系

为了以后使用方便，将 $D$ 的表达式代入式（4-29）后除以 $t$ 得到临界应力 $\sigma_{cr}$

$$\sigma_{cr}=\frac{k\pi^2 E}{12(1-\nu^2)}\left(\frac{t}{b}\right)^2 \tag{4-30}$$

式（4-30）不仅适用于四边简支板，也适用于一边自由其他三边简支的板。

考虑到钢梁受力时，并不是组成梁的所有板件同时屈曲，板件之间存在相互约束作用，可在式（4-30）中引入约束系数$\chi$，得到

$$\sigma_{cr}=\frac{\chi k\pi^2 E}{12(1-\nu^2)}\left(\frac{t}{b}\right)^2 \tag{4-31}$$

取 $E=2.06\times10^5\text{N/mm}^2$，$v=0.3$ 代入上式，得

$$\sigma_{cr}=18.6k\chi\left(\frac{t}{b}\right)^2\times10^4 \tag{4-32}$$

梁是由板件组成的，考虑梁的整体稳定及强度要求时，希望板尽可能宽而薄，但过薄的板可能导致在整体失稳或强度破坏前，腹板或受压翼缘出现波形鼓曲，即出现局部失稳。在钢梁设计中可以采用两种方法处理局部失稳问题：

1）对普通钢梁构件，按《钢结构设计标准》设计，可通过设置加劲肋、限制板件宽厚比的方法，保证板件不发生局部失稳。对于非承受疲劳荷载的梁，可利用腹板屈曲后强度。

2）对冷弯薄壁型钢构件，当超过板件宽厚比限制时，只考虑一部分宽度有效，采用有效宽度的概念按现行《冷弯薄壁型钢结构技术规范》计算。对于型钢梁，其板件宽厚比较小，都能满足局部稳定要求，不需要计算。

此处主要介绍钢板组合梁的局部稳定问题。

### 4.4.3　受压翼缘的局部稳定

组合梁的受压翼缘板可以视为承受均布压应力作用。为充分发挥材料强度，须保证在构件发生强度破坏之前翼缘板不丧失局部稳定。因此，要求翼缘板的临界应力 $\sigma_{cr}\geqslant f_y$。

根据单向均匀受压的临界公式，考虑构件相连接的板之间相互支撑还有部分约束作用（即嵌固作用），约束的程度取决于相连接板的相对刚度，因此，引入一个大于 1 的约束系数$\chi$ 系数，则有

$$\sigma_{cr}=\beta\chi\frac{\pi^2 E}{12(1-\nu^2)}\left(\frac{t}{b}\right)^2$$

式中　$t$——板件的厚度；

$b$——板件的宽度；

$\nu$——钢材的泊松比；

$\beta$——屈曲系数。

将 $E=206\times10^3\text{N/mm}^2$ 和 $\nu=0.3$ 代入得

$$\sigma_{cr}=18.6\beta\chi\left(\frac{100t}{b}\right)^2 \tag{4-33}$$

当构件按截面部分发展塑性设计时，整个受压翼缘板将进入塑性，但在和压应力相互垂直的方向，材料仍然是弹性的。因此，翼缘板已经进入弹塑性阶段，钢材沿受力方向的弹性模量 $E$ 将为切线模量 $E_t$，$E_t/E=\eta$，而垂直压应力的方向变形模量仍为 $E$，这时薄板成为正交异性板，用$\sqrt{\eta}E$ 代替 $E$，可得

$$\sigma_{cr}=18.6\beta\sqrt{\eta}\chi\left(\frac{100t}{b}\right)^2 \tag{4-34}$$

对工字形、T 形截面的翼缘及箱形截面悬伸部分的翼缘，属于一边自由其余三边简支的板，其屈曲系数 $\beta=0.425+b^2/a^2$，翼缘板长 $a$ 趋于无穷大，即按最不利考虑，取 $\beta=0.425$，支承翼缘板的腹板一般较薄，对翼缘没有什么约束作用，因此取弹性约束系数 $\chi=1.0$。如取 $\eta=0.25$，由条件 $\sigma_{cr}\geqslant f_y$ 得

$$\sigma_{cr}=18.6\times0.425\times1.0\times\sqrt{0.25}\left(\frac{100t}{b}\right)^2\geqslant f_y \tag{4-35}$$

则得不失去局部稳定的宽厚比限值为

$$\frac{b}{t}\leqslant13\sqrt{\frac{235}{f_y}} \tag{4-36}$$

当梁在绕强轴的弯矩作用下的强度按弹性设计时（即 $\gamma_x=1.0$）时，$b/t$ 可放宽至

$$\frac{b}{t}\leqslant15\sqrt{\frac{235}{f_y}} \tag{4-37}$$

箱形截面翼缘中间部分（见图 4-13）属四边简支板，$\beta=4.0$，如取 $\eta=0.25$，并令 $\sigma_{cr}\geqslant f_y$，得箱形截面翼缘达强度极限承载力时不会失去局部稳定的宽厚比限值为

$$\frac{b_0}{t}\leqslant40\sqrt{\frac{235}{f_y}} \tag{4-38}$$

因此应根据实际按式（4-36）~式（4-38）验算梁受压翼缘板的局部稳定性。

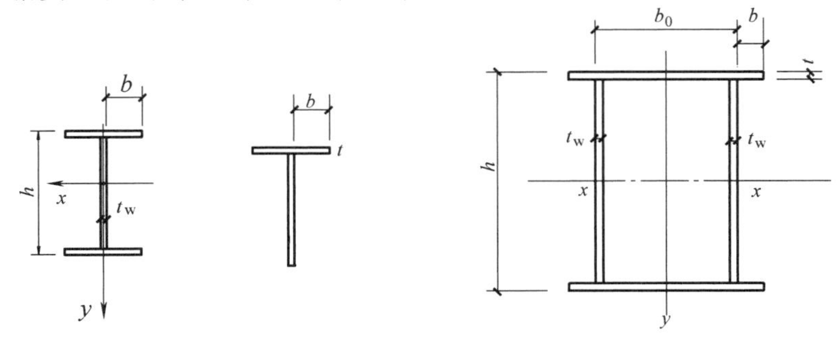


图 4-13　工字形、T 形和箱形截面

### 4.4.4　梁腹板的局部稳定

由梁的强度计算公式可知，采用弹塑性阶段设计的梁，破坏时，其腹板在大弯矩截面受压边缘通常已经进入塑性但大部分处于弹性状态，而采用弹性阶段设计的梁，破坏时，其腹板都处于弹性状态。因此，可以先按照弹性状态考察腹板的稳定问题。

事实上，腹板屈曲并不是板的极限状态。四边支撑板具有相当的屈曲后强度，腹板屈曲不会导致整个梁迅速丧失承载力，在设计时可以将腹板设计得更薄，以达到较好的经济效果。

组合梁的腹板一般都同时受有几个应力作用，各项应力差异较大，研究起来较困难。通常先分别研究剪应力 $\tau$、弯曲应力 $\sigma$、局部压应力 $\sigma_c$ 单独作用下的临界应力，再根据实验研究建立三项应力联合作用的相关性稳定理论。

#### 4.4.4.1　三种应力单独作用时的临界应力

**1. 腹板的纯剪屈曲**

图4-14所示梁腹板横向加劲肋之间的一段，属四边支承的矩形板，四边受均布剪力作用，处于纯剪状态。板中主应力与剪力大小相等并与它成45°，主压应力可引起板的屈曲，屈曲时呈现出大约沿45°方向倾斜的鼓曲，与主压应力方向垂直。根据弹性力学中的小挠度理论，得到薄板的平衡问分方程，可得到如下的临界应力：

$$\tau_{cr}=\beta\frac{\pi^2 E}{12(1-\nu^2)}\left(\frac{t}{b}\right)^2 \tag{4-39}$$

式中　$\beta$——屈曲系数。

将 $E=206\times10^3\text{N/mm}^2$ 和 $\nu=0.3$ 代入，并考虑翼缘对腹板的弹性约束作用，取约束系数 $\chi=1.23$，$t_w$ 是腹板厚度，$h_0$ 代替 $b$，则

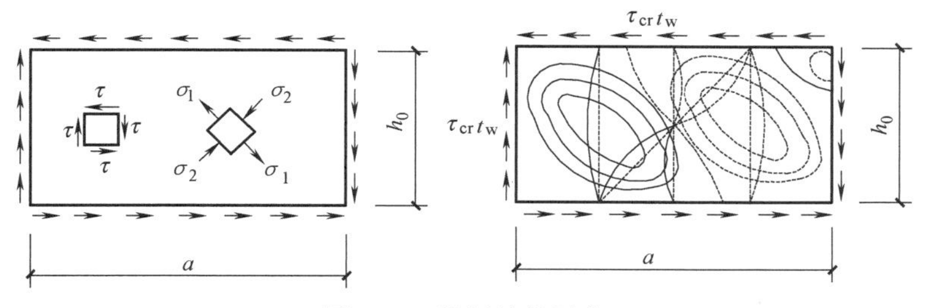


图4-14　腹板纯剪屈曲

$$\tau_{cr}=18.6\beta\chi\left(\frac{100t_w}{h_0}\right)^2=1.23\times18.6\beta\left(\frac{100t_w}{h_0}\right)^2 \tag{4-40}$$

屈曲系数 $\beta$ 与板的边长比有关：当 $a/h_0\leqslant1$（$a$ 为短边）时，$\beta=4+5.34/(a/h_0)^2$；

当 $a/h_0\geqslant1$（$a$ 为长边）时，$\beta=5.34+4/(a/h_0)^2$。

由 $\beta$ 与 $a/h_0$ 的关系可知，随 $a$ 的减小，临界剪应力提高。当然增加 $t_w$，临界剪应力也提高，但这样做并不经济。一般采用在腹板上设置横向加劲肋以减少 $a$ 的办法来提高临界剪应力。剪应力在梁支座处最大，向着跨中逐渐减少，故横向加劲肋也可不等距布置。靠近支座处密些。但为制作和构造方便，常取等距布置。当 $a/h_0>2$ 时，$k$ 值变化不大，即横向加劲肋作用不大。因此《钢结构设计标准》规定，横向加劲肋最大间距为 $2h_0$（对无局部压应力的梁，当 $h_0/t_w\leqslant100$ 时，可放宽至 $2.5h_0$）。

采用国际上通用的表达方式，腹板受剪时的通用高厚比或称正则化宽厚比为

$$\lambda_s=\sqrt{\frac{f_{vy}}{\tau_{cr}}} \tag{4-41}$$

式中 $f_{vy}$——钢材的剪切屈服强度，$f_{vy}=f_y/\sqrt{3}$。将式（4-40）代入式（4-41），可得用于腹板受剪计算时的通用高厚比

$$\lambda_s=\frac{h_0/t_w}{41\sqrt{\beta}}\sqrt{\frac{f_y}{235}} \tag{4-42}$$

当将 $\beta$ 代入式（4-42）有：

当 $a/h_0\leqslant1$ 时
$$\lambda_s=\frac{h_0/t_w}{41\sqrt{4+5.34(h_0/a)^2}}\sqrt{\frac{f_y}{235}} \tag{4-43a}$$

当 $a/h_0>1$ 时
$$\lambda_s=\frac{h_0/t_w}{41\sqrt{5.34+4(h_0/a)^2}}\sqrt{\frac{f_y}{235}} \tag{4-43b}$$

在弹性阶段梁腹板的临界剪应力可表示为

$$\tau_{cr}=\frac{f_{vy}}{\lambda_s^2}\approx\frac{1.1f_v}{\lambda_s^2} \tag{4-44}$$

已知钢材的剪切比例极限等于 $0.8f_{vy}$，再考虑 0.9 的几何缺陷影响系数，令 $\tau_{cr}=0.8\times0.9f_{vy}$ 代入式（4-36）可得到满足弹性失稳的通用高厚比界限为 $\lambda_s>1.2$。当 $\lambda_s\leqslant0.8$ 时，《钢结构设计标准》认为临界剪应力会进入塑性，当 $0.8<\lambda_s\leqslant1.2$ 时，$\tau_{cr}$ 处于弹塑性状态。因此《钢结构设计标准》规定，$\tau_{cr}$ 按下列公式计算：

当 $\lambda_s\leqslant0.8$ 时
$$\tau_{cr}=f_v \tag{4-45a}$$

当 $0.8<\lambda_s\leqslant1.2$ 时
$$\tau_{cr}=[1-0.59(\lambda_s-0.8)]f_v \tag{4-45b}$$

当 $\lambda_s>1.2$ 时
$$\tau_{cr}=\frac{1.1f_v}{\lambda_s^2} \tag{4-45c}$$

当腹板不设横向加劲肋时，$a/h\to\infty$，$\beta=5.34$，若要求 $\tau_{cr}=f_v$，则 $\lambda_s\leqslant0.8$，代入式（4-40）得 $h_0/t_w=75.8\sqrt{\frac{235}{f_v}}$。考虑到梁腹板中的平均剪应力一般低于 $f_v$，故《钢结构设计标准》规定，仅受剪应力作用的腹板，其不会发生剪切失稳的高厚比限值为

$$\frac{h_0}{t_w}\leqslant80\sqrt{\frac{235}{f_y}} \tag{4-46}$$

**2. 腹板的纯弯屈曲**

如图 4-15 所示，设梁腹板为纯弯作用下的四边简支板，如果腹板过薄，当弯矩达到一定值后，在弯曲压应力作用下腹板会发生屈曲，形成多波失稳。沿横向（$h_0$ 方向）为一个半波，波峰在压力作用区偏上的位置。沿纵向形成的屈曲波数取决于板长。屈曲系数 $\beta$ 的大小取决于板的边长比，$a/h_0$ 超过 0.7 后 $\beta$ 值变化不大，$k_{min}=23.9$，只有小于 0.7 后 $\beta$ 才显著变化，因此除非横向加劲肋配置得相当密才能显著提高腹板的临界应力，否则意义不大。比较有效的措施是在腹板受压区中部偏上的部位设置纵向加劲肋（见图 4-16），加劲肋距受

压边的距离为 $h_1=(1/5\sim1/4)h_0$，以便有效阻止腹板的屈曲。纵向加劲肋只需设在梁弯曲应力较大的区段。

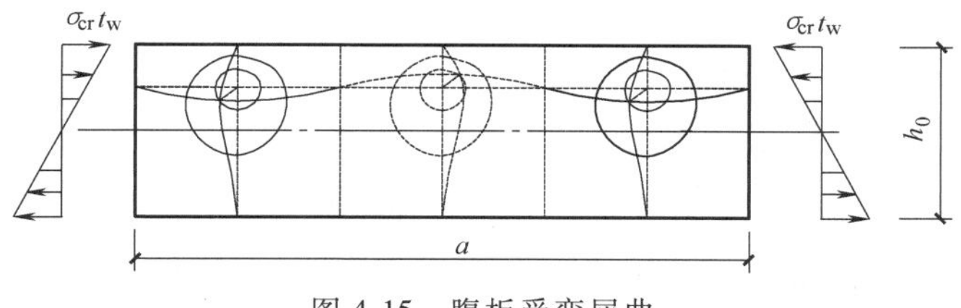


图 4-15 腹板受弯屈曲

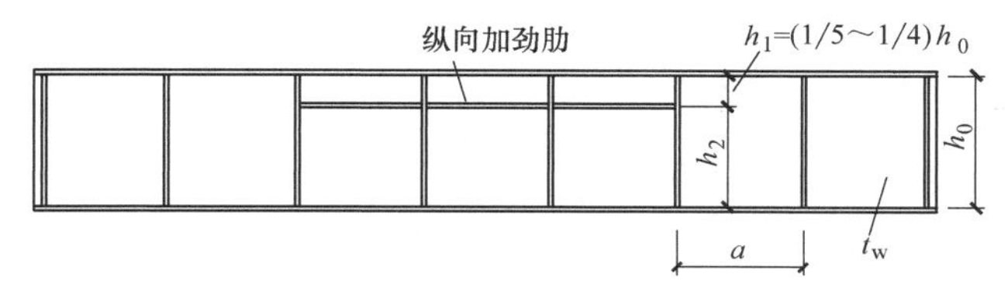


图 4-16 焊接组合梁的纵向加劲肋

腹板在纯弯曲应力作用时，按照上面的推导过程，可得到腹板简支于翼缘的临界应力公式

$$\sigma_{cr}=\beta\chi\frac{\pi^2E}{12(1-\nu^2)}\left(\frac{t}{b}\right)^2=18.6\beta\chi\left(\frac{100t_w}{h_0}\right)^2 \tag{4-47}$$

实际上，由于受拉翼缘刚度很大，梁腹板和受拉翼缘相连边的转动基本被约束，相当于完全嵌固。受压翼缘对腹板的约束作用除与本身的刚度有关外，还和限制其转动的构造有关。如当受压翼缘连有刚性铺板或焊有钢轨时，很难发生扭转，因此腹板的上边缘也相当于完全嵌固，此时约束系数$\chi$可取为 1.66（相当于加载边简支，其余两边为嵌固时的四边支承板的屈曲系数 $\beta_{min}=39.6$）；当无构造限制其转动时，腹板上部的约束介于简支和嵌固之间，$\chi$ 可取为 1.23。将式（4-47）分别乘以不同的$\chi$值得：

当梁受压翼缘的扭转受到约束时 $\sigma_{cr}=738\left(\frac{t_w}{h_0}\right)^2\times10^4$ (4-48a)

当梁受压翼缘的扭转未受到约束时 $\sigma_{cr}=547\left(\frac{t_w}{h_0}\right)^2\times10^4$ (4-48b)

令 $\sigma_{cr}=f_y$，可得到上述两种情况腹板在纯弯曲作用下边缘屈服前不发生局部失稳的高厚比限值分别为

$$\frac{h_0}{t_w}\leqslant177\sqrt{\frac{235}{f_y}} \tag{4-49a}$$

$$\frac{h_0}{t_w}\leqslant153\sqrt{\frac{235}{f_y}} \tag{4-49b}$$

与腹板受纯剪时相似，令腹板受弯时的通用高厚比为

$$\lambda_b=\sqrt{f_y/\sigma_{cr}} \tag{4-50}$$

单轴对称梁腹板弯曲受压区高度为 $h_c$，如图 4-17 所示。对双轴对称截面，可近似把腹

板高度 $h_0$ 用 $2h_c$ 代替，将式（4-47）代入式（4-50），并令 $b=2h_c$，可得单、双轴对称梁的腹板通用高厚比：

当梁受压翼缘扭转受到约束时 $\lambda_b=\dfrac{2h_c/t_w}{177}\sqrt{\dfrac{f_y}{235}}$ （4-51a）

当梁受压翼缘扭转未受到约束时 $\lambda_b=\dfrac{2h_c/t_w}{153}\sqrt{\dfrac{f_y}{235}}$ （4-51b）

与 $\tau_{cr}$ 相似，临界弯曲应力 $\sigma_{cr}$ 也可分为塑性、弹塑性和弹性三段，按下列公式计算：

当 $\lambda_b\leqslant0.85$ 时 $\sigma_{cr}=f$ （4-52a）

当 $0.85<\lambda_b\leqslant1.25$ 时 $\sigma_{cr}=[1-0.75(\lambda_b-0.85)]f$ （4-52b）

当 $\lambda_b>1.25$ 时 $\sigma_{cr}=1.1f/\lambda_b^2$ （4-52c）

**3. 腹板在局部压应力作用下的屈曲**

在4.2节中提到，在集中荷载作用处未设支承加劲肋及起重机荷载作用的情况下，都会使腹板处于局部压应力 $\sigma_c$ 作用之下。其应力分布状态如图4-18所示，在上边缘处最大，到下边缘减为零。其临界应力为

$$\sigma_{c,cr}=18.6\beta\chi\left(\frac{100t_w}{h_0}\right)^2 \tag{4-53}$$

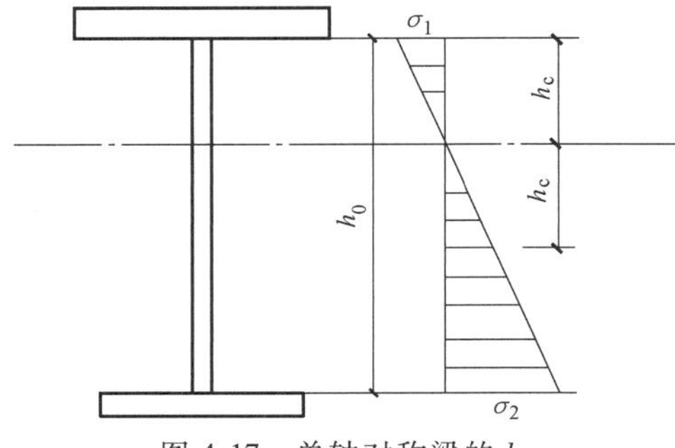

图4-17 单轴对称梁的 $h_c$

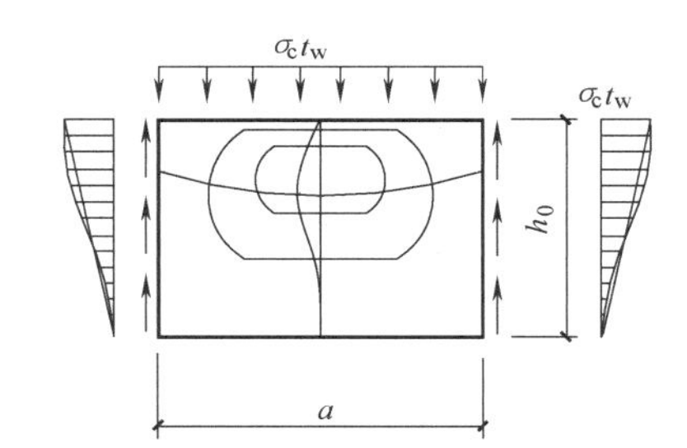

图4-18 腹板在局部压应力作用下的失稳

屈曲系数 $k$ 与板的边长比有关：

当 $0.5\leqslant a/h_0\leqslant1.5$ 时 $\beta=\dfrac{7.4}{a/h_0}+\dfrac{4.5}{(a/h_0)^2}$

当 $1.5<a/h_0\leqslant2.0$ 时 $\beta=\dfrac{11.0}{a/h_0}-\dfrac{0.9}{(a/h_0)^2}$

翼缘对腹板的约束系数 $\chi=1.81-0.255h_0/a$

根据临界屈曲应力不小于屈服应力的准则，按 $a/h_0=2$ 考虑得到不发生局压局部屈曲的腹板高厚比限值为 $h_0/t_w\leqslant84\sqrt{\dfrac{235}{f_y}}$，取为：

$$h_0/t_w\leqslant80\sqrt{\frac{235}{f_y}} \tag{4-54}$$

如不满足这一条件，应把横向加劲肋间距减小，或设置短加劲肋（见图4-19）。

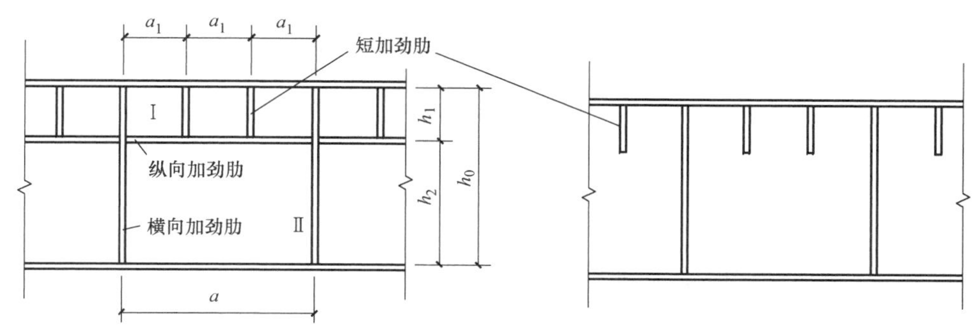


图 4-19　加劲肋的布置

类似于 $\lambda_s$、$\lambda_b$，相应于局部压应力作用下的通用高厚比 $\lambda_c$ 为：

当 $0.5 \leqslant a/h_0 \leqslant 1.5$ 时　$$\lambda_c = \frac{h_0/t_w}{28\sqrt{10.9+13.4(1.83-a/h_0)^3}}\sqrt{\frac{f_y}{235}} \tag{4-55a}$$

当 $1.5 < a/h_0 \leqslant 2.0$ 时　$$\lambda_c = \frac{h_0/t_w}{28\sqrt{18.9-5a/h_0}}\sqrt{\frac{f_y}{235}} \tag{4-55b}$$

适用于塑性、弹塑性和弹性不同范围的腹板局部受压临界应力 $\sigma_{c,cr}$ 按下列公式计算：

当 $\lambda_c \leqslant 0.9$ 时　$\sigma_{c,cr} = f$　(4-56a)

当 $0.9 < \lambda_c \leqslant 1.2$ 时　$\sigma_{c,cr} = [1-0.79(\lambda_c-0.9)]f$　(4-56b)

当 $\lambda_c > 1.2$ 时　$\sigma_{c,cr} = 1.1f/\lambda_c^2$　(4-56c)

局部压应力和弯曲应力均为正应力，但腹板中引起横向非弹性变形的残余应力不如纵向的大，故取 $\lambda_c = 1.2$ 作为弹塑性影响的下起始点，偏于安全取 $\lambda_c = 0.9$ 为弹塑性影响的上起始点。

#### 4.4.4.2　腹板稳定计算

通过以上分析可知提高腹板的局部稳定性，可以通过改变板件边界约束条件，改变板件的宽厚比、长宽比来达到。具体的途径是增加腹板的厚度；设置合适的加劲肋，加劲肋作为腹板的支承，提高临界应力。在实际工程中往往设置加劲肋较为经济。

加劲肋的布置形式如图 4-20 所示。图 4-20a 仅布置横向加劲肋，图 4-20b、c 同时布置横向加劲肋和纵向加劲肋，图 4-20d 除布置纵、横向加劲肋外，还布置短加劲肋。纵、横向加劲肋交叉处切断纵向加劲肋，让横向加劲肋贯通，并尽可能使纵向加劲肋两端支承于横向加劲肋上。由板件的失稳形式可以看出，横向加劲肋主要防止由剪应力和局部压应力可能引起的腹板失稳，纵向加劲肋主要防止有弯曲应力可能引起的腹板失稳，短加劲肋主要防止由局部压应力可能引起的腹板失稳。梁腹板的主要作用是抗剪，相比之下，剪应力最容引起腹板失稳。因此，三种加劲肋中横向加劲肋是最常采用的。

设置加劲肋以后，腹板被划分成若干个四边支承的矩形板区格。这些区格一般都同时受有弯曲正应力、剪应力，有时还有局部压应力。

**1. 横向加劲肋加强的腹板**

如图 4-21 所示仅用横向加劲肋加强的腹板段，同时承受着弯曲正应力 $\sigma$、均布剪应力 $\tau$ 及局部压应力 $\sigma_c$ 的作用。当这些内力达到某种组合值时，腹板将由平板转变为微微弯曲的平衡状态，这就是腹板失稳的临界状态。其平衡方程求解运算非常繁复，此时可按下面《钢结构设计标准》提供的近似相关方程验算腹板的稳定

$$\left(\frac{\sigma}{\sigma_{cr}}\right)^2+\left(\frac{\tau}{\tau_{cr}}\right)^2+\frac{\sigma_c}{\sigma_{c,cr}}\leqslant 1 \tag{4-57}$$

式中　$\sigma$——所计算腹板区格内，由平均弯矩产生的腹板计算高度边缘的弯曲压应力；

$\tau$——所计算腹板区格内，由平均剪力产生的腹板平均剪应力，$\tau=V/(h_w t_w)$，$h_w$ 为腹板高度；

$\sigma_c$——腹板边缘的局部压应力，按式（4-6）计算，但 $\psi=1.0$；

$\sigma_{cr}$、$\tau_{cr}$、$\sigma_{c,cr}$——在 $\sigma$、$\tau$、$\sigma_c$ 单独作用下板的临界应力。

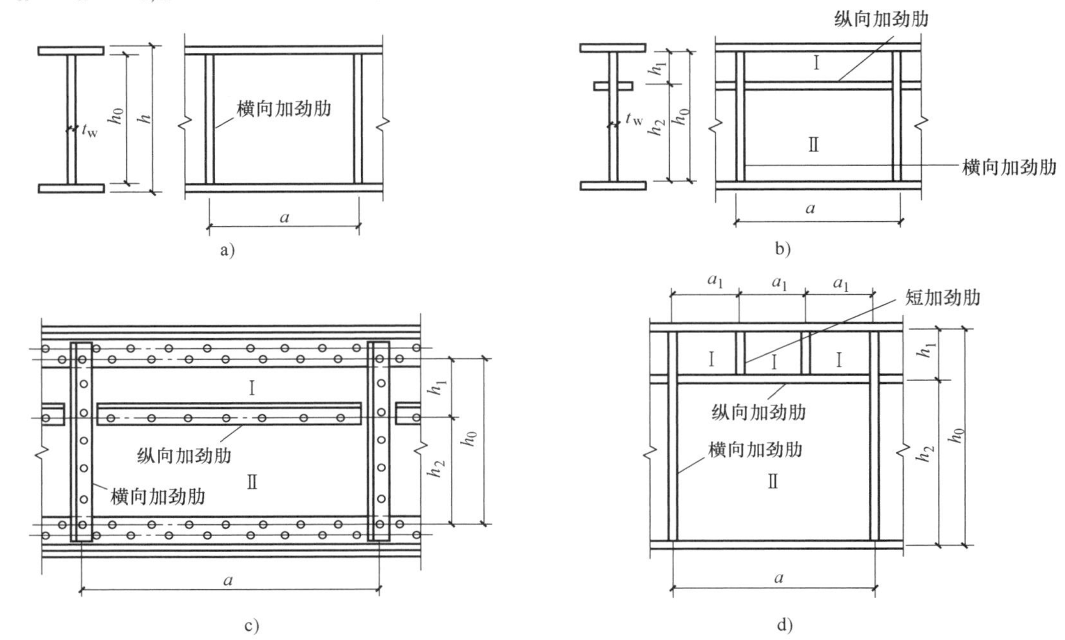


图 4-20　腹板加劲肋的布置

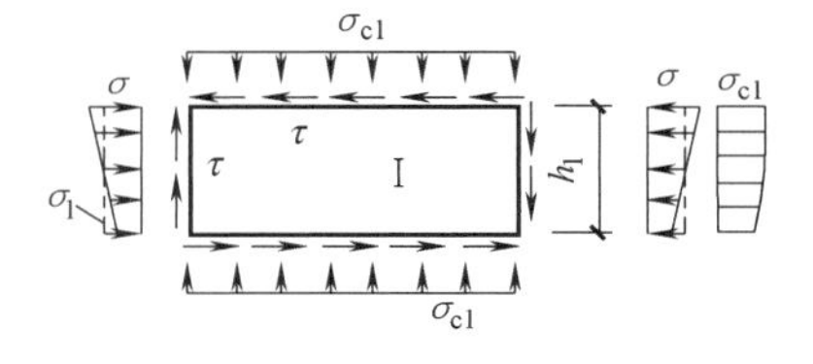


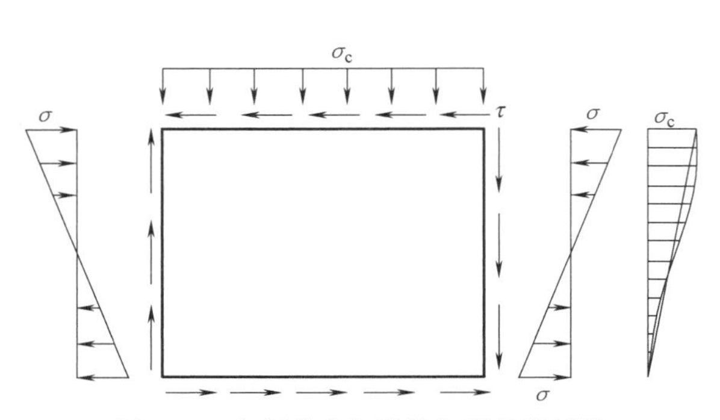

图 4-21　仅用横向加劲肋加强的腹板段



图 4-22　上、下板段受力状态

（1）$\sigma_{cr}$ 计算公式

当 $\lambda_b \leqslant 0.85$ 时　$\sigma_{cr}=f$ （4-58a）

当 $0.85<\lambda_b \leqslant 1.25$ 时　$\sigma_{cr}=[1-0.75(\lambda_b-0.85)]f$ （4-58b）

当 $\lambda_b>1.25$ 时　$\sigma_{cr}=1.1f/\lambda_b^2$ （4-58c）

当梁受压翼缘扭转受到约束时　$\lambda_b=\dfrac{2h_c/t_w}{177}\sqrt{\dfrac{f_y}{235}}$ （4-59a）

当梁受压翼缘扭转未受到约束时　$\lambda_b=\dfrac{2h_c/t_w}{138}\sqrt{\dfrac{f_y}{235}}$ （4-59b）

式中　$h_c$——梁腹板受压区高度，对双轴对称截面 $2h_c=h_0$；

$\lambda_b$——梁腹板受弯计算的正则化宽厚比。

（2）$\tau_{cr}$ 计算公式

当 $\lambda_s \leqslant 0.8$ 时　$\tau_{cr}=f_v$ （4-60a）

当 $0.8<\lambda_s \leqslant 1.2$ 时　$\tau_{cr}=[1-0.59(\lambda_s-0.8)]f_v$ （4-60b）

当 $\lambda_s>1.2$ 时　$\tau_{cr}=1.1f_v/\lambda_s^2$ （4-60c）

当 $a/h_0 \leqslant 1$ 时　$\lambda_s=\dfrac{h_0/t_w}{37\eta\sqrt{4+5.34(h_0/a)^2}}\sqrt{\dfrac{f_y}{235}}$ （4-61a）

当 $a/h_0>1$ 时　$\lambda_s=\dfrac{h_0/t_w}{37\eta\sqrt{5.34+4(h_0/a)^2}}\sqrt{\dfrac{f_y}{235}}$ （4-61b）

式中，$\eta$ 取值：简支梁为1.1，框架梁梁端最大应力区为1。

（3）$\sigma_{c,cr}$ 计算公式

当 $\lambda_c \leqslant 0.9$ 时　$\sigma_{c,cr}=f$ （4-62a）

当 $0.9<\lambda_c \leqslant 1.2$ 时　$\sigma_{c,cr}=[1-0.79(\lambda_c-0.9)]f$ （4-62b）

当 $\lambda_c>1.2$ 时　$\sigma_{c,cr}=1.1f/\lambda_c^2$ （4-62c）

当 $0.5 \leqslant a/h_0 \leqslant 1.5$ 时　$\lambda_c=\dfrac{h_0/t_w}{28\sqrt{10.9+13.4(1.83-a/h_0)^3}}\sqrt{\dfrac{f_y}{235}}$ （4-63a）

当 $1.5<a/h_0 \leqslant 2.0$ 时　$\lambda_c=\dfrac{h_0/t_w}{28\sqrt{18.9-5a/h_0}}\sqrt{\dfrac{f_y}{235}}$ （4-63b）

**2. 同时用横向加劲肋和纵向加劲肋加强的腹板**（见图4-20b、c）

同时用横向加劲肋和纵向加劲肋加强的腹板分为上板段—板段Ⅰ和下板段—板段Ⅱ两种情况，应分别验算。

（1）受压翼缘与纵向加劲肋之间的区格　板段Ⅰ的受力状态如图4-22a所示，两侧受近乎均匀的压应力和剪应力，上下边也按受 $\sigma_c$ 的均匀压应力考虑。这时的临界方程为

$$\left(\frac{\sigma_1}{\sigma_{cr1}}\right)^2+\left(\frac{\sigma_c}{\sigma_{c,cr1}}\right)^2+\left(\frac{\tau}{\tau_{cr1}}\right)^2 \leqslant 1 \quad (4\text{-}64)$$

$\sigma_{cr1}$ 按式（4-58a）~式（4-58c）计算，但式中的 $\lambda_b$ 改用下列 $\lambda_{b1}$ 代替：

当梁受压翼缘扭转受到约束时 $\lambda_{b1}=\dfrac{h_1/t_w}{75}\sqrt{\dfrac{f_y}{235}}$ (4-65a)

当梁受压翼缘扭转未受到约束时 $\lambda_{b1}=\dfrac{h_1/t_w}{64}\sqrt{\dfrac{f_y}{235}}$ (4-65b)

式中 $h_1$——纵向加劲肋至腹板计算高度受压边缘的距离。

$\tau_{cr1}$ 按式（4-60a～c）计算，但式（4-61a、b）中的 $h_0$ 改为 $h_1$。

$\sigma_{c,cr1}$ 也按式（4-58a～c）计算，但式中的 $\lambda_b$ 改用下列 $\lambda_{c1}$ 代替：

当梁受压翼缘扭转受到约束时 $\lambda_{c1}=\dfrac{h_1/t_w}{56}\sqrt{\dfrac{f_y}{235}}$ (4-66a)

当梁受压翼缘扭转未受到约束时 $\lambda_{c1}=\dfrac{h_1/t_w}{40}\sqrt{\dfrac{f_y}{235}}$ (4-66b)

（2）受拉翼缘与纵向加劲肋之间的区格 板段Ⅱ的受力状态如图 4-22b 所示，临界状态方程为

$$\left(\frac{\sigma_2}{\sigma_{cr2}}\right)^2+\left(\frac{\tau}{\tau_{cr2}}\right)^2+\frac{\sigma_{c2}}{\sigma_{c,cr2}}\leqslant 1 \tag{4-67}$$

式中 $\sigma_2$——所计算区格内腹板又平均弯矩产生的腹板在纵向加劲肋处的弯曲压应力；

$\sigma_{c2}$——腹板在纵向加劲肋处的横向压应力，取为 $0.3\sigma_c$；

$\sigma_{cr2}$——按式（4-58a～c）计算，但式中的 $\lambda_b$ 改用下列 $\lambda_{b2}$ 代替

$$\lambda_{b2}=\frac{h_2/t_w}{194}\sqrt{\frac{f_y}{235}} \tag{4-68}$$

$\tau_{cr2}$——按式（4-60a～c）计算，但采用式（4-61a、b）计算 $\lambda_s$ 时，式中的 $h_0$ 改为 $h_2$（$h_2=h_0-h_1$）；

$\sigma_{c,cr2}$——按式（4-62a～c）计算，但采用式（4-63a、b）计算 $\lambda_c$ 时，式中的 $h_0$ 改为 $h_2$，当 $a/h_2>2$ 时，取 $a/h_2=2$。

在受压翼缘与纵向加劲肋之间设有短加劲肋的区格（见图 4-19d），其局部稳定性也按式（4-64）验算。该式中 $\sigma_{cr1}$ 仍按式（4-64）说明的方法计算；$\tau_{cr1}$ 按式（4-60a～c）计算，但采用式（4-61a、b）计算 $\lambda_s$ 时，将式中的 $h_0$ 和 $a$ 改为 $h_1$ 和 $a_1$。计算 $\sigma_{c,cr1}$ 也仍用式（4-58a～c），但式中 $\lambda_b$ 改用下列 $\lambda_{c1}$ 代替：

当梁受压翼缘扭转受到约束时 $\lambda_{c1}=\dfrac{a_1/t_w}{87}\sqrt{\dfrac{f_y}{235}}$ (4-69a)

当梁受压翼缘扭转未受到约束时 $\lambda_{c1}=\dfrac{a_1/t_w}{73}\sqrt{\dfrac{f_y}{235}}$ (4-69b)

对 $a_1/h_1>1.2$ 的区格，式（4-64a、b）右侧应乘以 $1/\left(0.4+0.5\dfrac{a_1}{h_1}\right)^{\frac{1}{2}}$。

### 4.4.5 腹板加劲肋的设计

#### 1. 组合梁腹板配置加劲肋的规定

1）当 $h_0/t_w\leqslant 80\sqrt{235/f_y}$ 时，有局部压应力（$\sigma_c\neq 0$）的梁应按构造配置横向加劲肋；

无局部压应力（$\sigma_c=0$）的梁可不配置加劲肋。

2）当 $h_0/t_w>80\sqrt{235/f_y}$ 时，应配置横向加劲肋。其中，当 $h_0/t_w>170\sqrt{235/f_y}$（受压翼缘扭转受到约束）或 $h_0/t_w>150\sqrt{235/f_y}$（受压翼缘扭转未受到约束时），或按计算需要时，应在弯曲应力较大区格的受压区增加配置纵向加劲肋。局部压应力很大的梁，必要时尚宜在受压区配置短加劲肋。任何情况下，$h_0/t_w$ 均不应超过 $250\sqrt{235/f_y}$。此处 $h_0$ 为腹板的计算高度（对单轴对称梁，当确定要配置纵向加劲肋时，$h_0$ 应取为腹板受压区高度 $h_c$ 的2倍），$t_w$ 为腹板的厚度。

3）梁的支座处和上翼缘受有较大固定集中荷载处，宜设置支承加劲肋。

**2. 加劲肋的构造和截面的尺寸**

一般采用钢板制成的加劲肋，在腹板两侧成对布置。对非吊车梁的中间加劲肋，为了省工省料，也可单侧布置。

横向加劲肋的间距 $a$ 不得小于 $0.5h_0$，也不得大于 $2h_0$（对 $\sigma_c=0$ 的梁，$h_0/t_w\leqslant100$ 时，可采用 $2.5h_0$）。

加劲肋的截面尺寸和截面惯性矩应有一定要求。

双侧布置的钢板横向加劲肋的外伸宽度应满足下式

$$b_s\geqslant\frac{h_0}{30}+40\text{mm} \tag{4-70}$$

单侧布置时，外伸宽度应在式（4-70）的计算结果上增大20%。

加劲肋的厚度应满足

$$t_s\geqslant\frac{b_s}{15}$$

当腹板同时用横向加劲肋和纵向加劲肋加强时，应在其相交处切断纵向肋而使横向肋保持连续。此时，横向肋的断面尺寸除应符合上述规定外，其截面惯性矩（对 $z$-$z$ 轴），尚应满足下列要求

$$I_z\geqslant3h_0t_w^3 \tag{4-71}$$

纵向加劲肋的截面惯性矩（对 $y$-$y$ 轴），应满足下列要求：

当 $a/h_0\leqslant0.85$ 时

$$I_y\geqslant1.5h_0t_w^3 \tag{4-72}$$

当 $a/h_0>0.85$ 时

$$I_y\geqslant\left(2.5-0.45\frac{a}{h_0}\right)\left(\frac{a}{h_0}\right)^2h_0t_w^3 \tag{4-73}$$

当配置有短加劲肋时，其短加劲肋的外伸宽度应取为横向加劲肋外伸宽度的0.7~1.0倍，厚度不应小于短加劲肋外伸宽度的1/15。

用型钢做成的加劲肋，其截面相应的惯性矩不得小于上述对于钢板加劲肋惯性矩的要求。为了减少焊接应力，避免焊缝的过分集中，横向加劲肋的端部应切去宽约 $b_s/3$（但不大于40mm），高约 $b_s/2$（但不大于60mm）的斜角（见图4-23a），以使梁的翼缘焊缝连续通过。

计算加劲肋截面惯性矩的 $y$ 轴和 $z$ 轴，双侧加劲肋为腹板轴线；单侧加劲肋为与加劲肋相连的腹板边缘。

大型梁可采用以肢尖焊于腹板的角钢加劲肋，其截面惯性矩不得小于相应钢板加劲肋的惯性矩。

为了避免焊缝交叉，在加劲肋端部应切去宽约 $b_s/3$ 高约 $b_s/2$ 的斜角。对直接承受动力荷载的梁（如吊车梁），中间横向加劲肋下端不应与受拉翼缘焊接，一般在距受拉翼缘 50~100mm 处断开（见图 4-23b）。

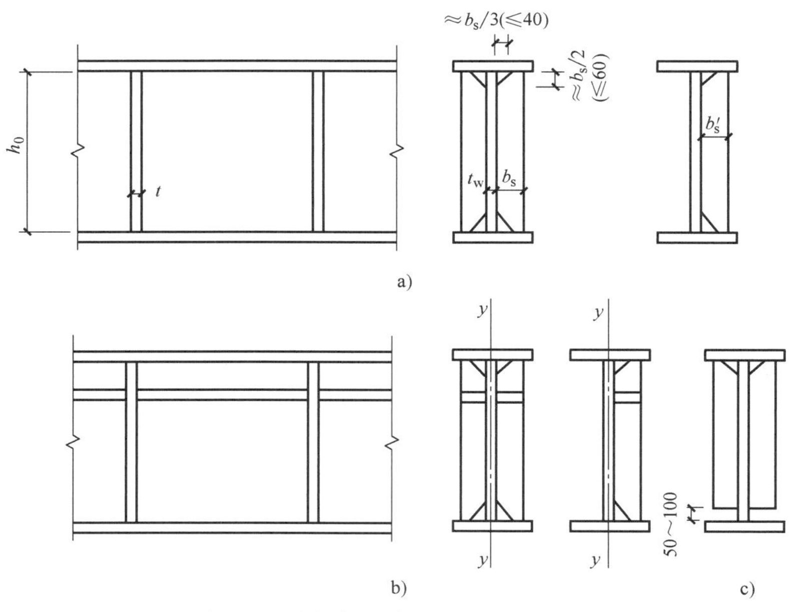


图 4-23　腹板加劲肋的截面尺寸和构造

### 3. 支承加劲肋的计算

支承加劲肋系指承受固定集中荷载或者支座反力的横向加劲肋。此种加劲肋应在腹板两侧成对设置，并应进行整体稳定和端面承压计算，其截面往往比中间横向加劲肋大。

1）按轴心压杆计算支承加劲肋在腹板平面外的稳定性。此压杆的截面包括加劲肋以及每侧各 $15t_w\sqrt{235/f_y}$ 范围内的腹板面积（图 4-24 中阴影部分），其计算长度近似取为 $h_0$。

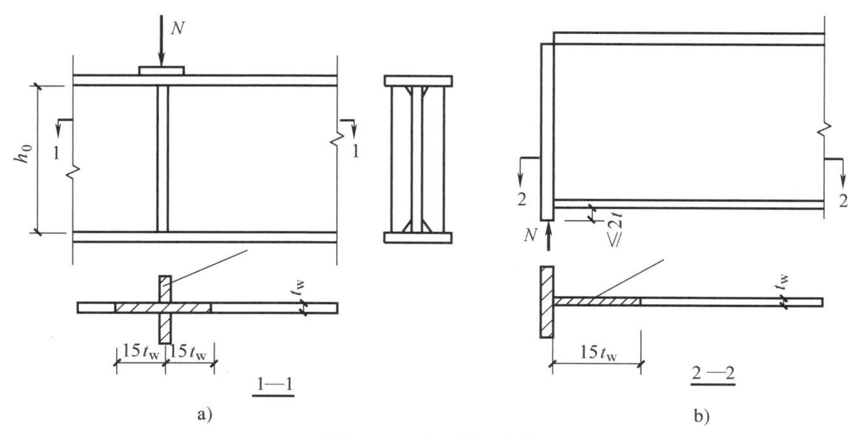


图 4-24　支承加劲肋

2）支承加劲肋一般刨平抵紧于梁的翼缘（见图 4-24a）或柱顶（见图 4-24b），其端面承压强度按下式计算

$$\sigma_{ce} \leqslant \frac{F}{A_{ce}} \leqslant f_{ce} \tag{4-74}$$

式中　$F$——集中荷载或支座反力；

$A_{ce}$——端面承压面积；

$f_{ce}$——钢材端面承压强度设计值。

突缘支座（见图4-24b）的伸出长度不应大于加劲肋厚度的2倍。

**[例题4-4]**　钢梁的受力如图4-25a所示（设计值），梁截面尺寸和加劲肋布置如图4-25d、e所示，在离支座1.5m处梁翼缘的宽度改变一次（280mm变为140mm），钢材为Q235钢。试进行梁腹板稳定性计算和加劲肋的设计。

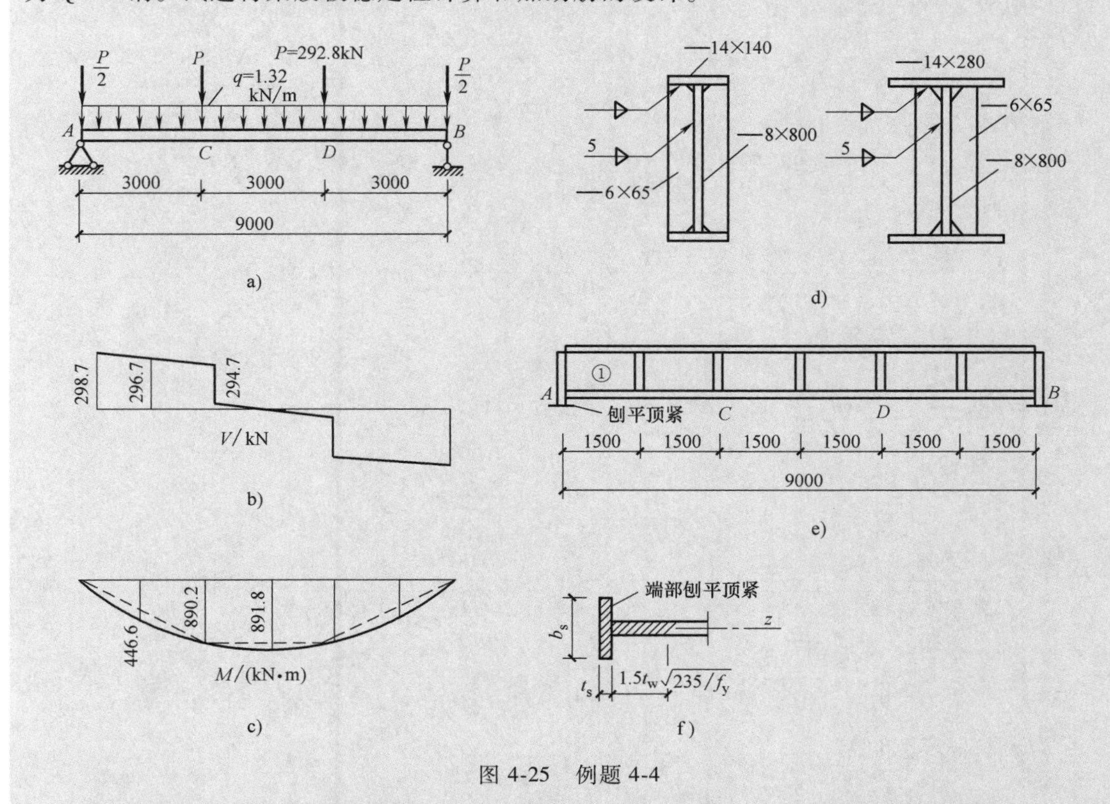


图4-25　例题4-4

**[解]**　(1) 梁的内力和截面特性的计算　经计算，梁所受的弯矩$M$和剪力$V$如图4-25b、c所示。支座附近截面的惯性矩$I_{x1}=9.91\times10^8\text{mm}^4$，跨中附近截面的惯性矩$I_{x2}=1.64\times10^9\text{mm}^4$。

(2) 加劲肋的布置

$$\frac{h_0}{t_w}=\frac{800}{8}=100>80\sqrt{235/f_y} \quad （需设横向加劲肋）$$

$$\frac{h_0}{t_w}=100<150\sqrt{235/f_y} \quad （不需设纵向加劲肋）$$

因为 1/3 跨处有集中荷载，所以该处应设置支承加劲肋，又横向加劲肋的最大间距为 $2.5h_0=2.5\times800\text{mm}=2000\text{mm}$，故最后取横向加劲肋的间距为 1500mm，布置如图 4-25 所示。

（3）区格①的局部稳定验算

1）区格所受应力。

区格两边的弯矩

$$M_1=0, M_2=\left(298.7\times1.5-\frac{1}{2}\times1.32\times1.5^2\right)\text{kN}\cdot\text{m}=446.6\text{kN}\cdot\text{m}$$

区格所受正应力

$$\sigma=\frac{M_1+M_2}{2}\frac{y_1}{I_x}=\frac{1}{2}\times(0+446.6\times10^6)\times\frac{400}{9.91\times10^8}\text{N/mm}^2=90.2\text{N/mm}^2$$

区格两边的剪力

$$V_1=298.7\text{kN}, V_2=(298.7-1.32\times1.5)\text{kN}=296.7\text{kN}$$

区格所受剪应力

$$\tau=\frac{V_1+V_2}{2}\frac{1}{h_w t_w}=\frac{1}{2}\times\frac{(298.7+296.7)\times10^3}{800\times8}\text{N/mm}^2=46.5\text{N/mm}^2$$

2）区格的临界应力。

$$\lambda_b=\frac{2h_c/t_w}{138}\sqrt{\frac{f_y}{235}}=\frac{100}{138}=0.725<0.85，\sigma_{cr}=f=215\text{N/mm}^2$$

$$\frac{a}{h_0}=\frac{1500}{800}=1.875>1.0$$

$$\lambda_s=\frac{h_0/t_w}{37\eta\sqrt{5.34+4(h_0/a)^2}}\sqrt{\frac{f_y}{235}}=\frac{100}{37\times1.1\sqrt{5.34+4\times(800/1500)^2}}=0.958$$

因为 $0.8<0.958<1.0$，所以

$$\tau_{cr}=[1-0.59(\lambda_s-0.8)]f_v=[1-0.59(0.958-0.8)]\times125\text{N/mm}^2=113.3\text{N/mm}^2$$

3）局部稳定计算

$$\left(\frac{\sigma}{\sigma_{cr}}\right)^2+\left(\frac{\tau}{\tau_{cr}}\right)^2+\frac{\sigma_c}{\sigma_{c,cr}}=\left(\frac{90.2}{215}\right)^2+\left(\frac{46.5}{113.3}\right)^2+0=0.352<1.0(\text{满足要求})$$

（4）其他区格的局部稳定验算　与区格①的类似，详细过程略。

（5）横向加劲肋的截面尺寸和连接焊缝

$$b_s\geq\frac{h_0}{30}+40\text{mm}=\left(\frac{800}{30}+40\right)\text{mm}=66.7\text{mm}\quad(\text{采用 } b_s=65\text{mm}\approx66.7\text{mm})$$

$$t_s\geq\frac{b_s}{15}=\frac{65}{15}\text{mm}=4.33\text{mm}\quad(\text{采用 } t_s=6\text{mm})$$

这里选用 $b_s=65\text{mm}$，主要是使加劲肋外边缘不超过翼缘板的边缘。

加劲肋与腹板的角焊缝连接，按构造要求确定

$$h_f \geqslant 1.5\sqrt{t}=1.5\sqrt{8}\text{mm}=4.24\text{mm}\quad（采用 h_f=5\text{mm}）$$

（6）支座处支承加劲肋的设计　采用突缘式支承加劲肋。

1）按端面承压强度试选加劲肋厚度。已知 $f_{ce}=325\text{N/mm}^2$，支座反力为

$$N=\left(\frac{3}{2}\times 292.8+\frac{1}{2}\times 1.32\times 9\right)\text{kN}=445.1\text{kN}$$

$b_s=14\text{mm}$（与翼缘板等宽），则需要：$t_s \geqslant \dfrac{N}{b_s f_{ce}}=\dfrac{445.11\times 10^3}{140\times 325}\text{mm}=9.78\text{mm}$

考虑到支座支承加劲肋是主要传力构件，为保证其使梁在支座处有较强的刚度，取加劲肋厚度与梁翼缘板厚度大致相同，采用 $t_w=12\text{mm}$。加劲肋端面刨平顶紧，突缘伸出板梁下翼缘底面的长度为 20mm，小于构造要求 $2t_s=24\text{mm}$。

2）按轴心受压构件验算加劲肋在腹板平面外的稳定支承加劲肋的截面积（见图 4-25f）。

$$A_z=b_s t_s+15t_w^2\sqrt{\frac{235}{f_y}}=(140\times 12+15\times 8^2\times 1)\text{mm}^2=2.64\times 10^3\text{mm}^2$$

$$I_z=\frac{1}{12}t_s b_s^3=\frac{1}{12}\times 12\times 140^3\text{mm}^4=2.74\times 10^6\text{mm}^4$$

$$i_z=\sqrt{\frac{I_z}{A_z}}=\sqrt{\frac{2.74\times 10^6}{2.64\times 10^3}}\text{mm}=32.2\text{mm}$$

$\lambda_z=\dfrac{h_0}{i_z}=\dfrac{800}{32.2}=24.8$，查附表 4-3（适用于 Q235 钢，$c$ 类截面），得轴心受压稳定系数 $\varphi=0.935$。

$$\frac{N}{\varphi A_z}=\frac{445.1\times 10^3}{0.935\times 2.64\times 10^3}\text{N/mm}^2=180.3\text{N/mm}^2<f=215\text{N/mm}^2（满足要求）$$

3）加劲肋与腹板的角焊缝连接计算。$f_f^w=160\text{N/mm}^2$。

$$\sum l_w=2(h_0-2h_f)\approx 2\times(800-10)\text{mm}=1580\text{mm}$$

$$h_f \geqslant \frac{N}{0.7\sum l_w\cdot f_f^w}=\frac{445.1\times 10^3}{0.7\times 1580\times 160}\text{mm}=2.5\text{mm}$$

按构造要求，$h_{f\min}=1.5\sqrt{t_s}=1.5\sqrt{12}\text{mm}=5.2\text{mm}$，采用 $h_f=6\text{mm}$。

## 4.5 梁腹板的屈曲后强度

### 4.5.1 薄板的屈曲后强度

前面分析板的局部稳定时假设板发生的是小变形，忽略了板中面产生的薄膜力。采用大

挠度理论，分析图 4-25 所示的单向均匀受压四边简支矩形板屈曲后强度，得出板所受压力 $N_x$ 与板挠度 $w$ 的关系曲线如图 4-26 所示。由图中可见，侧边有支承的无缺陷薄板，在失去局部稳定之后，仍可继续承担更大的荷载，直到 $A$ 点板边开始屈服，此后由于塑性发展，板的挠度迅速增加，很快达到极限荷载。一般实际中的板都或多或少存在缺陷，考虑缺陷影响后板的极限承载力与 $A$ 点的荷载接近。因此可把无缺陷板侧边纤维达屈服时的荷载作为板的极限承载力，称为薄板的屈曲后强度。

如图 4-27 所示，板屈曲后中面应力分布为

$$\sigma_x=\sigma_u+\frac{(\sigma_u-\sigma_{xcr})\cos 2\pi y}{b} \tag{4-75}$$

$$\sigma_y=\frac{(\sigma_u-\sigma_{xcr})\cos 2m\pi x}{b} \tag{4-76}$$

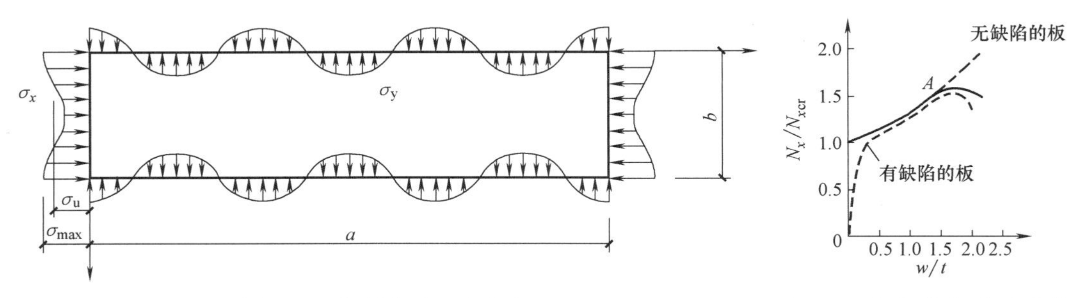


图 4-26　板屈曲后应力分布　　　　图 4-27　板的荷载-挠度曲线

在板屈曲前纵向应力 $\sigma_x$ 是均匀分布的。$\sigma_x$ 超过 $\sigma_{xcr}$ 后（即屈曲后），随压力的增大在板中产生横向应力 $\sigma_y$，在每个波节中，两端是压应力，中部是拉应力。正由于这个拉应力牵制了板纵向变形的发展，使板屈曲后有继续承载的潜能，同时 $\sigma_x$ 的分布也不再均匀，呈现两端大，中间小的马鞍形（图 4-28a）。

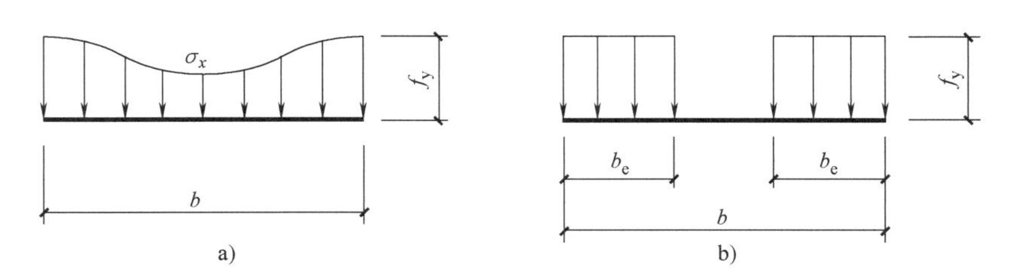


图 4-28　板件有效宽度

从以上介绍可见板有较大的屈曲后潜能可以利用。国内外学者在理论与实验研究的基础上提出有效宽度的概念：根据合力不变原则将截面应力分布等效成图 4-28b 所示形式，中间无应力部分认为无效，在计算时从截面中扣除。两端应力为 $f_y$ 的部分认为有效，两部分宽度之和即为板的有效宽度。当非均匀受压时，板件两边的有效宽度不相等。目前有效宽度的计算是采用来源于实验的经验公式，有效宽度概念广泛用于冷弯薄壁型钢构件设计中。

钢组合梁的腹板一般较薄，往往有横向加劲肋加强，试验研究和理论分析均已证明，只要梁翼缘和加劲肋没有破坏，即使梁腹板失去了局部稳定，钢梁仍可继续承载。梁腹板受压

屈曲后和受剪屈曲后的承载机理不同，本节将重点介绍这两种屈曲后强度的计算问题。

考虑到多次反复屈曲可能导致腹板边缘出现疲劳裂纹，因此对直接承受动力荷载的梁（如吊车梁）暂不考虑腹板屈曲后强度。此外，进行塑性设计时也不能利用屈曲后强度，因为板件局部屈曲将使构件塑性不能充分发展。在组合梁的设计中，不考虑翼缘屈曲后承载力的提高，因为对工字形截面来说，翼缘属三边简支，一边自由板件，屈曲后继续承载的潜能不是很大。利用腹板屈曲后强度的梁，一般不再考虑设置纵向加劲肋。

## 4.5.2 梁腹板的受剪屈曲后强度

如图 4-29a 所示，梁腹板在剪力作用下，尽管发生了局部屈曲，但由于薄膜效应在腹板中形成了张力场，使梁可以继续承载。目前关于张力场理论有多种模型和假定，本书介绍 Basler 建议的模型，该模型计算结果与实验结果吻合的较好。在 Basler 模型中将腹板屈曲后的梁视为一个桁架，腹板变为宽度为 $S$ 的拉杆（张拉带），横向加劲肋为受压竖杆。腹板屈曲后的剪切承载力 $V_u$ 是屈曲强度 $V_{cr}$ 和屈曲后强度 $V_t$ 之和，即

$$V_u = V_{cr} + V_t \tag{4-77}$$

式中，$V_{cr} = h_0 t_w \tau_{cr} = A_w \tau_{cr}$。

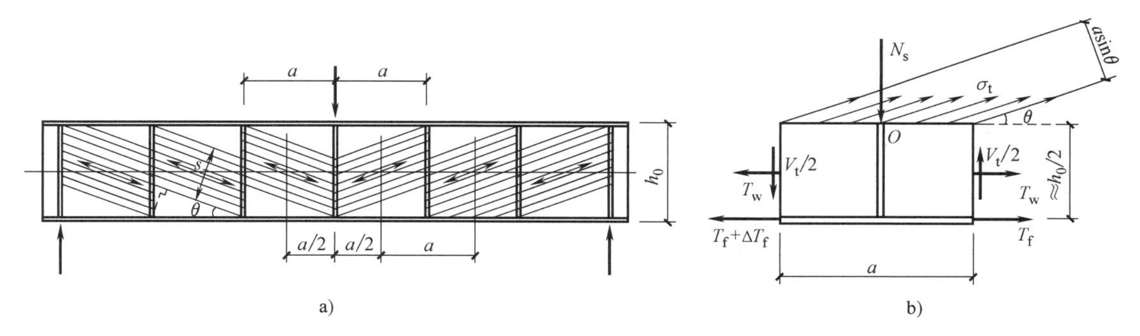


图 4-29 梁腹板中形成的张拉场

图 4-29a 中张拉带的宽度 $S = h_0\cos\theta - a\sin\theta$，当张拉带的应力为 $\sigma_t$ 时，由张力场产生的竖向分剪力 $V'_t$ 为

$$V'_t = \sigma_t t_w (h_0\cos\theta - a\sin\theta)\sin\theta = \sigma_t t_w\left(\frac{h_0}{2}\sin 2\theta - a\sin^2\theta\right) \tag{4-78}$$

由 $\dfrac{\partial V'_t}{\partial \theta} = 0$ 得产生最大拉力的 $\theta$

$$\tan 2\theta = \frac{h_0}{a} \tag{4-79}$$

屈曲后强度 $V_t$ 为拉力带产生的竖向剪力 $V'_t$ 与除拉力带以外部分腹板所承受的屈曲后剪力之和。可通过建立图 4-29b 所示的隔离体平衡得到。由水平力平衡的下翼缘拉力差为

$$\Delta T_f = (\sigma_t t_w a\sin\theta)\cos\theta = \frac{1}{2}\sigma_t t_w a\sin 2\theta \tag{4-80}$$

由绕 $O$ 点的力矩平衡得

$$V_{\mathrm{t}}=\frac{\Delta T_{\mathrm{f}}h_0}{a}=\frac{1}{2}\sigma_{\mathrm{t}}h_0t_{\mathrm{w}}\sin2\theta=\frac{1}{2}\sigma_{\mathrm{t}}A_{\mathrm{w}}\frac{1}{\sqrt{1+(a/h_0)^2}} \tag{4-81}$$

腹板屈曲时 $\tau_{\mathrm{cr}}$ 引起的主应力方向与 $\sigma_{\mathrm{t}}$ 的方向并不一致，为简化计算可假设一致。可得屈服条件为 $\tau_{\mathrm{cr}}+\sigma_{\mathrm{t}}/\sqrt{3}=f_{\mathrm{vy}}$，将 $\sigma_{\mathrm{t}}=\sqrt{3}\ (f_{\mathrm{vy}}-\tau_{\mathrm{cr}})$ 代入式（4-81）得

$$V_{\mathrm{t}}=\frac{\sqrt{3}}{2}A_{\mathrm{w}}\frac{f_{\mathrm{vy}}-\tau_{\mathrm{cr}}}{\sqrt{1+(a/h_0)^2}} \tag{4-82}$$

将式（4-82）代入式（4-77）得

$$V_{\mathrm{u}}=\tau_{\mathrm{cr}}A_{\mathrm{w}}+\frac{\sqrt{3}}{2}A_{\mathrm{w}}\frac{f_{\mathrm{vy}}-\tau_{\mathrm{cr}}}{\sqrt{1+(a/h_0)^2}}=A_{\mathrm{w}}\left(\tau_{\mathrm{cr}}+\frac{f_{\mathrm{vy}}-\tau_{\mathrm{cr}}}{1.15\sqrt{1+(a/h_0)^2}}\right) \tag{4-83}$$

式（4-83）即为腹板的极限抗剪承载力。为了简化计算，我国规范采用下面的近似公式计算 $V_{\mathrm{u}}$ 的设计值：

当 $\lambda_{\mathrm{s}}\leqslant0.8$ 时
$$V_{\mathrm{u}}=h_{\mathrm{w}}t_{\mathrm{w}}f_{\mathrm{v}} \tag{4-84a}$$
当 $0.8<\lambda_{\mathrm{s}}\leqslant1.2$ 时
$$V_{\mathrm{u}}=h_{\mathrm{w}}t_{\mathrm{w}}f_{\mathrm{v}}[1-0.5(\lambda_{\mathrm{s}}-0.8)] \tag{4-84b}$$
当 $\lambda_{\mathrm{s}}>1.2$ 时
$$V_{\mathrm{u}}=\frac{h_{\mathrm{w}}t_{\mathrm{w}}f_{\mathrm{v}}}{\lambda_{\mathrm{s}}^{1.2}} \tag{4-84c}$$

式中 $\lambda_{\mathrm{s}}$——用于抗剪计算的腹板通用高厚比，按式（4-43a）、式（4-43b）计算，当组合梁仅配置支座加劲肋时，式中的 $h_0/a=0$；

$h_{\mathrm{w}}$——腹板高度。

由图 4-29b 所示隔离体竖向力平衡条件得横向加劲肋所受压力为

$$N_{\mathrm{s}}=\sigma_{\mathrm{t}}at_{\mathrm{w}}\sin^2\theta \tag{4-85}$$

将 $\sigma_{\mathrm{t}}=\sqrt{3}(f_{\mathrm{vy}}-\tau_{\mathrm{cr}})$ 及 $\sin^2\theta$ 的表达式代入式（4-85）得

$$N_{\mathrm{s}}=\frac{at_{\mathrm{w}}}{1.15}(f_{\mathrm{vy}}-\tau_{\mathrm{cr}})\left(1-\frac{a/h_0}{\sqrt{1+(a/h_0)^2}}\right) \tag{4-86}$$

即为张力场产生的对横向加劲肋的竖向力。当横向加劲肋上端尚有集中力 $F$ 时，计算时应将其加入 $N_{\mathrm{s}}$ 中。此外，张力场对横向加劲肋产生水平分力，对中间加劲肋来说，可以认为两相邻区格的水平力相互抵消。因此，这类加劲肋只按轴心受压计算其在腹板平面外的稳定。对支座加劲肋，必须考虑这个水平力的影响，按压弯构件计算其在腹板平面外的稳定。

为了简化计算，与对 $V_{\mathrm{u}}$ 的处理类似，我国规范采用下列近似公式计算 $N_{\mathrm{s}}$

$$N_{\mathrm{s}}=V_{\mathrm{u}}-\tau_{\mathrm{cr}}h_{\mathrm{w}}t_{\mathrm{w}}+F \tag{4-87}$$

式中，$V_{\mathrm{u}}$ 按式（4-84）计算；$\tau_{\mathrm{cr}}$ 按式（4-45）计算；作用于中间支承加劲肋上的集中力 $F$，只有在计算该加劲肋时才加上此力。

### 4.5.3 腹板受弯屈曲后梁的强度

腹板区格当其 $\dfrac{h_0}{t_{\mathrm{w}}}$ 较大时，在纯弯作用下腹板会发生弹性屈曲，此时板边缘的压应力 $\sigma_{\mathrm{cr}}$ 尚未达到钢材屈服强度 $f_{\mathrm{y}}$。腹板屈曲后，因薄膜效应，梁还可继续承载，但受压区的应力分布不再是线性（见图 4-30），中和轴位置下移，直到板边缘纤维达到钢材屈服强度 $f_{\mathrm{y}}$ 才达到

极限承载力。设计中仍可在受压区引入有效宽度的概念，认为受压区上下两部分有效，中间部分退出工作，受拉区全部有效。

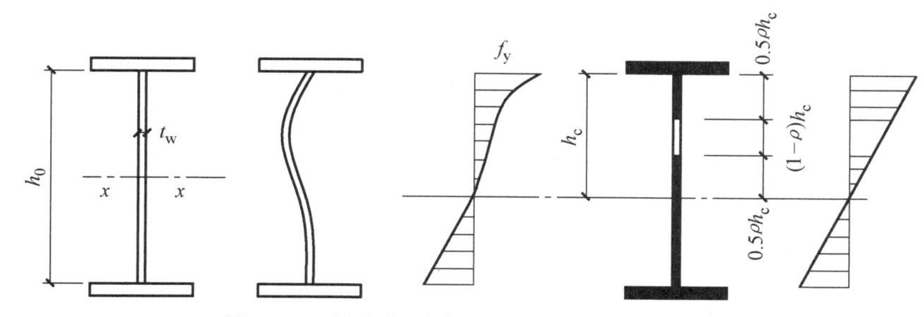


图 4-30　梁腹板受弯屈曲后的有效截面

研究表明，受压翼缘受到扭转约束的 Q235 钢梁，当腹板高厚比达到 200 时（或受压翼缘扭转未受到约束的梁，当腹板高厚比达到 175 时），腹板屈曲后梁的抗弯承载力与全截面有效的梁相比仅下降 5%。这说明腹板局部屈曲对梁的抗弯影响不大，我国规范采用如下近似公式计算腹板受弯屈曲后梁的抗弯承载力设计值 $M_{eu}$

$$M_{eu}=\gamma_x\alpha_e W_x f \tag{4-88}$$

$$\alpha_e=1-\frac{(1-\rho)h_c^3 t_w}{2I_x} \tag{4-89}$$

式中　$\alpha_e$——梁截面模量考虑腹板有效高度的折减系数；

$I_x$——按梁截面全部有效算得的绕 $x$ 轴的惯性矩；

$h_c$——按梁截面全部有效算得的腹板受压区高度；

$\gamma_x$——梁截面塑性发展系数；

$\rho$——腹板受压区有效高度系数；

腹板受压区有效高度系数 $\rho$ 按下列公式计算：

当 $\lambda_b\leqslant 0.85$ 时　$\rho=1.0$　(4-90a)

当 $0.85<\lambda_b\leqslant 1.25$ 时　$\rho=1-0.82(\lambda_b-0.85)$　(4-90b)

当 $\lambda_b>1.25$ 时　$\rho=\frac{1}{\lambda_b}\left(1-\frac{0.2}{\lambda_b}\right)$　(4-90c)

式中　$\lambda_b$——腹板受弯时通用高厚比，按式（4-51a）、式（4-51b）计算。

### 4.5.4　同时受弯和受剪的梁考虑腹板屈曲后强度

实际工程中梁腹板大多承受弯剪的联合作用。研究表明（见图 4-31）：当剪力 $V\leqslant 0.5V_u$ 时，梁的极限弯矩仍可取为 $M_{eu}$；当梁所受的弯矩不超过两个翼缘的抗弯能力 $M_f$ 时可以认为腹板不参与承担弯矩，故梁的抗剪能力为 $V_u$；当 $V>0.5V_u$ 或 $M>M_f$ 时，《钢结构设计标准》采用类似欧洲钢结构试行规范（EC3）的相关公式验算梁的抗弯和抗剪承载能力

$$\left(\frac{V}{0.5V_u}-1\right)^2+\frac{M-M_f}{M_{eu}-M_f}\leqslant 1 \tag{4-91}$$

$$M_f=\left(A_{f1}\frac{h_1^2}{h_2}+A_{f2}h_2\right)f \tag{4-92}$$

式中　$M$、$V$——所计算区格内梁的任一截面上同时产生的弯矩和剪力设计值，当 $V<0.5V_u$ 取 $V=0.5V_u$，当 $M<M_f$ 取 $M=M_f$；

$M_f$——两翼缘所承担的弯矩设计值；

$A_{f1}$、$h_1$——较大翼缘截面积及其形心至梁中和轴的距离；

$A_{f2}$、$h_2$——较小翼缘截面积及其形心至梁中和轴的距离；

$M_{eu}$、$V_u$——梁抗弯和抗剪承载力设计值，见式（4-88）、式（4-84a）~式（4-84c）。

图 4-31 给出了以上所述的三种情况的适用范围。

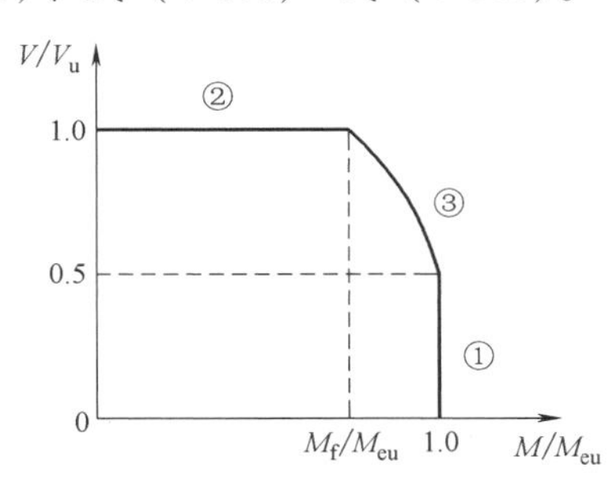


图 4-31　利用腹板屈曲后强度的梁的剪力和弯矩相关曲线

## 4.5.5　利用腹板屈曲后强度梁的加劲肋设计

《钢结构设计标准》规定：当梁仅配支承加劲肋不能满足式（4-91）的要求时，应在两侧成对布置中间横向加劲肋，其间距一般为（1~2）$h_0$，截面尺寸除应满足构造要求外，中间加劲肋还要能够承担由式（4-85）、式（4-86）计算的张力场产生的竖向力和集中力，按轴心受压构件验算其平面外的稳定性。

支座加劲肋承担的竖向力按支座反力 $R$ 考虑，当腹板在支座旁的区格利用屈曲后强度即 $\lambda_s>0.8$ 时，支座加劲肋还要承受张力场产生的水平分力 $H$ 的作用，按压弯构件计算其强度和在腹板平面外的稳定。$H$ 按下式计算

$$H=(V_u-h_0t_w\tau_{cr})\sqrt{1+(a/h_0)^2} \tag{4-93}$$

对设中间横向加劲肋的梁，$a$ 取支座端区格的加劲肋间距。对不设中间加劲肋的腹板，$a$ 取梁支座至跨内剪力为零点的距离。

$H$ 的作用点在距腹板计算高度上边缘 $h_0/4$ 处。此压弯构件的计算长度同一般支座加劲肋。

如果为增强梁的抗弯能力在支座处采用图 4-32a 所示的加封头肋板的构造形式时，可按下述简化方法进行计算：肋板 1 作为承受支座反力 $R$ 的轴心压杆计算，封头肋板 2 的截面积不应小于 $A_c$

$$A_c=\frac{3h_0H}{16ef} \tag{4-94}$$

式中　$e$——支座加劲肋与封头肋板之间的距离；

$f$——钢材的设计强度。

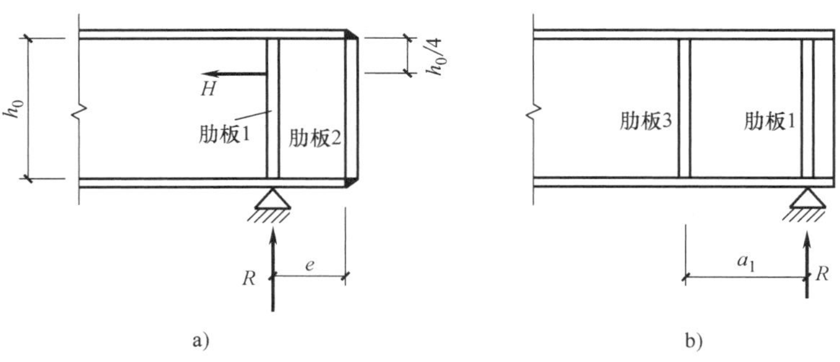


图 4-32　利用腹板屈曲后强度的梁端构造

图4-32b给出了另一种梁端构造方法，即在梁端处减小支座肋板1与相邻肋板3的间距$a_1$，使该区格腹板的通用高厚比$\lambda_s \leq 0.8$，从而使其不会发生局部屈曲。这样支座加劲肋就不会受到拉力的作用了，按承受支座反力$R$的轴心压杆验算其平面外的稳定性即可。

**[例题4-5]**　某焊接工字形截面简支梁，跨度为12m，承受均布荷载235kN/m（包括梁的自重），如图4-33a所示，钢材为Q235钢。截面尺寸如图4-33c所示。跨中有侧向支承保证梁的整体稳定，但梁的上翼缘扭转变形不受约束。试验算考虑屈曲后强度的腹板承载力要求，并设置加劲肋。

**[解]**　(1) 梁内力和截面特性的计算　梁的弯矩和剪力分布如图4-33所示。截面特性$I_x = 2.30 \times 10^{10} \text{mm}^4$，$W_x = 2.25 \times 10^6 \text{mm}^3$。

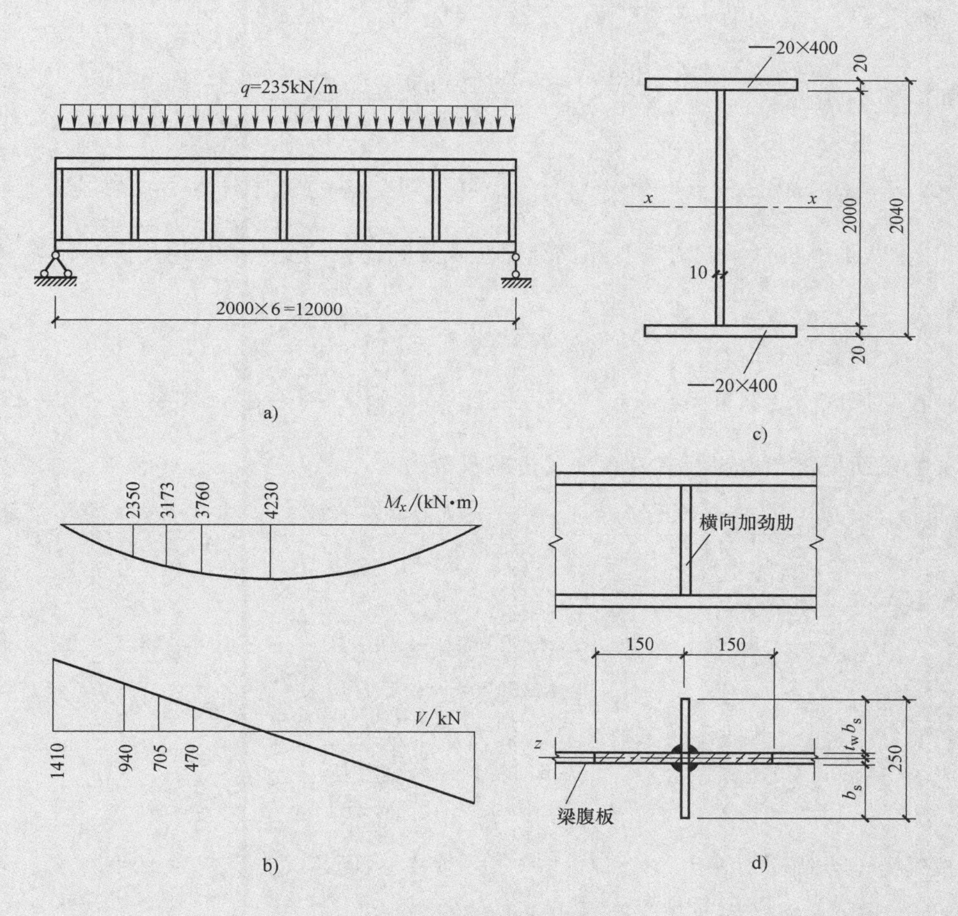


图4-33　例题4-5

(2) 假设不设中间横向加劲肋，验算腹板抗剪承载力是否满足要求　梁端截面$V=$ 1410kN。剪切通用高厚比（$a/h_0 \approx \infty$）为$\lambda_s = \dfrac{h_w/t_w}{41\sqrt{5.34}}\sqrt{\dfrac{f_y}{235}} = \dfrac{200}{41\sqrt{5.34}} \times 1 = 2.11$

则抗剪承载力为

$$V_u=\frac{h_w t_w f_v}{\lambda_s^{1.2}}=\frac{2000\times10\times125}{2.11^{1.2}}\text{N}=1020\text{kN}<V=1410\text{kN}$$

所以，应该设置中间横向加劲肋，取加劲肋间距为2000mm，如图4-33a所示。

（3）设加劲肋后的截面抗剪和抗弯承载力验算

1）梁翼缘能承受的弯矩

$$M_f=2A_{f1}h_1f=2\times400\times20\times1010\times205\times10^{-6}\text{kN}\cdot\text{m}=3313\text{kN}\cdot\text{m}$$

2）区格的抗剪承载力和屈曲临界应力。剪切通用高厚比（$a/h_0=1.0$）为

$$\lambda_s=\frac{h_w/t_w}{41\sqrt{5.34+4(h_0/a)^2}}\sqrt{\frac{f_y}{235}}=\frac{200}{41\sqrt{5.34+4}}\times1=1.596$$

屈曲临界应力 $\tau_{cr}=\dfrac{1.1f_v}{\lambda_s^2}=\dfrac{1.1\times125}{1.596^2}\text{N/mm}^2=54\text{N/mm}^2$

抗剪承载力为 $V_u=\dfrac{h_w t_w f_v}{\lambda_s^{1.2}}=\dfrac{2000\times10\times125}{1.596^{1.2}}\text{kN}=1427\text{kN}>V_{max}=1410\text{kN}$（满足要求）

3）梁截面的抗弯承载力。受压翼缘扭转未受到约束的受弯腹板通用高厚比为

$$\lambda_b=\frac{h_w/t_w}{153}\sqrt{\frac{f_y}{235}}=\frac{200}{153}\times1=1.307>1.25$$

腹板受压区有效高度系数 $\rho=\dfrac{1}{\lambda_s}\left(1-\dfrac{0.2}{\lambda_b}\right)=\dfrac{1}{1.307}\times\left(1-\dfrac{0.2}{1.307}\right)=0.648$

梁的截面模量考虑腹板有效高度的折减系数为

$$\alpha_e=1-\frac{(1-\rho)h_c^3t_w}{2I_x}=1-\frac{(1-0.648)\times100^3\times1}{2\times2.30\times10^6}=0.923$$

抗弯承载力为

$$M_{eu}=\gamma_x\alpha_eW_xf=1.05\times0.923\times2.25\times10^6\times205\times10^{-6}\text{kN}\cdot\text{m}=4478\text{kN}\cdot\text{m}$$

$$>M_{max}=4230\text{kN}\cdot\text{m}(\text{满足要求})$$

4）弯矩与剪力共同作用下的验算。相关方程为

$$\left(\frac{V}{0.5V_u}-1\right)^2+\frac{M-M_f}{M_{eu}-M_f}\leqslant1$$

按规定，当截面上 $V<0.5V_u$ 时，取 $V=0.5V_u$，因而相关方程变为 $M\leqslant M_{eu}$；当截面上 $M<M_f$ 时，取 $M=M_f$，因而相关方程变为 $V\leqslant V_u$。

从图4-32b的内力图中可以看出，在跨中6m范围内，各截面的剪力均小于 $\dfrac{1}{2}V_u=\dfrac{1}{2}\times1427\text{kN}=713.5\text{kN}$，而弯矩均小于 $M_{eu}=4478\text{kN}\cdot\text{m}$，因而满足相关方程；在支座3mm范围内，各截面的弯矩均小于 $M_f=3313\text{kN}\cdot\text{m}$，而剪力均小于 $V_u=1427\text{kN}$，因而满足相关方程。

(4) 中间横向加劲肋的设计

1) 加劲肋的截面选取。

$$b_s \geqslant \frac{h_0}{30}+40\text{mm}=\left(\frac{2000}{30}+40\right)\text{mm}=106.7\text{mm}(\text{采用 } b_s=120\text{mm})$$

$$t_s \geqslant \frac{b_s}{15}=\frac{120}{15}\text{mm}=8\text{mm}(\text{采用 } t_s=8\text{mm})$$

2) 验算加劲肋平面外的稳定性

加劲肋的轴压力 $N_s=V_u-\tau_{cr}h_w t_w=(1427-54\times2000\times10\times10^{-3})\text{kN}=347\text{kN}$

按规定，加劲肋的面积应加上每侧一定范围的腹板面积，如图 4-33d 所示，则

$$A=(2\times120\times8+2\times15\times10^2)\text{mm}^2=4920\text{mm}^2$$

惯性矩 $I_z=\frac{1}{12}\times8\times(2\times120+10)^3\text{mm}^4=1.04\times10^7\text{mm}^4$

回转半径 $i_z=\sqrt{\frac{I_z}{A}}=\sqrt{\frac{1.04\times10^7}{4920}}\text{mm}=46\text{mm}$。

长细比 $\lambda_z=\frac{h_0}{i_z}=\frac{2000}{46}=43.5$

按 b 类截面，查附表 4-2 可得整体稳定系数 $\varphi=0.885$，则

$$\frac{N_s}{\varphi A}=\frac{347\times10^3}{0.885\times4920}\text{N/mm}^2=79.7\text{N/mm}^2<f=215\text{N/mm}^2(\text{满足要求})$$

3) 加劲肋与腹板的连接角焊缝。因 $N_s$ 不大，焊缝尺寸按构造要求确定，$h_f>1.5\sqrt{t_w}=1.5\sqrt{10}\text{mm}=4.74\text{mm}$，采用 $h_f=5\text{mm}$。

(5) 支座处支承加劲肋的设计　支承加劲肋采用图 4-32a 所示的构造形式，封头肋板与支承加劲肋的间距为 $e=300\text{mm}$。

由张力场引起的水平力为

$$H=(V_u-\tau_{cr}h_w t_w)\sqrt{1+(a/h_0)^2}=(1427-54\times2000\times10\times10^{-3})\times\sqrt{1+1}\text{kN}=491\text{kN}$$

所需封头肋板的截面积为

$$A_c=\frac{3h_0 H}{16ef}=\frac{3\times2000\times491\times10^3}{16\times300\times215}\text{mm}^2=2855\text{mm}^2,\text{采用截面为}-14\times400$$

支承加劲肋的设计按轴心压杆计算，计算过程同例题 4-4。

## 4.6 型钢梁和组合梁的设计

### 4.6.1 型钢梁的设计

型钢梁中应用最广泛的是工字钢和 H 型钢。型钢梁设计一般应满足强度、整体稳定和

刚度的要求。型钢梁腹板和翼缘的宽厚比都不太大，局部稳定常可得到保证，不需进行验算；端部无大的削弱时，也不必验算剪应力；局部压应力也只在有较大集中荷载或支座反力处才验算。当梁的整体稳定有保证时，首先按抗弯强度，求出需要的截面模量

$$W_{nx}=\frac{M_{max}}{\gamma_x f} \tag{4-95}$$

然后，由截面模量选择合适的型钢，最后验算其他项目。

## 4.6.2 组合梁的设计

### 1. 截面选择

组合梁截面应满足强度、整体稳定、局部稳定和刚度的要求。设计组合梁时，需要初步估计梁的截面高度、腹板厚度和翼缘尺寸。

（1）梁的截面高度　确定梁的截面高度应考虑建筑高度、刚度和经济三个方面的要求。

1）建筑高度是指梁的底面到铺板顶面之间的高度，通常由生产工艺和使用要求决定。确定了建筑高度也就确定了梁的最大高度 $h_{max}$。

2）刚度条件要求梁在全部荷载标准值作用下的挠度 $v$ 不大于容许挠度 $[v_T]$。刚度要求确定了梁的最小高度 $h_{min}$。

3）梁的经济高度，梁用钢量最少的高度。经验公式为

$$h_e=7\sqrt[3]{W_x}-300\text{mm} \tag{4-96}$$

实际采用的梁高，应介于建筑高度和最小高度之间，并接近经济高度。梁的腹板高度 $h_w$ 可稍小于梁的高度，一般取腹板高度 $h_w$ 为 50mm 的倍数。

（2）梁的腹板厚度　腹板厚度应满足抗剪强度的要求。初选截面时，可近似的假定最大剪应力为腹板平均剪应力的 1.2 倍，根据腹板的抗剪强度计算公式

$$t_w \geqslant 1.2\frac{V_{max}}{h_w f_v} \tag{4-97}$$

由式（4-97）确定的 $t_w$ 值往往偏小。为了考虑局部稳定和构造等因素，腹板厚度一般用下式进行估算

$$t_w=\frac{\sqrt{h_w}}{3.5} \tag{4-98}$$

实际采用的腹板厚度应考虑钢板的现有规格，一般为 2mm 的倍数。对于非吊车梁，腹板厚度取值宜比式（4-98）的计算值略小；对考虑腹板屈曲后强度的梁，腹板厚度可更小，但腹板高厚比不宜超过 $250\sqrt{235/f_y}$。

（3）梁的翼缘尺寸　已知腹板尺寸，可求得需要的翼缘截面积 $A_f$。

已知　$I_x=\frac{1}{12}t_w h_0^3+2A_f\left(\frac{h_1}{2}\right)^2=W_x\frac{h}{2}$，由此得每个翼缘的面积为

$$A_f = W_x \frac{h}{h_1^2} - \frac{1}{6} t_w \frac{h_w^3}{h_1^2}$$

近似取 $h \approx h_1 \approx h_0$，则翼缘面积为

$$A_f = \frac{W_x}{h_w} - \frac{1}{6} t_w h_0 \tag{4-99}$$

翼缘板的宽度通常为 $b_1 = (1/6 \sim 1/2.5)h$，厚度 $t = A_f / b_1$。翼缘板常用单层板做成，当厚度过大时，可采用双层板。

确定翼缘板的尺寸时，应注意满足局部稳定要求，使受压翼缘的外伸宽度 $b$ 与其厚度 $t$ 之比 $b/t \leqslant 15\sqrt{235/f_y}$（弹性设计）或 $13\sqrt{235/f_y}$（考虑塑性发展）。选择翼缘尺寸时，同样应符合钢板规格，宽度取 10mm 的倍数，厚度取 2mm 的倍数。

**2. 截面验算**

根据初选的截面尺寸，首先求出截面的几何特性，然后进行验算。梁的截面验算包括强度、刚度、整体稳定和局部稳定四个方面。

**3. 组合梁截面沿长度的改变**

梁的弯矩是沿梁的长度变化的。因此，梁的截面如能随弯矩的变化而变化，则可节约钢材。对跨度较小的梁，考虑到加工量的增加，不宜改变截面。为了便于制造，一般只改变一次截面。

单层翼缘板的焊接梁改变截面时，宜改变翼缘板的宽度（见图 4-34）而不改变其厚度。

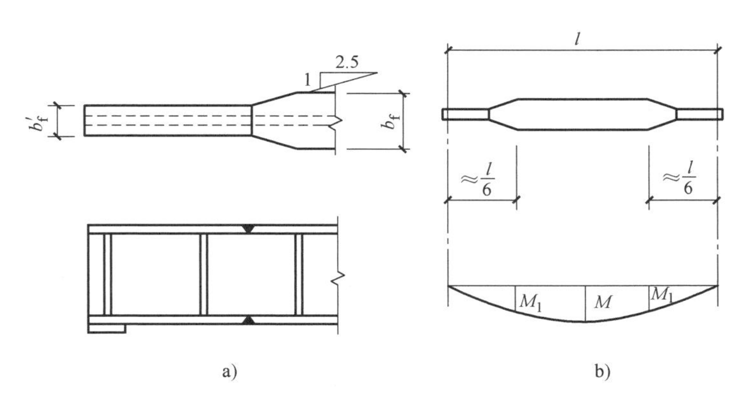


图 4-34　梁翼缘宽度的改变

对承受均布荷载的梁，截面改变位置在距支座 $l/6$ 处最有利。较窄翼缘板宽度 $b_f'$ 应由截面开始改变处的弯矩 $M_1$ 确定。为了减少应力集中，宽板应从截面开始改变处向一侧以不大于 1∶2.5（动力荷载时 1∶4）的斜度放坡，然后与窄板对接。多层翼缘板的梁，可用切断外层板的办法来改变梁的截面（见图 4-35）。理论切断点的位置可由计算确定。为了保证被切断的翼缘板在理论切断处能正常参加工作，其外伸长度 $l_1$ 应满足下列要求：端部有正面角焊缝，当 $h_f \geqslant 0.75t_1$ 时 $l_1 \geqslant b_1$，当 $h_f < 0.75t_1$ 时 $l_1 \geqslant 1.5b_1$；端部无正面角焊缝，$l_1 \geqslant 2b_1$。其中，$b_1$ 和 $t_1$ 分别为被切断翼缘板的宽度和厚度；$h_f$ 为侧面角焊缝和正面角焊缝的焊脚尺寸。

为了降低梁的建筑高度，简支梁可以在靠近支座处减小其高度，而使翼缘截面保持不变（见图 4-36）。其中图 4-36a 构造简单，制作方便。梁端部高度应根据抗剪强度要求确定，但不宜小于跨中高度的 1/2。

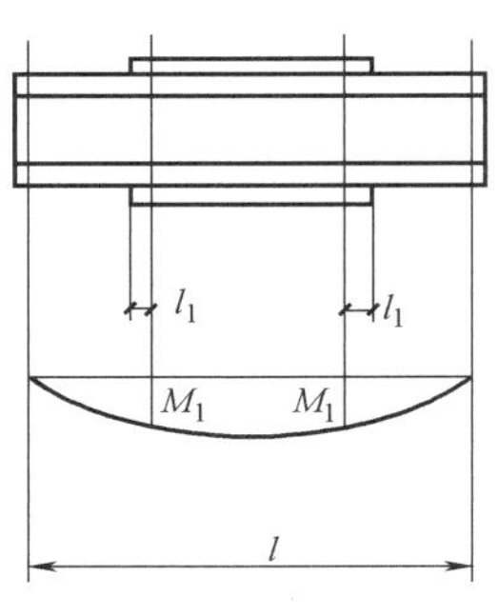


图 4-35　翼缘板的切断

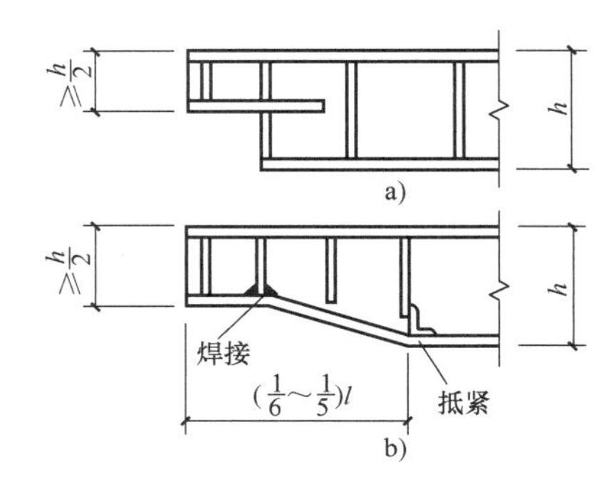


图 4-36　变高度梁

**4. 焊接组合梁翼缘焊缝的计算**

当梁弯曲时，由于相邻截面中作用在翼缘截面的弯曲正应力有差值，翼缘与腹板间将产生水平剪应力（见图 4-37）。沿梁单位长度的水平剪力为

$$V_1=\tau_1 t_w=\frac{VS_1}{I_x t_w}\cdot t_w=\frac{VS_1}{I_x}$$

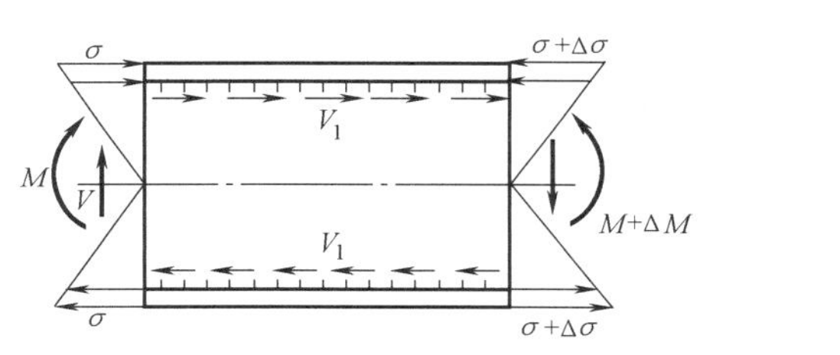


图 4-37　翼缘焊缝的水平剪力

当腹板与翼缘板用角焊缝连接时，角焊缝有效截面上承受的剪应力 $\tau_f$ 不应超过角焊缝强度设计值 $f_f^w$，即

$$\tau_f=\frac{V_1}{2\times0.7h_f}=\frac{VS_1}{1.4h_f I_x}\leqslant f_f^w$$

需要的焊脚尺寸为

$$h_f\geqslant\frac{VS_1}{1.4I_x f_f^w}$$

当梁的翼缘上受有固定集中荷载而未设置支承加劲肋时，或受有移动集中荷载（如起重机轮压）时，上翼缘与腹板之间的连接焊缝除承受沿焊缝长度方向的剪应力 $\tau_f$ 外，还承受垂直于焊缝长度方向的局部压应力

$$\sigma_f=\frac{\varphi F}{2h_e l_z}=\frac{\varphi F}{1.4h_f l_z}$$

因此，受有局部压应力的上翼缘与腹板之间的连接焊缝应按下式计算强度

$$\frac{1}{1.4h_f}\sqrt{\left(\frac{\varphi F}{\beta_f l_z}\right)^2+\left(\frac{VS_1}{I_x}\right)^2}\leqslant f_f^w$$

从而

$$h_f\geqslant\frac{1}{1.4h_f^w}\sqrt{\left(\frac{\varphi F}{\beta_f l_z}\right)^2+\left(\frac{VS_1}{I_x}\right)^2} \tag{4-100}$$

对直接承受动力荷载的梁，$\beta_f=1.0$；对其他梁，$\beta_f=1.22$。

对承受动力荷载的梁，腹板与上翼缘的连接焊缝常采用焊透的 T 形接头对接与角接组合焊缝，如图 4-38 所示，此种焊缝与主体金属等强，不用计算。

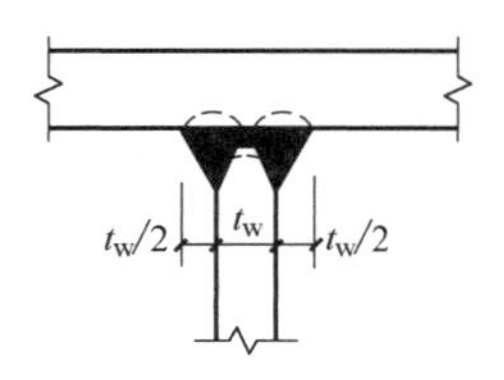

图 4-38　焊透的 T 形焊缝

## 4.6.3　梁的拼接、连接和支座

### 1. 梁的拼接

梁的拼接有工厂拼接和工地拼接两种，由于钢材尺寸的限制，必须将钢材接长或拼大，这种拼接常在工厂中进行，称为工厂拼接。由于运输或安装条件的限制，梁必须分段运输，然后在工地拼装连接，称为工地拼装。

型钢梁的拼接可采用对接焊缝连接（见图 4-39a），但由于翼缘和腹板处不易焊透，故有时采用拼板拼接（见图 4-39b）。上述拼接位置均宜放在弯矩较小的地方。

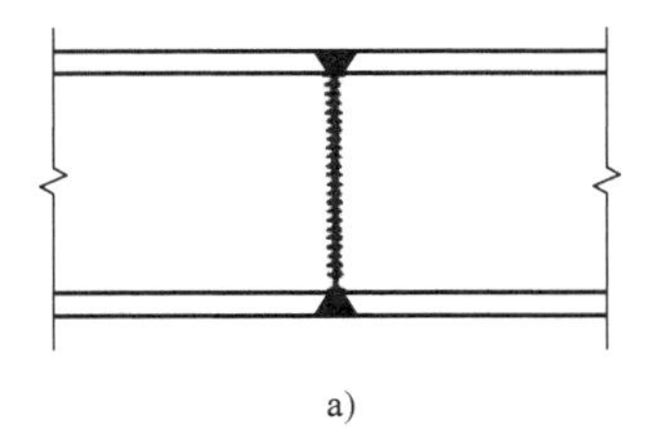

a)

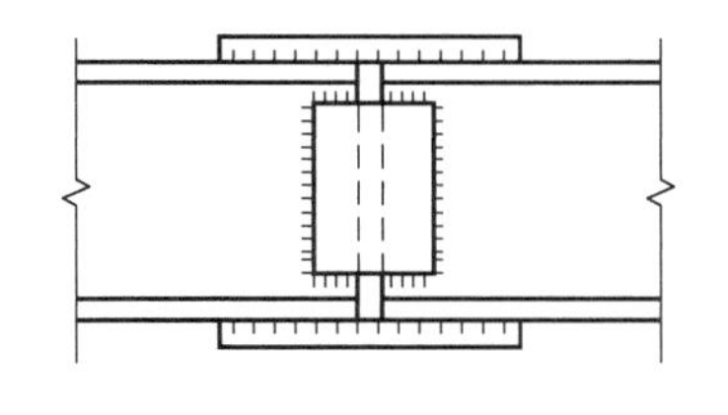

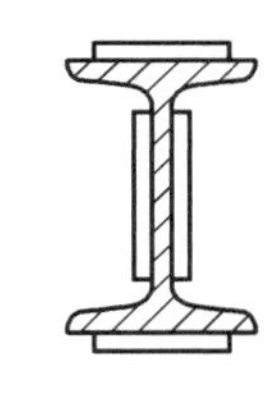

b)

图 4-39　型钢梁的拼接

焊接组合梁的工厂拼接，翼缘和腹板的拼接位置最好错开并用直对接焊缝相连。腹板的拼接焊缝与横向加劲肋之间至少应相距 $10t_w$（见图 4-40）。对接焊缝施焊时宜加引弧板，并采用一级或二级焊缝，这样焊缝可与主体金属等强。

梁的工地拼接应使翼缘和腹板基本上在同一截面处断开，以便分段运输。高大的梁在工地施焊时应将上、下翼缘的拼接边缘均做成向上开口的 V 形坡口，以便俯焊（见图 4-40）。有时将翼缘和腹板的接头略为错开一些（见图 4-41b）。较重要或受动力荷载的大型梁，其工地拼接宜采用高强度螺栓（见图 4-42）。

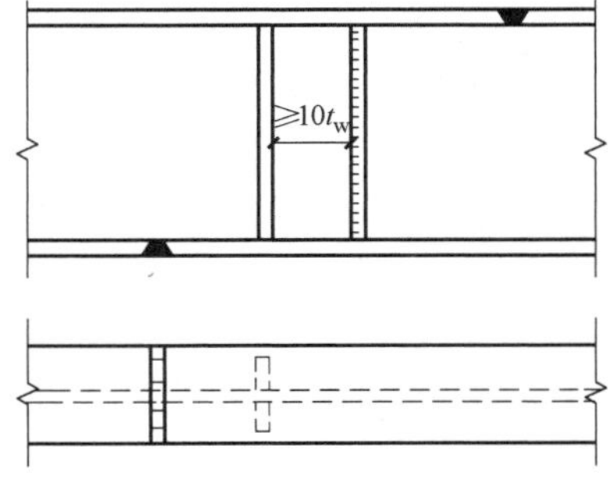

图 4-40　组合梁的工厂拼接

当梁拼接处的对接焊缝采用三级焊缝时，应对受拉区翼缘焊缝进行验算。对用拼接板的接头，应按下列规定的内力进行计算的内力进行计算：

1）翼缘拼接板及其连接所承受的内力 $N_1$ 为翼缘板的最大承载力，按下式计算

$$N_1=A_{fn}f$$

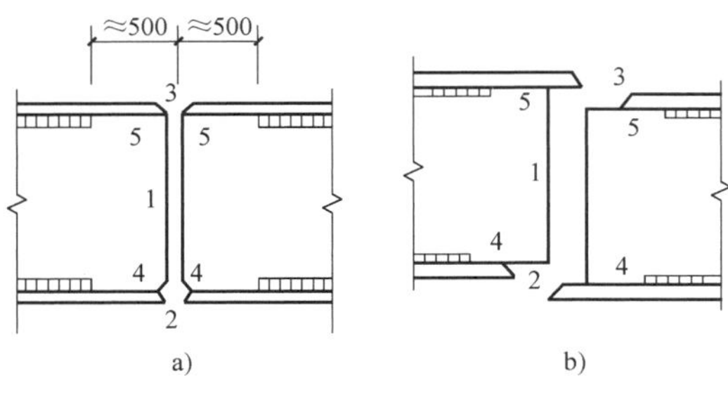

图 4-41　组合梁的工地拼接

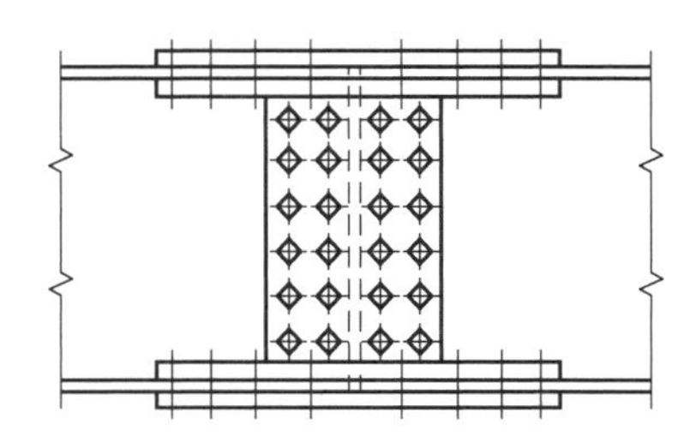

图 4-42　采用高强度螺栓的工地拼接

式中　$A_{fn}$——被拼接的翼缘板净截面积。

2）腹板拼接板及其连接，主要承受梁截面上的全部剪力 $V$，以及按刚度分配到腹板上的弯矩 $M_w=MI_w/I$，其中 $I_w$ 为腹板截面惯性矩；$I$ 为整个梁截面的惯性矩。

**2. 次梁与主梁的连接**

次梁与主梁的连接形式有叠接和平接两种。

叠接是将次梁直接搁在主梁上面，用螺栓或焊接连接。叠接构造简单，但需要的结构高度大，使用常受到限制。图 4-43a 所示是次梁为简支梁时与主梁连接的构造，而图 4-43b 所示是次梁为连续梁时与主梁连接的构造。当次梁截面较大时，应另采取构造措施防止支承处截面的扭转。

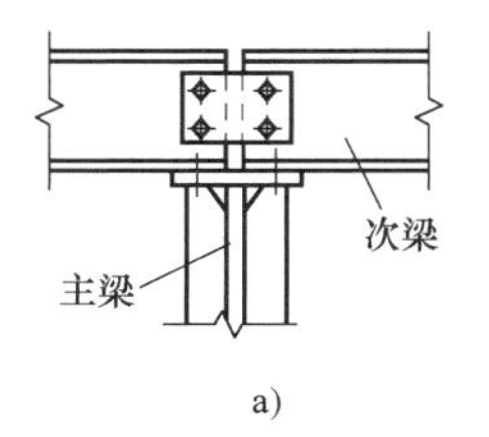


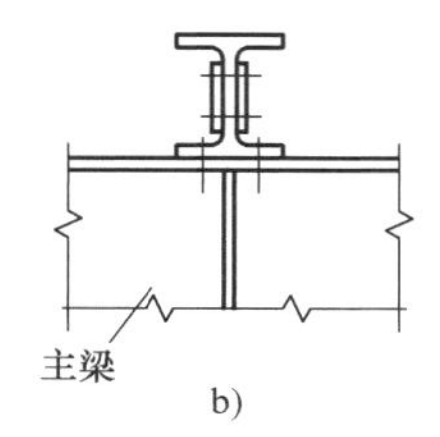


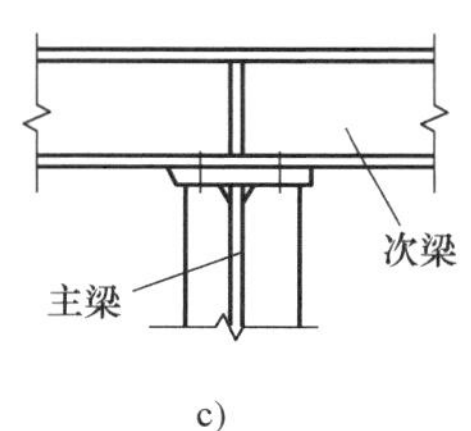


图 4-43　次梁与主梁的叠接

平接（见图 4-44）是使次梁顶面与主梁相平或略高、略低于主梁顶面，从侧面与主梁的加劲肋或在腹板上专设的短角钢或支托相连接。图 4-44a～c 所示是次梁为简支梁时与主梁连接的构造，图 4-44d 所示是次梁为连续梁时与主梁连接的构造。平接虽构造复杂，但可降低结构高度，在实际工程中应用较广泛。

**［例题 4-6］**　图 4-45 所示为一工作平台主梁的计算简图，次梁传来的集中荷载标准值为 $F_k=253\text{kN}$，设计值为 323kN。试设计此主梁，钢材为 Q235B 钢，焊条为 E43 型。

**［解］**　根据经验假设此主梁自重标准值为 3kN/m，设计值为 1.3×3kN/m=3.9kN/m。

支座处最大剪力为

$$V_1=R=\left(323\times2.5+\frac{1}{2}\times3.9\times15\right)\text{kN}=836.75\text{kN}$$

跨中最大弯矩为

$$M_x=\left[836.75\times7.5-323\times(5+2.5)-\frac{1}{2}\times3.9\times7.5^2\right]\text{kN}\cdot\text{m}=3743\text{kN}\cdot\text{m}$$

采用焊接组合梁，估计翼缘板厚度 $t_f\geqslant16\text{mm}$，故抗弯强度设计值 $f=205\text{N/mm}^2$，需

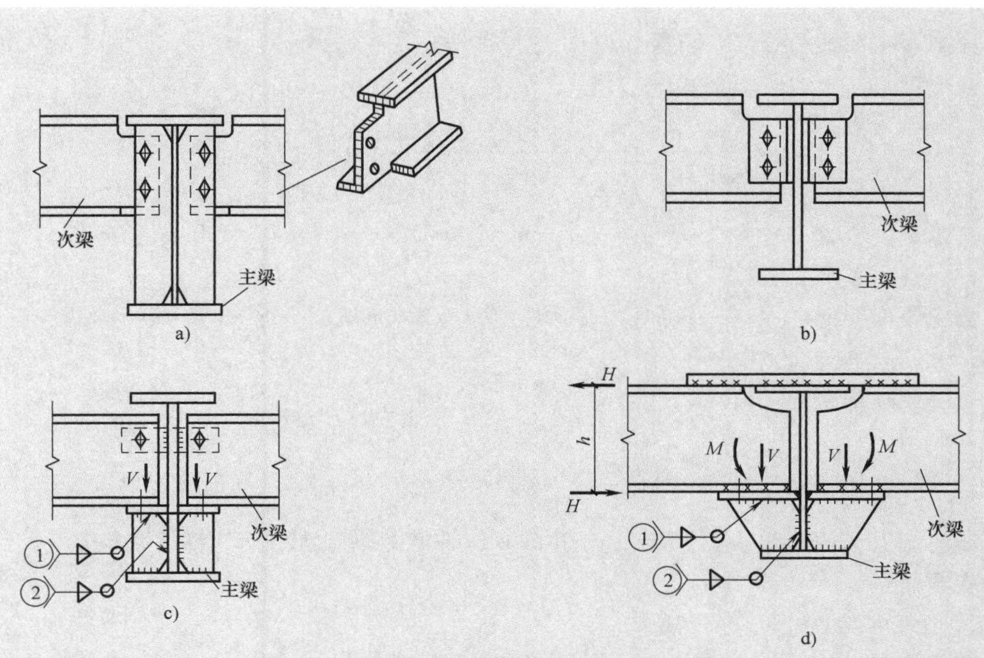


图 4-44 次梁与主梁的平接

要的截面模量为

$$W_x \geqslant \frac{M_x}{\gamma_x f}=\frac{3743\times10^6}{1.05\times205}\text{mm}^3=17389\times10^3\text{mm}^3$$

最大的轧制型钢也不能提供如此大的截面模量，可见此梁需选用组合梁。

（1）试选截面

按刚度条件，梁的最小高度为$\left(\frac{[v_T]}{l}=\frac{1}{400}\right)$

$$h_{\min}=\frac{f}{1.34\times10^6}\cdot\frac{l^2}{[v_T]}=\frac{205}{1.34\times10^6}\times400\times15000\text{mm}=918\text{mm}$$

梁的经济高度 $h_e=7\sqrt[3]{W_x}-300\text{mm}=(7\times\sqrt[3]{17389\times10^3}-300)\ \text{mm}=1513.5\text{mm}$

取梁的腹板高度 $h_w=h_0=1500\text{mm}$

按抗剪要求的腹板厚度为

$$t_w\geqslant1.2\frac{V_{\max}}{h_w f_v}=1.2\times\frac{836.75\times10^3}{1500\times125}\text{mm}=5.36\text{mm}$$

按经验公式腹板厚度为

$$t_w=\frac{\sqrt{h_w}}{3.5}=\frac{\sqrt{1500}}{3.5}\text{mm}=11.0\text{mm}$$

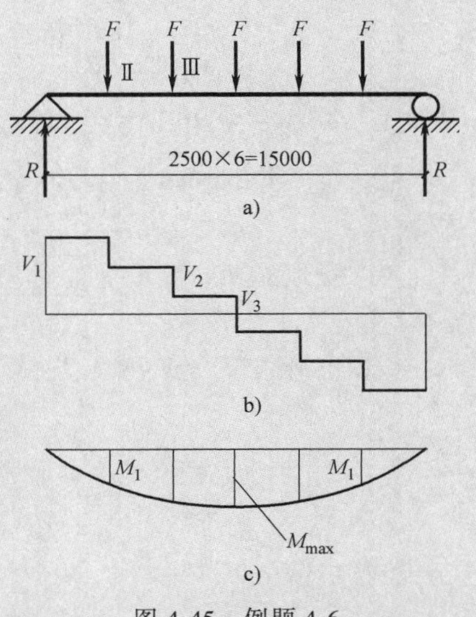


图 4-45 例题 4-6

考虑腹板屈曲后强度，取腹板厚度 $t_w=8\text{mm}$。

每个翼缘所需要截面面积为

$$A_f=\frac{W_x}{h_w}-\frac{t_w h_w}{6}=\left(\frac{17389\times10^3}{1500}-\frac{8\times1500}{6}\right)\text{mm}^2=9593\text{mm}^2$$

翼缘宽度 $b_f=\frac{h}{5}\sim\frac{h}{3}=\left(\frac{1500}{5}\sim\frac{1500}{3}\right)\text{mm}=300\sim500\text{mm}$，取 $b_f=420\text{mm}$

翼缘厚度 $t_f=\frac{A_f}{b_f}=\frac{9593}{420}\text{mm}=22.8\text{mm}$，取 $t_f=24\text{mm}$

翼缘板外伸宽度 $b=\frac{b_f}{2}-\frac{h_w}{2}=\left(\frac{420}{2}-\frac{8}{2}\right)\text{mm}=206\text{mm}$

翼缘板外伸宽度与厚度之比 $\frac{260}{24}=8.6<13\sqrt{235/f_y}=13$，满足局部稳定要求。

梁的截面形式如图 4-45 所示。此组合梁的跨度并不很大，为了施工方便，不沿梁长度改变截面。

（2）强度验算

梁的截面尺寸如图 4-46 所示，则梁的截面特性参数为

$$I_x=\frac{1}{12}\times(42\times154.8^3-41.2\times150^3)\text{cm}^4=1396000\text{cm}^4$$

$$W_x=\frac{2I_x}{h}=\frac{2\times1396000}{154.8}\text{cm}^3=18000\text{cm}^3$$

$$A=(150\times0.8+2\times42\times2.4)\text{cm}^2=322\text{cm}^2$$

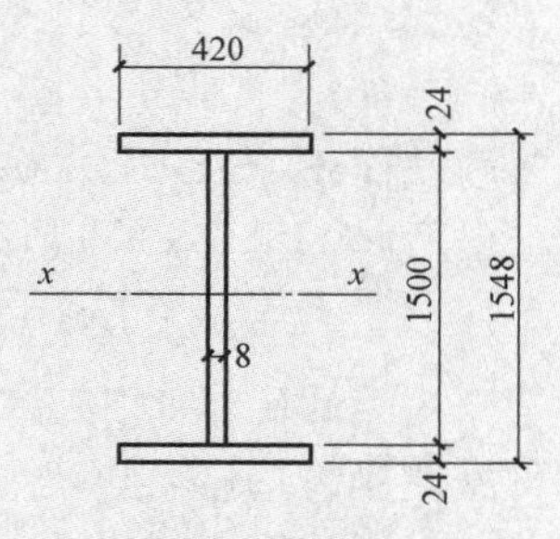

图 4-46 梁的截面尺寸

梁自重（钢材密度为 $7580\text{kg/m}^3$，重度为 $77\text{kN/m}^3$）：

$$g_k=0.0322\times77\text{kN/m}=2.5\text{kN/m}$$

考虑腹板加劲肋等增加的重力，原假设的梁自重 3kN/m 比较合适。

验算抗弯强度（无孔眼 $W_{nx}=W_x$）

$$\sigma=\frac{M_x}{\gamma_x W_{nx}}=\frac{3743\times10^6}{1.05\times18000\times10^3}\text{N/mm}^2$$

$$=198\text{N/mm}^2<f=205\text{N/mm}^2\text{（满足要求）}$$

验算抗剪强度

$$\tau=\frac{V_{max}S}{I_x t_w}=\frac{836.75\times10^3}{1396000\times10^4\times10}\times(420\times24\times762+750\times8\times375)\text{N/mm}^2$$

$$=59.5\text{N/mm}^2<f_v=125\text{N/mm}^2\text{（满足要求）}$$

主梁的支承处及支承次梁处均配置支承加劲肋，故不验算局部承压强度（即 $\sigma_c=0$）。

（3）梁整体稳定验算　次梁可视为主梁受压翼缘的侧向支承，主梁受压翼缘自由长度与宽度之比 $l_1/b_1=250/42=6.0<16$，故不需要验算主梁的整体稳定性。

（4）刚度验算　由附表2，挠度容许值为 $[v_T]=l/400$（全部荷载标准值作用）或 $[v_Q]=l/500$（仅有可变荷载标准值作用）。

全部荷载标准值在梁跨中产生的最大弯矩

$$R_k=(253\times2.5+3\times15/2)\text{kN}=655\text{kN}$$

$$M_k=[655\times7.5-253\times(5+2.5)-3\times7.5^2/2]\text{kN}\cdot\text{m}=2930.6\text{kN}\cdot\text{m}$$

$$\frac{v_T}{l}\approx\frac{M_k l}{10EI_x}=\frac{2930.6\times10^6\times15000}{10\times206000\times1396000\times10^4}=\frac{1}{654}<\frac{[v_T]}{l}=\frac{1}{400}$$

因 $v_T/l$ 已小于1/500，故不必再验算仅有可变荷载作用下的挠度。

（5）翼缘和腹板的连接焊缝计算　翼缘和腹板之间采用角焊缝连接。

$$h_f\geqslant\frac{VS_1}{1.4I_x f_f^w}=\frac{836.75\times10^3\times420\times24\times762}{1.4\times1396000\times10^4\times160}\text{mm}=2.0\text{mm}$$

取 $h_f=8\text{mm}>1.5\sqrt{t_{max}}=1.5\times\sqrt{24}\text{mm}=7.3\text{mm}$

（6）主梁加劲肋设计

1）各板段的强度验算。此种梁腹板宜考虑屈曲强度，应在支座处和每个次梁处（即固定集中荷载处）设置支承加劲肋。另外，端部板采用图4-31b所示的构造，另加横向加劲肋，使 $a_1=650\text{mm}$，因 $a_1/h_0<1$，

$$\lambda_s=\frac{h_0/t_w}{41\times\sqrt{4+5.34\times(1500/650)^2}}\approx0.8$$

故 $\tau_{cr}=f_v$，使板段 $I_1$ 范围（见图4-46）不会屈曲，支座加劲肋就不会受到水平力 $H$ 的作用。

对梁段Ⅰ（见图4-46）：

左侧截面剪力　　$V_1=(836.75-3.9\times0.65)\text{kN}=834.2\text{kN}$

相应弯矩　　$M_1=(836.75\times0.65-3.9\times0.65^2\div2)\text{kN}\cdot\text{m}=543\text{kN}\cdot\text{m}$

$$M_f=420\times24\times1524\times205\text{N}\cdot\text{mm}=3150\times10^6\text{N}\cdot\text{mm}=3150\text{kN}\cdot\text{m}$$

$M_1<M_f$，故用 $V_1\leqslant V_u$ 验算。$a/h_0>1$，则

$$\lambda_s=\frac{h_0/t_w}{41\times\sqrt{5.34+4(h_0/a)^2}}=\frac{1500/8}{41\times\sqrt{5.34+4\times(1500/1800)^2}}=1.6>1.2$$

$$V_u=\frac{h_w t_w f_v}{\lambda_s^{1.2}}=1500\times8\times125/1.62^{1.2}\text{N}=814\times10^3\text{N}<834.2\text{kN}$$

对板段Ⅲ（见图4-47），验算右侧截面

$$\lambda_s=\frac{h_0/t_w}{41\times\sqrt{5.34+4(h_0/a)^2}}=\frac{1500/8}{41\times\sqrt{5.34+4\times(1500/2500)^2}}=1.756$$

$$V_u=\frac{h_w t_w f_v}{\lambda_s^{1.2}}=1500\times8\times125/1.756^{1.2}\text{N}=763\times10^3\text{N}$$

$$V_3=(836.75-2\times323-3.9\times7.5)\text{kN}=161.5\text{kN}<0.5V_u=381.5\text{kN}$$

故用 $M_3=M_{max}\leqslant M_{eu}$ 验算

$$\lambda_b=\frac{h_0/t_w}{153}\sqrt{\frac{f_y}{235}}=\frac{187.5}{153}=1.225>0.85\text{，但}<1.25$$

$$\rho=1-0.82\times(1.225-0.85)=0.693$$

$$\alpha_e=1-\frac{(1-\rho)h_c^3t_w}{2I_x}=1-\frac{(1-0.693)\times750^3\times8}{2\times1396000\times10^4}=0.963$$

$$W_{eu}=\gamma_x\alpha_eW_xf=1.05\times0.963\times18000\times10^3\times205\text{N}\cdot\text{mm}$$

$$=3731\times10^6\text{N}\cdot\text{mm}\approx\text{M}_3=3735\text{kN}\cdot\text{m}\text{（可以）}$$

对板段Ⅱ一般可不验算。若验算，应分别计算其左右截面强度。

2）加劲肋计算。

① 横向加劲肋的截面尺寸。

宽度 $$b_s\geqslant\frac{h_0}{30}+40\text{mm}=\frac{1500}{3}\text{mm}+40\text{mm}=90\text{mm},b_s=120\text{mm}$$

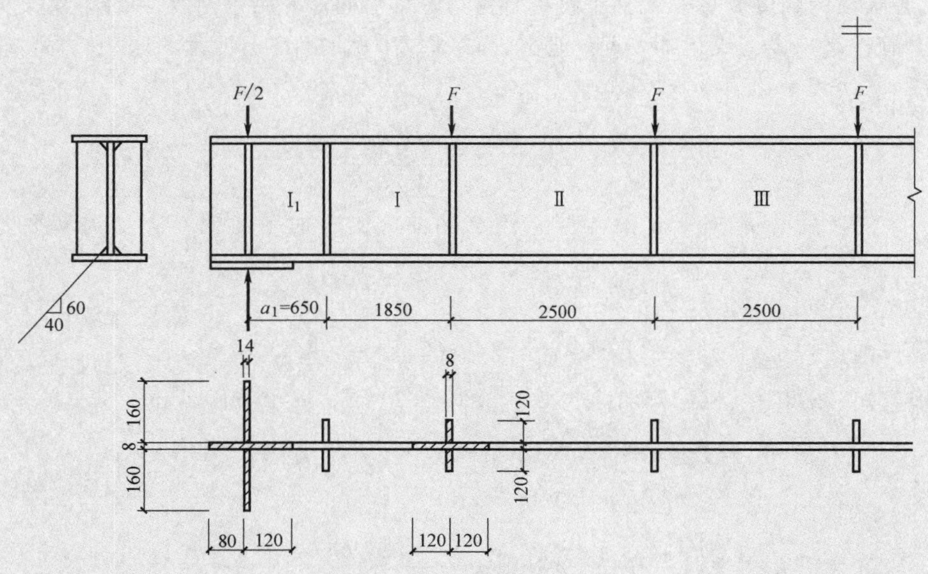


图 4-47　主梁加劲肋布置

厚度 $$t_s\geqslant\frac{b_s}{15}=\frac{120}{15}\text{mm}=8\text{mm}$$

② 中部承受次梁支座反力的支承加劲肋的截面验算。由上可知 $\lambda_s=1.756$，则

$$\tau_{cr}=\frac{1.1f_v}{\lambda_s^2}=1.1\times125/1.756^2\text{N/mm}^2=44.6\text{N}$$

故该加劲肋所承受轴心力为

$$N_s=V_u-\tau_{cr}h_wt_w+F=(954\times10^3-44.6\times1500\times8+323\times10^3)\text{N}=742\text{kN}$$

截面特性：

$$A_s=(2\times120\times8+240\times8)\text{mm}^4=3840\text{mm}^4$$

$$I_z=\frac{1}{12}\times8\times250^3\text{mm}^4=1042\times10^4\text{mm}^4, i_z=\sqrt{I_z/A}=52.1\text{mm}$$

$$\lambda_z=1500/52.1=29, \varphi_x=0.939$$

验算在腹板平面外稳定

$$\frac{N_s}{\varphi_z A_s}=\frac{724\times10^3}{0.939\times3840}\text{N/mm}^2=206\text{N/mm}^2<f=215\text{N/mm}^2(\text{满足要求})$$

采用次梁平接于主梁加劲肋的构造（见图 4-44），故不必验算加劲肋端部的承压强度。

靠近支座加劲肋的中间横向加劲肋仍用━120×8 截面，不必验算。

③ 支座加劲肋的验算。承受图 4-46 的支座反力 $R=836.75$kN，还应加上边部次梁直接传给主梁的支座反力 323kN÷2=161.5kN。采用 2━160×14 板，则截面特性如下

$$A_s=(2\times160\times14-1200\times8)\text{mm}^2=6080\text{mm}^2$$

$$I_z=\frac{1}{12}\times14\times328^3\text{mm}^4=4118\times10^4\text{mm}^4, i=\sqrt{I/A}=82.3\text{mm}$$

$$\lambda_z=1500\div82.3=18.2,\ \varphi_z=0.974$$

验算在腹板平面外稳定

$$\frac{N'_s}{\varphi_z A_s}=\frac{(836.75+161.5)\times10^3}{0.974\times6080}\text{N/mm}^2=169\text{N/mm}^2<f=215\text{N/mm}^2(\text{满足要求})$$

验算端部承压

$$\sigma_{ce}=\frac{(836.75+161.5)\times10^3}{2\times(160-40)\times14}\text{N/mm}^2=297\text{N/mm}^2<f_{ce}=325\text{N/mm}^2(\text{满足要求})$$

计算与腹板的连接焊缝

$$h_f\geqslant\frac{(836.75+161.5)\times10^3}{4\times0.7(1500-2\times10)\times160}\text{mm}=1.6\text{mm},\ \text{用 }6\text{mm}>1.5\sqrt{t}=1.5\times\sqrt{14}\text{mm}=5.6\text{mm}$$

## 思考题

4-1　梁的强度验算包括哪些内容？

4-2　什么是自由扭转？什么是约束扭转？举例说明构件在什么情况下只产生自由扭转？

4-3　梁整体失稳发生的原因是什么？发生何种失稳，属第几类稳定问题？

4-4　哪些内力可引起薄板的屈曲？屈曲后变形状态如何？

4-5　什么原因使梁腹板失稳后还有承载潜能？在什么情况下可以利用其屈曲后承载力？

4-6　以纯弯梁为例，分析影响其临界弯矩的因素，以及提高临界荷载的可能措施。

4-7　在钢梁整体稳定计算时，如何考虑残余应力的影响？

## 习 题

4-1 图 4-48 所示的简支梁，其截面为不对称工字形，材料为 Q235 钢，梁的中点和两端均有侧向支撑。集中荷载 $P_k=330kN$ 作用在跨中，其中永久荷载效应和可变荷载效应各占一半，作用在梁的顶面，沿跨度方向的支承长度为 130mm。试验算该梁的强度和刚度是否满足要求。

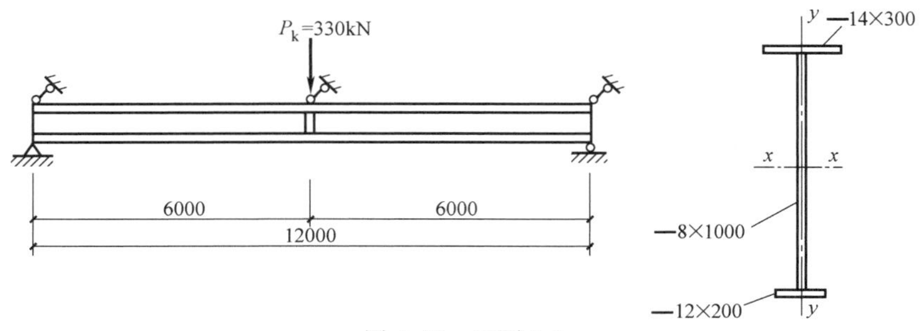


图 4-48 习题 4-1

4-2 某简支梁，跨度为 6m，截面为普通热轧工字钢 I 50a。求下列情况下此梁的整体稳定系数。

（1）上翼缘承受满跨均布荷载，跨度中间无侧向支承点，Q235 钢。

（2）同 1)，但钢材改为 Q345 钢。

（3）集中荷载作用于跨度中点的下翼缘，跨度中点有一侧向支承点，Q345 钢。

（4）集中荷载作用于跨度中点的下翼缘，跨中无侧向支承点，Q345 钢。

4-3 计算习题 4-1 中的焊接工字形截面钢梁的整体稳定性是否满足要求。

4-4 某简支梁跨度为 6m，跨中无侧向支承点，钢梁截面如图 4-49 所示。承受均布荷载设计值为 180 kN/m，跨中还承受一集中荷载设计值为 400kN，两种荷载均作用在梁的上翼缘板上，钢材为 Q345 钢，截面特性如下：$A=170.4cm^2$，$y_1=41.3cm$，$y_2=46.7cm$，$I_x=281700cm^4$，$I_1=7909cm^4$，$I_2=933cm^4$，$I_y=2882cm^4$，$i_y=7.2cm$，$h=103cm$。试验算此梁的整体稳定性。

4-5 试设计一简支型钢梁，跨长为 5.5m，在梁上翼缘承受均布静力荷载作用，永久荷载标准值为 10.2kN/m（不包括梁自重），活荷载标准值为 25kN/m，假定梁的受压翼缘有可靠侧向支撑，钢材为 Q235 钢，梁的容许挠度为 $l/250$。

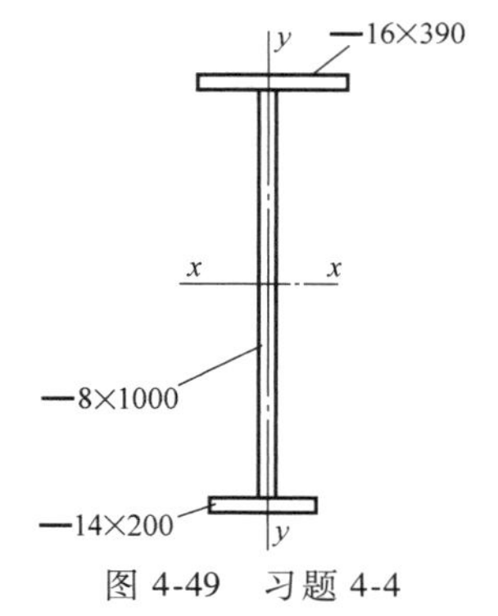


图 4-49 习题 4-4

4-6 某普通钢屋架的单跨简支檩条，跨度为 6m，跨中设拉条一道，檩条坡向间距为 0.798m。垂直于屋面水平投影面的屋面材料自重标准值和屋面可变荷载标准值均为 $0.50kN/m^2$，无积灰荷载。屋面坡度 $i=1/2.5$。材料用 Q235AF 钢。设采用热轧普通槽钢檩条，要求选择该檩条截面。

4-7 图 4-50 所示为一工作平台主梁的受力简图，次梁传来的集中荷载标准值为 $F_k=253kN$，设计值为 323kN。试设计此主梁，钢材为 Q235B。

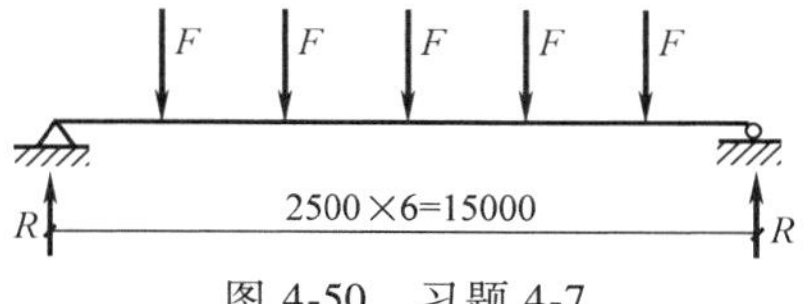


图 4-50 习题 4-7

# 轴心受力构件 第5章

## 5.1 轴心受力构件的应用和截面形式

### 1. 轴心受力构件的应用

在钢结构中轴心受力构件的应用十分广泛，如桁架、刚架、排架、塔架及网壳等杆件体系。这类结构通常假设其节点为铰接连接，当无节间荷载作用时，构件只有轴向拉力或压力的作用，即轴心受力构件。轴心受力构件承受通过构件截面形心轴线的轴向力作用。当这种轴向力为拉力时，称为轴心受拉构件，简称轴心拉杆；当这种轴向力为压力时，称为轴心受压构件，简称轴心压杆。

### 2. 轴心受力构件的截面形式

轴心受力构件被广泛地应用于屋架、托架、塔架、网架和网壳等各种类型的平面或空间格构式体系及支撑系统中。支承屋盖、楼盖或工作平台的竖向受压构件通常称为柱，包括轴心受压柱。柱通常由柱头、柱身和柱脚三部分组成（见图 5-1a），柱头支承上部结构并将其荷载传给柱身，柱脚则把荷载由柱身传给基础。

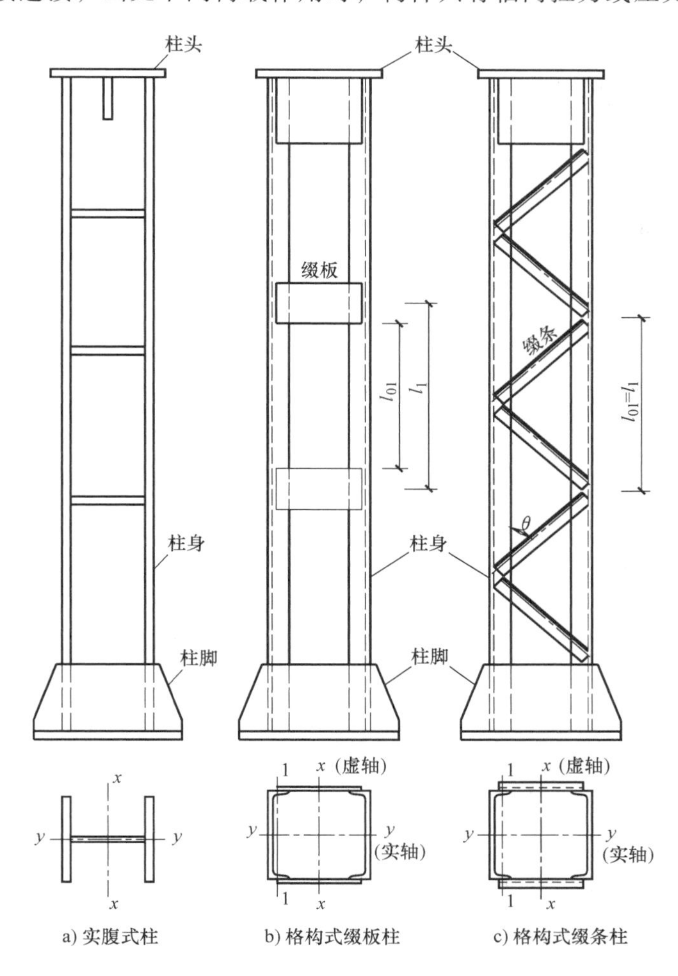


图 5-1 柱的形式

轴心受力构件（包括轴心受压柱），按其截面组成形式，可分为实腹式构件和格构式构件两种（见图 5-1）。实腹式构件具有整体连通的截面，常见的有三种截面形式。第一种是热轧型钢截面，如圆钢、圆管、方管、角钢、工字钢、

T 型钢、宽翼缘 H 型钢和槽钢等，其中最常用的是工字形或 H 形截面；第二种是冷弯型钢截面，如卷边和不卷边的角钢或槽钢与方管；第三种是型钢或钢板连接而成的组合截面。在普通桁架中，受拉或受压杆件常采用两个等边或不等边角钢组成的 T 形截面或十字形截面，也可采用单角钢、圆管、方管、工字钢或 T 型钢等截面（图 5-2a）。轻型桁架的杆件则采用小角钢、圆钢或冷弯薄壁型钢等截面（图 5-2b）。受力较大的轴心受力构件（如轴心受压柱），通常采用实腹式或格构式双轴对称截面；实腹式构件一般是组合截面，有时也采用轧制 H 型钢或圆管截面（图 5-2c）。格构式构件一般由两个或多个分肢用缀件联系组成（图 5-2d），采用较多的是两分肢格构式构件。在格构式构件截面中，通过分肢腹板的主轴为实轴，通过分肢缀件的主轴为虚轴。分肢通常采用轧制槽钢或工字钢，承受荷载较大时可采用焊接工字形或槽形组合截面。缀件有缀条或缀板两种，一般设置在分肢翼缘两侧平面内，其作用是将各分肢连成整体，使其共同受力，并承受绕虚轴弯曲时产生的剪力。缀条用斜杆组成或斜杆与横杆共同组成，缀条常采用单角钢，与分肢翼缘组成桁架体系，使承受横向剪力时有较大的刚度。缀板常采用钢板，与分肢翼缘组成刚架体系。在构件产生绕虚轴弯曲而承受横向剪力时，刚度比缀条格构式构件略低，所以通常用于受拉构件或压力较小的受压构件。实腹式构件比格构式构件构造简单、制造方便、整体受力和抗剪性能好，但截面尺寸较大时钢材用量较多；而格构式构件容易实现两主轴方向的等稳定性、刚度较大、抗扭性能较好、用料较省。

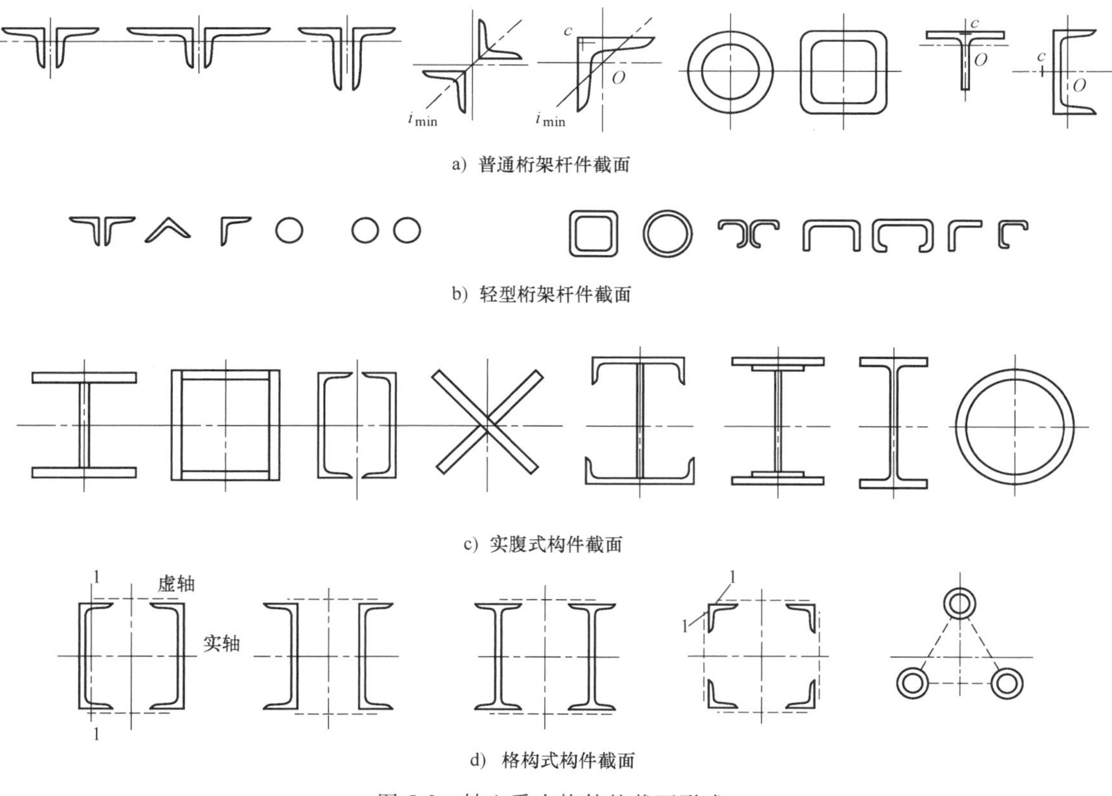


图 5-2　轴心受力构件的截面形式

## 5.2 轴心受力构件的强度和刚度

### 5.2.1 轴心受力构件的强度计算

从钢材的应力-应变关系可知，当轴心受力构件的截面平均应力达到钢材的抗拉强度$f_u$时，构件达到强度极限承载力。但当构件的平均应力达到钢材的屈服强度$f_y$时，由于构件塑性变形的发展，将使构件的变形过大以致达到不适于继续承载的状态。因此，轴心受力构件是以截面的平均应力达到钢材的屈服强度作为强度计算准则的。

对无孔洞等削弱的轴心受力构件，以全截面平均应力达到屈服强度为强度极限状态，应按下式进行毛截面强度计算

$$\sigma=\frac{N}{A}\leqslant f \tag{5-1}$$

式中 $N$——构件的轴心力设计值；

$f$——钢材抗拉强度设计值或抗压强度设计值；

$A$——构件的毛截面面积。

对有孔洞等削弱的轴心受力构件（见图5-3），在孔洞处截面上的应力分布是不均匀的，靠近孔边处将产生应力集中现象。在弹性阶段，孔壁边缘的最大应力$\sigma_{max}$可能达到构件毛截面平均应力$\sigma_0$的3倍（见图5-3a）。若轴心力继续增加，当孔壁边缘的最大应力达到材料的屈服强度以后，应力不再继续增加而截面发展塑性变形，应力渐趋均匀。到达极限状态时，净截面上的应力为均匀屈服应力。因此，对于有孔洞削弱的轴心受力构件，以其净截面的平均应力达到屈服强度为强度极限状态，应按下式进行净截面强度计算

$$\sigma=\frac{N}{A_n}\leqslant f \tag{5-2}$$

式中 $A_n$——构件的净截面面积。

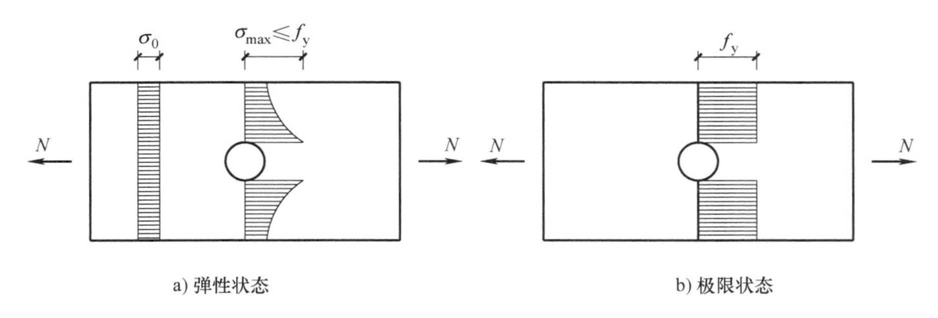


图5-3 截面削弱处的应力分布

对有螺纹的拉杆，$A_n$取螺纹处的有效截面面积。当轴心受力构件采用普通螺栓（或铆钉）连接时，若螺栓（或铆钉）为并列布置（见图5-4a），$A_n$按最危险的正交截面（Ⅰ—Ⅰ截面）计算。若螺栓错列布置（见图5-4b），构件既可能沿正交截面Ⅰ—Ⅰ截面，也可能沿齿状截面Ⅱ—Ⅱ或Ⅲ—Ⅲ破坏。截面Ⅱ—Ⅱ或Ⅲ—Ⅲ的毛截面长度较大但孔洞较多，其净截面面积不一定比截面Ⅰ—Ⅰ的净截面面积大。$A_n$应取Ⅰ—Ⅰ、Ⅱ—Ⅱ或Ⅲ—Ⅲ截面的较

小面积计算。

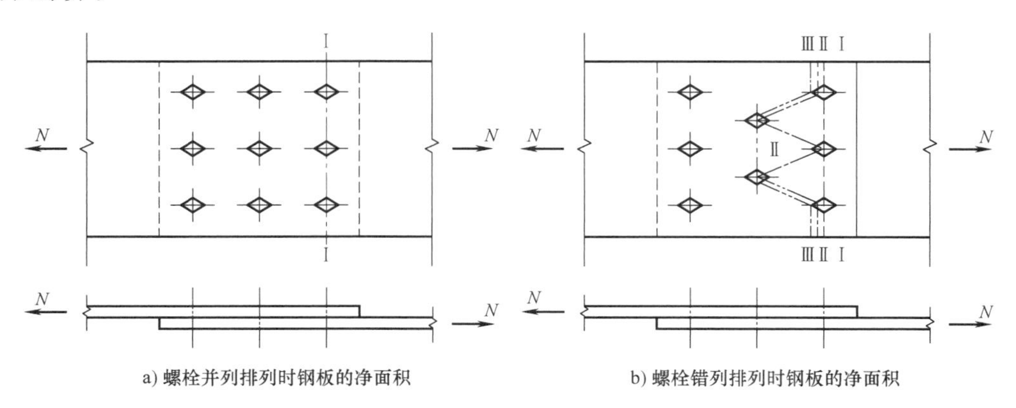


a) 螺栓并列排列时钢板的净面积　　b) 螺栓错列排列时钢板的净面积

图 5-4　净截面面积的计算

对于高强度螺栓摩擦型连接的构件，可以认为连接传力所依靠的摩擦力均匀分布于螺孔四周，故在孔前接触面已传递一半的力（见图 5-5）。因此，最外列螺栓处危险截面的净截面强度应按下式计算

$$\sigma=\frac{N'}{A_n}\leqslant f \tag{5-3}$$

$$N'=N\left(1-0.5\frac{n_1}{n}\right)$$

式中　$n$——连接一侧的高强度螺栓总数；

$n_1$——计算截面（最外列螺栓处）上的高强度螺栓数目；

0.5——孔前传力系数。

对于高强度螺栓摩擦型连接的构件，除按式（5-3）验算净截面强度外，还应按式（5-1）验算毛截面强度。

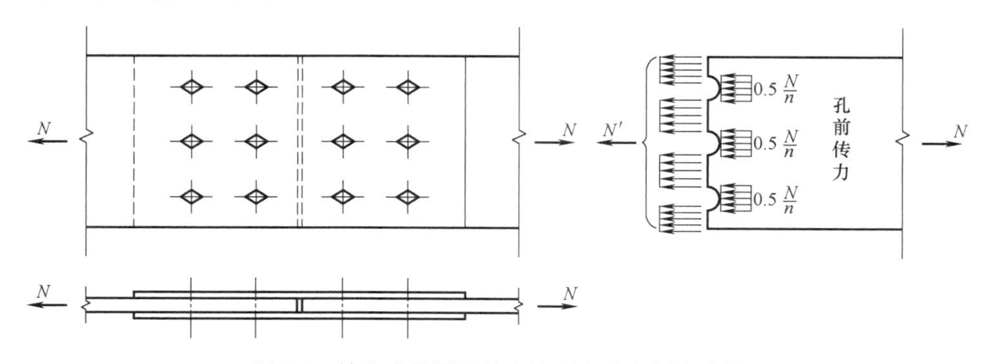


图 5-5　轴心力作用下的摩擦型高强度螺栓连接

对于单面连接的单角钢轴心受力构件，实际处于双向偏心受力状态（见图 5-6），试验表明其极限承载力约为轴心受力构件极限承载力的 85%左右。因此单面连接的单角钢按轴心受力计算强度时，钢材的强度设计值 $f$ 应乘以折减系数 0.85。

焊接构件和轧制型钢构件均会产生残余应力，但残余应力在构件内是自相平衡的内应力，在轴力作用下，除了使构件部分截面较早地进入塑性状态外，并不影响构件的极限承载

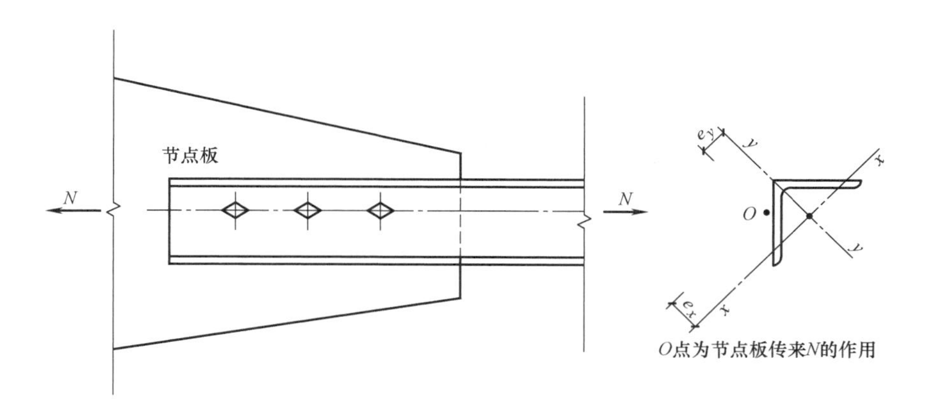


图 5-6 单面连接的单角钢轴心受力构件

力。所以，在验算轴心受力构件强度时，不必考虑残余应力的影响。

## 5.2.2 轴心受力构件的刚度计算

按正常使用极限状态的要求，轴心受力构件均应具有一定的刚度。轴心受力构件的刚度通常用长细比来衡量，长细比越小，表示构件刚度越大，反之则刚度越小。

当轴心受力构件刚度不足时，在自重作用下容易产生过大的挠度，在动力荷载作用下容易产生振动，在运输和安装过程中容易产生弯曲。因此，设计时应对轴心受力构件的长细比进行控制。构件的容许长细比［λ］是按构件的受力性质、构件类别和荷载性质确定的。对于受压构件，长细比更为重要。受压构件因刚度不足，一旦发生弯曲变形后，因变形而增加的附加弯矩影响远比受拉构件严重，长细比过大，会使稳定承载力降低太多，因而其容许长细比［λ］限制应更严；直接承受动力荷载的受拉构件也比承受静力荷载或间接承受动力荷载的受拉构件不利，其容许长细比［λ］限制也较严；构件的容许长细比［λ］按表5-1、表5-2采用。轴心受力构件对主轴 $x$ 轴、$y$ 轴的长细比 $\lambda_x$ 和 $\lambda_y$ 应满足下式要求

$$\lambda_x=\frac{l_{0x}}{i_x}\leqslant[\lambda] \qquad \lambda_y=\frac{l_{0y}}{i_y}\leqslant[\lambda] \tag{5-4}$$

式中 $l_{0x}$、$l_{0y}$——构件对主轴 $x$ 轴、$y$ 轴的计算长度，构件计算长度 $l_0$（$l_{0x}$ 或 $l_{0y}$）取决于其两端支承情况，桁架和框架构件的计算长度与其两端相连构件的刚度有关；

$i_x$、$i_y$——截面对主轴 $x$ 轴、$y$ 轴的回转半径。

当截面主轴在倾斜方向时（如单角钢截面和双角钢十字形截面），其主轴常标为 $x_0$ 轴和 $y_0$ 轴，应计算 $\lambda_{x0}=l_0/i_{x0}$ 和 $\lambda_{y0}=l_0/i_{y0}$，或只计算其中的最大长细比 $\lambda_{max}=l_0/i_{min}$。

设计轴心受拉构件时，应根据结构用途、构件受力大小和材料供应情况选用合理的截面形式，并对所选截面进行强度和刚度计算。设计轴心受压构件时，除使截面满足强度和刚度要求外，尚应满足构件整体稳定和局部稳定要求。实际上，只有长细比很小及有孔洞削弱的轴心受压构件，才可能发生强度破坏。一般情况下，由整体稳定控制其承载力。轴心受压构件丧失整体稳定常常是突发性的，容易造成严重后果，应予以特别重视。

表 5-1 受压构件的容许长细比

| 项次 | 构件名称 | 容许长细比 |
|---|---|---|
| 1 | 柱、桁架和天窗架中的杆件 | 150 |
| | 柱的缀条、吊车梁或吊车桁架以下的柱间支撑 | |
| 2 | 支撑(吊车梁或吊车桁架以下的柱间支撑除外) | 200 |
| | 用以减少受压构件长细比的杆件 | |

注：1. 桁架（包括空间桁架）的受压腹杆，当其内力等于或小于承载能力的 50%时，容许长细比值可取为 200。
2. 计算单角钢受压构件的长细比时，应采用角钢的最小回转半径；但在计算单角钢交叉受压杆件平面外的长细比时，应采用与角钢肢边平行轴的回转半径。
3. 跨度等于或大于 60m 的桁架，其受压弦杆和端压杆的长细比宜取为 100，其他受压腹杆可取为 150（承受静力荷载）或 120（承受动力荷载）。

表 5-2 受拉构件的容许长细比

| 项次 | 构件名称 | 承受静力荷载或间接承受动力荷载的结构 | | 直接承受动力荷载的结构 |
|---|---|---|---|---|
| | | 一般建筑结构 | 有重级工作制起重机的厂房 | |
| 1 | 桁架的杆件 | 350 | 250 | 250 |
| 2 | 吊车梁或吊车桁架以下的柱间支撑 | 300 | 200 | — |
| 3 | 其他拉杆、支撑、系杆等(张紧的圆钢除外) | 400 | 350 | — |

注：1. 承受静力荷载的结构中，可仅计算受拉构件在竖向平面内的长细比。
2. 在直接或间接承受动力荷载的结构中，单角钢受拉构件长细比的计算方法与表 5-1 的注 2 相同。
3. 中、重级工作制吊车桁架下弦杆的长细比不宜超过 200。
4. 在设有夹钳起重机或刚性料耙起重机的厂房中，支撑（表中第 2 项除外）的长细比不宜超过 300。
5. 受拉构件在永久荷载与风荷载组合作用下受压时，其长细比不宜超过 250。
6. 跨度等于或大于 60m 的桁架，其受拉弦杆和腹杆的长细比不宜超过 300（承受静力荷载）或 250（承受动力荷载）。

## 5.3 轴心受压构件的整体稳定

### 5.3.1 轴心受压构件的整体失稳现象

无缺陷的轴心受压构件，当轴心压力 $N$ 较小时，构件只产生轴向压缩变形，保持直线平衡状态。此时如有干扰力使构件产生微小弯曲，则当干扰力移去后，构件将恢复到原来的直线平衡状态，这种直线平衡状态下构件的外力和内力间的平衡是稳定的。当轴心压力 $N$ 逐渐增加到一定大小，如有干扰力使构件发生微弯，但当干扰力移去后，构件仍保持微弯状态而不能恢复到原来的直线平衡状态，这种从直线平衡状态过渡到微弯曲平衡状态的现象称为平衡状态的分枝，此时构件的外力和内力间的平衡是随遇的，称为随遇平衡或中性平衡。如轴心压力 $N$ 再稍微增加，则弯曲变形迅速增大而使构件丧失承载能力，这种现象称为构件的弯曲屈曲或弯曲失稳（见图 5-7a）。中性平衡是从稳定平衡过渡到不稳定平衡的临界状态，中性平衡时的轴心压力称为临界力 $N_{cr}$，相应的截面应力称为临界应力 $\sigma_{cr}$；$\sigma_{cr}$ 常低于

钢材屈服强度 $f_y$，即构件在到达强度极限状态前就会丧失整体稳定。无缺陷的轴心受压构件发生弯曲屈曲时，构件的变形发生了性质上的变化，即构件由直线形式改变为弯曲形式，且这种变化带有突然性。结构丧失稳定时，平衡形式发生改变的，称为丧失了第一类稳定性或称为平衡分枝失稳。除丧失第一类稳定性外，还有第二类稳定性问题。丧失第二类稳定性的特征是结构丧失稳定时其弯曲平衡形式不发生改变，只是由于结构原来的弯曲变形增大将不能正常工作。丧失第二类稳定性也称为极值点失稳。

对某些抗扭刚度较差的轴心受压构件（如十字形截面），当轴心压力 $N$ 达到临界值时，稳定平衡状态不再保持而发生微扭转。当 $N$ 再稍微增加，则扭转变形迅速增大而使构件丧失承载能力，这种现象称为扭转屈曲或扭转失稳（见图 5-7b）。

截面为单轴对称（如 T 形截面）的轴心受压构件绕对称轴失稳时，由于截面形心与截面剪切中心（或称扭转中心与弯曲中心，即构件弯曲时截面剪应力合力作用点通过的位置）不重合，在发生弯曲变形的同时必然伴随有扭转变形，故称为弯扭屈曲或弯扭失稳（见图 5-7c）。同理，截面没有对称轴的轴心受压构件，其屈曲形态也属于弯扭屈曲。

a) 弯曲屈曲 b) 扭转屈曲 c) 弯扭屈曲

图 5-7　两端铰接轴心受压构件的屈曲状态

钢结构中常用截面的轴心受压构件，由于其板件较厚，构件的抗扭刚度也相对较大，失稳时主要发生弯曲屈曲；单轴对称截面的构件绕对称轴弯扭屈曲时，当采用考虑扭转效应的换算长细比后，也可按弯曲屈曲计算。因此，弯曲屈曲是确定轴心受压构件稳定承载力的主要依据，本节将主要讨论弯曲屈曲问题。

## 5.3.2　无缺陷轴心受压构件的屈曲

### 1. 弹性弯曲屈曲

图 5-8 所示为两端铰接的理想等截面构件，当轴心压力 $N$ 达到临界值时，处于屈曲的微弯状态。在弹性微弯状态下，由内外力矩平衡条件，可建立平衡微分方程，求解后可得到著名的欧拉临界力公式为

$$N_{cr}=\frac{\pi^2 EI}{(\mu l)^2}=\frac{\pi^2 EI}{l_0^2}=\frac{\pi^2 EA}{\lambda^2} \tag{5-5}$$

相应欧拉临界应力为

$$\sigma_E=\sigma_{cr}=\frac{N_{cr}}{A}=\frac{\pi^2 E}{\lambda^2} \tag{5-6}$$

式中　$l_0$——构件的计算长度或有效长度，$l_0=\mu l$，$l$ 为构件的几何长度，$\mu$ 称为构件的计算长度系数。

$\lambda$——构件的有效长细比，$\lambda=l_0/i$，$i=\sqrt{I/A}$ 为截面的回转半径；

$A$——构件的毛截面面积；

$I$——截面惯性矩；

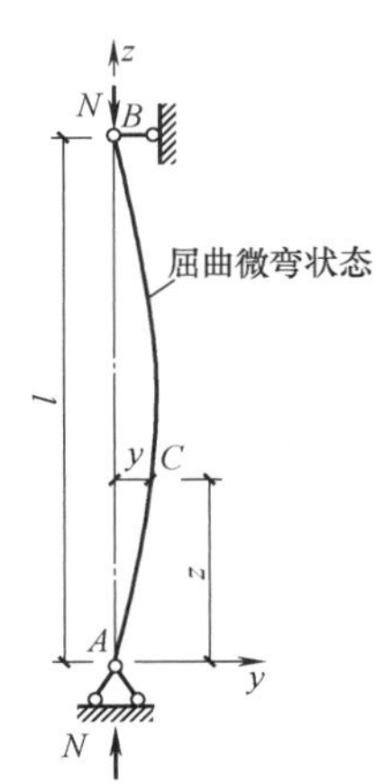

图 5-8　轴心受压构件的弯曲屈曲

$E$——构件的弹性模量。

构件的几种典型支承情况及相应的 $\mu$ 值列于表 5-3 中，考虑到理想条件难于完全实现，表中给出了用于实际设计的建议值。对于两端铰接的构件，$\mu=1$，即几何长度与计算长度相等。计算长度 $l_0$ 的几何意义是构件弯曲屈曲时变形曲线反弯点间的距离（见表 5-3 中的图）。

**表 5-3　轴心受压构件的临界力和计算长度系数 $\mu$**

| 两端支承情况 | 两端铰接 | 上端自由<br>下端固定 | 上端铰接<br>下端固定 | 两端固定 | 上端可移动但不<br>转动下端固定 | 上端可移动但不<br>转动下端铰接 |
|---|---|---|---|---|---|---|
| 屈曲形状 | $l_0=l$ | $l_0=2l$ | $l_0=0.7l$ | $l_0=0.5l$ | $l_0=l$ | $l_0=2l$ |
| 计算长度 $l_0=\mu l$<br>$\mu$ 为理论值 | $1.0l$ | $2.0l$ | $0.7l$ | $0.5l$ | $1.0l$ | $2.0l$ |
| $\mu$ 的设计建议值 | 1 | 2 | 0.8 | 0.65 | 1.2 | 2 |

在欧拉临界力公式的推导中，假定材料无限弹性、符合胡克定律（弹性模量 $E$ 为常量），因此当截面应力超过钢材的比例极限 $f_p$ 后，欧拉临界力公式不再适用，式（5-6）需满足

$$\sigma_{cr}=\frac{\pi^2 E}{\lambda^2}\leqslant f_p \tag{5-7}$$

或

$$\lambda\geqslant\lambda_p=\pi\sqrt{\frac{E}{f_p}} \tag{5-8}$$

只有长细比较大（$\lambda\geqslant\lambda_p$）的轴心受压构件，才能满足式（5-7）的要求。对于长细比较小（$\lambda\leqslant\lambda_p$）的轴心受压构件，截面应力在屈曲前已超过钢材的比例极限，构件处于弹塑性阶段，应按弹塑性屈曲计算其临界力。

从欧拉公式可以看出，轴心受压构件弯曲屈曲临界力随抗弯刚度的增加和构件长度的减小而增大；换句话说，构件的弯曲屈曲临界应力随构件的长细比减小而增大，与材料的抗压强度无关，因此长细比较大的轴心受压构件采用高强度钢材并不能提高其稳定承载力。

**2. 弹塑性弯曲屈曲**

1889 年恩格塞尔，用应力-应变曲线的切线模量 $E_t=\mathrm{d}\sigma/\mathrm{d}\varepsilon$ 代替欧拉公式中的弹性模量 $E$，将欧拉公式推广应用于非弹性范围，即

$$N_{cr}=\frac{\pi^2 E_t I}{l_0^2}=\frac{\pi^2 E_t A}{\lambda^2} \tag{5-9}$$

相应的切线模量临界应力为

$$\sigma_{cr}=\frac{\pi^2 E_t}{\lambda^2} \tag{5-10}$$

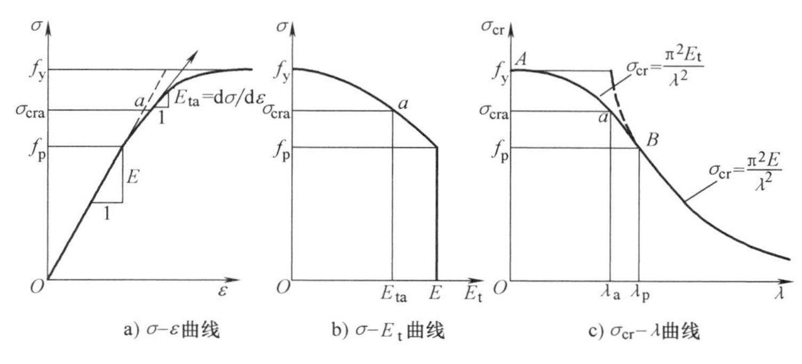


图 5-9 切线模量理论

从形式上看，切线模量临界应力公式和欧拉临界应力公式仅 $E_t$ 与 $E$ 不同，但在使用上却有很大的区别。采用欧拉公式可直接由长细比 $\lambda$ 求得临界应力 $\sigma_{cr}$，但切线模量公式则不能，因为切线模量 $E_t$ 与临界应力 $\sigma_{cr}$ 互为函数。可通过短柱试验先测得钢材的平均 $\sigma$-$\varepsilon$ 关系曲线（见图 5-9a），从而得到钢材的 $\sigma$-$E_t$ 关系式或关系曲线（见图 5-9b）。对 $\sigma$-$E_t$ 关系已知的轴心受压构件，可先给定 $\sigma_{cr}$ 再从试验所得的 $\sigma$-$E_t$ 关系曲线得出相应的 $E_t$，然后由式（5-10）求出长细比 $\lambda$。由此所得到的弹塑性屈曲阶段的临界应力 $\sigma_{cr}$ 随长细比 $\lambda$ 的变化曲线（见图 5-9c）中的 $AB$ 段所示。当然，也可以将试验所得的 $\sigma$-$E_t$ 关系与式（5-10）联立求解得到 $\sigma_{cr}$-$\lambda$ 关系曲线。临界应力 $\sigma_{cr}$ 与长细比 $\lambda$ 的关系曲线可作为轴心受压构件设计的依据，称为柱子曲线。

1895 年恩格塞尔吸取了雅辛斯基的建议，考虑到在弹塑性屈曲产生微弯时，构件凸面出现弹性卸载（应采用弹性模量 $E$），从而提出与 $E$ 和 $E_t$ 有关的双模量理论，也叫折算模量理论。1910 年卡门也独立导出了双模量理论，并给出矩形和工字形截面的双模量公式，之后几十年得到广泛的承认和应用。后来发现，双模量理论计算结果比试验值偏高，而切线模量理论计算结果却与试验值更为接近。1947 年 Shanley（香莱）用模型解释了这个现象，指出切线模量临界应力是轴心受压构件弹塑性屈曲应力的下限，双模量临界应力是其上限，切线模量临界应力更接近实际的弹塑性屈曲应力。因此，切线模量理论更有实用价值。

### 5.3.3 力学缺陷对轴心受压构件弯曲屈曲的影响

#### 1. 残余应力的产生与分布规律

构件中的力学缺陷主要是指残余应力，它的产生主要是由钢材热轧、板边火焰切割、构件焊接和校正调直等加工制造过程中不均匀的高温加热和冷却所引起的。其中焊接残余应力数值最大，通常可达到或接近钢材的屈服强度 $f_y$。

图 5-10a 所示的 H 型钢，在热轧后的冷却过程中，翼缘板端的单位体积的暴露面积大于腹板与翼缘交接处，冷却较快。腹板与翼缘的交接处，冷却较慢。同理，腹板中部也比其两端冷却较快。后冷却部分的收缩受到先冷却部分的约束产生了残余拉应力，而先冷却部分则产生了与之平衡的残余压应力。因此，截面残余应力为自平衡应力。

热轧或剪切钢板的残余应力较小（见图 5-10b），常可忽略。用这种带钢组成的焊接工字形截面，焊缝处的残余拉应力可能达到屈服点，如图 5-10c 所示。

对火焰切割钢板，由于切割时热量集中在切割处的很小范围，在板边缘小范围内可能产生高达屈服点的残余拉应力，板的中部产生较小的残余压应力（见图 5-10b）。用这种钢板组成的焊接工字形截面，翼缘板的焊缝处变为残余拉应力，如图 5-10d 所示。

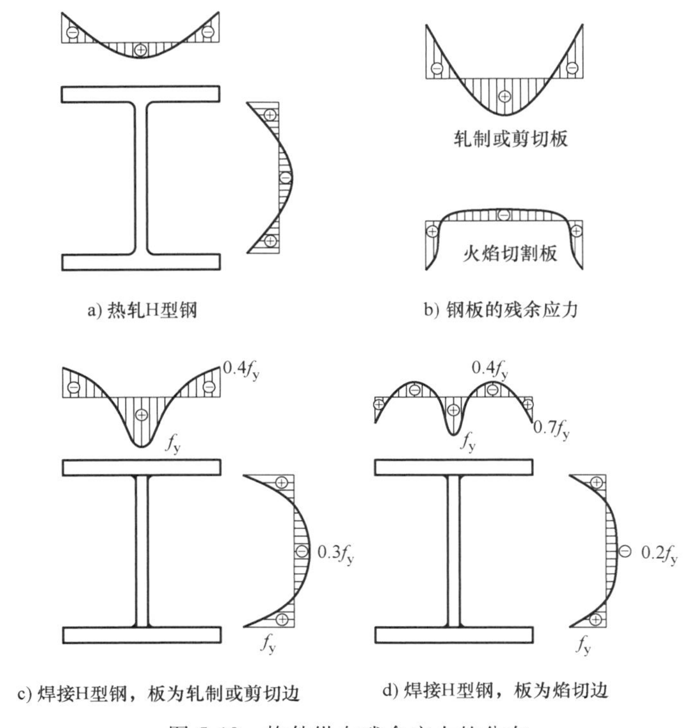


图 5-10　构件纵向残余应力的分布

热轧型钢中残余应力在截面上的分布和大小与截面形状、尺寸比例、初始温度、冷却条件及钢材性质有关。焊接构件中残余应力在截面上的分布和大小，除与这些因素有关外，还与焊缝大小、焊接工艺和翼缘板边缘制作方法（焰切、剪切或轧制）有关。

量测残余应力的方法主要有分割法、钻孔法和 X 射线衍射法等，但应用较多的是分割法，这是一种应力释放法。其原理是：将构件的各板件切成若干窄条，使残余应力完全释放，量测各窄条切割前后的长度，两者的差值就反映出截面残余应力的大小和分布。焊接构件的残余应力也可应用非线性热传导、热弹塑性有限元法分析求得。

**2. 残余应力对短柱应力-应变曲线的影响**

残余应力对应力-应变曲线的影响通常由短柱压缩试验测定。所谓短柱就是取一柱段，其长细比不大于 10，不致在受压时发生屈曲破坏，又能足以保证其中部截面反映实际的残余应力。

现以图 5-11a 所示工字形截面为例，说明残余应力对轴心受压短柱的平均应力-应变（$\sigma$-$\varepsilon$）曲线的影响。假定工字形截面短柱的截面面积为 $A$，材料为理想弹塑性体，翼缘上残余应力的分布规律和应力变化规律如图 5-11b 所示。为使问题简化起见，忽略影响不大的腹板残余应力。当压力 $N$ 作用时，截面上的应力为残余应力和压应力之和。因此，当 $N/A<0.7f_y$ 时，截面上的应力处于弹性阶段。当 $N/A=0.7f_y$ 时，翼缘端部应力达屈服强度 $f_y$，这时短柱的平均应力-应变曲线开始弯曲，该点被称为有效比例极限，$f_p=N/A=f_y-\sigma_r$

（图 5-11c 中的 $A$ 点，式中 $\sigma_r$ 为截面最大残余压应力）。当压力继续增加，$N/A \geqslant 0.7f_y$ 后，截面的屈服逐渐向中间发展，能承受外力的弹性区逐渐减小，压缩应变相对增大，在短柱的平均应力-应变曲线上反映为弹塑性过渡阶段（图 5-11c 中的 $B$ 点）。直到 $N/A=f_y$ 时，整个翼缘截面完全屈服（图 5-11c 中的 $C$ 点）。

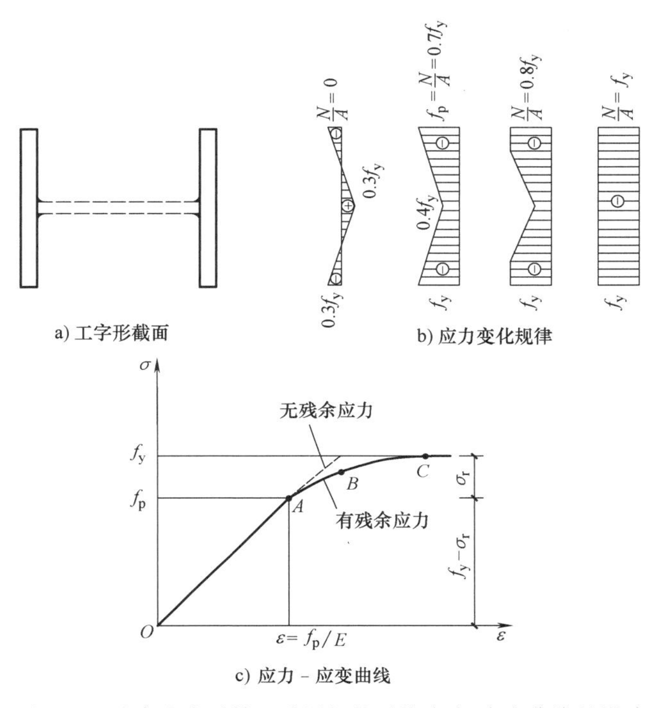


图 5-11　残余应力对轴心受压短柱平均应力-应变曲线的影响

由此可见，短柱试验 $\sigma-\varepsilon$ 的曲线与其截面残余应力分布有关，而比例极限 $f_p=f_y-\sigma_r$ 则与截面最大残余压应力有关，残余压应力大小一般为 $(0.32\sim0.57)f_y$，而残余拉应力一般为 $(0.5\sim1.0)f_y$。因此，热轧普通工字钢 $f_p\approx0.7f_y$，热轧宽翼缘 H 型钢 $f_p\approx(0.4\sim0.7)f_y$，焊接工字形截面 $f_p\approx(0.4\sim0.6)f_y$。

将有残余应力的短柱与经退火热处理消除了残余应力的短柱试验的 $\sigma$-$\varepsilon$ 曲线对比可知，残余应力对短柱的 $\sigma$-$\varepsilon$ 曲线的影响是：降低了构件的比例极限；当外荷载引起的应力超过比例极限后，残余应力使构件的平均应力-应变曲线变成非线性关系，同时减小了截面的有效面积和有效惯性矩，从而降低了构件的稳定承载力。

**3. 残余应力对构件稳定承载力的影响**

若 $\sigma=N/A\leqslant f_p=f_y-\sigma_r$ 或长细比 $\lambda\geqslant\lambda_p=\pi\sqrt{E/f_p}$ 时，构件处于弹性阶段，可采用欧拉公式（5-5）与式（5-6）计算其临界力与临界应力。

若 $f_p\leqslant\sigma\leqslant f_y$，构件进入弹塑性阶段，截面出现部分塑性区和部分弹性区。已屈服的塑性区，弹性模量 $E=0$，不能继续有效地承载，导致构件屈曲时稳定承载力降低。因此，只能按弹性区截面的有效截面惯性矩 $I_e$ 来计算其临界力，即

$$N_{cr}=\frac{\pi^2 EI_e}{l^2} \tag{5-11}$$

相应临界应力为
$$\sigma_{cr}=\frac{N_{cr}}{A}=\frac{\pi^2 EI}{l^2 A}\cdot\frac{I_e}{I}=\frac{\pi^2 E}{\lambda^2}\cdot\frac{I_e}{I} \tag{5-12}$$

式（5-12）表明，考虑残余应力影响时，弹塑性屈曲的临界应力为弹性欧拉临界应力乘以小于1的折减系数 $I_e/I$。比值 $I_e/I$ 取决于构件截面形状尺寸、残余应力的分布和大小，以及构件屈曲时的弯曲方向。$EI_e/I$ 称为有效弹性模量或换算切线模量 $E_t$。

图5-12a所示是翼缘为轧制边的工字形截面。由于残余应力的影响，翼缘四角先屈服，截面弹性部分的翼缘宽度为 $b_e$，令 $\eta=b_e/b=b_e t/bt=A_e/A$，$A_e$ 为截面弹性部分的面积，则绕 $x$ 轴（忽略腹板面积）和 $y$ 轴的有效弹性模量分别为：

绕 $x$（强）轴
$$E_{tx}=\frac{EI_{ex}}{I_x}=E\frac{2t(\eta b)h_1^2/4}{2t\cdot b\cdot h_1^2/4}=E\eta \tag{5-13}$$

绕 $y$（弱）轴
$$E_{ty}=\frac{EI_{ey}}{I_y}=E\frac{2t(\eta b)^3/12}{2t\cdot b^3/12}=E\eta^3 \tag{5-14}$$

将式（5-13）和式（5-14）代入式（5-12）中，得

绕 $x$（强）轴
$$\sigma_{cr}=\frac{\pi^2 E\eta}{\lambda_x^2} \tag{5-15}$$

绕 $y$（弱）轴
$$\sigma_{cr}=\frac{\pi^2 E\eta^3}{\lambda_y^2} \tag{5-16}$$

因 $\eta<1$，故 $E_{ty}<<E_{tx}$。可见残余应力的不利影响，对绕弱轴屈曲时比绕强轴屈曲时严重得多。原因是远离弱轴的部分是残余压应力最大的部分，而远离强轴的部分则兼有残余压应力和残余拉应力。

图5-12b所示是用火焰切割钢板焊接而成的工字形截面。假设由于残余应力的影响，距翼缘中心各 $b/4$ 处的部分截面先屈服，截面弹性部分的翼缘宽度 $b_e$ 分布在翼缘两端和中央，则绕 $x$ 轴（强轴）的有效弹性模量与式（5-13）相同，绕 $y$ 轴（弱轴）的有效弹性模量为
$$E_{ty}=\frac{EI_{ey}}{I_y}=E\frac{2t[b^3/12-(b-b_e)(b/4)^2]}{2t\cdot b^3/12}=E\left(\frac{1}{4}+\frac{3}{4}\eta\right) \tag{5-17}$$

显然，式（5-17）的值比式（5-14）大，可见对绕弱轴屈曲时残余应力的不利影响，翼

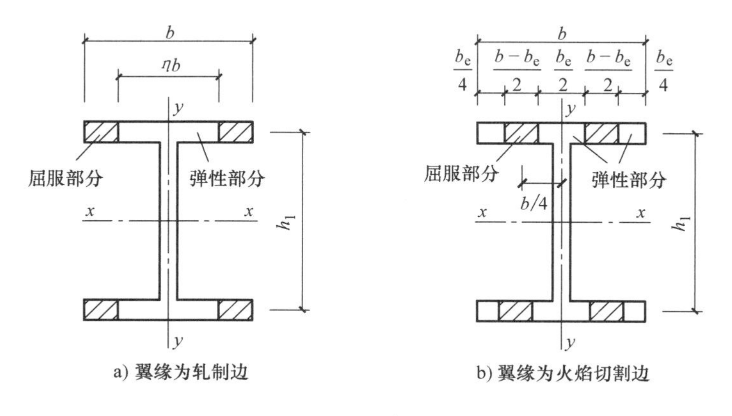


图5-12　工字形截面的弹性区与塑性区分布

缘为轧制边的工字形截面比用火焰切割钢板焊接而成的工字形截面严重。这是由于火焰切割钢板焊接而成的工字形截面在远离弱轴翼缘两端具有使其推迟发展塑性的残余拉应力。对绕强轴屈曲时残余应力的不利影响，两种截面是相同的。

因为系数 $\eta$ 随 $\sigma_{cr}$ 变化，所以求解式（5-15）或式（5-16）时，尚需建立另一个 $\eta$ 与 $\sigma_{cr}$ 的关系式来联立求解，此关系式可根据内外力平衡来确定（如在图 5-11 中的弹塑性阶段，$\sigma_{cr}=f_y-0.3f_y\eta^2$）。联立求解后，可绘出柱子曲线，如图 5-13 所示。在 $\lambda \geqslant \lambda_p$ 的弹性范围与欧拉曲线相同，在 $\lambda \leqslant \lambda_p$ 的弹塑性范围绕强轴的临界力高于绕弱轴的临界力。

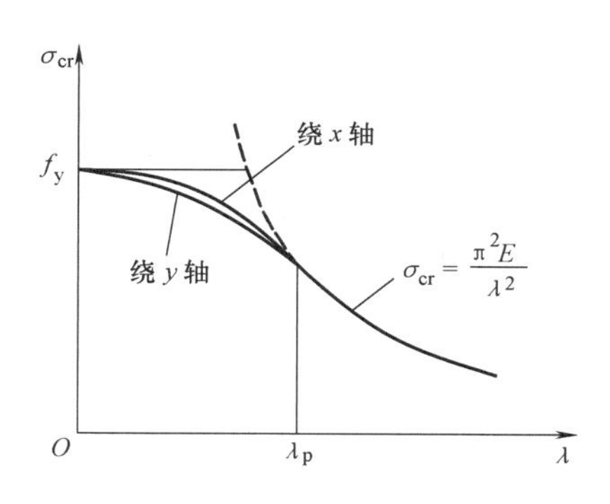


图 5-13 考虑残余应力影响的柱子曲线

## 5.3.4 构件几何缺陷对轴心受压构件弯曲屈曲的影响

实际轴心受压构件在制造、运输和安装过程中，不可避免地会产生微小的初弯曲。由于构造、施工和加载等方面的原因，可能产生一定程度的偶然初偏心。初弯曲和初偏心统称为几何缺陷。有几何缺陷的轴心受压构件，其侧向挠度从加载开始就会不断增加，因此构件除轴心力作用外，还存在因构件弯曲产生的弯矩，从而降低了构件的稳定承载力。

**1. 构件初弯曲（初挠度）的影响**

图 5-14 所示两端铰接、有初弯曲的构件在未受力前就呈弯曲状态，其中 $y_0$ 为任意点 $C$ 处的初挠度。当构件承受轴心压力 $N$ 时，挠度将增长为 $y_0+y$，并同时存在附加弯矩 $N(y_0+y)$。

假设初弯曲形状为半波正弦曲线 $y_0=v_0\sin\pi z/l$（$v_0$ 为构件中央初挠度值），在弹性弯曲状态下，由内外力矩平衡条件，可建立平衡微分方程，求解后可得到挠度 $y$ 和总挠度 $Y$ 的曲线分别为

$$y=\frac{\alpha}{1-\alpha}v_0\sin\frac{\pi z}{l} \tag{5-18}$$

$$Y=y_0+y=\frac{v_0}{1-\alpha}\sin\frac{\pi z}{l} \tag{5-19}$$

中点挠度为

$$y_m=y_{(z=l/2)}=\frac{\alpha}{1-\alpha}v_0 \tag{5-20}$$

$$Y_m=Y_{(z=l/2)}=\frac{v_0}{1-\alpha} \tag{5-21}$$

中点的弯矩为

$$M_m=NY_m=\frac{Nv_0}{1-\alpha} \tag{5-22}$$

式中，$\alpha=N/N_E$，$N_E=\pi^2EI/l^2$ 为欧拉临界力，$1/(1-\alpha)$ 为初挠度放大系数或弯矩放大系数。有初弯曲的轴心受压构件的荷载-总挠度曲线如图 5-15 所示。从图 5-15 和式（5-18）、

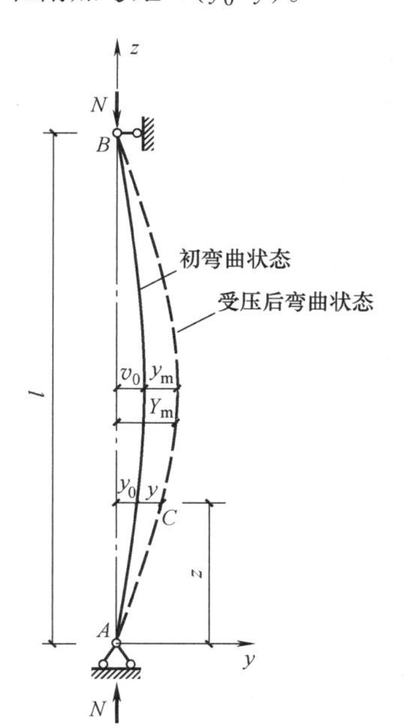


图 5-14 有初弯曲的轴心受压构件

式（5-19）可以看出，从开始加载起，构件即产生挠曲变形，挠度 $y$ 和总挠度 $Y$ 与初挠度 $v_0$ 成正比例，挠度和总挠度随 $N$ 的增加而加速增大。有初弯曲的轴心受压构件，其承载力总是低于欧拉临界力，只有当挠度趋于无穷大时，压力 $N$ 才可能接近或到达 $N_E$。

式（5-18）和式（5-19）是在材料为无限弹性条件下推导出来的，理论上轴心受压构件的承载力可达到欧拉临界力，挠度和弯矩可以无限增大。但实际上这是不可能的，因为钢材不是无限弹性的，在轴力 $N$ 和弯矩 $M_m$ 共同作用下，构件中点截面的最大压应力会首先达到屈服强度 $f_y$。为了分析方便，假设钢材为完全弹塑性材料。当挠度发展到一定程度时，构件中点截面最大受压边缘纤维的应力应满足

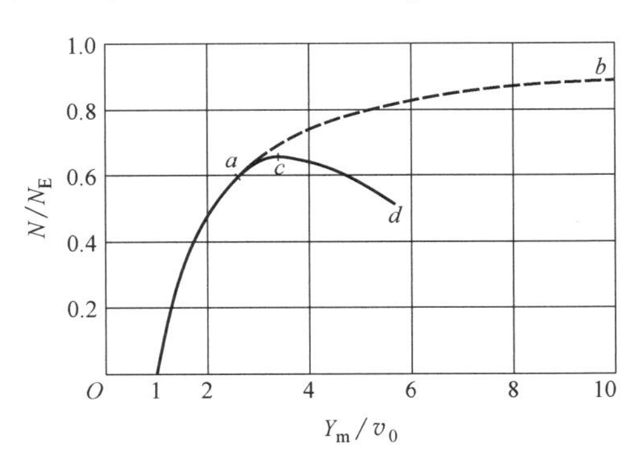


图 5-15　有初弯曲轴心受压构件的荷载-总挠度曲线

$$\sigma_{max}=\frac{N}{A}+\frac{M_m}{W}=\frac{N}{A}\left(1+\frac{v_0}{W/A}\quad\frac{1}{1-N/N_E}\right)=f_y \tag{5-23}$$

令 $W/A=\rho$（截面核心距），$v_0/\rho=\varepsilon_0$ 为相对初弯曲，$N/A=\sigma_0$，$N_E/A=\sigma_E=\pi^2E/\lambda^2$，则由式（5-23）可解得

$$\sigma_0=\frac{f_y+(1+\varepsilon_0)\sigma_E}{2}-\sqrt{\left[\frac{f_y+(1+\varepsilon_0)\sigma_E}{2}\right]^2-f_y\sigma_E} \tag{5-24}$$

式（5-24）叫作佩利公式。根据式（5-24）求出的 $N=A\sigma_0$ 相当于图 5-15 中的 $a$ 点，它表示截面边缘纤维开始屈服时的荷载。随着 $N$ 的继续增加，截面的一部分进入塑性状态，挠度不再像完全弹性那样沿 $ab$ 发展，而是增加更快且不再继续承受更多的荷载；到达曲线 $c$ 点时，截面塑性变形区发展得相当深，再增加 $N$ 已不可能，要维持平衡必须随挠度增大而卸载，故曲线表现出下降段 $cd$。与 $c$ 点对应的极限荷载 $N_c$ 为有初弯曲构件整体稳定极限承载力，又称为压溃荷载。这种失稳不像理想直杆那样是平衡分枝失稳，而是极值点失稳，属于第二类稳定问题。

求解极限荷载 $N_c$ 比较复杂，一般采用数值法。在没有计算机的年代，作为近似计算常取边缘纤维开始屈服时的曲线 $a$ 点代替 $c$ 点。佩利公式是由构件截面边缘屈服准则导出的，求得的 $N$ 或 $\sigma_0$ 代表边缘受压纤维到达屈服时的最大荷载或最大应力，而不代表稳定极限承载力，因此所得结果偏于安全。目前《冷弯薄壁型钢结构技术规范》仍采用该法验算轴心受压构件的稳定问题。

《钢结构工程施工规范》规定的初弯曲最大允许值是 $v_0=l/1000$，则相对初弯曲为

$$\varepsilon_0=\frac{l}{1000}\cdot\frac{A}{W}=\frac{\lambda}{1000}\cdot\frac{i}{\rho} \tag{5-25}$$

对不同的截面及其对应轴，$i/\rho$ 各不相同，因此可由佩利公式确定各种截面的柱子曲线，如图 5-16 所示。

**2. 构件初偏心的影响**

图 5-17 表示两端铰接、有初偏心 $e_0$ 的轴心受压构件。在弹性弯曲状态下，由内外力矩

平衡条件，可建立平衡微分方程，求解后可得到挠度曲线为

$$y=e_0\left[\tan\frac{kl}{2}\sin kz+\cos kz-1\right] \quad (5\text{-}26)$$

式中，$k^2=N/EI$。

中点挠度为：

$$y_m=y_{(z=l/2)}=e_0\left(\sec\frac{\pi}{2}\sqrt{\frac{N}{N_E}}-1\right) \quad (5\text{-}27)$$

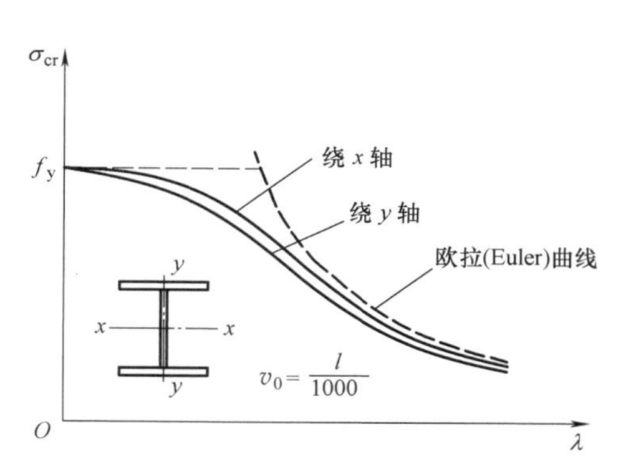


图 5-16　考虑初弯曲影响时的柱子曲线

有初偏心的轴心受压构件的荷载-挠度曲线如图 5-18 所示。从图中可以看出，初偏心对轴心受压构件的影响与初弯曲影响类似，因此为了简单起见，可合并采用一种缺陷代表两种缺陷的影响。同样地，有初偏心轴心受压构件的 $N$-$y_m$ 曲线不可能沿无限弹性的 $0a'b'$曲线发展，而是先沿弹性曲线 $0a'$、然后沿弹塑性曲线 $a'c'd'$发展。其中，$a'$点对应的荷载也可由截面边缘纤维屈服准则确定（正割公式）。但是，对相同的构件，当初偏心 $e_0$ 与初弯曲 $v_0$ 相等（即 $\varepsilon_0$ 相同）时，初偏心的影响更为不利，这是由于初偏心情况中构件从两端开始就存在初始附加弯矩 $Ne_0$，按正割公式求得的 $\sigma_0$ 和 $N$ 也比按佩利公式的值略低。

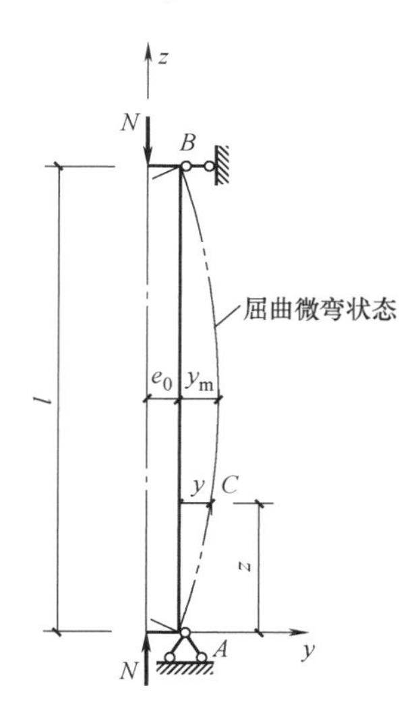


图 5-17　有初偏心的轴心受压构件

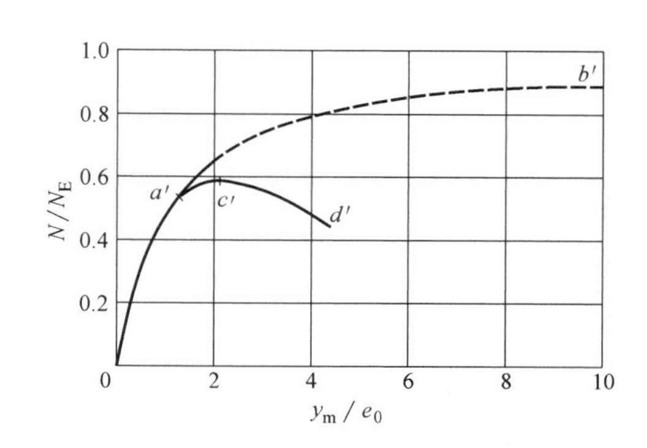


图 5-18　有初偏心轴心受压构件的荷载-挠度曲线

# 5.4　实腹式轴心受压构件的整体稳定

## 5.4.1　实腹式轴心受压构件的稳定承载力计算方法

实际轴心受压构件的各种缺陷总是同时存在的，但因初弯曲和初偏心的影响类似，且各种不利因素同时出现最大值的概率较小，常取初弯曲作为几何缺陷代表。因此在理论分析中，只考虑残余应力和初弯曲两个最主要的影响因素。

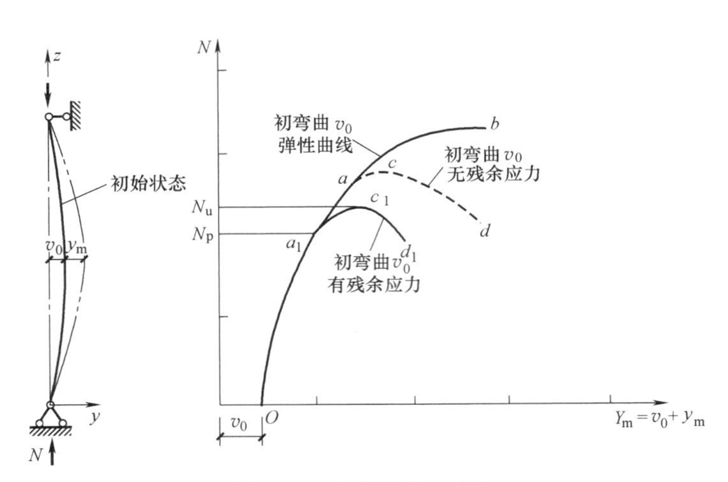


图 5-19 极限承载力理论

图 5-19 所示是两端铰接、有残余应力和初弯曲的轴心受压构件及其荷载-挠度曲线图。在弹性受力阶段（$Oa_1$ 段），荷载 $N$ 和最大总挠度 $Y_m$（或挠度 $y_m$）的关系曲线与只有初弯曲、没有残余应力时的弹性关系曲线完全相同。随着轴心压力 $N$ 增加，构件截面中某一点达到钢材屈服强度 $f_y$ 时，截面开始进入弹塑性状态。开始屈服时（$a_1$ 点）的平均应力 $\sigma_{a1}=N_p/A$ 总是低于只有残余应力而无初弯曲时的有效比例极限 $f_p=f_y-\sigma_r$；当构件凹侧边缘纤维有残余压应力时也低于只有初弯曲而无残余应力时的 $a$ 点。此后截面进入弹塑性状态，挠度随 $N$ 的增加而增加的速率加快，直到 $c_1$ 点，继续增加 $N$ 已不可能，要维持平衡，只能卸载，如曲线 $c_1d_1$ 下降段。$N$-$Y_m$ 曲线的极值点 $c_1$ 表示由稳定平衡过渡到不稳定平衡，相应于 $c_1$ 点的 $N_u$ 是临界荷载，即极限荷载或压溃荷载，它是构件不能维持内外力平衡时的极限承载力，属于第二类极值点失稳，相应的平均应力 $\sigma_u=\sigma_{cr}=N_u/A$，称为临界应力。由此模型建立的计算理论称为极限承载力理论。

理想轴心受压构件的临界力在弹性阶段是长细比 $\lambda$ 的单一函数，在弹塑性阶段按切线模量理论计算也并不复杂。实际轴心受压构件受残余应力、初弯曲、初偏心的影响，且影响程度还因截面形状、尺寸和屈曲方向而不同，因此每个实际构件都有各自的柱子曲线。另外，当实际构件处于弹塑性阶段，其应力-应变关系不但在同一截面各点而且沿构件轴线方向各截面都有变化，因此按极限承载力理论计算比较复杂，一般需要采用数值法用计算机求解。数值计算方法很多，如数值积分法、差分法等解微分方程的数值方法和有限单元法等。

《钢结构设计标准》在制定轴心受压构件的柱子曲线时，根据不同截面形状和尺寸、不同加工条件和相应的残余应力分布及大小、不同的弯曲屈曲方向及 $l/1000$ 的初弯曲（可理解为几何缺陷的代表值），按极限承载力理论，采用数值积分法，对多种实腹式轴心受压构件弯曲屈曲算出了近 200 条柱子曲线。如前所述，轴心受压构件的极限承载力并不仅仅取决于长细比。由于残余应力的影响，即使长细比相同的构件，随着截面形状、弯曲方向、残余应力分布和大小的不同，构件的极限承载能力有很大差异，所计算的柱子曲线形成相当宽的分布带。这个分布带的上、下限相差较大，特别是中等长细比的常用情况相差尤其显著。因此，若用一条曲线来代表，显然是不合理的。将这些曲线分成四组，也就是将分布带分成四个窄带，取每组的平均值（50%的分位值）曲线作为该组代表曲线，得到 $a$、$b$、$c$、$d$ 四条柱子曲线，如图5-20所示。在 $\lambda=40\sim120$ 的常用范围，柱子曲线 $a$ 比曲线 $b$ 高出4%~15%，而曲线 $c$ 比曲线 $b$ 低7%~13%。曲线 $d$ 则更低，主要用于厚板截面。这种柱子曲线有别于《冷弯薄壁型钢结构技术规范》采用的单一柱子曲线，常称为多条柱子曲线。曲线中 $\varphi=N_u/(Af_y)=\sigma_u/f_y=\sigma_{cr}/f_y$，称为轴心受压构件的整体稳定系数。

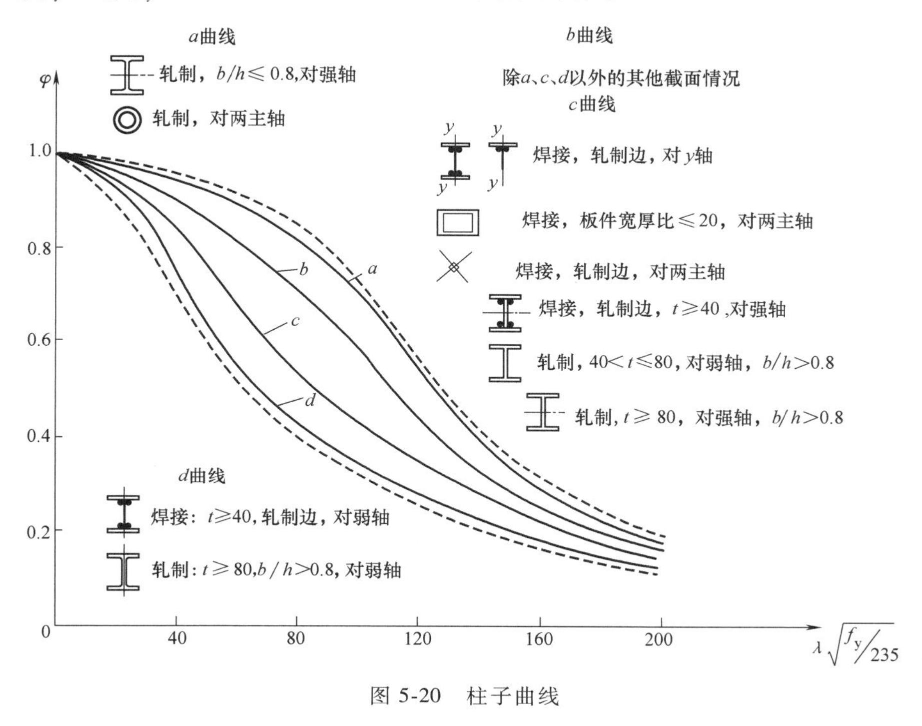


图5-20 柱子曲线

归属于 $a$、$b$、$c$、$d$ 四条曲线的轴心受压构件截面分类见表5-4和表5-5，一般的截面属于 $b$ 类。轧制圆管冷却时基本是均匀收缩，产生的截面残余应力很小，属于 $a$ 类；窄翼缘轧制普通工字钢的整个翼缘截面上的残余应力以拉应力为主，对绕 $x$ 轴弯曲屈曲有利，也属于 $a$ 类。格构式轴心受压构件绕虚轴的稳定计算，不宜采用考虑截面塑性发展的极限承载力理论，而采用边缘屈服准则确定的 $\varphi$ 值与曲线 $b$ 接近，故属于 $b$ 类。当槽形截面用于格构式构件的分肢时，由于分肢的扭转变形受到缀件的牵制，所以计算分肢绕其自身对称轴的稳定时，可按 $b$ 类。对翼缘为轧制或剪切边或焰切后刨边的焊接工字形截面，其翼缘两端存在较大的残余压应力，绕 $y$ 轴失稳比 $x$ 轴失稳时承载能力降低较多，故前者归入 $c$ 类，后者归入 $b$ 类。当翼缘为焰切边（且不刨边）时，翼缘两端部存在残余拉应力，可使绕 $y$ 轴失稳的承载力比翼缘为轧制边或剪切边的有所提高，所以绕 $x$ 轴和绕 $y$ 轴两种情况都属 $b$ 类。高层建筑钢结构的钢柱常采用板件厚度大（或宽厚比小）的热轧或焊接H形、箱形截面，其残余应力较常规截面的大，且由于厚板（翼缘）的残余应力不但随板件宽度方向变化，而且随厚度方向变化也较大；板的外表面往往是残余压应力，且厚板质量较差都会对稳定承载力带来较大的不利影响。参考《高层民用建筑钢结构技术规程》（JGJ 99—2015）和上海市的同类规程给出了厚板截面的分类建议：对某些较有利情况按 $b$ 类，某些不利情况按 $c$ 类，某些更不利情况则按 $d$ 类。在表5-5中给出的板件厚度超过40mm的轧制H型截面是指进口钢材，在我国还没有生产。

**表 5-4　轴心受压构件的截面分类**（板厚 $t<40$mm）

| 截面形式 | 对 $x$ 轴 | 对 $y$ 轴 |
|---|---|---|
| 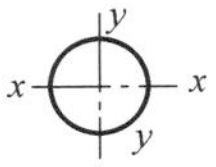 轧制 | $a$ 类 | $a$ 类 |
| 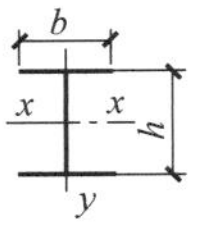 轧制，$b/h\leqslant 0.8$ | $a$ 类 | $b$ 类 |
| 轧制，$b/h>0.8$ 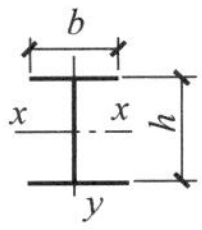 焊接，翼缘为焰切边 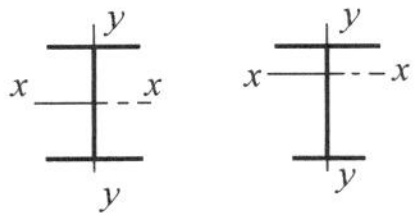 焊接 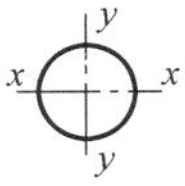 | $b$ 类 | $b$ 类 |
| 轧制 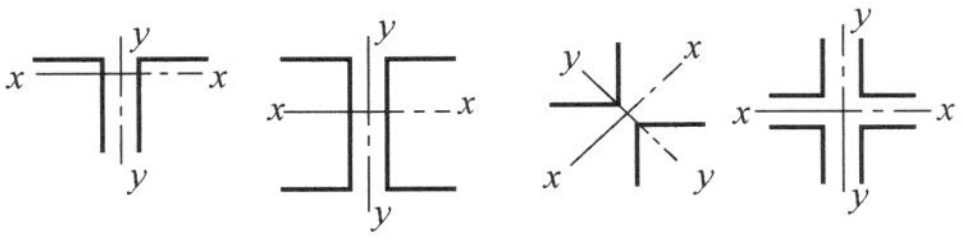 轧制，等边角钢 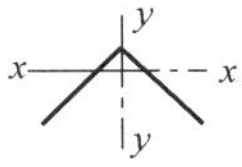 | | |
| 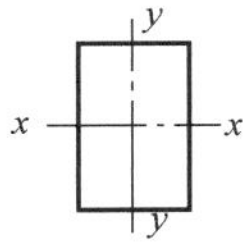 轧制，焊接（板件宽厚比大于 20） 轧制或焊接 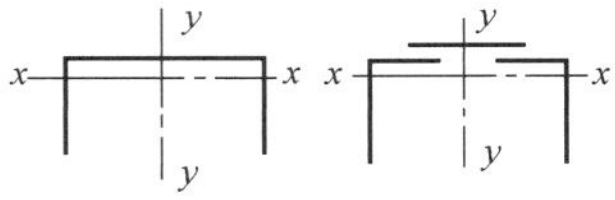 | | |
| 焊接 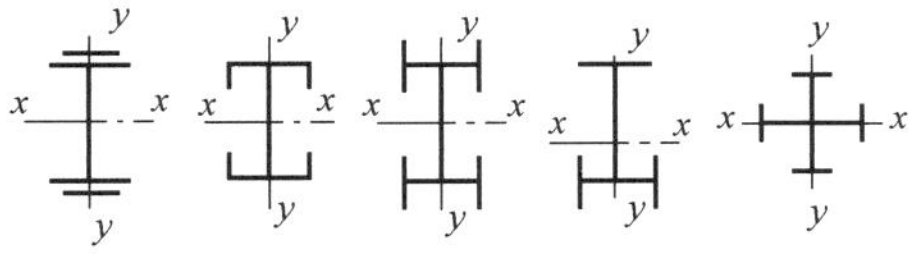 轧制截面和翼缘为焰切边的焊接截面 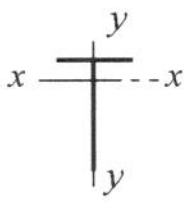 | | |
| 格构式 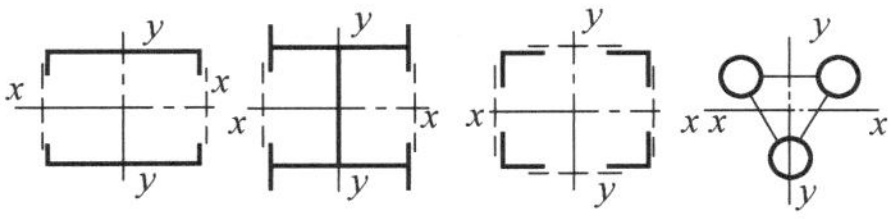 焊接，板件边缘焰切 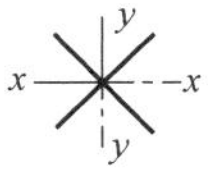 | | |
| 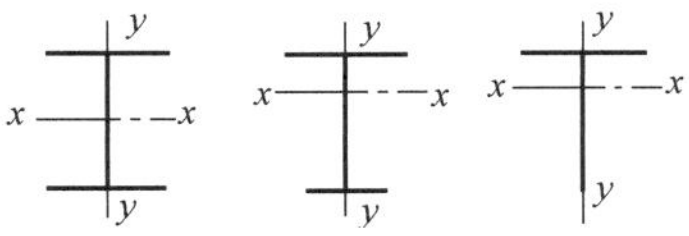 焊接，翼缘为轧制或剪切边 | $b$ 类 | $c$ 类 |
| 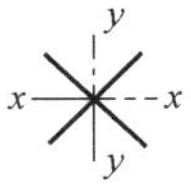 焊接，板件边缘轧制或剪切 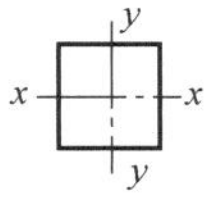 焊接，板件宽厚比$\leqslant 20$ | $c$ 类 | $c$ 类 |

表 5-5　轴心受压构件的截面分类（板厚 $t \geqslant 40\text{mm}$）

| 截面形式 | | 对 $x$ 轴 | 对 $y$ 轴 |
|---|---|---|---|
| 轧制工字形或 H 形截面 | $t<80\text{mm}$ | $b$ 类 | $c$ 类 |
| | $t \geqslant 80\text{mm}$ | $c$ 类 | $d$ 类 |
| 焊接工字形截面 | 翼缘为焰切边 | $b$ 类 | $b$ 类 |
| | 翼缘为轧制或剪切边 | $c$ 类 | $d$ 类 |
| 焊接箱形截面 | 板件宽厚比>20 | $b$ 类 | $b$ 类 |
| | 板件宽厚比≤20 | $c$ 类 | $c$ 类 |

## 5.4.2　实腹式轴心受压构件的整体稳定计算

实腹式轴心受压构件的整体稳定计算应满足

$$\sigma=\frac{N}{A} \leqslant \frac{\sigma_{\mathrm{cr}}}{\gamma_{\mathrm{R}}}=\frac{\sigma_{\mathrm{cr}}}{f_{\mathrm{y}}} \cdot \frac{f_{\mathrm{y}}}{\gamma_{\mathrm{R}}}=\varphi f \tag{5-28}$$

式中　$\sigma_{\mathrm{cr}}$——构件的极值点失稳临界应力；

$\gamma_{\mathrm{R}}$——抗力分项系数；

$N$——轴心压力设计值；

$A$——构件的毛截面面积；

$f$——钢材的抗压强度设计值，按附表 1-1 采用；

$\varphi$——轴心受压构件的整体稳定系数，可根据表 5-4 和表 5-5 的截面分类和构件的长细比，按附录 4 的附表 4-1～附表 4-4 查出。

《钢结构设计标准》对轴心受压构件的整体稳定计算采用下列形式

$$\frac{N}{\varphi A} \leqslant f \tag{5-29}$$

为了方便计算机应用，《钢结构设计标准》采用最小二乘法将各类截面的稳定系数 $\varphi$ 值拟合成数学公式来表达，即

当 $\bar{\lambda} \leqslant 0.125$ 时　$\varphi=1-\alpha_1 \bar{\lambda}^2$　(5-30)

当 $\bar{\lambda}>0.125$ 时　$\varphi=\left[\left(1+\varepsilon_0+\bar{\lambda}^2\right)-\sqrt{\left(1+\varepsilon_0+\bar{\lambda}^2\right)^2-4 \bar{\lambda}^2}\right] / 2 \bar{\lambda}^2$

$$=\left[\left(\alpha_2+\alpha_3 \bar{\lambda}+\bar{\lambda}^2\right)-\sqrt{\left(\alpha_2+\alpha_3 \bar{\lambda}+\bar{\lambda}^2\right)^2-4 \bar{\lambda}^2}\right] / 2 \bar{\lambda}^2 \tag{5-31}$$

式中　$\bar{\lambda}$——构件的相对（或正则化）长细比，等于构件长细比与欧拉临界力 $\sigma_{\mathrm{E}}=f_{\mathrm{y}}$ 时的长细比之比，$\bar{\lambda}=\frac{\lambda}{\pi}\sqrt{\frac{f_{\mathrm{y}}}{E}}$；用 $\bar{\lambda}$ 代替 $\lambda$ 后，公式无量纲化并能适用于各种屈服强度 $f_{\mathrm{y}}$ 的钢材；式（5-31）与佩利公式（5-24）具有相同的形式，但此时 $\varphi$ 值不再以截面的边缘屈服为准则，而是先按极限承载力理论确定

出构件的极限承载力后再反算出 $\varepsilon_0$ 值；

$\varepsilon_0$——考虑初弯曲、残余应力等综合影响的等效相对初弯曲，$\varepsilon_0$ 取 $\overline{\lambda}$ 的一次表达式，即 $\varepsilon_0=\alpha_2+\alpha_3\overline{\lambda}-1$；

$\alpha_2$、$\alpha_3$——系数，由最小二乘法求得后，按表 5-6 查用。

当长细比较小，即 $\overline{\lambda}\leqslant 0.125$（$\lambda\leqslant 20\sqrt{235/f_y}$）时，佩利公式不再适用，则在 $\overline{\lambda}=0$（$\varphi=1$）与 $\overline{\lambda}=0.215$ 间近似用抛物线公式（5-30）与佩利公式（5-31）衔接。

表 5-6　系数 $\alpha_1$、$\alpha_2$、$\alpha_3$ 值

| 截面说明 | | $\alpha_1$ | $\alpha_2$ | $\alpha_3$ |
|---|---|---|---|---|
| a 类 | | 0.41 | 0.986 | 0.152 |
| b 类 | | 0.65 | 0.965 | 0.300 |
| c 类 | $\overline{\lambda}\leqslant 1.05$ | 0.73 | 0.906 | 0.595 |
| | $\overline{\lambda}>1.05$ | | 1.216 | 0.302 |
| d 类 | $\overline{\lambda}\leqslant 1.05$ | 1.35 | 0.868 | 0.915 |
| | $\overline{\lambda}>1.05$ | | 1.375 | 0.432 |

## 5.4.3　实腹式轴心受压构件整体稳定计算的构件长细比

**1. 截面为双轴对称或极对称的构件**

计算轴心受压构件的整体稳定时，构件长细比 $\lambda$ 应按照下列规定确定

$$\lambda_x=\frac{l_{0x}}{i_x},\quad \lambda_y=\frac{l_{0y}}{i_y} \tag{5-32}$$

式中　$l_{0x}$、$l_{0y}$——构件对主轴 $x$ 轴、$y$ 轴的计算长度；

$i_x$、$i_y$——构件毛截面对主轴 $x$ 轴、$y$ 轴的回转半径。

为了避免发生扭转屈曲，对双轴对称十字形截面构件，$\lambda_x$ 或 $\lambda_y$ 取值不得小于 $5.07b/t$（其中 $b/t$ 为悬伸板件宽厚比）。

**2. 截面为单轴对称的构件**

以上讨论轴心受压构件的整体稳定时，假定构件失稳时只发生弯曲而没有扭转，即所谓弯曲屈曲。对于单轴对称截面，除绕非对称轴 $x$ 轴发生弯曲屈曲外，也有可能发生绕对称轴 $y$ 轴的弯扭屈曲。这是因为，当构件绕 $y$ 轴发生弯曲屈曲时，轴力 $N$ 由于截面的转动会产生作用于形心处沿 $x$ 轴方向的水平剪力 $V$（见图 5-21a），该剪力不通过剪心 $s$，将发生绕 $s$ 的扭矩。可按相似方法求得构件的弯扭屈曲临界应力，并能证明在相同情况下，弯扭屈曲比绕 $y$ 轴的弯曲屈曲的临界应力要低。在对 T 形和槽形等单轴对称截面进行弯扭屈曲分析后，认为绕对称轴（设为 $y$ 轴）的稳定应取计及扭转效应的下列换算长细比 $\lambda_{yz}$ 代替 $\lambda_y$

$$\lambda_{yz}=\frac{1}{\sqrt{2}}\left[(\lambda_y^2+\lambda_z^2)+\sqrt{(\lambda_y^2+\lambda_z^2)^2-4\left(1-\frac{e_0^2}{i_0^2}\right)\lambda_y^2\lambda_z^2}\right]^{\frac{1}{2}} \tag{5-33}$$

$$\lambda_z^2=\frac{i_0^2A}{\left(\frac{I_t}{25.7}+\frac{I_\omega}{l_\omega^2}\right)} \tag{5-34}$$

$$i_0^2=e_0^2+i_x^2+i_y^2 \tag{5-35}$$

式中　$e_0$——截面形心至剪心的距离；

$i_0$——截面对剪心的极回转半径；

$\lambda_y$——构件对对称轴的长细比；

$\lambda_z$——扭转屈曲的换算长细比；

$I_t$——毛截面抗扭惯性矩；

$I_\omega$——毛截面扇性惯性矩，对 T 形截面（轧制、双板焊接、双角钢组合）、十字形截面和角形截面可近似取 $I_\omega=0$；

$A$——毛截面面积；

$l_\omega$——扭转屈曲的计算长度，对两端铰接、端部截面可自由翘曲或两端嵌固、端部截面的翘曲完全受到约束的构件，取 $l_\omega=l_{0y}$。

3. 角钢组成的单轴对称截面构件

式（5-33）比较复杂，对于常用的单角钢和双角钢 T 形组合截面（见图 5-21），可按下述简化公式计算换算长细比 $\lambda_{yz}$。

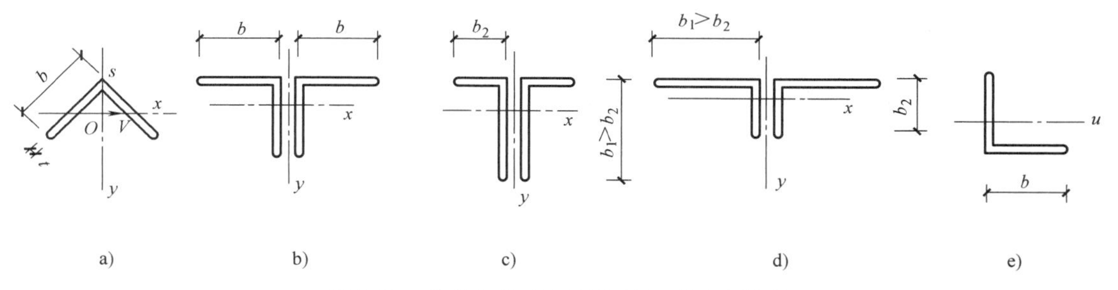


图 5-21　单角钢截面和双角钢 T 形组合截面

1）等边单角钢截面（见图 5-21a）：

当 $b/t\leqslant0.54l_{0y}/b$ 时
$$\lambda_{yz}=\lambda_y\left(1+\frac{0.85b^4}{l_{0y}^2t^2}\right) \tag{5-36}$$

当 $b/t>0.54l_{0y}/b$ 时
$$\lambda_{yz}=4.78\frac{b}{t}\left(1+\frac{l_{0y}^2t^2}{13.5b^4}\right) \tag{5-37}$$

式中　$b$、$t$——角钢肢宽度和厚度。

2）等边双角钢截面（见图 5-21b）：

当 $b/t\leqslant0.58l_{0y}/b$ 时
$$\lambda_{yz}=\lambda_y\left(1+\frac{0.475b^4}{l_{0y}^2t^2}\right) \tag{5-38}$$

当 $b/t>0.58l_{0y}/b$ 时
$$\lambda_{yz}=3.9\frac{b}{t}\left(1+\frac{l_{0y}^2t^2}{18.6b^4}\right) \tag{5-39}$$

3）长肢相并的不等边双角钢截面（见图 5-21c）：

当 $b_2/t \leqslant 0.48l_{0y}/b_2$ 时
$$\lambda_{yz}=\lambda_y\left(1+\frac{1.09b_2^4}{l_{0y}^2t^2}\right) \tag{5-40}$$

当 $b_2/t>0.48l_{0y}/b_2$ 时
$$\lambda_{yz}=5.1\frac{b_2}{t}\left(1+\frac{l_{0y}^2t^2}{17.4b_2^4}\right) \tag{5-41}$$

4）短肢相并的不等边双角钢截面（图 5-21d）：

当 $b_1/t \leqslant 0.56l_{0y}$ 时
$$\lambda_{yz}=\lambda_y \tag{5-42}$$

当 $b_1/t>0.56l_{0y}$ 时
$$\lambda_{yz}=3.7\frac{b_1}{t}\left(1+\frac{l_{0y}^2t^2}{52.7b_1^4}\right) \tag{5-43}$$

5）单轴对称的轴心受压构件在绕非对称主轴以外的任一轴失稳时应按照弯扭屈曲计算其稳定性。当计算等边单角钢构件绕平行轴（见图 5-21e 的 $u$ 轴）的稳定时，可用下式计算其换算长细比 $\lambda_{uz}$，并按 $b$ 类截面确定 $\varphi$ 值：

当 $b/t \leqslant 0.69l_{0u}/b$ 时
$$\lambda_{uz}=\lambda_u\left(1+\frac{0.25b^4}{l_{0u}^2t^2}\right) \tag{5-44}$$

当 $b/t>0.69l_{0u}/b$ 时
$$\lambda_{uz}=\frac{5.4b}{t} \tag{5-45}$$

式中，$\lambda_u=l_{0u}/i_u$。

无任何对称轴且又非极对称的截面（单面连接的不等边单角钢除外）不宜用作轴心受压构件。对单面连接的单角钢轴心受压构件，考虑强度设计值折减系数 $\gamma_R$ 后，可不考虑弯扭效应的影响。《钢结构设计标准》规定：计算稳定时，等边角钢取 $\gamma_R=0.6+0.0015\lambda$，但不大于 1.0；短边相连的不等边角钢取 $\gamma_R=0.5+0.0025\lambda$，但不大于 1.0。式中，$\lambda=l_0/i_0$，计算长度 $l_0$ 取节点中心距离，$i_0$ 为角钢的最小回转半径，当 $\lambda<20$ 时，取 $\lambda=20$。长边相连的不等边角钢取 $\gamma_R=0.70$。当槽形截面用于格构式构件的分肢，计算分肢绕对称轴（$y$ 轴）的稳定性时，不必考虑扭转效应，直接用 $\lambda_y$ 查出 $\varphi_y$ 值。

## 5.5 实腹式轴心受压构件的局部稳定

### 5.5.1 均匀受压板件的屈曲

实腹式轴心受压构件一般由若干矩形平面板件组成，在轴心压力作用下，这些板件都承受均匀压力。如果这些板件的平面尺寸很大，而厚度又相对很薄（宽厚比较大）时，在均匀压力作用下，板件有可能在达到强度承载力之前先失去局部稳定。在第 4.4 节中，已阐述了有关局部稳定的基本概念，并给出了考虑板件间相互约束作用的单个矩形板件的临界应力公式为

$$\sigma_{cr}=\frac{\chi k\pi^2E}{12(1-\nu^2)}\left(\frac{t}{b}\right)^2 \tag{5-46}$$

当轴心受压构件中板件的临界应力超过比例极限 $f_p$ 进入弹塑性受力阶段时，可认为板件变为正交异性板。单向受压板沿受力方向的弹性模量 $E$ 降为切线模量 $E_t=\eta E$，但与压力

垂直的方向仍为弹性阶段，其弹性模量仍为 $E$。这时可用 $E\sqrt{\eta}$ 代替 $E$，按下列近似公式计算其临界应力 $\sigma_{cr}$

$$\sigma_{cr}=\frac{\chi k\pi^2E\sqrt{\eta}}{12(1-v^2)}\left(\frac{t}{b}\right)^2 \tag{5-47}$$

根据轴心受压构件局部稳定的试验资料，《钢结构设计标准》取弹性模量修正系数 $\eta$ 为

$$\eta=0.1013\lambda^2\frac{f_y}{E}\left(1-0.0248\lambda^2\frac{f_y}{E}\right) \tag{5-48}$$

式中 $\lambda$——构件两方向长细比的较大值。

## 5.5.2 轴心受压构件局部稳定的计算方法

### 1. 确定板件宽厚比限值的准则

为了保证实腹式轴心受压构件的局部稳定，通常采用限制其板件宽厚比的办法来实现。确定板件宽厚比限值所采用的原则有两种：一种是使构件应力达到屈服前板件不发生局部屈曲，即局部屈曲临界应力不低于屈服应力；另一种是使构件整体屈曲前板件不发生局部屈曲，即局部屈曲临界应力不低于整体屈曲临界应力，常称作等稳定性准则。后一准则与构件长细比发生关系，对中等或较长构件似乎更合理，前一准则对短柱比较适合。《钢结构设计标准》在规定轴心受压构件宽厚比限值时，主要采用后一准则，在长细比很小时参照前一准则予以调整。

### 2. 轴心受压构件板件宽厚比的限值

轧制型钢（工字钢、H型钢、槽钢、T型钢、角钢等）的翼缘和腹板一般都有较大厚度，宽厚比相对较小，都能满足局部稳定要求，可不做验算。对焊接组合截面构件（见图5-22），一般采用限制板件宽厚比办法来保证局部稳定。

（1）工字形截面 由于工字形截面（见图5-22a）的腹板一般较翼缘板薄，腹板对翼缘板几乎没有嵌固作用，因此翼缘可视为三边简支一边自由的均匀受压板，取屈曲系数 $k=0.425$，弹性约束系数 $\chi=1.0$。而腹板可视为四边支承板，此时屈曲系数 $k=4$。当腹板发生屈曲时，翼缘板作为腹板纵向边的支承，对腹板将起一定的弹性约束作用，

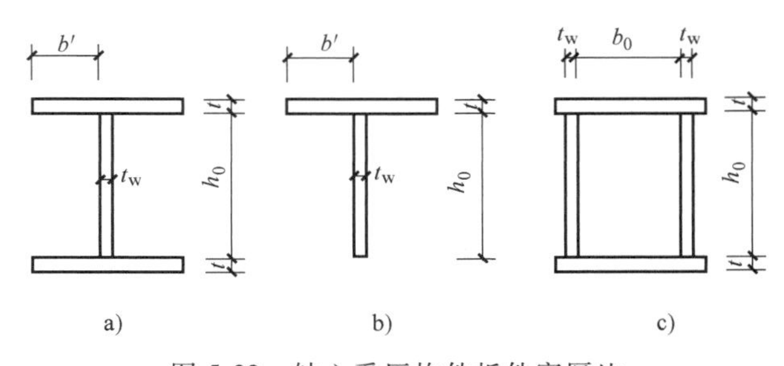


图5-22 轴心受压构件板件宽厚比

根据试验可取弹性约束系数 $\chi=1.3$。在弹塑性阶段，弹性模量修正系数 $\eta$ 按式（5-48）计算。代入式（5-47）使其大于或等于 $\varphi f_y$，可分别得到翼缘板悬伸部分的宽厚比 $b'/t$ 及腹板高厚比 $h_0/t_\omega$ 与长细比 $\lambda$ 的关系曲线。这种曲线较为复杂，为了便于应用，当 $\lambda=30\sim100$ 时，采用下列简化的直线式表达：

翼缘
$$\frac{b'}{t}\leqslant(10+0.1\lambda)\sqrt{\frac{235}{f_y}} \tag{5-49}$$

腹板
$$\frac{h_0}{t_w} \leqslant (25+0.5\lambda)\sqrt{\frac{235}{f_y}} \tag{5-50}$$

式中　$\lambda$——构件两方向长细比的较大值。

对 $\lambda$ 很小的构件，国外多按短柱考虑，使局部屈曲临界应力达到屈服应力，甚至有考虑应变强化影响的。当 $\lambda$ 较大时，弹塑性阶段的公式不再适用，并且板件宽厚比也不宜过大。因此，参考国外资料，《钢结构设计标准》规定：当 $\lambda \leqslant 30$ 时，取 $\lambda=30$；当 $\lambda \geqslant 100$ 时，取 $\lambda=100$，仍用式（5-49）和式 5-50）计算。

（2）T 形截面　T 形截面（见图 5-22b）轴心受压构件的翼缘板悬伸部分的宽厚比 $b'/t$ 限值与工字形截面一样，按式（5-49）计算。T 形截面的腹板也是三边支承一边自由的板，但其宽厚比比翼缘大得多，它的屈曲受到翼缘一定程度的弹性约束作用，故腹板的宽厚比限值可适当放宽；又考虑到焊接 T 形截面几何缺陷和残余压力都比热轧 T 型钢大，采用了相对低一些的限值。

热轧 T 型钢
$$\frac{h_0}{t_w} \leqslant (15+0.2\lambda)\sqrt{\frac{235}{f_y}} \tag{5-51}$$

焊接 T 型钢
$$\frac{h_0}{t_w} \leqslant (13+0.17\lambda)\sqrt{\frac{235}{f_y}} \tag{5-52}$$

（3）箱形截面　箱形截面轴心受压构件的翼缘和腹板均为四边支承板（见图 5-22c），但翼缘和腹板一般用单侧焊缝连接，约束程度较低，可取 $\chi=1$。《钢结构设计标准》借用箱形梁的宽厚比限值规定，即采用局部屈曲临界应力不低于屈服应力的准则，得到的宽厚比限值与构件的长细比无关，即

$$\frac{b_0}{t}\left(\frac{h_0}{t_w}\right) \leqslant 40\sqrt{\frac{235}{f_y}} \tag{5-53}$$

**3. 加强局部稳定的措施**

当所选截面不满足板件宽厚比规定要求时，一般应调整板件厚度或宽度使其满足要求。但对工字形截面的腹板也可采用设置纵向加劲肋的方法予以加强，以缩减腹板计算高度（见图 5-23）。纵向加劲肋宜在腹板两侧成对配置，其一侧外伸宽度 $b_z \geqslant 10t_w$，厚度 $t_z \geqslant 0.75t_w$。纵向加劲肋通常在横向加劲肋间设置，横向加劲肋的尺寸应满足外伸宽度 $b_s \geqslant (h_0/30)+40\text{mm}$，厚度 $t_s \geqslant b_s/15$。

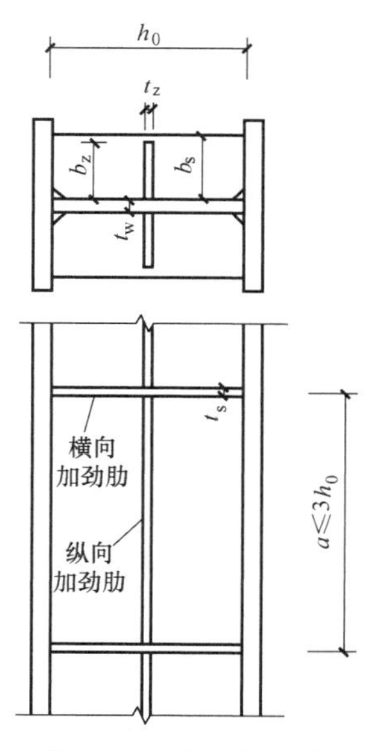


图 5-23　纵向加劲肋加强腹板

**4. 腹板的有效截面**

大型工字形截面的腹板，由于高厚比 $h_0/t_w$ 较大，在满足高厚比限值的要求时，需采用较厚的腹板，往往显得很不经济。为节省材料，仍然可采用较薄的腹板，听任腹板屈曲，考虑其屈曲后强度的利用，采用有效截面进行计算。在计算构件的强度和稳定性时，认为腹板中间部分退出工作，仅考虑腹板计算高度边缘范围内两侧宽度各为 $20t_w\sqrt{235/f_y}$ 的部分和翼缘作为有效截面（见图 5-24）。但在计算构件的长细比和整体稳定系数 $\varphi$ 时，仍用全部截面。

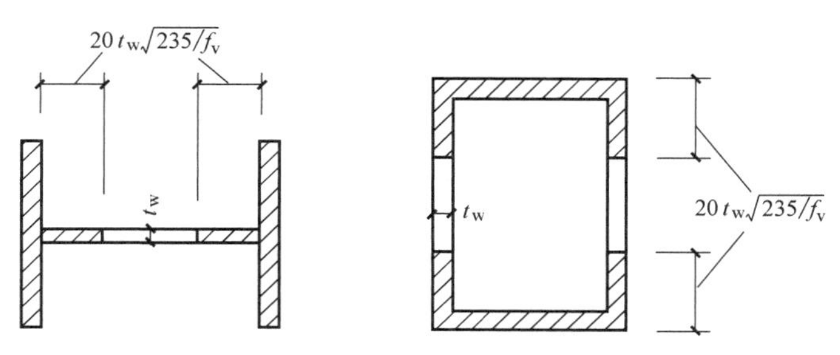


图 5-24　纵向加劲腹肋板有效截面

## 5.6　实腹式轴心受压构件的截面设计

### 5.6.1　截面设计原则

为了避免弯扭失稳，实腹式轴心受压构件一般采用双轴对称截面，其常用截面形式如图 5-2 所示。

为了获得经济与合理的设计效果，选择实腹式轴心受压构件的截面时，应考虑以下几个原则：

（1）等稳定性　使构件两个主轴方向的稳定承载力相同，即 $\varphi_x=\varphi_y$，以达到经济的效果。

（2）宽肢薄壁　在满足板件宽（高）厚比限值的条件下，截面面积的分布应尽量开展，以增加截面的惯性矩和回转半径，提高构件的整体稳定性和刚度，达到用料合理。

（3）连接方便　一般选择开敞式截面，便于与其他构件进行连接；在格构式结构中，也常采用管形截面构件，此时的连接方法常采用螺栓球或焊接球节点，或直接相贯焊接节点等。

（4）制造省工　尽可能构造简单，加工方便，取材容易。如选择型钢或便于采用自动焊的工字形截面，这样做有时用钢量可能会增加一点，但因制造省工和型钢价格便宜，可能仍然比较经济。

### 5.6.2　截面选择

截面设计时，应根据上述截面设计原则、轴力大小和两方向的计算长度等情况综合考虑后，初步选择截面尺寸，然后进行强度、刚度、整体稳定和局部稳定验算。具体步骤如下：

（1）确定所需要的截面积　假定构件的长细比 $\lambda=50\sim100$，当压力大而计算长度小时取较小值，反之取较大值。根据 $\lambda$、截面分类和钢材级别可查得整体稳定系数 $\varphi$，则所需要的截面面积为

$$A_{\text{req}}=\frac{N}{\varphi f} \tag{5-54}$$

实际上，要准确假定构件的长细比是不容易的，往往要反复多次才能成功。但对每种截面形式，都可以推导出确定 $\lambda$ 假设值的近似公式，如对焊接工字形截面（通常 $y$ 轴是弱轴），可采用如下公式

$$\varphi=(0.4175+0.004919\lambda_y)\lambda_y^2\frac{N}{l_{0y}^2 f}\sqrt{\frac{235}{f_y}} \tag{5-55}$$

截面设计时，只需任意假设一个满足刚度要求的 $\lambda_y$，然后由式（5-55）求出对应的 $\varphi$ 值。若能从 $\varphi$ 值表中找到这一对 $\lambda_y$ 和 $\varphi$，则所假设的 $\lambda_y$ 就是正确的，否则要重新假设 $\lambda_y$。

（2）确定两个主轴所需要的回转半径　$i_{xreq}=l_{0x}/\lambda$，$i_{yreq}=l_{0y}/\lambda$。对于焊接组合截面，根据所需回转半径 $i_{req}$ 与截面高度 $h$、宽度 $b$ 之间的近似关系，即 $i_x\approx\alpha_1 h$ 和 $i_y\approx\alpha_2 b$（系数 $\alpha_1$、$\alpha_2$ 的近似值见附录 9，如由三块钢板焊成的工字形截面，$\alpha_1=0.43$，$\alpha_2=0.24$），求出所需截面的轮廓尺寸，即

$$h=\frac{i_{xreq}}{\alpha_1},\quad b=\frac{i_{yreq}}{\alpha_2} \tag{5-56}$$

对于型钢截面，根据所需要的截面积 $A_{req}$ 和所需要的回转半径 $i_{req}$ 选择型钢的型号（附录 6）。

（3）确定截面各板件尺寸　对于焊接组合截面，根据所需的 $A_{req}$、$h$、$b$，并考虑局部稳定和构造要求（如自动焊工字形截面 $h\approx b$）初选截面尺寸。由于假定的 $\lambda$ 值不一定恰当，完全按照所需要的 $A_{req}$、$h$、$b$ 配置的截面可能会使板件厚度太大或太小，这时可适当调整 $h$ 或 $b$，$h_0$ 和 $b$ 宜取 10mm 的倍数，$t$ 和 $t_w$ 宜取 2mm 的倍数且应符合钢板规格，$t_w$ 应比 $t$ 小，但一般不小于 4mm. 。

### 5.6.3 截面验算

按照上述步骤初选截面后，按式（5-4）、式（5-29）、式（5-49）和式（5-50）等进行刚度、整体稳定和局部稳定验算。如有孔洞削弱，还应按式（5-2）进行强度验算。如验算结果不完全满足要求，应调整截面尺寸后重新验算，直到满足要求为止。

### 5.6.4 构造要求

当实腹式构件的腹板高厚比 $h_0/t_w>80$ 时，为防止腹板在施工和运输过程中发生扭转变形、提高构件的抗扭刚度，应设置横向加劲肋，其间距不得大于 $3h_0$，在腹板两侧成对配置，截面尺寸应满足图 5-23 的要求。

为了保证构件截面几何形状不变、提高构件抗扭刚度，以及传递必要的内力，对大型实腹式构件，在受有较大横向力处和每个运送单元的两端，还应设置横隔（见图 5-25）。构件较长时并应设置中间横隔，横隔的间距不得大于构件截面较大宽度的 9 倍或 8m。

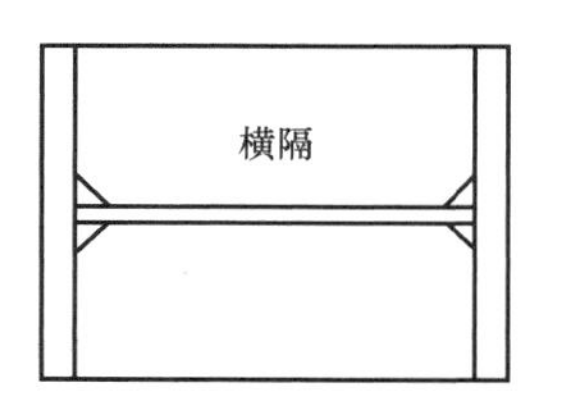

图 5-25　横隔

轴心受压实腹式构件的翼缘与腹板的纵向连接焊缝受力很小，不必计算，可按构造要求确定焊缝尺寸 $h_f=4\sim8$mm。

**[例题 5-1]**　图 5-26a 所示为一管道支架，其支柱的轴心压力（包括自重）设计值为 $N=1450$kN，柱两端铰接，钢材为 Q345 钢，截面无孔洞削弱。试设计此支柱的截面：①用轧制普通工字钢；②用轧制 H 型钢；③用焊接工字形截面，翼缘板为焰切边；④钢材改为 Q235 钢，以上所选截面是否可以安全承载？

［解］　设截面的强轴为 $x$ 轴，弱轴为 $y$ 轴，柱在两个方向的计算长度分别为

$$l_{0x}=600\text{cm};\ l_{0y}=300\text{cm}$$

**1. 轧制工字钢**（见图 5-26b）

（1）试选截面　假定 $\lambda=100$，对于 $b/h\leqslant0.8$ 的轧制工字钢，当绕 $x$ 轴屈曲时属于 $a$ 类截面，绕 $y$ 轴屈曲时属于 $b$ 类截面，由附表 4-2 查得 $\varphi_{\min}=\varphi_y=0.431$。当计算点钢材厚度 $t<16\text{mm}$ 时，$f=300\text{N/mm}^2$。则所需截面面积和回转半径为

$$A_{\text{req}}=\frac{N}{\varphi_{\min}f}=\frac{1450\times10^3}{0.431\times300\times10^2}\text{cm}^2\approx112.14\text{cm}^2$$

$$i_{x\text{req}}=\frac{l_{0x}}{\lambda}=\frac{600}{100}\text{cm}=6\text{cm}$$

$$i_{y\text{req}}=\frac{l_{0y}}{\lambda}=\frac{300}{100}\text{cm}=3\text{cm}$$

附表 6-1 中不可能选出同时满足 $A_{\text{req}}$、$i_{x\text{req}}$ 和 $i_{y\text{req}}$ 的型号，可以 $A_{\text{req}}$ 和 $i_{y\text{req}}$ 为主，适当考虑 $i_{x\text{req}}$ 进行选择。现试选 I50a，$A=119\text{cm}^2$，$i_x=19.7\text{cm}$，$i_y=3.07\text{cm}$。

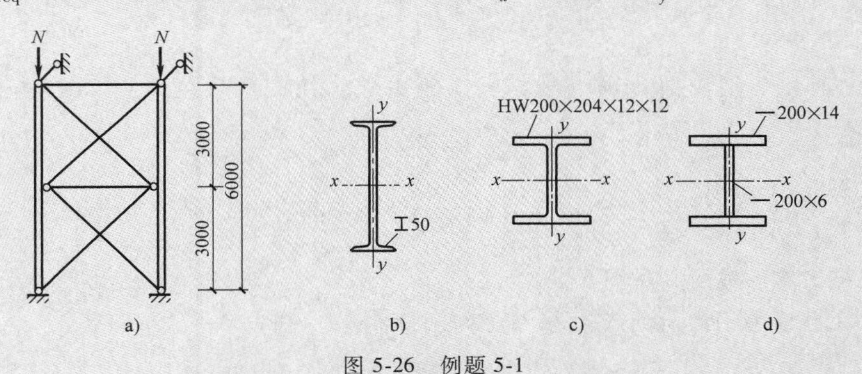


图 5-26　例题 5-1

（2）截面验算　因截面无孔洞削弱，可不验算强度。又因轧制工字钢的翼缘和腹板均较厚，可不验算局部稳定，只需进行刚度和整体稳定验算。

$$\lambda_x=\frac{l_{0x}}{i_x}=\frac{600}{19.7}=30.46<[\lambda]=150(\text{满足刚度要求})$$

$$\lambda_y=\frac{l_{0y}}{i_y}=\frac{300}{3.07}=97.72<[\lambda]=150(\text{满足刚度要求})$$

$\lambda_y$ 远大于 $\lambda_x$，绕 $y$ 轴屈曲时属于 $b$ 类截面，故由 $\lambda_y$ 查附表 4-2 得 $\varphi=0.445$。

$$\frac{N}{\varphi A}=\frac{1450\times10^3}{0.445\times119\times10^2}\text{N/mm}^2=274\text{N/mm}^2<f=300\text{N/mm}^2(\text{满足整体稳定要求})$$

**2. 轧制 H 型钢**（见图 5-26c）

（1）试选截面　由于轧制 H 型钢可以选用宽翼缘的形式，截面宽度较大，因此长细比的假设值可适当减小，假设 $\lambda=70$。对宽翼缘 H 型钢，因 $b/h>0.8$，所以不论对 $x$ 轴或 $y$ 轴都属于 $b$ 类截面。当 $\lambda=70$ 时，由附表 4-2 查得 $\varphi=0.656$，所需截面面积和回转半径

分别为

$$A_{\text{req}}=\frac{N}{\varphi f}=\frac{1450\times10^{3}}{0.656\times300\times10^{2}}\text{cm}^{2}=73.68\text{cm}^{2}$$

$$i_{x\text{req}}=\frac{l_{0x}}{\lambda}=\frac{600}{70}\text{cm}=8.57\text{cm}$$

$$i_{y\text{req}}=\frac{l_{0y}}{\lambda}=\frac{300}{70}\text{cm}=4.29\text{cm}$$

由附录 6-2 试选 HW200×204×12×12，$A=72.28\text{cm}^2$，$i_x=8.35\text{cm}$，$i_y=4.85\text{cm}$。翼缘厚度 $t=12\text{mm}$，取 $f=300\text{N/mm}^2$。

（2）截面验算　因截面无孔洞削弱，可不验算强度。又因为热轧型钢，也可不验算局部稳定，只需进行刚度和整体稳定验算。

$$\lambda_x=\frac{l_{0x}}{i_x}=\frac{600}{8.35}=71.9<[\lambda]=150\text{（满足刚度要求）}$$

$$\lambda_y=\frac{l_{0y}}{i_y}=\frac{300}{4.85}=61.9<[\lambda]=150\text{（满足刚度要求）}$$

因绕 $x$ 轴和 $y$ 轴屈曲均属 $b$ 类截面，故由长细比的较大值 $\lambda_x=71.9$ 查附表 4-2，得 $\varphi=0.640$。

$$\frac{N}{\varphi A}=\frac{1450\times10^{3}}{0.640\times72.28\times10^{2}}\text{N/mm}^{2}=313\text{N/mm}^{2}\approx f=300\text{N/mm}^{2}\text{（满足整体稳定要求）}$$

**3. 焊接工字形截面**（见图 5-26d）

（1）参照 H 型钢截面试选截面　翼缘 2—200×14，腹板 1—200×6。

$$A=(2\times20\times1.4+20\times0.6)\text{cm}^{2}=68\text{cm}^{2}$$

$$I_x=\frac{1}{12}\times(20\times22.8^{3}-19.4\times20^{3})\text{cm}^{4}=6821\text{cm}^{4}$$

$$I_y=2\times\frac{1}{12}\times1.4\times20^{3}\text{cm}^{4}=1867\text{cm}^{4}$$

$$i_x=\sqrt{\frac{6821}{68}}\text{cm}=10.02\text{cm},\quad i_y=\sqrt{\frac{1867}{68}}\text{cm}=5.24\text{cm}$$

（2）刚度和整体稳定验算

$$\lambda_x=\frac{l_{0x}}{i_x}=\frac{600}{10.02}=59.88<[\lambda]=150\text{（满足刚度要求）}$$

$$\lambda_y=\frac{l_{0y}}{i_y}=\frac{300}{5.24}=57.25<[\lambda]=150\text{（满足刚度要求）}$$

因绕 $x$ 轴和 $y$ 轴屈曲均属 $b$ 类截面，故由长细比的较大值 $\lambda_x=59.88$ 查附表 4-2，得 $\varphi=0.735$。

$$\frac{N}{\varphi A}=\frac{1450\times10^3}{0.735\times68\times10^2}\text{N/mm}^2=290\text{N/mm}^2<f=300\text{N/mm}^2\text{（满足整体稳定要求）}$$

（3）局部稳定验算

翼缘外伸部分 $\frac{b}{t}=\frac{9.7}{1.4}=6.93<(10+0.1\lambda_{\max})\sqrt{\frac{235}{f_y}}$

$$=(10+0.1\times59.88)\times\sqrt{\frac{235}{345}}=13.20\text{（满足要求）}$$

腹板 $\frac{h_0}{t_w}=\frac{20}{0.6}=33.33<(25+0.5\lambda_{\max})\sqrt{\frac{235}{f_y}}$

$$=(25+0.5\times59.88)\times\sqrt{\frac{235}{345}}=45.34\text{（满足要求）}$$

截面无孔洞削弱，不必验算强度。

（4）构造　因腹板高厚比小于80，故不必设置横向加劲肋。翼缘与腹板的连接焊缝最小焊脚尺寸 $h_{\text{fmin}}=1.5\sqrt{t_{\max}}=1.5\times\sqrt{14}\text{mm}=5.6\text{mm}$，采用 $h_f=6\text{mm}$。

**4. 原截面改用Q235钢**

（1）轧制工字钢　绕 $y$ 轴屈曲时属于 $b$ 类截面，由 $\lambda_y=97.72$ 查附表4-2，得 $\varphi=0.570$。

$$\frac{N}{\varphi A}=\frac{1450\times10^3}{0.570\times119\times10^2}\text{N/mm}^2=214\text{N/mm}^2<f=215\text{N/mm}^2\text{（满足整体稳定要求）}$$

（2）轧制H型钢　绕 $x$ 轴和 $y$ 轴屈曲均属 $b$ 类截面，故由长细比的较大值 $\lambda_x=71.9$ 查附表4-2，得 $\varphi=0.740$。

$$\frac{N}{\varphi A}=\frac{1450\times10^3}{0.740\times72.28\times10^2}\text{N/mm}^2=271\text{N/mm}^2>f=215\text{N/mm}^2\text{（不满足整体稳定要求）}$$

（3）焊接工字形截面　绕 $x$ 轴和 $y$ 轴屈曲均属 $b$ 类截面，故由长细比的较大值 $\lambda_x=59.88$ 查附表4-2，得 $\varphi=0.808$。

$$\frac{N}{\varphi A}=\frac{1450\times10^3}{0.808\times68\times10^2}\text{N/mm}^2=264\text{N/mm}^2>f=215\text{N/mm}^2\text{（不满足整体稳定要求）}$$

由本例计算结果可知：

1）轧制普通工字钢要比轧制H型钢和焊接工字形截面的面积大很多（在本例中大65%～75%），这是由于普通工字钢绕弱轴的回转半径太小。尽管弱轴方向的计算长度仅为强轴方向计算长度的1/2，但其长细比远大于后者，因而构件的承载能力是由弱轴所控制的，对强轴则有较大富裕，这显然是不经济的。若必须采用此种截面，宜再增加侧向支撑的数量。对于轧制H型钢和焊接工字形截面，由于其两个方向的长细比非常接近，基本上做到了等稳定性，用料更经济。焊接工字形截面更容易实现等稳定性要求，用钢量最省，但焊接工字形截面的焊接工作量大，在设计实腹式轴心受压构件时宜优先选用轧制H型钢。

2）改用 Q235 钢后，轧制普通工字钢的截面不增大时仍可安全承载，而轧制 H 型钢和焊接工字形截面却不能安全承载且相差很多，这是因为长细比大的轧制普通工字钢构件在改变钢号后，仍处于弹性工作状态，钢材强度对稳定承载力影响不大，而长细比小的轧制 H 型钢和焊接工字形截面构件，由于原设计的截面积比轧制普通工字钢就小许多，改变钢号后，钢柱中的应力已处于弹塑性工作状态，钢材强度对稳定承载力有显著影响。

## 5.7 格构式轴心受压构件

### 5.7.1 格构式轴心受压构件绕实轴的整体稳定

格构式受压构件也称为格构式柱，其分肢通常采用槽钢和工字钢，构件截面具有对称轴（见图 5-1）。当构件轴心受压丧失整体稳定时，不大可能发生扭转屈曲和弯扭屈曲，往往发生绕截面主轴的弯曲屈曲。因此计算格构式轴心受压构件的整体稳定时，只需计算绕截面实轴和虚轴抵抗弯曲屈曲的能力。

格构式轴心受压构件绕实轴的弯曲屈曲情况与实腹式轴心受压构件没有区别，因此其整体稳定计算也相同，可以采用式（5-29）按 $b$ 类截面进行计算。

### 5.7.2 格构式轴心受压构件绕虚轴的整体稳定

实腹式轴心受压构件在弯曲屈曲时，剪切变形影响很小，对构件临界力的降低不到 1%，可以忽略不计。格构式轴心受压构件绕虚轴弯曲屈曲时，由于两个分肢不是实体相连，连接两分肢的缀件的抗剪刚度比实腹式构件的腹板弱，构件在微弯平衡状态下，除弯曲变形外，还需要考虑剪切变形的影响，因此稳定承载力有所降低。根据弹性稳定理论分析，当缀件采用缀条时，两端铰接等截面格构式构件绕虚轴弯曲屈曲的临界应力为

$$\sigma_{cr}=\frac{\pi^2 E}{\lambda_x^2+\frac{\pi^2}{\sin^2\theta\cos\theta}\cdot\frac{A}{A_{1x}}} \tag{5-57}$$

即

$$\sigma_{cr}=\frac{\pi^2 E}{\lambda_{0x}^2} \tag{5-58}$$

其中

$$\lambda_{0x}=\sqrt{\lambda_x^2+\frac{\pi^2}{\sin^2\theta\cos\theta}\cdot\frac{A}{A_{1x}}} \tag{5-59}$$

式中 $\lambda_x$——整个构件对虚轴的长细比；
$A$——整个构件的毛截面面积；
$A_{1x}$——单个节间内两侧斜缀条毛截面面积之和；
$\theta$——缀条与构件轴线间的夹角（见图 5-27）。

式（5-58）与实腹式轴心受压构件欧拉临界应力计算公式的形式完全相同。由此可见，如果用 $\lambda_{0x}$ 代替 $\lambda_x$，则可采用与实腹式轴心受压构件相同的公式计算格构式构件绕虚轴的稳定性，因此，称 $\lambda_{0x}$ 为换算长细比。

一般斜缀条与构件轴线间的夹角 $\theta$ 为 40°~70°，在此常用范围，$\pi^2/(\sin^2\theta\cos\theta)=25.6\sim32.7$，其值变化不大。为了简便，《钢结构设计标准》按 $\theta=45°$ 计算，即取上式为常数 27。由此换算长细比公式（5-59）简化为

$$\lambda_{0x}=\sqrt{\lambda_x^2+27\frac{A}{A_{1x}}} \tag{5-60}$$

需要注意的是，当斜缀条与柱轴线间的夹角不在 40°~70°范围内时，$\pi^2/(\sin^2\theta\cos\theta)$ 值将比 27 大很多，式（5-60）是偏于不安全的，应按式（5-59）计算换算长细比 $\lambda_{0x}$。此外，$\lambda_{0x}$ 是按弹性屈曲推导的，但一般推广用于全部 $\lambda_x$ 范围。

当缀件为缀板时，用同样的原理可得格构式轴心受压构件的换算长细比为

$$\lambda_{0x}=\sqrt{\lambda_x^2+\frac{\pi^2}{12}\left(1+\frac{2}{k}\right)\lambda_1^2} \tag{5-61}$$

$$\lambda_1=l_1/i_1,\quad k=(I_b/c)/(I_1/l_1)$$

式中 $\lambda_1$——相应分肢长细比；

$k$——缀板与分肢线刚度比值；

$l_1$——相邻两缀板间的中心距；

$I_1$、$i_1$——每个分肢绕其平行于虚轴方向形心轴的惯性矩和回转半径；

$I_b$——构件截面中垂直于虚轴的各缀板的惯性矩之和；

$c$——两分肢的轴线间距。

通常情况下，$k$ 值较大（两分肢不相等时，$k$ 按较大分肢计算）。当 $k=6\sim20$ 时，$\pi^2(1+2/k)/12=1.097\sim0.905$，即在 $k\geqslant6$ 的常用范围，接近于 1。为简化起见，《钢结构设计标准》规定换算长细比按以下简化式计算

$$\lambda_{0x}=\sqrt{\lambda_x^2+\lambda_1^2} \tag{5-62}$$

式中 $\lambda_1$——分肢对最小刚度轴的长细比，$\lambda_1=l_{01}/i_1$，缀板式构件分肢在缀板连接范围内刚度较大而变形很小，因此当缀板与分肢焊接时，计算长度 $l_{01}$ 为相邻两缀板间的净距，当缀板与分肢螺栓连接时，计算长度 $l_{01}$ 为最近边缘螺栓间的距离。

当 $k=2\sim6$ 时，$\pi^2(1+2/k)/12=1.645\sim1.097$，按式（5-62）计算 $\lambda_{0x}$，误差较大。因此，当 $k\leqslant6$ 时宜用式（5-61）计算。

对于四肢和三肢组合的格构式轴心受压构件，可得出类似的换算长细比计算公式，详见《钢结构设计标准》。

### 5.7.3 格构式轴心受压构件分肢的稳定和强度计算

格构式轴心受压构件的分肢既是组成整体截面的一部分，在缀件节点之间又是一个单独的实腹式受压构件。所以，格构式构件除需作为整体计算其强度、刚度和稳定外，还应计算各分肢的强度、刚度和稳定，且应保证各分肢失稳不先于格构式构件整体失稳。

由于初弯曲等缺陷的影响，格构式轴心受压构件受力时呈弯曲变形，故各分肢内力并不相同，其强度或稳定计算是相当复杂的。为简化起见，经对各类型实际构件（取初弯曲 $l/500$）进行计算和综合分析，《钢结构设计标准》规定分肢的长细比满足下列条件时可不

计算分肢的强度、刚度和稳定：

当缀件为缀条时 $\lambda_1 \leqslant 0.7\lambda_{max}$ （5-63）

当缀件为缀板时 $\lambda_1 \leqslant 0.5\lambda_{max}$，且不大于 40 （5-64）

式中 $\lambda_{max}$——构件两方向长细比（对虚轴取换算长细比）的较大值，当 $\lambda<50$ 时，取 $\lambda=50$。

$\lambda_1$——按式（5-61）的规定计算，但当缀件采用缀条时，$l_{01}$ 取缀条节点间距（见图 5-1）。

## 5.7.4 格构式轴心受压构件分肢的局部稳定

格构式轴心受压构件的分肢承受压力，应进行板件的局部稳定计算。分肢常采用轧制型钢，其翼缘和腹板一般都能满足局部稳定要求。当分肢采用焊接组合截面时，其翼缘和腹板宽厚比应按式（5-49）、式（5-50）进行验算，以满足局部稳定要求。

## 5.7.5 格构式轴心受压构件的缀件设计

### 1. 格构式轴心受压构件的剪力

格构式轴心受压构件绕虚轴弯曲时将产生剪力 $V=\mathrm{d}M/\mathrm{d}z$，其中 $M=Nv$，如图 5-27 所示。考虑初始缺陷的影响，经理论分析，《钢结构设计标准》采用以下实用公式计算格构式轴心受压构件中可能发生的最大剪力设计值 $V$，即

$$V=\frac{Af}{85}\sqrt{\frac{f_y}{235}} \tag{5-65}$$

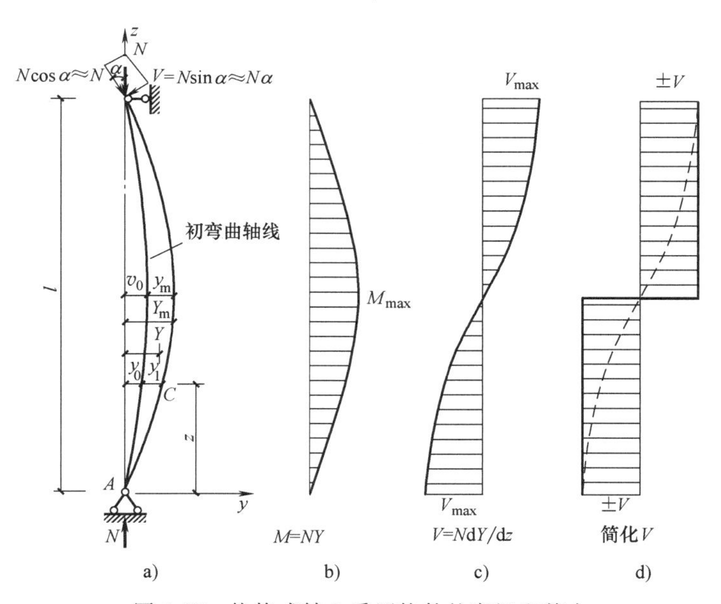


图 5-27 格构式轴心受压构件的弯矩和剪力

式（5-65）与国际标准化组织（ISO）的钢结构设计规范草案所规定的 $V \geqslant 0.012Af_y/\gamma_R$ 基本相同；为了设计方便，此剪力 $V$ 可认为沿构件全长不变，方向可以是正或负（见图 5-27d 实线），由承受该剪力的各缀件面共同承担。对图 5-1 所示双肢格构式构件有两个

缀件面，每面承担 $V_1=V/2$。

2. 缀条设计

当缀件采用缀条时，格构式构件的每个缀件面如同缀条与构件分肢组成的平行弦桁架体系，缀条可看作桁架的腹杆，其内力可按铰接桁架进行分析。如图 5-28 所示的斜缀条的内力为

$$N_{d1}=\frac{V_1}{\sin\theta} \tag{5-66}$$

式中 $V_1$——每面缀条所受的剪力；

$\theta$——斜缀条与构件轴线间的夹角。

由于构件弯曲变形方向可能变化，因此剪力方向可以正或负，斜缀条可能受拉或受压，设计时应按最不利情况作为轴心受压构件计算。单角钢缀条通常与构件分肢单面连接，故在受力时实际上存在偏心。作为轴心受力构件计算其强度、稳定和连接时，应考虑相应的强度设计值折减系数以考虑偏心受力的影响。

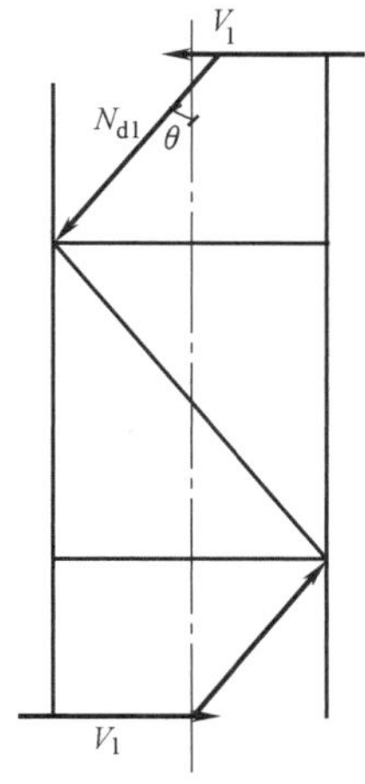


图 5-28 斜缀条的内力

缀条的最小尺寸不宜小于∠45×4 或∠56×36×4 的角钢。不承受剪力的横缀条主要用来减少分肢的计算长度，其截面尺寸通常取与斜缀条相同。

缀条的轴线与分肢的轴线应尽可能交于一点，设有横缀条时，还可加设节点板（见图 5-29）。有时为了保证必要的焊缝长度，节点处缀条轴线交汇点可稍向外移至分肢形心轴线以外，但不应超出分肢翼缘的外侧。为了减小斜缀条两端受力角焊缝的搭接长度，缀条与分肢可采用三面围焊相连。

3. 缀板设计

当缀件采用缀板时，格构式构件的每个缀件面如同缀板与构件分肢组成的单跨多层平面刚架体系。假定受力弯曲时，反弯点分布在各段分肢和缀板的中点。取图 5-30 所示的隔离体，根据内力平衡可得每个缀板剪力 $V_{b1}$ 和缀板与分肢连接处的弯矩 $M_{b1}$

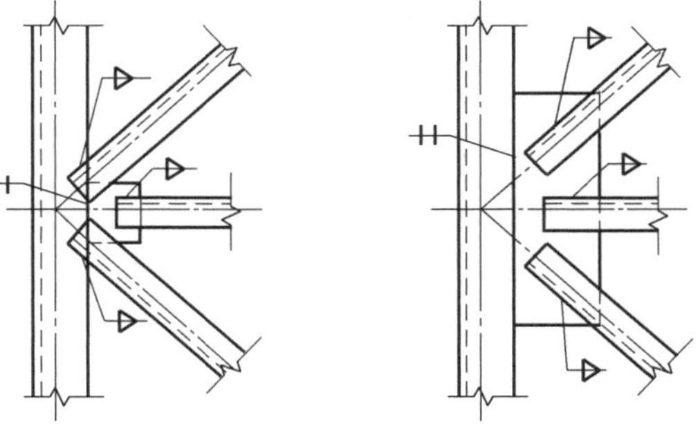

图 5-29 缀条与分肢的连接

$$V_{b1}=\frac{V_1 l_1}{c} \qquad M_{b1}=\frac{V_1 l_1}{2} \tag{5-67}$$

式中 $l_1$——两相邻缀板轴线间的距离，需根据分肢稳定和强度条件确定；

$c$——分肢轴线间的距离。

根据 $M_{b1}$ 和 $V_{b1}$ 可验算缀板的弯曲强度、剪切强度及缀板与分肢的连接强度。由于角焊缝强度设计值低于缀板强度设计值，故一般只需计算缀板与分肢的角焊缝连接强度。

缀板的尺寸由刚度条件确定，为了保证缀板的刚度，《钢结构设计标准》规定在同一截面处各缀板的线刚度之和不得小于构件较大分肢线刚度的 6 倍，即 $\sum(I_b/c)\geqslant 6(I_1/l_1)$，$I_b$、$I_1$ 分别为缀板和分肢的截面惯性矩。若取缀板的宽度 $h_b\geqslant 2c/3$，厚度 $t_b\geqslant c/40$ 和 6mm，一般可满足上述线刚度比、受力和连接等要求。

缀板与分肢的搭接长度一般取 20～30mm，可以采用三面围焊，或只用缀板端部纵向焊

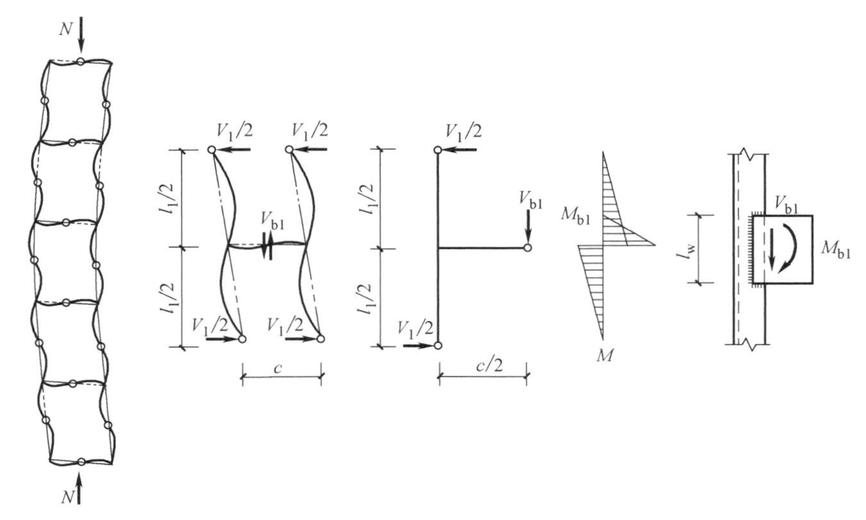


图 5-30　缀板的内力计算

缝与分肢相连。

## 5.8　轴心受压柱与梁的连接和柱脚设计

### 5.8.1　梁柱的连接设计

柱头设计要求传力可靠，构造简单和便于安装，柱头的构造是与梁的端部构造密切相关的。为了适应梁的传力要求，轴心受压柱的柱头有两种构造方案：一种是将梁设置于柱顶（见图 5-31a、b、c）；另一种是将梁连接于柱的侧面（见图 5-31d、e）。

**1. 梁支承于柱顶的构造**

在柱顶设一放置梁的顶板，由梁传给柱子的压力一般通过顶板使压力尽可能均匀地分布到柱上。顶板应具有足够的刚度，其厚度不宜小于 16mm。

如图 5-31a 所示实腹式柱，应将梁端的支承加劲肋对准柱翼缘，这样可使梁的反力直接传给柱翼缘。两相邻梁之间应留 10~20mm 的间隙，以便于梁的安装，待梁调整定位后用连接板和构造螺栓固定。这种连接构造简单，对制造和安装的要求都不高，且传力明确。但当两相邻的反力不等时，将使柱偏心受压。

当梁的反力通过突缘支座板传递时，应将支座放在柱的轴线附近（见图 5-31b），这样即使两相邻梁的反力不等，柱仍接近于轴心受压。突缘支座板底部应刨平并与柱顶板顶紧。为提高柱顶板的抗弯刚度，可在其下设加劲肋，加劲肋顶部与柱顶板刨平顶紧，并与柱腹板焊接，以传递梁的反力。同时柱腹板也不能太薄，当梁的反力很大时，可将其靠近柱顶板的部分加厚。为了便于安装定位，梁与柱之间用普通螺栓连接。此外，为了适应梁制造时允许存在的误差，两梁之间的空隙可以用适当厚度的填板调整。

如图 5-31c 所示的格构式柱，为了保证传力均匀，在柱顶必须用缀板将两个分肢连接起来，同时分肢间的顶板下面也须设加劲肋。

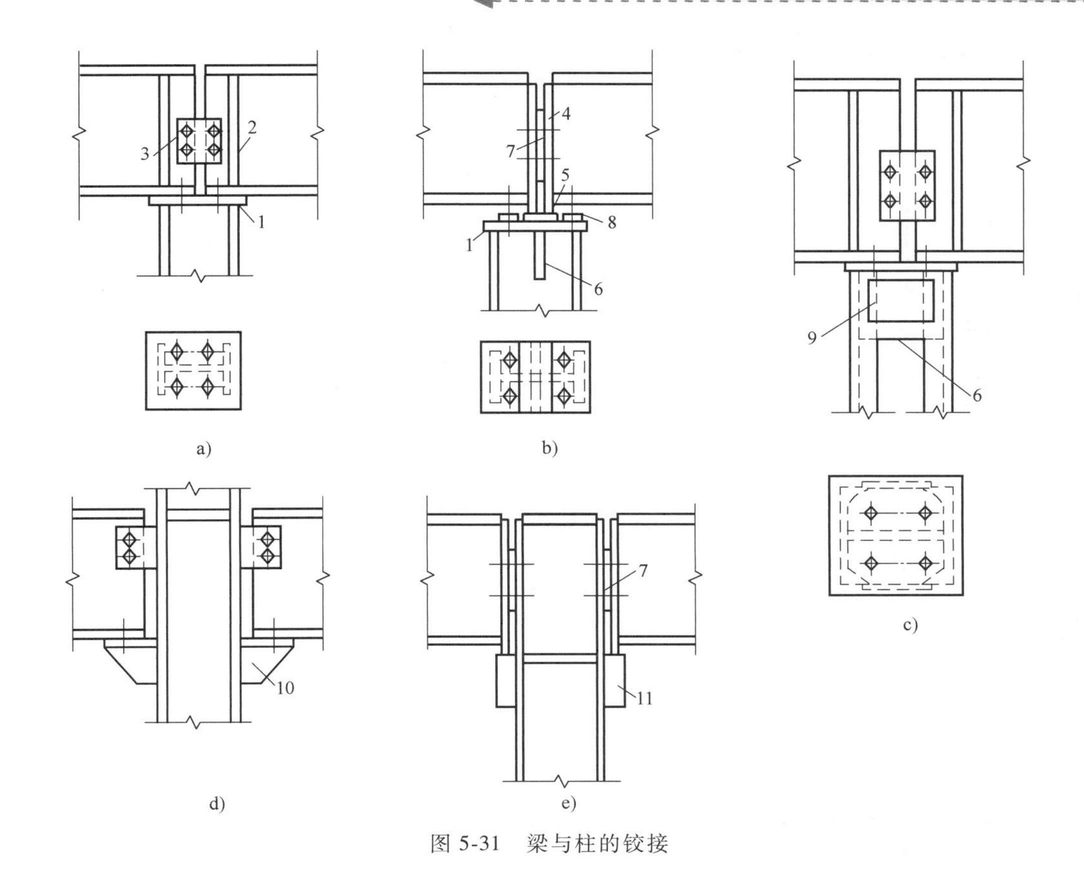


图 5-31　梁与柱的铰接

2. 梁支承于柱侧的构造

梁连接在柱的侧面时，可在柱的翼缘上焊一个图 5-31d 所示的 T 形承托。为防止梁的扭转，可在其顶部附设一小角钢用构造螺栓与柱连接。用厚钢板作承托（见图 5-31e）时，适用于承受较大荷载的情况，制造与安装的精度要求高，承托板的端面必须刨平顶紧以便直接传递压力。

## 5.8.2　柱脚设计

轴心受压柱柱脚的作用是将柱身的压力均匀地传给基础，并和基础牢固连接。在整个柱中柱脚是比较费钢材也比较费工的部分，设计时应力求构造简单，并便于安装固定。

轴心受压柱的柱脚按其和基础的固定方式可以分为两种：铰接柱脚（见图 5-32a、b、c）和刚性柱脚（见图 5-32d）。

图 5-32a 所示是一种轴承式铰接柱脚，这种柱脚的制造和安装都很费工，也很费钢材，只有少数大跨度结构因要求压力的作用点不允许有较大变动时才采用。图 5-32b、c 所示都是平板式铰接柱脚。图 5-32b 所示的柱脚构造方式最简单，这种柱脚只适用于荷载较小的轻型柱。最常采用的铰接柱脚（见图 5-32c）它由靴梁和底板组成。柱身的压力通过与靴梁连接的竖向焊缝先传给靴梁，这样柱的压力就可向两侧分布开来，然后通过与底板连接的水平焊缝经底板达到基础。当底板的底面尺寸较大时，为了提高底板的抗弯能力，可以在靴梁之间设置隔板。柱脚通过埋设在基础里的锚栓来固定。图 5-32d 所示为刚接柱脚，柱脚锚栓分

布在底板的四周以便使柱脚不能转动。

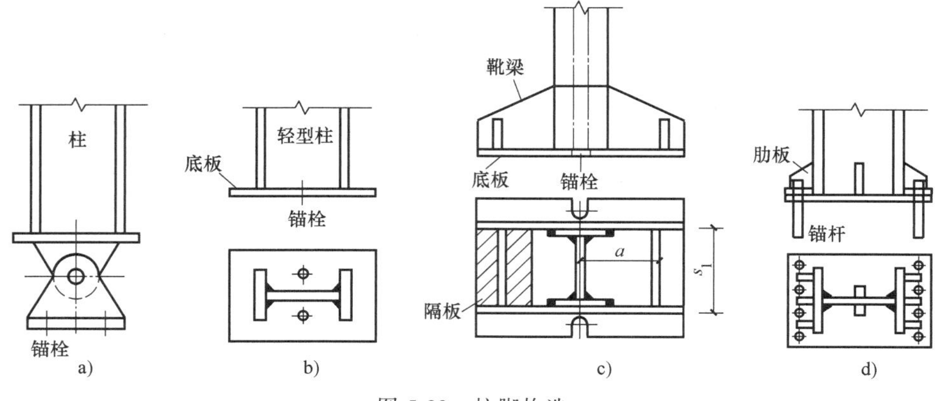


图 5-32　柱脚构造

## 思考题

5-1　轴心受力构件强度的计算公式是按它的承载能力极限状态确定的吗？为什么？

5-2　轴心受压构件整体失稳时有哪几种屈曲形式？

5-3　轴心受压构件的整体失稳承载力与哪些因素有关？其中哪些因素被称为初始缺陷？

5-4　提高轴心压杆钢材的抗压强度能否提高其稳定承载力？为什么？

5-5　残余应力、初弯曲和初偏心对轴心压杆承载力的主要影响有哪些？为什么残余应力在截面两个主轴方向对承载能力的影响不同？

5-6　轴心受压构件的稳定系数为什么要按截面形式和对应轴分成 4 类？

5-7　轴心受压构件的整体稳定不满足时，若不增大截面面积，是否还可以采取其他措施提高其承载力？

5-8　格构式轴心受压构件计算整体稳定时，对虚轴采用的换算长细比表示什么意义？缀板式和缀条式双肢柱的换算长细比计算公式有何不同？分肢的稳定怎样保证？

## 习题

5-1　验算图 5-33 所示轴心拉杆的强度和刚度。轴心拉力设计值为 250kN，计算长度为 3m，螺杆直径为 20mm，钢材为 Q235 钢，型号为 2∠63×6，计算时可忽略连接偏心和杆件自重的影响。

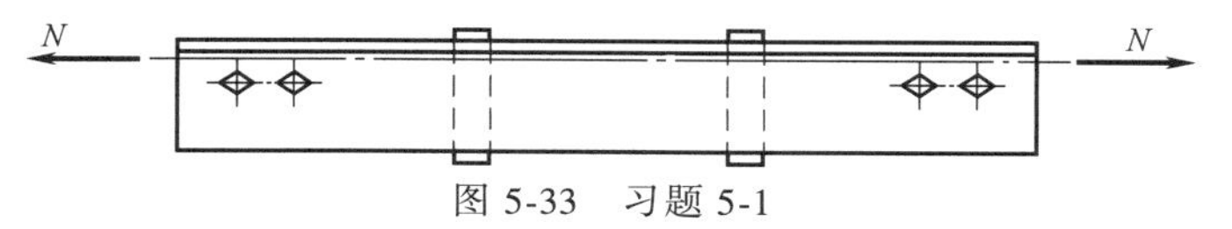


图 5-33　习题 5-1

5-2　试计算图 5-34 所示两种焊接工字钢截面（截面面积相等）轴心受压柱所能承受的最大轴心压力设计值和局部稳定，并做比较说明。柱高 10m，两端铰接，翼缘为焰切边，钢材为 Q235 钢。

5-3　试设计一工作平台柱。柱的轴心压力设计值为 4500kN（包括自重），柱高 6m，两端铰接，采用焊接工字形截面（翼缘为轧制边）或 H 型钢，截面无削弱，钢材为 Q235 钢。

5-4　在习题 5-3 所述平台柱的中点增加一侧向支撑（即 $l_{0y}=3\text{m}$），试重新设计。

5-5　试设计一桁架的轴心受压杆件。杆件采用等边角钢组成的 T 形截面（对称轴为 $y$ 轴），角钢间距为 12mm。轴心压力设计值为 400kN，杆件的计算长度为 $l_{0x}=230\text{cm}$，$l_{0y}=290\text{cm}$，钢材为 Q235 钢。

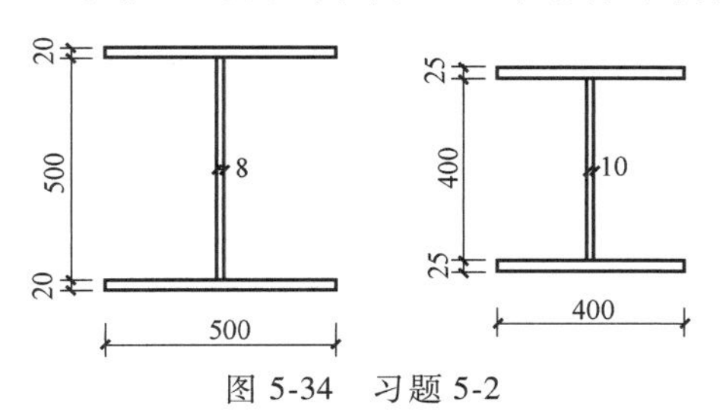

图 5-34　习题 5-2

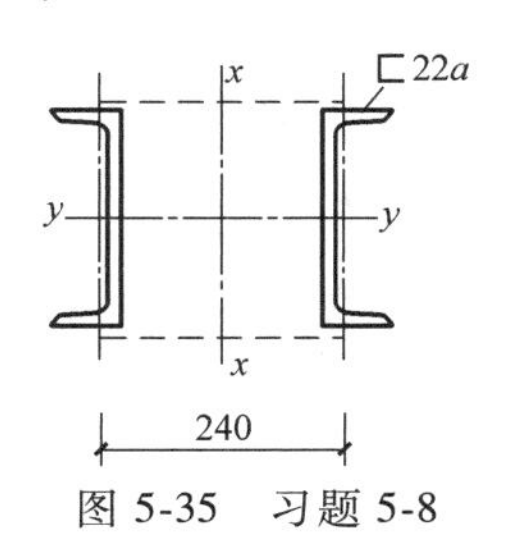

图 5-35　习题 5-8

5-6　试设计两槽钢组成的缀板柱。柱的轴心压力设计值为 2400kN（包括自重），柱高 7.5m，上端铰接，下端固定，钢材为 Q235 钢。

5-7　条件与习题 5-6 相同，试设计成缀条柱。

5-8　试确定某轴心受压缀板柱所能承受的轴心压力设计值。柱高为 6m，两端铰接，单肢长细比为 35，截面如图 5-35 所示，钢材为 Q235 钢。

# 拉弯构件和压弯构件　第6章

## 6.1　拉弯构件和压弯构件的应用及截面形式

### 1. 拉弯构件和压弯构件的应用

拉弯构件和压弯构件是指同时承受轴心拉力或压力及弯矩的构件。拉弯构件和压弯构件的弯矩可因横向荷载、轴向力的偏心或端弯矩等产生，如图 6-1 所示。当截面的一个主轴平面内作用弯矩时称为单向压弯（或拉弯）构件。当截面的两个主轴平面内均作用弯矩时称为双向压弯（或拉弯）构件。

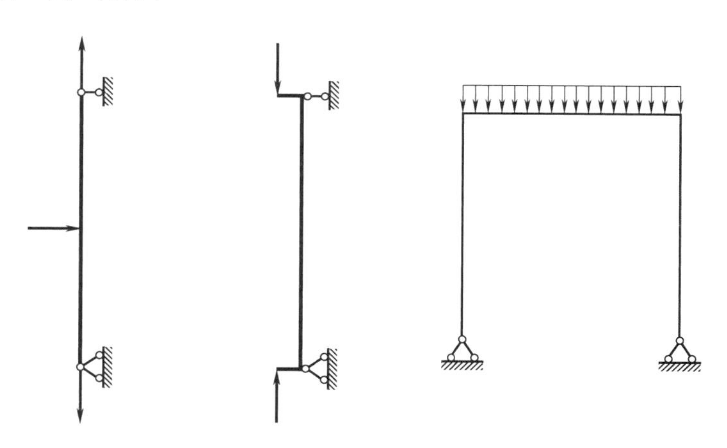

图 6-1　拉弯和压弯构件

钢结构中常采用拉弯构件和压弯构件，尤其是压弯构件的采用更为广泛。常见的拉弯构件包括有节间荷载作用的屋架下弦杆、网架结构下部的水平杆件等。常见的压弯构件包括厂房的柱子、多层或高层建筑的框架柱、支架柱、塔架、输电铁塔及各种工作平台柱等。

### 2. 拉弯构件和压弯构件的截面形式

拉弯构件和压弯构件的截面形式按其组成形式分有型钢、钢板焊成的组合截面或型钢与型钢、型钢与钢板的组合截面，截面有双轴对称截面也有单轴对称截面，可为实腹式或格构式，如图 6-2 所示。当正负弯矩相差较大时，宜把截面受力较大的一侧适当加大，采用单轴对称截面，以节省钢材。当弯矩较小或者正负弯矩绝对值相差不大时，宜采用双轴对称截面。

拉弯构件和压弯构件的截面通常在弯矩作用方向具有较大的截面尺寸，使该方向具有较大的截面抵抗矩和抗弯刚度，以便使该方向能更好地承受弯矩。对于格构式构件，则宜使虚轴垂直于弯矩作用平面，以便根据弯矩的大小灵活地调整两分肢间的距离。

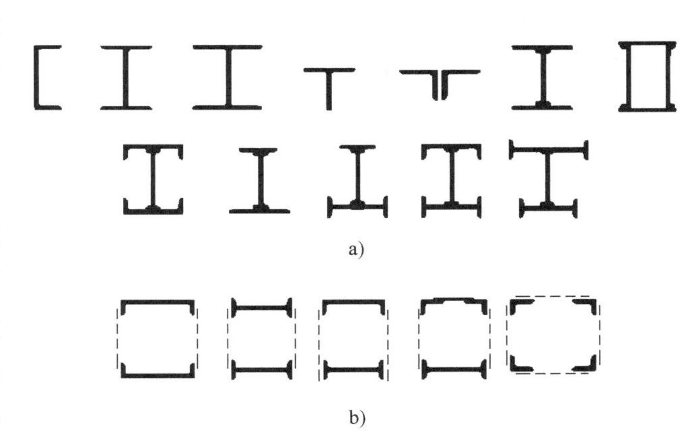


图 6-2 拉弯和压弯构件的截面形式

拉弯构件的设计一般只要计算强度和刚度两个方面，但以承受弯矩为主的拉弯构件的受力性能接近受弯构件，也应计算构件的整体稳定及受压板件或分肢的局部稳定。压弯构件则需要计算强度、刚度、整体稳定和局部稳定四个方面。

## 6.2 拉弯构件和压弯构件的强度和刚度

拉弯构件一般发生强度破坏，压弯构件如果截面因空洞削弱过多或者端部弯矩大于跨间弯矩也可能发生强度破坏，所以需要进行强度验算。

图 6-3 所示为轴心力 $N$ 和仅有绕 $x$ 轴弯矩 $M$ 共同作用的矩形截面构件，假设轴力 $N$ 和弯矩 $M$ 按比例增加。当荷载较小时截面上任意一点的应力均小于屈服强度，全截面处于弹性状态（见图 6-3b），直至截面受压较大变纤维屈服，达到弹性极限状态（见图 6-3c）。当荷载继续增加，从受压较大边缘开始发展塑性，塑性区不断深入，截面应力处于弹塑性工作状态（见图 6-3d）。当塑性区深入到全截面时形成塑性铰，构件达到塑性极限状态（见图 6-3e）。

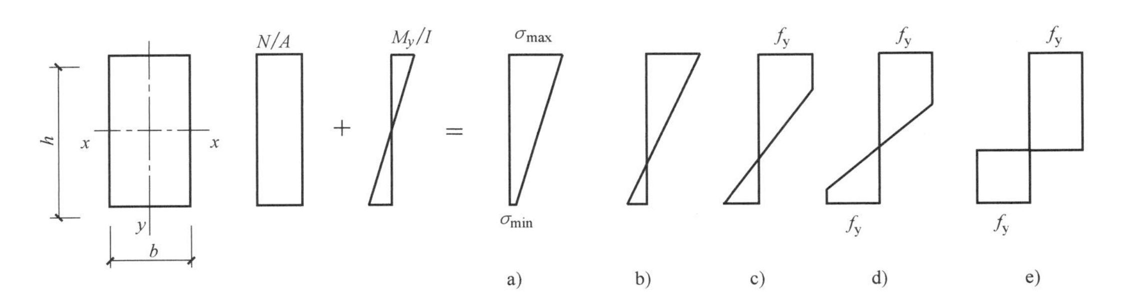


图 6-3 拉弯构件和压弯构件截面应力发展过程

### 6.2.1 拉弯构件和压弯构件的强度计算准则

拉弯构件和压弯构件以最不利受力截面出现塑性铰作为强度的极限状态，但由于形成塑性铰时构件将产生过大的侧向变形使构件不宜继续承受荷载，因此结构设计时根据构件所受荷载的性质、截面形状和受力特点等，规定不同的截面应力状态作为强度计算的极限状态，通常有边缘屈服准则、全截面屈服准则、部分发展塑性准则三种强度计算准则。

1. 边缘屈服准则

边缘屈服准则是以截面边缘纤维最大应力开始屈服时的弹性受力阶段极限状态作为强度计算的承载能力极限状态，这时构件截面仍处于弹性阶段。强度的计算以净截面为准，然后考虑构件抗力分项系数以 $f$ 代替 $f_y$，则根据边缘屈服准则拉弯构件或压弯构件的强度计算公式为

$$\frac{N}{A_n}+\frac{M_x}{W_{nx}}\leqslant f \tag{6-1}$$

式中 $N$——作用在拉弯构件或压弯构件截面上的轴力；

$M_x$——作用在拉弯构件或压弯构件截面上的 $x$ 轴方向的弯矩；

$A_n$——净截面面积；

$W_{nx}$——截面对 $x$ 轴的净截面模量；

$f$——钢材的设计强度。

单轴对称截面的拉弯（压弯）构件，弯矩作用在对称轴主平面且使较大翼缘受拉（压）时，有可能在较小翼缘最外纤维先发生最大压（拉）应力。对这种拉弯（压弯）构件，弹性极限状态强度有可能由较小翼缘最外处的压（拉）应力控制，因此对两边翼缘处纤维的应力都需要进行验算，其强度计算公式为

$$\frac{N}{A_n}\pm\frac{M_x}{W_{nx}}\leqslant f \tag{6-2}$$

2. 全截面屈服准则

全截面屈服准则以截面塑性受力阶段极限状态作为强度计算的承载力极限状态，这可以充分发挥强度潜力，以截面形成塑性铰作为强度计算的依据。

截面塑性发展与截面形状有关，如矩形压弯构件截面全塑性应力分布可等效为三部分，上下各 $\eta h$ 范围为弯矩 $M$ 引起的弯曲应力，中间（$1-2\eta$）$h$ 为由轴心力 $N$ 引起的应力（见图 6-3e），所以

$$N=(1-2\eta)bhf_y \tag{6-3}$$

$$M=\eta(1-\eta)bh^2f_y \tag{6-4}$$

当只有轴力 $N$ 作用时，截面全塑性的轴力 $N_p=Af_y=bhf_y$；当只有弯矩 $M$ 作用时，截面全塑性的弯矩 $M=Wf_y=(bh^2/4)f_y$。可得

$$\frac{N}{N_p}=(1-2\eta) \tag{6-5}$$

$$\frac{M}{M_p}=4\eta(1-\eta) \tag{6-6}$$

上两式消去 $\eta$ 得

$$\frac{M}{M_p}+\left(\frac{N}{N_p}\right)^2=1 \tag{6-7}$$

将式（6-7）画成 $N/N_p$ 和 $M/M_p$ 的无量纲相关曲线如图 6-4 所示。工字形压弯构件也可以利用相同的方法得到类似的 $N/N_p$ 和 $M/M_p$ 相关关系式，只是关系式还和一个翼缘的截面面积和全部截面的面积的比值 $\alpha$ 有关。由于工字形截面翼缘和腹板的截面尺寸因型号不同会发生变化，因此相关曲线也会在一定的范围内变动，$\alpha$ 越小外凸越多。图 6-4 所示的虚线交

汇区画出了常用工字形截面绕强轴和弱轴相关曲线的变动范围。由图可知这些曲线都是向外凸出的曲线。

3. 部分发展塑性准则

部分发展塑性准则是以截面部分塑性发展作为强度计算准则。对一般的压弯构件，为计算简便并偏于安全的用直线来代替图 6-4 中的各相关曲线，可得单向压（拉）弯构件的强度计算公式为

$$\frac{N}{A_n} \pm \frac{M_x}{\gamma_x W_{nx}} \leqslant f \tag{6-8}$$

双向压（拉）弯构件的强度计算公式为

$$\frac{N}{A_n} \pm \frac{M_x}{\gamma_x W_{nx}} \pm \frac{M_y}{\gamma_y W_{ny}} \leqslant f \tag{6-9}$$

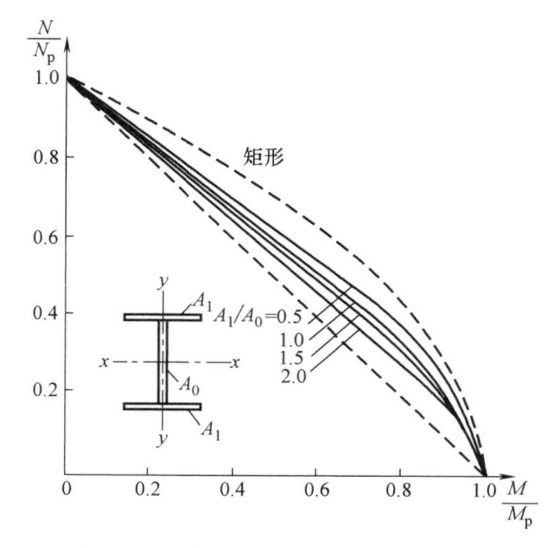


图 6-4 压弯构件强度计算的相关曲线

式中 $M_y$——作用在拉弯或压弯构件截面上的 $y$ 轴方向的弯矩；

$W_{ny}$——截面对 $y$ 轴的净截面模量；

$\gamma_x$、$\gamma_y$——截面塑性发展系数，其取值见表 4-1。

## 6.2.2 拉弯构件和压弯构件强度和刚度计算

### 1. 拉弯构件和压弯构件的强度计算

《钢结构设计标准》规定，对需要计算疲劳的拉弯构件和压弯构件按以边缘屈服准则作为强度设计依据，按弹性应力状态计算；此外，对绕虚轴弯曲的格构式拉弯构件和压弯构件，由于截面腹部无实体部件，边缘屈服后截面很快进入全部屈服状态，边缘屈服状态与其全截面屈服阶段极限状态相差很少，为便于计算也以边缘屈服时（即弹性极限状态）作为构件的强度计算的依据。对于一般的拉弯构件和压弯构件，采用部分发展塑性准则作为构件强度计算的依据，采用式（6-8）和式（6-9）进行统一计算，只是按弹性设计时取 $\gamma=1.0$。

按弹性设计（边缘屈服准则）主要有以下几种情况：

1）当压弯构件受压翼缘的自由外伸宽度与其厚度之比 $b/t>13\sqrt{235/f_y}$（但不超过 $15\sqrt{235/f_y}$）时，取 $\gamma_x=1.0$。

2）对需要计算疲劳的拉弯构件和压弯构件，不考虑截面塑性发展，宜取 $\gamma_x=\gamma_y=1.0$。

3）对绕虚轴弯曲的格构式拉弯构件和压弯构件，相应的截面塑性发展系数 $\gamma_x=\gamma_y=1.0$。

### 2. 拉弯构件和压弯构件的刚度计算

与轴心受力构件相同，拉弯构件和压弯构件的刚度也是通过限制长细比来保证的。《钢结构设计标准》规定，拉弯构件和压弯构件的容许长细比取值与轴心受拉或轴心受压构件的容许长细比相同，即

$$\lambda \leqslant [\lambda] \tag{6-10}$$

式中 $\lambda$——拉弯构件和压弯构件绕对应主轴的长细比；

$[\lambda]$——轴心受拉和轴心受压构件的容许长细比，见表 5-1 和表 5-2。

**[例题 6-1]** 图 6-5 所示的拉弯构件，两端铰接，跨度 400cm，跨中有侧向支撑。截面采用双角钢（长肢相并），节点板厚度 8mm，且截面上开有螺栓孔，孔径 21.5mm。构件承受静力荷载设计值 $N=180\text{kN}$，$F=40\text{kN}$，不考虑自重的影响，钢材为 Q345 钢。试验算此杆件的强度和刚度。

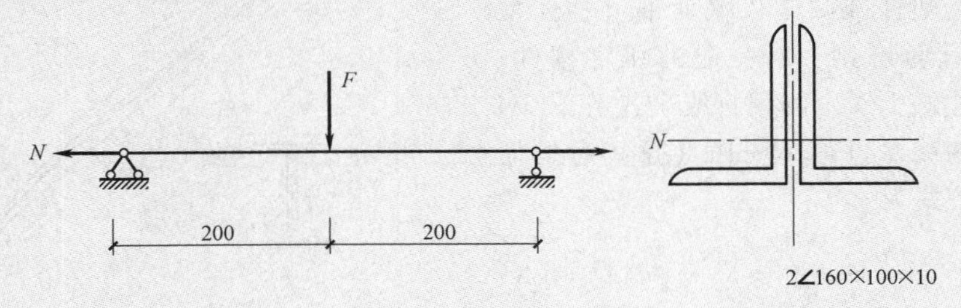


图 6-5 例题 6-1

**[解]** （1）截面特性计算 对 2∠160×100×10（长肢相并）角钢，查型钢规格表可知其截面特性为

$A=50.630\text{cm}^2$，$I_x=1337.38\text{cm}^4$，$i_x=5.14\text{cm}$，$i_y=3.91\text{ cm}$，

$A_n=(50.630-2.15\times1)\text{cm}^2=48.48\text{cm}^2$

净截面模量为：

肢背处 $W_{n1}=\dfrac{I_{nx}}{y_1}=\dfrac{[1337.38-2.15\times1\times(5.24-0.5)}{5.24}\text{cm}^3=\dfrac{1289.07}{5.24}\text{cm}^3=246.00\text{cm}^3$

肢尖处 $W_{n2}=\dfrac{I_{nx}}{y_2}=\dfrac{[1337.38-2.15\times1\times(5.24-0.5)}{16-5.24}\text{cm}^3=\dfrac{1289.07}{10.76}\text{cm}^3=119.80\text{cm}^3$

（2）构件验算

1）强度验算。查附表 1-1 可知，Q345 钢抗拉、抗压和抗强度设计值 $f=310\text{N/mm}^2$，查表 4-1 得，$\gamma_{x1}=1.05$，$\gamma_{x2}=1.2$。

构件承受的最大弯矩 $M_{max}=\dfrac{Fl}{4}=\dfrac{1}{4}\times40\times4\text{kN}\cdot\text{m}=40\text{kN}\cdot\text{m}$

$$\sigma_{n1}=\frac{N}{A_n}+\frac{M_{max}}{\gamma_{x1}W_{n1}}=\left(\frac{180\times10^3}{48.48\times10^2}+\frac{40\times10^6}{1.05\times246.00\times10^3}\right)\text{N/mm}^2=191.99\text{N/mm}^2<f=310\text{N/mm}^2$$

$$\sigma_{n2}=\frac{N}{A_n}-\frac{M_{max}}{\gamma_{x1}W_{n1}}=\left(\frac{180\times10^3}{48.48\times10^2}-\frac{40\times10^6}{1.2\times119.80\times10^3}\right)\text{N/mm}^2=-241.11\text{N/mm}^2(\text{受压})$$

$<f=310\text{N/mm}^2$

2）刚度验算。杆件在平面内和平面外的计算长度为

$$l_{0x}=\mu l=1.0\times400\text{cm}=400\text{cm},\ l_{0y}=\mu l=1.0\times200\text{cm}=200\text{cm}$$

故平面内和平面外的长细比为

$$\lambda_x=\frac{l_{0x}}{i_x}=\frac{400}{5.14}=77.82<[\lambda]=350,\quad \lambda_y=\frac{l_{0y}}{i_x}=\frac{200}{3.91}=51.15<[\lambda]=350$$

由计算结果可知，构件的强度和刚度均满足要求。

# 6.3 实腹式压弯构件的整体稳定

实腹式压弯构件的承载能力通常是由整体稳定性来决定的。工程中一般采用双轴对称或单轴对称截面，而这些截面关于两个主轴的刚度差别较大，双轴对称截面弯矩一般绕强轴作用，单轴对称截面弯矩一般作用在对称平面内。如果压弯构件抵抗弯扭变形的能力很强，或者在构件的侧向有足够多的支撑以阻止其发生弯扭变形时，则构件可能在弯矩作用平面内发生整体弯曲失稳。当压弯构件的抗扭刚度和弯矩作用平面外的抗弯刚度不大，或者侧向没有足够支承以阻止其发生侧向位移和扭转时，则构件可能突然发生平面外的弯曲变形并伴随着扭转，即发生弯矩平面外的弯扭失稳。

## 6.3.1 单向压弯构件在弯矩作用平面内的整体失稳

### 1. 单向压弯构件在弯矩作用平面内的失稳现象

如图 6-6 所示，单向压弯构件在轴线压力 $N$ 和弯矩 $M$ 共同作用下，随着压力 $N$ 的增加，构件中点的挠度成非线性增加，到达压力-挠度曲线的 $A$ 点时截面边缘纤维开始屈服。$A$ 点后进入弹塑性状态，在 $AB$ 段挠度随着压力的增加而增加，单向压弯构件处于稳定平衡状态。在 $bc$ 段构件的抵抗能力开始小于外力作用，挠度继续增加，为了维持构件的平衡状态必须不断降低作用于端部的压力，构件处于不稳定的平衡状态。$B$ 点为稳定平衡状态过渡到不稳定平衡状态的曲线极值点，其对应的 $N$ 值（$N_u$）为构件在弯矩作用平面内的稳定极限承载力。

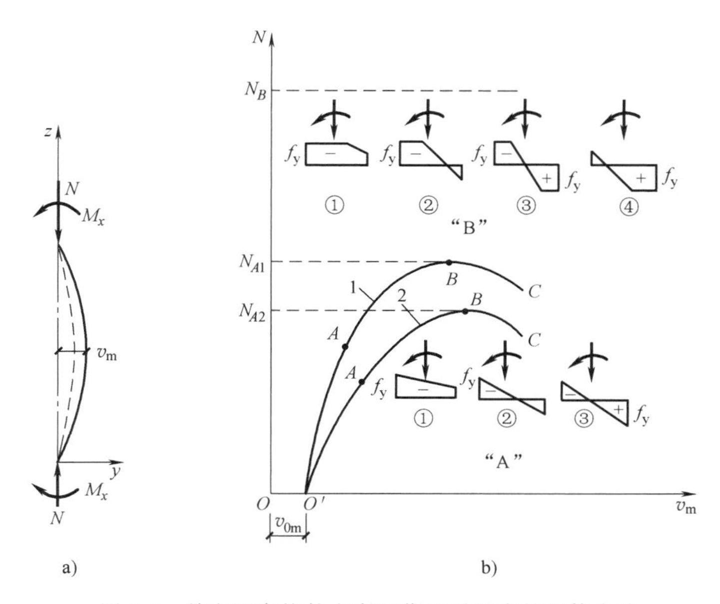


图 6-6 单向压弯构件在弯矩作用平面内的整体失稳

### 2. 单向压弯构件在弯矩作用平面内整体失稳的计算方法

确定单向压弯构件弯矩作用平面内稳定承载力的方法主要分为两类，一类是基于边缘屈服准则的计算方法，另外一类是基于极限承载能力准则的计算方法。

（1）基于边缘屈服准则的计算方法　边缘屈服准则是以构件截面应力最大的边缘纤维开始屈服时的荷载作为压弯构件的稳定承载力，其表达式为

$$\frac{N}{A}+\frac{M_{\max}}{W_{1x}}=f_y \tag{6-11}$$

式中　$N$——轴心压力；

$M_{\max}$——考虑 $N$ 和初始缺陷影响后的最大弯矩；

$A$——毛截面面积；

$W_{1x}$——在弯矩作用平面内对较大受压边缘的毛截面模量；

$f_y$——钢材的屈服强度。

对于受均匀弯矩作用的单向压弯构件，为简化计算不考虑初始挠度 $y_0$，其平衡微分方程为

$$\frac{d^2y}{dz^2}+k^2y=-\frac{M}{EI} \tag{6-12}$$

式中，$k^2=N/EI$，$kl=\pi\sqrt{N/N_{Ex}}$，其中 $N_{Ex}=\pi^2EA/\lambda_x^2$ 为欧拉临界应力。

与轴心受力构件计算方法类似，可以得出构件中点最大挠度 $y_m$，其表达式为

$$y_m\approx\delta_0\frac{1}{1-N/N_{Ex}} \tag{6-13}$$

式中　$\delta_0$——不考虑 $N$ 时受均匀弯矩 $M$ 作用下简支梁的跨中挠度；

$1/(1-N/N_{Ex})$——轴心压力 $N$ 作用下压弯构件挠度放大系数，是由均匀弯矩作用的压弯构件推导出的，但对于任意荷载都近似等于该值。

由于压弯构件所受轴力 $N$ 会使其弯矩 $M_x$ 增大，因此压弯构件中的最大弯矩 $M_{\max}$ 比 $M_x$ 要大，而这个增大量可以采用弯矩增大系数来表示。弯矩增大系数可以表达为基本项 $1/(1-N/N_{Ex})$ 和修正项 $\beta_{mx}$ 的乘积，即

$$M_{\max}=M_x+N\delta_0\frac{1}{1-N/N_{Ex}}=\frac{\beta_{mx}M_x}{1-N/N_{Ex}} \tag{6-14}$$

式中　$\beta_{mx}$——等效弯矩系数或弯矩修正系数。

对于有初始缺陷的压弯构件，通常用一个等效初始挠度 $v_0^*$ 来表示综合缺陷，则式（6-14）中的 $\delta_0$ 变成 $\delta_0+v_0^*$，式（6-14）可写成

$$M_{\max}=M_x+\frac{N(\delta_0+v_0^*)}{1-N/N_{Ex}}=\frac{\beta_{mx}M_x+Nv_0^*}{1-N/N_{Ex}} \tag{6-15}$$

将式（6-15）式代入式（6-11）得

$$\frac{N}{A}+\frac{\beta_{mx}M_x+Nv_0^*}{W_{1x}(1-N/N_{Ex})}=f_y \tag{6-16}$$

由于压弯构件和轴心受力构件的初始缺陷是相同的，因此可以通过令式（6-16）中的 $M_x=0$ 并取 $N=N_u=\varphi_xAf_y$，代入式（6-16）可得

$$v_0^*=\frac{W_{1x}}{\varphi_xA}(1-\varphi_x)\left(1-\frac{\varphi_xAf_y}{N_{Ex}}\right) \tag{6-17}$$

将式（6-17）代入式（6-16）整理得由边缘纤维屈服准则所确定的极限状态方程为

$$\frac{N}{\varphi_x A}+\frac{\beta_{mx}M_x}{W_{1x}(1-\varphi_x N/N_{Ex})}=f_y \tag{6-18}$$

式中 $\varphi_x$——弯矩作用平面内轴心受压构件整体稳定系数。

若引入抗力分项系数，式（6-18）可直接用于弯矩绕虚轴（$x$ 轴）作用的格构式压弯构件弯矩作用平面内的整体稳定验算。

（2）基于极限承载能力准则的计算方法 边缘纤维屈服准则较适用于格构式构件，实腹式单向压弯构件在其截面边缘纤维屈服后，仍可以继续承受荷载，直到 $N$-$Y_m$ 曲线的顶点，达到承载能力极限状态。这个过程中随着荷载增加，构件的截面会出现部分屈服，进入弹塑性阶段，而且截面形式不同塑性区的分布也不同。这种按求解压弯构件 $N$-$Y_m$ 曲线极值来确定在弯矩平面内稳定承载力 $N_u$，称为极限承载能力准则。

计算实腹式压弯构件平面内稳定承载力通常有近似法和数值积分法两种。近似法是给定杆件在 $N$ 和 $M$ 作用下的挠度曲线函数，根据平衡条件找出压力 $N$ 和挠度 $y$ 之间的关系，由此得出构件的承载力 $N_u$。近似法的一个很大缺点是很难具体分析残余应力对压弯构件承载力的影响。

数值积分法是目前最广泛应用的方法，该方法不假定杆件挠度曲线的形式，而是在计算的过程中确定。计算时把杆沿轴线划分为足够多的小段，并以每段中点的曲率代表该段的曲率，然后逐段计算直至得出构件的承载力 $N_u$。数值积分法可以考虑构件的各种缺陷影响，适用于不同边界条件及弹性和弹塑性工作阶段，比没有考虑残余应力的近似法精确，所以得到应用普遍。

### 3. 单向压弯构件弯矩平面内整体稳定的实用计算公式

对实腹式单向压弯构件，按边缘屈服准则得出的式（6-18）考虑了压弯构件二阶效应和构件缺陷的影响，但是没有考虑塑性的发展。按照极限承载力准则进行的理论分析计算考虑了塑性的发展，但是因为承载力计算时要考虑残余应力和初弯曲的影响，再加上不同的截面形状和尺寸等因素，不管是采用近似法还是数值积分法，计算过程都十分复杂，不能直接用于设计。因此，可以对以边缘屈服准则建立的承载力极限公式（6-18）进行修改来作为实用的计算公式。修改时考虑了截面的塑性发展引入截面塑性发展系数 $\gamma_x$，同时取 $\varphi_x=0.8$。此外用 $N'_{Ex}$代替 $N_{Ex}$，并引入抗力分项系数，即得到《钢结构设计标准》所采用实腹式压弯构件在弯矩作用平面内的稳定计算公式为

$$\frac{N}{\varphi_x A}+\frac{\beta_{mx}M_x}{\gamma_x W_{1x}(1-0.8N/N'_{Ex})}\leqslant f \tag{6-19}$$

式中 $N$——所计算构件段范围内的轴心压力；

$M_x$——所计算构件段范围内的最大弯矩；

$\varphi_x$——弯矩作用平面内轴心受压构件整体稳定系数；

$W_{1x}$——在弯矩作用平面内对较大受压边缘的毛截面模量；

$N'_{Ex}$——考虑抗力分项系数的欧拉临界力，$N'_{Ex}=\pi^2EA/(1.1\lambda_x)^2$；

$\beta_{mx}$——等效弯矩系数。

$\beta_{mx}$ 按下列规定采用：

（1）框架柱和两端支承的构件

1）无横向荷载作用时，$\beta_{mx}=0.65+0.35M_2/M_1$，$M_1$ 和 $M_2$ 为端弯矩，是构件产生同向曲率（无反弯点）时取同号；使构件产生反向曲率（有反弯点）时取异号，$|M_1|\geqslant|M_2|$；

2）有端弯矩和横向荷载同时作用时，使构件产生同向曲率时，$\beta_{mx}=1.0$；使构件产生反向曲率时，$\beta_{mx}=0.85$；

3）无端弯矩但有横向荷载作用时，$\beta_{mx}=1.0$

（2）悬臂构件和分析内力未考虑二阶效应的无支撑纯框架和弱支撑框架柱 $\beta_{mx}=1.0$。

由式（6-19）所得的工字形压弯构件 *N-M* 相关曲线如图 6-7 所示。由图可知在构件常见范围内，式（6-19）的计算结果与理论值的符合程度较好。

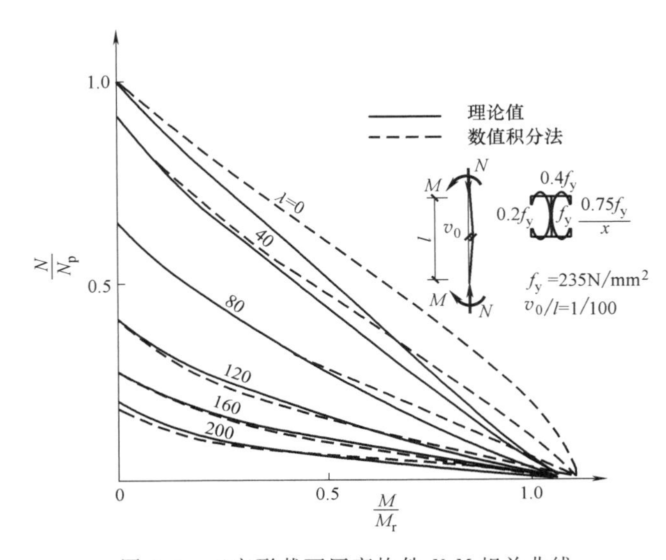


图 6-7 工字形截面压弯构件 *N-M* 相关曲线

对于 T 形截面和和槽形截面等单轴对称截面压弯构件，当弯矩作用在对称轴平面内且使翼缘受压时，无翼缘端有可能由于拉应力较大而首先屈服。为了使其塑性不至深入过大，尚应对无翼缘端按下式计算

$$\left|\frac{N}{A}-\frac{\beta_{mx}M_x}{\gamma_x W_{2x}(1-1.25N/N'_{Ex})}\right|\leqslant f \tag{6-20}$$

式中 $W_{2x}$——对无翼缘端的毛截面模量；

其他符号同前。

## 6.3.2 实腹式压弯构件在弯矩作用平面外的稳定计算

### 1. 单向压弯构件弯矩作用平面外的整体稳定

当实腹式压弯构件在弯矩作用平面外的抗弯刚度小，或截面抗扭刚度较小，或没有足够侧向支承以阻止其产生侧向位移和扭转时，将在弯矩作用平面内弯曲失稳之前发生弯矩作用平面外的弯扭失稳破坏。弯矩作用平面外的弯扭失稳构件截面上的内力和变形都比较复杂。如果要考虑弯矩作用平面内外初始挠度、初始转角和残余应力等的影响，则计算会更复杂，只能采用数值解法。

压弯构件弯矩作用平面外稳定性计算的相关公式是以屈曲理论为依据导出的。双轴对称截面的压弯构件在弹性阶段工作时，弯扭屈曲临界力 $N$ 应按下式计算

$$(N_{Ey}-N)(N_{\omega}-N)-\left(\frac{e^2}{i_p^2}\right)N^2=0 \tag{6-21}$$

式中　$N_{Ey}$——构件轴心受压时对弱轴（$y$ 轴）的弯曲屈服临界力；

$N_{\omega}$——绕构件纵轴的扭转屈服临界力；

$e$——偏心距；

$i_p$——截面对形心的极回转半径。

因受均布弯矩作用的屈服临界弯矩 $M_{cr}=i_p\sqrt{N_{Ey}N_{\omega}}$，且 $M=Ne$，代入式（6-21）得

$$\left(1-\frac{N}{N_{Ey}}\right)\left(1-\frac{N}{N_{Ey}}\frac{N_{Ey}}{N_{\omega}}\right)-\left(\frac{M_x}{M_{crx}}\right)=0 \tag{6-22}$$

根据 $N_{\omega}/N_{Ey}$ 的不同比值，可画出 $N/N_{Ey}$ 和 $M/M_{cr}$ 的相关曲线，如图6-8所示。$N_{\omega}/N_{Ey}$ 值越大曲线越外凸。钢结构常用截面 $N_{\omega}/N_{Ey}$ 均大于1，相关曲线是上凸的。研究表明，无论在弹性阶段还是在弹塑性阶段，均可偏于安全的取 $N_{\omega}/N_{Ey}=1$，采用直线相关公式，即

$$\frac{N}{N_{Ey}}+\frac{M}{M_{cr}}=1 \tag{6-23}$$

对单轴对称截面的压弯构件，无论弹性还是弹塑性的弯扭计算均较为复杂。分析表明也可用式（6-23）来表达其相关关系。

令 $N_{Ey}=\varphi_y Af_y$、$M_{crx}=\varphi_b W_{1x}f_y$，考虑抗力分项系数并引入等效弯矩系数 $\beta_{tx}$ 和箱形截面调整系数 $\eta$ 后，就得到《钢结构设计标准》规定的压弯构件在弯矩作用平面外稳定计算的公式

$$\frac{N}{\varphi_y A}+\eta\frac{\beta_{tx}M_x}{\varphi_b W_{1x}}\leqslant f \tag{6-24}$$

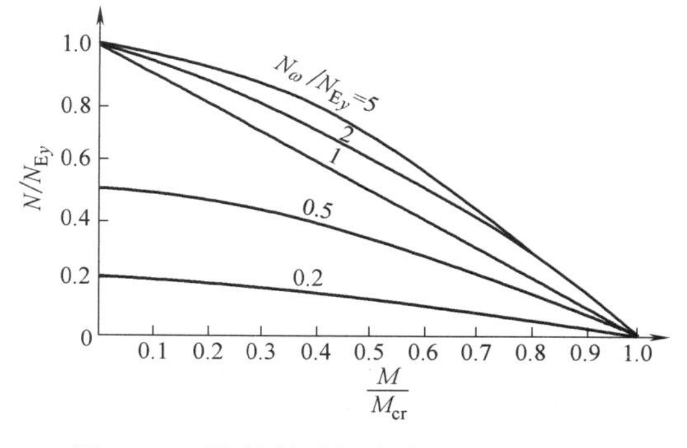


图6-8　压弯构件弹性弯曲失稳相关曲线

式中　$\varphi_y$——弯矩作用平面外的轴心受压构件稳定系数，按第5章方法确定；

$\varphi_b$——均匀弯曲的受弯构件整体稳定系数，按第4章方法确定，闭口截面 $\varphi_b=1.0$；

$\eta$——截面影响系数，闭口截面 $\eta=0.7$，其他界面 $\eta=1.0$；

$\beta_{tx}$——等效弯矩系数，弯矩作用平面外有支承的构件应根据两相邻支承间构件段内的荷载和内力情况确定，取值方法与 $\beta_{mx}$ 相同；弯矩作用平面外为悬臂构件的，$\beta_{tx}=1.0$。

### 2. 双向压弯构件的稳定承载力计算

双向压弯构件是指弯矩作用在截面两个主平面内的压弯构件，在实际工程中应用较少。双向压弯构件失稳属于空间失稳形式，其稳定承载力极限值的计算需要考虑几何非线性和物理非线性，即使只考虑弹性问题所得结果也是非线性的，因此理论计算比较复杂，目前常用数值法分析求解。为简化计算并使双向压弯构件的稳定计算与轴心受压构件、单向弯曲压弯构件及双向弯曲构件的稳定计算都能相互衔接，《钢结构设计标准》偏于安全的采用线性相

关公式来进行计算。弯矩作用在两个主平面内的双轴对称实腹式工字形（含 H 形）和箱形（闭口）截面的压弯构件，其稳定性应按下列公式进行计算

$$\frac{N}{\varphi_x A}+\frac{\beta_{mx}M_x}{\gamma_x W_x(1-0.8N/N'_{Ex})}+\eta\frac{\beta_{ty}M_y}{\varphi_{by}W_y}\leqslant f \tag{6-25a}$$

$$\frac{N}{\varphi_y A}+\eta\frac{\beta_{tx}M_x}{\varphi_{bx}W_x}+\frac{\beta_{my}M_y}{\gamma_y W_y(1-0.8N/N'_{Ey})}\leqslant f \tag{6-25b}$$

式中，下标 $x$ 代表与强轴 $x$-$x$ 轴对应的物理量，下标 $y$ 代表与弱轴 $y$-$y$ 轴对应的物理量。

## 6.4 实腹式压弯构件的局部稳定

实腹式压弯构件中的截面组成与轴心受压构件和受弯构件相似，在均压力（如受压翼缘，均匀或近似均匀受压），或不均匀压应力和剪应力（如腹板）作用下，当应力达到一定大小时，可能偏离其平面位置而发生屈曲，使构件丧失局部稳定性。与轴心受压构件相同，常采用限制板件宽（高）厚比的方法来保证压弯构件的局部稳定性。

### 6.4.1 受压翼缘板的宽厚比限值

工字形和箱形截面压弯构件的最大受压翼缘（见图 6-9）主要承受正应力，剪应力很小，受力情况与轴心受压构件和受弯构件的受压翼缘基本相同。因此《钢结构设计标准》采用与受弯构件受压翼缘局部稳定性相同的控制方法，规定如下：

1）工字形和 T 形截面翼缘外伸宽度与厚度之比为

$$\frac{b}{t}\leqslant 13\sqrt{\frac{235}{f_y}} \tag{6-26}$$

当强度和稳定计算中取 $\gamma_x=1.0$（按弹性设计）时，$b/t$ 可放宽到 $15\sqrt{235/f_y}$。翼缘板自由外伸宽度 $b$ 的取值为：对焊接构件，取腹板边至翼缘板（肢）边缘的距离；对轧制构件，取内圆弧起点至翼缘板（肢）边缘的距离。

2）箱形截面受压翼缘板在两腹板之间的无支承宽度 $b_0$ 与其厚度 $t$ 之比为

$$\frac{b_0}{t}\leqslant 40\sqrt{\frac{235}{f_y}} \tag{6-27}$$

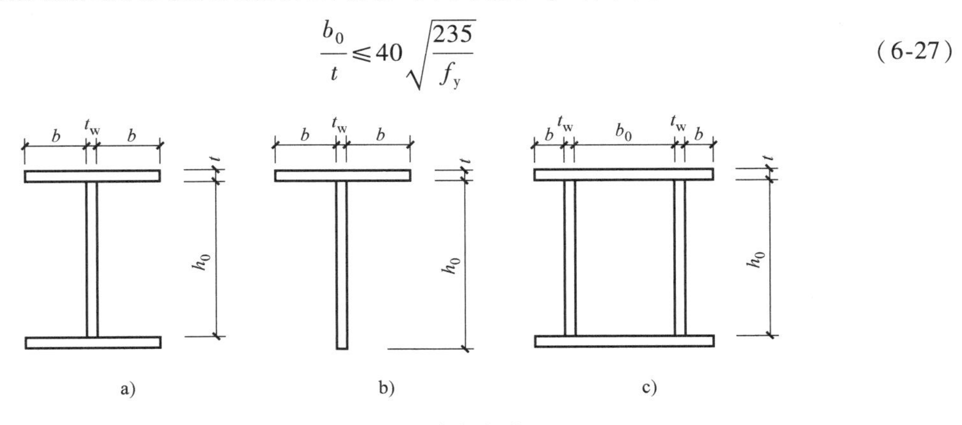


图 6-9 实腹式压弯构件截面

### 6.4.2 腹板的高厚比限值

压弯构件腹板处于剪应力和非均匀压力共同作用下（见图6-10），其截面可能是弹性状态也可能是弹塑性状态，因此其稳定性计算比较复杂。腹板在弹性状态下屈曲时其临界状态的相关公式为

$$\begin{cases}\left(\dfrac{\tau}{\tau_0}\right)^2+\left[1-\left(\dfrac{\alpha_0}{2}\right)^5\right]\dfrac{\sigma}{\sigma_0}+\left(\dfrac{\alpha_0}{2}\right)^5\left(\dfrac{\sigma}{\sigma_0}\right)^2=1\\ \alpha_0=(\sigma_{max}-\sigma_{min})/\sigma_{max}\\ \tau_0=\beta_v\dfrac{\pi^2E}{12(1-\nu^2)}\left(\dfrac{t_w}{h_0}\right)^2\\ \sigma_0=\beta_c\dfrac{\pi^2E}{12(1-\nu^2)}\left(\dfrac{t_w}{h_0}\right)^2\end{cases} \tag{6-28}$$

式中 $\sigma$——腹板最大压应力；

$\tau$——压弯构件的腹板平均剪应力；

$\alpha_0$——应力梯度；

$\sigma_{max}$——腹板计算高度边缘的最大压应力；

$\sigma_{min}$——腹板计算高度另一边缘相应的应力，压应力取正值，拉应力取负值；

$\tau_0$——剪应力$\tau$单独作用时的弹性屈曲应力；

$\beta_v$——屈曲系数；

$\sigma_0$——不均匀应力$\sigma$单独作用下的弹性屈曲应力；

$\beta_c$——屈曲系数取决于$\alpha_0$和剪应力的影响。

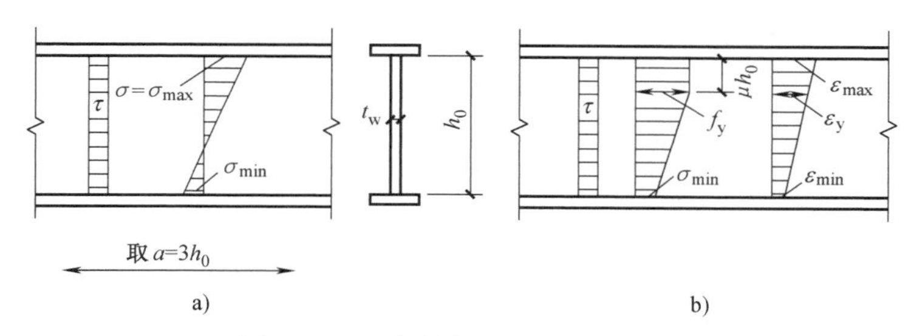


图6-10 压弯构件腹板的应力状态

由式（6-28）可见，剪应力将降低腹板的屈曲应力，根据压弯构件的设计资料可取$\tau=0.3\sigma_m$［$\sigma_m=(\sigma_{max}-\sigma_{min})/2$，为弯曲压应力］。这样可以求出$\sigma$和$\tau$共同作用下腹板弹性屈曲时的临界压应力

$$\sigma_{cr}=\beta_e\frac{\pi^2E}{12(1-\nu^2)}\left(\frac{t_w}{h_0}\right)^2 \tag{6-29}$$

式中 $\beta_e$——正应力和剪应力联合作用时的弹性屈曲系数。

实际上压弯构件通常多在截面受压较大的一侧发展一定深度的塑性变形，其深度与应变梯度（见图6-10b）和长细比有关。根据板的弹塑性屈曲理论，腹板的临界压应力可写成

$$\sigma_{cr}=\beta_p \frac{\pi^2 E}{12(1-\nu^2)}\left(\frac{t_w}{h_0}\right)^2 \tag{6-30}$$

式中 $\beta_p$——弹塑性稳定系数。

$\beta_p$ 的值取决于应力比 $\tau/\sigma$、应变梯度及最大受压边缘割线模量 $E_s$，而割线模量取决于腹板塑性发展深度 $\mu h_0$。为避免求应变梯度，可把构件仍看作弹性体求出应变梯度，然后定值的取 $\mu=0.25$。这样根据 $\alpha_0$ 和假定的 $\mu$ 就可求出 $\beta_p$ 的值，将其带入式（6-30）并使 $\sigma_{cr}=f_y$，得出$h_0/t_w$ 与 $\alpha_0$ 关系的理论曲线（见图 6-11 中虚线）。为便于计算，可用两条直线代替（见图 6-11 中实线），即

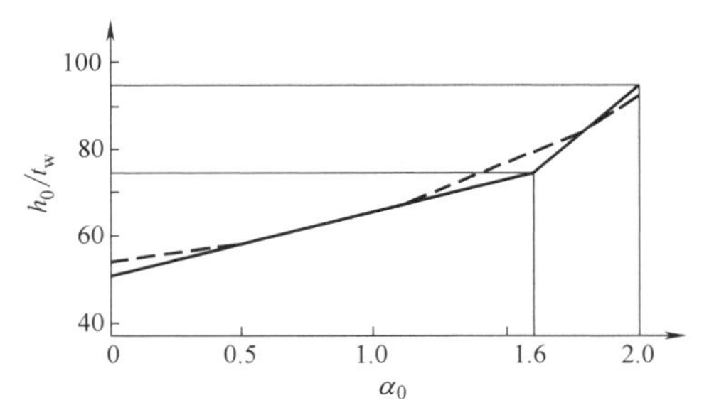


图 6-11 压弯构件腹板高厚比 $h_0/t_w$-$\alpha_0$ 曲线

当 $0\leqslant\alpha_0<1.6$ 时 $$h_0/t_w=(16\alpha_0+50)\sqrt{235/f_y} \tag{6-31a}$$

当 $1.6<\alpha_0\leqslant2.0$ 时 $$h_0/t_w=(48\alpha_0-1)\sqrt{235/f_y} \tag{6-31b}$$

弯矩作用平面内长细比 $\lambda$ 较小的压弯构件，整体屈曲时塑性发展深度可能超过 $0.25h_0$，而对于 $\lambda$ 较大的压弯构件，塑性深度可能达不到 $0.25h_0$，甚至腹板最大受压边缘还没有屈服，因此 $h_0/t_w$ 的大小应与长细比 $\lambda$ 有关。而且当 $\alpha_0=0$ 时 $h_0/t_w$ 的限值应与轴心受压构件的腹板相同；当 $\alpha_0=2$ 时 $h_0/t_w$ 的限值应与受弯构件的腹板相同。因此，《钢结构设计标准》规定：

当 $0\leqslant\alpha_0<1.6$ 时 $$h_0/t_w\leqslant(16\alpha_0+0.5\lambda+25)\sqrt{235/f_y} \tag{6-32a}$$

当 $1.6<\alpha_0\leqslant2.0$ 时 $$h_0/t_w\leqslant(48\alpha_0+0.5\lambda-26.2)\sqrt{235/f_y} \tag{6-32b}$$

式中 $\lambda$——构件在弯矩作用平面内的长细比，当 $\lambda<30$ 时，取 $\lambda=30$，当 $\lambda>100$ 时，取 $\lambda=100$。

箱形截面的压弯构件腹板屈曲应力的计算方法与工字形截面腹板相同，但是考虑到腹板的嵌固条件不如工字形截面，两块腹板的受力状况可能不完全一致，因而箱形截面腹板的高厚比限值按式（6-32a）、式（6-32b）右边的限值乘以 0.8 采用。当 $h_0/t_w<40\sqrt{235/f_y}$ 时，应采用 $h_0/t_w=40\sqrt{235/f_y}$。

对 T 形截面的压弯构件，当弯矩使翼缘受压（腹板自由边受拉）时，腹板处于比轴心压杆更有利的地位，可以采用与轴压相同的高厚比限值。但是当弯矩使腹板自由边受压时，腹板则处于不利的地位，因此腹板高度与其厚度之比按下列规定采用：

1）弯矩使腹板自由边受拉的压弯构件：

热轧剖分 T 形钢 $h_0/t_w\leqslant(15+0.2\lambda)\sqrt{235/f_y}$

焊接 T 形钢 $h_0/t_w\leqslant(13+0.17\lambda)\sqrt{235/f_y}$

2）弯矩使腹板自由边受压的压弯构件：

当 $\alpha_0\leqslant1.0$ 时 $h_0/t_w\leqslant15\sqrt{235/f_y}$

当 $\alpha_0>1.0$ 时 $h_0/t_w\leqslant18\sqrt{235/f_y}$

如果压弯构件腹板高厚比 $h_0/t_w$ 不满足要求，则可以调整腹板的厚度和高度，也可采用

纵向加劲肋来加强腹板。用纵向加劲肋加强的腹板，其在受压较大翼缘与纵向加劲肋之间的高厚比应符合上述要求。此外，可以在计算构件的强度和稳定性时将腹板的截面仅考虑计算高度边缘范围内两侧宽度各为 $20t_w\sqrt{235/f_y}$ 的部分，但是计算构件的稳定系数时仍用全部截面。

## 6.5　压弯构件的计算长度

压弯构件稳定计算时都要用到长细比，而长细比的计算需要用到计算长度。轴心受压构件的计算长度是根据构件端部的约束条件按弹性理论确定的。对于端部条件比较简单的压弯构件可近似的忽略弯矩的影响，采用与轴心受压构件计算长度相同的确定方法。

在钢结构中大多数压弯构件不是孤立的单个构件，而是框架的组成部分，其两端受到与其相连接的其他构件的各种约束，因此压弯构件即框架柱的稳定应由框架的整体稳定决定。

目前关于框架柱的稳定设计有两种方法。一种是采用一阶理论，不考虑框架变形的二阶影响，计算框架由各种荷载设计值产生的内力，然后把框架柱作为单独的压弯构件来设计，将框架整体稳定问题简化为柱的稳定计算问题，这种方法称为计算长度法。此法简单，应用较多，但它仅利用计算长度代替实际长度来反映其他相连构件对柱的约束作用，仅在一定条件下才是精确的。另一种方法是将框架作为整体，按二阶理论进行分析。按稳定计算框架柱截面时，取实际几何长度来计算长细比。这种方法计算结果精确，但理论分析复杂，不便应用，因而还有一种考虑 $F-u(P-\Delta)$ 效应的近似法。此法在内力分析时，考虑框架侧移 $u$（$\Delta$）而引进一个假想的水平荷载，联同框架的实际水平荷载和竖向荷载一起进行一阶分析，求解框架柱的内力设计值，按稳定性进行框架柱截面设计时采用构件实际几何长度来代计算长细比。

根据失稳时的变形情况，在框架平面内框架柱可能会出现有侧移失稳和无侧移失稳两种形式，如图6-12所示。有侧移失稳的框架其承载力比无侧移失稳的框架低得多，所以确定框架柱的计算长度时首先要区分框架失稳时有无侧移。如果柱顶没有阻止框架侧移的支撑体系（包括支撑桁架、剪力墙等），都应该按有侧移框架来考虑以确保安全。根据框架的结构类型和柱截面形式，框架柱可分为单层框架柱和多层框架柱，以及等截面柱和阶形柱。

### 6.5.1　单层多跨等截面框架的计算长度

在进行框架的整体稳定性分析时，一般取平面框架作为计算模型，不考虑空间作用，并做如下假定：

1）材料是线弹性的。

2）框架只承受作用在节点上的竖向荷载。

3）框架中的所有柱子是同时丧失稳定的，即各柱同时达到其临界荷载。

4）当柱子开始失稳时，相交于同一节点的横梁对柱子提供的约束弯矩按柱子的线刚度之比分配给柱子。

5）在无侧移失稳时，横梁两端的转角大小相等方向相反；在有侧移失稳时，横梁两端的转角不但大小相等而且方向相同。

计算框架稳定性的方法较多，其中位移法应用较普遍。位移法的特点是在计算框架稳定

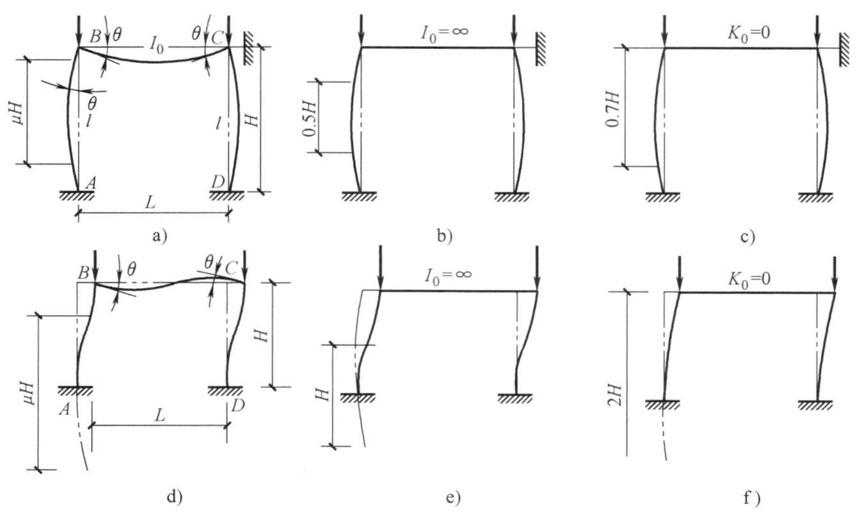


图 6-12 框架的失稳形式

时在转角位移方程中引入轴心压力 $N$ 的影响。

根据以上基本假定，将框架按其侧向支承情况用位移法进行稳定性分析可得出下列公式：

对无侧移框架

$$[\varphi^2+2(K_1+K_2)-4K_1K_2]\varphi\sin\varphi-2[(K_1+K_2)\varphi^2+4K_1K_2]\cos\varphi+8K_1K_2=0 \tag{6-33a}$$

对有侧移框架

$$(36K_1K_2-\varphi^2)\sin\varphi+(K_1+K_2)\varphi\cos\varphi=0 \tag{6-33b}$$

式中 $\varphi$——临界参数，$\varphi=h\sqrt{N/EI}$，其中 $h$ 为柱的几何高度，$N$ 为柱顶荷载，$I$ 为柱截面对垂直于框架平面轴线的惯性矩；

$K_1$——相交于柱上端横梁线刚度（$I_1/l_1+I_2/l_2$）之和与柱的线刚度 $I/h$ 的比值；

$K_2$——与基础对柱的约束作用有关，当柱与基础铰接时取 $K_2=0$，当柱与基础刚接时取 $K_2=10$。

如果已知 $K_1$、$K_2$，由上式可以求出 $\varphi$，进而求出临界荷载 $N_{cr}$ 为

$$N_{cr}=\frac{\varphi^2EI}{h^2}=\frac{\pi^2EI}{(\pi h/\varphi)^2}=\frac{\pi^2EI}{(\mu h)^2} \tag{6-34}$$

式中 $\mu$——框架柱的计算长度系数，$\mu=\pi/\varphi$，$\mu$ 可由附表 5-1、附表 5-2 确定。

## 6.5.2 多层多跨等截面框架柱的计算长度

多层多跨框架的失稳形式（见图 6-13）、计算的基本假定和计算方法与单层多跨框架类似，只是除底层外其他各层柱的上下两端都受横梁的约束。因此，柱的计算长度 $\mu$ 和横梁的约束作用有直接关系，它不但取决于该柱上端节点处横梁线刚度之和与柱的线刚度之和的比值 $K_1$，还取决于该柱下端节点处横梁线刚度之和与柱的线刚度之和的比值 $K_2$，$\mu$ 的取值可由附表 5-1、附表 5-2 确定。

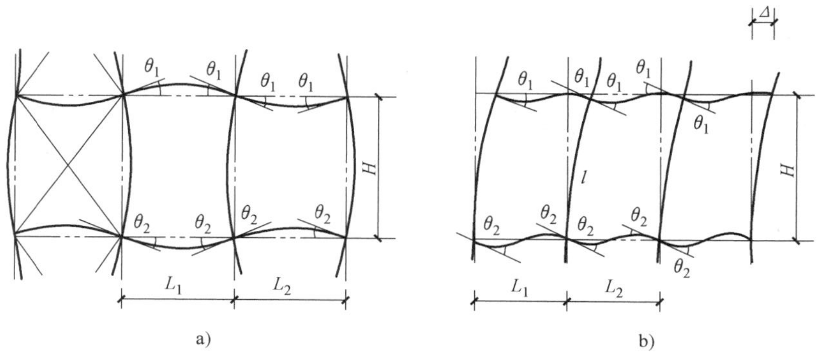


图 6-13　多层多跨框架失稳形式

### 6.5.3　变截面阶形柱的计算长度

单层厂房常设有较大的起重机，为支承吊车梁，采用单阶或双阶的阶形柱框架。单层厂房框架通常属于有侧移框架，柱与基础多做成刚接，而柱与横梁可做成刚接也可做成铰接。单层厂房阶形框架柱的计算长度除了有无侧移、柱与基础或横梁的连接方式外，还有柱子本身上下段线刚度比及轴心压力比有关。因此，令柱上段 $\varphi'=H'\sqrt{N'/EI'}$，柱下段 $\varphi=H\sqrt{N/EI}$，并取

$$\eta=\frac{\varphi'}{\varphi}=\frac{H'\sqrt{\frac{N'}{EI'}}}{H\sqrt{\frac{N}{EI}}} \tag{6-35}$$

式中　$H'$、$H$——上段柱、下段柱的几何高度；

$N'$、$N$——上段柱、下段柱的柱顶荷载；

$I'$、$I$——上段柱、下段柱截面对垂直于框架平面轴线的惯性矩。

可分别求得梁柱铰接和刚接时的稳定方程：

梁柱铰接时
$$K_1\eta\tan\varphi\tan(\eta\varphi)-1=0 \tag{6-36a}$$

梁柱刚接时
$$\tan(\eta\varphi)+K_1\eta\tan\varphi=0 \tag{6-36b}$$

从上式可以求出 $\varphi$，进而算出单阶框架柱的上、下段计算长度系数

对上段柱
$$\mu=\frac{\pi}{\varphi} \tag{6-37a}$$

对下段柱
$$\mu=\frac{\pi}{\varphi'}=\frac{\pi}{\eta} \tag{6-37b}$$

各种情况下单层单阶框架柱的计算长度的取值见附表 5-1 和附表 5-2。

实际工程中，起重机荷载作用下的单层厂房阶形柱在同一框架的各个柱并不同时达到最大荷载，荷载大的柱子失稳时会受到荷载小柱子的支持作用，因而计算长度减小。此外，单层厂房柱会受到纵向水平支撑及屋面板等构件的约束，因此应根据框架跨数、纵向温度区段内柱列的柱子根数、屋面情况、厂房两侧是否有通长的纵向水平支撑等因素，对计算所得的计算长度进行折减，折减系数见表 6-1。

表 6-1　单层厂房阶形柱计算长度折减系数

<table>
<tr><th colspan="4">厂房类型</th><th rowspan="2">折减系数</th></tr>
<tr><th>单跨或多跨</th><th>纵向温度区段内一个柱列的柱子数</th><th>屋面情况</th><th>厂房两侧是否有通长的屋盖纵向水平支撑</th></tr>
<tr><td rowspan="4">单跨</td><td>等于或少于 6 个</td><td>—</td><td>—</td><td rowspan="2">0.9</td></tr>
<tr><td rowspan="3">多于 6 个</td><td rowspan="2">非大型混凝土屋面板的屋面</td><td>无纵向水平支撑</td></tr>
<tr><td>有纵向水平支撑</td><td rowspan="4">0.8</td></tr>
<tr><td>大型混凝土屋面板的屋面</td><td>—</td></tr>
<tr><td rowspan="3">多跨</td><td rowspan="3">—</td><td rowspan="2">非大型混凝土屋面板的屋面</td><td>无纵向水平支撑</td></tr>
<tr><td>有纵向水平支撑</td></tr>
<tr><td>大型混凝土屋面板的屋面</td><td>—</td><td>0.7</td></tr>
</table>

注：有横梁的露天结构（如落锤车间等），其折减系数可采用 0.9。

单层厂房双阶框架柱计算长度的计算方法与单阶框架柱类似，见附表 5-2。

### 6.5.4　框架平面外的计算长度

对于空间框架，在双向都承受弯矩，两个方向的计算长度用同样的方法确定。

框架结构的支撑结构使柱在框架平面外得到支承点，柱在框架平面外失稳时，支承点可以看作变形曲线的反弯点，因此框架柱在框架平面外（沿房屋长度方向）的计算长度取阻止框架柱平面外位移的支承点之间的距离，即取 $\mu=1.0$。

## 6.6　实腹式压弯构件的截面设计

### 6.6.1　截面设计原则

实腹式压弯构件的截面设计应满足强度、刚度、整体稳定和局部稳定的要求。可根据压弯构件受力的大小、使用要求和构造要求等来选择截面形式。当弯矩较小或者正负弯矩绝对值相差较小时，可采用对称截面；当正负弯矩绝对值相差较大时，可将受力较大一侧翼缘加大，采用不对称翼缘的单轴对称截面。此外，在满足局部稳定、使用要求和构造要求时，截面应尽量做成轮廓尺寸大而板件较薄，使截面面积的分布尽量远离截面轴线，从而相同截面面积下获得较大的惯性矩和回转半径，充分发挥钢材的有效性以节约钢材。单向压弯构件应根据弯矩大小，使截面高度大于宽度，以减小弯曲应力。同时，为取得较好的经济效益，宜使弯矩作用平面内和平面外的稳定性相接近，实现结构的等稳定性。

### 6.6.2　截面选择及验算

截面设计的具体步骤为：

1）确定压弯构件的内力设计值，包括弯矩、轴心压力和剪力。

2）选择截面的形式，实腹式压弯构件的截面可参见图 6-2 给出的截面形式。

3）确定钢材及其强度设计值。

4）确定弯矩作用平面内和平面外的计算长度。

5）根据经验或已有资料初选截面尺寸。

6）对初选截面进行验算，包括强度验算、刚度验算、弯矩作用平面内整体稳定验算、弯矩作用平面外整体稳定验算、局部稳定验算等。

如果验算不满足要求，则对初选截面进行修改，重新计算直至满足计算要求。

## 6.6.3 构造要求

实腹式压弯构件的构造要求同轴心受压构件。如当实腹式柱的腹板高厚比 $h_0/t_w > 80\sqrt{235/f_y}$时，应采用横向加劲肋加强，其间距不得大于 $3h_0$。当腹板设置纵向加劲肋时，不论 $h_0/t_w$ 大小均应设置横向加劲肋作为纵向加劲肋的支承，加劲肋的尺寸参见第 4 章的相关内容。对于大型实腹式柱，在受有较大水平力和运送单元的端部应设置横隔，横隔的间距不得大于柱截面长边尺寸的 9 倍和 8m。其作用是保持截面形状不变，提高构件的抗扭刚度，以防止施工和运输过程中变形。

在设置构件的侧向支承点时，对截面高度较小的构件，可仅在腹板中央部位支承；对截面高度较大或受力较大的构件，则应在两个翼缘面内同时支承。

**[例题 6-2]** 某焊接工字形压弯构件，长度 18m，承受轴心压力设计值 $N=600\text{kN}$，跨中横向集中荷载 $F=800\text{kN}$。在柱两端和三分点处各有一处侧向支撑点。工字形截面翼缘板为剪切边，截面无削弱，钢材为 Q235 钢，$E=206\times10^3\text{N/mm}^2$，截面尺寸如图 6-14 所示。试验算此构件是否满足要求。

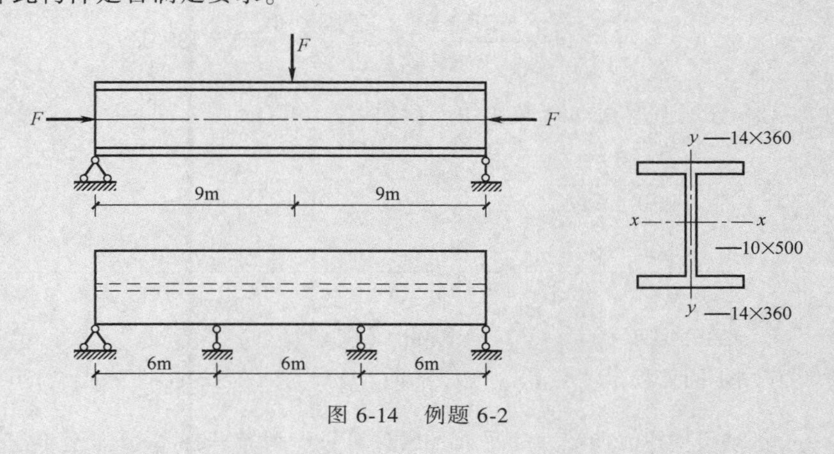


图 6-14 例题 6-2

**[解]** （1）截面特性计算

$$A=2bt+h_wt_w=(1.4\times36\times2+50\times1.0)\text{cm}^2=150.8\text{cm}^2$$

$$I_x=\frac{1}{12}bh^3-\frac{1}{12}(b-t_w)h_w^3=\left[\frac{1}{12}\times36\times52.8^3-\frac{1}{12}\times(36-1)\times50^3\right]\text{cm}^4=77011\text{cm}^4$$

$$I_y=\frac{1}{12}(h-h_w)b^3+\frac{1}{12}h_w t_w^3=\left[\frac{1}{12}\times(52.8-50)\times36^3+\frac{1}{12}\times50\times1^3\right]\text{cm}^4=10887\text{cm}^4$$

$$i_x=\sqrt{\frac{I_x}{A}}=\sqrt{\frac{77011}{150.8}}\text{cm}=22.6\text{cm},\quad i_y=\sqrt{\frac{I_y}{A}}=\sqrt{\frac{10887}{150.8}}\text{cm}=8.5\text{cm}$$

$$W_x=\frac{2I_x}{h}=\frac{2\times77011}{52.8}\text{cm}^3=2917\text{cm}^3$$

(2) 强度验算

最大弯矩设计值 $M_x=\frac{1}{4}Fl=\frac{1}{4}\times80\times18\text{kN}\cdot\text{m}=360\text{kN}\cdot\text{m}$

柱受压翼缘的自由外伸宽度与厚度之比为

$$\frac{b_1}{t}=\frac{(360-10)\div2}{14}=12.5<13\sqrt{\frac{235}{f_y}}=13$$

查表 4-1 可得截面的塑性发展系数 $\gamma_x=1.05$，由附表 1-1 可查得 $f=215\text{N/mm}^2$。所以构件最不利处（受压翼缘外侧）的强度为

$$\sigma_{\max}=\frac{N}{A_n}+\frac{M_x}{\gamma_x W_{nx}}=\left(\frac{600\times10^3}{150.8\times10^2}+\frac{360\times10^6}{1.05\times2917\times10^3}\right)\text{N/mm}^2=157.33\text{N/mm}^2$$

$<f=215\text{N/mm}^2$（满足要求）

(3) 弯矩平面内稳定性验算　柱在弯矩平面内的计算长度为 $l_{0x}=18\text{m}$，长细比 $\lambda_x=l_{0x}/i_x=18\times10^2/22.6=79.6<[\lambda]=150$。由表 5-4，对 $x$ 轴为 $b$ 类截面，对 $y$ 轴为 $c$ 类截面，查附表 4-2 可得 $\varphi_x=0.690$（$b$ 类截面）。

$$N'_{Ex}=\frac{\pi^2EA}{1.1\lambda_x^2}=\frac{\pi^2\times206\times10^3\times150.8\times10^2}{1.1\times79.6^2}\text{kN}=4394\text{kN}$$

本构件为无端弯矩但有横向荷载作用，所以 $\beta_{mx}=1.0$。

$$\begin{aligned}&\frac{N}{\varphi_x A}+\frac{\beta_{mx}M_x}{\gamma_x W_x(1-0.8N/N'_{Ex})}\\&=\frac{600\times10^3}{0.690\times150.8\times10^2}\text{N/mm}^2+\frac{1.0\times360\times10^6}{1.05\times2917\times10^3\times(1-0.8\times800/4394)}\text{N/mm}^2\\&=209.04\text{N/mm}^2<f=215\text{N/mm}^2\ (\text{满足要求})\end{aligned}$$

(4) 弯矩作用平面外稳定性验算　构件平面外的计算长度为构件侧向支撑点间的距离，柱子为侧向三分的处设支撑，所以弯矩平面外的计算长度为 $l_{0y}=6\text{m}$。长细比 $\lambda_y=\frac{l_{0y}}{i_y}=\frac{6\times10^2}{8.5}=70.6$，由附表 4-3 可查得 $\varphi_y=0.638$（$c$ 类截面）。

$$\varphi_b=1.07-\frac{\lambda_y^2}{44000}\cdot\frac{f_y}{235}=1.07-\frac{70.6^2}{44000}\times\frac{235}{235}=0.957$$

$$\beta_{tx}=0.65+0.35\frac{M_2}{M_1}=0.65$$

$$\frac{N}{\varphi_y A}+\frac{\beta_{tx}M_x}{\varphi_b W_{1x}}=\frac{600\times10^3}{0.638\times150.8\times10^2}\text{N/mm}^2+\frac{0.65\times360\times10^6}{0.957\times2917\times10^3}\text{N/mm}^2$$

$$=146.18\text{N/mm}^2<f=215\text{N/mm}^2\ (\text{满足要求})$$

（5）局部稳定验算

1）受压翼缘。

$$\frac{b_1}{t}=\frac{(360-10)\div2}{14}=12.5<15\sqrt{\frac{235}{f_y}}=15(\text{满足要求})$$

2）腹板。

$$\sigma_{max}=\frac{N}{A}+\frac{M_x}{I_x}\cdot\frac{h_w}{2}=\left(\frac{600\times10^3}{150.8\times10^2}+\frac{360\times10^6}{77011\times10^4}\times\frac{500}{2}\right)\text{N/mm}^2=156.66\text{N/mm}^2$$

$$\sigma_{min}=\frac{N}{A}-\frac{M_x}{I_x}\cdot\frac{h_w}{2}=\left(\frac{600\times10^3}{150.8\times10^2}-\frac{360\times10^6}{77011\times10^4}\times\frac{500}{2}\right)\text{N/mm}^2=-77.08\text{N/mm}^2$$

$$\alpha_0=\frac{\sigma_{max}-\sigma_{min}}{\sigma_{max}}=\frac{156.66-(-77.08)}{156.66}=1.49<1.6$$

$$\left[\frac{h_w}{t_w}\right]=(16\alpha_0+0.5\lambda_x+25)\sqrt{\frac{235}{f_y}}=(16\times1.49+0.5\times79.6+25)\sqrt{\frac{235}{235}}=73.74$$

$$\frac{h_w}{t_w}=\frac{500}{10}=50<\left[\frac{h_w}{t_w}\right]=73.74(\text{满足要求})$$

（6）刚度验算

构件的最大长细比 $\lambda_{max}=\max\{\lambda_x,\lambda_y\}=79.6<[\lambda]=150$（满足要求）

故此压弯构件截面符合要求。

## 6.7　格构式压弯构件的计算

厂房的框架柱和高大的独立支柱等压弯构件的截面高度较大时，可采用格构式以节约材料。同轴心受压格构式构件一样，格构式压弯构件的主体由分肢和缀材组成，常用的截面形式如图 6-15 所示。

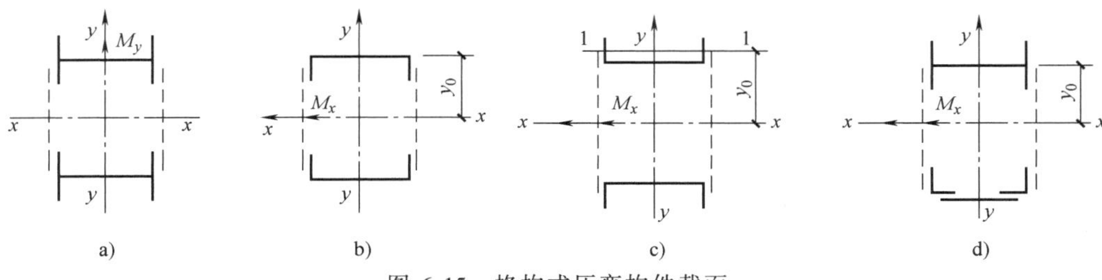


图 6-15　格构式压弯构件截面

格构式压弯构件由于有实轴和虚轴之分，因此其设计计算与实腹式压弯构件有一定差异。在强度计算方面，格构式压（拉）弯构件当弯矩绕虚轴作用时，按边缘纤维屈服准则作为强度设计的依据。在刚度计算和稳定性计算中，对绕格构式构件虚轴的长细比，要求采用换算长细比，换算长细比的计算方法与格构式轴心受压构件相同。格构式压弯构件局部稳定计算，除组成板件的宽厚比要求与实腹式压弯构件相同外，还需考虑分肢稳定问题。下面将对格构式压弯构件的计算特点进行详细叙述。

## 6.7.1 弯矩绕虚轴作用的格构式压弯构件

### 1. 弯矩作用平面内的整体稳定计算

弯矩绕虚轴（$x$ 轴）作用的格构式压弯构件，由于格构式截面中部空心无实体部分，不能考虑塑性的深入发展，因而其整体失稳计算应采用边缘屈服准则，计算公式为

$$\frac{N}{\varphi_x A}+\frac{\beta_{mx}M_x}{W_{1x}(1-\varphi_x N/N_{Ex})}\leqslant f \tag{6-38}$$

式中符号同前，但 $\varphi_x$ 和 $N_{Ex}$ 应按照换算长细比确定；$W_{1x}=I_x/y_0$，$I_x$ 为对虚轴 $x$ 轴的毛截面惯性矩，$y_0$ 为由 $x$ 轴到压力较大分肢的轴线距离或者到压力较大分肢腹板外边缘的距离，二者取较大者。

### 2. 分肢的稳定计算

弯矩作用平面外的整体稳定可不必计算，但应计算分肢的稳定性。这是因为格构式压弯构件在两个分肢之间只靠缀材连接，但是缀材比较柔弱，在较大的压力作用下构件趋向弯矩作用平面外弯曲时，分肢之间的整体性和相互牵制作用不强，导致呈现为单肢失稳。如果各分支在弯矩平面外的稳定都得到保证，那么整根柱子在弯矩作用平面外的整体稳定就可以得到保证。因此，可用验算每个分肢的稳定来代替验算整个构件在弯矩作用平面外的整体稳定。

对于弯矩绕虚轴作用的双肢格构式压弯构件，可把分肢视作桁架的弦杆，将压力和弯矩分配到两个分肢，每个分肢按轴心受压构件来计算，如图 6-16 所示。两分肢的轴心力应按下列公式计算：

分肢 1
$$N_1=\frac{Ny_2}{a}+\frac{M}{a} \tag{6-39a}$$

分肢 2
$$N_2=\frac{Ny_1}{a}+\frac{M}{a}=N-N_1 \tag{6-39b}$$

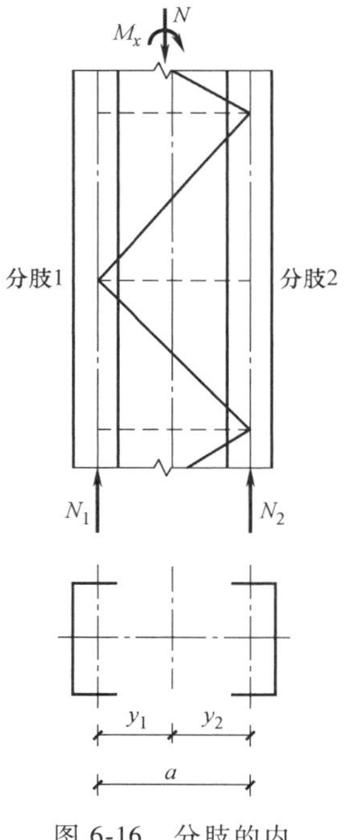

图 6-16　分肢的内力计算简图

缀条式压弯构件的分肢按轴心受压构件计算。计算分肢稳定时，分肢在弯矩作用平面内的计算长度取相邻缀条节点间的距离或缀板间的净距；在弯矩作用平面外的计算长度取整个构件（两个分肢）侧向支承点间的距离。

对缀板式压弯构件的分肢，分肢除承受轴心力外，还应考虑剪力作用引起的局部弯矩，按实腹式压弯构件验算单肢稳定性。

格构式压弯构件的缀材计算方法与格构式轴心受压构件相同。

### 6.7.2 弯矩绕实轴作用的格构式压弯构件

当弯矩绕实轴（$y$ 轴）作用时，构件绕实轴发生弯曲失稳，弯矩作用平面内和平面外的整体稳定计算与实腹式构件相同，即分别按式（6-20）和式（6-24）（下标 $x$ 轴改为 $y$ 轴）进行计算。在计算弯矩作用平面外的整体稳定时，长细比应取换算长细比，整体稳定系数 $\varphi_b=1.0$。

### 6.7.3 双向压弯的格构式压弯构件

格构式双向压弯构件同时承受绕虚轴（$x$ 轴）弯矩 $M_x$ 和绕实轴（$y$ 轴）弯矩 $M_y$，和单向压弯构件相似也应计算整体稳定和分肢稳定。

**1. 整体稳定计算**

与实腹式双向压弯构件类似，采用与边缘屈服准则得出的弯矩绕虚轴作用的格构式单向压弯构件平面内整体稳定相关公式（6-25）相衔接的直线表达式进行计算，即

$$\frac{N}{\varphi_x A}+\frac{\beta_{mx}M_x}{W_{1x}(1-\varphi_x N/N'_{Ex})}+\frac{\beta_{ty}M_y}{W_{1y}}\leqslant f \tag{6-40}$$

式中 $W_{1y}$——在 $M_y$ 作用下对较大受压纤维的毛截面模量。

**2. 分肢的稳定计算**

在 $N$ 和 $M_x$ 作用下，将分肢作为桁架弦杆按式（6-39）计算其轴心力，将 $M_y$ 按与分肢对 $y$ 轴的惯性矩成正比，与分肢轴线至 $x$ 轴的距离成反比的原则来确定，以保持平衡和变形协调。

对分肢 1

$$N_1=\frac{Ny_2}{a}+\frac{M_x}{a} \tag{6-41}$$

$$M_{y1}=\frac{I_1/y_1}{I_1/y_1+I_2/y_2}M_y \tag{6-42}$$

对分肢 2

$$N_2=\frac{Ny_1}{a}+\frac{M_x}{a}=N-N_1 \tag{6-43}$$

$$M_{y2}=\frac{I_2/y_2}{I_1/y_1+I_2/y_2}M_y=M_y-M_{y1} \tag{6-44}$$

式中 $I_1$、$I_2$——分肢 1、分肢 2 对 $y$ 轴的惯性矩；

$y_1$、$y_2$——$M_y$ 作用的主轴平面至分肢 1、分肢 2 轴线的距离。

按上述内力计算每个分肢在其两主轴方向的稳定性。对于缀板式压弯构件，其分肢尚应考虑由剪力产生的分肢局部弯矩作用，这时分肢应按实腹式双向压弯构件计算。

### 6.7.4 格构式压弯构件的设计

根据格构式压弯构件的特点，当构件所受的弯矩不大或正负弯矩的绝对值相差较小时，可采用对称的截面形式；否则，常采用不对称截面，并将较大分肢放在受压较大的一侧。当两个分肢间距较大时，宜采用缀条作为缀件。设计构件截面时在满足功能要求的前提下，应使构造简单、用钢量少、施工方便。

格构式压弯构件的设计步骤与实腹式压弯构件类似，只是在计算时要考虑格构式压弯构件特点的有关公式，并增加分肢稳定计算和缀材设计。设计时一般可按下列步骤进行：

1）根据构造要求及以往的设计资料，确定构件截面尺寸的高度即两分肢间距。

2）根据分肢对构件截面实轴的稳定性要求，选择分肢的截面尺寸。

3）根据缀条或缀板的稳定性要求，选定缀条的截面尺寸，同时对缀材和分肢间的连接进行设计。

4）对选定的构件截面尺寸进行验算，当截面尺寸不足或过大时重复以上步骤对截面做适当调整。

**[例题 6-3]** 某单层厂房底层框架柱下柱为格构式双肢缀条柱，截面无削弱，钢材为 Q235B 钢，E43 型焊条，手工焊。承受的荷载设计值为轴心压力 $N=1180\text{kN}$，正弯矩 $M_x=680\text{kN}\cdot\text{m}$（柱右侧分肢受压），负弯矩 $M_x'=-254\text{kN}\cdot\text{m}$（柱左侧分值受压），剪力 $V=92.8\text{kN}$。柱在弯矩作用平面内、外的计算长度分别为 $l_{0x}=16\text{m}$、$l_{0y}=8\text{m}$，两肢中心间的距离为 0.9m，缀条采用∠80×6 角钢。试设计此柱截面的尺寸。

**[解]** **1. 初选截面尺寸**

由于正负弯矩相差较大，右分肢压力较大，故采用左分肢为槽形截面，右分肢为工字形截面的非对称双分肢的格构式柱。根据经验或者设计资料可初步选择左分肢为［36c，右分肢为 I40b。两分肢间的中心距为 0.9m。

**2. 截面的几何特性**

查型钢规格表可知

$$[36\text{c}: A_1=75.3\text{cm}^2, I_{x1}=536\text{cm}^4, I_{y1}=13430\text{cm}^4, i_{x1}=2.67\text{cm}, i_{y1}=13.4\text{cm}, y_0=2.34\text{cm}$$

$$\text{I40b}: A_2=94.1\text{cm}^2, I_{x2}=692\text{cm}^4, I_{y2}=22780\text{cm}^4, i_{x2}=2.71\text{cm}, i_{y2}=15.6\text{cm}, b=14.4\text{cm}$$

$$t_w=1.25\text{cm}。$$

则格构柱的几何特性为

$$A=A_1+A_2=(75.3+94.1)\text{cm}^2=169.4\text{cm}^2, a=90\text{cm}, h=(90+2.4)\text{cm}=92.4\text{cm}$$

$$y_1=a\frac{A_2}{A}=90\times\frac{94.1}{169.4}\text{cm}=50\text{cm}, y_2=y-y_1=(90-50)\text{cm}=40\text{cm}$$

$$I_x=I_{x1}+A_1y_1^2+I_{x2}+A_2y_2^2=(536+75.3\times50^2+692+94.1\times40^2)\text{cm}^4=340038\text{cm}^4$$

$$I_y=I_{y1}+I_{y2}=(13430+22780)\text{cm}^4=36210\text{cm}^4$$

$$i_x=\sqrt{\frac{I_x}{A}}=\sqrt{\frac{340038}{169.4}}\text{cm}=44.8\text{cm},\quad i_y=\sqrt{\frac{I_y}{A}}=\sqrt{\frac{36210}{169.4}}\text{cm}=14.62\text{cm}$$

**3. 截面验算**

（1）强度验算

$$\sigma_{\max}=\frac{N}{A_n}+\frac{M_xy_{\max}}{I_{nx}}=\frac{1180\times10^3}{169.4\times10^2}\text{N/mm}^2+\frac{680\times10^6\times(400+72)}{340038\times10^4}\text{N/mm}^2$$

$$=164.05\text{N/mm}^2<f=215\text{N/mm}^2\ （满足要求）$$

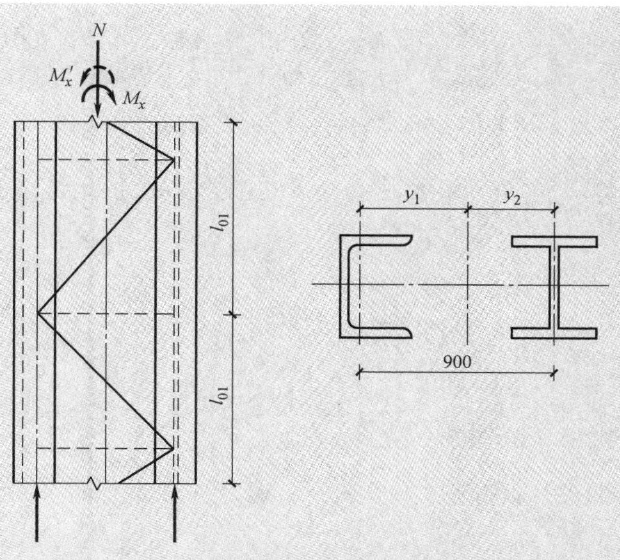


图 6-17　例题 6-3

（2）弯矩平面内稳定性验算

$$\lambda_x = \frac{l_{0x}}{i_x} = \frac{1600}{44.8} = 35.7$$

缀条采用∠80×6，倾角 45°，单根缀条的面积为 $A_t = 9.4\text{cm}^2$，前后两个缀条平面总的面积 $A_{1x} = 9.4 \times 2\text{cm}^2 = 18.8\text{cm}^2$

虚轴的换算长细比 $\lambda_{0x} = \sqrt{\lambda_x^2 + 27\dfrac{A}{A_{1x}}} = \sqrt{35.7^2 + 27 \times \dfrac{169.4}{18.8}} = 38.96$，按 $b$ 类截面查稳定系数得 $\varphi_x = 0.899$。

参数 $N'_{Ex} = \dfrac{\pi^2 EA}{(1.1\lambda_{0x})^2} = \dfrac{\pi^2 \times 206 \times 10^3 \times 169.4 \times 10^2}{(1.1 \times 38.96)^2}\text{N} = 18752\text{kN}$

等效弯矩系数 $\beta_{mx} = 1.0$，$W_{1x} = \dfrac{I_x}{y_2} = \dfrac{340038}{40 + 1.25/2}\text{cm}^3 = 8370.17\text{cm}^3$

$$\sigma = \frac{N}{\varphi_x A} + \frac{\beta_{mx} M_x}{W_{1x}(1 - \varphi_x N / N'_{Ex})}$$

$$= \frac{1180 \times 10^3}{0.899 \times 169.4 \times 10^2}\text{N/mm}^2 + \frac{1 \times 680 \times 10^6}{8370.17 \times 10^3 (1 - 0.899 \times 1180 / 18752)}\text{N/mm}^2$$

$$= 163.6\text{N/mm}^2 < f = 215\text{N/mm}^2 \text{（满足要求）}$$

（3）分肢稳定验算

1）左分肢。

左分肢最大轴心压力 $N_1 = N\dfrac{y_2}{a} + \dfrac{M_x}{a} = \left(1180 \times \dfrac{400}{900} + \dfrac{680 \times 10^3}{900}\right)\text{kN} = 1280\text{kN}$

$l_{01}=\dfrac{y_1+y_2}{\tan\alpha}=\dfrac{(40+50)\ \text{cm}}{\tan45°}=90\text{mm}$，$\lambda_{x1}=\dfrac{l_{01}}{i_{x1}}=\dfrac{90}{2.67}=33.7$，$\lambda_{y1}=\dfrac{l_{0y}}{i_{y1}}=\dfrac{800}{13.4}=59.7>\lambda_{x1}$

由于对 $x$、$y$ 轴均为 $b$ 类截面，因此按 $\lambda_{y1}=59.7$ 查附表 4-2 得 $\varphi_1=0.809$。

$$\frac{N_1}{\varphi_1 A_1}=\frac{1280\times10^3}{0.809\times75.3\times10^2}\text{N/mm}^2=210.1\text{N/mm}^2<f=215\text{N/mm}^2\text{(满足要求)}$$

2）右分肢。

右分肢最大轴心压力 $N_2=N\dfrac{y_1}{a}+\dfrac{M_x}{a}=\left(1180\times\dfrac{500}{900}+\dfrac{680\times10^3}{900}\right)\text{kN}=1411.12\text{kN}$

$l_{01}=l_{02}=90\text{mm}$，$\lambda_{x2}=\dfrac{l_{02}}{i_{x2}}=\dfrac{90}{2.71}=33.2$，查附表 4-2 得 $\varphi_{x2}=0.924$（$b$ 类截面）。

$\lambda_{y2}=\dfrac{l_{0y}}{i_{y2}}=\dfrac{800}{15.6}=51.3$，查附表 4-1 得 $\varphi_{y2}=0.912$（$a$ 类截面）。

$\varphi_2=\min\{\varphi_{x2},\ \varphi_{y2}\}=0.912$

$$\frac{N_2}{\varphi_2 A_2}=\frac{1411.12\times10^3}{0.912\times94.1\times10^2}\text{N/mm}^2=164.4\text{N/mm}^2<f=215\text{N/mm}^2\text{(满足要求)}$$

所以分肢稳定性满足要求。

由于两分肢采用的为热轧普通槽钢和工字形钢，在受压时其局部稳定性有保证，因此不需要验算分肢的稳定性。

（4）刚度验算

$\lambda_{\max}=\max\{\lambda_{0x},\lambda_{x1},\lambda_{y1},\lambda_{x2},\lambda_{y2}\}=\lambda_{y1}=59.7<[\lambda]=150$

所以满足刚度要求，且由左分肢的稳定性控制。

**4. 缀条计算**

假定剪力最小值 $V=\dfrac{Af}{85}\sqrt{\dfrac{f_y}{235}}=\dfrac{169.4\times10^2\times215}{85}\times\sqrt{\dfrac{235}{235}}\text{N}=42.85\text{kN}$

实际剪力 $V=92.8\text{kN}$，所以计算采用 $V=92.8\text{kN}$。

每根缀条内力设计值 $N_t=\dfrac{V}{n\cos\alpha}=\dfrac{92.8\text{kN}}{2\times0.707}=65.63\text{kN}$

对∠80×6，$A_t=9.4\text{cm}^2$，$i_{\min}=1.59\text{cm}$。

缀条长度 $l_t=\dfrac{y_1+y_2}{\cos\alpha}=\dfrac{(40+50)\text{cm}}{0.707}=127.3\text{cm}$

长细比 $\lambda_t=\dfrac{l_t}{i_{\min}}=\dfrac{127.3}{1.59}=80.1<[\lambda]=150$，查附表 4-2 得 $\varphi_t=0.687$（$b$ 类截面）。

缀条为单角钢单面连接，故强度设计值应乘以折减系数 $\gamma$

$$\gamma=0.6+0.0015\lambda_t=0.6+0.0015\times80.1=0.72<1$$

缀条的稳定性验算

$$\frac{N}{\varphi_t A_t}=\frac{65.63\times10^3}{0.687\times9.4\times10^2}\text{N/mm}^2=101.63\text{N/mm}^2<\gamma f=0.72\times215\text{N/mm}^2=154.8\text{N/mm}^2$$

由以上验算可知构件满足设计要求。

# 6.8　柱脚设计

## 6.8.1　框架柱柱脚的形式

压弯构件的柱脚与基础可铰接也可刚接，其中刚接的情况较多。铰接的柱脚仅传递轴心压力和剪力，有时在单层框架中采用，其构造与轴心受压柱脚相同（可参见第5章），本节主要介绍刚接柱脚的构造与计算。

刚接柱脚除了承受轴心压力外，还承受弯矩和剪力。由于轴心压力较大，剪力可通过底板与基础间的摩擦力来传递，因此一般不需要计算。若水平剪力较大超过了摩擦力，可以通过在柱脚底板下面设置剪力键或在柱脚外包混凝土的方法来解决。

刚性柱脚在轴力和弯矩作用下，底板对基础产生的压力不均匀。当弯矩较小时，主要以压力为主拉应力部分较少，底板锚栓起固定柱脚的作用。当弯矩较大时，可能会有一部分为拉应力，这使底板有脱离的趋势，此时锚栓不仅起固定柱脚的作用，还要承受拉力，应该对锚栓进行计算。一般情况下柱脚每边各配置2~4个直径为30~75mm的锚栓。

按柱的形式和宽度，柱脚可分为整体式和分离式两种类型。实腹式柱和分肢间距小于1.5m的格构式柱常采用整体式，而分肢间距较大的格构式柱常采用分离式。

## 6.8.2　框架柱柱脚的计算

框架柱柱脚要承受轴力 $N$、弯矩 $M$ 和剪力 $V$，因此在进行柱脚的设计时要进行内力组合。一般计算基础混凝土最大压应力和设计底板时通常是由较大的 $N$ 和相应较大的 $M$ 组合控制；设计锚栓和其他支承托座则通常由较小的 $N$ 和相应的较大的 $M$ 组合控制。

**1. 整体式柱脚计算**

（1）底板面积和锚栓设计　底板面积和锚栓的设计可按照下列步骤进行：

1）根据组合的内力和构造要求，初步确定底板宽度 $B$ 和长度 $L$，并确定锚栓位置。

2）验算底板对基础的最大压力是否超过混凝土轴心抗压强度，如超过则需调整 $B$ 和 $L$。

3）如果底板上出现拉应力，根据锚栓的抗拉强度设计值确定锚栓直径。

4）当假定的尺寸不符合相应的强度和构造要求时可修改并重新计算。

当 $N$ 较大 $M$ 较小时，可先假定底板与基础混凝土间全部受压，并为直线分布，则

$$\sigma_{\min}^{\max}=\frac{N}{BL}\pm\frac{6M_0}{BL^2} \tag{6-45}$$

式中　$N$、$M_0$——以底板面积形心为准的柱脚内力，当底板面积形心与柱截面形心重合时 $M_0=M$，当有偏心距 $e$ 时 $M_0=M\pm Ne$。

若由式（6-45）计算出的 $\sigma_{\min}\geqslant0$ 表示假设全截面受压是正确的，锚栓不承受拉力按构

造配置。若计算出的 $\sigma_{min}<0$ 表示底板与基础混凝土间仅有部分受压，而锚栓受拉。对部分受压部分受拉的情况，其计算有几种不同的假定，其中常用的有假设锚栓和基础混凝土为弹性体和平截面变形的理论，以及锚栓拉力和尺寸较小时采用的近似计算法，下面介绍按弹性和平截面变形的计算方法。

假定锚栓和基础混凝土为弹性体，变形符合平截面假定，因此基础混凝土的受压区长度为 $h_c=\eta h_0$，应力呈三角形分布，最大压应力为 $\sigma_{max}$。锚栓应力达到其抗拉强度设计值 $f_t^a$，所需的总面积为 $A_a$，单个锚栓的有效面积为 $A_e$，钢材与混凝土弹性模量之比为 $\alpha_E=E/E_c$，根据平截面变形条件可得

$$\frac{\varepsilon_{max}}{\varepsilon_t}=\frac{\sigma_{max}/E_c}{f_t^a/E}=\frac{h_c}{h_0-h_c} \tag{6-46}$$

得

$$\sigma_{max}=\frac{f_t^a}{\alpha_E}\frac{\eta}{1-\eta}\leqslant f_c \tag{6-47}$$

对受拉锚栓中点取矩，由平衡条件 $\sum M_T=0$ 可得

$$M'+N'a=\frac{\sigma_{max}\eta h_0 b}{2}\left(h_0-\frac{1}{3}\eta h_0\right)=\sigma_{max}\frac{bh_0^3}{6}\eta(3-\eta) \tag{6-48}$$

将式（6-47）代入式（6-48），得

$$\frac{\eta^2(3-\eta)}{6(1-\eta)}=\frac{(M'+N'a)\alpha_E}{bh_0^2 f_t^a} \tag{6-49}$$

式中 $\sigma_{max}$——基础混凝土的最大边缘压应力；

$f_t^a$——锚栓的抗拉强度设计值；

$h_0$——锚栓至混凝土受压边缘的距离；

$h_c$——基础混凝土受压区的长度，$h_c=\eta h_0$；

$\eta$——柱脚受压长度系数；

$a$——锚栓至轴力 $N'$ 作用点的距离；

$b$——底板宽度；

$M'$、$N'$——使基础产生最大拉力的弯矩、轴力。

由于式（6-49）右边已知，为便于计算可令 $\xi=\dfrac{(M'+N'a)\alpha_E}{bh_0^2 f_t^a}$，由此可以解出 $\eta$ 值。$\xi$ 与 $\eta$ 之间的关系也可由表 6-2 确定。

**表 6-2 柱脚受压区长度系数 $\eta$**

| $\xi$ | 0 | 0.002 | 0.004 | 0.006 | 0.008 | 0.010 | 0.015 | 0.018 |
|---|---|---|---|---|---|---|---|---|
| $\eta$ | 0 | 0.062 | 0.087 | 0.105 | 0.121 | 0.135 | 0.163 | 0.178 |
| $\xi$ | 0.020 | 0.025 | 0.030 | 0.035 | 0.040 | 0.045 | 0.050 | 0.070 |
| $\eta$ | 0.186 | 0.206 | 0.224 | 0.240 | 0.255 | 0.269 | 0.282 | 0.305 |
| $\xi$ | 0.080 | 0.090 | 0.100 | 0.120 | 0.140 | 0.160 | 0.180 | 0.20 |
| $\eta$ | 0.344 | 0.361 | 0.377 | 0.406 | 0.431 | 0.454 | 0.474 | 0.483 |

将求得的 $\eta$ 值代入式（6-47）可得 $\sigma_{\max}$，且应 $\sigma_{\max} \leqslant f_c$。若 $\sigma_{\max} > f_c$，则应调整底板尺寸，如果超出的不多时，也可通过适当降低 $f_t^q$ 值来降低 $\sigma_{\max}$ 值。

对混凝土压应力合力点取矩，根据平衡条件 $\sum M_c = 0$ 可得

$$M' - N'\left(h_0 - a - \frac{1}{3}\eta h_0\right) = A_a f_t^a \left(h_0 - \frac{1}{3}\eta h_0\right) \tag{6-50}$$

将 $\eta$ 值代入式（6-50）可得

$$A_a = \frac{M' + N' a_1}{f_t^a h_0 (1 - \eta/3)} - \frac{N'}{f_t^a} = n A_e \tag{6-51}$$

式中　$A_a$——所需该侧锚栓总有效截面面积，从而可以确定实际需要锚栓的数目和直径；

$n$——螺栓的数目。

（2）底板厚度和其他部分设计　确定底板平面尺寸和锚栓直径后，柱脚其他部分如靴梁、隔板、肋板及构件间连接焊缝的设计与轴心受压柱的柱脚类似，只是底板对基础混凝土的压力不是均匀分布的。当根据某一区格的弯矩确定底板厚度时，应计算该区格范围内的最大和最小压应力，为简化计算也可近似取最大值或平均偏大值并看作均匀荷载来进行计算。设计靴梁、隔板、肋板及其连接焊缝时，也需按不均匀分布力产生实际荷载来进行计算。这部分设计中一般应考虑 $N$ 和 $M$ 都较大的组合，以得到最大的底板压应力。当底板和基础混凝土间存在拉力时，拉力由锚栓承担，并应保证锚栓与混凝土基础中的埋置深度，以保证锚栓和混凝土间有足够的粘结力来传递内力。如果埋置深度受到限制，则应保证锚栓固定在锚板或锚梁上，通过锚板或锚梁将锚栓上的拉力传递到混凝土上。

**2. 分离式柱脚计算**

格构式分离式柱脚即在每个分肢下面分别设置一个独立的轴心受力柱脚，并通过横向构件将各底板联系起来，以保证在运输和安装过程中所必需的刚度。由于每个分肢柱脚承受各自分肢传递来的轴心力，可由式（6-41），式（6-43）计算，其计算与轴心受力柱柱脚的计算相同。

当分肢柱脚受压时，其计算与第5章轴心受压柱柱脚的计算相同。当分肢柱脚受拉时，拉力由锚栓承担，并将拉力均匀分配到各个锚栓上，从而可确定单个螺栓所受拉力和所需的有效面积，并根据计算结果确定螺栓的直径。

## 思考题

6-1　偏心受力构件在实际工程中的应用有哪些？

6-2　偏心受力构件有哪些种类和截面类型，如何根据受力情况选择合适的截面？

6-3　拉弯、压弯构件的三个强度计算准则是什么？各有何不同？

6-4　简述压弯构件失稳的形式及计算方法。

6-5　格构式轴心压杆计算整体稳定时，为什么对虚轴采用换算长细比？缀条式和缀板式双肢柱的换算长细比计算公式有何不同？分肢稳定性如何保证？

6-6　在压弯构件稳定性计算公式中，为什么要引入系数 $\beta_{mx}$ 和 $\beta_{tx}$？

6-7　格构式压弯构件当弯矩绕着虚轴作用时，为什么不计算弯矩作用平面外的稳定性？其分肢稳定性如何计算？

# 习题

6-1 某两端铰接的拉弯构件，截面采用工50a轧制工字钢，钢材为Q235钢，截面无削弱，作用力如图6-18所示。试确定该构件所能承受的最大轴线拉力$F$为多少。

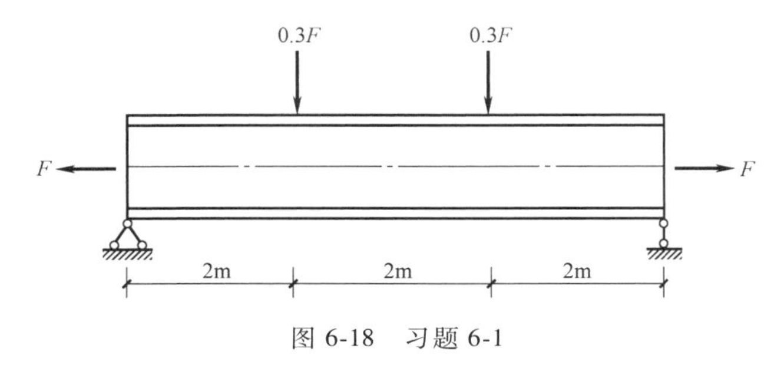


图6-18 习题6-1

6-2 某焊接工字形截面压弯构件，翼缘板为2—310×14，腹板为1—600×10，截面翼缘为剪切边，钢材为Q345钢。柱一端固定，一端铰接，长度为18m，作用在柱上的轴心压力设计值为$N=920\text{kN}$，跨中作用一横向集中荷载设计值$F=100\text{kN}$，在两端和三分点处各设一个支承点，如图6-19所示。试验算此构件是否满足要求。

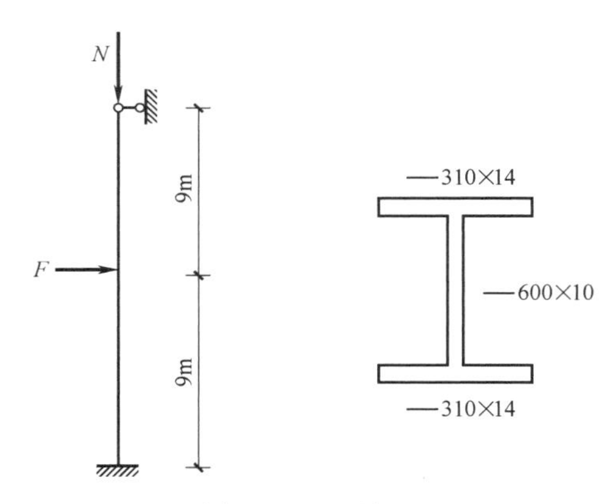


图6-19 习题6-2

6-3 已知一悬臂柱承受偏心距为$e=500\text{mm}$的设计压力$N=1500\text{kN}$，支承形式如图6-20所示。截面形式为双轴对称的工字形截面，翼缘尺寸为—400×20，腹板尺寸为—1000×12，钢材为Q235钢。试验算此截面是否满足整体稳定性的要求。

6-4 某热轧普通工字钢截面压弯构件如图6-21所示，截面无削弱，承受轴心压力设计值为$N=400\text{kN}$，构件$A$端弯矩设计值为$M_x=100\text{kN}\cdot\text{m}$。构件长度为8m，两端铰接，两端和跨中各设一侧向支承点，采用Q235B钢。试设计此截面。

6-5 试设计一单向压弯格构式双肢缀条柱的截面尺寸，截面无削弱，采用Q235B钢。承受的荷载设计值为：轴心压力$N=600\text{kN}$，正弯矩$M_x=400\text{kN}\cdot\text{m}$（构件右侧受压），负弯矩$M_x=-120\text{kN}\cdot\text{m}$（构件左侧受压），剪力$V=60\text{kN}$。柱高8m，两端铰接，弯矩平面外，在两端和跨中各有一侧向支承点，焊条为E43型，焊条电弧焊。

6-6 试设计习题6-3的实腹式柱脚，混凝土的强度为C20。

6-7 试设计习题6-3的格构式柱脚，混凝土的强度为C30。

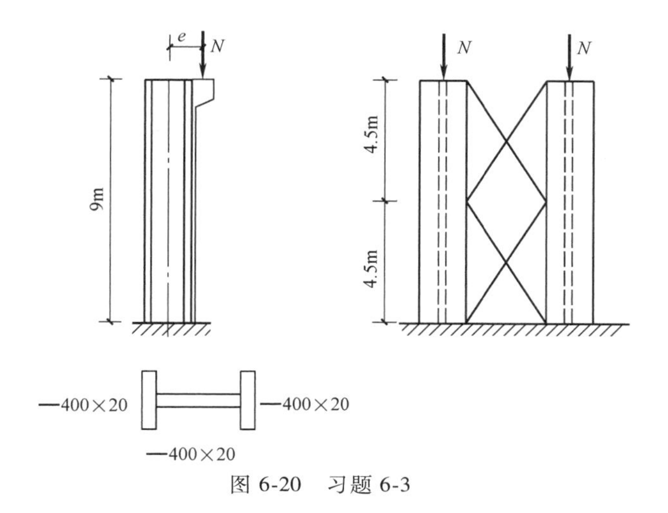


图 6-20　习题 6-3

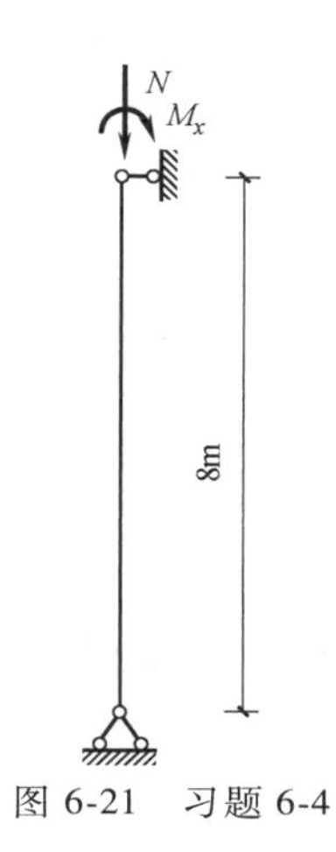


图 6-21　习题 6-4

# 单层厂房钢结构 第7章

## 7.1 单层厂房钢结构的组成及布置原则

### 7.1.1 单层厂房钢结构的组成

单层厂房钢结构一般是指由屋盖结构、柱、吊车梁、制动梁（或桁架）、各种支撑及墙架等构件组成的空间体系（见图7-1）。这些构件按其作用可分为下面几类：

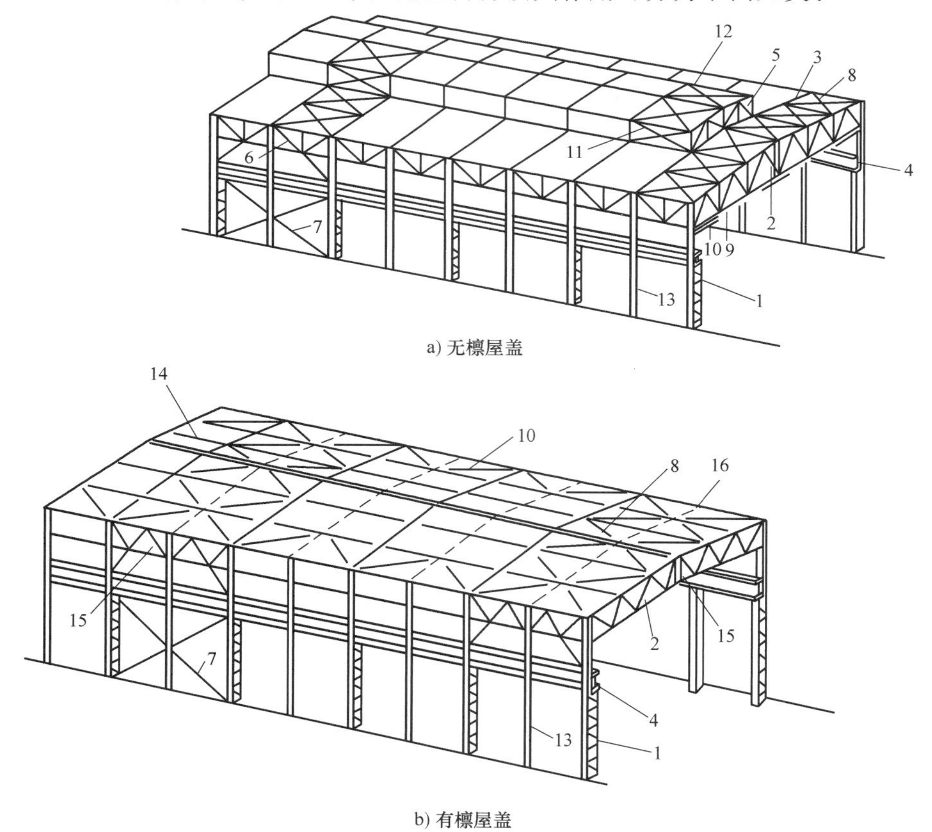


图7-1 单层厂房钢结构的组成示例

1—框架柱 2—屋架（框架横梁） 3—中间屋架 4—吊车梁 5—天窗架 6—托架 7—柱间支撑 8—屋架上弦横向支撑 9—屋架下弦横向支撑 10—屋架纵向支撑 11—天窗架垂直支撑 12—天窗架横向支撑 13—墙架柱 14—檩条 15—屋架垂直支撑 16—檩条间撑杆

（1）横向框架　由柱和它所支承的屋架组成，是厂房的主要承重体系，承受结构的自重，风、雪荷载的起重机的竖向与横向荷载，并把这些荷载传递到基础。

（2）屋盖结构　承担屋盖的结构体系，包括横向框架的横梁、托架、中间屋架、天窗架、檩条等。

（3）支撑体系　包括屋盖部分的支撑和柱间支撑等，它一方面与柱、吊车梁等组成厂房的纵向框架，承担纵向水平荷载；另一方面又把主要承重体系由个别的平面结构连成空间的整体结构，从而保证了厂房结构所必需的刚度和稳定。

（4）吊车梁和制动梁（或制动桁架）　主要承受起重机的竖向及水平荷载，并将这些荷载传到横向框架和纵向框架上。

（5）墙架　承受墙体的自重和风荷载。

此外，有一些次要的构件（如梯子、走道、门窗等）。在某些工业厂房中，由于工艺操作上的要求，还设有工作平台。

## 7.1.2　单层厂房钢结构的布置

### 1. 柱网布置

进行柱网布置时，应考虑以下几方面的问题：

（1）满足生产工艺的要求　柱网布置时，首先满足生产工艺的要求，柱的位置应与地上、地下的生产设备和工艺流程相配合，考虑预期的扩建和工艺设备更新的需求。

（2）满足结构的要求　为了保证厂房结构的正常使用，有利于起重机运行，在保证厂房具有必需的横向刚度和强度的同时，应尽可能将柱布置在同一的横向轴线上（见图7-2），以便于与屋架组成刚强的横向框架。

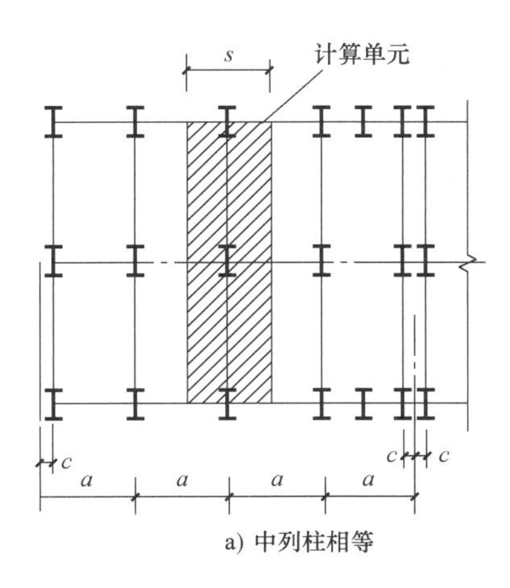


a) 中列柱相等

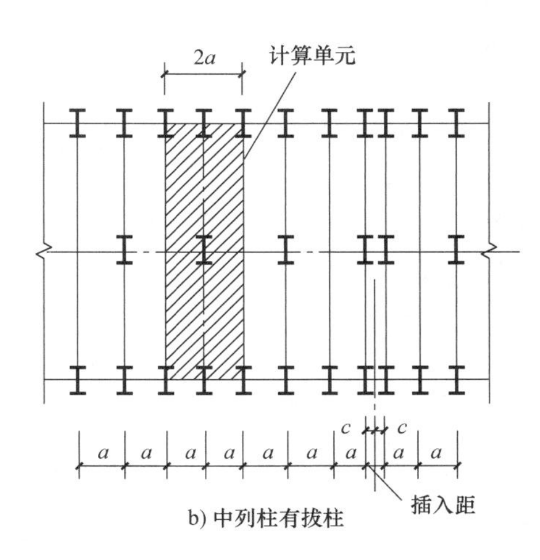


b) 中列柱有拔柱

图7-2　柱网布置和温度伸缩缝

（3）符合经济合理的要求　柱的纵向间距同时也是纵向构件（吊车梁、托架等）的跨度，它的大小对结构重量影响很大，厂房的柱距增大，可使柱的数量减少，总重量随之减少，同时也可减少柱基础的工程量，但会使吊车梁及托架的重量增加。最适宜的柱距与柱上的荷载及柱的高度有密切关系，在实际工程中要结合具体情况进行综合方案的比较才能确定。

(4) 符合柱距规定的要求 柱距的大小直接影响布置在柱间的构件(如檩条、吊车梁等)的截面大小。加大柱距一般可减少处理地基的费用和基础造价，但将使布置在柱间的构件的材料增加。因此，合理的柱网布置应使总的经济效应最佳。近年来，随着压型钢板等轻型材料的采用，厂房的跨度和柱距都有逐渐增大的趋势。按《厂房建筑统一化基本规则》和《建筑统一模数制》的规定：结构构件的统一化和标准化可降低制作和安装的工程量。对厂房横向，当厂房跨度 $L\leqslant18$m 时，其跨度宜采用 3m 的倍数；当厂房跨度 $L>18$m 时，其跨度宜采用 6m 的倍数。只有在生产工艺有特殊要求时，厂房跨度才采用 21m、27m、33m 等。

在一般厂房中，边列柱的间距常以采用 6m 较为经济。各列柱距相等，且又接近最经济柱距的柱网布置宜最合理。但在某些场合下，由于工艺条件的限制，或为了增加厂房的有效面积，或考虑到将来工艺过程可能改变等情况，往往需要采用不相等的柱距。

对厂房纵向，当采用钢筋混凝土大型屋面板时，以 6m 柱距最为合宜，但高而重的厂房，在跨度不小于 30m、高度不小于 14m、起重机额定起重量不小于 50t 时，则取柱距 12m 较为经济；当采用压型钢板作屋面和墙面材料的厂房时，常以 18m 甚至 24m 作为基本柱距。多跨厂房的中列柱，常因工艺要求需要“拔柱”，其柱距为基本柱距的倍数，最大可达 48m。柱距和跨度的类别少些，有利于施工。

**2. 温度伸缩缝的布置**

温度变化将引起结构的变形，使厂房结构产生很大的温度应力，并可能导致结构的破坏。因此，当厂房平面尺寸较大时，为避免产生过大的温度变形和温度应力，应在厂房的横向或纵向设置温度伸缩缝。

温度伸缩缝的布置决定厂房的横向和纵向长度。当纵向很长的厂房在温度变化时，纵向构件伸缩的幅度较大，会引起整个结构的变形，可使构件内产生较大的温度应力，并可能导致墙体和屋面的破坏。为了避免这种不利后果的产生，常采用横向温度伸缩缝将厂房分成伸缩时互不影响的温度区段。

《钢结构设计标准》要求，在厂房的纵向或横向尺度较大时，一般应按表 7-1 在平面布置中设置温度伸缩缝，以避免结构中衍生过大的温度应力。超出表 7-1 中数值时，应考虑温度应力和温度变形的影响。双柱温度收缩缝或单柱温度收缩缝原则上皆可采用，不过在地震区域宜布置双柱收缩缝。

**表 7-1 温度区段长度表**

| 结构情况 | 纵向温度区段(垂直屋架或构架跨度方向)长度/m | 横向温度区段(屋架或构架跨度方向)长度/m | |
|---|---|---|---|
| | | 柱顶为刚接 | 柱顶为铰接 |
| 采暖房屋和非采暖地区的房屋 | 220 | 120 | 150 |
| 热车间和采暖地区的非采暖房屋 | 180 | 100 | 125 |
| 露天结构 | 120 | — | — |

温度伸缩缝最普遍的做法设置双柱。在缝的两侧布置两个无任何纵向构件联系的横向框架，使温度伸缩缝的中线和定位轴线重合(见图 7-2a)；在设备布置条件不允许时，可采用插入距的方式(见图 7-2b)，将缝两侧的柱放在同一基础上，其轴线间距一般可采用 1m，

对于重型厂房由于柱的截面较大，可能要放大到1.5m或2m，有时甚至到3m，方能满足温度伸缩缝的构造要求。

为了节约钢材也可以采用单柱温度伸缩缝，即在纵向构件（如托架、吊车梁等）支座处设置滑动支座，以使这些构件有伸缩的余地。不过单柱伸缩缝的构造复杂，实际应用的较少。

当厂房宽度较大时，也应该按规范规定布置纵向温度伸缩缝。为了节约材料，简化构造，纵向温度伸缩缝有时采用板铰接的方法，也有采用活动支座的办法。但这些做法只适用于对横向刚度要求不高的厂房。

## 7.2 横向框架的结构类型及主要尺寸

### 7.2.1 横向框架的结构类型

厂房的主要承重结构通常采用框架体系，因为框架体系的横向刚度较大，且能形成矩形的内部空间，便于桥式起重机运行，能满足使用上的要求。

横向框架可以呈现出各种形式，如图7-3所示。

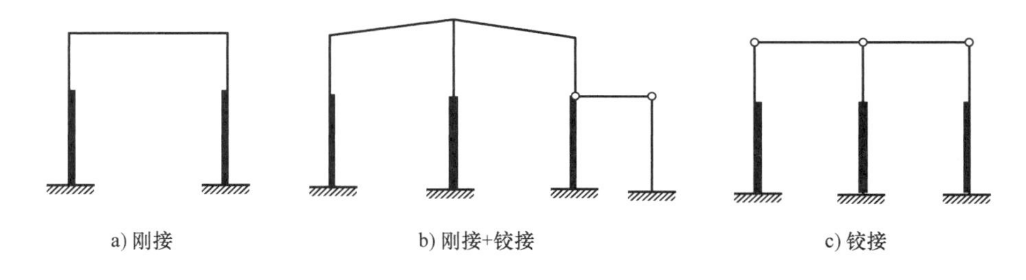


图7-3 横向框架的形式

中、重型厂房的柱脚通常做成刚接，这不仅可以削弱柱段的弯矩绝对值（从而减少柱截面尺寸），而且增大横向框架的刚度。屋架与柱子的连接可以是铰接（见图7-3c），也可以是刚接（见图7-3a、b），相应地，称横向框架为铰接框架或刚接框架。一些刚度要求较高的厂房（如设双层起重机，装备硬钩式起重机等），尤其是单跨重型厂房，宜采用刚接框架。在多跨厂房结构中，特别是在起重机起重量不是很大和采用轻型围护结构时，适宜采用铰接框架（见图7-3c）。

随着屋面材料的轻型化，实腹梁正逐渐取代屋架。实腹梁和实腹上柱一般用刚接，也可以用半刚性连接。实腹梁的线刚度和端部连接刚度对框架的侧移刚度有直接影响。对设有起重机的框架，横梁一般做成常截面梁。

从耗钢量考虑，中、重型厂房中的承重柱很少采用等截面实腹式柱，一般采用阶梯形柱。其下端通常取缀条格构式，而上端既可以采用实腹式（见图7-4a），也可采用格构式。但是，当格构式柱的加工制作费用比重增大时，需综合权衡经济指标来选择承重柱的结构形式，如边柱下段做成实腹式。实腹式等截面柱的构造简单，加工制作费用低，常在厂房高度不超过10m且起重机额定起重量不超过20t时采用，这时吊车梁支承在柱牛腿上。

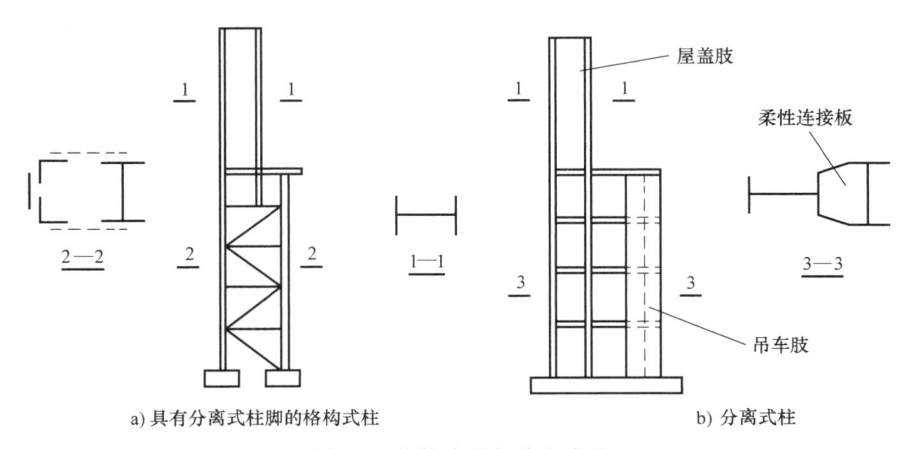


图 7-4 格构式柱与分离式柱

分离式承重柱的两肢分别支承屋盖结构和吊车梁，具有构造简单，计算简便的优点。柱的吊车肢和屋盖肢通常用水平板做成柔性连接（见图 7-4b）。这种连接既可减少吊车肢在框架平面内的计算长度，又实现了两肢分别承担起重机荷载和屋盖（包括围护结构）荷载的设计意图。对位置不高的大吨位起重机或车间分期扩建时，分离式柱更显其优点。

双肢格构式柱是重型厂房阶形下柱的常见形式，图 7-5 所示是双肢格构式柱的常见类型。

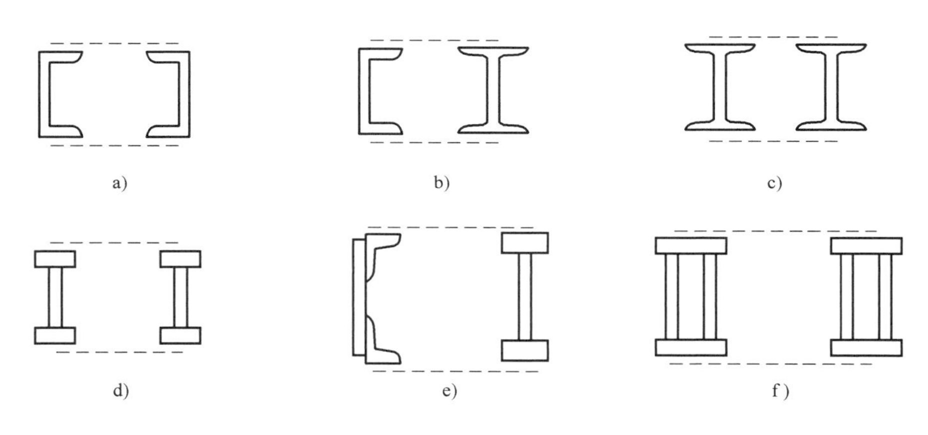


图 7-5 双肢格构式柱

阶形柱的上柱截面通常取实腹式等截面焊接工字形或图 7-5a 类型。下柱截面类型要依据起重机起重量的大小确定：图 7-5b 所示类型常见于起重机起重量较小的边列柱截面；起重机起重量不超过 50t 的中列柱截面可选取图 7-5c 所示类型，否则需做成图 7-5d 所示类型；显然，图 7-5e 所示类型适合于起重机起重量较大的边列柱；特大型厂房的下柱截面可做成图 7-5f 所示类型。近年来以钢管为肢件的格构式柱也有应用，还时常在钢管内填充混凝土形成组合结构。

## 7.2.2 横向框架的主要尺寸

横向框架的主要尺寸如图 7-6 所示。框架的横向尺寸主要指厂房的跨度。

在采用钢柱的钢结构厂房中，对中列柱一般取上段柱中心线作为框架的定位轴线；对边列柱一般取柱外缘向内等于 250mm 或 500mm 作为框架的定位轴线。框架定位轴线的距离就是框架的跨度。

框架的跨度，可由下式定出

$$l = l_c + 2\lambda \tag{7-1}$$

$$\lambda = B + D + \frac{h_1}{2} \tag{7-2}$$

式中　$l_c$——桥式起重机的跨度；

$\lambda$——由吊车梁轴线至上段柱轴线的距离（见图 7-6b）；

$B$——起重机桥架悬伸长度，可由行车样本查得；

$D$——起重机外缘和柱内边缘之间的必要空隙：当起重机起重量不大于 500kN 时，不宜小于 80mm；当起重机起重量大于或等于 750kN 时，不宜小于 100mm；当在起重机和柱之间需要设置安全走道时，不得小于 400mm；

$h_1$——上段柱高度。

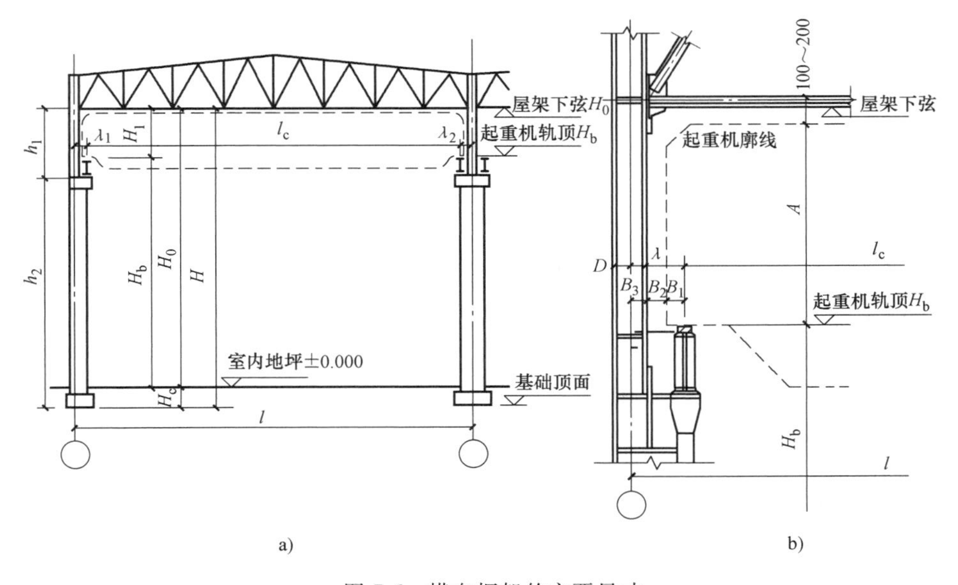


图 7-6　横向框架的主要尺寸

吊车梁轴线至上段柱轴线的距离 $\lambda$ 的取值：对于中型厂房一般采用 0.75m 或 1m，重型厂房则为 1.25m 甚至 2.0m。框架的跨度常采用 6m 的倍数。

框架的竖向尺寸主要是厂房的高度，通常指屋架下弦底面或横梁下皮距室内地坪的标高。柱脚底面到横梁下弦底部的距离

$$H = H_b + H_c + H_1 \tag{7-3}$$

式中　$H_b$——地面至柱脚底面的距离，中型车间为 0.8~1.0m，重型车间为 1.0~1.2m；

$H_c$——地面至起重机轨顶的高度，由工艺要求决定；

$H_1$——起重机轨顶至屋架下弦底面的距离

$$H_1 = A + 100\text{mm} + (150 \sim 200)\text{mm} \tag{7-4}$$

式（7-4）中的 $A$ 为吊车轨道顶面至起重小车顶面之间的距离；100mm 是为制造、安装误差留出的空隙；150~200mm 则是考虑屋架的挠度和下弦水平支撑角钢的下伸等所留的空隙。

吊车梁的高度可按（1/5~1/12）$L$ 选用，$L$ 为吊车梁的跨度，起重机轨道高度可根据调查的起重量来决定。

## 7.3 结构的纵向传力系统

作用于厂房山墙上的风荷载、起重机的纵向水平荷载、纵向地震力等均要求厂房具有足够的纵向刚度。这在结构上是通过合理的柱间支撑和屋盖支撑的设置来实现的。

### 7.3.1 纵向框架柱间支撑的作用和布置

**1. 柱间支撑的作用**

柱间支撑与厂房框架柱相连接，其作用为：

1）组成坚强的纵向构架，保证厂房的纵向刚度。

2）承受厂房端部山墙的风荷载、起重机纵向水平荷载及温度应力等，在地震区尚应承受厂房纵向的地震力，并传至基础。

3）可作为框架柱在框架平面外的支点，减少柱在框架平面外的计算长度。

**2. 柱间支撑的布置**

每列柱都必须设置柱间支撑，多跨厂房的中列柱的柱间支撑宜与其边列柱的柱间支撑布置在同一柱间内。柱间支撑分为两部分（见图 7-7）：在吊车梁以上的部分称为上层柱间支撑，吊车梁以下的部分称为下层柱间支撑。

下层柱间支撑与柱和吊车梁一起在纵向组成刚性很大的悬臂桁架。显然，将下层支撑布置在温度区段的端部，在温度变化的影响方面将是很不利的。因此，为了使纵向构件在温度发生变化时能较自由地伸缩，下层柱间支撑应该设在温度区段的中部，使厂房结构在温度变化时能自由地从支撑的两侧伸缩，从而减少纵向温度应力的影响。

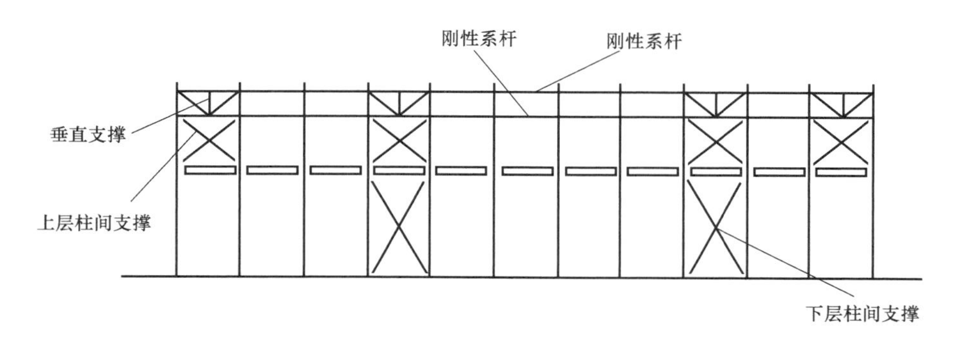


图 7-7　柱间支撑布置

当温度区段长度小于 90m 时，在中央设置一道下层柱间支撑；如果温度区段长度大于 90m，则在它的 1/3 点和 2/3 点处各设一道下层柱间支撑，且两道下层柱间支撑的距离不应超过 72m，以免传力路线太长而影响结构的纵向刚度。

在短而高的厂房中，下层柱间支撑也可以布置在厂房的两端。

上层柱间支撑又分两层，第一层在屋架端部高度范围内属于屋盖垂直支撑，第二层在屋架下弦至吊车梁上翼缘范围内。上层柱间支撑宜布置在温度区段的两端以及有下层柱间支撑的开间内（见图7-7）。为了传递从屋架下弦横向水平支撑传来的纵向风力，在温度区段的两端设置上层支撑是必要的。由于厂房柱在吊车梁以上部分的刚度一般都较小，不会产生过大的温度应力，从安装条件来看这样布置也是合适的，只要在无人孔而柱截面高度不大的情况下才可沿柱中心设置一道。

## 7.3.2　柱间支撑的形式

常见的下层柱间支撑是单层十字形（见图7-8a）。

支撑的倾角应控制为35°~55°，如果单层十字形不能满足这种构造要求，可选用人字形、K形、Y形、双层十字形或单斜梯形。如果由于柱距过大（≥12m）或其他原因（如工艺或建筑上的需要），不能设置上述形式的下层柱间支撑时，可以考虑采用门形、L形柱间支撑，甚至不加任何斜撑而将吊车梁与下段柱的吊车肢刚性连接构成刚架。后一方式制造和安装都较复杂，一般不提倡使用。

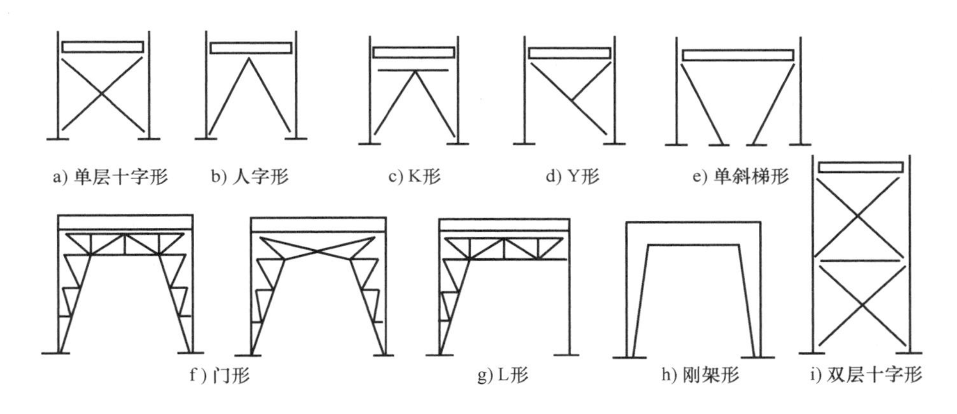


图7-8　下层柱间支撑的形式

上层柱间支撑除了要在下层柱间支撑布置的柱间设置外，还应当在每个温度区段的两端设置。每列柱顶均要布置刚性系杆。上层柱间支撑的常见形式如图7-9所示，一般采用十字形、人字形或K形，柱距较大时可采用V形或八字形。

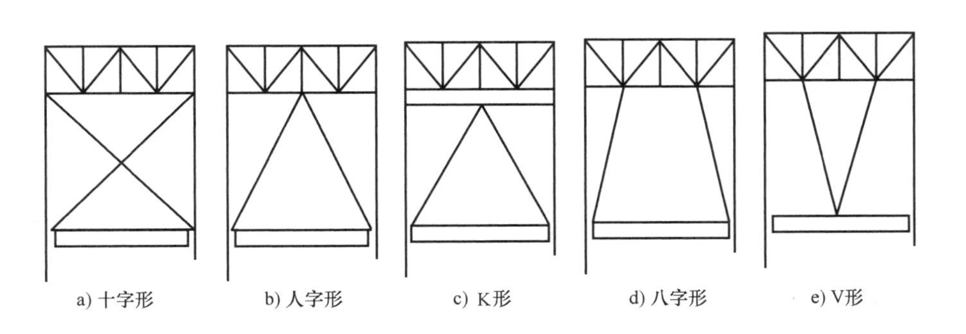


图7-9　上层柱间支撑的形式

### 7.3.3 柱间支撑的设计计算

柱间支撑的截面及连接均由计算决定。上层柱间支撑承受端墙传来的风荷载，为了避免由于支撑刚度过大而引起的很大温度应力，上层柱间支撑可按拉杆设计。

下层柱间支撑除了承受端墙传来的风荷载以外，还承受吊车的纵向水平荷载。上层斜撑杆和门形下层支撑的主要构件一般按柔性构件（拉杆）设计计算，交叉杆趋向于受压的杆件不参与工作，其他的非交叉杆及水平横杆按压杆设计计算。某些重型车间，对下层柱间支撑的刚度要求较高，往往采用交叉斜杆，通常有角钢或槽钢组成。交叉斜杆按压杆进行设计计算。

采用角钢时，柱间支撑的截面不宜小于∠75×6；采用槽钢时，不宜小于[12。下层柱间支撑一般设置双片，分别于吊车肢和屋盖肢相连，以便有效地减少柱在框架平面外的计算长度。双片支撑之间以缀条相连，缀条常采用单角钢，以控制其长细比不超过 200，且不小于∠50×5 为宜。

上层柱间支撑一般设置为单片，但端部应和上柱的两个翼缘相连接。如果上柱设有人孔或截面高度过大（≥800mm），也应采用双片。支撑的连接可采用焊缝或高强度螺栓。采用焊缝时，焊脚尺寸不应小于 6mm，焊缝长度不应小于 80mm，同时要在连接处设置安装螺栓，一般不小于 M16。人字形、八字形之类的支撑还要采取构造措施，使其与吊车梁（或制动结构、辅助桁架）的连接仅传递水平力，而不传递垂直力，以免支撑成为吊车梁的中间支点。

## 7.4 屋盖结构体系

屋盖结构一般由檩条、屋架、托架（或托梁）、屋盖支撑、天窗架等主要构件组成。按屋盖结构体系可分为无檩屋盖和有檩屋盖两大类。

**1. 无檩屋盖**

无檩屋盖（见图 7-10）一般用于预应力混凝土大型屋面板等重型屋面，将屋面板直接放在屋架或天窗架上。预应力混凝土大型屋面板的跨度通常采用 6m，有条件时也可采用 12m。当柱距大于所采用的屋面板跨度时，可采用托架（或托梁）来支承中间屋架。

采用无檩屋盖的厂房，屋面刚度大，耐久性也高，但由于屋面板的自重大，从而使屋架和柱的荷载增加，且由于大型屋面板与屋架上弦杆的焊接常常得不到保证，只能有限地考虑它的空间作用，屋盖支撑不能取消。

**2. 有檩屋盖**

有檩屋盖（见图 7-11）常用于轻型屋面材料的情况，如压型钢板、压型铝合金板、石棉瓦、瓦楞铁皮等。

对石棉瓦和瓦楞铁皮屋面，屋架间距通常为 6m；当柱距大于或等于 12m 时，则用托架支承中间屋架。对于压型钢板和压型铝合金板屋面，屋架间距常大于或等

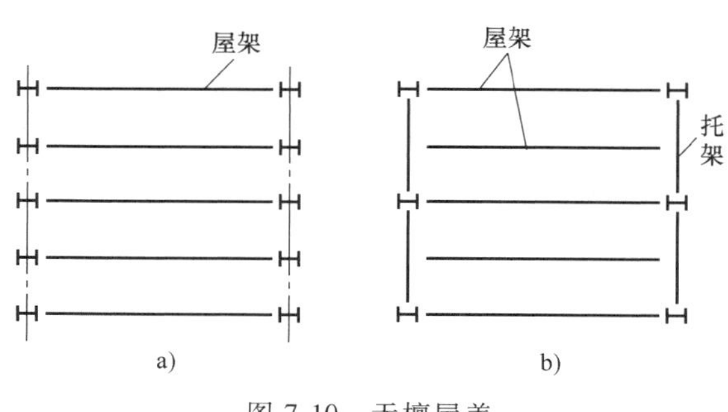

图 7-10 无檩屋盖

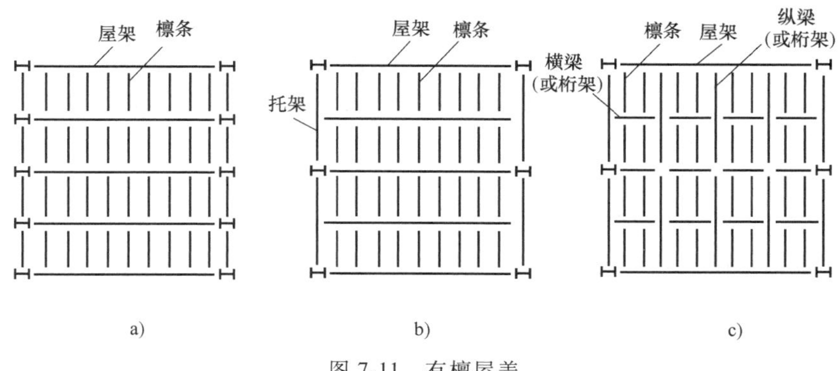


图 7-11 有檩屋盖

于 12m，当屋架间距为 12~18m 时，宜将檩条直接支承于钢屋架上；当屋架间距大于 18m 时，以纵横方向的次桁架（或梁）来支承檩条较为合适。

采用彩色压型钢板和压型铝板作屋面材料的有檩屋盖体系，制作方便、施工速度快。当压型钢板和压型铝板与檩条进行可靠连接后，形成一深梁，能有效地传递屋面纵横方向的水平力（包括风荷载及起重机制动力等），能提高屋面的整体刚度。这一现象可称为应力蒙皮效应。我国《冷弯型钢受力蒙皮结构设计规范》的颁布，在墙面、屋面均采用压型钢板作维护材料的房屋设计中已逐步开始考虑应力蒙皮效应对屋面刚度的贡献。

屋盖的结构体系虽不是重要的承重构件，但对屋盖结构的安全性却是十分必要的。在钢屋盖坍塌事故中，屋盖支撑设置不当是导致工程事故的主要原因之一。因此应正确地设置屋盖结构支撑体系。

## 7.4.1 屋盖支撑的作用

### 1. 保证屋盖结构的几何稳定性

在屋盖中屋架是主要承重构件。各个屋架如果仅用檩条和屋面板连接时，由于没有必要的支撑，屋盖结构在空间是几何可变体系，在荷载作用下甚至在安装的时候，各屋架就会向一侧倾倒，如图 7-12 中虚线所示。只有用支撑合理地连接各个屋架，形成几何不变体系时，才能发挥屋架的作用，并保证屋盖结构在各种荷载作用下很好地工作。

首先用支撑将两个相邻的屋架组成空间稳定体，然后用檩条及上下弦平面内的一些系杆将其余各屋架与空间稳定体连接起来，形成几何不变的屋盖体系（见图 7-12b）。

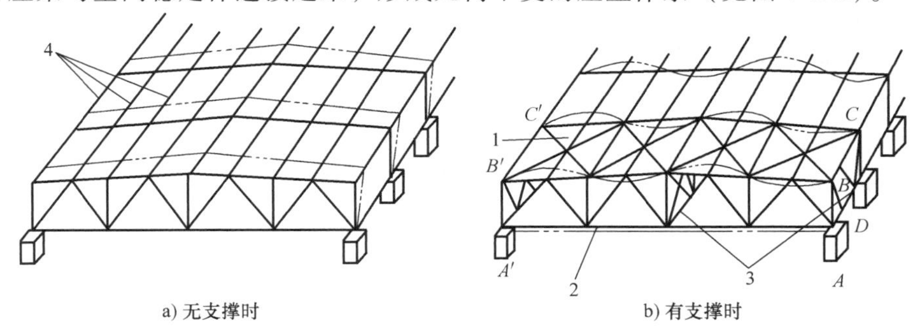


图 7-12 屋盖支撑的作用

1—上弦横向水平支撑 2—下弦横向水平支撑 3—垂直支撑 4—檩条或大型屋面板

空间稳定体（图 7-12b 中的 $ABB'A'$与 $DCC'D'$之间）是由相邻两屋架和它们之间的上弦横向水平支撑，下弦横向水平支撑及两端和跨中竖直面内的垂直支撑所组成的。它们形成一个六面的盒式体系。在不设下弦横向水平支撑时，则形成一个五面的盒式体系，固定在柱子上也还是空间稳定体，只是此时必须把设于下弦平面内的系杆与垂直支撑的下部节点相连接。

**2. 保证屋盖的刚度和空间整体性**

上、下弦水平支撑和垂直支撑在各自的平面内都具有很大的抗弯刚度，使屋盖无论在垂直荷载还是在纵、横向水平荷载的作用下，仅产生较小的弹性变形，保证了屋盖必要的刚度。下弦纵向水平支撑还可将个别横向框架承受的横向水平力（如起重机横向制动力）部分地传递到相邻的框架上，从而减少直接承受荷载的框架的内力和变形，这就是框架的空间整体工作。

**3. 为弦杆提供适当的侧向支承点**

屋盖结构中未设置支撑时，屋架弦杆在侧向无支承点，弦杆在屋架平面外的计算长度应取屋架的跨度；当设有支撑时，由于系杆与上、下弦横向水平支撑的节点（纵向不动点）相连接，可为弦杆提供侧向支承点，从而使弦杆在平面外的计算长度减少到系杆之间的距离。从而提供了受压弦杆平面外的稳定承载力，增大了受拉弦杆的侧向刚度，减少其在动力荷载作用下的侧向振动。

**4. 承担并传递水平荷载**

作用于山墙的风荷载、屋架下弦悬挂起重机的水平制动力、地震力等都将通过支撑体系传递到屋盖的下部结构。

**5. 保证屋盖结构安装时的稳定与方便**

支撑能加强屋盖结构在安装中的稳定，为保证安装质量和施工安全创造良好条件。

## 7.4.2 屋盖支撑的布置

根据屋盖支撑布置的位置可分为上、下弦横向水平支撑，纵向水平支撑，垂直支撑和系杆五种，设计时应结合屋盖结构的形式，房屋的跨度、高度和长度，荷载情况及柱网布置等条件有选择地设置。

**1. 上弦横向水平支撑**

通常情况下，在屋架上弦和天窗架上弦均应设置横向水平支撑。为了有利于传递房屋端部风荷载，房屋两端支撑（包括上、下弦横向水平支撑和垂直支撑等）宜设在第一开间。但有时为了和天窗架支撑体系配合，统一支撑尺寸（第一开间尺寸常为 5.5m，而房屋中部开间尺寸为 6m），也可设在第二开间，此时第一开间须在支撑节点处用刚性系杆与端部屋架连接（见图 7-13），使其既可传递山墙风压力，又可传递风吸力。

对有纵向天窗的房屋，在天窗架上弦亦应设置横向水平支撑。横向水平支撑在屋架上弦平面沿跨度方向全长布置，且两道横向水平支撑间的净距不宜大于 60m 为宜，否则，尚应在房屋中间增设一道或数道（见图 7-13a）。

对于无檩体系屋盖，如能保证每块大型屋面板与屋架上弦焊牢三个角时，则屋面板可起支撑作用。但限于施工条件，焊接质量不一定可靠，故一般仅考虑其起系杆作用。对有檩体系屋盖，通常也只考虑檩条起系杆作用。因此，无论有檩体系或无檩体系屋盖，均应设置上弦横向水平支撑。

### 2. 下弦横向水平支撑

一般情况下应设置下弦横向水平支撑，尤其是设有10t以上桥式起重机的厂房，为了防止屋架水平方向的振动，必须设置。只是当跨度比较小（$L \leqslant 18$m），且吨位不大，又没有悬挂式起重机，厂房内也没有较大的振动设备时，才可以不设下弦横向水平支撑。

下弦横向水平支撑一般和上弦横向水平支撑布置在同一个柱间，以形成空间稳定体系的基本组成部分（图7-13b）。

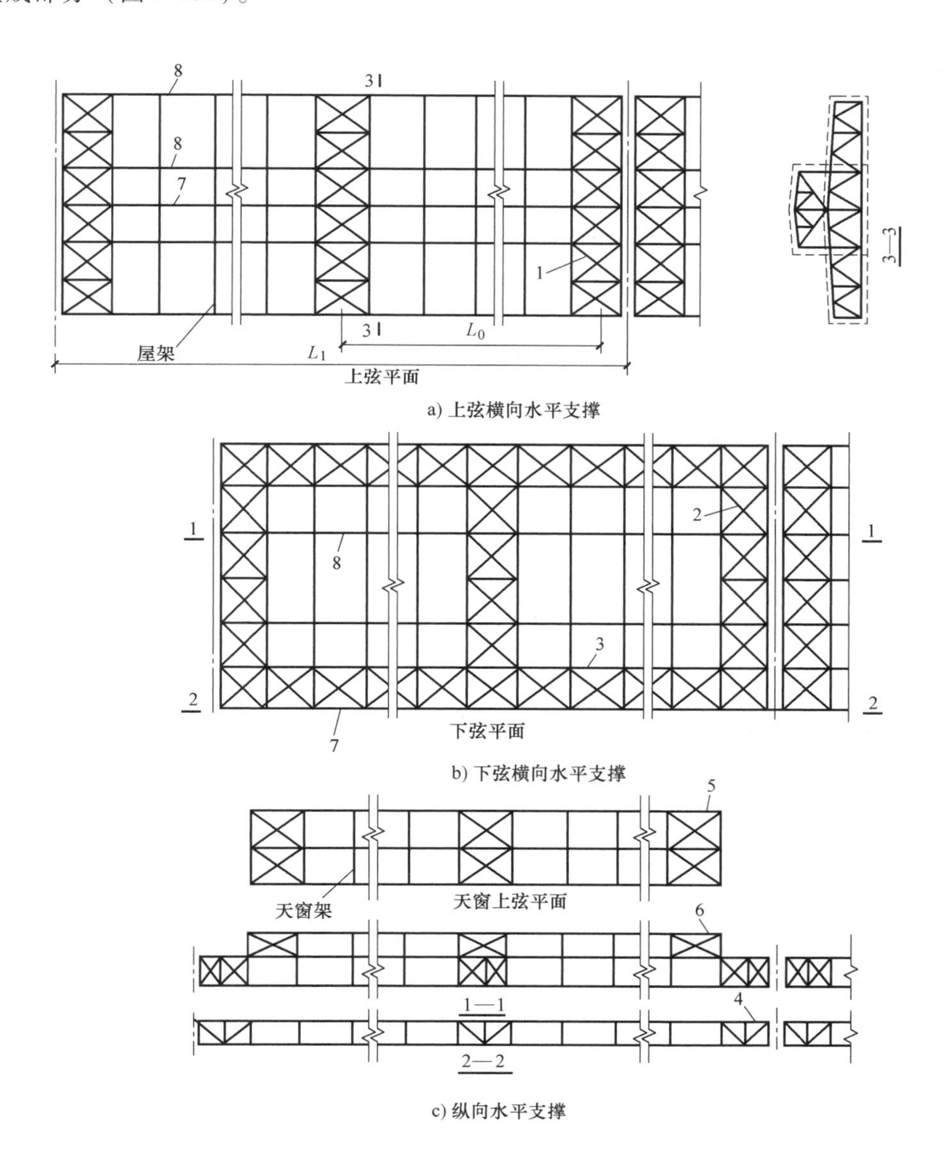


图7-13 屋盖支撑布置

1—上弦横向水平支撑 2—下弦横向水平支撑 3—纵向水平支撑 4—屋架垂直支撑 5—天窗架横向水平支撑 6—天窗架垂直支撑 7—刚性系杆 8—柔性系杆

3. 纵向水平支撑

一般房屋的屋盖可以不设纵向水平支撑。当房屋较高、跨度较大、空间刚度要求较高时，当有支承中间屋架的托架为保证托架的侧向稳定时，或设有较大吨位的重级、中级工作制的桥式起重机、壁行式起重机或有锻锤等大型振动设备时，均应在屋架的端节间平面内设置纵向水平支撑。

纵向水平支撑和横向水平支撑应形成封闭体系，可加强屋盖结构的整体性并能提高房屋纵、横向的刚度。纵向水平支撑一般沿房屋的两侧纵向柱列布置。多跨厂房应根据厂房的跨数、各跨是否等高及起重机等设备情况，或沿所有纵向柱列，或沿部分纵向柱列，设置下弦纵向水平支撑。

4. 垂直支撑

无论有檩屋盖或无檩屋盖，通常均应设置垂直支撑。垂直支撑是保证屋盖结构空间稳定性必不可少的构件。凡是设有横向支撑的柱间都要设置垂直支撑，垂直支撑与上、下弦横向水平支撑设置在同一柱间（见图 7-14c）。

梯形屋架在跨度 $L \leqslant 30$m、三角形屋架在跨度 $L \leqslant 24$m 时，仅在跨度中央设置一道（见图 7-14a、b），当跨度大于上述数值时宜在跨度 1/3 附近或天窗架侧柱外设置两道（见图 7-14d）。但芬克式屋架，当无下弦横向水平支撑时，即使跨度不大，也要设两道垂直支撑（见图 7-14c），天窗架的垂直支撑，一般在两侧设置（见图 7-14a），当天窗的宽度大于 12m 时还应在跨度中央设置一道（见图 7-14b）。

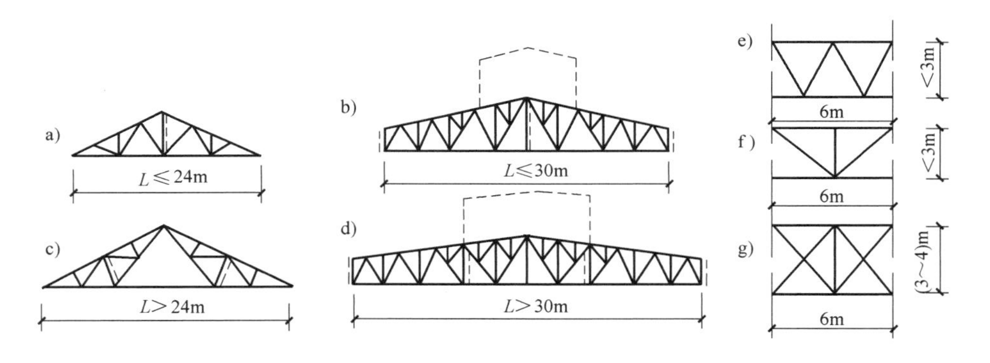


图 7-14　垂直支撑的布置

两侧的垂直支撑桁架，考虑到通风与采光的关系常采用图 7-14c、d 的形式，而跨中处仍采取与屋架中相同的形式（见图 7-14e）。以保证主要受压腹杆出平面稳定性。

梯形屋架不分跨度大小，其两端还应各设置一道（见图 7-14b、d），当有托架时则由托架代替。垂直支撑本身是一个平行弦桁架，根据尺寸的不同，一般可设计成图 7-14e、f、g 的形式。

天窗架的垂直支撑，一般在两侧设置（见图 7-15a），当天窗的宽度大于 12m 时还应在跨中设置一道（见图 7-15b）。两侧的垂直支撑桁架，考虑到通风与采光的关系常采用图 7-15c、d 的形式，而跨中处仍采取与屋架中相同的形式（见图 7-15e）。

当屋架下弦有悬挂式起重机或厂房内有锻锤等较大振动设备时，应视根据情况适当多设

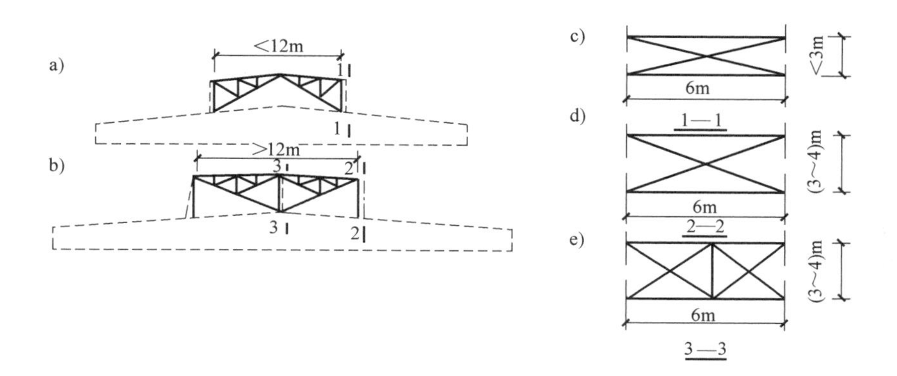


图 7-15　天窗架垂直支撑

垂直支撑。为了保证安装时屋盖的稳定性和位置的准确，每隔 4~5 个柱间还应在上述相应位置加设垂直支撑。垂直支撑与屋架连接的节点，也是横向水平支撑的节点。

**5. 系杆**

对于没有参与组成空间稳定性的屋架，其上、下弦的侧向支承点由系杆来充当，系杆的另一端最终连接于垂直支撑或上下弦水平支撑的节点上。能承受拉力也能承受压力的系杆，截面要大一些，为刚性系杆；只能承受拉力的系杆，截面可以小一些，为柔性系杆。

上弦平面内，大型屋面板的肋可起系杆作用，此时一般只在屋脊及两端设系杆，当采用檩条时，檩条可代替系杆。有天窗时，屋脊节点的系杆对于保证屋架的稳定有重要作用，因为屋架在天窗范围内没有屋面板或檩条。安装时，屋面板就位前，屋脊及两端的系杆应保证屋架上弦杆有较适当的出平面刚度，由于这种情况具有临时性，且内力不大，上弦杆出平面的长细比可以放宽一些，但不宜超出 220，否则应另加设上弦系杆。

下弦平面内，在跨中或跨度内部设置一或两道系杆，此外，在两端设置系杆。设置中部系杆，可以增大下弦杆的平面外刚度，从而保证屋架受压腹杆的稳定性。

系杆的布置原则是：在垂直支撑的平面内一般设置上下弦系杆，屋脊节点及主要支承节点处需设置刚性系杆，天窗侧柱处及下弦跨中或跨中附近设置柔性系杆。当屋架横向支撑设在端部第二柱间时，则第一柱间所有系杆均应为刚性系杆。

屋盖支撑的作用必须得到保证，但支撑的布置则根据具体条件可灵活处理，譬如在等高多跨厂房中，其中列柱可只沿一侧设下弦纵向水平支撑等。至于支撑中系杆的布置，更应灵活掌握。

当房屋处于地震区时，尤其不是全钢结构的厂房中，屋盖支撑的布置要有所加强。具体方法应符合《建筑抗震设计规范》的要求。

## 7.4.3　屋盖支撑的杆件及支撑的计算原则

屋盖支撑除系杆外其余支撑都是一个平面桁架。桁架的腹杆一般采用交叉斜杆的形式，也有采用单斜杆的。下面主要结合图 7-13 所示屋盖支撑布置形式介绍屋盖支撑的杆件和支撑的计算原则。

在屋盖上弦或下弦平面内，用相邻两屋架的弦杆兼作横向支撑桁架的弦杆，另加竖杆和斜杆，便组成支撑桁架。同理，屋架的下弦杆将兼作纵向水平支撑桁架的竖杆。屋架的纵横向水平支撑桁架的节间，以组成正方形为宜，一般为6m×6m，但由于实际情况划分时也可能有长方形甚至是6m×3m的情况。

上弦横向水平支撑节点间的距离常为屋架上弦杆节间长度的2~4倍。

垂直支撑常为图7-14e、f、g的小桁架，其宽与高各由屋架间距及屋架相应竖杆高度确定。宽高相差不大时，可用交叉斜杆，高度较小时可用V式、W式（见图7-14f、e），以避免杆件交角可能小于30°的情况。

屋盖支撑受力比较小时，可不进行内力计算，杆件截面常按容许长细比来选择。

交叉斜杆和柔性系杆按拉杆设计，可用单角钢，非交叉斜杆、弦杆、竖杆及刚性系杆按压杆设计，可用双角钢，但刚性系杆通常将双角钢组成十字形截面，以便两个方向的刚度接近。

当支撑桁架受力较大，如横向水平支撑传递较大的山墙风荷载时，或结构按空间工作计算因而其纵向水平支撑需作柱的弹性支座时，支撑杆件除需满足允许长细比的要求外，尚应按桁架体系计算内力，并据此内力选择截面。

计算横向水平支撑时，除节点风荷载 $W$ 外（见图7-16），还应承受系杆传来的支撑力，但二者可不叠加。

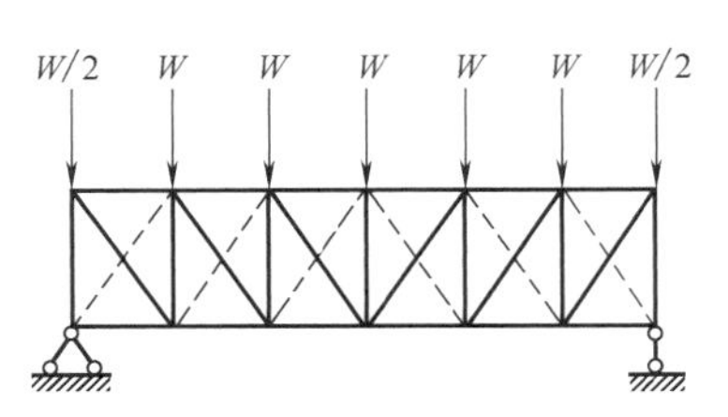

图7-16　横向水平支撑计算简图

节点支撑力 $F$ 由下式计算

$$F=\frac{\sum N}{30(m+1)}\left(0.6+\frac{0.4}{n}\right) \tag{7-5}$$

式中　$\sum N$——被支撑各屋架弦杆轴向压力之和；

$n$——被支撑屋架的榀数；

$m$——中间系杆的道数。

对支撑体系的刚性系杆也是按节点风荷载 $W$ 或节点支撑力 $F$ 进行计算。

交叉斜腹杆的支撑桁架是超静定体系，但因受力比较小，一般常用简化方法进行分析。例如，当斜杆都按拉杆设计时认为图7-16中用虚线表示的一组斜杆因受压屈曲而退出工作，此时桁架按单斜杆体系分析。当荷载反向时，则认为另一组斜杆退出工作。当斜杆按可以承受压力设计时，其简化分析方法可以参阅有关结构力学的文献。

支撑及支撑与屋架或天窗架的连接构造如图7-17所示。

上弦水平支撑角钢的肢尖应朝下，以免影响大型屋面板或檩条的安放。因此，对交叉斜杆应在交叉点切断一根另用连接板连接（见图7-17a）。下弦水平支撑角钢的肢尖可以朝上，故交叉斜杆可在靠肢背交叉放置，采用填板连接（见图7-17b）。

支撑与屋架或天窗架的连接通常采用连接板和M16~M20的C级螺栓，且每端不少于两个。在有重级工作制起重机或有其他较大振动设备的房屋中，屋架下弦支撑和系杆宜采用高强度螺栓连接，或用C级螺栓再加焊缝将连接板焊牢（见图7-17c）；若不加焊缝，则应采用双螺母或将栓杆外露螺纹打毛，或与螺母焊死，以防止松动。

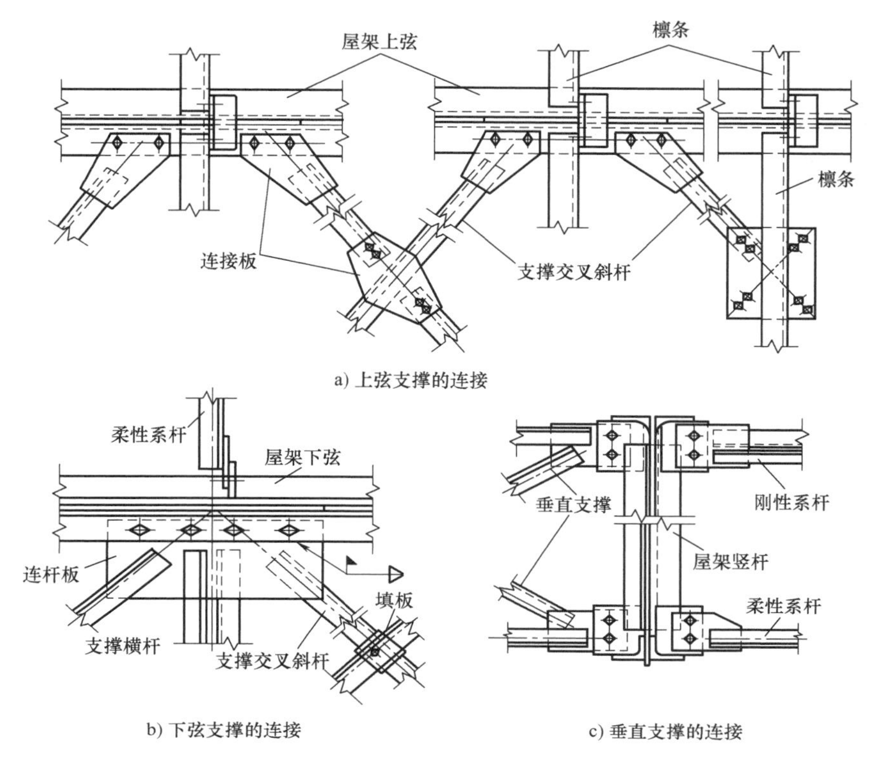


图 7-17 支撑与屋架的连接

## 7.5 檩条及压型钢板的设计

檩条的用钢量在屋盖结构中占有很大的比例，采用槽钢做檩条时，通常可达 50%，因此减少檩条的用钢量对节约钢材有重要的意义。减少檩条用钢量的有效措施是减少屋面材料重量、增大檩条间距（简称檩距）、选用合适的檩条形式等。

### 7.5.1 钢檩条设计

#### 1. 檩条的截面形式

檩条是横向受弯（通常是双向弯曲）构件，一般都设计成单跨简支檩条。常用于轻型屋面及瓦屋面，其截面形式有实腹式和格构式两种。

实腹式檩条的截面形式如图 7-18 所示。当檩条跨度（柱距）不超过 9m 时，应优先选用实腹式檩条。

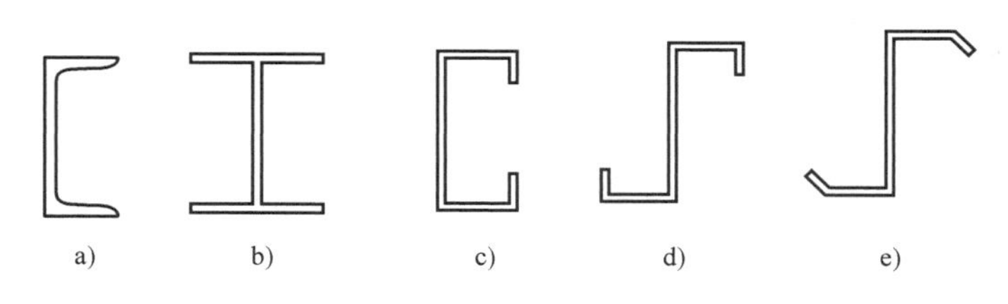


图 7-18 实腹式檩条的截面形式

图 7-18a 所示为普通热轧槽钢或轻型热轧槽钢截面，因板件较厚，用钢量较大，目前

已不在工程中采用。图 7-18b 所示为焊接 H 型钢截面，具有抗弯性能好的特点，适用于檩条跨度较大的场合，但 H 型钢截面的檩条与刚架斜梁的连接构造比较复杂。图 7-18c、d、e 所示是冷弯薄壁型钢截面，在工程中应用都很普遍。卷边槽钢（也称 C 型钢）檩条适用于屋面坡度 $i \leqslant 1/3$ 的情况，直卷边和斜卷边 Z 形檩条适用于屋面坡度 $i>1/3$ 的情况。斜卷边 Z 形檩条存放时可叠层堆放，占地少。

实腹式檩条的常用跨度为 3~6m，截面高度与跨度、檩距及荷载大小等因素有关，一般取跨度的 1/35~1/50。实腹式檩条制作简单，运输和安装方便。

格构式檩条的截面形式如图 7-19 所示，有下撑式（见图 7-19a）、平面桁架式（见图 7-19b）和空腹式（见图 7-19c）等。当屋面荷载较大或檩条跨度大于 9m 时，宜选用格构式檩条。格构式檩条的构造和支座相对复杂，侧向刚度较低，但用钢量较少。

当屋面坡度 $i>1/10$ 时，为了减少檩条的侧向变形和扭转，实腹式檩条和平面桁架式檩条宜在檩条之间设置拉条，并在屋脊处和天窗两侧用斜拉条和撑杆，将坡向分力传至屋架上。在通常的情况下，当檩条的跨度 $l \leqslant 4$m 时，可不设置拉条；当檩条跨度 $l$ 为 4~6m 时，设置一道拉条（见图 7-20a、b）；当檩条跨度 $l>6$m 时，设置两道拉条（见图 7-20c、d）。

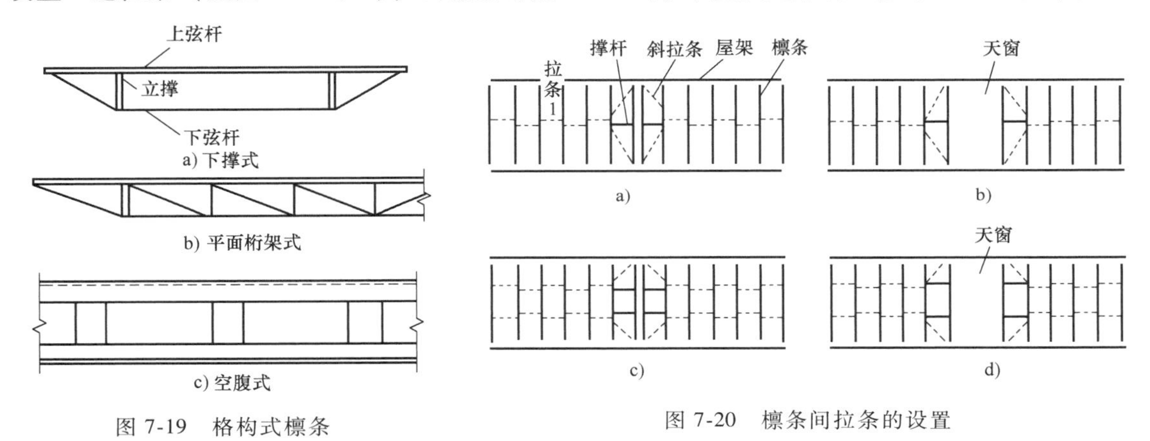


图 7-19　格构式檩条

图 7-20　檩条间拉条的设置

本节中只介绍冷弯薄壁型钢实腹式檩条的设计，格构式檩条的设计可参见有关设计手册。

**2. 檩条的荷载和荷载组合**

檩条的荷载有永久荷载和可变荷载两大类。永久荷载有屋（墙）面围护材料的重量、支撑（当支撑连于檩条上时）及檩条和悬挂物的自重。可变荷载有屋面均布活荷载或雪荷载、积灰荷载；挡风架或墙架檩条尚应考虑水平风荷载。

设计檩条时，按水平投影面积计算的屋面活荷载标准值取 $0.5\text{kN/m}^2$（当受到水平投影面积超过 $60\text{m}^2$ 时，可取 $0.3\text{kN/m}^2$，这个数值仅适用于只有一个可变荷载的情况）。此荷载不与雪荷载同时考虑，取两者较大值。积灰荷载应与屋面均布活荷载或雪荷载同时考虑。

在屋面天沟、阴角、天窗挡风板内，高低跨相连接等处的雪荷载和积灰荷载应考虑荷载增大系数。对设有自由锻锤、铸件水爆池等振动较大的设备厂房，要考虑竖向振动的影响，应将屋面总荷载增大 10%~15%。

计算檩条内力时，应考虑以下三种荷载组合方式：

第一种：1.3×永久荷载+1.5×max{屋面均布活荷载，雪荷载}。

第二种：1.3×永久荷载+1.5×施工检修集中荷载换算值。

第三种：1.0×永久荷载+1.5×风吸力荷载。

檩条的荷载组合一般按第一种情况考虑；对于檩距小于1m的檩条，当雪荷载（或活荷载）小于0.5kN/m$^2$时，尚应验算有 $F=0.8$kN 的施工检修荷载作用于檩条跨中时的构件强度，即考虑第二种组合情况；在风荷载很大的地区，第三种组合情况很重要。

檩条的风荷载体型系数为封闭的建筑，中间区段取值为-1.15～-1.3，边缘地带取值为-1.4～-1.7，角部取值为-1.4～-2.9。檩条的风荷载体型系数随有效受风荷载面积的大小取值。

### 3. 檩条的内力分析

檩条在垂直屋面方向的均布荷载 $q$ 作用下，沿截面两个主轴方向都有弯矩作用，属于双向受弯构件。

表7-2　檩条（墙梁）的内力计算（简支梁）

| 拉条设置情况 | 由 $q_x$ 产生的内力 | | 由 $q_y$ 产生的内力 | |
|---|---|---|---|---|
| | $M_y$ | $V_{max}$ | $M_x$ | $V_{max}$ |
| 无拉条 | $\frac{1}{8}q_x l^2$ | $0.5q_x l$ | $\frac{1}{8}q_y l^2$ | $0.5q_y l$ |
| 跨中有一道拉条 | 拉条处负弯矩 $\frac{1}{32}q_x l^2$<br>拉条与支座间正弯矩<br>$\frac{1}{64}q_x l^2$ | $0.625q_x l$ | $\frac{1}{8}q_y l^2$ | $0.5q_y l$ |
| 三分点处有一道拉条 | 拉条处负弯矩<br>$\frac{1}{90}q_x l^2$<br>拉条与支座间正弯矩<br>$\frac{1}{360}q_x l^2$ | $0.367q_x l$ | $\frac{1}{8}q_y l^2$ | $0.5q_y l$ |

注：在计算 $M_y$ 时，将拉条作为侧向支承点，按双跨或三跨连续梁计算。

在进行内力分析时，首先要把均布荷载 $q$ 分解为沿截面形心主轴 $y$ 方向的荷载分量 $q_x$ 及沿主轴 $x$ 方向的荷载分量 $q_y$（见图7-21）

$$q_x = q\sin\alpha_0 \tag{7-6a}$$

$$q_y = q\cos\alpha_0 \tag{7-6b}$$

式中　$\alpha_0$——竖向均布荷载设计值 $q$ 和形心主轴 $y$ 轴的夹角，卷边Z形截面 $\alpha_0=\theta-\alpha$，卷边槽形截面和工字形截面 $\alpha_0=\alpha$；

$\theta$——形心主轴 $x$ 与平行于屋面轴 $x_1$ 轴的夹角；

$\alpha$——屋面坡度的夹角。

由图7-21可见，在屋面坡度不大的情况下，卷边Z形钢檩条的 $q_x$ 指向上方（屋脊），而卷边槽钢檩条和H型钢檩条的 $q_x$ 总是指向下方（屋檐）。

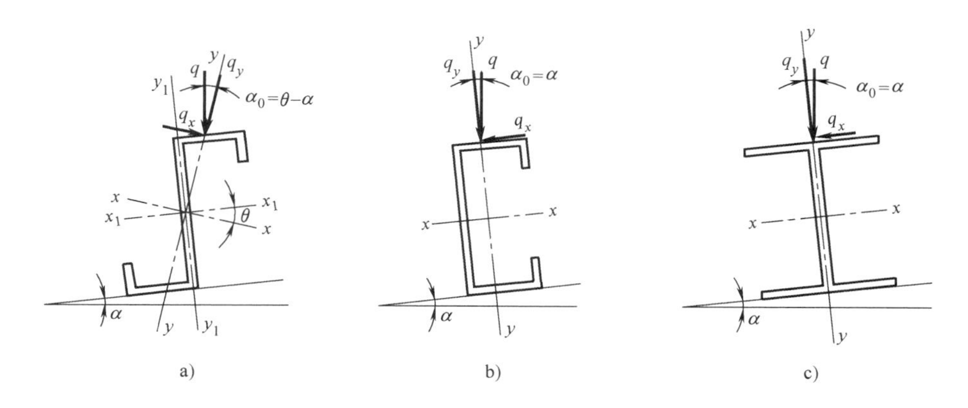


图 7-21 实腹式檩条截面的主轴和荷载

对设有拉条的简支檩条（和墙梁），$q_x$ 使檩条绕 $x$ 轴弯曲，$q_y$ 使檩条绕 $y$ 轴弯曲。由 $q_y$、$q_x$ 产生的内力分别引起的 $M_x$ 和 $M_y$ 可按表 7-2 计算。

对于多跨连续梁，在计算 $M_y$ 时，不考虑活荷载的不利组合，跨中和支座弯矩都近似取 $\frac{1}{10}q_y l^2$。当檩条兼作支撑桁架的横杆或刚性系杆时还应计算承受的支撑力。

**4. 檩条的截面选择**

（1）强度计算　檩条一般不需计算剪应力及压应力，仅需计算弯曲应力。当屋面能阻止檩条的失稳和扭转时，可按下列强度公式计算弯曲应力

$$\frac{M_x}{W_{\mathrm{enx}}}+\frac{M_y}{W_{\mathrm{eny}}}\leqslant f \tag{7-7}$$

式中　$M_x$、$M_y$——刚度最大主平面和刚度最小主平面的弯矩设计值（见表 7-2），当无拉条或有一根拉条时，采用檩条跨度中央的弯矩，有两根拉条时，若 $q_y<q_x/3.5$，采用檩条跨度中央的弯矩，若 $q_y>q_x/3.5$，采用跨度 1/3 处的弯矩。

$W_{\mathrm{enx}}$、$W_{\mathrm{eny}}$——绕 $x$ 轴和 $y$ 轴的有效净截面模量，可由《冷弯薄壁型钢结构技术规范》（GB 50018—2002）（下简称《薄钢规范》）查得。

（2）整体稳定性计算　当屋面不能阻止檩条的侧向失稳和扭转时（如采用扣合式屋面板时），应按下列稳定性公式进行计算

$$\frac{M_x}{\varphi_{\mathrm{bx}}W_{\mathrm{ex}}}+\frac{M_y}{W_{\mathrm{ey}}}\leqslant f \tag{7-8}$$

式中　$W_{\mathrm{ex}}$、$W_{\mathrm{ey}}$——绕 $x$ 轴和 $y$ 轴的有效截面模量，可由《薄钢规范》查得。

$\varphi_{\mathrm{bx}}$——只考虑 $M_x$ 作用时檩条的整体稳定系数，按《薄钢规范》的规定由下式计算

$$\varphi_{\mathrm{bx}}=\frac{4320Ah}{\lambda_y^2 W_x}\xi_1(\sqrt{\eta^2+\zeta}+\eta)\left(\frac{235}{f_y}\right) \tag{7-9}$$

$$\eta=\frac{2\xi_2 e_{\mathrm{a}}}{h} \tag{7-10}$$

$$\zeta=\frac{4I_\omega}{h^2I_y}+\frac{0.156I_t}{I_y}\left(\frac{l_0}{h}\right)^2 \tag{7-11}$$

式中　$\lambda_y$——梁在弯矩作用平面外的长细比；

$A$——毛截面面积；

$h$——截面高度；

$l_0$——梁的侧向计算长度，$l_0=\mu_b l$，$\mu_b$ 为梁的侧向计算长度系数，按表 7-3 采用；$l$ 为梁的跨度；

$\xi_1$、$\xi_2$——系数，按表 7-3 采用；

$e_a$——横向荷载作用点到弯心的距离，偏心压杆或当横向荷载作用在弯心时 $e_a=0$，当荷载不作用在弯心且荷载方向指向弯心时 $e_a$ 为负，而离开弯心时 $e_a$ 为正；

$W_x$——对 $x$ 轴的受压边缘毛截面的截面模量；

$I_\omega$——毛截面扇形惯性矩；

$I_y$——对 $y$ 轴的毛截面惯性矩；

$I_t$——扭转惯性矩。

如按式（7-9）算得的 $\varphi_{bx}>0.7$，则应以 $\varphi'_{bx}$ 值代替 $\varphi_{bx}$，$\varphi'_{bx}$ 值应按下式计算

$$\varphi'_{bx}=1.091-\frac{0.274}{\varphi_{bx}} \tag{7-12}$$

C 型钢檩条的荷载不通过截面弯心（剪心），从理论上说稳定计算应计算双力矩 $B$ 的影响，但《薄钢规范》认为非牢固连接的屋面板能起一定作用，从而略去双力矩 $B$ 的影响。

表 7-3　简支檩条的 $\xi_1$、$\xi_2$ 和 $\mu_b$ 系数

| 系数 | 跨间无拉条 | 跨中一道拉条 | 三分点两道拉条 |
|---|---|---|---|
| $\mu_b$ | 1.0 | 0.5 | 0.33 |
| $\xi_1$ | 1.13 | 1.35 | 1.37 |
| $\xi_2$ | 0.46 | 0.14 | 0.06 |

对于 Z 形钢檩条，在主轴的截面特性 $W_{ex}$、$W_{ey}$、$\theta$ 等不能从型钢表中直接查得时，可按下列方法计算

$$\tan2\theta=\frac{2I_{x1y1}}{I_{x1}-I_{y1}} \tag{7-13}$$

$$I_x=I_{x1}\cos^2\theta+I_{y1}\sin^2\theta+I_{x1y1}\sin2\theta \tag{7-14}$$

$$I_y=I_{x1}\sin^2\theta+I_{y1}\cos^2\theta-I_{x1y1}\sin2\theta \tag{7-15}$$

$$W_{ex}=\frac{I_x}{y_i} \tag{7-16}$$

$$W_{ey}=\frac{I_y}{x_i} \tag{7-17}$$

式中　$I_{x1}$、$I_{y1}$——对平行于屋面轴 $x_1$-$x_1$ 和与之垂直轴 $y_1$-$y_1$ 的惯性矩；

$I_{x1y1}$——惯性矩，Z 形截面 $I_{x1y1}=0.5bt(b-t)(h-t)$，$h$ 为截面高度，$b$ 为翼缘宽度，$t$ 为翼缘和腹板厚度；

$\theta$——形心主轴 $x$ 与平行于屋面轴 $x_1$ 轴的夹角；

$y_i$——所求应力点至主轴 $x$-$x$ 的距离；

$x_i$——所求应力点至主轴 $y$-$y$ 的距离。

（3）变形计算　当设有拉条时，只需计算垂直于屋面坡向的最大挠度 $v_x$（$v_{x1}$）；未设拉条时，则需计算竖向总挠度 $v=\sqrt{v_x^2+v_y^2}$。应使 $v_x$、$v$ 不超过规范规定的容许值。

卷边槽形截面和工字形截面的简支檩条，应按下列公式进行挠度验算

$$v_x=\frac{5}{384}\times\frac{q_{ky}l^4}{EI_x}\leqslant[v] \tag{7-18a}$$

$$v\leqslant[v] \tag{7-18b}$$

式中　$q_{ky}$——沿 $y$ 轴作用的分荷载标准值；

$I_x$——对 $x$ 轴的毛截面惯性矩。

对卷边 Z 形截面的两端简支檩条，应按下式进行挠度验算

$$v_{x1}=\frac{5}{384}\frac{q_k\cos\alpha l^4}{EI_{x1}}\leqslant[v] \tag{7-19}$$

式中　$\alpha$——屋面坡度；

$I_{x1}$——Z 形截面对平行于屋面的形心轴的毛截面惯性矩。

檩条的容许挠度 $[v]$ 按表 7-4 取值。

表 7-4　檩条的容许挠度限值 $[v]$

| | |
|---|---|
| 仅支承压型钢板屋面（承受活荷载或雪荷载） | $\frac{l}{150}$ |
| 有吊顶 | $\frac{l}{240}$ |
| 有吊顶且抹灰 | $\frac{l}{360}$ |

此外，悬挂钢窗窗扇的檩条的竖向挠度不得超过 12mm，天窗侧壁下的檩条的竖向挠度不得超过 24mm（无天窗中间侧立柱时）或 12mm（有天窗中间侧立柱时）。

在式（7-7）和式（7-8）中截面模量都用有效截面，其值应按《薄钢规范》的规定计算。但是檩条是双向受弯构件，翼缘的正应力非均匀分布，确定其有效宽度比较复杂，且该规范规定的部分加劲板件的稳定系数偏低。对于和屋面板牢固连接并承受重力荷载的卷边槽钢、Z 形钢檩条，根据研究资料分析，翼缘截面的有效范围可按下列公式计算：

当 $h/b\leqslant3.0$ 时

$$\frac{b}{h}\leqslant31\sqrt{205/f} \tag{7-20a}$$

当 $3.0<h/b\leqslant3.3$ 时

$$\frac{b}{h}\leqslant28.5\sqrt{205/f} \tag{7-20b}$$

式中　$h$、$b$、$t$——钢檩条的截面高度、翼缘宽度和板件厚度。

《薄钢规范》所附卷边槽钢和卷边 Z 形钢规格多数都在上述范围之内。需要注意的是：这两种截面的卷边宽度应符合《薄钢规范》的规定，见表 7-5。

表 7-5 卷边的最小高厚比

| $\frac{b}{t}$ | 15 | 20 | 25 | 30 | 35 | 40 | 45 | 50 | 55 | 60 |
|---|---|---|---|---|---|---|---|---|---|---|
| $\frac{a}{t}$ | 5.4 | 6.3 | 7.2 | 8.0 | 8.5 | 9.0 | 9.5 | 10.0 | 10.5 | 11.0 |

注：$a$ 为卷边的高度；$b$ 为带卷边板件的宽度；$t$ 为板厚。

5. 檩条的构造要求

1）实腹式檩条通常将其腹板垂直于屋面坡面。

对槽形、Z 形和角钢檩条，宜将上翼缘肢尖朝向屋脊方向。腹板垂直于地面放置的工字形和槽形截面檩条，可按单向受弯构件计算。

当檩条跨度大于 4m 时，应在檩条间跨中位置设置拉条。当檩条跨度大于 6m 时，应在檩条跨度三分点处各设置一道拉条。拉条的作用是防止檩条侧向变形和扭转，并且提供 $x$ 轴方向的中间支点。此中间支点的力需要传到刚度较大的构件。为此，需要在屋脊或檐口出设置拉条和刚性撑杆。

当檩条用卷边槽钢时，横向力指向下方，斜拉条应如图 7-22a、b 所示布置。当檩条为 Z 形钢檩条而横向荷载向上时，斜拉条应布置于屋檐处（见图 7-22c）。以上适用于没有风荷载和屋面风吸力小于重力荷载的情况。当风吸力超过屋面永久荷载时，横向力的指向和图 7-22 相反。此时 Z 形钢檩条的斜拉条需要设置在屋脊处，卷边槽钢檩条则需设在屋檐处。因此，为了兼顾两种情况，在风荷载大的地区或是在屋檐和屋脊处都设置斜拉条，或是把横拉条和斜拉条都做成既可以承受拉力又可以承受压力的刚性杆。

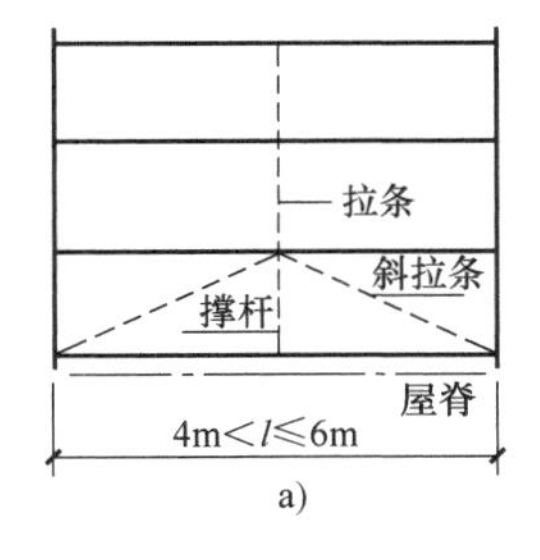


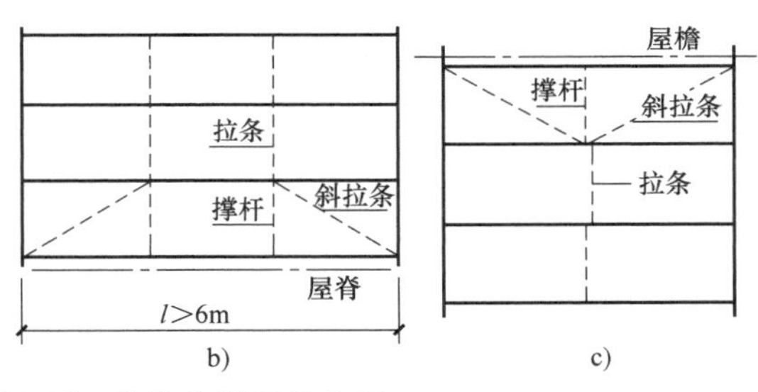


图 7-22 拉条和撑杆的布置

拉条通常用圆钢做成，圆钢直径不宜小于 12mm。圆钢拉条可以设在距檩条上翼缘 1/3 腹板高度范围内。当在风吸力作用下翼缘受压时，屋面宜用自攻螺钉直接与檩条连接，拉条宜设在下翼缘附近。为了兼顾无风荷载和有风荷载两种情况，可在上、下翼缘附近交替布置，或在两处都设置。当采用扣合式屋面板时，拉条的设置应根据檩条的稳定计算确定。刚性撑杆可采用钢管、方钢或角钢做成，通常按压杆的刚度要求 $[\lambda]\leqslant 200$ 来选择截面。

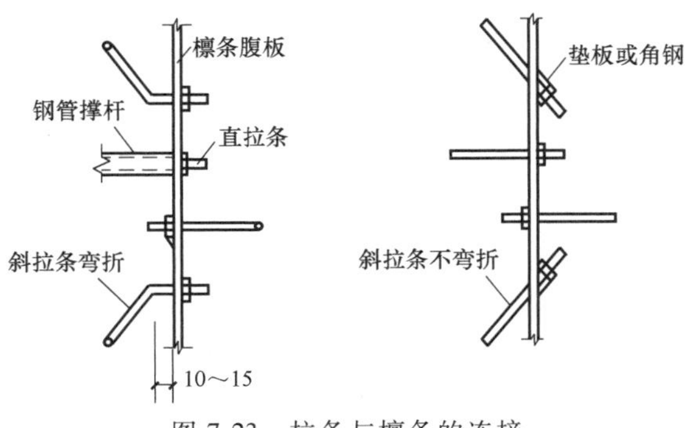


图 7-23 拉条与檩条的连接

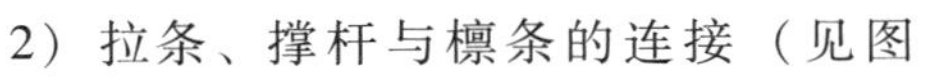

2）拉条、撑杆与檩条的连接（见图 7-23）。斜拉条可弯折，也可不弯折。前一种方法要求弯折的直线长度不超过 15mm，后一种

方法则需要通过斜垫板或角钢与檩条连接。

3）檩条的支座处应有足够的侧向约束，一般用两个螺栓连于预先焊在屋架（或天窗架）上弦的短角钢上（见图 7-24）。普通轧制工字钢檩条，宜在连接处将下翼缘切去一半，以便与短角钢相连（见图 7-24a）。翼缘宽度较大的 H 型钢或焊接工字形截面檩条，可直接连于屋架（或天窗架）上弦上（见图 7-24b）。

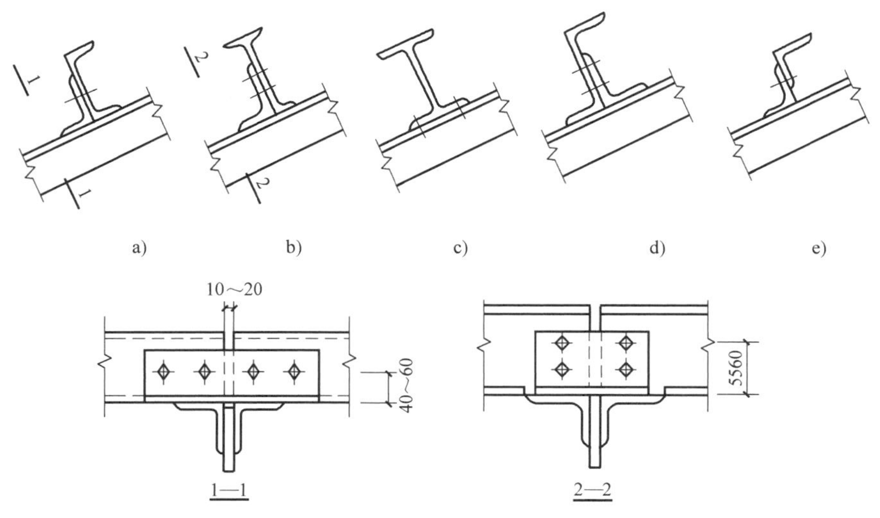


图 7-24　檩条与屋架（或天窗架）上弦的连接

4）实腹式檩条可通过檩托与刚架斜梁连接，檩托可用角钢和钢板做成，先焊在屋架上弦，屋架吊装就位后用螺栓或焊缝与檩条连接，檩条与檩托的连接螺栓数目不应少于两个，并且沿檩条高度方向布置（见图 7-25）。设置檩托的目的是为了阻止檩条端部截面的扭转，以增强其整体稳定性。

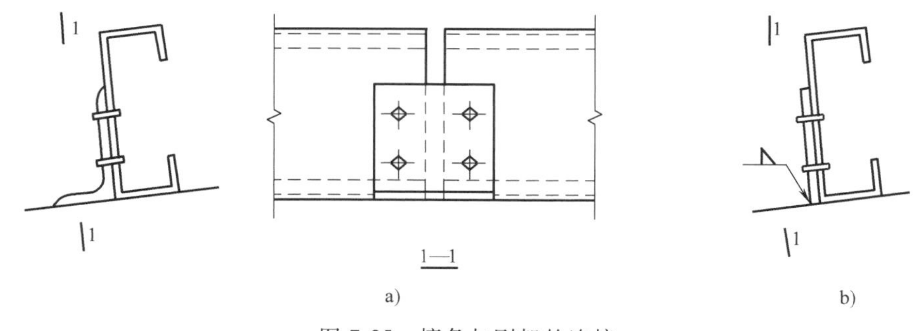


图 7-25　檩条与刚架的连接

5）檩条间拉条和撑杆与檩条的连接构造如图 7-26 所示。檩条间的拉条必须拉紧，这样才能保证传递拉力。

6）轻钢桁架式檩条。当受到材料供应的限制或跨度较大采用实腹式檩条不经济时，可采用桁架式檩条。桁架式檩条，其形式和设计方法与普通钢屋架相同。

轻钢桁架式檩条的跨度通常为 6～12m，一般采用的形式有平面桁架式和空间桁架式两种。平面桁架式檩条（见图 7-27a）构造较简单，但平面外刚度较差，需要与屋面材料、支

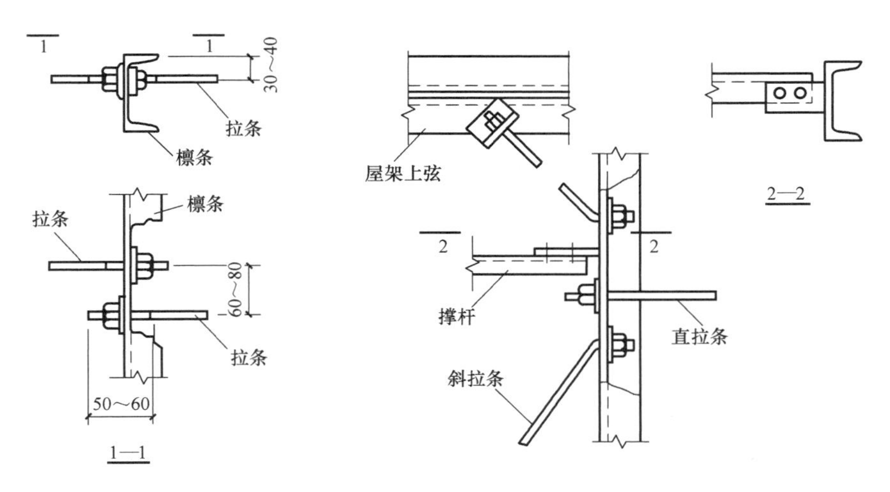


图 7-26　檩条间拉条和撑杆的连接

撑等组成空间稳定的结构，或者设置拉条。空间桁架式檩条（见图 7-27b）的横截面为底边在屋面坡向的不等边三角形，其底边的中点和下面顶点在同一竖直线上，三个边均设置斜腹杆。

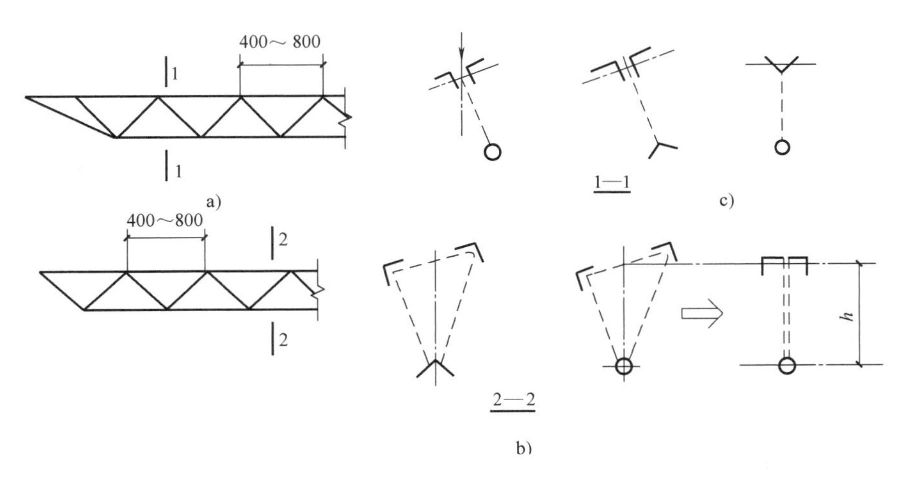


图 7-27　轻钢桁架式檩条的形式

桁架式檩条的斜腹杆倾角一般为 40°~60°，上、下弦节间长度通常为 400~800mm，截面高度与跨度之比一般为 1/20~1/16。空间桁架式檩条截面的宽度比宜为 1/2~1/1.5。满足上述高跨比的桁架式檩条，不必计算其挠度。

轻钢桁架式檩条的上弦杆通常采用小角钢，下弦杆可用圆钢或小角钢，腹杆通常用圆钢弯成 V 形、W 形或连续弯折的蛇形。

轻钢结构的杆件和连接的强度设计值，应乘以折减系数 0.95，其中平面桁架式檩条端部处主要受压腹杆的强度设计值应乘折减系数 0.85。

轻钢平面桁架式檩条构造如图 7-28 所示，图中右侧靠近上弦杆的孔眼为连接拉条的孔眼。空间桁架式檩条的节点构造如图 7-29 所示。

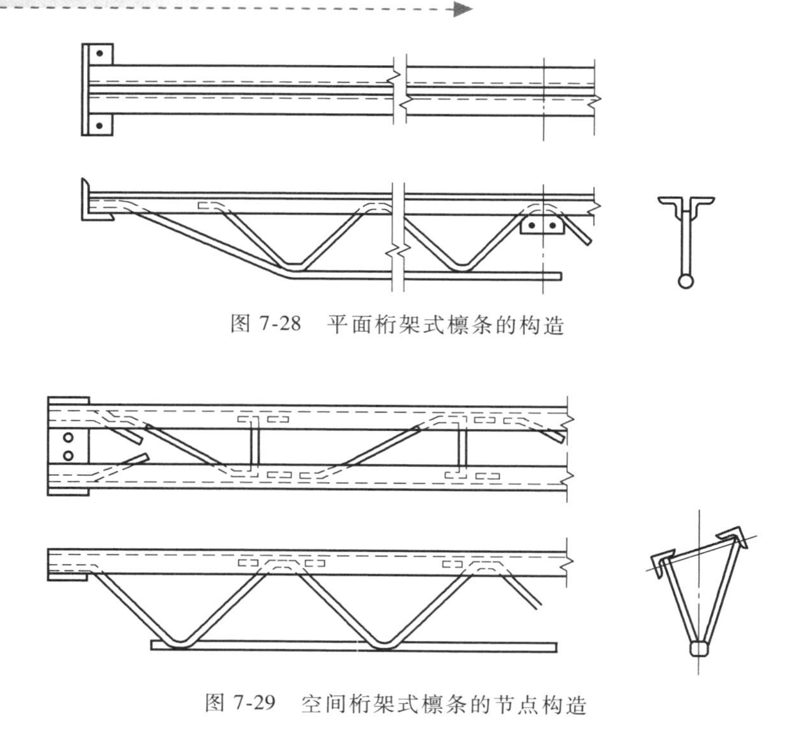

图 7-28 平面桁架式檩条的构造

图 7-29 空间桁架式檩条的节点构造

**[例题 7-1]** 工字形截面檩条计算。

(1) 设计资料 屋面材料为压型钢板，屋面坡度为 $i=1/10$，雪荷载为 $0.2\text{kN/m}^2$，无积灰荷载。檩条跨度为 12m，水平间距为 5m（坡向间距为 5.025m）。钢材采用 Q235 钢。

(2) 荷载及内力计算

永久荷载：压型钢板自重约为 $0.15\text{kN/m}^2$（坡向）。设檩条自重为 0.45kN/m。

可变荷载：因屋面均布活荷载 $0.30\text{kN/m}^2$ 大于雪荷载，故不考虑雪荷载。又由于检修集中荷载（0.8kN）的等效均布荷载为 $2\times0.8/(5\times12)\text{kN/m}^2=0.027\text{kN/m}^2$，小于屋面均布活荷载，故可变荷载采用 $0.30\text{kN/m}^2$（水平投影面）。

檩条荷载标准值：$q_k=(0.15\times5.025+0.45+0.30\times5)\text{kN/m}=2.704\text{kN/m}$

檩条荷载设计值：$q=1.3\times(0.15\times5.025+0.45)\text{kN/m}+1.5\times0.30\times5\text{kN/m}=3.815\text{kN/m}$

$$q_x=3.815\times10/\sqrt{101}\text{kN/m}=3.796\text{kN/m}$$

$$q_y=3.815\times1/\sqrt{101}\text{kN/m}=0.3796\text{kN/m}$$

弯矩

$$M_x=\frac{1}{8}\times3.796\times12^2\text{kN}\cdot\text{m}=68.33\text{kN}\cdot\text{m}$$

$$M_y=\frac{1}{8}\times3.796\times10^2\text{kN}\cdot\text{m}=8.541\text{kN}\cdot\text{m}$$

(3) 截面选择及计算 檩条选用 H 型钢（或宽翼缘工字钢）。现假设由于材料供应原因，选用图 7-30 所示的焊接组合截面，其截面特性计算如下为

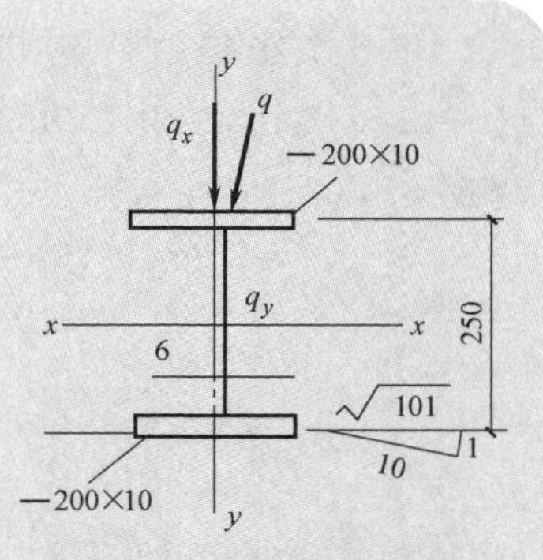

图 7-30　工字形檩条截面

$$A=(2\times20\times1.0+23\times0.6)\text{cm}^2=53.8\text{cm}^2$$

$$I_x=\frac{1}{12}\times(20\times25^3-19.4\times23^3)\text{cm}^4=6372\text{cm}^4$$

$$I_y=\frac{1}{12}\times1\times2^3\times2\text{cm}^4=1333\text{cm}^4$$

$$W_x=6372/12.5\text{cm}^3=509.8\text{cm}^3,$$

$$W_y=1333/10.5\text{cm}^3=126.95\text{cm}^3$$

$$i_x=\sqrt{6372/53.8}\text{cm}=10.9\text{cm},\quad i_y=\sqrt{1333/53.8}\text{cm}=4.978\text{cm}$$

檩条自重 53.8×0.785kg/m = 42.23kg/m = 0.414kN/m

1）强度验算。

$$\frac{M_x}{\gamma_x W_{nx}}+\frac{M_y}{\gamma_y W_{ny}}=\frac{68.33\times10^6}{1.05\times509.9\times10^3}\text{N/mm}^2+\frac{8.541\times10^6}{1.2\times126.95\times10^3}\text{N/mm}^2$$

$$=183.7\text{N/mm}^2<215\text{N/mm}^2\text{（满足要求）}$$

2）整体稳定性。因檩条受压翼缘与压型钢板有较可靠的连接，可不必计算其整体稳定性。

3）局部稳定性。翼缘外伸部分宽厚比为 10/1.0 = 10<13，腹板宽厚比 23/0.6 = 38<80，满足局部稳定和不设置加劲肋的要求。

4）变形验算。按式（7-18a）验算垂直于屋面方向的相对挠度。

$$q_{kz}=2.704\times\frac{10}{\sqrt{101}}\text{kN/m}=2.69\text{kN/m}=2.69\text{N/mm}$$

$$\frac{v_x}{l}=\frac{5}{384}\times\frac{2.70\times12000\times10^3}{206\times10^3\times6372\times10^4}=\frac{1}{216.9}<\frac{[v]}{l}=\frac{1}{200}\text{（满足要求）}$$

5）长细比验算。作为屋架上弦平面的支撑横杆或刚性系杆的檩条，应计算其长细比，使其不大于容许长细比 [λ] = 200。

$$\lambda_x=1200/10.9=110<200$$

$$\lambda_y=1200/4.978=241>200$$

因垂直于 $z$ 轴方向，檩条的一个翼缘有屋面板的支承作用，故 $\lambda_y>200$ 也可使用。不过在安装好层面板之间，宜在此平面加以临时支承。

**[例题 7-2]**　槽钢檩条（图 7-31）计算。

（1）设计资料　屋面材料为波形石棉瓦，屋面坡度为 1/2.5，无雪荷载和积灰荷载。檩条跨度为 6m，跨中有一根拉条；檩条水平间距为 0.742m，沿屋面斜距为 0.799m。钢材采用 Q235 钢。

（2）荷载及内力计算

永久荷载的标准值：波形石棉瓦自重为 0.20kN/$m^2$；檩条（包括拉条）自重设为 0.10kN/m。可变荷载的标准值：屋面均布活荷载为 0.30kN/$m^2$。

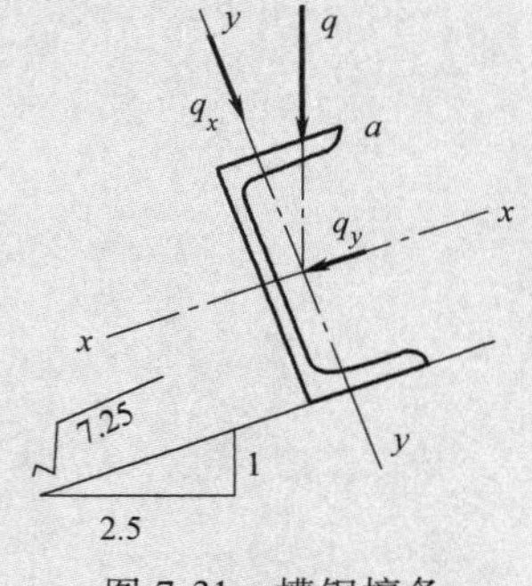

图 7-31　槽钢檩条

由于检修集中荷载 0.80kN 的等效均布荷载为 $2\times0.8/(0.742\times6)\text{kN/m}^2=0.359\text{kN/m}^2$，大于屋面均布活荷载，故可变荷载采用 $0.359\text{kN/m}^2$。

$$q=1.3\times(0.20\times0.799\times0.01+0.45)\text{kN/m}+1.5\times0.359\times0.742\text{kN/m}=0.736\text{kN/m}$$

$$q_x=0.736\times\frac{2.5}{\sqrt{7.25}}\text{kN/m}=0.683\text{kN/m}$$

$$q_y=0.736\times\frac{1}{\sqrt{7.25}}\text{kN/m}=0.273\text{kN/m}$$

$$M_x=\frac{1}{8}\times0.683\times6^2\text{kN}\cdot\text{m}=3.07\text{kN}\cdot\text{m}$$

$$M_y=\frac{1}{8}\times0.273\times3^2\text{kN}\cdot\text{m}=0.307\text{kN}\cdot\text{m}$$

（3）截面选择及计算　选用[8，自重为 0.08kN/m，$W_x=25.3\text{cm}^3$，$W_{y\min}=5.79\text{cm}^3$，$I_x=101\text{cm}^4$，$i_x=3.15\text{cm}$，$i_y=1.27\text{cm}$。

1）强度验算。按公式计算截面 $a$ 点（最不利点）的强度为

$$\frac{M_x}{\gamma_x W_{nx}}+\frac{M_y}{\gamma_y W_{ny}}=\frac{3.07\times10^6}{1.05\times25.3\times10^3}\text{N/mm}^2+\frac{0.307\times10^6}{1.2\times5.79\times10^3}\text{N/mm}^2$$

$$=159.7\text{N/mm}^2<215\text{N/mm}^2\text{（满足要求）}$$

2）刚度验算。线荷载的标准值为

$$q_k=(0.2\times0.799+0.10+0.359\times0.742)\text{kN/m}=0.526\text{kN/m}=0.526\text{N/mm}$$

$$q_{kz}=0.526\times\frac{2.5}{\sqrt{7.25}}\text{N/m}=0.488\text{N/mm}$$

按式（7-18a）计算的相对挠度为

$$\frac{v_x}{l}=\frac{5}{384}\times\frac{0.488\times6000\times10^3}{206\times10^3\times101\times10^4}=\frac{1}{152}<\frac{[v]}{l}=\frac{1}{150}\text{（满足要求）}$$

因有拉条，不必计算整体稳定性。

3）长细比验算。作为屋架上弦平面支撑的横杆或刚性系杆的檩条，应计算其长细比

$$\lambda_x=600\div3.15=190<200$$

$$\lambda_y=600\div1.27=236>200$$

故这种檩条在屋面平面内的刚度不足，一般需焊以小角钢（见图 7-32）予以加强；若不作支撑横杆和刚性系杆用时也可不必加强。

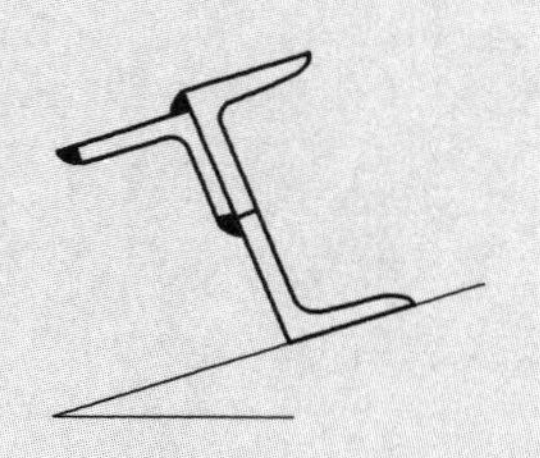
图 7-32　加焊小角钢

[例题 7-3]　Z 形截面轻型钢檩条计算。

(1) 设计资料　屋面材料为波形石棉瓦。屋面坡度为 1/2.5，雪荷载为 $0.35\mathrm{kN/m^2}$。檩条跨度为 4m，水平间距为 0.735m（坡向间距为 0.735m）。钢材采用 Q235 钢。

(2) 荷载的标准值（对水平投影面）

1) 永久荷载：波形石棉瓦自重 $0.20\mathrm{kN/m^2} \div \cos 21.8° = 0.215\mathrm{kN/m^2}$；檩条自重 $0.10\mathrm{kN/m^2}$。

2) 可变荷载：屋面均布活荷载和雪荷载的较大值为 $0.35\mathrm{kN/m^2}$。由于检修集中荷载的等效均布荷载为 $2\times 0.8\div(0.735\times 4)\mathrm{kN/m^2} = 0.544\mathrm{kN/m^2} > 0.35\mathrm{kN/m^2}$，故可变荷载采用 $0.544\mathrm{kN/m^2}$。

(3) 截面选择及截面特性计算　设用两个∠40×3 角钢组成的 Z 形截面（见图 7-33）。每个角钢的 $A_1 = 2.36\mathrm{cm^2}$，$I_1 = 3.59\mathrm{cm^4}$。

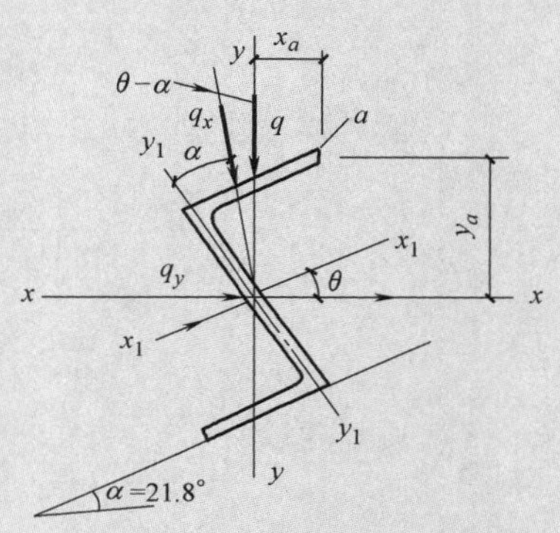

图 7-33　Z 形截面钢檩条

Z 形截面的截面特性为

$$I_{x1} = 2\times(3.59+2.36\times 2.91^2)\mathrm{cm^4} = 47.15\mathrm{cm^4}$$

$$I_{y1} = 2\times(3.59+2.36\times 0.89^2)\mathrm{cm^4} = 11.35\mathrm{cm^4}$$

$$I_{x1y1} = 0.5bt(b-t)(h-t) = 0.5\times 4.0\times 3.7\times 7.7\mathrm{cm^4} = 17.1\mathrm{cm^4}$$

$$\tan 2\theta = \frac{2I_{x1y1}}{I_{x1}-I_{y1}} = \frac{2\times 17.1}{47.15-11.35} = 0.9553$$

$$2\theta = 43.7°,\quad \theta = 21.85°,\quad \theta-\alpha = 0.05°$$

$$I_x = I_{x1}\cos^2\theta + I_{y1}\sin^2\theta + I_{x1y1}\sin 2\theta$$

$$= [47.15\times(0.928)^2 + 11.35\times(0.3722)^2 + 17.1\times(0.6909)]\mathrm{cm^4} = 54.0\mathrm{cm^4}$$

$$I_y = I_{x1}\sin^2\theta + I_{y1}\cos^2\theta - I_{x1y1}\sin 2\theta$$

$$= [47.15\times(0.3722)^2 + 11.35\times(0.928)^2 - 17.1\times(0.6909)]\mathrm{cm^4} = 4.5\mathrm{cm^4}$$

$$i_x = \sqrt{\frac{54.0}{4.72}}\mathrm{cm} = 3.38\mathrm{cm},\qquad i_y = \sqrt{\frac{4.5}{4.72}}\mathrm{cm} = 0.98\mathrm{cm}$$

截面主轴 $x$-$x$ 和 $y$-$y$ 到肢尖 $a$ 点的距离 $y_a$ 和 $x_a$ 为

$$y_a = [4.0\cos 21.85° + (4.0-0.15)\sin 21.85°]\mathrm{cm} = 5.14\mathrm{cm}$$

$$x_a = [(4.0-0.15)\cos 21.85° - 4.0\sin 21.85°]\mathrm{cm} = 2.08\mathrm{cm}$$

故
$$W_x^a = \frac{54.0}{5.14}\mathrm{cm^3} = 10.5\mathrm{cm^3},\quad W_y^a = \frac{4.5}{2.08}\mathrm{cm^3} = 2.16\mathrm{cm^3}$$

(4) 内力及截面计算

檩条线荷载标准值

$$q_k = (0.215+0.10+0.544)\times 0.735\mathrm{kN/m} = 0.631\mathrm{kN/m}$$

檩条线荷载设计值

$$q=(1.3\times0.215+1.3\times0.10+1.5\times0.544)\times0.735\text{kN/m}=0.901\text{kN/m}$$

$$q_x=0.901\text{kN/m}\times\cos0.05°=0.901\text{kN/m}$$

$$q_y=0.901\text{kN/m}\times\sin0.05°=0.001\text{kN/m}$$

$$M_x=\frac{1}{8}\times0.901\times4^2\text{kN}\cdot\text{m}=1.802\text{kN}\cdot\text{m}$$

$$M_y=\frac{1}{8}\times0.001\times4^2\text{kN}\cdot\text{m}=0.002\text{kN}\cdot\text{m}$$

1）$a$ 点的强度验算。

$$\frac{M_x}{\gamma_x W_x}+\frac{M_y}{\gamma_y W_y}=\frac{1.802\times10^6}{1.05\times10.5\times10^3}\text{kN}\cdot\text{m}+\frac{0.002\times10^6}{1.05\times2.16\times10^3}\text{kN}\cdot\text{m}$$

$$=164.3\text{N/mm}^2<0.95\times215\text{N/mm}^2=204\text{N/mm}^2\text{（满足要求）}$$

2）相对挠度验算。

$$\frac{v_{x1}}{l}=\frac{5}{384}\frac{q_k\cos\alpha\cdot l^3}{EI_{x1}}=\frac{5}{384}\times\frac{0.631\times\cos21.8°\times4000^3}{206\times10^3\times47.15\times10^4}$$

$$=\frac{1}{199}<\frac{1}{150}\text{（满足要求）}$$

3）长细比验算。

$$\lambda_x=\frac{400}{3.38}=118，\lambda_y=\frac{400}{0.98}=408\approx400$$

故此檩条可兼作屋架上弦支撑体系的柔性系杆，不能兼作支撑横杆或刚性系杆。

## 7.5.2 压型钢板的设计

### 1. 压型钢板的材料和截面形式

（1）压型钢板的材料　压型钢板是以冷轧薄钢板（厚度一般为 0.4~1.6mm）为基板，经镀锌或镀锌后被覆彩色涂层再经过冷加工辊压成型的波形板材，具有良好的承载性能与耐大气腐蚀能力。

薄钢板是经冷压或冷轧成型的钢材。钢板采用有机涂层薄钢板（或称彩色钢板）、镀锌薄钢板、防腐薄钢板（含石棉沥青层）或其他薄钢板等。压型钢板具有单位重量轻、强度高、抗震性能好、施工快速、外形美观等优点、是良好的建筑材料和构件，主要用于围护结构、楼板，也可用于其他构筑物。

压型钢板原板材料的选择可根据建筑功能、使用条件、使用年限和结构形式等因素考虑，尽量选用已有的定型产品。

（2）压型钢板的产品分类　压型钢板按基板镀层可分为以下 6 类：

1）镀锌钢板。镀锌钢板按 ASTM 三点测试双面镀层质量为 75~700g/m，建筑应用中最常用的镀锌钢板为 Z275 和 Z450，其双面镀锌层质量分别为 275g/m（钢板单面镀层最小厚度为 19μm）和 450g/m。

2）镀铝钢板。建筑结构用镀铝钢板常见的情况有以下两种：一种是用于耐热要求较高的环境，其金属镀层中含有 5%～11%（以质量计）的硅，合金镀层较薄，镀铝层的质量仅为 120g/m，单面镀层最小厚度为 20μm。另一种是用于腐蚀性较强的环境，其金属镀层几乎全部都是铝，金属镀层较厚，镀层的质量约为 200g/m，单面镀层的最小厚度为 31μm。

3）镀铝锌钢板（又称为亚铅镀金钢板）。镀铝锌钢板是一种双面热浸镀铝锌钢板产品，钢板的基材要求符合 ASTM A792 、GRADE 80 级或 AS1397 G550 级。金属镀层由 55%的铝、43.5%（或 43.6%）的锌及 1.5%（或 1.4%）的硅组成。它具备了铝的长期耐腐蚀性和耐热性；锌对切割边及刮痕间隙等有保护作用；少量的硅则可以有效防止铝锌合金化学反应生成碎片，并使合金镀层更均匀。镀铝锌钢板双面镀层的三点测试质量分别为 150g/m、165g/m、189g/m。建筑结构中常用的镀铝锌钢板是 AZ150，镀层质量为 150g/m，钢板单面镀层的最小厚度为 20μm。

4）镀锌铝钢板。镀锌铝钢板是一种含 5%（以质量计）的锌及铝和混合稀土合金的双面热浸镀层钢板，其三点测试双面镀层质量分别为 100～450g/m。

5）镀锌合金化钢板。镀锌合金化钢板是一种将热镀锌钢板进行热处理，使其表面的纯锌镀层全部转化为 Zn-Fe 合金层的双面镀锌钢板产品，按现有工艺条件，其转化镀层质量按锌计算，最大为 180g/m。

6）电镀锌钢板。电镀锌钢板是一种纯电镀锌镀层钢板产品，双面镀层最大质量为 180g/m，一般不用于室外。在建筑屋面（和幕墙）中最为常用的是彩色镀锌钢板和彩色镀铝锌钢板。我国在武汉钢铁厂 1.7m 轧机工程、上海宝山钢铁总厂及深圳特区等工程的屋面和墙面中大量使用，效果良好。

压型钢板基板的材料在工程中大多数采用 Q235A 钢。

（3）压型钢板的截面形式　压型钢板的截面形式（板型）较多，我国生产的轧机已能生产出几十种板型的压型钢板，但真正在工程中应用较多的板型也就十几种。图 7-34 所示给出了几种压型钢板的截面形式。图 7-34a、b 所示是早期的压型钢板板型，截面形式较为

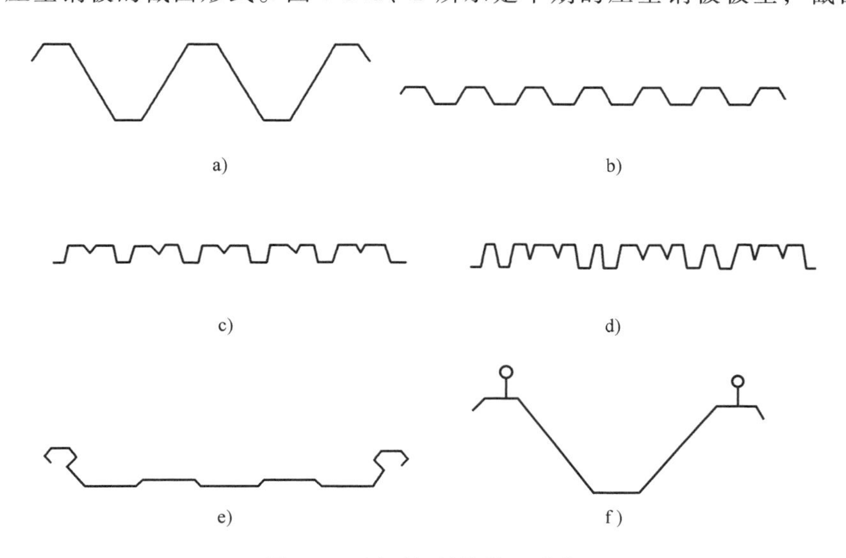


图 7-34　压型钢板的截面形式

简单，板和檩条、墙梁的固定采用钩头螺栓和自攻螺钉、拉铆钉。当作屋面板时，因需要开孔，所以防水问题难以解决，目前已不在屋面上采用。图 7-34c、d 所示是属于带加劲的板型，增加了压型钢板的截面刚度，用作墙板时加劲产生的竖向线条还可以增加墙板的美感。图 7-347e、f 所示是近年来用作屋面上的板型，其特点是板和板、板与檩条的连接通过支架咬合在一起，板上无须开孔，屋面上没有明钉，从而有效地解决了防水、渗透问题。压型钢板板型的表示方法为：YX 波高-波距-有效覆盖宽度，如 YX35-125-750 即表示波高为 35mm，波距为 125mm，板的有效覆盖宽度为 750mm 的板型。压型钢板的厚度需另外注明。

压型钢板根据波高的不同其截面形式可分为高波板（波高大于 70mm，适用于重载屋面）、中波板（波高 30~70mm，适用于楼面及一般屋面）、低波板（波高小于 30mm，适用于墙面）。压型钢板的波高越高，截面的抗弯刚度就越大，承受的荷载也就越大。中波板在实际工程中采用的最多。

（4）压型钢板的设计选用要点

1）镀铝锌钢板的抗腐蚀能力是镀锌钢板的 3~5 倍，且腐蚀越严重，差别越大，故在建筑屋面中，应优先选用镀铝锌钢板 AZ150。若选用镀锌钢板则不得低于 Z275，其使用寿命要比 AZ150 低很多，故澳大利亚等国明确规定：如用镀锌钢板做屋面（墙面），则必须采用 Z450。

2）AZ150 比 Z275 的价格约贵 10%~20%，但其抗腐蚀性能则是 3~5 倍以上，可见镀铝锌钢板有卓越的性能价格比。

**2. 压型钢板的截面几何特性**

压型钢板的截面特性可用单槽口的特性来表示。由于压型钢板的厚度较薄且各板段厚度相等，因此可用其板厚的中线来计算截面特性。这种计算方法称为“线性元件计算法”。

折线形中线式单槽口截面如图 7-35 所示。

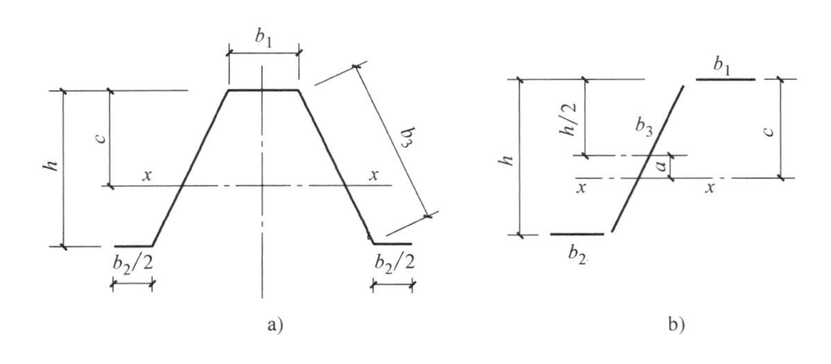


图 7-35　折线形中线式单槽口截面

用 $\sum b$ 代表单槽口中线总长 $\sum b=b_1+b_2+2b_3$，这样形心轴 $x$ 与受压翼缘 $b_1$ 中线之间的距离是

$$c=\frac{h(b_2+b_3)}{\sum b} \tag{7-21}$$

在图 7-35b 中，板件 $b_1$ 对于 $x$ 轴的惯性矩为 $b_1c^2$，同理板件 $b_2$ 对于 $x$ 轴的惯性矩为 $b_2(h-c)^2$。腹板 $b_3$ 是一个斜板段，对于和 $x$ 轴平行的自身形心轴的惯性矩，根据力学原理

不难得出为 $b_3h^2/12$。板件 $b_3$ 对于 $x$ 轴的惯性矩为 $b_3\left(a^2+\frac{h^2}{12}\right)$。以上都是线性值，尚未乘以板厚。注意到单槽口截面中共有两个腹板 $b_3$，整理得到单槽口对于形心轴（$x$ 轴）的惯性矩

$$I_x=\frac{th^2}{\sum b}\left(b_1b_2+\frac{2}{3}b_3\sum b-b_3^2\right) \tag{7-22}$$

单槽口对于上边（用 s 代表）及下边（用 x 代表）的截面模量为

$$W_x^{\mathrm{s}}=\frac{I_x}{c}=\frac{th\left(b_1b_2+\frac{2}{3}b_3\sum b-b_3^2\right)}{b_2+b_3} \tag{7-23}$$

$$W_x^{\mathrm{x}}=\frac{I_x}{h-c}=\frac{th\left(b_1b_2+\frac{2}{3}b_3\sum b-b_3^2\right)}{b_1+b_3} \tag{7-24}$$

式中　$t$——压型钢板的板厚。

以上计算是按折线截面原则进行的，略去了各转折处圆弧过渡的影响。精确计算表明，其影响在 0.5%~4.5%，可以略去不计。当板件的受压部分非全部有效时，应该用有效宽度代替它的实际宽度。

**3. 压型钢板的荷载和荷载组合**

（1）压型钢板的荷载　作用在屋面压型钢板上的荷载有永久荷载和可变荷载。永久荷载包括屋面压型钢板自重，保温层、龙骨等附件的自重。可变荷载包括雪荷载（或屋面均布活荷载）、屋面积灰荷载、风荷载、施工检修集中荷载等。通常情况下雪荷载、屋面均布活荷载和屋面检修集中荷载不同时考虑，雪荷载和屋面均布活荷载两者取其较大值。施工检修荷载一般取 1.0kN，当施工检修集中荷载大于 1.0kN 时，应按实际情况取用。

当按单槽口截面受弯构件设计屋面板时，需按下列方法将作用在一个波距上的集中荷载折算成板宽度方向上的线荷载（见图 7-36）。

$$q_{\mathrm{re}}=\eta\frac{F}{b_{\mathrm{p}i}} \tag{7-25}$$

式中　$b_{\mathrm{p}i}$——压型钢板的波距；

$F$——集中荷载；

$q_{\mathrm{re}}$——折算线荷载；

$\eta$——折算系数，由实验确定，无实验依据时，可取 $\eta=0.5$。

进行上述换算，主要是考虑到相邻槽口的共同工作提高了板承受集中荷载的能力。折算系数取 0.5，则相当于在单槽口的连续梁上，作用了一个 0.5$F$ 的集中荷载。

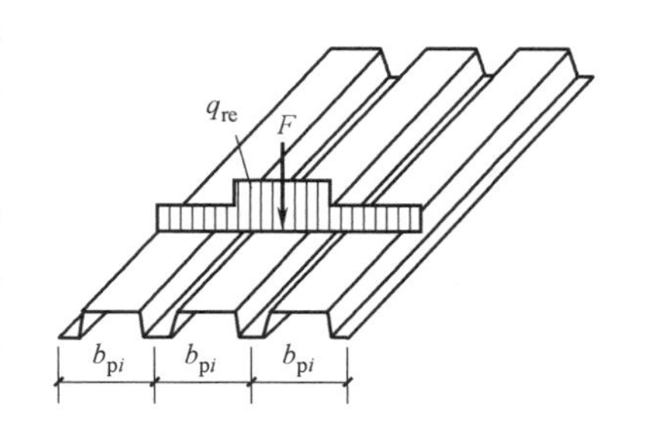


图 7-36　折算线荷载

墙面压型钢板承受的荷载主要是垂直于墙面的风荷载和可能发生的地震作用。在风荷载较大的地区，设计时应验算风吸力作用下压型钢板和连接件的强度，此时不计入风吸力以外所有可变荷载效应的影响，屋面板自重的荷载分项系数取 1.0。

屋面板和墙板的风荷载体型系数不同于刚架计算，

应按《门式刚架轻型房屋钢结构技术规程》（2012 年版）（CECS 102—2002）表 A. 0. 2-3 取用。

压型钢板一般按不上人屋面考虑，屋面活荷载标准值为 $0.5\text{kN/m}^2$，施工或检修集中荷载（人和小工具自重）标准值应取 1. 0kN，并作用于压型钢板跨中。

仅做模板使用的压型钢板上的荷载，除自重外，尚应计入钢筋混凝土楼板重和可能出现的施工荷载，如施工中采取了必要的措施，可不考虑浇筑混凝土的冲击力，挠度计算时可不计施工荷载。

（2）压型钢板的荷载组合　计算压型钢板的内力时，主要考虑两种荷载组合：

1）1. 3×永久荷载+1. 5×max{屋面均布活荷载，雪荷载}。

2）1. 3×永久荷载+1. 5×施工检修集中荷载换算值。

当需考虑风吸力对屋面压型钢板的受力影响时，还应进行下式的荷载组合：

3）1. 0×永久荷载+1. 5×风吸力荷载。

计算屋面板紧固件时，风荷载体型系数为封闭建筑：中间区域取值为-1. 3，边缘地带取值为-1. 7，角部区域取值为-2. 9。

**4. 薄壁构件的板件有效宽度**

压型钢板计算可按支承情况分别按简支板、连续板、悬臂板进行设计。

压型钢板和用于檩条、墙梁的卷边槽钢和 Z 型钢都属于冷弯薄壁构件，这类构件容许板件受压屈曲并利用其屈曲后强度。因此，在其强度和稳定性计算公式中截面特性一般以有效截面为准。然而，也并非所有这类构件都利用屈曲后强度。

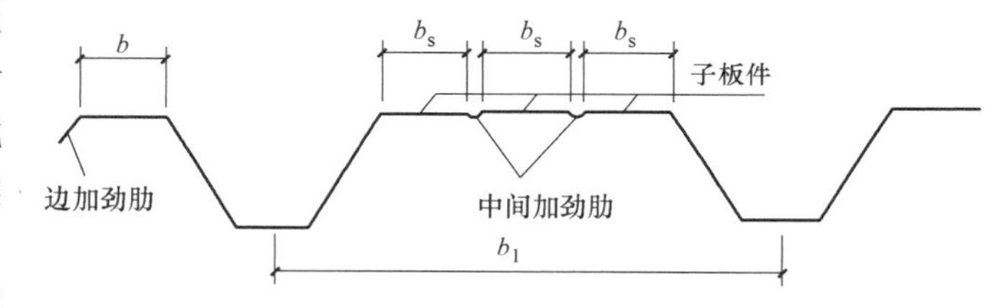

图 7-37　带中间加劲肋的压型钢板

对于翼缘宽厚比较大的压型钢板，如图 7-37 所示设置尺寸适当的中间纵向加劲肋，就可以保证翼缘受压时全部有效。

所谓尺寸适当包括两方面要求，一是加劲肋必须有足够的刚度，中间加劲肋的惯性矩符合下列公式要求

$$I_{is} \geqslant 3.66t^4\sqrt{\left(\frac{b_s}{t}\right)^2-\frac{27100}{f_y}} \tag{7-26}$$

$$I_{is} \geqslant 18t^4 \tag{7-27}$$

式中　$I_{is}$——中间加劲肋截面对平行于被加劲肋板之重心轴的惯性矩；

$b_s$——子板件的宽度；

$t$——板件的厚度。

对于图 7-37 所示边缘加劲肋，其惯性矩 $I_{es}$ 要求不小于中间加劲肋的一半，计算时在式（7-25）中用 $b$ 代替 $b_s$。

尺寸适当的第二方面的要求是中间肋的间距不能过大，即满足下式要求

$$\frac{b_s}{t} \leqslant 36\sqrt{205/\sigma_1} \tag{7-28}$$

式中　$\sigma_1$——受压翼缘的压应力（设计值）。

对于设置边加劲肋的受压翼缘来说，宽厚比应满足下式要求

$$\frac{b_s}{t} \leqslant 18\sqrt{205/\sigma_1} \tag{7-29}$$

以上计算没有考虑相邻板件之间的约束作用，一般偏于安全。

薄壁构件有效宽度取决于板件的约束条件，有效宽度的分布如图7-38所示。

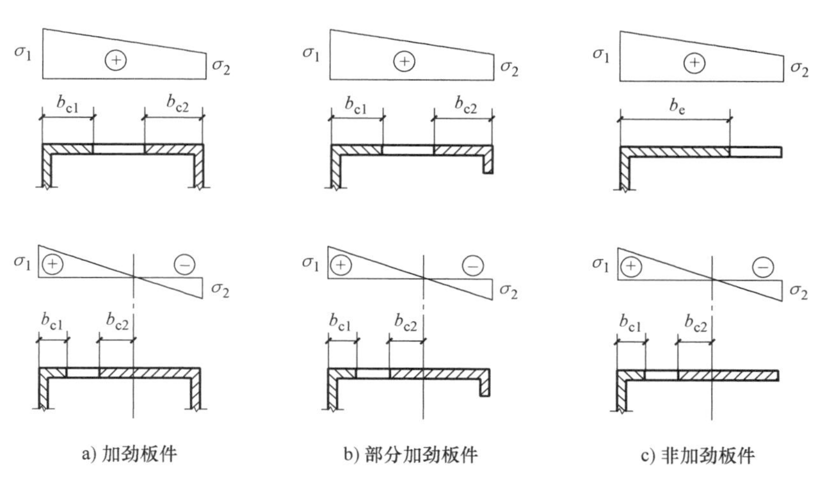


图7-38　压型钢板的有效宽度

### 5. 压型钢板的强度和挠度计算

压型钢板构件应按承载能力极限状态计算其强度，按正常使用极限状态计算其刚度。压型钢板的刚度用荷载作用下的挠度大小来度量。

强度和挠度的计算可取单槽口的有效截面，按受弯构件进行计算。

内力分析时，把檩条视为压型钢板的支座，考虑不同荷载的组合，按多跨连续梁进行。

1）压型钢板腹板的剪应力计算：

当$\frac{h}{t}<100$时

$$\tau \leqslant \tau_{cr} = \frac{8550}{(h/t)} \tag{7-30}$$

$$\tau \leqslant f_v \tag{7-31}$$

当$\frac{h}{t} \geqslant 100$时

$$\tau \leqslant \tau_{cr} = \frac{8550}{(h/t)^2} \tag{7-32}$$

式中　$\tau$——腹板的平均剪应力（$N/mm^2$）；

$\tau_{cr}$——腹板剪切屈曲临界应力；

$h/t$——腹板的高厚比。

2）压型钢板支座处腹板的局部受压承载力计算

$$R \leqslant R_w \tag{7-33}$$

$$R_w = \alpha t^2 \sqrt{fE}\,(0.5+\sqrt{0.02 l_c/t})\left[2.4+\left(\frac{\theta}{90}\right)^2\right] \tag{7-34}$$

式中　$R$——支座反力；

$R_w$——块腹板的局部受压承载力设计值；

$\alpha$——系数，中间支座取 $\alpha=0.12$，端部支座取 $\alpha=0.06$；

$t$——腹板的厚度；

$l_c$——支座处的支承长度，$10\text{mm}<l_c<200\text{mm}$，端部支座可取 $l_c=10\text{mm}$；

$\theta$——腹板的倾角（$45°\leqslant\theta\leqslant90°$）。

3）压型钢板同时承受弯矩 $M$ 和支座反力 $R$ 作用的截面，应满足下列要求

$$\frac{M}{M_u}\leqslant1.0 \tag{7-35}$$

$$\frac{R}{R_w}\leqslant1.0 \tag{7-36}$$

$$\frac{M}{M_u}+\frac{R}{R_w}\leqslant1.25 \tag{7-37}$$

式中　$M_u$——截面的抗弯承载力设计值，$M_u=W_e f$。

4）压型钢板同时承受弯矩和剪力的截面，应满足下列要求：

$$\left(\frac{M}{M}\right)^2+\left(\frac{V}{V_u}\right)^2\leqslant1.0 \tag{7-38}$$

式中　$V_u$——腹板的抗剪承载力设计值，$V_u=(ht\sin\theta)\ \tau_{cr}$，$\tau_{cr}$ 按式（7-30）计算。

5）压型钢板的挠度限制：

① 屋面板：当屋面坡度$<\frac{1}{20}$时，挠度与跨度之比不超过$\frac{1}{250}$，屋面坡度$\geqslant\frac{1}{20}$时，挠度与跨度之比不超过$\frac{1}{200}$。CECS 102—2002 对屋面板的规定为其挠度与跨度之比不超过$\frac{1}{150}$。

② 墙板：挠度与跨度之比不超过$\frac{1}{150}$。CECS 102—2002 规定，墙板的挠度与跨度之比不超过$\frac{1}{100}$。

③ 楼板：挠度与跨度之比不超过$\frac{1}{200}$。

集中荷载作用下，压型钢板的挠度可以近似地将集中荷载折算成沿板宽度方向的线荷载，可按折算线荷载及有效截面特性的方法，用材料力学方法计算压型钢板的挠度。

**6. 压型钢板的构造规定**

1）压型钢板腹板与翼缘水平面之间的夹角 $\theta$ 不宜小于 45°。

2）压型钢板宜采用长尺寸板材，以减少板长度方向的搭接。

3）压型钢板长度方向的搭接端应与支承构件（如檩条、墙梁）有可靠的连接，搭接部位应设置防水密封胶带，搭接长度不宜小于下列限值：波高大于或等于 70mm 的高波形屋面压型钢板，350mm；波高小于 70mm 的中波形屋面压型钢板，屋面坡度$<\frac{1}{10}$时为 250mm，屋面坡度$>\frac{1}{10}$时为 200mm，墙面低波压型钢板为 120mm。

4）屋面压型钢板的侧向连接方式有搭接式、扣合式和咬合式等不同的连接方式（见图 7-39）。当屋面压型钢板的侧向采用搭接式连接时，一般应搭接一个波，特殊要求时可搭接

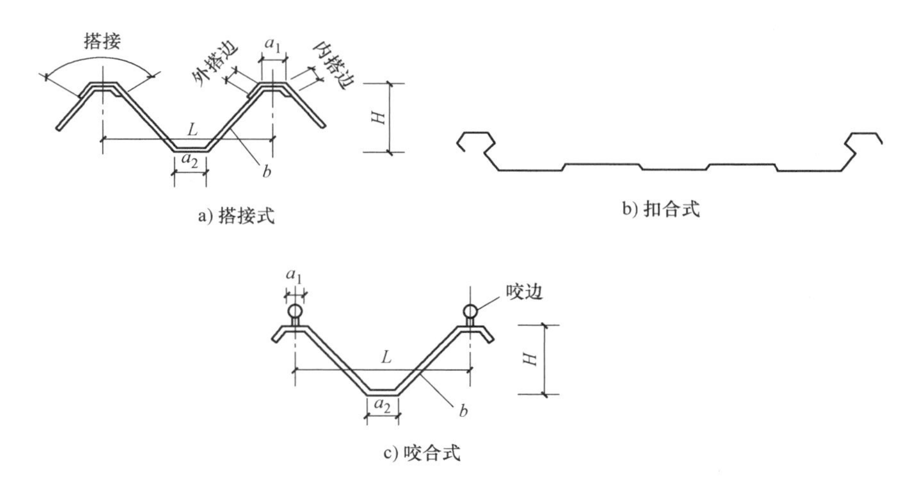


图 7-39　压型钢板的侧向连接方式

两个波。在搭接处要用连接件进行紧固处理，连接件应设置在波峰上，连接中应采用带防水密封胶垫的自攻螺钉。对于高波压型钢板，连接件之间的间距一般为 700~800mm；对于低波压型钢板，连接件之间的间距一般为 300~400mm。

当侧向采用扣合式或咬合式连接时，应在檩条上设置与压型钢板波形相配套的专用固定支座，在两片压型钢板的侧边应确保扣合或咬合时的连接可靠。

5）墙面压型钢板之间的侧向连接宜采用搭接式连接，通常搭接一个波峰，压型钢板之间的连接可设置在波峰处，也可设置在波谷处。

6）屋面压型钢板应进行屋面排水的验算。

## 7.6　钢屋架的形式和截面设计

### 7.6.1　屋架的形式及主要尺寸

屋架是主要承受横向荷载作用的格构式受弯构件。由于是由直杆相互连接组成，各杆件一般只承受轴心拉力或轴心压力，故截面上的应力分布均匀，材料能充分发挥作用。因此，与实腹梁相比，屋架具有耗钢量小、自重轻、刚度大和容易按需要制成各种不同外形的特点。所以在屋盖结构中得到广泛应用，但屋架在制造时比实腹梁要费工。

本节主要以双角钢组成的普通钢屋架为研究对象，就其造型、计算、构造等做较详细的介绍，但其基本原理同样适用于其他用途的桁架体系，如吊车桁架、制动桁架和各种支撑体系等。

#### 1. 屋架的形式

（1）三角形屋架　三角形屋架适用于屋面坡度较陡（$i$>1/3）的有檩屋盖体系。这种屋架通常与柱子只能铰接，房屋的整体横向刚度较低。对简支屋架来说，荷载作用下的弯矩图是抛物线分布，致使这种屋架弦杆受力不均，支座处内力较大，跨中内力较小，弦杆的截面不能充分发挥作用。支座处上、下弦杆交角过小内力较大。由于三角形屋架的支座节点构造复杂。因此三角形屋架一般只宜用于中、小跨度（$l=18\sim24$m）的轻屋面结构中。

三角形屋架的腹杆多采用芬克式（见图7-40a、b），其腹杆虽较多，但它的压杆短，拉杆长，受力相对合理，且可分成两榀小屋架和一根直杆（下弦中间杆），便于运输。人字式（见图7-40c）腹杆的节点较少，但受压腹杆较长，适用于跨度较小（$l\leqslant18$m）的情况。人字式屋架的抗震性能优于芬克式屋架，所以在强地震烈度地区，跨度大于18m时仍常用人字式腹杆的屋架。单斜式（图7-40d）的腹杆较长且节点数目较多，只适用于下弦需设置天棚的屋架，一般情况较少采用。

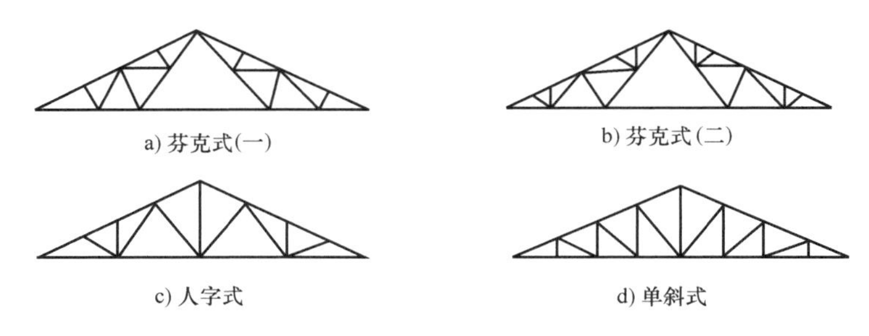


图7-40　三角形屋架

由于某些屋面材料要求檩条的间距很小，不可能将所有檩条都放置在屋架上弦节点上，从而使屋架上弦产生局部弯矩，因此，三角形屋架在布置腹杆时，要同时处理好檩距和上弦节点之间的关系。

尽管从内力分配观点来看，三角形屋架的外形存在着明显的不合理性，但是从建筑物的整个布局和用途出发，在屋面材料为石棉瓦、瓦楞铁皮及短尺压型钢板等需要上弦坡度较陡的情况下，往往还是要用到三角形屋架的。

三角形屋架的高度，当屋面坡度为（1/3～1/2）时，高度 $H=(1/6\sim1/4)l$。

（2）梯形屋架　梯形屋架适用于屋面坡度较为平缓的无檩屋盖体系，以及采用长尺压型钢板和夹芯保温板的有檩屋盖体系。由于其外形与均布荷载作用下的弯矩图比较接近，弦杆内力比较均匀。梯形屋架与柱的连接可以做成铰接也可以做成刚接。刚接连接可提高建筑物的横向刚度，因此在钢结构厂房中被广泛采用。当屋架支承在钢筋混凝土柱或砖柱上时，只能做成铰接。

梯形屋架的腹杆体系可采用单斜式、人字式和再分式（见图7-41）。人字式按支座斜杆（端斜杆）与弦杆组成的支承点在下弦或在上弦分为下承式（见图7-41a、d）和上承式（见

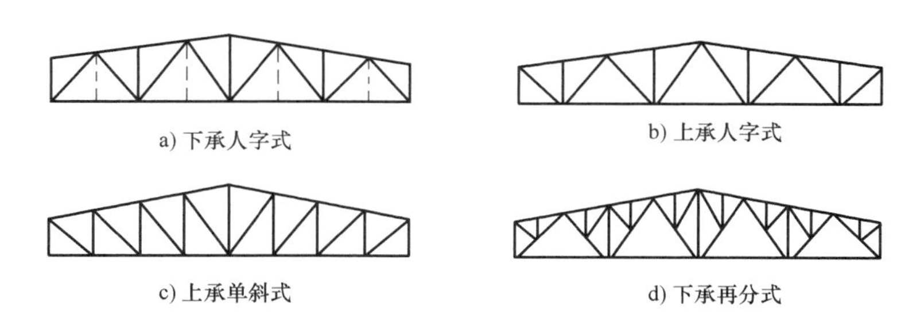


图7-41　梯形屋架

图7-41b、c）两种。一般情况下，与柱刚接的屋架宜采用下承式；与柱铰接的则上承式或下承式均可。由于下承式屋架使排架柱的计算高度减小，同时又便于在下弦设置屋盖纵向水平支撑，故以往多采用。由于上承式使屋架重心降低，支座斜腹杆受拉，且便于安装，故近年来逐渐得到推广使用。

梯形屋架的腹杆多采用人字式，当在屋架下弦设置顶棚，可在图7-41a中虚线处增设吊杆或者采用单斜式腹杆。在屋架高度较大的情况下，为使斜杆与弦杆保持适当的交角，上弦节间长度往往比较大。当上弦节间长度为3m，而大型屋面板宽度为1.5m时，可采用再分式腹杆（见图7-41d）将节间缩短至1.5m，但其制造较费工。故有时仍采用3m节间而使上弦承受局部弯矩，不过这将使上弦截面加大。为同时兼顾，可采取只在跨中一部分节间增加再分杆，而在弦杆内力较小的支座附近采用3m节间，以获得良好的经济效果。

（3）拱形屋架　拱形屋架适用于有檩屋盖体系。由于屋架的外形与弯矩图（通常为抛物线形）接近，弦杆内力比较均匀，腹杆内力也较小，故受力合理。拱形屋架的上弦可以做成圆弧形（见图7-42a）或折线形（见图7-42b），腹杆则多采用人字式，也可采用单斜式。

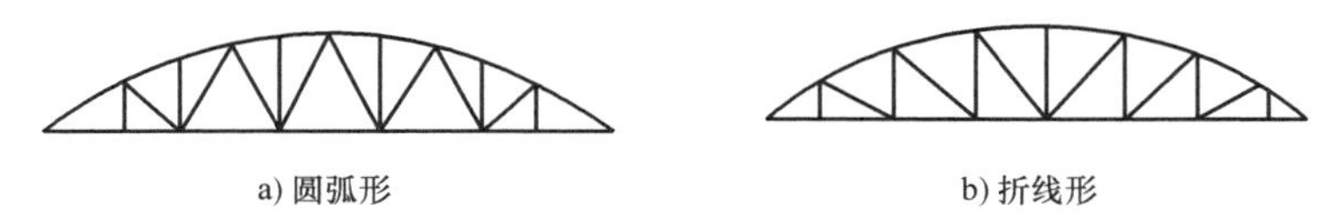


图7-42　拱形屋架

拱形屋架由于制造较费工，故以往应用较少，仅在特大跨度屋盖（多做成落地拱式桁架）有所采用。近年来新建的一些大型农贸市场，利用其美观的造型，再配合新品种轻型屋面材料，故应用也是日渐广泛。

（4）平行弦屋架　平行弦屋架的上、下弦杆平行，且可做成不同坡度。屋架与柱连接可做成刚接或铰接。平行弦屋架多用于单坡屋盖（见图7-43a）和双坡屋盖（见图7-43b）或用作托架，支撑体系也属此类。平行弦屋架多用于较大跨度的建筑结构中。

平行弦屋架的腹杆多采用人字式（见图7-43a、b、c），用作支撑时常采用交叉式（见图7-43d）。平行弦网架在构造方面有突出的优点，弦杆及腹杆分别等长、节点形式相同、能保证屋架的杆件重复率最大，且可使节点构造形式统一，便于制作工业化。

我国近年来在一些大型工厂中采用了坡度$i=2/100\sim5/500$的平行弦双坡屋架，由于腹杆长度一致，节点类型统一，且在制造时不必起拱，符合标准化、工厂化制造的要求，空间观感效果较好。

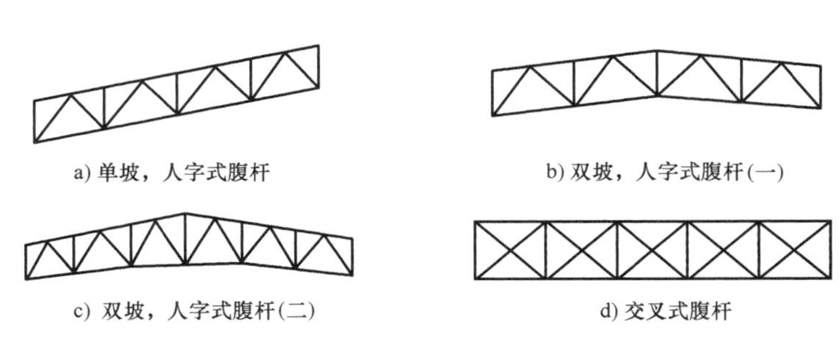

a) 单坡，人字式腹杆
b) 双坡，人字式腹杆(一)
c) 双坡，人字式腹杆(二)
d) 交叉式腹杆


图7-43　平行弦屋架

2. 屋架的主要尺寸

屋架的主要尺寸是指屋架的跨度 $l$ 和跨中高度 $h$。对于梯形屋架还有端部高度 $h_0$。

(1) 跨度　屋架的跨度取决于房屋的柱网尺寸，而柱网尺寸是综合考虑房屋的工艺和使用要求、结构形式、经济效果等因素确定的。

柱网纵向轴线之间的距离是屋架的跨度 $l$（即标志跨度），一般以 3m 为模数。屋架两端支座反力之间的距离称为计算跨度 $l_0$，用于屋架的内力分析。

当屋架简支于钢筋混凝土柱且柱网采用封闭结合时，考虑屋架支座处需要一定的构造尺寸，一般可 $l_0=l-(300\sim400)\text{mm}$（见图 7-44a）；当屋架支承于钢筋混凝土柱上、柱网采用非封闭结合时，计算跨度等于标志跨度，即 $l_0=l$（见图 7-44b）。

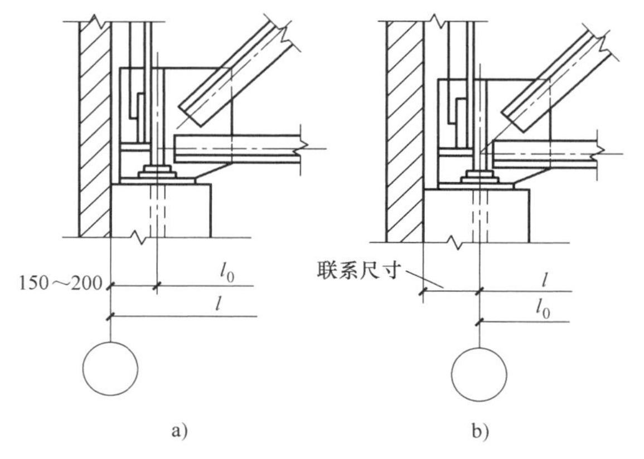

图 7-44　屋架的计算跨度

(2) 高度　屋架高度 $h$ 是指跨中高度。由经济条件（屋架杆件总重量最小）、刚度条件（屋架最大挠度 $\leqslant l/500$）、运输界限（铁路运输界限为 3.85m）及屋面坡度等因素来确定。有时建筑设计也可能对屋架高度提出某种限制。

一般情况下，设计钢屋架时，首先要根据屋架的形式和设计经验确定屋架的端部高度 $h_0$，然后按照屋面坡度 $i$ 计算跨中高度 $h$。三角形屋架的高度主要取决于屋面坡度，当坡度为 $i=1/3\sim1/2$ 时，$h=(1/6\sim1/4)l$。平行弦屋架和梯形屋架的中部高度主要由经济高度决定，一般取高度 $h=(1/10\sim1/6)l$（跨度 $l$ 大时取小值，跨度 $l$ 小时取大值）。至于梯形屋架的端部高度 $h_0$，它是与中部高度及屋面坡度相关的。当为多跨屋架时，$h_0$ 应取一致，以利于屋面排水。屋架与柱刚接时，一般为 $h_0=(1/16\sim1/10)l$，常取 1.8～2.4m；当与柱铰接时，宜取 $h_0\geqslant l/18$，陡坡梯形屋架取值可稍小些，宜取 $h_0=0.5\sim1.0\text{m}$，缓坡梯形屋架则宜取 $h_0=1.8\sim2.1\text{m}$。当为多跨房屋时，$h_0$ 应力求统一，以便于屋面的构造处理。

3. 屋架的选择

屋架选择是设计的第一步，其外形首先取决于建筑物的用途，其次应考虑用料经济、施工方便、与其他构件的连接及结构的刚度等问题。屋架的选择主要考虑以下个几方面。

1) 使用要求。屋架的外形取决于屋面材料要求的排水坡度，屋架上弦坡度应适应屋面材料的排水需要。当采用短尺寸压型钢板、波形石棉瓦和瓦楞铁等材料时，其排水坡度要求较陡，应采用三角形屋架。当采用大型混凝土屋面板铺油毡防水材料或长尺压型钢板时，其排水坡度可较平缓，应采用梯形屋架。另外，应考虑建筑上净空的需要，以及有无天窗、天棚和悬挂式起重机等方面的要求。

2) 受力合理。屋架的外形应尽可能与弯矩图接近，这样能使弦杆内力均匀，材料利用充分。腹杆的布置应使内力分布合理，短杆受压，长杆受拉，且杆件和节点数量宜少，总长度宜短。腹杆布置时应注意使荷载都作用在屋架的节点上（石棉瓦等轻型屋面的屋架除外），避免由于节间荷载而使弦杆承受局部弯矩。屋架杆件的受力应尽可能使荷载作用在节点上，以避免弦杆因受节间荷载产生的局部弯矩而加大截面。当梯形屋架与柱刚接时，其端部应有足够的高度，以便有效地传递支座弯矩而端部弦杆不致产生过大内力。另外，屋架中部应有足够高度，以满足刚度要求。

3）便于施工。屋架杆件的数量和品种规格宜少，尺寸力求划一，构造应简单，以便制造。腹杆夹角宜为30°～60°，腹杆夹角过小，将使节点构造困难。

以上各条要求要同时满足往往不容易，因此应根据各种有关条件，进行技术经济综合分析比较，以便得到较好的经济效果。

## 7.6.2　屋架的荷载和内力计算

### 1. 屋架的荷载和荷载组合

作用在屋架上的荷载有永久荷载和可变荷载两部分。各种荷载的标准值及其分项系数、组合系数应按《建筑结构荷载规范》（GB 50009—2012）的规定采用。永久荷载包括屋面材料和檩条、屋架、天窗架、支撑及天棚等结构的自重；可变荷载包括屋面均布活荷载、雪荷载、风荷载、积灰荷载及悬挂式起重机荷载及地震作用等。其中屋面均布活荷载与雪荷载在设计中不同时考虑，取两者中的较大值。因为下雪时不会进行屋面检修等活动，即使检修也应进行扫雪。

当屋面坡度≤30°时，屋盖通常受风的吸力（对屋架有卸载作用），故一般可不予考虑。只有在坡度大于30°或风荷载大于490N/m$^2$时，则应计算风荷载的作用。有天窗时，个别迎风面受风压力。对屋面永久荷载较大的屋盖结构（如采用钢筋混凝土大型屋面板时），风荷载的影响很小，一般不考虑。但是对于采用轻型屋面材料的屋盖结构，则应考虑风的吸力可能使屋架的拉杆变为压杆，以及产生支座负反力的屋架锚固问题。

屋架和支撑的自重$g_0$（单位：kN/m$^2$）可按下面经验公式估算

$$g_0=\beta l \quad （水平投影面） \tag{7-39}$$

式中　$\beta$——系数，当屋面荷载$Q\leqslant 1$kN/m$^2$（轻屋盖）时，$\beta=0.01$，当$Q=1\sim2.5$kN/m$^2$（中屋盖）时，$\beta=0.012$，当$Q\geqslant 2.5$kN/m$^2$（重屋盖）时，$\beta=0.012/l+0.011$；

$l$——屋架的标志跨度（m）。

地震引起的作用应按《建筑抗震设计规范》（GB 50011—2010）的规定采用。

由于屋架中有的杆件并非在全跨永久荷载和全跨可变荷载同时作用下产生最不利内力，而是当某些可变荷载半跨作用时，杆力最大或由拉力变为压力，成为控制内力。因此，设计屋架时应考虑屋架在施工阶段和使用阶段可能出现的各种组合，以便找出每根杆件的最不利内力，并据此确定杆件的截面尺寸，一般情况下应考虑以下三种荷载组合：

1）全跨永久荷载+全跨可变荷载。

2）全跨永久荷载+半跨可变荷载。

3）全跨屋架、天窗架和支撑自重+半跨屋面板重+半跨屋面活荷载。

在多数情况下，用第一种荷载组合计算的屋架杆件内力即为最不利内力。但在第二种和第三种荷载组合下，对于梯形和拱形屋架跨中附近的斜腹杆可能由拉杆变为压杆或内力增大，应予考虑。

### 2. 屋架杆件的内力计算

计算屋架杆件内力时采用如下假定：

1）节点均视为铰接。对实际节点中因杆件端部和节点板焊接而具有的刚度及引起的次应力，在一般情况下可不考虑。

2）各杆件轴线在同一平面内相交于一点（节点中心），且各节点均为理想铰接。

屋架杆件的内力均按荷载作用于屋架的上、下弦节点进行计算。对有节间荷载作用的屋架，可先将节间荷载分配在相邻的两个节点上，按只有节点荷载作用的屋架求出各杆件内力，再计算直接承受节间荷载杆件的局部弯矩。

作用于屋架上弦节点的荷载可按各种均布荷载对节点汇集进行计算，见（见图 7-45），汇集成的节点荷载按下式计算：

$$Q=\sum q_{Q}sa+\sum\left(\frac{q_{G}}{\cos\alpha}\right)sa \tag{7-40}$$

式中　$Q$——永久荷载和可变荷载引起的节点集中力设计值；

$q_Q$——可能同时出现的各种可变荷载设计值之和（《建筑结构荷载规范》规定的活荷载、雪荷载及积灰荷载都是按水平投影面考虑的）；

$q_G$——沿屋面坡度方向范围内各永久荷载设计值之和；

$\alpha$——屋面倾角，当 $\alpha$ 较小时，可近似取 $\cos\alpha=1.0$；

$a$——屋架上弦节间的水平投影长度（见图 7-45）；

$s$——屋架的间距（见图 7-45）。

当屋架下弦未设天棚时，通常假定屋架和支撑的自重全部作用在屋架上弦；当设有顶棚时，则假定屋架上、下弦平均分配。

有节间荷载作用的屋架，除了把节间荷载分配到相邻节点并按节点荷载求解杆件内力外，还应计算节间荷载引起的局部弯矩。局部弯矩的计算，既要考虑杆件的连续性，又要考虑节点支承的弹性位移，一般采用简化计算。如当屋架上弦有节间荷载作用时，上弦杆的局部弯矩可近似采用为：端节间的正弯矩取 $0.8M_0$，其他节间的正弯矩和节点负弯矩（包括屋脊节点）取 $0.6M_0$，$M_0$ 为相应弦杆节间作为单跨简之梁求得的最大弯矩（见图 7-46c）。

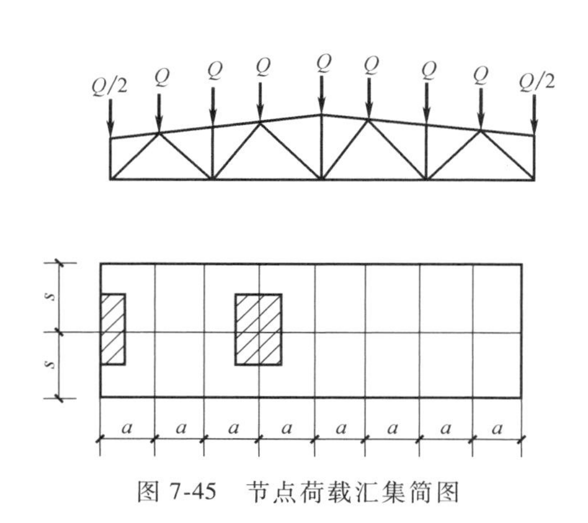


图 7-45　节点荷载汇集简图

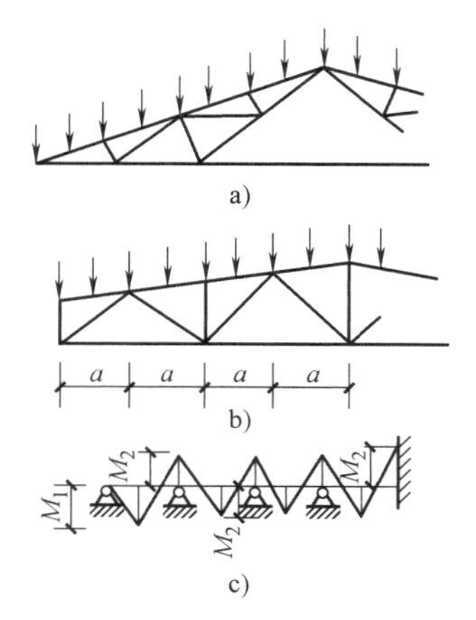


图 7-46　上弦杆局部弯矩计算简图

屋架杆件内力的计算可以利用计算机或图解法及解析法来求得各节点荷载作用下的内力。不具备电算条件时，求解屋架杆件内力一般用图解法较为方便，图解法最适宜几何形状不很规则的屋架。对于形状不复杂的（如平行弦屋架）及杆件数不多的屋架，用解析法确定内力则可能更简单些。不论用哪种方法，计算屋架杆件内力时，应根据具体情况考虑荷载组合问题。

## 7.6.3 屋架杆件的计算长度

图7-47所示为一屋架的计算简图及部分杆件截面。由图可知，各杆件截面的主形心轴 $x$ 均垂直于屋架平面，主形心轴 $y$ 位于屋架平面内。当杆件在屋架平面内弯曲变形时（见图7-47a中双点画线），其截面将绕 $x$ 轴转动，故将杆件在屋架平面内的计算长度用 $l_{0x}$ 表示（$x$ 为杆件弯曲时截面转动所绕轴的代号）。同理，杆件在屋架平面外的计算长度用 $l_{0y}$ 表示（见图7-47b，图中双点画线为上弦杆在屋架平面外弯曲屈曲的形式）。

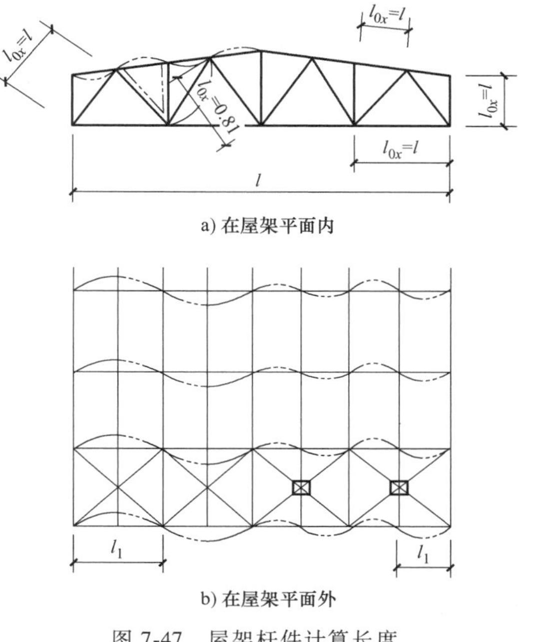


图7-47 屋架杆件计算长度

### 1. 弦杆和单系腹杆的计算长度

单系腹杆是指仅在屋架上、下端与其他杆件相连接，中部不与任何杆件相连接的腹杆（见图7-47）。

在理想的铰接屋架中，压杆在屋架平面内的计算长度 $l_{0x}$ 应是节点中心的距离。但在实际屋架中，由于各杆件用焊缝与节点板相连接，当某一压杆屈曲时，其端部要带动节点发生转动时，节点转动会受到同一节点板上其他杆件的阻碍。因此压杆的端部是弹性嵌固的，其计算长度应小于节点为理想铰接的情况。阻碍节点转动的主要因素是拉杆。因为节点转动时必然迫使节点上的各杆件受弯，拉杆的拉力则使杆件变直而阻止弯曲。在压杆的端部汇交的拉杆数量越多，拉杆的线刚度越大，压杆的线刚度越小，压杆所受到的节点约束就越大，计算长度也就越小。压杆阻碍节点转动的能力是很小的，可以忽略，因为压杆在压力的作用下也有受弯屈曲的趋势。根据上述原则即可确定各杆件在屋架平面内的计算长度。

屋架的受压弦杆、支座竖杆和支座斜杆，两端节点上的压杆数量多，拉杆少，且杆件本身的线刚度又大，故所受的节点约束较弱，可偏安全地视为两端铰接，计算长度取杆件的几何长度，即 $l_{0x}=l$（$l$ 为杆件几何长度，即节点中心的间距）。

对于其他腹杆，虽然在上弦节点处拉杆数量少，可视为铰接。但在下弦节点处拉杆数量多，且下弦杆线刚度大，约束能力较大，故取计算长度为 $l_{0x}=0.8l$。至于受拉弦杆，其所受到的节点约束作用要比受压弦杆稍大，但为简化计算，取其计算长度与受压弦杆相同。

屋架弦杆在平面外的计算长度 $l_{0y}$ 取弦杆侧向支承点之间的距离 $l_1$，即 $l_{0y}=l_1$。对于上弦杆，在有檩屋盖中，当檩条与上弦横向支撑的斜杆交叉点有可靠连接时（见图7-47b右部），$l_1$ 取檩条的间距；否则 $l_1$ 取上弦支撑的节间长度（见图7-47b左部）。在无檩屋盖中，若能保证每块大型屋面板与屋架有三点焊接，考虑到屋面板能起支撑作用，$l_1$ 可取两块屋面板的宽度，但不应大于 3m。若不能保证每块屋面板与屋架有三点焊接，为了安全起见，$l_1$ 仍取上弦支撑的节间长度。

对于下弦杆，$l_1$ 应取纵向水平支撑与系杆或系杆与系杆之间的距离。所有的腹杆在屋架平面外的计算长度均取其几何长度，即 $l_{0y}=l$。这是因为节点板较薄，在垂直于屋架平面方向的刚度很小，当腹杆在屋架平面外发生屈曲时，腹杆只起铰接的作用。

对于双角钢组成的十字形截面杆件和单角钢杆件，由于截面主轴不在屋架平面内，有可能绕主轴中的弱轴发生屈曲，屈曲平面与屋架平面斜交，称为斜平面失稳。此时屋架的下弦节点板对其下端仍有一定的嵌固作用，因此，当这些杆件不是支座竖杆和支座斜杆时，计算长度取 $l_0=0.9l$。屋架弦杆和单系腹杆的计算长度 $l_0$ 按表 7-6 的规定采用。

**表 7-6 屋架弦杆和单系腹杆的计算长度**

| 弯曲方向 | 弦杆 | 腹杆 | |
|---|---|---|---|
| | | 支座斜杆和支座竖杆 | 其他腹杆 |
| 在桁架平面内 | $l$ | $l$ | $0.8l$ |
| 在桁架平面外 | $l_1$ | $l$ | $l$ |
| 斜平面 | — | $l$ | $0.9l$ |

注：1. $l$ 为杆件的几何长度（节点中心间的距离）；$l_1$ 为屋架弦杆及再分式主斜杆侧向支承点之间的距离。
2. 无节点板的腹杆计算长度在任意平面内均取等于几何长度（钢管结构除外）。

### 2. 变内力杆件的计算长度

当受压弦杆的侧向支承点间距 $l_1$ 为 2 倍弦杆节间长度（见图 7-48a），且两节间弦杆的内力 $N_1$ 和 $N_2$ 不相等时（设 $|N_1|>|N_2|$），仍用 $N_1$ 验算弦杆在屋架平面外的稳定性，但若采用 $l_1$ 作为计算长度，显然偏于保守。此时应用下式确定弦杆平面外的计算长度

$$l_0=l_1\left(0.75+0.25\frac{N_2}{N_1}\right),\text{但不小于 }0.5l_1 \tag{7-41}$$

式中 $N_1$——较大的压力，计算时取正值；

$N_2$——较小的压力，计算时取负值。

屋架再分式腹杆体系的受压主斜杆（见图 7-48b），在屋架平面外的计算长度也应按式（7-41）确定。在屋架平面内的计算长度则采用节点中心间距离。因为这种杆件的上端有一端与受压弦杆相连，另一端与其他腹杆相连，屋架平面内节点的约束作用很小。

屋架再分式腹杆体系的受拉主斜杆在屋架平面内的计算长度仍取 $l_1$。

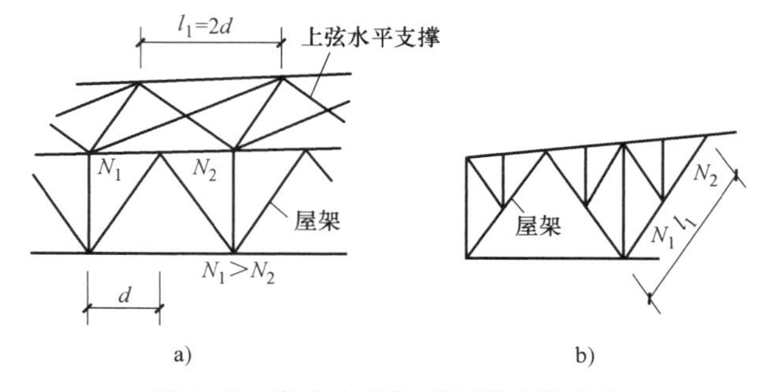


图 7-48 变内力杆件平面外计算长度

### 3. 交叉腹杆的计算长度

交叉腹杆在屋架平面内的计算长度，可认为斜杆在交叉点处及与弦杆的连接节点处均为铰接，故其计算长度取节点中心到交叉点之间的距离，即 $l_{0x}=0.5l$。

在屋架平面外的计算长度，需考虑一根斜杆作为另一根斜杆的平面外支承点，斜杆的计算长度与其受力性质及在交叉点的连接构造有关，应按表7-7的规定采用。

表7-7　交叉腹杆在屋架平面外的计算长度

| 项次 | 杆件类型 | 杆件的交叉情况 | 桁架平面外的计算长度 |
|---|---|---|---|
| 1 | 压杆 | 相交的另一杆受压，两杆在交叉点均不中断 | $l_0=l\sqrt{\frac{1}{2}\left(1+\frac{N_0}{N}\right)}$ |
| 2 | | 相交的另一杆受压，两杆中有一杆在交叉点中断但以节点板搭接 | $l_0=l\sqrt{1+\frac{\pi^2}{12}\frac{N_0}{N}}$ |
| 3 | | 相交的另一杆受拉，两杆在交叉点均不中断 | $l_0=l\sqrt{\frac{1}{2}\left(1-\frac{3}{4}\frac{N_0}{N}\right)}\geqslant 0.5l$ |
| 4 | | 相交的另一杆受拉，此拉杆在交叉点中断但以节点板搭接 | $l_0=l\sqrt{1-\frac{3}{4}\frac{N_0}{N}}\geqslant 0.5l$ |
| 5 | 拉杆 | | $l_0=l$ |

注：1. 表中 $l$ 为节点中心间的距离（交叉点不作为节点考虑），$N$ 为所计算杆的内力；$N_0$ 为相交另一杆的内力，均为绝对值。

2. 两杆均受压时，$N_0\leqslant N$，两杆截面应相同。

3. 当确定交叉腹杆中单角钢杆件斜平面内的长细比时，计算长度应取节点中心至交叉点间的距离。

## 7.6.4　屋架杆件的容许长细比

为了避免屋架杆件因刚度不足，在运输和安装过程中产生弯曲、使用期间在自重作用下产生明显的挠度和在动力荷载的作用下振幅过大的现象，《钢结构设计标准》对屋架杆件规定了容许长细比。设计中应使各杆件的实际长细比不得超过容许长细比，以保证杆件必要的刚度。

杆件的刚度要求（长细比）：受压杆件的容许长细比为150；支撑的受压杆件为200；直接承受动力荷载的屋架中的拉杆为250；只承受静力荷载作用的屋架的拉杆，可仅计算在竖向平面内的长细比，其容许长细比为350；支撑的受拉杆为400。

## 7.6.5　屋架杆件的截面形式

### 1. 单壁式屋架杆件的截面形式

屋架杆件的截面形式应根据用料经济、连接构造简单和具有必要的承载能力和刚度等要求确定。由于杆件多为轴心受力，故其截面宜宽肢薄壁，以节约材料和提高杆件稳定承载力及刚度。对受压杆件，应尽可能使两主轴方向的长细比接近，即 $\lambda_x=\lambda_y$，以达到等稳定性的要求。

普通屋架杆件常采用两个等边或不等边角钢组成T形截面或十字形截面，这种截面具有较大的承载能力、较大的抗弯刚度，便于相互连接且用料经济；截面比较扩展，壁厚较薄，外表平整；压杆具有相等或接近的稳定性，即 $\lambda_x=\lambda_{yz}$；由于角钢截面属于单轴对称截面，绕对称轴 $y$ 屈曲时伴随有扭转，考虑扭转效应取换算长细比 $\lambda_{yz}$ 来计算。受拉弦杆角钢的伸出肢宜宽一些，以便与具有较好的出平面刚度。

对屋架的上弦杆，当无节间荷载作用时（受压弦杆），在一般的支撑布置情况下，当计

算长度 $l_{0y} \geqslant 2l_{0x}$，为使轴压构件稳定系数 $\varphi_x$ 与 $\varphi_y$ 接近，一般应满足 $i_y \geqslant 2i_x$，为此采用两等肢角钢或两短肢相并的不等肢角钢组成的T形截面（见图7-49a、b）。二者之中以用钢量较小的为好，鉴于 $\lambda_{yz}>\lambda_x$，后一截面比较容易做到等稳定。当有节间荷载时，为增强弦杆在屋架平面内的抗弯能力，可采用两长肢相并的不等肢角钢组成的T形截面（见图7-49c）；但弦杆处于屋架的边缘，为增加出平面的刚度以利运输及安装，也可以考虑采用两等肢角钢。下弦杆（受拉弦杆）在一般情况下，往往 $l_{0y}$ 比 $l_{0x}$ 大得多，通常可采用两短肢相并的不等肢角钢组成的T形截面（见图7-49b）。

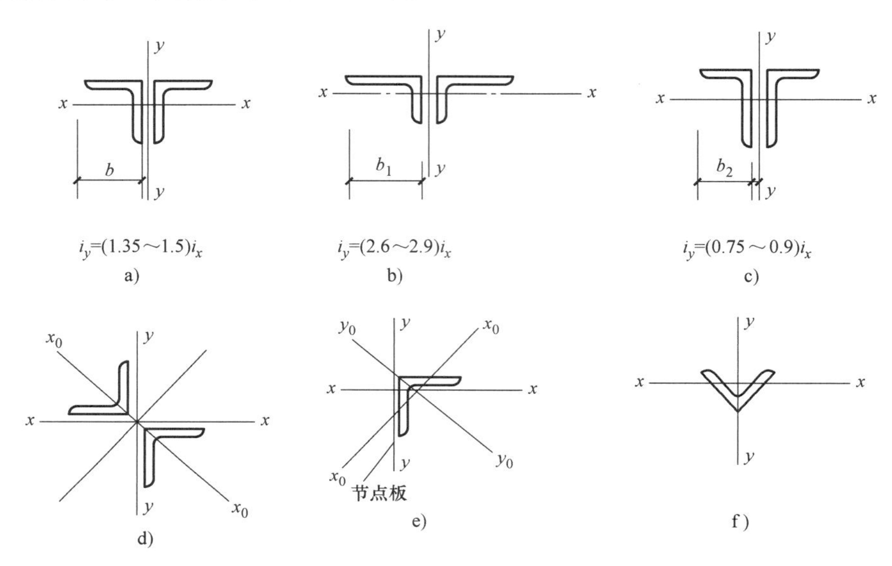


图7-49　单壁式屋架杆件角钢截面

梯形屋架支座处的斜杆及竖杆，由于 $l_{0x}=l_{0y}$，宜采用不等边角钢长肢相连或等边角钢的截面（见图7-49a、c），考虑到扭转影响，前者更容易做到等稳定。连有再分式杆件的斜腹杆 $l_{0y}=2l_{0x}$，可采用两等边角钢相并的截面形式。

屋架中的其他腹杆，因 $l_{0x}=0.8l$，$l_{0y}=l$，即 $l_{0y}=1.25l_{0x}$，故宜采用两等肢角钢组成的T形截面（见图7-49a）。

连接垂直支撑的竖腹杆，常采用两个等肢角钢组成的十字形截面（见图7-49d）。受力很小的腹杆（如再分式等次要杆件），可采用单角钢截面（见图7-49e、f）。

除T形截面外，在有条件时还可采用剖分T型钢（用H型钢对半切开）或用两块钢板组合的T形截面（见图7-50），尤其是采用剖分T型钢，可显著节约钢材。用剖分T型钢取代双角钢，弦杆多采用TW型钢，腹杆可用TW型钢、单角钢或双角钢。

当屋架的腹杆采用T型钢或单角钢时，其耐腐蚀性能好，但是单面连接的单角钢的强度设计值降低较多。

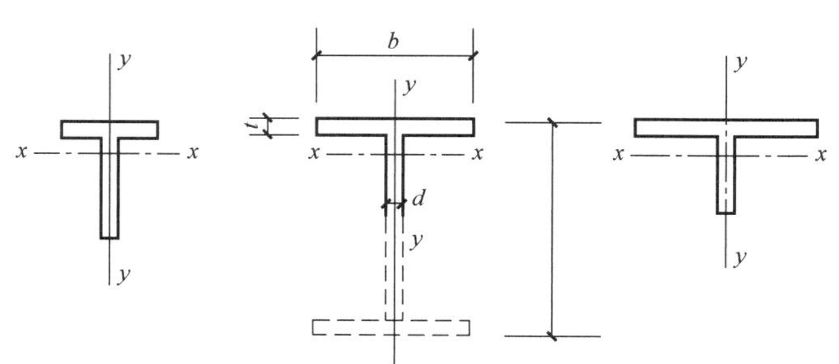


图7-50　T型钢和H型钢杆件截面形式

采用 T 型钢为弦杆、腹杆的屋架比传统的双角钢屋架约节省钢材 12%~15%。

当屋架跨度较大（如 $L>24$m）且弦杆内力相差较大，弦杆可改变一次截面，角钢的厚度不变而只改变肢宽，T 型钢弦杆可改变腹板高度。圆管多用在网架中，矩形管桁架在国外用的较多，T 型钢可用于跨度和荷载较大的桁架。

### 2. 双壁式屋架杆件的截面形式

屋架跨度较大时，弦杆等杆件较长，单榀屋架的横向刚度比较低。为了保证安装时的侧向刚度，对跨度大于等于 42m 的屋架宜设计成双壁式（图 7-51）。其中由双角钢组成的双壁式截面可用于弦杆和腹杆，横放的 H 型钢可用于大跨度重型双壁式屋架的弦杆和腹杆。

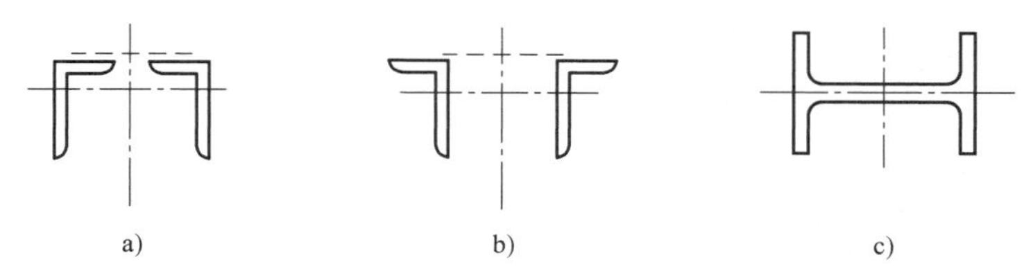


图 7-51　双壁式屋架杆件的截面

### 3. 双角钢杆件的填板

由双角钢组成的 T 形或十字形截面杆件是按实腹式杆件进行计算的。为了保证两个角钢共同工作，必须每隔一定距离在两个角钢之间加设填板（见图 7-52），使它们之间有可靠连接。填板的宽度一般取 50~80mm；填板的长度：对 T 形截面应比角钢伸出 10~20mm，对十字形截面则从角钢肢尖缩进 10~15mm，以便施焊。填板的厚度与桁架节点板相同。

填板间距的设置：对压杆 $l_d \leqslant 40i$，对拉杆 $l_d \leqslant 80i$。在 T 形截面中，$i$ 为一个角钢对平行于填板自身形心轴的回转半径；在十字形截面中，$i$ 为一个角钢的最小回转半径。十字形截面中填板是一横一竖交替放置的。在压杆的平面外计算长度范围内，填板数不得少于两个。

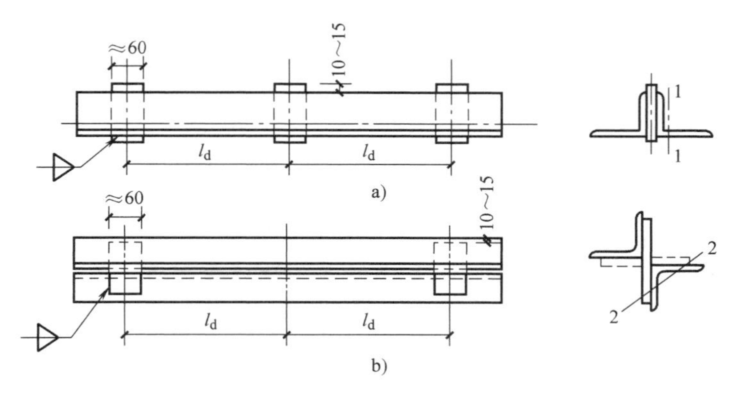


图 7-52　双角钢杆件间的填板

### 4. 屋架节点板厚度

双角钢截面杆件在节点处以节点板相连接，T 型钢截面杆件是否需要用节点板相连应根据具体情况决定。节点板的受力复杂，对一般跨度的屋架可不做计算，按其所连接杆件内力的大小确定厚度。

梯形屋架和平行弦屋架的节点板把腹杆的内力传给弦杆，节点板的厚度由腹杆最大内力

（一般在支座处）确定，三角形屋架支座处的节点板要传递端节间弦杆的内力，因此节点板的厚度由上弦杆内力来决定。此外，节点板的厚度受到焊缝的焊脚尺寸 $h_f$ 和 T 型钢腹板厚度等因素的影响。节点板的厚度可参照表 7-8 取用。

表 7-8　屋架节点板厚度选用表

| 梯形屋架、平行弦屋架腹杆最大内力<br>三角形屋架端节间弦杆内力/kN | ≤170 | 171~290 | 291~510 | 511~680 | 681~910 |
|---|---|---|---|---|---|
| 中间节点板厚度/mm | 6~8 | 8 | 10 | 12 | 14 |
| 支座节点板厚度/mm | 10 | 10 | 12 | 14 | 16 |

注：1. 节点板钢材为 Q345 钢或 Q390 钢、Q420 钢时，节点板厚度可按表中数值适当减小。
2. 本表适用于腹杆端部用侧焊缝连接的情况。
3. 无竖腹杆相连且自由边无加劲肋加强的节点板，应将受压腹杆内力乘以 1.25 后再查表。

一般屋架支座节点板受力大，中间节点板受力比支座节点板小，板的厚度可比支座处的板厚减小 2mm。除支座节点板外，全跨屋架取相同厚度。节点板还要进行撕裂验算。

### 7.6.6　屋架杆件的截面选择和计算

**1. 一般原则**

1）杆件截面应优先选用肢宽而壁薄的角钢，以增加截面的回转半径，这对压杆尤为重要。一般情况下，角钢规格不宜小于∠45×4 或∠56×36×4。当有螺栓孔时，角钢的最小肢宽须满足其规定要求。放置屋面板时，上弦角钢水平肢宽不宜小于 80mm，以满足搁置要求。

2）同一榀屋架的角钢规格应尽量统一，一般宜调整到不超过 5~6 种，同时应尽量避免使用同一肢宽相同而厚度相差不大的角钢，同一种规格的厚度之差不宜小于 2mm，以方便配料和避免制造时混料。

3）屋架弦杆一般沿全跨采用等截面，对跨度大于 24m 的屋架，弦杆可根据内力变化，从适当的节点部位处改变截面，但在半跨内只宜改变一次，且只改变肢宽而保持厚度不变，以便拼接的构造处理。

**2. 杆件截面的计算**

屋架杆件除了上、下弦杆可能是压弯和拉弯构件外，所有腹杆都是轴心受力构件。杆件截面选择可按下述方法进行。

（1）轴心受拉杆　轴心受拉杆可按强度条件确定杆件需要的净截面面积：

$$A_{\mathrm{nreq}}=\frac{N}{f}$$

式中　$f$——钢材的抗拉强度设计值。当采用单角钢单面连接时，应乘折减系数 0.85。

根据 $A_{\mathrm{nreq}}$ 由角钢规格表中选用回转半径较大而截面面积相对较小，且能满足需要的角钢，然后按轴心受拉构件进行强度和刚度验算。当连接支撑的螺栓孔位于连接节点板内且距节点板边缘的距离（沿杆件受力方向）不小于 100mm 时，由于连接焊缝已传递部分内力至节点板，节点板一般可以补偿孔洞的削弱，故可不考虑该孔对角钢截面的削弱。

（2）轴心受压杆　先假定杆件长细比 $\lambda$（弦杆取 $\lambda=50\sim100$，腹杆取 $\lambda=80\sim120$）求 $A_{\mathrm{nreq}}$、$i_{\mathrm{nreq}}$，参考这些数值由角钢规格表中选用合适的角钢，然后进行强度、刚度和整体稳定验算。若不满足，可重新假定 $\lambda$ 计算或在原选截面的基础上改选角钢验算，直到合适为止。

（3）压弯或拉弯杆　当下弦或上弦受有节间荷载时，应根据轴心力和局部弯矩按拉弯或压弯杆计算。由于计算公式中和截面有关的未知数太多，故通常均先试选截面，然后对其强度和刚度进行验算。压弯杆尚应对其在弯矩作用平面内和在弯矩作用平面外的稳定性进行验算。

（4）按刚度条件选择截面的杆件　对屋架中因构造需要而设置的杆件（如芬克式屋架跨中竖杆）或内力很小的杆件，可按刚度条件根据容许长细比计算截面需要的回转半径

$$i_{\text{nreq}}=\frac{l_{0x}}{[\lambda]}、i_{\text{nreq}}=\frac{l_{0y}}{[\lambda]}\text{或 } i_{\text{minreq}}=\frac{l_0}{[\lambda]}$$

根据以上计算的数值，即可由角钢规格表中选择合适的角钢。

## 7.7　钢屋架的节点设计

### 7.7.1　节点设计的一般要求

1）布置桁架杆件时，原则上应使各杆件的重心线应与屋架的几何轴线重合，并交汇于节点中心，以避免引起附加弯矩。为了制作方便，焊接屋架通常取角钢肢背或T型钢肢背至屋架几何轴线的距离为5mm的倍数。如∠70×5，肢背到重心的距离为19.1mm，肢背到屋架几何轴线的距离则取20mm，由此而引起的传力偏心无须考虑。

2）当弦杆截面沿跨度有改变时，为便于拼接和放置屋面构件，一般应使拼接处两侧弦杆角钢肢背齐平，这时形心线必然错开，此时宜采用受力较大的杆件形心线为轴线（见图7-53）。当两侧形心偏移的距离 $e$ 不超过较大弦杆截面高度的5%时，计算中可不考虑由此偏心引起的弯矩影响。当偏心距离 $e$ 超过上述值，或者由于其他原因使节点处有较大偏心弯矩时，应根据交汇处各杆的线刚度，将此弯矩分配于各杆。所计算杆件承担的弯矩为

$$M_i=M\cdot\frac{K_i}{\sum K_i}\tag{7-42}$$

式中　$M$——节点偏心弯矩，对图7-53的情况，$M=N_1e$；

$K_i$——所计算杆件线刚度；

$\sum K_i$——汇交于节点的各杆件线刚度之和。

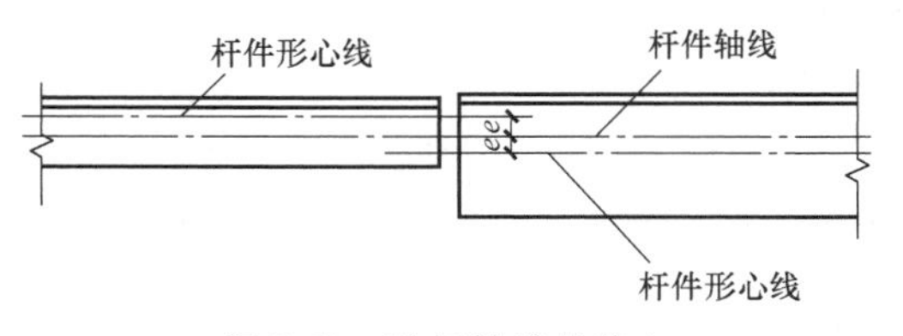

图7-53　弦杆轴线的偏心

3）在屋架节点处，腹杆与弦杆或腹杆与腹杆之间焊缝的净距，不宜小于10mm，或者杆件之间的空隙不小于15～20mm（见图7-54），以便制作，且可避免焊缝过分密集，致使钢材局部变脆。

4）角钢端部的切割一般垂直于其轴线（见图7-55a）。有时为了减小节点板的尺寸，容许切去肢的一部分（见图7-55b、c），但不容许将一个肢完全切去而将另一肢伸出的斜切（见图7-55d）。因这种切割杆件截面削弱过大，且焊缝分布也不合理。

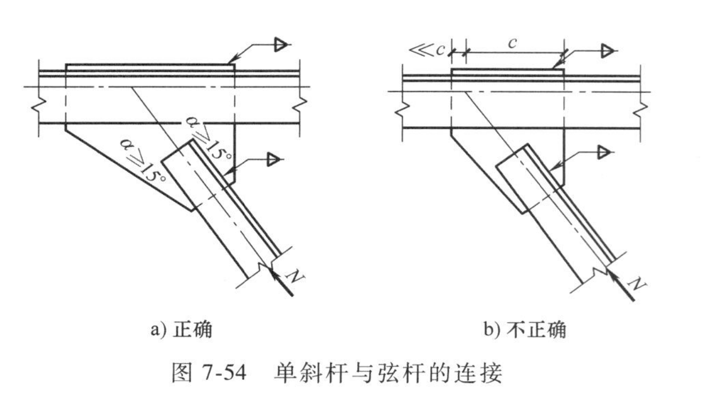


图 7-54　单斜杆与弦杆的连接

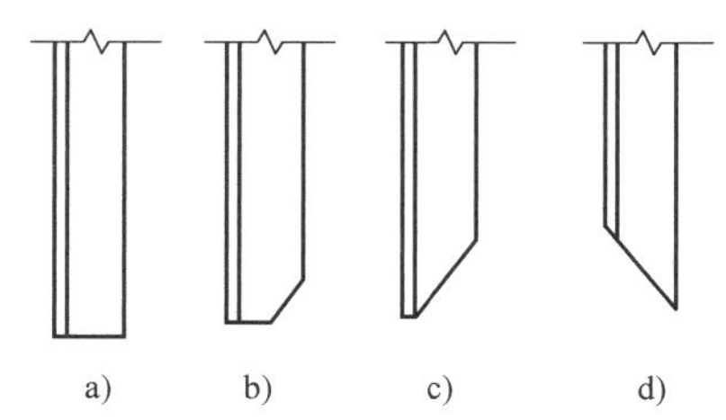


图 7-55　角钢端部切割形式

5）节点板的形状（见图 7-56）和尺寸主要取决于所连斜腹杆的焊缝长度。在满足焊缝布置的前提下，应尽可能简单而规则，至少有两边平行，一般采用矩形、平行四边形和直角梯形等。节点板边缘与杆件轴线的夹角不应小于 15°。单斜杆与弦杆的连接应使之不出现连接的偏心弯矩。节点板的平面尺寸，一般应根据杆件截面尺寸和腹杆端部焊缝长度画出大样图来确定，但考虑施工误差，宜将此平面尺寸适当放大。

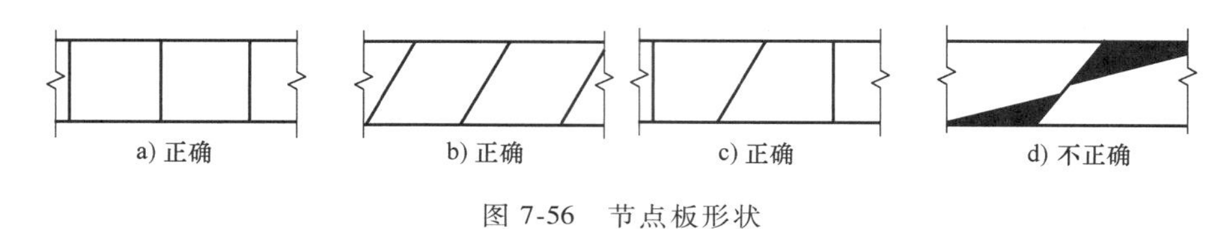


图 7-56　节点板形状

6）支承大型混凝土屋面板的上弦杆，当支承处的总集中荷载（设计值）超过表 7-9 的数值时，弦杆伸出的肢容易弯曲，应对其采用图 7-57 的做法之一予以加强。

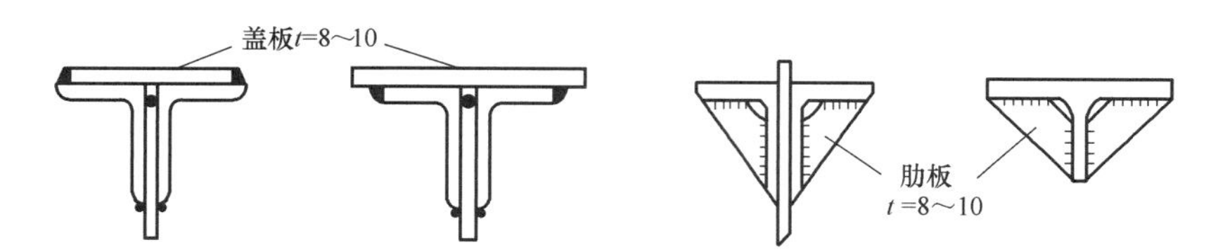


图 7-57　上弦角钢和 T 型钢在集中荷载处的加强

**表 7-9　弦杆不加强的最大节点荷载**

| 角钢(或 T 型钢翼缘板)厚度/mm | Q235 钢 | 8 | 10 | 12 | 14 | 16 |
|---|---|---|---|---|---|---|
| | Q345、Q390 钢 | 7 | 8 | 10 | 12 | 14 |
| 支承处总集中荷载设计值/kN | | 25 | 40 | 55 | 75 | 100 |

## 7.7.2　节点计算和构造

节点设计时，先根据各腹杆的内力计算其所需的焊缝长度，再依据腹杆所需焊缝长度并结合构造要求及施工误差等确定节点板的形状和尺寸。这时，弦杆与节点板的焊缝长度已由节点板的尺寸给定。最后计算弦杆与节点板的焊脚尺寸和设计弦杆的拼接等。节点上的角焊缝长度也应满足焊缝构造要求。节点设计一般和屋架施工图的绘制结合进行。下面介绍几种典型节点的设计方法。

**1. 一般节点**

一般节点是指在节点处弦杆连续直通且无集中荷载和无弦杆拼接的节点，如无悬挂式起重机荷载的屋架下弦的中间节点（见图 7-58）。各腹杆与节点板之间的传力（即 $N_3$、$N_4$ 及 $N_5$），一般用两面侧焊缝连接，也可用 L 形围焊缝或三面围焊缝连接。

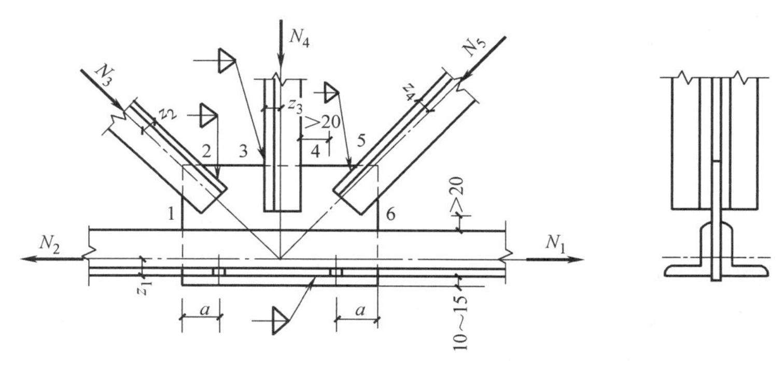


图 7-58 屋架下弦的中间节点

节点板应伸出弦杆 10~15mm，以便焊接。腹杆与节点板的连接焊缝按角焊缝承受轴心力的方法进行计算。

弦杆与节点板的连接焊缝中，设节点板两侧弦杆杆力 $N_1>N_2$，由于弦杆在节点处连续通过，故 $N_2$ 与 $N_1$ 中的相应部分在弦杆内直接平衡，应考虑承受弦杆相邻节间内力之差 $\Delta N=N_1-N_2$，按下列公式计算其焊脚尺寸：

肢背焊缝
$$h_{f1}\geqslant\frac{\alpha_1\Delta N}{2\times0.7l_w f_f^w} \tag{7-43}$$

肢尖焊缝
$$h_{f2}\geqslant\frac{\alpha_2\Delta N}{2\times0.7l_w f_f^w} \tag{7-44}$$

式中 $\alpha_1$、$\alpha_2$——角钢角焊缝内力分配系数，可取 $\alpha_1=\frac{2}{3}$，$\alpha_2=\frac{1}{3}$；

$f_f^w$——角焊缝强度设计值。

通常因 $\Delta N$ 一般都很小，焊缝中应力很低，实际所需的焊脚尺寸可由构造要求确定，并且沿节点板全长满焊。

**2. 有集中荷载的节点**

图 7-59a 所示是有檩屋盖屋架的上弦节点，弦杆坡度较大。图 7-59b 所示是无檩屋盖屋架的上弦节点，弦杆坡度较小。

为了便于檩条或大型屋面板连接角钢的放置，通常将节点板缩进上弦角钢肢背（见图 7-59，缩进距离不宜小于（0.5$t$+2mm），也不宜大于 $t$，$t$ 为节点板厚度。角钢肢背凹槽的塞焊缝可假定只承受屋面集中荷载，按下式计算其强度

$$\sigma_f=\frac{Q}{2\times0.7h_{f1}l_w}\leqslant\beta_f f_f^w \tag{7-45}$$

式中 $Q$——节点上集中荷载垂直于屋面的分量；

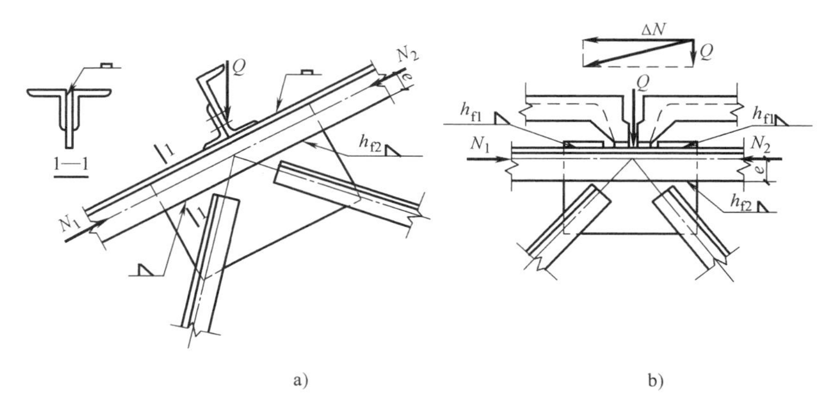


图 7-59　角钢屋架有集中荷载的（上弦）节点

$h_{f1}$——焊脚尺寸，取 $h_{f1}=0.5t$；

$\beta_f$——正面角焊缝强度增大系数，承受静力荷载和间接承受动力荷载的屋架 $\beta_f=1.22$，直接承受动力荷载的屋架 $\beta_f=1.0$。

实际上由于节点集中荷载 $Q$ 不大，故可按构造要求满焊。

角钢肢与节点板间的塞焊缝，承受弦杆相邻节间的内力差 $\Delta N=N_1-N_2$ 及由 $\Delta N$ 产生的偏心弯矩 $M=\Delta Ne$（$e$ 为角钢肢尖到弦杆轴线的距离），按下列公式计算：

对内力差 $\Delta N$

$$\tau_f=\frac{\Delta N}{2\times0.7h_{f2}l_w} \tag{7-46}$$

对偏心弯矩 $M$

$$\sigma_f=\frac{6M}{2\times0.7h_{f2}l_w^2} \tag{7-47}$$

应满足的强度公式为

$$\sqrt{\left(\frac{\sigma_f}{\beta_f}\right)^2+\tau_f^{\,2}}\leqslant f_f^w \tag{7-48}$$

式中　$h_{f2}$——角钢肢尖焊缝的焊脚尺寸。

当节点板向上伸出不妨碍屋面构件的放置，或因相邻弦杆节间内力差 $\Delta N$ 较大，肢尖焊缝不满足式（7-46）时，可将节点板向上伸出或全部向上伸出。此时弦杆与节点板的连接焊缝应按下列公式计算：

肢背焊缝

$$\frac{\sqrt{(\alpha_1\Delta N)^2+(0.5Q)^2}}{2\times0.7h_{f1}l_{w1}}\leqslant f_f^w \tag{7-49}$$

肢尖焊缝

$$\frac{\sqrt{(\alpha_2\Delta N)^2+(0.5Q)^2}}{2\times0.7h_{f2}l_{w2}}\leqslant f_f^w \tag{7-50}$$

式中　$h_{f1}$、$l_{w1}$——伸出肢背的焊缝焊脚尺寸和计算长度；

$h_{f2}$、$l_{w2}$——肢尖焊缝的焊脚尺寸和计算长度。

**3. 弦杆拼接节点**

弦杆的拼接分为工厂拼接和工地拼接两种。工厂拼接用于型钢长度不够或弦杆截面有改变时在制造厂进行的拼接，这种拼接的位置通常在节点范围以外。工地拼接（见图 7-60）用于屋架分为几个运送单元时在工地进行的拼接，这种拼接的位置一般在节点处。为了减轻

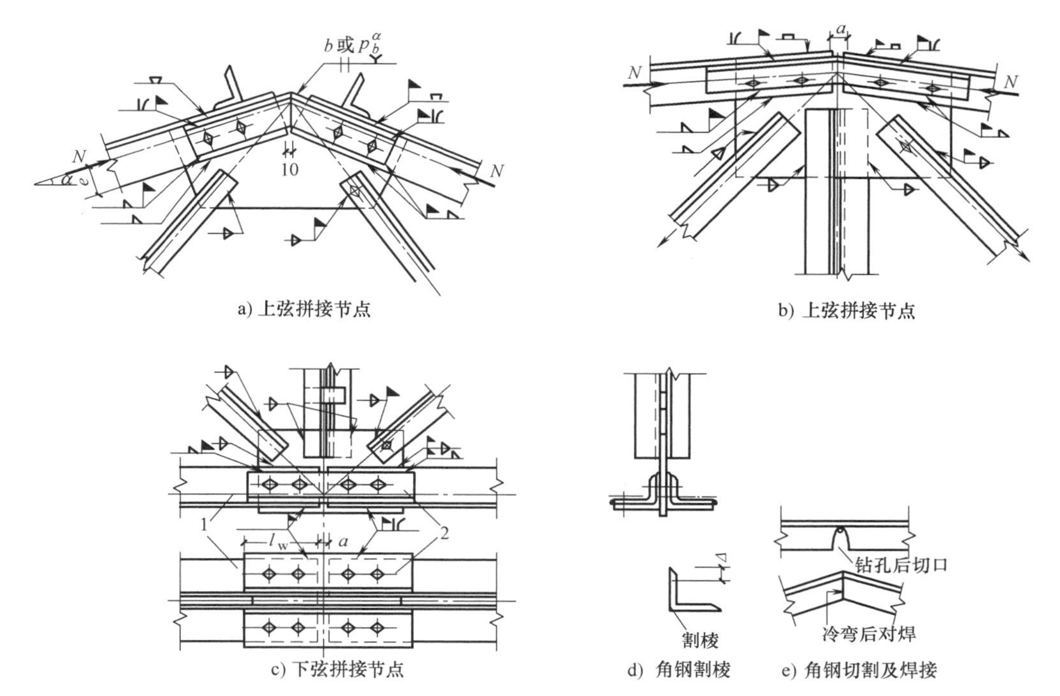


图 7-60　角钢屋架弦杆工地拼接节点

节点板的负担和保证整个屋架平面外的刚度，通常不利用节点板作为拼接材料，而是以拼接角钢传递弦杆内力。拼接角钢宜采用与弦杆相同的截面，使弦杆在拼接处保持原有的强度和刚度。

为了使拼接角钢与弦杆紧密相贴，应将拼接角钢的棱角铲去，以便于施焊；还应将拼接角钢的竖肢切去 $\Delta=t+h_f+5\text{mm}$（$t$ 为拼接角钢肢厚，$h_f$ 为拼接焊缝的焊脚尺寸，5mm 是为避开弦杆肢尖圆角的切割量）（见图 7-60e）。当连接角钢截面有削弱时，可以由节点板（拼接位置在节点处）或角钢之间的填板（拼接位置在节点范围外）来补偿。

屋脊节点处的拼接角钢，一般采用热弯成形。当屋面坡度较大且拼接角钢肢较宽时，可将角钢竖肢切去一个 $\Delta$ 后再热弯对焊。工地拼接时（见图 7-60a、b、c），屋架的中央节点板竖杆均在工厂焊于左半跨，右半跨杆件与中央节点板、拼接角钢与弦杆的焊缝则在工地施焊（拼接角钢作为单独零件运输）。为便于现场安装，拼接节点要设置安装螺栓。此外，为避免双插，应使拼接角钢和节点板各焊于不同的运输单元，有时也可将拼接角钢作为单独的运输零件，拼接时用安装焊缝焊于两侧（见图 7-60c）。

拼接角钢或拼接钢板的长度，应根据所需焊缝的长度决定。拼接接头一侧的连接焊缝总长度应为

$$\sum l_w \geqslant \frac{N}{0.7\times h_f f_f^w} \tag{7-51}$$

式中　$N$——杆件的轴心力，取节点两侧弦杆内力的较大值。

双角钢的拼接中，由式（7-51）得出的焊缝计算长度 $\sum l_w$ 按四条焊缝平均分配。

在下弦的拼接中，下弦一般采用与下弦尺寸相同的角钢来拼接，并保持拼接处原有下弦

杆的刚度和强度。拼接角钢与下弦杆角钢间的四条角焊缝，承担节点两侧较小截面中的内力设计值（当节点两侧弦杆截面不相同时），对轴心拉杆的拼接，按截面的抗拉强度设计值进行连接计算。四条角焊缝都位于角钢的肢背，与角钢截面形心距离大致相同，因而可认为平均受力。由连接焊缝的需要可求出拼接角钢的总长度（见图 7-60c）。

**4. 支座节点**

屋架与柱的连接有铰接或刚接两种形式。支承于钢筋混凝土柱或砌体柱上的屋架一般为铰接，而支承于钢柱上的屋架通常为刚接。图 7-61a 所示为三角形屋架在钢筋混凝土柱顶的支座节点。图 7-61b 所示为铰接人字形或梯形屋架的支座节点。

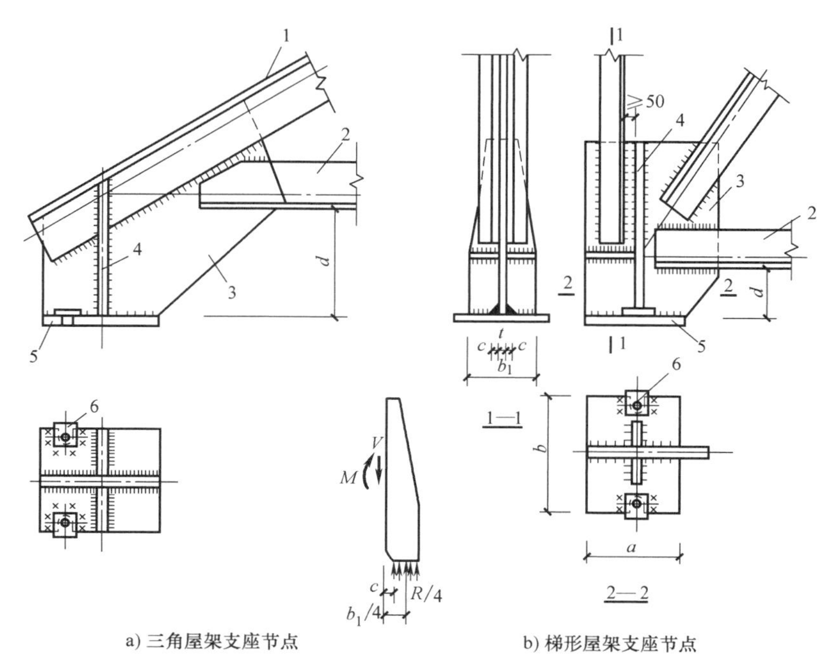


图 7-61　屋架（铰接）支座节点

1—上弦　2—下弦　3—节点板　4—加劲肋　5—底板　6—垫板

简支于钢筋混凝土柱上的支承节点大都采用平板式支座。平板式支座由支座节点板、支座底板、加劲肋和锚栓等组成。支座节点的中心应在加劲肋上，加劲肋垂直于节点板放置，且厚度的中线应与支座反力作用线重合。加劲肋起分布支承处支座反力的作用，它还是保证支座节点板平面外刚度的必要零件。为便于施焊，屋架下弦角钢肢背与支座底板的距离 $d$（见图 7-61）不宜小于下弦角钢伸出肢的宽度，也不宜小于 130mm。

支座底板是为了扩大节点与混凝土柱顶的接触面积，以避免将比钢材强度低的混凝土压坏。底板通常采用方形或矩形，其形心即是屋架支座反力的作用点。屋架支座底板与柱顶用锚栓相连，锚栓预埋于柱顶，铰接支座节点的锚栓用于固定屋架的位置，一般不需计算，而按构造要求采用两个直径 $d=20\sim24$mm 的锚栓。屋架跨度大时，锚栓直径宜粗一些。当轻屋面的屋架建于风荷载较大的地区，风吸力可能使屋架反力为拉力，则锚栓有防止屋架被掀起的作用。

为了安装屋架的方便，底板上的锚栓孔宜为开口式，开口直径取锚栓直径的 2~2.5 倍，为便于安装时调整位置，屋架就位后再加小垫板套住锚栓并用工地焊缝与底板焊牢，小垫板上的孔径只比锚栓直径大1~2mm。

支座节点的传力路线是：桁架各杆件的内力通过杆端焊缝传给节点板，然后经节点板与加劲肋之间的垂直焊缝，把一部分力传给加劲肋，再通过节点板、加劲肋与底板的水平焊缝把全部支座压力传给底板，最后传给支座。因此，支座节点应进行以下计算：

支座底板的毛面积应为

$$A=ab\geqslant\frac{R}{f_c}+A_0 \tag{7-52}$$

式中 $R$——屋架支座反力设计值；

$f_c$——支座混凝土局部承压强度设计值；

$A_0$——锚栓孔的面积。

方形底板的边长为 $a=b=\sqrt{A}$，矩形底板可假定一边长度，即可求得另一边长度。但通常按式（7-52）计算所得的底板面积 $A$ 一般较小，底板长度和宽度主要根据构造要求（锚栓孔直径、位置及支承的稳定性等）确定，一般要求底板的短边尺寸不小于200mm。

底板的厚度应按底板下柱顶反力（假定为均匀分布）作用产生的弯矩决定。如图7-61的底板经节点板及加劲肋分隔后成为两相邻边支承的四块板，其单位宽度的弯矩按下式计算

$$M=\beta q a_1^2 \tag{7-53}$$

底板的厚度 $t$ 应为

$$t\geqslant\sqrt{\frac{6M}{f}} \tag{7-54}$$

式中 $q$——底板下反力的平均值，$q=R/(A-A_0)$；

$\beta$——系数，与 $b_1/a_1$ 有关；

$a_1$、$b_1$——两相邻边支承板的对角线长度及其中点至另一对角线的距离；

为使柱顶反力比较均匀，底板厚度不宜太薄，一般其厚度不宜小于16mm。

加劲肋用以增加节点板平面外刚度和减小底板中的弯矩，肋板底端应切角 $c$（见图7-61），以避免3条互相垂直的角焊缝交于一点。

加劲肋的高度由节点板的尺寸决定，其厚度取等于或略小于节点板的厚度。加劲肋可视为支承于节点板上的悬臂梁，一个加劲肋通常假定传递支座反力的1/4，它与节点板的连接焊缝同时承受剪力 $V=R/4$ 和弯矩 $M=Vb/4$，并应按下式验算

$$\sqrt{\left(\frac{V}{2\times0.7h_f l_w}\right)^2+\left(\frac{6M}{2\times0.7h_f {l_w}^2\beta_f}\right)^2}\leqslant f_f^w \tag{7-55}$$

底板与节点板、加劲肋的连接焊缝按承受全部支座反力 $R$ 计算。验算式为

$$\sigma_f=\frac{R}{0.7\times h_f\sum l_w}\leqslant\beta_f f_f^w \tag{7-56}$$

其中，焊缝计算长度之和 $\sum l_w=2a+2(b-t-2c)-12h_f$，$t$ 和 $c$ 分别为节点板厚度和加劲肋切口宽度。

为了便于下弦角钢肢背施焊，下弦角钢水平肢的底面和支座底板之间的净距 $d$ 不应小于下弦杆角钢外伸边的边长，同时又不小于130mm。

图 7-62 所示为屋架与柱刚接的构造。这种连接形式有利于在横向荷载的作用下，框架结构有足够的刚度，保证厂房正常工作。特点是：屋架端部上、下弦节点板都没有与之相垂直的端板；对于屋架跨度方向的尺寸，制造时不要求过分精确，因此在工地安装时能与柱比较容易连接，且上弦节点的水平盖板及焊缝能传递端弯矩引起的较大的水平力。上弦的水平盖板上开有一条槽口，这样，它与柱及上弦杆肢背之间的焊缝将为俯焊缝，安装中在高空施焊时便于保证焊缝质量。不过在这种连接构造中，安装焊缝较长，对焊缝质量的要求也较严格。

图 7-62a 所示的屋架，其主要端节点在下弦，称之为下承式。图 7-62b 所示的屋架，端节点在上弦，称之为上承式。两种情况下，以下承式应用更为广泛一些。

屋架与柱刚接时，下弦节点沿竖向将传递屋面荷载所产生的横梁端反力，这与简支屋架相同；不同的是，要根据框架内力组合、焊缝形式同时，传递由横梁最大端弯矩在上、下弦轴线处产生的水平力、附加竖向反力，下弦处的水平力还要包括框架内力组合的相应水平剪力。

屋架上、下弦节点与柱之间由焊缝进行传力，螺栓只在安装时起固定作用。

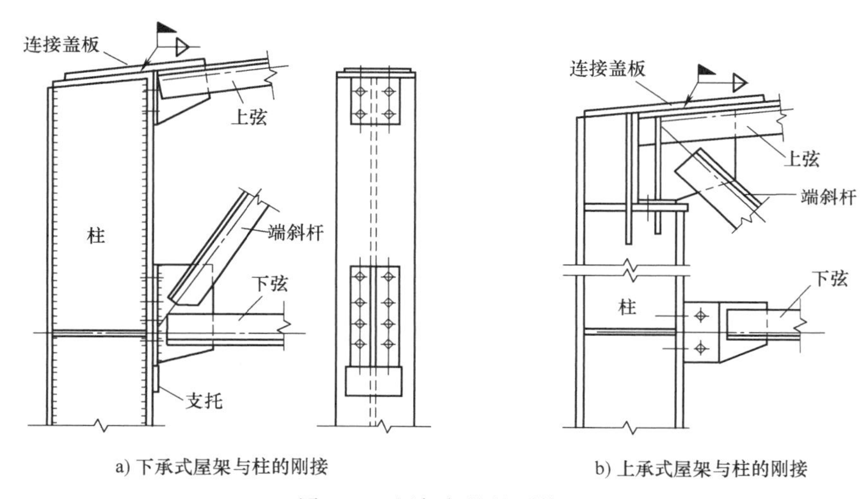


a) 下承式屋架与柱的刚接　　b) 上承式屋架与柱的刚接

图 7-62　屋架与柱的刚接

### 5. T 型钢作弦杆的屋架节点

采用 T 型钢作屋架弦杆，当腹杆采用 T 型钢或单角钢时，腹杆与弦杆的连接不需要节点板，直接焊接可省工省料；当腹杆采用双角钢时，有时需设节点板（见图 7-63，节点板与弦杆采用对接焊缝，此焊缝承受弦杆相邻节间的内力差 $\Delta N=N_2-N_1$ 及内力差产生的偏心弯矩 $M=\Delta Ne$，可按下式进行计算

$$\tau_f=\frac{1.5\Delta N}{l_w t}\leqslant f_v^w \tag{7-57}$$

$$\sigma=\frac{\Delta Ne}{\frac{1}{6}tl_w^2}\leqslant f_t^w \text{ 或 } f_c^w \tag{7-58}$$

式中　$l_w$——由斜腹杆焊缝确定的节点板长度，若无引弧板施焊时要除去弧坑；

$t$——节点板厚度，通常取与T型钢腹板等厚或相差不超过1mm；

$f_v^w$——对接焊缝抗剪强度设计值；

$f_t^w$、$f_c^w$——对接焊缝抗拉、抗压强度设计值。

T型钢弦杆双角钢腹杆的屋架比传统的双角钢屋架节约钢材12%～15%。角钢腹杆与节点板焊缝的计算同角钢屋架，由于节点板与T型钢腹板采用等厚度（或相差1mm），所以腹杆可伸入T型钢腹板（见图7-63），这样可减小节点板尺寸。

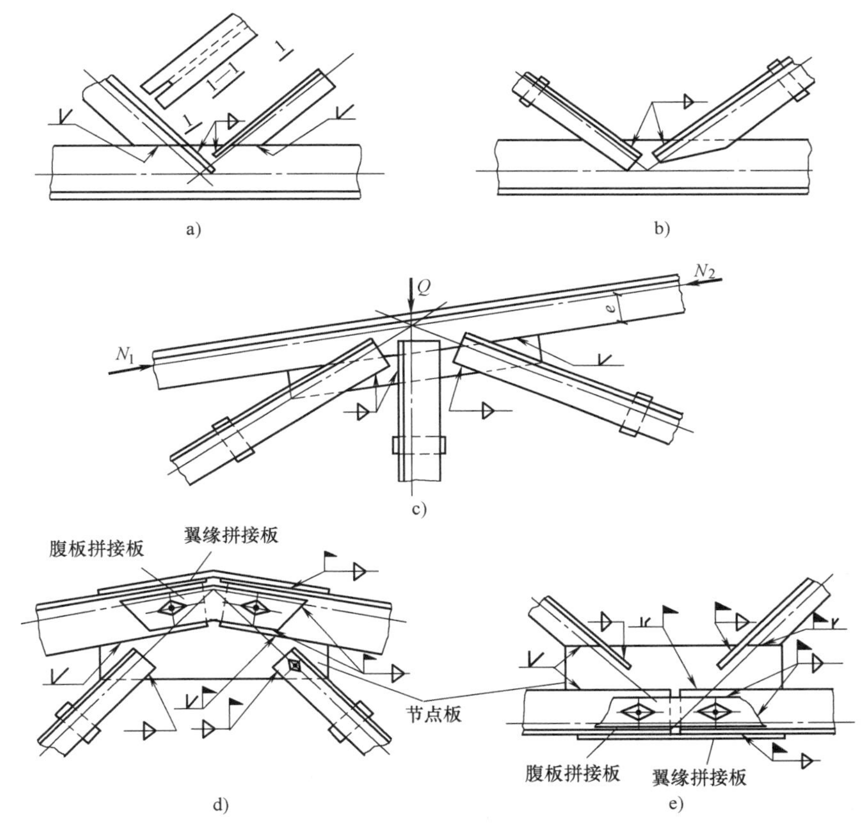


图7-63　T型钢屋架节点

## 7.7.3　屋架施工图

屋架施工图是在钢结构制造厂加工制造屋架的主要依据，必须清楚详尽。当屋架对称时，可只绘制左半榀屋架的施工图，但需将上、下弦中央拼接节点画完全，以便表明右半榀因工地拼接引起的少量差异（如安装螺栓、某些工地焊缝等），大型屋架则需按运输单元绘制。钢屋架施工图上应包括屋架简图、屋架正面详图、上弦和下弦的平面图、必要的侧面图和剖面图，以及某些安装节点或特殊零件的详图，施工图上还应有整榀屋架的材料表及说明。

### 1. 屋架简图

通常在图纸的左上角视图纸空隙大小用适当的比例绘制屋架杆件轴线图，称为屋架简图（单线图）。对于对称屋架，图中一半标注的是屋架杆件的几何轴线尺寸（mm），另一半标注的是杆件的内力设计值（kN）。跨度较大的屋架，在自重及外荷载作用下将产生较大的挠度，特别是屋架下弦有悬挂式起重机荷载时，挠度更大，这将影响结构的使用和有损外观。当梯形屋架跨度 $l>24\text{m}$ 或三角形屋架跨度 $l>15\text{m}$ 时，在制造时应考虑起拱，起拱值（拱度）约为跨度的 1/500（图 7-64），起拱值可标注在简图中，也可标注在说明中。

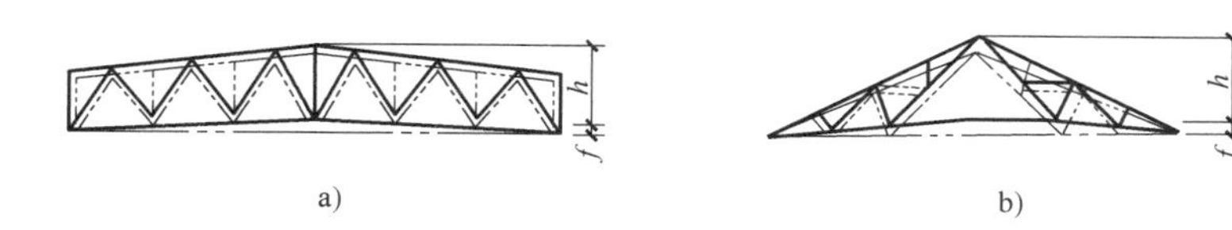


图 7-64　屋架的起拱

**2. 施工图主要图面的绘制**

（1）比例尺选择　施工图的主要图面是屋架正面详图，上弦和下弦的平面图，必要的侧面图和剖面图，以及某些安装节点或特殊零件的大样图。屋架的施工图通常采用两种比例绘制，杆件轴线一般用 1：20～1：30 的比例尺，以免图幅太大；节点（包括杆件截面、节点板和小零件）一般用 1：10～1：15 的比例尺，这样可以清楚地表达出节点的细部构造要求。

（2）安装单元或运输单元划分　屋架安装单元或运输单元是构件组成的一部分或全部，在安装过程或运输过程中，是作为一个整体来安装或运送的。一般屋架可划分为两个或三个运送单元，但可作为一个安装单元进行安装。

（3）零件的编号　施工图上应注明各零件的型号和尺寸，并根据结构布置方案、工艺技术要求、各部位连接方法及具体尺寸等情况，对构件进行详细编号。编号的原则是，只有在两个构件的所有零件的形状、尺寸加工记号、数量和装配位置等全部相同时，才给予相同的编号。不同种类的构件（如屋架、天窗架、支撑等），还应在其编号前面冠以不同的字母代号（如屋架用 W、天窗架用 TJ、支撑用 C 等）。此外，连支撑、系杆的屋架和不连支撑、系杆的屋架因在连接孔和连接零件上有所区别，一般给予不同编号 $W_1$、$W_2$、$W_3$ 等，但可以只绘一张施工图。如果将连支撑、系杆和不连支撑、系杆的屋架做得相同，则只需一个编号，而且吊装简便。

（4）定位尺寸、孔洞位置标注

1）施工图中要全部注明各零件（杆件和板件）的编号、规格和尺寸，包括加工尺寸（宜取 5mm 的倍数）、定位尺寸、孔洞位置、孔洞和螺栓直径、焊缝尺寸，以及对工厂制造和工地安装的所有要求。定位尺寸主要有：杆件轴线到角钢肢背的距离（不等边角钢应同时注明图面上的肢宽），节点中心到所连腹杆的近端端部距离，节点中心到节点板上、下和左、右边缘的距离等。

2）螺栓孔位置应从节点中心、轴线或角钢肢背起标注，要符合螺栓排列的要求。

3）工厂制造和工地安装的要求包括：零部件切角、切肢、削棱、孔洞直径和焊缝尺寸等均应在施工图中注明；工地安装焊缝和螺栓应标注其符号，以适应运输单元划分的拼接；钢板和角钢的斜切应按坐标尺寸标注；拼接焊缝要注意区分工厂焊缝和安装焊缝，以适应运输单元的划分和拼接。

对于按 1：10 比例绘制的节点所确定的各定位尺寸常常有一定的误差，各零件按此定位尺寸下料、切割、加工、钻孔、安装时常会引起矛盾。因此在标注定位尺寸时，一般应根据用较大比例（1∶5~1∶1）绘制的节点图所量得的尺寸进行标注。简单的定位尺寸可由计算确定。

**3. 材料表**

施工图的右上角是材料表，把所有杆件和零件的型号和尺寸进行详细编号，材料表中要列出屋架全部零件的编号、截面规格、长度、数量（正、反）及重量（单重、共重和合重）。零件编号按主次、左右、上下、型钢或钢板及用途等一定顺序逐一进行。完全相同的零件用同一编号，两个零件的形状和尺寸完全一样而开孔位置等不同但镜面对称的，也采用同一编号，不过应在材料表中注明正、反的字样以示区别。材料表的用处主要是配料和计算用钢量，其次是为吊装时配备起重运输设备时参考，还可以使一切零件毫无遗漏地表示清楚。

**4. 说明**

施工图上还应有文字说明，说明的内容应包括所用钢材的钢号、焊条型号、焊接方法和质量要求，图中未注明的焊缝和螺栓孔尺寸，防锈处理方法，运输、安装和加工制造要求，以及图中难以用图表达或为简化图面而又宜于用文字说明清楚的内容。如果有特殊要求，也可用文字加以说明。

## 7.8 有起重机的单层工业厂房的设计特点

有起重机的单层工业厂房，吊车梁与一般梁相比，特点是：其上作用的荷载除永久荷载外，更主要的是由起重机移动所引起的连续反复作用的动力荷载，这些荷载既有竖向荷载、横向水平荷载，也有纵向水平荷载。因此，吊车梁对材料要求高。对于重级工作制和起重机起重量≥500kN 的中级工作制焊接吊车梁，除应具有抗拉强度、伸长率、屈服强度、冷弯性能及碳、硫、磷含量的合格保证外，还应具有冲击韧性的合格保证（及至少应采用Q235B）。当冬季计算温度≤-20℃时，对于 Q235 号钢应具有-20℃冲击韧性的合格保证。

由于吊车梁承受动力荷载的反复作用，按照《钢结构设计标准》的要求，对重级工作制吊车梁除应采用恰当的构造措施防止疲劳破坏外，还要对疲劳敏感区进行疲劳验算。同时，吊车梁所受荷载的特殊性，也引起截面形式的相应变化。

### 7.8.1 起重机的工作级别

起重机是厂房中最常见的起重设备，按照起重机使用的频繁程度（即起重机的利用次数和荷载大小），《起重机设计规范》（GB/T 3811—2008）将其分为八个工作级别，称为A1~A8。在相当多的文献中，习惯将起重机以轻、中、重和特重四个工作制等级来划分，它们之间的对应关系见表 7-10。

**表 7-10 起重机的工作制等级与工作级别的对应关系**

| 工作制等级 | 轻级 | 中级 | 重级 | 特重级 |
|---|---|---|---|---|
| 工作级别 | A1~A3 | A4、A5 | A6、A7 | A8 |

有起重机的厂房结构形式的选取不仅要考虑起重机的起重量，还要考虑起重机的工作级别及吊钩的类型，对于装备 A6~A8 级起重机的车间，除了要求结构具有较大的横向刚度以外，还应保证有足够大的纵向刚度。因此，对于装备 A6~A8 级吊车的单跨厂房，宜将屋架

和柱子的连接及基础的连接均作为刚性构造处理。纵向刚度则依靠柱的支撑来保证。

在侵蚀性环境中工作的厂房，除了要选择耐腐蚀性的钢材外，还应寻求有利于防侵蚀的结构形式和构造措施。同样，在高热环境中工作的厂房，不仅要考虑对结构的隔热防护，还要采用有利于隔热的结构形式和构造措施。

### 7.8.2 计算简图

直接支撑起重机的受弯构件有吊车梁和吊车桁架，一般设计成简支结构。因为简支结构传力明确、构造简单、施工方便，且对支座沉陷不敏感。吊车梁有型钢梁、组合工字梁及箱形梁等形式（见图 7-65），其中焊接工字形梁最为常用。吊车梁的动力性能好，特别适用重级工作制起重机的厂房，应用最为广泛。吊车桁架（即支承的桁架）对动力作用反应敏感（特别是上弦），故只有在跨度较大而起重机起重量较小时才采用。

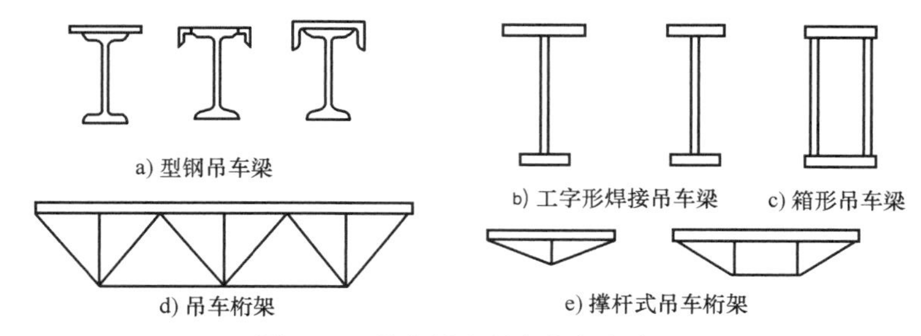


图 7-65　吊车梁和吊车桁架的类型

根据吊车梁所受的荷载，必须将吊车梁上翼缘加强或设置制动系统，以承担起重机的横向水平力。当跨度及荷载很小时，可采用型钢梁（工字钢或 H 型钢加焊钢板、角钢或槽钢）。当起重机起重量不大（$Q \leqslant 30\text{kN}$）且柱距又很小时（$l \leqslant 6\text{m}$），工作级别为 A1～A5 的吊车梁，可以将吊车梁的上翼缘加强，使它在水平面内具有足够的抗弯强度和刚度（见图 7-66a）。对于跨度或起重量较大的吊车梁，应设置制动梁或制动桁架。图 7-66b 所示一个边

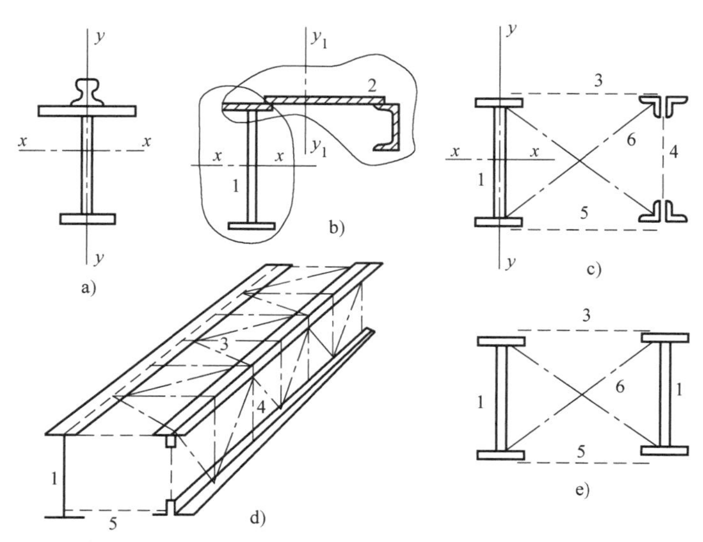


图 7-66　吊车梁及制动结构的组成

1—吊车梁　2—制动梁　3—制动桁架　4—辅助桁架　5—水平支撑　6—垂直支撑

列柱的吊车梁，它的制动梁由吊车梁上的上翼缘、钢板和槽钢组成，即图中阴影线部分的截面。吊车梁则主要承担竖向荷载的作用，它上翼缘为制动梁的内翼缘，槽钢则为制动梁的外翼缘。制动梁的宽度不宜小于 1.0~1.5m，宽度较大时宜采用制动桁架。图 7-66c、d 所示为设有制动桁架的吊车梁，由两角钢和吊车梁的上翼缘构成制动桁架的二弦杆，中间连以角钢腹杆。图 7-66e 所示为中列柱上的两个等高吊车梁，在其两个上翼缘间可以直接连以腹杆组成制动桁架（也可以铺设钢板制成制动梁）。

制动桁架是用角钢组成的平行弦桁架。吊车梁的上翼缘兼作制动桁架的弦杆。制动梁和制动桁架统称为制动结构。制动结构不但用以承受横向水平荷载，保证吊车梁的整体稳定，并且可作为检修走道。制动结构的宽度应依据起重机额定起重量、柱宽及刚度要求确定，一般不小于 0.75m。当宽度小于等于 1.2m 时，常用制动梁；超过 1.2m 时，为了节省一些钢材，宜采用制动桁架。对于夹钳或料耙起重机等硬钩式起重机的吊车梁，因其动力作用较大，则不论制动结构宽度如何，均宜采用制动梁，制动梁腹板（兼作走道板）宜用花纹钢板以防行走滑倒，其厚度一般为 6~10m，走道的活荷载一般按 $2kN/m^2$ 考虑。

对于跨度≥12m、工作级别为 A6~A8 的重级工作制吊车梁，或跨度≥18m、工作级别为 A1~A5 的轻中级工作制吊车梁。为了增加吊车梁的制动和制动结构的整体刚度和抗扭性能，对边列柱的吊车梁设置与吊车梁平行的垂直辅助桁架（见图 7-66c、d），并在辅助桁架和吊车梁之间设置水平支撑和垂直支撑（见图 7-66c、e）。垂直支撑虽然对增加整体稳定刚度有利，但在吊车梁竖向变位的影响下，容易受力过大而破坏，因此应避免设置在靠近梁的跨度中央处。对柱的两侧均有吊车梁的中列柱，则应在两吊车梁间设置制动结构、水平支撑和垂直支撑。

## 7.8.3　横向框架的荷载

单层厂房结构通常简化为平面刚架来分析（见图 7-67），横向框架荷载的计算是建筑结构内力计算的主要方法。墙架结构、吊车梁系等均以明显的集中力方式作用在刚架上，必要时也可将刚架的自重用静力等效原则化作集中力，作用在刚架上。

在刚架的平面分析中，认为一个刚架仅承担一个单元的各种荷载。

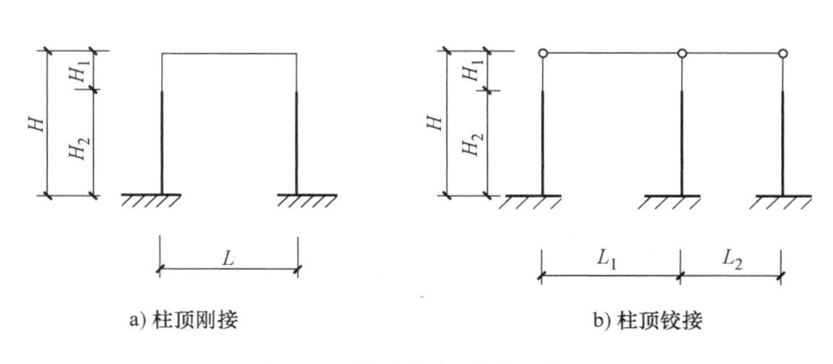


图 7-67　横向框架计算的简化

$H_1$—上部柱高度　$H_2$—下部柱高度

作用在厂房结构横向框架上的荷载分为永久荷载和可变荷载两种。它们原则上依据《建筑结构荷载规范》进行计算。可变荷载有包括风荷载、雪荷载、积灰荷载、屋面均布活荷载、起重机荷载、地震荷载等。施工荷载一般通过在施工中采取临时性措施予以考虑。永久荷载包括屋盖系统、柱、吊车梁系统、墙架、墙板及设备管道等其他构件的自重和围护结构自重等。它们一般换算为计算单元上的均布荷载考虑。屋面板、吊顶和墙板等自重标准值可按《建筑结构荷载规范》附录 A 计算。其中屋面板材自重的标准值可按表 7-11 取值。

表 7-11　屋面板材自重标准值

| 屋面类型 | 瓦楞铁 | 压型钢板 | 波形石棉瓦 | 水泥平瓦 |
| --- | --- | --- | --- | --- |
| 自重标准值/($kN/m^2$) | 0.05 | 0.1~0.15 | 0.2 | 0.5~0.55 |

对框架横向长度超过容许的温度区段长度而未设置伸缩缝时，则应考虑温度变化的影响；对厂房地基土质较差、变形较大或厂房中有较重的大面积地面荷载时，则应考虑基础不均匀沉陷对框架的影响。永久荷载的荷载分项系数为 $\gamma_G=1.3$（计算柱脚锚栓时取 $\gamma_G=1.0$），可变荷载的荷载分项系数 $\gamma_Q=1.5$，雪荷载一般不与屋面均布活荷载同时考虑，积灰荷载与雪荷载或屋面均布活荷载两者中的较大者同时考虑。

屋面荷载简化为均布的线荷载作用于框架横梁上。当无墙架时，纵墙上的风力一般作为均布荷载作用在框架柱上；有墙架时，尚应计入由墙架柱传给框架柱的集中风荷载。作用在框架横梁轴线以上的屋架及天窗上的风荷载按集中在框架横梁轴线上计算。起重机垂直轮压及横向水平力一般根据同一跨间、两台满载起重机并排运行的最不利情况考虑，对多跨厂房一般只考虑 4 台起重机作用。

### 7.8.4　内力分析和内力组合

框架内力分析可按结构力学的方法进行，也可利用现成的图表或计算机程序分析框架内力。应根据不同的框架，不同的荷载作用，采用比较简便的方法。为便于对各构件和连接进行最不利的组合，对各种荷载作用应分别进行框架内力分析。

为了计算框架构件的截面，必须将框架在各种荷载作用下所产生的内力进行最不利组合。要列出上段柱和下段柱的上下端截面中的弯矩 $M$、轴向力 $N$ 和剪力 $V$。此外还应包括柱脚锚固螺栓的计算内力。每个截面必须组合出 $+M_{max}$ 和相应的 $N$、$V$，$-M_{max}$ 和相应的 $N$、$V$，$-M_{max}$ 和相应的 $M$、$V$；对柱脚锚栓则应组合出可能出现的最大拉力：$M_{max}$ 相应的 $N$、$V$，$-M_{max}$ 和相应的 $N$、$V$。

柱与屋架刚接时，应对横梁的端弯矩和相应的剪力进行组合。最不利组合可分为四组：第一组组合使屋架下弦杆产生最大压力（见图 7-68a）；第二组组合使屋架上弦杆产生最大压力，同时也使下弦杆产生最大拉力（见图 7-68b）；第三、四组组合使腹杆产生最大拉力或最大压力（见图 7-68c、d）。组合时考虑施工情况，只考虑屋面永久荷载所产生的支座端弯矩和水平力的不利作用，不考虑它的有利作用。

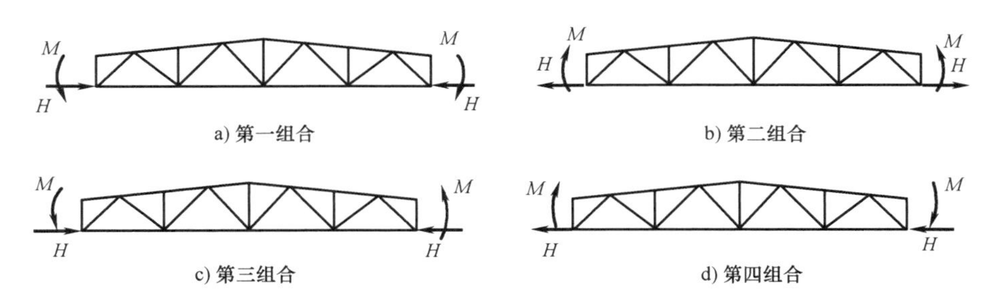


图 7-68　框架横梁端弯矩最不利组合

在内力组合中，一般采用简化规则由可变荷载效应控制的组合：当只有一个可变荷载参与组合时，组合系数取1.0，即永久荷载+可变荷载；当有两个或两个以上可变荷载参与组合时，组合值系数取0.9，即可变荷载1+可变荷载2。在地震区应参照《建筑抗震设计规范》进行偶然组合。对单层起重机的厂房，当对采用两台及两台以上起重机的竖向和水平荷载组合时，应根据参与组合的起重机台数及其工作制，乘以相应的折减系数。如两台起重机组合时，对轻级、中级工作制起重机，折减系数为0.9；对重级工作制起重机，折减系数取0.95。

## 7.8.5　框架柱的类型及其截面选择

框架柱按结构形式可分为等截面柱、阶形柱和分离式柱三大类。

等截面柱有实腹式和格构式两种（见图7-69a、b），通常采用实腹式。等截面柱将吊车梁支于牛腿上，构造简单，但起重机竖向荷载的偏心较大，只适用于起重机起重量 $Q<150kN$，或无起重机且厂房高度较小的轻型厂房中。

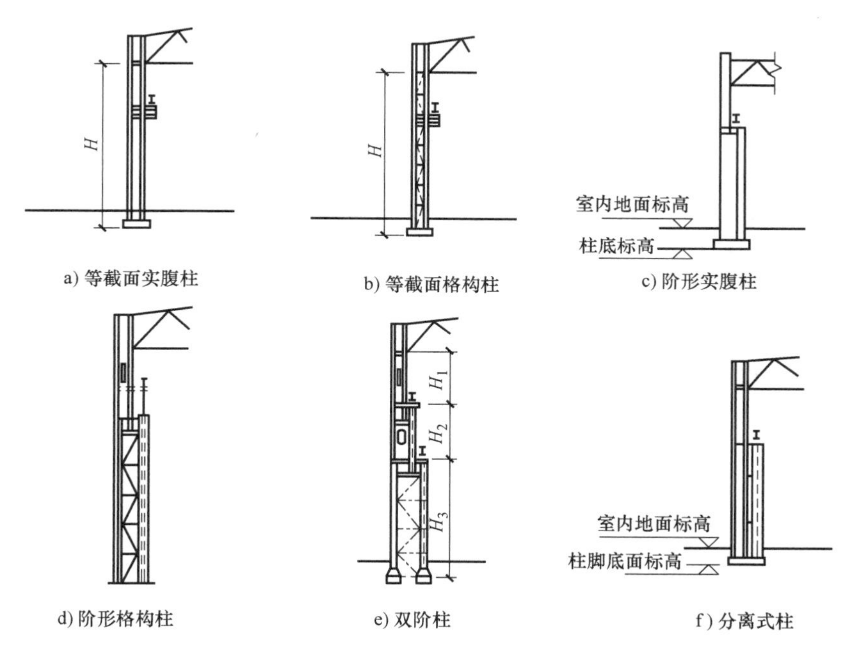


图7-69　框架柱的形式

阶形柱也可分为实腹式和格构式两种（见图7-69c、d、e）。从经济角度考虑，阶形柱由于吊车梁或吊车桁架支承在柱截面变化的肩梁处，荷载偏心小，构造合理，其用钢量比等截面柱节省，因而在厂房中广泛应用。阶形柱还根据厂房内设单层起重机或双层起重机做成单阶柱或双阶柱。阶形柱的上段由于截面高度 $h$ 不高（无人孔时 $h=400\sim600mm$；有人孔时 $h=900\sim1000mm$），并考虑柱与屋架、托架的连接等，一般采用工字形截面的实腹柱。下段柱，对于边列柱来说，由于吊车肢受的荷载较大，通常设计成不对称截面，中列柱两侧荷载相差不大时，可以采用对称截面。下段柱截面高度小于等于1m时，采用实腹式；截面高度大于等于1m时，采用缀条柱（见图7-69d、e）。

分离式柱（见图7-69f）由支承屋盖结构的屋盖肢和支承吊车梁或吊车桁架的吊车肢所

组成，两柱肢之间用水平板相连接。吊车肢在框架平面内的稳定性就依靠连在屋盖肢上的水平连系板解决。屋盖肢承受屋面荷载、风荷载及起重机水平荷载，按压弯构件设计。吊车肢仅承受起重机的竖向荷载，当吊车梁采用突缘支座时，按轴心受压构件设计；当采用平板支座时，仍按压弯构件设计。分离式柱构造简单，制作和安装比较方便，但用钢量比阶形柱多，且刚度较差，只宜用于起重机轨顶标高低于10m，且起重机起重量 $Q \geqslant$ 750kN 的情况，或者相邻两跨起重机的轨顶标高相差很悬殊，而低跨起重机的起重量 $Q \geqslant$ 500kN 的情况。

### 7.8.6 框架柱设计特点

在框架结构中梁与柱大多采用刚性连接，这种连接要求能可靠地将梁端弯矩和剪力传给柱。框架柱承受轴向力、弯矩和剪力的作用，属于压弯构件。

柱在框架平面内的计算长度应通过对整个框架的稳定性分析确定，但由于框架实际上是一空间体系，而构件内部又存在残余应力，要确定临界荷载比较复杂。因此对框架的分析，不论是等截面柱框架还是阶形柱框架，都按弹性理论确定其计算长度。

高层建筑框架柱的主要特点是组成板件的厚度可能超过 40mm，有时甚至会超过 100mm。当板件太厚时，厚度方向的残余应力将降低柱的整体稳定承载力，因而当进行柱的整体稳定计算时，轴心受压构件的整体稳定系数 $\varphi$ 应按照分类取值。

框架柱的强度和稳定性当按抗震设计时，尚应满足以下各项的要求。

对抗震设防的框架柱，为了实现强柱弱梁的设计概念，使塑性铰出现在梁端而不是柱端，在框架的任一节点处，柱截面的塑性模量和梁截面的塑性模量宜满足下列公式的要求（当柱所在楼层的受剪承载力比上一层受剪承载力高出 25%，或柱轴向力设计值与柱的全截面面积和钢材抗拉强度设计值乘积的比值不超过 0.4，或作为轴心受压构件在 2 倍地震作用下稳定性得到保证时，可不按下式验算）

$$\sum W_{pc}(f_{yc}-N/A_c) \geqslant \eta \sum W_{pb} f_{yb} \tag{7-59}$$

式中 $W_{pc}$、$W_{pb}$——计算平面内交汇于节点的柱和梁的截面塑性模量；

$f_{yc}$、$f_{yb}$——柱梁钢材的屈服强度；

$N$——按多遇地震作用组合得出的柱轴力设计值；

$A_c$——框架柱的截面面积；

$\eta$——强柱系数，超过 6 层的钢框架，抗震设防烈度 6 度Ⅵ类场地和 7 度时可取 1.0，8 度时可取 1.05，9 度时可取 1.15。

1）在罕遇地震作用下不可能出现塑性铰的部分，框架柱可按下式计算

$$N \leqslant \frac{0.6A_c f}{\gamma_{RE}} \tag{7-60}$$

式中 $f$——柱钢材的抗压强度设计值；

$\gamma_{RE}$——柱的承载力抗震调整系数，按《建筑抗震设计规范》的规定选用；

2）抗震设防烈度按 7 度和 7 度以上抗震设防的框架柱，其板件的宽厚比限值应较非抗震设计时更为严格，即必须满足表 7-12 的要求。

表 7-12　框架柱板件的宽厚比

| 板件 | 抗震设防烈度 | |
|---|---|---|
| | 7 度 | 8 度或 9 度 |
| 工字形柱腹板 | 11 | 10 |
| 工字形柱腹板 | 43 | 43 |
| 箱形柱壁板 | 37 | 33 |

注：本表数值适用于 $f_y=235\text{N/mm}^2$ 的 Q235 钢，当钢材为其他牌号时，应乘以 $\sqrt{235/f_y}$。

3）高层建筑中框架柱的长细比，当按 7 度及 7 度以上设防时，不宜大于 $60\sqrt{235/f_y}$；按 6 度抗震设防和非抗震设防的结构，柱的长细比不应大于 $120\sqrt{235/f_y}$。

### 7.8.7　柱的截面验算和构造设计

单阶柱的上柱，一般为实腹式工字形截面，选取最不利的内力组合进行截面验算。阶形柱的下段柱一般为格构式压弯构件，需要验算框架平面内的整体稳定及屋盖肢与吊车肢的单肢稳定。计算单肢稳定时，应注意分别选取对所验算的单肢产生最大压力的内力组合。

考虑到格构式柱的缀材体系传递两肢间的内力情况还不十分明确，为了确保安全，还需按吊车肢单独承受最大起重机垂直轮压 $R_{max}$ 进行补充验算。此时，吊车肢承受的最大压力为

$$N=R_{max}+\frac{(N-R_{max})y_2}{a}+\frac{(M-M_R)}{a} \tag{7-61}$$

式中　$R_{max}$——起重机竖向荷载及吊车梁自重等所产生的最大压力设计值；

$M$——使吊车肢受压的下段柱的弯矩设计值，包括 $R_{max}$ 的作用；

$N$——与 $M$ 相应的内力组合的下段柱轴向力设计值；

$M_R$——仅由 $R_{max}$ 作用对下段柱产生的弯矩设计值、与 $M$、$N$ 同一截面；

$y_2$——下柱截面重心轴至屋盖肢重心线的距离；

$a$——下柱屋盖肢至吊车肢重心线间的距离。

当吊车梁为突缘支座时，其支反力沿起重机轴线传递，吊车肢按承受轴心压力 $N_1$ 计算单肢的稳定性。当吊车梁为平板式支座时，尚应考虑由于相邻两吊车梁支座反力差（$R_1-R_2$）所产生的框架平面外的弯矩

$$M_y=(R_1-R_2)e \tag{7-62}$$

式中　$M_y$——全部由吊车肢承受，其沿柱高度方向弯矩的分布可近似地假定在吊车梁支承处为铰接，在柱底部为刚性固定。

吊车肢按实腹式压弯杆验算在弯矩 $M_y$ 作用平面内（即框架平面外）的稳定性。

## 7.9　轻型门式刚架结构的设计特点

### 7.9.1　轻型门式刚架结构的组成

如图 7-70 所示，轻型门式刚架是对轻型房屋钢结构门式刚架的简称。轻型门式刚架是指以轻型焊接 H 型钢（等截面或变截面）、热轧 H 型钢（等截面）或冷弯薄壁型钢等构成

的实腹式门式刚架或格构式刚架作为主要承重骨架，用冷弯薄壁型钢（槽钢、卷边槽钢、Z型钢等）做檩条、墙梁；以压型金属板（压型钢板、压型铝板）做屋面、墙面；采用聚苯乙烯泡沫塑料、硬质聚氨酯泡沫塑料、岩棉、矿棉、玻璃棉等作为保温隔热材料并适当设置支撑的一种轻型房屋结构体系。可以设置起重量不大于200kN的中、轻级工作制桥式起重机或30kN悬挂式起重机的单层房屋钢结构。

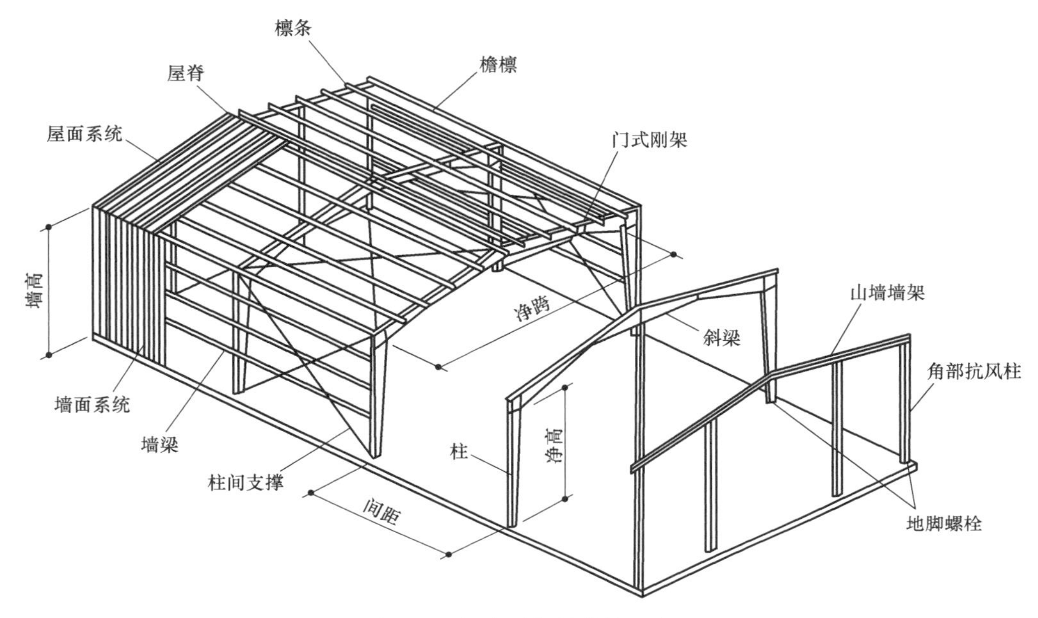


图 7-70　门式刚架的结构组成

在目前的工程实践中，门式刚架的梁、柱构件多数采用焊接变截面的H形截面，单跨刚架的梁-柱节点采用刚接，多跨钢架则大多数采用刚接和铰接并用的方式。柱脚可与基础刚接或铰接。围护结构采用压型钢板的居多，玻璃棉则由于其具有自重轻、保温隔热性能好及安装方便等特点，用作保温隔热材料最为普遍。

## 7.9.2　轻型门式刚架结构的特点及适用范围

轻型门式刚架的广泛应用，除其自身具有的优点外，还与近年来普遍采用轻型（钢）屋面和墙面系统——冷弯薄壁型钢的檩条和墙梁、彩涂压型钢板和轻质保温材料的屋面板和墙板密不可分。它们完美地结合构成了轻（型）钢结构系统（美国称金属建筑系统）。

轻钢结构系统代替传统的混凝土和热轧型钢制作的屋面板、檀条等，不仅可减小梁、柱和基础截面尺寸，使整体结构质量减轻，而且式样美观、工业化程度高、施工速度快、经济效益显著。

### 1. 轻型门式刚架结构的特点

（1）质量轻　围护结构由于采用压型金属板、玻璃棉及冷弯薄壁型钢等材料组成，屋面、墙面的质量都很轻，因而支承它们的门式刚架也很轻。根据国内的工程实践统计，单层门式刚架房屋承重结构的用钢量一般为$10\sim30\text{kg/m}^2$；在相同的跨度和荷载条件下自重约为钢筋混凝土结构的1/30～1/20。由于单层门式刚架结构的质量轻，地基的处理费用相对较低，基础也可以做得比较小。同时在相同地震烈度下门式刚架结构的地震反应小，一般情况下，地震作用参与的内力组合对刚架梁、柱杆件的设计不起控制作用。但是风荷载对门式刚架结构构件的受力影响较大，风荷载产生的吸力可能会使屋面金属压型板、檩条的受力反向，当风荷载较大或房屋较高时，风荷载可能是刚架设计的控制荷载。

（2）工业化程度高，施工周期短 门式刚架结构的主要构件和配件均为工厂制作，质量易于保证，工地安装方便。除基础施工外，基本没有湿作业，现场施工人员的需要量也很少。构件之间的连接多采用高强度螺栓连接，是安装迅速的一个重要方面，但必须注意设计为刚性连接的节点，应具有足够的转动刚度。

（3）综合经济效益高 由于材料价格的原因，门式刚架结构的造价虽然比钢筋混凝土结构等其他结构形式略高，但由于采用了计算机辅助设计，设计周期短；构件采用先进自动化设备制造；原材料的种类较少，易于筹措，便于运输；所以门式刚架结构的工程周期短、资金回报快、投资效益高。

（4）柱网布置比较灵活 传统的结构形式由于受屋面板、墙板尺寸的限制，柱距多为 6m，当采用 12m 柱距时，需设置托架及墙架柱。而门式刚架结构的围护体系采用金属压型板，所以柱网布置不受模数限制，柱距大小主要根据使用要求和用钢量的原则来确定。

门式刚架结构除了上述特点外，还有一些特点也需要了解：

1）门式刚架体系的整体性可以依靠檩条、墙梁及隅撑来保证，从而较少了屋盖支撑的数量，同时支撑多用张紧的圆钢做成，很轻便。

2）门式刚架的梁、柱多采用变截面，可以节约材料。图 7-71 所示刚架，柱为楔形构件，梁则由多端楔形杆组成。梁、柱腹板在设计时利用屈曲后强度，可使腹板宽厚比放大（腹板厚度较薄）。当然，由于变截面门式刚架达到极限承载力时，可能会在多个截面处形成塑性铰而使刚架瞬间形成机动体系，因此塑性设计不再适用。

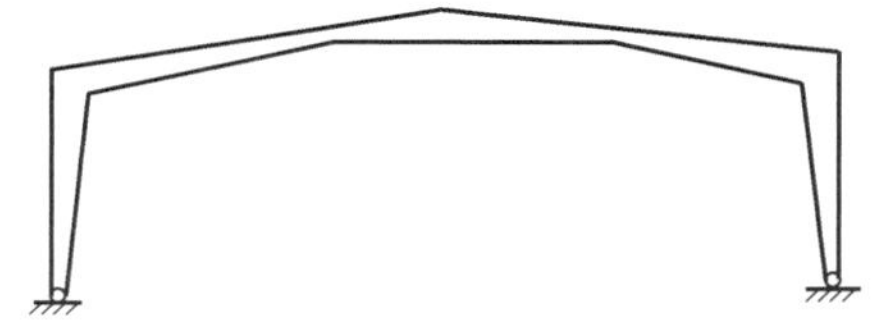

图 7-71 变截面刚架

使门式刚架结构轻型化的措施还有：在多跨框架中把中柱做成只承受重力荷载的两端铰接柱，对平板式铰接柱考虑其实际存在的转动约束，利用屋面板的蒙皮效应和适当放宽柱顶侧移的限值等。设计中对轻型化带来的后果必须注意和正确处理。风力可使轻型屋面的荷载反向，就是一例。

3）组成构件的板件较薄，对制作、涂装、运输、安装的要求较高。在门式刚架结构中，焊接构件中板的最小厚度为 3.0mm，冷弯薄壁型钢构件中板最小厚度为 1.5mm；压型钢板的最小厚度为 0.4mm。板件的宽厚比大，使得构件在外力的撞击下容易发生局部变形。同时，锈蚀对构件截面削弱带来的后果更为严重。

4）门式刚架构件的抗弯刚度、抗扭刚度比较小，结构的整体刚度也比较柔。因此，在运输和安装过程中都要采取必要的措施，防止构件发生弯曲和扭转变形。同时，还要重视支撑体系和隅撑的布置，重视屋面板、墙面板与构件的连接构造，使其能参与结构的整体工作（即蒙皮效应）。

**2. 轻型门式刚架结构的适用范围**

轻型门式刚架在我国的应用大约始于 20 世纪 80 年代初期。中国工程建设标准化协会编制的《门式刚架轻型房屋钢结构技术规程》于1998年颁布实施后，其应用范围在我国得到了快速的发展，给钢结构注入了新的活力，主要用于轻工业厂房、仓库、建材等交易市场、大型超市、体育馆、展览厅、停车场及活动房屋、加层建筑等。目前，国内大约每年有上千万平方米的轻钢建筑竣工。国外也有大量钢结构制造商进入中国，加上国内几百家的轻钢结构专业公司和制造厂，市场竞争也日趋激烈。

### 7.9.3 门式刚架的结构形式和布置

#### 1. 结构形式

门式刚架又称山形门式刚架。其结构形式按跨度可分为单跨刚架（见图7-72a、d）、双跨刚架（见图7-72b、e、f）、多跨刚架（见图7-72c）以及带挑檐的和带毗屋的刚架（见图7-72d、e）等形式。按屋面坡脊数可分为单脊单坡（见图7-72f）、单脊双坡（见图7-72a、b、c、d）、多脊多坡（见图7-72e）。

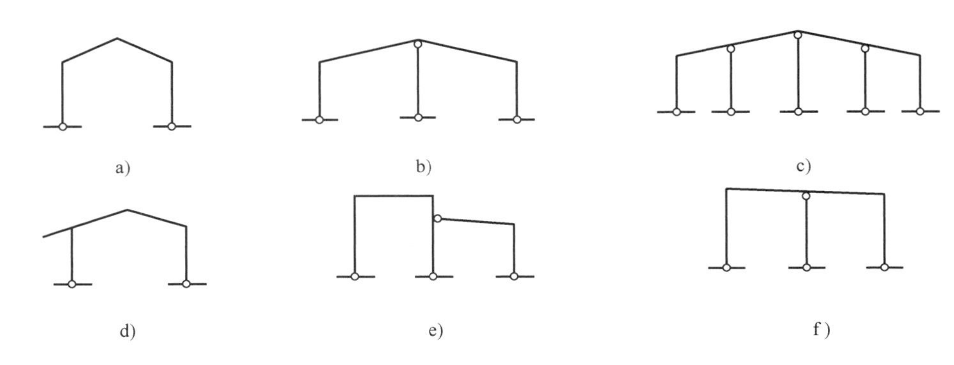


图7-72 门式刚架的结构形式

多跨刚架中间柱与刚架斜梁的连接，可采用铰接。多跨刚架宜采用双坡或单坡屋盖，必要时也可采用由多个双坡单跨相连的多跨刚架形式。

在门式刚架轻型房屋钢结构中，屋盖应采用压型钢板和冷弯薄壁型钢檀条，主刚架可采用变截面实腹刚架，外墙宜采用压型钢板和冷弯薄壁型钢墙梁，也可以采用砌体外墙或底部为砌体、上部为轻质材料的外墙。主刚架斜梁下翼缘和刚架柱内翼缘的平面外稳定性，由与檀条或墙梁相连接的隅撑来保证。主刚架间的交叉支撑可采用张紧的圆钢。

单层门式刚架轻型房屋可采用隔热卷材做屋盖隔热和保温层，也可以采用带隔热屋的板材做屋面。

根据跨度、高度及荷载不同，门式刚架的梁、柱可采用变截面或等截面的实腹焊接工字形截面或轧制H形截面。

门式刚架可由多个梁、柱单元构件组成，柱一般为单独单元构件，斜梁可根据运输条件划分为若干个单元。单元构件本身采用焊接，单元之间可通过端板以高强度螺栓连接。

门式刚架的柱脚多按铰接支承设计，通常为平板支座，设一对或两对地脚螺栓。采用于工业厂房且有桥式起重机时，宜将柱脚设计为刚接。

#### 2. 建筑尺寸

门式刚架的跨度，应取横向刚架柱轴线间的距离。门式刚架的高度，应取地坪至柱轴线与斜梁轴线交点的高度。门式刚架的高度，应根据使用要求的室内净高确定，设有起重机的厂房应根据轨顶标高和起重机净高要求而定。

柱的轴线可取通过柱下端（较小端）中心的竖向直线；工业建筑边柱的定位轴线宜取柱外皮；斜梁的轴线可取通过变截面梁段最小端中心与斜梁上表面平行的轴线。

对于门式刚架轻型房屋：其檐口高度取地坪至房屋外侧檩条上缘的高度；其最大高度取地坪至屋盖顶部檩条上缘的高度；其宽度取房屋侧墙墙梁外皮之间的距离；其长度取两端山墙墙梁外皮之间的距离。

门式刚架的跨度，宜为 9~36m，以 3m 为模数。边柱的宽度不相等时，其外侧要对齐。门式刚架的高度，宜为 4.5~9.0m，必要时可适当加大。门式刚架的间距，即柱网轴线在纵向的距离宜为 6m，也可采用 7.5 m 或 9m，最大可用 12 m，跨度较小时间距可为 4.5m。

等截面梁的截面高度一般取其跨度的 1/60~1/40，变截面梁端部高度不宜小于跨度的 1/40~1/35，中间高度则不小于跨度的 1/60。设有桥式起重机时，柱宜采用等截面构件。截面高度不小于柱高度的 1/20。变截面柱在铰接柱脚处的截面高度不宜小于 200~250mm。变截面构件通常改变腹板得高度，做成楔形；必要时也可改变腹板厚度。结构构件在运输单元内一般不改变翼缘截面，当必要时可改变翼缘厚度。

门式刚架轻型房屋屋面坡度宜取 1/20~1/8，在雨水较多的地区取其中的较大值。

**3. 结构平面布置**

门式刚架轻型房屋钢结构的纵向温度区段长度不大于 300mm，横向温度区段长度不大于 150mm。当房屋的平面尺寸超过上述规定时，需要设置伸缩缝。伸缩缝的做法有两种即在搭接檩条的螺栓连接处采用长圆孔并使该处屋面板在构造上允许胀缩；或者设置双柱。

在多跨刚架局部抽掉中柱处，可布置托架。

山墙处可设置由斜梁、抗风柱和墙架组成的山墙墙架，或直接采用门式刚架。

**4. 墙梁布置**

门式刚架轻型房屋钢结构的侧墙，在采用压型钢板作围护面时，墙梁宜布置在刚架柱的外侧，其间距按墙板板型及规格而定，但不应大于计算确定的值。

外墙在抗震设防烈度不高于 6 度的情况下，可采用砌体；当为 7 度、8 度时，不宜于采用嵌砌砌体；9 度时宜采用与柱柔性连接的轻质墙板。

**5. 支撑布置**

在每个温度区段或者分期建设的区段中，应分别设置能独立构成空间稳定结构的支撑体系。柱间支撑的间距根据安装条件确定，一般取 30~40m，不应大于 60m。房屋高度较大时，柱间支撑要分层设置。在设置柱间支撑的开间应同时设置屋盖横向支撑以组成几何不变体系。

端部支撑宜设在温度区段端部和第二个开间，这种情况下，在第一开间的相应位置宜设置刚性系杆。刚架转折处（如柱顶和屋脊）也宜设置刚性系杆。

由支撑斜杆等组成的水平桁架，其直腹杆宜接刚性系杆考虑；若刚度或承载力不足，可在刚架斜梁间设置钢管、H 型钢或其他截面形式的杆件。

门式刚架轻型房屋钢结构的支撑，宜采用张紧的十字交叉圆钢组成，用特制的连接件与梁柱腹板相连。连接件应能适应不同的夹角。圆钢端部都应有丝扣，校正定位后拉条张紧固定。

### 7.9.4 作用效应的计算

设计门式刚架结构所涉及的荷载，包括永久荷载和可变荷载，除《门式刚架轻型钢结构技术规程》（CECS 102—2002）有专门规定以外，一律按《建筑结构荷载规范》GB 50009—2012 采用。

永久荷载有屋面材料、檩条、刚架、墙架、支撑等结构自重和悬挂荷载（吊顶、天窗、管道、门窗等）。屋面材料等结构自重可参考表 7-11。悬挂荷载按实际情况取用。

可变荷载有屋面均布活荷载、雪荷载、积灰荷载、风荷载及起重机荷载等。当采用压型钢板轻型屋面时，屋面竖向均布活荷载的标准值（按水平投影面计算）应取 0.5kN/m$^2$；对于受荷水平投影面积大约 60m$^2$ 的刚构架可取不小于 0.3kN/m$^2$（刚架横梁多属于此种情况）。雪荷载、积灰荷载及起重机荷载按《建筑结构荷载规范》的规定计算。

对于风荷载，由于轻型门式刚架的屋面坡度一般较小，高度也较低（属底层房屋体系），故风荷载的计算不能完全按照《建筑结构荷载规范》（主要为风荷载体型系数 $\mu_s$）的规定来进行计算，若按其计算门式刚架的风荷载则会引起结构在大多数情况偏于不安全，甚至严重不安全。因此，《门式刚架轻型房屋钢结构技术规程》对风荷载的计算制定了如下的规定：

$$w_k = 1.05\mu_s\mu_z w_0 \tag{7-63}$$

式中 $w_k$——风荷载标准值（kN/m$^2$）；

$w_0$——基本风压，按《建筑结构荷载规范》规定采用；

$\mu_z$——风荷载高度变化系数，按《建筑结构荷载规范》规定采用，当高度小于 10m 时，应按 10m 高度处的数值采用；

$\mu_s$——风荷载体型系数（考虑内、外风压最大的组合，且含阵风系数），对刚架上的风荷载体型系数应按《门式刚架轻型房屋钢结构技术规程》的规定采用。

对地震作用应按《建筑抗震设计规范》（GB 50011—2010）的规定进行计算。

荷载组合效应：

1）屋面均布活荷载不与雪荷载同时考虑，应取两者中的较大值。

2）积灰荷载应与雪荷载或屋面均布活荷载中的较大值同时考虑。

3）施工或检修集中荷载不与屋面材料或檩条自重以外的其他荷载同时考虑。

4）多台起重机的组合应符合《建筑结构荷载规范》的规定。

5）当需要考虑地震作用时，风荷载不与地震作用同时考虑。

在进行刚架内力分析时，所需考虑的荷载效应组合主要有：

1）1.3×永久荷载+0.9×1.5×{积灰荷载+max[屋面均布活荷载、雪荷载]}+0.9×1.5×(风荷载+起重机竖向及水平荷载)。

2）1.3×永久荷载+1.5×风荷载。

组合 1）用于截面强度和构件稳定性计算。在进行效应叠加时，起有利作用者不加，但必须注意所加各项有可能同时发生。为此，不能在计入起重机水平荷载效应的同时略去竖向荷载效应。组合 2）用于锚栓抗拉计算，其永久荷载的抗力分项系数取 1.3。当为多跨有吊车框架时，在组合 2）中还应考虑邻跨起重机水平力的作用。

由于门式刚架结构的自重较轻，地震作用产生的荷载效应一般较小。设计经验表明：当抗震设防烈度为 7 度而风荷载标准值大于 0.35kN/m²，或抗震设防烈度为 8 度而风荷载标准值大于 0.45kN/m² 时，地震作用的组合一般不起控制作用。

对于变截面门式刚架，应采用弹性分析方法确定各种内力，只有当刚架的梁柱全部为等截面时才允许采用塑性分析方法，但后一种情况在实际工程中已很少采用。进行内力分析时，通常把刚架当作平面结构对待，一般不考虑蒙皮效应，只是把它当作安全储备。当有必要且有条件时，可考虑屋面板的蒙皮效应。

## 7.10　普通钢屋架设计实例

### 7.10.1　设计资料

某车间跨度为 24m，柱距为 6m，厂房总长度为 102m。车间内设有一台 50t 和 20t 中级工作制软钩桥式起重机，起重机轨顶标高为+9.000m。冬季最低温度为-20℃。

屋面采用 1.5m×6.0m 预应力混凝土大型屋面板，屋面坡度 $i=1:10$。上铺 80mm 厚泡沫混凝土保温层和三毡四油防水层。

屋面活荷载的标准值为 0.7kN/m²，雪荷载标准值为 0.5kN/m²，积灰荷载标准值为 0.75 kN/m²。屋架采用梯形钢屋架，其两端铰支于钢筋混凝土柱上，上柱截面尺寸为 450mm×450mm，混凝土强度等级为 C25。

钢材采用 Q235B 级，焊条采用 E43 型，焊条电弧焊。

屋架计算跨度　$l_0=(24-2\times0.15)\text{m}=23.700\text{m}$。

跨中及端部高度：屋架的中间高度 $h=3.190\text{m}$，屋架端部高度 $h_0=1.990\text{m}$，屋架跨中起拱 50mm（$\approx l/500$）。

### 7.10.2　结构形式与支撑布置

屋架形式及几何尺寸如图 7-73 所示。

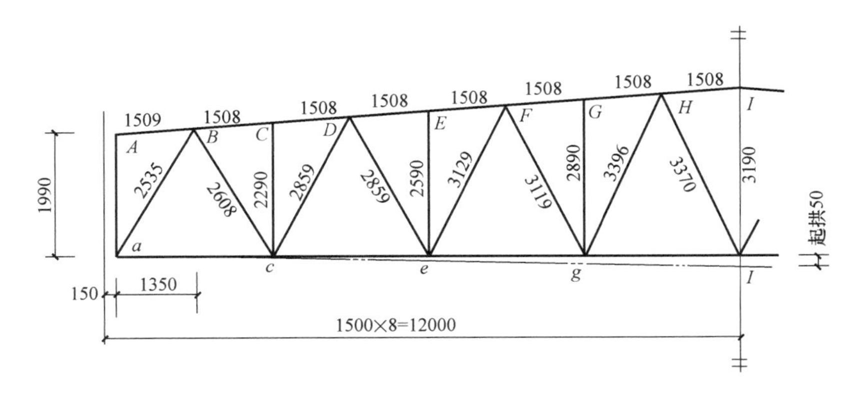


图 7-73　屋架形式及几何尺寸

根据车间长度 102m，屋架跨度 $l=24\text{m}$ 的荷载情况，以及起重机、锻锤设置情况，布置三道上、下弦横向水平支撑，两道纵向水平支撑、垂直支撑和系杆。

屋脊节点及屋架支座处沿厂房通长设置刚性系杆，屋架下弦沿跨中通长设一道柔性系杆。凡与支撑连接的屋架，编号为 GWJ-2，中间屋架编号为 GWJ-1，两端和变形缝处的屋架编号为 GWJ-3。屋架支撑布置如图 7-74 所示。

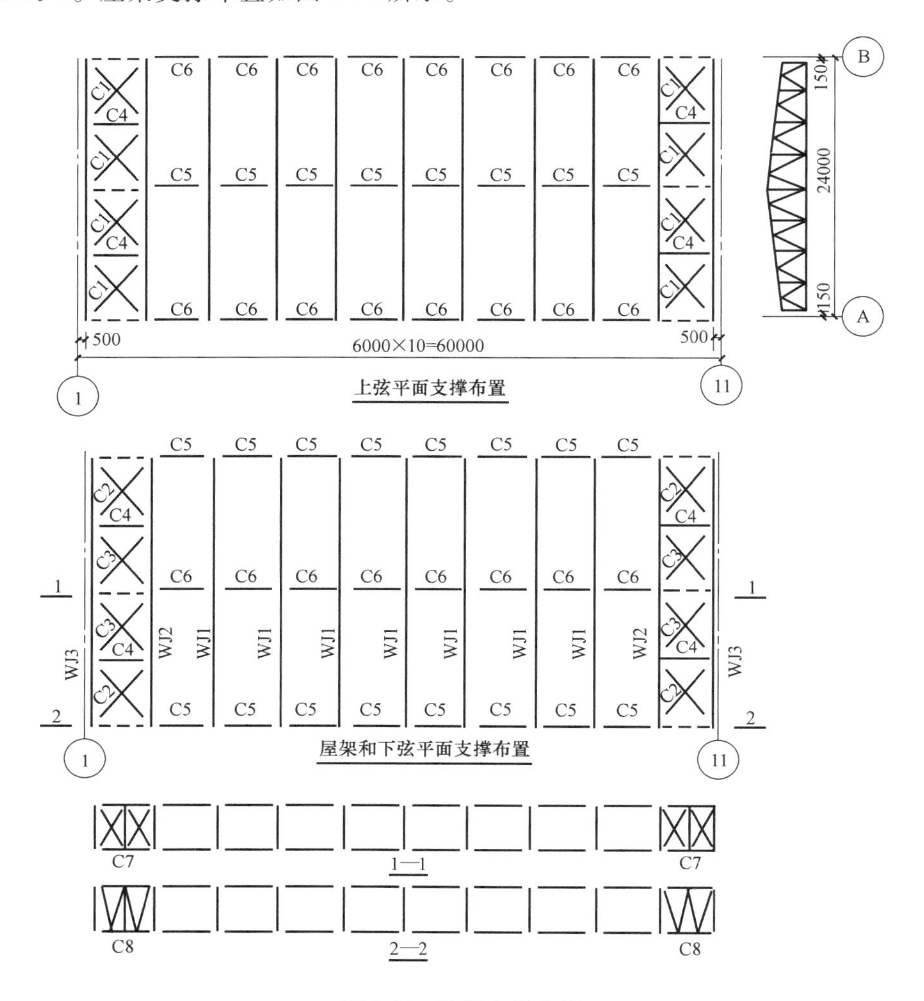


图 7-74　屋架支撑布置

## 7.10.3　荷载计算

屋面活荷载与雪荷载不会同时出现，从资料可知屋面活荷载大于雪荷载，故取屋面活荷载进行计算。

屋架沿水平投影面积分布的自重（包括支撑按经验公式）$q=(0.12+0.011\times$跨度$)$计算，跨度单位为 m。

1）永久荷载标准值

① 预应力混凝土大型屋面板（含灌缝）　　$1.25\mathrm{kN/m^2}$

② 三毡四油防水层　　$0.35\mathrm{kN/m^2}$

③ 找平层（20mm 厚）

$0.02\times20\text{kN/m}^2=0.4\text{kN/m}^2$

④ 泡沫混凝土保温层（80mm 厚）

$0.08\times6\text{kN/m}^2=0.48\text{kN/m}^2$

⑤ 屋架和支撑自重

$(0.12+0.012\times24)\text{kN/m}^2=0.4\text{kN/m}^2$

⑥ 管道自重　　$0.1\text{kN/m}^2$

---

$2.98\text{kN/m}^2$

2）可变荷载标准值

① 屋面活荷载　　$0.5\text{kN/m}^2$

② 积灰荷载　　$0.75\text{kN/m}^2$

---

$1.25\text{kN/m}^2$

以上荷载计算中，因屋面坡度较小，风荷载对屋面为吸力，对重屋盖可不考虑，所以各荷载均按水平投影面积计算。

永久荷载设计值　$1.3\times2.98\text{kN/m}^2=3.88\ \text{kN/m}^2$

可变荷载设计值　$1.5\times1.25\text{kN/m}^2=1.88\text{kN/m}^2$

对屋架的作用荷载，既有永久荷载，也有可变荷载。其中可变荷载应考虑以下三种荷载组合：

1）全跨永久荷载+全跨可变荷载

全跨节点永久荷载及可变荷载　$F=(3.88+1.88)\times1.5\times6\text{kN}=51.84\text{kN}$

支座反力　$R_A=51.84\times(1/2\times2+7)\text{kN}=414.72\text{kN}=R_B$

2）全跨永久荷载+半跨可变荷载

全跨节点永久荷载 $F_1=3.88\times1.5\times6\text{kN}=34.92\text{kN}$

半跨节点可变荷载 $F_2=1.88\times1.5\times6\text{kN}=16.92\text{kN}$

3）全跨屋架与支撑+半跨屋面板自重+半跨屋面活荷载

全跨节点屋架与支撑自重 $F_3=1.3\times0.38\times1.5\times6\text{kN}=4.45\text{kN}$

半跨节点屋面板自重及活荷载 $F_4=(1.3\times1.4+1.4\times0.7)\times1.5\times6\text{kN}=25.83\text{kN}$

以上 1）、2）为使用阶段荷载组合，3）为施工阶段荷载组合。

在梯形屋架中，屋架的上、下弦杆和靠近支座处的腹杆，常按第一种荷载组合计算；而跨中附近的腹杆，在第二、三种荷载组合作用下，可能内力最大，而且可能变号。如果在屋面施工安装时，在屋架两侧对称均匀的铺设屋面板，则第三种荷载组合可以不考虑。

### 7.10.4　内力计算

按图解法、解析法或电算法均可计算屋架各杆件内力。

在上述三种荷载组合作用下计算简图如图 7-75 所示。

屋架各杆件内力组合见表 7-13。

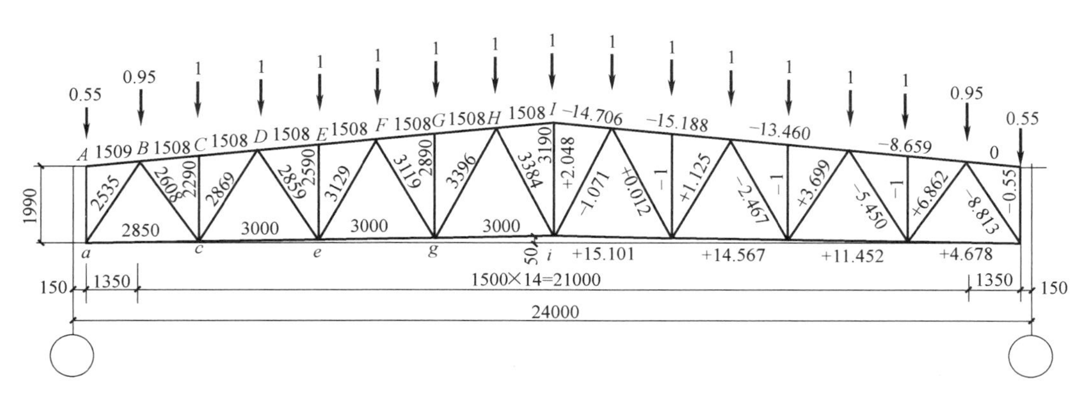


图 7-75　屋架形式、几何尺寸及内力系数

**表 7-13　屋架各杆件内力组合表**

| 杆件名称 | | 杆内力系数 F=1 全跨 ① | 左半跨 ② | 右半跨 ③ | 第一种组合 F×① | 第二种组合 $F_1\times①+F_2\times②$<br>$F_1\times①+F_2\times③$ | 第三种组合 $F_3\times①+F_4\times②$<br>$F_3\times①+F_4\times③$ | 计算内力/kN |
|---|---|---|---|---|---|---|---|---|
| 上弦杆 | AB | 0 | 0 | 0 | 0 | 0 | 0 | 0 |
| | BD | -6.15 | -2.55 | -8.7 | -451.0 | -407.86<br>-346.95 | -197.57<br>-104.59 | -451.0 |
| | DF | -8.92 | -4.2 | -13.5 | -699.84 | -622.35<br>-542.48 | -290.48<br>-168.57 | -699.84 |
| | FH | -9.1 | -6.4 | -15.25 | -790.56 | -686.50<br>-640.82 | -302.91<br>-233.17 | -790.56 |
| | HI | -7.3 | -7.3 | -14.75 | -764.64 | -638.59<br>-638.59 | -235.24<br>254.20 | -764.64 |
| 下弦杆 | ac | 3.42 | 1.35 | 4.7 | 243.65 | 221.99<br>186.96 | 109.26<br>55.79 | 243.65 |
| | ce | 7.9 | 3.7 | 11.5 | 596.16 | 535.25<br>464.18 | 255.24<br>146.75 | 596.16 |
| | eg | 9.3 | 5.6 | 14.6 | 756.86 | 667.19<br>604.58 | 305.19<br>209.62 | 756.86 |
| | gi | 8.4 | 6.7 | 15.2 | 787.97 | 672.91<br>644.14 | 284.61<br>240.70 | 787.97 |
| 斜腹杆 | aB | -6.5 | -2.5 | -8.85 | -458.78 | -419.02<br>-351.14 | -207.28<br>-103.96 | -458.78 |
| | Bc | 4.7 | 2.2 | 6.9 | 357.7 | 320.47<br>278.17 | 152.11<br>87.54 | 357.7 |
| | cD | -3.4 | -2.1 | -5.5 | -285.12 | -249.59<br>-227.59 | -112.30<br>-72.82 | -285.12 |
| | De | 1.9 | 1.9 | 3.71 | 192.33 | 161.70<br>161.70 | 65.59<br>65.59 | 192.33 |
| | eF | -0.7 | -1.85 | -2.5 | -129.6 | -99.14<br>-118.60 | -29.21<br>-58.92 | -129.6 |
| | Fg | -0.5 | 1.65 | 1.1 | 57.02 | 29.95<br>66.33 | -8.02<br>47.52 | 66.33<br>-8.02 |

（续）

| 杆件名称 | | 杆内力系数 $F=1$ 全跨 ① | 左半跨 ② | 右半跨 ③ | 第一种组合 $F\times$① | 第二种组合 $F_1\times$①$+F_2\times$② $F_1\times$①$+F_2\times$③ | 第三种组合 $F_3\times$①$+F_4\times$② $F_3\times$①$+F_4\times$③ | 计算内力/kN |
|---|---|---|---|---|---|---|---|---|
| 斜腹杆 | *gH* | 1.6 | -1.6 | 0.5 | 25.92 | 44.53<br>-9.61 | 43.56<br>-39.10 | 44.53<br>-39.10 |
| | *Hi* | -2.5 | 1.5 | -1.0 | -51.84 | -77.22<br>-9.54 | -69.03<br>34.30 | -77.22 |
| 竖杆 | *Aa* | -0.5 | 0 | -0.5 | -25.92 | -25.92<br>-17.46 | -15.14<br>-2.23 | -25.92 |
| | *Cc* | -1.0 | 0 | -1.0 | -51.84 | -51.84<br>-34.92 | -30.28<br>-4.45 | -51.84 |
| | *Ee* | -1.0 | 0 | -1.0 | -51.84 | -51.84<br>-34.92 | -30.28<br>-4.45 | -51.84 |
| | *Gg* | -1.0 | 0 | -1.0 | -51.84 | -51.84<br>-34.92 | -30.28<br>-4.45 | -51.84 |
| | *Ii* | -0.5 | -0.5 | -1.0 | -51.84 | -43.38<br>0 | -17.37<br>0 | -51.84 |

注：表中 $F=51.84\text{kN}$；$F_1=34.92\text{kN}$；$F_2=16.92\text{kN}$；$F_3=4.45\text{kN}$；$F_4=25.83\text{kN}$。

由上述计算结果可见，在屋架跨中附近斜腹杆的内力发生变号，这是由于考虑了施工阶段荷载的不利分布，如果按照正确的施工方法，屋面板采用对称吊装，就不会出现杆件内力的变号。

### 7.10.5　杆件截面设计

#### 1. 上弦杆

整个上弦杆采用不改变截面的形式，按最大内力所在的截面 *FH* 杆进行设计，取 $N_{FH}=-790.56\text{kN}$。

在屋架平面内，为节间轴线长度 $l_{0x}=1508\text{mm}$；在屋架平面外，根据支撑布置和内力变化情况取 $l_{0y}=2\times1508\text{mm}=3016\text{mm}$（按大型屋面板与屋架保证三点焊，故取两块屋面板跨度）。因为 $l_{0y}=2l_{0x}$，故截面宜选用两个不等肢角钢短肢相并（见图 7-76）。

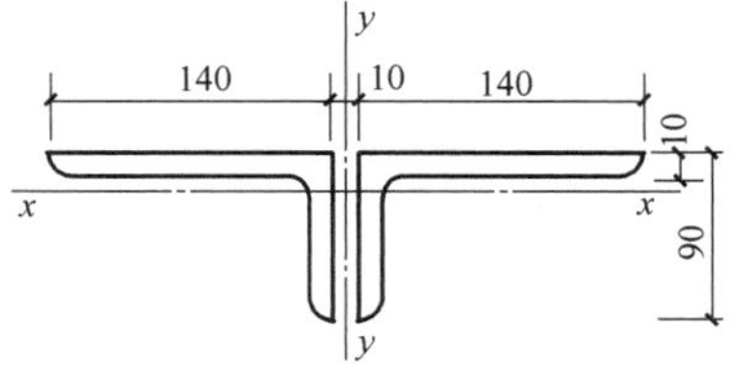


图 7-76　上弦杆截面

根据腹杆最大内力 $N=-458.76\text{kN}$，查表 7-8 可知，节点板厚度选用 10mm，支座节点板厚度选用 12mm。

设 $\lambda=60$，按 Q235 钢材计算，查附表 4-1 轴心受压构件的稳定系数附表 4-1 $\varphi=0.807$。

需要的截面面积
$$A=\frac{N}{\varphi f}=\frac{790.56\times10^3}{0.807\times215}\text{mm}^2=4556\text{mm}^2$$

需要的回转半径
$$i_x=\frac{l_{0x}}{\lambda}=\frac{1508}{60}\text{mm}=25.2\text{mm}$$

$$i_y=\frac{l_{0y}}{\lambda}=\frac{3016}{60}\text{mm}=50.3\text{mm}$$

根据需要的 $A$、$i_x$、$i_y$ 查角钢规格表，选用 $2\angle 140\times 90\times 10$，$A=4452.2\text{mm}^2$，$i_x=25.6\text{mm}$，$i_y=67.7\text{mm}$。

按所选角钢进行验算

$$\lambda_x=\frac{l_{0x}}{i_x}=\frac{1508}{25.6}=58.91<[\lambda]=150\text{（满足要求）}$$

$$\lambda_y=\frac{l_{0y}}{i_y}=\frac{3016}{67.7}=44.55<[\lambda]=150\text{（满足要求）}$$

由于 $\lambda_x>\lambda_y$，只需求 $\varphi_x$。取 $\lambda=58.91$，查附表 4-1 得 $\varphi_x=0.813$。

$$\sigma=\frac{N}{\varphi A}=\frac{790.56\times10^3}{0.813\times4452.2}\text{N/mm}^2=218.4\text{N/mm}^2\approx215\text{N/mm}^2$$

所选截面合适。垫板每个节间设一块。

**2. 下弦杆**

整个下弦杆也采用不改变截面的形式，按最大内力所在的 $gi$ 杆进行计算。

$$N_{\max}=N_{gi}=787.97\text{kN}$$

$$l_{0x}=3000\text{mm},l_{0y}=6000\text{mm}\text{（按下弦支撑的布置考虑）}$$

所需截面面积为 $$A_n=\frac{N}{f}=\frac{787.97\times10^3}{215}\text{mm}^2=3665\text{mm}^2$$

选用 $2\angle 125\times80\times10$，因 $l_{0y}>>l_{0x}$，故选用不等肢角钢短肢相并。

$$A=3942.4\text{mm}^2,i_x=22.6\text{mm},i_y=61.1\text{mm}$$

验算：如果连接支撑的螺栓孔中心至节点板边缘距离不小于 100mm，螺栓孔对截面的削弱可不考虑，所以 $A_n=A$。

$$\sigma=\frac{N}{A_n}=\frac{787.97\times10^3}{3942.4}\text{N/mm}^2=199.87\text{N/mm}^2<215\text{N/mm}^2$$

$$\lambda_x=\frac{l_{0x}}{i_x}=\frac{3000}{22.6}=132.74<[\lambda]=350\text{（满足要求）}$$

$$\lambda_y=\frac{l_{0y}}{i_y}=\frac{6000}{61.1}=98.20<[\lambda]=350\text{（满足要求）}$$

在每个节间设一块垫板。

**3. 端斜杆 *aB***

杆件轴力 $N=-458.78\text{kN}$，$l_{0x}=l_{0y}=2535\text{mm}$。因 $l_{0x}=l_{0y}$，故采用不等肢角钢长肢相并，如选用 $2\angle 125\times80\times8$，则 $A=3197.8\text{mm}^2$，$i_x=40.1\text{mm}$，$i_y=32.7\text{mm}$。

验算： $$\lambda_x=\frac{l_{0x}}{i_x}=\frac{2535}{40.1}=63.22<[\lambda]=150\text{（满足要求）}$$

$$\lambda_y=\frac{l_{0y}}{i_y}=\frac{2535}{32.7}=77.52<[\lambda]=150\text{（满足要求）}$$

因 $\lambda_y>\lambda_x$ 故只求 $\varphi_y$。取入 $=77.52$，查附表 4-2 得 $\varphi_y=0.704$。

$$\sigma=\frac{N}{\varphi A}=\frac{458.78\times10^3}{0.704\times3197.8}\text{N/mm}^2=203.8\text{N/mm}^2<215\text{N/mm}^2$$

所选截面合适。

4. 斜腹杆 *Bc*

斜腹杆 *Bc* 的最大拉力为 $N_{Bc}=357.7\text{kN}$，其几何长度为 $l=2608\text{mm}$，

$$l_{0x}=0.8\times2608\text{mm}=2086.4\text{mm}，l_{0y}=l=2608\text{mm}=2608\text{mm}$$

所需截面面积为：$$A_{\text{n}}=\frac{N}{f}=\frac{357.7\times10^3}{215}\text{mm}^2=1663.72\text{mm}^2$$

选用 2∠80×6，则 $A=1880\text{mm}^2$，$i_x=24.7\text{mm}$，$i_y=36.5\text{mm}$。

验算：$$\sigma=\frac{N}{A_{\text{n}}}=\frac{357.7\times10^3}{1880}\text{N/mm}^2=190.3\text{N/mm}^2<215\text{N/mm}^2（满足要求）$$

$$\lambda_x=\frac{l_{0x}}{i_x}=\frac{2806.4}{24.7}=84.47<[\lambda]=350（满足要求）$$

$$\lambda_y=\frac{l_{0y}}{i_y}=\frac{2608}{36.5}=71.45<[\lambda]=350（满足要求）$$

故所选截面合适。

5. 竖杆 *Gg*

竖杆 $N_{Cc}=N_{Ee}=N_{Gg}=N_{Ii}=-51.84\text{kN}$，由于其内力大小相同，应选用长细比较大的竖杆进行截面设计，则可保证其他竖杆的安全可靠。

竖杆 *Gg*，计算长度 $l_{0x}=0.8l=0.8\times2890\text{mm}=2312\text{mm}$，$l_{0y}=l=2890\text{mm}$。因内力较小，按各杆容许长细比 $[\lambda]=150$，选择角钢，所需回转半径为

$$i_x=\frac{l_{0x}}{[\lambda]}=\frac{2312}{150}\text{mm}=15.40\text{mm}，i_y=\frac{l_{0y}}{[\lambda]}=\frac{2890}{150}\text{mm}=19.27\text{mm}$$

选用 2∠56×5，则 $A=1083\text{mm}^2$，$i_x=17.2\text{mm}$，$i_y=26.9\text{mm}$

$$\lambda_x=\frac{l_{0x}}{i_x}=\frac{2312}{17.2}=134.42<[\lambda]=150（满足要求）$$

$$\lambda_y=\frac{l_{0y}}{i_y}=\frac{2890}{26.9}=107.43<[\lambda]=150（满足要求）$$

根据布置螺栓的要求，端竖杆及中间竖杆截面最小应选用 2∠63×5 的角钢，采用十字形截面，$A=1229\text{mm}^2$，$i_{0x}=24.5\text{mm}$。

端竖杆 *Aa* $$l_{0x}=l_{0y}=0.9\times1990\text{mm}=1791\text{mm}$$

$$\lambda_x=\frac{l_{0x}}{i_{0x}}=\frac{1791}{24.5}=73.1，查表 4\text{-}1 有：\varphi_x=0.824$$

$$\sigma=\frac{N}{\varphi A}=\frac{25.92\times10^3}{0.824\times1229}\text{N/mm}^2=25.6\text{N/mm}^2<215\text{N/mm}^2$$

中间竖杆 *Ii*：$l_{0x}=l_{0y}=0.9\times3190\text{mm}=2871\text{mm}$

$$i_x=\frac{l_{0x}}{[\lambda]}=\frac{2871}{150}\text{mm}=19.14\text{mm}$$

由 2∠63×5 组成的十字形截面，$i_{0x}=24.5\text{mm}>i_x=19.14\text{mm}$（满足要求）。

其余各杆件的截面选择计算过程不一一列出，现将计算结果列于表 7-14 中。

表 7-14　杆件截面选择

| 杆件 | | 计算内力/kN | 计算长度 | | 截面规格 | 截面积/mm² | 回转半径 | | 长细比 | | 容许长细比[λ] | 稳定系数 φ | 应力 σ/(N/mm²) |
|---|---|---|---|---|---|---|---|---|---|---|---|---|---|
| 名称 | 编号 | | $l_{0x}$/mm | $l_{0y}$/mm | | | $i_x$/mm | $i_y$/mm | $\lambda_x$ | $\lambda_y$ | | | |
| 上弦 | *FH* | -790.56 | 1508 | 3016 | 2∠140×90×10 | 4452.2 | 25.6 | 67.7 | 58.91 | 44.55 | 150 | 0.813 | -218.68 |
| 下弦 | *gi* | 787.97 | 3000 | 6000 | 2∠125×80×10 | 3942.4 | 22.6 | 61.1 | 132.74 | 190.40 | 350 | — | 199.87 |
| 斜腹杆 | *aB* | -458.78 | 2535 | 2535 | 2∠125×80×8 | 3197.8 | 40.1 | 32.7 | 63.22 | 77.52 | 150 | 0.704 | -203.7 |
| | *Bc* | 357.7 | 2086.4 | 2608 | 2∠80×6 | 1880 | 24.7 | 36.5 | 84.47 | 71.45 | 350 | — | 190.27 |
| | *cD* | -285.12 | 2295.2 | 2869 | 2∠90×6 | 2127 | 27.9 | 40.5 | 82.27 | 70.84 | 150 | 0.656 | -204.34 |
| | *De* | 192.33 | 2287 | 2859 | 2∠63×5 | 1229 | 19.4 | 29.7 | 117.9 | 96.3 | 350 | — | 156.49 |
| | *eF* | -129.6 | 2503.2 | 3129 | 2∠75×5 | 1473 | 23.3 | 34.5 | 107.43 | 90.7 | 150 | 0.508 | -173.2 |
| | *Fg* | 66.33<br>-8.02 | 2495.2 | 3119 | 2∠63×5 | 1229 | 19.4 | 29.7 | 128.6 | 105.0 | 350<br>150 | —<br>0.389 | 53.97<br>-16.78 |
| | *gH* | 44.53<br>-39.10 | 2716 | 3395 | 2∠63×5 | 1229 | 19.4 | 29.7 | 140.0 | 114.3 | 350<br>150 | —<br>0.345 | 36.23<br>-92.21 |
| | *Hi* | -77.22 | 2708 | 3385 | 2∠63×5 | 1229 | 19.4 | 29.7 | 139.6 | 114 | 150 | 0.349 | -180.03 |
| 竖杆 | *Aa* | -25.92 | 1791 | 1791 | 2∠63×5 | 1229 | $i_{min}=24.5$ | | $\lambda_{max}=73.1$ | | 200 | 0.749 | -28.2 |
| | *Cc* | -51.84 | 1832 | 2290 | 2∠56×5 | 1083 | 17.2 | 26.9 | 106.5 | 85.1 | 150 | 0.514 | -93.12 |
| | *Ee* | -51.84 | 2072 | 2590 | 2∠56×5 | 1083 | 17.2 | 26.9 | 120.5 | 96.3 | 150 | 0.433 | -110.55 |
| | *Gg* | -51.84 | 2312 | 2890 | 2∠56×5 | 1083 | 17.2 | 26.9 | 134.4 | 107.4 | 150 | 0.368 | -130.07 |
| | *Ii* | -51.84 | 2871 | 2871 | 2∠63×5 | 1229 | 19.4 | 29.7 | 131.5 | 107.4 | 150 | 0.380 | -125.97 |

### 7.10.6　节点设计

1. 下弦节点 *c*（见图 7-77）

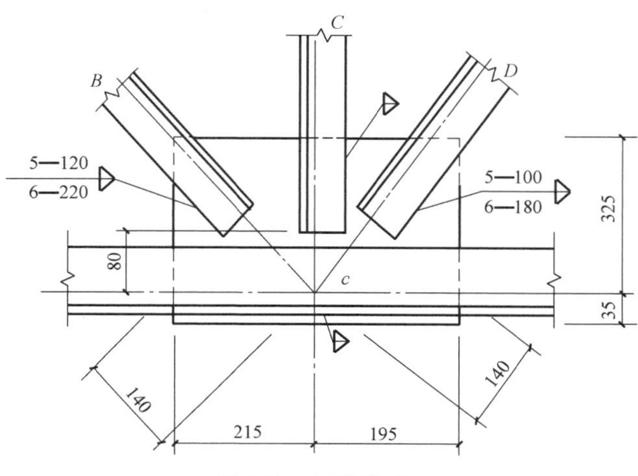


图 7-77　下弦节点 *c*

各杆件的内力由表 7-14 查得。

节点的设计步骤是：先根据腹杆的内力计算腹杆与节点板连接焊缝的尺寸，即 $h_f$ 和 $l_w$，然后根据 $l_w$ 的大小按比例绘制节点板的形状和大小，最后验算下弦杆与节点板的连接焊缝。

用 E43 型焊条时，角焊缝的抗拉、抗压和抗剪强度设计值 $f_f^w=160\text{N/mm}^2$。

设 *cB* 杆的肢背和肢尖焊缝 $h_f=6\text{mm}$ 和 5mm，所需焊缝长度为：

$$\text{肢背}:l_w=\frac{0.7N}{2h_f f_f^w}+2h_f=\left(\frac{0.7\times357.7\times10^3}{2\times0.7\times6\times160}+2\times6\right)\text{mm}=198.3\text{mm}\ (\text{取}\ l_w=200\text{mm})$$

$$\text{肢尖}:l_w=\frac{0.3N}{2h_f f_f^w}+2h_f=\left(\frac{0.3\times357.7\times10^3}{2\times0.7\times5\times160}+2\times5\right)\text{mm}=105.8\text{mm}\ (\text{取}\ l_w=120\text{mm})$$

设 *cD* 杆的肢背和肢尖焊缝 $h_f=6\text{mm}$ 和 5mm，所需焊缝长度为：

$$\text{肢背}\ l_w=\frac{0.7N}{2h_f f_f^w}+2h_f=\left(\frac{0.7\times285.12\times10^3}{2\times0.7\times6\times160}+2\times6\right)\text{mm}=160.8\text{mm}\ (\text{取}\ l_w=180\text{mm})$$

$$\text{肢尖}\ l_w=\frac{0.3N}{2h_f f_f^w}+2h_f=\left(\frac{0.3\times285.12\times10^3}{2\times0.7\times5\times160}+2\times5\right)\text{mm}=86.37\text{mm}\ (\text{取}\ l_w=100\text{mm})$$

*Cc* 杆的内力很小，焊缝尺寸可按构造确定，取 $h_f=5\text{mm}$。

根据以上求得的焊缝长度，并考虑杆件之间应有的间隙以及制作、装配等误差，按比例作出节点详图（见图 7-77），从而确定节点板尺寸为 360mm×410mm。

下弦与节点板连接的焊缝长度为 410mm，$h_f=5\text{mm}$。

焊缝所受的力为左右下弦杆的内力差 $\Delta N=(596.16-243.65)\text{kN}=352.51\text{kN}$

受力较大的肢背处焊缝应力为

$$\tau_f=\frac{0.75\times352.51\times10^3}{2\times0.7\times5\times(410-10)}\text{N/mm}^2=94.3\text{N/mm}^2<160\text{N/mm}^2(\text{焊缝强度满足要求})$$

**2. 上弦节点 *B***（见图 7-78）

*Bc* 杆与节点板焊缝的尺寸和节点 *c* 相同，*aB* 杆与节点板的焊缝尺寸按上述同样方法计算。$N_{aB}=458.78\text{kN}$。

肢背 $h_f=10\text{mm}$

$$l_w=\frac{0.65N}{2h_f f_f^w}+2h_f=\left(\frac{0.65\times458.78\times10^3}{2\times0.7\times10\times160}+2\times10\right)\text{mm}=153.13\text{mm}\ (\text{取}\ l_w=160\text{mm})$$

肢尖 $h_f=6\text{mm}$

$$l_w=\frac{0.35N}{2h_f f_f^w}+2h_f=\left(\frac{0.35\times458.78\times10^3}{2\times0.7\times6\times160}+2\times6\right)\text{mm}=131.47\text{mm}\ (\text{取}\ l_w=140\text{mm})$$

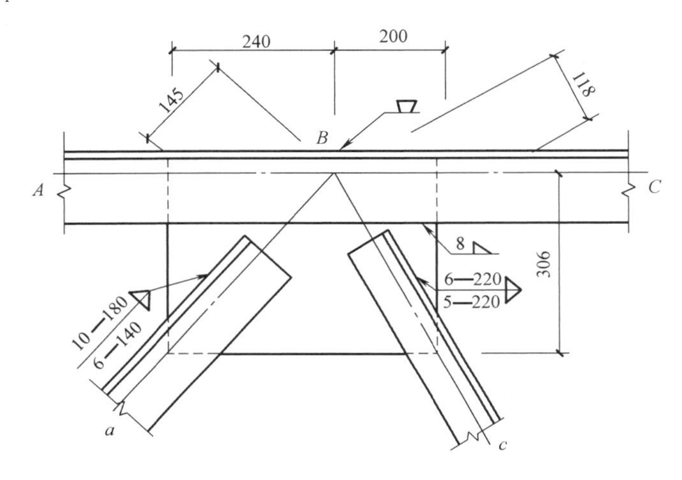


图 7-78 上弦节点 *B*

为了便于搁置屋面板，上弦节点板的上翼缘缩进肢背 8mm，上弦角钢与节点板间用槽焊缝连接，槽焊缝作为两条角焊缝进行计算，焊缝强度设计值应乘以 0.8 的折减系数。计算时可略去屋架上弦坡度的影响，而假定集中荷载 *P* 与上弦垂直。$P=51.84\text{kN}$，$h_f=\frac{t}{2}=\frac{10}{2}\text{mm}=5\text{mm}$。根据斜杆焊缝长度确定节点板尺寸，得节点板长度为 440mm（见图 7-78），槽焊缝的计算长度 $l_w=(440-10)\text{mm}=430\text{mm}$，上弦肢背焊缝应力为

$$\tau_f=\frac{P}{2h_e l_w}=\frac{51.84\times10^3}{2\times0.7\times5\times430}\text{N/mm}^2=17.2\text{N/mm}^2<0.8\times160\text{N/mm}^2=128\text{N/mm}^2(\text{满足要求})$$

肢尖焊缝承受弦杆内力差 $\Delta N=N_{BA}-N_{BC}=451.0\text{kN}$

偏心距 $e=(90-21.2)\text{mm}=68.8\text{mm}$

偏心力矩 $M=\Delta Ne=451.0\times10^3\times68.8\text{N}\cdot\text{mm}=3.10\times10^7\text{N}\cdot\text{mm}$。采用 $h_f=8\text{mm}$，则

$$\tau_f=\frac{\Delta N}{2h_e l_w}=\frac{451.0\times10^3}{2\times0.7\times8\times430}\text{N/mm}^2=93.6\text{N/mm}^2$$

$$\sigma_f=\frac{6M}{2h_e l_w^2}=\frac{6\times3.10\times10^7}{2\times0.7\times8\times430^2}\text{N/mm}^2=89.8\text{N/mm}^2$$

$$\sqrt{\left(\frac{\sigma_f}{\beta_f}\right)^2+\tau_f^2}=\sqrt{\left(\frac{89.8}{1.22}\right)^2+93.6^2}\text{N/mm}^2=119.10\text{N/mm}^2<160\text{N/mm}^2\text{（满足要求）}$$

3. **屋脊节点 I**（见图 7-79）

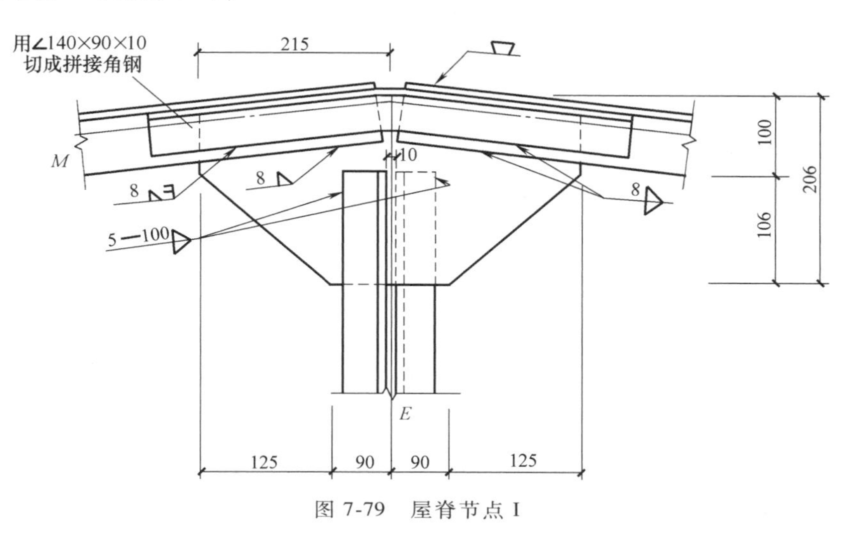


图 7-79　屋脊节点 I

弦杆一般都采用同号角钢进行拼接，为使拼接角钢与弦杆之间能够密合，且便于施焊，需将拼接角钢的尖角消除，并截去垂直肢的一部分宽度（一般为 $t+h_f+5\text{mm}$）。拼接角钢的部分削弱，可以借助节点板来补偿。接头一边的焊缝长度按弦杆内力计算。

设焊缝 $h_f=8\text{mm}$，则所需焊缝计算长度为（单条焊缝）

$$l_w=\frac{764.64\times10^3}{4\times0.7\times8\times160}\text{mm}+16\text{mm}=229.34\text{mm}\text{（取 }l_w=230\text{mm）}$$

拼接角钢长度取 500mm>2×230mm=460mm。

上弦与节点板间槽焊，假定承受节点荷载，验算略。上弦肢尖与节点板的连接焊缝，应按上弦内力的 15%计算。设肢尖焊缝 $h_f=8\text{mm}$，节点板长度为 430mm，节点一侧弦杆焊缝的计算长度为 $l_w=\left(\frac{430}{2}-5-10\right)\text{mm}=200\text{mm}$（见图 7-80），焊缝应力为

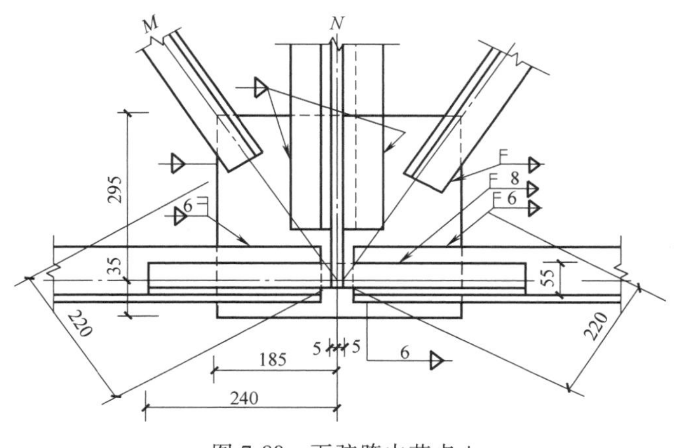


图 7-80　下弦跨中节点 $i$

$$\tau_f^N=\frac{0.15\times764.64\times10^3}{2\times0.7\times8\times200}\text{N/mm}^2=51.2\text{N/mm}^2$$

$$\sigma_f^M=\frac{6\times0.15\times764.64\times10^3\times68.8}{2\times0.7\times8\times200^2}\text{N/mm}^2=105.68\text{N/mm}^2$$

$$\sqrt{\left(\frac{\sigma_f}{\beta_f}\right)^2+\tau_f^2}=\sqrt{\left(\frac{105.68}{1.22}\right)^2+51.2^2}\text{ N/mm}^2=100.63\text{N/mm}^2<160\text{N/mm}^2\text{(满足要求)}$$

**4. 下弦跨中节点 *i***

跨中起拱 50mm，下弦接头设于跨中节点处，连接角钢取与下弦相同的截面，即 2∠125×80×10，焊缝 $h_f=8$mm，焊缝长度为

$$l_w=\left(\frac{787.97\times10^3}{4\times0.7\times8\times160}+10\right)\text{mm}=229.86\text{mm (取 } l_w=230\text{mm)}$$

连接角钢长度 $l=(2\times230+10)$mm=470mm，取 $l=480$mm。

肢尖切去 $\Delta=t+h_f+5\text{mm}=(10+8+5)\text{mm}=23\text{mm}$，截面削弱 $\Delta A=(23\times10)\text{mm}^2=230\text{mm}^2$

$$\frac{\Delta A}{A}=\frac{230}{1971}=11.7\%<15\%\text{（满足要求）}$$

下弦杆与节点板，斜杆与节点板之间的连接焊缝均按构造设计。

因屋架的跨中高度较大，需将屋架分成两个运输单元，在屋脊节点和下弦跨中节点设置工地拼接，左半边的上弦、斜杆和竖杆与节点板连接用工厂焊缝，而右半边的上弦、斜杆与节点板的连接用工地焊缝。腹杆与节点板连接焊缝计算方法与以上几个节点相同。

**5. 支座节点 *a***（见图 7-81）

为了便于施焊，下弦杆角钢水平肢的底面与支座底板的净距离取 160mm。在节点中心线上设置加劲肋。加劲肋取 460mm×80mm×10mm，节点板取 460mm×380mm×12mm 的钢板。

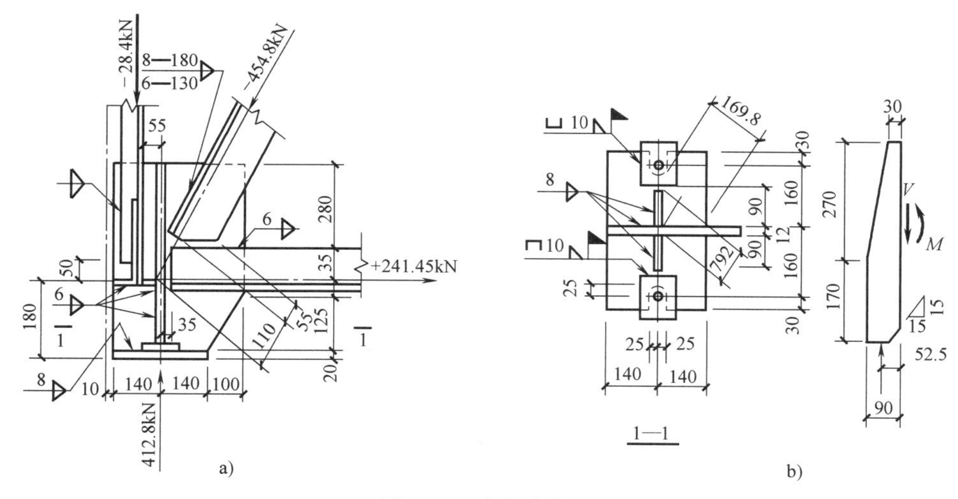


图 7-81　支座节点 *a*

（1）支座底板的计算

支座反力　$$R=\left(51.84\times7+\frac{51.84}{2}+\frac{51.44}{2}\right)\text{kN}=414.72\text{kN}$$

按构造要求采用底板面积为 $280\times340\text{mm}^2$，如仅考虑加劲肋部分底板承受支座反力 $R$，则承压面积为 $280\times(2\times80+12)\text{mm}^2=48160\text{mm}^2$。

验算柱顶混凝土的抗压强度

$$\sigma=\frac{R}{A_n}=\frac{414.72\times10^3}{48160}\text{N/mm}^2=8.61\text{N/mm}^2<f_c=12.5\text{N/mm}^2\text{(满足要求)}$$

式中 $f_c$——混凝土强度设计值，C25 混凝土 $f_c=12.5\text{N/mm}^2$。

底板厚度按屋架反力作用下的弯矩计算，节点板和加劲肋将底板分成四块，每块板为两相邻支承，而另两相邻自由的板，每块板单位宽度的最大弯矩为

$$M=\beta\sigma a_2^2$$

式中 $\sigma$——底板下的平均应力，$\sigma=\dfrac{414.72\times10^3}{48160}\text{N/mm}^2=8.61\text{N/mm}^2$；

$a_2$——两支承边之间的对角线长度，$a_2=\sqrt{\left(140-\dfrac{10}{2}\right)^2+80^2}\text{mm}=156.92\text{mm}$；

$\beta$——系数，由 $b_2/a_2$ 决定，$b_2=\dfrac{80\times140}{156.92}\text{mm}=71.37\text{mm}$，$b_2/a_2=71.37\div156.92=0.43$，查得 $\beta=0.0452$。

故 $M=\beta\sigma a_2^2=0.0452\times8.61\times156.92^2\text{N}\cdot\text{mm}=9582.9\text{N}\cdot\text{mm}$

底板厚度 $t=\sqrt{\dfrac{6M}{f}}=\sqrt{6\times9582.9\div215}\text{mm}=16.35\text{mm}$，取 $t=20\text{mm}$。

(2) 加劲肋与节点板的连接焊缝计算　加劲肋与节点板的连接焊缝计算与牛腿焊缝相似，加劲肋高度取与支座节点板相同，厚度取与中间节点板相同（即一 $80\times10\times460$），一个加劲肋的连接焊缝所承受的内力，偏安全地假定为屋架支座反力的 1/4，即

$$\frac{R}{4}=\frac{414.72\times10^3}{4}\text{N}=103.68\times10^3\text{N}$$

$$M=Ve=103.68\times10^3\times50\text{N}\cdot\text{mm}=5.184\times10^6\text{N}\cdot\text{mm}$$

设焊缝 $h_f=6\text{mm}$，焊缝计算长度 $l_w=(460-10-15)\text{mm}=435\text{mm}$，则焊缝应力为

$$\tau_f=\frac{V}{2h_el_w}=\left(\frac{103.68\times10^3}{2\times0.7\times6\times435}\right)\text{N/mm}^2=28.37\text{N/mm}^2$$

$$\sigma_f=\frac{6M}{2h_el_w^2}=\left(\frac{6\times5.184\times10^6}{2\times0.7\times6\times435^2}\right)\text{N/mm}^2=19.57\text{N/mm}^2$$

$$\sqrt{\left(\frac{\sigma_f}{\beta_f}\right)^2+\tau_f^2}=\sqrt{\left(\frac{19.57}{1.22}\right)^2+28.37^2}\text{N/mm}^2=32.59\text{N/mm}^2<160\text{N/mm}^2\text{(满足要求)}$$

(3) 节点板、加劲肋与底板的连接焊缝计算　设焊缝传递全部支座反力 $R=414.72\text{kN}$，其中每块加劲肋各传 $\dfrac{1}{4}R=103.68\text{kN}$，节点板传递 $\dfrac{1}{2}R=207.36\text{kN}$。

节点板与底板的连接焊缝长度 $\sum l_w=2\times(300-12)\text{mm}=576\text{mm}$，所需焊脚尺寸为

$$h_f\geqslant\frac{R/2}{0.7\sum l_wf_f^w\beta_f}=\frac{207.36\times10^3}{0.7\times576\times160\times1.22}\text{mm}=2.63\text{mm}\ (\text{取 } h_f=6\text{mm})$$

每块加劲肋与底板的连接焊缝长度为

$$\sum l_w = (100-15-10)\times 2\text{mm} = 150\text{mm}$$

所需焊缝尺寸为

$$h_f \geqslant \frac{103.68\times 10^3}{0.7\times 150\times 160\times 1.22}\text{mm} = 5.0\text{mm}\ (\text{取 } h_f = 8\text{mm})$$

其他节点设计方法与上述方法类似，以此从略。具体见屋架施工图。

屋架施工图如图 7-82（见书后插页）所示。

## 思考题

7-1　屋盖支撑有哪些作用？它分哪几种类型？布置在哪些位置？

7-2　三角形、梯形、拱形和平行弦屋架各适用于何种情况？它们各有哪些腹杆体系？

7-3　为什么屋架除按全跨荷载计算外，还要根据使用和施工中可能遇到的半跨荷载组合情况进行计算？

7-4　屋架杆件的计算长度在屋架平面内和屋架平面外及斜平面有何区别？应如何取值？

7-5　屋架节点设计有哪些基本要求？节点板的尺寸应怎样确定？

## 习题（课程设计题）

### 钢结构课程设计（论文）任务书

题目名称 ____________________

学　　院 ____________________

专业班级 ____________________

姓　　名 ____________________

学　　号 ____________________

设计方案 ____________________

## 一、课程设计（论文）的内容

通过某工业厂房钢屋架的设计，培养学生综合运用所学的理论知识和专业技能，解决钢结构设计实际问题的能力。要求在老师的指导下，参考已学过的课本及有关资料，遵照国家设计规范要求和规定，按进度独立完成设计计算，并绘制钢屋架施工图。

具体内容包括：进行屋架支撑布置，并画出屋架结构及支撑的布置图；选择钢材及焊接材料，并明确提出对保证项目的要求；进行荷载计算、内力计算及内力组合，设计各杆件截面；对钢屋架的各个节点进行设计及验算；绘制钢屋架运送单元的施工图，包括桁架简图及材料表。

## 二、课程设计（论文）的要求与数据

### 1. 课程设计（论文）的要求

学生的课程设计资料包括封面（按学校统一规定格式打印）、课程设计（论文）任务书、目录（三级标题按1……、1.1……、1.1.1……的格式编写）、正文、参考文献、致谢及按规定要求折叠的工程图纸，应按以上排序装订后提交。

课程设计说明书正文应采用A4复印纸书写，上边距30mm，下边距25mm，左边距30mm，右边距20mm。可以用铅笔或钢笔等书写。字体要清晰、端正，行距要固定，内容要有系统地编排。要求计算过程清晰、整洁，计算步骤明确，计算公式和数据来源应有依据。插图应按一定比例绘制，做到简明清晰，文图配合

参考文献必须是学生在课程设计中真正阅读过和运用过的，文献按照在正文中的出现顺序排列。

工程图应符合《房屋建筑制图统一标准（GB/T 50001—2010）》和《建筑结构制图标准（GB/T 50105—2010）》的要求。要求用铅笔绘制白纸图，尺寸及标注应齐备，满足构造要求。

课程设计过程中应严格遵守纪律。要求在课程设计周每天的规定时间必须到专用课室进行设计并接受指导教师的指导，要定期检查设计进度。学生有事请假按《××××大学学生考勤管理规定》的有关规定办理。所有的计算书及图样必须独立按时完成。

**2. 课程设计数据**

（1）结构形式

某厂房跨度为21m/24m（各班不同），总长90m，柱距6m，采用梯形钢屋架、1.5m×6.0m预应力混凝土大型屋面板，屋架铰支于钢筋混凝土柱上，上柱截面尺寸为400mm×400mm，混凝土强度等级为C30，屋面坡度为$i=1:10$。地区计算温度高于-20℃，无侵蚀性介质，抗震设防烈度为7度，屋架下弦标高为18m；厂房内桥式起重机为2台150/30t（中级工作制），锻锤为2台5t。

（2）屋架形式及选材

屋架跨度为______m（按班选取21m或24m），屋架形式、几何尺寸及内力系数如图7-83~图7-88所示。屋架采用的钢材为______，焊条为______。（注：设计方案为单号的同学用Q235钢，焊条为E43型；设计方案为双号的同学用Q345钢，焊条为E50型。）

（3）荷载标准值

① 永久荷载：

三毡四油（上铺绿豆砂）防水层　　0.4kN/m$^2$

水泥砂浆找平层　　0.4kN/m$^2$

保温层　　______kN/m$^2$（按表7-15取）

一毡二油隔气层　　0.05kN/m$^2$

水泥砂浆找平层　　0.3kN/m$^2$

预应力混凝土大型屋面板　　1.4kN/m$^2$

屋架及支撑自重：按经验公式$q=0.12+0.011L$计算：______kN/m$^2$

悬挂管道：　　0.15kN/m$^2$

② 可变荷载：

屋面活荷载标准值　　0.7kN/m$^2$

雪荷载标准值　　0.35kN/m$^2$

积灰荷载标准值　　______kN/m$^2$（按表7-15取）

保温层及积灰荷载取值见表 7-15。请将自己的设计方案号、屋架跨度、屋架采用的材料、屋架自重及荷载取值填入课程设计任务书中。

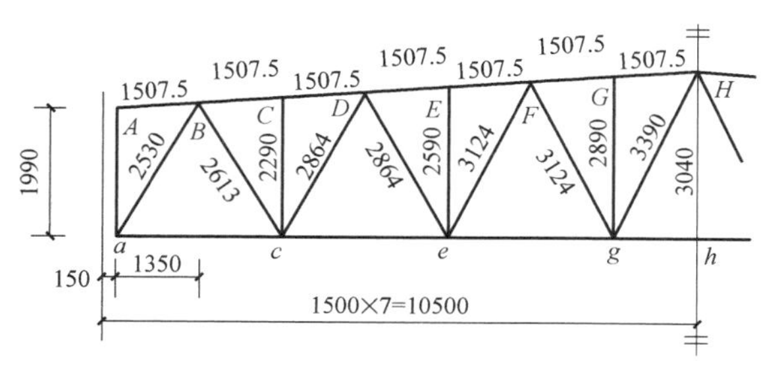


图 7-83　21m 跨屋架几何尺寸

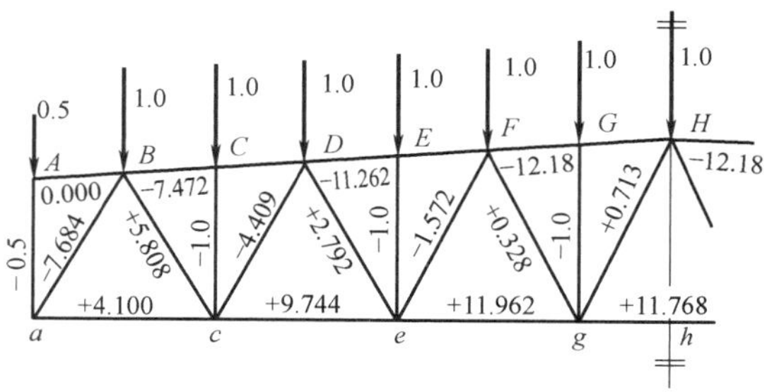


图 7-84　21m 跨屋架全跨单位荷载作用下各杆件的内力值

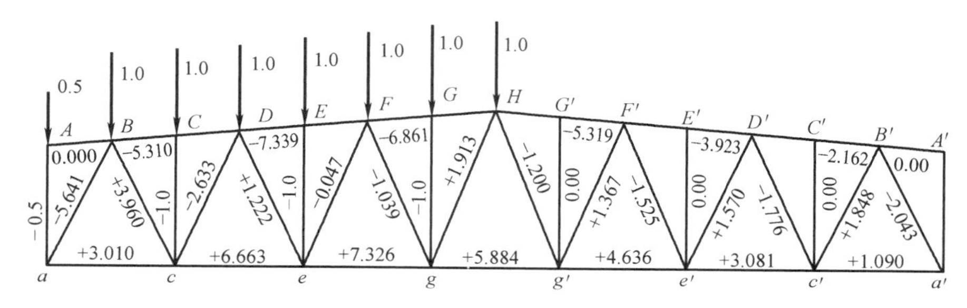


图 7-85　21m 跨屋架半跨单位荷载作用下各杆件的内力值

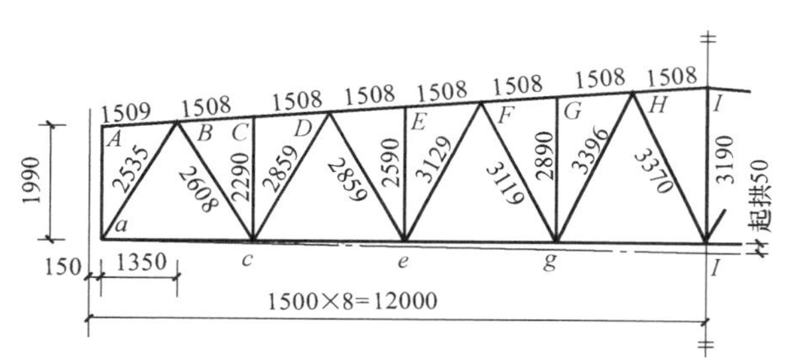


图 7-86　24m 跨屋架几何尺寸

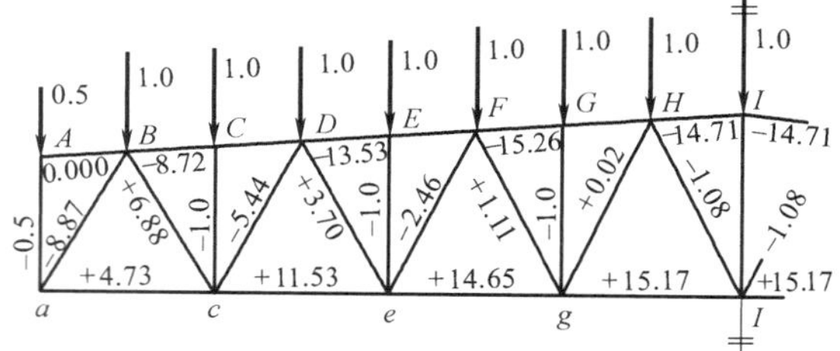


图 7-87　24m 跨屋架全跨单位荷载作用下各杆件的内力值

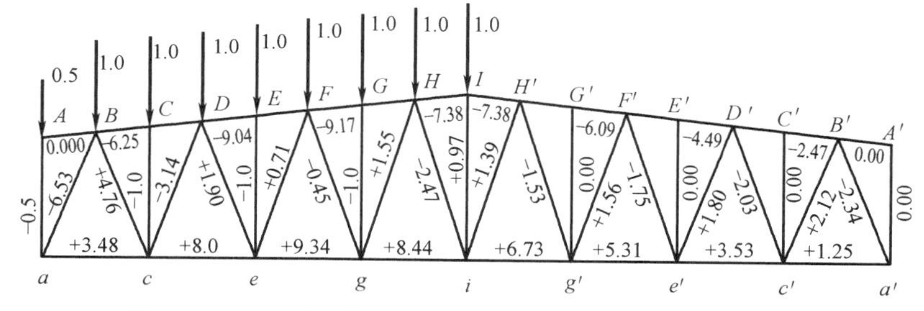


图 7-88　24m 跨屋架半跨单位荷载作用下各杆件的内力值

表 7-15　屋面保温层及积灰荷载的取值　（单位：kN/m²）

| 设计方案 | 1 | 2 | 3 | 4 | 5 | 6 | 7 |
|---|---|---|---|---|---|---|---|
| 保温层 | 0.4 | 0.45 | 0.5 | 0.55 | 0.6 | 0.65 | 0.7 |
| 积灰荷载 | 0.7 | 0.8 | 0.9 | 1.0 | 1.1 | 1.2 | 1.3 |
| 设计方案 | 8 | 9 | 10 | 11 | 12 | 13 | 14 |
| 保温层 | 0.45 | 0.5 | 0.55 | 0.6 | 0.65 | 0.7 | 0.4 |
| 积灰荷载 | 0.7 | 0.8 | 0.9 | 1.0 | 1.1 | 1.2 | 1.3 |
| 设计方案 | 15 | 16 | 17 | 18 | 19 | 20 | 21 |
| 保温层 | 0.5 | 0.55 | 0.6 | 0.65 | 0.7 | 0.4 | 0.45 |
| 积灰荷载 | 0.7 | 0.8 | 0.9 | 0.95 | 1.1 | 1.2 | 1.3 |
| 设计方案 | 22 | 23 | 24 | 25 | 26 | 27 | 28 |
| 保温层 | 0.55 | 0.6 | 0.65 | 0.7 | 0.4 | 0.45 | 0.5 |
| 积灰荷载 | 0.7 | 0.8 | 0.9 | 1.0 | 1.1 | 1.2 | 1.3 |
| 设计方案 | 29 | 30 | 31 | 32 | 33 | 34 | 35 |
| 保温层 | 0.6 | 0.65 | 0.7 | 0.4 | 0.45 | 0.5 | 0.55 |
| 积灰荷载 | 0.7 | 0.8 | 0.9 | 1.0 | 1.1 | 1.2 | 1.3 |
| 设计方案 | 36 | 37 | 38 | 39 | 40 | 41 | 42 |
| 保温层 | 0.65 | 0.7 | 0.4 | 0.45 | 0.5 | 0.55 | 0.6 |
| 积灰荷载 | 0.7 | 0.8 | 0.9 | 1.0 | 1.1 | 1.2 | 1.3 |
| 设计方案 | 43 | 44 | 45 | 46 | 47 | 48 | 49 |
| 保温层 | 0.7 | 0.4 | 0.45 | 0.5 | 0.55 | 0.6 | 0.65 |
| 积灰荷载 | 0.7 | 0.8 | 0.9 | 1.0 | 1.1 | 1.2 | 1.3 |

## 三、课程设计（论文）应完成的工作

### 1. 计算书部分

进行屋架支撑布置，画出屋架结构及支撑的布置图；选择钢材及焊接材料，并明确提出对保证项目的要求；进行荷载计算、内力计算及内力组合，设计各杆件截面；设计一个下弦节点、一个上弦节点、支座节点、屋脊节点及下弦中央节点。

### 2. 图样部分

绘制钢屋架运送单元的施工图，包括桁架简图及材料表。要求用铅笔绘制白纸图，尺寸及标注应齐备，满足构造要求。

## 四、课程设计（论文）进程安排

见表 7-16。

表 7-16 课程设计（论文）进程安排

| 序号 | 设计(论文)各阶段内容 | 地点 | 起止日期 |
| --- | --- | --- | --- |
| 1 | 单层工业厂房钢屋架设计<br>布置设计任务<br>屋盖支撑布置,按比例绘出屋架结构及支撑布置图<br>选择钢材及焊接材料<br>荷载计算 | 课程设计专用课室 | ××周周一 |
| 2 | 内力计算、内力组合 | 同上 | ××周周二 |
| 3 | 设计各杆件截面 | 同上 | ××周周三 |
| 4 | 节点设计:设计一个下弦节点、一个上弦节点、支座节点、屋脊节点及下弦中央节点 | 同上 | ××周周四 |
| 5 | 绘制钢屋架施工图<br>1)屋架结构图、上弦和下弦平面图、必要的剖面图和零件大图<br>2)屋架简图(单线图)<br>3)各零部件详细编号,填写材料表<br>4)设计说明 | 同上 | ××周周五 |

# 第8章 大跨度钢屋盖结构

## 8.1 大跨度房屋结构的形式

为了满足社会生活和居住环境的需要，人们需要更大的覆盖空间，如大型的集会场所、体育馆、飞机库等，跨度要求很大，达几百米或更大。而我们所熟知的平面结构刚架、桁架、拱、梁等，由于其结构形式的限制，很难跨越大的空间。而解决这一难题就需要大跨度结构。什么是大跨度结构呢？凡是建筑结构的形体成三维空间状并具有三维受力特性、呈立体工作状态的结构称为大跨度结构。

大跨度结构不仅仅依赖材料的性能，更需要的是依赖自己合理的形体，充分利用不同材料的特性，以适应不同建筑造型和功能的需要，跨越更大空间。较直观的例子是：平面拱就是依据自己的拱形结构，去吻合简支弯矩图，使得结构主要承受压力，充分发挥了混凝土或石材的受压性能，而能跨越较大跨度。在自然界中，大跨度结构具有良好受力特性比比皆是，如蛋壳、肥皂泡、蜂窝、蜘蛛网等。详细观察自然界的进化演变过程，以仿生原理来理解和发展大跨度结构形体有着特别重要的意义。计算机技术的广泛应用解脱了长期以来大跨度结构的形体研究在计算方法上的束缚，使得寻求形体与受力的完美组合成为可能，因此，大跨度结构近十几年来以其异乎寻常的速度发展起来。

大跨度总是强烈地吸引着建筑师及工程师们。大跨度结构提供了一种既方便又经济的覆盖大面积的方法。由于其结构形式的优点及造型美观，常常为建筑师和工程师所采用。最早的大跨度结构要追溯到公元前705—公元前681年，它是一组亚述柱浅浮雕，表现了半球形和带尖顶覆盖的建筑群。

大跨度结构的发展同建筑材料的发展密切相关。最早，人们用石头来建造穹顶，后来逐渐被轻的砖石结构代替。在19世纪，人们认识了铁的轻质、高强的优点，这为建筑师们的发挥开创了新纪元。其中施韦德勒、亨内贝格、莫尔等对大跨度结构的发展及其结构特性理论研究做出了很大贡献。

罗马人用混凝土来建造穹顶，无筋混凝土穹顶必须做得非常厚实，如英国威斯敏斯特（Westminster）大天主教堂穹顶跨度18.3m，拱脚处厚度达0.9m。

在混凝土中加入钢筋提高了混凝土的受拉能力，从而开辟了结构工程的新领域。1912年，由马克斯·贝格（Max Berg）设计的波兰洛兹拉夫（Wroclaw）市纪念大厅，是一个带肋穹顶，直径达65m。1922年，由德国的瓦尔特·鲍尔斯费尔德（Waher Bauersfeld）建造的Carll Zeiss公司的天文馆，是世界上第一座钢筋混凝土薄壳穹顶，净跨25m，厚60.3mm，标志着建筑史上的惊人进步。法国巴黎的国家工业与技术展览中心采用此种结构，跨度达

206m。我国在20世纪60~70年代也建造了一批钢筋混凝土薄壳结构，如新疆某机械厂金工车间，直径60m。然而钢筋混凝土薄壳费工费时，同时大量消耗模板，质量难以保证，因而最终造价并非真正经济，因此，人们采用钢筋混凝土薄壳的热情就大大减弱。这一时期，人们认识到使用钢材、钢索、增强纤维布的优点，大跨度结构得到迅猛发展，如网架及网壳结构、索结构、膜结构及它们的组合结构等。因而，在20世纪的最后25年里大跨度结构逐渐占据了举足轻重的地位，而且大跨度结构的发展水平已成为标志一个国家的建筑技术发展水平的重要指标。

### 8.1.1 平面结构体系

平面结构的传力特点是有层次的，从次要构件向主要构件传力，如框架结构荷载从楼板依次传到次梁、主梁、框架柱，最后到达基础。结构或构件抗力，主要依赖截面尺寸和材料的强度。而空间结构的受力特点，是充分利用三维几何构成，形成合理的受力形态，充分发挥材料的性能优势。平面结构体系有梁式大跨结构、框架结构、拱式结构几类。

**1. 梁式大跨结构**

在支座不能承受水平推力的情况下，如屋盖支承与墙体、砌体柱或钢筋混凝土柱上时，可采用梁式大跨结构。跨度大时，梁式体系比框架体系及拱式体系重，但制造和安装较为简单。梁式大跨体系主要用于公共建筑，如影剧院、音乐厅、体育建筑。跨度在50~70m及更大时，桁架按常规是梁式体系的主要承重构件，大跨实腹梁从用钢量来看是不合适的。

大跨屋盖的外形及腹杆体系，决定于跨度、屋面形式及公共建筑物里通常设置的顶棚结构。按重量最优的屋架高跨比为1/8~1/6，大跨度（大于40m）屋架按运输条件不合乎轮廓尺寸的要求（$h>3.85$m）；当采用短尺寸屋面材料及需要顶棚时，必须具有较小节间而设置复杂的再分式腹杆体系。

预应力三角形截面的桁架便于制造、运输和安装（见图8-1），给设置大跨梁式结构体系以良好的基础。铺设于屋架上的钢筋混凝土屋面板可参与共同工作，采用管材（方管、圆管）杆件及施加预应力都使这种结构体系钢材用量比较经济。

跨度大于35m时，梁式结构的支座必须做成可移动的，以便排除向支承墙体或支承柱传递横向反力的可能性，该横向反力由屋架下弦的弹性变形产生。

顶棚一般相对于屋架下弦来说要下降一些，这样便完全可以接近屋架进行检修、维护、涂装等。

**2. 框架结构**

覆盖大跨度常用两铰和无铰框架。无铰框架刚度更好，用钢量省、便于安装，但这种框架需要强大的基础及密实的地基，并对温度作用比较敏感。框架的横梁高度可以比屋架高度小，这在跨度大时有重要意义。如在车库和展览馆建筑中，可以减少横梁高度使墙体高度降低，缩小房屋体积，因而降低维护费和使用费。

大跨度屋盖的框架体系可以有各种各样的外形。汽车库及飞机库的框架，与跨度尺寸相比其高度不大。展览馆及某些工业厂房的框架一般都有很大的高度。

大跨度屋盖中既有采用实腹式框架的，也有采用格构式框架的。实腹式框架采用较少且仅在跨度不太大时（$L=50\sim60$m）采用。实腹式框架常设计成双铰的。为了减轻支座结构，可以在底板水平之下的支座铰处设置拉杆，以承受框架的横向水平力（见图8-2）。张紧拉

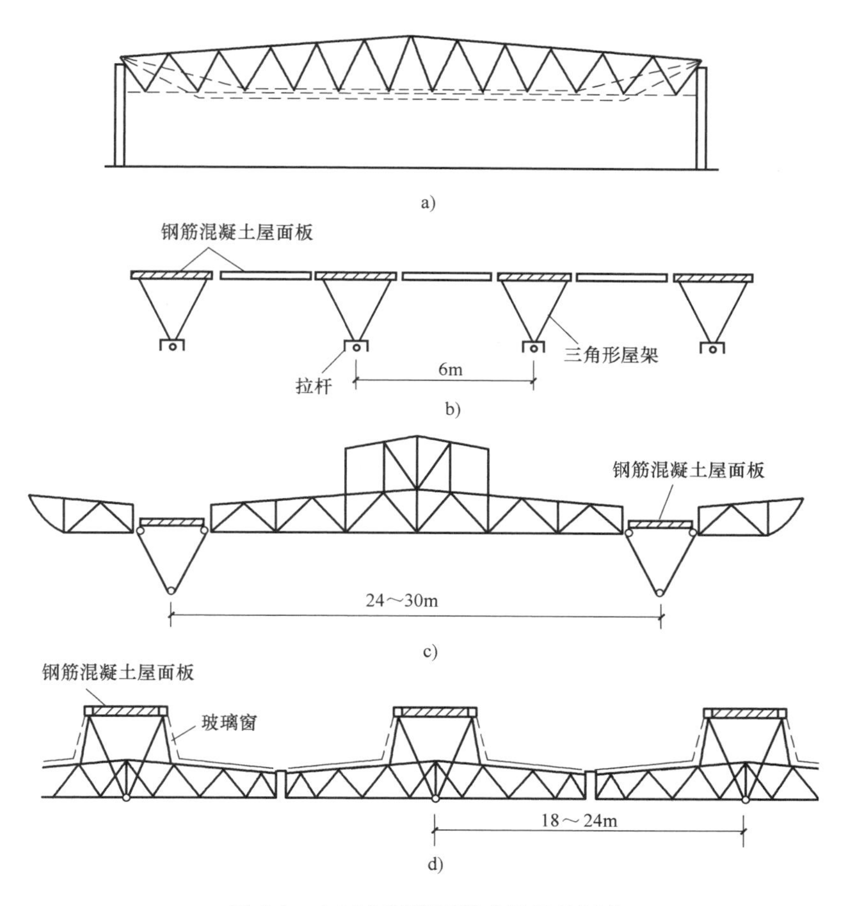


图 8-1　由三角形截面梁式屋架的屋盖

杆可以使框架横梁卸载。由于框架支座弯矩的卸载作用使实腹式框架得横梁高度不大，可取为跨度的 1/40~1/30。

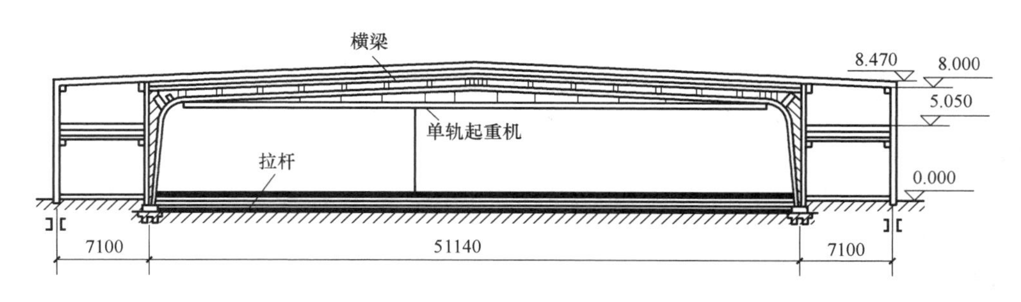


图 8-2　有拉杆的双铰实腹框架

具有强大的横梁和立柱、高度不大的格构式框架（见图 8-3），在飞机库的建设中得到广泛应用，其跨度常设计成 100~120m。格构式框架可以是双铰的——铰设在横梁与柱连接处时（见图 8-3b）或设在基础水平顶部（见图 8-3a），也可以是无铰的（见图 8-3c）。铰设于横梁与柱连接处时，结构安装大大简化，但是需要很强大的基础，并且没有使横梁卸载的支座负弯矩。当跨度在120~150m，特别需要减小横梁跨中弯矩时，应采用无铰框架（见图8-3c）。格构式框架立柱的宽度，取其等于横梁节间长度，一般为5~7m。在取这样的宽度及不大的立柱高度的情况下，立柱的线刚度比横梁的线刚度大得多，因而支座处弯矩的卸载影响是非常显著的。

为了使结构的重量最小，格构式框架横梁的高跨比在1/20~1/12范围内选取。但是即使横梁取这样的高度，按运输条件横梁尺寸仍然不合乎要求，不得不零散运送。减小框架横梁中的弯矩因而也是减小横梁高度，可以通过向框架柱的外部节点传递墙体重量或传递主跨旁偏跨屋盖重量的方法（见图8-4a），或通过使双铰框架中的支座铰向内偏离柱轴线的方法（见图8-4b）来实现。在这种情况下支座的垂直反力与框架柱轴压力组成使横梁卸载的附加弯矩。也可以用钢丝绳从下面拉紧横梁，或用拉杆给横梁施加预应力。格构式框架的横梁可以是梯形外形的（见图8-3），也可以是平行弦外形的。当跨度及荷载都较大时，格构式框架的横梁可为双壁式重型桁架。跨度较小时（40~50m），它们的截面和节点可以和普通单壁式桁架一样。

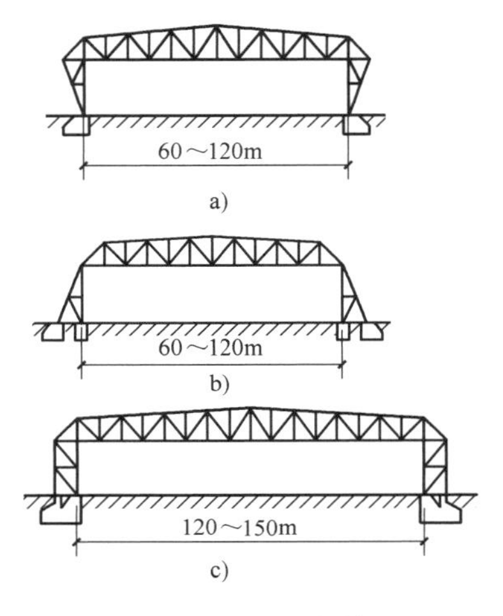


图8-3　格构式框架体系

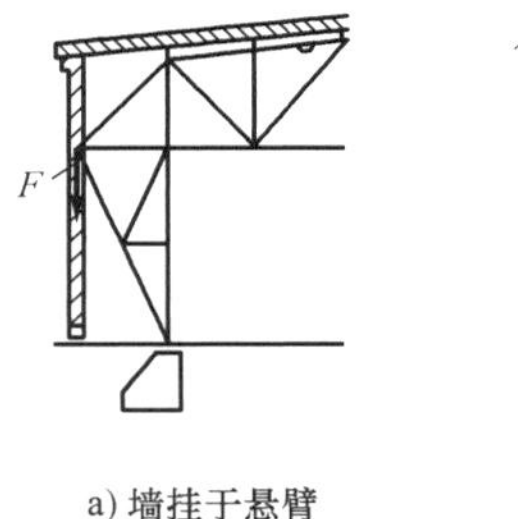


a) 墙挂于悬臂

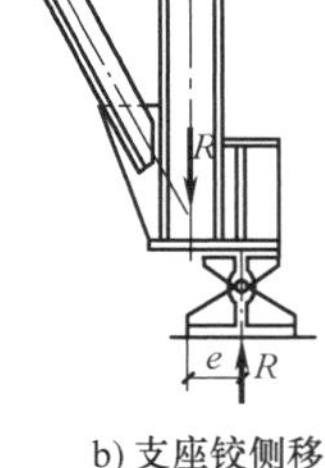


b) 支座铰侧移

图8-4　框架横梁卸载的构造做法

在展览馆、加盖的市场、火车站建筑中，当框架高度在15~20m、跨度在40~50m时，可以采用具有折线形横梁的格构式框架（见图8-5）。这种外形的框架，横梁及柱通常具有相同的截面高度（一般为跨度的1/25~1/15）。此种框架按普通桁架制造。框架中垂直荷载产生的内力不大，而风的侧压力却有很重要的影响。

横梁与柱连接的框架节点内角弯折处应做成平缓曲线以避免应力集中（见图8-6）。为使转角处腹板不致失稳，应在其内部受压区设置短加劲肋（见图8-6a）。

对于大跨度格构式框架，当杆件内力大于等于2000kN时，应按重型桁架设计。当反力为2500~3000kN时，框架的支座应设计成辊轴式支座；当反力较小时，可采用单面弧形平板式铰支座。

在非重型格构式框架中，横梁与柱连接的节点（见图8-5）是重要的地方，因此宜使其全部在工厂制造。弦杆通常要切口并弯折成形后用对接焊缝连接（见图8-5b），再以钢盖板进行补强。

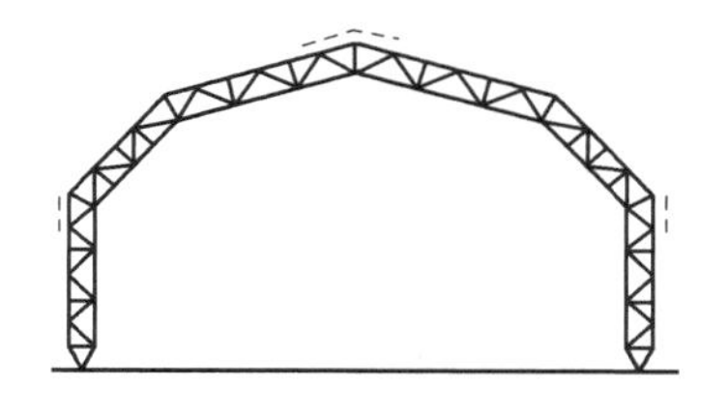
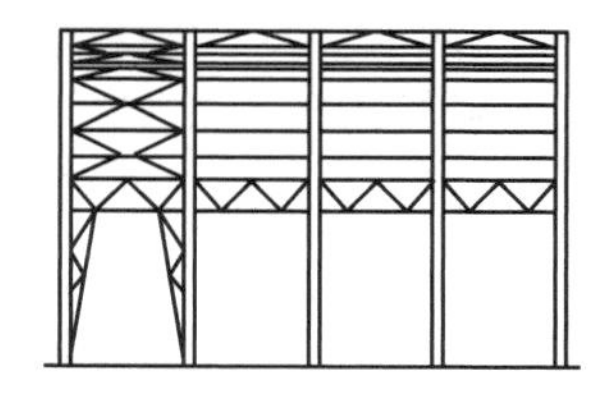

a) 框架简图

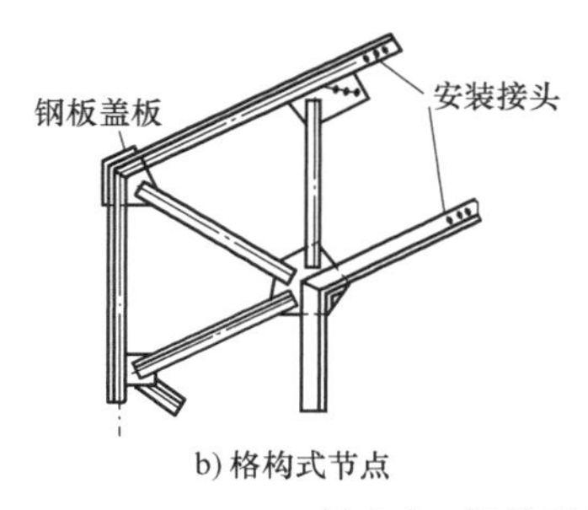


b) 格构式节点

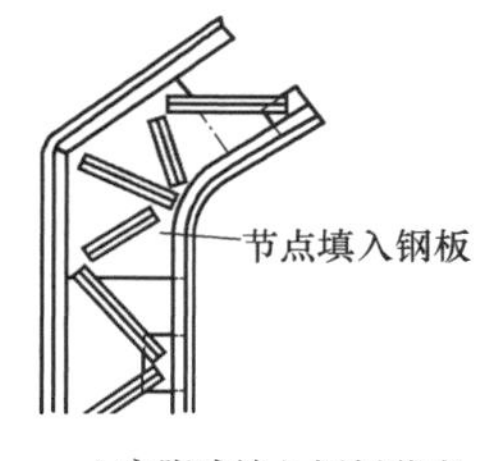


c) 实腹式填入钢板节点

图 8-5　折线形横梁的格构式框架

### 3. 拱式结构

拱在大跨度屋盖结构中经常采用，特别是当建筑物要求墙体与屋顶连成一体时，落地拱尤为适用。拱在竖向均布荷载作用下基本处于受压状态，适合以钢筋混凝土之类的材料制成，但在大跨度时则常做成格构式钢拱。拱的体系及外形多种多样（见图 8-7）。当用于展览馆、体育馆、飞机库、加盖得市场等建筑时，拱作为屋盖的主要承重构件，从用钢量来看比梁式体系及框架体系合适得多。

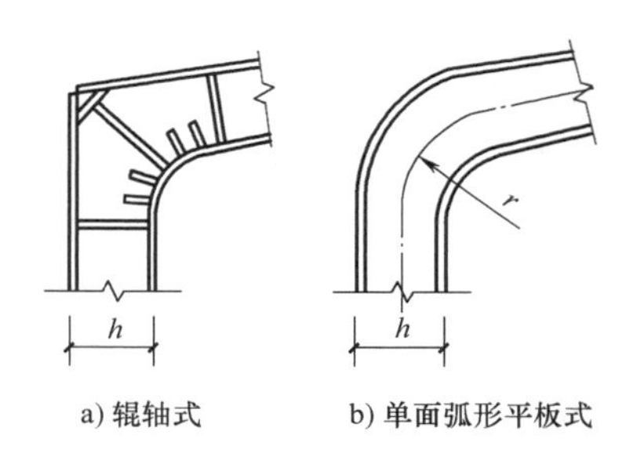


a) 辊轴式　　b) 单面弧形平板式

图 8-6　实腹框架节点构造

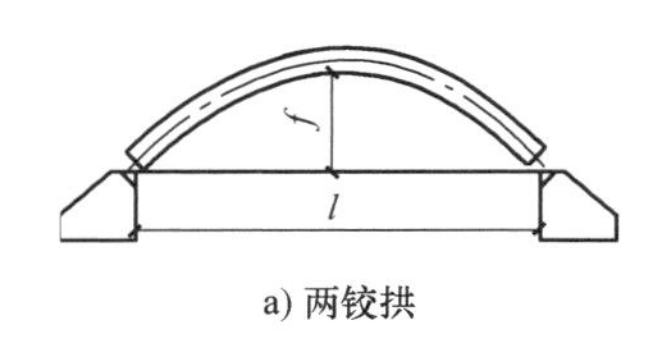


a) 两铰拱

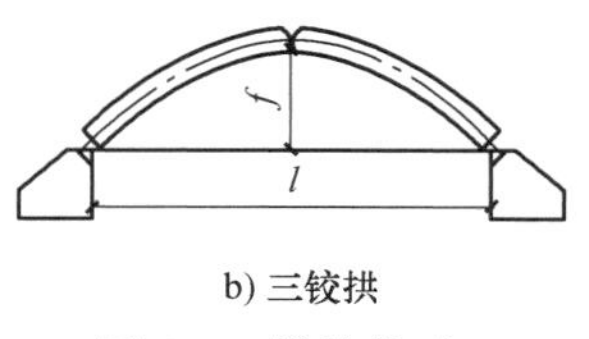


b) 三铰拱

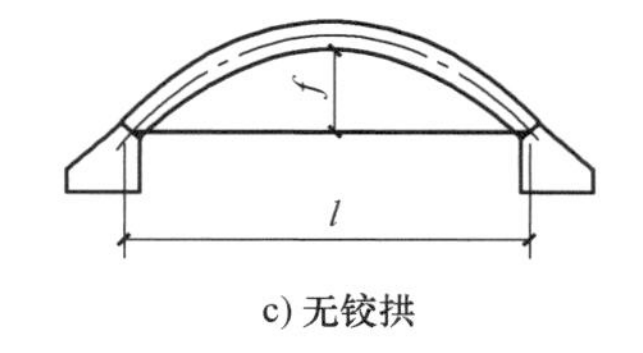


c) 无铰拱

图 8-7　拱的体系

按结构组成和支承方式，拱分为两铰拱、三铰拱和无铰拱三类。两铰拱是常用的体系，这种拱的优点除经济外，安装和制造也较简单。因为铰具有自由转动的特性，使得两铰拱易于适应变形，在温度作用或产生支座沉降的情况下不会显著增加。

三铰拱与两铰拱相比没有突出的优点，在拱结构有足够变形情况下的适应性，其静定性没有实质性的意义。拱钥铰还使拱本身结构及屋面设置复杂化。

对于软弱地基的情况，让设置于地板水平之下的拉杆来承担拱的横向水平力可能更为合适。设有拉杆的拱其支座主要承受垂直荷载，故这种情况下支座比较轻巧。

在体育馆、展览馆及飞机库等建筑中，拱的支座常常是房屋的墙体、看台等。没有横墙或看台的情况下则要求设置拱扶壁以承受拱的水平推力。

拱支承在墙体上时，横向反力也可用在支座铰的水平位置处设置拉杆的办法加以解决。拉杆同时还可以用来吊天棚及给拱施加预应力。为了在不增加房屋高度的情况下，增大房屋的有效高度，有时将拉杆布置于拱支座铰水平之上（见图 8-8）。

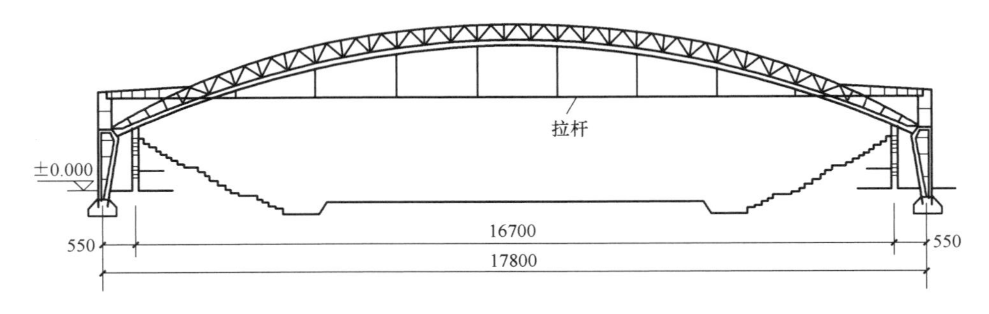


图 8-8　设有抬高拉杆的拱

拱的外形选择要接近于压力曲线。当结构对称时，沿拱弦线的均布荷载值起主要作用时（在扁平拱中），二次抛物线的拱形最为合适。抛物线常用圆弧代替，对扁平拱则不会引起实质性的变化，但却可以大大简化拱的设计与制造，因而在圆弧曲率不变的情况下可使拱之构件及节点达到最大标准化。

当拱支承于地面水平标高处时，在构造上不便沿拱曲线表面布置填充墙壁，设门窗困难，房屋外形也不美观。此外，支座处拱下的房屋由于高度不够而不能充分利用。因此，在展览馆、加盖市场及火车站顶盖中，拱常设计成在拱下有垂直段（见图 8-9）。这样的拱按其外形及工作性质接近于框架体系，由于转角处弯矩太大，从用钢量来看不太合适。

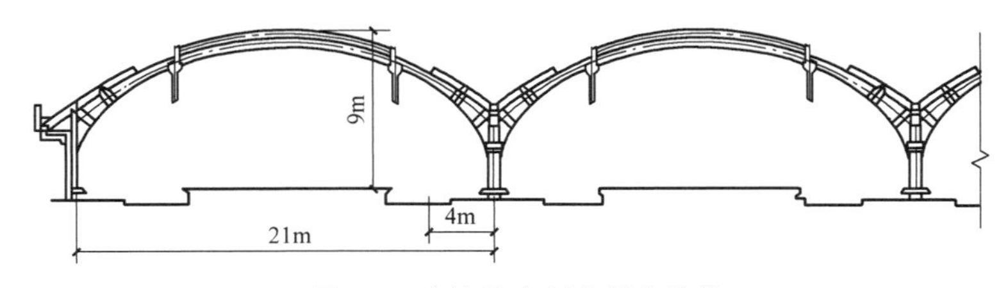


图 8-9　车站月台顶盖得多跨拱

在多跨拱中，相邻跨的横向反力在很大程度上相互抵消，并且中间支座仅因来自单方面的垂直活荷载及风荷载时才受弯工作。这种拱的支座截面面积不大，几乎不占面积，因此，这种方案适用火车站顶盖、展览馆及其他类似建筑中。

两铰实腹式拱常设计成平行弦（见图 8-10a），格构式拱则做成平行弦，或者当拱高度较大时做成折线形外弦，在支座上有一垂直段（见图 8-10b）。当拱的外形为圆弧时，平行弦为结构构件的定型化创造了前提，其建筑造型也完全可以接受。

实腹式拱的截面高度一般为跨度的 1/80~1/50，格构式拱的截面高度则为跨度的 1/60~1/30。拱截面高度可以取得这样小，说明拱的弯矩值不大。

格构式拱的构造通常类似于轻型桁架。拱的腹杆设计成有附加竖杆的三角形体系（见图 8-11a）、无附加竖杆的三角形体系及斜腹杆体系（见图 8-11b）。竖杆或者与弦杆正交

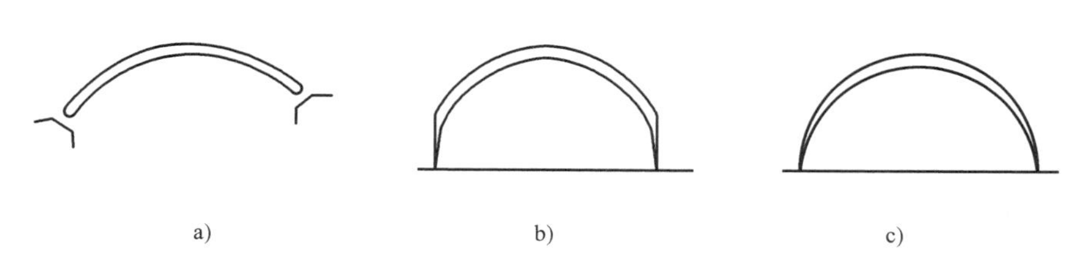


图 8-10 拱弦的外形

（见图 8-11a），或者垂直布置（见图 8-11b）。若想使腹杆沿拱长相同，将竖杆正交布置（尤其在圆拱中）最为合适。拱节间的尺寸接近拱高。主檩布置在竖向平面内，既可以保证单腹板拱的稳定性又可以支托屋面构件。安装接头的设置将拱划分成运输单元（一般为 6~9m 的发运构件）条件来考虑。拱通常以大型构件形式、大部分是整拱或半拱进行安装。实腹式拱的曲线外形使其制造比较复杂，但能改善结构的外观。格构式拱也可以取折线外形，以简化制造。

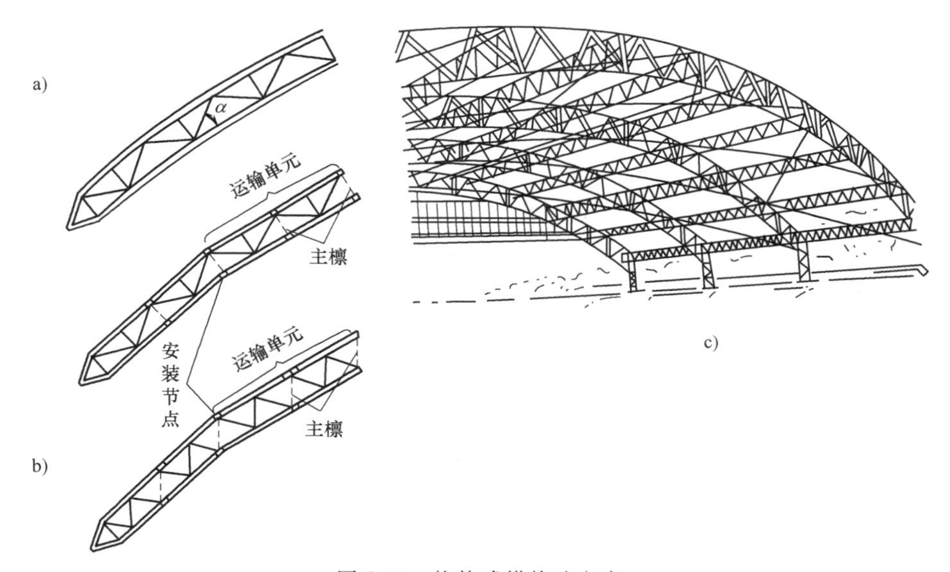


图 8-11 格构式拱构造方案

拱式结构可以成功地采用预应力来调整内力。合理分配内力的简单做法是在拱支座就位以后，使支座节点受迫向外偏离。此时在拱的下弦及斜腹杆中产生拉应力，该拉应力足以抵消外荷载产生的压应力。

拱结构中最复杂的构造节点，与框架一样也是支座铰及拱钥铰。格构式拱在支座处要过渡到实腹截面，因此实腹式拱与格构式拱的支座铰具有相同的结构。支座有好几种形式，常用的形式如图 8-12 所示或者查阅有关结构设计资料。

### 8.1.2 空间结构体系

空间结构发展迅速，各种新型的空间结构不断涌现，如网架结构、网壳结构、悬索结构、膜结构、张拉整体结构等，而它们的组合杂交结构更是花样翻新。网壳结构是三维空间结构（见图 8-13），构件（杆件）都是作为整体结构的一部分，按照空间几何特性承受荷

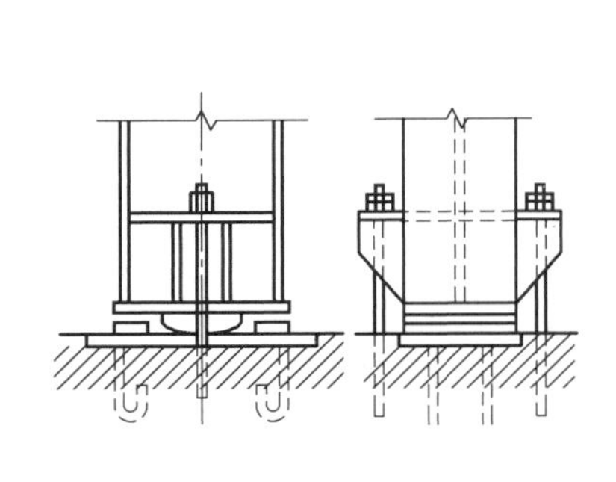
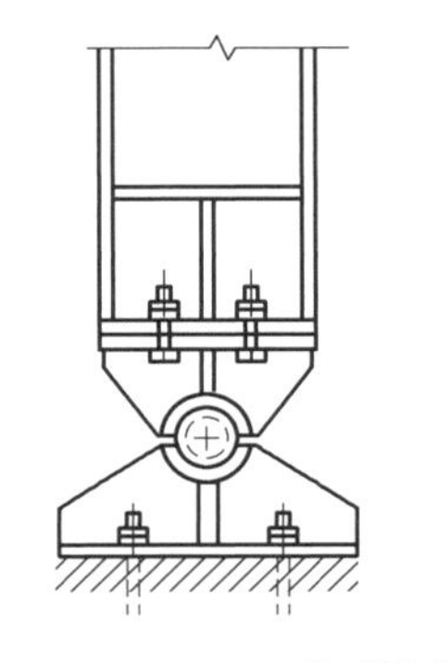
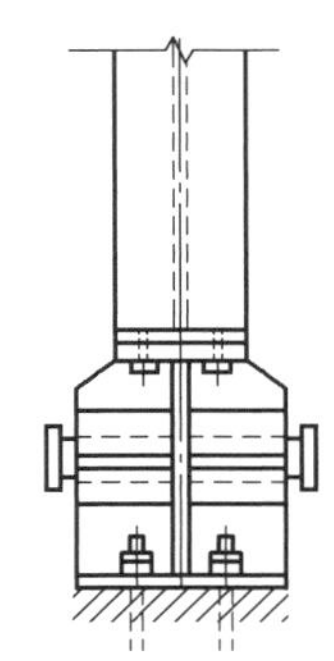

a) 平板(铰)支座　　b) 辊轴(铰)支座

图 8-12　拱与框架的支座（铰）节点构造

载，并没有平面结构体系中构件间的“主次”关系，大部分内力（薄膜内力）沿中曲面传递。又如悬索结构中，将外荷载转化为钢索的拉力，充分发挥了钢索拉力强的材性，从而大大减轻了结构自重。空间结构可按刚性差异及它们的组合来分成三类，即刚性空间结构、柔性空间结构和杂交结构。

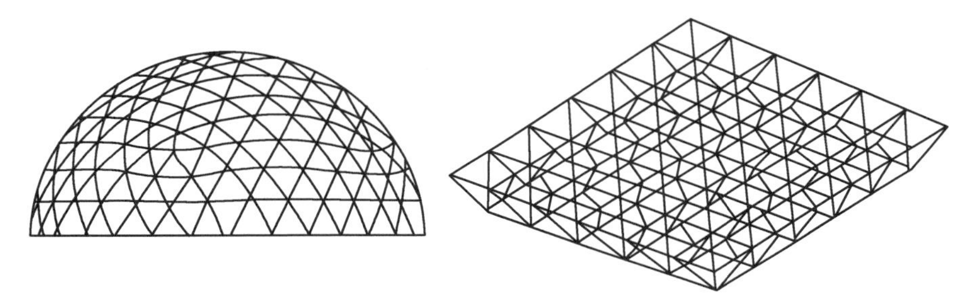

图 8-13　网壳和网架结构

### 1. 刚性空间结构

（1）薄壁空间结构　薄壁空间结构主要指薄壳结构，还可以包括平面结构组合成的空间结构（如折板结构、空间拱等）。薄壳结构的壳体都很薄，壳体的厚度与中曲面曲率半径之比小于 1∶2，当外荷载作用时，由于其曲面特征，壳体的主要内力——薄膜力沿中曲面作用，而弯曲内力和扭转内力都较小。这样就可充分发挥钢筋混凝土的材料潜力，达到较好的经济效益。我国最早的薄壳为 1948 年在常州建造的圆柱面壳仓库。由于这种结构形式能跨越大的空间，且造价较低，在当时的建筑发展水平上得到了建筑师和工程师们的青睐。

（2）网架结构　网架结构是一种空间杆系结构，受力杆件通过节点有机地结合起来。节点一般设计成铰接，杆件主要承受轴力作用，杆件截面尺寸相对较小。这些空间交汇的杆件又互为支撑，将受力杆件与支撑系统有机地结合起来，因而用料经济。由于结构组合有规律，大量的杆和节点的形状、尺寸相同，便于工厂化生产，便于工地安装。网架结构一般是高次超静定结构，具有较高的安全储备，能较好地承受集中荷载、动力荷载和非对称荷载，抗震性能好。

网架结构能够适应不同跨度、不同支承条件的公共建筑和工厂厂房的要求，也能适应不同建筑平面及其组合。1981 年 5 月我国颁布的《网架结构设计与施工规定》（JGJ 7—

1980)，是对我国当时网架结构工程与科研成果的总结，有力地推动了我国平板网架的发展。目前，我国可以说是网架生产的大国，其年生产规模、建筑面积成为世界之最。网架结构工程实践和理论研究向纵深发展，已对网架结构的一些特殊问题进行了探讨，如悬挂式起重机问题、超大直径焊接球问题、疲劳问题等。网架结构的应用范围不断扩大，涉及大型公共建筑、工业厂房、大型机库、特种结构、装饰网架、扩建增层等不同领域。

我国从1964年在上海师范学院球类房网架工程开始，已建筑了为数众多的不同建筑类型、不同平面形式的网架结构，超大面积、超大跨度的网架结构不断涌现。如江阴兴澄钢铁有限公司兴建的轧钢车间一期工程采用3.5万$m^2$的网架，该车间全长396m，柱跨12m（局部抽柱处为24m及36m），车间内设置了中、重级工作制桥式起重机12台，如图8-14所示。

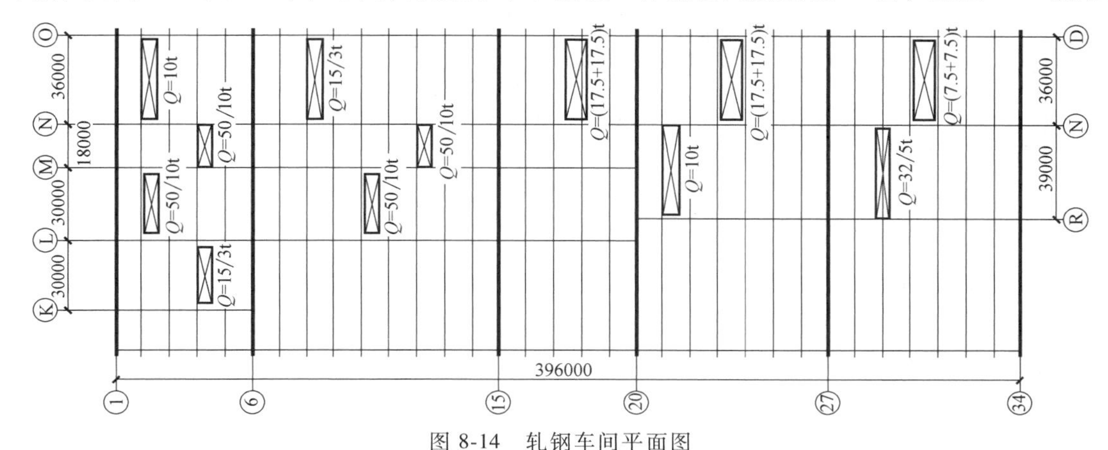


图8-14 轧钢车间平面图

首都机场（153m+153m）机库，总面积为90×306$m^2$，采用平板网架结构，只有大门中间有一个柱子，中梁下没柱子的四机位B747大跨度机库，采用了多层四角锥网架，在网架大门边梁和中梁采用大跨度空间桁架栓焊钢桥，如图8-15所示。

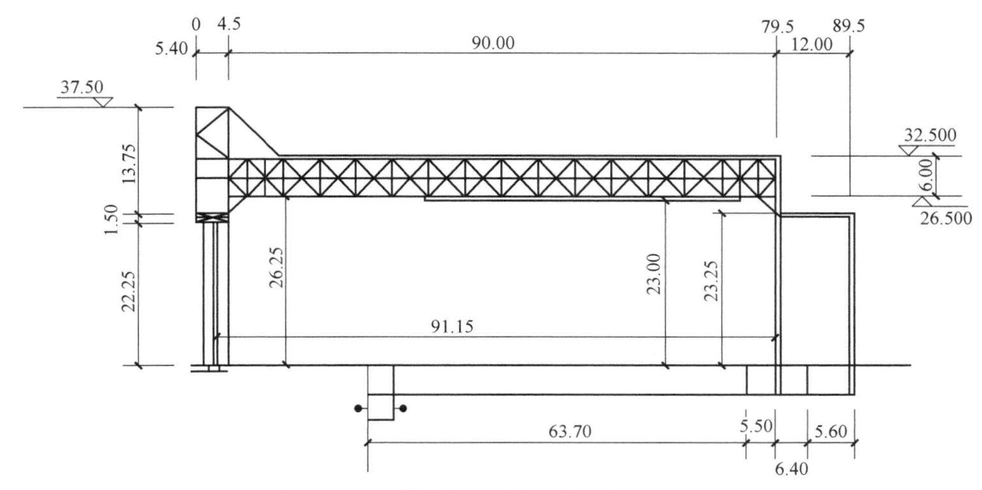


图8-15 首都机场机库剖面图（单位：m）

（3）网壳结构 网架结构就整体而言是一个受弯的平板，反映了很多平面结构的特性，大跨度的网架设计对沿跨度方向的网架刚度要求很大，因为总弯矩基本上是随着跨度二次方增加的。因此，普通的大跨度平板网架需要增加许多材料用量。网壳结构则是主要承受薄膜内力的壳体，主要以其合理的形体来抵抗外荷载的作用。

因此在一般情况下，同等条件特别是大跨度的情况下，网壳要比网架节约许多钢材。网壳结构得到迅速发展的另外一个重要因素是，其外形美观，富于表现，充满变化，改善、丰富了人类的居住环境。辽宁省电视台彩电中心演播厅采用单层筒形网壳，跨度 21m，长 72m，如图 8-16 所示。

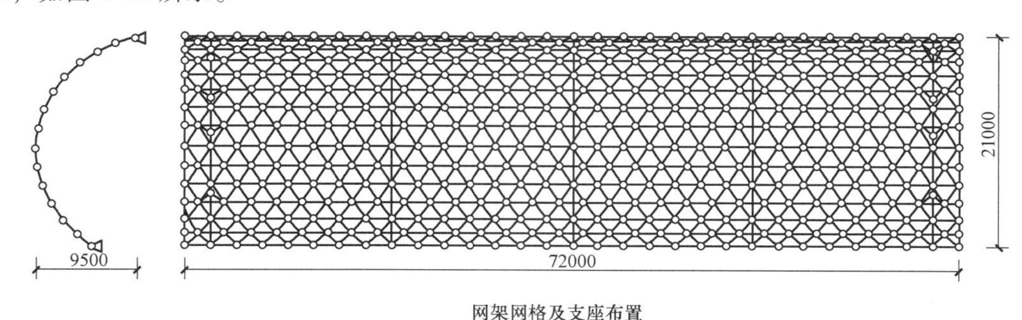


图 8-16　辽宁电视台彩电中心彩电演播厅

江西宜春体育馆根据建筑要求，设计为一个由四个曲面组合而成、具有太空动感的“飞碟”造型体的异形网壳。网壳的最大直径 93m，网壳分双层屋面壳、单层斜墙壳、外露装饰壳三部分，如图 8-17 所示。

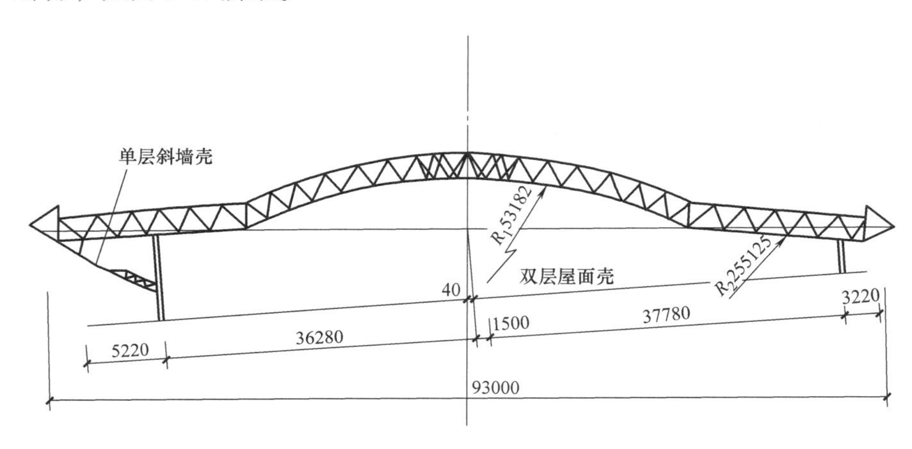


图 8-17　网壳剖面图

**2. 柔性空间结构**

（1）悬索结构　悬索结构通过索的轴向拉伸来抵抗外荷载作用，而这些索的材料是由高强度钢丝组成的钢绞线、钢丝绳或钢丝束等，可以最充分地利用钢索的抗拉强度，大大减轻了结构自重。据统计，当跨度不超过 150m 时，每 $1m^2$ 屋盖的钢索用量一般小于 10kg。悬索结构便于表现建筑造型，适应不同的建筑平面。特别是钢索与其他材料或与其他结构形式组合形成了空间结构新的增长点，大大丰富了空间结构范畴，如近年来发展起来的索膜结构、索桁结构等。

悬索结构是最古老的结构形式之一，在欧洲，至少从 16 世纪便开始了对悬索计算理论的研究。悬索结构的工程应用是从悬索桥开始的，众所周知的有美国的金门大桥、日本的明石海峡大桥、中国的江阴大桥等。然而，悬索结构建筑工程中的应用还是从 20 世纪初才开始的。到了 20 世纪 50 年代，悬索结构在建筑上的应用得到较大发展，主要原因有两方面，一是由于社会生活对大跨度的需求，另一方面是由于计算机技术的发展和新型建材的出现。目前，已建成不少具有代表性的悬索屋盖，主要用于飞机库、体育馆、展览馆、会堂等大跨建筑中，世界上第一个现代悬索屋盖是美国于 1953 年建成的 Raleigh 体育馆，采用以两个斜放的抛物线拱为边缘的鞍形正交索网。北京工人体育馆，1961 年建成，平面为圆形，下部屋盖结构由双层索、中心钢环和周边钢筋混凝土外环梁三个主要部分组成，悬索屋盖直径 96m，如图 8-18 所示。

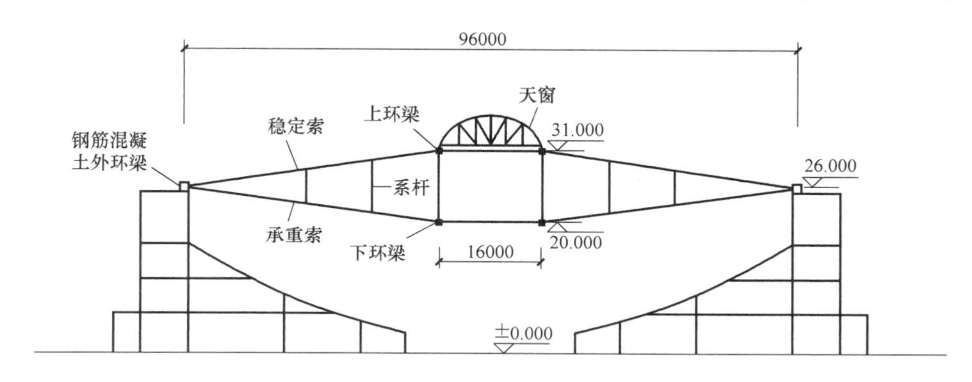


图 8-18　北京工人体育馆结构剖面图

悬索结构主要划分为单层悬索体系、双层悬索体系和索网体系。单层索稳定性差，其横向一般需要采取措施（如桁架、混凝土屋面等）加强刚度，以保证结构不发生机构性位移。国外跨度较大的单层悬索是苏联的乌斯契—伊利姆斯克汽车库（圆形、直径为 206m），采用的是伞形悬索屋盖。双层悬索由承重索和稳定索组成，承重索承担上部荷载，稳定索可以保证在非对称荷载和变异荷载作用下整体结构的安全、稳定。北京工人体育馆采用了这种悬索形式（见图 8-16）。索网结构特别是预应力鞍形索网结构采用相互正交、曲率相反的两组钢索直接叠交形成，其外形优美，易满足建筑造型要求，许多悬索结构采用了这种形式。加拿大卡尔加里滑冰馆，屋盖平面形状为椭圆形，长轴为 135. 3m，短轴为 129. 4m，建筑物底面形状为直径 120m 的圆形，鞍形双曲抛物面索网悬挂于环梁之间。

（2）充气结构　充气结构是利用薄膜内外空气压力差来稳定薄膜以承受外荷载。它是薄膜结构的一种形式，目前工程中薄膜材料常采用高强、柔软的织物复合材料，这种材料具有较高的抗拉强度，如 PVC 薄膜和聚四氯乙烯涂层玻璃纤维布（泰氟纶）等。PVC 薄膜价格便宜，但强度较低，不阻燃，耐火性差；泰氟纶强度高，自洁性好，耐火性好，从实验和已有工程实例证明，其使用期超过 20 年。

充气式薄膜结构一般又可分为两类，即低压体系和高压体系。前者的薄膜承受 100~1000N/m$^2$ 的压力，一般根据外荷载的变化适时调整内外气压差，如正常使用情况下为 200~300N/m$^2$，强风时为 500~600N/m$^2$，积雪时可达 800N/m$^2$。可以采用单层薄膜，也可以采用双层薄膜（内部充气），这两种方式既可以采用正压方式，也可以采用负压方式。高压体系也称为气肋式薄膜充气结构，是由自封闭的膜材充以高压气体，与大气压有 20~70N/m$^2$ 的压差，形成可以传递横向力的管状薄膜构件。这种结构可以快速装拆，适用于重量轻、运输体积小的场合，特别适宜于索网和薄膜结构的支承构件。

充气膜结构自重轻，仅为其他结构重量的1/10，因而容易跨越很大空间，适用于体育馆、展览会等大型公共建筑。

(3) 张拉整体结构　张拉整体结构是空间结构领域的一种新型的结构体系，它的发展历史不太长，但速度很快。张拉整体结构具有构造合理、自重小、跨越空间的能力强的特点，它在实际工程中展示了强大的生命力和广阔的应用前景。图8-19所示是美国亚特兰大奥运会主体育馆采用的张拉整体结构，平面为240m×193m的椭圆形。

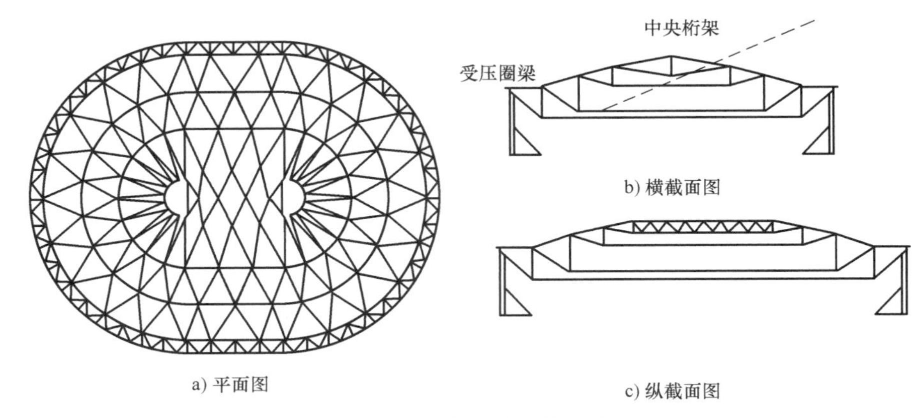


图8-19　张拉整体结构示意

(4) 薄膜结构　薄膜结构是张拉结构的一种，它以具有优良性能的织物为膜材，利用钢索或刚性支承结构向膜内预施加张力，从而形成具有一定刚度、能够覆盖大空间的结构体系。这种可以称之为张力膜结构，是在20世纪70年代逐步发展并已广泛应用的新型结构形式。一些举世瞩目的结构，如德国的慕尼黑奥林匹克体育馆、美国的丹佛国际机场候机大厅等都采用这种新型的张力膜结构。

丹佛国际机场候机大厅，打破了传统的建筑模式，首先在机场候机大厅上采用了膜结构。大厅长247m，宽67m，以17个帐篷的单元组成。单元间距18.3m，由两排相距45.7m的立柱支承。屋盖设置了脊索与谷索，分别承受向下的荷载（如结构自重与雪荷载）与向上的荷载（如风吸力）。作为膜的织物就在脊索、谷索与边索间张紧成双曲面。膜结构设计需要先进的分析、设计和裁剪技术，同时需要新型建筑材料，甚至纺织物材料的交叉发展，还需要依赖于先进的计算机辅助技术。这种新型空间结构引起了我国的建筑师和工程师的注意，许多学者致力于张力膜结构的研究工作和工程实践。如我国建成的上海体育场看台雨篷，伞状薄膜结构由桅杆支撑于劲性钢网架之上，屋盖水平投影面积达37000m$^2$，看台最大悬挑73.5m，每个面积为500m$^2$左右的伞状膜结构采用涂覆PTFE面层的玻璃纤维布，厚0.8mm，自重1.23kg/m$^2$，伞状膜结构由4根$\phi$25.4mm上层钢索，4根$\phi$38.1mm下层钢索及当中钢管支柱张拉形成，整个索支撑桅杆结构和薄膜覆盖层的施工均在三个月内完成。

**3. 杂交结构**

(1) 斜拉空间网格结构　斜拉空间网格结构通常由塔柱、拉索、空间网格结构组合而成。塔柱一般独立于空间网格结构形成独立塔柱，空间网格结构为网架或网壳等，斜拉索的上端悬挂在塔柱顶部，下端则锚固在空间网格结构主体上，当拉索内力较大时，也可锚固在与空间网格结构主体相连的立体桁架或箱形大梁等中间过渡构件上。因此，斜拉索为空间网格结构提供了一系列中间弹性支承，使空间网格结构的内力和变形得以调整，明显减少结构挠度，降低杆件内力，同时通过张拉拉索，对空间网格结构施加预应力可部分抵消外荷载作用下的结构内力和挠度，使空间网格结构不需要靠增大结构高度和构件截面即能跨越很大的跨度，从而达到节省材料的目的。同时，斜置的拉索与高耸的塔柱形成外形轻巧、造型富于变化的建筑形体。

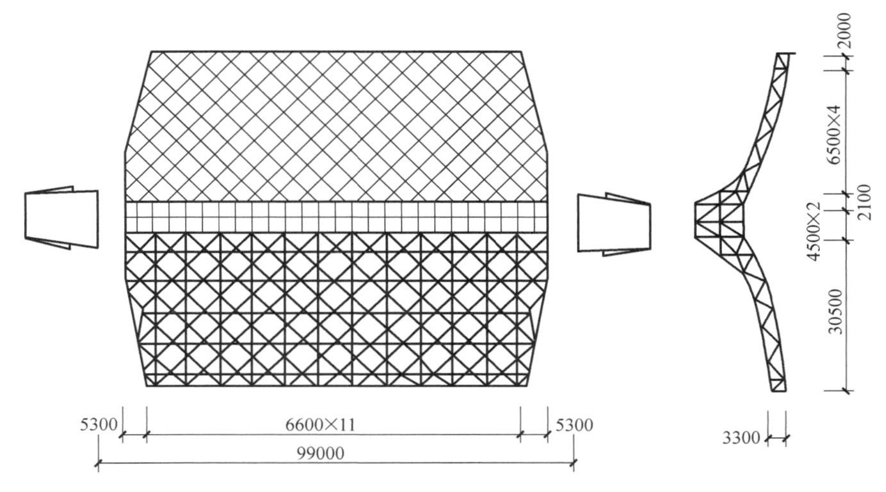


图 8-20 国家奥林匹克体育中心综合体育馆斜拉空间结构

斜拉空间网格结构早在 60 年代国外就有应用。我国最早采用斜拉空间网格结构的工程是为十一届亚运会建造的国家奥林匹克体育中心综合体育馆屋盖（见图 8-20），该结构采用两块组合型斜放四角锥双层柱面网壳，周边支承，平面尺寸 70m×83.2m，整个网壳截面呈人字形，屋脊处设置了高 9.9m、宽 9m 的桁架，用 16 根斜拉钢丝束使网壳悬吊在 2 个高 60m、伸出屋面 37m 的纵向预应力钢筋混凝土塔筒上，钢索二次张拉，该工程 1990 年完成。由我国设计、建造的新加坡港务局（PSA）仓库，由 4 幢 A 型 120m×96m，2 幢 B 型 96m×70m 共 6 幢组成，每幢分上、下两层，一层为钢筋混凝土框架，柱网尺寸 12m×10m，二层为钢结构周边柱、中间塔柱，屋盖为斜拉正放四角锥螺栓球节点网架，周边支承及中间点支承，钢塔柱高 28m，伸出屋面 11m，每个塔柱设置单层 4 根 4$\phi$48 不锈钢斜拉索，用钢量 35.23kg/m$^2$，节省钢材 30%，于 1993 年建成。图 8-21 为新加坡港务局 A 型仓库的屋盖结构。

（2）拱支空间网格结构　拱支空间网格结构是由拱和空间网格结构组合而成的一种新型杂交空间结构，它综合了拱和空间网格结构的优点，拱主要受压，有钢筋混凝土拱、钢管混凝土拱、钢实腹拱、钢格构拱和钢桁架拱等，空间网格结构为网架、网壳等。

根据拱与空间网格结构的相互关系及是否有吊杆，拱支空间网格结构分为两大类。一类是拱在空间网格结构外，通过吊杆为空间网格结构提供一系列弹性支承，使空间网格结构内力峰值降低，受力均匀，整体刚度显著增大。同时，通过张拉吊杆对空间网格结构施加预应力，部分抵消外荷载作用下空间网格结构的内力和挠度，吊杆有时锚固在与空间网格结构主体相连的立体桁架或箱形大梁等中间过渡构件上。这类结构由于拱圈外露，建筑造型美观新颖。1990 年 5 月建成的江西体育馆屋盖采用了钢筋混凝土大拱悬吊三角锥焊接空心球网架

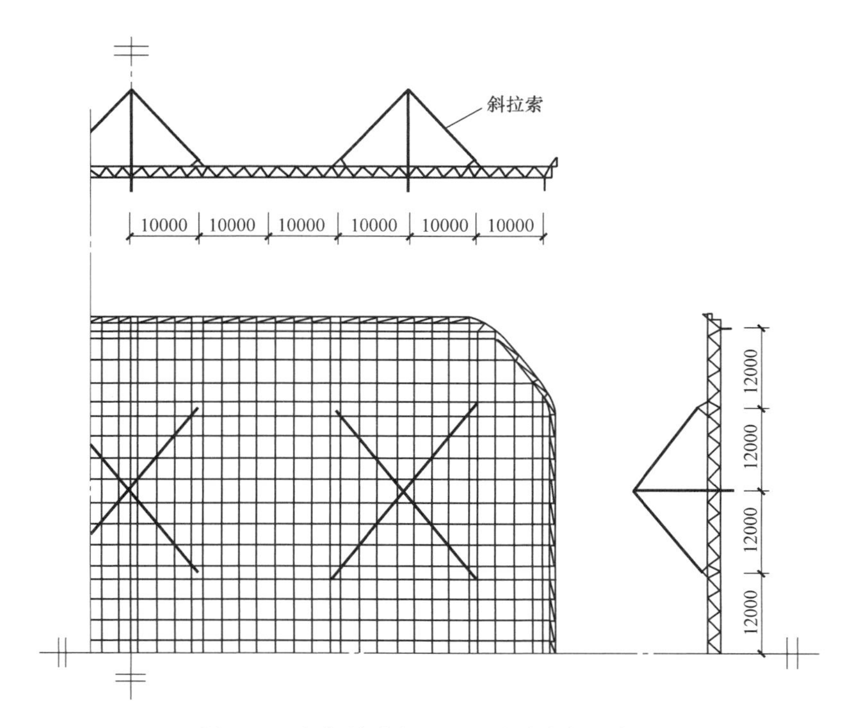


图 8-21　新加坡港务局 A 型仓库斜拉网架

(见图 8-22)，网格边长为 3.7m，高为 3m，周边支承，平面为近似长八边形，东西长 84.3m，南北宽 64.4m，从拱上悬挂吊杆与立体钢桁架相连作为网架的中间支点，拱为箱形截面，施工时采用了钢管混凝土作为大拱模板的支架，混凝土浇筑完后则成为拱的劲性配筋，屋盖总耗钢量为 54.9kg/m²，其中网架占 18.9kg/m²。

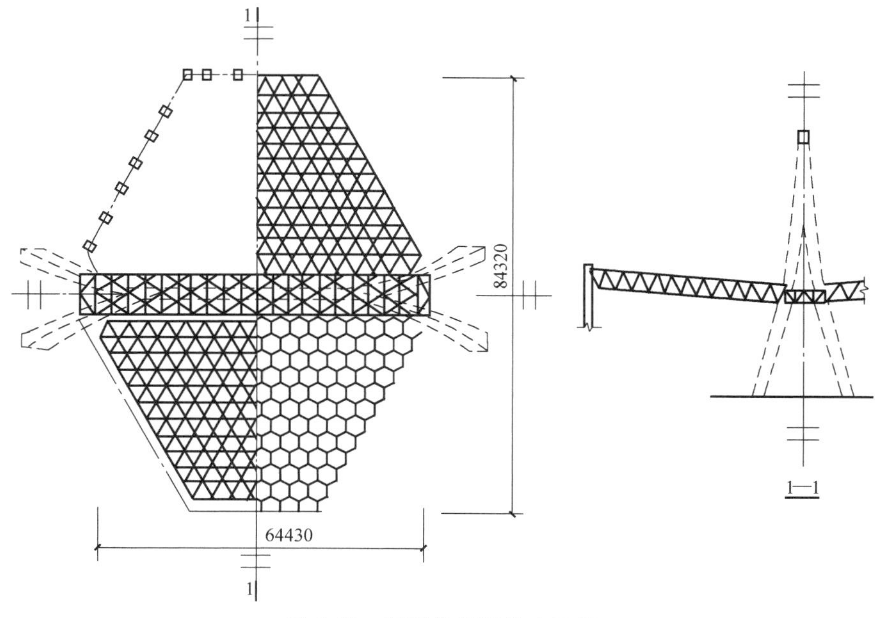


图 8-22　江西体育馆拱支网架

另一类拱支空间网格结构不需要吊杆，空间网格结构直接支承在大拱上，这时空间网格结构一般为网壳，拱为空间网格结构提供了弹性支承。拱支单层网壳，由于拱的作用，整个网壳就被划分为若干个小的单层网壳区段，从而使单层网壳的整体稳定问题转化为局部区段的稳定问题，大大提高了单层网壳的整体稳定承载力，改善了对初始缺陷的敏感性，有效地发挥了材料强度。同时，网壳结构为大拱提供了侧向弹性支承，增强了拱的整体稳定性。

上海石化总厂师大三附中体育馆屋盖采用了拱支单层柱面网壳（见图 8-23），网壳矢高 8m，平面尺寸为 30m×50m，四周支承，网壳一端 10m 处有一道分隔墙，可作为网壳支承，在纵向另一端 40m 范围内每隔 10m 设置一道杆系拱肋，结构用钢量为 $24kg/m^2$。拱支单层网壳实际上可看作在双层网壳中抽去部分腹杆和下弦杆形成的，如果部分腹杆和下弦杆抽去后能保证每个上弦节点至少有一根腹杆与下弦杆相连，则这样的拱支网壳结构的任意部位不具有单层网壳的受力特性，也就不会发生整体稳定问题。

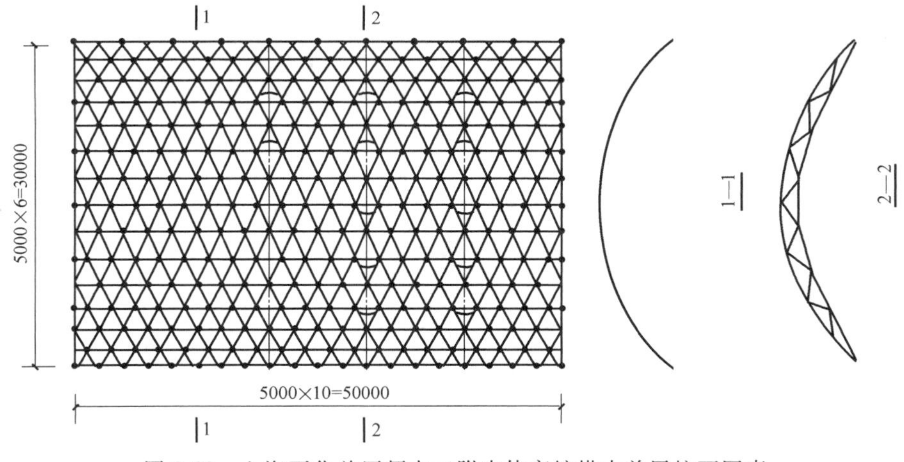


图 8-23　上海石化总厂师大三附中体育馆拱支单层柱面网壳

1993 年建成的烟台市塔山游乐竞技中心斗兽馆屋盖采用了这种结构的焊接半鼓半球节点球面网壳（见图 8-24），平面直径 40m，矢高 8m，壳厚 2m，周边上弦支承。

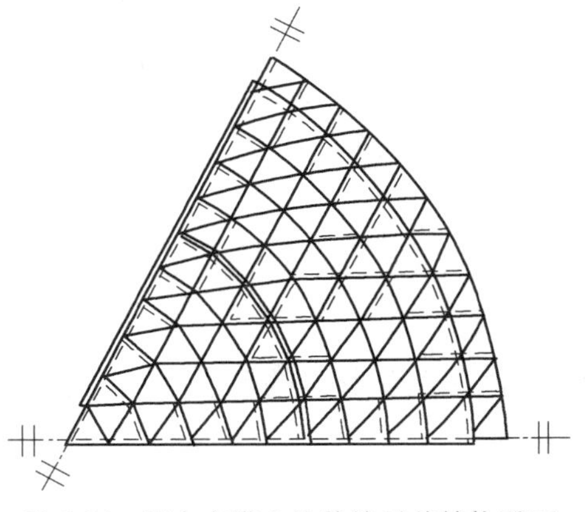

图 8-24　烟台市塔山斗兽馆屋盖结构平面

（3）索-桁结构　一般的单曲悬索屋盖，在不对称荷载的作用下易发生机构性位移，为了克服这一缺点，在单曲悬索上设置桁架或梁等横向加劲构件形成索-桁结构，也称为横向加劲单曲悬索结构。桁架（梁）置于悬索之上，并与悬索垂直相交连成整体，同索共同抵抗外荷载，通过对桁架（梁）端部支座下压使之产生强迫位移，在结构中建立预应力，大大增加了屋盖结构的刚度，尤其在集中荷载和不均匀荷载作用下，桁架（梁）能有效地分担和传递外荷载，使之更均匀地分配到各根平行的索上，从而改善了整个屋盖的受力和变形，同时悬索为桁架（梁）提供了弹性支承。索-桁结构发挥了悬索结构受力合理，用料省的特点，方便地解决了悬索结构的稳定问题，避免了索网结构中副索对边缘结构产生的强大作用力，特别适用于纵向两端支承结构水平刚度较大、而横向两端支承结构水平刚度较差的轻型屋面建筑，是一种受力合理、构造简单、施工方便、造价低廉的结构形式。

1992 年竣工的广东潮州体育馆屋盖采用了索-桁结构，其平面呈正方形，边长为 61.4m，平行于对角线方向布置 24 根 5×7$\phi$5mm 钢绞线，间距为 2m，平行于另一对角线方向布置抛物线拱形平行弦桁架，高为 2.2m，矢高为 0.56～2.63m，间距为 3.95m 和 4.96m，整个屋盖结构（包括檩条、支撑）用钢量为 30kg/m$^2$。

（4）拱支悬索结构　拱支悬索结构是在悬索结构中央设置支承拱而形成的，与单纯悬索相比，具有较大的刚度，尤其在抵抗局部荷载或不对称荷载时变形较小。对悬索结构，无须设中间支承就能以最小的结构自重覆盖大空间，该结构更多地为满足建筑造型和使用功能，其技术经济效果往往未必最佳。

1987 年建成的四川省体育馆屋盖采用了拱支索网结构（见图 8-25），平面形状近似矩形，其尺寸为 79.35×72.37m，屋盖结构设置了相互倾斜 7°的一对断面为箱形的钢筋混凝土二次抛物线支承拱，跨度为 105.37m，矢高为 41.51m，主索垂直于拱方向布置，间距为 1.57m，高端固定在大拱上、低端固定在水平边界上，副索平行于拱方向布置，间距为 3.15m，两端固定在等高而倾斜的空间直线边梁上，结构用钢量为 33.14kg/m$^2$。

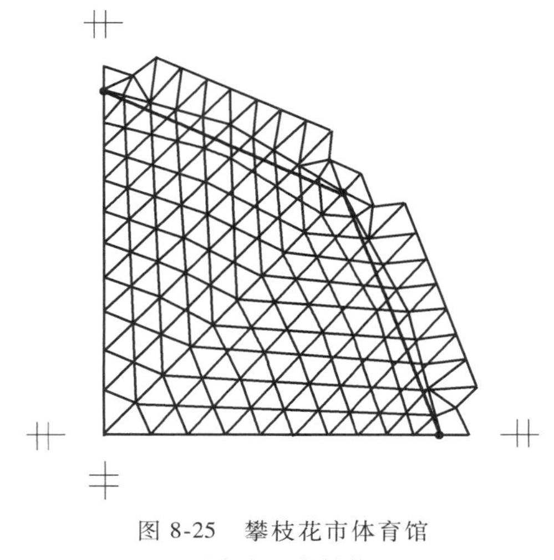

图 8-25　攀枝花市体育馆 1/4 预应力网壳结构平面

（5）悬索空间网格结构　悬索空间网格结构是从悬索桥发展而来的，由塔柱、悬索、吊杆和网架或网壳结构组合而成，使网架或网壳能更经济地跨越更大空间。

太旧高速武宿主线收费站顶棚结构为悬索网架，网架平面近似矩形，长边为半径 215m 的一段弧，平面尺寸为 73.23m×(6～10.44)m，主索采用单根抛物线钢丝索，吊杆选用人字形钢索，主索锚固在两侧塔楼上，工程于 1995 年竣工。

## 8.2　空间平板网架屋盖结构

### 8.2.1　平板网架的特点和形式

#### 1. 平板网架结构的特点

随着我国建设事业的发展，在建筑结构中，大跨度空间结构的应用逐渐增加。空间结构具有三度空间的结构体形，在荷载作用下三向受力，呈空间工作。由于多向受力的特点，改变了平面结构受力状态，增加了结构安全度，使材料更合理地得到利用，取得了较好的经济效益。当前我国空间结构中，以网架结构发展最快，应用最广。

我国自 1964 年开始采用网架结构（上海师范大学球类房）以来，1967 年采用平板网架结构建成了首都体育馆（见图 8-15），1969 年建成了的上海文化广场的屋盖网架结构；1973 年建成了上海万人体育馆。我国为巴基斯坦设计和施工的伊斯兰堡体育馆中，采用四支点支承的正交正放网架等。

在工业厂房中，网架结构也显示出它的优越性，唐山机车车辆厂客车总装联合厂房，采用了 18m×18m 的柱网为基本单元的正放抽空四角锥网架，在每个跨间内设有多台悬挂式起重机。

**2. 平板网架的形式**

（1）按结构组成分类

1）双层网架。由上、下两个平放的平面桁架作为表层，上、下两个表层之间设有层间杆件相互联系。上、下表层的杆件称为网架的上弦杆、下弦杆，位于两层之间的杆件称为腹杆。网架通常采用双层。

2）三层网架。由三个平放的平面桁架及层间杆件组成。三层网架的采用根据建筑和结构的要求而确定。

（2）按支承情况分类

1）周边支承网架。周边支承网架的所有支承节点均搁置在柱或梁上，因直接传力，受力均匀，是目前采用较多的一种形式。当网架周边支承于柱顶时，网格宽度常与柱距一致（见图 8-26a）。为了保证柱子的侧向刚度，沿柱间侧向应设置边桁架或刚性系杆。当网架周边支承于圈梁时，网格的划分比较灵活，不受柱距的影响（见图 8-26b）。

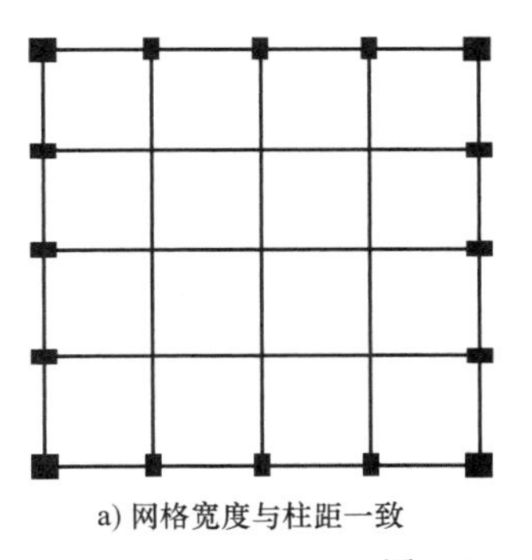

a) 网格宽度与柱距一致　　b) 网格宽度与柱距不一致

图 8-26　周边支承网架

2）点支承网架。点支承网架可置于四个或多个支承点上（见图 8-27）。点支承网架主要用于大柱距工业厂房、仓库、展览馆等大型公共建筑。这种网架由于支承点较少，支承反力较大，为了使支点附近的主桁架杆件内力不致过大，宜在支承点处设置柱帽结构（见图 8-28），使反力扩散。通常将柱帽设置于下弦平面之下（见图 8-28a），或设置于下弦平面之上（见图 8-28b），也可以将上弦节点通过短钢柱直接搁置于柱顶（见图 8-28c）。点支承网架的周边宜设置适当的悬挑结构，以减少网架跨中杆件的内力和网架的挠度。

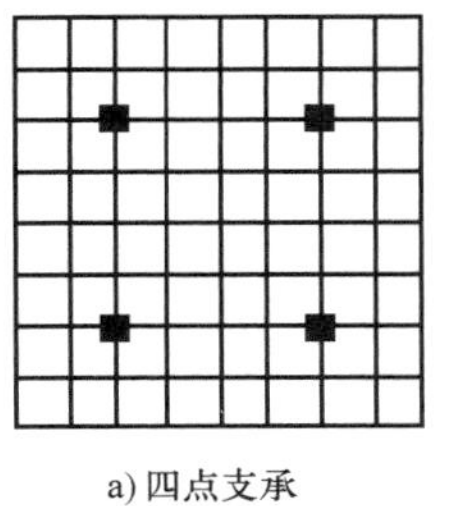

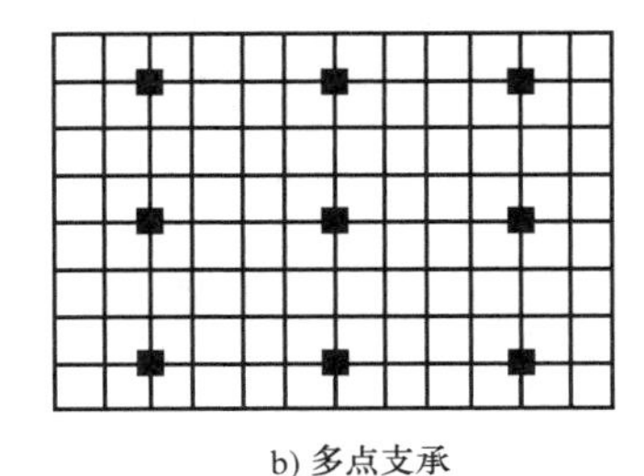

a) 四点支承　　b) 多点支承

图 8-27　点支承网架

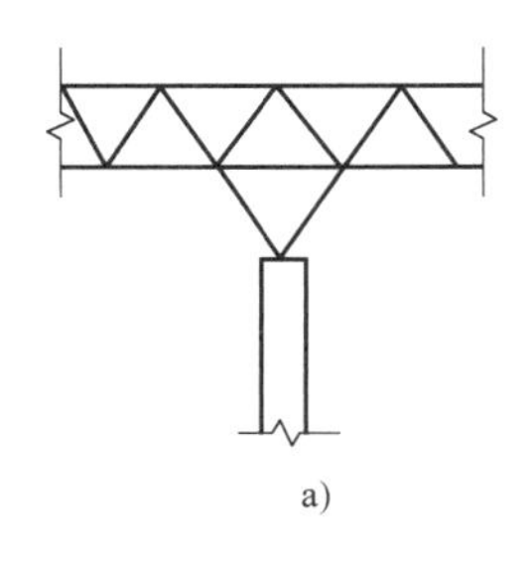

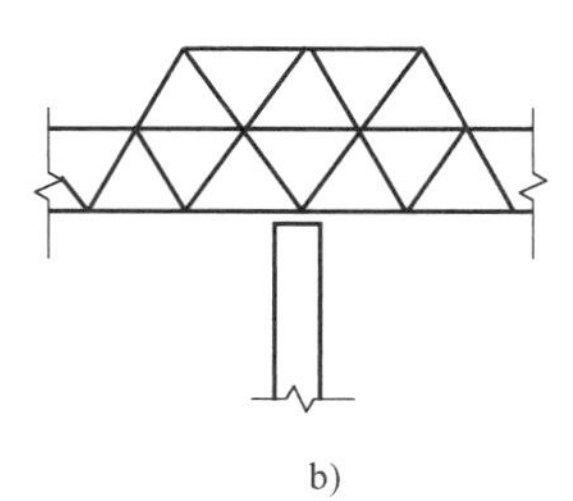

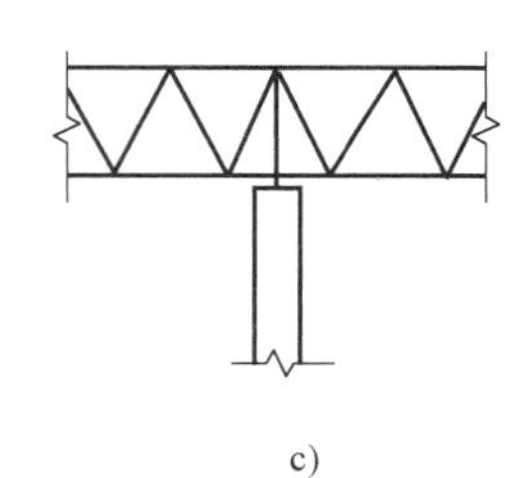


图 8-28　点支承网架柱帽

3）周边支承与点支承相结合的网架。在点支承网架中，当周边有围护结构和抗风柱时，可采用点支承与周边（四周或两边）支承相结合的形式（见图 8-29）。这种支承方式适用于工业厂房和展览厅等公共建筑。

4）三边支承或两边支承网架。在矩形平面的建筑中，由于考虑扩建的可能性或由于建筑功能的要求，需要在一边或两对边上开口，因而使网架仅在三边或两对边上支承，另一边或两对边处理成自由边（见图 8-30）。自由边的存在对网架的受力是不利的，为此一般应对自由边做特殊处理。普通的做法是，在自由边附近增加网架的层数（见图 8-31a），或者在自由边处加设托梁或托架（见图 8-31b）。中、小型网架也可选择增加网架高度或局部加大杆件截面等方法给予改善和加强。

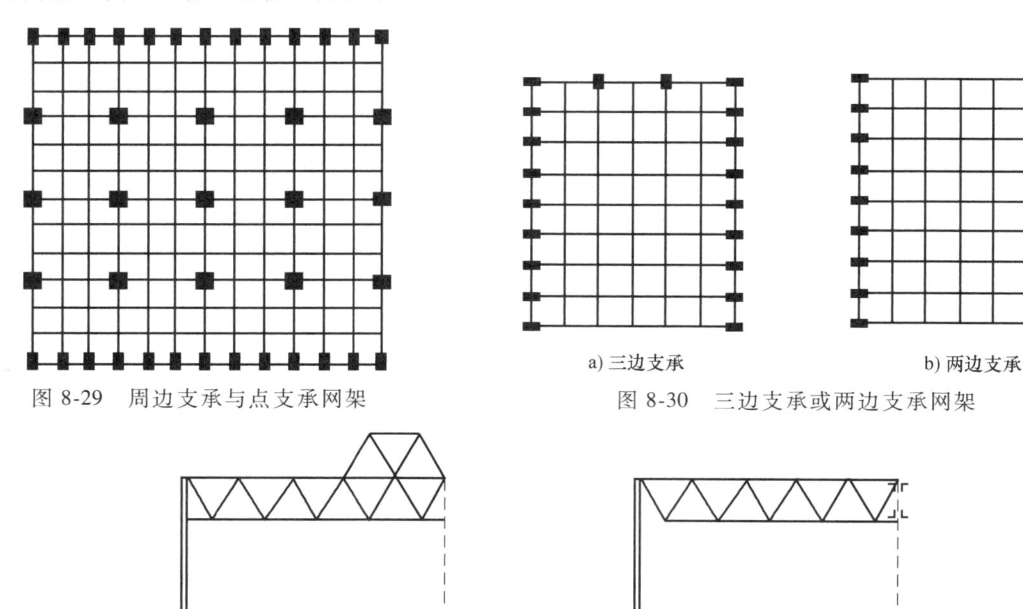


图 8-29　周边支承与点支承网架

图 8-30　三边支承或两边支承网架

a) 增加网架层数

b) 加设拉深(架)

图 8-31　自由边的处理

近些年来，因越来越广泛地采用了各种轻质金属压型板作为围护材料，特别是屋面围护材料，而自重较大的各种混凝土板的使用量较少，使得自由边问题已不十分突出。

（3）按网格组成分类

1）交叉桁架体系。这类网架是由若干相互交叉的竖向平面桁架所组成。竖向平面桁架的形式与一般平面桁架相似：腹杆的布置一般应使斜腹杆受拉，竖腹杆受压，斜腹杆与弦杆的夹角宜为 40°~60°。桁架的节间长度即为网格尺寸。这些平面桁架可沿两个方向或三个方向布置，当为两向交叉时，其交角可为 90°（正交）或任意角（斜交）；当为三向交叉时，其交角为 60°。这些相互交叉的竖向平面桁架当与边界方向平行（或垂直）时称为正放，与边界方向斜交时称为斜放。因此，随着这些桁架之间交角的变化和边界相对位置的不同，就构成了下面一些各具特点的网架形式。

① 两向正交正放网架。两向正交正放网架（见图 8-32）的构成特点是：两个方向的竖向平面桁架垂直交叉，且分别与边界方向平行。因此，不仅上、下弦的网格尺寸相同，而且在同一方向的平面桁架长度一致，使制作、安装较为简便。这种网架的上、下弦平面呈正方形的网格，它的基本单元为一不全由三角形组成的六面体，属几何可变。为保证结构的几何不变性及增加空间刚度使网架能有效地传递水平荷载，应适当设置水平支撑。对周边支承网架，水平支撑宜在上弦或下弦网格内沿周边设置；对点支承网架，水平支撑则应在通过支承的主桁架附近的四周设置。

两向正交正放网架的受力状况与其平面尺度及支承情况关系很大。对于周边支承，正方形平面的网架，其受力类似于双向板。两个方向的杆件内力差别不大，受力比较均匀。但随着边长比的变化，单向传力作用渐趋明显，两个方向的杆件内力差别也随之加大。对于点支承网架，支承附近的杆件及主桁架跨中弦杆的内力最大，其他部位杆件的内力很小，两者差别较大。

两向正交正放网架适用于正方形或接近正方形建筑平面。

② 两向正交斜放网架。两向正交斜放网架（见图 8-33）的构成特点是：两个方向的竖向平面桁架垂直交叉，且与边界成 45°夹角。

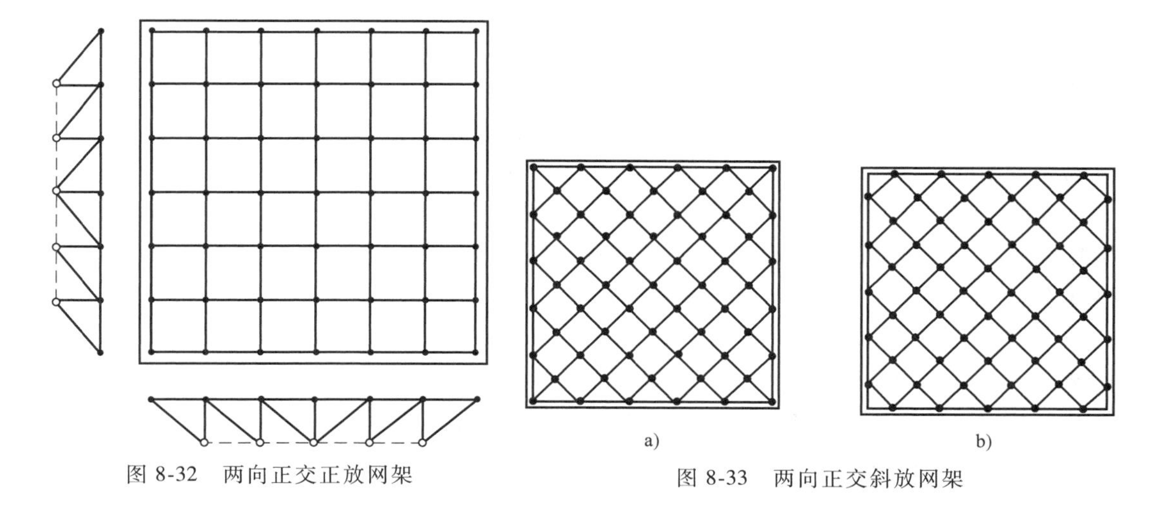


图 8-32　两向正交正放网架

图 8-33　两向正交斜放网架

两向正交斜放网架中的平面桁架与边界斜交，各桁架长短不一，而其高度又基本相同，因此靠近角部的短桁架刚度相对较大，对与其垂直的长桁架将起一定的弹性支承作用，从而减少了长桁架中部的正弯矩。在周边支承的情况下，它比两向正交正放网架的刚度大、用料省。对矩形平面其受力也比较均匀。当长桁架直通角柱时（见图 8-33a），四个角支座会产生较大的拉力，设计时应予考虑。为了避免角部支座的拉力过大，可采用图 8-33b 所示的布置形式。这时，角部拉力由两个支座分担。

在周边支承情况下，若对支座节点沿边界切线方向加以约束，则设计时应考虑在与支座连接的圈梁中产生的拉力。

两向正交斜放网架适用于建筑平面为正方形和长方形的情况。

③ 两向斜交斜放网架。两向斜交斜放网架（见图 8-34）由于桁架斜交，构造处理麻烦，拼装变形较大，受力性能欠佳，因此只是在建筑上有特殊要求时才考虑选用外，一般很少采用。

④ 三向网架。三向网架（见图 8-35）的构成特点是：三个方向的竖向平面桁架按 60°夹角相互交叉。

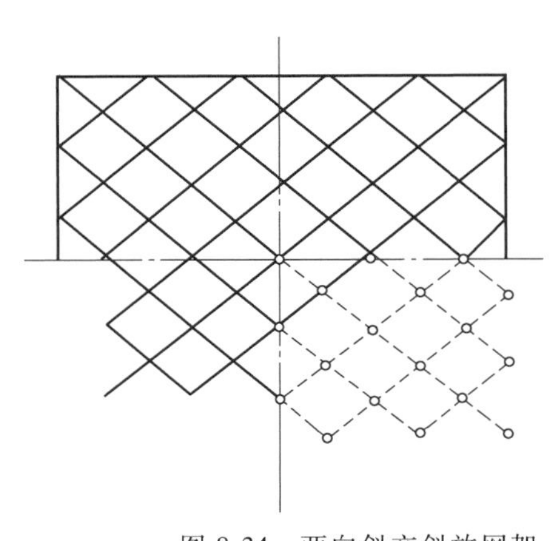

图 8-34　两向斜交斜放网架

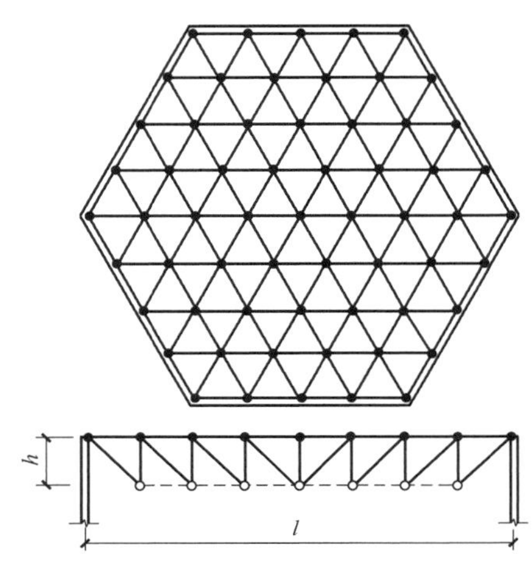


图 8-35　三向网架

在三向网架中，上、下弦平面的网格均为正三角形，因此这种网架是由许多以稳定的三棱体作为基本单元所组成的一个几何不变体系。三向网架的受力性能好，空间刚度大，并能均匀地把力传至支承系统；但汇交于一个节点的杆件可多达 13 根，节点构造比较复杂，因此一般以采用圆钢管杆件和焊接空心球节点连接为宜。

三向网架适用于跨度较大，且建筑平面为三角形、六边形、多边形和圆形的情况。当用于圆形平面时，周边将出现一些不规则的网格，需另行处理。三向网架的节间一般较大，有时可达 6m 以上，因而适宜于采用再分式桁架。

2）四角锥体系网架。这类网架以四角锥为其组成单元。网架的上、下弦平面均为正方形网格，上、下弦网格相互错开半格，使下弦平面正方形的四个顶点对应于上弦平面正方形的形心，并以腹杆连接上、下弦节点，即形成了若干个四角锥体。若改变上、下弦错开的平行移动量，或相对地旋转上、下弦（一般旋转 45°）并适当地抽去一些弦杆和腹杆，即可获得各种形式的四角锥网架。这类网架的腹杆一般不设竖杆，只有斜杆。仅当部分上、下弦节点在同一竖直线上时，方需设置竖腹杆。

① 正放四角锥网架。正放四角锥网架（见图 8-36）的构成特点是：以倒四角锥体为组成单元，锥底的四边为网架的上弦杆，锥棱为腹杆，各锥顶相连即为下弦杆，它的上、下弦杆均与相应边界平行。正放四角锥网架的上、下弦节点均分别连接 8 根杆件。当取腹杆与下弦平面夹角为 45°时，网架中所有上、下弦杆的腹杆长度均相等，便于制成统一的预制单元，制造、安装都比较方便。

正放四角锥网架的杆件受力比较均匀，空间刚度比其他类型的四角锥网架及两向网架好。当采用钢筋混凝土板作为屋面板时，板的规格单一，便于起拱，屋面排水相对容易处理，但因杆件数目较多其用钢量可能略高些。

正放四角锥网架一般适用于建筑平面接近正方形的周边支承网架、有柱帽或无柱帽的大柱距点支承网架及设有悬挂式起重机的工业厂房和屋面荷载较大的情况。

② 正放抽空四角锥网架。正放抽空四角锥网架（见图 8-37）的构成特点是：在正放四角锥网架的基础上，除周边网格不动外，适当抽掉一些四角锥单元中的腹杆和下弦杆，使下弦网格尺寸比上弦网格尺寸大一倍。如果将一列锥体视为一根梁，则其受力与正交正放交叉梁系相似。正放抽空四角锥网架的杆件数目较少，构造简单，经济效果好，起拱比较方便。不过抽空以后，下弦杆内力的均匀性较差，刚度比未抽空的正方四角锥网架小些，但能满足工程要求。

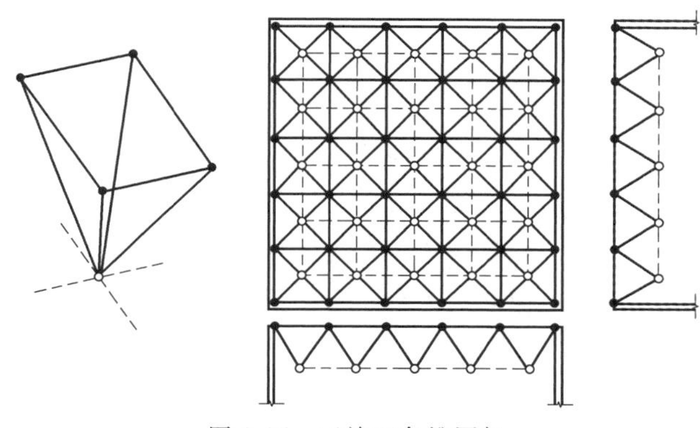

图 8-36 正放四角锥网架

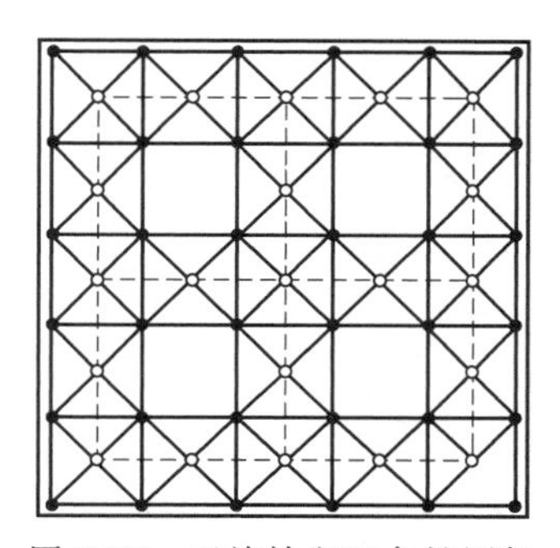

图 8-37 正放抽空四角锥网架

③ 斜放四角锥网架。斜放四角锥网架（见图 8-38）的构成特点是：以倒四角锥体为组成单元，由锥底构成的上弦杆与边界成 45°夹角，连接各锥顶的下弦杆则与相应边界平行。这样，它的上弦网格呈正交斜放，下弦网格呈正交正放。

斜放四角锥网架上弦杆长度比下弦杆长度小，在周边支承的情况下，通常是上弦杆受压，下弦杆受拉，因而杆件受力合理。此外，节点处汇交的杆件（上弦节点六根，下弦节点八根）相对较少，用钢量较省。但是，当选用钢筋混凝土屋面板时，因上弦网格呈正交斜放使屋面板的规格较多，屋面排水坡的形成较为困难；若采用金属板材如彩色压型钢板、压型铝合金板作为屋面板，此问题要容易处理一些。安装斜放四角锥网架时宜采用整体吊装，如欲分块吊装，需另加设辅助链杆以防止分块单元几何可变。

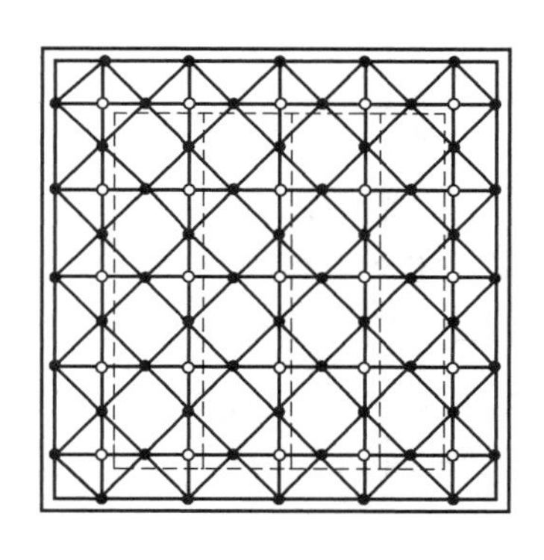

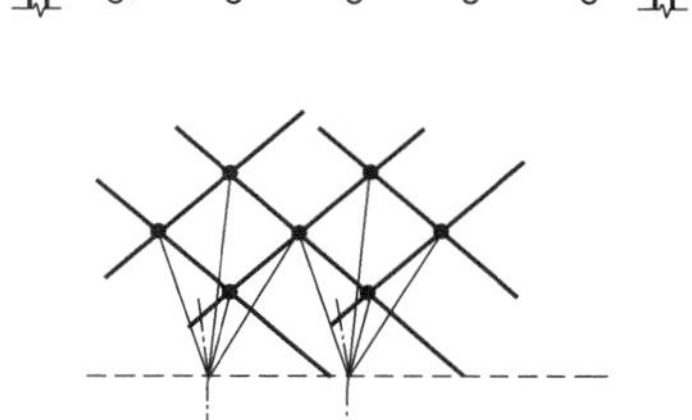

图 8-38 斜放四角锥网架

对斜放四角锥网架，当平面长宽比为 1～2.25 时，长跨跨中的下弦内力大于短跨跨中的内力；当平面长宽比大于 2.5 时则正好相反；当平面长宽比为 1～1.5 时，上弦杆的最大内力并不出现在跨中而是在网架 1/4 平面的中部。这些都完全不同于普通简支平板的已有概念。

周边支承的斜放四角锥网架，在支承沿周边切向无约束时，四角锥体可能绕 $z$ 轴旋转（见图 8-39）而造成网架的几何可变，因此，必须在网架周边布置刚性边梁；点支承的斜放四角锥网架，可在周边设置封闭的边桁架以保持网架的几何不变。

斜放四角锥网架一般适用于中、小跨度的周边支承、周边支承与点支承混合情况下的矩形建筑中。

3）三角锥体系网架。这类网架是以倒置的三角锥为网架的组成单元。锥底正三角形的三边即为网架的上弦杆，其棱为网架的腹杆。随着三角锥单元体布置的不同，上、下弦网格可分为正三角形和六边形，从而构成下列形式各异的三角锥网架。

① 三角锥网架。三角锥网架（见图 8-40）的构成特点是：由一系列四面体（三角锥）和八面体组合而成，它的上、下弦平面均为正三角形网格，下弦三角形网格的顶点对应上弦三角形网格的形心。

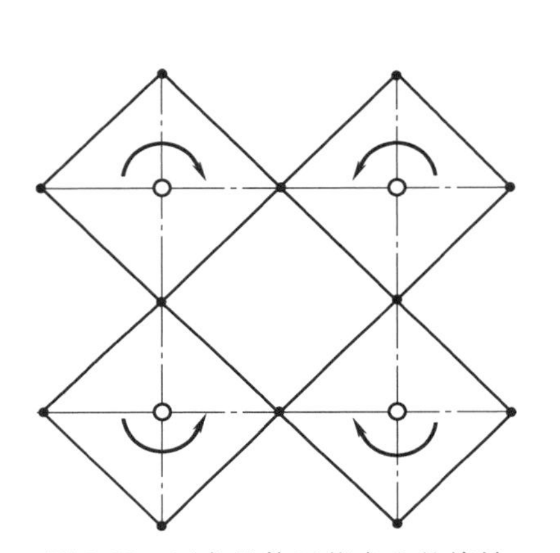

图 8-39　四角锥体可能产生的旋转

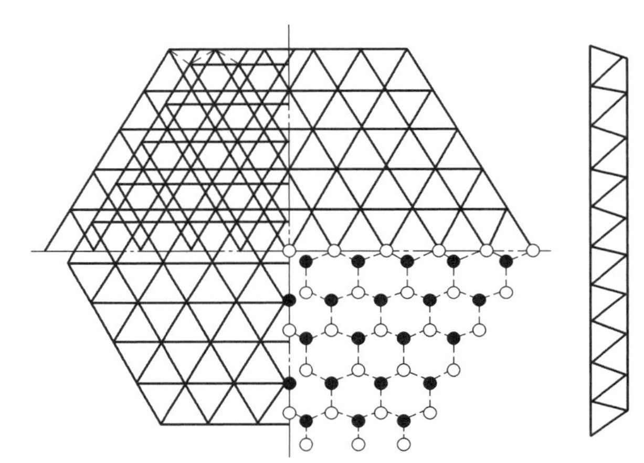

图 8-40　三角锥网架

三角锥网架的杆件受力均匀，整体抗扭、抗弯刚度好，上、下弦节点汇交于杆件的数目均为 9 根，节点构造类型统一。如网架高度 $h=\sqrt{2/3}\,S$（$S$ 为网格尺寸），可以使所有杆件（上、下弦杆、腹杆）等长，这些都是三角锥网架的优点。

三角锥网架一般适用于建筑平面为三角形、六边形和圆形。

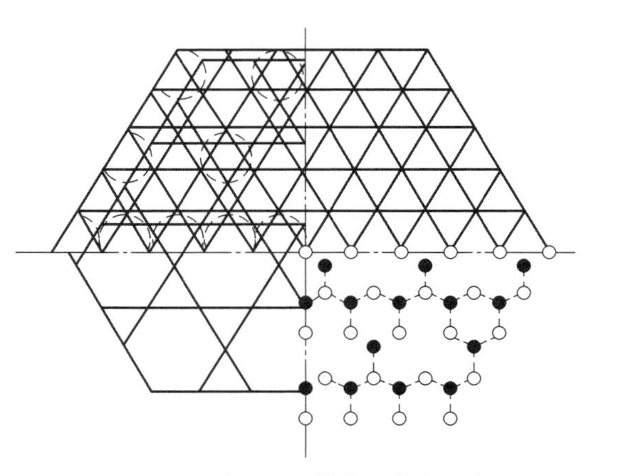

图 8-41　抽空三角锥网架

② 抽空三角锥网架。抽空三角锥网架（见图 8-41）的构成特点是：在三角锥网架的基础上，适当抽去一些三角锥单元中的腹杆和下弦杆，使上弦平面为三角形网格，下弦平面为三角形及六边形网格，前者称为抽空三角锥网架Ⅰ型、后者称为抽空三角锥网架Ⅱ型。

抽空三角锥网架的节点和杆件数量均比三角锥网架少，用料较省，特别是抽空率大的I型网架。上、下弦节点的交汇杆件分别为8根和6根。上弦网格较密，便于铺设屋面板，下弦网格稀疏，有利于节省用料。

根据结构几何不变性质的分析可知，抽空三角锥网架当周边上弦节点均设有竖向支承链杆，且对网架整体布置有三根以上不交于一点的水平支承链杆时，即可满足其几何不变性的必要条件和充分条件。

抽空三角锥网架一般适用于荷载较轻、跨度较小的三角形、六边形和圆形平面的建筑中。

## 8.2.2　网架结构的选型和屋面材料

### 1. 网架结构的选型

网架结构设计的首要任务是网架结构的选型，通常是根据工程的平面形状、跨度大小、支承情况、荷载大小、屋面构造、建筑设计等诸因素，结合以往的工程经验综合确定。网架杆件的布置还必须保证不出现结构几何可变的情况。

大、中、小跨度的划分是针对屋盖结构而言的，大跨度为60m以上；中跨度为30~60m；小跨度为30m以下。周边支承网架，当其边长比（长边/短边）小于或等于1.5时，宜选用斜放四角锥网架、正放抽空四角锥网架、两向正交斜放网架、两向正交正放网架、正放四角锥网架。对中小跨度，可选用四角锥网架和三角锥网架。当建筑要求长宽两个方向支承距离不等时，可选用两向斜交斜放网架。

三边支承一边开口的网架选型，其开口边可采取增加网架层数或适当增加整个网架高度等办法，网架开口边必须形成竖直的或倾斜的边桁架。点支承网架，可根据具体情况选用正放四角锥网架、正放抽空四角锥网架或两向正交正放网架。对点支承和周边支承相结合的网架，可选用两向正交斜放网架或斜放四角锥网架。

对跨度不大于40m的多层建筑的楼层及跨度不大于60m的屋盖，可采用钢筋混凝土板代替上弦的组合网架结构。组合网架宜选用正放四角锥网架、正放抽空四角网架、两向正交正放网架、斜放四角锥网架和三角锥网架。

网架可采用上弦或下弦支承方式，如采用下弦支承时，应在支座边形成竖直或倾斜的边桁架。

### 2. 网架结构体系的屋面材料

网架结构体系的屋面材料的选用直接影响到施工进度、用钢量指标、下部结构（包括基础）及整个房屋的性能，不宜仅考虑某一方面而应以综合指标权衡确定。目前，采用较多的是有檩体系的轻质屋面材料方案，可大大减轻网架结构自身及梁、柱、墙体、基础构件的荷载，而且跨度越大综合影响越大；各种钢筋混凝土屋面板、钢丝网水泥板则用于无檩体系中，这种体系作屋面构造层时手续多、施工时间长，自重也较大，采用已越来越少。

## 8.2.3　网格尺寸、网架高度和网架的支撑

网架结构的网格尺寸和高度可根据网架形式、跨度大小、屋面材料及构造要求和建筑功能等因素确定。对于周边支承的以下各类网架，可按表8-1选用。

表 8-1　网架的上弦网格数和跨高比

| 网架形式 | 钢筋混凝土屋面体系 | | 钢檩条体系 | |
|---|---|---|---|---|
| | 网格数 | 跨高比 | 网格数 | 跨高比 |
| 两向正交正放网架<br>正放四角锥网架<br>正放抽空四角锥网架 | $(2\sim4)+0.2L_2$ | $10\sim14$ | $(6\sim8)+0.07L_2$ | $(13\sim17)-0.03L_2$ |
| 两向正交斜放网架<br>斜放四角锥网架 | $(6\sim8)+0.08L_2$ | | | |

注：1. $L_2$ 为网架短向跨度，单位为 m。
　　2. 当跨度在 18m 以下时，网格数可适当减少。

标准网格多采用正方形，但也有采用长方形，网格尺寸可取 $(1/20\sim1/6)L_2$，网架高度（也称为网架矢高）$H$ 可取 $(1/20\sim1/10)L_2$，$L_2$ 为网架的短向跨度。表 8-2 给出了网络尺寸和网架高度的建议取值。

表 8-2　网格尺寸、网架高度的建议值

| 网架的短向跨度 $L_2$/m | 上弦网格尺寸/m | 网架高度 $H$/m |
|---|---|---|
| <30 | $(1/12\sim1/6)L_2$ | $(1/14\sim1/10)L_2$ |
| 30~60 | $(1/16\sim1/10)L_2$ | $(1/16\sim1/12)L_2$ |
| >60 | $(1/20\sim1/12)L_2$ | $(1/20\sim1/14)L_2$ |

## 8.2.4　网架结构的荷载和荷载组合及计算方法

### 1. 网架结构的荷载和荷载组合

网架结构的设计计算应遵循现行有关国家或行业标准的规定。这些标准有《网架结构设计与施工规程》《建筑结构荷载规范》《钢结构设计标准》《冷弯薄壁型钢结构技术规程》《建筑抗震设计规范》等。

网架结构应对使用阶段荷载作用下的内力和位移进行计算，并应根据具体情况对地震作用、温度变化、支座沉降等间接作用及施工安装荷载引起的内力和位移进行计算。温度应力是大跨度屋盖结构的特殊问题，出现在温度变形受到约束的场合，并和下部结构密切相关。

（1）网架结构的荷载

1）永久荷载，包括网架自重、屋面（或楼面）材料的重力、吊顶材料的重力及设备管道的重力。

网架结构自重 $g_{0k}$ 可按下式估算

$$g_{0k}=\frac{\xi\sqrt{g_w}L_2}{200} \tag{8-1}$$

式中　$g_w$——除网架自重以外的屋面荷载或楼面荷载的标准值（$kN/m^2$）；

$L_2$——网架的短向跨度（m）；

$\xi$——系数，钢管网架 $\xi=1.0$，型钢网架 $\xi=1.2$。

2）可变荷载。包括屋面（或楼面）活荷载、雪荷载（雪荷载不应与屋面活荷载同时组合、风荷载（由于网架刚度较大，自振周期较小，设计风荷载时刻不考虑风振系数的影响）、积灰荷载、起重机荷载（工业建筑有起重机时考虑）。

3）地震作用。在抗震设防烈度为6度或7度的地区，网架屋盖结构可不进行竖向抗震验算；在抗震设防烈度为8度或9度的地区，网架屋盖结构应进行竖向抗震验算。

对周边支承网架屋盖及点支承和周边支承相结合的网架屋盖，竖向地震作用标准值可按下式确定

$$F_{\mathrm{Ev}ki}=\pm\psi_{\mathrm{v}}G_i \tag{8-2}$$

式中 $F_{\mathrm{Ev}ki}$——作用在网架第 $i$ 节点上竖向地震作用标准值；

$G_i$——网架第 $i$ 节点的重力荷载代表值，其中永久荷载取100%，雪荷载及屋面积灰荷载取50%，屋面活荷载不计入。

$\psi_{\mathrm{v}}$——竖向地震作用系数，按表8-3取值。

对于悬挑长度较大的网架屋盖结构以及用于楼层的网架结构，当设防烈度为8度或9度时，其竖向地震作用标准值可分别取该结构重力荷载代表值的10%或20%。设计基本地震加速度为0.3$g$时，可取该结构重力荷载代表值的15%。计算屋面网架重力荷载代表值时，永久荷载取100%，雪荷载和屋面积灰荷载取50%，不计屋面活荷载。

表8-3 竖向地震作用系数

| 设防烈度 | 场地类别 | | |
|---|---|---|---|
| | Ⅰ | Ⅱ | Ⅲ、Ⅳ |
| 8 | 可不计算(0.10) | 0.08(0.12) | 0.10(0.15) |
| 9 | 0.15 | 0.15 | 0.20 |

注：括号中数值用于设计基本地震加速度为0.3$g$的地区。

平面形状复杂或重要的大跨度网架结构可采用振型分解反应谱法或时程分析法做专门的竖向抗震分析和验算。

在抗震设防烈度为7度的地区，可不进行网架结构水平抗震验算；在抗震设防烈度为8度的地区，对于周边支承的中、小跨度网架可不进行水平抗震验算；在抗震设防烈度为9度的地区，对各种网架结构均应进行水平抗震验算。水平地震作用下网架的内力、位移可采用空间桁架位移法计算。

网架的支承结构应按有关规范的规定进行抗震验算。

4）温度应力。

① 网架结构伸缩变形未受到约束或约束不大的下列情况，可不考虑由于温度变化而引起的内力：支座节点的构造容许网架侧移；周边支承的网架，当网架验算方向跨度小于40m，且支承结构为独立柱或砖壁柱（这些柱有一定柔性）；柱顶在单位力作用下，位移大于或等于下式的计算值（柱的约束作用导致的温度应力不大）

$$u=\frac{L}{2\xi EA_{\mathrm{m}}}\left(\frac{\alpha E\Delta t}{0.038f}-1\right) \tag{8-3}$$

式中 $\xi$——系数，支承平面内弦杆为正交正放时 $\xi=1.0$，正交斜放时 $\xi=\sqrt{2}$，三相时 $\xi=2.0$；

$A_{\mathrm{m}}$——支承（上承或下承）平面内弦杆截面面积的算术平均值；

$\alpha$——网架杆件钢材的线膨胀系数；

$f$——钢材强度设计值；

$E$——网架杆件钢材的弹性模量；

$\Delta t$——温度差；

$L$——网架在验算方向的跨度。

② 如果需要考虑温度变化引起的网架内力，可采用空间桁架位移法，或近似计算方法。

对于周边铰支的网架，可以把空间网架及其支承结构简化为图 8-42 所示的平面构架来分析，网架的温度应力是支承结构阻碍网架支承面内弦杆的温度胀缩而引起的。如果不受阻碍，柱顶在温度上升 $\Delta t$℃时向外移动

$$u_{0t}=\frac{\alpha\Delta tL}{2}$$

式中　$\alpha$——钢材的线膨胀系数；

$L$——网架跨度。

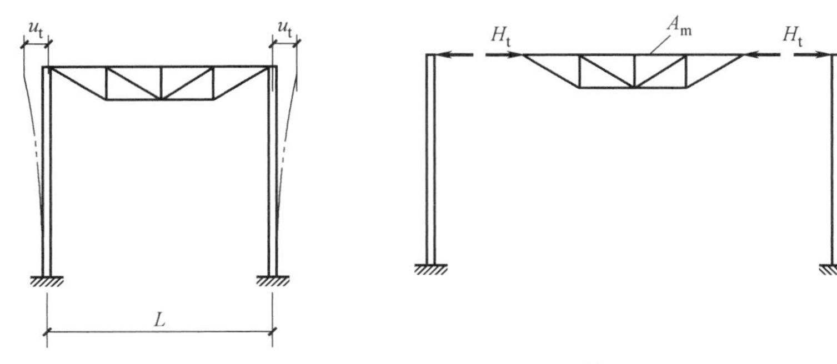


图 8-42　温度应力的简化计算

设柱的约束作用使此位移不能充分发挥，并在支承面弦杆中产生应力 $\sigma_t$，致使实际位移为

$$u_t=\left(\alpha\Delta t-\frac{\sigma_t}{E}\right)\frac{L}{2}$$

设柱的侧移刚度（使柱顶产生单位位移的水平力）为 $K_c$，则柱顶水平力的平衡条件是

$$\sigma_t A_m=K_c u_t$$

式中　$A_m$——弦杆的截面面积；

$\sigma_t$——弦杆温度应力。

由以上两式可得

$$\sigma_t=\frac{u_{0t}K_c E}{EA_m+K_c L/2} \tag{8-4}$$

相应的柱顶水平力为

$$H_t=\frac{u_{0t}}{1/K_c+L/2EA_m} \tag{8-5}$$

③ 当式（8-4）所给出的 $\sigma_t$ 不超过钢材强度设计值的 5%除以综合荷载系数 1.31 时，可以不计算网架温度应力，把 $\sigma_t=0.05f/1.31=0.038f$ 代入式（8-4），可得

$$K_c\leqslant\frac{2\xi EA_m}{L}\left(\frac{0.038f}{\alpha\Delta tE-0.038f}\right)$$

令 $K_c$ 的倒数等于 $u$，即可得式（8-3）。

（2）荷载组合

1）对非抗震设计的网架，荷载及荷载效应组合应按《建筑结构荷载规范》（GB 50009—2012）的规定进行计算。

2）对抗震设计的网架，荷载及荷载效应组合尚应符合《建筑抗震设计规范》(2016 版)（GB 50011—2010）的规定。

**2. 网架内力计算方法**

网架结构上作用的外荷载按静力等效原则，将节点所辖区域内的荷载汇集到该节点上。分析结构内力时，可忽略节点刚度的影响而假定节点为铰接，杆件只受轴向力。当杆件上作用有节间荷载时，则应另外考虑局部弯矩的影响。

网架结构的内力和位移可按弹性阶段进行计算。

网架结构是一种高次超静定的空间杆系结构，要完全精确地分析其内力和变形，常需采用一些计算假定，忽略某些次要因素以使计算得以简化。所采用的计算假定越接近结构的实际情况，计算结果的精确程度就越高，但分析一般比较复杂，计算工作量较大。如果在计算假定中忽略较多的因素，可使结构计算得到进一步简化，但计算结果会存在一定的误差。按计算结果的精确程度可将网架结构的计算方法分为精确法和近似法，当然这种精确与近似是相对的 。

（1）空间桁架位移法　空间桁架位移法又称为矩阵位移法。它取网架结构的各杆件作为基本单元，以节点位移作为基本未知量，先对杆件单元进行分析，根据胡克定律建立单元杆件内力与位移之间的关系，形成单元刚度矩阵；然后进行整体分析，根据各节点的变形协调条件和静力平衡条件建立结构上节点荷载与节点位移之间的关系，形成结构总刚度矩阵和结构总刚度方程。这样的结构总刚度方程是一组以节点位移为未知量的线性代数方程组。引进给定的边界条件，利用计算机求得各节点的位移值，进而可由单元杆件的内力与位移关系求得各杆件内力 $N$。

网架结构中的拉杆以 $N/A \leqslant f$、压杆按 $N/(\varphi A) \leqslant f$ 进行设计验算。

空间桁架位移法是一种应用于空间杆系结构的精确计算方法，理论和实践都证明这种方法的计算结果最接近于结构的实际受力状态，具有较高的计算精度。它的适用范围广泛，不仅可用以计算各种类型、各种平面形状、不同边界条件、不同支承方式的网架，还能考虑网架与下部支承结构间的共同工作。它除了可以计算网架在通常荷载下的内力和位移外，还可以根据工程需要计算由于地震作用、温度变化、支座沉降等因素引起的内力与变形。

目前，设计网架有多种较为完善的基于空间桁架位移法编制的空间网架结构商业软件可供设计选用。

（2）差分法与拟夹层板法　网架结构的近似计算方法一般以某些特定形式的网架为计算对象，根据不同的对象采用不同的计算假定，因此，存在适合不同类型网架的各种近似计算方法。一般来说，这些近似计算方法的适用范围与计算结果的精度均不及空间桁架位移法，但近似法的未知数少，计算比较简便，辅以相应的计算图表情况下，其计算更为简捷。而这些近似方法所产生的误差，在某些工程设计中或工程设计的某些阶段里还是可以接受的。因而它们在无法利用计算机或者在计算机还未被广泛使用的情况下，至少曾经是一类具有实用价值的计算方法。

差分法经惯性矩折算，将网架简化为交叉梁系进行差分计算，它适用于跨度 $L \leqslant 40$m 由平面桁架系组成的网架、正放四角锥网架。一般按图表计算，其计算误差小于等于 20%。

拟夹层板法将网架简化成正交异性或者各向同性的平板进行计算，它适用于跨度 $L\leqslant$ 40m 由平面桁架系或角锥体组成的网架。一般按图表计算，其计算误差小于等于 10%。

### 8.2.5 网架杆件截面选择、节点设计和支座

#### 1. 网架杆件截面选择

1）网架杆件可采用钢管、热轧型钢和冷弯薄壁型钢。在截面面积相同的条件下，管截面具有回转半径大、截面特性无方向性、抗压屈服承载力高等优点，钢管端部封闭后，内部不易锈蚀，是目前网架杆件常用的截面形式。管材可采用高频电焊钢管或无缝钢管，有条件时也可采用薄壁管形截面。

网架杆件的钢材主要有 Q235 钢及 Q345 钢，应按《钢结构设计标准》的规定采用。网架杆件的截面根据承载力和稳定性的计算和验算确定。

2）确定网架杆件的长细比时，其计算长度 $l_0$ 应按表 8-4 采用，表中 $l$ 为杆件几何长度（节点中心间距）。

表 8-4 网架杆件计算长度 $l_0$

| 杆件 | 节点 | | |
|---|---|---|---|
| | 螺栓球 | 焊接空心球 | 板节点 |
| 弦杆及支座腹杆 | $l$ | $0.9l$ | $l$ |
| 腹杆 | $l$ | $0.8l$ | $0.8l$ |

3）网架杆件的长细比不宜超过下列数值：受压杆件为 180，受拉杆件（一般杆件）为 400，支座附近处杆件为 300，直接承受动力荷载杆件为 250。

4）杆件截面的最小尺寸应根据网架跨度及网格大小确定，普通型钢不宜小于∠50×3，钢管不宜小于 $\phi$48×2。

5）在构造设计时，宜避免难于进行检查、清刷、油漆及积留湿气或灰尘的死角或凹槽。对管形截面，应将两端封闭。

6）对杆件的截面选择除应进行强度、稳定性验算外，尚应注意以下几点：

① 每个网架所选截面规格不宜过多，一般较小跨度网架以 2~3 种为宜，较大跨度也不宜超过 6~7 种。

② 杆件在同样截面面积条件下，宜选薄壁截面，这样能增大杆件的回转半径，对稳定有利。

③ 杆件截面宜选用市场上供应的规格，设计手册上所载有的规格不一定都能供应。

④ 杆件长度和网架网格尺寸有关，确定网格尺寸时除考虑最优尺寸及屋面板制作条件等因素外，也应考虑一般常用的定尺长度，以避免剩头过长造成浪费。

⑤ 钢管出厂一般均有负公差，故选择截面时应适当留有余量。

7）网架杆件截面可先根据经验或参照已建工程或由简化计算方法估算确定，计算后按内力重新设计调整截面，并进行重分析，重分析次数宜为 3~4 次。

#### 2. 网架节点设计和支座

网架节点数量多，节点用钢量约占整个网架用钢量的 20%~25%，节点构造的好坏，对结构性能、制造安装、耗钢量和工程造价都有相当大的影响。网架的节点形式很多，目前国

内常用的节点形式主要有以下几类：

（1）焊接钢板节点　焊接钢板节点可由十字节点板和盖板组成，适用于连接型钢杆件。十字节点板宜由两块带企口的钢板对插焊成（见图 8-43a），也可由三块钢板正交焊成（见图 8-43b）。十字节点板与盖板所用钢材应与网架杆件钢材一致。

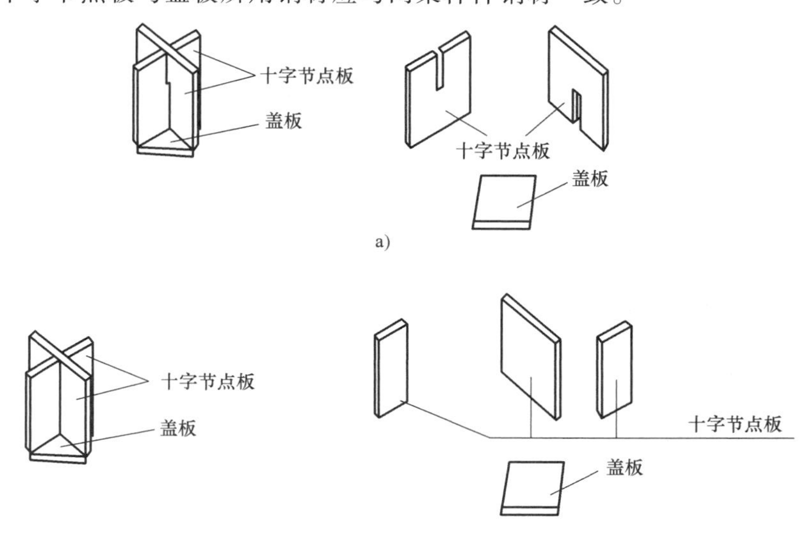


图 8-43　焊接钢板节点

网架弦杆应同时与十字节点板和盖板连接，使角钢两肢都能直接传力。当网架跨度较小时，弦杆也可只与盖板或十字节点板连接。

焊接钢板节点可用于两向网架，也可用于由四角锥体组成的网架。常用焊接构造形式如图 8-44、图 8-45 所示。

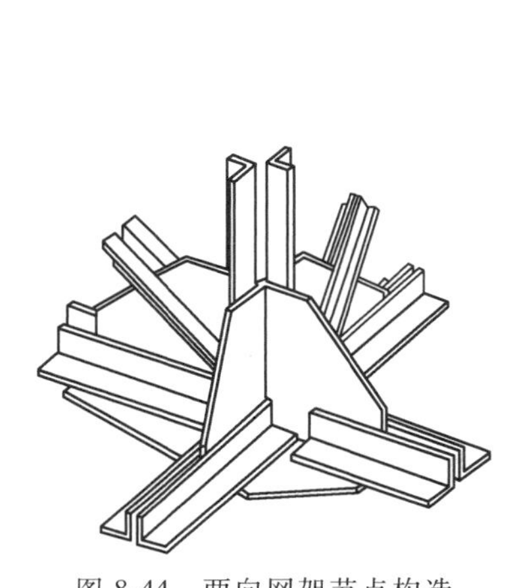

图 8-44　两向网架节点构造

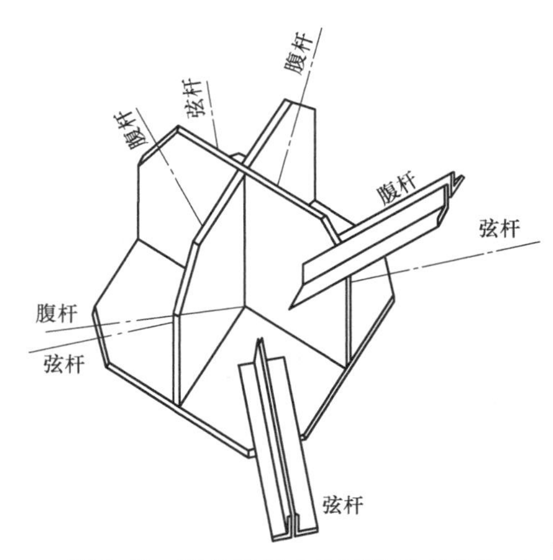


图 8-45　四角锥组成的网架节点构造

焊接钢板节点各杆件形心线在节点处宜交于一点。否则应考虑偏心影响，杆件与节点连接焊缝的分布应使焊缝截面的形心与杆件形心相重合。十字节点板得竖向焊缝应具有足够的承载力，宜采用 V 形或 K 形坡口的对接焊缝。

节点板厚度可根据网架最大杆件内力由表 8-5 确定，并应比所连接杆件的壁厚大 2mm，且不得小于 6mm。节点板的平面尺寸应适当考虑制作和装配的误差。

表 8-5　节点板厚度选用表

| 杆件内力/kN | ≤150 | 160～250 | 260～390 | 400～590 | 600～880 | 890～1275 |
|---|---|---|---|---|---|---|
| 节点板厚度/mm | 8 | 8～10 | 10～12 | 12～14 | 14～16 | 16～18 |

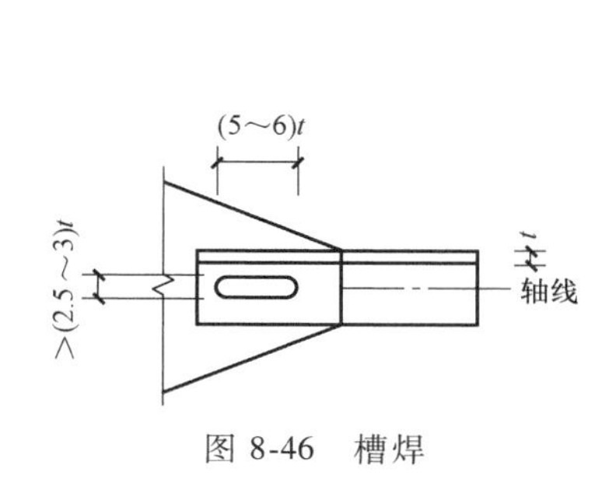


图 8-46　槽焊

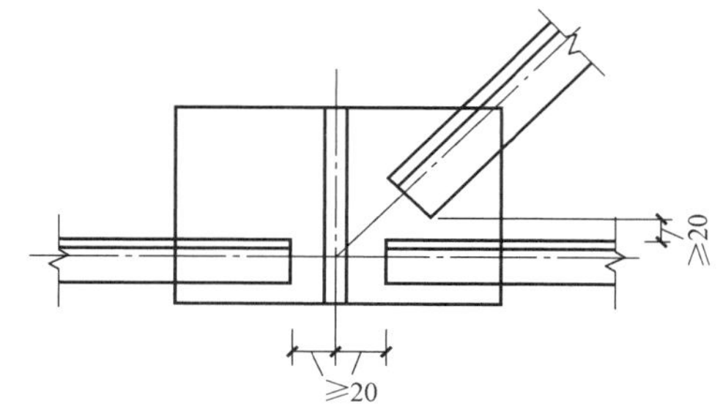


图 8-47　十字节点板与杆件的连接构造

当网架杆件与节点板间采用高强度螺栓或角焊缝连接时，连接计算应根据杆件内力确定，且宜减少节点类型。当采用角焊缝强度不足时，在施工质量确有保证的情况下，可采用槽焊与角焊缝相结合并以角焊缝为主的连接方案（见图 8-46），槽焊强度应由试验确定。

焊接钢板节点时，弦杆与腹杆、腹杆与腹杆之间及弦杆端部与节点板中心线之间的间隙均不宜小于 20mm（见图 8-47）。

（2）焊接空心球节点　焊接空心球节点是由天津大学土木系刘锡良教授于 1964—1966 年发明并研制成功的，并于 1966 年 8 月首次应用在天津科学宫礼堂（现天津市科委礼堂）的屋盖网架上。该网架平面尺寸为 14.84m×23.32m。焊接空心球节点对开创我国网架结构事业及其发展起到了重大的推动作用，它不但适合中小跨度工程，对大跨度结构更是非它莫属，至今这一成果已推广至数千座网架工程中。如北京第 11 届亚运会新建的绝大部分场馆（12 座）、第 43 届世乒乓赛天津体育中心体育场（108m）、首都机库（150m+150m）等都采用了这项科研成果。

焊接空心球节点与其他类型节点相比有着许多独特优点：一是加工简单，由两个半球焊接而成；二是杆件与球焊接自然对中，避免了节点偏心；三是受力合理、安全可靠并且造价低廉，这也是便于推广的主要原因。

天津科学宫礼堂网架是采用壁厚 1.5mm 的薄壁高频电焊钢管和壁厚 3mm 的焊接空心球节点的斜放四角锥网架。薄壁杆件、空心球节点及网架形式都是先进合理的，其耗钢量为 6.25g/m$^2$，仅为钢筋混凝土屋盖中的钢筋用量或平面钢屋架用钢量的一半，经济效果极其显著。另外，这种薄壁（1.5mm）的圆钢管制成的网架，在无特殊防腐蚀处理的情况下，至今已使用 50 多年，安然无恙，堪称奇迹。

焊接空心球节点的设计与制作应符合下述规定：

1）焊接空心球由两块钢板经热压成两个半球，然后相焊而成，分为不加肋（见图 8-48）和加肋（见图 8-49）两种，适用于连接钢管杆件。

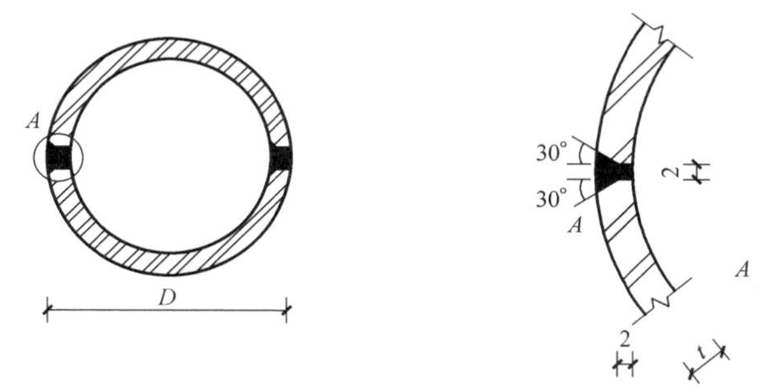


图 8-48　不加肋的空心球

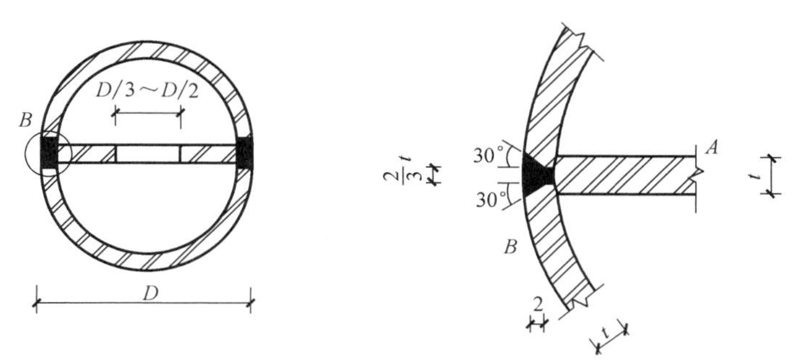


图 8-49　加肋的空心球

空心球的钢材宜采用 Q235 钢或 Q345 钢，产品质量应符合行业标准《钢网架焊接球节点》（JG/T 11—2009）的规定。加肋空心球的肋板可用平台或凸台，采用凸台时，其高度不得大于 1mm。

2）空心球外径 $D$ 可根据连接构造要求确定。为便于施焊，球面上相连接杆件之间的缝隙 $a$ 不宜小于 10mm（见图 8-50）。按此要求，空心球外径 $D$ 可初步按下式估算

$$D=\frac{d_1+2a+d_2}{\theta} \tag{8-6}$$

式中　$\theta$——汇交于球节点任意两钢管杆件之间的夹角（rad）；

$d_1$、$d_2$——组成 $\theta$ 角的钢管外径。

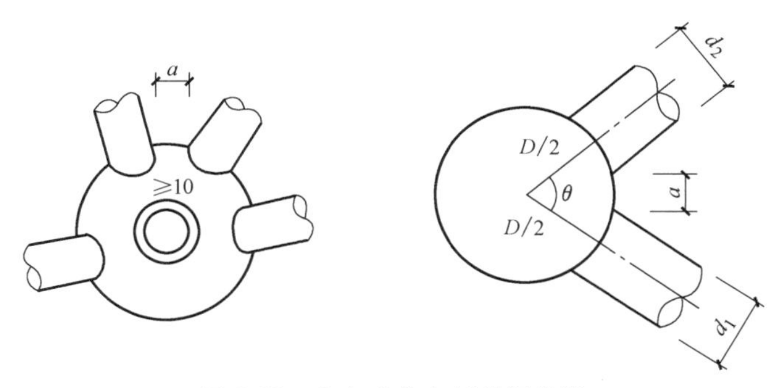


图 8-50　空心球节点杆件间缝隙

3）空心球直径大于等于 300mm，且杆件内力较大，需要提高承载力时，球内可加肋，其厚度不应小于球壁厚度。内力较大的杆件应位于肋板平面内。

4）当空心球直径为 120～500mm 时，其受压、受拉承载力设计值可分别按下列公式

计算。

受压空心球
$$N_c \leqslant \eta_c\left(400td - 13.3\frac{t^2d^2}{D}\right) \tag{8-7}$$

式中　$N_c$——受压空心球的轴向压力设计值（N）；

$D$——空心球外径（mm）；

$t$——空心球壁厚（mm）；

$d$——钢管杆件外径（mm）；

$\eta_c$——受压空心球加肋承载力提高系数，不加肋 $\eta_c=1.0$，加肋 $\eta_c=1.4$。

受拉空心球
$$N_t \leqslant 0.55\eta_t td\pi f \tag{8-8}$$

式中　$N_t$——受拉空心球的轴向拉力设计值（N）；

$f$——球体钢材强度设计值（$N/mm^2$）；

$\eta_t$——受拉空心球加肋承载力提高系数，不加肋 $\eta_t=1.0$，加肋 $\eta_t=1.1$。

5）空心球的壁厚应根据内力由式（8-7）或式（8-8）计算确定，但不宜小于 4mm。空心球外径与壁厚的比值可在 $D/t=24\sim45$ 范围内选用，空心球壁厚与钢管最大壁厚的比值宜为 1.2~2.0。

6）钢管杆件与空心球连接处，管端应开口，并在钢管内加衬管（见图 8-51），在管端与空心球之间应留有一定缝隙予以焊透，以实现焊缝与钢管等强，焊缝可按对接焊缝计算。焊缝质量应达到Ⅱ级要求，否则只能按斜角角焊缝计算。

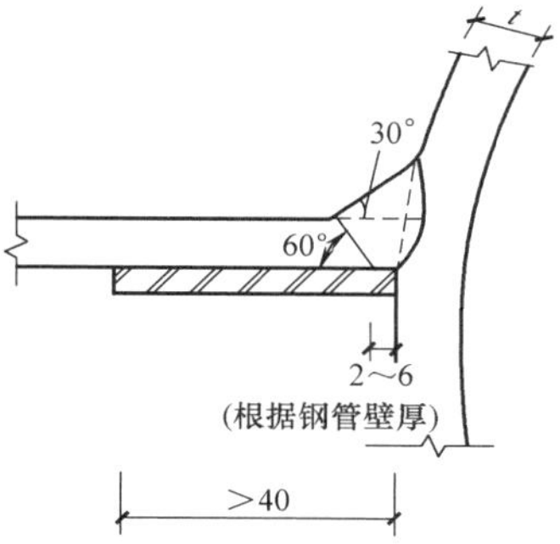

图 8-51　加衬管连接

斜角角焊缝按下式计算
$$\frac{N}{h_e d\pi\beta_f} \leqslant f_f^w \tag{8-9}$$

式中　$N$——钢管轴向力设计值；

$d$——钢管外径；

$\beta_f$——正面角焊缝强度设计值增大系数，静力荷载 $\beta_f=1.22$，直接承受动力荷载 $\beta_f=1.0$；

$h_e$——角焊缝计算高度，$h_e=h_f\cos\frac{\alpha}{2}$，$h_f$ 为焊脚尺寸，$\alpha$ 为管壁与球面夹角；

$f_f^w$——角焊缝强度设计值。

（3）螺栓球节点　螺栓球节点由螺栓、钢球、销子（或止紧螺钉）、套筒和锥头或封板组成（见图 8-52），适用于连接钢管杆件。螺栓球节点的连接构造是先将置有螺栓的锥头或封板焊在钢管杆件的两端，在螺栓的螺杆上套有长形六角套筒，以销子或止紧螺钉将螺栓与套筒连在一起。安装时拧动套筒，通过销子或止紧螺钉带动螺

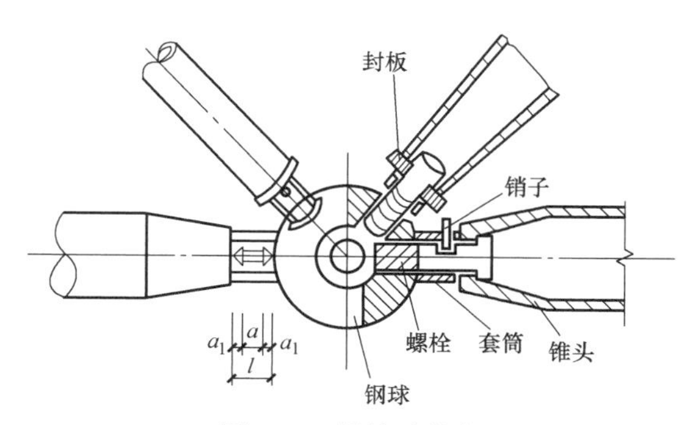


图 8-52　螺栓球节点

栓转动，将螺栓旋入球体，拧紧为止。销子或止紧螺钉仅在安装时起作用。

钢管、锥头、封板和套筒宜采用 Q235 或 Q345 钢，锥头经铸造或锻造制成，套筒由机械加工成型。钢球宜采用 45 号钢，坯球由锻造或铸造而成，最后由机械加工成型，由于铸造钢球质量不易保证，工程中多用锻压的钢球。螺栓、销子或止紧螺钉宜采用 40Cr 钢、40B 钢或 20MnTiB 钢，经热处理后的硬度（HRC）要求达到 33~39。8.8 级的螺栓可采用 45 号钢，经热处理后硬度（HRC）要求达到 24~31。

螺栓是节点中最关键的传力部件，一根钢管杆件的两端各设置一颗螺栓。螺栓由标准件厂供货。在同一网架中，连接弦杆所采用的高强度螺栓可以是统一的直径，而连接腹杆的高强度螺栓可以是另一种统一的直径，即通常情况下，同一网架采用的高强度螺栓的直径规格多于两种。但在小跨度的轻型网架中，连接球体的弦杆和腹杆可以采用同一规格的直径。螺栓直径一般由网架中受拉杆件的内力控制，单个螺栓受拉承载力设计值按下式计算

$$N_t^b \leqslant \psi A_e f_t^b \tag{8-10}$$

式中　$N_t^b$——高强度螺栓的拉力设计值；

$\psi$——螺栓直径对承载力影响系数，螺栓直径小于 30mm 时 $\psi=1.0$，栓直径大于等于 30mm 时 $\psi=0.93$；

$A_e$——高强度螺栓的有效截面面积，即螺栓螺纹处的截面面积，当螺栓上有销孔或键槽时，$A_e$ 应取螺纹处或销孔键槽处两者的较小值；

$f_t^b$——高强度螺栓经热处理后的抗拉强度设计值，40B 钢、40Cr 钢与 20MnTiB 钢取 430N/mm$^2$，45 号钢取 365N/mm$^2$。

钢球的加工成型分为锻压球和铸压球两种。钢球直径的大小要满足拧入球体的任意相邻两个螺栓不相碰的条件。螺栓直径根据计算确定后，钢球直径 $D$（见图 8-53）取式（8-11）和式（8-12）中的较大值

$$D \geqslant \sqrt{\left(\frac{d_2}{\sin\theta}+d_1\cot\theta+2\xi d_1\right)^2+\eta^2 d_1^2} \tag{8-11}$$

$$D \geqslant \sqrt{\left(\frac{\eta d_2}{\sin\theta}+\eta d_1\cot\theta\right)^2+\eta^2 d_1^2} \tag{8-12}$$

式中　$D$——钢球直径；

$\theta$——两个螺栓之间的最小夹角；

$d_1$、$d_2$——螺栓直径；

$\xi$——螺栓拧紧钢球长度与螺栓直径的比值，$\xi$ 可取 1.1；

$\eta$——套筒外接圆直径与螺栓直径的比值，$\eta$ 可取 1.8。

当杆件管径较大时宜采用锥头连接。管径较小时可采用封板连接。连接焊缝及锥头的任何截面应与连接钢管等强度，焊缝根部间隙 $b$ 可根据连接钢管的壁厚取 2~5mm（见图 8-54）。

封板厚度应按实际受力的大小计算决定。当钢管壁厚小于 4mm 时，封板厚度不宜小于钢管外径的 1/5。

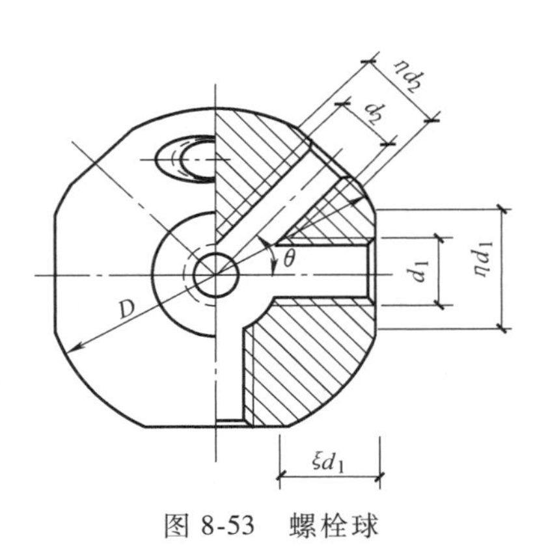

图 8-53　螺栓球

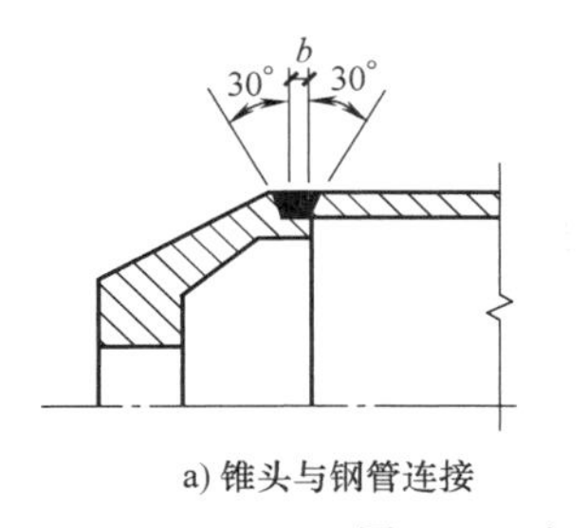


a) 锥头与钢管连接

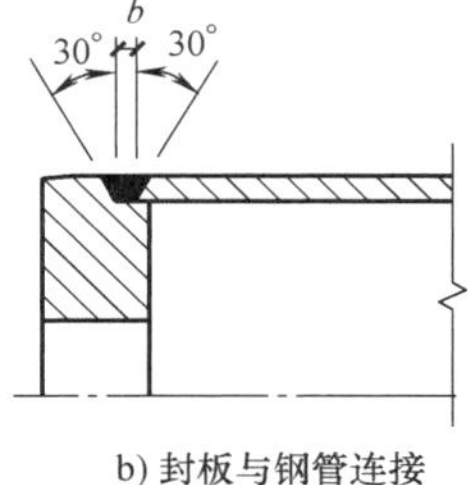


b) 封板与钢管连接

图 8-54　杆件端部连接焊缝

（4）支座节点　支座节点的构造形式应受力明确、传力简捷、安全可靠，并应符合计算假定。网架的支座节点分为压力支座节点和拉力支座节点两大类。

1）压力支座类型。压力支座中，平板压力支座（见图 8-55）角位移受到很大的约束，只适用于较小跨度的网架。是否允许线位移，取决于底板上开孔的形状和尺寸。单面弧形压力支座（见图 8-56）角位移未受到约束，适用于中小跨度的网架。双面弧形压力支座（见图 8-57），在支座和底板间设有弧形块，上下面都是柱面，支座即可转动又可平移，适用于大跨度的网架。

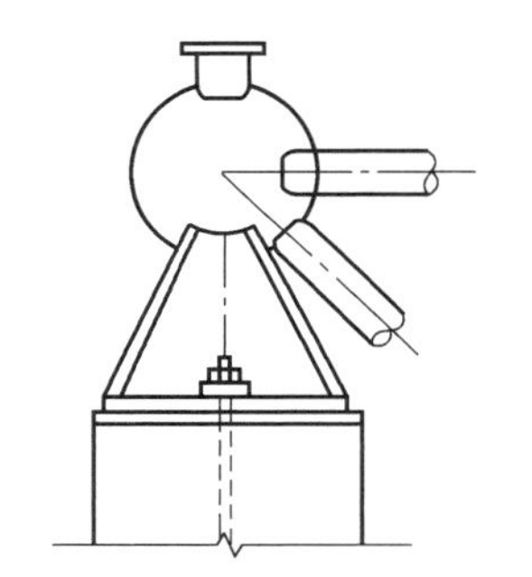

图 8-55　平板压力或拉力支座

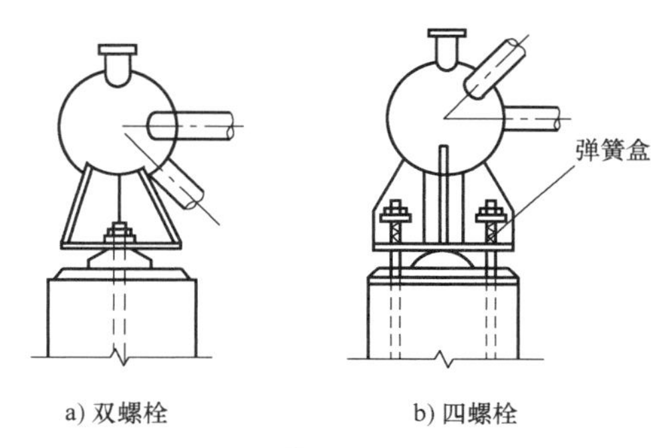


a) 双螺栓　　b) 四螺栓

图 8-56　单面弧形压力支座

球铰压力支座（见图 8-58）只能转动而不能平移，可用于大跨度且带悬伸的四支点或多支点网架。板式橡胶支座（见图 8-59）适用于大中跨度网架。通过橡胶垫的压缩和剪切变形，支座即可转动又可平移。如果在一个方向加以限制，支座为单向可侧移式，否则为两向可侧移式。

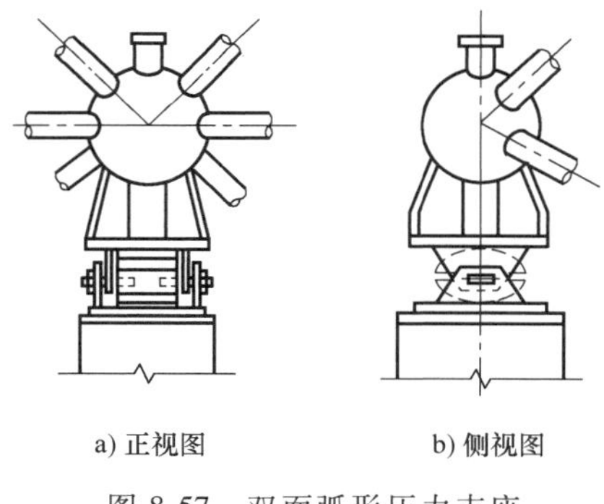

a) 正视图　　b) 侧视图

图 8-57　双面弧形压力支座

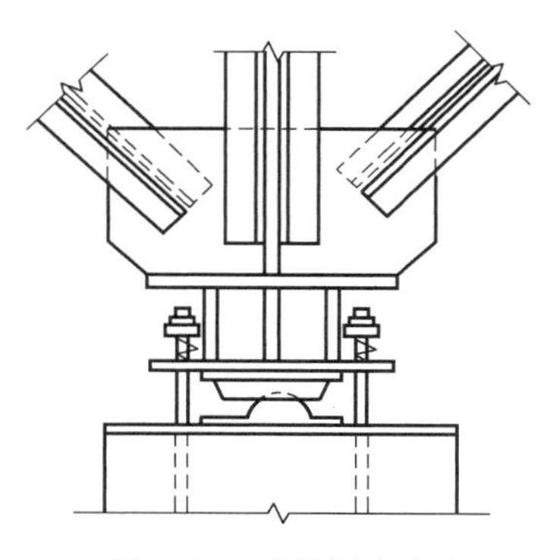

图 8-58　球铰压力支座

2）拉力支座的类型。拉力支座中，比较常用的有平板拉力支座（见图 8-55）和单面弧形拉力支座（见图 8-60）。支座出现拉力的情况不多，但越来越多地采用轻质屋面围护材料以后，反号荷载效应情况应予以充分重视。

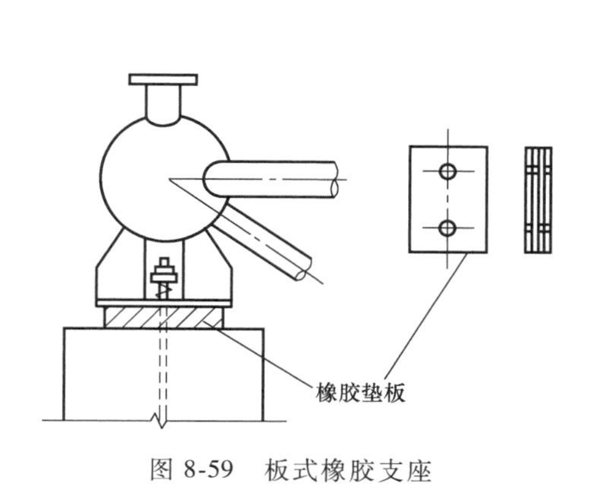


图 8-59 板式橡胶支座

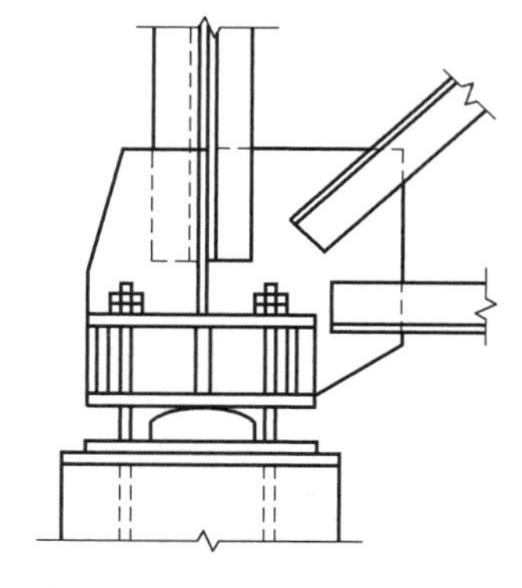

图 8-60 单面弧形拉力支座

## 8.3 平板网架设计实例

### 1. 设计资料

某仓库下部结构为独立钢柱，屋面采用钢网架结构，抗震设防烈度为 7 度，网架采用正放四角锥，平面尺寸 27m×30m，周边支承。屋面材料为彩涂夹芯板（聚氨酯保温层），C 型薄壁型钢檩条，双坡排水，屋面坡度为 $i=4\%$，采用檩条并用钢管小立柱找坡。杆件采用圆钢管，材料为 Q235B，节点采用 45 号钢螺栓球，高强度螺栓性能等级为 10.9 级，屋面活荷载与雪荷载的较大值为 $0.5\text{N/m}^2$。

### 2. 网架形式和几何尺寸

由于采用正放四角锥网架。上弦网格尺寸按表 8-2，宜选用$(1/12\sim1/6)L_2=(1/12\sim1/6)\times 27\text{m}=2.25\sim4.5\text{m}$。网格数按表 8-1 宜选用$(6\sim8)+0.07L_2=(6\sim8)+0.07\times27=8\sim10$ 格。网架跨高比 $L_2/h$ 按表 8-1 宜选用$(13\sim17)-0.03L_2=(13\sim17)-0.03\times27=12.2\sim16.2$，即 $h=27\text{m}/(12.2\sim16.2)=2.2\sim1.67\text{m}$。

现选用网格尺寸 3m×3m，网格数 9×10，网架高度 1.6m（压型钢板夹心板等轻型屋面可比按公式计算的建议值稍小）。

### 3. 荷载

1）永久荷载标准值（水平投影）。

夹心板和檩条：$0.3\text{kN/m}^2$

网架自重：$g_{0k}=\dfrac{\xi\sqrt{g_\text{w}}L_2}{200}=\dfrac{1.0\times\sqrt{0.3+0.5}\times27}{200}\text{kN/m}^2=0.12\text{kN/m}^2$

2）可变荷载标准值。屋面活荷载与雪荷载的较大值：$0.5\text{kN/m}^2$。

3）抗震设防烈度 7 度，可不进行竖向和水平抗震验算。

4）周边独立柱支承网架，跨度小于 40m，可不考虑温度引起的内力。

5）节点荷载。按可变荷载效应控制的组合计算：取永久荷载的 $\gamma_G=1.3$，可变荷载的 $\gamma_Q=1.5$，则节点荷载的设计值为

$$F=[1.3\times(0.3+0.12)+1.5\times0.5]\times3\times3\text{kN}=11.66\text{kN}$$

**4. 杆件内力**

杆件内力分析采用软件计算，所得网架杆件内力设计值如图 8-61 所示。

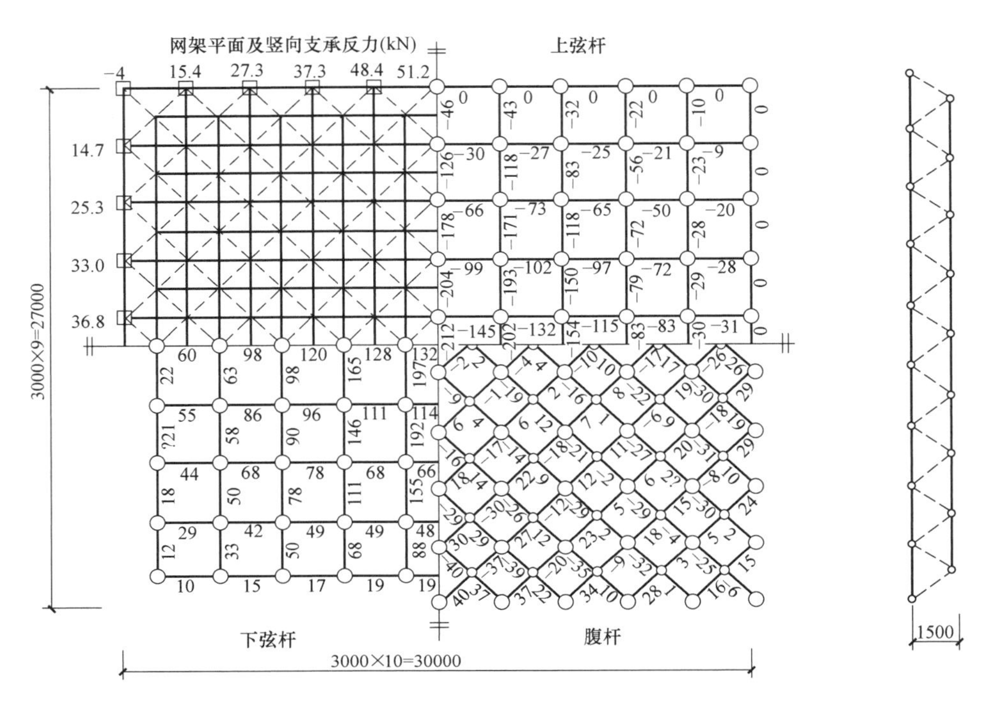


图 8-61　杆件内力图

**5. 杆件和节点选择**

杆件截面选用 5 种规格的高频电焊钢管（Q235B 钢），用于弦杆、支座腹杆和一般腹杆。验算进行抗拉和承压承载力设计值，现汇总列入表 8-6。

**表 8-6　网架杆件的抗拉和承压承载力设计值**

| 杆件编号 | | | 1 | 2 | 3 | 4 | 5 |
|---|---|---|---|---|---|---|---|
| 钢管规格 | | | $\phi$51×3 | $\phi$63.5×3 | $\phi$76×3.5 | $\phi$89×4 | $\phi$114×4 |
| 截面面积 $A$/cm$^2$ | | | 4.52 | 5.70 | 7.97 | 10.68 | 13.82 |
| 回转半径/cm | | | 1.70 | 2.14 | 2.57 | 3.01 | 3.89 |
| 抗拉承载力 $N=Af$/(N/mm$^2$) | | | 97.2 | 122.6 | 171.4 | 229.6 | 297.1 |
| 承压 | 上弦 | 几何长度 $l$/cm | 300 | 300 | 300 | 300 | 300 |
| | | 计算长度 $l_0=0.9l$/cm | 270 | 270 | 270 | 270 | 270 |
| | | 长细比 $\lambda$ | 158.8 | 126.2 | 105.1 | 89.7 | 69.4 |
| | | $\varphi$ | 0.280 | 0.405 | 0.522 | 0.623 | 0.755 |
| | | $N=\varphi Af$/(N/mm$^2$) | **27.2** | **49.7** | **89.5** | **143.1** | **224.3** |

（续）

| 承压承载力 | | 几何长度 $l$/cm | 260 | 260 | 260 | 260 | 260 |
|---|---|---|---|---|---|---|---|
| | 支座腹杆 | 计算长度 $l_0=0.9l$/cm | 234 | 234 | 234 | 234 | 234 |
| | | 长细比 $\lambda$ | 137.6 | 109.3 | 91.1 | 77.7 | 60.2 |
| | | $\varphi$ | 0.355 | 0.497 | 0.613 | 0.703 | 0.806 |
| | | $N=\varphi Af/(\text{N/mm}^2)$ | **34.5** | **60.9** | **105.1** | **161.4** | **239.5** |
| | 一般腹杆 | 几何长度 $l$/cm | 260 | 260 | 260 | 260 | 260 |
| | | 计算长度 $l_0=0.9l$/cm | 208 | 208 | 208 | 208 | 208 |
| | | 长细比 $\lambda$ | 122.4 | 97.2 | 80.9 | 69.1 | 53.3 |
| | | $\varphi$ | 0.424 | 0.574 | 0.682 | 0.756 | 0.840 |
| | | $N=\varphi Af/(\text{N/mm}^2)$ | **41.2** | **70.4** | **116.9** | **173.6** | **249.6** |

图8-62所示为根据抗拉和承压承载力设计值对杆件内力选用的杆件编号和球节点编号。

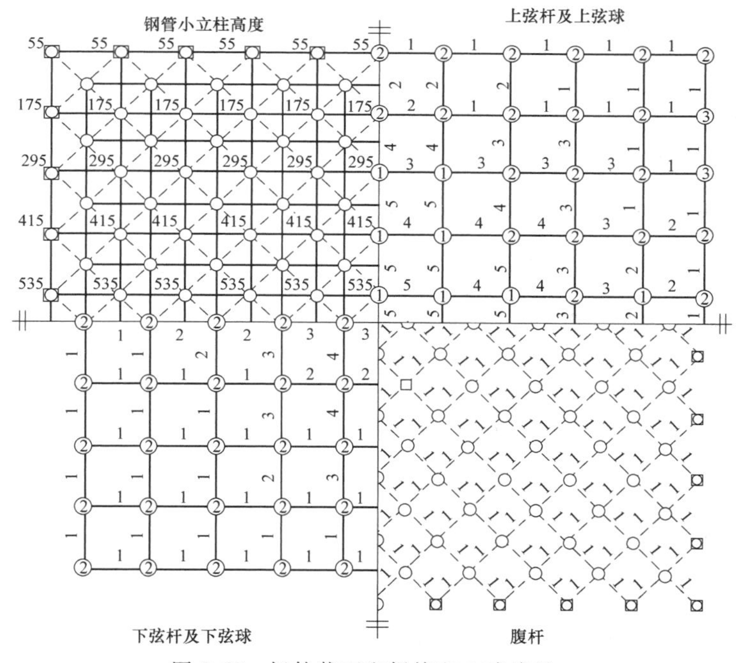


图8-62　杆件截面和焊接空心球编号

## 思考题

8-1　常用网架形式有哪些？应如何选用？

8-2　正放四角锥网架和斜放四角锥网架各有哪些优点？如何选用？

8-3　网格大小和网架高度对网架杆件受力有哪些影响？应如何进行选择？

8-4　螺栓球节点和焊接空心球节点在构造上有哪些特点？这两种球节点的网架安装工艺有哪些不同？

8-5　螺栓球节点和焊接空心球节点都需做哪些计算？当受拉空心球的壁厚与钢管壁厚的比值达到一定数值时，是否不必计算其抗拉承载力？

# 多、高层房屋钢结构 第9章

## 9.1 多、高层房屋钢结构概述

### 9.1.1 多、高层房屋钢结构的特点

（1）自重较轻　在多、高层房屋结构中采用钢结构承重骨架，自重能比钢筋混凝土结构轻1/3以上，可显著减小地震作用及上部结构传至基础的竖向荷载。

（2）能充分利用建筑空间　钢结构房屋柱网尺寸可适当加大，且承重柱截面尺寸较小，所以能增加建筑的使用面积。同时，由于设计柱网尺寸选择幅度较大，更利于满足建筑功能的空间划分和组合。

（3）抗震性能良好　钢材具有良好的弹性和韧性，所以在地震作用下，钢结构具有良好的延性及抗震能力。

（4）建造速度快　钢结构工厂化程度高，各构件采用高强度螺栓和焊缝连接，使得施工周期缩短。

（5）耐火性能差　钢结构不耐火，在着火情况下，随着构件温度上升，钢材的屈服强度和弹性模量将急剧下降，当达到600℃时，构件将完全丧失承载能力。建筑物有防火要求时，钢构件表面必须采用专门的耐火涂层进行保护。

### 9.1.2 多、高层房屋钢结构的结构体系

多、高层房屋钢结构一般根据其抗侧力结构体系的特点进行结构体系分类。基本的抗侧力体系有框架结构体系、框架-支撑结构体系、筒体结构体系、框架墙板和巨型框架结构体系。前三种体系应用较多，结构平面如图9-1所示。

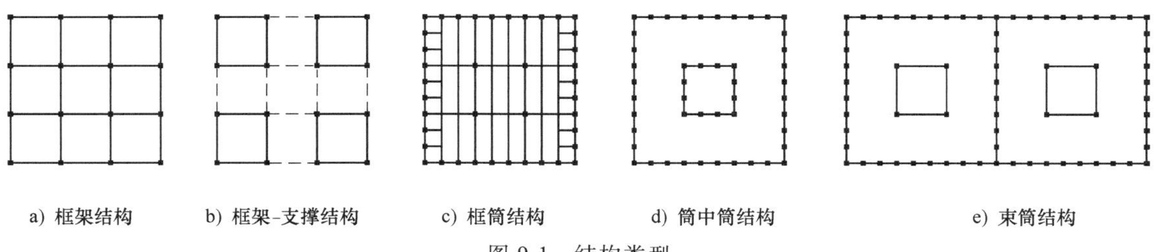

a) 框架结构　b) 框架-支撑结构　c) 框筒结构　d) 筒中筒结构　e) 束筒结构

图9-1　结构类型

#### 1. 框架结构

框架结构主要由梁和柱组成，沿房屋的横向和纵向均采用框架作为承重和抗侧力的主要

构件。框架结构可分为刚接框架和半刚接框架。一般情况下，尤其是地震区的建筑采用框架结构时，应采用刚接框架。

框架结构有较大的延性，自振周期较长，而且自重较轻，因而对地震作用不敏感，抗震性能较好。但框架结构的抗侧刚度小，侧向位移大，在框架柱内易引起较严重的 $P$-$\Delta$ 效应，同时易使非结构构件发生严重破坏。

框架结构的杆件类型少，构造简单，易于标准化和定型化，施工周期短。由于不设置柱间竖向支撑，因此建筑平面设计有较大的灵活性，并且可采用较大的柱距来提供较大的使用空间。对于 30 层以下的办公楼，旅馆及商场等公共建筑，钢框架结构具有良好的适用性。

### 2. 框架-支撑结构

在部分框架柱之间设置竖向支撑，形成竖向桁架，这种框架和竖向桁架就组成了有效的抗侧力结构体系，即框架-支撑结构体系。框架-支撑结构的工作特点是框架和支撑系统协同工作，竖向支撑桁架起剪力墙作用，承担了结构下部大部分水平剪力。在罕遇地震作用下，如果支撑系统遭到破坏，通过内力重分布，框架结构承担水平力，形成两道抗震设防。

框架-支撑结构的支撑类型主要包括中心支撑和偏心支撑。中心支撑是斜支撑与横梁及柱汇交于一点，汇交时没有偏心距的影响。中心支撑的形式主要有十字交叉形斜杆、单斜杆、人字形斜杆、V 形和 K 形斜杆等（见图 9-2）。在反复的水平地震作用下，中心支撑易产生重复压曲而使其受压承载力急剧降低。K 形支撑因受压屈曲或受拉屈服时，会使柱中承受横向水平力而破坏，所以对于地震区的建筑，不得采用 K 形支撑。

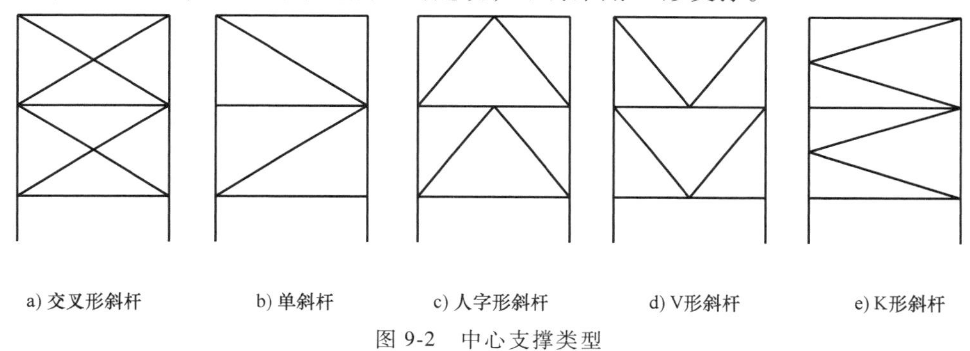

a) 交叉形斜杆　　b) 单斜杆　　c) 人字形斜杆　　d) V形斜杆　　e) K形斜杆

图 9-2　中心支撑类型

在地震区宜采用偏心支撑。偏心支撑指斜杆与横梁和柱的交点有一定的偏心距，形成耗能梁段。在罕遇地震下，耗能梁段先剪切屈服，从而保护偏心支撑不屈曲。偏心支撑的常见类型如图 9-3 所示。

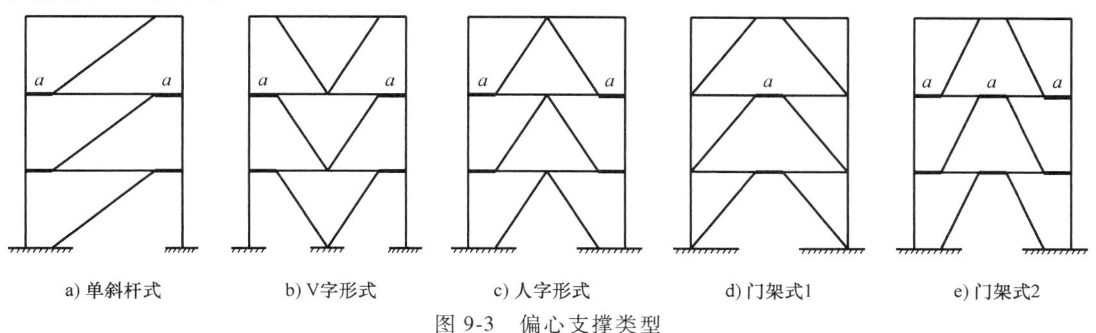


a) 单斜杆式　　b) V字形式　　c) 人字形式　　d) 门架式1　　e) 门架式2

图 9-3　偏心支撑类型

注：粗线 $a$ 为耗能梁段

交错桁架结构体系是框架-支撑结构体系的一种新形式。交错桁架结构的基本组成是柱子、平面桁架和楼面板。柱子布置在房屋的外围，中间无柱。桁架高度与层高相同，长度与房屋宽度相同。交错桁架结构是一种合理有效的抗侧力体系，其横向刚度较大，侧向位移较小，变形性能介于框架结构与剪力墙结构之间，与框架剪力墙结构类似。

**3. 筒体结构**

（1）框筒结构　框筒结构建筑平面的外圈由密柱和深梁组成的框架围成封闭式筒体。深梁与密柱连接在一起，承担全部水平荷载，各楼层的重力荷载按荷载面积比例分配给内部框架和外围框筒。框筒结构的平面形状应为方形、矩形、圆形或多边形等规则平面。

（2）筒中筒结构　筒中筒结构是一种空间工作性能更高效的抗侧力体系，筒中筒结构由两个以上的同心筒体所组成。内筒和外筒共同抵抗水平荷载，其外筒通常采用密柱和深梁组成的钢框筒，具有很大的整体抗弯刚度。内框筒采用钢结构或钢筋混凝土结构筒体。内筒与外筒通过刚性楼面梁板的连系而共同工作，共同抵抗侧向力。

（3）束筒结构　束筒结构是由两个以上筒体并列组合连成一体而形成的筒束，其内部为承重框架。束筒结构体系和框筒结构与筒中筒结构相比较，具有更好的整体性和更大的整体侧向刚度。钢筒体结构不仅具有很大的抗侧刚度和抗倾覆能力，而且具有很强的抗扭能力，因此适用于建筑层数较多、高度较大和抗震要求较高的情况。

## 9.2　多、高层房屋钢结构的计算

### 9.2.1　多、高层房屋钢结构的荷载

多、高层房屋钢结构需考虑的荷载可分为竖向荷载和水平荷载。竖向荷载包括永久荷载和可变荷载，水平荷载包括地震作用和风荷载。

**1. 竖向荷载**

多、高层房屋钢结构的永久荷载主要指结构自重，按结构构件的设计尺寸与材料单位体积的自重计算确定。可变荷载包括楼面和屋面活荷载及雪荷载。其标准值应按《建筑结构荷载规范》的规定采用。

在一般情况下，考虑的楼面面积越大，实际平摊的楼面活荷载越小。故计算结构楼面活荷载效应时，如引起效应的楼面活荷载面积超过一定的数值，则应在进行楼面梁设计时，对楼面均布活荷载进行折减；考虑到多、高层建筑中，各层的活荷载不一定同时达到最大值，在进行墙、柱和基础设计时，也应该对楼面活荷载进行折减。

对于多层建筑，还应该考虑荷载不利分布，与永久荷载相比，高层建筑的楼面和屋面活荷载数值较小，为简化计算，可不考虑活荷载的不利布置，在计算高层建筑的构件效应时，楼面及屋面竖向荷载可仅考虑各跨满载的情况。

**2. 地震作用**

（1）一般计算原则　根据“小震不坏，中震可修，大震不倒”的抗震设计目标，多、高层钢结构的抗震设计采用两阶段的设计方法，即第一阶段设计按多遇地震计算地震作用，第二阶段设计按罕遇地震计算地震作用。

进行第一阶段设计时，地震作用应考虑以下方面：

1）通常情况下，应在结构的两个主轴方向分别计入水平地震作用，各方向的水平地震作用应全部由该方向的抗侧力构件承担。

2）刚度和质量明显不对称、不均匀的结构，应计入水平地震作用的扭转影响。

3）当有斜交抗侧力构件时，宜分别计入各抗侧力构件方向的水平地震作用。

4）按 9 度抗震设防的高层钢结构，或 8 度和 9 度抗震设防的大跨度和长悬臂构件，应计入竖向地震作用。

进行第二阶段设计时，考虑发生高于本地区基本烈度的地震时建筑结构能够做到“大震不倒”，对结构的薄弱层进行罕遇地震下变形验算，以满足规范规定的限值要求。

（2）多、高层房屋钢结构的设计反应谱　《建筑抗震设计规范》（2016 年版）（GB 50011—2010）的地震反应谱是以地震影响系数曲线（见图 9-4）的形式给出的。建筑结构的地震影响系数 $\alpha$ 根据烈度、场地类别、设计地震分组、结构自振周期及阻尼比确定。水平地震影响系数最大值 $\alpha_{max}$，按表 9-1 的规定取值。场地特征周期 $T_g$ 按表 9-2 规定取值。

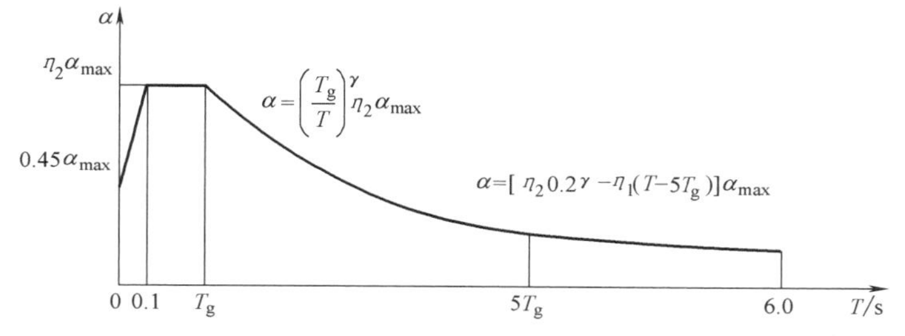


图 9-4　地震影响系数曲线

$\alpha$—地震影响系数　$\alpha_{max}$—地震影响系数最大值　$\eta_1$—直线下降段的下降斜率调整系数　$\gamma$—衰减指数　$T_g$—特征周期　$\eta_2$—阻尼调整系数　$T$—结构自振周期

**表 9-1　水平地震影响系数最大值 $\alpha_{max}$**

| 地震影响 | 6 度 | 7 度 | | 8 度 | | 9 度 |
|---|---|---|---|---|---|---|
| 设计基本地震加速度值 | 0.05$g$ | 0.10$g$ | 0.15$g$ | 0.20$g$ | 0.30$g$ | 0.40$g$ |
| 多遇地震 | 0.04 | 0.08 | 0.12 | 0.16 | 0.24 | 0.32 |
| 罕遇地震 | 0.28 | 0.50 | 0.72 | 0.90 | 1.20 | 1.40 |

**表 9-2　场地特征周期 $T_g$ 值**

| 设计地震分组 | 场地类别 | | | | |
|---|---|---|---|---|---|
| | Ⅰ$_0$ | Ⅰ$_1$ | Ⅱ | Ⅲ | Ⅳ |
| 第一组 | 0.20 | 0.25 | 0.35 | 0.45 | 0.65 |
| 第二组 | 0.25 | 0.30 | 0.40 | 0.55 | 0.75 |
| 第三组 | 0.30 | 0.35 | 0.45 | 0.65 | 0.90 |

（3）水平地震作用计算　多、高层房屋钢结构的水平地震作用的计算方法可采用底部剪力法、振型分解反应谱法和时程分析法。

1）底部剪力法。适用于建筑平、立面比较规则，以剪切变形为主且质量和刚度分布比较均匀、高度不超过 60m 的钢结构，或初步估算高度超过 60m 的高层钢结构的构件截面尺寸。

底部剪力法是以地震弹性反应谱理论为基础，仅适用于结构的弹性地震反应分析。在水平地震作用下，结构以“串联质点系”为计算模型，即各楼层仅按一个自由度计算，求出该结构底部的总剪力，然后按一定比例分配到各楼层，计算出各楼层的水平地震作用后，即可按静力方法计算结构构件的内力。

水平地震作用下结构底部的总剪力标准值，即结构的总水平地震作用标准值 $F_{Ek}$，按下式计算

$$F_{Ek}=\alpha_1 G_{eq} \tag{9-1}$$

$$G_{eq}=0.85\sum G_i \tag{9-2}$$

式中 $\alpha_1$——相应于结构基本自振周期 $T_1$ 的水平地震影响系数值，按图 9-4 确定；

$G_{eq}$——结构等效总重力荷载，取结构总重力荷载代表值的 85%；

$G_i$——第 $i$ 层重力荷载代表值，计算地震作用时，取永久荷载标准值和各可变荷载组合值之和，各可变荷载组合值系数按表 9-3 采用。

**表 9-3 组合值系数**

| 可变荷载种类 | | 组合值系数 |
|---|---|---|
| 雪荷载 | | 0.5 |
| 屋面积灰荷载 | | 0.5 |
| 屋面活荷载 | | 不计入 |
| 按实际情况计算的楼面活荷载 | | 1.0 |
| 按等效均布荷载计算的楼面活荷载 | 藏书库、档案库 | 0.8 |
| | 其他民用建筑 | 0.5 |
| 起重机悬挂物重力 | 硬钩起重机 | 0.3 |
| | 软钩起重机 | 不计入 |

各楼层水平地震作用标准值 $F_i$

$$F_i=\frac{G_iH_i}{\sum_{j=1}^{n}G_jH_j}F_{Ek}(1-\delta_n)\quad(i=1,2,\cdots,n) \tag{9-3}$$

顶部附加水平地震作用标准值 $\Delta F_n$

$$\Delta F_n=\delta_n F_{Ek} \tag{9-4}$$

式中 $G_i$、$G_j$——集中于质点 $i$、$j$ 的重力荷载代表值；

$H_i$、$H_j$——质点 $i$、$j$ 的计算高度；

$\delta_n$——顶部附加地震作用系数，对于高层钢结构，按表 9-4 确定。

**表 9-4 顶部附加地震作用系数 $\delta_n$**

| $T_g$/s | $T_1\geqslant1.4T_g$ | $T_1\leqslant1.4T_g$ |
|---|---|---|
| $T_g\leqslant0.35$ | $0.08T_1+0.07$ | 0.0 |
| $0.35<T_g\leqslant0.55$ | $0.08T_1+0.01$ | |
| $T_g>0.55$ | $0.08T_1-0.02$ | |

注：$T_1$ 为结构基本自振周期。

2）振型分解反应谱法。凡不适宜用底部剪力法计算水平地震作用的多、高层房屋钢结

构，均应采用振型分解反应谱法，由于此法是基于地震弹性反应谱理论的设计方法，所以仅适用于结构的弹性分析，是现阶段结构抗震设计的主要方法。

当建筑体型完全对称时，其结构 $j$ 振型 $i$ 质点的水平地震作用标准值为

$$F_{ji}=\alpha_j\gamma_jX_{ji}G_i\quad(i=1,2,\cdots,n;j=1,2,\cdots,m)\tag{9-5}$$

$$\gamma_j=\frac{\sum_{i=1}^{n}X_{ji}G_i}{\sum_{i=1}^{n}X_{ji}^{\ 2}G_i}\tag{9-6}$$

式中　$\alpha_j$——相应于 $j$ 振型自振周期的地震影响系数，按图 9-4 取值；

$X_{ji}$——$j$ 振型 $i$ 质点的水平相对位移；

$\gamma_j$——$j$ 振型的参与系数。

水平地震作用标准值所引起结构构件的效应（弯矩、剪力、轴向力、和变形）为

$$S_{\mathrm{Ek}}=\sqrt{\sum S_j^{\ 2}}\tag{9-7}$$

式中　$S_j$——$j$ 振型水平地震作用标准值的效应，可只取前 2~3 个振型，当基本自振周期大于 1.5s 或房屋高宽比大于 5 时，振型个数应适当增加。

当结构平面的两个方向分别计算水平地震作用效应时，对角柱和两个方向的支撑和抗震墙所共有的柱构件，要考虑同时承受两个方向的水平地震作用效应，计算时可采用简化方法，将一个方向的荷载产生的柱内力提高 30%。

3）时程分析法。又称为直接动力法，能够比较真实地反映结构在地震作用下的变化过程。在结构的底部输入选定的地震波，对动力方程进行直接积分，计算地震过程中每一时刻位移、速度、加速度反应，描述结构在强震作用下在弹性和非弹性阶段的内力变化，以及构件逐渐损坏直至结构倒塌的全过程，从而了解塑性铰出现的情况，找出结构薄弱部位予以加强。但时程分析得到的只是一条具体地震波的地震反应，具有一定的特殊性，而结构的地震反应受地震波特性的影响很大，因此《高层民用建筑钢结构技术规程》（JGJ 99—2015）中规定：采用不少于四条能反映当地特性的地震加速度波，其中宜包括一条本地区历史上发生地震时的实测记录波。地震波的持续时间不宜过短，宜取 10~20s 或更长。由于条件所限，目前我国不可能都具有当地的强震记录，所以实际工程中经常采用根据当地地震危险性分析获得的人工模拟地震波，或其他一些容易找到数据的波形，使地震波的频谱特性能反映当地场地土性质，较真实地反映建筑结构在强震作用下的地震反应。高层建筑钢结构的第一阶段抗震设计中，当遇到竖向布置特别不规则的建筑和甲类建筑时，应采用时程分析法作为补充验算。高层建筑钢结构进行第二阶段抗震设计时，结构一般已经进入弹塑性状态，所以只能采用时程分析法计算。

**3. 风荷载**

随着建筑高度的逐渐增加，风荷载的作用也逐渐增大。风是空气从气压大的地方向气压小的地方流动而形成的。气流遇到结构物的阻塞，就会形成压力气幕，即风压。在实际测量中，一般记录的都是风速，而工程计算中通常用到的都是风压，所以要将风速转换成风压。

由于实际结构的受风面积较大，体型又各不相同，风压在其上的分布是不均匀的，所以结构上的风压除了由最大风速决定外，还和风荷载体型系数、风压高度变化系数有关。因此，垂直于建筑物表面上的风荷载标准值 $w_{\mathrm{k}}$，可按下式计算

$$w_k = \beta_z \mu_s \mu_z w_0 \tag{9-8}$$

式中 $w_k$——任意高度处的风荷载标准值；

$w_0$——高层建筑基本风压；

$\mu_z$——风压高度变化系数；

$\mu_s$——风荷载体型系数；

$\beta_z$——顺风向 $z$ 高度处的风振系数。

当高层建筑主体顶部有小体型的突出部分（如伸出屋顶的电梯间）时，设计时应考虑鞭梢效应。可根据小体型建筑作为独立体时的基本自振周期 $T_u$ 与主体建筑的基本自振周期 $T_1$ 的比例，按下列规定计算：

1）当 $T_u \leqslant \frac{1}{3}T_1$ 时，可假定主体建筑的高度延伸至小体型建筑的顶部，以此计算风振系数。

2）当 $T_u \geqslant \frac{1}{3}T_1$ 时，其风振系数宜按风振理论进行计算。

### 9.2.2 结构的承载力与变形计算

**1. 计算的一般规定**

1）在竖向荷载、风荷载及多遇地震作用下，高层民用建筑钢结构的内力和变形可采用弹性方法计算；罕遇地震作用下，高层民用建筑钢结构的弹塑性变形可采用弹塑性时程分析法或静力弹塑性分析法计算。

2）多、高层房屋钢结构通常采用现浇组合楼盖，因为其在自身平面内的刚度很大，计算高层民用建筑钢结构时，通常假设楼面在其自身平面内具有绝对刚性。因此，在设计中应采取相应的构造措施来保证楼盖的整体刚度。当不能保证楼面的整体刚度时，则应采用楼板平面内的实际刚度，考虑楼盖的平面内变形的影响；或对按刚性楼面假定计算所得结果进行调整。

3）多、高层房屋钢结构计算模型应根据具体的结构形式和计算内容确定。一般情况下，可采用平面抗侧力结构的空间协同计算模型；当结构布置规则、质量及刚度沿高度分布均匀、不计扭转效应时，可采用平面结构计算模型；当结构平面或立面不规则、体型复杂、无法划分成平面抗侧力单元的结构，或为筒体结构时，应采用空间结构计算模型。

4）当进行结构的弹性分析时，由于现浇钢筋混凝土楼板与钢梁连接在一起，应考虑两者的共同工作，此时应使楼板与钢梁间有可靠连接。当进行弹塑性分析时，楼板可能严重开裂，故此时可不考虑楼板与钢梁的共同工作。当进行框架弹性分析时，压型钢板组合楼盖中梁的惯性矩应乘以增大系数：两侧有楼板的梁取 1.5，对仅一侧有楼板的梁取 1.2。

5）柱间支撑两端应为刚性连接，但计算支撑内力时一般按两端铰接计算，其端部连接的刚度通过修正支撑的计算长度加以考虑。若采用偏心支撑，由于其耗能梁段在大震时将先屈服，其受力性能是不同的，应取单独单元计算。

6）高层建筑钢结构的梁柱构件跨度与截面高度之比一般都很小，因此当作杆系进行分析时，应考虑梁柱的弯曲变形、剪切变形和柱轴向变形的影响。由于梁轴力很小，而且与楼板组成刚性楼盖，分析时通常视为无限刚性，所以一般不考虑梁的轴向变形，但当梁同时作为腰桁架或帽桁架的弦杆时，轴向变形不能忽略。此外，由于梁柱的节点域较薄，其剪切变形对侧移的影响较大，必须考虑其影响。

7）对现浇竖向连续钢筋混凝土抗震墙的计算，宜计入墙的弯曲变形、剪切变形和轴向变形，按独立竖向悬臂弯曲构件考虑。当钢筋混凝土抗震墙上有比较规则的开孔时，可按带刚域的框架计算；当有复杂开孔时，宜采用平面有限元法计算。

8）考虑荷载效应组合时，应区分地震区与非地震区，同时还要区分是用于承载力极限状态验算还是正常使用极限状态验算。

① 用于承载力极限状态验算。

无地震作用效应组合时，荷载效应的组合设计值为

$$S=\gamma_G S_{Gk}+\gamma_L \psi_Q \gamma_Q S_{Qk}+\psi_w \gamma_w S_{wk} \tag{9-9}$$

式中 $S_{Gk}$、$S_{Qk}$、$S_{wk}$——永久荷载效应标准值、可变荷载效应标准值、风荷载效应标准值；

$\gamma_G$——永久荷载分项系数，当永久荷载效应对结构有利时取1.0；当永久荷载效应对结构不利时取1.3；

$\gamma_Q$——可变荷载分项系数。一般情况下取1.5；对标准值大于4kN/m$^2$的工业房屋楼面结构的活荷载取1.4；

$\gamma_L$——考虑结构设计使用年限的荷载调整系数，设计年限为50年时取1.0，设计年限为100年时取1.1；

$\gamma_w$——风荷载分项系数，取1.5；

$\psi_Q$——可变荷载组合值系数，一般情况下取0.7，书库、档案库、贮藏室、通风机房和电梯机房的楼面活荷载取0.9；

$\psi_w$——风荷载组合值系数，取1.0。

有地震作用效应组合时，荷载效应的组合设计值为

$$S=\gamma_G S_{GE}+\gamma_{Eh} S_{Ehk}+\gamma_{Ev} S_{Evk}+\psi_w \gamma_w S_{wk} \tag{9-10}$$

式中 $S_{GE}$、$S_{Ehk}$、$S_{Evk}$、$S_{wk}$——重力荷载代表值、水平地震作用标准值、竖向地震作用标准值、风荷载标准值所产生的效应；

$\gamma_G$、$\gamma_{Eh}$、$\gamma_{Ev}$、$\gamma_w$——重力荷载、水平地震作用、竖向地震作用、风荷载的分项系数（见表9-5）；

$\psi_w$——风荷载组合值系数，取0.2。

**表9-5 荷载效应的组合和分项系数**

| 组合情况 | 重力荷载 $\gamma_G$ | 风荷载 $\gamma_w$ | 水平地震作用 $\gamma_{Eh}$ | 备注 |
|---|---|---|---|---|
| 恒荷载和各种可能活荷载 | 1.3 | 1.5 | — | 当永久荷载的效应对结构有利时一般取1.0 |
| 重力荷载和水平地震作用 | 1.3 | 0 | 1.5 | |

② 用于正常使用极限状态验算。重力荷载作用下对构件进行挠度验算时，荷载效应组合的设计值为

$$S_d = S_{Gk} + S_{Qk} \tag{9-11}$$

在风荷载作用下进行结构侧移验算时，荷载效应组合的设计值为

一般情况 $$S_d=S_{wk} \tag{9-12}$$

当重力荷载产生的侧移不可忽略时 $$S_d=S_{wk}+S_{Gk}+\psi_Q S_{Qk} \tag{9-13}$$

在水平地震作用下进行结构侧移验算时，荷载效应组合的设计值为

一般情况 $$S_d = S_{Ehk} \quad (9\text{-}14)$$

当重力荷载产生的侧移不可忽略时，$$S_d = S_{Ehk} + S_{Gk} \quad (9\text{-}15)$$

9）高层建筑钢结构的二阶效应较强，一般应验算结构的整体稳定性。二阶效应主要指 $P\text{-}\Delta$ 效应和梁柱效应，但经过分析可知，如果将结构的层间位移、柱的轴压比和长细比限制在一定范围内，就能控制二阶效应对结构极限承载力的影响。

**2. 结构承载力计算**

无抗震设防要求的多、高层房屋钢结构，在重力荷载和风荷载作用下，结构各构件承载力应满足下式要求

$$\gamma_0 S_d \leqslant R_d \quad (9\text{-}16)$$

式中 $\gamma_0$——结构重要性系数；

$S_d$——荷载效应组合设计值；

$R_d$——结构构件承载力设计值。

进行多遇地震作用下多、高层钢结构各构件承载力验算时，应满足下式要求

$$S_d \leqslant \frac{R_d}{\gamma_{RE}} \quad (9\text{-}17)$$

式中 $S_d$——包含地震作用的荷载效应组合设计值；

$R_d$——结构构件承载力设计值；

$\gamma_{RE}$——结构构件承载力抗震调整系数，按表 9-6 取值。

**表 9-6 承载力抗震调整系数 $\gamma_{RE}$**

| 材料 | 结构构件 | $\gamma_{RE}$ |
|---|---|---|
| 钢 | 柱、梁 | 0.75 |
| | 支撑 | 0.80 |
| | 节点板件、连接螺栓 | 0.85 |
| | 连接焊缝 | 0.90 |

**3. 结构变形计算**

（1）重力荷载作用下构件容许挠度　为保证楼盖有较好的整体刚度和使用性能，要求在重力荷载作用下楼盖主梁和次梁的挠度不大于其容许限值：主梁$\leqslant l/400$；次梁$\leqslant l/250$（$l$ 为梁的跨度）。

（2）地震作用下结构的侧移限值

1）第一阶段抗震设计的结构侧移验算，即多遇地震作用时，结构的最大弹性层间 $\Delta u_e$ 侧移应满足下列要求：

$$\Delta u_e \leqslant [\theta_e] h$$

式中 $[\theta_e]$——弹性层间位移角限值，为 1/250；

$h$——计算楼层层高。

2）第二段抗震设计的结构侧移验算，即罕遇烈度地震作用时，应进行弹塑性变形验算；结构在罕遇烈度地震作用下，应进行薄弱层的弹塑性变形验算的建筑物可采用静力弹塑性分析方法或弹塑性时程分析方法等。

（3）风荷载作用下结构的侧移限值　高层建筑钢结构在风荷载作用下，按弹性方法计

算所得的侧移值应符合下列规定：

1）结构顶端质心处的侧移 $\Delta$，不宜超过建筑高度 $H$ 的 1/500，即 $\Delta/H \leqslant 1/500$。

2）楼层质心处的层间侧移 $\Delta u$，不宜超过楼层高度 $h$ 的 1/400，即 $\Delta u/h \leqslant 1/400$。

3）结构平面端部构件的最大侧移，不得超过质心侧移的 1.2 倍。

## 9.3　压型钢板组合楼（屋）盖设计

### 9.3.1　组合形式

多、高层框架钢结构房屋的楼盖系统由楼（屋）面板和梁体系组成。楼盖结构不仅是承受和传递竖向荷载的重要结构体系，在传递由风荷载和地震作用产生的水平力方面也起着重要作用，合理的楼盖结构布置可以有效提高结构的抗侧刚度和整体性，协调楼层的变形。

多、高层钢框架建筑的楼板可一般为组合楼盖，可以采用以下三种形式：

（1）现浇钢筋混凝土组合楼盖　现浇钢筋混凝土板组合楼盖是由钢梁和现浇混凝土板通过剪力连接件组合而成。在组合楼盖最初的发展阶段，由于整体性良好，灵活性大，不但能满足各种平面形状，而且适应各种设备和管道，现浇钢筋混凝土组合楼盖得到广泛的应用。其缺点是由于现浇的原因，使高层施工的后续工作不能顺利展开。因此在高层钢结构中，现浇钢筋混凝土板逐渐被压型钢板组合楼盖所代替。

（2）钢筋混凝土板组合结构　这类楼盖采用预制混凝土板或预制预应力混凝土板，板支承于焊有栓钉连接件的钢梁上，在有栓钉处混凝土边缘处留有槽口，然后用细石混凝土浇灌槽口与板件之间的缝隙。预制混凝土楼盖多用于旅馆及公寓建筑，因为这类建筑预埋管线少，而且楼板隔声效果好。然而由于刚度较差，导致楼板传递水平力的性能较差，整体性和抗震性都相对较低，在进行抗震设计时缺点明显。

（3）压型钢板-钢筋混凝土板组合楼盖　压型钢板组合楼盖是目前在多、高层钢结构建筑中应用最多的一种楼盖形式。在楼盖施工时先在钢梁上铺设压型钢板，再将其与钢梁用剪力连接件组合在一起，形成了楼层的整体承重结构，如图 9-5 所示。这种楼盖具备良好的结构性能金和合理的施工程序，而且综合经济效果显著。同时，压型钢板的肋间的槽沟有利于铺设管线和连接轻钢龙骨吊顶，实用性较强。压型钢板组合楼盖中的组合板根据实际情况可采用不同形式，图 9-6 所示为常用的组合板形式。

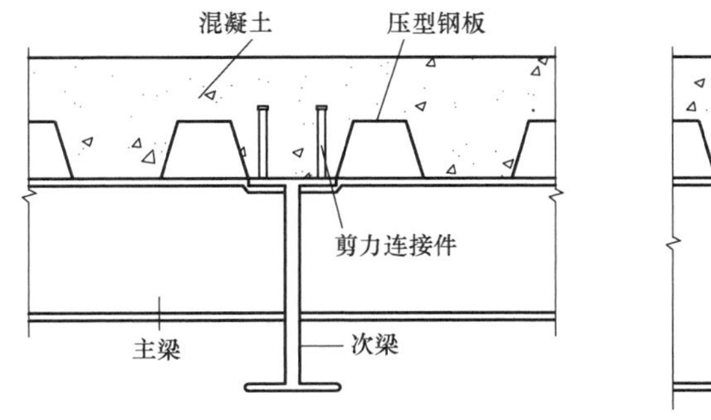


a) 压型钢板板肋平行于主梁

混凝土
压型钢板
剪力连接件
主梁

b) 压型钢板板肋垂直于主梁

图 9-5　压型钢板-钢筋混凝土板组合楼盖剖面

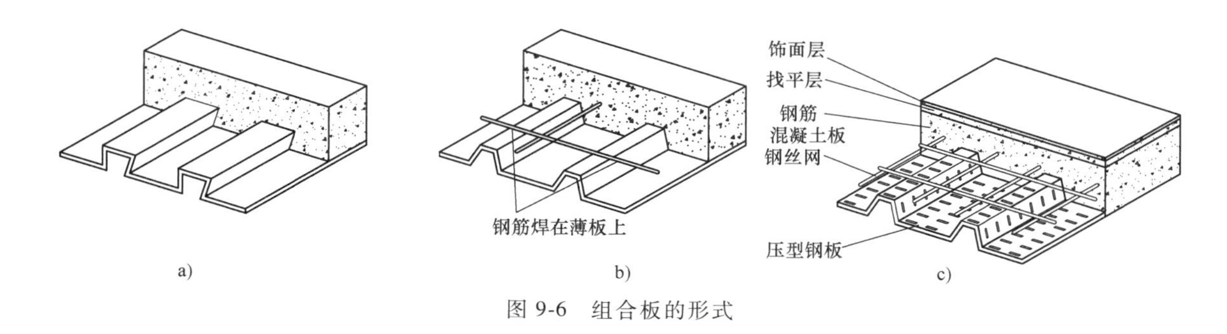


图 9-6　组合板的形式

## 9.3.2　组合楼板的设计要求

组合楼板在设计中应对作为浇筑混凝土底板的压型钢板进行施工阶段的强度和变形验算，对组合楼板进行使用阶段的强度和变形验算。

**1. 压型钢板在施工阶段的受弯承载力及挠度计算**

在施工阶段对压型钢板进行的受弯承载力及挠度计算时，可按强边（顺肋）方向的单向板计算正、负弯矩和挠度，对弱边方向可不进行计算。

（1）压型钢板在施工阶段的受弯承载力计算　施工阶段压型钢板的计算简图可视实际支承跨数及跨度尺寸确定，但考虑到下料的不利情况，也可取两跨连续板或单跨简支板进行计算。压型钢板上所作用的荷载为：

1）永久荷载。压型钢板、钢筋及湿混凝土等的重力，湿混凝土重力要考虑压型钢板挠度 $\delta>20\text{mm}$ 时的凹坑堆积量（可取 $0.7\delta$ 值）；

2）可变荷载。主要为施工荷载，宜取不小于 $1.5\text{kN/m}^2$。

3）压型钢板的受弯承载力应符合下式要求

$$M \leqslant W_s f \tag{9-18}$$

$$W_{sc}=\frac{I_s}{x_c},\quad W_{st}=\frac{I_s}{h_s-x_c} \tag{9-19}$$

式中　$M$——压型钢板沿顺肋方向一个波宽的弯矩设计值；

$f$——压型钢板的钢材强度设计值；

$W_s$——压型钢板的截面抵抗矩，取受压边 $W_{sc}$ 与受拉边 $W_{st}$ 的较小值；

$I_s$——一个波宽内对压型钢板截面形心轴的惯性矩，受压翼缘的有效计算宽度 $b_{ef}$（见图 9-7）应为 $b_{ef}\leqslant 50t$，$t$ 为压型钢板的厚度；

$x_c$——压型钢板由受压翼缘至型心轴的距离；

$h_s$——压型钢板截面的总高度。

（2）压型钢板在施工阶段的挠度验算　必要时，压型钢板可取两跨连续板或单跨简支板进行挠度验算：

两跨连续板
$$\delta=\frac{ql^4}{185EI_s}\leqslant[\delta] \tag{9-20}$$

单跨简支板
$$\delta=\frac{5ql^4}{384EI_s}\leqslant[\delta] \tag{9-21}$$

式中　$q$——一个波宽内的均布短期荷载标准值；

$EI_s$——一个波宽内压型钢板截面的弯曲刚度；

$l$——压型钢板的计算跨度；

$[\delta]$——挠度限值，可取 $l/180$ 及 20mm 的较小值。

**2. 压型钢板组合楼板的承载力计算**

（1）组合楼板的内力及挠度计算时的主要假定

1）在使用阶段，当压型钢板上的混凝土厚度为 50～100mm 时，取用下述计算图形计算内力（包括挠度）：

① 按简支单向板计算组合楼板强边（顺肋）方向的正弯矩（包括挠度）。

② 强边方向的负弯矩按固端板取值。

③ 不考虑弱边（垂直于肋方向）方向的正负弯矩。

2）当压型钢板上的混凝土厚度大于 100mm 时，板的承载力应按下列规定确定按双向板或单向板进行计算，但板的挠度仍应按强边方向的简支单向板计算：当 $0.5<\lambda_e<2.0$ 时，应按双向板计算；当 $\lambda_e\leqslant0.5$ 或 $\lambda_e\geqslant2.0$ 时，应按单向板计算。其中，$\lambda_e$ 按下式计算：

$$\lambda_e=\mu l_x/l_y,\quad \mu=\left(\frac{I_x}{I_y}\right)^{1/4} \tag{9-22}$$

式中　$\mu$——板的受力异向性系数；

$l_x$——组合楼板强边（顺肋）方向的跨度；

$l_y$——组合楼板弱边（垂直于肋）方向的跨度；

$I_x$、$I_y$——组合楼板强边和弱边方向的截面惯性矩，但计算 $I_y$ 时只考虑压型钢板顶面以上的混凝土厚度 $h_c$。

3）在局部荷载作用下，组合楼板的有效工作宽度（见图 9-8），分别根据抗弯及抗剪计算取用不大于按下列公式算得的相应数值：

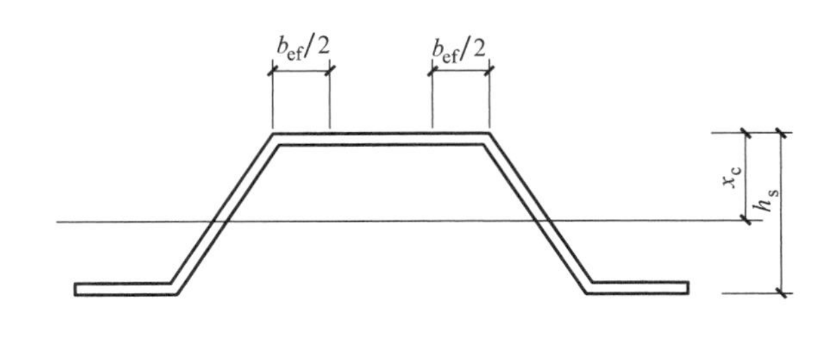


图 9-7　压型钢板受压翼缘的计算宽度 $b_{ef}$

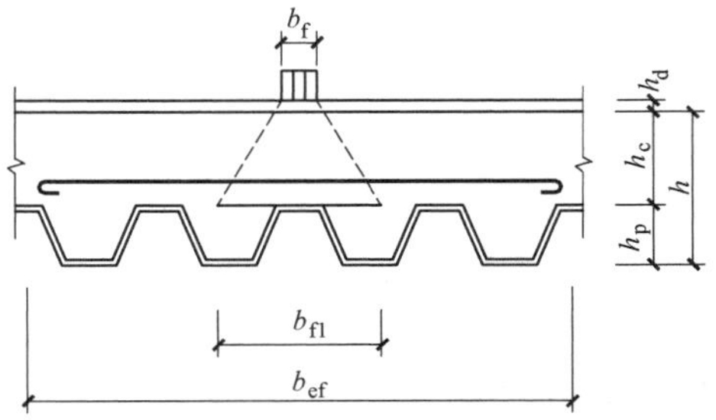

图 9-8　集中荷载分布的有效宽度

① 抗弯计算时：

简支板
$$b_{ef}=b_{f1}+2l_p\left(1-\frac{l_p}{l}\right) \tag{9-23}$$

连续板
$$b_{ef}=b_{f1}+\frac{1}{3}\left[4l_p\left(1-\frac{l_p}{l}\right)\right] \tag{9-24}$$

② 抗剪计算时：

$$b_{ef}=b_{f1}+\left(1-\frac{l_p}{l}\right) \tag{9-25}$$

$$b_{f1}=b_f+2(h_c+h_d) \tag{9-26}$$

式中 $l$——组合楼板的跨度；

$l_p$——荷载作用点到组合楼板较近支座的距离；

$b_{f1}$——集中荷载在组合楼板中的分布宽度；

$b_f$——荷载宽度；

$h_c$——压型钢板顶面以上的混凝土计算厚度；

$h_d$——地面饰面层厚度。

（2）受弯承载力计算

1）计算假定。压型钢板组合楼板在进行受弯承载力计算时，采用如下假定：

① 应按塑性设计法计算，即截面受拉区和受压区的材料均达到强度设计值（见图 9-9）。

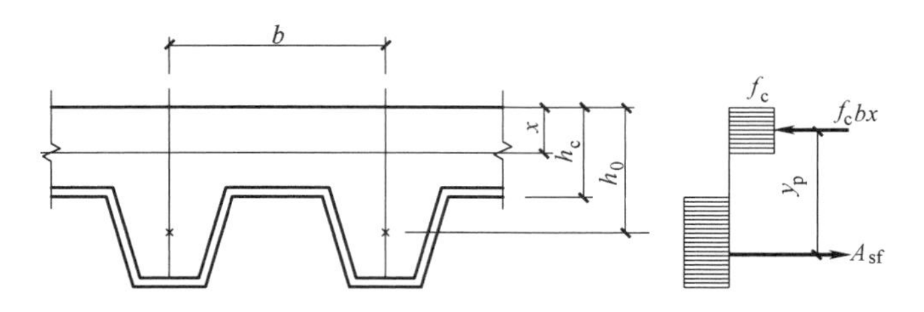


a) 塑性中和轴在压型钢板顶面以上的混凝土截面内

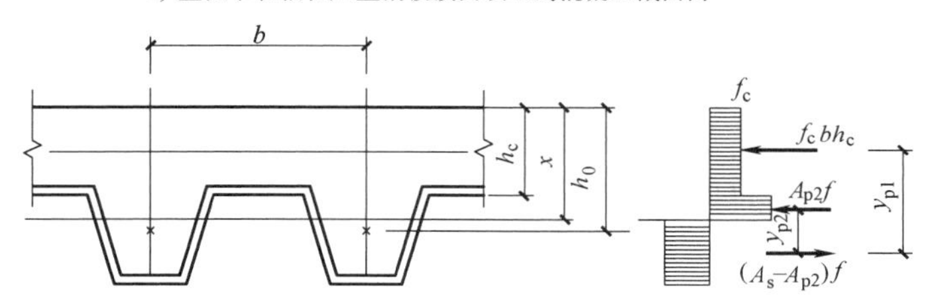


b) 塑性中和轴在压型钢板截面内

图 9-9 组合板正截面受弯承载力计算

② 压型钢板钢材强度设计值 $f$ 及混凝土的轴心抗压强度设计值 $f_c$，均应乘以折减系数 0.8。这是考虑到作为受拉钢筋的压型钢板没有混凝土保护层，以及中和轴附近的材料强度未充分发挥的缘故。

2）塑性中和轴位置与受弯承载力计算。

① 当塑性中和轴在压型钢板顶面的混凝土截面内（$x \leqslant h_c$），此时可由下式计算组合楼板一个波宽内的受压区高度 $x$，以判别中和轴是否在压型钢板顶面以上的混凝土截面内

$$x=\frac{A_p f}{f_c b} \tag{9-27}$$

如中和轴在混凝土截面内，则相应的组合楼板在一个波宽内的受弯承载力应符合下式要求

$$M \leqslant 0.8 f_c x b y_p \tag{9-28}$$

$$y_p = h_0 - \frac{x}{2} \tag{9-29}$$

式中　$M$——组合楼板在压型钢板一个波宽内的弯矩设计值；

$x$——组合楼板的受压区高度，当 $z>0.55h_0$ 时取 $0.55h_0$，$h_0$ 为组合楼板的有效高度；

$y_p$——压型钢板截面应力合力至混凝土受压区截面应力合力的距离；

$b$——压型钢板的波距；

$A_p$——压型钢板波距内的截面面积；

$f$——压型钢板钢材的抗拉强度设计值；

$f_c$——混凝土轴心抗压强度设计值。

②当塑性中和轴在压型钢板内（$x>h_c$），如图 9-9 所示，此时组合楼板一个波宽内的受弯承载力应符合下式要求

$$M \leqslant 0.8(f_c h_c b y_{p1} + A_{p2} f y_{p2}) \tag{9-30}$$

$$A_{p2} = 0.5\left(A_p - \frac{f_c h_c b}{f}\right) \tag{9-31}$$

式中　$A_{p2}$——塑性中和轴以上的压型钢板波距内的截面面积；

$y_{p1}$、$y_{p2}$——压型钢板受拉区截面应力合力分别至受压区混凝土板截面和压型钢板截面压应力合力的距离。

（3）集中荷载下冲切承载力验算　当组合楼板上作用集中荷载时，应按下式验算其冲切承载力

$$V_l \leqslant 0.6 f_t u_{cr} h_c \tag{9-32}$$

式中　$V_l$——作用在组合楼板上的冲切力设计值；

$u_{cr}$——临界周界长度，如图 9-10 所示；

$f_t$——混凝土轴心抗拉强度设计值。

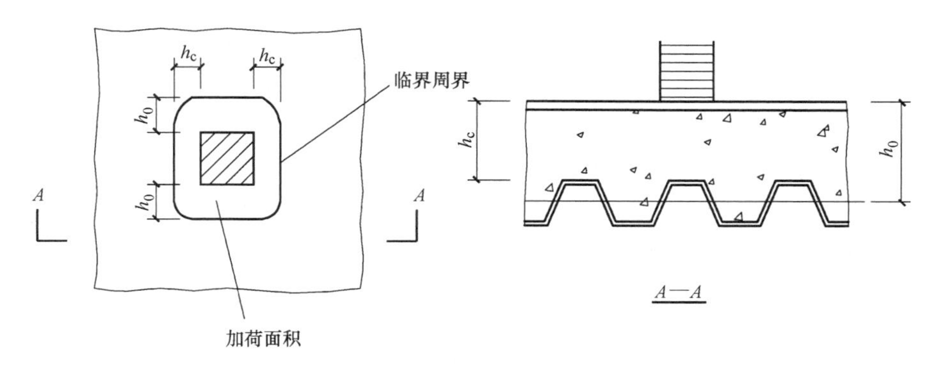


图 9-10　剪力临界周界

（4）组合楼板斜截面的受剪承载力计算　组合楼板一个波宽内的受剪承载力应符合下式要求

$$V_{in} \leqslant 0.7 f_t b h_0 \tag{9-33}$$

式中　$V_{in}$——组合楼板一个波宽内斜截面最大剪力设计值。

### 3. 组合楼板的挠度、裂缝及自振频率验算

(1) 组合楼板的挠度验算　计算组合楼板的挠度时，不论其实际支承情况，均按简支单向板计算沿强边（顺肋）方向的挠度，并应分别按荷载短期效应组合和荷载长期效应组合计算，算得的挠度 $\delta$ 应小于容许值，即

$$\delta=\frac{5ql^4}{384B}\leqslant\frac{l}{360} \tag{9-34}$$

计算组合楼板的挠度 $\delta$ 时，其截面刚度可取弹性刚度，并换算成单质的钢截面等效刚度 $B$。相应的短期荷载及长期荷载作用下的等效刚度 $B_s$ 及 $B_l$ 按下式计算

$$B_s=B=E_sI \tag{9-35}$$

$$B_l=\frac{1}{2}B \tag{9-36}$$

$$I=\frac{1}{\alpha_E}[I_c+A_c(x_n'-h_c')^2]+I_s+A_s(h_0-x_n')^2 \tag{9-37}$$

$$x_n'=\frac{A_ch_c'+\alpha_EA_sh_0}{A_c+\alpha A_s}\text{ , }\alpha_E=\frac{E_s}{E_c} \tag{9-38}$$

式中　$E_s$——压型钢板弹性模量（$N/mm^2$）；

$I$——组合楼板全截面发挥作用时的等效截面惯性矩（$mm^4$）；

$\alpha_E$——钢材弹性模量 $E_s$ 与混凝土弹性模量 $E_c$ 的比值；

$x_n'$——全截面有效时，组合楼板中和轴至受压边缘的距离；

$A_s$——压型钢板截面面积；

$A_c$——混凝土截面面积；

$h_0$——组合楼板的有效高度，即组合楼板受压边缘至压型钢板截面重心的距离；

$I_s$、$I_c$——压型钢板及混凝土部分各自对自身形心的惯性矩。

以短期荷载或长期荷载下的等效刚度 $B_s$ 或 $B_l$ 替换挠度计算公式中的 $B$，即可算得相应荷载作用下的挠度 $\delta$。

(2) 组合楼板负弯矩部位混凝土裂缝宽度验算　对组合楼板负弯矩部位混凝土裂缝宽度的验算，可近似地忽略压型钢板的作用，即按混凝土板及其负钢筋计算板的最大裂缝宽度，并使其符合《混凝土结构设计规范》(GB 50010—2010) 规定的裂缝宽度限值。板端负弯矩值可近似地按一端简支一端固接或两端固接的单跨单向板算得。

(3) 组合楼板自振频率 $f$ 的验算　组合楼板振动感觉的许可程度，可近似地通过验算板的自振频率 $f$ 值，并使该值大于容许值，以此作为判别：

$$f=\frac{1}{0.178\sqrt{\delta}}\geqslant 15\text{Hz} \tag{9-39}$$

式中　$\delta$——永久荷载产生的挠度（cm）。

### 4. 组合楼板的构造要求

(1) 对栓钉的设置要求

1) 栓钉的设置位置。为阻止压型钢板与混凝土之间的滑移，在组合楼板的端部（包括简支板端部及连续板的各跨端部）均应设置栓钉。栓钉应设置在端支座的压型钢板凹肋处穿透压型钢板，并将栓钉和压型钢板均焊于钢梁翼缘上。

2）栓钉的直径 $d$。栓钉穿透压型钢板焊接于钢梁翼缘上时，栓钉直径不大于19mm，也可按板跨度 $l$ 采用下列栓钉直径：当 $l<3\text{m}$ 时 $d=13\text{mm}$ 或 $d=16\text{mm}$；当 $l=3\sim6\text{m}$ 时 $d=16\text{mm}$ 或 $d=19\text{mm}$；当 $l>6\text{m}$ 时 $d=19\text{mm}$。

3）栓钉的间距 $s$。一般应在压型钢板端部每一个凹肋处设置栓钉，栓钉间距还应符合下列要求：沿梁轴线方向 $s\geqslant5d$，沿垂直于梁轴线方向 $s\geqslant4d$，距钢梁翼缘边的边距 $s\geqslant35\text{mm}$。

4）栓钉顶面保护层厚度及栓钉高度。栓钉顶面的混凝土保护层厚度应≥15mm。栓钉焊后高度应大于压型钢板总高度加30mm。

（2）压型钢板在钢梁上的支承长度　应不小于50mm。

（3）组合楼板混凝土内的配筋要求

1）在下列情况之一者应配置钢筋：

① 为组合楼板提供储备承载力设置附加抗拉钢筋。

② 在连续组合楼板或悬臂组合楼板的负弯矩区配置连续钢筋。

③ 在集中荷载区段和孔洞周围配置分布钢筋。

④ 为改善防火效果配置受拉钢筋。

⑤ 在压型钢板上翼缘焊接横向钢筋时，横向钢筋应配置在剪跨区段内，其间距宜为150～300mm。

2）钢筋直径、配筋率及配筋长度。

① 连续组合楼板的配筋长度。连续组合楼板中间支座负弯矩区的上部钢筋，应伸过板的反弯点，并应留出锚固长度和弯钩。下部纵向钢筋在支座处应连续配置。

② 连续组合楼板按简支板设计时的抗裂钢筋。此时的抗裂钢筋截面面积应大于相应混凝土截面的最小配筋率0.2%。抗裂钢筋的配置长度从支承边缘算起不小于 $l/6$（$l$ 为板跨度），且应与不少于5根分布钢筋相交。抗裂钢筋最小直径 $d\geqslant4\text{mm}$，最大间距 $s=150\text{mm}$，顺肋方向抗裂钢筋的保护层厚度宜为20mm。与抗裂钢筋垂直的分布筋直径，不应小于抗裂钢筋直径的2/3，其间距不应大于抗裂钢筋间距的1.5倍。

③ 集中荷载作用部位的配筋。在集中荷载作用部位应设置横向钢筋，其配筋率 $\rho\geqslant0.2\%$，其延伸宽度不应小于板的有效工作宽度。

（4）组合楼板的总厚度及压型钢板上的混凝土厚度　组合楼板的总厚度不应小于90mm，压型钢板顶面以上的混凝土厚度不应小于50mm，且应符合楼板防火保护层厚度的要求，以及电气管线等铺设要求。

（5）压型钢板及钢梁的表面处理　压型钢板支承于钢梁上时，在其支承长度范围内应涂防锈漆，但其厚度不宜超过50μm；压型钢板板肋与钢梁平行时，钢梁上翼缘表面不应涂防锈漆，以使钢梁表面与混凝土间有良好的结合。压型钢板端部的栓钉部位宜进行适当的除锌处理，以提高栓钉的焊接质量。

### 9.3.3　组合梁的设计要求

组合梁，是指压型钢板组合楼板和钢梁之间通过抗剪栓钉组合成整体的、共同受力的梁。在楼板和钢梁之间设置足够的剪力连接件，钢梁与混凝土楼板共同作用形成组合梁来承受荷载和变形。钢-混凝土组合梁的设计主要包括以下内容。

### 1. 混凝土板有效宽度的确定

钢-混凝土组合梁跨中及中间支座处混凝土翼板有效宽度 $b_e$（见图 9-11）可按下式确定

$$b_e = b_0 + b_1 + b_2 \tag{9-40}$$

式中 $b_0$——板托顶部宽度，当板托倾角 $\alpha<45°$时，应按 $\alpha=45°$计算板托顶部的宽度，当无板托时，则取钢梁上翼缘的宽度，当混凝土板和钢梁不直接接触时，取栓钉的横向间距，仅有一列栓钉时取 0；

$b_1$、$b_2$——梁外侧和内侧的翼板计算宽度，当塑性中和轴位于混凝土板内时，各取梁等效跨径 $l_e$ 的 1/6，此外，$b_1$还不应该超过翼板实际外伸宽度 $s_1$，$b_2$ 不应超过相邻梁托板间净距 $s_0$ 的 1/2。

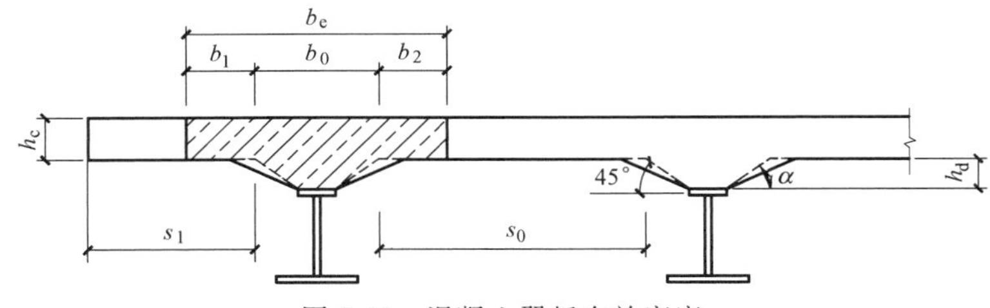


图 9-11　混凝土翼板有效宽度

等效跨径 $l_e$；对于简支组合梁，取简支组合梁的跨度；对于连续组合梁，中间跨正弯矩区取 0.6$l$，边跨正弯矩区取 0.8$l$，$l$ 为组合梁的跨度，支座负弯矩区取相邻两跨跨度之和的 20%。

### 2. 组合梁的强度验算

对于不直接承受动力荷载的组合梁，在建立强度验算公式时，可采用塑性分析法，但截面必须具备足够的塑性发展能力，尤其要避免因钢梁板件的局部失稳而导致过早丧失抗弯承载力，因此对钢梁板件的局部稳定须有更严格的要求。

（1）正弯矩作用区段

1）塑性中和轴在钢筋混凝土翼板内时（见图 9-12），即 $Af \leqslant b_e h_{c1} f_c$，组合梁的抗弯承载力应满足

$$M \leqslant b_e x f_c y \tag{9-41}$$

$$x = \frac{Af}{b_e f_c} \tag{9-42}$$

式中 $x$——组合梁截面塑性中和轴至混凝土翼板顶面的距离；

$M$——正弯矩设计值；

$A$——钢梁的截面面积；

$y$——钢梁截面应力的合力至混凝土受压区截面应力的合力间的距离；

$f$——钢材抗拉、抗压和抗弯强度设计值；

$f_c$——混凝土抗压强度设计值。

2）塑性中和轴在钢梁截面内时（见图 9-13），即 $Af > b_e h_{c1} f_c$，组合梁的抗弯承载力应该满足

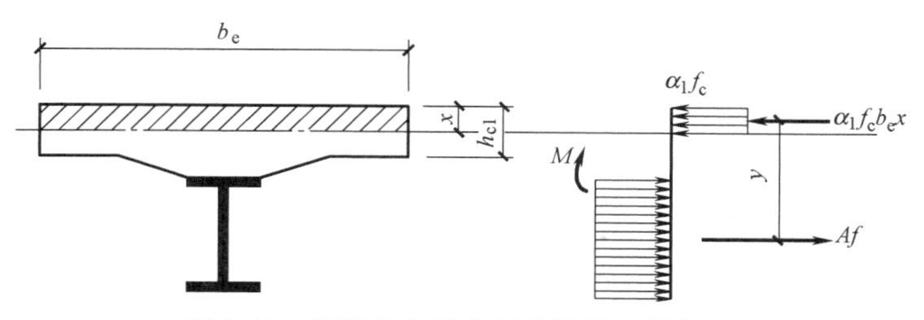


图 9-12　塑性中和轴在钢筋混凝土翼板内

$$M \leqslant b_e h_c f_c y_1 + A_c h_c y_2 \tag{9-43}$$

$$A_c = 0.5\left(A - \frac{b_e h_c f_c}{f}\right) \tag{9-44}$$

式中　$A_c$——钢梁受压区截面面积；

$y_1$——钢梁受拉区截面形心至混凝土翼板受压区截面形心的距离；

$y_2$——钢梁受拉区截面形心至钢梁受压区截面形心的距离。

钢梁截面上，假定全部剪力仅由钢梁腹板承受，则可按普通实腹梁的腹板受剪计算公式验算其剪应力。

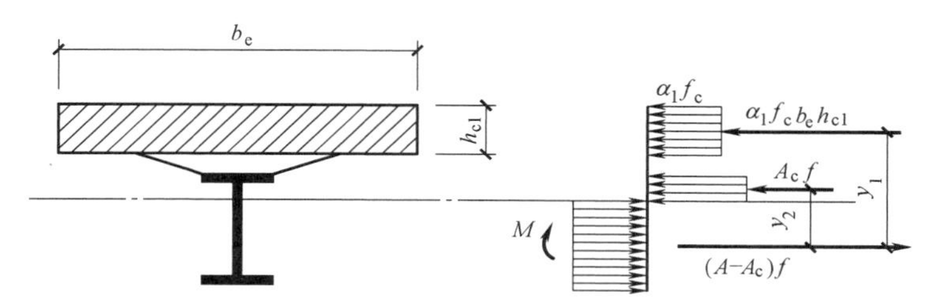


图 9-13　塑性中和轴在钢梁截面内

（2）负弯矩作用区段　负弯矩区段组合梁截面上的应力如图 9-14 所示，则组合梁的抗弯承载力应满足：

$$M' \leqslant M_s + A_{st} f_{st}\left(y_3 + \frac{y_4}{2}\right) \tag{9-45}$$

$$M_s = (S_1 + S_2) f \tag{9-46}$$

式中　$M'$——负弯矩设计值；

$S_1$、$S_2$——钢梁塑性中和轴平分梁截面以上和以下截面对该轴的面积矩；

$A_{st}$——负弯矩区混凝土翼板有效宽度范围内的纵向钢筋截面面积；

$f_{st}$——钢筋抗拉强度设计值；

$y_3$——纵向钢筋截面形心至组合梁塑性中和轴的距离；

$y_4$——组合梁塑性中和轴至钢梁塑性中和轴的距离，当组合梁塑性中和轴在钢梁腹板内时，$y_4 = A_{st} f_{st} / (2 t_w f)$，当该中和轴在钢梁翼缘内时，取 $y_4$ 等于钢梁塑性中和轴至腹板上边缘的距离。

**3. 连接件设计**

组合梁的特点是混凝土的翼板与钢梁共同受力，因此板与梁之间有较大的剪力，单靠梁

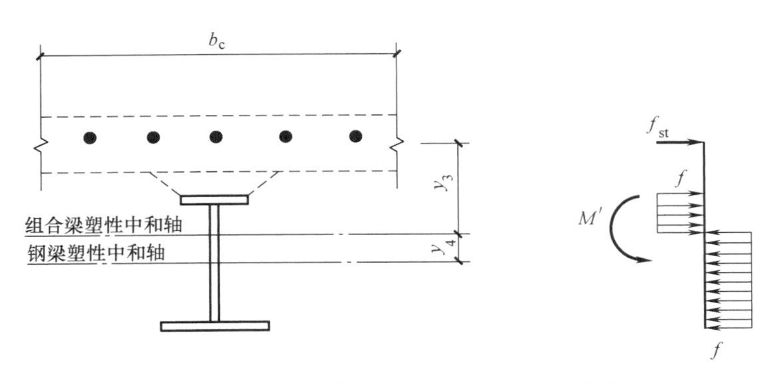


图 9-14　负弯矩作用时组合梁截面及其应力

翼缘狭窄连接面粘结摩擦受力是不够的，需要用键或锚组成一个特殊的抗剪结构，称之为连接件（或剪力键）。连接件是钢与钢筋混凝土组合结构的重要组成部分，由于有焊接在钢梁翼缘上的连接件，才能使钢梁与混凝土板连接成为一个整体而结构共同发挥作用。连接件形式很多，主要有圆柱头焊钉、槽钢和弯起钢筋等，如图 9-15 所示。

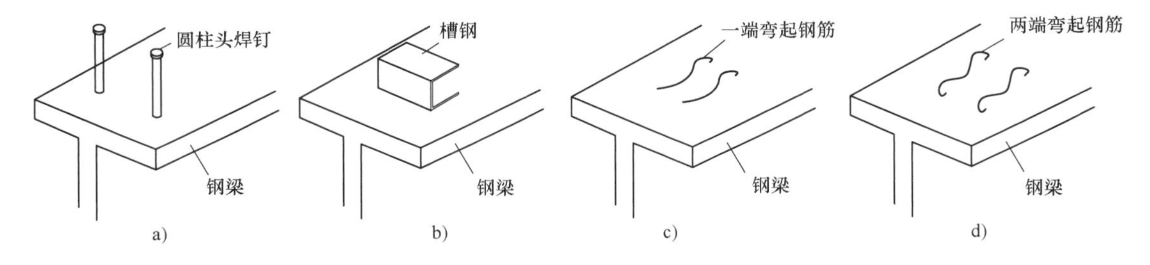


图 9-15　连接件的形式

目前最常用的圆柱头焊钉连接件的受剪承载力设计值按下式计算

$$N_v^c = 0.43A_s\sqrt{E_c f_c} \leqslant 0.7A_s f_u \tag{9-47}$$

式中　$A_s$——圆柱头焊钉钉杆截面面积；

$f$——圆柱头焊钉极限抗拉强度设计值；

$E_c$——混凝土的弹性模量；

$f_c$——混凝土抗压强度设计值。

位于组合梁负弯矩区段的圆柱头焊钉，周围混凝土对其约束程度不如正弯矩区，按式（9-47）算得的圆柱头焊钉受剪承载力设计值应予折减，折减系数取 0.9。

另外，该式是针对在梁翼缘上的圆柱头焊钉得出来的，当混凝土板和梁翼缘之间有压型钢板时，还需要折减：当压型钢板肋与钢梁平行时（见图 9-16a），应乘以折减系数 $\eta=0.6b(h_s-h_p)/h_p^2\leqslant1.0$；当压型钢板肋与钢梁垂直时（见图 9-16b），应乘以折减系数 $\eta=0.85b(h_s-h_p)/\sqrt{n_0}h_p^2\leqslant1.0$。其中，$b$ 为混凝土凸肋（压型钢板波槽）的平均宽度（见图 9-16c），但当肋的上部宽度小于下部宽度时（见图 9-16d）改取上部宽度；$h_p$ 为压型钢板高度（见图 9-16c、d）；$h_s$ 为圆柱头焊钉的高度（图 9-16b），但不应大于 $h_p$+75mm；$n_0$ 为组合梁截面上一个肋板中配置的圆柱头焊钉总数，当多于 3 时按 3 个计。

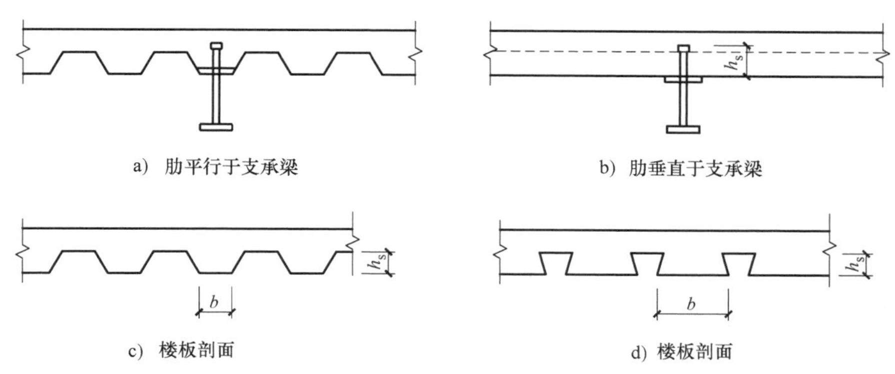


图 9-16　承载力设计值应折减的栓钉布置

**4. 组合梁的构造要求**

1）组合梁截面高度 $h$ 一般不宜超过钢梁截面高度 $h_s$ 的 2 倍，混凝土板托高度 $h_{c2}$ 不宜超过翼板厚度 $h_{c1}$ 的 1.5 倍。

2）圆柱头焊钉连接件钉头下表面或槽钢连接件上翼缘下表面与混凝土翼板底部钢筋顶面的距离不宜小于 30mm；连接件沿梁跨方向的最大间距不应大于混凝土翼板（包括板托）厚度的 3 倍，且不大于 300mm。

3）圆柱头焊钉连接件长度不应小于 $4d$（$d$ 为栓钉直径）。布置时沿梁轴线方向间距不应小于 $6d$，垂直于梁轴线方向间距不宜小于 $4d$。槽钢连接件的翼缘肢尖方向应与混凝土翼板对钢梁的水平剪应力方向一致，取与钢梁上翼缘之间采用角焊缝焊接。弯起钢筋宜采用直径 $d$ 不小于 12mm 的 Ⅰ 级钢筋成对布设，双侧角焊缝焊接于钢梁上翼缘，单侧焊缝长度不小于 $4d$，弯起角度一般为 45°，弯折方向应与混凝土翼板对钢梁的水平剪应力方向一致。其梁跨中纵向水平剪力方向变化的区段，必须在两个方向均有弯起钢筋。每个弯起钢筋从弯起点算起的总长度不宜小于 $25d$（Ⅰ 级钢筋另加弯钩），其中水平段长度不宜小于 $10d$。以上构造要求如图 9-17 所示。

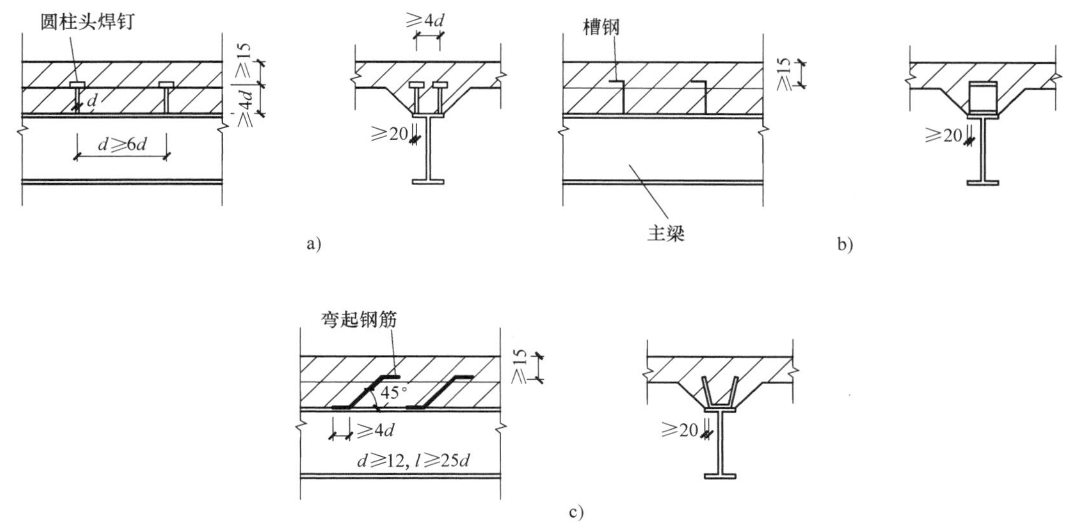


图 9-17　组合梁抗剪连接件的构造要求

## 9.4 构件及连接的设计

### 9.4.1 钢梁的设计

**1. 实腹梁常用的截面形式**

多、高层房屋钢结构中的钢梁常用的截面形式有工字形和箱形，如图 9-18 所示，并且按受力和使用要求可采用型钢梁和组合梁。型钢梁加工简单、价格较廉，但型钢截面尺寸受到一定规格的限制。当荷载和跨度较大、采用型钢截面不能满足承载力或刚度要求时，则采用组合梁。

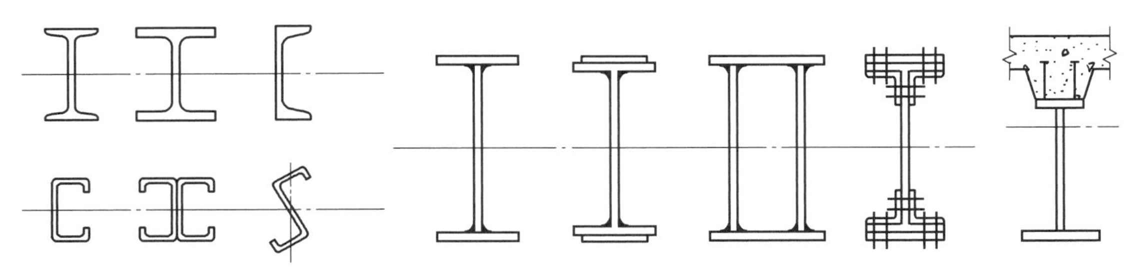

图 9-18 钢梁截面形式

热轧型钢梁主要采用工字形，其截面高而窄，适应于强轴方向受弯。宽翼缘工字钢（一般称 H 型钢）具有相对较宽的翼缘，用作梁时有较大的侧向刚度、抗扭刚度和整体稳定性，也便于在翼缘上搁置楼板。

组合梁由钢板或型钢用焊缝、铆钉或螺栓连接而成。最常用的是由三块钢板焊成的工字形截面梁，因其构造简单、制造方便、用钢量省。当荷载较大、所供应厚钢板不能满足单层翼缘板的强度或焊接性要求时采用双层翼缘板，这时外层和内层翼缘板的厚度比宜为 0.5~1。双腹板的箱形截面梁具有较大的抗扭和侧向抗弯刚度，用于荷载和跨度较大而梁高受到限制，或侧向刚度要求较高或受双向较大弯矩的梁，但钢材用量较多，施焊不方便，制造也较费工。

**2. 实腹梁的截面选择**

（1）型钢梁截面选择　型钢梁的截面选择比较简单，由内力分析计算得到梁各危险截面的最不利弯矩 $M_{max}$，根据选用的型钢材料确定其抗拉强度设计值，由此求得所需的梁净截面抵抗矩 $W$，然后即可在型钢规格表中初步选择型钢的型号。

（2）组合梁截面选择　不同形式梁截面选择的方法和步骤基本相同。现以焊接双轴对称工字形截面梁为例来说明。焊接双轴对称工字形截面梁的截面共有四个基本尺寸，分别为腹板高度 $h_0$（或截面高度 $h$）、腹板厚度 $t_w$、翼缘宽度 $b$、翼缘厚度 $t$。截面选择时的顺序为先确定 $h_0$、然后确定 $t_w$、最后确定 $b$ 和 $t$。

1）梁腹板高度 $h_0$（或截面高度 $h$）的确定。确定梁的截面高度应考虑建筑高度、梁的刚度和梁在满足强度、刚度等条件下的用钢量。因此梁腹板高度 $h_0$ 应根据下面三个参考高度确定：

① 建筑容许最大梁高 $h_{max}$。在建筑层高已确定的条件下，梁高太大将减小室内空间的

净空高度，影响房间的使用、通行或设备放置。于是根据房间使用所要求的最小净空高度，即可算出建筑容许的最大梁高 $h_{max}$。

② 刚度要求的最小梁高 $h_{min}$。刚度要求梁有一定的高度，否则梁的挠度就会超过规定的容许值。

③ 经济条件要求的梁高 $h_e$。为满足强度和刚度及稳定性要求，梁截面应有一定的抵抗矩，为此可以把梁做得较大，这时腹板用钢量大，翼缘用钢量小。另一方面还可以把翼缘做得较宽，这样腹板用钢量减小，而翼缘用钢量上升。而最经济的梁高还应使腹板和翼缘的总用钢量最小。根据这个条件，并考虑经验因素，经济梁高可用下式计算

$$h_e = 7\sqrt[3]{W_x} - 300\text{mm} \tag{9-48}$$

实际设计时，腹板高度 $h_0$ 主要根据经济高度确定，但应满足前述 $h_{max}$ 和 $h_{min}$ 的要求。另外还应符合钢板规格尺寸，常用 50mm、100mm 的倍数。

2）腹板厚度 $t_w$ 的确定。腹板厚度 $t_w$ 可根据下面两个参考厚度确定：

① 考虑腹板局部稳定和构造要求的经验厚度

$$t_w \approx 7\text{mm}+0.003h_0 \text{或} t_w \approx \sqrt{h_0/3.5} \tag{9-49}$$

② 抗剪要求最小厚度

$$t_{w,min} \approx \frac{1.2V_{max}}{h_0 f_v} \tag{9-50}$$

一般计算要求的 $t_{w,min}$ 较小，不起控制作用。通常按 2mm 的倍数取 $t_w = 6 \sim 22\text{mm}$

3）翼缘宽度 $b$ 和厚度 $t$ 的确定。腹板 $h_0$ 和 $t_w$ 确定以后，即可由下式取出所需翼缘面积 $A_1 = bt$

$$A_1 = bt \approx \frac{W_x h_0 - t_w h_0^3/6}{h_0^2} = \frac{W_x}{h_0} - 0.16h_0 t_w \tag{9-51}$$

通常实用 $t$ 为 2mm 的倍数，$b$ 为 10mm 的倍数。应使 $b$ 适当大些，以利于整体稳定和梁上铺放面板，也便于变截面时将 $b$ 缩小。翼缘宽度 $b$ 一般还应符合或参考下列条件：

① 应使 $b/t \leqslant 26\sqrt{235/f_y}$（按弹性设计时为 $b/f \leqslant 30\sqrt{235/f_y}$），这是翼缘板局部稳定的要求。

② 一般采用 $b=(1/3 \sim 1/5)h$，$b$ 太大将使翼缘内应力分布很不均匀，$b$ 太小则对梁的整体稳定不利，应尽可能使 $l_1/b$ 不大于《钢结构设计标准》对不必计算整体稳定所规定的限值，以便充分利用截面。

③ 应使 $b$ 满足制造和构造考虑的翼缘最小宽度，以及上翼缘搭置面板等要求，即一般应使 $b \geqslant 180\text{mm}$。

④ 翼缘宽度应超出腹板加劲肋的外侧，一般要求 $b \geqslant 90\text{mm}+0.07h_0$。

**3. 截面验算**

上述试选的截面基本上已满足要求，但作为最后确定，还应按选定的截面准确算出各项截面特性，然后进行精确的截面验算。

验算项目包括强度（抗弯、抗剪、局部压应力、折算应力）、刚度和整体稳定。此外，还有局部稳定：翼缘局部稳定在确定翼缘尺寸时已予满足；腹板局部稳定一般要求按计算设置加劲肋，具体验算公式详见第 4 章。

### 9.4.2 钢柱的设计

**1. 实腹柱常用的截面形式**

多、高层钢框架实腹柱截面形式的选择主要依据弯矩与压力的比值情况、正负弯矩差值、荷载大小和弯矩作用平面内、平面外柱的计算长度等因素。焊接 H 型钢和热轧 H 型钢是常用的柱子截面形式，其优点是翼缘宽且等厚，经济合理，连接方便。十字形截面由角钢和钢板组合而成或由钢板焊接而成，适合做隔墙交叉点的柱子，安装在墙内，不外露。箱形截面柱由钢板或由两个轧制槽钢焊接而成，截面没有强轴弱轴之分，适用于双向受弯的柱子。钢管截面从受力来看很有利，各个方向的惯性矩都相等，但制作费用相对较高，节点连接也不如开口截面方便。由两个工字形截面组合而成的截面特别适合于承受双向弯曲。

**2. 框架柱计算长度的确定**

《钢结构设计标准》中验算多层钢框架柱的稳定采用计算长度系数法。

确定多层多跨框架柱的临界荷载和计算长度时，假定：

1）框架只承受作用于梁柱连接节点上的竖向荷载。

2）荷载按比例同时增加，各柱同时丧失稳定。

3）变形是微小的，且在弹性阶段。

4）杆件无缺陷。

5）当框架柱开始屈曲时，相交于同一节点的横梁对柱子所提供约束弯矩，按上下两柱的线刚度之比分配给柱子。

6）无侧移屈曲时，横梁两端的转角大小相等而方向相反（见图 9-19a）；有侧移屈曲时，横梁两端转角大小相等且方向相同（见图 9-19c）。

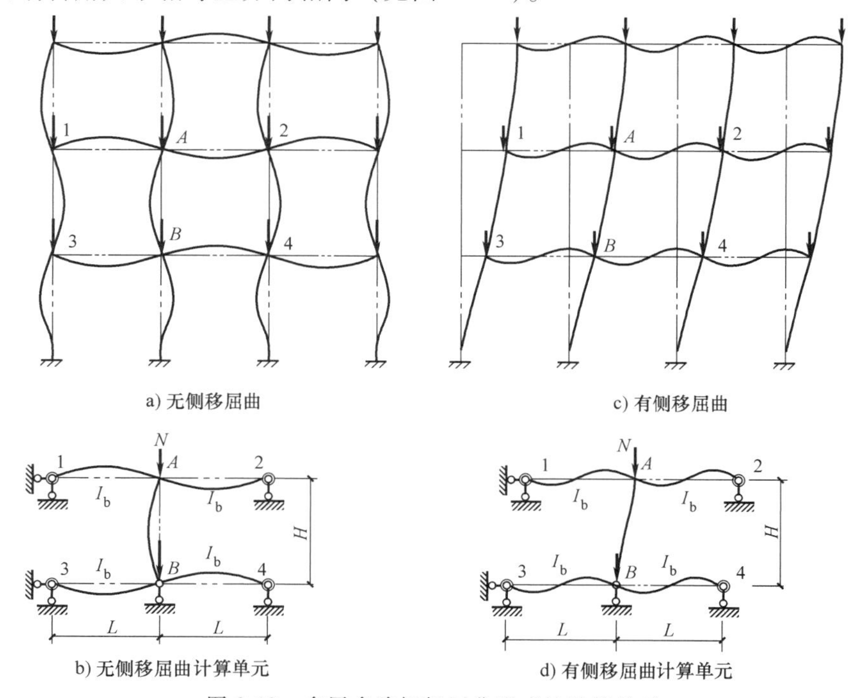


图 9-19 多层多跨框架屈曲形式及计算单元

为了简化计算，通常只取框架的一部分进行分析。如研究图9-19a所示有支撑框架中柱*AB*，只考虑直接与柱*AB*连接的横梁*A*1、*A*2、*B*3、*B*4的约束作用，忽略其他横梁的约束影响，即取1*A*23*B*4作为计算单元（见图9-19b）。同样为研究图9-19c所示无支撑框架的柱*AB*时，也只取1*A*23*B*4作为计算单元（见图9-19d）。

为方便计算，将计算长度系数制成表格，可根据*A*、*B*节点处梁柱线刚度比等参数直接在《钢结构设计标准》中查用。

**3. 实腹柱的截面设计**

（1）截面选择　因为框架柱为压弯构件，同时受有弯矩*M*、剪力*V*和轴力*N*的作用，计算也相对复杂，很难如梁一样用理论和经验公式就较准确地估计出所需截面尺寸。因此，在选定框架柱截面形式，并确定了其长细比之后，可根据内力分析结果，参考已有的类似设计并做必要的估算。估算截面的回转半径、惯性矩和截面抵抗矩时可参考有关手册提供的各种截面回转半径的近似值表。

当没有类似设计可供参考时，也可采用一些简单公式，大致估算截面尺寸。一种简单估算方法是将框架柱中轴力放大1.2倍，然后按轴心受压轴来估算截面，作为初选的框架柱截面。另一种方法稍复杂些，可遵循以下步骤：

1）先假定长细比$\lambda_x$，通常取为60~100。

2）由$\lambda_x$计算回转半径$i_x$。

3）由$i_x$计算截面高度$h$。

4）计算$A/W_{1x}$

$$\frac{A}{W_{1x}}=\frac{A}{I_x}y_1=\frac{y_1}{i_x^2} \tag{9-52}$$

5）根据平面内整体稳定公式近似估计所需截面面积$A$

$$A=\frac{N}{f}\left[\frac{1}{\varphi_x}+\frac{M_x}{N}\frac{A}{W_{1x}}\frac{\beta_{mx}}{\gamma_x\left(1-0.8\dfrac{N}{N_{Ex}}\right)}\right] \tag{9-53}$$

6）计算所需的弯矩作用平面内最大受压纤维的毛截面抵抗矩$W_{1x}$

$$W_{1x}=\frac{Ai_x^2}{y_1} \tag{9-54}$$

7）计算平面外整体稳定系数

$$\varphi=\frac{N}{A}\frac{1}{f-\dfrac{\beta_{tx}M_x}{\varphi_b W_{1x}}} \tag{9-55}$$

8）由稳定系数表中查出长细比$\lambda_y$，并由此计算回转半径$i_y$，再估算截面宽度$b$。

9）根据截面面积$A$和截面高度$h$、宽度$b$选定截面。

在上述估算步骤中，有些公式中的参数仍为未知量，可近似估计。因此选出的截面也只是大致的估计。另外，设计的截面应使构造简单，便于施工，易于与其他构件连接，所采用的钢材和规格应是容易得到的。

（2）截面验算　从上述框架柱截面选择的过程可看出，作为压弯构件的框架柱的截面初选比较粗糙，第一次选择的截面往往需要再次调整，经过多次验算直至满意为止。框架柱的截面验算包括强度验算、刚度验算（长细比验算）、弯矩作用平面内整体稳定验算、弯矩作用平面外整体稳定验算及局部稳定验算。

**4. 实腹柱的构造要求**

实腹柱当腹板的 $h_0/t_w>80$ 时，为防止腹板在施工和运输中发生变形，防止在剪力较大时腹板发生屈曲，应设置横向加劲肋予以加强，其间距不大于 $3h_0$。当腹板设置纵向加劲肋时，不论 $h_0/t_w$ 大小如何均应设置横向加劲肋作为纵向加劲肋的支承。

对较大实腹框架柱应在承受较大横向力处和每个运送单元的两端设置横隔；构件较长时并应设置中间横隔，其间距不大于构件截面较大宽度的 9 倍和 8m，其作用是保持截面形状不变，提高构件的抗扭刚度，防止在施工和运输过程中变形。

在设置构件的侧向支承点时，对截面高度较小的构件，可仅在腹板（加肋或隔）中央部位支承；对截面高度较大或受力较大的构件，则应在两个翼缘面内同时支承，如框架柱间支撑应在两个翼缘平面内各设一肢，用缀条或缀板互相联系。

### 9.4.3 抗侧力构件的设计

多、高层钢结构中的抗侧力构件主要指框架-支撑体系中的支撑、框架抗震墙中的抗震墙体等，下面分别介绍框架-支撑体系中的中心支撑和偏心支撑的设计。

**1. 中心支撑**（见图 9-2）

（1）支撑杆件受压承载力验算　在往复荷载作用下，支撑斜杆反复受压、受拉，且受压屈服后的变形增长很大，转而受拉时不能完全拉直，这样就造成受压承载力再次降低，即出现弹塑性屈曲后承载力退化现象。支撑杆件屈曲后，最大受压承载力的降低是明显的，长细比越大，退化程度越严重。这种情况在计算支撑斜杆时应考虑。在多遇地震作用效应组合下，支撑斜杆受压承载力验算按下式进行

$$\frac{N}{\varphi A_{br}} \leqslant \frac{\psi f}{\gamma_{RE}} \tag{9-56}$$

$$\psi=\frac{1}{1+0.35\lambda_n} \tag{9-57}$$

式中　$N$——支撑斜杆的轴压力设计值；

$A_{br}$——支撑斜杆的毛截面面积；

$\varphi$——按支撑长细比 $\lambda$ 确定的轴心受压构件稳定系数；

$\psi$——受循环荷载时的强度降低系数；

$\lambda$、$\lambda_n$——支撑斜杆的长细比和正则化长细比，$\lambda_n=\dfrac{\lambda}{\pi}\sqrt{\dfrac{f_y}{E}}$，其中 $E$ 为支撑杆件钢材的弹性模量，$f$、$f_y$ 为支撑斜杆钢材的抗压强度设计值和屈服强度；

$\gamma_{RE}$——构件承载力抗震调整系数，结构构件和连接强度计算时取 0.75，柱和支撑稳定计算时取 0.8，当仅计算竖向地震作用时取 1.0。

（2）支撑杆件长细比验算　支撑杆件在轴向往复荷载作用下，其抗拉和抗压承载力均有不同程度的降低，在弹塑性屈曲后，支撑杆的抗压承载力退化更为严重。支撑杆件的长细比是影响其性能的重要因素，长细比小的杆件，滞回曲线饱满，耗能性能更好，长细比大的

杆件则相反。但支撑的长细比并非越小越好，支撑的长细比越小，支撑框架的刚度就越大，不但承受的地震力越大，在某些情况下动力分析得出的层间位移也很大。

根据试验和理论分析及大量震害调查，认为根据抗震设防烈度规定不同的长细比要求是合理的。支撑杆件长细比在6度、7度、8度和9度抗震设防，分别取不大于120、120、80、60的数值（根据钢材等级不同均乘$\sqrt{235/f_y}$）。《高层民用建筑钢结构技术规程》规定：人字形和V形支撑，因为它们屈曲后加重所连接梁的负担，对长细比的限值应更严些。中心支撑斜杆的长细比，按压杆设计时，不应大于120，一、二、三级中心支撑斜杆不得采用拉杆设计，非抗震设计和四级采用拉杆设计时，其长细比不应大于180。

一般钢结构支撑杆件常采用双角钢组成的T形截面，因为它具有连接方便的优点，但试验表明，在地震作用下这种支撑的性能较差，尤其是当出平面稳定性控制时的耗能能力较低，因为出平面失稳时呈弯扭屈曲而不是弯曲屈曲。此外，由双角钢组成的T形截面的单肢容易在强烈地震下失稳。因此，采用这种支撑时，最好由平面内稳定控制，并缩小填板间距。在设防烈度大于和等于7度地区，由填板连接的双角钢组合构件，肢件在填板间长细比不应大于杆件长细比的一半，且不大于40°这个规定较宽，设计时应更加严格地掌握。支撑杆件应尽可能采用双轴对称截面，当采用单轴对称截面时，应采取防止绕对称轴屈曲的构造措施。两端与梁柱节点固结的支撑杆件，在其平面内计算长度可取为由节点内缘算起的支撑杆全长的一半。

（3）支撑构件的板件宽厚比　板件宽厚比是影响局部屈曲的重要因素，直接影响支撑杆件的承载力和耗能能力。在往复荷载作用下比单向静力加载更容易发生失稳。一般满足静力荷载下充分发生塑性变形能力的宽厚比限值，不能满足往复荷载作用下发生塑性变形能力的要求。即使小于塑性设计所规定的值，在往复荷载作用下仍然发生局部屈曲，所以板件宽厚比的限值比塑性设计更小一些，这样对抗震有利。

板件宽厚比应与支撑杆件长细比相匹配，对于小长细比支撑杆件，宽厚比应严一些，对于大长细比的支撑杆件，宽厚比应放宽，是合理的。

《高层民用建筑钢结构技术规程》规定：中心支撑斜杆的板件宽厚比，不应大于表9-7规定的限值。

**表9-7　钢结构中心支撑板件宽厚比限值**

| 板件名称 | 一级 | 二级 | 三级 | 四级、非抗震设计 |
|---|---|---|---|---|
| 翼缘外伸部分 | 8 | 9 | 10 | 13 |
| 工字形截面腹板 | 25 | 26 | 27 | 33 |
| 箱形截面壁板 | 18 | 20 | 25 | 30 |
| 圆管外径与壁厚之比 | 38 | 40 | 40 | 42 |

注：表中数值适用于Q235钢，采用其他牌号钢材应乘以$\sqrt{235/f_y}$，圆管应乘以$235/f_y$。

**2. 偏心支撑**（见图9-3）

（1）偏心支撑的基本性能　偏心支撑框架的支撑斜杆，至少有一端偏离梁柱节点，或偏离另一方向的支撑与梁构成的节点，支撑与柱或支撑与支撑之间的一段梁，称为消能梁段。这种具有消能梁段的偏心支撑框架兼有抗弯框架和中心支撑框架的优点。偏心支撑框架在多遇地震作用下，结构为弹性，在罕遇地震作用下，梁段剪切屈服，非线性剪切变形耗能。支撑、柱和除消能梁段以外的梁在相应梁段 1.6 倍设计抗剪承载力的荷载作用下，仍为弹性。这使得梁段成为结构体系中最薄弱的部位，即偏心支撑框架中的保险丝，防止了诸如支撑受压屈曲之类的破坏。

（2）消能梁段的设计　偏心支撑框架设计的基本概念，是使消能梁段进入塑性状态而其他构件仍处于弹性状态。设计良好的偏心支撑框架，除柱脚有可能出现塑性铰外，其他塑性铰均出现在梁段上。

1）消能梁段的受剪承载力。

$$N \leqslant 0.15Af \text{ 时} \qquad V \leqslant \phi V_l \tag{9-58}$$

$$N > 0.15Af \text{ 时} \qquad V \leqslant \phi V_{lc} \tag{9-59}$$

式中　$N$——消能梁段的轴力设计值；

$A$——消能梁段的截面面积；

$f$——消能梁段钢材的抗压强度设计值；

$V$——消能梁段的剪力设计值；

$\phi$——系数，可取 0.9；

$V_l$、$V_{lc}$——消能梁段不计入轴力影响和计入轴力影响的受剪承载力。

$V_l$、$V_{lc}$ 按以下方法计算：

$V_l = 0.58A_w f_y$ 或 $V_l = 2M_{lp}/a$，取较小值，

$$A_w = (h-2t_f)t_w, M_{lp} = fW_{np},$$

$V_{lc} = 0.58A_w f_y\sqrt{1-[N/(fA)]^2}$　或　$V_{lc} = 2.4M_{lp}[1-N/(fA)]/a$，取较小值

式中　$M_{lp}$——消能梁段的全塑性受弯承载力；

$a$、$h$、$t_w$、$t_f$——消能梁段的净长、截面高度、腹板厚度和翼缘厚度；

$A_w$——消能梁段腹板截面面积；

$W_{np}$——消能梁段对其截面水平轴的塑性净截面模量；

$f$、$f_y$——消能梁段钢材的抗压强度设计值和屈服强度值。

2）消能梁段的受弯承载力

$$N \leqslant 0.15Af \text{ 时} \qquad \frac{M}{W}+\frac{N}{A} \leqslant f \tag{9-60}$$

$$N > 0.15Af \text{ 时} \qquad \left(\frac{M}{h}+\frac{N}{2}\right)\frac{1}{b_f t_f} \leqslant f \tag{9-61}$$

式中　$M$——消能梁段的弯矩设计值；

$N$——消能梁段的轴力设计值；

$W$——消能梁段的截面模量；

$A$——消能梁段的截面面积；

$h$、$b_f$、$t_f$——消能梁段的截面高度、翼缘宽度和翼缘厚度。

$f$——消能梁端钢材的抗压强度设计值（$N/mm^2$），有地震作用组合时，应除以 $\gamma_{RE}$。

消能梁段宜采用剪切屈服型。剪切屈服型连梁的消能性能优于弯曲屈服型。实验证明，剪切屈服型消能梁段对偏心支撑框架抵抗大震特别有利。与柱相连的梁段也不应设计成弯曲屈服型连梁，弯曲屈服会导致翼缘压曲和水平扭转屈曲。实验发现，长梁段的翼缘在靠近柱的位置出现裂缝，梁端与柱连接处有很大的应力集中，受力性能很差。而剪切屈服时，在腹

板上形成拉力场，仍能使梁保持其强度和刚度。

3）消能梁段偏心支撑斜杆的轴向承载力

$$\frac{N_{br}}{\varphi A_{br}} \leqslant f \tag{9-62}$$

式中　$N_{br}$——支撑的轴力设计值；

$A_{br}$——支撑截面面积；

$\varphi$——由支撑长细比确定的轴心受压构件稳定系数；

$f$——钢材的抗拉、抗压强度设计值，有地震作用组合时，应除以 $\gamma_{RE}$。

消能梁段的腹板不得加焊贴板以提高其强度。试验表明，焊在梁段腹板上的贴板并不能发挥作用，并且有违背其剪切屈服的原意。梁段腹板上也不得开洞，否则将使消能梁段的性能复杂化，使偏心框架的性能不好预测。

### 9.4.4　连接节点的设计

多层框架钢结构的节点连接，当非抗震设防时，应按结构处于弹性受力阶段设计，按抗震设防时，应按结构进入弹塑性阶段设计。

**1. 框架主梁的拼接连接**

梁的拼接连接节点，一般应设在内力较小的位置，为方便施工，通常设在距梁端1m左右的位置处。可采用翼缘和腹板完全焊透的对接焊缝连接（工厂拼接）（见图9-20a），也可以翼缘采用熔透的对接焊缝连接、腹板采用高强度螺栓连接（见图9-20b），或者翼缘和腹板均采用高强度螺栓连接（现场拼接）（见图9-20c）。

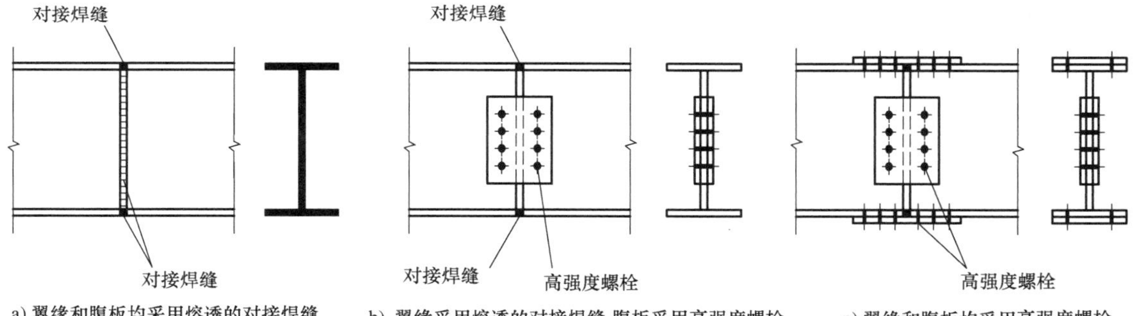


图9-20　框架主梁的拼接连接

非抗震设计时，按构件处于弹性阶段的内力进行设计计算。以梁翼缘承担弯矩 $M_f$，腹板同时承担弯矩 $M_w$ 和全部剪力 $V$ 来进行拼接设计。作用在拼接连接处的弯矩 $M$ 按下式分配：

对翼缘

$$M_f = \frac{I_f^b}{I_0^b} M \tag{9-63}$$

对腹板

$$M_w = \frac{I_w^b}{I_0^b} M \tag{9-64}$$

式中 $I_0^b$——梁的毛截面惯性矩，$I_0^b = I_f^b + I_w^b$；

$I_f^b$——梁翼缘的毛截面惯性矩；

$I_w^b$——梁腹板的毛截面惯性矩；

$M$——梁截面弯矩。

在实际应用中，也可以近似地采用简化设计法，即假定梁拼接处的弯矩全部由翼缘承担，而剪力完全由腹板承担来进行拼接连接的设计。

为保证连接节点具有足够的强度，并保持梁刚度的连续性，在设计梁翼缘和腹板的拼接连接板时，应保证节点单侧梁翼缘或腹板连接板扣除高强螺栓孔后的净截面面积不小于梁翼缘或腹板扣除高强螺栓孔后的净截面面积。梁翼缘拼接采用螺栓连接时，连接板的设置原则上应采用双剪连接，厚度不宜小于 8mm，当翼缘宽度较窄，构造上采用双剪连接有困难时，也可以采用单剪连接，但其厚度不宜小于 10mm。梁腹板的拼接连接板，一般均在腹板两侧对称布设，且其厚度不宜小于 6mm。

抗震设计时，应按等强度原则设计拼接连接。当拼接处于弹塑性区域时，应遵循强节点、弱构件的原则，保证节点处梁上、下全熔透坡口焊缝的极限受弯承载力不低于梁全塑性受弯承载力的 1.2 倍。

2. 次梁与主梁的连接

次梁与主梁多采用侧面连接，有铰接（简支梁形式）和刚接（连续梁形式）两种，次梁均以主梁为支点，并最大程度保持建筑的净空高度，如图 9-21 所示。

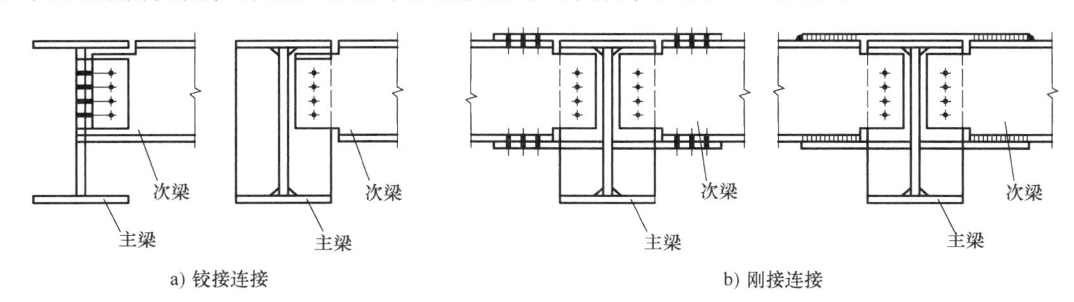


图 9-21 次梁与主梁的拼接连接

次梁与主梁铰接时通常可以忽略对主梁的扭转影响，次梁端部与主梁的连接只考虑承受剪力，但在计算连接螺栓或焊缝时，尚应考虑由于剪力相对于连接件截面形心的偏心作用所产生的附加弯矩；刚接连接计算时，节点所传递内力的分配方法与框架主梁的拼接连接相同。

3. 柱与柱的连接

柱与柱的拼接连接节点的理想位置应设在内力较小处，但为方便施工，通常设在距楼板顶面 1.1~1.3m 处。非抗震设计时，如果柱不受拉，或者柱弯矩较小，不在连接处产生拉力，可以采用部分熔透焊缝连接，假定柱轴力的 25%和弯矩的 25%由上下柱接触面直接传递。此时柱的上下端应磨平顶紧，并与柱轴线垂直。坡口焊缝的计算深度不宜小于板件厚度的 1/2。计算时，轴力、弯矩应由翼缘和腹板承受，剪力由腹板承受。抗震设计时，框架柱的拼接应采用与柱本身等强的连接。对型钢和 H 形截面柱，其翼缘通常采用完全焊透的坡口对接焊缝连接，腹板采用高强度螺栓连接，或者翼缘、腹板均采用高强度螺栓连接（见

图 9-22a、b）。对箱形截面或管形截面，采用完全焊透的坡口对接焊缝连接（见图 9-22c）。

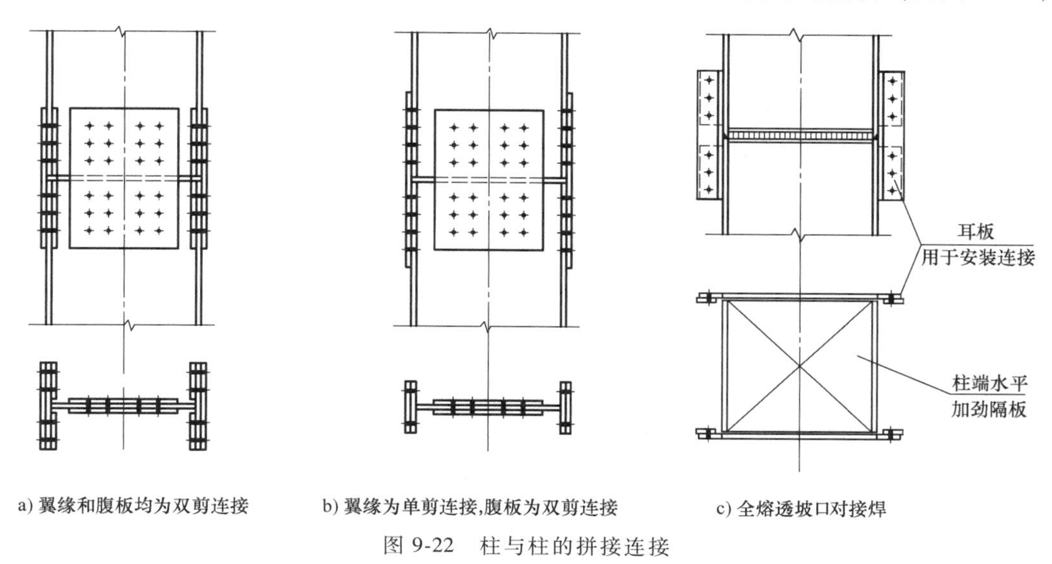


图 9-22　柱与柱的拼接连接

当拼接处于弹塑性区域时，应遵循强节点、弱构件的原则，保证节点处柱内、外全熔透坡口焊缝的极限受弯承载力不低于柱全塑性受弯承载力的 1.2 倍。柱全截面受弯承载力的计算尚应考虑柱轴力的影响。

柱的拼接连接，当采用高强度螺栓连接时，翼缘和腹板的拼接连接板应尽可能成对对称设置，在有弯矩作用的拼接节点处，连接板的截面面积和抵抗矩均应大于母材的截面面积和抵抗矩。为保证安装质量和施工安全，在柱的拼接处应适当设置耳板作为临时固定，耳板应按施工工况来设计。

当柱需要改变截面时，应尽可能保持截而高度不变，而采用改变截面板件厚度或翼缘宽度的方法。变截面的坡度，一般可在 1∶4~1∶6 的范围内采用。边列柱可采用图 9-23a 所示的方法，但其连接尚应考虑由于上、下柱重心不重合所产生的附加弯矩的影响。中列柱可采用图 9-23b 所示的方法。

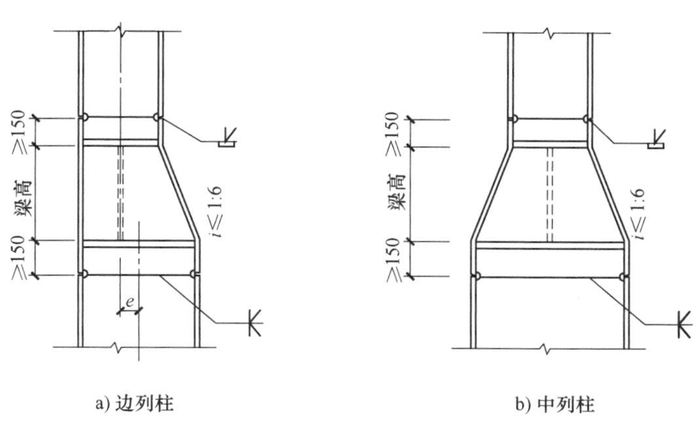


图 9-23　工字形柱变截面接头

柱拼接连接的计算方法通常有等强度设计法和实用设计法两种。

等强度设计法是按被连接的柱翼缘和腹板净截面面积的等强度条件来进行拼接连接的设计，它多用于抗震设计或按弹塑性设计结构中柱的拼接连接，以确保结构的强度、刚度和连续性。当柱的拼接连接采用焊接时，通常采用完全焊透的坡口对接焊缝，并采用引弧板施焊，此时可以认为焊缝与被连接的柱翼缘或腹板是等强度的，不必进行焊缝的强度验算。

实用设计法是以连接处柱翼缘和腹板各自的截面面积分担作用在拼接连接处的轴心压力，柱翼缘同时承受轴向压力 $N_f$ 和绕强轴的全部弯矩 $M$，而腹板同时承受轴向压力 $N_w$ 和全部剪力 $V$ 来进行拼接连接设计的，其中，$N_f=\frac{A_f}{A}N$，$N_w=\frac{A_w}{A}N$。

在轴向压力 $N_f$ 和弯矩 $M$ 的共同作用下，柱单侧翼缘连接所需的高强度螺栓数目 $n_{f1}$，应按下式计算

$$n_{f1}=\left[\frac{A_f}{A}N+\frac{M}{(H-t)}\right]/N_b^v \tag{9-65}$$

在轴向压力 $N_w$ 和剪力 $V$ 的共同作用下，柱腹板连接所需的高强度螺栓数目 $n_w$，应按下式计算

$$n_w=\sqrt{\left(\frac{A_w}{A}N\right)^2+V^2}/N_b^v \tag{9-66}$$

式中　$A$——柱的毛截面面积；

$A_f$——柱单侧翼缘的毛截面面积；

$A_w$——柱腹板的毛截面面积；

$N$——作用在拼接连接处的轴心压力；

$M$——作用在拼接连接处绕强轴的弯矩；

$V$——作用在拼接连接处的剪力；

$N_b^v$——连接处单个螺栓的抗剪承载力设计值；

$H$——柱截面关于强轴的截面高度；

$t$——柱翼缘厚度。

**4. 梁与柱的连接**

梁与柱的连接通常采用的是柱贯通型的连接形式。按梁对柱的约束刚度的不同可分为三类，即铰接连接、半刚性连接和刚性连接（见图 9-24）。为简化计算，特别是简化对整个结构体系的设计计算，通常假定梁与柱的连接节点为完全刚性或完全铰接。

一般情况下框架梁与柱采用刚性连接，设计多层框架梁与柱的刚性连接节点时，应满足以下要求：

1）梁翼缘和腹板与柱的连接，在梁端内力的作用下，应具有足够的承载力。

2）梁翼缘的内力以集中力作用于柱的部分，不应产生柱局部破坏和变形，因此根据情况在梁翼缘对应位置设置柱的加劲肋。

3）连接节点板域，即由节点处翼缘板和水平加劲肋或水平加劲板所包围的柱腹板区域，在节点弯矩和剪力的共同作用下，应具有足够的承载力和变形能力。

4）按抗震设计的结构或按塑性设计的结构，采用焊缝或高强度螺栓连接的梁柱连接节点，应保证梁或柱的端部在形成塑性铰时有充分的转动能力。

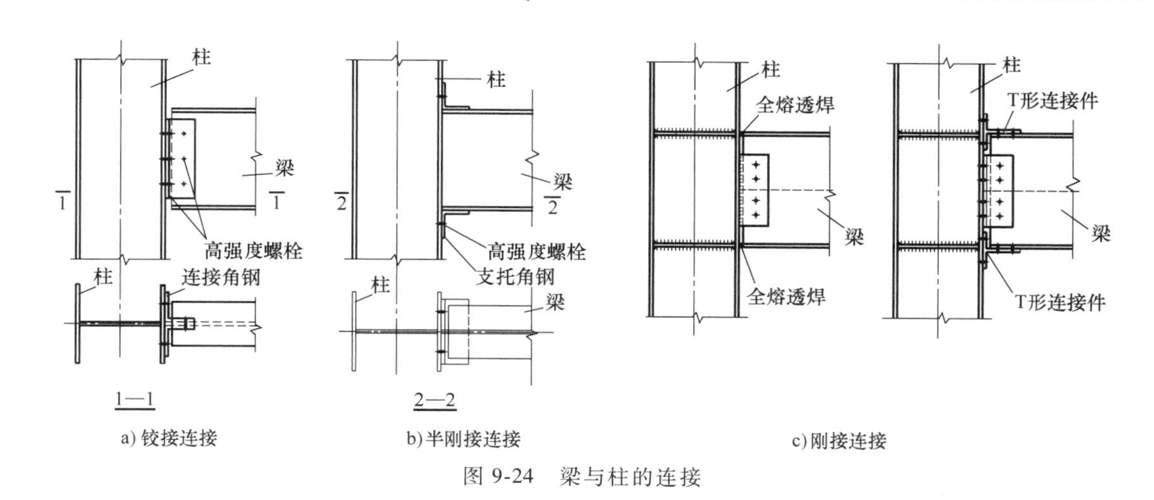


a) 铰接连接　b) 半刚接连接　c) 刚接连接

图 9-24　梁与柱的连接

5）抗震设计时，应按多遇地震组合能力进行弹性设计，梁腹板要计入剪力和弯矩。同时按强节点、弱构件原则，验算节点处梁上下翼缘全熔透坡口焊缝的极限受弯承载力及梁腹板抗剪连接的极限抗剪承载力。

**5. 支撑与框架的连接**

支撑构件主要是承受框架结构的侧向水平荷载。支撑杆件的端部可以与梁柱节点连接，也可以与梁的中间部位连接。采用双角钢或双槽钢组合截面的支撑，一般通过节点板与梁柱节点实现连接（见图 9-25a）。而为便于制作和安装，既能抗拉，又具有良好抗压性能的 H 形或箱形截面支撑通常是借助于具有相同截面、焊接在梁柱上的悬伸支撑杆来实现连接（见图 9-25b）。

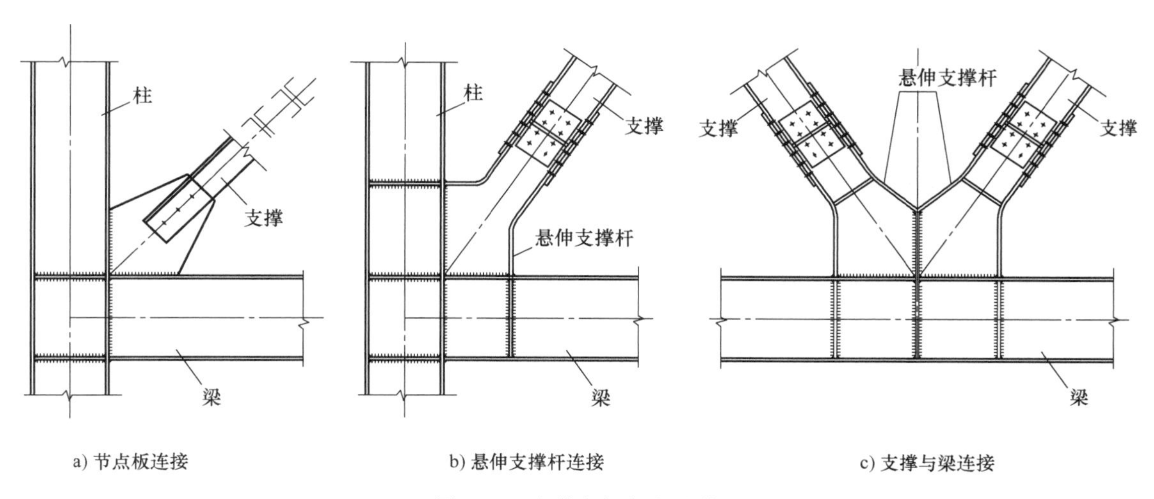


a) 节点板连接　b) 悬伸支撑杆连接　c) 支撑与梁连接

图 9-25　支撑与框架的连接

除特别设置的偏心支撑外，一般支撑杆件的重心线应与梁柱的重心线汇交于一点，当受节点条件限制而存在不大于支撑杆件截面宽度的偏心时，节点设计应计入由于偏心所产生的附加弯矩的影响。

对 H 形截面的支撑或端部为 H 形截面，而中间区段为箱形截面的支撑，为使作用于支撑翼缘的内力能顺畅传给梁和柱，应分别在梁柱与支撑翼缘连接处设置垂直加劲肋和水平加劲肋，其尺寸、厚度和连接应分别按支撑翼缘内力的垂直分力和水平分力来确定，同时应满足构造上的要求，并与梁柱截面尺寸和梁柱的补强板相协调。

无抗震设计时，支撑端部与梁柱的连接节点，原则上应按支撑构件的实际受力进行节点设计，即使杆件内力较小，还应按支撑杆件承载力设计值的二分之一来进行连接设计。在设计支撑端部与梁柱连接时，应将支撑内力分解成水平分力和垂直分力，把它们分别作用于梁的翼缘和柱的翼缘或腹板上，然后进行连接设计。

抗震设计时，根据强节点、弱构件的原则，支撑节点的极限承载力要高于节点连接的最大承载力，要高于构件本身的全塑性受弯承载力，支撑连接节点在支撑轴线方向的极限承载力应不低于支撑净截面屈服承载力的 1.2 倍，即

$$N_{\mathrm{ubr}}^{j} \geqslant \alpha A_{\mathrm{nbr}} f_{\mathrm{y}} \tag{9-67}$$

式中：$N_{\mathrm{ubr}}^{j}$——螺栓连接和节点板连接在支撑轴线方向的极限承载力；

$\alpha$——连接系数，按《高层民用建筑钢结构技术规程》的规定选用；

$A_{\mathrm{nbr}}$——支撑的净截面面积；

$f_{\mathrm{y}}$——支撑构件钢材的屈服强度。

6. 柱脚

（1）柱脚的分类　多、高层框架钢结构的柱脚可分为铰接柱脚和刚接柱脚。铰接柱脚仅传递垂直力和水平力，而刚接式柱脚还可以传递弯矩。在实际工程中，介于两者之间的半刚性柱脚也大量存在，在设计计算时，近似的按铰接柱脚或刚接柱脚处理。

铰接式柱脚的构造如图 9-26 所示，设计详见第 5 章。

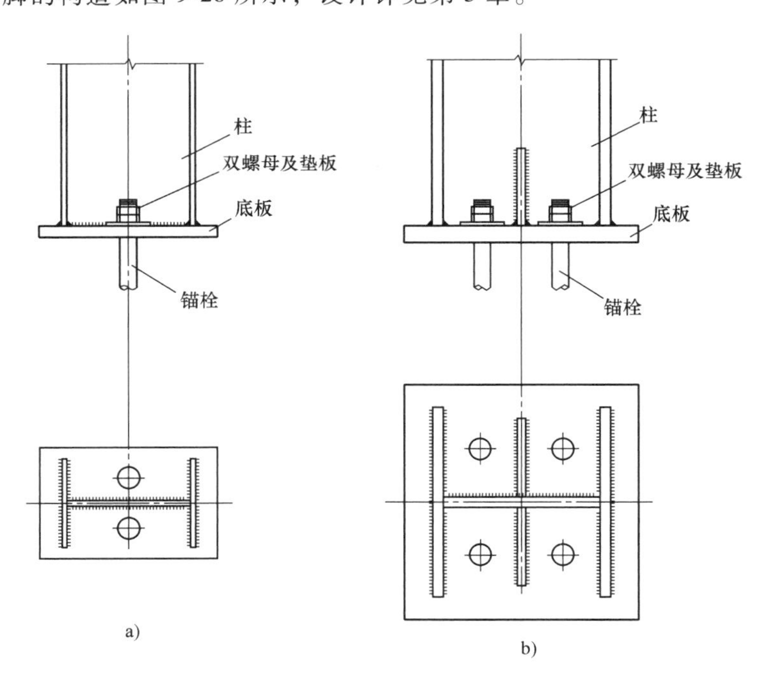


图 9-26　铰接柱脚

刚接柱脚按其构造形式可分为露出式柱脚、埋入式柱脚和包脚式柱脚三种。

1）露出式刚接柱脚。露出式刚接柱脚主要由底板、加劲板、锚栓、锚栓支托、套管、锚板、锚栓支承柱等组成（见图9-27）。

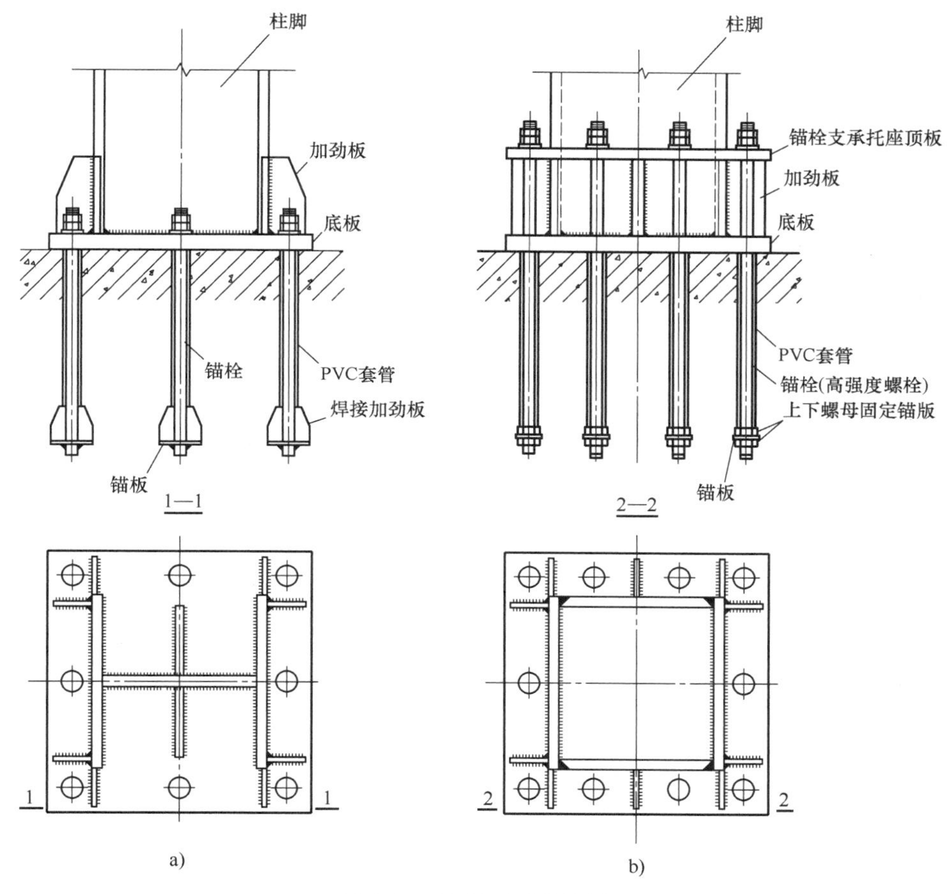


图9-27　露出式刚接柱脚

图9-27a所示为单板式外露刚接柱脚，用于弯矩较小的柱脚，锚栓埋入混凝土的部分要用PVC套管与混凝土隔离，锚栓最下方用锚板将锚栓固定在混凝土中，安装好柱脚后对锚栓施加预拉力。此时，基础混凝土近柱脚处全部受压，当柱脚承受弯矩作用时，受压一侧锚栓预拉力放松，基础压应力很少增加；受拉的一侧基础压应力放松，锚栓拉力也不增加。由于锚栓的预拉力是按受拉设计值的1.25倍确定的，所以柱脚基础混凝土永远处于受压状态。柱脚和混凝土表面不会脱离，从而保证柱脚抗弯刚度的连续（若锚栓不施加预拉力则柱脚受拉区与混凝土脱离接触，抗弯刚度突变，只能作为半刚接柱脚）。锚栓外加套管是为了让锚栓受预拉时可以自由伸长，锚栓自由长度越长，加预拉力时的预应力损失越小，预拉力的控制也可以更精确。若锚栓直接埋在混凝土中，其受拉时有相当长的区段会与混凝土滑移，锚固力和预拉力损失的计算都颇为困难。锚栓底部的锚板固定在混凝土中，当锚栓受拉时锚板受弯，所以要按混凝土的承压计算锚板的面积，要按锚板受弯计算锚板的厚度。为了减小锚板厚度，可以在锚板和锚栓之间焊加劲板，但对高强螺栓则不能施焊。柱脚底板也要按混凝土承压确定面积，按底板受弯确定其厚度。与非刚接柱脚不同的是，此时的压力是由锚栓

的预拉力产生的，而非刚接柱脚的压力主要是由结构自重产生的。对锚栓施加预拉力可用液压张拉器实施。这种方法避免了锚栓抗扭复合应力状态，增加了锚栓的强度及韧性，而且可以准确地控制预拉力。

图 9-27b 所示为柱靴式外露刚接柱脚，用于弯矩较大的柱脚。与单板式外露刚接柱脚相比，在柱靴高度范围有一段锚栓的自由长度，因而锚栓进入混凝土可以不加套管（当然加套管锚栓受力更准确）。另外，加劲板在顶板下，对锚栓的操作更为方便。但应注意的是锚栓之间的最小间距不像一般螺栓，是由锚栓最小中距和操作空间决定的，还取决于锚栓锚入混凝土的方式。若锚栓锚固力完全由锚板承受（如单板式外露刚接柱脚），则锚栓间距不考虑这一因素；若锚栓完全靠自身表面积锚固于混凝土中，则由锚栓群外包络面混凝土的抗剪承载力决定锚栓的间距。柱靴式外露刚接柱脚锚栓也同样要施加预拉力，受力方式基本同单板式外露刚接柱脚，只是柱脚锚栓支承托座的顶板计算时多边支承板的边界条件与单板式外露刚接柱脚不同。

2）埋入式刚接柱脚。图 9-28 所示是直接将钢柱埋入钢筋混凝土基础或基础梁的柱脚。其埋入方法有两种：一种是预先将钢柱脚按要求组装固定在设计标高上，然后浇筑基础或基础梁的混凝土；另一种是预先按要求浇筑基础或基础梁混凝土，并留出安装钢柱脚的杯口，待安装好钢柱脚后，再补浇杯口部分的混凝土。通常情况下，前一种方法有利于保证钢柱脚和基础或基础梁的整体刚度，采用较多。在埋入式刚接柱脚中，钢柱的埋入深度是影响柱脚抗弯刚度、承载力和变形能力的最重要因素。埋入式刚接柱脚往往对基础顶面纵、横向连梁的钢筋施工产生不利影响。另外，埋入钢柱后，混凝土柱的横截面尺寸也会增大较多，造价较高。

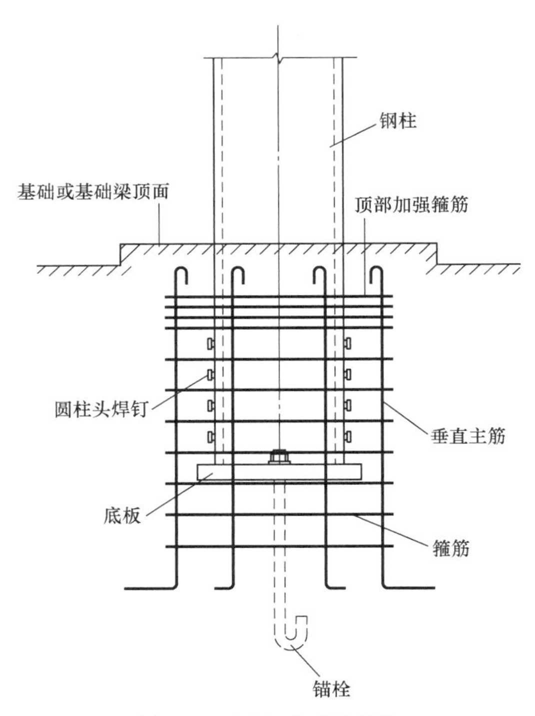

图 9-28　埋入式刚接柱脚

3）包脚式刚接柱脚。包脚式刚接柱脚（见图 9-29）是指按一定的要求将钢柱脚用钢筋混凝土包裹起来的柱脚，这类柱脚可以设置在地面之上，也可以设置在楼面上。钢筋混凝土包脚的高度、截面尺寸、保护层厚度和箍筋配置，对柱脚的内力传递和恢复力特性起着重要的作用。包脚式刚接柱脚凸出地面部分尺寸较大，有时会影响建筑使用，特别是在民用建筑内，较少采用。在工业建筑内，柱脚地面以上凸出部分可起到防止叉车等移动设备撞击的作用。

刚接柱脚都不应设抗剪键。对于后两种，自然不会有问题，对于外露式刚接柱脚，锚栓预拉力产生巨大压力形成的摩擦力足以抗剪。

埋入式和包脚式刚接柱脚工程量大，施工交叉影响多，外形尺寸大，有时妨碍使用。柱靴式外露刚接柱脚从 20 世纪 50 年代起就用于重型工业厂房，其优越的抗动力性能是经过实践证明的。单板式外露刚接柱脚在国内外应用较为广泛。应用的关键是外露式刚接柱脚的锚栓都要加预拉力，否则就只能作为半刚接柱脚。

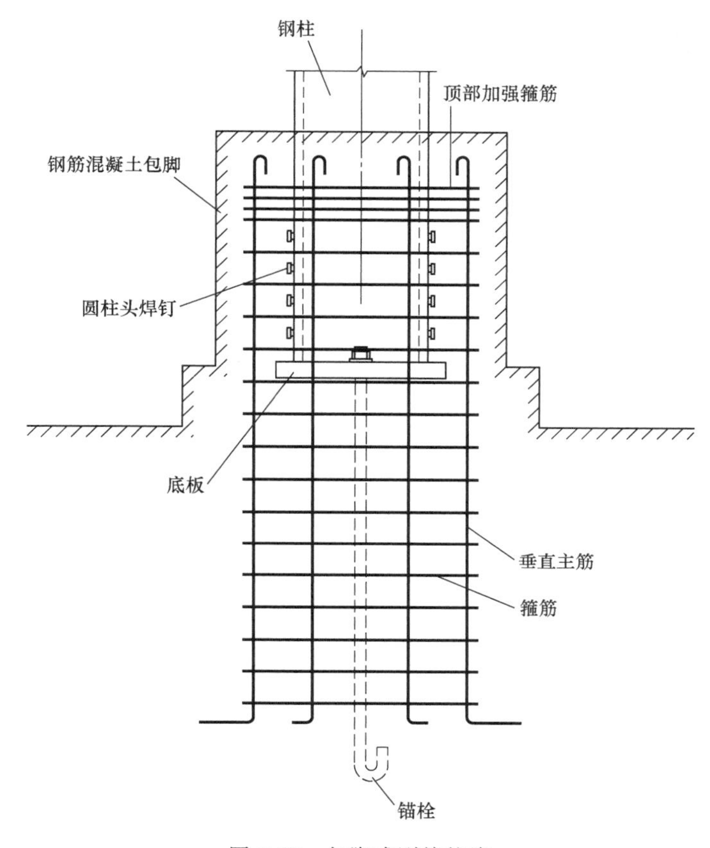


图 9-29　包脚式刚接柱脚

（2）柱脚的设计　下面主要介绍柱靴式外露刚接柱脚设计（见图 9-30），单板式外露刚接柱脚与柱靴式外露刚接柱脚相仿。

1）柱脚底板面积的确定。设柱脚底板的面积为 $A$、抗弯模量为 $W$、宽度为 $B$、长度为 $L$。

柱脚底板的宽度 $B$ 应根据柱端面形状和尺寸以及所设置的靴梁、加劲板等加强板件和锚栓的构造尺寸来确定，并且在板边留出 10~30mm 的边距。长度 $L$ 则由底板下基础的压应力不超过混凝土抗压强度设计值的要求来确定。$B$ 和 $L$ 一般取 5mm 的整倍数。

刚接柱脚的应力分布如图 9-30c、d 所示，为预拉力及各种内力之和。不加预拉力时，刚接柱脚内力可能引起的最大压应力

$$\sigma_{\min}=\frac{N'}{A}-\frac{M'}{W}=\frac{N'}{BL}-\frac{6M'}{BL^2} \tag{9-68}$$

若 $\sigma_{\min}<0$（受拉），则

预拉力锚栓抗拉验算

$$|\sigma_{\min}|\leqslant\frac{0.8nP}{A}=\frac{0.8nP}{BL} \tag{9-69}$$

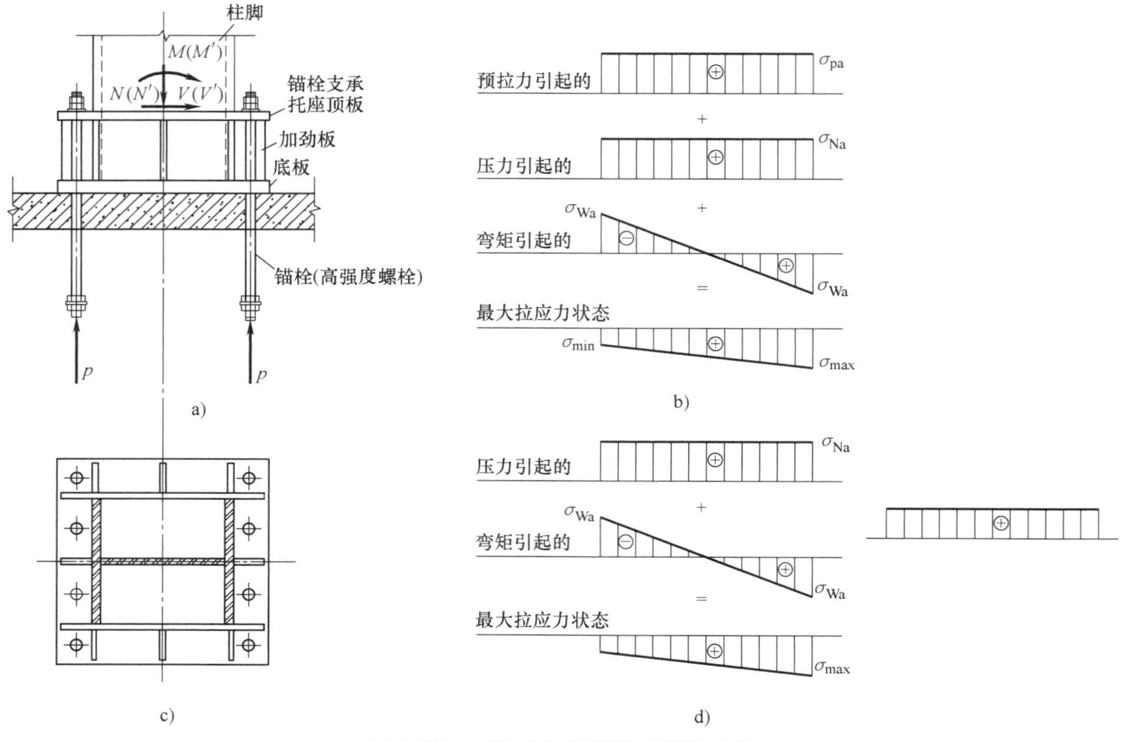


图 9-30　柱靴式外露刚接柱脚的计算

混凝土抗压验算

$$\sigma_{\max}=\frac{N}{A}+\frac{M}{W}=\frac{N}{BL}+\frac{6M}{BL^2}\leqslant f_c^e \tag{9-70}$$

$$V'\leqslant\frac{\mu}{2}nP+\mu N' \tag{9-71}$$

式中　$n$——柱脚锚栓数

$P$——单个锚栓预拉力设计值，用高强度螺栓预拉力设计值；

$N$、$M$——柱脚边缘产生最大压应力时的弯矩、压力组合；

$N'$、$M'$——柱脚边缘产生最大拉应力时的内力组合；

$f_c^e$——混凝土抗压强度设计值；

$\mu$——混凝土与底板的摩擦系数，一般取 0.4。

式（9-79）~式（9-81）为一般动力荷载的刚性柱脚验算公式。若对直接承受疲劳动力荷载的刚性柱脚，要求在受压时预拉力也不能为零，故还应满足

$$\frac{N}{A}+\frac{M}{W}<\frac{nP}{A} \tag{9-72}$$

2）柱脚底板的厚度 $t$。柱脚底板的厚度 $t$ 按下式计算，而且不小于柱较厚板件的厚度，且不宜小于 20mm。

$$t\geqslant\sqrt{\frac{6M_{\max}}{f}} \tag{9-73}$$

式中 $M_{max}$——根据柱脚底板下混凝土基础反力和底板的支承条件，分别按悬臂板、三边支承板、两边相邻支承板、四边支承板计算得到的最大弯矩。

计算 $M_{max}$ 时，板上引起弯曲的压应力值为 $\sigma_{max}$；由于柱翼缘板、靴梁或加劲板两侧的柱底板受力状态相同，弯矩趋于对等平衡，故这些支座边界均视为固接。

3）锚栓支托座（柱靴）顶板厚度 $t$。计算公式同式（9-73）。但其弯矩 $M_{max}$ 的计算不同于柱脚底板。设单个锚栓受力板块的长、宽分别为 $b$、$l$，则板块受到压应力（分布荷载，垂直于板面）为 $\sigma_{max}=\dfrac{P}{bl}$，而各块板的边界支承条件与柱脚底板不同：一般由加劲板支承边因两侧弯矩相等，视为刚接边；由柱翼缘或靴梁支承边因支承体的抗弯刚度小于顶板抗弯刚度，一般视为铰接，由此条件算得 $M_{max}$，再计算板厚 $t$。

4）加劲板的设计。加劲板受压可偏安全地认为承担全部压力（由锚栓预拉力 $P$ 产生），计算其受压强度和稳定。加劲板与上、下水平板之间用全熔透二级焊缝，加引弧板，按等强不需验算连接。

5）锚栓下部的锚板设计。锚栓下部的锚板受力验算，$P/A<f_c^e$，且抗弯按式（9-72）计，但支撑公式不同于柱脚底板。对于Q235、Q345材质的锚栓，锚板与锚栓之间可焊加劲板，锚板厚度可减小，对于高强锚栓，一般不能焊接，可用型钢做多个锚栓共同的锚板，抗弯好，用钢省。锚栓下端与锚板可用锚板上、下各加一螺母与锚杆下端的螺纹连接。这种方式便于运输安装，不影响基础钢筋的施工。锚板最好直接锚入基础底板上表面钢筋以下，这样可以取代混凝土柱墩中的主要钢筋（非预应力筋及抗裂构造筋另配），若锚板不能埋入基础底板上表面钢筋以下，则柱墩内除锚栓外的钢筋还要抵抗全部内力。

6）预应力锚栓埋设深度。预应力锚栓埋设深度与普通螺栓不同，除了与柱墩内配筋计算有关外，还有一定要求：用PVC管隔离的锚栓埋深不要小于柱墩主筋直径的40倍；直接埋入混凝土中的锚栓埋深不要小于受拉钢筋在混凝土受压区内锚固长度的1.5倍（因上部有一段锚栓在预拉力作用下与混凝土滑移后不能作为锚固长度）。

7）构造要求。

① 锚栓若与混凝土之间用PVC管隔离，且预拉力用液压张拉器施工，则可取高强度钢材（相当于8.8级、10.9级螺栓，设计强度也按高强度螺栓）。锚栓若埋入混凝土中，或用扭矩法施加预拉力，则宜采用Q345或35号优质碳素钢，后者强度略高于前者，只是不宜现场焊接，强度按锚栓设计强度。

② 锚栓的布置在平面上应尽可能沿柱外边均匀分布，且锚栓群的双向抗弯模量与柱脚底板的双向抗弯模量应尽可能近似。当按式（9-69）计算不能满足时，可以缩减柱脚底板中间面积（可以在底板上开孔以增加压应力），当然要重新验算式（9-70）。

③ 柱脚底板上及柱靴顶板上锚栓孔直径宜取锚栓直径加5~10mm，所以相对应锚栓埋设的水平向最大允许误差为±(2~5)mm，锚栓穿入后应加厚垫片，厚垫片螺孔直径为锚栓直径加2mm，厚垫片厚度可取20mm，厚垫片直径宜取锚栓直径的2.5倍。施加预拉力的锚栓厚垫片不需和靴梁顶板焊死，也不用双螺母防松。

（3）格构式框架柱的柱脚　格构式框架柱的柱脚可做成分离式，锚栓也不需加预拉力，对于分离式的单个柱脚，只要铰接即可，但两个柱脚组合起来对于格构柱就成了刚接柱脚。所以，这种分离式刚接柱脚实际上是将其中各柱脚按铰接设计而成的。柱脚的抗剪可由受压较大柱脚（因整体弯矩作用产生单肢压力加自重压力）产生的抗剪能力承担。若不满足，再考虑用抗剪键。为了保证格构柱的柱脚在运输和安装时不变形，可在分离的柱脚间用型钢连接。

## 思考题

9-1　多、高层房屋钢结构主要有哪几种结构体系？各结构体系的受力特征和适用范围是怎样的？

9-2　框架支撑体系中的中心支撑和偏心支撑有什么区别？各有什么受力特点？

9-3　偏心支撑框架体系的抗震设计思想是什么？在设计中如何实现？

9-4　多、高层房屋钢结构设计中一般起控制作用的是哪种荷载组合？计算风荷载时应特别考虑哪些影响因素？

9-5　多、高层房屋钢结构中常用的楼盖结构有哪些？组合楼板在施工阶段和使用阶段的受力各有什么特点？

9-6　多、高层房屋钢结构体系中有哪些主要的连接节点？简述各种节点的构造特点和计算方法。

# 附录

## 附录 1　钢材和连接的强度设计值

附表 1-1　钢材的强度设计值

| 钢材 | | 抗拉、抗压和抗弯 $f$/(N/mm²) | 抗剪 $f_v$/(N/mm²) | 端面承压(刨平顶紧) $f_{ce}$/(N/mm²) | 钢材名义屈服强度 $f_y$/(N/mm²) | 极限抗拉强度最小值 $f_u$/(N/mm²) |
|---|---|---|---|---|---|---|
| 牌号 | 厚度或直径/mm | | | | | |
| Q235 钢 | ≤16 | 215 | 125 | 320 | 235 | 370 |
| | >16~40 | 205 | 120 | | 225 | 370 |
| | >40~100 | 200 | 115 | | 215 | 370 |
| Q345 钢 | ≤16 | 305 | 175 | 400 | 345 | 470 |
| | >16~40 | 295 | 170 | | 335 | 470 |
| | >40~63 | 290 | 165 | | 325 | 470 |
| | >63~80 | 280 | 160 | | 315 | 470 |
| | >80~100 | 270 | 155 | | 305 | 470 |
| Q390 钢 | ≤16 | 345 | 200 | 415 | 390 | 490 |
| | >16~40 | 330 | 190 | | 370 | 490 |
| | >40~63 | 310 | 180 | | 350 | 490 |
| | >63~100 | 295 | 170 | | 330 | 490 |
| Q420 钢 | ≤16 | 375 | 215 | 440 | 420 | 520 |
| | >16~40 | 355 | 205 | | 400 | 520 |
| | >40~63 | 320 | 185 | | 380 | 520 |
| | >63~100 | 305 | 175 | | 360 | 520 |
| Q460 钢 | ≤16 | 410 | 235 | 470 | 460 | 550 |
| | >16~40 | 390 | 225 | | 440 | 550 |
| | >40~63 | 355 | 205 | | 420 | 550 |
| | >63~100 | 340 | 195 | | 400 | 550 |
| Q345GJ | >16~50 | 325 | 190 | 415 | 345 | 490 |
| | >50~100 | 300 | 175 | | 335 | 490 |

注：1. GJ 钢的名义屈服强度取上限屈服强度，其他取下限屈服强度。

2. 表中厚度系指计算点的钢材厚度，对轴心受拉和轴心受压构件是指截面中较厚件的厚度。

附表 1-2　焊缝的强度设计值

| 焊接方法和焊条型号 | 构件钢材 | | 对接焊缝 | | | | 角焊缝 |
|---|---|---|---|---|---|---|---|
| | 牌号 | 厚度或直径/mm | 抗压 $f_c^w$/(N/mm²) | 焊缝质量为下列等级时，抗拉 $f_t^w$/(N/mm²) | | 抗剪 $f_v^w$/(N/mm²) | 抗拉、抗压和抗剪 $f_f^w$/(N/mm²) |
| | | | | 一级、二级 | 三级 | | |
| 自动焊、半自动焊和 E43 型焊条电弧焊 | Q235 钢 | ≤16 | 215 | 215 | 185 | 125 | 160 |
| | | >16~40 | 205 | 205 | 175 | 120 | |
| | | >40~100 | 200 | 200 | 170 | 115 | |
| 自动焊、半自动焊和 E50 型焊条电弧焊 | Q345 钢 | ≤16 | 305 | 305 | 260 | 175 | 200 |
| | | >16~40 | 295 | 295 | 250 | 170 | |
| | | >40~63 | 290 | 290 | 245 | 165 | |
| | | >63~80 | 280 | 280 | 240 | 160 | |
| | | >80~100 | 270 | 270 | 230 | 155 | |
| 自动焊、半自动焊和 E55 型焊条电弧焊 | Q390 钢 | ≤16 | 345 | 345 | 295 | 200 | 200(E50)<br>220(E55) |
| | | >16~40 | 330 | 330 | 280 | 190 | |
| | | >40~63 | 310 | 310 | 265 | 180 | |
| | | >63~100 | 295 | 295 | 250 | 170 | |
| | Q420 钢 | ≤16 | 410 | 410 | 350 | 235 | 220(E55)<br>240(E60) |
| | | >16~40 | 390 | 390 | 330 | 225 | |
| | | >40~63 | 355 | 355 | 350 | 205 | |
| | | >63~100 | 340 | 340 | 295 | 195 | |
| | Q460 钢 | ≤16 | 410 | 410 | 350 | 235 | 220(E55)<br>240(E60) |
| | | >16~40 | 390 | 390 | 330 | 225 | |
| | | >40~63 | 355 | 355 | 300 | 205 | |
| | | >63~100 | 340 | 340 | 290 | 195 | |
| | Q345GJ 钢 | >16~35 | 310 | 310 | 265 | 180 | 200 |
| | | >35~50 | 290 | 290 | 245 | 170 | |
| | | >50~100 | 285 | 285 | 240 | 165 | |

注：1. 自动焊和半自动焊所采用的焊丝和焊剂，应保证其熔敷金属的力学性能不低于母材的性能。

2. 焊缝质量等级应符合现行《钢结构焊接规范》的规定，其检验方法应符合现行《钢结构工程施工质量验收规范》的规定。其中厚度小于 8mm 钢材的对接焊缝，不应采用超声波探伤确定焊缝质量等级。

3. 对接焊缝在受压区的抗弯强度设计值取 $f_c^w$。在受拉区的抗弯强度设计值取 $f_t^w$。

4. 表中厚度系指计算点的钢材厚度，对轴心受拉和轴心受压构件系指截面中较厚板件的厚度。

5. 进行无垫板的单面施对接焊缝的连接计算时，上表规定的强度设计值应乘折减系数 0.85。

附表 1-3　螺栓连接的强度设计值　（单位：N/mm²）

| 螺栓的性能等级、锚栓和构件钢材的牌号 | | 螺栓 | | | | | | 锚栓 | 承压型连接高强度螺栓 | | |
|---|---|---|---|---|---|---|---|---|---|---|---|
| | | C 级螺栓 | | | A 级、B 级螺栓 | | | | | | |
| | | 抗拉 $f_t^b$ | 抗剪 $f_v^b$ | 承压 $f_c^b$ | 抗拉 $f_t^b$ | 抗剪 $f_v^b$ | 承压 $f_c^b$ | 抗拉 $f_t^a$ | 抗拉 $f_t^b$ | 抗剪 $f_v^b$ | 承压 $f_c^b$ |
| 普通螺栓 | 4.6 级、4.8 级 | 170 | 140 | — | — | — | — | — | — | — | — |
| | 5.6 级 | — | — | — | 210 | 190 | — | — | — | — | — |
| | 8.8 级 | — | — | — | 400 | 320 | — | — | — | — | — |
| 锚栓 | Q235 钢 | — | — | — | — | — | — | 140 | — | — | — |
| | Q345 钢 | — | — | — | — | — | — | 180 | — | — | — |
| | Q390 钢 | — | — | — | — | — | — | 185 | — | — | — |
| 承压型连接高强度螺栓 | 8.8 级 | — | — | — | — | — | — | — | 400 | 250 | — |
| | 10.9 级 | — | — | — | — | — | — | — | 500 | 310 | — |

（续）

| 螺栓的性能等级、锚栓和构件钢材的牌号 | | 螺栓 | | | | | | 锚栓 | 承压型连接高强度螺栓 | | |
|---|---|---|---|---|---|---|---|---|---|---|---|
| | | C 级螺栓 | | | A 级、B 级螺栓 | | | | | | |
| | | 抗拉 $f_t^b$ | 抗剪 $f_v^b$ | 承压 $f_c^b$ | 抗拉 $f_t^b$ | 抗剪 $f_v^b$ | 承压 $f_c^b$ | 抗拉 $f_t^a$ | 抗拉 $f_t^b$ | 抗剪 $f_v^b$ | 承压 $f_c^b$ |
| 螺栓球网架用高强度螺栓 | 9.8 级 | — | — | — | — | — | — | — | 385 | — | — |
| | 10.9 级 | — | — | — | — | — | — | — | 430 | — | — |
| 构件 | Q235 钢 | — | — | 305 | — | — | 405 | — | — | — | 470 |
| | Q345 钢 | — | — | 385 | — | — | 510 | — | — | — | 590 |
| | Q390 钢 | — | — | 400 | — | — | 530 | — | — | — | 615 |
| | Q420 钢 | — | — | 425 | — | — | 560 | — | — | — | 655 |
| | Q460 钢 | — | — | 450 | — | — | 595 | — | — | — | 695 |
| | Q345GJ 钢 | — | — | 400 | — | — | 530 | — | — | — | 615 |

注：1. A 级螺栓用于 $d \leqslant 24$mm 和 $l \leqslant 10d$ 或 $l \leqslant 150$mm（按较小值）的螺栓；B 级螺栓用于 $d > 24$mm 或 $l > 10d$ 或 $l >$ 150mm（按较小值）螺栓。$d$ 为公称直径，$l$ 为螺杆公称长度。

2. A、B 级螺栓孔的精度和孔壁表面粗糙度，C 级螺栓孔的容许偏差和孔壁表面粗糙度，均应符合现行《钢结构工程施工质量验收规范》的要求。

3. 用于螺栓球网架的高强度螺栓。M12～M36 为 10.9 级，M39～M64 为 9.8 级。

### 附表 1-4 铆钉连接的强度设计值

| 铆钉钢号和构件钢材牌号 | | 抗拉（钉头拉脱）$f_t^r$/(N/mm²) | 抗剪 $f_v^r$/(N/mm²) | | 承压 $f_c^r$/(N/mm²) | |
|---|---|---|---|---|---|---|
| | | | Ⅰ类孔 | Ⅱ类孔 | Ⅰ类孔 | Ⅱ类孔 |
| 铆钉 | BL2 或 BL3 | 120 | 185 | 155 | — | — |
| 构件 | Q235 钢 | — | — | — | 450 | 365 |
| | Q345 钢 | — | — | — | 565 | 460 |
| | Q390 钢 | — | — | — | 590 | 480 |

注：1. 属于下列情况者为Ⅰ类孔：在装配好的构件下按设计孔径钻成的孔；在单个零件和构件上按设计孔径分别用钻模钻成的孔；在单个零件上先钻成或冲成较小的孔径，然后在装配好的构件上再扩钻到设计孔径的孔。

2. 在单个零件上一次冲成或不用钻模钻成设计孔径的孔属于Ⅱ类孔。

### 附表 1-5 结构构件或连接设计强度的折减系数

| 项次 | 情　况 | 折减系数 |
|---|---|---|
| 1 | 单面连接的单角钢<br>(1)按轴心受力计算强度和连接<br>(2)按轴心受压力计算稳定性<br>等边角钢<br>短边相连的不等边角钢<br>长边相连的不等边角钢 | <br>0.85<br><br>$0.6+0.0015\lambda$，但不大于 1.0<br>$0.5+0.0025\lambda$，但不大于 1.0<br>0.70 |
| 2 | 跨度≥60m 桁架的受压弦杆和端部受压腹杆 | 0.95 |
| 3 | 无垫板的单面施焊对接焊缝 | 0.85 |
| 4 | 施工条件较差的高空安装焊缝和铆钉连接 | 0.90 |
| 5 | 沉头和半沉头铆钉连接 | 0.80 |

注：1. $\lambda$ 为长细比，对中间无联系的单角钢压杆，应按最小回转单角钢压杆，应按最小半径计算：当 $\lambda < 20$ 时，取 $\lambda = 20$。

2. 当几种情况同时存在时，其折减系数应连乘。

# 附录 2　受弯构件的挠度容许值

附表 2-1　受弯构件挠度容许值

| 项次 | 构件类别 | 挠度容许值 | |
|---|---|---|---|
| | | $[v_T]$ | $[v_Q]$ |
| 1 | 吊车梁和吊车桁架(按自重和起重量最大的一台起重机计算挠度)<br>1)手动起重机和单梁起重机(含悬挂式起重机)<br>2)轻级工作制桥式起重机<br>3)中级工作制桥式起重机<br>4)重级工作制桥式起重机 | <br>$l/500$<br>$l/800$<br>$l/1000$<br>$l/1200$ | — |
| 2 | 手动或电动葫芦的轨道梁 | $l/400$ | — |
| 3 | 有重轨(重量等于或大于 38kg/m)轨道的工作平台梁<br>有轻轨(重量等于或大于 24kg/m)轨道的工作平台梁 | $l/600$<br>$l/400$ | — |
| 4 | 楼(屋)盖梁或桁架、工作平台梁(第 3 项除外)和平台板<br>1)主梁或桁架(包括设有悬挂起重设备的梁和桁架)<br>2)抹灰顶棚的次梁<br>3)除 1)、2)款外的其他梁(包括楼梯梁)<br>4)屋盖檩条<br>支承无积灰的瓦楞铁和石棉瓦等屋面者<br>支承压型金属板、有积灰的瓦楞铁和石棉瓦等屋面者<br>支承其他屋面材料者<br>5)平台板 | <br>$l/400$<br>$l/250$<br>$l/250$<br><br>$l/150$<br>$l/200$<br>$l/200$<br>$l/150$ | <br>$l/500$<br>$l/350$<br>$l/300$<br><br>—<br>—<br>—<br>— |
| 5 | 墙架构件(风荷载不考虑阵风系数)<br>1)支柱<br>2)抗风桁架(作为连续支柱的支承时)<br>3)砌体墙的横梁(水平方向)<br>4)支承压型金属板、瓦楞铁和石棉瓦墙面的横梁(水平方向)<br>5)带有玻璃窗的横梁(竖直和水平方向) | <br>—<br>—<br>—<br>—<br>$l/200$ | <br>$l/400$<br>$l/1000$<br>$l/300$<br>$l/200$<br>$l/200$ |

注：1. $l$ 为受弯构件的跨度（对悬臂梁和伸臂梁为悬伸长度的 2 倍）。

2. $[v_T]$ 为永久和可变荷载标准值产生的挠度（如有起拱应减去拱度）的容许值；$[v_Q]$ 为可变载标准值产生的挠度的容许值。

# 附录 3　梁的整体稳定系数

附表 3-1　H 型钢和等截面工字形简支梁的系数 $\beta_b$

| 项次 | 侧向支承 | 荷载 | | $\xi \leq 2.0$ | $\xi > 2.0$ | 适用范围 |
|---|---|---|---|---|---|---|
| 1 | 跨中无侧向支承 | 均布荷载作用在 | 上翼缘 | $0.69+0.13\xi$ | 0.95 | 附图 3-1a、b 和 d 的截面 |
| 2 | | | 下翼缘 | $1.73-0.20\xi$ | 1.33 | |
| 3 | | 集中荷载作用在 | 上翼缘 | $0.73+0.18\xi$ | 1.09 | |
| 4 | | | 下翼缘 | $2.23-0.28\xi$ | 1.67 | |

（续）

| 项次 | 侧向支承 | 荷载 | | $\xi \leq 2.0$ | $\xi > 2.0$ | 适用范围 |
|---|---|---|---|---|---|---|
| 5 | 跨度中点有一个侧向支承点 | 均布荷载作用在 | 上翼缘 | 1.15 | | 附图 3-1 中的所有截面 |
| 6 | | | 下翼缘 | 1.40 | | |
| 7 | | 集中荷载作用在截面高度上任意位置 | | 1.75 | | |
| 8 | 跨中有不少于两个等距离侧向支承点 | 任意荷载作用在 | 上翼缘 | $1.20\beta_b$ | | |
| 9 | | | 下翼缘 | 1.40 | | |
| 10 | 梁端有弯矩，但跨中无荷载作用 | | | | | |

注：1. $\xi$ 为参数，$\xi=l_1t_1/b_1h$ 其中 $b_1$ 为受压翼缘的宽度，对跨中无侧向支承点的梁，$l_1$ 为其跨度，对跨中有侧向支承点的梁，$l_1$ 为受压翼缘侧向支承点间的距离（梁的支座处视为有侧向支承）。

2. $M_1$、$M_2$ 为梁的端弯矩，使梁产生同向曲率时 $M_1$ 和 $M_2$ 取同号，产生反向曲率时取异号，$|M_1| \geq |M_2|$。

3. 表中项次 3、4 和 7 的集中荷载是指一个或少数几个集中荷载位于跨中央附近的情况，对其他情况的集中荷载，应按表中项次 1、2、5、6 内的数值采用。

4. 表中项次 8、9 的 $\beta_b$，当集中荷载作用有侧向支承点处时，取 $\beta_b=1.20$。

5. 荷载作用在上翼缘系指荷载作用点在翼缘表面，方向指向截面形心；荷载作用在下翼缘系指荷载作用点在翼缘表面，方向背向截面形心。

6. 对 $\alpha_b>0.8$ 的加强受太翼缘工字形截面，下列情况的 $\beta_b$ 值应乘以相应的系数：

项次 1：当 $\xi \leq 1.0$ 时，乘以 0.95。

项次 3：当 $\xi \leq 0.5$ 时，乘以 0.90；当 $0.5<\xi \leq 1.0$ 时，乘以 0.95。

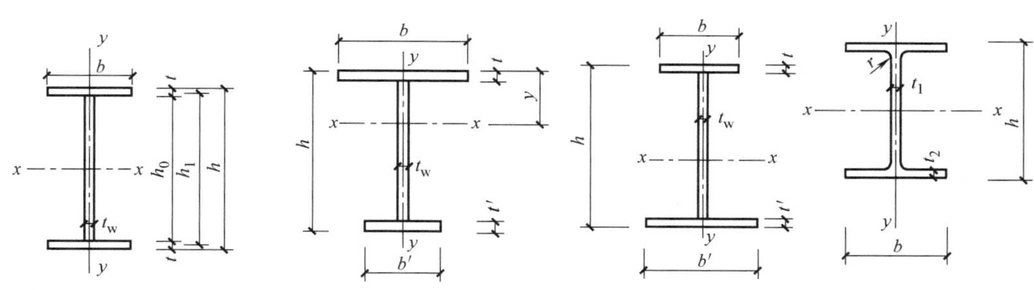

a) 双轴对称焊接工字形截面
b) 加强受压翼缘的单轴对称焊接工字形截面
c) 加强受拉翼缘的单轴对称焊接工字形截面
d) 轧制H型钢截面


附图 3-1　焊接工字形和轧制 H 型钢截面

**附表 3-2　轧制普通工字钢简支梁的 $\varphi_b$**

| 项次 | 荷载情况 | | | 工字钢型号 | 自由长度 $l_1$/m 2 | 3 | 4 | 5 | 6 | 7 | 8 | 9 | 10 |
|---|---|---|---|---|---|---|---|---|---|---|---|---|---|
| 1 | 跨中无侧向支承点的梁 | 集中荷载作用于 | 上翼缘 | 10~20 | 2.00 | 1.30 | 0.99 | 0.80 | 0.68 | 0.58 | 0.53 | 0.48 | 0.43 |
| | | | | 22~32 | 2.40 | 1.48 | 1.09 | 0.86 | 0.72 | 0.62 | 0.54 | 0.49 | 0.45 |
| | | | | 36~63 | 2.80 | 2.80 | 1.07 | 0.83 | 0.68 | 0.56 | 0.50 | 0.45 | 0.40 |
| 2 | | | 下翼缘 | 10~20 | 3.10 | 1.95 | 1.34 | 1.01 | 0.82 | 0.69 | 0.63 | 0.57 | 0.52 |
| | | | | 22~40 | 5.50 | 2.80 | 1.84 | 1.37 | 1.07 | 0.86 | 0.73 | 0.64 | 0.56 |
| | | | | 45~63 | 7.30 | 3.60 | 3.20 | 1.62 | 1.20 | 0.96 | 0.80 | 0.69 | 0.60 |
| 3 | | 均布荷载作用于 | 上翼缘 | 10~20 | 1.07 | 1.12 | 0.84 | 0.68 | 0.57 | 0.50 | 0.45 | 0.41 | 0.37 |
| | | | | 22~40 | 2.10 | 1.30 | 0.93 | 0.73 | 0.60 | 0.51 | 0.45 | 0.40 | 0.36 |
| | | | | 45~63 | 2.60 | 1.45 | 0.97 | 0.73 | 0.59 | 0.50 | 0.44 | 0.38 | 0.35 |

（续）

| 项次 | 荷载情况 | | | 工字钢型号 | 自由长度 $l_1$/m | | | | | | | | |
|---|---|---|---|---|---|---|---|---|---|---|---|---|---|
| | | | | | 2 | 3 | 4 | 5 | 6 | 7 | 8 | 9 | 10 |
| 4 | 跨中无侧向支承点的梁 | 均布荷载作用于 | 下翼缘 | 10～20<br>22～40<br>45～63 | 2.50<br>4.00<br>5.60 | 1.55<br>2.20<br>2.80 | 1.08<br>1.45<br>1.80 | 0.83<br>1.10<br>1.25 | 0.68<br>0.85<br>0.95 | 0.56<br>0.70<br>0.78 | 0.52<br>0.60<br>0.65 | 0.47<br>0.52<br>0.55 | 0.42<br>0.46<br>0.49 |
| 5 | 跨中有侧向支承点的梁（不论荷载作用点在截面高度上的位置） | | | 10～20<br>22～40<br>45～63 | 2.20<br>3.00<br>4.00 | 1.39<br>1.80<br>2.20 | 1.01<br>1.24<br>1.38 | 0.79<br>0.96<br>1.01 | 0.66<br>0.76<br>0.80 | 0.57<br>0.65<br>0.66 | 0.52<br>0.65<br>0.66 | 0.47<br>0.49<br>0.49 | 0.42<br>0.43<br>0.43 |

注：1. 同附表 3-1 的注 3、5。

2. 表中的 $\varphi_b$ 适用于 Q235 钢，对其他钢号，表中数值应乘以 $235/f_y$。

**附表 3-3 双轴对称工字形等截面（含 H 型钢）悬臂梁的系数**

| 项次 | 荷载形式 | | $0.60\leq\xi\leq1.24$ | $0.60\leq\xi\leq1.24$ | $0.60\leq\xi\leq1.24$ |
|---|---|---|---|---|---|
| 1 | 自由端一个集中荷载作用在 | 上翼缘 | $0.21+0.67\xi$ | $0.72+0.26\xi$ | $1.17+0.03\xi$ |
| 2 | | 下翼缘 | $2.94-0.65\xi$ | $2.64-0.40\xi$ | $2.15-0.15\xi$ |
| 3 | 均布荷载作用在上翼缘 | | $0.62+0.82\xi$ | $1.25+0.31\xi$ | $1.66+0.10\xi$ |

注：1. 本表是按支承端为固定的情况确定的，当用于由邻跨延伸出来的伸臂梁时，应在构造上采取措施加强支承处的抗扭能力。

2. 表中 $\xi$ 见附表 3-1 注 1。

# 附录 4 轴心受压构件的稳定系数

**附表 4-1 a 类截面轴心受压构件的稳定系数 $\varphi$**

| $\lambda\sqrt{\frac{f_y}{235}}$ | 0 | 1 | 2 | 3 | 4 | 5 | 6 | 7 | 8 | 9 |
|---|---|---|---|---|---|---|---|---|---|---|
| 0 | 1.000 | 1.000 | 1.000 | 1.000 | 0.999 | 0.999 | 0.998 | 0.998 | 0.997 | 0.996 |
| 10 | 0.995 | 0.994 | 0.993 | 0.992 | 0.991 | 0.989 | 0.998 | 0.986 | 0.985 | 0.983 |
| 20 | 0.981 | 0.979 | 0.977 | 0.976 | 0.974 | 0.972 | 0.970 | 0.968 | 0.966 | 0.964 |
| 30 | 0.963 | 0.961 | 0.959 | 0.957 | 0.955 | 0.952 | 0.950 | 0.948 | 0.946 | 0.944 |
| 40 | 0.941 | 0.939 | 0.937 | 0.934 | 0.932 | 0.929 | 0.927 | 0.924 | 0.921 | 0.919 |
| 50 | 0.916 | 0.913 | 0.910 | 0.907 | 0.904 | 0.900 | 0.897 | 0.894 | 0.890 | 0.886 |
| 60 | 0.883 | 0.879 | 0.875 | 0.871 | 0.867 | 0.863 | 0.858 | 0.854 | 0.849 | 0.844 |
| 70 | 0.839 | 0.834 | 0.829 | 0.824 | 0.818 | 0.813 | 0.807 | 0.801 | 0.795 | 0.789 |
| 80 | 0.783 | 0.776 | 0.770 | 0.763 | 0.757 | 0.750 | 0.743 | 0.736 | 0.728 | 0.721 |
| 90 | 0.714 | 0.706 | 0.699 | 0.691 | 0.684 | 0.676 | 0.668 | 0.661 | 0.653 | 0.645 |
| 100 | 0.638 | 0.630 | 0.622 | 0.615 | 0.607 | 0.600 | 0.592 | 0.585 | 0.577 | 0.570 |
| 110 | 0.563 | 0.555 | 0.548 | 0.541 | 0.534 | 0.527 | 0.520 | 0.514 | 0.507 | 0.500 |
| 120 | 0.494 | 0.488 | 0.481 | 0.475 | 0.469 | 0.463 | 0.457 | 0.451 | 0.445 | 0.440 |
| 130 | 0.434 | 0.429 | 0.423 | 0.418 | 0.412 | 0.407 | 0.402 | 0.397 | 0.392 | 0.387 |
| 140 | 0.383 | 0.378 | 0.373 | 0.369 | 0.364 | 0.360 | 0.356 | 0.351 | 0.347 | 0.343 |
| 150 | 0.339 | 0.335 | 0.331 | 0.327 | 0.323 | 0.320 | 0.314 | 0.312 | 0.309 | 0.305 |

（续）

| $\lambda\sqrt{\frac{f_y}{235}}$ | 0 | 1 | 2 | 3 | 4 | 5 | 6 | 7 | 8 | 9 |
|---|---|---|---|---|---|---|---|---|---|---|
| 160 | 0. 302 | 0. 298 | 0. 295 | 0. 292 | 0. 289 | 0. 285 | 0. 282 | 0. 279 | 0. 276 | 0. 273 |
| 170 | 0. 270 | 0. 267 | 0. 264 | 0. 262 | 0. 259 | 0. 256 | 0. 253 | 0. 251 | 0. 248 | 0. 246 |
| 180 | 0. 243 | 0. 241 | 0. 238 | 0. 236 | 0. 233 | 0. 231 | 0. 229 | 0. 226 | 0. 224 | 0. 222 |
| 190 | 0. 220 | 0. 218 | 0. 215 | 0. 213 | 0. 211 | 0. 209 | 0. 207 | 0. 205 | 0. 203 | 0. 201 |
| 200 | 0. 119 | 0. 198 | 0. 196 | 0. 194 | 0. 192 | 0. 190 | 0. 189 | 0. 187 | 0. 185 | 0. 183 |
| 210 | 0. 182 | 0. 180 | 0. 179 | 0. 177 | 0. 175 | 0. 174 | 0. 172 | 0. 171 | 0. 169 | 0. 168 |
| 220 | 0. 166 | 0. 165 | 0. 164 | 0. 162 | 0. 161 | 0. 159 | 0. 158 | 0. 157 | 0. 155 | 0. 154 |
| 230 | 0. 153 | 0. 152 | 0. 150 | 0. 149 | 0. 148 | 0. 147 | 0. 146 | 0. 144 | 0. 143 | 0. 142 |
| 240 | 0. 141 | 0. 140 | 0. 139 | 0. 138 | 0. 136 | 0. 135 | 0. 134 | 0. 133 | 0. 132 | 0. 131 |
| 250 | 0. 130 | — | — | — | — | — | — | — | — | — |

附表 4-2　*b* 类截面轴心受压构件的稳定系数 $\varphi$

| $\lambda\sqrt{\frac{f_y}{235}}$ | 0 | 1 | 2 | 3 | 4 | 5 | 6 | 7 | 8 | 9 |
|---|---|---|---|---|---|---|---|---|---|---|
| 0 | 1. 000 | 1. 000 | 1. 000 | 0. 999 | 0. 999 | 0. 998 | 0. 997 | 0. 996 | 0. 995 | 0. 994 |
| 10 | 0. 992 | 0. 991 | 0. 989 | 0. 987 | 0. 985 | 0. 983 | 0. 981 | 0. 978 | 0. 976 | 0. 973 |
| 20 | 0. 970 | 0. 967 | 0. 963 | 0. 960 | 0. 957 | 0. 953 | 0. 950 | 0. 946 | 0. 943 | 0. 939 |
| 30 | 0. 936 | 0. 932 | 0. 929 | 0. 925 | 0. 922 | 0. 918 | 0. 914 | 0. 910 | 0. 906 | 0. 903 |
| 40 | 0. 899 | 0. 895 | 0. 891 | 0. 887 | 0. 882 | 0. 878 | 0. 874 | 0. 870 | 0. 865 | 0. 861 |
| 50 | 0. 856 | 0. 852 | 0. 847 | 0. 842 | 0. 838 | 0. 833 | 0. 828 | 0. 823 | 0. 818 | 0. 813 |
| 60 | 0. 807 | 0. 802 | 0. 797 | 0. 791 | 0. 786 | 0. 780 | 0. 774 | 0. 769 | 0. 763 | 0. 757 |
| 70 | 0. 751 | 0. 745 | 0. 739 | 0. 732 | 0. 726 | 0. 720 | 0. 714 | 0. 707 | 0. 701 | 0. 694 |
| 80 | 0. 688 | 0. 681 | 0. 675 | 0. 668 | 0. 661 | 0. 655 | 0. 648 | 0. 641 | 0. 635 | 0. 628 |
| 90 | 0. 621 | 0. 614 | 0. 608 | 0. 601 | 0. 594 | 0. 588 | 0. 581 | 0. 575 | 0. 568 | 0. 561 |
| 100 | 0. 555 | 0. 549 | 0. 542 | 0. 536 | 0. 529 | 0. 523 | 0. 517 | 0. 511 | 0. 505 | 0. 499 |
| 110 | 0. 493 | 0. 487 | 0. 481 | 0. 475 | 0. 470 | 0. 464 | 0. 458 | 0. 453 | 0. 447 | 0. 442 |
| 120 | 0. 437 | 0. 432 | 0. 426 | 0. 421 | 0. 416 | 0. 411 | 0. 406 | 0. 402 | 0. 397 | 0. 392 |
| 130 | 0. 387 | 0. 383 | 0. 378 | 0. 374 | 0. 370 | 0. 365 | 0. 361 | 0. 357 | 0. 353 | 0. 349 |
| 140 | 0. 345 | 0. 341 | 0. 337 | 0. 333 | 0. 329 | 0. 326 | 0. 322 | 0. 318 | 0. 315 | 0. 311 |
| 150 | 0. 308 | 0. 304 | 0. 301 | 0. 298 | 0. 295 | 0. 291 | 0. 288 | 0. 285 | 0. 282 | 0. 279 |
| 160 | 0. 276 | 0. 273 | 0. 270 | 0. 267 | 0. 265 | 0. 262 | 0. 259 | 0. 256 | 0. 254 | 0. 251 |
| 170 | 0. 249 | 0. 246 | 0. 244 | 0. 241 | 0. 239 | 0. 236 | 0. 234 | 0. 232 | 0. 229 | 0. 227 |
| 180 | 0. 225 | 0. 223 | 0. 220 | 0. 218 | 0. 216 | 0. 214 | 0. 212 | 0. 210 | 0. 208 | 0. 206 |
| 190 | 0. 204 | 0. 202 | 0. 200 | 0. 198 | 0. 179 | 0. 195 | 0. 193 | 0. 191 | 0. 190 | 0. 188 |
| 200 | 0. 186 | 0. 184 | 0. 183 | 0. 181 | 0. 180 | 0. 178 | 0. 176 | 0. 175 | 0. 173 | 0. 172 |
| 210 | 0. 170 | 0. 169 | 0. 167 | 0. 166 | 0. 165 | 0. 163 | 0. 162 | 0. 160 | 0. 159 | 0. 158 |
| 220 | 0. 156 | 0. 155 | 0. 154 | 0. 153 | 0. 151 | 0. 150 | 0. 149 | 0. 148 | 0. 146 | 0. 145 |
| 230 | 0. 144 | 0. 143 | 0. 142 | 0. 141 | 0. 140 | 0. 138 | 0. 137 | 0. 136 | 0. 135 | 0. 134 |
| 240 | 0. 133 | 0. 132 | 0. 131 | 0. 130 | 0. 129 | 0. 128 | 0. 127 | 0. 126 | 0. 125 | 0. 124 |
| 250 | 0. 123 | — | — | — | — | — | — | — | — | — |

附表 4-3　$c$ 类截面轴心受压构件的稳定系数 $\varphi$

| $\lambda\sqrt{\frac{f_y}{235}}$ | 0 | 1 | 2 | 3 | 4 | 5 | 6 | 7 | 8 | 9 |
|---|---|---|---|---|---|---|---|---|---|---|
| 0 | 1.000 | 1.000 | 1.000 | 0.999 | 0.999 | 0.998 | 0.997 | 0.996 | 0.995 | 0.993 |
| 10 | 0.992 | 0.990 | 0.988 | 0.986 | 0.983 | 0.981 | 0.978 | 0.976 | 0.973 | 0.970 |
| 20 | 0.966 | 0.959 | 0.953 | 0.947 | 0.940 | 0.934 | 0.928 | 0.921 | 0.915 | 0.909 |
| 30 | 0.902 | 0.896 | 0.890 | 0.884 | 0.877 | 0.871 | 0.865 | 0.858 | 0.852 | 0.846 |
| 40 | 0.839 | 0.833 | 0.826 | 0.820 | 0.814 | 0.807 | 0.801 | 0.794 | 0.788 | 0.781 |
| 50 | 0.775 | 0.768 | 0.762 | 0.755 | 0.748 | 0.742 | 0.735 | 0.729 | 0.722 | 0.715 |
| 60 | 0.709 | 0.702 | 0.695 | 0.689 | 0.682 | 0.676 | 0.669 | 0.662 | 0.656 | 0.649 |
| 70 | 0.643 | 0.636 | 0.629 | 0.623 | 0.618 | 0.610 | 0.604 | 0.597 | 0.591 | 0.584 |
| 80 | 0.578 | 0.572 | 0.566 | 0.559 | 0.553 | 0.547 | 0.541 | 0.535 | 0.529 | 0.523 |
| 90 | 0.517 | 0.511 | 0.505 | 0.500 | 0.494 | 0.488 | 0.483 | 0.477 | 0.472 | 0.467 |
| 100 | 0.463 | 0.458 | 0.454 | 0.449 | 0.445 | 0.441 | 0.436 | 0.432 | 0.428 | 0.423 |
| 110 | 0.419 | 0.415 | 0.411 | 0.407 | 0.403 | 0.339 | 0.395 | 0.391 | 0.387 | 0.383 |
| 120 | 0.379 | 0.375 | 0.371 | 0.367 | 0.364 | 0.360 | 0.356 | 0.353 | 0.349 | 0.346 |
| 130 | 0.342 | 0.339 | 0.335 | 0.332 | 0.328 | 0.325 | 0.322 | 0.319 | 0.315 | 0.312 |
| 140 | 0.309 | 0.306 | 0.303 | 0.300 | 0.297 | 0.294 | 0.291 | 0.288 | 0.285 | 0.282 |
| 150 | 0.280 | 0.277 | 0.274 | 0.271 | 0.269 | 0.266 | 0.264 | 0.261 | 0.258 | 0.256 |
| 160 | 0.254 | 0.251 | 0.249 | 0.246 | 0.224 | 0.242 | 0.239 | 0.237 | 0.235 | 0.233 |
| 170 | 0.230 | 0.228 | 0.226 | 0.224 | 0.222 | 0.220 | 0.218 | 0.216 | 0.214 | 0.212 |
| 180 | 0.210 | 0.208 | 0.206 | 0.205 | 0.203 | 0.201 | 0.199 | 0.197 | 0.196 | 0.194 |
| 190 | 0.192 | 0.190 | 0.189 | 0.187 | 0.186 | 0.184 | 0.182 | 0.181 | 0.179 | 0.178 |
| 200 | 0.176 | 0.175 | 0.173 | 0.172 | 0.70 | 0.169 | 0.168 | 0.166 | 0.165 | 0.163 |
| 210 | 0.162 | 0.161 | 0.159 | 0.158 | 0.157 | 0.156 | 0.154 | 0.154 | 0.152 | 0.151 |
| 220 | 0.150 | 0.148 | 0.147 | 0.146 | 0.145 | 0.144 | 0.143 | 0.143 | 0.140 | 0.139 |
| 230 | 0.138 | 0.137 | 0.136 | 0.135 | 0.134 | 0.133 | 0.132 | 0.132 | 0.130 | 0.129 |
| 240 | 0.128 | 0.127 | 0.126 | 0.125 | 0.124 | 0.124 | 0.123 | 0.123 | 0.121 | 0.120 |
| 250 | 0.119 | — | — | — | — | — | — | — | — | — |

附表 4-4　$d$ 类截面轴心受压构件的稳定系数 $\varphi$

| $\lambda\sqrt{\frac{f_y}{235}}$ | 0 | 1 | 2 | 3 | 4 | 5 | 6 | 7 | 8 | 9 |
|---|---|---|---|---|---|---|---|---|---|---|
| 0 | 1.000 | 1.000 | 0.999 | 0.999 | 0.998 | 0.996 | 0.994 | 0.992 | 0.990 | 0.987 |
| 10 | 0.984 | 0.981 | 0.9780 | 0.974 | 0.969 | 0.965 | 0.960 | 0.995 | 0.949 | 0.944 |
| 20 | 0.937 | 0.927 | 0.918 | 0.909 | 0.900 | 0.891 | 0.883 | 0.847 | 0.865 | 0.857 |
| 30 | 0.848 | 0.840 | 0.831 | 0.823 | 0.815 | 0.807 | 0.799 | 0.790 | 0.782 | 0.774 |
| 40 | 0.766 | 0.759 | 0.751 | 0.743 | 0.735 | 0.728 | 0.720 | 0.712 | 0.705 | 0.697 |
| 50 | 0.690 | 0.683 | 0.675 | 0.668 | 0.661 | 0.654 | 0.646 | 0.639 | 0.632 | 0.625 |
| 60 | 0.618 | 0.612 | 0.605 | 0.598 | 0.591 | 0.585 | 0.578 | 0.572 | 0.565 | 0.559 |
| 70 | 0.552 | 0.546 | 0.540 | 0.543 | 0.528 | 0.522 | 0.516 | 0.510 | 0.504 | 0.498 |
| 80 | 0.493 | 0.487 | 0.481 | 0.476 | 0.470 | 0.465 | 0.460 | 0.454 | 0.449 | 0.444 |
| 90 | 0.439 | 0.434 | 0.429 | 0.424 | 0.419 | 0.414 | 0.410 | 0.405 | 0.401 | 0.397 |
| 100 | 0.394 | 0.390 | 0.387 | 0.383 | 0.380 | 0.376 | 0.373 | 0.370 | 0.366 | 0.363 |

（续）

| $\lambda\sqrt{\frac{f_y}{235}}$ | 0 | 1 | 2 | 3 | 4 | 5 | 6 | 7 | 8 | 9 |
|---|---|---|---|---|---|---|---|---|---|---|
| 110 | 0.359 | 0.356 | 0.353 | 0.350 | 0.346 | 0.343 | 0.340 | 0.337 | 0.334 | 0.331 |
| 120 | 0.328 | 0.325 | 0.322 | 0.319 | 0.316 | 0.313 | 0.310 | 0.307 | 0.304 | 0.301 |
| 130 | 0.299 | 0.296 | 0.293 | 0.290 | 0.288 | 0.285 | 0.282 | 0.280 | 0.277 | 0.275 |
| 140 | 0.272 | 0.270 | 0.267 | 0.265 | 0.262 | 0.260 | 0.258 | 0.255 | 0.253 | 0.251 |
| 150 | 0.248 | 0.246 | 0.244 | 0.242 | 0.240 | 0.237 | 0.235 | 0.233 | 0.231 | 0.229 |
| 160 | 0.227 | 0.225 | 0.223 | 0.221 | 0.219 | 0.217 | 0.215 | 0.213 | 0.212 | 0.210 |
| 170 | 0.208 | 0.206 | 0.204 | 0.203 | 0.201 | 0.199 | 0.197 | 0.196 | 0.194 | 0.192 |
| 180 | 0.191 | 0.189 | 0.188 | 0.186 | 0.184 | 0.183 | 0.181 | 0.180 | 0.178 | 0.177 |
| 190 | 0.176 | 0.174 | 0.173 | 0.171 | 0.170 | 0.168 | 0.167 | 0.166 | 0.164 | 0.163 |
| 200 | 0.162 | — | — | — | — | — | — | — | — | — |

注：1. 附表 4-1 中的 $\varphi$ 值是按下列公式算得：

当 $\lambda_n=\frac{\lambda}{\pi}\sqrt{f_y/E}\leqslant 0.215$ 时　$\varphi=1-\alpha_1\lambda_n^2$

当 $\lambda_n>0.215$ 时　$\varphi=\frac{1}{2\lambda_n^2}\left[(\alpha_2+\alpha^3\lambda_n+\lambda_n^2)-\sqrt{(\alpha_2+\alpha^3\lambda_n+\lambda_n^2)^2-4\lambda_n^2}\right]$

式中，$\alpha_1$、$\alpha_2$、$\alpha_3$ 为系数，根据构件的截面分类，按附表 4-5 采用。

2. 当构件的 $\lambda\sqrt{f_y/235}$ 值超出附表 4-1～附表 4-5 的范围时，则 $\varphi$ 值按注 1 所列的公式计算。

**附表 4-5　系数 $\alpha_1$、$\alpha_2$、$\alpha_3$**

| 截面类别 | | $\alpha_1$ | $\alpha_2$ | $\alpha_3$ |
|---|---|---|---|---|
| a 类 | | 0.41 | 0.986 | 0.152 |
| b 类 | | 0.65 | 0.965 | 0.300 |
| c 类 | $\lambda_n\leqslant 1.05$ | 0.73 | 0.906 | 0.595 |
| | $\lambda_n>1.05$ | | 1.216 | 0.302 |
| d 类 | $\lambda_n\leqslant 1.05$ | 1.35 | 0.868 | 0.915 |
| | $\lambda_n>1.05$ | | 1.375 | 0.432 |

# 附录 5　柱的计算长度系数

**附表 5-1　无侧移框架柱的计算长度系数 $\mu$**

| $K_2$ | $K_1$ | | | | | | | | | | | | |
|---|---|---|---|---|---|---|---|---|---|---|---|---|---|
| | 0 | 0.05 | 0.1 | 0.2 | 0.3 | 0.4 | 0.5 | 1 | 2 | 3 | 4 | 5 | ≥10 |
| 0 | 1.000 | 0.999 | 0.981 | 0.964 | 0.949 | 0.935 | 0.922 | 0.875 | 0.820 | 0.791 | 0.773 | 0.760 | 0.732 |
| 0.05 | 0.990 | 0.981 | 0.871 | 0.955 | 0.940 | 0.926 | 0.914 | 0.867 | 0.814 | 0.784 | 0.766 | 0.754 | 0.726 |
| 0.1 | 0.981 | 0.971 | 0.962 | 0.946 | 0.931 | 0.918 | 0.906 | 0.860 | 0.807 | 0.778 | 0.760 | 0.748 | 0.721 |
| 0.2 | 0.964 | 0.955 | 0.946 | 0.930 | 0.916 | 0.903 | 0.891 | 0.846 | 0.795 | 0.767 | 0.749 | 0.737 | 0.711 |
| 0.3 | 0.949 | 0.940 | 0.931 | 0.916 | 0.902 | 0.889 | 0.878 | 0.834 | 0.784 | 0.756 | 0.739 | 0.728 | 0.701 |
| 0.4 | 0.935 | 0.926 | 0.918 | 0.903 | 0.889 | 0.877 | 0.866 | 0.823 | 0.774 | 0.747 | 0.730 | 0.719 | 0.693 |
| 0.5 | 0.922 | 0.914 | 0.906 | 0.891 | 0.878 | 0.866 | 0.855 | 0.813 | 0.765 | 0.738 | 0.721 | 0.710 | 0.685 |
| 1 | 0.875 | 0.867 | 0.860 | 0.846 | 0.834 | 0.823 | 0.813 | 0.774 | 0.729 | 0.704 | 0.688 | 0.677 | 0.654 |
| 2 | 0.820 | 0.814 | 0.807 | 0.795 | 0.784 | 0.774 | 0.765 | 0.729 | 0.686 | 0.663 | 0.648 | 0.638 | 0.615 |

（续）

| $K_2$ | $K_1$ | | | | | | | | | | | | |
|---|---|---|---|---|---|---|---|---|---|---|---|---|---|
| | 0 | 0.05 | 0.1 | 0.2 | 0.3 | 0.4 | 0.5 | 1 | 2 | 3 | 4 | 5 | ≥10 |
| 3 | 0.791 | 0.784 | 0.778 | 0.767 | 0.756 | 0.747 | 0.738 | 0.704 | 0.663 | 0.640 | 0.625 | 0.616 | 0.593 |
| 4 | 0.773 | 0.766 | 0.760 | 0.749 | 0.739 | 0.730 | 0.721 | 0.688 | 0.648 | 0.625 | 0.611 | 0.601 | 0.580 |
| 5 | 0.760 | 0.754 | 0.748 | 0.737 | 0.728 | 0.719 | 0.710 | 0.677 | 0.638 | 0.616 | 0.601 | 0.592 | 0.570 |
| ≥10 | 0.732 | 0.726 | 0.721 | 0.711 | 0.701 | 0.693 | 0.685 | 0.654 | 0.615 | 0.593 | 0.580 | 0.570 | 0.549 |

注：1. 表中的计算长度系数 $\mu$ 值系按下式算得

$$\left[\left(\frac{\pi}{\mu}\right)^2+2(K_1+K_2)-4K_1K_2\right]\frac{\pi}{\mu}\cdot\sin\frac{\pi}{\mu}-2\left[(K_1+K_2)\left(\frac{\pi}{\mu}\right)+4K_1K_2\right]\cos\frac{\pi}{\mu}+8K_1K_2=0$$

式中，$K_1$、$K_2$ 分别为相交于柱上端、柱下端的横梁线刚度之和与柱线刚度之和的比值，当梁远端为铰接时，应将横梁线刚度梁乘以 1.5，当横梁远端为嵌固时，则将横梁线刚度乘以 2。

2. 当横梁与柱铰接时，取横梁线刚度为零。
3. 对底层框架柱：当柱与基础铰接时，取 $K_2=0$（对平板支座可取 $K_2=0.1$）；当柱与基础刚接时，取 $K_2=10$。
4. 当与柱刚性连接的横梁所受轴心压力 $N_b$ 较大时，横梁线刚度应乘以折减系数 $\alpha_N$：

横梁远端与柱刚接和横梁远端铰支时　$\alpha_N=1-N_b/N_{Eb}$

横梁远端嵌固时　$\alpha_N=1-N_b/(2N_{Eb})$

式中，$N_{Eb}=\pi^2EI_b/l^2$，$I_b$ 为横梁截面惯性矩，$l$ 为横梁长度。

**附表 5-2　有侧移框架柱的计算长度系数 $\mu$**

| $K_2$ | $K_1$ | | | | | | | | | | | | |
|---|---|---|---|---|---|---|---|---|---|---|---|---|---|
| | 0 | 0.05 | 0.1 | 0.2 | 0.3 | 0.4 | 0.5 | 1 | 2 | 3 | 4 | 5 | ≥10 |
| 0 | ∞ | 6.02 | 4.46 | 3.42 | 3.01 | 2.78 | 2.64 | 2.33 | 2.17 | 2.11 | 2.08 | 2.07 | 2.03 |
| 0.05 | 6.02 | 4.16 | 3.47 | 2.86 | 2.58 | 2.42 | 2.31 | 2.07 | 1.94 | 1.90 | 1.87 | 1.86 | 1.83 |
| 0.1 | 4.46 | 3.47 | 3.01 | 2.56 | 2.33 | 2.20 | 2.11 | 1.90 | 1.79 | 1.75 | 1.73 | 1.72 | 1.70 |
| 0.2 | 3.42 | 2.86 | 2.56 | 2.23 | 2.05 | 1.94 | 1.87 | 1.70 | 1.60 | 1.57 | 1.55 | 1.54 | 1.52 |
| 0.3 | 3.01 | 2.58 | 2.33 | 2.05 | 1.90 | 1.80 | 1.74 | 1.58 | 1.49 | 1.46 | 1.45 | 1.44 | 1.42 |
| 0.4 | 2.78 | 2.42 | 2.20 | 1.94 | 1.80 | 1.71 | 1.65 | 1.50 | 1.42 | 1.39 | 1.37 | 1.37 | 1.35 |
| 0.5 | 2.64 | 2.31 | 2.11 | 1.87 | 1.74 | 1.65 | 1.59 | 1.45 | 1.37 | 1.34 | 1.32 | 1.32 | 1.30 |
| 1 | 2.33 | 2.07 | 1.90 | 1.70 | 1.58 | 1.50 | 1.45 | 1.32 | 1.24 | 1.21 | 1.20 | 1.19 | 1.17 |
| 2 | 2.17 | 1.94 | 1.79 | 1.60 | 1.49 | 1.42 | 1.37 | 1.24 | 1.16 | 1.14 | 1.12 | 1.12 | 1.10 |
| 3 | 2.11 | 1.90 | 1.75 | 1.57 | 1.46 | 1.39 | 1.34 | 1.21 | 1.14 | 1.11 | 1.10 | 1.09 | 1.07 |
| 4 | 2.08 | 1.87 | 1.73 | 1.55 | 1.45 | 1.37 | 1.32 | 1.20 | 1.12 | 1.10 | 1.08 | 1.08 | 1.06 |
| 5 | 2.07 | 1.86 | 1.72 | 1.54 | 1.44 | 1.37 | 1.32 | 1.19 | 1.12 | 1.09 | 1.08 | 1.07 | 1.05 |
| ≥10 | 2.03 | 1.83 | 1.70 | 1.52 | 1.42 | 1.35 | 1.30 | 1.17 | 1.10 | 1.07 | 1.06 | 1.05 | 1.03 |

注：1. 表中计算长度系数 $\mu$ 值系按下式算得：

$$\left[36K_1K_2-\left(\frac{\pi}{\mu}\right)^2\right]\sin\frac{\pi}{\mu}+6(K_1+K_2)\frac{\pi}{\mu}\cdot\cos\frac{\pi}{\mu}=0$$

式中，$K_1$、$K_2$ 分别为相交于柱上端、柱下端的横梁线刚度之和与柱线刚度之和的比值，当横梁远端为铰接时，应将横梁线刚度乘以 0.5，当横梁远端为嵌固时，则应乘以 1/3。

2. 当横梁与柱铰接时，取横梁线刚度为零。
3. 对底层框架柱：当柱与基础铰接时，取 $K_2=0$（对平板支座可取 $K_2=0.1$）；当柱与基础刚接时，取 $K_2=10$。
4. 当与柱刚性连接的横梁所受轴心压力 $N_b$ 较大时，横梁线刚度应乘以折减系数 $\alpha_N$：

横梁远端与柱刚接时　$\alpha_N=1-N_b/(4N_{Eb})$

横梁远端铰支时　$\alpha_N=1-N_b/N_{Eb}$

横梁远端嵌固时　$\alpha_N=1-N_b(2N_{Eb})$

$N_{Eb}$ 的计算见附表 5-1 注 4。

# 附录 6　型钢表

附表 6-1　普通工字钢

符号　$h$——高度
$b$——翼缘宽度
$t_w$——腹板厚度
$t$——翼缘平均厚度
$I$——惯性矩
$W$——截面模量
$i$——回转半径
$S$——半截面的面积矩
长度：型号 10~18，
长 5~19m；
型号 20~63，
长 6~19m。

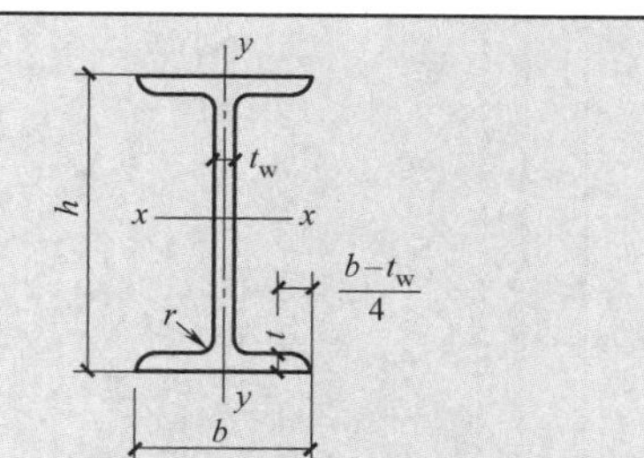


| 型号 | 尺寸 | | | | | 截面积 | 质量 | x-x 轴 | | | | y-y 轴 | | |
|---|---|---|---|---|---|---|---|---|---|---|---|---|---|---|
| | $h$ | $b$ | $t_w$ | $t$ | $r$ | $A$ | $q$ | $I_x$ | $W_x$ | $i_x$ | $I_x/S_x$ | $I_y$ | $W_y$ | $i_y$ |
| | mm | | | | | $cm^2$ | kg/m | $cm^4$ | $cm^3$ | cm | | $cm^4$ | $cm^3$ | cm |
| 10 | 100 | 68 | 4.5 | 7.6 | 6.5 | 14.3 | 11.2 | 245 | 49 | 4.14 | 8.69 | 33 | 9.6 | 1.51 |
| 12.6 | 126 | 74 | 5.0 | 8.4 | 7.0 | 18.1 | 14.2 | 488 | 77 | 5.19 | 11.0 | 47 | 12.7 | 1.61 |
| 14 | 140 | 80 | 5.5 | 9.1 | 7.5 | 21.5 | 16.9 | 712 | 102 | 5.75 | 12.2 | 64 | 16.1 | 1.73 |
| 16 | 160 | 88 | 6.0 | 9.9 | 8.0 | 26.1 | 20.5 | 1127 | 141 | 6.57 | 13.9 | 93 | 21.1 | 1.89 |
| 18 | 180 | 94 | 6.5 | 10.7 | 8.5 | 30.7 | 24.1 | 1699 | 185 | 7.37 | 15.4 | 123 | 26.2 | 2.00 |
| 20a | 200 | 100 | 7.0 | 11.4 | 9.0 | 35.5 | 27.9 | 2369 | 237 | 8.16 | 17.4 | 158 | 31.6 | 2.11 |
| 20b | | 102 | 9.0 | | | 39.5 | 31.1 | 2502 | 250 | 7.95 | 17.1 | 169 | 33.1 | 2.07 |
| 22a | 220 | 110 | 7.5 | 12.3 | 9.5 | 42.1 | 33.0 | 3406 | 310 | 8.99 | 19.2 | 226 | 41.1 | 2.32 |
| 22b | | 112 | 9.5 | | | 46.5 | 36.5 | 3583 | 326 | 8.78 | 18.9 | 240 | 42.9 | 2.27 |
| 25a | 250 | 116 | 8.0 | 13.0 | 10.0 | 48.5 | 38.1 | 5017 | 401 | 10.2 | 21.7 | 280 | 48.4 | 2.40 |
| 25b | | 118 | 10.0 | | | 53.5 | 42.0 | 5278 | 422 | 9.93 | 21.4 | 297 | 50.4 | 2.36 |
| 28a | 280 | 122 | 8.5 | 13.7 | 10.5 | 55.4 | 43.5 | 7115 | 508 | 11.3 | 24.3 | 344 | 56.4 | 2.49 |
| 28b | | 124 | 10.5 | | | 61.0 | 47.9 | 7481 | 534 | 11.1 | 24.0 | 364 | 58.7 | 2.44 |
| 32a | 320 | 130 | 9.5 | 15.0 | 11.5 | 67.1 | 52.7 | 11080 | 692 | 12.8 | 27.7 | 459 | 70.6 | 2.62 |
| 32b | | 132 | 11.5 | | | 73.5 | 57.7 | 11626 | 727 | 12.6 | 27.3 | 484 | 73.3 | 2.57 |
| 32c | | 134 | 13.5 | | | 79.9 | 62.7 | 12173 | 761 | 12.3 | 26.9 | 510 | 76.1 | 2.53 |
| 36a | 360 | 136 | 10.0 | 15.8 | 12.0 | 76.4 | 60.0 | 15796 | 878 | 14.4 | 31.0 | 555 | 81.6 | 2.69 |
| 36b | | 138 | 12.0 | | | 83.6 | 65.6 | 16574 | 921 | 14.1 | 30.6 | 584 | 84.6 | 2.64 |
| 36c | | 140 | 14.0 | | | 90.8 | 71.3 | 17351 | 964 | 13.8 | 30.2 | 614 | 87.7 | 2.60 |
| 40a | 400 | 142 | 10.5 | 16.5 | 12.5 | 86.1 | 67.6 | 21714 | 1086 | 15.9 | 34.4 | 660 | 92.9 | 2.77 |
| 40b | | 144 | 12.5 | | | 94.1 | 73.8 | 22781 | 1139 | 15.6 | 33.9 | 693 | 96.2 | 2.71 |
| 40c | | 146 | 14.5 | | | 102 | 80.1 | 23847 | 1192 | 15.3 | 33.5 | 727 | 99.7 | 2.67 |
| 45a | 450 | 150 | 11.5 | 180 | 13.5 | 102 | 80.4 | 32241 | 1433 | 17.7 | 38.5 | 855 | 114 | 2.89 |
| 45b | | 152 | 13.5 | | | 111 | 87.4 | 33759 | 1500 | 17.4 | 38.1 | 895 | 118 | 2.84 |
| 45c | | 154 | 15.5 | | | 120 | 94.5 | 35278 | 1568 | 17.1 | 37.6 | 935 | 122 | 2.79 |
| 50a | 500 | 158 | 12.0 | 20 | 14 | 119 | 93.6 | 46472 | 1859 | 19.7 | 42.9 | 1122 | 142 | 3.07 |
| 50b | | 160 | 14.0 | | | 129 | 101 | 48556 | 1942 | 19.4 | 42.3 | 1171 | 146 | 3.01 |
| 50c | | 162 | 16.0 | | | 139 | 109 | 50639 | 2026 | 19.1 | 41.9 | 1224 | 151 | 2.96 |
| 56a | 560 | 166 | 12.0 | 21 | 14.5 | 135 | 106 | 65576 | 2342 | 22.0 | 47.9 | 1366 | 165 | 3.18 |
| 56b | | 168 | 14.5 | | | 147 | 115 | 68503 | 2447 | 21.6 | 47.3 | 1424 | 170 | 3.12 |
| 56c | | 170 | 16.5 | | | 158 | 124 | 71430 | 2551 | 21.3 | 46.8 | 1485 | 175 | 3.07 |
| 63a | 630 | 176 | 13.0 | 22 | 15 | 155 | 122 | 94004 | 2984 | 24.7 | 53.8 | 1702 | 194 | 3.32 |
| 63b | | 178 | 15.0 | | | 167 | 131 | 98171 | 3117 | 24.2 | 53.2 | 1771 | 199 | 3.25 |
| 63c | | 180 | 17.0 | | | 180 | 141 | 102339 | 3249 | 23.9 | 52.6 | 1842 | 205 | 3.20 |

## 附表 6-2　H 型钢和 T 型钢

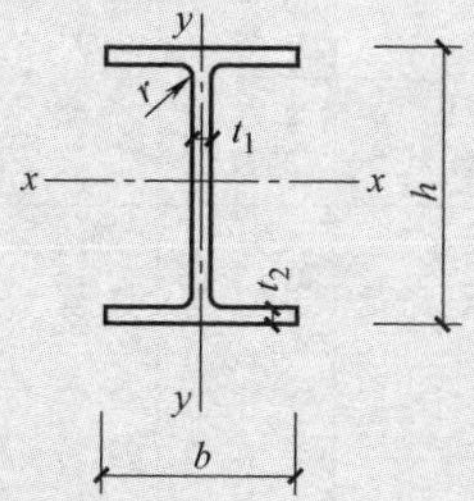


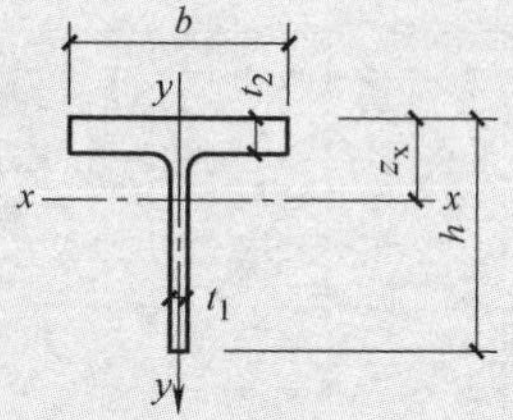


符号　$h$——H 型钢截面高度；$b$——翼级宽度；$t_1$——腹板厚度；

$t_2$——翼缘厚度；

$W$——截面系数；$i$——回转半径；$I$——截面二次矩

对 T 型钢：截面高度 $h_T$，截面面积 $A_T$，质量 $q_T$，截面二次矩 $I_{yT}$，等于相应 H 型钢的 1/2，HW、HM、HN 分别代表宽翼缘、中翼缘、窄翼缘 H 型钢；

TW、TM、TN 分别代表各自 H 型钢剖分的 T 形钢。

| 类别 | H 型钢规格 $h\times b_1\times t_w\times t$ (mm) | 截面积 $A$ (cm²) | 质量 $q$ (kg/m) | x-x $I_x$ (cm⁴) | x-x $W_x$ (cm³) | x-x $i_x$ (cm) | y-y $I_y$ (cm⁴) | y-y $W_y$ (cm³) | H和T $i_y$. $i_{yT}$ (cm) | 重心 $C_x$ (cm) | $x_T$-$x_T$ 轴 $I_{xT}$ (cm⁴) | $x_T$-$x_T$ 轴 $i_{xT}$ (cm) | T 型钢规格 $h_T\times b_1\times t_w\times t$ (mm) | 类别 |
|---|---|---|---|---|---|---|---|---|---|---|---|---|---|---|
| HW | 100×100×6×8 | 21.09 | 17.2 | 383 | 76.5 | 4.18 | 134 | 26.7 | 2.47 | 1.00 | 16.1 | 1.21 | 50×100×6×8 | TW |
| | 125×125×6.5×9 | 30.31 | 23.8 | 847 | 136 | 5.29 | 294 | 47.0 | 3.11 | 1.19 | 35.0 | 1.52 | 62.5×125×6.5×9 | |
| | 150×150×7×10 | 40.55 | 31.9 | 1660 | 221 | 6.39 | 564 | 75.1 | 3.73 | 1.37 | 66.4 | 1.81 | 75×150×7×10 | |
| | 175×175×7.5×11 | 51.43 | 40.3 | 2900 | 331 | 7.50 | 984 | 112 | 4.37 | 1.55 | 115 | 2.11 | 87.5×175×7.5×11 | |
| | 200×200×8×12 | 64.28 | 50.5 | 4770 | 477 | 8.61 | 1600 | 160 | 4.99 | 1.73 | 185 | 2.40 | 100×200×8×12 | |
| | #200×204×12×12 | 72.28 | 56.7 | 5030 | 503 | 8.35 | 1700 | 167 | 4.85 | 2.09 | 256 | 2.66 | #100×204×12×12 | |
| | 250×250×9×14 | 92.18 | 72.4 | 10800 | 867 | 10.8 | 3650 | 292 | 6.29 | 2.08 | 412 | 2.99 | 125×250×9×14 | |
| | #250×255×14×14 | 104.7 | 82.2 | 11500 | 919 | 10.5 | 3880 | 304 | 6.09 | 2.58 | 589 | 3.36 | #125×255×14×14 | |
| | #294×302×12×12 | 108.3 | 85.0 | 17000 | 1160 | 12.5 | 5520 | 365 | 7.14 | 2.83 | 858 | 3.98 | #147×302×12×12 | |
| | 300×300×10×15 | 120.4 | 94.5 | 20500 | 1370 | 13.1 | 6760 | 450 | 7.49 | 2.47 | 798 | 3.64 | 150×300×10×15 | |
| | 300×305×15×15 | 135.4 | 106 | 21600 | 1440 | 12.6 | 7100 | 466 | 7.24 | 3.02 | 1110 | 4.05 | 150×305×15×15 | |
| | #344×348×10×16 | 146.0 | 115 | 33300 | 1940 | 15.1 | 11200 | 646 | 8.78 | 2.67 | 1230 | 4.11 | #172×348×10×16 | |
| | 350×350×12×19 | 173.9 | 137 | 40300 | 2300 | 15.2 | 13600 | 776 | 8.84 | 2.86 | 1520 | 4.18 | 175×350×12×19 | |

| | | | | | | | | | | | | | |
|---|---|---|---|---|---|---|---|---|---|---|---|---|---|
| HM | #388×402×15×15 | 179.2 | 141 | 49200 | 2540 | 16.6 | 16300 | 809 | 9.52 | 3.69 | 2480 | 5.26 | #194×402×15×15 | TM |
| | #394×398×11×18 | 187.6 | 147 | 56400 | 2860 | 17.3 | 18900 | 951 | 10.0 | 3.01 | 2050 | 4.67 | #197×398×11×18 | |
| | 400×400×13×21 | 219.5 | 172 | 66900 | 3340 | 17.5 | 22400 | 1120 | 10.1 | 3.21 | 2480 | 4.75 | 200×400×13×21 | |
| | #400×408×21×21 | 251.5 | 197 | 71100 | 3560 | 16.8 | 23800 | 1170 | 9.73 | 4.07 | 3650 | 5.39 | #200×408×21×21 | |
| | #414×405×18×28 | 296.2 | 233 | 93000 | 4490 | 17.7 | 31000 | 1530 | 10.2 | 3.68 | 3620 | 4.95 | #207×405×18×28 | |
| | #428×407×20×35 | 361.4 | 284 | 119000 | 5580 | 18.2 | 39400 | 1930 | 10.4 | 3.90 | 4380 | 4.92 | #214×407×20×35 | |
| | 148×100×6×9 | 27.25 | 21.4 | 1040 | 140 | 6.17 | 151 | 30.2 | 2.35 | 1.55 | 51.7 | 1.95 | 74×100×6×9 | |
| | 194×150×6×9 | 39.76 | 31.2 | 2740 | 283 | 8.30 | 508 | 67.7 | 3.57 | 1.78 | 125 | 2.50 | 97×150×6×9 | |
| | 244×175×7×11 | 56.24 | 44.1 | 6120 | 502 | 10.4 | 985 | 113 | 4.18 | 2.27 | 289 | 3.20 | 122×175×7×11 | |
| | 294×200×8×12 | 73.03 | 57.3 | 11400 | 779 | 12.5 | 1600 | 160 | 4.69 | 2.82 | 572 | 3.96 | 147×200×8×12 | |
| | 340×250×91×14 | 101.5 | 79.7 | 21700 | 1280 | 14.6 | 3650 | 292 | 6.00 | 3.09 | 1020 | 4.48 | 170×250×9×14 | |
| | 390×300×10×16 | 136.7 | 107 | 38900 | 2000 | 16.9 | 7210 | 481 | 7.26 | 3.40 | 1730 | 5.03 | 195×100×10×16 | HM |
| | 440×300×11×18 | 157.4 | 124 | 56100 | 2550 | 18.9 | 8110 | 541 | 7.18 | 4.05 | 2680 | 5.84 | 220×300×11×18 | |
| | 482×300×11×15 | 146.4 | 115 | 60800 | 2520 | 20.4 | 6770 | 451 | 6.80 | 4.90 | 3420 | 6.83 | 241×300×11×15 | |
| | 488×300×11×18 | 164.4 | 129 | 71400 | 2930 | 20.8 | 8120 | 541 | 7.03 | 4.65 | 3620 | 6.64 | 244×300×11×18 | |
| | 582×300×12×17 | 174.5 | 137 | 103000 | 3530 | 24.3 | 7670 | 511 | 6.63 | 6.39 | 6360 | 8.54 | 291×300×12×17 | |
| | 588×300×12×20 | 192.5 | 151 | 118000 | 4020 | 24.8 | 9020 | 601 | 6.85 | 6.08 | 6710 | 8.35 | 294×300×12×20 | |
| | #594×302×14×23 | 222.4 | 175 | 137000 | 4620 | 24.9 | 10600 | 701 | 6.90 | 6.33 | 7920 | 8.44 | #297×302×14×23 | |
| HN | 100×50×5×7 | 12.16 | 9.54 | 192 | 38.5 | 3.98 | 14.9 | 5.96 | 1.11 | 1.27 | 11.9 | 1.40 | 50×50×5×7 | TN |
| | 125×60×6×8 | 17.01 | 13.3 | 417 | 66.8 | 4.95 | 29.3 | 9.75 | 1.31 | 1.63 | 27.5 | 1.80 | 62.5×60×68 | |
| | 150×75×5×7 | 18.16 | 14.3 | 679 | 90.6 | 6.12 | 49.6 | 13.2 | 1.65 | 1.78 | 42.7 | 2.17 | 75×75×5×7 | |
| | 175×90×5×8 | 23.21 | 18.2 | 1220 | 140 | 7.26 | 97.6 | 21.7 | 2.05 | 1.92 | 70.7 | 2.47 | 87.5×90×5×8 | |
| | 198×99×4.5×7 | 23.59 | 18.5 | 1610 | 163 | 8.27 | 114 | 23.0 | 2.20 | 2.13 | 94.0 | 2.82 | 99×99×4.5×7 | |

（续）

| 类别 | H 型钢 | | | | | | | | H 和 T | T 型钢 | | | | 类别 |
|---|---|---|---|---|---|---|---|---|---|---|---|---|---|---|
| | H 型钢规格 | 截面积 | 质量 | x-x | | | y-y | | | 重心 | $x_T$-$x_T$ 轴 | | T 型钢规格 | |
| | $h \times b_1 \times t_w \times t$ | $A$ | $q$ | $I_x$ | $W_x$ | $i_x$ | $I_y$ | $W_y$ | $i_y$. $i_{yT}$ | $C_x$ | $I_{xT}$ | $i_{xT}$ | $h_T \times b_1 \times t_w \times t$ | |
| | mm | cm² | 4kg/m | cm⁴ | cm³ | cm | cm⁴ | cm³ | cm | cm | cm⁴ | cm | mm | |
| HN | 200×100×5.5×8 | 27.57 | 21.7 | 1880 | 188 | 8.25 | 134 | 26.8 | 2.21 | 2.27 | 115 | 2.88 | 100×100×5.5×8 | TN |
| | 248×124×5×8 | 32.89 | 25.8 | 3560 | 287 | 10.4 | 255 | 41.1 | 2.78 | 2.62 | 208 | 3.56 | 124×124×5×8 | |
| | 250×125×6×9 | 37.87 | 29.7 | 4080 | 326 | 10.4 | 294 | 47.0 | 2.79 | 2.78 | 249 | 3.62 | 125×125×6×9 | |
| | 298×149×5.5×8 | 41.55 | 32.6 | 6460 | 433 | 12.4 | 443 | 59.4 | 3.26 | 3.22 | 395 | 4.36 | 149×149×5.5×8 | |
| | 300×150×6.5×9 | 47.53 | 37.3 | 7350 | 490 | 12.4 | 508 | 67.7 | 3.27 | 3.38 | 465 | 4.42 | 150×150×6.5×9 | |
| | 346×174×6×9 | 53.19 | 41.8 | 11200 | 649 | 14.5 | 792 | 91.0 | 3.86 | 3.68 | 681 | 5.06 | 173×174×6×9 | |
| | 350×175×7×11 | 63.66 | 50.0 | 13700 | 782 | 14.7 | 985 | 113 | 3.93 | 3.74 | 816 | 5.06 | 175×175×7×11 | |
| | #400×150×8×13 | 71.12 | 55.8 | 18800 | 942 | 16.3 | 734 | 97.9 | 3.21 | — | — | — | — | |
| | 396×199×7×11 | 72.16 | 56.7 | 20000 | 1010 | 16.7 | 1450 | 145 | 4.48 | 4.17 | 1190 | 5.76 | 198×199×7×11 | |
| | 400×200×8×13 | 84.12 | 66.0 | 23700 | 1190 | 16.8 | 1740 | 174 | 4.54 | 4.23 | 1400 | 5.76 | 200×200×8×13 | |
| | #450×150×9×14 | 83.41 | 65.5 | 27100 | 1200 | 18.0 | 793 | 106 | 3.08 | — | — | — | — | |
| | 446×199×8×12 | 84.95 | 66.7 | 29000 | 1300 | 18.5 | 1580 | 159 | 4.31 | 5.07 | 1880 | 6.65 | 223×199×8×12 | |
| | 450×200×9×14 | 97.41 | 76.5 | 33700 | 1500 | 18.6 | 1870 | 187 | 4.38 | 5.13 | 2160 | 6.66 | 225×200×9×14 | |
| | #500×150×10×16 | 98.23 | 77.1 | 38500 | 1540 | 19.8 | 907 | 121 | 3.04 | — | — | — | — | |
| | 496×199×9×14 | 101.3 | 79.5 | 41900 | 1690 | 20.3 | 1840 | 185 | 4.27 | 5.90 | 2840 | 7.49 | 248×199×9×14 | |
| | 500×200×10×16 | 114.2 | 89.6 | 47800 | 1910 | 20.5 | 2140 | 214 | 4.33 | 5.96 | 3210 | 7.50 | 250×200×10×16 | |
| | #506×201×11×19 | 131.3 | 103 | 56500 | 2230 | 20.8 | 2580 | 257 | 4.43 | 5.95 | 3670 | 7.48 | #253×201×11×19 | |
| | 596×199×10×15 | 121.2 | 95.1 | 69300 | 2330 | 23.9 | 1980 | 199 | 4.04 | 7.76 | 5200 | 9.27 | 298×199×10×15 | |
| | 600×200×11×17 | 135.2 | 106 | 78200 | 2610 | 24.1 | 2280 | 228 | 4.11 | 7.81 | 5820 | 9.28 | 300×200×11×17 | |
| | #606×201×12×20 | 153.3 | 120 | 91000 | 3000 | 24.4 | 2720 | 271 | 4.21 | 7.76 | 6580 | 9.26 | #303×201×12×20 | |
| | #692×300×13×20 | 211.5 | 166 | 172000 | 4980 | 28.6 | 9020 | 602 | 6.53 | — | — | — | — | |
| | 700×300×13×24 | 235.5 | 185 | 201000 | 5760 | 29.3 | 10800 | 722 | 6.78 | — | — | — | — | |

注：“#”表示的规格为非常用规格。

## 附表 6-3 普通槽钢

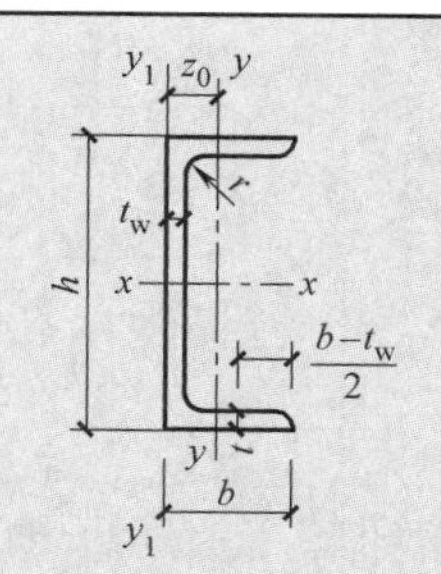


符号 同普通工字型钢，但 $W_y$ 为对应于翼缘肢尖的截面模量

长度：型号 5 ~ 8，长 5 ~ 12m；

型号 10 ~ 18，长 5 ~ 19m；

型号 20 ~ 40，长 6 ~ 19m。

| 型号 | 尺寸 | | | | | $A$ | $q$ | $I_x$ | $W_x$ | $i_x$ | $I_y$ | $W_y$ | $i_y$ | $I_{y1}$ | $z_0$ |
|---|---|---|---|---|---|---|---|---|---|---|---|---|---|---|---|
| | $h$ | $b$ | $t_w$ | $t$ | $r$ | | | | | | | | | | |
| | mm | | | | | $cm^2$ | kg/m | $cm^4$ | $cm^3$ | cm | $cm^4$ | $cm^3$ | cm | $cm^4$ | cm |
| 5 | 50 | 37 | 4.5 | 7.0 | 7.0 | 6.92 | 5.44 | 26 | 10.4 | 1.94 | 8.3 | 3.5 | 1.10 | 20.9 | 1.35 |
| 6.3 | 63 | 40 | 4.8 | 7.5 | 7.5 | 8.45 | 6.63 | 51 | 16.3 | 2.46 | 11.9 | 4.6 | 1.19 | 28.3 | 1.39 |
| 8 | 80 | 43 | 5.0 | 8.0 | 8.0 | 10.24 | 8.04 | 101 | 25.3 | 3.14 | 16.6 | 5.8 | 1.27 | 37.4 | 1.42 |
| 10 | 100 | 48 | 5.3 | 8.5 | 8.5 | 12.74 | 10.00 | 198 | 39.7 | 3.94 | 25.6 | 7.8 | 1.42 | 54.9 | 1.52 |
| 12.6 | 126 | 53 | 5.5 | 9.0 | 9.0 | 15.69 | 12.31 | 389 | 61.7 | 4.98 | 38.0 | 10.3 | 1.56 | 77.8 | 1.59 |
| 14 a | 140 | 58 | 6.0 | 9.5 | 9.5 | 18.51 | 14.53 | 564 | 80.5 | 5.52 | 53.2 | 13.0 | 1.70 | 107.2 | 1.71 |
| 14 b | | 60 | 8.0 | 9.5 | 9.5 | 21.31 | 16.73 | 609 | 87.1 | 5.35 | 61.2 | 14.1 | 1.69 | 120.6 | 1.67 |
| 16 a | 160 | 63 | 6.5 | 10.0 | 10.0 | 21.95 | 17.23 | 866 | 108.3 | 6.28 | 73.4 | 16.3 | 1.83 | 144.1 | 1.79 |
| 16 b | | 65 | 8.5 | 10.0 | 10.0 | 25.15 | 19.75 | 935 | 116.8 | 6.10 | 83.4 | 17.6 | 1.82 | 160.8 | 1.75 |
| 16 a | 160 | 63 | 6.5 | 10 | 10.0 | 21.95 | 17.23 | 866 | 108.3 | 6.28 | 73.4 | 16.3 | 1.83 | 144.1 | 1.79 |
| 16 b | | 65 | 8.5 | 10 | 10.0 | 25.15 | 19.75 | 935 | 116.8 | 6.10 | 83.4 | 17.6 | 1.82 | 160.8 | 1.75 |
| 18 a | 180 | 68 | 7.0 | 10.5 | 10.5 | 25.69 | 20.17 | 1273 | 141.4 | 7.04 | 98.6 | 20.0 | 1.96 | 189.7 | 1.88 |
| 18 b | | 70 | 9.0 | 10.5 | 10.5 | 29.29 | 22.99 | 1370 | 152.2 | 6.84 | 111.0 | 21.5 | 1.95 | 210.1 | 1.84 |
| 20 a | 200 | 73 | 7.0 | 11.0 | 11.0 | 28.83 | 22.63 | 1780 | 178.0 | 7.86 | 128.0 | 24.2 | 2.11 | 244.0 | 2.01 |
| 20 b | | 75 | 9.0 | 11.0 | 11.0 | 32.83 | 25.77 | 1914 | 191.4 | 7.64 | 143.6 | 25.9 | 2.09 | 268.4 | 1.95 |
| 22 a | 220 | 77 | 7.0 | 11.5 | 11.5 | 31.84 | 24.99 | 2394 | 217.6 | 8.67 | 157.8 | 28.2 | 2.23 | 298.2 | 2.10 |
| 22 b | | 79 | 9.0 | 11.5 | 11.5 | 36.24 | 28.45 | 2571 | 233.8 | 8.42 | 176.5 | 30.1 | 2.21 | 326.3 | 2.03 |
| 25 a | 250 | 78 | 7.0 | 12.0 | 12.0 | 34.91 | 27.40 | 3359 | 268.7 | 9.81 | 175.9 | 30.73 | 2.24 | 324.8 | 2.07 |
| 25 b | | 80 | 9.0 | 12.0 | 12.0 | 39.91 | 31.33 | 3619 | 289.6 | 9.52 | 196.4 | 32.7 | 2.22 | 355.1 | 1.99 |
| 25 c | | 82 | 11.0 | 12.0 | 12.0 | 44.91 | 35.25 | 3880 | 310.4 | 9.30 | 215.9 | 34.6 | 2.19 | 388.6 | 1.96 |
| 28 a | 280 | 82 | 7.5 | 12.5 | 12.5 | 40.02 | 31.42 | 4753 | 339.5 | 10.90 | 217.9 | 35.7 | 2.33 | 393.3 | 2.09 |
| 28 b | | 84 | 9.5 | 12.5 | 12.5 | 45.62 | 35.81 | 5118 | 365.6 | 10.59 | 241.5 | 37.9 | 2.30 | 428.5 | 2.02 |
| 28 c | | 86 | 11.5 | 12.5 | 12.5 | 51.22 | 40.21 | 5484 | 391.7 | 10.35 | 264.1 | 40.0 | 2.27 | 467.3 | 1.99 |
| 32 a | 320 | 88 | 8.0 | 14.0 | 14.0 | 48.50 | 38.07 | 7511 | 469.4 | 12.44 | 304.7 | 46.4 | 2.51 | 547.5 | 2.24 |
| 32 b | | 90 | 10.0 | 14.0 | 14.0 | 54.90 | 43.10 | 8057 | 503.5 | 12.11 | 335.6 | 49.1 | 2.47 | 592.9 | 2.16 |
| 32 c | | 92 | 12.0 | 14.0 | 14.0 | 61.30 | 48.12 | 8603 | 537.7 | 11.85 | 365.0 | 51.6 | 2.44 | 642.7 | 2.13 |
| 36 a | 360 | 96 | 9.0 | 16.0 | 16.0 | 60.89 | 47.80 | 11874 | 659.7 | 13.96 | 455.0 | 63.6 | 2.73 | 818.5 | 2.44 |
| 36 b | | 98 | 11.0 | 16.0 | 16.0 | 68.09 | 53.45 | 12652 | 702.9 | 13.63 | 496.7 | 66.9 | 2.70 | 880.5 | 2.37 |
| 36 c | | 100 | 13.0 | 16.0 | 16.0 | 75.29 | 59.10 | 13429 | 746.1 | 13.36 | 536.6 | 70.0 | 2.67 | 948.0 | 2.34 |
| 40 a | 400 | 100 | 10.5 | 18.0 | 18.0 | 75.04 | 58.91 | 17578 | 878.9 | 15.30 | 592.0 | 78.8 | 2.81 | 1057.9 | 2.49 |
| 40 b | | 102 | 12.5 | 18.0 | 18.0 | 83.04 | 65.19 | 18644 | 932.2 | 14.98 | 640.6 | 82.6 | 2.78 | 1135.8 | 2.44 |
| 40 c | | 104 | 14.5 | 18.0 | 18.0 | 91.04 | 71.47 | 19711 | 985.6 | 14.71 | 687.8 | 86.2 | 2.75 | 1220.3 | 2.42 |

附表 6-4 等边角钢

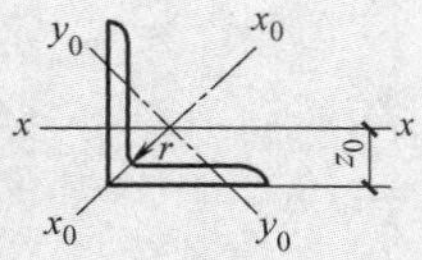


单角钢

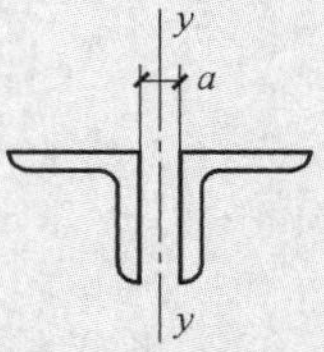


双角钢

| 角钢型号 | 圆角 $r$ (mm) | 重心距 $z_0$ (mm) | 截面积 $A$ ($cm^2$) | 质量 $q$ (kg/m) | 惯性矩 $I_x$ ($cm^4$) | 截面模量 $W_x^{max}$ ($cm^3$) | 截面模量 $W_x^{min}$ ($cm^3$) | 回转半径 $i_x$ (cm) | 回转半径 $i_{x0}$ (cm) | 回转半径 $i_{y0}$ (cm) | 当 $a$ 为下数值的 $i_y$ 6mm (cm) | 8mm | 10mm | 12mm | 13mm |
|---|---|---|---|---|---|---|---|---|---|---|---|---|---|---|---|
| ∠20× 3 | 3.5 | 6.0 | 1.13 | 0.89 | 0.40 | 0.66 | 0.29 | 0.59 | 0.75 | 0.39 | 1.08 | 1.17 | 1.25 | 1.34 | 1.43 |
| 4 | | 6.4 | 1.46 | 1.15 | 0.50 | 0.78 | 0.36 | 0.58 | 0.73 | 0.38 | 1.11 | 1.19 | 1.28 | 1.37 | 1.46 |
| ∠25× 3 | 3.5 | 7.3 | 1.43 | 1.12 | 0.82 | 1.12 | 0.46 | 0.76 | 0.95 | 0.49 | 1.27 | 1.36 | 1.44 | 1.53 | 1.61 |
| 4 | | 7.6 | 1.86 | 1.46 | 1.03 | 1.34 | 0.59 | 0.74 | 0.93 | 0.48 | 1.30 | 1.38 | 1.47 | 1.55 | 1.64 |
| ∠30× 3 | 4.5 | 8.5 | 1.75 | 1.37 | 1.46 | 1.72 | 0.68 | 0.91 | 1.15 | 0.59 | 1.47 | 1.55 | 1.63 | 1.71 | 1.80 |
| 4 | | 8.9 | 2.28 | 1.79 | 1.84 | 2.08 | 0.87 | 0.90 | 1.13 | 0.58 | 1.49 | 1.57 | 1.65 | 1.74 | 1.82 |
| 3 | 4.5 | 10.0 | 2.11 | 1.66 | 2.58 | 2.59 | 0.99 | 1.11 | 1.39 | 0.71 | 1.70 | 1.78 | 1.86 | 1.94 | 2.03 |
| ∠36×4 | | 10.4 | 2.76 | 2.16 | 3.29 | 3.18 | 1.28 | 1.09 | 1.38 | 0.70 | 1.73 | 1.80 | 1.89 | 1.97 | 2.05 |
| 5 | | 10.7 | 3.38 | 2.65 | 3.95 | 3.68 | 1.56 | 1.08 | 1.36 | 0.70 | 1.75 | 1.83 | 1.91 | 1.99 | 2.08 |
| 3 | 5 | 10.9 | 2.36 | 1.85 | 3.59 | 3.28 | 1.23 | 1.23 | 1.55 | 0.79 | 1.86 | 1.94 | 2.01 | 2.09 | 2.18 |
| ∠40×4 | | 11.3 | 3.09 | 2.42 | 4.60 | 4.05 | 1.60 | 1.22 | 1.54 | 0.79 | 1.88 | 1.96 | 2.04 | 2.12 | 2.20 |
| 5 | | 11.7 | 3.79 | 2.98 | 5.53 | 4.72 | 1.96 | 1.21 | 1.52 | 0.78 | 1.90 | 1.98 | 2.06 | 2.14 | 2.23 |
| ∠45× 3 | 5 | 12.2 | 2.66 | 2.09 | 5.17 | 4.25 | 1.58 | 1.39 | 1.76 | 0.90 | 2.06 | 2.14 | 2.21 | 2.29 | 2.37 |
| 4 | | 12.6 | 3.49 | 2.74 | 6.65 | 5.29 | 2.05 | 1.38 | 1.74 | 0.89 | 2.08 | 2.16 | 2.24 | 3.32 | 2.40 |
| 5 | | 13.0 | 4.29 | 3.37 | 8.04 | 6.20 | 2.51 | 1.37 | 1.72 | 0.88 | 2.10 | 2.18 | 2.26 | 2.34 | 2.42 |
| 6 | | 13.3 | 5.08 | 3.99 | 9.33 | 6.99 | 2.95 | 1.36 | 1.71 | 0.88 | 2.12 | 2.20 | 2.28 | 2.36 | 2.44 |
| ∠50 3 | 5.5 | 13.4 | 2.97 | 2.33 | 7.18 | 5.36 | 1.96 | 1.55 | 1.96 | 1.00 | 2.26 | 2.33 | 2.41 | 2.48 | 2.56 |
| 4 | | 13.8 | 3.90 | 3.06 | 9.26 | 6.70 | 2.56 | 1.54 | 1.94 | 0.99 | 2.28 | 2.36 | 2.43 | 2.51 | 2.59 |
| 5 | | 14.2 | 4.80 | 3.77 | 11.21 | 7.90 | 3.13 | 1.53 | 1.92 | 0.98 | 2.30 | 2.38 | 2.45 | 2.53 | 2.61 |
| 6 | | 14.6 | 5.69 | 4.46 | 13.05 | 8.95 | 3.68 | 1.51 | 1.91 | 0.98 | 2.32 | 2.40 | 2.48 | 2.56 | 2.64 |
| ∠56× 3 | 6 | 14.8 | 3.34 | 2.62 | 10.19 | 6.86 | 2.48 | 1.75 | 2.20 | 1.13 | 2.50 | 2.57 | 2.64 | 2.72 | 2.80 |
| 4 | | 15.3 | 4.39 | 3.45 | 13.18 | 8.63 | 3.24 | 1.73 | 2.18 | 1.11 | 2.52 | 2.59 | 2.67 | 2.74 | 2.82 |
| 5 | | 15.7 | 5.42 | 4.25 | 16.02 | 10.22 | 3.97 | 1.72 | 2.17 | 1.10 | 2.54 | 2.61 | 2.69 | 2.77 | 2.85 |
| 8 | | 16.8 | 8.37 | 6.57 | 23.63 | 14.06 | 6.03 | 1.68 | 2.11 | 1.09 | 2.60 | 2.67 | 2.75 | 2.83 | 2.91 |
| 4 | 7 | 17.0 | 4.98 | 3.91 | 19.03 | 11.22 | 4.13 | 1.96 | 2.46 | 1.26 | 2.79 | 2.87 | 2.94 | 3.02 | 3.09 |
| 5 | | 17.4 | 6.14 | 4.82 | 23.17 | 13.33 | 5.08 | 1.94 | 2.45 | 1.25 | 2.82 | 2.89 | 2.96 | 3.04 | 3.12 |
| ∠56×5 | | 17.8 | 7.29 | 5.72 | 27.12 | 15.26 | 6.00 | 1.93 | 2.43 | 1.24 | 2.83 | 2.91 | 2.98 | 3.06 | 3.14 |
| 8 | | 18.5 | 9.51 | 7.47 | 34.45 | 18.59 | 7.75 | 1.90 | 2.39 | 1.23 | 2.87 | 2.95 | 3.03 | 3.10 | 3.18 |
| 10 | | 19.3 | 11.66 | 9.15 | 41.09 | 21.34 | 9.39 | 1.88 | 2.36 | 1.22 | 2.91 | 2.99 | 3.07 | 3.15 | 3.23 |

（续）

| 角钢型号 | 单角钢 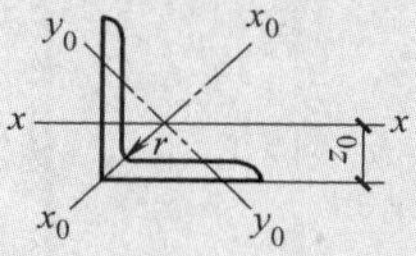 | | | | | | | | | | 双角钢 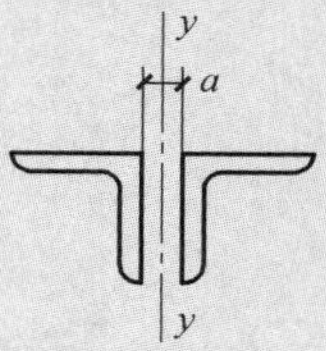 | | | | |
|---|---|---|---|---|---|---|---|---|---|---|---|---|---|---|---|
| | 圆角 | 重心距 | 截面积 | 质量 | 惯性矩 | 截面模量 | | 回转半径 | | | 当 $a$ 为下数值的 $i_y$ | | | | |
| | $r$ | $z_0$ | $A$ | $q$ | $I_x$ | $W_x^{max}$ | $W_x^{min}$ | $i_x$ | $i_{x0}$ | $i_{y0}$ | 6mm | 8mm | 10mm | 12mm | 13mm |
| | mm | | $cm^2$ | kg/m | $cm^4$ | $cm^3$ | | cm | | | cm | | | | |
| 4 | 8 | 18.6 | 5.57 | 4.37 | 26.39 | 14.16 | 5.14 | 2.18 | 2.74 | 1.40 | 3.07 | 3.14 | 3.21 | 3.29 | 3.36 |
| 5 | | 19.1 | 6.88 | 5.40 | 32.21 | 16.89 | 6.32 | 2.16 | 2.73 | 1.39 | 3.09 | 3.16 | 3.24 | 3.31 | 3.39 |
| ∠70×6 | | 19.5 | 8.16 | 6.41 | 37.77 | 19.39 | 7.48 | 2.15 | 2.71 | 1.38 | 3.11 | 3.18 | 3.26 | 3.33 | 3.41 |
| 7 | | 19.9 | 9.42 | 7.40 | 43.09 | 21.68 | 8.59 | 2.14 | 2.69 | 1.38 | 3.13 | 3.20 | 3.28 | 3.36 | 3.43 |
| 8 | | 20.3 | 10.67 | 8.37 | 48.17 | 23.79 | 9.68 | 2.13 | 2.68 | 1.37 | 3.15 | 3.22 | 3.30 | 3.38 | 3.46 |
| 5 | 9 | 20.3 | 7.41 | 5.82 | 39.96 | 19.73 | 7.30 | 2.32 | 2.92 | 1.50 | 3.29 | 3.36 | 3.43 | 3.50 | 3.58 |
| 6 | | 20.7 | 8.80 | 6.91 | 46.91 | 22.69 | 8.63 | 2.31 | 2.91 | 1.49 | 3.31 | 3.38 | 3.45 | 3.53 | 3.60 |
| ∠75×7 | | 21.2 | 10.16 | 7.98 | 53.57 | 25.42 | 9.93 | 2.30 | 2.89 | 1.48 | 3.33 | 3.40 | 3.47 | 3.55 | 3.63 |
| 8 | | 21.5 | 11.50 | 9.03 | 59.96 | 27.93 | 11.20 | 2.28 | 2.87 | 1.47 | 3.35 | 3.42 | 3.50 | 3.57 | 3.65 |
| 10 | | 22.2 | 14.13 | 11.09 | 71.98 | 32.40 | 13.64 | 2.26 | 2.84 | 1.46 | 3.38 | 3.46 | 3.54 | 3.61 | 3.69 |
| 5 | 9 | 21.5 | 7.91 | 6.21 | 48.79 | 22.70 | 8.34 | 2.48 | 3.13 | 1.60 | 3.49 | 3.56 | 3.63 | 3.71 | 3.78 |
| 6 | | 21.9 | 9.40 | 7.38 | 57.35 | 26.16 | 9.87 | 2.47 | 3.11 | 1.59 | 3.51 | 3.58 | 3.65 | 3.73 | 3.80 |
| ∠80×7 | | 22.3 | 10.86 | 8.53 | 65.58 | 29.38 | 11.37 | 2.46 | 3.10 | 1.58 | 3.53 | 3.60 | 3.67 | 3.75 | 3.83 |
| 8 | | 22.7 | 12.30 | 9.66 | 73.50 | 32.36 | 12.83 | 2.44 | 3.08 | 1.57 | 3.55 | 3.62 | 3.70 | 3.77 | 3.85 |
| 10 | | 23.5 | 15.13 | 11.87 | 88.43 | 37.68 | 15.64 | 2.42 | 3.04 | 1.56 | 3.58 | 3.66 | 3.74 | 3.81 | 3.89 |
| 6 | 10 | 24.4 | 10.64 | 8.35 | 82.77 | 33.99 | 12.61 | 2.79 | 3.51 | 1.80 | 3.91 | 3.98 | 4.05 | 4.12 | 4.20 |
| 7 | | 24.8 | 12.30 | 9.66 | 94.83 | 38.28 | 14.54 | 2.78 | 3.50 | 1.78 | 3.93 | 4.00 | 4.07 | 4.14 | 4.22 |
| ∠90×8 | | 25.2 | 13.94 | 10.95 | 106.5 | 42.30 | 16.42 | 2.76 | 3.48 | 1.78 | 3.95 | 4.02 | 4.09 | 4.17 | 4.24 |
| 10 | | 25.9 | 17.17 | 13.48 | 128.6 | 49.57 | 20.07 | 2.74 | 3.45 | 1.76 | 3.98 | 4.06 | 4.13 | 4.21 | 4.28 |
| 12 | | 26.7 | 20.31 | 15.94 | 149.2 | 55.93 | 23.57 | 2.71 | 3.41 | 1.75 | 4.02 | 4.09 | 4.17 | 4.25 | 4.32 |
| 6 | 12 | 26.7 | 11.93 | 9.37 | 115.0 | 43.04 | 15.68 | 3.10 | 3.91 | 2.00 | 4.30 | 4.37 | 4.44 | 4.51 | 4.58 |
| 7 | | 27.1 | 13.80 | 10.83 | 131.9 | 48.57 | 18.10 | 3.09 | 3.89 | 1.99 | 4.32 | 4.39 | 4.46 | 4.53 | 4.61 |
| 8 | | 27.6 | 15.64 | 12.28 | 148.2 | 53.78 | 20.47 | 3.08 | 3.88 | 1.98 | 4.34 | 4.41 | 4.48 | 4.55 | 4.63 |
| ∠100×10 | | 28.4 | 19.26 | 15.12 | 179.5 | 63.29 | 25.06 | 3.05 | 3.84 | 1.96 | 4.38 | 4.45 | 4.52 | 4.60 | 4.67 |
| 12 | | 29.1 | 22.80 | 17.90 | 208.9 | 71.72 | 29.47 | 3.03 | 3.81 | 1.95 | 4.41 | 4.49 | 4.56 | 4.64 | 4.71 |
| 14 | | 29.9 | 26.26 | 20.61 | 236.5 | 79.19 | 33.73 | 3.00 | 3.77 | 1.94 | 4.45 | 4.53 | 4.60 | 4.68 | 4.75 |
| 16 | | 30.6 | 29.63 | 23.26 | 262.5 | 85.81 | 37.82 | 2.98 | 3.74 | 1.93 | 4.49 | 4.56 | 4.64 | 4.72 | 4.80 |
| 7 | 12 | 29.6 | 15.20 | 11.93 | 177.2 | 59.78 | 22.05 | 3.41 | 4.30 | 2.20 | 4.72 | 4.79 | 4.86 | 4.94 | 5.01 |
| 8 | | 30.1 | 17.24 | 13.53 | 199.5 | 66.36 | 24.95 | 3.40 | 4.28 | 2.19 | 4.74 | 4.81 | 4.88 | 4.96 | 5.03 |
| ∠110×10 | | 30.9 | 21.26 | 16.69 | 242.2 | 78.48 | 30.06 | 3.38 | 4.25 | 2.17 | 4.78 | 4.85 | 4.92 | 5.00 | 5.07 |
| 12 | | 31.6 | 25.20 | 19.78 | 282.6 | 89.34 | 36.05 | 3.35 | 4.22 | 2.15 | 4.82 | 4.89 | 4.96 | 5.04 | 5.11 |
| 14 | | 32.4 | 29.06 | 22.81 | 320.7 | 99.07 | 41.31 | 3.32 | 4.18 | 2.14 | 4.85 | 4.93 | 5.00 | 5.08 | 5.15 |

（续）

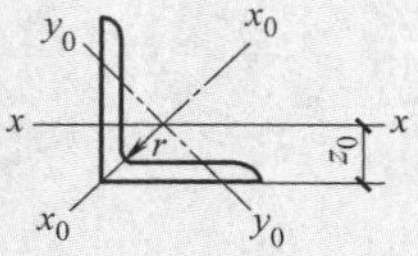


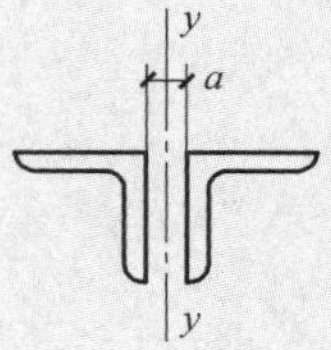


| 角钢型号 | 单角钢 | | | | | | | | | | 双角钢 | | | | |
|---|---|---|---|---|---|---|---|---|---|---|---|---|---|---|---|
| | 圆角 | 重心距 | 截面积 | 质量 | 惯性矩 | 截面模量 | | 回转半径 | | | 当 $a$ 为下数值的 $i_y$ | | | | |
| | $r$ | $z_0$ | $A$ | $q$ | $I_x$ | $W_x^{max}$ | $W_x^{min}$ | $i_x$ | $i_{x0}$ | $i_{y0}$ | 6mm | 8mm | 10mm | 12mm | 13mm |
| | mm | | cm² | kg/m | cm⁴ | cm³ | | cm | | | cm | | | | |
| ∠125×8 | 14 | 33.7 | 19.75 | 15.50 | 297.0 | 88.20 | 32.52 | 3.88 | 4.88 | 2.50 | 5.34 | 5.41 | 5.48 | 5.55 | 5.62 |
| 10 | | 34.5 | 24.37 | 19.13 | 361.7 | 104.8 | 39.97 | 3.85 | 4.85 | 2.48 | 5.45 | 5.45 | 5.52 | 5.59 | 5.66 |
| 12 | | 35.3 | 28.91 | 22.70 | 423.2 | 119.9 | 47.17 | 3.83 | 4.82 | 2.46 | 5.48 | 5.48 | 5.56 | 5.63 | 5.70 |
| 14 | | 36.1 | 33.37 | 26.19 | 481.7 | 133.6 | 54.16 | 3.80 | 4.78 | 2.45 | 5.52 | 5.52 | 5.59 | 5.67 | 5.74 |
| ∠140×10 | 14 | 38.2 | 27.37 | 21.49 | 514.7 | 134.6 | 50.58 | 4.34 | 5.46 | 2.78 | 6.05 | 6.05 | 6.12 | 6.20 | 6.27 |
| 12 | | 39.0 | 32.51 | 25.52 | 603.7 | 154.6 | 59.80 | 4.31 | 5.43 | 2.77 | 6.09 | 6.09 | 6.16 | 6.23 | 6.31 |
| 14 | | 39.8 | 37.57 | 29.49 | 688.8 | 173.0 | 68.75 | 4.28 | 5.40 | 2.75 | 6.13 | 6.13 | 6.20 | 6.27 | 6.34 |
| 16 | | 40.6 | 42.54 | 33.39 | 770.2 | 189.9 | 77.46 | 4.26 | 5.36 | 2.74 | 6.16 | 6.16 | 6.23 | 6.31 | 6.38 |
| ∠160×10 | 16 | 43.1 | 31.50 | 24.73 | 779.5 | 180.8 | 66.70 | 4.97 | 6.27 | 3.20 | 6.85 | 6.85 | 6.92 | 6.99 | 7.06 |
| 12 | | 43.9 | 37.44 | 29.39 | 916.6 | 208.6 | 78.98 | 4.95 | 6.24 | 3.18 | 6.89 | 6.89 | 6.96 | 7.03 | 7.10 |
| 14 | | 44.7 | 43.30 | 33.99 | 1048 | 234.4 | 90.95 | 4.92 | 6.20 | 3.16 | 6.93 | 6.93 | 7.00 | 7.07 | 7.14 |
| 16 | | 45.5 | 49.07 | 38.52 | 1175 | 258.3 | 102.6 | 4.89 | 6.17 | 3.14 | 6.96 | 6.96 | 7.03 | 7.10 | 7.18 |
| ∠180×12 | 16 | 48.9 | 42.24 | 33.16 | 1321 | 270.0 | 100.8 | 5.59 | 7.05 | 3.58 | 7.70 | 7.70 | 7.77 | 7.84 | 7.91 |
| 14 | | 49.7 | 48.90 | 38.38 | 1514 | 304.6 | 116.3 | 5.57 | 7.02 | 3.57 | 7.74 | 7.74 | 7.81 | 7.88 | 7.95 |
| 16 | | 50.5 | 55.47 | 43.54 | 1701 | 336.9 | 131.4 | 5.54 | 6.98 | 3.55 | 7.77 | 7.77 | 7.84 | 7.91 | 7.98 |
| 18 | | 51.3 | 61.95 | 48.63 | 1881 | 367.1 | 146.1 | 5.51 | 6.94 | 3.53 | 7.80 | 7.80 | 7.87 | 7.95 | 8.02 |
| ∠200×14 | 18 | 54.6 | 54.64 | 42.89 | 2104 | 385.1 | 144.7 | 6.20 | 7.82 | 3.98 | 8.54 | 8.54 | 8.61 | 8.67 | 8.75 |
| 16 | | 55.4 | 62.01 | 48.68 | 2366 | 427.0 | 163.7 | 6.18 | 7.79 | 3.96 | 8.57 | 8.57 | 8.64 | 8.71 | 8.78 |
| 18 | | 56.2 | 69.30 | 54.40 | 2621 | 466.5 | 182.2 | 6.15 | 7.75 | 3.94 | 8.60 | 8.60 | 8.67 | 8.75 | 8.82 |
| 20 | | 56.9 | 76.50 | 60.06 | 2867 | 503.6 | 200.4 | 6.12 | 7.72 | 3.93 | 8.64 | 8.64 | 8.71 | 8.78 | 8.85 |
| 24 | | 58.4 | 90.66 | 71.17 | 3338 | 571.5 | 235.8 | 6.07 | 7.64 | 3.90 | 8.71 | 8.71 | 8.78 | 8.85 | 8.92 |

## 附表 6-5 不等边角钢

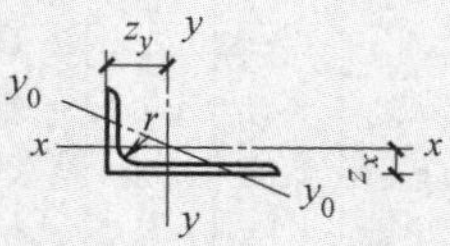


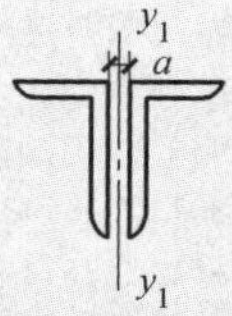


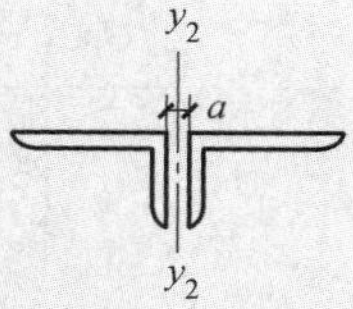


| 角钢型号 | 单角钢 | | | | | | | | 双角钢 | | | | | | | |
|---|---|---|---|---|---|---|---|---|---|---|---|---|---|---|---|---|
| | 圆角 | 重心距 | | 截面积 | 质量 | 回转半径 | | | 当 $a$ 为下列数值的 $i_{y1}$ | | | | 当 $a$ 为下列数值的 $i_{y2}$ | | | |
| | $r$ | $z_x$ | $z_y$ | $A$ | $q$ | $i_x$ | $i_y$ | $i_{y0}$ | 6mm | 8mm | 10mm | 12mm | 6mm | 8mm | 10mm | 12mm |
| | mm | | | cm² | kg/m | cm | | | cm | | | | cm | | | |
| ∠25×16×3 | 3.5 | 4.2 | 8.6 | 1.16 | 0.91 | 0.44 | 0.78 | 0.34 | 0.84 | 0.93 | 1.02 | 1.11 | 1.40 | 1.48 | 1.57 | 1.66 |
| 4 | | 4.6 | 9.0 | 1.50 | 1.18 | 0.43 | 0.77 | 0.34 | 0.87 | 0.96 | 1.05 | 1.14 | 1.42 | 1.51 | 1.60 | 1.68 |
| ∠32×20×3 | | 4.9 | 10.8 | 1.49 | 1.17 | 0.55 | 1.01 | 0.43 | 0.97 | 1.05 | 1.14 | 1.23 | 1.71 | 1.79 | 1.88 | 1.96 |
| 4 | | 5.3 | 11.2 | 1.94 | 1.52 | 0.54 | 1.00 | 0.43 | 0.99 | 1.08 | 1.16 | 1.25 | 1.74 | 1.82 | 1.90 | 1.99 |

（续）

| 角钢型号 | 单角钢 | | | | | | | | 双角钢 | | | | | | | |
|---|---|---|---|---|---|---|---|---|---|---|---|---|---|---|---|---|
| | 圆角 | 重心距 | | 截面积 | 质量 | 回转半径 | | | 当 $a$ 为下列数值的 $i_{y1}$ | | | | 当 $a$ 为下列数值的 $i_{y2}$ | | | |
| | $r$ | $z_x$ | $z_y$ | $A$ | $q$ | $i_x$ | $i_y$ | $i_{y0}$ | 6mm | 8mm | 10mm | 12mm | 6mm | 8mm | 10mm | 12mm |
| | mm | | | cm² | kg/m | cm | | | cm | | | | cm | | | |
| ∠40×25×3 | 4 | 5.9 | 13.2 | 1.89 | 1.48 | 0.70 | 1.28 | 0.54 | 1.13 | 1.21 | 1.30 | 1.38 | 2.07 | 2.14 | 2.23 | 2.31 |
| ∠40×25×4 | | 6.3 | 13.7 | 2.47 | 1.94 | 0.69 | 1.26 | 0.54 | 1.16 | 1.24 | 1.32 | 1.41 | 2.09 | 2.17 | 2.25 | 2.34 |
| ∠45×28×3 | 5 | 6.4 | 14.7 | 2.15 | 1.69 | 0.79 | 1.44 | 0.61 | 1.23 | 1.31 | 1.39 | 1.47 | 2.28 | 2.36 | 2.44 | 2.52 |
| ∠45×28×4 | | 6.8 | 15.1 | 2.81 | 2.20 | 0.78 | 1.43 | 0.60 | 1.25 | 1.33 | 1.41 | 1.50 | 2.31 | 2.39 | 2.47 | 2.55 |
| ∠50×32×3 | 5.5 | 7.3 | 16.0 | 2.43 | 1.91 | 0.91 | 1.60 | 0.70 | 1.38 | 1.45 | 1.53 | 1.61 | 2.49 | 2.56 | 2.64 | 2.75 |
| ∠50×32×4 | | 7.7 | 16.5 | 3.18 | 2.49 | 0.90 | 1.59 | 0.69 | 1.40 | 1.47 | 1.55 | 1.64 | 2.51 | 2.59 | 2.67 | 2.75 |
| ∠56×36×3 | 6 | 8.0 | 17.8 | 2.74 | 2.15 | 1.03 | 1.80 | 0.79 | 1.51 | 1.59 | 1.66 | 1.74 | 2.75 | 2.82 | 2.90 | 2.98 |
| ∠56×36×4 | | 8.5 | 18.2 | 3.59 | 2.82 | 1.02 | 1.79 | 0.78 | 1.53 | 1.61 | 1.69 | 1.77 | 2.77 | 2.85 | 2.93 | 3.01 |
| ∠56×36×5 | | 8.8 | 18.7 | 4.42 | 1.01 | 1.01 | 1.77 | 0.78 | 1.56 | 1.63 | 1.71 | 1.79 | 2.80 | 2.88 | 2.96 | 3.04 |
| ∠63×40×4 | 7 | 9.2 | 20.4 | 4.06 | 3.19 | 1.14 | 2.02 | 0.88 | 1.66 | 1.74 | 1.81 | 1.89 | 3.09 | 3.16 | 3.24 | 3.32 |
| ∠63×40×5 | | 9.5 | 20.8 | 4.99 | 3.92 | 1.12 | 2.00 | 0.87 | 1.68 | 1.76 | 1.84 | 1.92 | 3.11 | 3.19 | 3.27 | 3.35 |
| ∠63×40×6 | | 9.9 | 21.2 | 5.91 | 4.64 | 1.11 | 1.99 | 0.86 | 1.71 | 1.78 | 1.86 | 1.94 | 3.13 | 3.21 | 3.29 | 3.37 |
| ∠63×40×7 | | 10.3 | 21.6 | 6.80 | 5.34 | 1.10 | 1.97 | 0.86 | 1.73 | 1.81 | 1.89 | 1.97 | 3.16 | 3.24 | 3.32 | 3.40 |
| ∠70×45×4 | 7.5 | 10.2 | 22.3 | 4.55 | 3.57 | 1.29 | 2.25 | 0.99 | 1.84 | 1.91 | 1.99 | 2.07 | 3.39 | 3.46 | 3.54 | 3.62 |
| ∠70×45×5 | | 10.6 | 22.8 | 5.61 | 4.40 | 1.28 | 2.23 | 0.98 | 1.86 | 1.94 | 2.01 | 2.09 | 3.41 | 3.49 | 3.57 | 3.64 |
| ∠70×45×6 | | 11.0 | 23.2 | 6.64 | 5.22 | 1.26 | 2.22 | 0.97 | 1.88 | 1.96 | 2.04 | 2.11 | 3.44 | 3.51 | 3.59 | 3.67 |
| ∠70×45×7 | | 11.3 | 23.6 | 7.66 | 6.01 | 1.25 | 2.20 | 0.97 | 1.90 | 1.98 | 2.06 | 2.14 | 3.46 | 3.54 | 3.61 | 3.69 |
| ∠75×50×5 | 8 | 11.7 | 24.0 | 6.13 | 4.81 | 1.43 | 2.39 | 1.09 | 2.06 | 2.13 | 2.20 | 2.28 | 3.60 | 3.68 | 3.76 | 3.83 |
| ∠75×50×6 | | 12.1 | 24.4 | 7.26 | 5.70 | 1.42 | 2.38 | 1.08 | 2.08 | 2.15 | 2.23 | 2.30 | 3.63 | 3.70 | 3.78 | 3.86 |
| ∠75×50×8 | | 12.9 | 25.2 | 9.47 | 7.43 | 1.40 | 2.35 | 1.07 | 2.12 | 2.19 | 2.27 | 2.35 | 3.67 | 3.75 | 3.83 | 3.91 |
| ∠75×50×10 | | 13.6 | 26.0 | 11.6 | 9.10 | 1.38 | 2.33 | 1.06 | 2.16 | 2.24 | 2.31 | 2.40 | 3.71 | 3.79 | 3.87 | 3.95 |
| ∠80×50×5 | 8 | 11.4 | 26.0 | 6.38 | 5.00 | 1.42 | 2.57 | 1.10 | 2.02 | 2.09 | 2.17 | 2.24 | 3.88 | 3.95 | 4.03 | 4.10 |
| ∠80×50×6 | | 11.8 | 26.5 | 7.56 | 5.93 | 1.41 | 2.55 | 1.09 | 2.04 | 2.11 | 2.19 | 2.27 | 3.90 | 3.98 | 4.05 | 4.13 |
| ∠80×50×7 | | 12.1 | 26.9 | 8.72 | 6.85 | 1.39 | 2.54 | 1.08 | 2.06 | 2.13 | 2.21 | 2.29 | 3.92 | 4.00 | 4.08 | 4.16 |
| ∠80×50×8 | | 12.5 | 27.3 | 9.87 | 7.75 | 1.38 | 2.52 | 1.07 | 2.08 | 2.15 | 2.23 | 2.31 | 3.94 | 4.02 | 4.10 | 4.18 |
| ∠90×56×5 | 9 | 12.5 | 29.1 | 7.21 | 5.66 | 1.59 | 2.90 | 1.23 | 2.22 | 2.29 | 2.36 | 2.44 | 4.32 | 4.39 | 4.47 | 4.55 |
| ∠90×56×6 | | 12.9 | 29.5 | 8.56 | 6.72 | 1.58 | 2.88 | 1.22 | 2.24 | 2.31 | 2.39 | 2.46 | 4.34 | 4.42 | 4.50 | 4.57 |
| ∠90×56×7 | | 13.3 | 30.0 | 9.88 | 7.76 | 1.57 | 2.87 | 1.22 | 2.26 | 2.33 | 2.41 | 2.49 | 4.37 | 4.44 | 4.52 | 4.60 |
| ∠90×56×8 | | 13.6 | 30.4 | 11.2 | 8.78 | 1.56 | 2.85 | 1.21 | 2.28 | 2.35 | 2.43 | 2.51 | 4.39 | 4.47 | 4.54 | 4.62 |

（续）

| 角钢型号 | 单角钢 | | | | | | | | 双角钢 当 a 为下列数值的 $i_{y1}$ | | | | 当 a 为下列数值的 $i_{y2}$ | | | |
|---|---|---|---|---|---|---|---|---|---|---|---|---|---|---|---|---|
| | 圆角 | 重心距 | | 截面积 | 质量 | 回转半径 | | | | | | | | | | |
| | $r$ | $z_x$ | $z_y$ | $A$ | $q$ | $i_x$ | $i_y$ | $i_{y0}$ | 6mm | 8mm | 10mm | 12mm | 6mm | 8mm | 10mm | 12mm |
| | mm | | | $cm^2$ | kg/m | cm | | | cm | | | | cm | | | |
| ∠100×63×6 | 10 | 14.3 | 32.4 | 9.62 | 7.55 | 1.79 | 3.21 | 1.38 | 2.49 | 2.56 | 2.63 | 2.71 | 4.77 | 4.85 | 4.92 | 5.00 |
| ∠100×63×7 | 10 | 14.7 | 32.8 | 11.1 | 8.72 | 1.78 | 3.20 | 1.37 | 2.51 | 2.58 | 2.65 | 2.73 | 4.80 | 4.87 | 4.95 | 5.03 |
| ∠100×63×8 | 10 | 15.0 | 33.2 | 12.6 | 9.88 | 1.77 | 3.18 | 1.37 | 2.53 | 2.60 | 2.67 | 2.75 | 4.82 | 4.90 | 4.97 | 5.05 |
| ∠100×63×10 | 10 | 15.8 | 34.0 | 15.5 | 12.1 | 1.75 | 3.15 | 1.35 | 2.57 | 2.64 | 2.72 | 2.79 | 4.86 | 4.94 | 5.02 | 5.10 |
| ∠100×80×6 | 10 | 19.7 | 29.5 | 10.6 | 8.35 | 2.40 | 3.17 | 1.73 | 3.31 | 3.38 | 3.45 | 3.52 | 4.54 | 4.62 | 4.69 | 4.76 |
| ∠100×80×7 | 10 | 20.1 | 30.0 | 12.3 | 9.66 | 2.39 | 3.16 | 1.71 | 3.32 | 3.39 | 3.47 | 3.54 | 4.57 | 4.64 | 4.71 | 4.79 |
| ∠100×80×8 | 10 | 20.5 | 30.4 | 13.9 | 10.9 | 2.37 | 3.15 | 1.71 | 3.34 | 3.41 | 3.49 | 3.56 | 4.59 | 4.66 | 4.73 | 4.81 |
| ∠100×80×10 | 10 | 21.3 | 31.2 | 17.2 | 13.5 | 2.35 | 3.12 | 1.69 | 3.38 | 3.45 | 3.53 | 3.60 | 4.63 | 4.70 | 4.78 | 4.85 |
| ∠110×70×6 | 10 | 15.7 | 35.3 | 10.6 | 8.35 | 2.01 | 3.54 | 1.54 | 2.74 | 2.81 | 2.88 | 2.96 | 5.21 | 5.29 | 5.36 | 5.44 |
| ∠110×70×7 | 10 | 16.1 | 35.7 | 12.3 | 9.66 | 2.00 | 3.53 | 1.53 | 2.76 | 2.83 | 2.90 | 2.98 | 5.24 | 5.31 | 5.39 | 5.46 |
| ∠110×70×8 | 10 | 16.5 | 36.2 | 13.9 | 10.9 | 1.98 | 3.51 | 1.53 | 2.78 | 2.85 | 2.92 | 3.00 | 5.26 | 5.34 | 5.41 | 5.49 |
| ∠110×70×10 | 10 | 17.2 | 37.0 | 17.2 | 13.5 | 1.96 | 3.48 | 1.51 | 2.82 | 2.89 | 2.96 | 3.04 | 5.30 | 5.38 | 5.46 | 5.53 |
| ∠125×80×7 | 11 | 18.0 | 40.1 | 14.1 | 11.1 | 2.30 | 4.02 | 1.76 | 3.13 | 3.18 | 3.25 | 3.33 | 5.90 | 5.97 | 6.04 | 6.12 |
| ∠125×80×8 | 11 | 18.4 | 40.6 | 16.0 | 12.6 | 2.29 | 4.01 | 1.75 | 3.13 | 3.20 | 3.27 | 3.35 | 5.92 | 5.99 | 6.07 | 6.14 |
| ∠125×80×10 | 11 | 19.2 | 41.4 | 19.7 | 15.5 | 2.26 | 3.98 | 1.74 | 3.17 | 3.24 | 3.31 | 3.39 | 5.96 | 6.04 | 6.11 | 6.19 |
| ∠125×80×12 | 11 | 20.0 | 42.2 | 23.4 | 18.3 | 2.24 | 3.95 | 1.72 | 3.20 | 3.28 | 3.35 | 3.43 | 6.00 | 6.08 | 6.16 | 6.23 |
| ∠140×90×8 | 12 | 20.4 | 45.0 | 18.0 | 14.2 | 2.59 | 4.50 | 1.98 | 3.49 | 3.56 | 3.63 | 3.70 | 6.58 | 6.65 | 6.73 | 6.80 |
| ∠140×90×10 | 12 | 21.2 | 45.8 | 22.3 | 17.5 | 2.56 | 4.47 | 1.96 | 3.52 | 3.59 | 3.66 | 3.73 | 6.62 | 6.70 | 6.77 | 6.85 |
| ∠140×90×12 | 12 | 21.9 | 46.6 | 26.4 | 20.7 | 2.54 | 4.44 | 1.95 | 3.56 | 3.63 | 3.70 | 3.77 | 6.66 | 6.74 | 6.81 | 6.89 |
| ∠140×90×14 | 12 | 22.7 | 47.4 | 30.5 | 23.9 | 2.51 | 4.42 | 1.94 | 3.59 | 3.66 | 3.74 | 3.81 | 6.70 | 6.78 | 6.86 | 6.93 |
| ∠160×100×10 | 13 | 22.8 | 52.4 | 25.3 | 19.9 | 2.85 | 5.14 | 2.19 | 3.84 | 3.91 | 3.98 | 4.05 | 7.55 | 7.63 | 7.70 | 7.78 |
| ∠160×100×12 | 13 | 23.6 | 53.2 | 30.1 | 23.6 | 2.82 | 5.11 | 2.18 | 3.87 | 3.94 | 4.01 | 4.09 | 7.60 | 7.67 | 7.75 | 7.82 |
| ∠160×100×14 | 13 | 24.3 | 54.0 | 34.7 | 27.2 | 2.80 | 5.08 | 2.16 | 3.91 | 3.98 | 4.05 | 4.12 | 7.64 | 7.71 | 7.79 | 7.86 |
| ∠160×100×16 | 13 | 25.1 | 54.8 | 39.3 | 30.8 | 2.77 | 5.05 | 2.15 | 3.94 | 4.02 | 4.09 | 4.16 | 7.68 | 7.75 | 7.83 | 7.90 |
| ∠180×110×10 | 14 | 24.4 | 58.9 | 28.4 | 22.3 | 3.13 | 5.81 | 2.42 | 4.16 | 4.23 | 4.30 | 4.36 | 8.49 | 8.56 | 8.63 | 8.71 |
| ∠180×110×12 | 14 | 25.2 | 59.8 | 33.7 | 26.5 | 3.10 | 5.78 | 2.40 | 4.19 | 4.26 | 4.33 | 4.40 | 8.53 | 8.60 | 8.68 | 8.75 |
| ∠180×110×14 | 14 | 25.9 | 60.6 | 39.0 | 30.6 | 3.08 | 5.75 | 2.39 | 4.23 | 4.30 | 4.37 | 4.44 | 8.57 | 8.64 | 8.72 | 8.79 |
| ∠180×110×16 | 14 | 26.7 | 61.4 | 44.1 | 34.6 | 3.05 | 5.72 | 2.37 | 4.26 | 4.33 | 4.40 | 4.47 | 8.61 | 8.68 | 8.76 | 8.84 |
| ∠200×125×10 | 14 | 28.3 | 65.4 | 37.9 | 29.8 | 3.57 | 6.44 | 2.75 | 4.75 | 4.82 | 4.88 | 4.95 | 9.39 | 9.47 | 9.54 | 9.62 |
| ∠200×125×12 | 14 | 29.1 | 66.2 | 43.9 | 34.4 | 3.54 | 6.41 | 2.73 | 4.78 | 4.85 | 4.92 | 4.99 | 9.43 | 9.51 | 9.58 | 9.66 |
| ∠200×125×14 | 14 | 29.9 | 67.0 | 49.7 | 39.0 | 3.52 | 6.38 | 2.71 | 4.81 | 4.88 | 4.95 | 5.02 | 9.47 | 9.55 | 9.62 | 9.70 |
| ∠200×125×16 | 14 | 30.6 | 67.8 | 55.5 | 43.6 | 3.49 | 6.35 | 2.70 | 4.85 | 4.92 | 4.99 | 5.06 | 9.51 | 9.59 | 9.66 | 9.74 |

## 附表 6-6 无缝钢管

*I*——截面惯性矩
*W*——截面模量
*i*——截面回转半径

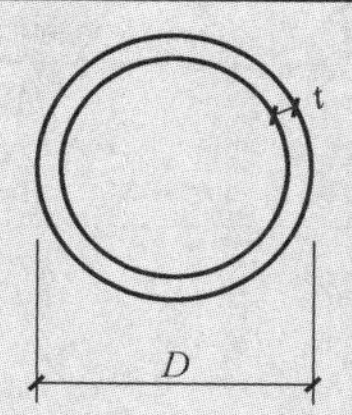


| 尺寸 | | 截面积 | 质量 | 截面特性 | | |
|---|---|---|---|---|---|---|
| *D* | *t* | *A* | *q* | *I* | *W* | *i* |
| mm | | $cm^2$ | kg/m | $cm^4$ | $cm^3$ | cm |
| 32 | 2.5 | 2.32 | 1.82 | 2.54 | 1.59 | 1.05 |
| | 3.0 | 2.73 | 2.15 | 2.90 | 1.82 | 1.03 |
| | 3.5 | 3.13 | 2.46 | 3.23 | 2.02 | 1.02 |
| | 4.0 | 3.52 | 2.76 | 3.52 | 2.20 | 1.00 |
| 38 | 2.5 | 2.79 | 2.19 | 4.41 | 3.32 | 1.26 |
| | 3.0 | 3.30 | 2.59 | 5.09 | 2.68 | 1.24 |
| | 3.5 | 3.79 | 2.98 | 5.70 | 3.00 | 1.23 |
| | 4.0 | 4.27 | 3.35 | 6.26 | 3.29 | 1.21 |
| 42 | 2.5 | 3.10 | 2.44 | 6.07 | 2.89 | 1.40 |
| | 3.0 | 3.68 | 2.89 | 7.03 | 3.35 | 1.38 |
| | 3.5 | 4.23 | 3.32 | 7.91 | 3.77 | 1.37 |
| | 4.0 | 4.78 | 3.75 | 8.71 | 4.15 | 1.35 |
| 45 | 2.5 | 3.34 | 2.62 | 7.56 | 3.36 | 1.51 |
| | 3.0 | 3.96 | 3.11 | 8.77 | 3.90 | 1.49 |
| | 3.5 | 4.56 | 3.58 | 9.89 | 4.40 | 1.47 |
| | 4.0 | 5.15 | 4.04 | 10.93 | 4.86 | 1.46 |
| 50 | 2.5 | 3.73 | 2.93 | 10.55 | 4.22 | 1.68 |
| | 3.0 | 4.43 | 3.48 | 12.28 | 4.91 | 1.67 |
| | 3.5 | 5.11 | 4.01 | 13.90 | 5.56 | 1.65 |
| | 4.0 | 5.78 | 4.54 | 15.41 | 6.16 | 1.63 |
| | 4.5 | 6.43 | 5.05 | 16.81 | 6.72 | 1.62 |
| | 5.0 | 7.07 | 5.55 | 18.11 | 7.25 | 1.60 |
| 54 | 3.0 | 4.81 | 3.77 | 15.68 | 5.81 | 1.81 |
| | 3.5 | 5.55 | 4.36 | 17.79 | 6.59 | 1.79 |
| | 4.0 | 6.28 | 4.93 | 19.76 | 7.32 | 1.77 |
| | 4.5 | 7.00 | 5.49 | 21.61 | 8.00 | 1.76 |
| | 5.0 | 7.70 | 6.04 | 23.34 | 8.64 | 1.74 |
| | 5.5 | 8.38 | 6.58 | 24.96 | 9.24 | 1.73 |
| | 6.0 | 9.05 | 7.10 | 26.46 | 9.80 | 1.71 |
| 57 | 3.0 | 5.09 | 4.00 | 18.61 | 6.53 | 1.91 |
| | 3.5 | 5.88 | 4.62 | 21.14 | 7.42 | 1.90 |
| | 4.0 | 6.66 | 5.23 | 23.52 | 8.25 | 1.88 |
| | 4.5 | 7.42 | 5.83 | 25.76 | 9.04 | 1.86 |
| | 5.0 | 8.17 | 6.41 | 27.86 | 9.78 | 1.85 |
| | 5.5 | 8.90 | 6.99 | 29.84 | 10.47 | 1.83 |
| | 6.0 | 9.61 | 7.55 | 31.69 | 11.12 | 18.2 |
| 60 | 3.0 | 5.37 | 4.22 | 21.88 | 7.29 | 2.02 |
| | 3.5 | 6.21 | 4.88 | 24.88 | 8.29 | 2.00 |
| | 4.0 | 7.04 | 5.52 | 27.73 | 9.24 | 1.98 |
| | 4.5 | 7.85 | 6.16 | 30.41 | 10.14 | 1.97 |
| | 5.0 | 8.64 | 6.78 | 32.94 | 10.98 | 1.95 |
| | 5.5 | 9.42 | 7.39 | 25.32 | 11.77 | 1.94 |
| | 6.0 | 10.18 | 7.99 | 37.56 | 12.52 | 1.92 |
| 63.5 | 3.0 | 5.70 | 4.48 | 26.15 | 8.24 | 2.14 |
| | 3.5 | 6.60 | 5.18 | 29.79 | 9.38 | 2.12 |
| | 4.0 | 7.48 | 5.87 | 33.24 | 10.47 | 2.11 |
| | 4.5 | 8.34 | 6.55 | 36.50 | 11.50 | 2.09 |
| | 5.0 | 9.19 | 7.21 | 39.60 | 12.47 | 2.08 |
| | 5.5 | 10.02 | 7.87 | 42.52 | 13.39 | 2.06 |
| | 6.0 | 10.84 | 8.51 | 45.28 | 14.26 | 2.04 |
| 68 | 3.0 | 6.13 | 4.81 | 32.42 | 9.54 | 2.30 |
| | 3.5 | 7.09 | 5.57 | 36.99 | 10.88 | 2.28 |
| | 4.0 | 8.04 | 6.31 | 41.34 | 12.16 | 2.27 |
| | 4.5 | 8.98 | 7.05 | 45.47 | 13.37 | 2.25 |
| | 5.0 | 9.90 | 7.77 | 49.41 | 14.53 | 2.23 |
| | 5.5 | 10.80 | 8.48 | 53.14 | 15.63 | 2.22 |
| | 6.0 | 11.69 | 9.17 | 56.68 | 16.67 | 2.20 |
| 70 | 3.0 | 6.31 | 4.96 | 35.50 | 10.14 | 2.37 |
| | 3.5 | 7.31 | 5.74 | 40.53 | 11.58 | 2.35 |
| | 4.0 | 8.29 | 6.51 | 45.33 | 12.95 | 2.34 |
| | 4.5 | 9.26 | 7.27 | 49.89 | 14.26 | 2.32 |
| | 5.0 | 10.21 | 8.01 | 54.24 | 15.50 | 2.33 |
| | 5.5 | 11.14 | 8.75 | 58.38 | 16.68 | 2.29 |
| | 6.0 | 12.06 | 9.47 | 62.31 | 17.80 | 2.27 |
| 73 | 3.0 | 6.60 | 5.18 | 40.48 | 11.09 | 2.48 |
| | 3.5 | 7.64 | 6.00 | 46.26 | 12.67 | 2.46 |
| | 4.0 | 8.67 | 6.81 | 51.78 | 14.19 | 2.44 |
| | 4.5 | 9.68 | 7.60 | 57.04 | 15.63 | 2.43 |
| | 5.0 | 10.68 | 8.38 | 62.07 | 17.01 | 2.41 |
| | 5.5 | 11.66 | 9.16 | 66.87 | 18.32 | 2.39 |
| | 6.0 | 12.63 | 9.91 | 71.43 | 19.57 | 2.38 |
| 76 | 3.0 | 6.88 | 5.40 | 45.91 | 12.08 | 2.58 |
| | 3.5 | 7.97 | 6.26 | 52.50 | 13.82 | 2.57 |
| | 4.0 | 9.05 | 7.10 | 58.81 | 15.48 | 2.55 |
| | 4.5 | 10.11 | 7.93 | 64.85 | 17.07 | 2.53 |
| | 5.0 | 11.15 | 8.75 | 70.62 | 18.59 | 2.52 |
| | 5.5 | 12.18 | 9.56 | 76.14 | 20.04 | 2.50 |
| | 6.0 | 13.19 | 10.36 | 81.41 | 21.42 | 2.48 |
| 83 | 3.0 | 8.74 | 6.86 | 69.19 | 16.67 | 2.81 |
| | 3.5 | 9.93 | 7.79 | 77.64 | 18.71 | 2.80 |
| | 4.0 | 11.10 | 8.71 | 85.76 | 20.67 | 2.78 |
| | 4.5 | 12.25 | 9.62 | 93.56 | 22.54 | 2.76 |
| | 5.0 | 13.39 | 10.51 | 101.04 | 24.35 | 2.75 |
| | 5.5 | 14.51 | 11.39 | 108.22 | 26.08 | 2.73 |
| | 6.0 | 15.62 | 12.26 | 115.10 | 27.74 | 2.71 |
| | 7.0 | 16.71 | 13.12 | 121.69 | 29.32 | 2.70 |

（续）

| 尺寸 | | 截面积 | 质量 | 截面特性 | | |
|---|---|---|---|---|---|---|
| *D* | *t* | *A* | *q* | *I* | *W* | *i* |
| mm | | cm$^2$ | kg/m | cm$^4$ | cm$^3$ | cm |
| 89 | 3.5 | 9.40 | 7.38 | 86.05 | 19.34 | 3.03 |
| | 4.0 | 10.68 | 8.38 | 96.68 | 21.73 | 3.01 |
| | 4.5 | 11.95 | 9.38 | 106.92 | 24.03 | 2.99 |
| | 5.0 | 13.19 | 10.36 | 116.79 | 26.24 | 2.98 |
| | 5.5 | 14.43 | 11.33 | 126.29 | 28.38 | 2.96 |
| | 6.0 | 15.65 | 12.28 | 135.43 | 30.43 | 2.94 |
| | 6.5 | 16.85 | 13.22 | 144.22 | 32.41 | 2.93 |
| | 7.0 | 18.03 | 14.16 | 152.67 | 34.31 | 2.91 |
| 95 | 3.5 | 10.06 | 7.90 | 105.45 | 22.20 | 3.24 |
| | 4.0 | 11.44 | 8.98 | 118.60 | 24.97 | 3.22 |
| | 4.5 | 12.79 | 10.04 | 131.31 | 27.64 | 3.20 |
| | 5.0 | 14.14 | 11.10 | 143.58 | 30.23 | 3.19 |
| | 5.5 | 15.46 | 12.14 | 155.43 | 32.72 | 3.17 |
| | 6.0 | 16.78 | 13.17 | 166.86 | 35.13 | 3.15 |
| | 6.5 | 18.07 | 14.19 | 177.89 | 37.45 | 3.14 |
| | 7.0 | 19.35 | 15.19 | 188.51 | 39.69 | 3.12 |
| 102 | 3.5 | 10.83 | 8.50 | 131.52 | 25.79 | 3.48 |
| | 4.0 | 12.32 | 9.67 | 148.09 | 29.04 | 3.47 |
| | 4.5 | 13.78 | 10.82 | 164.14 | 32.18 | 3.45 |
| | 5.0 | 15.24 | 11.96 | 179.68 | 35.23 | 3.43 |
| | 5.5 | 16.67 | 13.09 | 194.72 | 38.18 | 3.42 |
| | 6.0 | 18.10 | 14.21 | 209.28 | 41.03 | 3.40 |
| | 6.5 | 19.50 | 15.31 | 223.35 | 43.79 | 3.38 |
| | 7.0 | 20.89 | 16.40 | 236.96 | 46.46 | 3.37 |
| 114 | 4.0 | 13.82 | 10.85 | 209.35 | 36.73 | 3.89 |
| | 4.5 | 15.48 | 12.15 | 232.41 | 40.77 | 3.87 |
| | 5.0 | 17.12 | 13.44 | 254.81 | 44.70 | 3.86 |
| | 5.5 | 18.75 | 14.72 | 276.58 | 48.52 | 3.84 |
| | 6.0 | 20.36 | 15.98 | 297.73 | 52.23 | 3.82 |
| | 6.5 | 21.95 | 17.23 | 318.26 | 55.84 | 3.81 |
| | 7.0 | 23.53 | 18.47 | 338.19 | 59.33 | 3.79 |
| | 7.5 | 25.09 | 19.70 | 357.58 | 62.73 | 3.77 |
| | 8.0 | 26.04 | 20.91 | 376.30 | 66.02 | 3.76 |
| 121 | 4.0 | 14.70 | 11.54 | 251.87 | 41.63 | 4.14 |
| | 4.5 | 16.47 | 12.93 | 279.83 | 46.25 | 4.12 |
| | 5.0 | 18.22 | 14.30 | 307.05 | 50.75 | 4.11 |
| | 5.5 | 19.96 | 15.67 | 333.54 | 55.13 | 4.09 |
| | 6.0 | 21.68 | 17.02 | 359.32 | 59.39 | 4.07 |
| | 6.5 | 23.38 | 18.35 | 384.40 | 63.54 | 4.05 |
| | 7.0 | 25.07 | 19.68 | 408.80 | 67.57 | 4.04 |
| | 7.5 | 26.74 | 20.99 | 432.51 | 71.49 | 4.02 |
| | 8.0 | 28.40 | 22.29 | 455.57 | 75.30 | 4.01 |
| 127 | 4.0 | 15.46 | 12.13 | 292.61 | 46.08 | 4.35 |
| | 4.5 | 17.32 | 13.59 | 325.29 | 51.23 | 4.33 |
| | 5.0 | 19.16 | 15.04 | 357.14 | 56.24 | 4.32 |
| | 5.5 | 20.99 | 16.48 | 388.19 | 61.13 | 4.30 |
| | 6.0 | 22.81 | 17.90 | 418.44 | 65.90 | 4.28 |
| | 6.5 | 24.61 | 19.32 | 447.92 | 70.54 | 4.27 |
| | 7.0 | 26.39 | 20.72 | 476.63 | 75.06 | 4.25 |
| | 7.5 | 28.16 | 22.10 | 504.58 | 79.46 | 4.23 |
| | 8.0 | 29.91 | 23.48 | 531.80 | 83.75 | 4.22 |
| 133 | 4.0 | 16.21 | 12.73 | 337.53 | 50.76 | 4.56 |
| | 4.5 | 18.17 | 14.26 | 375.42 | 56.45 | 4.55 |
| | 5.0 | 20.11 | 15.78 | 412.42 | 62.02 | 4.53 |
| | 5.5 | 22.03 | 17.29 | 448.50 | 67.44 | 4.51 |
| | 6.0 | 23.94 | 18.79 | 483.72 | 72.74 | 4.50 |
| | 6.5 | 25.83 | 20.28 | 518.07 | 77.91 | 4.48 |
| | 7.0 | 27.71 | 21.75 | 551.58 | 82.94 | 4.46 |
| | 7.5 | 29.57 | 23.21 | 584.25 | 87.86 | 4.45 |
| | 8.0 | 31.42 | 24.66 | 616.11 | 92.65 | 4.43 |
| 140 | 4.5 | 19.16 | 15.04 | 440.12 | 62.87 | 4.79 |
| | 5.0 | 21.21 | 16.65 | 483.76 | 69.11 | 4.78 |
| | 5.5 | 23.24 | 18.24 | 526.40 | 75.20 | 4.76 |
| | 6.0 | 25.26 | 19.83 | 568.06 | 81.15 | 4.74 |
| | 6.5 | 27.26 | 21.40 | 608.76 | 86.97 | 4.73 |
| | 7.0 | 29.25 | 22.96 | 648.51 | 92.64 | 4.71 |
| | 7.5 | 31.22 | 24.51 | 687.32 | 98.19 | 4.69 |
| | 8.0 | 33.18 | 26.04 | 725.21 | 103.60 | 4.68 |
| | 9.0 | 37.04 | 29.08 | 798.29 | 114.04 | 4.64 |
| | 10 | 40.84 | 32.06 | 867.86 | 123.98 | 4.61 |
| 146 | 4.5 | 20.00 | 15.70 | 501.16 | 68.65 | 5.01 |
| | 5.0 | 22.15 | 17.39 | 551.10 | 75.49 | 4.99 |
| | 5.5 | 24.28 | 19.06 | 59.95 | 82.19 | 4.97 |
| | 6.0 | 26.39 | 20.72 | 647.73 | 88.73 | 4.95 |
| | 6.5 | 28.49 | 22.36 | 694.44 | 95.13 | 4.94 |
| | 7.0 | 30.57 | 24.00 | 740.12 | 101.39 | 4.92 |
| | 7.5 | 32.63 | 25.62 | 784.77 | 107.50 | 4.90 |
| | 8.0 | 34.68 | 27.23 | 828.41 | 113.48 | 4.89 |
| | 9.0 | 38.74 | 30.41 | 912.71 | 125.03 | 4.85 |
| | 10 | 42.73 | 33.54 | 993.16 | 136.05 | 4.82 |
| 152 | 4.5 | 20.85 | 16.37 | 567.61 | 74.69 | 5.22 |
| | 5.0 | 23.09 | 18.13 | 624.43 | 82.16 | 5.20 |
| | 5.5 | 25.31 | 19.87 | 680.06 | 89.48 | 5.18 |
| | 6.0 | 27.52 | 21.60 | 734.52 | 96.65 | 5.17 |
| | 6.5 | 29.71 | 23.32 | 787.82 | 103.66 | 5.15 |
| | 7.0 | 31.89 | 25.03 | 839.99 | 110.52 | 5.13 |
| | 7.5 | 34.05 | 26.73 | 891.03 | 117.24 | 5.12 |
| | 8.0 | 36.19 | 28.41 | 940.97 | 123.81 | 5.10 |
| | 9.0 | 40.43 | 31.74 | 1037.59 | 136.53 | 5.07 |
| | 10 | 44.61 | 35.02 | 1129.99 | 148.68 | 5.03 |
| 159 | 4.5 | 21.84 | 17.15 | 652.27 | 82.05 | 5.46 |
| | 5.0 | 24.19 | 18.99 | 717.88 | 90.33 | 5.45 |
| | 5.5 | 26.52 | 20.82 | 782.18 | 98.39 | 5.43 |
| | 6.0 | 28.84 | 22.62 | 845.19 | 106.31 | 5.41 |
| | 6.5 | 31.14 | 24.45 | 906.92 | 114.08 | 5.40 |
| | 7.0 | 33.43 | 26.24 | 967.41 | 121.69 | 5.38 |
| | 7.5 | 35.70 | 28.02 | 1026.65 | 129.14 | 5.36 |
| | 8.0 | 37.95 | 29.79 | 1084.67 | 136.44 | 3.35 |
| | 9.0 | 42.41 | 33.79 | 1197.12 | 150.58 | 5.31 |
| | 10 | 46.81 | 36.75 | 1304.88 | 164.14 | 5.28 |

（续）

| 尺寸 | | 截面积 | 质量 | 截面特性 | | |
|---|---|---|---|---|---|---|
| D | t | A | q | I | W | i |
| mm | | cm² | kg/m | cm⁴ | cm³ | cm |
| 168 | 4.5 | 23.11 | 18.14 | 772.96 | 92.02 | 5.78 |
| | 5.0 | 25.60 | 20.10 | 851.14 | 101.33 | 5.77 |
| | 5.5 | 28.08 | 22.04 | 927.85 | 110.46 | 5.75 |
| | 6.0 | 30.54 | 23.97 | 1003.12 | 119.42 | 5.73 |
| | 6.5 | 32.98 | 25.89 | 1076.95 | 128.21 | 5.71 |
| | 7.0 | 35.41 | 27.79 | 1149.36 | 136.83 | 5.70 |
| | 7.5 | 37.82 | 29.69 | 1220.38 | 145.28 | 5.68 |
| | 8.0 | 40.21 | 31.57 | 1290.01 | 153.57 | 5.66 |
| | 9.0 | 44.96 | 35.29 | 1425.22 | 169.67 | 5.63 |
| | 10 | 49.64 | 38.97 | 1555.13 | 185.13 | 5.60 |
| 180 | 5.0 | 27.49 | 21.58 | 1053.17 | 117.02 | 6.19 |
| | 5.5 | 30.15 | 23.67 | 1148.79 | 127.64 | 6.17 |
| | 6.0 | 32.80 | 25.75 | 1242.72 | 138.08 | 6.16 |
| | 6.5 | 35.43 | 27.81 | 1335.00 | 148.33 | 6.14 |
| | 7.0 | 38.04 | 29.87 | 1425.63 | 158.40 | 6.12 |
| | 7.5 | 40.64 | 31.91 | 1514.64 | 168.29 | 6.10 |
| | 8.0 | 43.23 | 33.93 | 1602.04 | 178.00 | 6.09 |
| | 9.0 | 48.35 | 37.95 | 1772.12 | 196.90 | 6.05 |
| | 10 | 53.41 | 41.92 | 1936.01 | 215.11 | 6.02 |
| | 12 | 63.33 | 49.72 | 2245.84 | 249.54 | 5.95 |
| 194 | 5.0 | 29.69 | 23.31 | 1326.54 | 136.76 | 6.68 |
| | 5.5 | 32.57 | 25.57 | 1447.86 | 149.26 | 6.67 |
| | 6.0 | 35.44 | 27.82 | 1567.21 | 161.57 | 6.65 |
| | 6.5 | 38.29 | 30.06 | 1684.61 | 173.67 | 6.63 |
| | 7.0 | 41.12 | 32.28 | 1800.08 | 185.57 | 6.62 |
| | 7.5 | 43.94 | 34.50 | 1913.64 | 197.28 | 6.60 |
| | 8.0 | 46.75 | 36.70 | 2025.31 | 208.79 | 6.58 |
| | 9.0 | 52.31 | 41.06 | 2243.08 | 231.25 | 6.55 |
| | 10 | 57.81 | 45.38 | 2453.55 | 252.94 | 6.51 |
| | 12 | 68.61 | 53.86 | 2853.25 | 294.15 | 6.45 |
| 203 | 6.0 | 37.13 | 29.15 | 1803.07 | 177.64 | 6.97 |
| | 6.5 | 40.13 | 31.50 | 1938.81 | 191.02 | 6.95 |
| | 7.0 | 43.10 | 33.84 | 2072.43 | 204.18 | 6.93 |
| | 7.5 | 46.06 | 36.16 | 2203.94 | 217.14 | 6.92 |
| | 8.0 | 49.01 | 38.47 | 2333.37 | 229.89 | 6.90 |
| | 9.0 | 54.85 | 43.06 | 2586.08 | 254.79 | 6.87 |
| | 10 | 60.63 | 47.60 | 2830.72 | 278.89 | 6.83 |
| | 12 | 72.01 | 56.52 | 3296.49 | 324.78 | 6.77 |
| | 14 | 83.13 | 62.25 | 3732.07 | 367.69 | 6.70 |
| | 16 | 94.00 | 73.79 | 4138.78 | 407.76 | 6.64 |
| 219 | 6.0 | 40.15 | 31.52 | 2278.74 | 208.10 | 7.53 |
| | 6.5 | 43.39 | 34.06 | 2451.64 | 223.89 | 7.52 |
| | 7.0 | 46.63 | 36.60 | 2622.04 | 239.46 | 7.50 |
| | 7.5 | 49.83 | 39.12 | 2789.96 | 254.79 | 7.48 |
| | 8.0 | 53.03 | 41.63 | 2955.43 | 269.90 | 7.47 |
| 219 | 9.0 | 59.38 | 46.61 | 3279.12 | 299.46 | 7.43 |
| | 10 | 65.66 | 51.54 | 3593.29 | 328.15 | 7.40 |
| | 12 | 78.04 | 61.26 | 4193.81 | 383.00 | 7.33 |
| | 14 | 90.16 | 70.78 | 4758.50 | 434.57 | 7.26 |
| | 16 | 102.04 | 80.10 | 5288.81 | 4183.00 | 7.20 |
| 245 | 6.5 | 48.70 | 38.23 | 3465.46 | 282.89 | 8.44 |
| | 7.0 | 52.34 | 41.08 | 3709.06 | 302.78 | 8.42 |
| | 7.5 | 55.96 | 43.93 | 3949.52 | 322.41 | 8.40 |
| | 8.0 | 59.56 | 46.76 | 4186.87 | 341.79 | 8.38 |
| | 9.0 | 66.73 | 52.38 | 4652.32 | 379.78 | 8.35 |
| | 10 | 73.83 | 57.95 | 5105.63 | 416.79 | 8.32 |
| | 12 | 87.84 | 68.95 | 5976.67 | 487.89 | 8.25 |
| | 14 | 101.60 | 79.76 | 6801.68 | 555.24 | 8.18 |
| | 16 | 115.11 | 90.36 | 7582.30 | 618.96 | 8.12 |
| 273 | 6.5 | 54.42 | 42.72 | 4834.18 | 354.15 | 9.42 |
| | 7.0 | 58.50 | 45.92 | 5177.30 | 379.29 | 9.41 |
| | 7.5 | 62.56 | 49.11 | 5516.47 | 404.14 | 9.39 |
| | 8.0 | 66.60 | 52.28 | 5851.71 | 428.70 | 9.37 |
| | 9.0 | 74.64 | 58.60 | 6510.56 | 476.96 | 9.34 |
| | 10 | 82.62 | 64.86 | 7154.09 | 524.11 | 9.31 |
| | 12 | 98.39 | 77.24 | 8393.14 | 615.10 | 9.24 |
| | 14 | 113.91 | 89.42 | 9579.75 | 701.81 | 9.17 |
| | 16 | 129.18 | 101.41 | 10706.79 | 784.38 | 9.10 |
| 299 | 7.5 | 68.68 | 53.92 | 7300.02 | 488.30 | 10.31 |
| | 8.0 | 73.14 | 57.41 | 7747.42 | 518.22 | 10.29 |
| | 9.0 | 82.00 | 64.37 | 8628.09 | 577.13 | 10.26 |
| | 10 | 90.79 | 71.27 | 9490.15 | 634.79 | 10.22 |
| | 12 | 108.20 | 84.93 | 11159.52 | 746.46 | 10.16 |
| | 14 | 125.35 | 98.40 | 12757.61 | 853.35 | 10.09 |
| | 16 | 142.25 | 111.67 | 14286.48 | 955.62 | 10.02 |
| 325 | 7.5 | 74.81 | 58.73 | 9431.80 | 580.42 | 11.23 |
| | 8.0 | 79.67 | 62.54 | 10013.92 | 616.24 | 11.21 |
| | 9.0 | 89.13 | 70.14 | 11161.33 | 686.85 | 11.18 |
| | 10 | 98.96 | 77.68 | 12286.52 | 756.09 | 11.14 |
| | 12 | 118.00 | 92.63 | 14471.45 | 890.55 | 11.07 |
| | 14 | 136.78 | 107.38 | 16570.98 | 1019.75 | 11.01 |
| | 16 | 155.32 | 121.93 | 18587.38 | 1143.84 | 10.94 |
| 351 | 8.0 | 86.21 | 67.67 | 12684.36 | 722.76 | 12.13 |
| | 9.0 | 96.70 | 75.91 | 14147.55 | 806.13 | 12.10 |
| | 10 | 107.13 | 84.10 | 15584.62 | 888.01 | 12.06 |
| | 12 | 127.80 | 100.32 | 18381.63 | 1047.39 | 11.99 |
| | 14 | 148.22 | 116.35 | 21077.86 | 1201.02 | 11.93 |
| | 16 | 168.39 | 132.19 | 23675.75 | 1349.05 | 11.86 |

附表 6-7　直缝电焊钢管

符号 $I$——截面惯性矩
$W$——截面模量
$i$——截面回转半径

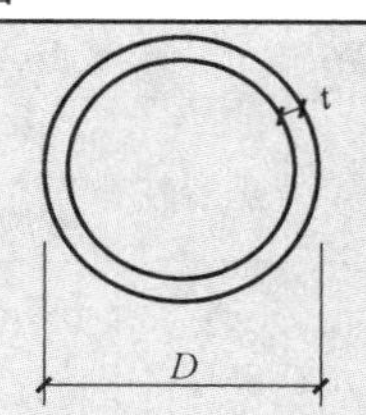


| 尺寸 | | 截面积 | 质量 | 截面特性 | | |
|---|---|---|---|---|---|---|
| $D$ | $t$ | $A$ | $q$ | $I$ | $W$ | $i$ |
| mm | | cm² | kg/m | cm⁴ | cm³ | cm |
| 32 | 2.0 | 1.88 | 1.48 | 2.13 | 1.33 | 1.06 |
| | 2.5 | 3.32 | 1.82 | 2.54 | 1.59 | 1.05 |
| 38 | 2.0 | 2.26 | 1.78 | 3.68 | 1.93 | 1.27 |
| | 2.5 | 2.79 | 2.19 | 4.41 | 2.32 | 1.26 |
| 40 | 2.0 | 2.39 | 1.87 | 4.32 | 2.16 | 1.35 |
| | 2.5 | 2.95 | 2.31 | 5.20 | 2.60 | 1.33 |
| 42 | 2.0 | 2.51 | 1.97 | 5.04 | 2.40 | 1.42 |
| | 2.5 | 3.10 | 2.44 | 6.07 | 2.89 | 1.40 |
| 45 | 2.0 | 2.70 | 2.12 | 6.26 | 2.78 | 1.52 |
| | 2.5 | 3.34 | 2.62 | 7.56 | 3.36 | 1.51 |
| | 3.0 | 3.96 | 3.11 | 8.77 | 3.90 | 1.49 |
| 51 | 2.0 | 3.08 | 2.42 | 9.26 | 3.63 | 1.73 |
| | 2.5 | 3.81 | 2.99 | 11.23 | 4.40 | 1.72 |
| | 3.0 | 4.52 | 3.55 | 13.08 | 5.13 | 1.70 |
| | 3.5 | 5.22 | 4.10 | 14.81 | 5.81 | 1.68 |
| 53 | 2.0 | 3.20 | 2.52 | 10.43 | 3.94 | 1.80 |
| | 2.5 | 3.97 | 3.11 | 12.67 | 4.78 | 1.79 |
| | 3.0 | 4.71 | 3.70 | 14.78 | 5.58 | 1.77 |
| | 3.5 | 5.44 | 4.27 | 16.75 | 6.32 | 1.75 |
| 57 | 2.0 | 3.46 | 2.71 | 13.08 | 4.59 | 1.95 |
| | 2.5 | 4.28 | 3.36 | 15.93 | 5.59 | 1.93 |
| | 3.0 | 5.09 | 4.00 | 18.61 | 6.53 | 1.91 |
| | 3.5 | 5.88 | 4.62 | 21.14 | 7.42 | 1.90 |
| 60 | 2.0 | 3.64 | 2.86 | 15.34 | 5.11 | 2.05 |
| | 2.5 | 4.52 | 3.55 | 18.70 | 6.23 | 2.03 |
| | 3.0 | 5.37 | 4.22 | 21.88 | 7.29 | 2.02 |
| | 3.5 | 6.21 | 4.88 | 24.88 | 8.29 | 2.00 |
| 63.5 | 2.0 | 3.86 | 3.03 | 18.29 | 5.76 | 2.18 |
| | 2.5 | 4.79 | 3.76 | 22.32 | 7.03 | 2.16 |
| | 3.0 | 5.70 | 4.48 | 26.15 | 8.24 | 2.14 |
| | 3.5 | 6.60 | 5.18 | 29.79 | 9.38 | 2.12 |
| 70 | 2.0 | 4.27 | 3.35 | 24.72 | 7.06 | 2.41 |
| | 2.5 | 5.30 | 4.16 | 30.23 | 8.64 | 2.39 |
| | 3.0 | 6.31 | 4.96 | 35.50 | 10.14 | 2.37 |
| | 3.5 | 7.31 | 5.74 | 40.53 | 11.58 | 2.35 |
| | 4.5 | 9.26 | 7.27 | 49.89 | 14.26 | 2.32 |
| 76 | 2.0 | 4.65 | 3.65 | 31.95 | 8.38 | 2.62 |
| | 2.5 | 5.77 | 4.53 | 39.03 | 10.27 | 2.60 |
| | 3.0 | 6.88 | 5.40 | 45.91 | 12.08 | 2.58 |
| | 3.5 | 7.97 | 6.26 | 52.50 | 13.82 | 2.57 |
| | 4.0 | 9.05 | 7.10 | 58.81 | 15.48 | 2.55 |
| | 4.5 | 10.11 | 7.93 | 64.85 | 17.07 | 2.53 |
| 83 | 2.0 | 5.09 | 4.00 | 41.76 | 10.06 | 2.86 |
| | 2.5 | 6.32 | 4.96 | 51.26 | 12.35 | 2.85 |
| | 3.0 | 7.54 | 5.92 | 60.40 | 14.56 | 2.83 |
| | 3.5 | 8.74 | 6.86 | 69.19 | 16.67 | 2.81 |
| | 4.0 | 9.93 | 7.79 | 77.64 | 18.71 | 2.80 |
| | 4.5 | 11.10 | 8.71 | 85.76 | 20.67 | 2.78 |

| 尺寸 | | 截面积 | 质量 | 截面特性 | | |
|---|---|---|---|---|---|---|
| $D$ | $t$ | $A$ | $q$ | $I$ | $W$ | $i$ |
| mm | | cm² | kg/m | cm⁴ | cm³ | cm |
| 89 | 2.0 | 5.47 | 4.29 | 51.75 | 11.63 | 3.08 |
| | 2.5 | 6.79 | 5.33 | 63.59 | 14.29 | 3.06 |
| | 3.0 | 8.11 | 6.36 | 75.02 | 16.86 | 3.04 |
| | 3.5 | 9.40 | 7.38 | 86.05 | 19.34 | 3.03 |
| | 4.0 | 10.68 | 8.38 | 96.68 | 21.73 | 3.01 |
| | 4.5 | 11.95 | 9.38 | 106.92 | 24.03 | 2.99 |
| 95 | 2.0 | 5.84 | 4.59 | 63.20 | 13.31 | 3.29 |
| | 2.5 | 7.26 | 5.70 | 77.76 | 16.37 | 3.27 |
| | 3.0 | 8.67 | 6.81 | 91.83 | 19.33 | 3.25 |
| | 3.5 | 10.06 | 7.90 | 105.45 | 22.20 | 3.24 |
| 102 | 2.0 | 6.28 | 4.93 | 78.57 | 15.41 | 3.54 |
| | 2.5 | 7.81 | 6.13 | 96.77 | 18.97 | 3.52 |
| | 3.0 | 9.33 | 7.32 | 114.42 | 22.43 | 3.50 |
| | 3.5 | 10.83 | 8.50 | 131.52 | 25.79 | 3.48 |
| | 4.0 | 12.32 | 9.67 | 148.09 | 29.04 | 3.47 |
| | 4.5 | 13.78 | 10.82 | 164.14 | 32.18 | 3.45 |
| | 5.0 | 15.24 | 11.96 | 179.68 | 35.23 | 3.43 |
| 108 | 3.0 | 9.90 | 7.77 | 136.49 | 25.28 | 3.71 |
| | 3.5 | 11.49 | 9.02 | 157.02 | 29.08 | 3.70 |
| | 4.0 | 13.07 | 10.26 | 176.95 | 32.77 | 3.68 |
| 114 | 3.0 | 10.46 | 8.21 | 161.24 | 28.29 | 3.93 |
| | 3.5 | 12.15 | 9.54 | 185.63 | 32.57 | 3.91 |
| | 4.0 | 13.82 | 10.85 | 209.35 | 36.73 | 3.89 |
| | 4.5 | 15.48 | 12.15 | 323.41 | 40.77 | 3.87 |
| | 5.0 | 17.12 | 13.44 | 254.81 | 44.70 | 3.86 |
| 121 | 3.0 | 11.12 | 8.73 | 193.69 | 32.01 | 4.17 |
| | 3.5 | 12.92 | 10.14 | 223.17 | 36.89 | 4.16 |
| | 4.0 | 14.70 | 11.54 | 251.87 | 41.63 | 4.14 |
| 127 | 3.0 | 11.69 | 9.17 | 224.75 | 35.39 | 4.39 |
| | 3.5 | 13.58 | 10.66 | 259.11 | 40.80 | 4.37 |
| | 4.0 | 15.46 | 12.13 | 292.61 | 46.08 | 4.35 |
| | 4.5 | 17.32 | 13.59 | 325.29 | 51.23 | 4.33 |
| | 5.0 | 19.16 | 15.04 | 357.14 | 56.24 | 4.32 |
| 133 | 3.5 | 14.24 | 11.18 | 298.71 | 44.92 | 4.58 |
| | 4.0 | 16.21 | 12.73 | 337.53 | 50.76 | 4.56 |
| | 4.5 | 18.17 | 14.26 | 375.42 | 56.45 | 4.55 |
| | 5.0 | 20.11 | 15.78 | 412.40 | 62.02 | 4.5 |
| 140 | 3.5 | 15.01 | 11.78 | 349.79 | 49.97 | 4.83 |
| | 4.0 | 17.09 | 13.42 | 395.47 | 56.50 | 4.81 |
| | 4.5 | 19.16 | 15.04 | 440.12 | 62.87 | 4.79 |
| | 5.0 | 21.21 | 16.65 | 483.76 | 69.11 | 4.78 |
| | 5.5 | 23.24 | 18.24 | 526.40 | 75.20 | 4.76 |
| 152 | 3.5 | 16.33 | 12.82 | 450.35 | 59.26 | 2.25 |
| | 4.0 | 18.60 | 14.60 | 509.59 | 67.05 | 5.23 |
| | 4.5 | 20.85 | 16.37 | 567.61 | 74.59 | 5.22 |
| | 5.0 | 23.09 | 18.13 | 624.43 | 82.16 | 5.20 |
| | 5.5 | 25.31 | 19.87 | 680.06 | 89.48 | 5.18 |

# 附录 7　螺栓和锚栓规格

附表 7-1　螺栓螺纹处的有效截面面积

| 公称直径/mm | 12 | 14 | 16 | 18 | 20 | 22 | 24 | 27 | 30 |
|---|---|---|---|---|---|---|---|---|---|
| 螺栓有效截面积 $A_e$/cm$^2$ | 0.84 | 1.15 | 1.57 | 1.92 | 2.45 | 3.03 | 3.53 | 4.59 | 5.61 |
| 公称直径/mm | 33 | 36 | 39 | 42 | 45 | 48 | 52 | 56 | 60 |
| 螺栓有效截面积 $A_e$/cm$^2$ | 6.94 | 8.17 | 9.76 | 11.2 | 13.1 | 14.7 | 17.6 | 20.3 | 23.6 |
| 公称直径/mm | 64 | 68 | 72 | 76 | 80 | 85 | 90 | 95 | 100 |
| 螺栓有效截面积 $A_e$/cm$^2$ | 26.8 | 30.6 | 34.6 | 38.9 | 43.4 | 49.5 | 55.9 | 62.7 | 70.0 |

附表 7-2　锚栓规格

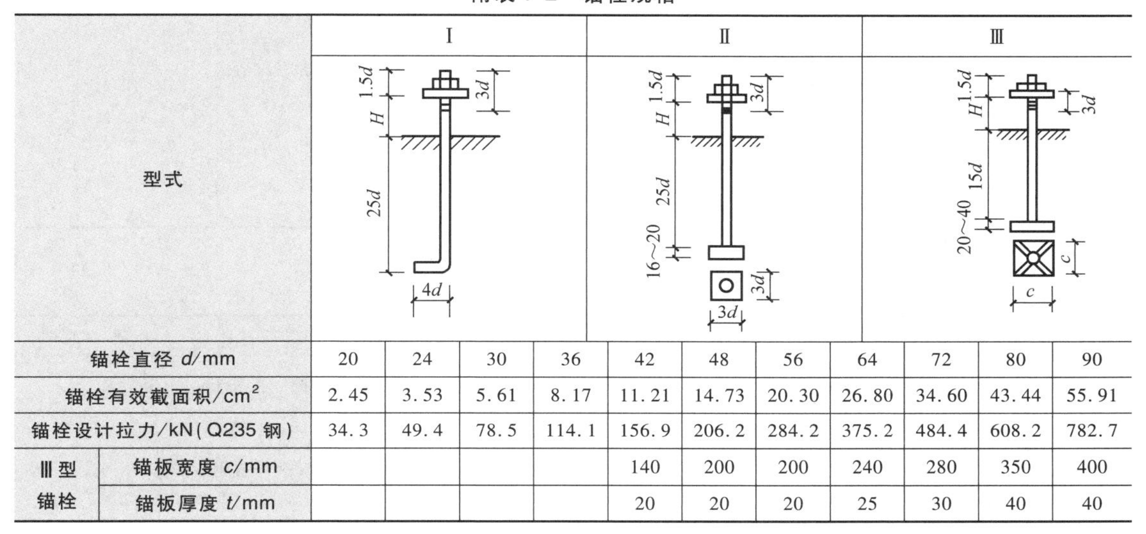


| | | I | | | | II | | | III | | |
|---|---|---|---|---|---|---|---|---|---|---|---|
| 型式 | | | | | | | | | | | |
| 锚栓直径 *d*/mm | | 20 | 24 | 30 | 36 | 42 | 48 | 56 | 64 | 72 | 80 | 90 |
| 锚栓有效截面积/cm$^2$ | | 2.45 | 3.53 | 5.61 | 8.17 | 11.21 | 14.73 | 20.30 | 26.80 | 34.60 | 43.44 | 55.91 |
| 锚栓设计拉力/kN(Q235 钢) | | 34.3 | 49.4 | 78.5 | 114.1 | 156.9 | 206.2 | 284.2 | 375.2 | 484.4 | 608.2 | 782.7 |
| Ⅲ型锚栓 | 锚板宽度 *c*/mm | | | | | 140 | 200 | 200 | 240 | 280 | 350 | 400 |
| | 锚板厚度 *t*/mm | | | | | 20 | 20 | 20 | 25 | 30 | 40 | 40 |

# 附录 8　疲劳计算的构件和连接分类

附表 8-1　非焊接的构件和连接分类

| 项次 | 构造细节 | 说　明 | 类别 |
|---|---|---|---|
| 1 | | • 无连接处的母材<br>轧制型钢 | Z1 |
| 2 | | • 无连接处的母材<br>钢板<br>(1)两边为轧制边或刨边<br>(2)两侧为自动、半自动切割边(切割质量标准应符合现行《钢结构工程施工质量验收规范》GB 50205) | Z1<br>Z2 |
| 3 | | • 连系螺栓和虚孔处的母材<br>应力以净截面面积计算 | Z4 |

（续）

| 项次 | 构造细节 | 说　明 | 类别 |
|---|---|---|---|
| 4 | 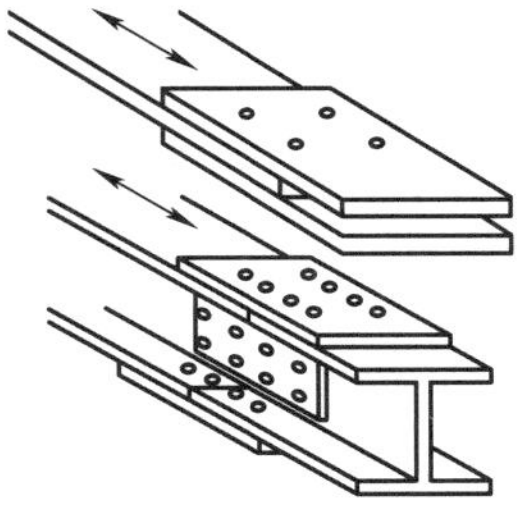 | • 螺栓连接处的母材<br>高强度螺栓摩擦型连接应力以毛截面面积计算；其他螺栓连接应力以净截面面积计算<br>• 铆钉连接处的母材<br>连接应力以净截面面积计算 | Z2<br><br>Z4 |
| 5 | 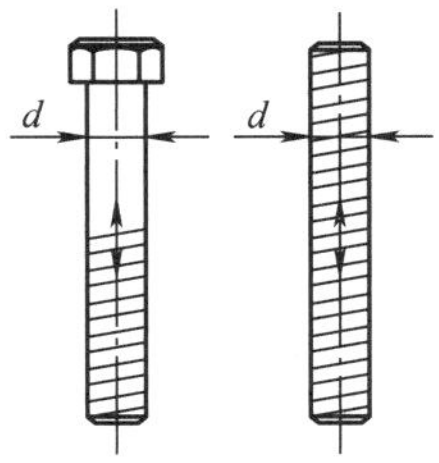 | • 受拉螺栓的螺纹处母材<br>连接板件应有足够的刚度，否则，受拉正应力应适当考虑撬力及其他因素引起的附加应力<br>对于直径大于 30mm 螺栓，需要考虑尺寸效应对容许应力幅进行修正，修正系数 $\gamma_t$<br>$\gamma_t=\left(\frac{30}{d}\right)^{0.25}$<br>式中　$d$——螺栓直径(mm) | Z11 |

注：箭头表示计算应力幅的位置和方向。

**附表 8-2　纵向传力焊缝的构件和连接分类**

| 项次 | 构造细节 | 说　明 | 类别 |
|---|---|---|---|
| 6 | 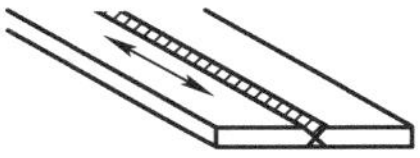 | • 无垫板的纵向对接焊缝附近的母材<br>焊缝符合二级焊缝标准 | Z2 |
| 7 |  | • 有连续垫板的纵向自动对接焊缝附近的母材<br>(1)无起弧、灭弧<br>(2)有起弧、灭弧 | <br>Z4<br>Z5 |
| 8 | 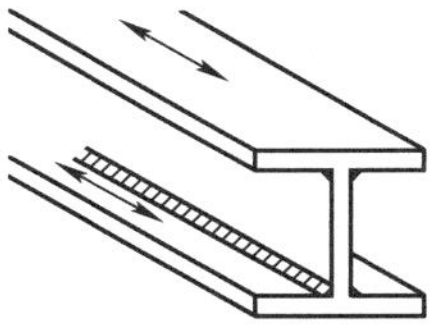 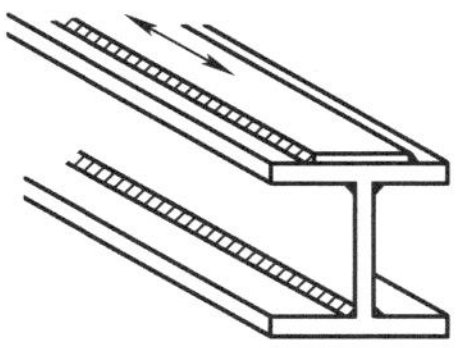 | • 翼缘连接焊缝附近的母材<br>翼缘板与腹板的连接焊缝<br>自动焊，二级 T 形对接与角接组合焊缝<br>自动焊，角焊缝，外观质量标准符合二级<br>手工焊，角焊缝，外观质量标准符合二级<br>双层翼缘板之间的连接焊缝<br>自动焊，角焊缝，外观质量标准符合二级<br>手工焊，角焊缝，外观质量标准符合二级 | <br><br>Z2<br>Z4<br>Z5<br><br>Z4<br>Z5 |
| 9 | 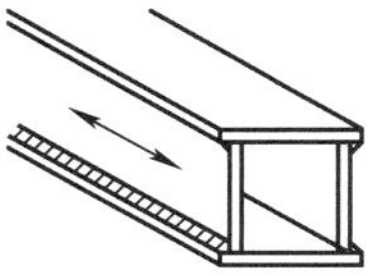 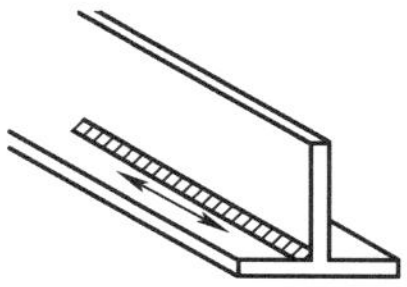 | • 仅单侧施焊的手工或自动对接焊缝附近的母材，焊缝符合二级焊缝标准，翼缘与腹板很好贴合 | Z5 |

（续）

| 项次 | 构造细节 | 说　　明 | 类别 |
| --- | --- | --- | --- |
| 10 | 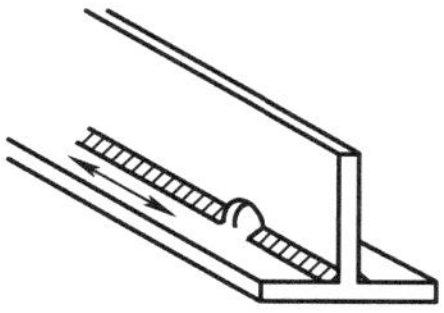 | • 开工艺孔处对接焊缝、角焊缝、间断焊缝等附近的母材，焊缝符合二级焊缝标准 | Z8 |
| 11 | 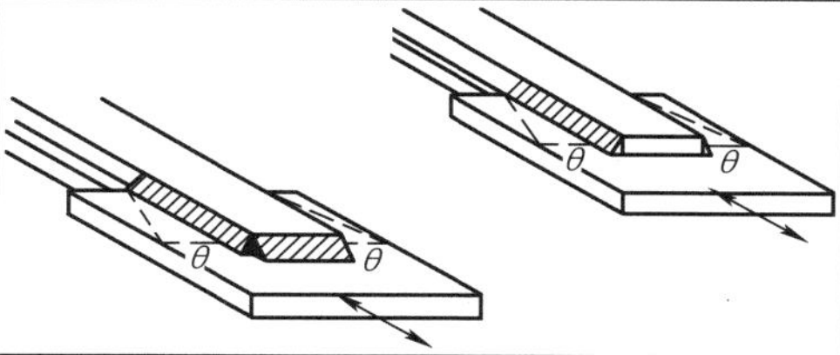 | • 节点板搭接的两侧面角焊缝端部的母材<br>• 节点板搭接的三面围焊时两侧角焊缝端部的母材<br>• 三面围焊或两侧面角焊缝的节点板母材（节点板计算宽度按应力扩散角 $\theta$ 等于 30°考虑） | Z10<br><br>Z8<br>Z8 |

注：箭头表示计算应力幅的位置和方向。

**附表 8-3　横向传力焊缝的构件和连接分类**

| 项次 | 构造细节 | 说　　明 | 类别 |
| --- | --- | --- | --- |
| 12 | 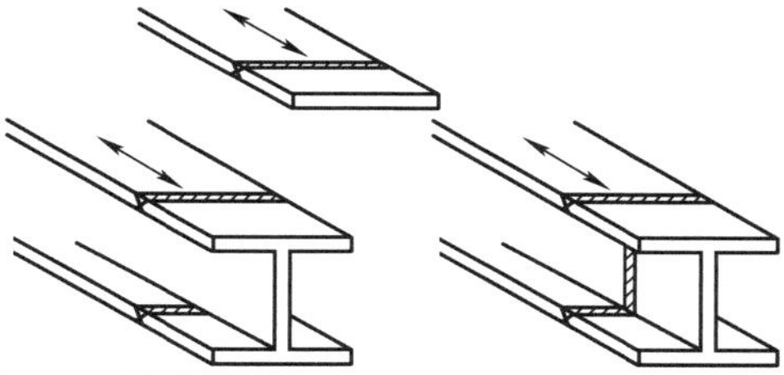 | • 横向对接焊缝附近的母材，轧制梁对接焊缝附近的母材<br>符合《钢结构工程施工质量验收规范》GB 50205 的一级焊缝，且经加工、磨平<br>符合《钢结构工程施工质量验收规范》GB 50205 的一级焊缝 | <br>Z2<br>Z4 |
| 13 | 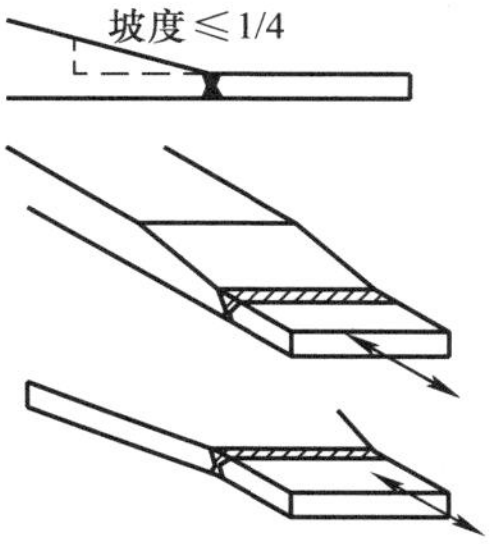 坡度≤1/4 | • 不同厚度（或宽度）横向对接焊缝附近的母材<br>符合《钢结构工程施工质量验收规范》GB 50205 的一级焊缝。且经加工、磨平<br>符合《钢结构工程施工质量验收规范》GB 50205 的一级焊缝 | <br>Z2<br>Z4 |
| 14 | 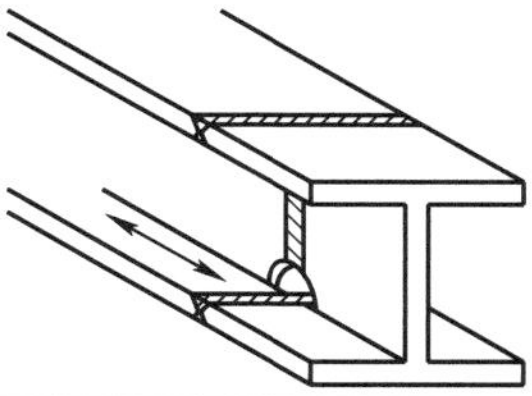 | • 有工艺孔的轧制梁对接焊缝附近的母材，焊缝加工成平滑过渡并符合一级焊缝标准 | Z6 |
| 15 | 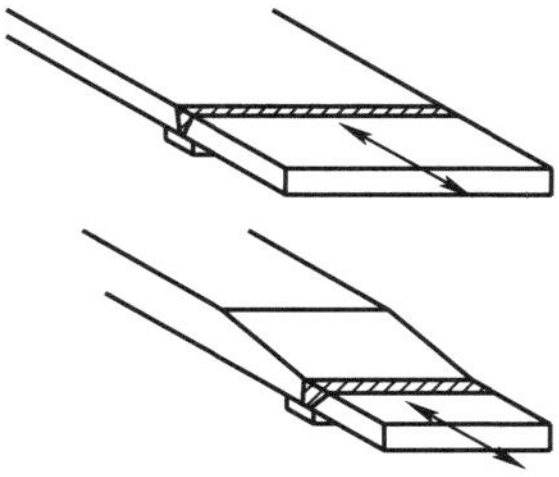 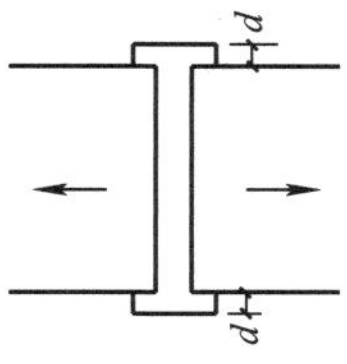 d | • 带垫板的横向对接焊缝附近的母材<br>垫板端部超出母板距离 $d$<br>$d \geqslant 10$mm<br>$d < 10$mm | <br><br>Z8<br>Z11 |

（续）

| 项次 | 构造细节 | 说　　明 | 类别 |
|---|---|---|---|
| 16 | | • 节点板搭接的端面角焊缝的母材 | Z7 |
| 17 | $t_1 \leqslant t_2$　坡度≤1/4　$t_2$　$t_1$ | • 不同厚度直接横向对接焊缝附近的母材，焊缝等级为一级，无偏心 | Z8 |
| 18 | | • 翼缘盖板中断处的母材（板端有横向端焊缝） | Z8 |
| 19 | $t$　$t$ | • 十字形连接、T 形连接<br>（1）K 形坡口、T 形对接与角接组合焊缝处的母材，十字形连接两侧轴线偏离距离小于 0.15$t$，焊缝为二级，焊趾角 $\alpha \leqslant 45°$<br>（2）角焊缝处的母材，十字形连接两侧轴线偏离距离小于 0.15$t$ | Z6<br><br>Z8 |
| 20 | | • 法兰焊缝连接附近的母材<br>（1）采用对接焊缝，焊缝为一级<br>（2）采用角焊缝 | Z8<br>Z13 |

注：箭头表示计算应力幅的位置和方向。

附表 8-4　非传力焊缝的构件和连接分类

| 项次 | 构造细节 | 说　　明 | 类别 |
|---|---|---|---|
| 21 | 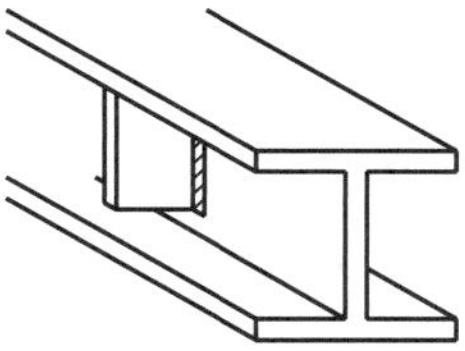 | • 横向加劲肋端部附近的母材<br>肋端焊缝不断弧（采用回焊）<br>肋端焊缝断弧 | <br>Z5<br>Z6 |
| 22 | 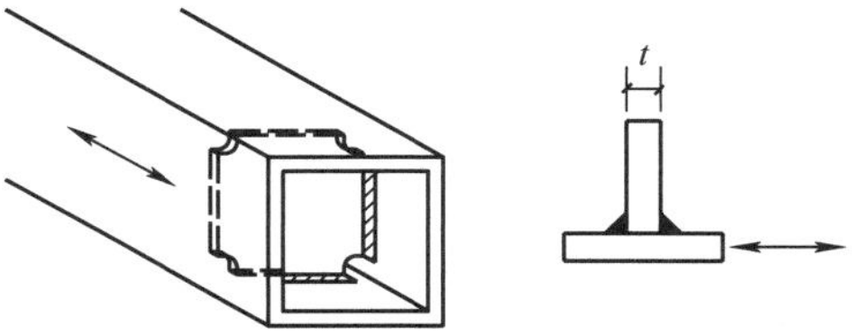 $t$ | • 横向焊接附件附近的母材<br>1）$t \leqslant 50\text{mm}$<br>2）$50\text{mm} < t \leqslant 80\text{mm}$<br>$t$ 为焊接附件的板厚 | <br>Z7<br>Z8 |
| 23 | 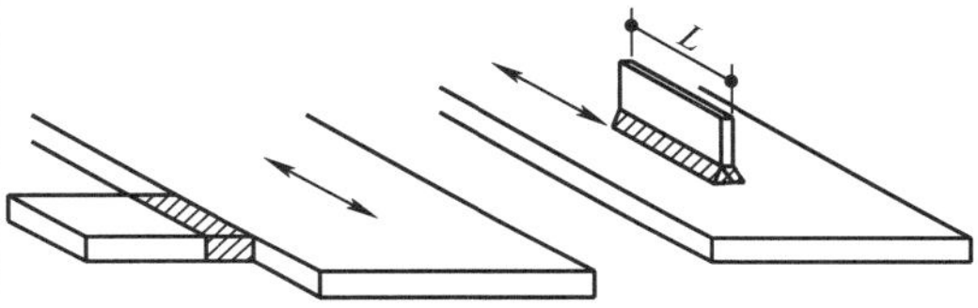 $L$ | • 矩形节点板焊接于构件翼缘或腹板处的母材<br>（节点板焊缝方向的长度 $L > 150\text{mm}$） | Z8 |
| 24 | 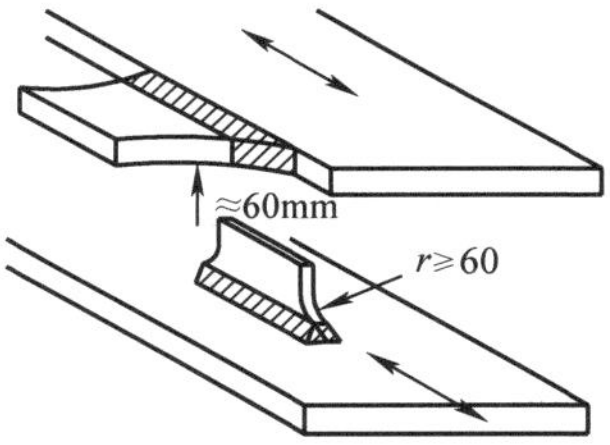 ≈60mm<br>$r \geqslant 60$ | • 带圆弧的梯形节点板用对接焊缝焊于梁翼缘、腹板以及桁架构件处的母材，圆弧过渡处在焊后铲平、磨光、圆滑过渡，不得有焊接起弧、灭弧缺陷 | Z6 |
| 25 | 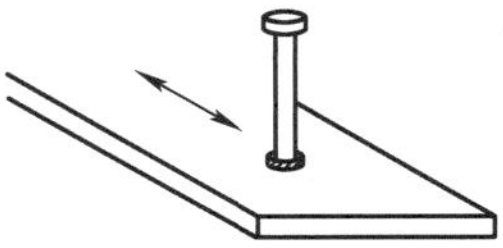 | • 焊接剪力栓钉附近的钢板母材 | Z7 |

注：箭头表示计算应力幅的位置和方向。

附表 8-5　钢管截面的构件和连接分类

| 项次 | 构造细节 | 说　　明 | 类别 |
|---|---|---|---|
| 26 | 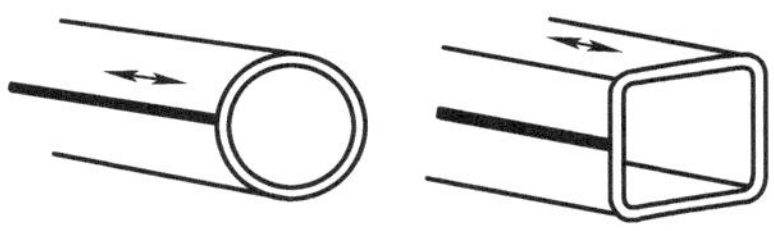 | • 钢管纵向自动焊缝的母材<br>1）无焊接起弧、灭弧点<br>2）有焊接起弧、灭弧点 | <br>Z3<br>Z6 |
| 27 | 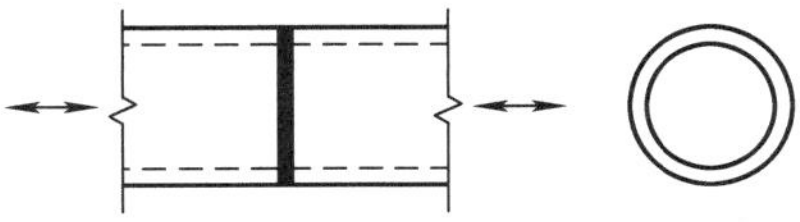 | • 圆管端部对接焊缝附近的母材，焊缝平滑过渡并符合现行《钢结构工程施工质量验收规范》GB 50205 的一级焊缝标准，余高不大于焊缝宽度的 10%<br>1）圆管壁厚 $8\text{mm} < t \leqslant 12.5\text{mm}$<br>2）圆管壁厚 $t \leqslant 8\text{mm}$ | <br><br><br><br>Z6<br>Z8 |

（续）

| 项次 | 构造细节 | 说明 | 类别 |
|---|---|---|---|
| 28 | 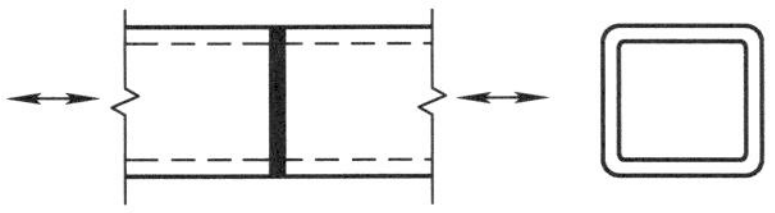 | • 矩形管端部对接焊缝附近的母材，焊缝平滑过渡并符合一级焊缝标准，余高不大于焊缝宽度的 10%<br>1）方管壁厚 8mm<$t$≤12.5mm<br>2）方管壁厚 $t$≤8mm | Z8<br>Z10 |
| 29 | 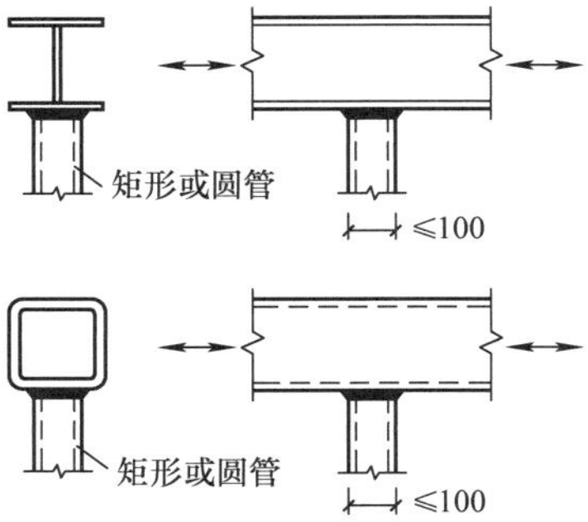 矩形或圆管 ≤100 矩形或圆管 ≤100 | • 焊有其他构件的矩形管或圆管的角焊缝附近的母材，非承载焊缝的外观质量标准符合二级，矩形管宽度或圆管直径不大于 100mm | Z8 |
| 30 | 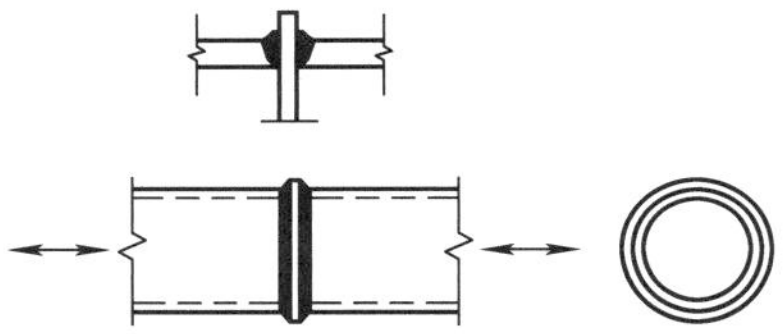 | 通过端板采用对接焊缝拼接的圆管母材，焊缝符合一级质量标准<br>1）圆管壁厚 8mm<$t$≤12.5mm<br>2）圆管壁厚 $t$≤8mm | Z10<br>Z11 |
| 31 | 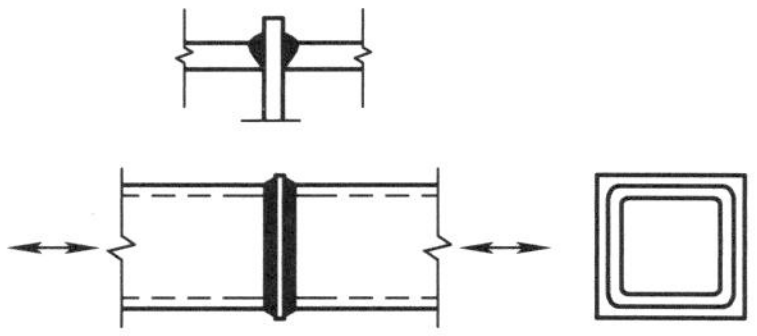 | • 通过端板采用对接焊缝拼接的矩形管母材，焊缝符合一级质量标准<br>1）方管壁厚 8mm<$t$≤12.5mm<br>2）方管壁厚 $t$≤8mm | Z11<br>Z12 |
| 32 | 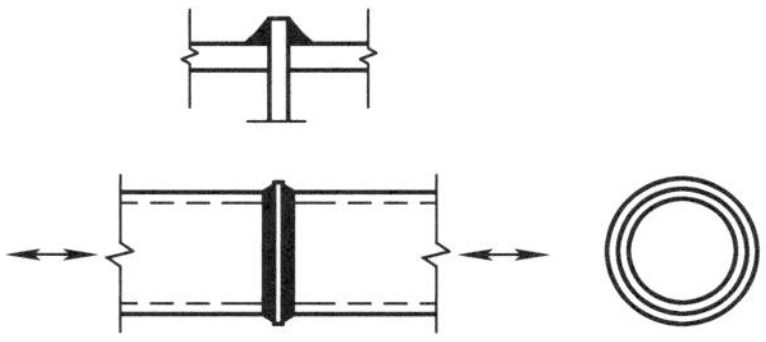 | • 通过端板采用角焊缝拼接的圆管母材，焊缝外观质量标准符合二级，管壁厚度 $t$≤8mm | Z13 |
| 33 | 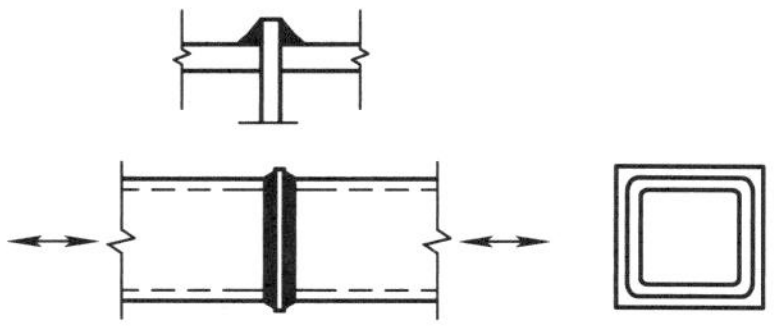 | • 通过端板采用角焊缝拼接的矩形管母材，焊缝外观质量标准符合二级，管壁厚度 $t$≤8mm | Z14 |

（续）

| 项次 | 构造细节 | 说　　明 | 类别 |
|---|---|---|---|
| 34 | 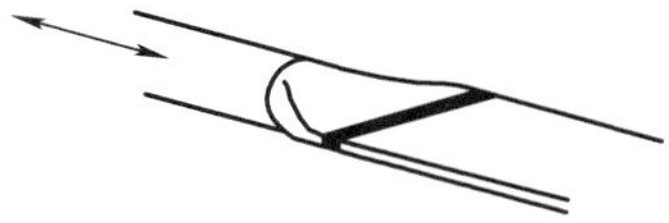 | • 钢管端部压偏与钢板对接焊缝连接（仅适用于直径小于 200mm 的钢管），计算时采用钢管的应力幅 | Z8 |
| 35 | 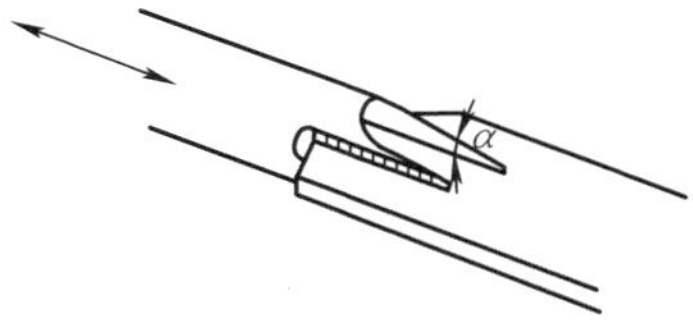 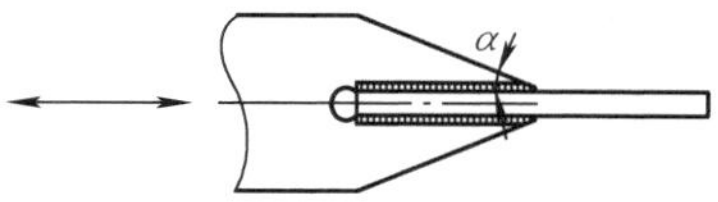 | • 钢管端部开设槽口与钢板角焊缝连接，槽口端部为圆弧，计算时采用钢管的应力幅<br>（1）倾斜角 $\alpha \leqslant 45°$<br>（2）倾斜角 $\alpha > 45°$ | <br><br>Z8<br>Z9 |

注：箭头表示计算应力幅的位置和方向。

## 附表 8-6　剪应力作用下的构件和连接分类

| 项次 | 构造细节 | 说　　明 | 类别 |
|---|---|---|---|
| 36 | 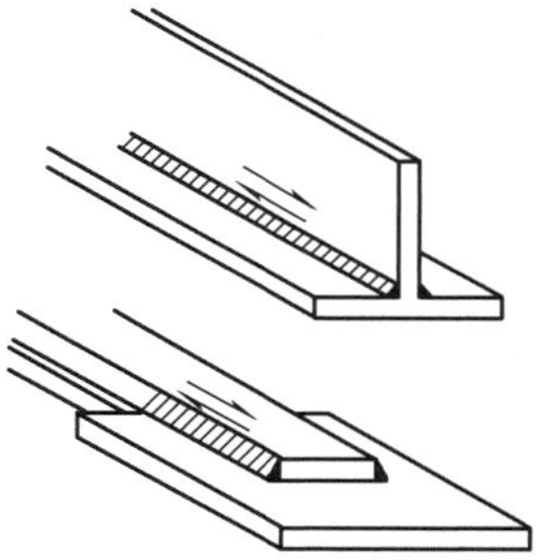 | • 各类受剪角焊缝<br>剪应力按有效截面计算 | J1 |
| 37 | 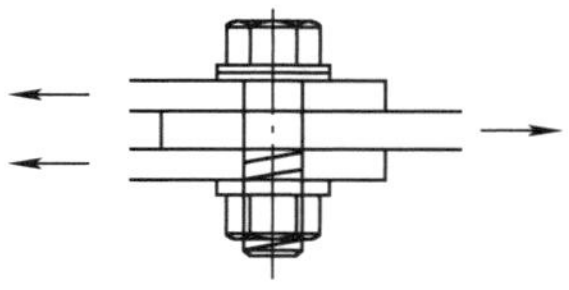 | • 受剪力的普通螺栓<br>采用螺杆截面的剪应力 | J2 |
| 38 | 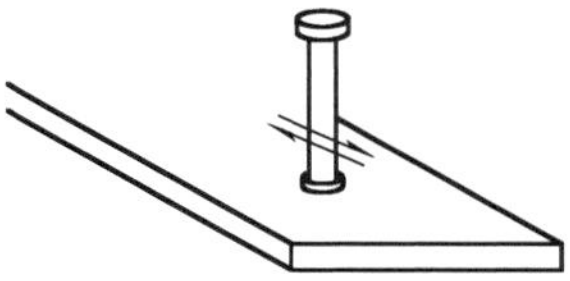 | • 焊接剪力栓钉<br>采用栓钉名义截面的剪应力 | J3 |

注：箭头表示计算应力幅的位置和方向。

# 附录 9　各种截面回转半径的近似值

附表 9-1　各种截面回转半径的近似值

| | | | |
|---|---|---|---|
| 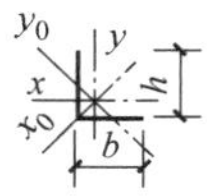 $i_x=0.30h$<br>$i_y=0.30b$<br>$i_{x0}=0.385$<br>$i_{y0}=0.195h$ | 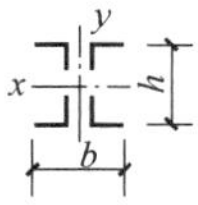 $i_x=0.40h$<br>$i_y=0.21b$ | 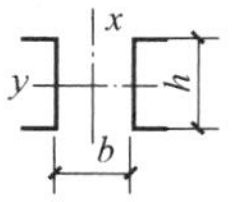 $i_x=0.60b$<br>$i_y=0.38h$ | 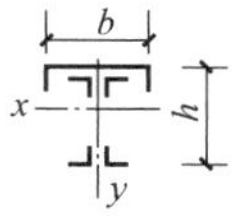 $i_x=0.41h$<br>$i_y=0.22b$ |
| 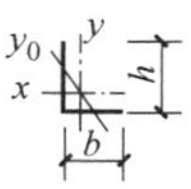 $i_x=0.32h$<br>$i_y=0.28b$<br>$i_{y0}=0.18\frac{h+b}{2}$ | 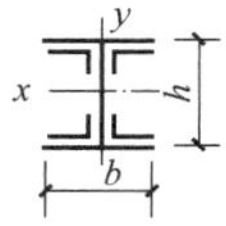 $i_x=0.45h$<br>$i_y=0.235b$ | 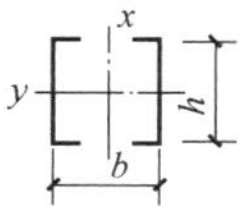 $i_x=0.44b$<br>$i_y=0.38h$ | 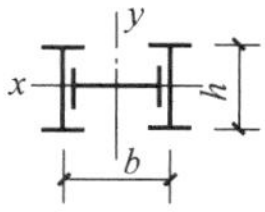 $i_x=0.32h$<br>$i_y=0.49b$ |
| 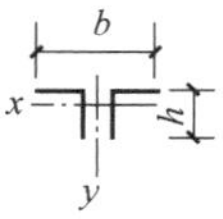 $i_x=0.305h$<br>$i_y=0.215b$ | 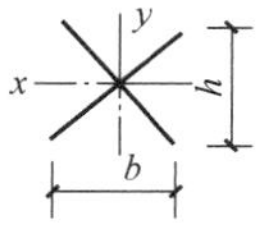 $i_x=0.29h$<br>$i_y=0.29b$ | 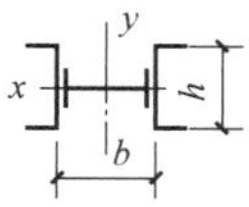 $i_x=0.32h$<br>$i_y=0.58b$ | 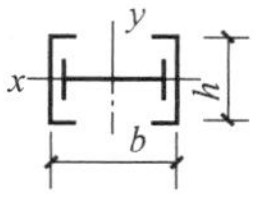 $i_x=0.29h$<br>$i_y=0.50b$ |
| 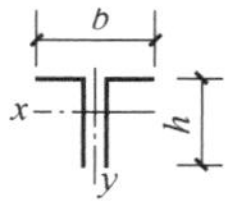 $i_x=0.32h$<br>$i_y=0.20b$ | 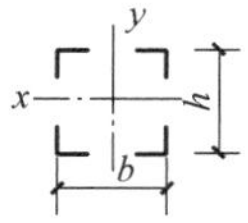 $i_x=0.43h$<br>$i_y=0.43b$ | 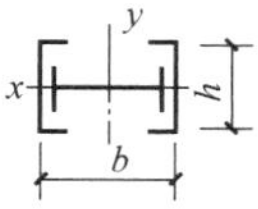 $i_x=0.32h$<br>$i_y=0.40b$ | 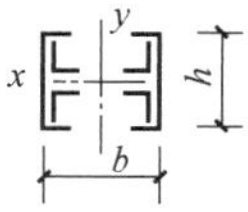 $i_x=0.29h$<br>$i_y=0.45b$ |
| 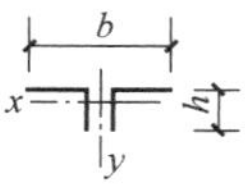 $i_x=0.28h$<br>$i_y=0.24b$ | 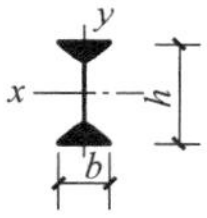 $i_x=0.39h$<br>$i_y=0.20b$ | 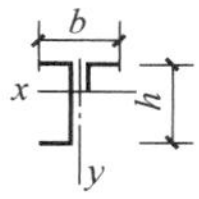 $i_x=0.38h$<br>$i_y=0.12b$ | 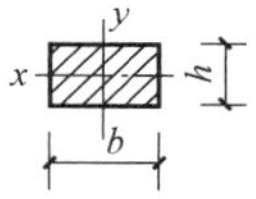 $i_x=0.29h$<br>$i_y=0.29b$ |
| 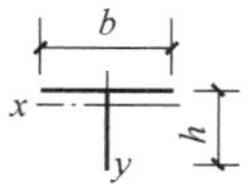 $i_x=0.27h$<br>$i_y=0.23b$ | 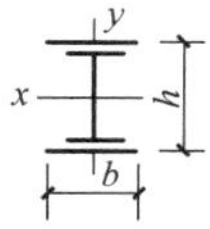 $i_x=0.42h$<br>$i_y=0.22b$ | 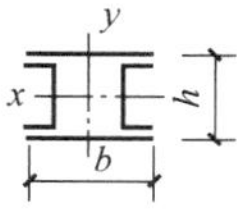 $i_x=0.44h$<br>$i_y=0.32b$ | 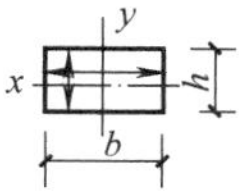 $i_x=0.41h_{平}$<br>$i_y=0.41b_{平}$ |
| 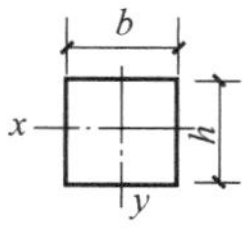 $i_x=0.40h$<br>$i_y=0.40b$ | 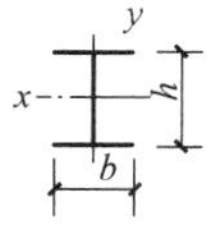 $i_x=0.43h$<br>$i_y=0.24b$ | 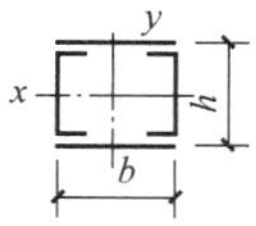 $i_x=0.44h$<br>$i_y=0.38b$ | 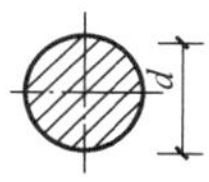 $i=0.25d$ |
| 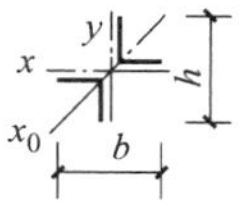 $i_x=0.21h$<br>$i_y=0.21b$<br>$i_{x0}=0.185h$ | 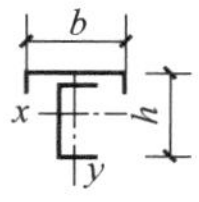 $i_x=0.365h$<br>$i_y=0.275b$ | 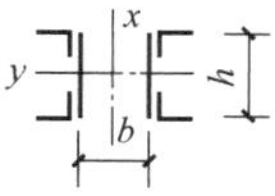 $i_x=0.54b$<br>$i_y=0.37h$ | 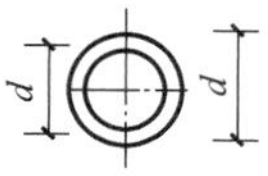 $i=0.35d_{平}$ |
| 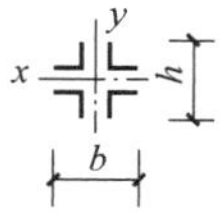 $i_x=0.21h$<br>$i_y=0.21b$ | 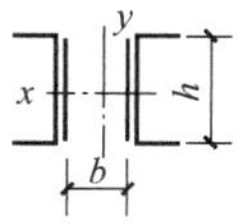 $i_x=0.35h$<br>$i_y=0.56b$ | 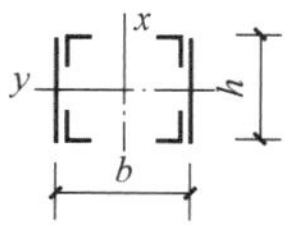 $i_x=0.45b$<br>$i_y=0.37h$ | 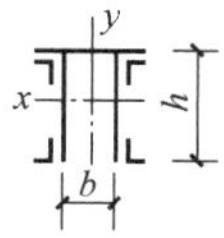 $i_x=0.39h$<br>$i_y=0.53b$ |
| 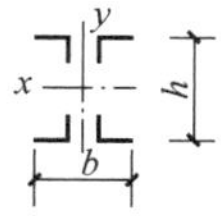 $i_x=0.45h$<br>$i_y=0.24b$ | 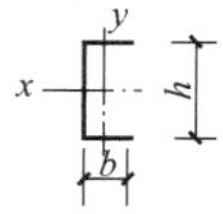 $i_x=0.39h$<br>$i_y=0.29b$ | 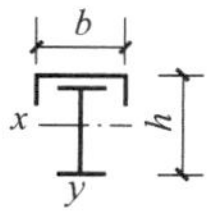 $i_x=0.40b$<br>$i_y=0.24h$ | 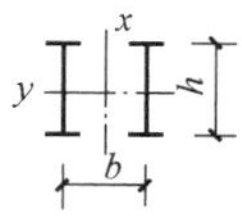 $i_x=0.50b$<br>$i_y=0.40h$ |

# 附录 10　螺栓的有效截面面积

附表 10-1　螺栓的有效截面面积

| 螺栓直径 $d$/mm | 16 | 18 | 20 | 22 | 24 | 27 | 30 |
|---|---|---|---|---|---|---|---|
| 螺距 $p$/mm | 2 | 2.5 | 2.5 | 2.5 | 3 | 3 | 3.5 |
| 螺栓有效直径 $d_e$/mm | 14.1236 | 15.6545 | 17.6545 | 19.6545 | 21.1854 | 24.1854 | 26.7163 |
| 螺栓有效截面面积 $A_e$/mm$^2$ | 156.7 | 192.5 | 244.8 | 303.4 | 352.5 | 459.4 | 560.6 |

注：表中的螺栓有效截面面积 $A_e$ 值系按下式算得：$A_e=\frac{\pi}{A}\left(d-\frac{13}{24}\sqrt{3}p\right)^2$。

# 参考文献


［1］ 王国周，瞿履谦．钢结构［M］．北京：清华大学出版社，1993.

［2］ 魏明钟．钢结构［M］．武汉：武汉理工大学出版社，2002.

［3］ 陈绍蕃．钢结构设计原理［M］．北京：中国建筑工业出版社，2003.

［4］ 夏至斌，姚谏．钢结构——原理与设计［M］．北京：中国建筑工业出版社，2004.

［5］ 周绥平．钢结构［M］．武汉：武汉理工大学出版社，2003.

［6］ 王肇民．建筑钢结构设计［M］．上海：同济大学出版社，2001.

［7］ 刘声扬，王汝恒．钢结构——原理与设计［M］．武汉：武汉理工大学出版社，2010.

［8］ 姚谏，赵滇生．钢结构设计及工程应用［M］．北京：中国建筑工业出版社，2008.

［9］ 周宇，袁佳．钢结构［M］．天津：天津大学出版社，2018.

［10］ 赵赤云．钢结构学习指导［M］．北京：机械工业出版社，2010.

［11］ 赵熙元．建筑钢结构设计手册［M］．北京：冶金工业出版社，1995.

［12］ 但泽义．钢结构设计手册［M］．4版．北京：中国建筑工业出版社，2019.

［13］ 中华人民共和国住房和城乡建设部．钢结构设计标准：GB 50017—2017［S］．北京：中国建筑工业出版社，2017.

［14］ 中华人民共和国住房和城乡建设部．钢结构高强度螺栓连接技术规程：JGJ 82—2011［S］．北京：中国建筑工业出版社，2011.

［15］ 中华人民共和国住房和城乡建设部．高层民用建筑钢结构技术规程：JGJ 99—2015［S］．北京：中国建筑工业出版社，2015.

［16］ 湖北省发展计划委员会．冷弯薄壁型钢结构技术规范：GB 50018—2002［S］．北京：中国计划出版社，2002.

［17］ 中华人民共和国住房和城乡建设部．建筑结构荷载规范：GB 50009—2012［S］．北京：中国建筑工业出版社，2012.

［18］ 中华人民共和国住房和城乡建设部．建筑抗震设计规范（2016年版）：GB 50011—2010［S］北京：中国建筑工业出版社，2016.

［19］ 中华人民共和国住房和城乡建设部．建筑结构可靠性设计统一标准．GB 50068—2018［S］北京：中国建筑工业出版社，2018.

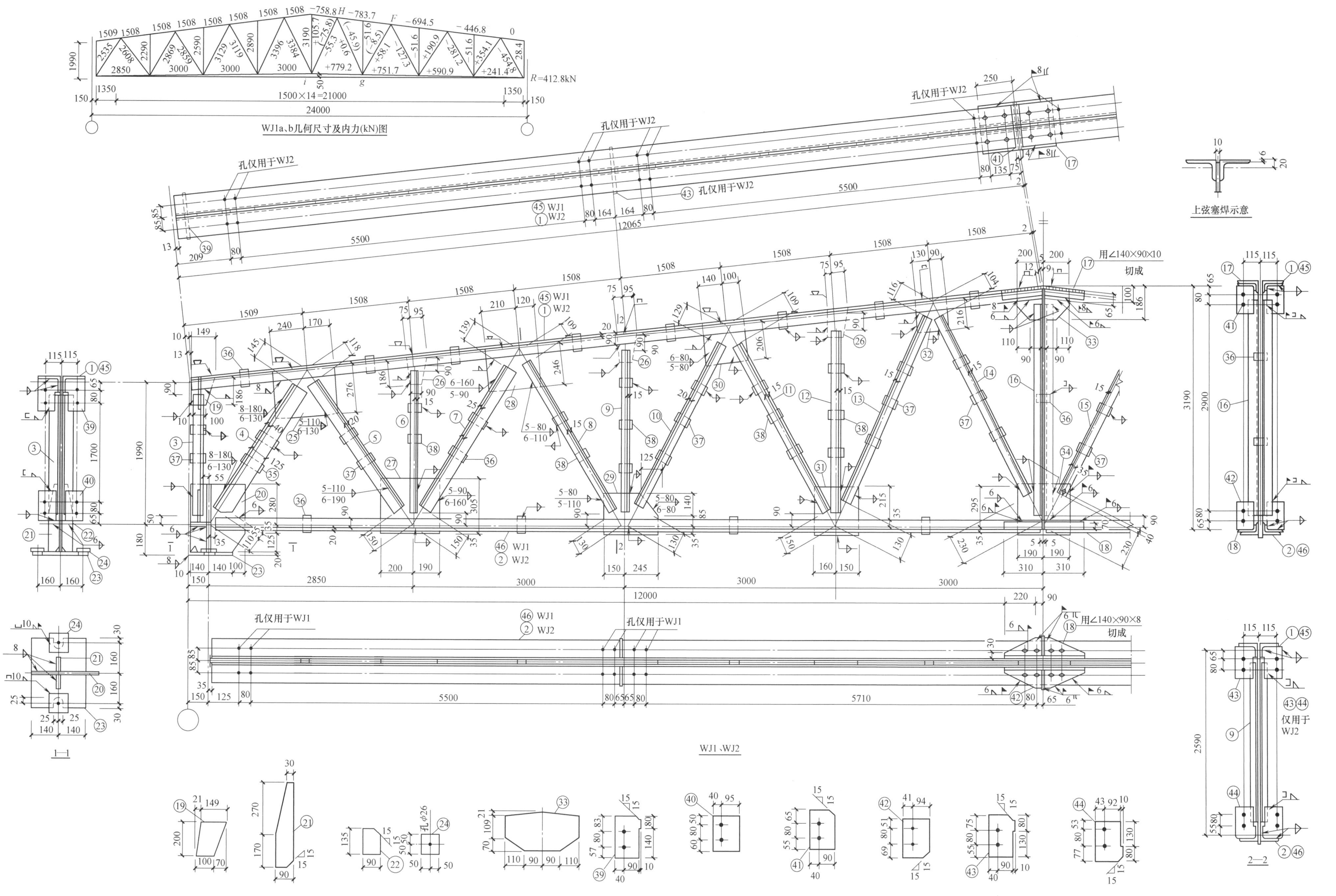

WJ1a、b几何尺寸及内力(kN)图

上弦塞焊示意

1—1

WJ1、WJ2

2—2

图 7-82 屋架施工图